Hansen · Studien zu den Metalldeponierungen während der älteren Urnenfelderzeit zwischen Rhônetal und Karpatenbecken
Teil 2

Universitätsforschungen zur prähistorischen Archäologie

Band 21

Aus dem Seminar für Ur- und Frühgeschichte
der Freien Universität Berlin

1994

In Kommission bei Dr. Rudolf Habelt GmbH, Bonn

Studien zu den Metalldeponierungen
während der älteren Urnenfelderzeit
zwischen Rhônetal und Karpatenbecken

Teil 2

von

Svend Hansen

1994

In Kommission bei Dr. Rudolf Habelt GmbH, Bonn

Gedruckt mit Unterstützung der Gesellschaft für Archäologische Denkmalpflege e.V., Berlin
und des Deutschen Archäologischen Instituts

Die Deutsche Bibliothek – CIP-Einheitsaufnahme

Hansen, Svend:
Studien zu den Metalldeponierungen während der älteren
Urnenfelderzeit zwischen Rhônetal und Karpatenbecken / von
Svend Hansen. [Aus dem Seminar für Ur- und Frühgeschichte
der Freien Universität Berlin]. – Bonn : Habelt.
  (Universitätsforschungen zur prähistorischen Archäologie; Bd. 21)
  ISBN 3-7749-2658-1
NE: GT
Teil 2 (1994)

ISBN 3-7749-2658-1

Copyright 1994 by Dr. Rudolf Habelt GmbH, Bonn

VI. Katalogteil

Technische Hinweise

Die in den nachstehenden Kataloglisten aufgeführten Funde dienen in erster Linie dazu, den Anmerkungsapparat zu entlasten, geben dem Leser jedoch auch die Chance nachzuprüfen, welche relevanten Funde übersehen wurden. Darüber hinaus handelt es sich um einen wohl repräsentativen Überblick über den Fundbestand, wobei allein für die Depots der Stufen Bz C2, Bz D und Ha A Vollständigkeit angestrebt wurde. Einige jüngere Funde sind berücksichtigt, da sie Erwähnung im Text gefunden haben.

Der nach Ländern geordnete Katalog basiert im Wesentlichen auf der verfügbaren Literatur, eine kritische Nachprüfung anhand von Museumsinventaren oder Ortsakten war nicht möglich. Nur zu einem geringeren Teil enthalten die Kataloglisten Angaben über unveröffentlichte und hier zum ersten Mal vorgelegte Funde. Bei den Literaturhinweise im Katalog wurde keine Vollständigkeit angestrebt.

Bei den Fundkartierungen im Textteil wurde in fast allen Fällen die "Tübinger Karte" zugrunde gelegt. Für das Auffinden der Fundorte standen mir zur Verfügung: Autoatlas CSSR 1:400000, Magyarország Autóatlasza 1:360000, România Atlas rutier 1:360000, Der Große Shell Atlas 1:500000, Times Welt Atlas, Index Atlas de France sowie als Kartierungshilfe: Jockenhövel, Rasiermesser; Mayer, Beile; Mozsolics, Bronzefunde; Novotná, Beile; Petrescu-Dîmboviţa, Sicheln.

Die Fundwiedergabe auf den Tafeln beruht, sofern nicht anders angegeben, auf meinen in den Museen angefertigten Skizzen. Abbildungsmaßstab 1:2.

Aus Kostengründen wurde auf den gesonderten Abdruck des kanpp 2000 Titel umfassenden Literaturverzeichnisses verzichtet.

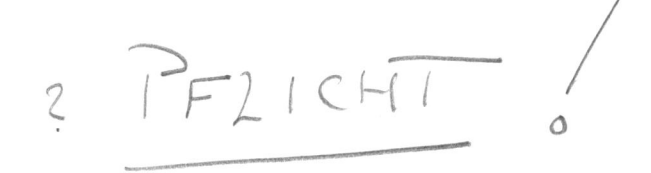

Frankreich

1. **Abs-sur-Moselle**, Dép. Moselle.- Mittelständiges Lappenbeil.- J.-P. Milotte, G. Cordier, P. Abauzit, Rev. Arch. Est et Centre-Est 19, 1968, 47 Nr. 108.

2. **Achenheim**, Dép. Bas-Rhin.- Grab.- 2 Nadeln (Typus Yonne/Form D), Frg. eines gerippten Ringes, zwei falsch tordierte Armringe mit eingerollten Enden.- Beck, Beiträge 124 Taf. 7 C.

3. **Aiguebelette** (See), Dép. Savoie.- Vom Seeufer.- Lanzettförmiger Meißel.- Gallia Préhist. 6, 1963, 281f.

4. **Aiguebelette**, Dép. Savoie.- Aus einer Seerandstation am Lac d'Aiguebelette.- Mittel- bis oberständiges Lappenbeil (Ha A2).- J.-P. Milotte, G. Cordier, P. Abauzit, Rev. Arch. Est et Centre-Est 19, 1968, 51 Nr. 142 Abb. 142; Gallia Préhist. 6, 1963, 283 Abb. 10, 2.

5. **Aime**, Dép. Savoie.- Fundumstände ?.- Griffangelschwert.- H. Reim, Arch. Korrbl. 4, 1974 Abb. 1, 4.

6. **Albertville und Mouthiers** (zwischen), Dép. Savoie.- Grabfund (?).- Gezackte Nadel.- Beck, Beiträge 136 Taf. 38, 6; F. Audouze, J.-C. Courtois, Les épingles du Sud-Est de la France (1970) 13 Nr. 42 Taf. 2, 42.

7. **Algolsheim**, Dép. Haut-Rhin.- Urnengrab.- Nadel (Typus Binningen).- H. Zumstein, L'Age du Bronze dans le département du Haut-Rhin (1966) 68ff. Abb. 13, 14; Beck, Beiträge 143 Taf. 49, 17.

8. **Algolsheim**, Dép. Haut-Rhin.- Aus einem Urnengrab.- Nadel, Griffplattenmesser.- Beck, Beiträge 149 Taf. 59, 2; H. Zumstein, L'Age du Bronze dans le département du Haut-Rhin (1966) 68ff. Abb. 13, 13.

9. **Algolsheim**, Dép. Haut-Rhin.- Grabfund (?).- Grifftüllenmesser, "Urnen".- Beck, Beiträge 147 Taf. 55, 14; H. Zumstein, L'Age du Bronze dans le département du Haut-Rhin (1966) 68 Abb. 13, 1.

10. **Amboise**, Dép. Indre-et-Loire.- Aus der Loire.- 3 Gerippte Trompetenkopfnadeln (Typus Clans).- A. Villes in: P. Brun u. C. Mordant (Hrsg.), Le groupe Rhin-Suisse-France orientale et la notion de civilisation des Champs d'Urnes. Actes Coll. Nemours 1986 (1988) 400 Abb. 9, 6-8; G. Gaucher, Rev. Arch. Est et Centre-Est 34, 1983, 73 Nr. 371-372 Abb. 7, 371-372.

11. **Ancy-sur-Moselle**, Dép. Moselle.- Am Moselufer.- Mittelständiges Lappenbeil.- J.-P. Milotte, G. Cordier, P. Abauzit, Rev. Arch. Est et Centre-Est 19, 1968, 47 Nr. 107.

12. **Angers**, Dép. Loire-Atlantique.- Aus der Maine.- Vollgriffschwert mit vier Griffwülsten (Typus Erlach nahestehend).- J. L'Helgouach, M. Tessier, Études Préhist. et Protohist. Loire-Atlantique 3, 1972-73, 31ff. mit Abb.; Gallia Préhist. 16, 1973, 433 Abb. 10.

13. **Anzin**, Dép. Nord.- Depot.- Mittelständiges Lappenbeil, Absatzbeil, Lanzenspitze, 2 Armringe.- J.-C. Blanchet, Les premier metallurgistes en Picardie et dans le Nord de la France (1984) 231 Abb. 122, 1-5.

14. **Annemasse**, Dép. Haute Savoie.- Depot (?) um 1840.- 6 Armringfrgte., 6 Nadelfrgte.; Bz C.- Y. Mottier, Arch. Schweiz 14, 1991, 190ff. Abb. 1.

15. **Arcine**, Dép. Haute-Savoie.- Mittelständiges Lappenbeil (Typus Grigny).- J.-P. Milotte, G. Cordier, P. Abauzit, Rev. Arch. Est et Centre-Est 19, 1968, 36 Nr. 62 Abb. 62.

16. **Arcis-sur-Aube**, Dép. Aube.- Aus der Aube.- Griffdornmesser (Typus Erbach).- Beck, Beiträge 150 Taf. 59, 13.

17. **Arinthod**, Dép. Jura.- Mittelständiges Lappenbeilfrg.- J.-P. Milotte, G. Cordier, P. Abauzit, Rev. Arch. Est et Centre-Est 19, 1968, 38 Nr. 70 Abb. 70.

18. **Arinthod-Vogna**, Dép. Jura.- Vermutlich Depot.- 1 gerippte Nadel (Typus Oberalpfen), 2 Nadeln mit Rippengruppen, 1 gezackte Trompetenkopfnadel (Form A).- Beck, Beiträge 13; 124 Taf. 7 A; G. Gallay, B. Huber, Rev. Arch. Est et Centre Est 23, 1972, 304 Nr. 23.

19. **Arnave**, Dép. Ariège.- Depot; auch Keramik und Knochen.- 2 Steinbeile, 3 Randleistenbeile, 2 Lanzenspitzen, 2 Dolche, 30 Blechröhrchen, zahlreiche Tutuli, 1 Armring oder Diadem, 1 steinerner "Zahn"anhänger.- E. Cartailhac, L'Anthropologie 9, 1898, 665-671.; 666f. Abb. 1-14.

20. **Art-sur-Meurthe**, Dép. Meurthe-et-Moselle.- Gezackte Trompetenkopfnadel (Form B).- Beck, Beiträge 134 Taf. 34, 13.

21. **Aspres-les-Corps**, Dép. Hautes-Alpes.- Einzelfund.- Nadel (Typus Yonne/Form D) nahestehend.- J.-C. Courtois, Gallia Préhist. 3, 1960, 73 Abb. 23, 9; Beck Beiträge 22 Taf. 36, 10.

22. **Atton**, Dép. Meurthe-et-Moselle.- Aus der Mosel.- Lanzenspitze.- Rev. Arch. Est et Centre-Est 32, 1981, 124 Abb. 3, 1.

23. **Auboué**, Dép. Meurthe-et-Moselle.- Flußfund.- Mittelständiges Lappenbeil.- J.-P. Milotte, G. Cordier, P. Abauzit, Rev. Arch. Est et Centre-Est 19, 1968, 44 Nr. 97.

24. **Audincourt**, Dép. Doubs.- Mohnkopfnadel (Form IIB).- Beck, Beiträge 28; J.-P. Milotte, Le Jura et les plaines de la Saône aux âges des métaux (1963) 262 Taf. 33, 1.

25. **Audincourt**, Dép. Doubs.- Mohnkopfnadel (Form IIIB).- J.-P. Milotte, Le Jura et les plaines de la Saône aux âges des métaux (1963) 262 Taf. 33, 2; Beck, Beiträge 33.

26. **Audour**, Dép. Saône-et-Loire.- Depot.- 1 Lanzenspitze (115 g), 1 Knopfsichel (119 g), 1 Beilschneidenfrg. (190 g), mehrere Kettenfrgte. (328[?] g), 1 Messerklingenfrg. (8 g), 1 Schwertklingenfrg., 1 Rasiermesser (?)frg. (15 g), 2 Armringfrgte. (6 u. 13 g); unklar ist die Zugehörigkeit bei: 1 Lanzenspitzenfrg., 1 Schwertklingenfrg., 1 Scheibenfrg., 1 Anhänger(?)frg., 4 Armringfrgte. (darunter Typus Publy), 2 Drähte, 3 Bronzestücke.- J. Bernardin, R. Laugrand, H. Parriat, Rev. Périodique Vulgarisation "La Physiophile" (Nr. 59) 3. Ser. 39, 1963, 9ff. mit Abb.

27. **Aups**, Draguinan, Dép. Var.- Aven de Plérimond.- Eisenzeitliche Beinschiene.- La préhistoire francaise (1976) 670 Abb. 6, 1.

28. **Autun**, Dép. Saône-et-Loire.- Einzelfund.- Gezackte Nadel.- F. Holste, Prähist. Zeitschr. 30-31, 1939-40, 417 Abb. 2, 7; K. Zimmermann, Jahrb. Hist. Mus. Bern, 49-50, 1969-70, 245 Nr. 24; G. Gallay, B. Huber, Rev. Arch. Est et Centre-Est 23, 1972, 304 Nr. 1.

29. **Autun**, Dép. Saône-et-Loire.- Fundumstände unbekannt.- Vollgriffmesser.- J.-P. Nicolardot, G. Gaucher, Typologie des objets de l'Age du Bronze en France. Fasc. V: Outils (1975) 79 Abb. 1.

30. **Auxerre**, Dép. Yonne.- Brandbestattung in Urne (1878).- 1 Dolch mit zungenförmiger Griffplatte, 1 Nadel, 2 Armringe, 1 Beinbergenfrg., 1 Gürtelhaken, 3 Gefäße.- G. Gallay, Die mittel- und spätbronze- sowie ältereisenzeitlichen Bronzedolche in Frankreich und auf den britischen Kanalinseln (1988) 127 Nr. 1169 Taf.

36, 1169; Kilian-Dirlmeier, Gürtel 73 ("Bronze final I") Nr. 258.

31. Auxerre, Dép. Yonne.- Mittelständiges Lappenbeil.- J.-P. Milotte, G. Cordier, P. Abauzit, Rev. Arch. Est et Centre-Est 19, 1968, 56 Nr. 171 Abb. 171.

32. Auxerre-Jonches, Dép. Yonne.- Urnengrab.- Mohnkopfnadel (Form IIB), Kette.- Beck, Beiträge 138 Taf. 41, 1.

33. Auxerre-Monéteau, Dép. Yonne.- Brandbestattung unter Hügel.- Lanzettförmiger Gürtelhaken, Flachkopfnadel, Hirtenstabnadel, 3 Armringe, Blechröllchen, Dolchmesser, Schrägrandgefäß.- Kilian-Dirlmeier, Gürtel 74 ("Bronze final I") Nr. 265 Taf. 22, 265.

34. Auxerre-Saint-Gervais, Dép. Yonne.- Nadel (Typus Yonne/Form A).- C. Unz, Prähist. Zeitschr. 48, 1973, 1ff. Taf. 35, 1.

35. Auxon, Dép. Aube.- Feuchtbodenfund.- Mittelständiges Lappenbeil.- J.-P. Milotte, G. Cordier, P. Abauzit, Rev. Arch. Est et Centre-Est 19, 1968, 26 Nr. 12 Abb. 26.

36. La Balme, Dép. Savoie.- Depot.- Mindestens: 1 mittelständiges Lappenbeil, 1 Randleistenbeil, 2 strichverzierte Armringe, 1 Beilschneide, 8 Barren.- A. Bocquet, Les Dépôts et la Chronologie du Bronze final dans les Alpes du Nord. Colloque 26, 9. Congr. UISPP (Nice 1976) 40 Abb. 2, 1-3.

37. Barbuise, Dép. Aube.- Körpergrab.- Ahle, gerippte Trompetenkopfnadel (Typus Clans).- G. Gaucher, Rev. Arch. Est et Centre-Est 34, 1983, 73 Nr. 102 Abb. 7, 102.

38. Barbuise, Dép. Aube.- Körpergrab.- Gerippte Trompetenkopfnadel (Typus Clans), weitere Gegenstände.- G. Gaucher, Rev. Arch. Est et Centre-Est 34, 1983, 73 Nr. 101 Abb. 7, 101.

39. Barbuise, Dép. Aube.- Körpergrab.- Gerippte Trompetenkopfnadel (Typus Clans), Rasiermesser, Gefäß.- G. Gaucher, Rev. Arch. Est et Centre-Est 34, 1983, 73 Nr. 103 Abb. 7, 103.

40. Barbuise-Courtavant, Dép. Aube.- Brandgrab.- Nadel (Typus Yonne/Form A), zwei falsch tordierte Armringe.- Beck, Beiträge 124 Taf. 6 B.

41. Barbuise-Courtavant, Dép. Aube.- Grab VIII; Körperbestattung.- Dolch mit zungenförmiger Griffplatte, 2 Spiralen, 1 Barren, Nadel, 2 Tongefäße.- G. Gallay, Die mittel- und spätbronze- sowie ältereisenzeitlichen Bronzedolche in Frankreich und auf den britischen Kanalinseln (1988) 126 Nr. 1155 Taf. 36, 1155;

42. Barbuise-Courtavant, Dép. Aube.- Körperbestattung.- Griffplattenschwert (Typus Rixheim).- C. u. D. Mordant, Bull. Groupement Arch. Seine-et-Marne 20, 1979, 44 Nr. 6a.

43. Barbuise-Courtavant, Dép. Aube.- Körpergrab 4.- Rasiermesser (Typus Obermenzing), Nadel, Bronzepunze, Keramik.- A. Jockenhövel, Die Rasiermesser in Westeuropa (1980) 88 Nr. 261 Taf. 14, 261.

44. Barbuise-Courtavant, Dép. Aube.- Körpergrab.- Griffplattenschwert (Typus Rixheim), getreppter Endknopf der Schwertscheide, Messer mit umlapptem Ringgriff, Nadel, zwei Bronzeröllchen, Plättchen aus Blei od. Zinn, Eberzahn, X-förmiger Henkel, Keramik.- H. Reim, Die spätbronzezeitlichen Griffplatten-, Griffdorn- und Griffangelschwerter in Ostfrankreich (1973) 15 Nr. 24 Taf. 4, 24; E. Sprockhoff, Mainzer Zeitschr. 29, 1934 Taf. 10, 7 (Messer).

45. Barbuise-Courtavant, Dép. Aube.- Les Grèves, Grab 6; Körperbestattung (O-W).- 1 lanzettförmiger Gürtelhaken, Besatzbuckelchen, Goldblech mit getriebenem Dekor, Bronzeblechfrgte., Nadelfrg., Fußring mit Endspiralen, Bernsteinperlen, Pfeilspitze, Silex, Keramik.- Kilian-Dirlmeier, Gürtel 73 ("Bronze Final I") Taf. 22, 257.

46. Barbuise-Courtavant, Dép. Aube.- Les Grèves, Grab 8; Körperbestattung (O-W).- 28 Bernsteinperlen, 1 Goldarmring, Bronzeperlen, Lanzettförmiger Gürtelhaken, 109 Besatzbuckelchen, 2 Fragmente eines Goldblechs mit getriebenem Dekor, Bronzeblechfrgte., Nadelschaftfrg., Knöchelband (?)frgte., Bernsteinperlen, Silexpfeilspitze, Keramik.- L. Lapierre, Bull. Soc. Préhist. France 26, 1929, 307ff.; Bull. Groupe Arch. Nogentais 4, 1965, 10ff. mit Abb.; mit unvollständigen Angaben: Kilian-Dirlmeier, Gürtel (1975) 73 ("Bronze Final I") Taf. 22, 257; Müller-Karpe, Handbuch IV, 877 Nr. 950 Taf. 465 E, 2-6.

47. Barbuise-Courtavant, Dép. Aube.- Les Grèves: Körperbestattung.- Rasiermesser (Typus Obermenzing), Nadel, Keramik.- A. Jockenhövel, Die Rasiermesser in Westeuropa (1980) 88 Nr. 264 Taf. 15, 264.

48. entfällt.

49. Basse-Vaivre (La), Dép. Haute-Saône.- Mittelständiges Lappenbeil.- J.-P. Milotte, G. Cordier, P. Abauzit, Rev. Arch. Est et Centre-Est 19, 1968, 34 Nr. 55 Abb. 55.

50. Baume-les-Messieurs, Dép. Jura.- Griffplattenmesser.- Beck, Beiträge 149 Taf. 59, 4; J.-P. Milotte, Le Jura et les plaines de la Saône aux âges des métaux (1963) 267 Taf. 9, 6.

51. Beaujeu-Saint-Vallier-et-Pierrejux bei Gray, Dép. Haute-Saône.- Depot.- 19 Sichelfrgte. (davon 3 Knopf, 1 Zungensichelfrg.), 4 Lappenbeilfrgte., 2 Lanzenspitzenfrgte., 1 Schwertfrg., 3 kleine Ringe, 9 Armringe (u.a. Typus Publy [7 frgagmentiert]), 2 Nadelfrgte. (Typus Wollmesheim; Typus Binningen), 3 Hülsen, 1 Anhänger, 3 Spiralen, 1 Bronzestück, 12 Drahtfrgte. (von Bergen), 2 Blechfrgte., 6 Fragmente von Bergen, 1 Blech einer reich verzierten Berge (zusammengefaltet), 1 Messer(?)frg., 1 tordierter Draht, 18 kleine Bronzestücke, 3 Stabbarrenfrgte., 1 Bernsteinperle.- P. Bouillerot, Rev. Préhist. 5, 1912, 14-32; 40-58 mit Abb.; J.-P. Milotte, G. Cordier, P. Abauzit, Rev. Arch. Est et Centre-Est 19, 1968, 34f. Nr. 56-57 Abb. 56-57; H. Reim, Die spätbronzezeitlichen Griffplatten-, Griffdorn- und Griffangelschwerter in Ostfrankreich (1973) Taf. 24B-25.

52. Belleville, Dép. Meurthe-et-Moselle.- Aus der Mosel.- Gerippte Trompetenkopfnadel (Typus Clans).- Beck, Beiträge 11; G. Poirot, Bull. Soc. Préhist. France 35, 1938, 316 Abb. S. 319; G. Gaucher, Rev. Arch. Est et Centre-Est 34, 1983, 76 Nr. 541 Abb. 8, 541.

53. Bénévent-en-Champsaur, Dép. Hautes-Alpes.- Depot der jüngeren Urnenfelderzeit.- Darin u.a. lanzettförmige Anhänger.- G. Kossack, Studien zum Symbolgut der Urnenfelder- und Hallstattzeit Mitteleuropas (1954) 91 Liste B Nr. 7.

54. Bennwihr, Dép. Haut-Rhin.- Urnenbrandgrab 1.- 2 Pyramidenkopfnadeln, mehrere Schaftfrgte., Doppelspiralhaken, 4 Armringe (Typus Binzen), Scherben der Urne.- Beck, Beiträge 42 Taf. 17 A.

55. Bennwihr, Dép. Haut-Rhin.- Urnenbrandgrab 2.- Mohnkopfnadel (Form IIIB), 42 Bersteinperlen, Doppelspiralhaken, 2 gerippte Armringe (Typus Pfullingen), Grifftüllenmesser, Scherben einer groben Urne und eines feineren Gefäßes.- Beck, Beiträge 127 Taf. 16 C; H. Zumstein, L'Age du Bronze dans le département du Haut-Rhin (1966) 77f. Abb. 17.

56. Besançon, Dép. Doubs.- Aus dem Doubs.- Griffplattenmesser.- Beck, Beiträge 149 Taf. 58, 13.

57. Besançon, Dép. Doubs.- Aus dem Doubs.- Griffplattenmesser.- Beck, Beiträge 150 Taf. 59, 6.

58. **Besançon**, Dép. Doubs.- Mittelständiges Lappenbeil (Typus Grigny).- J.-P. Milotte, G. Cordier, P. Abauzit, Rev. Arch. Est et Centre-Est 19, 1968, 32 Nr. 37 Abb. 37.

59. **Besançon**, Dép. Doubs.- Aus dem Doubs.- Gerippte Trompetenkopfnadel (Typus Clans).- Beck, Beiträge 135 Taf. 35, 8; G. Gaucher, Rev. Arch. Est et Centre-Est 34, 1983, 73 Nr. 252 Abb. 6, 252.

60. **Bistroff**, Dép. Moselle.- Mittelständiges Lappenbeil.- J.-P. Milotte, G. Cordier, P. Abauzit, Rev. Arch. Est et Centre-Est 19, 1968, 47 Nr. 109.

61. **Boran bei Senlis**, Dép. Oise.- Aus der Oise.- Vollgriffschwert mit achtkantigem Griff, Riegseeform und Knaufloch (822 g).- J.-C. Blanchet, Les premier metallurgistes en Picardie et dans le Nord de la France (1984) 174 Abb. 87, 1.

62. **Bouclans**, Dép. Doubs.- Depot.- Fragment einer Beinschiene mit Buckeldekor, die der Schiene von Kurim nahesteht. Das Depot ist vor allem aufgrund der Beile und eines Messers in den jüngeren Abschnitt der Stufe Ha A (=Ha A2/B1) zu datieren.- F. Passard, J.-F. Piningre, Rev. Arch. Est et Centre Est 35, 1884, 85ff.; bes. 102f. Abb. 13.

63. **Bourgone aux Laumes**, Dép. Côte-d'Or.- Amboß.- J.-P. Nicolardot, G. Gaucher, Typologie des objets de l'Age du Bronze en France. Fasc. V: Outils (1975) 34 Abb. 2.

64. **Bragny**, Dép. Saône-et-Loire.- Griffangelschwert (Typus Grigny).- L. Bonnamour, Bull. Soc. Préhist. France 69, 1972, 620 Abb. 1, 2.

65. **Brison-St.Innocent**, Dép. Savoie.- Lac du Bourget, Seerandstation.- Gerippte Trompetenkopfnadel (Typus Clans).- F. Audouze, J.-C. Courtois, Les épingles du Sud-Est de la France (1970) 13 Nr. 35 Taf. 2, 35; G. Gaucher, Rev. Arch. Est et Centre-Est 34, 1983, 76 Nr. 731 Abb. 8, 731.

66. **Broye-Aubigney-Montseugny**, Dép. Haute-Saône.- Aus der Saône.- Griffangeldolch.- G. Gallay, Die mittel- und spätbronzesowie ältereisenzeitlichen Bronzedolche in Frankreich und auf den britischen Kanalinseln (1988) 170 Nr. 1641 Taf. 56, 1641.

67. **Broye-les-Pesmes**, Dép. Haute-Saône.- Aus der Saône.- Mittelständiges Lappenbeil (Typus Grigny).- J.-P. Milotte, G. Cordier, P. Abauzit, Rev. Arch. Est et Centre-Est 19, 1968, 36 Nr. 58 Abb. 58; Gallia Préhist. 8, 1965, 86 Abb.2.

68. **Brumath**, Dép. Bas-Rhin.- Mittelständiges Lappenbeil.- J.-P. Milotte, G. Cordier, P. Abauzit, Rev. Arch. Est et Centre-Est 19, 1968, 29 Nr. 20 Abb. 20.

69. **Cabanelle bei Castelnau-Valence**, Dép. Gard.- Depot.- 7 Sichelfrgte. (2 von Knopfsicheln), 3 Messerfrgte. (1 von einem zweischalig gegossenen Vollgriffmesser), 1 lanzettförmige Applik, 6 Armringfrgte., 5 Anhängerfrgte. (schildförmig und lanzettförmig), 17 kleine Ringe, teilweise zu Kette zusammengefügt, 1 Rasiermesserfrg., 1 Pfeilspitze (Typus Bourget), 10 Lanzenspitzenfrgte., 2 Schwertfrgte., 3 Dolchfrgte., 7 Beilfrgte. (mittelständiges Lappenbeil), 7 Spiralfrgte. (von Berge?), 10 Blechfrgte., 8 Stabfrgte., 4 Bronzefrgte., 8 Gußkuchenfrgte.- B. Dedet, M. Bordreuil, Gallia Préhist. 25, 1982, 187-210 mit Abb. 1.

70. **Camparan**, Dép. Hautes-Pyrénées.- Einzelfund.- Lanzenspitze.- J. Omnes, Rev. Comminges 96, 1983, 153ff. Abb. 1.

71. **Cannes-Écluse**, Dép. Seine-et-Marne.- Depot I; in einem Moor und in der Nähe von Baustrukturen.- 366 Objekte, davon 316 Gerätfragmente, 2 unfragmentierte Gegenstände, 48 amorphe Bronzestücke. Alle Gegenstände sehr klein fragmentiert; darunter: 39 Fragmente mittelständiger Lappenbeile, 21 Knopfsichelfrgte., 1 Zungensichelfrg., 46 Sichelfrgte., 11 Messerfrgte. (darunter 2 Messer mit gelochtem Griffdorn), 11 Schwertfrgte. (davon 1 Griffdorn- und ein Rixheimschwert), 1 Dolchklingenfrg., 15 Lanzenspitzenfrgte., 4 Nadelfrgte., 8 Anhängerfrgte., 2 Blechhülsen, 1 Armring (unverziert), 20 Armringfrgte. (darunter 9 Ex. Typus Publy, 3 gleichmäßig gerippte, 1 tordierter, 1 strichverzierter, 1 Typus La Poype), 15 Knöchelbandfrgte., 5 rundstabige Bronzefrgte. (Nadeln?, Ringe?), 13 Stabbarren, 10 Blechfrgte., 13 unbestimmte Bronzefrgte., 48 amorphe Bronzestücke.- G. Gaucher, Y. Robert, Gallia Préhist. 1967, 173ff. Abb. 5-42; H. Reim, Die spätbronzezeitlichen Griffplatten-, Griffdorn- und Griffangelschwerter in Ostfrankreich (1973) 30 Nr. 48 Taf. 8, 48.

72. **Cannes-Écluse**, Dép. Seine-et-Marne.- Depot II in Tongefäß; in einem Moor und in der Nähe von Baustrukturen.- 44 Bronzegerätfragmente und 38 amorphe Bronzestücke. Darunter: 7 Fragmente mittelständiger Lappenbeile, 4 Sichelfrgte., 1 Schwertklingenfrg., 4 Lanzenspitzenfrgte., 2 Klingen(?)frgte., 1 tordierter Armring, Fragmente einer buckelverzierten Beinschiene, 2 Barren, 4 Bleche.- G. Gaucher, Y. Robert, Gallia Préhist. 1967, 202ff. Abb. 43-52.

73. **Cannes-Écluse**, Dép. Seine-et-Marne.- Aus dem Fluß Yonne.- Nadel (Typus Binningen).- J. Bontillot, C. Mordant, Bull. Soc. Préhist. France 69, 1972, 28 Abb. 2, 5.

74. **Casteljeau**, Dép. Ardèche.- Mittelständiges Lappenbeil (Typus Grigny).- J.-P. Milotte, G. Cordier, P. Abauzit, Rev. Arch. Est et Centre-Est 19, 1968, 26 Nr. 11 Abb. 11.

75. **Castelnau-Valence** -> Cabanelle

76. **Caussols**, Dép. Alpes-Maritimes.- Aven des Cresp, Höhlenfund.- Rasiermesser (Typus Stadecken).- A. Jockenhövel, Die Rasiermesser in Westeuropa (1980) 94 Nr. 296 Taf. 16, 296.

77. **Chalon-sur-Saône**, Dép. Saône-et-Loire.- Aus der Saône.- Dreiwulstschwert.- L. Bonnamour, L'âge du Bronze au musée de Chalon-sur-Saône (1969) 24 Nr. 44 Taf. 25, 44.

78. **Châlon-sur-Saône**, Dép. Saône-et-Loire.- Vermutlich aus der Saône.- Griffangelschwert (Typus Arco).- L. Bonnamour, L'âge du Bronze au musée de Chalon-sur-Saône (1969) 21f. Nr. 38 Taf. 35, 38.

79. **Chalon-sur-Saône (?)**, Dép. Saône-et-Loire.- Aus der Saône.- Gezackte Nadel.- R. Bouillerot, Bull. Soc. Préhist. France 8, 1911, 604f. Abb.1.

80. **Chalon-sur-Saône**, Dép. Saône-et-Loire, aus der Saône. Nadel (Typus Binningen). Beck, Beiträge 145 Taf. 52, 10.

81. **Chalon-sur-Saône**, Dép. Saône-et-Loire.- Aus der Saône.- Mittelständiges Lappenbeil (Typus Grigny).- J.-P. Milotte, G. Cordier, P. Abauzit, Rev. Arch. Est et Centre-Est 19, 1968, 50 Nr. 127 Abb. 127.

82. **Chalon-sur-Saône**.- Aus der Saône.- Amboß.- L. Bonnamour, L'âge du Bronze au musée de Chalon-sur-Saône (1969) 49 Nr. 106 Taf. 16, 106.

83. **Chalon-sur-Saône/Verdun (Region)**.- Aus der Saône oder dem Doubs.- Griffangelschwert (Typus Monza).- Monza - Schwert. H. Reim, Die spätbronzezeitlichen Griffplatten-, Griffdorn- und Griffangelschwerter in Ostfrankreich (1973) 28 Nr. 44 Taf. 8, 44.

84. **Chalon-sur-Saône**, Dép. Saône-et-Loire.- Aus der Saône.- Griffplattenmesser.- Beck, Beiträge 148 Taf.57, 9.

85. **Chamagnieu**, Dép. Isère.- Einzelfund.- Dolch mit zungenförmiger Griffplatte.- G. Gallay, Die mittel- und spätbronze- sowie ältereisenzeitlichen Bronzedolche in Frankreich und auf den britischen Kanalinseln (1988) 121 Nr. 1105 Taf. 34, 1105.

86. Chamoy, Dép. Aube.- Mittelständiges Lappenbeil.- B. Chertier, Préhist. et Protohist. Champagne-Ardenne 3, 1979, 54 Abb. 1, 8.

87. Champlay, Dép. Yonne.- Fundumstände unbekannt.- Griffangelschwert (Typus Pepinville).- H. Reim, Arch. Korrbl. 4, 1974, 20 Abb. 2, 1.

88. Champlay-La Colombine, Dép. Yonne.- Grab 101.- Nadel (Typus Yonne/Form C).- B. Lacroix, La nécropole protohistorique de la Colombines à Champlay (Yonne) (1957) 26ff, 52ff. Abb.40.

89. Champlay, Dép. Yonne.- La Colombine; Gräberfeld.- Griffplattendolch.- G. Gallay, Die mittel- und spätbronze- sowie ältereisenzeitlichen Bronzedolche in Frankreich und auf den britischen Kanalinseln (1988) 94 Nr. 906 Taf. 25, 906.

90. Champlay, Dép. Yonne.- La Colombine; Gräberfeld.- Grab 5, Körperbestattung.- Dolch mit zungenförmiger Griffplatte, Nadel, Tongefäß.- G. Gallay, Die mittel- und spätbronze- sowie ältereisenzeitlichen Bronzedolche in Frankreich und auf den britischen Kanalinseln (1988) 132 Nr. 1219 TAf. 78B.

91. Champlay-La Colombine, Dép. Yonne.- Gräberfeld.- Beinberge.- B. Lacroix, La nécropole protohistorique de la Colombines à Champlay (Yonne) (1957).

92. Champs, Dép. Yonne.- Grab.- 1 Dolch mit zungenförmiger Griffplatte, 1 Nadel (Typus Yonne/Form A), Gefäß.- M. Brezillon, Gallia Préhist. 5, 1962, 160ff. Abb. 3, 4-5; G. Gallay, Die mittel- und spätbronze- sowie ältereisenzeitlichen Bronzedolche in Frankreich und auf den britischen Kanalinseln (1988) 127 Nr. 1167 Taf. 36, 1167.

93. Champs, Dép. Yonne.- Körpergrab.- Lanzettförmiger Gürtelhaken, Griffzungendolch, Nadel.- Kilian-Dirlmeier, Gürtel 73 ("Bronze final I") Nr. 259.

94. Champs-sur-Yonne, Dép. Yonne.- Grabfund.- Tongefäß, Nadel, Dolch mit zungenförmig herausgezogener Griffplatte.- G. Gallay, Die mittel- und spätbronze- sowie ältereisenzeitlichen Bronzedolche in Frankreich und auf den britischen Kanalinseln (1988) 127 Taf. 36, 1167.

95. Chapeau, Dép. Allier.- Moorfund.- Mittelständiges Lappenbeil (Typus Grigny; 937g).- J.-P. Milotte, G. Cordier, P. Abauzit, Rev. Arch. Est et Centre-Est 19, 1968, 26 Nr. 7 Abb.7; P. Abauzit, Bull. Soc. Préhist. France 57, 1960, 142f. Abb. 1, 1.

96. Chassey-le-Camp, Dép. Saône-et-Loire.- 2 mittelständige Lappenbeile.- J.-P. Milotte, G. Cordier, P. Abauzit, Rev. Arch. Est et Centre-Est 19, 1968, 50 Nr. 128-129.

97. Chateau-Chinon (Umgebung), Dép. Nièvre.- Mittelständiges Lappenbeil (Typus Grigny).- J.-P. Milotte, G. Cordier, P. Abauzit, Rev. Arch. Est et Centre-Est 19, 1968, 47 Nr. 114 Abb. 114.

98. Chaudeney-sur-Moselle, Dép. Meurthe-et-Moselle.- Aus der Mosel.- Nadel (Typus Binningen).- A. Liéger, R. Marguet, Rev. Arch. Est. et Centre-Est 25, 1974, 223 Abb. 3, 4.

99. Chaugey, Dép. Côte-d'Or.- Aus der Saône.- Griffplattenschwert (Typus Rixheim).- H. Reim, Die spätbronzezeitlichen Griffplatten-, Griffdorn- und Griffangelschwerter in Ostfrankreich (1973) 18 Nr. 29 Taf. 5, 29.

100. Chaumont, Dép. Haute-Marne.- Mittelständiges Lappenbeil (Typus Grigny nahestehend).- J.-P. Milotte, G. Cordier, P. Abauzit, Rev. Arch. Est et Centre-Est 19, 1968, 34 Nr. 50 Abb. 50; L. Lepage, Préhist. et Protohist. Champagne-Ardenne 5, 1981, 62 Abb. 4, 6.

101. Chens, Dép. Haute-Savoie.- Station Les Togues am Lac Leman.- Nadel (Typus Binningen).- F. Audouze, J.-C. Courtois, Les épingles du Sud-Est de la France (1970) 15 Nr. 43 Taf. 3, 43.

102. Chéry -> Malassis

103. Chevenon, Dép. Nièvre.- Depot.- Absatzbeilgußform, 12 Absatzbeile, Schwertfrgte., Barren.- P. Abauzit, Rev. Arch. Centre 1967, 358.

104. entfällt.

105. Chindrieux-Châtillon, Dép. Savoie.- Aus dem Lac du Bourget.- Nadel (Typus Yonne/Form D) nahestehend.- Beck, Beiträge 136 Taf. 36, 11.

106. Chopol.- Aus dem Doubs.- Rasiermesser (Typus Obermenzing).- A. Jockenhövel, Die Rasiermesser in Westeuropa (1980) 89 Nr. 267 Taf. 15, 267.

107. Ciel (Allerey), Dép. Saône-et-Loire.- Aus dem Doubs.- Mittelständiges Lappenbeil (Typus Grigny).- J.-P. Milotte, G. Cordier, P. Abauzit, Rev. Arch. Est et Centre-Est 19, 1968, 50 Nr. 130 Abb. 130.

108. Clans, Dép. Alpes-Maritimes.- Depot.- 1 gerippte Trompetenkopfnadel (Typus Clans), 3 Armringe, 11 Armringfrgte., 1 Dolch mit zungenförmiger Griffplatte, 1 Griffplattenfrgte., 2 Lappenbeilfrgte., 3 Schwertklingenstücke, 1 Draht, 3 Bronzestücke.- Beck, Beiträge 11; G. Gaucher, Rev. Arch. Est et Centre-Est 34, 1983, 73 Nr. 061 Abb. 7, 061; P. Schauer, Germania 53, 1975, 48 Taf. 22; G. Gallay, Die mittel- und spätbronze- sowie ältereisenzeitlichen Bronzedolche in Frankreich und auf den britischen Kanalinseln (1988) 122 Nr. 1121 Taf. 35, 1121.

109. Clayeures-la-Naguée, Dép. Meurthe-et-Moselle.- Gezackte Trompetenkopfnadel (Form C).- Beck, Beiträge 15; J.-P. Milotte, Carte archéologique de la Lorraine (1965) 69f. Taf. 4, 2.

110. Colmar, Dép. Haut-Rhin.- Urnenbrandgrab (1845).- 1 Griffzungenmesser mit Ringknauf, 1 Nadel (Typus Wollmesheim), 1 Urne.- Beck, Beiträge Taf. 24 B.

111. Colmar, Dép. Haut-Rhin.- Aus Ha A-Gräbern.- Tüllenhaken.- H.-J. Hundt, Germania 31, 1953, 146 Nr. 3 Abb. 1, 14.

112. Colombier-Châtelot, Dép. Doubs.- Fundumstände unbekannt.- Griffplattenschwert (Typus Rixheim).- H. Reim, Die spätbronzezeitlichen Griffplatten-, Griffdorn- und Griffangelschwerter in Ostfrankreich (1973) 21 Nr. 32 Taf. 6, 32.

113. Compiegne "La Justice", Dép. Oise.- Depot der späten Urnenfelderzeit; darin u.a. Lanzenspitze mit kurzer Tülle.- J.-C. Blanchet, Les premiers metallurgistes en Picardie et dans le Nord de la France (1984) 277 Abb. 152, 1.

114. Conflans-sur-Seine, Dép. Marne.- Armring (Typus Publy).- R.L. Doize, Bull. Soc. Arch. Champenoise 54, 1961, 20 Abb. 24.

115. Conflans-sur-Seine, Dép. Marne.- Grab.- Nadel (Typus Yonne/Form B), Dolch.- Beck, Beiträge 135 Taf. 36, 7.

116. Corbeil-sur-Essonne, Dép. Essonne.- Aus der Seine.- Griffplattenschwert (Typus Rixheim).- C.u.D. Mordant, Bull. Groupement. Arch. Seine-et-Marne 20, 1979, 44 Nr. 8.

117. Corbeil-sur-Essonne (bei), Dép. Essonne.- Aus der Seine.- 2 gerippte Trompetenkopfnadeln (Typus Clans).- G. Gaucher, Rev. Arch. Est et Centre-Est 34, 1983, 74 Nr. 916-917.

118. Coulevon, Dép. Haute-Saône.- Mittelständiges Lappenbeil (mit Absatzbildung).- J.-P. Milotte, G. Cordier, P. Abauzit, Rev. Arch. Est et Centre-Est 19, 1968, 36 Nr. 59 Abb. 59.

119. Courchapon, Dép. Doubs.- Höhlenfunde (Körperbestattung oder Siedlungsfunde ?).- Fragment eines lanzettförmigen Gürtelhakens, Rollennadel, Kugelkopfnadel, Nadel mit doppelkonischem Kopf, Vasenkopfnadel, Hirtenstabnadel.- Kilian-Dirlmeier, Gürtel 74 Nr. 263 Taf. 22, 263.

120. Courgenay, Dép. Yonne.- Zusammen mit einem anderen Beil unter einem Felsen.- Mittelständiges Lappenbeil.- J.-P. Milotte, G. Cordier, P. Abauzit, Rev. Arch. Est et Centre-Est 19, 1968, 56 Nr. 172 Abb. 172.

121. Crémieu, Dép. Isère.- Gerippte Trompetenkopfnadel (Typus Clans).- G. Gaucher, Rev. Arch. Est et Centre-Est 34, 1983, 73 Nr. 381 Abb. 6, 381.

122. Crémieu, Dép. Isère.- Grab.- Gezackte Nadel, 4 Radanhänger, 2 Armringe, Frgte. eines weiteren Ringes, lanzettförmiger Gürtelhaken.- Beck, Beiträge 130 Taf.27 A; F. Audouze, J.-C. Courtois, Les épingles du Sud-Est de la France (1970) 13 Taf. 23 A; G. Gallay, B. Huber, Rev. Arch. Est et Centre Est 23, 1972, 304 Nr. 3; Kilian-Dirlmeier, Gürtel 74 ("Bronze final I") Nr. 270 Taf. 22, 270.

123. Crévic, Dép. Meurthe-et-Moselle.- Depot.- 4 Lanzenspitzen (davon ein Tüllenfragment und drei "Fehlgüsse", von denen wiederum eine Lanze nicht fragmentiert, die anderen - fast 50 cm langen - Exemplare in zwei bzw. drei Stücke zerbrochen; 685 g, 671 g, 220 g, 231 g), 2 bronzene Gußkerne für Lanzenspitzen mit den Kernhaltern (520 g, 204 g), 1 Pfeilspitze (2 g), 1 Knopfsichel 113 g), 2 Sägeblattfrgte. (13 g, 9g), 1 mittelständiges Lappenbeil (292 g), 2 Tüllenbeile mit quadratischer Tülle (463 g, 186 g), 3 Meißel, davon 2 lanzettförmige (100 g, 373 g, 15 g), 2 Nadelfrgte. als Punze benutzt (?) (10 g, 5 g), 2 Nadeln (die eine in die Endspirale einer Berge gesteckt und zusammengebogen) (30 g, 120 g [mit dem Bergenfrg.], 4 Beinbergenfrgte. (Gew. ?), 1 Lanzettanhänger (8 g), 2 kleine Bronzefrgte. von Anhängern (2 g, 2 g), 1 Ringscheibenfrg. (45 g), 1 Gürtel(?)frg. (30 g), 4 Nieten (1 g, 2 g, 2 g, 1 g), 1 Blechbuckel (13 g), 9 Draht- und Blechfrgte. (99 g, 127 g, 31 g, 1 g, 6 g, 3 g, 11 g, 2 g, 1 g) 1 Gußzapfen (39 g), 3 Fragmente plankonvexer Barren (138 g, 66 g, 13 g), 1 grüner Polierstein (1174 g) [zur Datierung des Hortes in die ältere Urnenfelderzeit vgl. Kap. III/1 dieser Arbeit].- A. Hänsel, Acta Praehist. et Arch. 22, 1990, 57ff. mit Abb.

124. Cronat-sur-Loire, Dép. Saône-et-Loire.- Mittelständiges Lappenbeil (Typus Grigny).- J.-P. Milotte, G. Cordier, P. Abauzit, Rev. Arch. Est et Centre-Est 19, 1968, 50 Nr. 131 Abb. 131.

125. Dijon, Dép. Côte-d'Or.- Einzelfund.- Lanzenspitze.- Mem. Dép. Comm. Ant. Côte-d'Or 24, 1954-58, 15 mit Abb.

126. Dijon, Dép. Côte-d'Or.- Mittelständiges Lappenbeil (Typus Grigny).- J.-P. Milotte, G. Cordier, P. Abauzit, Rev. Arch. Est et Centre-Est 19, 1968, 30 Nr. 32 Abb. 32.

127. Diois, Dép. Drôme.- Einzelfund ?- Gezackte Nadel.- F. Audouze, J.-C. Courtois, Les épingles du Sud-Est de la France (1970) 13 Nr. 39 Taf. 2, 39; Beck, Beiträge 10; G.Gallay, B. Huber, Rev. Arch. Est et Centre Est 23, 1972, 304 Nr. 4.

128. Divonne-les-Bains, Dép. Ain.- Höhenfund.- Mittelständiges Lappenbeil (Typus Grigny).- J.-P. Milotte, G. Cordier, P. Abauzit, Rev. Arch. Est et Centre-Est 19, 1968, 25 Nr. 1 Abb. 1.

129. Dompierre-sur-Veyle, Dép. Ain.- Depot (teilweise verloren).- 3 Armringe (davon einer fragmentiert; Typus Publy), 2 Knopfsicheln, 2 Lanzenspitzenfrgte., 4 mittelständige Lappenbeile (davon 3 Ex. vom Typus Grigny); verloren eine Anzahl Armringe und Lanzenspitzen.- Milotte, Jura 291 Nr. 171; J.-P. Milotte, G. Cordier, P. Abauzit, Rev. Arch. Est et Centre-Est 19, 1968, 25 Nr. 2-5 Abb. 2-5; J.-P. Milotte, Bull. Soc. Préhist. France 60, 1963, 670 Abb. 7, 6.

130. Donzère, Dép. Drôme.- Höhle Baume des Angers; Stratum Bf I-IIa.- Dolch mit zungenförmiger Griffplatte.- G. Gallay, Die mittel- und spätbronze- sowie ältereisenzeitlichen Bronzedolche in Frankreich und auf den britischen Kanalinseln (1988) 132 Nr. 1215 Taf. 38, 1215.

130 A. Donzère, Dép. Drôme.- Depot in Höhle.- 3 Nadeln.

131. Doucier-Chalain, Dép. Jura.- Mittelständiges Lappenbeil (Typus Grigny).- J.-P. Milotte, G. Cordier, P. Abauzit, Rev. Arch. Est et Centre-Est 19, 1968, 38 Nr. 70bis Abb. 70bis.

132. Dourdan, Dép. Seine-et-Oise.- Depot.- Mittelständiges Lappenbeil, 2 Nadeln mit Trompetenkopf und geripptem und geschwollenem Hals.- E. Giraud, Bull. Soc. Préhist. France 52, 1955, 462f. Abb. 1.

133. Douvaine und Thonon (zwischen), Dép. Haute-Savoie.- Einzelfund.- Gerippte Trompetenkopfnadel (Typus Clans).- F. Audouze, J.-C. Courtois, Les épingles du Sud-Est de la France (1970) 13 Nr. 36 Taf.2, 36; G. Gaucher, Rev. Arch. Est et Centre-Est 34, 1983, 76 Nr. 741 Abb. 6, 741.

134. Eguisheim, Dép. Haut-Rhin.- Brandbestattung in Urne.- Dolchfrg. mit zungenförmiger Griffplatte, 1 Nadelfrg. (mit trompetenförmigem Kopf), verschmolzene Bronzefragmente, Keramik.- G. Gallay, Die mittel- und spätbronze- sowie ältereisenzeitlichen Bronzedolche in Frankreich und auf den britischen Kanalinseln (1988) 126 Nr. 1161 Taf. 78E.

135. Ensisheim, Dép. Haut-Rhin.- Körpergrab unter Hügel.- Dolchfrg. mit zungenförmiger Griffplatte, Keramik; dazu Rasiermesser ?.- G. Gallay, Die mittel- und spätbronze- sowie ältereisenzeitlichen Bronzedolche in Frankreich und auf den britischen Kanalinseln (1988) 131 Nr. 1202 Taf. 38, 1202.

136. Entzheim, Dép. Bas - Rhin.- Einzelfund.- Griffplattenschwert (Typus Rixheim).- H. Reim, Die spätbronzezeitlichen Griffplatten-, Griffdorn- und Griffangelschwerter in Ostfrankreich (1973) 18 Nr. 30 Taf. 5, 30.

137. Épernay, Dép. Marne.- Am linken Marneufer.- Mittelständiges Lappenbeil (Typus Grigny).- J.-P. Milotte, G. Cordier, P. Abauzit, Rev. Arch. Est et Centre-Est 19, 1968, 43 Nr. 88 Abb. 88.

138. Epervans, Dép. Saône-et-Loire.- Nadel (Typus Urberach).- L. Bonnamour, Bull. Soc. Préhist. France 64, 1967, 776 Abb. 2, 5.

139. Équevillon, Dép. Jura.- Mittelständiges Lappenbeil (266g).- J.-P. Milotte, G. Cordier, P. Abauzit, Rev. Arch. Est et Centre-Est 19, 1968, 40 Nr. 71 Abb. 71.

140. Erstein, Dép. Bas-Rhin.- Aus der Ill.- Griffplattenschwert (Typus Vernaison).- H. Reim, Die spätbronzezeitlichen Griffplatten-, Griffdorn- und Griffangelschwerter in Ostfrankreich (1973) 6 Nr. 1 Taf. 1, 1.

141. Erstein, Dép. Haut-Rhin.- Einzelfund.- Griffplattenschwert (Typus Rixheim).- F. Lambach, B. Schnitzler, Cahiers Alsaciens Arch. 30, 1987, 103ff. Abb. 2.

142. Espalion (Umgebung), Dép. Aveyron.- Mittelständiges Lappenbeil (Typus Grigny).- J.-P. Milotte, G. Cordier, P. Abauzit, Rev. Arch. Est et Centre-Est 19, 1968, 28 Nr. 19 Abb. 19; E. Carthailac, L'Anthropologie 1898, 671 Abb. 18-19.

143. Essonne (Département).- Aus der Seine.- 2 gerippte Trompetenkopfnadeln (Typus Clans).- G. Gaucher, Rev. Arch. Est et Centre-Est 34, 1983, 74 Nr. 912-913 Abb. 8, 912-913.

144. Essonne (Département).- Aus der Seine.- Nadel (Typus Bin-

ningen).- J.-P. Mohen, L'âge du Bronze dans la région de Paris (1977) 151 Abb. 515.

145. Etrechy, Dép. Marne.- Einzelfund.- Griffzungendolch.- G. Gallay, Die mittel- und spätbronze- sowie ältereisenzeitlichen Bronzedolche in Frankreich und auf den britischen Kanalinseln (1988) 156 Nr. 1426 Taf. 46, 1426.

146. Étrochey, Dép. Côte-d'Or.- Wohl Einzelfund.- Mittelständiges Lappenbeil (mit Absatzbildung; 215g).- J.-P. Milotte, G. Cordier, P. Abauzit, Rev. Arch. Est et Centre-Est 19, 1968, 30 Nr. 33 Abb. 33; R. Joffroy, Bull. Soc. Arch. Chatillonais 3. Ser. 2, 1949-50, 23 Taf. 1, 1.

147. Evry, Dép. Yonne.- Körpergrab.- 1 gerippte Trompetenkopfnadel (Typus Clans), 1 Rasiermesser (Typus Obermenzing), 1 Griffplattenschwert, 1 Dolch mit zungenförmiger Griffplatte.- G. Gallay, Die mittel- und spätbronze- sowie ältereisenzeitlichen Bronzedolche in Frankreich und auf den britischen Kanalinseln (1988) 132 Nr. 1221 Taf. 39, 1221; G. Gaucher, Rev. Arch. Est et Centre-Est 34, 1983, 74 Nr. 891 Abb. 8, 891; H. Reim, Die spätbronzezeitlichen Griffplatten-, Griffdorn- und Griffangelschwerter in Ostfrankreich (1973) 15f. Nr. 25 Taf. 5, 25; A. Jockenhövel, Die Rasiermesser in Westeuropa (1980) 89 Nr. 280 Taf. 16, 280.

148. Fareins oder **Beauregard**, Dép. Ain.- Aus der Saône.- Gerippte Trompetenkopfnadel (Typus Clans).- G. Gaucher, Rev. Arch. Est et Centre-Est 34, 1983, 73 Nr. 011 Abb. 6, 011.

149. Fedry, Dép. Haute-Saône.- Aus der Saône.- Griffangelschwert (Typus Grigny).- H. Reim, Die spätbronzezeitlichen Griffplatten-, Griffdorn- und Griffangelschwerter in Ostfrankreich (1973) 29 Nr. 47 Taf. 8, 47.

150. Festigny, Dép. Marne.- Depot.- 4 Tüllenbeile, 2 Lanzenspitzen, Karpfenzungenschwert, Armring, mittelständiges Lappenbeil (mit Befestigungsöse).- J.-P. Milotte, G. Cordier, P. Abauzit, Rev. Arch. Est et Centre-Est 19, 1968, 43 Nr. 89 Abb. 89; R. Parent, Travaux Hist. Art Préhist. 14, 1972, 33 Abb. 87, 3.

151. Fillinges, Dép. Haute-Savoie.- Depot in einer Aschenschicht; jüngere Urnenfelderzeit.- 12 Fragmente bzw. Schalen von mindestens 4 ineinander verschachtelten Panzern; 1 Bronzestab.- Y. Mottier, Helvetia Arch. 19, 1988, 110ff. Abb. 4-23.

152. Foecy, Dép. Cher.- Aus der Cher.- Griffdornschwert (Typus Mantoche).- H. Reim, Die spätbronzezeitlichen Griffplatten-, Griffdorn- und Griffangelschwerter in Ostfrankreich (1973) 24 Nr. 36 Taf. 7, 36.

153. Fontenay-de-Bossery, Dép. Aube.- Körperbestattung.- Griffplattenschwert (Typus Rixheim nahestehend).- Bull. Groupe Arch. Nogentais 6, 1967, 11ff. mit Abb.; C. u. D. Mordant, Bull. Groupement Arch. Seine-et-Marne 20, 1979, 44 Nr. 5.

154. Forêt de Haguenau, Ct. Kurzgeländ, Dép. Bas-Rhin.- Hügel 21 Brandgrab 1.- Nadel (Typus Guntersblum), Spulennadel(?), Griffplattenmesser, Meißel, 2 Armringe, Spiralfrg., Bronzefrg., 5 Frgte. von wohl 2 Bergen, 2 Tutuli, 2 Keramikgefäße.- C. Unz, Prähist. Zeitschr. 48, 1973, 87 Nr. 105 Taf. 27-29, 1.2.

155. Forêt de Haguenau, Dép. Bas- Rhin.- Ct Kurzgeländ, Hügel 5 Urnengrab 3.- 2 Pyramidenkopfnadeln, Grifftüllenmesser, Fragmente eines oder zweier Armringe, Bronzefrgte., Urne und Deckgefäß.- Beck, Beiträge 127f. Taf. 18 A.

156. Forêt de Haguenau, Dép. Bas-Rhin, Ct. Dachshübel-Birklach.- Mohnkopfnadel (Form IIB).- Beck, Beiträge 28 Taf. 41, 7.

157. Forêt de Haguenau, Dép. Bas-Rhin.- Griffplattenmesser.- Beck, Beiträge 148 Taf. 57, 6.

158. Forêt de Haguenau, Dép. Bas-Rhin; Ct. Kurzgeländ Hgl. 23.- Streufund.- Mohnkopfnadel (Form IIA).- Beck, Beiträge 138 Taf. 40, 14.

159. Forêt de Haguenau, Dép. Bas-Rhin.- Kurzgeländ, Hügel 21 Grab. 1.- Gezackte Nadel.- Beck, Beiträge 10; C. Unz, Prähist. Zeitschr. 48, 1973, 1ff. Taf. 27, 10; G. Gallay, B. Huber, Rev. Arch. Est et Centre Est 23, 1972, 304 Nr. 15.

160. Forêt de Haguenau, Dép. Bas-Rhin, Schelmenhofstadt Hügel 4, zu Grab 2 gehörig (?).- Gezackte Trompetenkopfnadel (Form A).- Beck, Beiträge 134 Taf. 34, 4.

161. Forêt de Haguenau, Dép. Bas-Rhin.- Donauberg, Hügel 5; Körpergrab.- Griffzungendolch, Nadel.- G. Gallay, Die mittel- und spätbronze- sowie ältereisenzeitlichen Bronzedolche in Frankreich und auf den britischen Kanalinseln (1988) 156 Nr. 148 Taf. 46, 1428.

162. Frankreich.- Rasiermesser (Typus Obermenzing).- A. Jockenhövel, Die Rasiermesser in Westeuropa (1980) 88 Nr. 262 Taf. 14, 262.

163. Fundort unbekannt
- H. Reim, Die spätbronzezeitlichen Griffplatten-, Griffdorn- und Griffangelschwerter in Ostfrankreich (1973) Nr. 8.
- Chalonnais, Dép. Saône-et-Loire. Gerippte Trompetenkopfnadel (Typus Clans). Beck, Beiträge 135 Taf. 35, 7.
- Gerippte Trompetenkopfnadel (Typus Clans). Beck, Beiträge 135 Taf. 35, 10.
- Gerippte Trompetenkopfnadel (Typus Clans). Beck, Beiträge 135 Taf. 35, 12.
- Gezackte Nadel. Beck, Beiträge 136 Taf. 38, 3.
- Gezackte Nadel. Beck, Beiträge 7.

164. Geispolsheim, Dép. Bas-Rhin.- Urnenbrandgrab.- 2 Nadeln, 1 Griffplattendolch, 1 Bronzeblechschale, 6 Armringe, 1 Beinberge in Fragmenten, Urne.- Beck, Beiträge 123; Taf. 3; G. Gallay, Die mittel- und spätbronze- sowie ältereisenzeitlichen Bronzedolche in Frankreich und auf den britischen Kanalinseln (1988) 94 Nr. 913 Taf. 26, 913.

165. Génelard, Dép. Saône-et-Loire.- Depot.- 1 Amboß, 5 Punzen, 3 Tüllenhämmer, 5 Stabmeißel, 1 Bronzegegenstand, weitere Funde (?).- Gallia Préhist. 21, 1978, 589f. Abb. 18; 1000 ans avant J.-C. en Europe "barbare". Ausstellungskatalog Nemours (1986) 48 mit Abb.

166. Gergy-Bougerot, Dép. Saône-et-Loire.- Aus der Saône.- Gerippte Trompetenkopfnadel (Typus Clans).- Beck, Beiträge 11; L. Bonnamour, Bull. Soc. Préhist. France 64, 1967, 774f. Abb. 2, 2; G. Gaucher, Rev. Arch. Est et Centre-Est 34, 1983, 76 Nr. 711 Abb. 6, 711.

167. Gièvres bei Claveau, Dép. Loir-et-Cher.- Aus einem Gräberfeld mit Körper- und Brandbestattungen.- Gerippte Trompetenkopfnadel (Typus Clans).- A. Villes in: P. Brun, C. Mordant (Hrsg.), Le groupe Rhin-Suisse-France orientale et la notion de civilisation des Champs d'Urnes. Actes Coll. Nemours 1986 (1988) 400 Abb. 9, 18; G. Gaucher, Rev. Arch. Est et Centre-Est 34, 1983, 73 Nr. 411 Abb. 7, 411.

168. Grand, Dép. Vosges.- Pyramidenkopfnadel.- Beck, Beiträge 42.

169. Gray, Dép. Haute-Saône.- Aus der Saône.- Mittelständiges Lappenbeil.- Gallia Préhist. 1961, 204ff. Abb. 23, 1.

170. Gray, Dép. Haute-Saône.- Fragment eines mittelständigen Lappenbeiles.- J.-P. Milotte, G. Cordier, P. Abauzit, Rev. Arch. Est et Centre-Est 19, 1968, 36 Nr. 60 Abb. 60; Gallia Préhist. 3, 1960, 207 Abb. 23, 2.

171. Gray, Dép. Haute Saône oder Chalon.- Aus der Saône.- Amboß.- L. Bonnamour, L'âge du Bronze au musée de Chalon-sur-Saône (1969) 48 Nr. 104 Taf. 16, 104.

172. Grayan-l'Hôpital, La Lède-du-Gurp, Dép. Gironde.- Einzelfund.- Gußform für einen Amboß.- J. Moreau, Gallia Préhist. 14, 1971, 267ff. Abb. 1.

173. Grenoble, Dép. Isère.- Mittelständiges Lappenbeil.- J.-P. Milotte, G. Cordier, P. Abauzit, Rev. Arch. Est et Centre-Est 19, 1968, 38 Nr. 68.

174. Grenoble, Dép. Isère.- Bronzepanzer.- Y. Mottier, Helvetia Arch. 19, 1988, 136 Abb. 31-32.

175. Grésine, Dép. Savoie.- Station am Lac du Bourget.- Fragment eines Panzers (?).- P. Schauer, Jahrb. RGZM 25, 1978, 129 Abb. 13.

176. Grésy-sur-Aix, Dép. Savoie.- Einzelfund.- Gerippte Trompetenkopfnadel (Typus Clans).- G. Gaucher, Rev. Arch. Est et Centre-Est 34, 1983, 74 Nr. 733.

177. Grigny, Dép. Essonne.- Flußfund.- Lanzenspitze mit kurzer Tülle.- J.-P. Mohen, L'âge du Bronze dans la région de Paris (1977) 146 Abb. 483.

178. Grigny, Dép. Essonne.- Aus der Seine.- Gerippte Trompetenkopfnadel (Typus Clans).- G. Gaucher, Rev. Arch. Est et Centre-Est 34, 1983, 74 Nr. 914 Abb. 8, 914.

179. Grigny, Dép. Rhône.- Aus der Rhône.- Mittelständiges Lappenbeil (Typus Grigny).- G. Chapotat, Rev. Arch Est et Centre-Est 22, 1971, 90ff. Abb. 2.

180. Grigny, Dép. Rhône.- Aus der Rhône.- Griffangelschwert (Typus Grigny).- H. Reim, Die spätbronzezeitlichen Griffplatten-, Griffdorn- und Griffangelschwerter in Ostfrankreich (1973) 29 Nr. 47 Taf. 8, 47.

181. Grigny, Dép. Rhône.- Aus der Rhône.- Griffangelschwert (Typus Grigny).- G. Chapotat, Rev. Arch. Est et Centre-Est 24, 1974, 341ff.

182. Grottes de Bize, Dép. Aude.- Höhlenfund.- Griffdornschwert (Typus Monza).- J. Guilaine, A. Tavoso, L'Anthrpologie 88, 1984, 99ff. mit Abb.

183. Guerchy, Dép. Yonne.- Nadel (Typus Yonne/Form E).- Nicolas et al., Rev. Arch. Est et Centre-Est 26, 1975, 159ff. Abb. 8, 46.

184. Gugney, Dép. Meurthe-et-Moselle.- Höhenfund oder Grab.- Griffplattenschwert (Typus Rixheim).- H. Reim, Die spätbronzezeitlichen Griffplatten-, Griffdorn- und Griffangelschwerter in Ostfrankreich (1973) 11 Nr. 16 Taf. 3, 16.

185. Gugney, Dép. Meurthe-et-Moselle.- Höhenfund oder Grab.- Griffplattenschwert (Typus Rixheim).- H. Reim, Die spätbronzezeitlichen Griffplatten-, Griffdorn- und Griffangelschwerter in Ostfrankreich (1973) 10 Nr. 11 Taf. 2, 11.

186. Hagenauer Forst -> Forêt de Haguenau

187. Heidolsheim, Dép. Bas-Rhin.- Einzelfund oder Brandgrab (?).- Griffplattenschwert (Typus Rixheim).- H. Reim, Die spätbronzezeitlichen Griffplatten-, Griffdorn- und Griffangelschwerter in Ostfrankreich (1973) 21 Nr. 33 Taf. 6, 33.

188. Heuilly s. Saône, Dép. Côte d'Or.- Aus der Saône.- Griffplattenschwert (Typus Oggiono-Meienried).- Gallia Préhist. 28, 1985, 173 mit Abb.

189. Haute-Marne (Département).- Nadel (Typus Yonne/Form A).- Beck, Beiträge 135 Taf. 36, 4.

190. Hochfelden, Dép. Bas-Rhin.- "Ziegelei Lanter".- Armring (Typus Allendorf).- Beck, Beiträge 145 Taf. 53, 5.

191. Horbourg, Dép. Haut-Rhin.- Nadel (Typus Yonne/Form B).- H. Zumstein, L'Age du Bronze dans le département du Haut-Rhin (1966) 131 Abb. 47, 306.

192. Ile-Saint-Ouen, Dép. Seine.- Aus der Seine.- Griffangelschwert (Typus Monza).- H. Reim, Die spätbronzezeitlichen Griffplatten-, Griffdorn- und Griffangelschwerter in Ostfrankreich (1973) 28 Nr. 45 Taf. 8, 45.

193. Imphy, Dép. Nièvre.- Aus der Loire.- Lanzenspitze mit kurzer Tülle.- G. Cordier, Rev. Arch. Centre 24, 1985, 66 Abb. 4.

194. Ingwiller, Dép. Bas-Rhin.- Pyramidenkopfnadel.- Beck, Beiträge 42.

195. Ingwiller, Dép. Bas-Rhin.- Mohnkopfnadel (Form IIIB). Beck, Beiträge 33.

196. Inorm Dép. Meuse.- Mittelständiges Lappenbeil (Typus Grigny).- J.-P. Milotte, G. Cordier, P. Abauzit, Rev. Arch. Est et Centre-Est 19, 1968, 46 Nr. 103 Abb. 103.

197. Is-sur-Tille, Dép. Côte-d'Or.- Grabfund.- 3 Armringe, 1 gezackte Nadel, Hirtenstabnadel, Spiralröllchen, Anhängerfrgte., lanzettförmiger Gürtelhaken.- Kilian-Dirlmeier, Gürtel 73 ("Bronze final I") Nr. 256 Taf. 22, 256; N.K. Sandars, Bronze Age Cultures in France (1957) 151 Taf. 9, 1; Beck, Beiträge 7.

198. Joeuf, Dép. Meurthe-et-Moselle.- Flußfund (Orne).- Mittelständiges Lappenbeil.- J.-P. Milotte, G. Cordier, P. Abauzit, Rev. Arch. Est et Centre-Est 19, 1968, 44 Nr. 98 Abb. 98; G. Poirot, Bull. Soc. Préhist. France 55, 1958, 472f. Abb. 13.

199. Kappelen, Dép. Haut-Rhin.- Mittelständiges Lappenbeil.- J.-P. Milotte, G. Cordier, P. Abauzit, Rev. Arch. Est et Centre-Est 19, 1968, 34 Nr. 52 Abb. 52.

199A. Krautwiller.- Nadel (Typus Guntersblum).

200. Kuntzig, Dép. Moselle.- Depot; die unklare Fundgeschichte hat F. Stein ausführlich dargestellt. Hinzuzufügen ist, daß sich im RGZM der Hinweis findet, daß nach einer Notiz von Kofler (Postkarte an Schumacher v. 30.3.1905) die Stücke in "Niedergentingen bei Niederjeutz" gefunden wurden. Im RGZM sind die Bronzen gegenwärtig nicht aufzufinden.- 3 Fragmente mittelständiger Lappenbeile, 1 lanzettförmiger Meißel, 1 Lanzenspitzenfrg., 2 Knopfsichelfrgte., 1 Zungensichelfrg., 1 Sichelfrg., 1 Haken, 1 Lanzenspitzenfrg., 4 Blechbänder, 3 Nadelschäfte, 1 Armringfrg.- Mainzer Zeitschr. 33, 1938, 3f. Abb.7; Stein, Hortfunde Nr. 451.

201. Labruyère, Dép. Côte-d'Or.- Mittelständiges Lappenbeil.- J.-P. Milotte, G. Cordier, P. Abauzit, Rev. Arch. Est et Centre-Est 19, 1968, 30 Nr. 34 Abb. 34.

202. Lac du Bourget, Dép. Savoie.- Seerandsiedlung.- Gerippte Trompetenkopfnadel (Typus Clans).- G. Gaucher, Rev. Arch. Est et Centre-Est 34, 1983, 74 Nr. 732 Abb. 8, 732.

203. Lac d'Annecy, Dép. Haute-Savoie.- Nadel (Typus Binningen).- F. Audouze, J.-C. Courtois, Les épingles du Sud-Est de la France (1970) 15 Nr. 45 Taf. 3, 45.

204. Lac du Bourget, Dép. Savoie.- Nadel (Typus Binningen).- F. Audouze, J.-C. Courtois, Les épingles du Sud-Est de la France (1970) 15 Nr. 44 Taf. 3, 44.

205. La Ferté-Hauterive, Dép. Allier.- Körpergrab.- Rasiermes-

ser (Typus Obermenzing), Nadel, Keramik.- A. Jockenhövel, Die Rasiermesser in Westeuropa (1980) 89f. Nr. 274 Taf. 15, 274.

206. Landreville, Dép. Aube.- Mittelständiges Lappenbeil.- J.-P. Milotte, G. Cordier, P. Abauzit, Rev. Arch. Est et Centre-Est 19, 1968, 28 Nr. 13 Abb. 13.

207. Lantenay, Dép. Ain.- Depot.- 3 Schwertklingenfrgte., 1 Absatzbeil, 1 zweinietiger Dolch mit trapezförmiger Griffplatte, 1 Dolch mit zungenförmiger Griffplatte, 5 Armringe, 3 Nadeln (darunter eine Typus Wollmensheim [?]).- J.-P. Milotte, Le Jura et les plaines de la Saône aux âges des métaux (1963) 307 Nr. 254 Taf. 13, 1-3; G. Gallay, Die mittel- und spätbronze- sowie ältereisenzeitlichen Bronzedolche in Frankreich und auf den britischen Kanalinseln (1988) 125 Nr. 1150 Taf. 36, 1150.

208. La Rivière-Drugeon -> Rivière-Drugeon

209. La Rivière-Drugeon, Dép. Doubs.- Körpergrab unter Tumulus.- Gerippte Trompetenkopfnadel (Typus Clans), 2 Gefäße.- G. Gaucher, Rev. Arch. Est et Centre-Est 34, 1983, 73 Nr. 251 Abb. 7, 251.

210-211 entfallen.

212. Larnaud, Dép. Jura.- Depot der Stufe Ha B1.- Darin unter anderem 3 (ältere) lanzettförmige Gürtelhaken (einer fragmentiert).- Kilian-Dirlmeier, Gürtel 74 Nr. 266. 268-269 Taf. 22, 266. 268-269.

213. La Vilaine bei Rennes, Dép. Ille- et-Vilaine.- Einzelfund aus Gewässer (?).- Griffplattenschwert (Typus Rixheim).- Briard, Les dépôts bretons 163 Abb. 54, 4; H. Reim, Die spätbronzezeitlichen Griffplatten-, Griffdorn- und Griffangelschwerter in Ostfrankreich (1973) 11 Nr. 17 Taf. 3, 17.

214. Laval-en-Brie, Dép. Seine-et-Marne.- Einzelfund.- Griffplattenschwert (Typus Rixheim).- C. u. D. Mordant, Bull. Groupement Arch. Seine-et-Marne 20, 1979, 44f. Abb. 1, 3.

215. Lemainville, Dép. Meurthe-et-Moselle.- Grabfund (?).- Gezackte Trompetenkopfnadel (Form A).- Beck, Beiträge 13; J.-P. Milotte, Carte archéologique de la Lorraine (1965) 90 Taf. 4, 24.

216. Lezenay, Dép. Cher.- Gerippte Trompetenkopfnadel (Typus Clans).- G. Gaucher, Rev. Arch. Est et Centre-Est 34, 1983, 73 Abb. 7, 181.

217. Liernolles, Dép. Allier.- Mittelständiges Lappenbeil (Typus Grigny).- J.-P. Milotte, G. Cordier, P. Abauzit, Rev. Arch. Est et Centre-Est 19, 1968, 26 Nr. 8 Abb. 8.

218. Lingolsheim, Dép. Bas-Rhin.- Grab (?).- 2 Bronzespiralen und ein Griffplattenmesser in einem Gefäß.- Beck, Beiträge 149 Taf. 58, 2.

219. Longeville-les-Metz, Dép. Moselle.- Mittelständiges Lappenbeil (Typus Grigny).- J.-P. Milotte, G. Cordier, P. Abauzit, Rev. Arch. Est et Centre-Est 19, 1968, 47 Nr. 110 Abb. 110.

220. Longueville, Dép. Seine-et-Marne.- Depot in Tongefäß (ca. 12, 5 kg Gesamtgewicht).- 1 Spulennadelfrg., 32 Knopfsichelfrgte., 3 Absatzbeilfrgte., 6 Fragmente mittelständiger Lappenbeile, 1 Lanzenspitzenfrg., 4 Schwertklingenfrgte., 1 Dolch(?)frg., 3 Messerfrgte., 4 Knöchelbandfrgte., 1 Ahle, 2 Meißel (?), 7 Stabbarren, 7 Armringe (z.T. frgagmentiert), 4 Ringlein, 1 Bronzekugelfrg., 1 sichelförmiger Barren, 1 runder (zu drei Vierteln erhaltener) Barren, 2 Bronzestücke.- H. Lamarre, Rev. Arch. 6. ser. 3, 1945, 98ff. mit Abb.; K. Zimmermann, Jahrb. Hist. Mus. Bern, 49-50, 1969-70, 246 Nr. 27.

221. Lullin-Couvaloux, Dép. Haute-Savoie.- Depot (Ende 19. Jh.); 75 Teile.- Fragmente mittelständiger Lappenbeile, Knopfsichelfrgte., Armringfrgte., 1 Griffplattenmesser, 1 Dolchfrg., Kette, Anhängerfrg., Schwerter, Nadeln, Lanzenspitze, Meißel, diverse Fragmente.- A. Bocquet, Les Dépôts et la Chronologie du Bronze final dans les Alpes du Nord. Colloque 26, 9. Congr. UISPP (Nice 1976) 42ff. Abb. 3; G. Gallay, Die mittel- und spätbronze- sowie ältereisenzeitlichen Bronzedolche in Frankreich und auf den britischen Kanalinseln (1988) 131 Nr. 1201 Taf. 38, 1201.

222. Lux, Dép. Saône-et-Loire.- Aus der Saône.- Bronzetasse.- Gallia Préhist. 25, 1982, 331 Abb. 21.

223. Lyon, Saint-Just, Dép. Rhône.- Gerippte Trompetenkopfnadel (Typus Clans).- G. Gaucher, Rev. Arch. Est et Centre-Est 34, 1983, 74 Nr. 691 Abb. 6, 691.

224. Lyon, Dép. Rhône.- Aus der Saône bei Ainay.- Mittelständiges Lappenbeil (Typus Grigny).- J.-P. Milotte, G. Cordier, P. Abauzit, Rev. Arch. Est et Centre-Est 19, 1968, 48 Nr. 122 Abb. 122.

225. Lyon, Dép. Rhône.- Im Rhônekies.- Mittelständiges Lappenbeil (Typus Grigny).- J.-P. Milotte, G. Cordier, P. Abauzit, Rev. Arch. Est et Centre-Est 19, 1968, 48 Nr. 121 Abb. 121.

226. Lyon (?), Dép. Rhône.- Aus Saône oder Rhône (?).- Griffplattenschwert (Typus Rixheim).- H. Reim, Die spätbronzezeitlichen Griffplatten-, Griffdorn- und Griffangelschwerter in Ostfrankreich (1973) 12 Nr. 23 Taf. 4, 23.

227. Lyon, Dép. Rhône.- Wahrscheinlich aus der Rhône.- Mittelständiges Lappenbeil (Typus Grigny).- J.-P. Milotte, G. Cordier, P. Abauzit, Rev. Arch. Est et Centre-Est 19, 1968, 48 Nr. 123 Abb. 123; Gallia Préhist. 5, 1962, 248 Abb. 20, 6.

228. Mâcon und Tournus (zwischen).- Aus der Saône.- Griffdornschwert (Typus Mantoche).- H. Reim, Die spätbronzezeitlichen Griffplatten-, Griffdorn- und Griffangelschwerter in Ostfrankreich (1973) 24 Nr. 41 Taf. 7, 41.

229. Mâcon, Dép. Saône-et-Loire.- Aus der Saône.- Griffdornschwert (Typus Mantoche).- H. Reim, Die spätbronzezeitlichen Griffplatten-, Griffdorn- und Griffangelschwerter in Ostfrankreich (1973) 24 Nr. 37 Taf. 7, 37.

230. Mâcon, Dép. Saône-et-Loire.- Amboß.- J.-P. Nicolardot, G. Gaucher, Typologie des objets de l'Age du Bronze en France. Fasc. V: Outils (1975) 22 Abb. 2.

231. Mâcon, Dép. Saône-et-Loire.- Aus der Saône.- Dolch mit zungenförmiger Griffplatte.- G. Gallay, Die mittel- und spätbronze- sowie ältereisenzeitlichen Bronzedolche in Frankreich und auf den britischen Kanalinseln (1988) 141 Nr. 1316 Taf. 42, 1316.

232. Mâcon, Dép. Saône-et-Loire.- Aus der Saône.- Gerippte Trompetenkopfnadel (Typus Clans).- G. Gaucher, Rev. Arch. Est et Centre-Est 34, 1983, 74 Nr. 712 Abb. 6, 712.

233. Mâcon, Dép. Saône-et-Loire.- Aus der Saône.- Griffplattenschwert (Typus Rixheim).- H. Reim, Die spätbronzezeitlichen Griffplatten-, Griffdorn- und Griffangelschwerter in Ostfrankreich (1973) 10 Nr. 12 Taf. 2, 12.

234. Mâcon, Dép. Saône-et-Loire.- Aus der Saône.- Mittelständiges Lappenbeil.- J.-P. Milotte, G. Cordier, P. Abauzit, Rev. Arch. Est et Centre-Est 19, 1968, 50 Nr. 132 Abb. 132.

235. Mâcon, Dép. Saône-et-Loire.- Ile Saint-Jean; vermutlich Flußfund.- 1 Miniaturdolch oder ein dolchförmiger Anhänger.- Jeanton u. Lafay, Bull. Soc. Préhist. France 14, 1917, 192 Abb. 52; G. Kossack, Studien zum Symbolgut der Urnenfelder- und Hallstattzeit Mitteleuropas (1954) 93 Liste B Nr. 54.

236. Mâcon, Dép. Saône-et-Loire.- Mittelständiges Lappenbeil

(Typus Grigny).- J.-P. Milotte, G. Cordier, P. Abauzit, Rev. Arch. Est et Centre-Est 19, 1968, 50 Nr. 133 Abb. 133.

237. Mâcon, Dép. Saône-et-Loire.- Mittelständiges Lappenbeil (Typus Grigny).- J.-P. Milotte, G. Cordier, P. Abauzit, Rev. Arch. Est et Centre-Est 19, 1968, 50 Nr. 134 Abb. 134.

238. Mâcon, Dép. Saône-et-Loire.- Mittelständiges Lappenbeil (Typus Grigny).- J.-P. Milotte, G. Cordier, P. Abauzit, Rev. Arch. Est et Centre-Est 19, 1968, 51 Nr. 134bis Abb. 134 bis.

239. Mâcon, Dép. Saône-et-Loire.- Aus der Saône (Ile Damprun).- Mittelständiges Lappenbeil (Typus Grigny; 860 g).- A. Barthélemy in: 109. Congr. Nat. Soc. Savantes Dijon 1984 Bd. 2 (1984) 74 Abb. 4.

240. Malassis (com. Chéry), Dép. Cher.- Depot in Tongefäß.- Ca. 250 Gegenstände; Gesamtgewicht 12, 5 kg: 39 Absatzbeile (davon 2 unfragmentiert), 1 Lappenbeilfrg., 2 Randleistenbeilfrgte. (?), 24 Griffplattenschwert- und Dolchfrgte., 1 Niet, 11 Lanzenspitzenfrgte., 11 Knopfsichelfrgte., 98 Armringe (z. T. fragmentiert), 3 Fragmente gerippter Armbänder, 1 Spulennadelfrg., 1 Fragment einer Trompetenkopfnadel (ehem. Spulennadel?), 2 Blechfrgte., 1 Knöchelbandfrg. (?), 1 Nadelfrg.,2 Blechstücke, 1 Tutulusfrg., 1 Ring mit Laschen, 1 Scheibe mit Loch, 6 Stabbarren (teilw. fragmentiert), ca. 10 Frgte. und Gußabfall und ca. 50 Gußkuchenfrgte.- J. Briard, G. Cordier, G. Gaucher, Gallia Préhist. 12, 1969, 67ff mit Abb.; G. Gallay, B. Huber, Rev. Arch. Est et Centre-Est 23, 1972, 304 Nr. 2.

241. Mantoche, Dép. Haute-Saône.- Aus der Saône.- Griffplattenschwert (Typus Oggiono-Meienried).- H. Reim, Die spätbronzezeitlichen Griffplatten-, Griffdorn- und Griffangelschwerter in Ostfrankreich (1973) 8 Nr. 6 Taf. 1, 6.

242. Mantoche, Dép. Haute-Saône.- Aus der Saône.- Griffdornschwert (Typus Mantoche).- H. Reim, Die spätbronzezezeitlichen Griffplatten-, Griffdorn- und Griffangelschwerter in Ostfrankreich (1973) 24 Nr. 38 Taf. 7, 38.

243. Mantoche, Dép. Haute-Saône.- Aus der Saône.- 2 Fragmente (eines?) mittelständigen Lappenbeiles (Typus Grigny).- J.-P. Milotte, G. Cordier, P. Abauzit, Rev. Arch. Est et Centre-Est 19, 1968, 36 Nr. 61 Abb. 61; Gallia Préhist. 5, 1962, 214f. Abb. 15.

244. Mantoche, Dép. Haute-Saône.- Flußfund aus der Saône.- Lanzenspitze.- M. Demesy, A. Thévenin, Bull. Soc. Préhist. France 57, 1960, 558f. Abb.2.

245. Marcellaz-en-Faucigny (Fillinges, Champs-Balliard), Dép. Haute-Savoie.- Depot.- 2 Gezackte Nadeln.- Beck, Beiträge 8; F. Audouze, J.-C. Courtois, Les épingles du Sud-Est de la France (1970) 13 Nr. 40.41 Taf. 2, 40.41; G. Gallay, B. Huber, Rev. Arch. Est et Centre-Est 23, 1972, 304 Nr. 5.

246. Mareuil-le-Port, "Port-à-Binson", Dép. Marne.- Flußfunde.- 3 Mittelständige Lappenbeile.- J.-P. Milotte, G. Cordier, P. Abauzit, Rev. Arch. Est et Centre-Est 19, 1968, 44 Nr. 90-92 Abb. 90-92; R. Parent, Travaux Hist. Art Préhist. 14, 1972, 33 Abb. 87, 1-2.

247. Marigny, Dép. Jura.- Mittelständiges Lappenbeil (Typus Grigny; 645g).- J.-P. Milotte, G. Cordier, P. Abauzit, Rev. Arch. Est et Centre-Est 19, 1968, 40 Nr. 72 Abb. 72.

248. Marmesse, Dép. Haute-Marne.- 6 Panzer in einem Sandwerk, 3 Fragmente; jüngere Urnenfelderzeit.- Y. Mottier, Helvetia Arch. 19, 1988, 140f. Abb. 35-37.

249. Marnay, Dép. Haute-Saône.- Flußfunde (Ognon).- Lanzenspitze; mittelständiges lappenbeil.- R. Monnet, C. Thévenin, Rev. Arch. Est et Centre-Est 34, 1983, 368 Abb. 3, 8.

250. Marolles-sur-Seine, Dép. Seine-et-Marne.- Brandbestattung.- Gerippte Trompetenkopfnadel (Typus Clans), 7 Bronzen, Bernstein, 8 Gefäße.- G. Gaucher, Rev. Arch. Est et Centre-Est 34, 1983, 74 Nr. 771 Abb. 8, 771.

251. Marolles-sur-Seine, Dép. Seine-et-Marne.- Griffplattenschwert (Typus Rixheim).- C.u.D. Mordant, Bull. Groupement. Arch. de Seine-et-Marne 20, 1979, 44 Nr. 7.

252. Marolles-sur-Seine, Dép. Seine-et-Marne.- Nekropole 1 Brandbestattung 5.- Rasiermesser (Typus Obermenzing), Trompetenkopfnadel, Pinzette, Griffplattendolch, Messer- oder Sichelfrg., 3 Bronzeröhrchen, Bernstein, Silex, Steinbeil, Keramik.- A. Jockenhövel, Die Rasiermesser in Westeuropa (1980) 89 Nr. 268 Taf. 70.

253. Maron, Dép. Meurthe-et-Moselle.- Aus der Mosel.- Griffplattenschwert (Typus Rixheim).- Gallia Préhist. 22, 1979, 593 mit Abb.

254-255. Marre (La), Dép. Jura.- Depot oder drei kleine Fundkomplexe.- 1 Bergenfrg., Gußbrocken, 1 Nadel, 2 Sicheln, 2 mittelständige Lappenbeile (Typus Grigny), 1 Spirale, 5 Spiralfrgte..- Beck, Beiträge Taf. 26 A; J.-P. Milotte, G. Cordier, P. Abauzit, Rev. Arch. Est et Centre-Est 19, 1968, 40 Nr. 73f. Abb. 73f.

256. Marsal, Dép. Moselle.- Pyramidenkopfnadel.- Beck, Beiträge 43 Taf. 40, 18.

257. Martigny-les-Bains, Dép. Vosges.- Lanzenspitze.- L. Lepage, Mem. Soc. Arch. Champagne. 3 Suppl. 2 (1984), 45 Abb. 35, 11.

258. Matafelon-Granges, Dép. Ain.- "Grotte de Courtouphle"; Höhlenfund.- Rasiermesser.- A. Jockenhövel, Die Rasiermesser in Westeuropa (1980) 95 Nr. 299 Taf. 17, 299.

259. Melun, Dép. Seine-et-Marne.- Grabfund (?).- Griffzungendolch (Typus Canegrate ?), Schwert.- G. Gallay, Die mittel- und spätbronze- sowie ältereisenzeitlichen Bronzedolche in Frankreich und auf den britischen Kanalinseln (1988) 156 Nr. 1427 Taf. 46, 1427.

260. Menglon, Dép. Drôme.- Lanzenspitze mit kurzer Tülle.- S. Gagnière u.a., Les armes et les outils protohistoriques en bronze du musée Calvet d'Avignon (1963) 44 Nr. 60 Taf. 13, 60.

261. Méréville, Dép. Meurthe-et-Moselle.- Flußfunde aus der Mosel.- 2 mittelständige Lappenbeile.- J.-P. Milotte, G. Cordier, P. Abauzit, Rev. Arch. Est et Centre-Est 19, 1968, 46 Nr. 99-100 Abb. 99; G. Poirot, Bull. Soc. Préhist. France 1938, 316 mit Abb.

262. Mérindol, Dép. Vaucluse.- Depot (?).- Nadeln, die jenen von Vers, Dép. Gard entsprechen sollen.- K. Zimmermann, Jahrb. Hist. Mus. Bern, 49-50, 1969-70, 243 Nr. 10; G. Gallay, B. Huber, Rev. Arch. Est et Centre-Est 23, 1972, 304 Nr. 6.

263. Merrey, Dép. Haute-Marne.- Mittelständiges Lappenbeil (Typus Grigny).- J.-P. Milotte, G. Cordier, P. Abauzit, Rev. Arch. Est et Centre-Est 19, 1968, 34 Nr. 51 Abb. 51; L. Lepage, Préhist. et Protohist. Champagne-Ardenne 5, 1981, 62 Abb. 4, 5.

264. Metz, Dép. Moselle.- Mittelständiges Lappenbeil.- J.-P. Milotte, G. Cordier, P. Abauzit, Rev. Arch. Est et Centre-Est 19, 1968, 47 Nr. 111 Abb. 111.

265. Meyrannes, Dép. Gard.- Höhlenfund (grottes des Buissières).- Gezackte Nadel, Armringe, zweinietiger Dolch.- Beck, Beiträge 10; J.-L. Roudil, L'Age du Bronze en Languedoc Oriental (1972) 109 Abb. 37, 10; S.265; G. Gallay, B. Huber, Rev. Arch. Est et Centre-Est 23, 1972, 304 Nr. 7.

266. Misy-sur-Yonne, Dép. Seine-et-Marne.- Flußfund aus der

Yonne.- Rasiermesser (Typus Stadecken).- A. Jockenhövel, Die Rasiermesser in Westeuropa (1980) 94 Nr. 297 Taf. 16, 297.

267. Moiron, Dép. Jura.- Mittelständiges Lappenbeil (Typus Grigny).- J.-P. Milotte, G. Cordier, P. Abauzit, Rev. Arch. Est et Centre-Est 19, 1968, 40 Nr. 75 Abb. 75.

268. Molinet, Dép. Allier.- Mittelständiges Lappenbeil (165g).- P. Abauzit, Bull. Soc. Préhist. France 57, 1960, 146 Abb. 2, 4.

269. Mondelange, Dép. Moselle.- Am Moselufer.- Mittelständiges Lappenbeil.- J.-P. Milotte, G. Cordier, P. Abauzit, Rev. Arch. Est et Centre-Est 19, 1968, 47 Nr. 112.

270. Monéteau-Saint-Quentin, Dép. Yonne.- Nadel (Typus Yonne/Form A).- C. Unz, Prähist. Zeitschr. 48, 1973, 1ff. Taf. 39, 7.

271. Monéteau-Saint-Quentin, Dép. Yonne.- Grab (1860).- 2 Nadeln (1 Hirtenstabnadel), Gürtelhaken, 3 tordierte Armringe, 30 Blechröllchen, 9 Spiralröllchen, 1 Dolch mit zungenförmiger Griffplatte, 1 Tongefäß.- G. Gallay, Die mittel- und spätbronze- sowie ältereisenzeitlichen Bronzedolche in Frankreich und auf den britischen Kanalinseln (1988) 125 Nr. 1148 Taf. 35, 1148.

272. Monéteau, Dép. Yonne.- Körperbestattung.- Rasiermesser (Typus Obermenzing), Knochenanhänger, 2 Kupferröhrchen, Keramik.- A. Jockenhövel, Die Rasiermesser in Westeuropa (1980) 88 Nr. 263 Taf. 14, 263.

273. entfällt.

274. Montbellet, Dép. Saône-et-Loire.- Flußfund aus der Saône.- Lanzenspitze.- Gallia Préhist. 21, 1978, 590 Abb. 19.

275. Mont-du-Chat, Dép. Savoie.- Einzelfunde (?).- 2 Nadeln (Typus Yonne/Form A und B).- Beck, Beiträge 135 Taf. 36, 3.6.

276. Montgivray, Dép. Indre.- Körperflachgrab.- Nadel, Rasiermesserfrg. (Typus Obermenzing), Grifftüllenmesser.- L. Coq, J. Gourvest, Ogam 13, 1961, 47ff. Abb. 1; G. Gaudron, Bull. Soc. Préhist. France 52, 1955, 174ff. mit Abb.; A. Jockenhövel, Die Rasiermesser in Westeuropa (1980) 89 Nr. 266 Taf. 15, 266.

277. Montmorot, Dép. Jura.- Mittelständiges Lappenbeil (Typus Grigny; 780 g).- J.-P. Milotte, G. Cordier, P. Abauzit, Rev. Arch. Est et Centre-Est 19, 1968, 40 Nr. 76 Abb. 776.

278. Montseugny, Dép. Haute-Saône.- Aus der Saône.- Griffplattenschwert (Typus Rixheim).- H. Reim, Die spätbronzezeitlichen Griffplatten-, Griffdorn- und Griffangelschwerter in Ostfrankreich (1973) 10 Nr. 13 Taf. 3, 13.

279. Morsang und Saintry (zwischen), Dép. Essonne.- Aus der Seine.- Gerippte Trompetenkopfnadel (Typus Clans).- G. Gaucher, Rev. Arch. Est et Centre-Est 34, 1983, 74 Nr. 915 Abb. 8, 915.

280. Mundolsheim, Dép. Bas-Rhin.- Fundumstände unbekannt.- Griffplattenschwert (Typus Rixheim).- H. Reim, Die spätbronzezeitlichen Griffplatten-, Griffdorn- und Griffangelschwerter in Ostfrankreich (1973) 10 Nr. 14 Taf. 3, 14.

281. Nancy, Dép. Meurthe-et-Moselle.- Mittelständiges Lappenbeil.- J.-P. Milotte, G. Cordier, P. Abauzit, Rev. Arch. Est et Centre-Est 19, 1968, 46 Nr. 101.

282. Nevers, Dép. Nièvre.- Körpergrab.- Gerippte Trompetenkopfnadel (Typus Clans), Nadel, 11 Armringe, 1 Bernsteinperle.- G. Gaucher, Rev. Arch. Est et Centre-Est 34, 1983, 74 Nr. 581 Abb. 6, 581.

283. Nevy-Lès-Dole, Dép. Jura.- Mittelständiges Lappenbeil (Typus Grigny; 826 g).- J.-P. Milotte, G. Cordier, P. Abauzit, Rev. Arch. Est et Centre-Est 19, 1968, 40 Nr. 77 Abb. 77.

284. Neyron, Dép. Ain.- Mittelständiges Lappenbeil (Typus Grigny).- J.-P. Milotte, G. Cordier, P. Abauzit, Rev. Arch. Est et Centre-Est 19, 1968, 26 Nr. 6 Abb. 6.

285. Nice, Dép. Alpes-Maritimes.- Mont-Gros; Depot.- 5 Armringe mit Strichverzierung, 1 Fragment eines gerippten Armrings, 1 Schwertklingenfrg., 1 Lanzenspitzen(?)frg., 1 Pfriem, 1 Dolch mit zungenförmiger Griffplatte.- G. Gallay, Die mittel- und spätbronze- sowie ältereisenzeitlichen Bronzedolche in Frankreich und auf den britischen Kanalinseln (1988) 128 Nr. 1178 Taf. 37, 1178.

286. Nieder-Giningen bei Diedenhofen -> Kuntzig

287. Niherne, Dép. Indre.- Mittelständiges Lappenbeil (Typus Grigny).- J.-P. Milotte, G. Cordier, P. Abauzit, Rev. Arch. Est et Centre-Est 19, 1968, 38 Nr. 67 Abb. 67.

288. Nonzeville, Dép. Vosges.- Depot in Gefäß (unvollständig überliefert; angeblich zusammen mit anderen Bronzeobjekten in einer "Urne".- Fragment eines Vollgriffdolches, Spulennadel, Spiralscheibe, Armring (Typus Allendorf).- G. Gallay, Die mittel- und spätbronze- sowie ältereisenzeitlichen Bronzedolche in Frankreich und auf den britischen Kanalinseln (1988) 157 Nr. 1437 Taf. 47, 1437; Beck, Beiträge 52; Kimmig, Rev. Arch. Est et Centre-Est 2, 151, 78 Taf. 11 a; Holste, Prähist. Zeitschr. 30-31, 1939-40, 418 Abb. 2, 11; K. Zimmermann, Jahrb. Hist. Mus. Bern, 49-50, 1969-70, 246 Nr. 30; G. Gallay, B. Huber, Rev. Arch. Est et Centre-Est 23, 1972, 304 Nr. 8; Bad. Fundber. 17, 1941/47 Taf. 53 E2.

289. Noyen-sur-Seine, Dép. Seine-et-Marne.- Aus der Seine.- Griffangelschwert (Typus Monza).- C.u.D. Mordant, Bull. Groupement. Arch. Seine-et-Marne 20, 1979, 45 Abb. 1, 4.

290. Noyers-sur-Cher, Dép. Loir-et-Cher.- Gerippte Trompetenkopfnadel (Typus Clans).- A. Villes in: P. Brun, C. Mordant (Hrsg.), Le groupe Rhin-Suisse-France orientale et la notion de civilisation des Champs d'Urnes. Actes Coll. Nemours 1986 (1988) 400 Abb. 9, 4; G. Gaucher, Rev. Arch. Est et Centre-Est 34, 1983, 73 Nr. 412 Abb. 7, 412.

291. Nozeroy, Dép. Jura.- Griffplattenmesser.- Beck, Beiträge 148 Taf. 57, 8; J.-P. Milotte, Le Jura et les plaines de la Saône aux âges des métaux (1963) 324 Taf. 9, 7.

292. Offendorf, Dép. Bas-Rhin.- Am Rheinufer.- Mittelständiges Lappenbeil.- Gallia Préhist. 19, 1976, 488f. Abb. 16.

293. Orange, Dép. Vaucluse.- Einzelfund.- Vollgriffmesser mit Ringgriffende.- J.-P. Nicolardot, G. Gaucher, Typologie des objets de l'Age du Bronze en France. Fasc. V: Outils (1975) 89 Abb. 3.

294. Orbais-l'Abbaye, Dép. Marne.- Mittelständiges Lappenbeil.- J.-P. Milotte, G. Cordier, P. Abauzit, Rev. Arch. Est et Centre-Est 19, 1968, 44 Nr. 93 Abb. 93.

295. Ormes, Dép. Saône-et-Loire.- Aus der Saône.- Griffplattenschwert (Typus Rixheim).- Gallia Préhist. 25, 1982, 332 Abb.22, 1. (Var. F)

296. Ormes, Dép. Saône-et-Loire.- Aus der Saône.- Lanzenspitze.- Gallia Préhist. 25, 1982, 332 Abb. 22, 2.

297. Orquevaux, Dép. Haute-Marne.- Griffplattenmesser.- Beck, Beiträge 149 Taf. 58, 3.

298. Ouroux-sur-Saône, Dép. Saône-et-Loire.- Aus der Saône.- Dolch mit zungenförmiger Griffplatte.- G. Gallay, Die mittel- und spätbronze- sowie ältereisenzeitlichen Bronzedolche in Frankreich und auf den britischen Kanalinseln (1988) 123 Nr. 1132 Taf. 35, 1132.

299. Ouroux-sur-Saône, Dép. Saône-et-Loire.- Aus der Saône.- 2 gezackte Nadeln.- Beck, Beiträge 137 Taf. 39, 1.2; G. Gallay, B. Huber, Rev. Arch. Est et Centre-Est 23, 1972, 304 Nr. 9.

300. Ouroux-sur-Saône, Dép. Saône-et-Loire.- Aus der Saône.- Amboß.- L. Bonnamour, L'âge du Bronze au musée de Chalon-sur-Saône (1969) Nr. 105 Taf. 16, 105.

301. Pagny-la-Ville, Dép. Côte-d'Or.- Mittelständiges Lappenbeil (Typus Grigny nahestehend).- J.-P. Milotte, G. Cordier, P. Abauzit, Rev. Arch. Est et Centre-Est 19, 1968, 32 Nr. 35 Abb. 35.

302. Paris.- Aus der Seine.- Griffangelschwert (Typus Monza).- G. Cordier, Rev. Arch. Est et Centre-Est, 1974, 419ff. Abb. 1.1.

303. Paris, Griffangelschwert (Typus Arco).- Déchelette, Manuel II (1910) 201 Abb. 61, 4.

304. Paris.- Aus der Seine.- Griffangelschwert (Typus Monza).- B. O'Connor, Arch. Korrbl. 6, 1976, 207f. Taf. 49.

305. Passy, Dép. Yonne.- Nekropole Richebourg; Grab 7; Körperbestattung.- 1 Rasiermesser, 1 Dolch, 1 Nadel, 1 Pfriem, 3 Hülsen, Stifte, Keramik.- Gallia Préhist. 28, 1985, 201; 206 Abb. 39.

306. Pellionnex, Dép. Haute-Savoie.- Mittelständiges Lappenbeil (Typus Grigny nahestehend).- J.-P. Milotte, G. Cordier, P. Abauzit, Rev. Arch. Est et Centre-Est 19, 1968, 36 Nr. 63 Abb. 63.

Pépinville -> Richemont Pépinville

307. Pérouges, Dép. Ain.- Gräberfeld.- Gerippte Trompetenkopfnadel (Typus Clans).- G. Gaucher, Rev. Arch. Est et Centre-Est 34, 1983, 73 Nr. 012 Abb. 7, 012.

308. Pfaffenhoffen, Dép. Bas-Rhin.- Grab.- 1 Bronzetasse, 1 Nadel mit reich profiliertem Kopf, 4 Armringe.- R. Henning, Denkmäler der Elsässischen Altertums-Sammlung zu Strassburg i. Elsaß (1912) Taf. 7.

309. Picquigny, Dép. Somme.- Fundumstände?.- Griffangelschwert (Typus Pepinville).- Déchelette, Manuel II (1910) 201 Abb. 61, 1.

310. Pogny, Dép. Marne.- Aus der Marne.- Dolch mit zungenförmiger Griffplatte.- G. Gallay, Die mittel- und spätbronze- sowie ältereisenzeitlichen Bronzedolche in Frankreich und auf den britischen Kanalinseln (1988) 122 Nr. 1116 Taf. 34, 1116.

311. Pont-à-Mousson, Dép. Meurthe-et-Moselle.- Aus der Mosel (1960).- Lanzenspitze.- G. Poirot, Bull. Soc. Préhist. France 57, 1960, 577ff. Abb. 21.

312. Pont-à-Mousson, Dép. Meurthe-et-Moselle.- Aus der Mosel (ca. 1883).- Lanzenspitze.- G. Poirot, Bull. Soc. Préhist. France 1938, 316 mit Abb.

313. Pont-d'Ain, Dép. Ain.- Depot (?).- 2 Absatzbeile, 2 Ringe.- M. Vignard, Rev. Arch. Est et Centre-Est 1963, 115ff. Abb. 24.

314. Pont-sur-Yonne, Dép. Yonne.- Grabfund.- Dolch mit zungenförmiger Griffplatte, Keramik.- G. Gallay, Die mittel- und spätbronze- sowie ältereisenzeitlichen Bronzedolche in Frankreich und auf den britischen Kanalinseln (1988) 121 Nr. 1106 Taf. 34, 1106.

315. Pontoux, Dép. Doubs.- Nadel (Typus Urberach).- L. Bonnamour, L'Age du Bronze au Musée de Chalon-sur-Saône (1969) 79 Taf. 18, 184.

316. Pontoux, Dép. Saône-et-Loire.- Flußfund aus dem Doubs.- Nadel (Typus Yonne, Form E).- Beck, Beiträge 136 Taf. 36, 15.

317. Pontoux, Dép. Saône-et-Loire.- Flußfund aus dem Doubs.- Griffplattenschwert (Typus Vernaison).- H. Reim, Die spätbronzezeitlichen Griffplatten-, Griffdorn- und Griffangelschwerter in Ostfrankreich (1973) 6 Nr. 2 Taf. 1, 2.

318. Pontoux, Dép. Saône-et-Loire.- Flußfund aus dem Doubs.- Griffdornschwert (Typus Mantoche).- H. Reim, Die spätbronzezeitlichen Griffplatten-, Griffdorn- und Griffangelschwerter in Ostfrankreich (1973) 24 Nr. 39 Taf. 7, 39.

319. Pontoux, Dép. Saône-et-Loire.- Aus dem Doubs.- Mittelständiges Lappenbeil (Typus Grigny).- J.-P. Milotte, G. Cordier, P. Abauzit, Rev. Arch. Est et Centre-Est 19, 1968, 51 Nr. 135 Abb. 135.

320. Porcieu-Amblagnieu, Dép. Isère.- Depot.- 1 Tüllenhammer, 5 Randleistenbeile, 1 Amboß, 4 Knopfsicheln, 5 Dolche, 1 Rasiermesser, 1 Stabmeißel, 3 Barren (?), 1 spatelförmiges Gerät, 1 Gerät, 2 Armringe, 3 Nadeln, 1 Wetzstein, 1 Schaft.- A. de Mortillet, L'Homme Préhist. 5, 1906, 129ff. mit Abb.

321. Pothières, Dép. Côte-d'Or.- Moorfund.- Messer mit umlapptem Ringgriff (Form A).- Beck, Beiträge 148 Taf. 56, 10.

322. Pouges-les-Eaux, Dép. Nièvre.- Grab 17; Brandbestattung in Urne.- Lanzettförmiger Gürtelhaken, Tonring, Bernsteinperle, Trichterrandgefäß.- Kilian-Dirlmeier, Gürtel 74 Nr. 267 Taf. 22, 267.

323. Pouges-les-Eaux, Dép. Nièvre.- Körpergrab 1.- Rasiermesser (Typus Obermenzing), Nadel, Keramik.- W. Kimmig, Rev. Arch. Est et Centre-Est 3, 1952, 142 Abb. 22B; A. Jockenhövel, Die Rasiermesser in Westeuropa (1980) 88f. Nr. 265 Taf. 15, 265.

324. Pougues-les-Eaux, Dép. Nièvre.- Gräberfeld; Grab 23, Körperbestattung.- 1 Rasiermesser, 1 Nadel (Typus Wollmesheim), 1 Griffzungenmesser, 1 Armring aus Lignit (?), 2 Gefäße.- A. Bouthier, J.-P. Daugas, J. Vital in: P. Brun, C. Mordant (Hrsg.), Le groupe Rhin-Suisse-France orientale et la notion de civilisation des Champs d'Urnes. Actes Coll. Nemours 1986 (1988) 422 mit Abb.; A. Jockenhövel, Die Rasiermesser in Westeuropa (1980) 95 Nr. 298 Taf. 17 298.

325. Pouilly-sur-Meuse.- Mittelständiges Lappenbeil (Typus Grigny nahestehend).- J.-P. Milotte, G. Cordier, P. Abauzit, Rev. Arch. Est et Centre-Est 19, 1968, 46 Nr. 104 Abb. 104.

326. Prégilbert, Dép. Ain.- Depot.- Absatzbeil (Typus Haguenau nahestehend), 1 Scheibennadelfrg., 2 Dornpfeilspitzen, 2 Knopfsicheln (1 mit rundem Knopf, 1 mit länglichem Knopf), 1 Lanzenspitzenfrg.- A. Nicolas, Rev. Arch. Est et Centre-Est 26, 1975, 164ff. Abb. 58-64.

327. Préty, Dép. Saône-et-Loire.- Aus der Saône.- Lanzenspitze.- A. Jeannet, Rev. Arch. Est et Centre-Est 19, 1968, 78 Nr. 25 Abb. 2, 25.

328. Publy, Dép. Jura.- Depot in einer Felsspalte.- 1 Winkeltülle, 4 Fragmente von Knöchelbändern, 1 Fragment einer gezackten Nadel, 1 Nadelschaftfrg., 2 Kettenstücke aus kleinen Ringen, 7 Armringe (6 fragmentiert), 5 Fragmente mittelständiger Lappenbeile, 5 Lanzenspitzenfrgte., 12 Sichelfrgte. (1 Knopfsichelfrg.), 1 Tülle mit Scheibenknauf, 1 diskoides Bronzestück, 1 Anhänger, 4 Meißel und Ahlen, 11 stabförmige Bronzefrgte., 3 Gußkuchenfrgte.- J.-P. Milotte, G. Cordier, P. Abauzit, Rev. Arch. Est et Centre-Est 19, 1968, 40f. Nr. 78 Abb. 78; Beck, Beiträge 10; H. Reim, Die spätbronzezeitlichen Griffplatten-, Griffdorn- und Griffangelschwerter in Ostfrankreich (1973) Taf. 23-24A; G. Gallay, B. Huber, Rev. Arch. Est et Centre-Est 23, 1972, 304 Nr. 10.

329. Puy-d'Issolud, Dép. Lot.- Siedlung.- Spatelförmiger Anhänger.- G. Kossack, Studien zum Symbolgut der Urnenfelder- und Hallstattzeit Mitteleuropas (1954) 92 Liste B Nr. 49 ("Lanzettanhänger").

330. Ramecourt, Dép. Vosges.- Gezackte Nadel.- M. L. Vilminot, Bull. Soc. Préhist. France 35, 1938, 426ff. Abb.2 rechts; G. Gallay, B. Huber, Rev. Arch. Est et Centre-Est 23, 1972, 304 Nr. 11.

331. Ray-sur-Saône, Dép. Haute-Saône.- Vermutlich Flußfund.- Griffplattenschwert (Typus Vernaison).- H. Reim, Die spätbronzezeitlichen Griffplatten-, Griffdorn- und Griffangelschwerter in Ostfrankreich (1973) 7 Nr. 3 Taf. 1, 3.

332. Réallon. Dép. Hautes Alpes.- Depot der jüngeren Urnenfelderzeit.- Lanzettförmiger Anhänger.- G. Kossack, Studien zum Symbolgut der Urnenfelder- und Hallstattzeit Mitteleuropas (1954).

333. Reventin-Vaugris, Dép. Isère.- Depot (1869).- 2 gerippte Trompetenkopfnadeln (Typus Clans), 3 Nadelschaftfrgte., 1 Frg. einer Kugelkopfnadel, 4 Armringe, 1 Armringfrg., 1 Griffzungenmesser (od. Dolch?)frg., 12 Barren, 15 mittelständige Lappenbeile, 19 Sichelfrgte. (8 Knopfsicheln), 1 Griffzungenschwertfrg., 12 Schwertklingenfrgte., 2 Griffplattendolche, 6 Lanzenspitzen (davon 4 frg.), 1 Fragment eines rundstabigen Armrings, 2 Fragmente falsch tordierter Ringe, 1 Hakenfrg., 1 Hülse, Bronzefrgte. und Bronzeblechstücke (nach Bocquet 15 Helm- und Panzerfrgte.), 4 Barrenfrgte. (88 Stücke).- Beck, Beiträge 130 Taf. 27B; F. Audouze, J.-C. Courtois, Les épingles du Sud-Est de la France (1970) 12f. Nr. 33-34 Taf. 23B-25; G. Gaucher, Rev. Arch. Est et Centre-Est 34, 1983, 73 Nr. 382-383 Abb. 6, 382-383; J.-P. Milotte, G. Cordier, P. Abauzit, Rev. Arch. Est et Centre-Est 19, 1968, 38 Nr. 69 Abb. 69.

334. Richemont-Pépinville, Dép. Moselle.- Grab.- Griffangelschwert (Typus Pépinville), Griffplattenmesser, Binninger Nadel, 1 bronzene Vogelplastik, 1 vierkantiger Stab, 1 Draht, 2 gerippte Kegel, 4 rechteckige, flache Bronzestücke, 7 Hülsen (?), 1 Niet, 2 Armring(?)frgte.- H. Reim, Die spätbronzezeitlichen Griffplatten-, Griffdorn- und Griffangelschwerter in Ostfrankreich (1973) Taf. 22 C.

335. Rigny-sur-Arroux, Dép. Saône-et-Loire.- Depot in Tongefäß unter einem sehr großen Stein (1897).- 3 strichverzierte Armringe, 1 tordierter Ring, 3 ineinanderhängende Ringe, 2 Stielpfeilspitzen aus Silex, 1 Randleistenbeil, 2 Absatzbeile, 1 Steinbeil, 1 Knopfsichelfrg., 1 Dolchklingenfrg., 1 Ringgriff (?), 1 Gürtelhaken (?), Gußkuchen mit einem Gesamtgewicht von 3713 g sowie angeblich 39 Ringe, 1 Meißel, 2 Sicheln, 3 Absatzbeile; teilweise Privatbesitz.- Gallia Préhist. 5, 1962, 292 Abb. 65; Gaucher, Age du Bronze, 368 Abb. 35-36A; G. Gallay, Die mittel- und spätbronze- sowie ältereisenzeitlichen Bronzedolche in Frankreich und auf den britischen Kanalinseln (1988) 110 Nr. 993 Taf. 30, 993.

336. Rivière-Drugeon (La), Dép. Doubs.- Depot.- 1 Sichelfrg., 2 Nadeln (1 Typus Binningen), 1 Spirale, 1 Armringfrg., 1 Armring (verloren), 1 Lanzenspitzenfrg., 2 Beilfrgte., 1 Frg. eines mittelständigen Lappenbeils (Typus Grigny).- J.-P. Milotte, G. Cordier, P. Abauzit, Rev. Arch. Est et Centre-Est 19, 1968, 32 Nr. 39-41 Abb. 39-41; Beck, Beiträge 130 Taf. 25 B.

337. Rixheim, Dép. Haut-Rhin.- Brandgrab 1.- Gefäß, Goldblech, 2 Armringpaare.- H. Zumstein, L'Age du Bronze dans le département du Haut-Rhin (1966) 153f. Nr. 381-386 Abb. 59, 382-386.

338. Rixheim, Dép. Haut-Rhin.- Brandgrab 4.- Rixheimschwert, Griffplattenmesser, Urne.- H. Reim, Die spätbronzezeitlichen Griffplatten-, Griffdorn- und Griffangelschwerter in Ostfrankreich (1973) 16 Nr. 26 Taf. 5, 26.

339. Roquefort-les-Pins, Dép. Alpes-Maritime.- Depot/Quellfund (La source du Noyer).- 2 eisenzeitliche Beinschienen (29 und 30 cm lang und 235 und 243 g schwer) mit Muskulaturandeutung.- G. Vindry, Doc. Arch. Méridionale 1, 1978, 28f. Abb. 28, 115.

340. Rouffach, Dép. Haut-Rhin.- "Im Ried".- Mohnkopfnadel (Form IIIB).- Beck, Beiträge 139 Taf. 42, 8.

341. Royaumeix, Dép. Meurthe-et-Moselle.- Nadel (Typus. Yonne/Form E).- Beck, Beiträge 136 Taf. 36, 13.

342. Royaumeix, Dép. Meurthe-et-Moselle.- Mohnkopfnadel (Form IIIB).- Beck, Beiträge 33 Taf. 42, 15; Milotte Lorraine 114

343. Ruffey-les-Beaune, Dép. Côtes-d'Or.- Einzelfund (?).- Dolchfrg. mit zungenförmiger Griffplatte.- G. Gallay, Die mittel- und spätbronze- sowie ältereisenzeitlichen Bronzedolche in Frankreich und auf den britischen Kanalinseln (1988) 131 Nr. 1203 Taf. 38, 1203.

344. Sailac, Dép. Lot.- Höhlenfund (Grotte de la Perte du Cros).- Gerippte Trompetenkopfnadel (Typus Clans).- G. Gaucher, Rev. Arch. Est et Centre-Est 34, 1983, 74 Nr. 461 Abb. 7, 461.

345. Saint-Agnan, Dép. Saône-et-Loire.- Mittelständiges Lappenbeil (Typus Grigny; 700 g).- J.-P. Milotte, G. Cordier, P. Abauzit, Rev. Arch. Est et Centre-Est 19, 1968, 51 Nr. 136 Abb. 136; P. Abauzit, Bull. Soc. Préhist. France 57, 1960, 146f. Abb. 3, 7.

346. Saint-Alban-sous-Sampson, Dép. Ardèche.- Gezackte Nadel.- Beck, Beiträge 136 Taf. 38, 1; G. Gallay, B. Huber, Rev. Arch. Est et Centre-Est 23, 1972, 304 Nr. 12.

347. Saint-Anastasie, Dép. Gard.- Einzelfund (?).- Dolchfrg. mit zungenförmiger Griffplatte.- G. Gallay, Die mittel- und spätbronze- sowie ältereisenzeitlichen Bronzedolche in Frankreich und auf den britischen Kanalinseln (1988) 127 Nr. 1173 Taf. 37, 1174.

348. Saint-André-de-Rosans, Dép. Hautes-Alpes.- Depot unter erratischem Block nahe einer Quelle (1901).- 7 oder 8 strichverierte Armringe.- Courtois, Gallia Préhist. 3, 1960, 74 Abb. 27.

349. Saint-Bernard, Dép. Ain.- Einzelfund.- Dolch mit zungenförmiger Griffplatte.- G. Gallay, Die mittel- und spätbronze- sowie ältereisenzeitlichen Bronzedolche in Frankreich und auf den britischen Kanalinseln (1988) 133 Nr. 1226 Taf. 39, 1226.

350. Saint-Bonnet-de-Rochefort, Dép. Allier.- Mittelständiges Lappenbeil (Typus Grigny; 750 g).- J.-P. Milotte, G. Cordier, P. Abauzit, Rev. Arch. Est et Centre-Est 19, 1968, 26 Nr. 8 Abb.8; P. Abauzit, Bull. Soc. Préhist. France 57, 1960, 145f. Abb.2, 3.

351. Saint-Chéron, Dép. Essonne.- Depot.- Gerippte Trompetenkopfnadel (Typus Clans), Nadel, mittelständiges Lappenbeil.- G. Gaucher, Rev. Arch. Est et Centre-Est 34, 1983, 74 Nr. 911 Abb. 8, 911.

352. Saint-Chely-du Tarn, Carnac, Dép. Lozère.- Depot der jüngeren Urnenfelderzeit.- Dornpfeilspitze, 3 Armringe, 5 Bronzetassen, 1 Anhänger, 4 Phaleren, 1 Manschette, 1 Ring, 1 Nadelkopf.- J.P. Milotte, Bull. Soc. Préhist. France 60, 1963, 663f. Abb. 4-5.

353. Saint-Denis-de-Pile, Dép. Gironde.- Depotfund (Ha A2/B1).- Amboß.- A. Coffyn, Rev. hist. Bordeaux 14, 1965, 82 Taf. 5, 6.

354. Saint-Georges-de-Reneins, Dép. Rhône.- Griffplattenschwert (Typus Rixheim).- H. Reim, Die spätbronzezeitlichen Griffplatten-, Griffdorn- und Griffangelschwerter in Ostfrankreich (1973) 9 Nr. 9 Taf. 2, 9.

355. Saint-Georges-de Reneins, Dép. Rhône.-Aus der Saône.- V. Michel, Bull. Soc. Préhist. France 1961, 567 Abb.1, 1.

356. Saint-Georges-de-Reneins (Umgebung), Dép. Rhône.-

Fundumstände unbekannt.- Lanzenspitze.- M. Vignard, Bull. Préhist. France 58, 1961, 568 Abb. 2, 4.

357. Saint-Georges-de-Reneins, Dép. Rhône (?).- Griffplattenschwert (Typus Rixheim).- H. Reim, Die spätbronzezeitlichen Griffplatten-, Griffdorn- und Griffangelschwerter in Ostfrankreich (1973) 9 Nr. 9 Taf. 2, 9.

358. Saint-Georges-de-Reneins, Dép. Rhône.- Armring (Typus Publy ?).- Vignard, BSPF 58, 1961, 570 Abb. 5.

359. Saint-Georges-de-Reneins, Dép. Rhône.- Aus der Rhône.- Gerippte Trompetenkopfnadel (Typus Clans).- G. Gaucher, Rev. Arch. Est et Centre-Est 34, 1983, 74 Nr. 695 Abb. 6, 695.

360. Saint-Georges-de-Reneins, Dép. Rhône.- Aus der Rhône.- Gezackte Nadel.- G. Gallay, B. Huber, Rev. Arch. Est et Centre-Est 23, 1972, 304 Nr. 13 Taf. 3, 4-4a.

361. Saint-Georges-de-Reneins, Dép. Rhône.- Aus der Saône.- Rasiermesser (Typus Obermenzing).- A. Jockenhövel, Die Rasiermesser in Westeuropa (1980) 90 Nr. 276 Taf. 15, 276.

362. Saint-Georges-de-Reneins, Dép. Rhône.- Aus der Saône.- Mittelständiges Lappenbeil (Typus Grigny).- J.-P. Milotte, G. Cordier, P. Abauzit, Rev. Arch. Est et Centre-Est 19, 1968, 50 Nr. 124 Abb. 124; M. Vignard, Bull. Soc. Préhist. France 1961, 567 Abb.1, 1.

363. entfällt.

364. Saint-Georges-de-Reneins, Dép. Rhône.- Depot.- Gerippte Trompetenkopfnadel (Typus Clans).- G. Gaucher, Rev. Arch. Est et Centre-Est 34, 1983, 74 Nr. 696 Abb. 6, 696.

365. Saint-Germain-au Mont-d'Or, Dép. Rhône.- 3 gerippte Trompetenkopfnadeln (Typus Clans).- G. Gaucher, Rev. Arch. Est et Centre-Est 34, 1983, 74 Nr. 692-694 Abb. 6, 692-694.

366. Saint-Germain-du Plain, Dép. Saône-et-Loire.- Aus der Saône.- Panzer.- Y. Mottier, Helvetia Arch. 19, 1988, 142 Abb. 38; J. Bouzek in: Festschr. W.A. v. Brunn (1982) 27 Abb. 6, 4; J. Paulík, Ber. RGK 49. 1968, 47 Abb. 6; L. Bonnamour, C. Mordant in: P. Brun, C. Mordant (Hrsg.), Le groupe Rhin-Suisse-France orientale et la notion de civilisation des Champs d'Urnes. Actes Coll. Nemours 1986 (1988) 368 Abb. 3, 1.

367. Saint-Jean-de-Losne, Dép. Côte-d'Or.- Mittelständiges Lappenbeil (Typus Grigny).- J.-P. Milotte, G. Cordier, P. Abauzit, Rev. Arch. Est et Centre-Est 19, 1968, 32 Nr. 36 Abb. 36.

368. Saint-Jean-de-Tholomé, Dép. Haute-Savoie.- Mittelständiges Lappenbeil (Typus Grigny).- J.-P. Milotte, G. Cordier, P. Abauzit, Rev. Arch. Est et Centre-Est 19, 1968, 36 Nr. 64 Abb. 64.

369. Saint-Jeoire-Faucigny, Dép. Haute-Savoie.- Flußfund.- Mittelständiges Lappenbeil (Typus Grigny).- J.-P. Milotte, G. Cordier, P. Abauzit, Rev. Arch. Est et Centre-Est 19, 1968, 36f. Nr. 65 Abb. 65.

370. Saint-Julien-du-Sault, Dép. Yonne.- Aus dem Fluß Yonne.- Mittelständiges Lappenbeil.- J.-P. Milotte, G. Cordier, P. Abauzit, Rev. Arch. Est et Centre-Est 19, 1968, 56 Nr. 173 Abb. 173.

371. Saint-Romain, Dép. Côte-d'Or.- Siedlung.- Lanzenspitze.- Gallia Préhist. 25, 1982, 320 Abb. 9, 5.

372. Saint-Vitte-sur Briance, Dép. Haute-Vienne.- Gewässerfund.- Lanzenspitze.- Gallia Préhist. 26, 1983, 460 Abb. 22.

373. Sancé, Ile Saint-Jean, Dép. Saône-et-Loire.- Aus der Saône.- Lanzenspitze.- A. Jeannet, Rev. Arch. Est et Centre-Est 19, 1968, 76 Nr. 23 Abb. 2, 23.

374. Sancé, Dép. Saône-et-Loire; Ile Saint-Jean.- Flußfund aus der Saône.- Dolch mit zungenförmiger Griffplatte.- G. Gallay, Die mittel- und spätbronze- sowie ältereisenzeitlichen Bronzedolche in Frankreich und auf den britischen Kanalinseln (1988) 133 Nr. 1227 Taf. 39, 1227.

375. Santenay, Dép. Côte-d'Or.- Depot.- Mittelständiges Lappenbeil (?), 2 Schwertklingenfrgte., 2 Absatzbeile, 1 geknicktes Randleistenbeil, 2 Knopfsicheln, 1 Tülle.- E. Chantre, Mat. Hist. Primitive Homme 1873, 52ff. Taf. 3-4.

376. Saône (aus der), Dép. Saône-et-Loire.- Flußfund.- Mittelständiges Lappenbeil.- J.-P. Milotte, G. Cordier, P. Abauzit, Rev. Arch. Est et Centre-Est 19, 1968, 51 Nr. 138 Abb. 138; A. Cabrol, Bull. Soc. Préhist. France 36, 1939, 410 Abb. 3.

377. Saône (aus der).- Flußfund.- Mittelständiges Lappenbeil.- J.-P. Milotte, G. Cordier, P. Abauzit, Rev. Arch. Est et Centre-Est 19, 1968, 51 Nr. 137 Abb. 137.

378. Saône ("aus der").- Flußfund.- Griffdornschwert (Typus Mantoche).- H. Reim, Die spätbronzezeitlichen Griffplatten-, Griffdorn- und Griffangelschwerter in Ostfrankreich (1973) 24 Nr. 42 Taf. 8, 42.

379. Saulieu, Dép. Côte-d'Or.- Einzelfund.- Dolch mit zungenförmiger Griffplatte.- G. Gallay, Die mittel- und spätbronze- sowie ältereisenzeitlichen Bronzedolche in Frankreich und auf den britischen Kanalinseln (1988) 127 Nr. 1175 Taf. 37, 1175.

380. Savournon, Dép. Gard.- Einzelfund.- Dolch mit zungenförmiger Griffplatte.- G. Gallay, Die mittel- und spätbronze- sowie ältereisenzeitlichen Bronzedolche in Frankreich und auf den britischen Kanalinseln (1988) 132 Nr. 1217 Taf. 38, 1217.

381. Saxon - Sion, Dép. Meurthe-et-Moselle.- Fundumstände unbekannt.- Griffplattenschwert (Typus Rixheim).- H. Reim, Die spätbronzezeitlichen Griffplatten-, Griffdorn- und Griffangelschwerter in Ostfrankreich (1973) 11f. Nr. 18 Taf. 3, 18.

382. Selz, Dép. Bas-Rhin.- Fundumstände unbekannt.- Griffdornschwert (Typus Mantoche).- H. Reim, Die spätbronzezeitlichen Griffplatten-, Griffdorn- und Griffangelschwerter in Ostfrankreich (1973) 24 Nr. 40 Taf. 7, 40.

383. Seine (?).- Flußfund.- Griffplattenschwert (Typus Rixheim).- H. Reim, Die spätbronzezeitlichen Griffplatten-, Griffdorn- und Griffangelschwerter in Ostfrankreich (1973) 9 Nr. 10 Taf. 2, 10.

384. Seine (aus der).- Flußfund.- Nadel (Typus Yonne/Form E).- Beck, Beiträge 136 Taf. 36, 14.

385. Sens (Umgebung), Dép. Yonne.- Flußfund aus der Yonne.- Griffdornschwert (Typus Mantoche).- C. u. D. Mordant, Bull. Groupement Arch. Seine-et-Marne 20, 1979, 45 Nr. 19.

386. Sens, Dép. Yonne.- Flußfund aus der Yonne.- Griffangelschwert (Typus Monza).- H. Reim, Die spätbronzezeitlichen Griffplatten-, Griffdorn- und Griffangelschwerter in Ostfrankreich (1973) 26 Nr. 43 Taf. 8, 43.

387. Sens, Dép. Yonne.- "Champbertrand"; Depot.- Darin u.a. 2 Frgte. mittelständiger Lappenbeile.- J.-P. Milotte, G. Cordier, P. Abauzit, Rev. Arch. Est et Centre-Est 19, 1968, 56 Nr. 174-175 Abb. 174-175.

388. Sens, Dép. Yonne.- Angeblich aus der Yonne od. Grab (?).- Griffplattenschwert (Typus Rixheim).- H. Reim, Die spätbronzezeitlichen Griffplatten-, Griffdorn- und Griffangelschwerter in Ostfrankreich (1973) 12 Nr. 19 Taf. 4, 19.

389. Sens, Dép. Yonne.- Aus der Yonne.- Griffplattenschwert

(Typus Rixheim).- H. Reim, Die spätbronzezeitlichen Griffplatten-, Griffdorn- und Griffangelschwerter in Ostfrankreich (1973) 21 Nr. 34 Taf. 6, 34.

390. Sept-Saulx, Dép. Marne.- Mittelständiges Lappenbeil.- J.-P. Milotte, G. Cordier, P. Abauzit, Rev. Arch. Est et Centre-Est 19, 1968, 44 Nr. 94 Abb. 94.

391. Sermizelles, Dép. Yonne.- Depot II.- 1 Frg. einer gezackten Nadel, 14 Absatzbeile, 4 Dolche und Fragmente derselben, mehrere Lanzenspitzenfrgte., 11 Armringe und ca 50 Armringfrgte.- J. Joly, Gallia Préhist. 2, 1959, 107; Beck, Beiträge 6; G. Gallay, Die mittel- und spätbronze- sowie ältereisenzeitlichen Bronzedolche in Frankreich und auf den britischen Kanalinseln (1988) 128 Nr. 1189 Taf. 37, 1189.

392. Sion, Dép. Haute-Savoie.- Depot (1891).- 1 mittelständiges Lappenbeil, 1 Randleistenbeil, 1 Flachbeil, 1 Griffdornmesser, 2 Armringfrgte.- J.-P. Milotte, G. Cordier, P. Abauzit, Rev. Arch. Est et Centre-Est 19, 1968, 38 Nr. 66 Abb. 66; A. Bocquet, Les Dépôts et la Chronologie du Bronze final dans les Alpes du Nord. Colloque 26, 9. Congr. UISPP (Nice 1976) 40 Abb. 2, 4-8.

393. Souffelweyersheim, Dép. Bas-Rhin.- Mittelständiges Lappenbeil.- J.-P. Milotte, G. Cordier, P. Abauzit, Rev. Arch. Est et Centre-Est 19, 1968, 29 Nr. 21 Abb. 21.

394. Strasbourg, Dép. Bas-Rhin.- Fundumstände unbekannt.- Nadel (Typus Binningen).- R. Forrer, Cah. Arch. et Hist. Alsace 4, 1922-26, 300 Abb. 49.

395. Strasbourg, Dép. Bas-Rhin.- Mohnkopfnadel (Form IIIB).- Beck, Beiträge 34 Taf. 42, 14.

396. Strasbourg, Dép. Bas-Rhin.- Kleine Metzig.- Tordierter Armring (Typus Binzen).- R. Forrer, Cahiers Arch. et Hist. Alsace 4, 1922-26, 302 Taf. 23, 50; Beck, Beiträge 147 Taf. 55, 4.

397. Südostfrankreich (?).- Gürtelhaken (Typus Untereberfing/Var 2).- S. Boucher, Bronzes grecs, hellénistiques et étrusques des Musées de Lyon (1970) 169 Nr. 178; Kilian-Dirlmeier, Gürtel 47 Nr.90 Taf. 10, 90.

398. Thaas, Dép. Marne.- Gerippte Trompetenkopfnadel (Typus Clans).- G. Gaucher, Rev. Arch. Est et Centre-Est 34, 1983, 74 Nr. 511 Abb. 7, 511.

399. Tharaux, Dép. Gard.- Grotte du Hasard.- Dolch mit zungenförmiger Griffplatte.- G. Gallay, Die mittel- und spätbronze- sowie ältereisenzeitlichen Bronzedolche in Frankreich und auf den britischen Kanalinseln (1988) 132 Nr. 1218 Taf. 39, 1218.

400. Theil bei Billy, Dép. Loir-et-Cher.- Depot (?).- Fragment einer Gußform für mittelständige Lappenbeile und Nadeln, 1 mittelständiges Lappenbeil, 1 kleiner Meißel, 1 Helmfragment, 1 Blechgürtel mit verschiedenen Kettengliedern und eingehängten lanzettförmigen Anhängern, Goldblech, 1 Bernsteinperle, 1 Tondoppelkonus, Keramik.- E. Chantre, Mat. Hist. Primitive Homme 10, 1875, 111ff. Abb. 45-52; G. Kossack, Studien zum Symbolgut der Urnenfelder- und Hallstattzeit Mitteleuropas (1954) 93 Liste B Nr. 70.

401. Thionville, Dép. Moselle.- Mittelständiges Lappenbeil (Typus Grigny).- Mus. Darmstadt.- J.-P. Milotte, G. Cordier, P. Abauzit, Rev. Arch. Est et Centre-Est 19, 1968, 47 Nr. 113.

402. Thoissey, Dép. Ain.- Aus der Saône.- Armring (Typus Publy).- L. Bonnamour, L'âge du Bronze au musée de Chalon-sur-Saône (1969) 62 Taf. 20, 142; Beck, Beiträge 146 Taf. 54, 7.

403. Tholy (Le), Dép. Vosges.- Mittelständiges Lappenbeil (mit Absatzbildung).- J.-P. Milotte, G. Cordier, P. Abauzit, Rev. Arch. Est et Centre-Est 19, 1968, 54ff. Nr. 170 Abb. 170.

404. Toul, Dép. Meurthe-et-Moselle.- Messer mit umlapptem Ringgriff (Form A).- Beck, Beiträge Taf. 56, 8.

405. Toul, Dép. Meurthe-et-Moselle.- Einzelfund.- Dolch mit zungenförmiger Griffplatte.- G. Gallay, Die mittel- und spätbronze- sowie ältereisenzeitlichen Bronzedolche in Frankreich und auf den britischen Kanalinseln (1988) 125 Nr. 1151 Taf. 36, 1151.

406. Tournus, Dép. Saône-et-Loire.- Einzelfund.- Dolch mit zungenförmiger Griffplatte.- G. Gallay, Die mittel- und spätbronze- sowie ältereisenzeitlichen Bronzedolche in Frankreich und auf den britischen Kanalinseln (1988) 133 Nr. 1225 Taf. 39, 1225.

407. Tournus, Dép. Saône-et-Loire.- Aus der Saône.- Griffplattenschwert.- H. Reim, Die spätbronzezeitlichen Griffplatten-, Griffdorn- und Griffangelschwerter in Ostfrankreich (1973) 7 Nr. 4 Taf. 1, 4.

408. Tournus, Dép. Saône-et-Loire.- Aus der Saône.- Griffplattenschwert (Typus Vernaison).- H. Reim, Die spätbronzezeitlichen Griffplatten-, Griffdorn- und Griffangelschwerter in Ostfrankreich (1973) 7 Nr. 4 Taf. 1, 4.

409. Tournus, Dép. Saône-et-Loire.- Aus der Saône.- Griffplattenschwert (Typus Rixheim).- H. Reim, Die spätbronzezeitlichen Griffplatten-, Griffdorn- und Griffangelschwerter in Ostfrankreich (1973) 20 Nr. 31 Taf. 6, 31.

410. Tournus, Dép. Saône-et-Loire.- Einzelfund.- Dolch mit zungenförmiger Griffplatte.- G. Gallay, Die mittel- und spätbronze- sowie ältereisenzeitlichen Bronzedolche in Frankreich und auf den britischen Kanalinseln (1988) 133 Nr. 1225 Taf. 39, 1225.

411. Tournus, Dép. Saône-et-Loire.- Flußfund aus der Saône.- Nadel (Typus Binningen).- Beck, Beiträge 143 Taf. 49, 21.

412. Treffort, Dép. Ain.- Depot unter Kalkfels (1910).- 1 Knopfsichel, 1 kannelierter Armring, 2 strichverzierte Armringe.- J.-P. Milotte, Le Jura et les plaines de Saône aux âges des métaux (1963) 347f. Nr. 466 ("Bf I").

413. Tressandans, Dép. Doubs.- Aus einem Moor.- Mittelständiges Lappenbeil.- J.-P. Milotte, G. Cordier, P. Abauzit, Rev. Arch. Est et Centre-Est 19, 1968, 32 Nr. 42 Abb. 42; E. Raguin, A. Thévenin, Bull. Soc. Préhist. France 55, 1958, 587 Abb. 11.

414. Turckheim, Dép. Haut-Rhin.- Mittelständiges Lappenbeil (Typus Grigny).- J.-P. Milotte, G. Cordier, P. Abauzit, Rev. Arch. Est et Centre-Est 19, 1968, 34 Nr. 53 Abb. 53.

415. Valence-sur-Rhône, Dép. Drôme.- Einzelfund.- Nadel (Typus Yonne/Form A). A. Blanc, Bull. Soc. Préhist. France 52, 1955, 566ff Abb.6.

416. Valence, Dép. Drôme.- Gezackte Nadel.- G. Gallay, B. Huber, Rev. Arch. Est et Centre-Est 23, 1972, 304 Nr. 16

417. Vaux-et-Chantegrue, Dép. Doubs.- Einzelfund.- Griffplattenschwert (Typus Rixheim).- H. Reim, Die spätbronzezeitlichen Griffplatten-, Griffdorn- und Griffangelschwerter in Ostfrankreich (1973) 12 Nr. 20 Taf. 4, 20.

418. Verdun, Dép. Meuse.- Mittelständiges Lappenbeil.- J.-P. Milotte, G. Cordier, P. Abauzit, Rev. Arch. Est et Centre-Est 19, 1968, 46 Nr. 105.

419. Vernaison, Dép. Rhône.- 2 Depotfunde in Tongefäßen, die 20 m voneinander entfernt aufgefunden wurden, vermischt und nicht vollständig erhalten sind. Der eine Hort enthielt 135, der andere 72 Stücke.- 11 Nadeln (davon eine gezackte), 1 Frg. eines längsgerippten Bandes, 1 Frg. einer Beinberge, 1 Tülle mit brei-

tem Rand, 1 Radanhänger, 5 Griffplattendolche, 3 Lanzenspitzen (davon eine mit verzierter Tülle), 6 Knopfsicheln, mehrere Armringe mit reicher Ritzverzierung, 10 Randleistenbeile, 3 Absatzbeile 1 Blechtülle, 1 achtkantiger Stab, 1 Griffplattenschwertfrg.- Beck, Beiträge 124 Taf. 4-6A; G. Gallay, B. Huber, Rev. Arch. Est et Centre-Est 23, 1972, 304 Nr. 17; H. Reim, Die spätbronzezeitlichen Griffplatten-, Griffdorn- und Griffangelschwerter in Ostfrankreich (1973) 7 Nr. 5 Taf. 1, 5.

420. **Vers**, Dép.Gard.- Depot.- 11 Nadeln (davon 1 gezackte Nadel).- Beck, Beiträge 7; G. Mingaud, Homme Préhist. 3, 1905, 225ff. Abb. 98, 6; G. Gallay, B. Huber, Rev. Arch. Est et Centre-Est 23, 1972, 304 Nr. 18.

421 entfällt.

422. **Veuxhalles**, Dép. Côte-d'Or.- Aus Flachgräbern.- Lanzettförmiger Gürtelhaken, Lanzettanhänger, Beinberge.- E. Flouest, Mat. Hist Primitive Homme 8, 1873, 260ff. Taf. 20; G. Gallay, B. Huber, Rev. Arch. Est et Centre-Est 23, 1972, 304 Nr. 19; Beck, Beiträge 7; Kilian-Dirlmeier, Gürtel 73 Nr. 255 Taf. 22, 255; G. Kossack, Studien zum Symbolgut der Urnenfelder- und Hallstattzeit Mitteleuropas (1954) 93 Liste B Nr. 74.

423 entfällt.

424. **Veynes**, Dép. Hautes-Alpes.- Depot.- 5 Knöpfe, 3 Lanzettanhänger und kleine Ringe.- V. Valentin, Mat. Hist Primitive Homme 13, 1878, 187ff. Abb. 105-107; G. Kossack, Studien zum Symbolgut der Urnenfelder- und Hallstattzeit Mitteleuropas (1954) 93 Liste B Nr. 75.

425. **Villards-d'Héria**, Dép.Jura.- Aus dem See von Antre bei Villards-d'Héria.- Gezackte Nadel.- Beck, Beiträge 137 Taf. 39, 3; K. Zimmermann, Jahrb. Hist. Mus. Bern, 49-50, 1969-70, 245 Nr. 20; G. Gallay, B. Huber, Rev. Arch. Est et Centre-Est 23, 1972, 304 Nr. 20.

426. **Villechetif**, Dép. Aube.- Mittelständiges Lappenbeil.- J.-P. Milotte, G. Cordier, P. Abauzit, Rev. Arch. Est et Centre-Est 19, 1968, 28 Nr. 16 Abb. 16.

427. **Villechetif**, Dép. Aube.- Moorfund.- Mittelständiges Lappenbeil (mit Absatzbildung).- J.-P. Milotte, G. Cordier, P. Abauzit, Rev. Arch. Est et Centre-Est 19, 1968, 28 Nr. 14 Abb. 14.

428. **Villechetif**, Dép. Aube.- Moorfund.- Mittelständiges Lappenbeil (mit Absatzbildung).- J.-P. Milotte, G. Cordier, P. Abauzit, Rev. Arch. Est et Centre-Est 19, 1968, 28 Nr. 15 Abb.15.

429. **Villefranche-sur-Saône**, Dép. Rhône.- Armring (Typus Publy ?).- C. Savoye, Le Beaujolais préhistorique (1899) 144 Abb. 66 (non vidi; zitiert nach Richter, Armschmuck).

430. **Villefranche-sur-Saône**, Dép. Rhône.- Aus dem Sandwerk von Béligny.- Drei Armbänder, verschiedene Ringe, gezackte Nadel.- Beck, Beiträge 7; F. Holste, Prähist. Zeitschr. 30-31, 1939-40, 417 Abb.2,10; K. Zimmermann, Jahrb. Hist. Mus. Bern, 49-50, 1969-70, 244 Nr. 17; G. Gallay, B. Huber, Rev. Arch. Est et Centre-Est 23, 1972, 304 Nr. 21.

431. **Villefranche-sur-Saône**, Dép. Rhône.- Aus der Rhône.- Griffangelschwert (Typus Grigny).- G. Gallay, B. Huber, Rev. Arch. Est et Centre-Est 23, 1972, 295ff.

432. **Villemur**, Dép. Haute Garonne.- Einzelfund.- Lanzenspitze.- Gallia Préhist. 24, 1966, 561 Abb. 34.

433. **Villenauxe-la-Grande**, Dép. Aube.- Mittelständiges Lappenbeil.- J.-P. Milotte, G. Cordier, P. Abauzit, Rev. Arch. Est et Centre-Est 19, 1968, 28 Nr. 17 Abb. 17.

434. **Villeneuve (La)-au-Chatelot**, Dép. Aube.- Körpergrab.- Dolch mit zungenförmiger Griffplatte, Rasiermesser, Niet.- G. Gallay, Die mittel- und spätbronze- sowie ältereisenzeitlichen Bronzedolche in Frankreich und auf den britischen Kanalinseln (1988) 132 Nr. 1220 Taf. 39, 1220.

435. **Villeneuve (La)-au-Chatelot**, Dép. Aube.- Mittelständiges Lappenbeil.- J.-P. Milotte, G. Cordier, P. Abauzit, Rev. Arch. Est et Centre-Est 19, 1968, 28 Nr. 17bis Abb. 17bis.

436. **Villeneuve-la-Guyard**, Dép. Yonne.- Körpergrab v. 1949.- Rixheimschwert, Keramik.- H. Reim, Die spätbronzezeitlichen Griffplatten-, Griffdorn- und Griffangelschwerter in Ostfrankreich (1973) 16 Nr. 27 Taf. 5, 27.

437. **Villeneuve-lès Maguelonne**, Dép. Herault.- Gezackte Nadel.- G. Gallay, B. Huber, Rev. Arch. Est et Centre-Est 23, 1972, 304 Nr. 22.

438. **Villeneuve-Saint-Georges** (Umgebung), Dép. Val-de-Marne.- Aus der Seine.- 2 Griffangelschwerter (Typus Monza).- C. u. D. Mordant, Bull. Groupement. Arch. Seine-et-Marne 20, 1979, 45 Nr. 17-18.

439. **Villeneuve-Saint-Georges**, Dép. Val-de-Marne.- Aus der Seine.- Rasiermesser (Typus Obermenzing).- A. Jockenhövel, Die Rasiermesser in Westeuropa (1980) 89 Nr. 269 Taf. 15, 269.

440. **Villeneuve-Saint Georges**, Dép. Essonne.- Aus der Seine.- Lanzenspitzen mit kurzer Tülle.- J.-P. Mohen, L'âge du Bronze dans la région de Paris (1977) 146 Abb. 486; 173 Abb. 615; 173 Abb. 618.

441. **Villeneuve-Saint-Georges**, Dép. Seine-et-Oise.- Aus der Seine.- Gerippte Trompetenkopfnadel (Typus Clans).- Beck, Beiträge 135 Taf. 35,11.

442. **Villeneuve-Saint Georges**, Dép. Essonne.- Aus der Seine.- Lanzenspitzen mit Kurztülle.- J.-P. Mohen, L'âge du Bronze dans la région de Paris (1977) 146 Abb. 486; 173 Abb. 615; 173 Abb. 618.

443. **Villethierry**, Dép. Yonne.- Depot in Tongefäß.- 488 Nadeln, 22 Fibeln, 42 Radanhänger, 78 Armringe, 249 Ringe, Pinzette, Fragmente von 8 Sicheln, 5 Beilen, 1 Lanzenspitze, 1 Beinberge, 3 Anhänger, 1 Dolchfrg. mit zungenförmiger Griffplatte, 1 Dolchspitze.- C. u. D. Mordant, J-Y. Prampart, Le dépot de Villethierry (Yonne) (1976); G. Gallay, Die mittel- und spätbronze- sowie ältereisenzeitlichen Bronzedolche in Frankreich und auf den britischen Kanalinseln (1988) 133 Nr. 1228 Taf. 39, 1228.

444. **Villethierry**, Dép. Yonne.- Depot II.- Noch nicht umfassend publiziert; darin 2 mittelständige Lappenbeile, Lanzenspitzem Sicheln u.a.- Gallia Préhist. 28, 1985, 209f. Abb. 42.

445. **Vinets**, Dép. Aube.- Körpergrab.- Nadel (Typus Yonne/Form C), 4 gerippte Armringe, falsch tordierter Armring mit eingerollten Enden, 2 Beinbergen, mehrere Spiralröllchen, Glasperle, Bronzestifte.- Beck, Beiträge 124 Taf. 8.

446. **Willer**, Dép. Haut-Rhin.- Mittelständiges Lappenbeil.- J.-P. Milotte, G. Cordier, P. Abauzit, Rev. Arch. Est et Centre-Est 19, 1968, 34 Nr. 54 Abb. 54.

447. **Wittelsheim**, Dép. Haut-Rhin.- Brandgrab v. 1951.- Rixheimschwert (in zwei Teile zerbrochen unter der Urne), Urne, 2 Tongefäße.- H. Reim, Die spätbronzezeitlichen Griffplatten-, Griffdorn- und Griffangelschwerter in Ostfrankreich (1973) 16 Nr. 28 Taf. 5, 28; 22 A, 1-4.

448. **Wittelsheim**, Dép. Haut-Rhin.- Grab (?).- Griffplattenschwert (Typus Rixheim).- Gallia Préhist. 23, 1980, 335f. Abb. 24.

449. Wolfgantzen, Dép. Haut-Rhin.- Mohnkopfnadel (Form IIIB). Beck, Beiträge 33 Taf. 42,16; H. Zumstein, L'Age du Bronze dans le département du Haut-Rhin (1966) 169 Abb. 63, 447.

450. Xermaménil, Dép. Meurthe-et-Moselle.- Depot.- 12 Armringe, 1 Meißel, 1 Sichel, 1 Pfeilspitze, 1 mittelständiges Lappenbeil.- J.-P. Milotte, G. Cordier, P. Abauzit, Rev. Arch. Est et Centre-Est 19, 1968, 46 Nr. 102.

451. Yenne, Dép Savoie.- Mittelständiges Lappenbeil.- J.-P. Milotte, G. Cordier, P. Abauzit, Rev. Arch. Est et Centre-Est 19, 1968, 51 Nr. 143 Abb. 143.

Italien

1. Agata Bolognese, Montirone, Prov. Bologna.- Terramara.- Griffzungensichel.- R. Scarani, Emilia Preromana 4, 1953-55, 91ff. Taf. 2, 8.

2. Agata Bolognese, Montirone, Prov. Bologna.- Terramara.- Zweischalige Gußform für einen Vollgriffdolch.- R. Scarani, Emilia Preromana 4, 1953-55, 98 Taf. 2, 6-7; E. Gersbach, Jahrb. SGU 49, 1962, 11 Nr. 9.

3. Agata Bolognese, Montirone, Prov. Bologna.- Terramara.- Rasiermesser (Typus Castellaro di Gottolengo).- R. Scarani, Emilia Preromana 4, 1953-55, 91ff. mit Abb.; V. Bianco Peroni, I rasoi nell' Italia continentale (1979) 2 Nr. 5 Taf. 1, 5.

4. Aldeno, Prov. Trento.- Fundumstände unbekannt.- Griffzungenmesser (Typus Matrei).- V. Bianco Peroni, Die Messer in Italien (1976) 17 Nr. 24 Taf. 3, 24.

5. Alpe di S. Giulia, Monchio, Com. Palagno, Prov. Modena, Emilia-Romagna.- Griffzungenschwert.- V. Bianco Peroni, Die Schwerter in Italien (1970) 62 Nr. 139 Taf. 19, 139.

6. Appiano Gentile, Monte di Mezzo, Prov. Como, Lombardia.- Brandgrab.- Mohnkopfnadel, 1 Armring, 1 Glasperle, Urne.- G. L. Carancini, Die Nadeln in Italien (1975) 234f. Nr. 1710 Taf. 53, 1710.

7. Aosta (Torino), Piemont.- Fundumstände ? .- Lanzettförmiger Anhänger.- G. Kossack, Studien zum Symbolgut der Urnenfelder- und Hallstattzeit Mitteleuropas (1954) 91 Liste B Nr. 3.

8. Arco, Prov. Trento.- Aus dem Fluß Sarca.- Griffangelschwert (Typus Arco).- V. Bianco Peroni, Die Schwerter in Italien (1970) 34 Nr. 68 Taf. 10, 68.

9. Asola, Prov. Mantova, Lombardia.- Fundumstände unbekannt.- Griffangelschwert (Typus Monza).- V. Bianco Peroni in: H. Müller-Karpe (Hrsg.), Beiträge zu italienischen und griechischen Bronzefunden (1974) 13 Nr. 54 A Taf. 1, 54A.

10. Banco, Prov. Trento.- Griffzungenmesser (Typus Matrei).- V. Bianco Peroni, Die Messer in Italien (1976) 17 Nr. 25 Taf. 3, 25.

11. Barche di Solferino.- Mittelständiges Lappenbeil.- M. Perini, L. Salzani, Ann. Mus. Civ. St. Nat. Brescia 13, 1976, 172 Abb. 2, 6.

12. Bardello, Prov. Varese.- Vermutlich Station a, Lago di Varese.- Mittelständiges Lappenbeil, Angelhaken.- O. Montelius, La Civilisation primitive en Italie Bd. I (1895) 33-38 Taf. 3, 19.

13. Bargone, Càmpore bei Salsomaggiore.- Lanzenspitze mit kurzem freien Tüllenteil.- G. Säflund, Le Terramare delle provincie di Modena, Reggio Emilia, Parma, Piacenza (1939) 79 Taf. 50, 3.

14. Belluno.- Mittelständiges Lappenbeil.- M. Leicht, Avanzi Preistorici (1871).

15. Bernate, Prate Pagano, Prov. Como, Lambardia.- Dreiwulstschwert (Typus Rankweil).- Ha B1.- V. Bianco Peroni, Die Schwerter in Italien (1970) 103 Nr. 282 Taf. 42, 282.

16. Bertarina di Vecchiazzano bei Forlì.- Siedlung.- Griffzungendolch (Typus Bertarina), Griffzungensichel.- O. Montelius, La Civilisation primitive en Italie Bd. I (1895) Taf 21, 2-3.

17. Biandronno, Prov. Varese, Lombardia.- Gewässerfund.- Griffangelschwert (Typus Terontola).- V. Bianco Peroni, Die Schwerter in Italien (1970) 38 Nr. 83 ("Typus Biandronno") Taf.

12, 83.

18. **Bigarello**, Prov. Mantova, Lombardia.- Fundumstände unbekannt.- Griffzungenschwert.- V. Bianco Peroni in: H. Müller-Karpe (Hrsg.), Beiträge zu italienischen und griechischen Bronzefunden (1974) 15 Nr. 137 A Taf. 2, 137A.

19. **Bismantova**.- Mittelständiges Lappenbeil.- G. Säflund, Le Terramare delle provincie di Modena, Reggio Emilia, Parma, Piacenza (1939) 164ff. Taf. 53, 1.

20. **Boion**, Prov. Venzia.- Aus dem Fluß Cunetta.- 2 mittelständige Lappenbeile (ältere Urnenfelderzeit ?).- V. Bianco Peroni, Jahresber. Inst. Vorgesch. Univ. Frankfurt 1978-79, 325.

21. **Bolzano**, Trentino-Alto Adige.- Flußfund (Adige).- Griffangelschwert (Typus Monza).- S. Foltiny, Arch. Austriaca 36, 1964, 41 Abb. 2, 6; V. Bianco Peroni, Die Schwerter in Italien (1970) 33 Nr. 67 (Typus Pépinville) Taf. 9, 67.

22. **Bordolano**, Prov. Cremona.- Flußfund aus dem Oglio.- Mittelständiges Lappenbeil (ältere Urnenfelderzeit ?).- V. Bianco Peroni, Jahresber. Inst. Vorgesch. Univ. Frankfurt 1978-79, 324.

23. **Borgo** Castel Telvana, Alto Adige.- Mittelständiges Lappenbeil.- R. Lunz, Studien zur Endbronzezeit und älteren Eisenzeit im Südalpenraum (1974) 54 Taf. 2, 4.

24. **Borgo**, S. Pietro, Trentino-Alto Adige.- Angeblich Depot; nach Lunz kein geschlossener Fund.- Mittelständiges Lappenbeil, Pfattener Messer).- P. Reinecke, Wiener Prähist. Zeitschr. 1935, 2 Abb. 1 mitte; R. Lunz, Studien zur Endbronzezeit und älteren Eisenzeit im Südalpenraum (1974) 30 Taf. 2, 1.

25. **Brancere**, Prov. Cremona.- Aus dem Po.- Kappenhelm.- H. Hencken, The Earliest European Helmets (1971) 130 Abb. 102.

26. **Brunico** (Bruneck), Alto Adige.- Mittelständiges Lappenbeil (südosteuropäische Gruppe).- R. Lunz, Studien zur Endbronzezeit und älteren Eisenzeit im Südalpenraum (1974) 28 Taf. 1, 2.

27. **Bueris**, Prov. Udine.- Sumpf.- Griffzungendolch.- Atti Accad. Scienze Lett. Arti Udine 13, 1954-57, 30 Taf. 11, 5 (non vidi); V. Bianco Peroni, Jahresber. Inst. Vorgesch. Univ. Frankfurt 1978-79, 330.

28. **Buie d'Istria**.- Lappenbeil mit doppelt getrepptem Umriß (Typus Poggio Berni).- A.M. Bietti Sestieri, Proc. Prehist. Soc. 39, 1973, 400 Abb. 16, 2.

29. **Caldaro**, Prov. Bolzano, Trentino-Alto Adige.- Fundumstände unbekannt.- Griffzungenmesser mit Ringende.- V. Bianco Peroni, Die Messer in Italien (1976) 13 Nr. 10 Taf. 1, 10.

30. **Campegine**, Il Grumo.- Mittelständiges Lappenbeil.- G. Säflund, Le Terramare delle provincie di Modena, Reggio Emilia, Parma, Piacenza (1939) 164ff. Taf. 53, 4.

31. **Campegine**, Reggio Emilia.- Terramare.- Radanhänger.- G. Kossack, Studien zum Symbolgut der Urnenfelder- und Hallstattzeit Mitteleuropas (1954) 85 Nr. 19; G. Säflund, Le Terramare delle provincie di Modena, Reggio Emilia, Parma, Piacenza (1939) Taf. 65, 17.

32. **Campegine**, Brignolini, Prov. Reggio Emilia, Emilia-Romagna.- Terramare.- Rasiermesser (Typus Scoglio del Tonno).- V. Bianco Peroni, I rasoi nell' Italia continentale (1979) 10 Nr. 45 Taf. 4, 45.

33. **Campegine**, Prov. Reggio Emilia, Emilia-Romagna.- Terramare.- Mohnkopfnadel.- G. L. Carancini, Die Nadeln in Italien (1975) 235 Nr. 1716 Taf. 53, 1716.

34. **Campegine**, Prov. Reggio Emilia, Emilia-Romagna.- Terramare.- Rasiermesser (Typus Castellaro di Gottolengo).- V. Bianco Peroni, I rasoi nell' Italia continentale (1979) 2 Nr. 11 Taf. 1, 1.

35. **Campegine**, Prov. Reggio Emilia, Emilia-Romagna.- Terramare.- Rasiermesserfrg. (Typus Pieve S. Giacomo).- V. Bianco Peroni, I rasoi nell' Italia continentale (1979) 6 Nr. 26 Taf. 2, 26.

36. **Campegine**, Prov. Reggio Emilia, Emilia-Romagna.- Terramare.- Fragment eines Rasiermessers mit Peschieragriff und durchbrochenem Blatt.- V. Bianco Peroni, I rasoi nell' Italia continentale (1979) 7 Nr. 30 Taf. 3, 20.

37. **Canegrate**, Prov. Milano.- Brandgräberfeld mit mindestens 165 Bestattungen (vermutlich erheblich mehr).- Lit.: s. folgende Nr.

38. **Canegrate**, Prov. Milano.- Brandgrab.- Mohnkopfnadel, 3 Armringe, Urne.- G.L. Carancini, Die Nadeln in Italien (1975) 235 Nr. 1711 Taf. 53, 1711.

39. **Canegrate**, Prov. Milano.- Grab 26.- Nadel (Typus Yonne/Form B).- F. Rittatore, Sibrium 1, 1953-54, 19 Taf. 15, 26; G.L. Carancini, Die Nadeln in Italien (1975) Nr. 1312.

40. **Canegrate**, Prov. Milano.- Grab 28.- Nadel (Typus Yonne/Form B).- F. Rittatore, Sibrium 1, 1953-54, 19 Taf. 15, 28; G.L. Carancini, Die Nadeln in Italien (1975) Nr. 1301.

41. **Canegrate**, Prov. Milano.- Grab 73.- Nadel (Typus Yonne/Form B).- F. Rittatore, Sibrium 1, 1953-54, 24 Taf. 18, 73. G.L. Carancini, Die Nadeln in Italien (1975) Nr. 1302

42. **Canegrate**, Prov. Milano.- Brandgrab 111.- Nadelfrg., Griffplattenmesser (verbogen), Keramik.- V. Bianco Peroni, Die Messer in Italien (1976) 51 Nr. 215 Taf. 28, 215.

43. **Canegrate**, Prov. Milano.- Brandgrab 132.- Vollgriffdolch, Urne, Keramikscherben.- E. Gersbach, Jahrb. SGU 49, 1962, 11 Abb. 1, 7-8.

44. **Canosa**, Apulien.- Grab (?).- 2 leicht fragmentierte Beinschienen (jüngere Urnenfelderzeit).- W. Johannowsky, Rendiconti Napoli 15, 1970, 205ff. Taf. 1-2.

45. **Capriano** b. Renate, Lombardia.- Torffunde.- Radanhänger.- G. Kossack, Studien zum Symbolgut der Urnenfelder- und Hallstattzeit Mitteleuropas (1954) 86 Nr. 21; R. Munro, Les station lacustres (1908) Abb. 56, 17.

45A. **Casa Cocconi**, Reggio Emilia.- Terramara.- 1 Rasiermesser, 1 Griffzungensichel, 1 Dolchfrg., 1 Schwertklingenfrg., 1 Nadel.- L. Bronzoni, M. Cremaschi, Padusa 25, 1989, 173ff.

46. **Casalbuttano**, Prov. Cremona, Lombardia.- Einzelfund.- Griffangelschwert (Typus Terontola).- V. Bianco Peroni, Die Schwerter in Italien (1970) 38 Nr. 84 ("Typus Biandronno") Taf. 12, 84.

47. **Casaleccio** b. Rimini.- Depot vermutlich in Tongefäß (ursprünglich weit mehr Bronzen; erhalten sind 17 kg).- Mindestens 8 Beile (darunter drei Lappenbeile, eines mit doppelt getrepptem Umriß [Typus Poggio Berni]), 1 Schaftlappenziehmesser(?), 2 bronzene Gußformenschalen für mittelständige Lappenbeile, 1 Schaftlochaxt, 1 Tüllenhammer mit Keilrippenzier, einige Lanzenspitzen, einige Griffzungensicheln, 2 große Fibeln, 1 kleinere Fibel, 1 Ring, große Zahl unbearbeiteter Bronzestücke.- A.M. Bietti Sestieri, Proc. Prehist. Soc. 39, 1973, 400 Abb. 16, 4; O. Montelius, La Civilisation primitive en Italie Bd. I (1895), 170f. Taf. 30.

48. **Casaroldo bei Busseto**, Prov. Parma.- Aus Terramara.- Vollgriffdolchfrg.- E. Gersbach, Jahrb. SGU 49, 1962, 11 Abb. 1, 9.

49. Casaroldo di Samboseto, Busseto, Prov. Parma.- Terramara.- Lanzettförmiger Meißel.- Mus. Pigorini 48950.

50. Casaroldo, Parma.- Terramara (?).- Griffzungendolch (Typus Bertarina).- Nachw. Peroni.

51. Casaroldo, Parma.- Terramara.- Griffzungendolch (Typus Gorzano).- G. Säflund, Le Terramare delle provincie di Modena, Reggio Emilia, Parma, Piacenza (1939) 46, 4.

52. Casier, Prov. Treviso.- Aus dem Fluß Sile.- Mittelständiges Lappenbeil (ältere Urnenfelderzeit ?).- V. Bianco Peroni, Jahresber. Inst. Vorgesch. Univ. Frankfurt 1978-79, 325.

53. Casinalbo, Com. Formigine, Prov. Modena, Emilia-Romagna.- Terramare.- Rasiermesser (Typus Casinalbo), Rasiermessergußform (Typus Casinalbo).- V. Bianco Peroni, I rasoi nell' Italia continentale (1979) 7 Nr. 31 Taf. 3, 31.

54. Castellaro di Gottolengo, Com. Gottolengo, Prov. Brescia, Lombardia.- Siedlung.
-Rasiermesser (Typus Castellaro di Gottolengo).- V. Bianco Peroni, I rasoi nell' Italia continentale (1979) 1 Nr. 1 Taf. 1, 1.
-Rasiermesser (Typus Castellaro di Gottolengo).- Ebd. 2 Nr. 9 Taf. 1, 9.
-Rasiermesser (Typus Scoglio del Tonno).- Ebd. 9 Nr. 39 Taf. 4, 39.
-Rasiermesser (Typus Scoglio del Tonno).- Ebd. 10 Nr. 52 Taf. 5, 52.

55. Castellaro di Gottolengo, Prov. Breschia, Lombardia.- Mittelständiges Lappenbeil.- R. Penna, Bull. Paletn. Italiana NS 8, 1950, 74 Abb. 7, e.

56. Castellaro di Gottolengo, Prov. Breschia, Lombardia.- Siedlungsfund.- Griffzungenmesser mit Ringende.- V. Bianco Peroni, Die Messer in Italien (1976) 13 Nr. 12 Taf. 2, 13.

57. Castellaro di Lagusello.- Siedlung.- Unter anderem 1 Gürtelhaken mit Kreisaugendekor, 1 Griffzungenmesser (Typus Dašice), Nagelkopfnadel, 2 Dolche.- M.L. Nava in: Festschr. Rittatore Vonwiller Bd. 2 (1982) 487ff. Abb. 1-20.

58. entfällt.

59. Castellazzo di Fontanellato, Prov. Parma.- Terramara.- Griffzungendolch (Typus Pertosa), Griffplattendolch, mittelständiges Lappenbeil, Anhänger mit doppelkonischen Knubben.- L. Pigorini, Mon. Ant. 1, 1899, 124-154. Taf. 2, 9.18.17.15; G. Säflund, Le Terramare delle provincie di Modena, Reggio Emilia, Parma, Piacenza (1939) Taf. 54, 1; O. Montelius, La Civilisation primitive en Italie Bd. I (1895) Taf. 22, 2.

60. Castelletto, Prov. Brescia.- Moorfund (?).- Griffangelschwert (Typus Pepinville).- V. Bianco Peroni, Die Schwerter in Italien (1970) 32 Nr. 65 Taf. 9, 65.

61. Castione dei Marchesi, Com. Fidenza, Prov. Parma, Emilia-Romagna.- Tarramara.- 106 Bronzen, darunter 1 Lappenbeil, 10 Dolche, 1 Griffzungensichelfrg., 2 Lanzenspitzen, 1 Vollgrifdolch, 1 Anhänger mit doppelkonischen Knubben, 1 Rasiermesser, Pfeilspitzen.- M. Grazia Rossi, Studi e Doc. Arch. 5, 1988, 143ff. Taf. 72ff.; die 467 Keramikstücke (aber lt. Mutti a.a.O. 31ff. nur teilweise aufbewahrt !) sind durch ein deutliches Übergewicht von offenen Gefäßtypen und durch Feinware gekennzeichnet. Sehr häufig sind Bodenverzierungen mit verschiedenen "Sonnenmotiven".- Einzelne Funde auch publiziert bei:
- Rasiermesser (Typus Scoglio del Tonno).- V. Bianco Peroni, I rasoi nell' Italia continentale (1979) 10 Nr. 48 Taf. 4, 48.
- Mittelständiges Lappenbeil.- H.M.R. Leopold, Bull. Paletn. Italiana 50-51, 1930-31, 148ff. Taf. 6 erste Reihe; G. Säflund, Le Terramare delle provincie di Modena, Reggio Emilia, Parma, Piacenza (1939) 101 Taf. 53, 5.
- Vollgriffdolchfrg.- E. Gersbach, Jahrb. SGU 49, 1962, 11 Abb. 1, 5.
- Rasiermesserfrg. (Ringgriff).- V. Bianco Peroni, I rasoi nell' Italia continentale (1979) 15 Taf. 2, 15.
-Mohnkopfnadel (Form IIIE).- Beck, Beiträge 38; G.L. Carancini, Die Nadeln in Italien (1975) Nr. 1716.
- Griffzungendolch.- G. Säflund, Le Terramare delle provincie di Modena, Reggio Emilia, Parma, Piacenza (1939) Taf. 46, 5.
- Griffzungendolch (Typus Gorzano).- Ebd. Taf. 46, 9.

62. Castions di Strada, Prov. Udine, Friuli-Venezia-Giulia.- Einzelfund.- Griffzungensichelfrg.- F. Anelli, Atti Accad. Udine 13, 1953-54, 11 Taf. 3, 7.

63. Castions di Strada, Prov. Udine, Friuli-Venezia-Giulia.- Depot I (1909) (zusammen 37, 5 kg).- 1 Flachbeil, 1 Randleistenbeil, 1 Lappenbeil, 1 Tüllenbeilfrg., Sichelfrgte., 1 Messerfrg., 1 Lanzenspitze, 2 Schwertklingenfrgte., 1 Blech mit Spiralverzierung, 38 Gußkuchenfrgte. (zw. 30 und 1640 g; 2350 g; 5700 g; 8650 g).- G. Pellegrini, Bull. Paletn. Italiana 37, 1911, 22-36 Taf. 1; G.L. Carancini, Le asce nell' Italia continentale II (1984) 147 Nr. 3735 Taf. 121, 3735; S. Vitri in: Preistoria del Caput Adriae. Ausstellungskatalog Triest (1983), 81 Taf. 14, 9-12.

64. Castions di Strada, Prov. Udine, Friuli-Venezia-Giulia.- Depot II (1922) Gew. 11, 051 kg.- 2 mittel- bis oberständige Lappenbeile (530 g; 220 g), 1 Flachbeil (270 g), 2 Stabmeißel (50 g), 1 Tüllenbeil (220 g), 3 Lanzenspitzen (davon zwei mit gestuftem Blatt [145 g; 120 g]; ein glattes Exemplar abgebrochen [96 g]), 5 Sichelfrgte. (zusammen 325 g), 3 ineinanderhängende Ringe (55 g), 3 Bronzestücke, 16 Gußkuchenfrgte. (zusammen 8750 g).- R. della Torre, Not. Scavi Ant. 1923, 231ff. mit Abb; S. Vitri in: Preistoria del Caput Adriae. Austellungskatalog Triest (1983), 80-81 Taf. 14, 13-15 Abb. 5; G.L. Carancini, Le asce nell' Italia continentale II (1984) 144 Nr. 3724 Taf. 121, 3724.

65. Cattabrega de Crescenzago, Prov. Milano.- Brandgrab.- Rixheimschwert (in 2 bzw. 3 Teile zerbrochen), Nadel, Lappenbeil.- O. Montelius, La Civilisation primitive en Italie Bd. I (1895) Taf. 40, 15; V. Bianco Peroni, Die Schwerter in Italien (1970) 22 Nr. 34 Taf. 5, 34.

66. Cavo della Cunetta, Prov. Venzia.- Höhlenfund (?).- 2 mittelständige Lappenbeile.- L. Fasani, L'età del Bronzo (1984) 581 Abb. 8-9.

67. Cevola, Com. Fleino, Prov. Parma, Emilia-Romagna.- Terramare.- Rasiermesser (Typus Scoglio del Tonno).- V. Bianco Peroni, I rasoi nell' Italia continentale (1979) 9 Nr. 37 Taf. 4, 37.

68. Cividale del Friuli.- Lappenbeil mit doppelt getrepptem Umriß (Typus Poggio Berni).- A.M. Bietti Sestieri, Proc. Prehist. Soc. 39, 1973, 400 Abb. 16, 5.

69. Clés, Prov. Trento.- Depot.- 10 Nadeln (Ha A2/B1).- L. de Campi, Jahrb. Altkde. 3, 1909, 161ff.

70. Clés, Prov. Trento.- Griffzungenmesser (Typus Matrei).- V. Bianco Peroni, Die Messer in Italien (1976) 17 Nr. 33 Taf. 3, 33.

71. Coarezza, Prov. Milano, Nadel (Typus Yonne/Form B). G.L. Carancini, Die Nadeln in Italien (1975) Nr. 1307.

72. Codogno (Umgebung), Prov. Milano.- Griffangelschwert (Typus Monza).- V. Bianco Peroni, Die Schwerter in Italien (1970) 28 Nr. 54 Taf. 7, 54.

73. Cologna al Serio -> Palazzo.

74. Cologne, "Lac die Montorfano", Prov. Verona.- Höhlenfund.- Griffangelschwert (Typus Grigny).- R. De Marinis, Notiziario Arch. Lombardia 1984, 46f. Abb. 45a.

75. Colombare di Bersano (Piacenza) Emilia.- Terramare.- Radanhänger.- G. Kossack, Studien zum Symbolgut der Urnenfelder- und Hallstattzeit Mitteleuropas (1954) 86 Nr. 30; G. Säflund, Le Terramare delle provincie di Modena, Reggio Emilia, Parma, Piacenza (1939) Taf. 65, 15.

76. Colombare di Bersano, Besenzone Prov. Piacenza.- Terramara.- Lanzettförmiger Meißel.- Mus. Pigorini 64120.

77. Como-Lara (Como), Lombardia.- Fundumstände unbekannt.- Radanhänger.- Riv. di Como 79/81, 57 Abb. 26 (non vidi); G. Kossack, Studien zum Symbolgut der Urnenfelder- und Hallstattzeit Mitteleuropas (1954) 86 Nr. 31.

78. Cornocchio.- Mittelständiges Lappenbeil.- G. Säflund, Le Terramare delle provincie di Modena, Reggio Emilia, Parma, Piacenza (1939) 163ff. Taf. 53, 3.

79. Crema (Umgebung), Lombardia.- Griffangelschwert (Typus Monza) in vier Teile zerbrochen.- V. Bianco Peroni, Die Schwerter in Italien (1970) 31 Nr. 61 Taf. 8, 61.

80. Cremona (Provinz), Lombardia.- Griffangelschwert (Typus Terontola).- V. Bianco Peroni, Die Schwerter in Italien (1970) 36 Nr. 77 Taf. 11, 77.

81. Desmontà bei Sabbionara, Prov. Verona.- Deponierung in einem Graben ohne weitere Beifunde im Bereich eines Gräberfeldes vom 11.-9.Jh.- 2 Beinschienen mit stilisierten Vogelbarkendarstellungen [Salzani datiert die Schienen in da s 10. Jh.].- L. Salzani in: Prima della storia. Ausstellungskatalog Verona (1987), 141 Abb. S.145.

82. Dimaro, Prov. Trento.- Gewässerfund.- Griffangelschwert (Typus Arco).- V. Bianco Peroni, Die Schwerter in Italien (1970) 35 Nr. 72 Taf. 10, 72.

83. Doss Trento, Com. e Prov. Trento, Trentino-Alto Adige.- Fundumstände unbekannt.- Tüllenbeil mit Keilrippenzier.- G.L. Carancini, Le asce nell' Italia continentale II (1984) 143 Nr. 3716 Taf. 120, 3716.

84. Este, Canevedo, Prov. Padova, Vento.- Fundumstände unbekannt.- Griffangelschwert (Typus Arco).- V. Bianco Peroni, Die Schwerter in Italien (1970) 34 Nr. 69 Taf. 10, 69.

85. Feniletto di Vallese (Oppeano-Verona).- Einzelfund.- Miniatur(?)dolch (L. 13 cm).- L. Salzani, Bull. Mus. Civ. Verona 7, 1980, 617 Abb.1.

86. Fillotrano, Ancona.- Siedlung.- 2 Griffzungendolche (Typus Gorzano).- Mon. Ant. 34 Abb. 27, 10-11.

87. Fimon.- Moorfund.- Lappenbeil mit langezogenen Lappen.- R. Battaglia, Bull. Paletn. Italiana 67-68, 1958-59, 330 Abb. 127; L. Fasani, L'età del bronzo (1984) 585 Abb. 7.

88. Fodico, Com. Povigliano, Prov. Reggio Emilia, Emilia-Romagna.- Rasiermesserfrg. (Ringgriff).- V. Bianco Peroni, I rasoi nell' Italia continentale (1979) 3 Nr. 14 Taf. 2, 14.

89. Forlì, Emilia-Romagna.- Flußfund (Montone).- Griffangelschwert (Typus Terontola).- V. Bianco Peroni, Die Schwerter in Italien (1970) 36 Nr. 78 Taf. 11, 78.

90. Francine Nuove, Com. Villa Bartolomea, Prov. Verona, Veneto.- Kleines Gräberfeld mit Körperbestattungen.- In Grab 9, kleiner Ring und zwei Nadeln (am unteren Schaftende sind jeweils rechteckige Ösen angesetzt).- A. Aspes u. L. Fasani, Mem. Mus. Civ. Stor. Nat. Verona 16, 1968, 455ff. Abb. 7.

91. Formigine, Casinalbo, Modena.- Terramara.- Griffzungendolch (Typus Bertarina).- Mus. Pigorini Roma Nr. 18060.

92. Fratta Polesine.- Nekropole Ha A2/B1.- L. Salzani, Padusa 25, 1989, 5ff.

93. Frattesina.- Einzelfund.- Lappenbeil mit doppelt getrepptem Umriß (Typus Poggio Berni).- G.F. Bellintani, P. Peretto, Padusa 20, 1982, 67f. Taf. 3, 8.

94. Freghera, Gem. Cermenate, Como, Lombardia.- Depot (?).- Gußformen für Beile, Sicheln und Anhänger (jüngere Urnenfelderzeit n. Sichel).- O. Montelius, La Civilisation primitive en Italie Bd. I (1895) Taf. 29, 9-13; G. Kossack, Studien zum Symbolgut der Urnenfelder- und Hallstattzeit Mitteleuropas (1954) 87 Nr. 57.

95. Fucino, Prov. L'Aquila.- Körperbestattung.- Griffzungenmesser mit Vogelkopfende.- V. Bianco Peroni, Die Messer in Italien (1976) 15 Nr. 22 Taf. 2, 22.

96. Fumarogo, Com. Valdisotto, Prov. Sondrio, Lombardia.- Einzelfund.- Dreiwulstschwert (Typus Illertissen nahestehend).- Müller-Karpe, Vollgriffschwerter Taf.15, 2; V. Bianco Peroni, Die Schwerter in Italien (1970) 102 Nr. 279 Taf. 41, 279.

97. Fundort unbekannt.- (Trient).- Griffzungendolch- Archivo storico per Trieste, l'Istria e il Trentino 3, 1885, (non vidi).

98. Gallizia di Turbigo, Com. Turbigo, Prov. Mailand.- Brandgrab.- Messer mit durchbrochenem Griff.- F. Rittatore Vonwiller, G. Vannacci in: Oblatio. Festschr. A. Calderini (1971), 703ff. Taf. 10, 4; V. Bianco Peroni, Die Messer in Italien (1976) 12 Nr. 3 Taf. 1, 3.

99. Gazzade, Com. Castelnuovo Rangone b. San Lorenzo.- Prov. Modena.- Aus Terramara.- Vollgriffdolch.- E. Gersbach, Jahrb. SGU 49, 1962, 11 Abb. 1, 4.

100. Gorzano bei Maranello, Prov. Modena.- Aus Terramara.- Vollgriffdolch.- E. Gersbach, Jahrb. SGU 49, 1962, 9f. Nr. 6.

101. Gorzano, Com. Maranello, Prov. Modena, Emilia-Romagna.- Rasiermesser (Typus Scoglio del Tonno).- V. Bianco Peroni, I rasoi nell' Italia continentale (1979) 10 Nr. 50 Taf. 5, 50.

102. Gorzano, Modena.- Terramara Schicht IIA "Hortfund".- Griffzungendolch (Typus Gorzano) zusammen mit Randleisten- und Lappenbeilen, weitere Griffzungendolche.- G. Säflund, Le Terramare delle provincie di Modena, Reggio Emilia, Parma, Piacenza (1939) Taf. 3, 5-8

103. Gorzano, Prov. Modena.- Terramara.- Griffzungendolch.- O. Montelius, La Civilisation primitive en Italie Bd. I (1895) Taf. 16, 3.

104. Gradisca di Provesano, Prov. Udine.- Lanzenspitze.- F. Anelli, Atti Accad. Udine 13, 1953-54, 25 Taf. 8, 5.

105. Gradiscutta di Varmo, Prov. Udine.- Einzelfund (?).- Mittelständiges Lappenbeil.- F. Anelli, Atti Accad. Udine 13, 1953-54, 7ff. Taf. 6, 3.

106 entfällt

107. Gropello Cairoli, Santo Spirito, Prov. Pavia.- Depot.- 1 fragmentierter Griffplattendolch, 1 Niet, 7 Nadelfrgte. (teilweise nur Schaftfrgamente), 1 kleiner Ring, 1 Pinzette, 4 Bronzebrocken (5, 5; 15, 5; 28; 62, 5g).- L. Simone, Ripostiglio di Bronzi da Gropello Cairoli (Pavia). Rassegna Milano 35-36, 1985, 11-14 Taf. 3-4.

108. Gualdo Tadino, Prov. Perugia.- Depot.- 2 Goldscheiben, 1 Dolch, 2 Stabmeißel, 1 Röhre, 1 Ahle, 4 Violinbogenfibeln, 3 kleine Nadeln, 4 Knöpfe, 2 Spiralen, 1 Pinzette, 10 Spiralröllchen, 15 Ösennadeln, 1 Knebel (?), 5 Bernsteinperlen, 3 Canidenzähne,

Peroni, Inv. Arch. Italien fasc. 6 (1963).

109. Iseo, Prov. Breschia.- Torfmoor.- Griffzungendolch, Griffdorndolch, Kappenhelm, Griffzungensichel, Griffzungenmesser.- Bull. Paletn. Italiana 17, 1891 Taf. 8, 5.8; V. Bianco Peroni, Jahresber. Inst. Vorgesch. Univ. Frankfurt 1978-79, 329.: Munro 1912, Taf. 49.

110. Isola del Scala.- Mittelständige Lappenbeile.- L. Fasani, L'età del Bronzo (1984) 583 Abb.7.

111. Isolone del Mincio, Com. Voltas Mantova, Prov. Mantova, Lombardia.- Feuchtbodensiedlung auf einer Insel im Mincio.- Rasiermesser mit durchbrochenem Blatt.- V. Bianco Peroni, I rasoi nell' Italia continentale (1979) 11 Nr. 53 Taf. 5, 53; G. Guerreschi u. a., L'insediamento preistorico dell' Isolone del Mincio (Volta Mantova) (1985) Taf. 1-23.

112. Isolone del Mincio, Prov. Mantua.- Feuchtbodensiedlung.- Griffplattendolch.- G. Guerreschi u. a., L'insediamento preistorico dell' Isolone del Mincio (Volta Mantova) (1985) Taf. 20, 9256.

113. Isolone del Mincio.- Griffzungendolch.- G. Guerreschi u. a., L'insediamento preistorico dell' Isolone del Mincio (Volta Mantovana) (1985) Taf. 19, 9262.

114. Isolone del Mincio.- Mittelständiges Lappenbeil.- R. de Marini in: B. Bagolini u. a., Archeologia in Lombardia (1982) 68 Abb. 79 (mitte).

115. Isolone del Mincio.- Siedlung.- Gußform u. a. für schildförmige Anhänger.- G. Guerreschi u. a., L'insediamento preistorico dell' isolone del Mincio (Volta Mantovana) (1985) 31 Taf. 7, 9087.

116. Isolone del Mincio.- Schweres mittelständiges Lappenbeil.- R. de Marini in: B. Bagolini u. a., Archeologia in Lombardia (1982) 68 Abb. 79 (rechts).

117. Isolone del Mincio.- Siedlung.- Dolch mit zungenförmiger Griffplatte.- G. Guerreschi u. a., L'insediamento preistorico dell' isolone del Mincio (Volta Mantovana) (1985) Taf. 19, 9146.

118. Isolone del Mincio.- Siedlung.- Griffplattendolch.- G. Guerreschi, C. Limido, P. Catalani, L'insediamento preistorico dell' isolone del Mincio (Volta Mantovana) (1985) Taf. 19, 9089.

119. Lago d'Arno, (Val Camonica), Com. Cevo, Prov. Brescia.- Bei Trockenlegung des in 1816 m Meereshöhe gelegenen Sees gefunden.- Lappenbeil.- R. de Marinis, Bull. Centro Camuno Studi Preist. 8, 1972, 166ff. Abb. 55, 3.

120. Lago d'Arno (Val Camonica), Com. Cevo, Prov. Brescia.- Bei Trockenlegung des in 1816 m Meereshöhe gelegenen Sees gefunden.- Mohnkopfnadel.- G.L. Carancini, Die Nadeln in Italien (1975) 235 Nr. 1714 Taf. 53, 1714.

121. Lago di Garda.- Nicht näher lokalisierte Seerandstation.- Rasiermesser (Typus Pieve S. Giacomo).- V. Bianco Peroni, I rasoi nell' Italia continentale (1979) 5 Nr. 21 Taf. 2, 21.

122. Lago di Trasimeno, Prov. Perugia.- Griffangelschwert (Typus Terontola).- H. Reim, Arch. Korrbl. 4, 1974, 21 Abb. 3, 1.

123. Lipari.- Depot in Tongefäß.- U. a. Frgte. zweier mittelständiger Lappenbeile.- M.P. Moscetta, Dialoghi Arch. 6, 1988, 53 ff. mit Abb.

124. Lozzo Atestino, Prov. Padova.- Aus dem Fluß Lozzo.- Griffzungendolch.- Not. Scavi 1937, 93f. Abb. 6; V. Bianco Peroni, Jahresber. Inst. Vorgesch. Univ. Frankfurt 1978-79, 325.

125. Malcantone bei Piacenza.- Aus dem Po (1967).- Griffangelschwert (Typus Arco).- M. Calvani Marini, Emilia Preromana 7, 1971-74, 391ff. Abb. 1.

126. Malgolo, Prov. Trento.- Vasenkopfnadel.- G.L. Carancini, Die Nadeln in Italien (1975) 253 Taf. 56, 1858.

127. Mali ("Rabbi Thal").- Lanzettförmiger Meißel.- L. v.Campi, Antiqua 6, 1888, 44 Taf. 10, 10.

128. Malpensa b. Somma Lombardo.- Depot (n. Mira Bonomi handelt es sich angeblich um ein Grab).- 4 Lanzenspitzen (davon 2 Kurztüllenlanzen und ein Fragment), 2 Zungensicheln, 3 Sichelfrgte., 1 Blech, 1 Beilfrg. 2 Lappenbeile, 3 Beinschienen, "Schildverstärkungen" (?), 1 Sichelklinge, mehrere Bronzefrgte., Keramik.- R. de Marinis in: B. Bagolini u. a., Archeologia in Lombardia (1982) 85 Abb. 107-108; Mira Bonomi in: Atti della XXI Riunione Scientifica: Il Bronzo Finale in Italia. Firenze (1979) 117ff. Abb. 1-7; Studi. Etruschi 47, 1979, 511ff. Nr. 31 Taf. 81.

129. Melma -> Silea.

130. Margreid, Prov. Bolzano.- Griffangelschwert (Typus Terontola).- S. Foltini, Arch. Austriaca 36, 1964, 42 Abb. 2, 4.

131. entfällt.

132. Mechel, Prov. Trento.- Vasenkopfnadel.- G.L. Carancini, Die Nadeln in Italien (1975) 253 Taf. 56, 1859.

133. Mercurago, Com. Arona, Prov. Novara, Piemont.- Torfmoor; "Pfahlbausiedlung".- Griffzungendolch.- F. Gambari, Ausstellungskatalog Verona (1982) 127ff.

134. Merlara, Prov. Montegnana, Veneto.- Depot.- 1 Schwertklingenfrg., 7 Lappenbeile und Frgte., 12 Sichelfrgte., 2 Lanzenspitzen, 2 Bronzeeimer (Typus Kurd).- Müller-Karpe, Chronologie 261 Taf. 83.

135. Mezzocorona, Bosco della Pozza, Prov. Trento, Trentino-Alto Adige.- Depot in Tongefäß.- 1 Nadel (8 g), 1 Dolch mit verlängerter Griffplatte (28 g), 1 "Sauroter" (83 g), 3 Sichelfrgte. (davon mindestens 1 Laubmesser), 1 Lappenbeil (480 g), 3 Blechfrgte., zahlreiche Bronzefrgte. .- L. Campi, Archivo Trentino 10, 1891, 239ff. mit Abb.; G.L. Carancini, Die Nadeln in Italien (1975) 217 Nr. 1547 Taf. 49, 1547.

136. Missiano, Com. Appiano, Prov. Bolzano, Trentino-Alto Adige.- Griffzungenmesser (Typus Matrei).- V. Bianco Peroni, Die Messer in Italien (1976) 17 Nr. 35 Taf. 4, 35.

137. Modena (Provinz), Emilia-Romagna.- Terramara.- Rasiermesser (Typus Scoglio del Tonno).- V. Bianco Peroni, I rasoi nell' Italia continentale (1979) 10 Nr. 47 Taf. 4, 47.

138. Albano di Mori, Com. Mori, Prov. Trento.- Siedlung.- Griffplattenmesser.- V. Bianco Peroni, Die Messer in Italien (1976) 51 Nr. 213 Taf. 28, 213.

139. Monte Rovello.- Depot (Ha B).- Darin u. a. Lappenbeil mit doppelt getrepptem Umriß (Typus Poggio Berni).- G. Angelo Colini, Bull. Paletn. Italiana 35, 1909, 104ff. mit Abb.

140. Monte Tesoro, Com. S. Anna d'Alfaedo, Prov. Verona, Veneto.- Einzelfund.- Griffzungenmesser (Typus Matrei).- V. Bianco Peroni, Die Messer in Italien (1976) 16 Nr. 23 Taf. 2, 23.

141. Monte Umes, Prov. Bolzano.- Aus einer Felsspalte.- Lanzenspitze.- Mon. Ant. 37, 1938, 111 Abb. 28.

142. Monte Venera.- Mittelständiges Lappenbeil.- G. Säflund, Le Terramare delle provincie di Modena, Reggio Emilia, Parma, Piacenza (1939) 58 Taf. 53, 6.

143. Monte Venera.- Mittelständiges Lappenbeil.- G. Säflund, Le Terramare delle provincie di Modena, Reggio Emilia, Parma, Piacenza (1939) 58 Taf. 54, 2.

144. Monte Venere.- Terramara.- 1 Dolch mit erweiterter Griffplatte.- O. Montelius, La Civilisation primitive en Italie Bd. I (1895) 147 Taf. 22, 12.

145. Monte Venera, Com. Casina, Prov. Reggio Emilia, Emilia-Romagna.- Terramare.- Rasiermesser (Typus Scoglio del Tonno).- V. Bianco Peroni, I rasoi nell' Italia continentale (1979) 9 Nr. 42 Taf. 4, 42.

146. Montebello Vicentino, Prov. Vicenza.- Siedlungsfund.- Vasenkopfnadel.- Studi Etruschi 47, 1979, 489 Abb. 8, 5.

147. Montecchio, Monte, Com. Montecchio Emilia, Prov. Reggio Emilia, Emilia-Romagna.- Terramare.- 2 Rasiermesser (Typus Castellaro di Gottolengo) mit durchlochter bzw. angebrochener Griffangel.- V. Bianco Peroni, I rasoi nell' Italia continentale (1979) 5 Nr. 18-19 Taf. 2, 18-19.

148. Montecchio, Reggio Emilia, Terramara.- Griffzungendolch (Typus Bertarina).- G. u. A. Mortillet, Musée préhistorique (1903) Abb. 1041.

149. Montegiorgio, Prov. Ascoli Piceno, Marche.- Fundumstände unbekannt.- Messer mit durchbrochenem Griff.- V. Bianco Peroni, Die Messer in Italien (1976) 12 Nr. 1 Taf. 1, 1.

150. Montirone -> S. Agata Bolognese

151. Monza, Prov. Milano, Brandgräberfeld (Grabkontexte nicht geschieden).- Mindestens drei Griffangelschwerter (Typus Monza); alle sind zerbrochen, davon mindestens eines intentionell zerstört; 2 Nadeln mit trompetenförmigem Kopf, 1 Griffangeldolch.- Bianco Peroni, Schwerter 30 Nr. 56 Taf. 8, 56; 75D; 31 Nr. 62 Taf. 9, 62; R. de Marini, Sibrium 10, 1970, 99ff. mit Abb.

152. Muscoli, Com. Cervignano del Friuli, Prov. Udine, Friuli-Venezia Giulia.- Depot (1902), in der Nähe des Zusammenflusses von Teglio und Aussa.- 2 Tüllenbeile (eines mit Keilrippenzier, das andere mit Kreisverzierung [wie Pölöske: Mozsolics, Bronzefunde Taf. 124, 3]), 2 Griffzungenschwertfrgte., 9 (?) Zungensicheln und Frgte., Gußkuchenfrgte. (ca. 15 kg).- F. Anelli, Aquileia Nostra 20, 1949, 8ff. Abb. 24.28-34; V. Bianco Peroni, Die Schwerter in Italien (1970) Nr. 113 Nr. 140; S. Vitri, in: Preistoria del Caput Adriae. Ausstellungskatalog Triest (1983) 82; G.L. Carancini, Le asce nell' Italia continentale II (1984) 144 Nr. 3722-3723 Taf. 120, 3722-3723.

153. Nogarole Rocca.- Mittelständiges Lappenbeil.- L. Fasani, L'età del bronzo (1984) 583 Abb. 4.

154. Oggiono-Ello, Prov. Como.- Wahrscheinlich Depot in einem Steinbruch oder "Felsspaltenfüllung"; die Funde wurde während Sprengungen in einem Steinbruch aufgesammelt.- Kappenhelm, 2 Schwerter, 4 Lanzenspitzen, 2 Dolche, 2 Randleistenbeile, 10 Blechfrgte.- Schauer in: Festschr. Rittatore Vonwiller 704 Nr. 1. Abb. 1.

155. Ognissanti -> Pieve San Giacomo

156. Olonio, Vicinanze, Prov. Como.- Moorfund.- Griffplattenschwert (Typus Rixheim).- V. Bianco Peroni, Die Schwerter in Italien (1970) 23 Nr. 36 Taf. 5, 36.

157. Pacengo, loc. Bor di Pacengo, Prov. Verona.- Seerandstation am Gardasee.- Lappenbeile, Kamm, Pfeilspitzen Lanzen.- A. Aspes, L. Fasani, Atti Accad. Verona 19, 1967-68, 71ff.

158. Padova.- Mittelständiges Lappenbeil.- L Fasani, L'età del bronzo (1984) 581 Abb. 3.

159. Palazzo (Cologna al Serio), Pianelonghe, Prov. Bergamo.- Brandgrab.- Rixheimschwert (in sieben Teile zerbrochen), bikonische Urne, Lanzenspitze.- V. Bianco Peroni, Die Schwerter in Italien (1970) 22 Nr. 35 Taf. 5, 35.

160. Passo Pennes.- Höhenfund.- Mittelständiges Lappenbeil.- R. Lunz, Studien zur Endbronzezeit und älteren Eisenzeit im Südalpenraum (1974) Taf. 2, 3.

161. Pastrengo, Prov. Verona, Veneto.- Moorfund.- Griffzungenmesser (Typus Matrei).- V. Bianco Peroni, Die Messer in Italien (1976) 17 Nr. 36 Taf. 4, 36.

162. Pavone Mella, Cascina Girella, Prov. Verona.- Einzelfund.- Griffangelschwert (Typus Terontola).- R. De Marinis, Not. Arch. Lombardia 1984, 46f. Abb. 45b.

163. Pavone, Prov. Alessandria.- Einzelfunde.- 2 mittelständige Lappenbeile.- M.V. Antico Gallina, Sibrium 14, 1978-79, 235ff. Abb. 1, 2; 3, 1.

164. Pennes -> Passo Pennes

165. Penser Joch -> Passo Pennes

166. Pergine, Valsugana, Prov. Trento.- Depot.- 4 Beinschienen (2 Paare).- G. Fogolari, Wiener Prähist. Zeitschr. 30, 1943, 73ff. Abb. 1-4.

167. Pertosa, Prov. Salerno.- Höhle mit einer Quelle; Weihefund.- Griffzungendolch (Typus Pertosa), Griffdorndolch (Typus Tredossi), Griffzungenmesser, Rasiermesser, Lappenbeil.- Mon. Ant. 24, 1918, 571 Taf. 2, 8; Taf. 1, 5.

168. Peschiera del Garda, Prov. Verona, Veneto.- Station "Bacino Marina", Seerandstation.- Rasiermesser (Typus Casinalbo).- V. Bianco Peroni, I rasoi nell' Italia continentale (1979) 7 Nr. 32 Taf. 3, 32.

169. Peschiera del Garda, Prov. Verona, Veneto.- Seerandstation "Boccatura del Mincio".-
- Rasiermesser (Typus Castellaro di Gottolengo).- V. Bianco Peroni, I rasoi nell' Italia continentale (1979) 1f. Nr. 4 Taf. 1, 4.
- Rasiermesser (Typus Castellaro di Gottolengo).- Ebd. 2 Nr. 7 Taf. 1, 7.
- Rasiermesser (Typus Trebbo Sei Vie).- Ebd. 6 Nr. 27 Taf. 3, 27.
- Rasiermesser (Typus Castellaro di Gottolengo mit Griffplatte.- Ebd. 4 Nr. 17 Taf. 2, 17.
- Rasiermesser (Typus Scoglio del Tonno).- Ebd. 9f. Nr. 44 Taf. 4, 44.
- Rasiermesser (Typus Pieve S. Giacomo).- Ebd. 5 Nr. 24 Taf. 2, 24.
- Rasiermesser (Typus Pieve S. Giacomo).- Ebd. 6 Nr. 25 Taf. 25.
- Rasiermesser mit Peschieragriff und durchbrochenem Blatt.- Ebd. 7 Nr. 29 Taf. 3, 29.

170. Peschiera del Garda, Prov. Verona, Veneto.- Boccatura del Mincio.- Rasiermesser (Typus Scoglio del Tonno).- V. Bianco Peroni, I rasoi nell' Italia continentale (1979) 10 Nr. 46 Taf. 4, 46.

171. Peschiera del Garda, Prov. Verona, Veneto.- Zentrale Seerandstation.- Rasiermesser (Typus Pieve S. Giacomo).- V. Bianco Peroni, I rasoi nell' Italia continentale (1979) 5 Nr. 20 Taf. 2, 20.

172. Peschiera del Garda, Prov. Verona, Veneto.- "Palafitta centrale".-- Rasiermesser (Typus Scoglio del Tonno).- V. Bianco Peroni, I rasoi nell' Italia continentale (1979) 9 Nr. 38 Taf. 4, 38.
- Rasiermesser (Typus Scoglio del Tonno).- Ebd. 10 Nr. 51 Taf. 5, 51.
- Rasiermesser (Typus Castellaro di Gottolengo).- Ebd. 2 Nr. 8 Taf. 1, 8.
- Rasiermesser (Typus Castellaro di Gottolengo).- Ebd. 2 Nr. 10

Taf. 1, 10.
- Rasiermesserfrg. (Typus Castellaro di Gottolengo).- Ebd. 3 Nr. 12 Taf. 1, 12.

173. Peschiera del Garda, Prov. Verona, Veneto.- Seerandstation "Boccatura del Mincio".- Griffangelschwert (Typus Pepinville).- V. Bianco Peroni in: H. Müller-Karpe (Hrsg.), Beiträge zu italienischen und griechischen Bronzefunden (1974) 13 Nr. 67A Taf. 1, 67A.

174. Peschiera del Garda, Prov. Verona, Veneto.- Pfahlbau Bacino Marina.- Griffplattenschwert (Typus Rixheim).- V. Bianco Peroni in: Beiträge zu italischen und griechischen Bronzefunden (1974) 12 Nr. 37 B Taf. 1, 37 B.

175. Peschiera del Garda, Prov. Verona, Veneto.- Boccatura del Mincio.- Griffplattenschwert (Typus Rixheim).- V. Bianco Peroni in: Beiträge zu italischen und griechischen Bronzefunden (1974) 12 Nr. 37 A Taf. 1, 37 A.

176. Peschiera del Garda, Prov. Verona, Veneto.- Verschiedene Stationen: Boccatura del Mincio, Palafitta Centrale, unbestimmt.- 12 Griffplattenmesser.- V. Bianco Peroni, Die Messer in Italien (1976) 50f. Nr. 205-212. 216-218. 220 Taf. 28-29, 205-212. 216-218. 220.

177. Peschiera del Garda, Prov. Verona, Veneto.- Palafitte.- 2 Messer mit durchlochtem Griffdorn.- V. Bianco Peroni, Die Messer in Italien (1976) 51 Nr. 221 Taf. 29, 221; 53 Nr. 230 Taf. 29, 230.

178. Peschiera del Garda, Prov. Verona, Veneto.- Palafitte.- Messer mit abgesetztem Griffplattenbereich.- V. Bianco Peroni, Die Messer in Italien (1976) 51 Nr. 222 Taf. 29, 222.

179. Peschiera del Garda, Prov. Verona, Veneto.- Seerandstation "Boccatura del Mincio".- Vollgriffdolch.- E. Gersbach, Jahrb. SGU 49, 1962, 11 Abb. 1, 6.

180. Peschiera del Garda, Prov. Verona, Veneto.- Seerandstation "Boccatura del Mincio".- Vollgriffdolch.- E. Gersbach, Jahrb. SGU 49, 1962, 11 Abb. 1, 10.

181. Peschiera del Garda, Prov. Verona, Veneto.- Griffzungendolch.- A.F. Harding, Brit. Mus. Quart. 37, 1976, 142 Abb. 2, 1.

182. Peschiera del Garda, Prov. Verona, Veneto.- Pfahlbau Imboccatura del Mincio.- 2 Griffzungendolche.- Müller-Karpe, Chronologie Taf. 107, 22-23.

183. Peschiera del Garda, Prov. Verona, Veneto.- Station Imboccatura del Mincio, Pfahlbau.- Griffzungendolche.- Müller-Karpe, Chronologie Taf. 107, 10.12-13.

184. Peschiera del Garda, Prov. Verona, Veneto.- Z.T. Station Imboccaturo del Mincio, Pfahlbau.- Griffzungendolche.- Müller-Karpe, Chronologie Taf. 107. 7-9.15-20.

185. Peschiera del Garda, Prov. Verona, Veneto.- Griffzungendolche.- Müller-Karpe, Chronologie Taf. 107.1-4; Palafitte: mito e realtà. Ausstellungskatalog Verona (1983) Abb. 33, 10.

186. Peschiera del Garda, Prov. Verona, Veneto.- Siedlung.- Dolche mit zungenförmiger Griffplatte.- Müller-Karpe, Chronologie Taf. 106, 2-6.7-.10.12-13.15-17.20.23.

187. Peschiera del Garda, Prov. Verona, Veneto.- Siedlungsfunde.- Griffplattendolche.- Müller-Karpe, Chronologie Taf. 106. 21.25.27-34.36.

188. Peschiera del Garda, Prov. Verona, Veneto.- Boccatura del Mincio, Pfahlbau.- Messer mit durchbrochenem Griff.- V. Bianco Peroni, Die Messer in Italien (1976) 12 Nr. 4 Taf. 1, 4.

189. Peschiera del Garda, Prov. Verona, Veneto.- Imboccatura del Mincio, Pfahlbau.- Griffzungendolch (Typus Gorzano).- Nachweis R. Peroni 82 Nr. 7-8.

190. Peschiera del Garda, Prov. Verona, Veneto.- Station Imboccatura del Mincio.- Griffzungendolch mit fächerförmiger Knaufzunge.- Müller-Karpe, Chronologie Taf. 107, 6.

191. Peschiera del Garda, Prov. Verona, Veneto.- Pfahlbau.- Griffzungenmesser mit Ringende.- V. Bianco Peroni, Die Messer in Italien (1976) 13 Nr. 14 Taf. 2, 14.

192. Peschiera del Garda, Prov. Verona, Veneto.- Pfahlbau.- Griffzungenmesser (Typus Baierdorf).- V. Bianco Peroni, Die Messer in Italien (1976) 13 Nr. 8 Taf. 1, 8.

193. Peschiera del Garda, Prov. Verona, Veneto.- Boccatura del Mincio.- 7 mittelständige Lappenbeile.- Müller-Karpe, Chronologie 268 Taf.103, 34-40; L. Fasani, L'età del Bronzo (1984) 554 Abb. (links u. mitte); O. Montelius, La Civilisation primitive en Italie Bd. I (1895) Taf. 5, 4.

194. Peschiera del Garda, Prov. Verona, Veneto.- Boccatura del Mincio, Pfahlbaustation.- 2 Vasenkopfnadeln.- G.L. Carancini, Die Nadeln in Italien (1975) 253 Taf. 56, 1856.1857.

195. Peschiera del Garda, Prov. Verona, Veneto.- Station Bacino Marina am lago di Garda.- Nadel (Typus Binningen).- G.L. Carancini, Die Nadeln in Italien (1975) Nr. 1851.

196. Peschiera del Garda, Prov. Verona, Veneto.- Station am Gardasee.- Bronzesieb.- Müller-Karpe, Chronologie Taf 105, 2.

197. Peschiera del Garda, Prov. Verona, Veneto.- Station "Bacino Marina".- Mohnkopfnadel.- G.L. Carancini, Die Nadeln in Italien (1975) 235 Nr. 1715 Taf. 53, 1715.

198. Peschiera del Garda, Prov. Verona, Veneto.- Station.- Mohnkopfnadel.- G.L. Carancini, Die Nadeln in Italien (1975) 235 Nr. 1713 Taf. 53, 1713.

199. Pieve San Giacomo b. Ognissanti, Prov. Cremona, Lombardia.- Terramara.- Griffplatttenmesser.- V. Bianco Peroni, Die Messer in Italien (1976) 51 Nr. 214 Taf. 28, 214.

200. Pieve San Giacomo b. Ognissanti, Prov. Cremona, Lombardia.- Terramara.
-Rasiermesser (Typus Pieve S. Giacomo).- V. Bianco Peroni, I rasoi nell' Italia continentale (1979) 5 Nr. 22 Taf. 2, 22.
-Rasiermesser (Typus Pieve S. Giacomo).- Ebd. 5 Nr. 23 Taf. 2, 23.
-Rasiermesser (Typus Castellaro di Gottolengo).- Ebd. 2 Nr. 6 Taf. 1, 6.
ohne nähere Angaben:
- Griffzungendolch (Typus Bertarina).- Mus. Pigorini Rom Nr. 78693.

201. entfällt.

202. Pieve S. Giacomo, Prov. Cremona.- Siedlung.- Mittelständiges Lappenbeil.- Müller-Karpe, Chronologie 263 Taf 88, 31.

203. Pieve S. Giacomo (Ognissanti), Prov. Cremona.- Siedlung.- Griffzungendolch.- Müller-Karpe, Chronologie Taf. 89, 4.

204. Pieve S. Giacomo, Prov. Cremona.- Griffzungendolch mit fächerförmiger Knaufzunge.- Müller-Karpe, Chronologie Taf. 89, 2.

205. Pieve S. Giacomo, Prov. Cremona.- Siedlung.- Griffangelschwert (Typus Terontola).- V. Bianco Peroni, Die Schwerter in Italien (1970) 36 Nr. 76 Taf. 11, 76.

206. Pieve S. Giacomo, Prov. Cremona.- Siedlung.- Dolche mit zungenförmiger Griffplatte.- Müller-Karpe, Chronologie Taf. 89, 13.29.27.

207. Pieve S. Giacomo, Prov. Cremona.- Siedlung.- Grifplattendolche.- Müller-Karpe, Chronologie Taf. 89, 11.16-18.24-25.28.

208. Pinerolo, Piemont.- Depot (1951; Gew. 2, 365 kg).- 2 Armringe (212 g; 74, 5 g), 1 Stabarmring (7 g), 2 mittelständige Lappenbeile (552 g; 153 g), 1 Beilfrg. (Nacken; 98 g), 1 Stabmeißelfrg. (70, 7 g), 2 Sichelfrgte. (25 g, 42 g), 24 Gußbrocken .- A. Doro, Sibrium 12, 1973-75, 205ff. mit Abb.

209. Poggio Berni, Forlì, Emilia.- Depot (Ha A2/B1).- U. a. Lappenbeil mit doppelt getrepptem Umriß (Typus Poggio Berni); Griffzungendolch.- A.M. Bietti Sestieri, Proc. Prehist. Soc. 39, 1973, 393 Taf. 1, 1; Bull. Paletn. Ital. 3, 1939, 51ff. Abb. 1, 1.

210. Pustertal.- Lanzenspitze mit gestuftem Blatt.- S. Demetz, Der Schlern 61, 1987, 65 Taf. 12, 5.

211. Quingento, San Prospero, Com. e Prov. Parma, Emilia-Romagna.- Terramare.- Rasiermessergußformenfrg.- V. Bianco Peroni, I rasoi nell' Italia continentale (1979) 7f. Nr. 33 Taf. 3, 33.

212. Rallo.- Lanzenspitze mit gestuftem Blatt.- S. Demetz, Der Schlern 61, 1987, 61 Taf. 10, 6.

213. Redù, com Nonantola, Prov. Modena, Emilia-Romagna.- Terramare.-
-Rasiermesserfrg. (Ringgriff).- V. Bianco Peroni, I rasoi nell' Italia continentale (1979) 3 Nr. 16 Taf. 2, 16.
-Rasiermesser (Typus Castellaro di Gottolengo).- Ebd. 1 Nr. 2 Taf. 1, 2.
- Dolch mit erweiterter Griffplatte.- O. Montelius, La Civilisation primitive en Italie Bd. I (1895) 147 Taf. 22, 10.
- Griffzungendolch.- Ebd. 147 Taf. 22, 10.

214. Reggio (Prov.).- Griffzungendolch.- O. Montelius, La Civilisation primitive en Italie Bd. I (1895) 149 Taf. 23, 3.

215. Reggio-Emilia (Prov.).- Terramare.- Griffplattenschwert (Typus Rixheim).- V. Bianco Peroni, Die Schwerter in Italien (1970) 23 Nr. 37 Taf. 5, 37.

216. Reggio (Prov.).- Lanzenspitze.- G. Säflund, Le Terramare delle provincie di Modena, Reggio Emilia, Parma, Piacenza (1939) Taf. 50, 2.

217. Rhêmes-Saint-Georges, Val di Rhêmes.- Depot.- 2 Knopfsicheln, 1 Lanzenspitze mit kurzer Tülle.- S. Bosonetto, D. Daudry, Bull. Etudes Préhist. Alpines 5, 1973, 99ff. mit Abb.

218. Rivarolo Mantovana, Prov. Mantova.- Mittelständiges Lappenbeil.- P. Barocelli, Emilia Preromana 5, 1956-64, 533 Abb. 8A.

219. Rovereto, Prov. Trento.- Einzelfund.- Griffzungensichel (168 g).- Primas, Sicheln 86 Nr. 459 Taf. 25, 459.

220. San Ambrogio b. Modena.- Terramara.- Griffzungendolch (Typus Pertosa).- O. Montelius, La Civilisation primitive en Italie Bd. I (1895) 147 Taf. 22, 15.

221. San Antonio, Com. Treviso, Prov. Treviso.- Aus dem Sile.- Mittelständiges Lappenbeil.- V. Bianco Peroni, Jahresber. Inst. Vorgesch. Univ. Frankfurt 1978-79, 325.

222. San Antonio, Prov. Treviso, Veneto.- Aus dem Fluß Sile.- Griffangelschwert (Typus Arco).- S. Foltiny, Arch. Austriaca 36, 1964, 41 Abb. 2, 2; V. Bianco Peroni, Die Schwerter in Italien (1970) 34 Nr. 70 Taf. 10, 70.

223. San Antonio, Prov. Treviso, Veneto.- Aus dem Fluß Sile.- Griffangelschwert (Typus Arco).- S. Foltiny, Arch. Austriaca 36, 1964, 41 Abb. 2, 1; V. Bianco Peroni, Die Schwerter in Italien (1970) 35 Nr. 71 Taf. 10, 71.

224. San Antonio.- Flußfund aus dem Sile.- Dolch mit breiter Griffzunge und drei Nieten.- R. Battaglia, Bull. Paletn. Ital. 67-68, 1958-59, 285 Abb. 99.

225. San Lazzaro di Savena, Prov. Bologna.- Cave del Boscopiano.- Griffzungendolch.- Not. Scavi Ant. 85, 1960, 299 Abb. 3.

226. San Polo d'Enza, Campo Servirola, Prov. Reggio Emilia, Emilia-Romagna.- Terramare.- Messer mit durchbrochenem Griff.- V. Bianco Peroni, Die Messer in Italien (1976) 12 Nr. 2 Taf. 1, 2.

227. San Polo d'Enza, Reggio Emilia.- Terrarmara.- Lanzenspitze.- G. Säflund, Le Terramare delle provincie di Modena, Reggio Emilia, Parma, Piacenza (1939) 163 Taf. 50, 1.

228. entfällt.

229. San Polo, Servirola, Reggio Emilia, Terrarmara.- Griffzungendolch Typ. Pertosa.- G. Säflund, Le Terramare delle provincie di Modena, Reggio Emilia, Parma, Piacenza (1939) Taf. 46, 8.

230. San Polo, Servirola.- Mittelständiges Lappenbeil.- G. Säflund, Le Terramare delle provincie di Modena, Reggio Emilia, Parma, Piacenza (1939) 163ff. Taf. 53, 2.

231. Santa Caterina di Tredossi, Com. e. Prov. Cremona, Lombardia.- Siedlung.- Rasiermesser (Typus Scoglio del Tonno).- V. Bianco Peroni, I rasoi nell' Italia continentale (1979) 9 Nr. 41 Taf. 4, 41.

232. Santa Caterina di Tredossi, Com. e. Prov. Cremona, Lombardia.- Terramara.- 1 Griffzungensichelfrg., 1 Dolch mit erweiterter Griffplatte, 1 Dolch mit dreieckiger Griffplatte, 1 Griffangeldolch.- P. Laviosa Zambotti, Bull. Paletn. Ital. 55, 1935, 87-135; Taf. 1, 2.4a-b.

233. Sasello, Casa Mottin, Prov. Savona, Ligurien.- Depot.- 3 Schwertklingenfrgte., 4 Lanzenspitzen (darunter ein fragmentiertes Exemplar mit Kurztülle, 1 große konische Zwinge (grande puntale conico), 1 Rasiermesser mit durchbrochenem Blatt, 1 Barren.- V. Bianco Peroni, I rasoi nell' Italia continentale (1979) 11f. Nr. 54 Taf. 5, 54; V. Bianco Peroni in: H. Müller-Karpe (Hrsg.), Beiträge zu italischen und griechischen Bronzefunden (1974) 14 Nr. 79 Taf. 79 (linkes Drittel).

234. Savona di Cibeno, Com. Carpi, Prov. Modena, Emilia-Romagna.- Terrmare.- Rasiermesser (Typus Castellaro di Gottolengo).- V. Bianco Peroni, I rasoi nell' Italia continentale (1979) 1 Nr. 3 Taf. 1, 3.

235. Scamozzina di Albairate, Prov. Milano.- Urnengrab J.- Griffzungendolch, Trompetenkopfnadel, Armring.- P. Castelfranco, Bull. Paletn. Ital. 35, 1909, 1ff. Taf. 2, 3.9-10.

236. Scandiano.- Mittelständiges Lappenbeil.- G. Säflund, Le Terramare delle provincie di Modena, Reggio Emilia, Parma, Piacenza (1939) 164ff. Taf. 53, 8.

237. Schlanders, Nördersberg.- Lanzenspitze mit gestuftem Blatt.- S. Demetz, Der Schlern 61, 1987, 61 Taf. 10, 4.

238. Scoglio del Tonno, Prov. Tarent, Apulien.- Siedlung.- Rasiermesser (Typus Scoglio del Tonno); mittelständiges Lappenbeil; Griffzungendolch (Typus Psychro).- V. Bianco Peroni, I rasoi nell' Italia continentale (1979) 9 Nr. 40 Taf. 4, 40; Müller-Karpe, Chronologie 33 Taf. 13, 12; Not. Scavi 1900 Abb. 10ff.

239. Scole del Lozzo.- Dolch mit fächerförmiger Griffzunge.- A.

Callegari, Not. Sc. 62, 1937, 93f. Abb. 6.

240. **Sesto (Sexten im Pustertal), Südtirol.**- Griffzungendolch.- Müller-Karpe, Chronologie 279 Taf. 136 B2.

241. **Sesto (Sexten), Nemesalm.**- Lanzenspitze mit Kurztülle.- S. Demetz, Der Schlern 1987, 58 Taf.8, 4.

242. **Sesto al Rhegana, Prov. Pordenone, Friuli-Venezia-Giulia.**- Palafitte.- Tüllenbeil mit Keilrippenzier.- G.L. Carancini, Le asce nell' Italia continentale II (1984) 144 Nr. 3717 Taf. 120, 1317.

243. **Settequerce, Prov. Bolzano.**- Vasenkopfnadel.- G.L. Carancini, Die Nadeln in Italien (1975) 253 Taf. 56, 1860.

244. Sexten -> Sesto

245. **Siena, Ponte San Giovanni, Perugia, Umbrien.**- Lappenbeil mit doppelt getrepptem Umriß (Typus Poggio Berni).- A.M. Bietti Sestieri, Proc. Prehist. Soc. 39, 1973, 400 Abb. 16, 3.

246. **Sile (Fluß).**- 4 mittelständige Lappenbeile.- L Fasani, L'età del bronzo (1984) 593 Abb.

247. **Silea, Prov. Treviso.**- Aus dem Fluß Sile.- Griffzungendolch.- V. Bianco Peroni, Jahresber. Inst. Vorgesch. Univ. Frankfurt 1978-79, 327.

248. **Soncino, Grandoppio, Prov. Cremona, Lombardia.**- Depot in Tongefäß (33 kg) (1892).- Fragment eines Griffplattenmessers, Dolche, Beil, Gürtel, Lanzenspitze, Gußbrocken (Datierung unbekannt; vielleicht ältere Urnenfelderzeit).- V. Bianco Peroni, Die Messer in Italien (1976) 51f. Nr. 223 Taf. 29, 223.

249. **Stelle bei Teòr, Prov. Udine.**- Aus dem Fluß Stella.- Griffdorndolch (Typus Torre Castelluccia).- F. Anelli, Aquileia Nostra 20, 1949, 12 Abb. 38; V. Bianco Peroni, Jahresber. Inst. Vorgesch. Univ. Frankfurt 1978-79, 328.

250. **St. Martin de Corléan, Valle d'Aosta.**- Griffangelschwert (Typus Grigny).- V. Bianco Peroni, Die Schwerter in Italien (1970) 37 Nr. 82 Taf. 12, 82.

251. **Stenico, Prov. Trento.**- Griffangelschwert (Typus Terontola).- S. Foltiny, Arch. Austriaca 36, 1964, 41 Abb. 2, 3; V. Bianco Peroni, Die Schwerter in Italien (1970) 36 Nr. 75 Taf. 11, 75.

252. **Strigno I, Alto Adige.**- Mittelständiges Lappenbeil.- R. Lunz, Studien zur Endbronzezeit und älteren Eisenzeit im Südalpenraum (1974) 30 Taf. 1, 3.

253. entfällt.

254. **Surbo b. Lecce, Apulien.**- Vielleicht Hort; allgemein als "Surbo Group" bezeichnet.- Mykenisches Schwertfrgt., 2 Schaftlochäxte, 2 Schaftlochhämmer, 1 mittelständiges Lappenbeil, 1 Löffelbeil, 1 Meißel.- E. Macnamara, Proc. Prehist. Soc. 36, 1970, 241ff. Abb. 1-2.

255. **Torre Galli, Kalabrien.**- Gräberfeld.- P. L. Orsi, Mon. Ant. 31, 1926, 1ff.

256. **Tarcento, Prov. Udine.**- Einzelfund.- Griffzungendolch.- F. Anelli, Atti Accad. Udine 13, 1953-54, 34 Taf. 11, 5.

257. **Terontola, Com. Cortona, Prov. Arezzo.**- Griffangelschwert (Typus Terontola).- V. Bianco Peroni, Die Schwerter in Italien (1970) 36 Nr. 73 Taf. 10, 73.

258. **Torbole, Com. Nago-Torbole, Prov. Trento.**- Fundumstände unbekannt.- Griffzungenmesser (Typus Matrei).- V. Bianco Peroni, Die Messer in Italien (1976) 17 Nr. 32 Taf. 3, 32.

259. **Torino, Via Montebello.**- Vermutlich aus altem Flußbett.- Griffangelschwert (Typus Monza).- V. Bianco Peroni, Die Schwerter in Italien (1970) 31 Nr. 63 Taf. 9, 63.

260. **Torrente Crostolo, Prov. Reggio Emilia.**- Vollgriffdolch mit Endring.- E. Gersbach, Jahrb. SGU 49, 1962, 13.

261. **Trana, Prov. Torino.**- Torfmoor.- Griffangelschwert (Typus Monza).- V. Bianco Peroni, Die Schwerter in Italien (1970) 28 Nr. 53 Taf. 7, 53.

262. **Trebbo Sei Vie, Com. Castenaso, Prov. Bologna.**- Siedlung.- Rasiermesser (Typus Trebbo Sei Vie) V. Bianco Peroni, I rasoi nell' Italia continentale (1979) 6 Nr. 28 Taf. 3, 28.

263. **Trebbo Sei Vie, Com. Castenaso, Prov. Bologna.**- Siedlung.- Rasiermesser (Typus Scoglio del Tonno).- V. Bianco Peroni, I rasoi nell' Italia continentale (1979) 9 Nr. 43 Taf. 4, 43.

264. **Tredossi (Santa Caterina), Prov. Cremona.**- Terramara.- Nadeln, 2 Griffzungendolche, 1 mittelständiges Lappenbeil, 1 Griffangeldolch.- P. Laviosa Zambotti, Bull. Paletn. Ital. 55, 1935, 87ff. mit Abb.

265. **Troj Pajan, Prov. Bolzano.**- Höhenfund.- Vollgriffdolch (Typus Augst).- Mon. Ant. 37, 1938, 116 Abb. 238.

266. **Valle di Non, Prov. Bolzano, Trentino-Alto Adige.**- Fundumstände unbekannt.- Griffzungenmesser (Typus Matrei).- V. Bianco Peroni, Die Messer in Italien (1976) 17 Nr. 34 Taf. 3, 34.

267. entfällt.

268. **Valle Falcina.**- Mittelständige Lappenbeile.- L. Fasani, L'età del Bronzo (1984) 596 Abb. 2.

269. **Veneto (?).**- Griffangelschwert (Typus Terontola).- V. Bianco Peroni, Die Schwerter in Italien (1970) 36 Nr. 74 Taf. 11, 74.

270. **Verla, Prov. Trento.**- Vasenkopfnadel.- G.L. Carancini, Die Nadeln in Italien (1975) 253 Taf. 56, 1861.

271. **Verona.**- Einzelfund.- Griffangelschwert (Typus Arco).- R. De Marinis, Not. Arch. Lombardia 1984, 46f. Abb. 45c.

272. **Viadana, Prov. Mantua.**- Terramare.- Vollgriffdolch mit Endring.- E. Gersbach, Jahrb. SGU 49, 1962, 13 Abb. 2, 2.

273. **Viadana, Prov. Mantua.**- Angeblich Grab.- Lanzenspitze mit kurzer Tülle.- A. Parazzi, Bull. Paletn. Ital. 26, 1900, 1-6 Abb.2.

274. **Villa Agnedo, Gem. Strigno, Prov.Trento.**- Depot.- Dreiwulstschwert (Typus Liptau), Lanzenspitze, Ring.- Müller-Karpe, Vollgriffschwerter Taf. 21, 5; V. Bianco Peroni, Die Schwerter in Italien (1970) 102 Nr. 280 Taf. 42, 280.

275. **Villa Capella, Com. Ceresara, Prov. Mantova, Lamobardei.**- Siedlung.- Rasiermesserfrg. (Typus Castellaro di Gottolengo).- V. Bianco Peroni, I rasoi nell' Italia continentale (1979) 3 Nr. 13 Taf. 2, 13.

276. **Viverone, Prov. Vercelli.**- Sumpfgebiet Torbiera Moregna.- Griffangelschwert (Typus Monza).- V. Bianco Peroni, Die Schwerter in Italien (1970) 30 Nr. 57 Taf. 8, 57.

277. **Voltabrusegana, Prov. Padova, Veneto.**- Einzelfund.- Griffangelschwert (Typus Pépinville).- S. Foltiny, Arch. Austriaca 36, 1964, 41 Abb. 2, 6; V. Bianco Peroni, Die Schwerter in Italien (1970) 32 Nr. 64 Taf. 9, 64.

278. **Welsberg, Trentino-Alto Adige.**- Mittelständiges Lappenbeil.- R. Lunz, Studien zur Endbronzezeit und älteren Eisenzeit im Südalpenraum (1974) 28.

Schweiz

1. Acheregg (gegenüber Staanstad).- Mittelständiges Lappenbeil.- P. E. Scherer, Die vor- und frühgeschichtlichen Alterthümer der Urschweiz (1916 = Mitt. Ant. Ges. Zürich 27 Heft 4) 203 Taf. 2, 1.

2. Aesch, Kt. Baselland.- Depot.- 1 mittelständiges Lappenbeil, 1 Frg. eines mittelständigen Lappenbeiles, 2 Lanzenspitzenfrgte., 4 Sichelfrgte. (nach Stein 1 Sichel [zerbrochen] und 1 Sichelfrg.), 3 Blechfrgte. (davon Rest eines Knöchelbandes), 1 Gußkuchen und Gußbrocken (Gewicht 8 kg).- M. Primas in: Ur- und frühgeschichtliche Archäologie der Schweiz Bd. III (1971) 63 Abb. 11; Stein, Hortfunde 207 Nr. 477.

3. Aeschi bei Spiez, Kt. Bern.- Am Eingang in das Frutigtal Depot.- Gußkuchen ("12 Pfund Kupferstücke").- Datierung unbekannt.- Stein, Hortfunde 207 Nr. 478.

4. Aigle (Distr.).- Mittelständiges Lappenbeil.- O.-J. Bocksberger, Age du Bronze en Valais et dans le Chablais Vaudois (1964) Abb. 27, 6.

5. Alterswil, Kt. Fribourg.- Körpergrab.- 1 Vollgriffmesser, 4 Frgte. verschlackter Bronze.- Beck, Beiträge 147 Taf. 55, 11.

6. Alvaschein, Kt. Graubünden.- Einzelfund.- Mittelständiges Lappenbeil.- A.C. Zürcher, Urgeschichtliche Fundstellen Graubündens (1982) 20 Nr. 4; Jahrb. SGU 34, 1943, 36.

7. Andelfingen, Kt. Zürich.- Siedlungsfunde.- Unter anderem 1 Nadel (Typus Binningen).- Jahrb. SGU 57, 1972-73, 227ff.

8. Arbedo Castione, Kt. Ticino.- Aus einem Grab.- Messer mit durchbrochenem Griff.- M. Primas, Zeitschr. Schweiz. Arch. u. Kunstgesch. 29, 1972, 5-18; 8 Abb. 4, 3.

9. Arbedo-Cerinasca, Kt. Ticino.- Brandgräberfeld; Grab 9.- Nadel (Typus Yonne/Form B).- M. Primas, Zeitschr. Schweiz. Arch. u. Kunstgesch. 29, 1972, 14 Abb. 5, 12.

10. Arconciel, Kt. Fribourg.- Einzelfund.- Griffplattenschwert (Typus Rixheim).- Schauer, Schwerter 62 Nr. 190 Taf. 26, 190.

11. Ascona, Kt. Tessin.- Grab 16; Brandbestattung.- 2 Violinbogenfibeln, 1 kleiner, geschlossener Ring, kleiner Noppenring, Bronzefrgte., Tongefäß.- P. Betzler, Die Fibeln in Süddeutschland, Österreich und der Schweiz 1 (1974) 12 Nr. 5-6 Taf. 1, 5-6.

12. Ascona, Kt. Ticino.- Gräberfeld.- M. Primas, Zeitschr. Schweiz. Arch. u. Kunstgesch. 29, 1972, 6.

13. Au, Kt. St. Gallen.- In 12 m Tiefe nahe beim Rhein.- Achtkantschwert.- W. Krämer, Die Vollgriffschwerter in Österreich und der Schweiz (1985) 16 Nr. 22 Taf. 5, 22.

14. Augst, Kt. Baselland.- Einzelfund.- Vollgriffdolch.- E. Gersbach, Jahrb. SGU 49, 1962, 11 Abb. 1, 1.

15. Auvernier, Kt. Neuchâtel.- Neuenburger See.- 2 Hirtenstabnadeln.- Beck, Beiträge 142 Taf. 48, 2. 10.

16. Auvernier, Kt. Neuchâtel.- Neuenburger See.- Lanzettförmige Anhänger (Ha B).- G. Kossack, Studien zum Symbolgut der Urnenfelder- und Hallstattzeit Mitteleuropas (1954) 91 Liste B Nr. 5; V. Rychner, L'Age du Bronze final à Auvernier (1979) Taf. 98, 8-13.

17. Auvernier, Kt. Neuchâtel, Neuenburger See.
- Mohnkopfnadel (Form IIIB). Beck, Beiträge 33 Taf. 42, 6.
- Mohnkopfnadel (Form IIIB). Beck, Beiträge 33 Taf. 42, 19.

18. Auvernier, Kt. Neuchâtel, Neuenburger See.- Griffplattenmesser.- Beck, Beiträge 148 Taf. 57, 7.

19. Auvernier, Kt. Neuchâtel, Station am Neuenburger See.- 6 Nadeln (Typus Binningen).- V. Rychner, L'Age du Bronze final à Auvernier (1979) Taf. 82, 1-6.

20. Auvernier, Kt. Neuchâtel, Station am Neuenburger See.- 1 Vasenkopfnadel.- V. Rychner, L'Age du Bronze final à Auvernier (1979) Taf. 73, 13.

21. Auvernier, Kt. Neuchâtel.- Neuenburger See.- Pyramidenkopfnadel.- Beck, Beiträge 138 Taf. 40, 17.

22. Avenches, Kt. Vaud, Einzelfund(?). Griffplattenschwert (Typus Ober-Illau).- Schauer, Schwerter 80 Nr. 266 Taf. 38, 266.

23. Baar, Kt. Zug, Einzelfund (?).- Griffplattenschwert (Typus Rixheim).- Jahrb. SGU 56, 1971, 183 Taf. 24, 1; Schauer, Schwerter 61 Nr. 181 Taf. 24, 181.

24. Baden, Kt. Aargau.- Fundumstände (?).- Tordierter Armring (Typus Binzen).- Beck, Beiträge 147 Taf. 55, 3.

25. Basadingen, Kt. Thurgau.- Grabfund. Die Beigaben angeblich in einem Bronzegefäß.- 2 Mohnkopfnadeln (Form IIIC), 2 gerippte Armringe, Doppelspiralhaken.- Beck, Beiträge 126 Taf. 14 B.

26. Basel-Kleinhüningen.- Rheinhafen (Gewässerfund).- Messer mit umlapptem Ringgriff (Form B).- Beck, Beiträge 148 Taf. 57, 1.

Basel-Riehen -> Riehen

27. Basel.- Brandgrab.- Griffzungenschwert (zerbrochen).- Schauer, Schwerter 132 Nr. 395 Taf. 58, 395.

28. Bassecourt, Kt. Bern.- Aus Flachgräbern.- Nadel (Typus Binningen), Pfriem, Ringchen, Spiralscheibe, 2 Armringe, Frg. eines Hakens, 2 Spiralröllchen, Rollennadel, Nadel (Typus Oberalpfen).- Beck, Beiträge 129 Taf. 23 B.

29. Bellevue, Kt. Genf.- Aus einem Gewässer (?).- Griffzungenschwert in zwei Teile zerbrochen (Var. Genf).- Schauer, Schwerter 140 Nr. 418 Taf. 61, 418.

30. Bellevue, Kt. Genf.- Fundumstände unbekannt.- Rasiermesser (Typus Némcice).- Jockenhövel, Rasiermesser 89 Nr. 105 Taf. 10, 105.

31. Belp, Kt. Bern.- Brandgrab.- 1 Kette, 2 Nadeln (Typus Binningen), 2 rundstabige (Bein)ringe, 1 Ringfrg., 2 geschlossene Ringe.- Beck, Beiträge 128 Taf. 21 A.

32. Belp, Kt. Bern.- Urnenflachgrab.- 1 Griffdornmesser, 3 rundstabige Beinringe, 2 Nadeln (Typus Binningen), 1 Nadelschaft, Bronzerest, gewölbte Blechscheibe, Knopf, 2 Ringchen und Frg. eines dritten, Scherben der Urne.- Beck, Beiträge 128 Taf. 21 B.

33. Belp, Kt. Bern.- Einzelfunde (1907 und 1925; vielleicht Grabfunde).- 2 tordierte Armringe (Typus Binzen).- Beck, Beiträge 147 Taf. 55, 1-2.

34. Berg a. Irchel, Kt. Zürich.- Einzelfund.- Schwert mit schmaler Griffplatte und seitlichen Nietkerben (Typus Rixheim nahestehend).- Schauer, Schwerter 76 Nr. 244 Taf. 35, 244.

35. Bergün, Kt. Graubünden.- Einzelfund am Nordfuß des Albulapasses.- Armring (Typus Allendorf).- B. Frei in: Helvetia Antiqua (Festschr. E. Vogt) (1966) Abb. 7; A.C. Zürcher, Urgeschichtliche Fundstellen Graubündens (1982) 20 Nr. 10 ("Armspange"); Antiqua 8, 1887, 3 Taf. 3, 5; K. Paszthóry, Der bronzezeitliche

Arm- und Beinschmuck in der Schweiz (1985) 76 Nr. 350 Taf. 29, 350.

36. Bern-Kirchenfeld, Kt. Bern.- Fundumstände unbekannt.- Gezackte Nadel, Spiralscheibe.- Beck, Beiträge 123 Taf. 1 A.

37. Bern-Kirchenfeld.- Brandgrab.- Grabfund.- 22 Bronzestäbe (von einem Wagen), 2 gezähnte Bleche, 2 Bleche mit Rippen.- S. Schiek, Jahrb. Hist. Mus. Bern 25-26, 1955-56, 273ff. Abb. 1-2.

38. Besenbüren, Kt. Aargau.- Einzelfund.- Lanzenspitze mit kurzer Tülle.- Jahrb. SGU 1972, 229 Abb. 20.

39. Bever, Kt. Graubünden.- Einzelfund.- Griffzungensichel (160 g).- M. Primas in: Das rätische Museum (1979) 30 Abb. 17; Anz. Schweiz. Altkde. 24, 1922, 148ff.; A.C. Zürcher, Urgeschichtliche Fundstellen Graubündens (1982) 20 Nr. 12 ("Zaffuns"); Primas, Sicheln 97 Nr. 604 Taf. 36, 604.

40. Bex, Kt. Vaud.- Einzelfund.- Mittelständiges Lappenbeil (Typus Grigny).- O.-J. Bocksberger, Age du Bronze en Valais et dans le Chablais Vaudois (1964) 78 Abb. 27, 15.

41. Biberist, Kt. Solothurn, Einzelfund.- Griffplattenschwert (Typus Rixheim).- Schauer, Schwerter 65 Nr. 212 Taf. 29, 212.

Biel -> Vinelz

42. Bielersee.- Griffplattenmesser.- Beck, Beiträge 148 Taf. 57, 10.

43. Binningen, Kt. Basel-Land.- Brandgrab.- 2 Nadeln (Typus Binningen), Messer mit umlapptem Ringgriff, blattförmiges Goldblech (Diadem ?), längsgerilltes Band, Frg. eines Gehänges aus Draht, 2 Frgte. von Armringen, 2 Armringe (Typus Whylen), Kette.- Beck, Beiträge 128 Taf. 20 A; C. Unz, Arch. Schweiz 5, 1982, 194ff.

44. Bisistal.- Mittelständiges Lappenbeil.- P. E. Scherer, Die vor- und frühgeschichtlichen Alterthümer der Urschweiz (1916 = Mitt. Antiqu. Ges. Zürich 27 Heft 4) 204 Taf. 2, 7.

45. Böttstein, Kt. Aargau.- Einzelfund.- Griffplattenschwert (Typus Rixheim).- Schauer, Schwerter 68 Nr. 229 Taf. 32, 229.

46. Breitenwil, Kt. Bern.- Einzelfund (?).- Griffzungenschwert (Typus Buchloe/Greffern).- Schauer, Schwerter 150 Nr. 450 Taf. 65, 450.

47. Brigue, Kt. Valais.- Einzelfund; Fundumstände unbekannt.- Armring (Typus Allendorf).- K. Paszthóry, Der bronzezeitliche Arm- und Beinschmuck in der Schweiz (1985) 76 Nr. 349 Taf. 29, 349.

47A. Brügg, Kt. Bern.- Dolch.- M. Primas in: Ur- und frühgeschichtliche Archäologie der Schweiz Bd. III (1971) 68 Nr. 37.

48. Brügg und Aegerten (zwischen), Kt. Bern.- Aus dem alten Flußbett der Zihl.- Griffangelschwert (Typus Terontola).- Schauer, Schwerter 88 Nr. 295 Taf. 43, 295.

49. Brügg und Aegerten (zwischen), Kt. Bern.- Aus dem Zihlkanal.- Griffplattenschwert (Typus Rixheim).- Schauer, Schwerter 62 Nr. 183 Taf. 25, 183.

49A. Courgevaux/En Triva.- Siedlung.- Mittelständiges Lappenbeil, Binninger Nadel.- J.-L. Boisaubert, Arch. Schweiz 15, 1992, 46 Abb. 14, 1-2.

50. Brügg und Aegerten (zwischen), Kt. Bern.- Aus dem Zihlkanal.- Griffzungenschwert (Typus Annenheim).- Schauer, Schwerter 126 Nr. 381 Taf. 56, 381.

51. Brügg und Aegerten (zwischen), Kt. Bern.- Einzelfund.- Griffdornschwert (Typus Mantoche).- Schauer, Schwerter 93 Nr. 314 (Griffangelschwert) Taf. 46, 314.

52. Brügg und Aegerten (zwischen), Kt. Bern.- Aus dem Nidau-Büren-Kanal.- Griffzungenschwert (Typus Buchloe/Greffern).- Schauer, Schwerter 150f. Nr. 451 Taf. 66, 451.

53. Brügg und Aegerten (zwischen), Kt. Bern.- Einzelfund.- Griffplattenschwert (Typus Rixheim).- Schauer, Schwerter 62 Nr. 191 Taf. 26, 191.

54. Brügg, Kt. Bern.- Vermutlich aus der Zihl.- Lanzenspitze (Ha A?).- G. Jacob-Friesen, Bronzezeitliche Lanzenspitzen Norddeutschlands und Skandinaviens (1967) Nr. 1751 Taf. 182, 1.

55. Buchs, Kt. St. Gallen.- Griffplattenmesser.- Beck, Beiträge 149 Taf. 59, 3

56. Bürglen, Kt. Uri.- Grabfund(e).- Mohnkopfnadel (Form IIID), Spiralscheibe, Perle od. Spinnwirtel.- Beck, Beiträge 127 Taf. 16 B; J. Speck, Helvetia Arch. 85, 1991, 8 Abb. 8.

57. Burgwies-Hirslanden, Kt. Zürich.- Vermutlich Grab.- Griffplattenschwertfrg. (Typus Rixheim nahestehend), glattes Trensenmittelstück, Gürtelhaken (Typus Wangen).- Kilian-Dirlmeier, Gürtel 45 Nr. 78 Taf. 9, 78; C.J. Balkwill, Proc. Prehist. Soc. 39, 1975, 426 Abb. 1, 3; Schauer, Schwerter 78 Nr. 253 Taf. 36, 253.

58. Buus, Bez. Gelterkinden, Kt. Baselland.- Griffplattenmesser.- Beck, Beiträge 149 Taf. 58, 9; D. K. Gauss, Geschichte der Landschaft Basel und des Kantons Basellandschaft (1932) I 16 Abb. 12, 7 (non vidi).

59. Cham, Kt. Zug.- Einzelfund am Seeufer.- Dolch mit zungenförmig herausgezogener Griffplatte (54 g).- M. Primas in: Ur- und frühgeschichtliche Archäologie der Schweiz Bd. III (1971) 68 Nr. 38.

60. Chevroux, Kt. Vaud.- Lanzettförmiger Anhänger.- G. Kossack, Studien zum Symbolgut der Urnenfelder- und Hallstattzeit Mitteleuropas (1954) 91 Liste B Nr. 12.

61. Chevroux, Kt. Vaud.- Gezackte Nadel (?).- Beck, Beiträge 10; Album Lausanne 18 Taf. 31, 25.

62. Chur, Kt. Graubünden.- Aus dem Flußschotter des Rheines oder der Plessur (Mündungssituation).- Dreiwulstschwert (Typus Erlach).- Jahrb. SGU 72, 1989, 306f. Abb. 5.

63. Chur, Kt. Graubünden.- Einzelfund.- "Schaftlappenbeil" (Datierung ?).- A.C. Zürcher, Urgeschichtliche Fundstellen Graubündens (1982) 23 Nr. 27.

64. Chur-Rheinfels, Kt. Graubünden.- Einzelfund.- Mittelständiges Lappenbeil.- A.C. Zürcher, Urgeschichtliche Fundstellen Graubündens (1982) 24 Nr. 33; Jahrb. SGU 10, 1917, 40.

65. Concise, Kt. Vaud, Lac de Neuchâtel.- Lanzettförmiger Anhänger.- G. Kossack, Studien zum Symbolgut der Urnenfelder- und Hallstattzeit Mitteleuropas (1954) 91 Liste B Nr. 13.

66. Concise, Kt. Vaud, Lac de Neuchâtel.- Nadel (Typus Binningen).- W. Kubach, Jahresber. Inst. Vorgesch. Univ. Frankfurt 1978-79, 289 Nr. 28.

67. Concise, Kt. Vaud.- Seefund.- Pyramidenkopfnadel.- Beck, Beiträge 43; F. Troyon, Habitations Lacustres des Temps Anciens et Modernes (1860) 466f. Taf. 8, 24.

68. Conthey, Kt. Valais.- Depot (?).- Mittelständiges Lappenbeil, 2 Absatzbeile, Trompetennadel.- O.-J. Bocksberger, Age du Bronze en Valais et dans le Chablais Vaudois (1964) 82 Abb. 27, 21.

69. **Cortaillod**, Kt. Neuchâtel.- Neuenburger See.- 2 Nadeln (Typus Binningen).- Beck, Beiträge 143f. Taf. 49, 31; 50, 11.

70. **Courroux**, Kt. Bern.- Opferfund (?).- Gezackte Trompetenkopfnadel (Form A).- Beck, Beiträge 134 Taf. 34, 5.

71. **Cunter-Caschlins**, Oberhalbstein, Kt. Graubünden.- Depot in einem Steinbau.- 1 bronzene Gußform für ein mittelständiges Lappenbeil, 1 mittelständiges Lappenbeil, 1 Messer mit umlapptem Griff, 1 Lappenmeißel.- S. Nauli, Helvetia Arch. 8, 1977, 25ff. mit Abb; Beck, Beiträge 148 Taf. 56, 12; W. Burkart, Ur-Schweiz 11, 1947, 6ff. Abb. 12.

72. **Dällikon**, Kt. Zürich.- Dolch.- M. Primas in: Ur- und frühschichtliche Archäologie der Schweiz Bd. III (1971) 68 Nr. 39.

73. **Davos**, Kt. Graubünden.- Aus dem Davoser See.- Griffzungenschwert (Typus Annenheim).- Schauer, Schwerter 126 Nr. 382 Taf. 56, 382; M. Primas in: Das rätische Museum (1979) 28 Abb. 14; A.C. Zürcher, Urgeschichtliche Fundstellen Graubündens (1982) 25 Nr. 45.

74. **Davoser See**.- Seefund nahe der Hellbacheinmündung.- Lanzenspitze mit gestuftem Blatt (ca. 235 g).- J. Rageth, Arch. Schweiz 9, 1986, 2ff. mit Abb.

75. **Davos-Flüelpaß**, Kt. Graubünden.- Paßfund.- Lanzenspitze (Ha B).- A.C. Zürcher, Urgeschichtliche Fundstellen Graubündens (1982) 24f. Nr. 44; J. Bill, Helvetia Arch. 8, 1977, 56f. mit Abb.

76. **Derendingen**, Kt. Solothurn.- Einzelfund (aus Gewässer ?).- Griffplattenschwert (Typus Rixheim).- Schauer, Schwerter 63 Nr. 193 Taf. 26, 193.

77. **Diepoldau**, Kt. St. Gallen.- Wohl Depot (ältere Urnenfelderzeit).- 1 Griffangelschwert, 1 Griffzungenschwert.- Stein, Hortfunde 208 Nr. 481; Schauer, Schwerter 92 Nr. 307 Taf. 45, 307; 147 Nr. 437 Taf. 64, 437.

78. **Dietikon**, Kt. Zürich.- Aus einer Kiesgrube (Gewässerfund?).- Achtkantschwert.- W. Krämer, Die Vollgriffschwerter in Österreich und der Schweiz (1985) 15 Nr. 13 Taf. 3, 13.

79. **Disentis**, Kt. Graubünden.- Einzelfund.- Griffzungendolch.- A.C. Zürcher, Urgeschichtliche Fundstellen Graubündens (1982) 25 Nr. 46.

80. **Disentis/Mustér**, Kt. Graubünden.- Einzelfund.- Mohnkopfnadel (Form IIB).- Beck, Beiträge 28 Taf. 41, 8; A.C. Zürcher, Urgeschichtliche Fundstellen Graubündens (1982) 25 Nr. 47; Anz. Schweiz. Altkde. 24, 1922 155f.; Jahrb. SGU 14, 1922, 41.

81. **Domat**, Kt. Graubünden.- Flußfund aus dem Hinterrhein.- Rixheimschwert.- A.C. Zürcher, Urgeschichtliche Fundstellen Graubündens (1982) 25 Nr. 49.

82. **Domat-Ems**, Kt. Graubünden.- Aus dem Rhein.- Griffangelschwert (Typus Pépinville).- Schauer, Schwerter 88 Nr. 296 Taf. 43, 296.

83. **Domat-Ems**, Kt. Graubünden.- Depot (Ha B).- Verzierter Bronzehammer, Griffzungensichel, Lappenbeil.- J. Heierli, W. Oechsli, Urgeschichte Graubündens (1903) Taf. 1, 9. 11; Primas, Sicheln Taf. 143 A.

84. **Domat-Ems**, Kt. Graubünden.- Einzelfund.- Dolch mit zungenförmiger Griffplatte.- Jahrb. SGU 38, 1947, 39 Abb. 4; A.C. Zürcher, Urgeschichtliche Fundstellen Graubündens (1982) 25 Nr. 48.

85. **Domat/Ems**, Kt. Graubünden.- Einzelfund.- Mohnkopfnadel (Form IIIE).- Beck, Beiträge 38 Taf. 43, 3; M. Primas in: Das rätische Museum (1979) 28 Abb. 9; A.C. Zürcher, Urgeschichtliche Fundstellen Graubündens (1982) 25 Nr. 51; Jahrb. SGU 42, 1952, 52.

86. **Dübendorf**, Kt. Zürich.- Flußfund.- Mohnkopfnadel (Form IA).- Beck, Beiträge 137 Taf. 40, 2.

87. **Echandens**, Kt. Vaud.- Einzelfund.- Griffplattenschwert (Typus Rixheim).- Schauer, Schwerter 68 Nr. 230 Taf. 32, 230.

88. **Egg**, Kt. Zürich, Stirzental.- In einer Kiesgrube unter Steinen, vermutlich aus verschiedenen Brandgräbern, stammen 1 Rixheimschwert (in mindestens drei Teile zerbrochen), Mohnkopfnadel (Form IIID), Nadeln, Armringe (darunter 2 Typus Wangen), Raupenfibel, Grifftüllenmesser, Frg. eines Schwertes, Haken.- Beck, Beiträge 126 Taf. 15 A; Schauer, Schwerter 64 Nr. 206 Taf. 28, 206; K. Paszthóry, Der bronzezeitliche Arm- und Beinschmuck in der Schweiz (1985) 81 Nr. 365-366 Taf. 31, 365-366.

89. **Eich**, Kt. Luzern.- Dolch.- M. Primas in: Ur- und frühschichtliche Archäologie der Schweiz Bd. III (1971) 68 Nr. 41.

Ems -> Domat-Ems

90. **Endingen-Oberendingen**, Kt. Aargau.- Urnengrab.- 2 Nadeln (Typus Binningen), 1 Griffplattenmesser, 2 Ringlein, 2 Armringe (Typus Whylen), 4 Tongefäße.- Beck, Beiträge 128 Taf. 19.

91. **Ermatingen**, Kt. Thurgau.- Grab.- Nadel (Typus Binningen).- Beck, Beiträge 144 Taf. 51, 18. Jahrb. SGU 23, 1931, 34f.

92. **Ermensee**, Bez. Hochdorf, Kt. Luzern.- Bei Korrektion der Aa.- Spulennadel.- K. Zimmermann, Jahrb. Hist. Mus. Bern, 49-50, 1969-70, 239 Abb. 5, 6.

93. **Eschen** (Fürstentum Liechtenstein).- Einzelfund.-Mittelständiges Lappenbeil.- J. Speck, Helvetia Arch. 9, 1978, 124 mit Abb.

94. **Eschen**, Liechtenstein.- Siedlungsfund vom Schneller.- Griffplattenmesser.- Beck, Beiträge 149 Taf. 58, 11; D. Beck, Jahrb. Hist. Ver. Liechtenstein 51, 1951, 221ff. Abb. 11, 6; Jahrb. SGU 42, 1952, 117ff. Taf. 18, 1.

95. **Eschenz**, Kt. Thurgau.- Fundumstände unbekannt.- Vollgriffschwert (Typus Riegsee nahestehend).- W. Krämer, Die Vollgriffschwerter in Österreich und der Schweiz (1985) 19 Nr. 40 Taf. 8, 40; Müller-Karpe, Vollgriffschwerter 94 Taf. 3, 8.

96. **Eschenz**, Kt. Thurgau, "Insel Werd?".- Nadel (Typus Binningen).- W. Kubach, Jahresber. Inst. Vorgesch. Univ. Frankfurt 1978-79, 290 Nr. 43.

97. **Eschenz**, Kt. Thurgau.- Grab.- 6 Frgte. einer Schwertklinge, Griffplattenmesser (Zusammengehörigkeit unsicher).- Beck, Beiträge 149 Taf. 58, 5; K. Keller-Tarnuzzer, H. Reinerth, Urgeschichte des Thurgaus (1925) 194f. Abb. 13, 17.

98. **Estavayer**, Kt. Fribourg.- Lac de Neuchâtel.- 8 Nadeln (Typus Binningen).- Beck, Beiträge 143f. Taf. 49, 5. 10; 50, 7. 15. 23; 51, 1. 4. 19.

99. **Estavayer**, Kt. Fribourg.- Lac de Neuchâtel.- 2 Hirtenstabnadeln.- Beck, Beiträge 142 Taf. 48, 4. 11.

100. **Estavayer**, Kt. Fribourg.- Lac de Neuchâtel.- Mohnkopfnadel (Form IIA).- Beck, Beiträge 138 Taf. 40, 13.

101. **Estavayer**, Kt. Fribourg.- Lac de Neuchâtel, Seerandstation.- Gürtelhaken (Typus Untereberfing/Var. 1).- Kilian-Dirlmeier, Gürtel 47 Nr. 84 Taf. 9, 84; Beck, Beiträge 147 Taf. 56, 3.

102. **Estavayer**, Kt. Fribourg.- Lac de Neuchâtel.- Nadel (Typus

Yonne/Form D).- Beck, Beiträge 135 Taf. 36, 9.

103. Estavayer, Kt. Fribourg.- Lac de Neuchâtel, Seerandstation.- Rasiermesser (Typus Morzg).- Jockenhövel, Rasiermesser 91 Nr. 109 Taf. 10, 109.

104. Estavayer, Kt. Fribourg.- Lac de Neuchâtel; vermutlich Gewässerfund.- Griffzungenmesser (Typus Matrei verwandt).- E. Vogt, Zeitschr. Schweiz. Arch. u. Kunstgesch. 4, 1942, 205 Taf. 82, 11.

105. Faulensee, Kt. Bern.- Einzelfund (?).- Griffzungenschwert.- Schauer, Schwerter 132 Nr. 397 Taf. 58, 397.

106. Ferden, Kt. Valais.- Einzelfund an der Südseite des Lötschenpasses im Lawinenschutt.- Armring.- K. Paszthóry, Der bronzezeitliche Arm- und Beinschmuck in der Schweiz (1985) 89 Nr. 401 Taf. 34, 401.

107. Feuerthalen, Bez. Andelfingen, Kt. Zürich.- Mohnkopfnadel (Form IIIF).- Beck, Beiträge 39 Taf. 43, 9.

108. Feuerthalen, Kt. Zürich.- Einzelfund.- Vollgriffdolch.- E. Gersbach, Jahrb. SGU 49, 1962, 11 Abb. 1, 13.

109. Fideris, Kt. Graubünden.- Lanzenspitze (Datierung ?).- A.C. Zürcher, Urgeschichtliche Fundstellen Graubündens (1982) 26 Nr. 64; Anz. Schweiz. Altkde. 24, 1922, 147f.

110. Flaach, Kt. Zürich.- Einzelfund.- Griffplattenschwert (Typus Rixheim).- Schauer, Schwerter 69 Nr. 233 Taf. 33, 233.

111. Font, Kt. Fribourg.- Neuenburger See.- Nadel (Typus Binningen).- Beck, Beiträge 143 Taf. 49, 1.

112. Font, Kt. Fribourg.- Neuenburger See.- Pyramidenkopfnadel.- Beck, Beiträge 138 Taf. 40, 19.

113. Font, Kt. Fribourg.- Seerandstation.- Armring (Typus Allendorf).- K. Paszthóry, Der bronzezeitliche Arm- und Beinschmuck in der Schweiz (1985) 76 Nr. 348 Taf. 29, 348.

114. Font, Kt. Neuchâtel.- Station Pianta I am Neuenburger See.- Pyramidenkopfnadel.- Beck, Beiträge 138 Taf. 40, 28.

115. Freienbach, Kt. Schwyz.- Aus dem See.- Griffplattenschwert (Typus Rixheim).- Schauer, Schwerter 63 Nr. 194 Taf. 27, 194.

116. Freimettingen, Kt. Bern.- Depot (1913).- 30 Armringe und eine Nadel in einer Kohle- und Aschenschicht; 3 Ringe erhalten: 2 Armringe (Typus Allendorf), 1 verschmolzener Armring (Typus Pfullingen).- K. Paszthóry, Der bronzezeitliche Arm- und Beinschmuck in der Schweiz (1985) 76 Nr. 354-355 Taf. 29, 354-355; 79 Nr. 360 Taf. 30, 360.

117. Fribourg (Kanton).- Fundumstände unbekannt.- 3 Griffplattenschwertfrgte. (Typus Rixheim nahestehend).- Schauer, Schwerter 79 Nr. 263 Taf. 37, 263.

118. Fribourg (Kanton?).- Gewässerfund (?).- Griffzungenschwert (Var. Genf).- Schauer, Schwerter 140 Nr. 419 Taf. 61, 419.

119. Frutingen, Kt. Bern.- Höhenfund.- Mittelständiges Lappenbeil (Typus Grigny).- R. Wyss, Zeitschr. Schweiz. Arch. Kunstgesch. 28, 1971, 130ff. Abb. 4, 7; V. Rychner in: P. Brun, C. Mordant (Hrsg.), Le groupe Rhin-Suisse-France oriental et la notion de civilisation des Champs d'Urnes. Actes Coll. Nemours 1986 (1988) 106 Abb. 3, 268; O. Tschumi, Urgeschichte des Kantons Bern (1953) 128 Abb. 80, 9.

120. Fully, Kt. Valais.- Fundumstände unbekannt.- Nadel (Typus Binningen).- O.-J. Bocksberger, Age du bronze en Valais et dans le Chablais vaudois (1964) 83 Abb. 30, 30.

121. Fundort unbekannt.- Gezackte Trompetenkopfnadel (Form A).- Beck, Beiträge 14 Taf. 34, 3.

122. Galmiz, Kt. Fribourg.- Brandgrab oder Einzelfund.- Lanzenspitze mit langer Tülle und geschweiftem Blatt (Ha A?).- Jahrb. SGU 61, 1978, 181f. Abb. 15, 1.

123. Gampelen, Kt. Bern.- Neuenburger See.- Hirtenstabnadel.- Beck, Beiträge 142 Taf. 48, 6.

124. Gampelen-Witzwil, Kt. Bern.- Station am Neuenburger See.- Nadel (Typus Binningen).- Beck, Beiträge 143 Taf. 49, 9.

125. Gampelen-Witzwil, Kt. Bern.- Station am Neuenburger See.- Griffplattenmesser.- Beck, Beiträge 148 Taf. 57, 11.

126. Gelterfingen, Kt. Bern.- Fundumstände unbekannt; Depot(?).- 2 gezackte Nadeln.- Beck, Beiträge 136 Taf. 38, 4-5.

127. Genève.- Einzelfund.- Griffangelschwert (Typus Terontola).- Schauer, Schwerter 88 Nr. 297 Taf. 44, 297.

128. Genève, Kt. Genève.- Gewässerfund.- Dreiwulstschwert (Typus Liptau).- Müller-Karpe, Vollgriffschwerter 103 Taf. 23, 9; W. Krämer, Die Vollgriffschwerter in Österreich und der Schweiz. PBF IV, 10 (1985) 29 Nr. 84 Taf. 23, 9.

129. Genève, L'Ile; Maison Buttin.- Depot (1893) in einer gelben Lehmschicht.- 2 Ringfrgte. (Typus Publy), 2 Beinbergenfrgte., 2 Ringe, 1 Nadelfrg., Blechröllchen, Frgt. einer Gürtelkette, rundstabiges Frgt., 1 Blechfrg., 1 Griffangelschwert (Typus Terontola), 1 Randleistenbeil, 2 mittelständige Lappenbeile, 4 Sichelfrgte., 1 Bronzefrg., 1 Stabbarrenfrg., 1 Gußkuchen.- K. Paszthóry, Der bronzezeitliche Arm- und Beinschmuck in der Schweiz (1985) 29 Nr. 39-41; 90 Nr. 404-405 Taf. 34, 404-405; 191B.

Genève -> Lit du Rhône

130. Genève.- Station Eaux-Vives am Genfer See (vornehmlich Ha B).- Lanzettförmiger Anhänger.- G. Kossack, Studien zum Symbolgut der Urnenfelder- und Hallstattzeit Mitteleuropas (1954) 92 Liste B Nr. 30.

131. Genève.- Station Eaux-Vives am Genfer See.- 4 Nadeln (Typus Binningen).- Beck, Beiträge 143f. Taf. 49, 11-12. 15; 50, 1.

132. Genève (vermutlich Gegend von).- Fundumstände unbekannt.- Griffzungenschwert (Var. Genf). Schauer, Schwerter 140 Nr. 420 Taf. 62, 420.

133. Genève-Plainpalais.- Aus der Arve.- Nadel (Typus Binningen).- Beck, Beiträge 144 Taf. 50, 28; B. Reber, Anz. Schweiz. Altkde. NF 19, 1917, 156f. Abb. 12.

134. Genève.- Aus der Rhône.- Griffplattenschwert (Typus Rixheim).- Schauer, Schwerter 63 Nr. 196 Taf. 27, 196.

135. Genève.- Aus dem Genfer See am Fuße eines großen Granitfindlings (Pierre-à-Niton).- Messer mit umlapptem Ringgriff (Form A).- Beck, Beiträge 148 Taf. 56, 11.

136. Genève.- Aus der Rhône.- Griffangelschwert (Typus Arco).- Schauer, Schwerter 87 Nr. 292 Taf. 43, 292.

137. Genève.- Aus der Rhône.- Griffangelschwert (Typus Arco).- Schauer, Schwerter 87 Nr. 293 Taf. 43, 293.

138. Genève.- Aus der Rhône.- Griffdornschwert (Typus Mantoche).- Schauer, Schwerter 77 Nr. 246 ("Schwert mit schmaler Griffplatte und seitlichen Nietkerben, Typ Rixheim nahestehend") Taf. 35, 246.

139. Genève.- Aus der Rhône.- Griffplattenschwert (Typus Rix-

heim).- Schauer, Schwerter 63 Nr. 197 Taf. 27, 197.

140. Genève.- Aus der Rhône.- Griffplattenschwert.- Schauer, Schwerter 77 Nr. 246 Taf. 35, 246.

141. Genève.- Einzel- oder Flußfund.- Rosnoënschwert.- Schauer, Schwerter 81 Nr. 271 Taf. 40, 271.

142. Genève.- Flußfund.- Griffdornschwert (Typus Mantoche).- Schauer, Schwerter 82 Nr. 275 ("Westeuropäisches Griffangelschwert") Taf. 40, 275.

143. Gerra-Verasca, Kt. Ticino.- Höhenfund.- Mittelständiges Lappenbeil.- R. Wyss, Zeitschr. Schweiz. Arch. u. Kunstgesch. 18, 1971, 130ff. Abb. 4, 5.

144. Glattfelden, Kt. Zürich.- Urnenflachgrab.- 3 Armringe (2 Typus Pfullingen, 1 tordierter), 2 Mohnkopfnadeln (Form IIIB), Urne.- K. Paszthóry, Der bronzezeitliche Arm- und Beinschmuck in der Schweiz (1985) 79 Nr. 356-357 Taf. 30, 356-357; Beck, Beiträge 125 Taf. 11 B.

145. Gletterens, Kt. Fribourg.- Neuenburger See.- Nadel (Typus Binningen).- Beck, Beiträge 144 Taf. 51, 3.

146. Gletterns, Kt. Fribourg.- Aus der Zihl.- Griffangelschwert (Typus Monza).- Schauer, Schwerter 82 Nr. 278 Taf. 40, 278.

147. Gletterens, Kt. Fribourg.- Einzel- oder Gewässerfund.- Griffzungenschwert.- Schauer, Schwerter 144 Nr. 432 Taf. 63, 432.

148. Gorduno, Kt. Ticino.- Brandgrab (1924).- 4 Stielpfeilspitzen, 1 Tüllenpfeilspitze, 1 Nadel, 1 Nadelschaft (?), 1 Radanhängerfrg. (?), 2 Gefäße.- M. Primas, Zeitschr. Schweiz. Arch. u. Kunstgesch. 29, 1972, 5ff. Abb. 1.

149. Gossau, Kt. Zürich.- Brandgrab unter Hügel.- Armring (Typus Whylen), 2 falsch tordierte Armringe, Nadel (Typus Binningen).- Beck, Beiträge 128 Taf. 18 C.

150. Grächen, Kt. Valais.- Am Hahnigpass; Einzelfund.- Mittelständiges Lappenbeil (Typus Grigny nahestehend).- O.-J. Bocksberger, Age du Bronze en Valais et dans le Chablais Vaudois (1964) 83 Abb. 27, 25; R. Wyss, Zeitschr. Schweiz. Arch. u. Kunstgesch. 18, 1971, 130ff. Abb. 4, 13.

151. Grächen, Kt. Valais.- Hannigalp; Paßfund.- Lanzenspitze mit langer und profilierter Tülle.- G. Jacob-Friesen, Bronzezeitliche Lanzenspitzen Norddeutschlands und Skandinaviens (1967) Nr. 1808 Taf. 182, 2.

152. Grandson-Corcelettes, Kt. Vaud.- Beinring (Typus Publy).- K. Paszthóry, Der bronzezeitliche Arm- und Beinschmuck in der Schweiz (1985) 90 Nr. 414 Taf. 35, 414.

153. Grandson-Corcelettes, Kt. Vaud.- Lanzettförmiger Anhänger.- G. Kossack, Studien zum Symbolgut der Urnenfelder- und Hallstattzeit Mitteleuropas (1954) 91 Liste B Nr. 14.

154. Grandson-Corcelettes, Kt. Vaud.- Neuenburger See.- Hirtenstabnadel.- Beck, Beiträge 142 Taf. 48, 7.

155. Grandson-Corcelettes, Kt. Vaud.- Neuenburger See.- Pyramidenkopfnadel.- Beck, Beiträge 138 Taf. 40, 23.

156. Grandson-Corcelettes, Kt. Vaud.- Neuenburger See.- 7 Nadeln (Typus Binningen).- Beck, Beiträge 143 Taf. 49, 2, 13, 24, 26; 50, 4. 25. 26.

157. Grandson-Corcelettes, Kt. Vaud.- Seerandstation.- Violinbogenfibel.- P. Betzler, Die Fibeln in Süddeutschland, Österreich und der Schweiz 1 (1974) 9 Nr. 1 Taf. 1, 1.

158. Grandson-Corcelettes, Kt. Vaud.- Seerandstation.- Vollgriffmesser.- Beck, Beiträge 147 Taf. 55, 12.

159. Grandson-Corcelettes, Kt. Vaud.- Seerandstation.- Rasiermesser.- Jockenhövel, Rasiermesser 133 Nr. 228 Taf. 20, 228.

160. Grandson-Corcelettes, Kt. Vaud.- Seerandstation.- Rasiermesser mit am Blatt ansetzender Ringöse.- Jockenhövel, Rasiermesser 153 Nr. 293 Taf. 24, 293.

161. Grandson-Corcelettes, Kt. Vaud.- Station am Neuenburger See.- Pyramidenkopfnadel.- Beck, Beiträge 138 Taf. 40, 27.

162. Grandson-Corcelettes, Kt. Vaud.- Station Corcelettes.- Rasiermesser (Typus Stadecken).- Jockenhövel, Rasiermesser 70 Nr. 74 Taf. 7, 74.

163. Grandson-Corcelettes, Kt. Vaud.- Vollgriffmesser.- Beck, Beiträge 147 Taf. 55, 13.

164. Grenchen, Kt. Solothurn.- Grab.- 2 Nadeln (Typus Binningen).- J.-P. Milotte, Le Jura et les plaines de Saône aux âges des metaux (1963) 299 Nr. 222 Taf. 15, 12.

165. Gruyères, Kt. Fribourg.- Depot am Ufer der Sarine (wohl mittlere Bronzezeit).- 2 Knopfsicheln.- Primas, Sicheln 51 Nr. 29 Taf. 2, 29; 57 Nr. 105 Taf. 6, 105.

166. Grüningen, Kt. Zürich.- Bei Drainagearbeiten.- Mohnkopfnadel (Form IIIC).- Beck, Beiträge 140 Taf. 43, 1.

167. Halten, Kr. Solothurn.- Einzelfund(?).- Griffplattenschwert (Typus Oberillau).- Schauer, Schwerter 80 Nr. 266 Taf. 38, 266.

168. Hauterive, Kt. Nauchâtel.- Lanzettförmiger Anhänger.- G. Kossack, Studien zum Symbolgut der Urnenfelder- und Hallstattzeit Mitteleuropas (1954) 92 Liste B Nr. 22.

169. Hauterive, Kt. Nauchâtel.- Station am Neuenburger See (Champréveyres).- 4 Nadeln (Typus Binningen).- Beck, Beiträge 143 Taf. 49, 7. 23.

170. Heimiswil (?), Kt. Bern.- Ösenlanzenspitze.- Jahresber. Hist. Mus. Bern 18, 1939, 95f. mit Abb.

171. Herzogenbuchsegg, Kt. Bern.- Mittelständiges Lappenbeil.- O. Tschumi, Urgeschichte des Kantons Bern (1953) 392 Abb. 228, 3.

172. Hinterrhein, Kt. Graubünden.- Paßfund.- Lanzenspitze; Datierung: allgemein bronze- bis urnenfelderzeitlich.- R. Wyss, Zeitschr. Schweiz. Arch. u. Kunstgesch. 18, 1971, 130ff.; A.C. Zürcher, Urgeschichtliche Fundstellen Graubündens (1982) 28 Nr. 79; Jahrb. SGU 26, 1934, 27.

173. Hirslanden -> Burgwies-Hirslanden.

174. Hüttwilen, Kt. Thurgau, Grab (?).- Griffplattenschwert (Typus Rixheim).- Schauer, Schwerter 67 Nr. 221 Taf. 30, 221.

175. Hüttwilen (?) Kt. Thurgau.- Mohnkopfnadel (Form IIIB).- Beck, Beiträge 33 Taf. 42, 17.

176. Iragell b. Vaduz, Liechtenstein.- Wahrscheinlich Grabfund (1921).- Griffzungenmesser (Typus Matrei), Tongefäß.- J. Speck, Helvetia Arch. 9, 1978, 122 mit Abb.

177. Ilanz, Kt. Graubünden.- Einzelfund (?).- Griffangelschwert (Typus Terontola).- Schauer, Schwerter 88 Nr. 298 Taf. 44, 298; wohl identisch mit dem "Bronzeschwert mit tordiertem Griffdorn bei A.C. Zürcher, Urgeschichtliche Fundstellen Graubündens (1982) 28 Nr. 83.

178. Ins, Kt. Bern.- Mittelständiges Lappenbeil (Typus Grigny).- V. Rychner in: P. Brun, C. Mordant (Hrsg.), Le groupe Rhin-Suisse-France oriental et la notion de civilisation des Champs d'Urnes. Actes Coll. Nemours 1986 (1988) 106 Abb. 3, 422.

179. Interlaken, Kt. Bern.- Einzelfund?- Griffplattenschwertfrg. (Typus Rixheim nahestehend).- Schauer, Schwerter 78 Nr. 254.

180. Jolimont, Kt. Bern.- Grabhügel 2, Brandbestattung.- Griffplattenschwert (Typus Ober-Illau), 4 Pflockniete, 1 Nadel, 1 kleiner Schalenstein.- Schauer, Schwerter 80 Nr. 268 Taf. 38, 268.

181. Kaisten, Kt. Aargau.- Grab (?).- 3 Stangenknebel, Achsnagel, Phalere, Radnabenbeschlagfrg.(?), Niet.- W. Drack, Jahrb. SGU 48, 1961, 74f. Abb. 1B; H.-G. Hüttel, Bronzezeitliche Trensen in Mittel- und Südosteuropa (1981) 128 Nr. 175-176 Taf. 17, 175.

182. Kappel-Uerzlikon, Kt. Zürich.- Einzelfund.- Vollgriffdolch.- E. Gersbach, Jahrb. SGU 49, 1962, 22 Abb. 7.

183. Kilchberg, Kt. Zürich.- Grab (oder Depot ?) unter einem mächtigen Steinblock.- Rixheimschwert mit angeschmolzener Spitze.- Schauer, Schwerter 67 Nr. 222 Taf. 31, 222; Stein, Hortfunde 209f. Nr. 485 Taf. 126, 6.

184. Klosters, Kt. Graubünden.- Lanzenspitze (Datierung ?).- A.C. Zürcher, Urgeschichtliche Fundstellen Graubündens (1982) 29 Nr. 86.

185. Knonau, Kt. Zürich.- Einzelfund.- Vollgriffdolch.- E. Gersbach, Jahrb. SGU 49, 1962, 11 Abb. 1, 2.

Köniz-Wabern -> Wabern

186. L'Isle, Kt. Vaud.- Griffplattenmesser.- Beck, Beiträge 148 Taf. 57, 7

187. Landiswil, Kt. Bern.- Mittelständiges Lappenbeil (Typus Grigny).- V. Rychner in: P. Brun, C. Mordant (Hrsg.), Le groupe Rhin-Suisse-France oriental et la notion de civilisation des Champs d'Urnes. Actes Coll. Nemours 1986 (1988) 106 Abb. 3, 265.

188. Langenbühl, Bez. Thun, Kt. Bern.- Einzelfund.- Griffzungendolch.- Jahrb. SGU 51, 1964, 99 mit Abb.

189. Laupen, Kt. Bern.- Griffangelschwert (Typus Pépinville).- Schauer, Schwerter 90 Nr. 301.

190. Laupen, Kt. Bern.- Aus dem Sensebett.- Griffplattenschwert (Typus Rixheim).- Schauer, Schwerter 63 Nr. 199 Taf. 27, 199.

191. Lausanne-Cheseaux, Kt. Vaud.- Lanzenspitze mit gestuftem Blatt.- J. Rageth, Arch. Schweiz 9, 1986, 3 Abb. 4.

192. Le Landeron, Kt. Neuchâtel.- Flußfund (?).- Griffplattenschwert (Typus Rixheim).- Schauer, Schwerter 66 Nr. 216 Taf. 30, 216.

Les Eaux Vives -> Genève

193. Letten, Kt. Zürich.- Flußfund.- Griffplattenschwert (Typus Rixheim).- Schauer, Schwerter 69 Nr. 235 Taf. 33, 235.

194. Leysin, Kt. Vaud.- Einzelfund.- Mittelständiges Lappenbeil (Typus Grigny).- O.-J. Bocksberger, Age du Bronze en Valais et dans le Chablais Vaudois (1964) 84 Abb. 27, 16; V. Rychner in: P. Brun, C. Mordant (Hrsg.), Le groupe Rhin-Suisse-France oriental et la notion de civilisation des Champs d'Urnes. Actes Coll. Nemours 1986 (1988) 106 Abb. 3, 565.

195. Lit du Rhône.- Depot aus der Rhône (1884).- 8 Ringe (Typus Publy), davon 5 Frgte., 4 Armringe, 1 Armringfrg., 1 geschlossener Ring, 1 Frg. einer Binninger Nadel, 1 Nadelfrg. mit flachkugeligem Kopf, 2 lanzettförmige Anhänger, 15 kleine Ringe, 6 Beilfrgte., 14 Sichelfrgte., 1 Griffangelschwertfrg., 1 Griffplattenschwertfrg. (Typus Rosnoën), 2 Schwertfrgte., 3 Lanzenspitzenfrgte., 1 Bronzegefäßfrg., 2 Besatzstücke, 7 Bronzestücke, Kupfergußkuchen, 1 Gußformfrg.- K. Paszthóry, Der bronzezeitliche Arm- und Beinschmuck in der Schweiz (1985) 90 Nr. 406-413 Taf. 34, 406-409; 35, 410-413; Beck, Beiträge 144 Taf. 51, 17.

196. Locarno S. Jorio, Kt. Ticino.- Gräberfeld.- M. Primas, Zeitschr. Schweiz. Arch. u. Kunstgesch. 29, 1972, 6.

197. Löhningen, Kt. Schaffhausen.- Brandgrab.- 1 Gliederkettenfrg., 1 lanzettförmiger Anhänger, 1 Drahtfrg., 11 Armringe, Keramik.- W. Guyan, Jahrb. SGU 32, 1940/41, 21ff. Abb. 58-59; G. Kossack, Studien zum Symbolgut der Urnenfelder- und Hallstattzeit Mitteleuropas (1954) 92 Liste B Nr. 31.

198. Lonay, Kt. Vaud.- Dolch.- M. Primas in: Ur- und frühgeschichtliche Archäologie der Schweiz Bd. III (1971) 68 Nr. 42.

199. Lumbrein, Kt. Graubünden.- Siedlung.- Dolch, Sichel, Armband.- A.C. Zürcher, Urgeschichtliche Fundstellen Graubündens (1982) 29f. Nr. 93.

200. Maienfeld, Kt. Graubünden.- Einzelfund.- Mittelständiges Lappenbeil.- A.C. Zürcher, Urgeschichtliche Fundstellen Graubündens (1982) 30 Nr. 98; Jahrb. SGU 53, 1966/67, 109 Abb. 10, 1.

201. Maienfeld, Kt. Graubünden.- Einzelfund.- Nadel (vielleicht Trompetenkopfnadel mit geripptem Hals?).- A.C. Zürcher, Urgeschichtliche Fundstellen Graubündens (1982) 31 Nr. 99.

202. Maienfeld-Bünten.- Aus der Bünte.- Armring (Typus Binzen).- Beck, Beiträge 146 Taf. 54, 12; Jahrb. SGU 53, 1966/67, 109 Abb. 10, 2; A.C. Zürcher, Urgeschichtliche Fundstellen Graubündens (1982) 30 Nr. 97 ("Typus Mels").

203. Marin-Epagnier, Kt. Neuchâtel.- Station La Tène.- Nadel (Typus Binningen).- P. Vouga, La Tène (1923) 68 Taf. 21, 15.

204. Marsens, Kt. Fribourg.- Brandgräber (zerstört).- Fund: Nadel (Typus Binningen), Nadelfrg., Messer, Armringfrg., Urne.- H. Schwab, Arch. Fundber. Kanton Freiburg 1980-82, 36 Abb. 47f.

205. Marthalen, Kt. Zürich.- Grab.- Pfeilspitzen; weitere Funde(?).- H.-J. Hundt, Jahresber. Bayer. Bodendenkmalpfl. 15-16, 1974-75, 56 Anm. 11.

206. Maur, Bez. Uster, Kt. Zürich.- Griffplattenmesser.- Beck, Beiträge 149 Taf. 58, 12.

207. Meikirch, Kt. Bern.- Depot.- Lanzettförmiger Meißel (Arbeitskante quer zur Klingenfläche), Absatzbeil, Radleistenbeil, Knopfsichel, 2 Armringe, 1 Bronzerad, 1 Bronzefrg., 2 Gußbrocken.- C. Osterwalder, Die mittlere Bronzezeit im schweizerischen Mittelland und Jura (1971) 72 Taf. 14; Stein, Hortfunde Nr. 206.

208. Mellingen, Kt. Aargau.- Messer mit umlapptem Ringgriff (Form A).- Beck, Beiträge 148 Taf. 56, 9; B. Reber Anz. Schweiz. Altkde. NF 17, 1915, 112 Abb. 1.

209. Mels-Heiligkreuz, Kt. St. Gallen.- Brandgrab in Steinkranz (Doppelbestattung).- 2 Mohnkopfnadeln (Form IIB), Mohnkopfnadel (Form IIIC), Mohnkopfnadel (Form IIIC), 2 Mohnkopfnadeln (Form IIID), Ringchen, Gürtelhaken (Typus Untereberfing/Var. 1), Aufhängering (Rasiermessergriff?), größerer, geschlossener und kleinerer, offener Ring, Ringfrg., 3 Hals(?)ringfrgte., 2 Griffplattenmesser, 1 Armring und 1 Armringfrg. (Typus Pfullingen), 2 Armringe (Typus Binzen), 1 Armring (Typus Allendorf), gerippter

Armring, Vollgriffdolch, Trichterhalsurne.- Beck, Beiträge 125 Taf. 10-11C; K. Paszthóry, Der bronzezeitliche Arm- und Beinschmuck in der Schweiz (1985) 76 Nr. 353 Taf. 29, 353; 79 Nr. 361. 362; Taf. 30, 361-362; Kilian-Dirlmeier, Gürtel 47 Nr. 82 Taf. 9, 82; Jockenhövel, Rasiermesser 175 Nr. 345 Taf. 27, 345.

210. Mels-Ragnatsch, Kt. St. Gallen.- Messer mit umlapptem Ringgriff (Form B) .- Beck, Beiträge 148 Taf. 57, 2; Heierli, Urgeschichte der Schweiz (1901) 273 Abb. 291.

211. Mels, Kt. St. Gallen.- Einzelfund unter Schieferplatte auf einer 1930 m hoch gelegenen Alm.- Griffangelschwert (Typus Pépinville).- Schauer, Schwerter 90 Nr. 302 Taf 44, 302.

212. Montlinger Berg.- Lanzettförmiger Anhänger.- G. Kossack, Studien zum Symbolgut der Urnenfelder- und Hallstattzeit Mitteleuropas (1954) 92 Liste B Nr. 38.

213. Moosseedorf, Kt. Bern.- Vielleicht Brandgrab.- 1 Spiralscheibe, 2 gleiche Armringe, 2 gezackte Nadeln.- Beck, Beiträge 123 Taf. 1 C.

214. Morges, Kt. Vaud.- Seerandsiedlung.- Griffangelschwert (Typus Morges).- Schauer, Schwerter 92 Nr. 309 Taf. 45, 309.

215. Morges, Kt. Vaud.- Seerandstation.- Armring (Typus Allendorf).- K. Paszthóry, Der bronzezeitliche Arm- und Beinschmuck in der Schweiz (1985) 76 Nr. 351 Taf. 29, 351.

216. Morges, Kt. Vaud.- Station La Grand Cité.- 2 Nadeln (Typus Binningen).- Beck, Beiträge 144 Taf. 50, 3. 8.

217. Morges, Kt. Vaud.- Genfer See.- Pyramidenkopfnadel.- Beck, Beiträge 138 Taf. 40, 29.

218. Mörigen, Kt. Bern.- Station am Bieler See.- 9 Nadeln (Typus Binningen).- Beck, Beiträge 143ff. Taf. 49, 6; 50, 12. 14; 51, 2. 13. 15; 52, 1; 7. Pfahlbaubericht Taf. 10, 9.

219. Mörigen, Kt. Bern.- Gewässerfund.- Griffzungenmesser (Typus Matrei).- M. Primas in: Ur- und frühgeschichtliche Archäologie in der Schweiz Bd. 3 (1971) 62 Abb. 9, 12.

220. Mörigen, Kt. Bern.- Seerandstation.- Rasiermesser (Typus Stockheim).- Jockenhövel, Rasiermesser 54 Nr. 38 Taf. 4, 38.

221. Mörigen, Kt. Bern.- Seefund.- Mohnkopfnadel (Form IIIB). Beck, Beiträge 33 Taf. 42, 18.

222. Mülinen, Kt. Bern.- Depot (1866).- 1 mittelständiges Lappenbeil (verloren), 1 Gußbrocken.- Stein, Hortfunde 213 Nr. 488.

223. entfällt.

224. Müllheim, Kt. Thurgau.- Grifplattendolch.- J. Heierli, Urgeschichte der Schweiz (1901) 266 Abb. 267.

225. Müllheim, Kt. Thurgau.- Körperbestattung.- Griffplattenschwert (Typus Rixheim).- Schauer, Schwerter 63 Nr. 200 Taf. 27, 200.

226. Münstertal (Val Mora), Kt. Graubünden.- Paßfund (1930).- Griffzungenmesser (Typus Matrei).- Jahrb. SGU 24, 1932, 29 Taf. 1.

Munster -> Münstertal

227. Muotatal.- Mittelständiges Lappenbeil.- P. E. Scherer, Die vor- und frühgeschichtlichen Alterthümer der Urschweiz (1916 = Mitt. Antiqu. Ges. Zürich 27 Heft 4) 204 Taf. 2, 6.

228. Muttenz, Kt. Basel-Land.- Urnenbrandgrab.- 2 Nadeln (Typus Binningen), Armring, Griffdornmesser, Urne.- Beck, Beiträge 128 Taf. 20 B.

229. Neftenbach (?), Kt. Zürich.- Mohnkopfnadel (Form IIC).- Beck, Beiträge 139 Taf. 41, 10.

230. Neftenbach, Kt. Zürich.- Dolch.- M. Primas in: Ur- und frühgeschichtliche Archäologie der Schweiz (1971) 57 Abb. 2, 5.

231. Neftenbach, Kt. Zürich.- 2 Armringe (Typus Binzen).- Jahrb. SGU 4, 1911, 99; Beck Beiträge 147 Taf. 55, 6. 7.

232. Neuchâtel.- Seerandstation "du Crêt".- Rasiermesser (Typus Steinkirchen).- Jockenhövel, Rasiermesser 100 Nr. 139 Taf. 12, 139.

233. Neuenburger See.- Mehrere Nadeln (Typus Binningen).- Beck, Beiträge 143 Taf. 49, 3; W. Kubach, Jahresber. Inst. Vorgesch. Univ. Frankfurt 1978-79, 290 Nr. 34. 35.

234. Nidau, Kt. Bern, aus der Zihl.- Griffplattenschwert (Typus Rixheim).- Schauer, Schwerter 65 Nr. 211 Taf. 29, 211.

235. Nidau, Kt. Bern.- Bieler See.- Griffplattenmesser.- Beck, Beiträge 149 Taf. 58, 8.

236. Niederösch, Kt. Bern, Grabfund (?).- Grifftüllenmesser, Mohnkopfnadel (Form IIIC).- Beck, Beiträge 127 Taf. 16 A.

237. Niederurnen (?), Kt. Glarus.- Aus dem Überschwemmungsgebiet der Linth.- Mohnkopfnadel (Form IA).- Beck, Beiträge 25 Taf. 40, 6.

238. Nyon, Kt. Vaud.- Genfer See.- Pyramidenkopfnadel.- Beck, Beiträge 138 Taf. 40, 25.

239. Nyon, Kt. Vaud.- Genfer See.- 2 Hirtenstabnadeln.- Beck, Beiträge 142 Taf. 48, 1. 2.

240. Ober-Illau, Kt. Luzern.- Depot in sumpfiger Wiese (die Schwerter waren sternförmig, mit der Spitze ins Zentrum weisend, angeordnet).- Mindestens 29 Schwerter und Frgte. (Typus Ober-Illau).- Schauer, Schwerter 80f. Nr. 269 A-I, Taf. 38, 269A-39, 269I; Stein, Hortfunde 212 f. Nr. 487; J. Bill, Helvetia Arch. 15, 1984, 25ff. mit Abb.

241. Oberglatt, Kt. Zürich.- Bei Drainagearbeiten in 3 m Tiefe.- Mohnkopfnadel (Form IIIB).- Beck, Beiträge 139 Taf. 42, 9.

242. Oberkulm (Reitnau), Kt. Aargau.- Depot.- 2 Lanzenspitzen, 3 mittelständige Beile, 5 Lochsicheln (teilw. fragmentiert), 2 Meißel.- Müller-Karpe, Chronologie 290 Taf. 162 B; Stein, Hortfunde 215 Nr. 495.

243. Oberriet, Kt. St. Gallen.- "Plattenberg" aus einem Steinbruch.- Gezackte Nadel.- Beck, Beiträge 136 Taf. 37, 6.

243A. Oberriet, Kt. St. Gallen.- Dolch.- M. Primas in: Ur- und frühgeschichtliche Archäologie der Schweiz Bd. III (1971) 68 Nr. 45.

244. Ollon - Lessus.- Einzelfund.- Mittelständiges Lappenbeil (Typus Grigny).- O.-J. Bocksberger, Age du Bronze en Valais et dans le Chablais Vaudois (1964) 88 Taf. 2, 23.

245. Ollon Lessus (oder St. Triphon), Kt. Vaud.- Einzelfund.- Mittelständiges Lappenbeil.- O.-J. Bocksberger, Age du Bronze en Valais et dans le Chablais Vaudois (1964) 88 Abb. 27, 7.

246. Ollon Lessus, Kt. Vaud.- Einzelfund.- Mittelständiges Lappenbeil.- O.-J. Bocksberger, Age du Bronze en Valais et dans le Chablais Vaudois (1964) 88 Abb. 27, 5.

247. Ollon Lessus, Kt. Vaud.- Höhenfund (?).- Mittelständiges

Lappenbeil.- O.-J. Bocksberger, Age du Bronze en Valais et dans le Chablais Vaudois (1964) 88 Abb. 27, 8.

248. Ollon Lessus, Kt. Vaud.- Höhenfund (?).- Mittelständiges Lappenbeil.- O.-J. Bocksberger, Age du Bronze en Valais et dans le Chablais Vaudois (1964) 88 Abb. 27, 9.

249. Ollon-Charpigny, Kt. Vaud.- Aus zerstörten Gräbern.- 1 Beinring (Typus Publy) und Frgt. eines zweiten.- K. Paszthóry, Der bronzezeitliche Arm- und Beinschmuck in der Schweiz (1985) 90 Nr. 402-403 Taf. 34, 402-403.

250. Olten, Kt. Solothurn.- Gewässerfund.- Griffzungenschwert (Typus Riedheim).- Schauer, Schwerter 155 Nr. 454 Taf. 66, 454.

251. Olten, Kt. Solothurn.- Am linken Ufer der Dünnern (3 m tief).- Pyramidenkopfnadel.- Beck, Beiträge 42 Taf. 40, 15; Jahrb. SGU 28, 1936, 46.

252. Oltingen, Kt. Basel-Land.- Griffplattenschwertfrg. (Typus Rixheim nahestehend).- Schauer, Schwerter 78 Nr. 255A Taf. 36, 255A.

253. Onnens.- Lanzettförmiger Anhänger.- G. Kossack, Studien zum Symbolgut der Urnenfelder- und Hallstattzeit Mitteleuropas (1954) 92 Liste B Nr. 43.

254. Onnens, Kt. Vaud.- Neuenburger See.- Nadel (Typus Binningen).- Beck, Beiträge 144 Taf. 50, 2.

255. Orpund, Kt. Bern.- Flußfunde.- 3 mittelständige Lappenbeile.- C. Osterwalder, Jahrb. Hist. Mus. Bern 59/60, 1979/80, 52f. Taf. 5, 4-6.

256. Orpund, Kt. Bern.- Mittelständiges Lappenbeil (Typus Grigny).- V. Rychner in: P. Brun, C. Mordant (Hrsg.), Le groupe Rhin-Suisse-France oriental et la notion de civilisation des Champs d'Urnes. Actes Coll. Nemours 1986 (1988) 106 Abb. 3, 273 (Nr. 22080).

257. Orpund (Schwadernau-Zihlwyl), Kt. Bern.- Aus der Zihl.- Griffplattenschwert (Typus Rixheim).- Schauer, Schwerter 64 Nr. 205 Taf. 28, 205; C. Osterwalder, Jahrb. Hist. Mus. Bern 59/60, 1979/80, 52f. Taf. 7, 1.

258. Orpund, Kr. Bern.- Seerandstation.- Rasiermesser (Typus Morzg).- Jockenhövel, Rasiermesser 91 Nr. 11 Taf. 10, 111.

259. Orpund, Kt. Bern.- Gewässerfund.- Gürtelhaken (Typus Wilten).- Kilian-Dirlmeier, Gürtel 51 Nr. 102 Taf. 11, 102; Chr. Osterwalder, Jahrb. Hist. Mus. Bern 59/60, 1979/80, Taf. 4, 10.

260. Orpund, Kt. Bern.- Gewässerfunde.- 2 Dolche mit zungenförmiger Griffplatte.- C. Osterwalder, Jahrb. Hist. Mus. Bern. 59/60, 1979/80, 73 Taf. 7, 4-5.

261. Orpund, Kt. Bern.- Gewässerfund.- Lanzenspitze mit kurzer Tülle.- C. Osterwalder, Jahrb. Hist. Mus. Bern 59/60, 1979/80, 47ff. Taf. 8, 8.

262. Orpund, Kt. Bern.- Gewässerfund.- 1 Griffzungensichel.- C. Osterwalder, Jahrb. Hist. Mus. Bern 59/60, 1979/80, 47ff. Taf. 6, 2; Primas, Sicheln 98 Nr. 616 Taf. 37, 616.

263. Orpund, Kt. Bern, Gewässerfund.- Gezackte Trompetenkopfnadel (Form B).- Beck, Beiträge 14 Taf. 34, 11.

264. Orpund, Kt. Bern.- Gewässerfund.- Nadel (Typus Binningen).- Beck, Beiträge 143 Taf. 49, 33; C. Osterwalder, Jahrb. Hist. Mus. Bern 59/60, 1979/80, 47ff. Taf. 2, 12.

265. Ossingen, Kt. Zürich.- Depot.- 1 mittelständiges Lappenbeil, 1 Beil.- Stein, Hortfunde 214 Nr. 494 Taf. 126, 7.

266. Pfäffikon.- Lanzettförmiger Anhänger.- G. Kossack, Studien zum Symbolgut der Urnenfelder- und Hallstattzeit Mitteleuropas (1954) 92 Liste B Nr. 44.

267. Pfyn, Kt. Thurgau.- Gürtelhaken (Typus Wilten).- Kilian-Dirlmeier, Gürtel 56 Nr. 159 Taf. 16, 159.

268. Plainpalais, Stadt Genf.- Kiesgrube an der Arve.- Griffplattenschwert (Typus Rixheim).- Schauer, Schwerter 63 Nr. 202 Taf. 28, 202.

269. Porsel, Kanton Freiburg.- Einzelfund bei einer Quelle.- Mittelständiges Lappenbeil.- Jahrb. SGU 56, 1971, 188 Abb. 13, 1.

270. Port, Kt. Bern.- Alte Zihl.- Nadel (Typus Binningen).- Beck, Beiträge 144 Taf. 50, 10.

271. Port, Kt. Bern.- Aus dem Aarekanal.- Griffangelschwert (Typus Grigny).- Schauer, Schwerter 91 Nr. 304 Taf. 45, 304; H. Reim, Arch. Korrbl. 4, 1974, 25 Nr. 9.

272. Port, Kt. Bern.- Einzelfund.- Griffangelschwert (Typus Pépinville).- Schauer, Schwerter 90 Nr. 303 Taf. 44, 303.

273. Port, Kt. Bern.- Seerandstation (?).- Dreiwulstschwert (Typus Rankweil; Ha B).- Müller-Karpe, Vollgriffschwerter Taf. 31, 2; W. Krämer, Die Vollgriffschwerter in Österreich und der Schweiz. PBF IV, 10 (1985) 31 Nr. 89 Taf. 15, 89.

274. Port, Kt. Bern.- Seerandstation.- Dreiwulstschwert (Typus Schwaig nahestehend).- Müller-Karpe, Vollgriffschwerter 97 Taf. 10, 10; W. Krämer, Die Vollgriffschwerter in Österreich und der Schweiz. PBF IV, 10 (1985) 27 Nr. 72 Taf. 13, 72.

275. Portalban, Kt. Fribourg.- Hirtenstabnadel.- Beck, Beiträge 143 Taf. 48, 9; Jahrb. SGU 4, 1911, 74.

276. Poschiavo, Kt. Graubünden.- Höhenfund.- Mittelständiges Lappenbeil.- R. Wyss, Zeitschr. Schweiz. Arch. u. Kunstgesch. 18, 1971, 130ff. Abb. 4, 11.

277. Poschiavo, Kt. Graubünden.- Nadel mit doppelkonischem Kopf.- A.C. Zürcher, Urgeschichtliche Fundstellen Graubündens (1982) 34 Nr. 143; M. Primas in: Das rätische Museum (1979) 28 Abb. 8.

277A. Praz, Gde. Vully-le-Bas, Kt. Fribourg.- "Pfahlbau".- Griffzungenschwert (Typus Annenheim nahestehend). Schauer, Schwerter 128 Nr. 386 Taf. 57, 386.

278. Pully Chamblandes, Kt. Vaud.- Messer mit umlapptem Griff.- Jahrb. SGU 31, 1939, 68 Abb. 22; Beck, Beiträge 147 Taf. 56, 6.

279. Rarogne, Kt. Valais.- Steinkistengrab mit drei Körperbestattungen verschiedener Zeitstellung.- Nadel (Typus Binningen).- C. Pugin, Jahrb. SGU 63, 1984, 199f. Abb. 36, 2.

280. Raron, Kt. Valais.- Grabfund (?).- Mohnkopfnadel (Form IA).- Beck, Beiträge 137 Taf. 40, 8.

281. Realta, Kr. Graubünden.- Einzelfund.- Schaftlappenbeil (Datierung?).- A.C. Zürcher, Urgeschichtliche Fundstellen Graubündens (1982) 22 Nr. 22.

282. Recherswil, Kt. Solothurn.- Fundumstände unbekannt.- Nadel (Typus Binningen).- Beck, Beiträge 144 Taf. 51, 11. Jahrb SGU 23, 1931, 35f.

283. Reichenau, Kt. Graubünden.- Einzelfund.- Schwertfrg. mit schmaler Griffplatte und seitlichen Nietkerben (Typus Rixheim nahestehend).- J. Heierli, W. Oechsli, Urgeschichte Graubündens (1903) Taf. 1, 16; Schauer, Schwerter 79 Nr. 264 Taf. 37, 264.

Reitnau -> Oberkulm

284. **Riehen**, Kt. Basel-Stadt.- Grab (Brandbestattung?); Stein vermutet einen Hortfund.- 1 Griffplattenschwert (in drei Stücke zerbrochen), 1 Lanzenspitze mit gestuftem Blatt.- Schauer, Schwerter 77 Nr. 249 Taf. 35, 249. 134C; Stein, Hortfunde 208 Nr. 480.

285. **Riom**, Kt. Graubünden.- Lanzenspitze (Datierung ?).- A.C. Zürcher, Urgeschichtliche Fundstellen Graubündens (1982) 36 Nr. 152.

286. **Risch**, Kt. Zug.- Dolch.- M. Primas in: Ur- und frühgeschichtliche Archäologie der Schweiz Bd. III (1971) 68 Nr. 47.

287. **Rodels**, Kt. Graubünden.- 7 Gräber.- Kegelkopfnadel (Datierung ?).- A.C. Zürcher, Urgeschichtliche Fundstellen Graubündens (1982) 36 Nr. 153.

288. **Rothenbrunnen**, Kt. Graubünden.- Einzelfund.- Knopfsichel (mittlere Bronzezeit).- A.C. Zürcher, Urgeschichtliche Fundstellen Graubündens (1982) 36 Nr. 154; Primas, Sicheln 54 Nr. 61 Taf. 4, 61.

289. **Rothrist**, Kt. Aargau, Einzelfund.- Griffplattenschwert (Typus Rixheim).- Schauer, Schwerter 63 Nr. 202A Taf. 26, 202A.

290. **Rovio**, Kt. Ticino.- Fundgruppe aus Urnengräbern.- Gürtelhaken ("Typus Untereberfing/Var. 1"), Messer mit umlappter Griffzunge ("Form B"), Keramik.- Kilian-Dirlmeier, Gürtel 47 Taf. 9, 83; Beck, Beiträge 72.

291. **Ruen**, Kt. Graubünden.- Quellfund.- Mittelständiges Lappenbeil.- A.C. Zürcher, Urgeschichtliche Fundstellen Graubündens (1982) 36 Nr. 158; Jahrb. SGU 20, 1928, 40.

292. **Rümlang**, Kt. Zürich.- Dolch.- M. Primas in: Ur- und frühgeschichtliche Archäologie der Schweiz Bd. III (1971) 68 Nr. 48.

293. **Ruis**, Kt. Graubünden.- Depot (beim Einfassen einer Quelle).- 2 Lappenbeile (Ha B).- Anz. Schweiz. Altkde NF 14, 1912, 190f. Abb. 5; Stein, Hortfunde 215 Nr. 497.

294. **Ruschein**, Kt. Graubünden.- Siedlungsfund.- Trompetenkopfnadel.- A.C. Zürcher, Urgeschichtliche Fundstellen Graubündens (1982) 36 Nr. 159.

295. **Savognin**, Kt. Graubünden.- Siedlung Padnal.- Jüngste Phase in den Beginn der Stufe Bz D datiert.- J. Rageth, Helvetia Arch. 8, 1977, 12ff.

296. **Schinznach** (Bad), Kt. Aargau.- Aus der Aare.- Griffplattenschwert (Typus Rixheim).- Schauer, Schwerter 69 Nr. 236 Taf. 33, 236.

297. **Schinznach** (Bad), Kt. Aargau.- Aus der Aare.- Lanzenspitze (L. n. 38, 5 cm) Ha A (?).- Jahrb. SGU 42, 1952, 59 Taf. 8, 4.

298. **Schinznach-Dorf**, Kt. Aargau.- Mittelständiges Lappenbeil.- Jahrb. SGU 42, 1952, 59 Taf. 8, 3.

299. **Schleitheim**, Kt. Schaffhausen.- Einzelfund bei Ausgrabungen eines römischen Objektes.- Gezackte Nadel.- Beck, Beiträge 5, Taf. 37, 2.

300. **Schlieren**.- Grab.- 1 Nadel (Typus Wollmesheim), 4 Armringe, 4 Ringchen.- Jahrb. SGU 22, 1930, 48 Taf. 3, 1.

301. **Schwadernau**, Kt. Bern, aus der Zihl.- Griffplattenschwert (Typus Rixheim).- Schauer, Schwerter 64 Nr. 205 Taf. 28, 205.

302. **Schwanden**, Kt. Glarus.- Höhenfund.- Mittelständiges Lappenbeil.- R. Wyss, Zeitschr. Schweiz. Arch. u. Kunstgesch. 18, 1971, 130ff. Abb. 4, 6.

303. **Scuol/munt.**, Kt. Graubünden.- Vasenkopfnadel.- M. Primas in: Das rätische Museum (1979) 28 Abb. 10.

304. **Sent**, Kt. Graubünden.- Einzelfund.- Lanzenspitze (Datierung?).- A.C. Zürcher, Urgeschichtliche Fundstellen Graubündens (1982) 41 Nr. 191.

305. **Sempacher See**, Bez. Sursee, Kt. Luzern.- Seerandstation.- Griffplattenmesser.- Beck, Beiträge 149 Taf. 58, 1; R. Munro, Les stations lacustres d'Europe aux âges de la Pierre et du Bronze (1908) 80f. Abb. 9, 1.

306. **Severgall b. Vilters**, Kt. St. Gallen.- Fundumstände unbekannt.-Nadel (Typus Binningen).- B. Frei, Jahrb. Hist. Ver. Liechtenstein 60, 1960, 196.

307. **Siegriswil**, Bez. Thun, Kt. Bern.- 50 Meter vom Seeufer.- Lanzettanhänger (Datierung?).- Jahrb. SGU 22, 1930 49 Taf. 3, 2.

308. **Sion**, Kt. Valais.- Brandgrab.- Nadel (Typus Binningen).- Jahrb. SGU 63, 1984, 194f. Abb. 30, 2.

309. **Sion**, Kt. Valais (n. Paszthóry Fundort unbekannt).- Armring (Typus Allendorf).- K. Paszthóry, Der bronzezeitliche Arm- und Beinschmuck in der Schweiz (1985) 76 Nr. 352 Taf. 29, 352.

310. **Spiez**, Kt. Bern.- Gewässerfund (?).- 3 Nadeln, darunter 1 Mohnkopfnadel (Form IID).- Beck, Beiträge 32 Taf. 42, 3; O. Tschumi, Urgeschichte des Kantons Bern (1953) 349 Abb. 81.

311. **Spiez-Eggli**, Kt. Bern.- Depot neben Findling (Kultplatz); wohl mittlere Bronzezeit.- 1 Knopfsichel, 2 Knopfsichelfrgte.- Primas, Sicheln 57 Nr. 103 Taf. 6, 103; 82 Nr. 329. 330 Taf. 20, 329. 330 Stein, Hortfunde 215f. Nr. 499.

312. **Spiez-Obergut**, Kt. Bern.- Depot am Fuße eines Granitblocks mit Kohle und Ascheresten.- 1 gezackte Trompetenkopfnadel (Form A), die verbogen wurde und in die 3 kleine Ringe und 5 Armringe eingehängt wurden.- Beck, Beiträge 14 Taf. 2 A1; Stein, Hortfunde 216 Nr. 500; K. Paszthóry, Der bronzezeitliche Arm- und Beinschmuck in der Schweiz (1985) 73 Nr. 341-345 Taf. 28, 341-345; O. Tschumi, Urgeschichte des Kantons Bern (1953) 352 Abb. 211.

313. **St. Moritz**, Kt. Graubünden.- Höhenfund.- Mittelständiges Lappenbeil.- R. Wyss, Zeitschr. Schweiz. Arch. u. Kunstgesch. 18, 1971, 130ff. Abb. 4, 12.

314. **St. Moritz**, Kt. Graubünden.- Lanzenspitze (Datierung?).- A.C. Zürcher, Urgeschichtliche Fundstellen Graubündens (1982) 38, Nr. 175.

315. **St. Moritz**, Kt. Graubünden.- Mittel- bis oberständiges Lappenbeil mit Zangennacken (ital. Form).- J. Heierli, W. Oechsli, Urgeschichte Graubündens (1903) Taf. 1, 5; A.C. Zürcher, Urgeschichtliche Fundstellen Graubündens (1982) 38, Nr. 175.

316. **St. Moritz**, Kt. Graubünden.- Quellfund.- A. Zürcher, Helvetia Arch. 3, 1972, 21ff. mit Abb.
- Vollgriffschwert (Typus Spatzenhausen).- M. Primas in: Das rätische Museum (1979) 28 Abb. 12.
- Achtkantschwert.- M. Primas in: Das rätische Museum (1979) 28 Abb. 13; W. Krämer, Die Vollgriffschwerter in Österreich und der Schweiz (1985) 15 Nr. 12 Taf. 3, 12.
- Schwert mit schmaler Griffplatte und seitlichen Nietkerben (Typus Rixheim nahestehend).- Schauer, Schwerter 79 Nr. 265 Taf. 37, 265.
- Dolchklinge.
- Trompetenkopfnadel mit gezacktem Hals; die Spitze ist umgebogen.

317. **St. Moritz**, Kt. Graubünden.- Einzelfund (?).- Griffplattenschwert (Typus Rixheim).- Schauer, Schwerter 63f. Nr. 203 Taf.

28, 203.

318. St. Sulpice, Kt. Vaud.- Brandgrab.- 1 Griffplattenmesser mit aufgeschobener Scheibe, 1 Rixheimschwert, Mohnkopfnadel, Bronzefrg., Keramik.- M. Primas in: Ur- und frühgeschichtliche Archäologie der Schweiz (1971) 57 Abb. 2, 1; Schauer, Schwerter 64 Nr. 204 Taf. 28, 204; 132 C.

319. St. Sulpice, Kt. Vaud.- Aus Kiesgrubengebiet (Grab?).- Stangenknebel, Stangenknebelfrgte., Tülle, Phalere, Doppelniet.- W. Drack, Jahrb. SGU 48, 1961, 74f. Abb. 1A; H.-G. Hüttel, Bronzezeitliche Trensen in Mittel- und Südosteuropa (1981) 128 Nr. 178-181 Taf. 17, 178.

320. St. Sulpice, Kt. Vaud.- Grabfund.- Dolch mit zungenförmiger Griffplatte.- Jahrb. SGU 23, 1931 Taf. 4, 1.

321. St. Triphon, Kt. Vaud.- Depot; Zusammengehörigkeit der Bronzen nicht gesichert.- 2 mittelständige Lappenbeile, 1 Lanzenspitze, 1 Knopfsichel, 1 Netzsenker (aus Stein), 9 Gußkuchenfrgte.- C. Osterwalder, Die mittlere Bronzezeit im schweizerischen Mittelland und Jura (1971) 79 Taf. 14, 9-13; O.-J. Bocksberger, Age du Bronze en Valais et dans le Chablais Vaudois (1964) 88 ("Ollon Lessus") Abb. 27, 9; G. Jacob-Friesen, Bronzezeitliche Lanzenspitzen Norddeutschlands und Skandinaviens (1967) Nr. 1806 Taf. 165, 12.

322. Stampa, Kt. Graubünden.- Einzelfund unter einem großen Stein.- Mittelständiges Lappenbeil; dabei auch eine Nauheimer Fibel.- M. Primas in: Das rätische Museum. Ein Spiegel von Bündens Kultur und Geschichte (1979) 30 Abb. 18; A.C. Zürcher, Urgeschichtliche Fundstellen Graubündens (1982) 42 Nr. 207.

323. Steckborn, Kt. Thurgau.- Vielleicht aus dem Bodensee.- Nadel (Typus Binningen).- W. Kubach, Jahresber. Inst. Vorgesch. Univ. Frankfurt 1978-79, 289 Nr. 14.

324. Strada, Kt. Graubünden.- Einzelfund.- Messer (Datierung?).- A.C. Zürcher, Urgeschichtliche Fundstellen Graubündens (1982) 43 Nr. 211.

325. Sugiez, Gde. Vully-le-Bas, Kt. Fribourg.- Murtensee.- Nadel (Typus Binningen).- Beck, Beiträge 145 Taf. 52, 8.

326. Sugiez, Kt. Fribourg.- Aus dem alten Aarelauf.- Griffplattenschwert (Typus Rixheim).- Schauer, Schwerter 62 Nr. 187 Taf. 25, 187.

327. Susch, Kt. Graubünden.- Einzelfund.- Lanzenspitze (Ha B).- A.C. Zürcher, Urgeschichtliche Fundstellen Graubündens (1982) 44 Nr. 217.

328. Sutz-Lattringen, Kt. Bern, Einzelfund (Wasserpatina).- Griffplattenschwert (Typus Rixheim).- Schauer, Schwerter 64f. Nr. 209 Taf. 29, 209.

329. Sutz-Lattringen, Kt. Bern.- Grab.- Griffzungenschwert; Beifunde nicht sicher.- Schauer 133 Nr. 406 Taf. 60, 406.

330. Täuffelen, Kt. Bern.- Stationen am Bieler See.- 4 Nadeln (Typus Binningen).- Beck, Beiträge 144 Taf. 50, 13. 19. 20; 51. 8.

331. Thalheim, Kt. Zürich.- Brandgrab.- 2 Armringe (Typus Pfullingen), 2 Mohnkopfnadeln (Form IIIB) 1 Doppelspiralhaken.- K. Paszthóry, Der bronzezeitliche Arm- und Beinschmuck in der Schweiz (1985) 79 Nr. 358-359 Taf. 30, 358-359; Beck, Beiträge 126 Taf. 14 A.

332. Thalheim-Gütighausen, Kt. Zürich.- Reste eines zerstörten Grabes.- Gebogener Drahtt, Armringfrg. (Typus Binzen), weiteres Armringfrg., 2 Spiralscheiben, 2 Bronzefrgte., Scherbe.- Beck, Beiträge 126 Taf. 13 C.

Thielle -> Zihl

333. Thielle-Wavre, Kt. Neuchâtel.- Aus dem Neuenburger See oder der Zihl (?).- Nadel (Typus Binningen).- Beck, Beiträge 144 Taf. 51, 7. 14.

334. Thierachern, Kt. Bern.- Fundumstände unbekannt oder Grab.- Messer mit umlapptem Ringgriff (Form A).- Beck, Beiträge 147 Taf. 56, 7.

334A. Thun, Kt. Bern.- Dolch.- M. Primas in: Ur- und frühgeschichtliche Archäologie der Schweiz Bd. III (1971) 68 Nr. 50.

335. Thun-Gwattmoos, Kt. Bern.- Einzelfund.- Griffangelschwert (Typus Pépinville).- Schauer, Schwerter 90 Nr. 300 Taf. 44, 300.

336. Triengen, Kt. Luzern.- Moorfund.- Lanzenspitze mit Kurztülle.- J. Speck, Jahrb. SGU 63, 1984, 196 Abb. 31.

337. Trimmis, Kt. Graubünden.- Einzelfund.- Lanzenspitze (Ha B).- A.C. Zürcher, Urgeschichtliche Fundstellen Graubündens (1982) 45 Nr. 231; M. Primas in: Das rätische Museum (1979) 28.

338. Twann-Petersinsel, Kt. Bern.- Seerandstation.- Rasiermesser (Typus Morzg).- Jockenhövel, Rasiermesser 91 Nr. 113 Taf. 10, 113; O. Tschumi, Urgeschichte des Kantons Bern (1953) 150 Abb. 102.

339. Twann, Kt. Bern.- Petersinsel im Bieler See.- 7 Nadeln (Typus Binningen).- Beck, Beiträge 143f. Taf. 49, 32; 50, 6. 18. 30; 51, 2. 3.

340. Twann-Petersinsel, Kt. Bern.- Bieler See.- 3 mittelständige Lappenbeile.- O. Tschumi, Urgeschichte des Kantons Bern (1953) 376 Abb. 102.

341. Twann-Petersinsel, Kt. Bern.- Bieler See.- Pyramidenkopfnadel.- Beck, Beiträge 138 Taf. 40, 26.

342. Untervaz, Kt. Graubünden.- Einzelfund.- Lanzenspitze (Frühe Bz).- A.C. Zürcher, Urgeschichtliche Fundstellen Graubündens (1982) 47 Nr. 244; M. Primas in: Das rätische Museum (1979) 28 Taf.

343. Vaduz, Fürstentum Liechtenstein.- Einzelfund oder Siedlung.- Rasiermesser.- Jahrb. SGU 70, 1987, 211 Abb. 5.

344. Valais (Kanton).- Kurd-Eimer.- Mus. Genève.

345. Valamand, Kt. Vaud, Murtensee. 2 Nadeln (Typus Binningen).- Beck, Beiträge 143ff. Taf. 49, 16; 52, 7.

346. Vals, Kt. Graubünden.- Depot am Tormulpaß.- Vollgriffdolch oder lanzettförmiger Meißel, Dolch mit zungenförmiger Griffplatte.- R. Wyss, Zeitschr. Schweiz. Arch. u. Kunstgesch. 18, 1971, 130ff. Abb. 5, 1-2; E. Gersbach, Jahrb. SGU 49, 1962, 11 Abb. 1, 11.

347. Vaumarcus, Kt. Neuchâtel.- Aus einem Hügel mit Brandbestattungen.- 1 Griffzungensichel, 2 Knopfsicheln, 1 Armring (Funde nicht getrennt).- Primas, Sicheln 70 Nr. 251-252 Taf. 15, 251; 86 Nr. 467 Taf. 25, 467.

348. Veltheim, Kt. Aargau.- Aus dem Aarekies.- Mittelständiges Lappenbeil.- Jahrb. SGU 42, 1952, 59 Taf. 8, 2.

349. Villeneuve, Kt. Vaud.- Einzelfund (?)- Mittelständiges Lappenbeil (Typus Grigny).- O.-J. Bocksberger, Age du Bronze en Valais et dans le Chablais Vaudois (1964) 102 Abb. 27, 22.

350. Vinelz, Kt. Bern.- Seerandstation am Bieler See.- 2 Nadeln (Typus Binningen).- Beck, Beiträge 144 ("Vingels") Taf. 51, 12;

52, 5.

351. Volketswil, Kt. Zürich.- Einzelfund.- Schwert mit schmaler Griffplatte und seitlichen Nietkerben (Typus Rixheim nahestehend).- Schauer, Schwerter 77 Nr. 251 Taf. 36, 251.

352. Vuadens, Kt. Fribourg.- Brandschüttungsgrab.- Griffzungenmesser mit geschweiftem Rücken und Klingennase, 1 Gürtelhaken (Typus Wangen), 1 kleines Ringchen, 2 Bernsteinperlen, 5 Gefäße.- H. Schwab, Jahrb. SGU 61, 1978, 185 Abb. 22-23; Kilian-Dirlmeier, Gürtel 45 Nr. 77A Taf. 9, 77 A.

353. Wabern, Gde. Köniz, Kt. Bern.- Depot unter einem Stein (1916).- 137 Armringe, 1 zusammengebogenes Nadelschaftfrg.; die Ringe waren zu einer Kette zusammengefügt.- K. Paszthóry, Der bronzezeitliche Arm- und Beinschmuck in der Schweiz (1985) 63f. Nr. 206-245 Taf. 19-22, 206-245; 249- 254 Taf. 22, 249-254; 255-269 Taf. 22-23, 255-269; 270-287 Taf. 23-24, 270-287; Stein, Hortfunde 210 Nr. 486.

354. Walkringen, Kt. Bern.- Aus dem Moos.- Gezackte Nadel.- Beck, Beiträge 136 Taf. 38, 2.

355. Wallisellen, Kt. Zürich.- Einzelfund.- Dolch mit zungenförmiger Griffplatte.- Jahrb. SGU 43, 1953, 71 Taf. 5, 3c.

356. Wallisellen, Kt. Zürich.- Körpergrab.- 1 Griffplattenschwertfrg. (Typus Rixheim nahestehend; intentionell verbogen), 2 Armringe, 2 Nadelfrgte.- Schauer, Schwerter 79 Nr. 259 Taf. 37, 259.

357. Wangen a. d. Aare, Kt. Bern.- Aus Brandgräbern (1877); Inventare vermischt.
- 2 Armringe (Typus Wangen).- K. Paszthóry, Der bronzezeitliche Arm- und Beinschmuck in der Schweiz (1985) 80f. Nr. 363-364 Taf. 30, 363-364.
- 4 tordierte Ringe (Typus Binzen).- Beck, Beiträge Taf. 12, 9-12.
- Gürtelhaken (Typus Wangen).- Kilian-Dirlmeier, Gürtel 45 Nr. 77 Taf. 9, 77.
- 2 Griffplattenschwertfrgte. (Typus Rixheim nahestehend).- Schauer, Schwerter 79 Nr. 262 Taf. 37, 262.
- 3 Griffplattenschwertfrgte. (Typus Rixheim nahestehend).- Schauer, Schwerter 79 Nr. 261 Taf. 37, 261.
- 2 Griffplattenschwertfrgte.- Schauer, Schwerter 79 Nr. 260 Taf. 37, 260.
- Pyramidenkopfnadel.- Beck, Beiträge 43 Taf. 12, 6.
- 1 Dornpfeilspitze, 1 Stielpfeilspitze.- Schauer, Schwerter Taf. 134, 20-21.
- Mohnkopfnadel (Form IIIB).- Beck, Beiträge 33 Taf. 12, 1.

358. Wangen, Kt. Zürich.- Aus einem Torfmoor.- Gezackte Trompetenkopfnadel (Form B).- Beck, Beiträge 135 Taf. 34, 12.

359. Wangenried, Kt. Bern.- Einzelfund (1894).- Mittelständiges Lappenbeil.- O. Tschumi, Urgeschichte des Kantons Bern (1953) 393 Abb. 282, 4.

360. Weinfelden, Kt. Thurgau.- Aus der Thur.- Griffplattenschwert (Typus Rixheim).- Schauer, Schwerter 69 Nr. 237 Taf. 33, 237.

361. Weinfelden, Kt. Thurgau.- Aus der Thur.- Griffplattenschwert (Typus Rixheim).- Schauer, Schwerter 69 Nr. 238 Taf. 33, 238.

362. Wiedlisbach, Kt. Bern.- Brandgrab.- Gürtelhaken (Typus Untereberfing/Var. 1), Urne mit plastischer Buckelzier, Schale mit Kerbschnittdekor, Schrägrandschale, Pfriem.- Kilian-Dirlmeier, Gürtel 47 Nr. 85 Taf. 9, 85.

363. Wiesen, Kt. Graubünden.- Einzelfund.- Lanzenspitze (Datierung ?).- A.C. Zürcher, Urgeschichtliche Fundstellen Graubündens (1982) 48 Nr. 256.

364. Willerzell im Sihltal.- Bei der Korrektion des Rickenbaches unter einem Stein.- Mittelständiges Lappenbeil.- P. E. Scherer, Die vor- und frühgeschichtlichen Alterthümer der Urschweiz (1916 = Mitt. Antiqu. Ges. Zürich 27 Heft 4) 204 Taf. 2, 9.

365. Windisch, Kt. Aargau.- Aus einem Brandgrab.- 2 Mohnkopfnadeln (Form IIIF).- Beck, Beiträge 140 Taf. 43, 12.

366. Windisch, Kt. Aargau.- Gezackte Nadel.- Beck, Beiträge 5 Taf. 37, 1.

367. Wintherthur-Wülflingen, Kt. Zürich.- Angeblich Depot (?).- Mohnkopfnadel (Form IIB) nebst anderen eingeschnolzenen Gegenständen.- Beck, Beiträge 28 Taf. 41, 2.

368. Wynau-Oberwynau, Kt. Bern.- Fundumstände unbekannt.- Nadel (Typus Binningen).- Beck, Beiträge 144 Taf. 51, 6.

Zaffuns -> Bever

369. Zihl (Aus der), Kt. Neuchâtel.- Mohnkopfnadel (Form IIA).- Beck, Beiträge 27 Taf. 40, 12.

370. Zihl (Aus der), Kt. Neuchâtel.- Nadel (Typus Binningen).- Beck, Beiträge 144 Taf. 51. 10.

371. Zihl (Aus der), Kt. Neuchâtel.- Griffangelschwert (Typus Rußheim).- Schauer, Schwerter 92 Nr. 306 Taf. 45, 306.

372. Zollikofen, Kt. Bern.- Depot in einem Moorgrund.- 2 gezackte Trompetenkopfnadeln (Form A). Beck, Beiträge 134 Taf. 34, 1. 2; Stein, Hortfunde 217 Nr. 504.

373. Zug, Kt. Zug.- Vollgriffdolch mit Endring.- E. Gersbach, Jahrb. SGU 49, 1962, 13 Abb. 2, 1.

374. Zug, Station Sumpf.- Nadel (Typus Binningen).- Jahrb. SGU 18, 1926, 61f. Taf. 4, 2.

375. Zürich-Alpenquai.- Vermutlich Gewässerfund.- Griffzungenmesser (Typus Matrei nahestehend).- E. Vogt, Zeitschr. Schweiz. Arch. u. Kunstgesch. 4, 1942, 205 Taf. 82, 10.

376. Zürich-Hirslanden -> Burgwies-Hirslanden.

Zürich-Ossingen -> Ossingen

377. Zürich-Schanzengraben.- Griffzungendolch.- M. Primas, Jahresber. Inst. Vorgesch. Univ. Frankfurt 1975, 52 Abb. 4, 2.

378. Zürich-Schwamendingen, Kt. Zürich.- Einzelfund (?).- Mohnkopfnadel (Form IIIB).- Beck, Beiträge 139 Taf. 42, 5.

379. Zürich-Schwamendingen, Kt. Zürich.- Mohnkopfnadel (Form IIIF).- Beck, Beiträge 39 Taf. 43, 8.

380. Zürich-Uetliberg.- Mittelständiges Lappenbeil.- W. Drack, H. Schneider, Der Uetliberg (1977) 2 mit Abb.

381. Zürich-Wipkingen, Kt. Zürich.- Aus dem Limmatbett.- 5 gezackte Trompetenkopfnadeln (Form A).- Beck, Beiträge 134 Taf. 34, 6-10.

382. Zürich-Wipkingen.- Aus dem Limmatbett.- 5 Nadeln (Typus Binningen).- Beck, Beiträge 143f. Taf. 49, 18. 28-30; 50, 17.

383. Zürich-Wipkingen.- Aus dem Limmatbett.- Griffplattenmesser.- Beck, Beiträge 150 Taf. 59, 7.

384. Zürich-Wipkingen.- Aus dem Limmatbett.- Mohnkopfnadel (Form IIIB).- Beck, Beiträge 33 Taf. 42, 7.

385. Zürich-Wollishofen, Station Haumesser.- 4 Nadeln (Typus

Binningen).- Beck, Beiträge 143f. Taf. 49, 14. 20; 50, 29; E. Vogt, Zeitschr. Schweiz. Arch. u. Kunstgesch. 4, 1942 Taf. 82, 23.

386. Zürich-Wollishofen.- Station am Zürichsee.- Frgte. eines Kurd-Eimers.- M. Primas, Arch. Schweiz 13, 1990, 80-88; 85f. Abb. 8.

387. Zürich-Wollishofen.- Station Haumesser.- Lanzettförmiger Meißel.- R. Wyss, Bronzezeitliches Metallhandwerk (1967), 10 Abb. 4 links.

388. Zürich.- Aus dem Limmatbett.- Gezackte Nadel.- Beck, Beiträge 5 Taf. 37, 5.

389. Zürich.- Aus der Sihl.- Mohnkopfnadel (Form IA).- Beck, Beiträge 137 Taf. 40, 4.

390. Zürich.- Aus dem Limmatbett.- Mittelständiges Lappenbeil.- G. Kraft, Anz. Schweiz. Altertumskde. NF 30, 1928, 4 Abb. 9 links.

391. Zürich.- Aus dem Limmatbett.- Mittelständiges Lappenbeil.- G. Kraft, Anz. Schweiz. Altertumskde. NF 30, 1928, 4 Abb. 9 Mitte links.

392. Zürich.- Aus dem Limmatbett.- Mittelständiges Lappenbeil.- G. Kraft, Anz. Schweiz. Altertumskde. NF 30, 1928, 4 Abb. 9 Mitte rechts.

393. Zürich.- Aus dem Limmatbett.- Gezackte Trompetenkopfnadel (Form C).- Beck, Beiträge 135 Taf. 35, 1.

394. Zürich.- Aus dem Limmatbett.- Schwert mit schmaler Griffplatte und seitlichen Nietkerben (Typus Rixheim nahestehend).- Schauer, Schwerter 77 Nr. 252.

395. Zürich.- Griffangelschwert.- Schauer, Schwerter 93 Nr. 312 Taf. 46, 312.

BR Deutschland

1. Aach, Kr. Stockach.- Aus der Aach.- Griffzungenschwert (Typus Hemigkofen).- Schauer, Schwerter 157 Nr. 460 Taf. 67, 460.

2. Aalen.- Einzelfund.- Mittelständiges Lappenbeil.- G. Kraft, Die Kultur der Bronzezeit in Süddeutschland (1926) 128 Taf. 5,5. hier Taf. 18,2.

3. Acholshausen, Ldkr. Ochsenfurt.- Steinkammergrab; Brandbestattung (40-50jähriger Mann).- 1 Kesselwagen, 1 Bronzebecken, 1 Bronzetasse, 2 Phaleren, 2 Lanzenspitzen, 1 Stange, 2 Messer mit umgeschlagenem Griffdorn, 2 Zwingen, 2 Nadeln, 1 Knopf, 2 Doppelknöpfe, 18 Bronzeringchen, 1 Armring in 5 Fragmenten, 1 Blechhülse, 1 Niet, verschmolzene Bronzereste, 1 Kieselstein, 1 Glasringchen, 1 Augenperle, 1 Flußmuschel, Tierknochen (Hausschwein), 39 Gefäße.- C. Pescheck, Germania 50, 1972, 29-56 mit Abb.

4. Affaltertal, Kr. Forchheim.- Depot in Grabhügel.- 8 Henfenfelder Nadeln, Armspirale, 3 Knopfsicheln.- Müller-Karpe, Chronologie 286 Taf. 152 A; Stein, Hortfunde 122 Nr. 297.

5. Aich, Kr. Freising.- Grab.- u.a. Rasiermesser.- Jockenhövel, Rasiermesser 55 Nr. 40.

6. Aichach und Schrobenhausen (zwischen), Ldkr. Aichach - Friedberg.- Aus dem Donaumoor.- Riegseeschwert.- F. Holste, Die bronzezeitlichen Vollgriffschwerter Bayerns (1953) 47 Taf. 9,2.; D. Ankner, Arch. u. Naturwiss. 1, 1977, 330f. mit Abb.

7. Aigner, Gem. Peterskirchen, Ldkr. Mühldorf.- Depot (?); jüngere Urnenfelderzeit.- Lanzenspitzenfrg. (154 g), Gußkuchenfrg. (506 g); dunkelgrüne Patina.- Prähist. Staatsslg. München HV 70-71.- Taf. 20, 1-2.

8. Ainring, Ldkr. Laufen.- Aus einem Torfmoor.- Vasenkopfnadel, wenige Meter entfernt eine Kugelkopfnadel.- Müller-Karpe, Chronologie 306 Taf. 196, 15-16.

9. Ainring-Hammerau, Ldkr. Laufen.- Aus der Saalach in 6m Tiefe.- Vollgriffdolch.- Bayer. Vorgeschbl. 21, 1956, 182 Abb. 26, 1.

10. Aislingen, Ldkr. Dillingen.- Vermutlich Grab der älteren Urnenfelderzeit.- Schmuckpektoral mit 12 eingehängten schwalbenschwanzförmigen Anhängseln; 1 dreizehntes Amulett ist abgebrochen (lanzettförmiger Anhänger ?).- G. Kossack, Studien zum Symbolgut der Urnenfelder- und Hallstattzeit Mitteleuropas (1954) 91 Liste B Nr. 1; Jahresber. Hist. Ver. Dillingen 49/50, 1936/38, 76f. Taf. 30-33.

11. Aiterhofen, Ldkr. Straubing.- Einzelfund.- Mittelständiges Lappenbeil.- H.-J. Hundt, Katalog Straubing II (1964) 65 Taf. 45, 9.

12. Aitrach-Marstetten, Ldkr. Wangen.- Grabfund.- 2 Mohnkopfnadeln (Form IIC), Armring (Typus Allendorf), vielleicht dazu ein Bernsteinbrocken.- Fundber. Schwaben NF 1, 1922, 31 Abb. 5, 8-9; Beck, Beiträge 125 Taf. 11 A.

13. Aldingen, Kr. Ludwigsburg.- Aus dem Neckarkanal.- Vollgriffschwert (Typus Riegsee).- Fundber. Schwaben NF 15, 1959, 142 Taf. 20,1; W. Kimmig, Bayer. Vorgeschbl. 29, 1964, 227 Nr. 1.

14. Aldingen, Ldkr. Ludwigsburg.- Baggerfund.- Nadel mit geknotetem Schaft.- Fundber. Schwaben NF 16, 1962, 226 Taf. 24,1; Beck, Beiträge 32 ("Mohnkopfnadel Form IID").

15. Allendorf, Kr. Fritzlar-Homberg.- Hügel 1, Körpergrab 2.- 2

Armringe (Typus Allendorf), 2 Glasperlen.- I. Richter, Der Arm- und Beinschmuck der Bronze- und Urnenfelderzeit in Hessen und Rheinhessen (1970) 103 Nr. 603-604 Taf. 35, 603-604.

16. Altbach, Kr. Esslingen.- Einzelfund (mit dem Kies aus Wernau (?) sekundär verbracht.- Lanzenspitze mit kurzem freien Tüllenteil.- Fundber. Schwaben NF 15, 1959, 143 Taf. 20,3.

17. Altbach am Neckar, Kr. Esslingen.- Baggerfunde.- Nadel mit geknotetem Schaft, Armring (Typus Allendorf), Absatzbeil.- Fundber. Schwaben NF 8, 1933-35, 51 Abb. 17,1-2; Beck, Beiträge 28 "Mohnkopfnadel (Form IIB)".

18. Altdorf, Ldkr. Landshut.- Einzelfund.- Gezackte Nadel.- F. Holste, Prähist. Zeitschr. 30-31, 1939-40, 414 Abb.2,1.

19. Altdorf, Ldkr. Landshut.- Kleeblattförmige Grube.- Gefäße in Tonwanne.- Becher, 1 Sauggefäß (nach photographischer Sammelaufnahme: ältere Urnenfelderzeit).- B. Engelhardt, Arch. Jahr Bayern 1983, 58-60.

20. Alteiselfing, Ldkr. Wasserburg.- Grab (oder Depot).- Vollgriffschwert (zerbrochen; Spitze fehlt), Rasiermesser (mit organischem Griff), Griffzungensichel.- Müller-Karpe, Vollgriffschwerter 93 Taf. 1, 12-14; Jockenhövel, Rasiermesser 51 Nr. 28 Taf. 56, A.

21. Altenmark, Ldkr. Traunstein.- Fundumstände unbekannt.- Vasenkopfnadel.- H. A. Ried, Beitr. z. Anthr. u. Urgesch. Bayerns 19, 1915, 24 Abb. 9b.

22. Altensittenbach, Ldkr. Hersbruck.- Aus einem Grab.- 1 Messer mit umgeschlagenem Griffdorn, 1 Bronzetasse, Keramik.- Müller-Karpe, Chronologie 314 Taf. 207L.

23. Altessing, Ldkr. Kelheim.- Hügel 9.- Kopf einer Scheibenkopfnadel (und wohl dazu) Rollenkopfnadel.- A. Hochstetter, Die Hügelgräber-Bronzezeit in Niederbayern (1980) 129 Nr. 96 Taf. 30, 9-10.

24. Altheim, Kr. Landshut.- Aus einer Gruppe von Brandbestattungen.- Rasiermesser (Var. Velké Žernoseky).- Jockenhövel, Rasiermesser 132 Nr. 226 Taf. 19, 226.

25. Altötting, Ldkr. Altötting, Oberbayern.- Aus Urnengrab.- Dreiwulstschwert (Typus Erlach) in mehrere Stücke zerbrochen.- Müller-Karpe, Vollgriffschwerter 95 Taf. 5,7.

26. Altötting, Ldkr. Altötting.- Urnengrab.- Dreiwulstschwert (Typus Högl).- Müller-Karpe, Vollgriffschwerter 105 Taf. 30,3.

27. Altötting, Ldkr. Altötting.- Grab, Brandbestattung in Urne.- Griffangelschwert (Typus Unterhaching; im Feuer zerbrochen und zerschmolzen).- Schauer, Schwerter 83 Nr. 279 Taf. 41, 279.

28. Altrip, Rheinland Pfalz.- Armring (Typus Allendorf).- Kubach-Richter, Armschmuck 236 Nr. 144.

29. Altrip, Kr. Ludwigshafen (?).- Aus dem Altrhein.- Mittelständiges Lappenbeil (895g).- Kibbert, Beile 50 Nr. 92 Taf. 7, 92.

30. Alzey, Kr. Alzey-Worms.- Siedlungsfund (?).- Mittelständiges Lappenbeil (Typus Grigny; 840g).- Kibbert, Beile 49 Nr. 77 Taf. 6,77.

31. Amberg-Kleinraigering.- Grab.- Rasiermesser.- Jockenhövel, Rasiermesser 55 Nr. 42

31A. Amerang, Ldkr. Rosenheim.- Opferplatz in vermoorter Sur-Niederung.- 2 Kugelkopfnadeln (Bz D) in 2,6 km Luftlinie Reste eines Brandopferplatzes.- R.A. Maier, Arch. Jahr Bayern 1989, 77f.

32. Andernach, Kr. Mayen-Koblenz.- Vermutlich Flußfund.- Mittelständiges Lappenbeil (Typus Grigny; 646g).- Kibbert, Beile 49 Nr. 78 Taf. 6, 78.

33. Apfeldorf, Ldkr. Schongau.- Aus dem Lech.- Vollgriffschwert mit vier Griffwulsten.- Bayer. Vorgeschbl. 23, 1958, 153 Abb. 10,1; Müller-Karpe, Vollgriffschwerter 100 Taf. 17,1.

34. Argelsried, Ldkr. Starnberg.- Mittelständiges Lappenbeil.- Müller-Karpe, Chronologie 304 Nr.7 Taf. 195,7.

35. Aschaffenburg-Strietwald.- Grab 27; Brandbestattung.- 1 Griffdornmesser, 12 Pfeilspitzen (alles Tüllenpfeilspitzen teilweise mit Dorn), 1 Zylinderhalsgefäß (Ha A2).- H.-G. Rau, Das urnenfelderzeitliche Gräberfeld von Aschaffenburg-Strietwald (1976) 36f. Taf. 15, 9-20.

36. Assenheim, Kr. Ludwigshafen.- Mittelständiges Lappenbeil (mit Absatzbildung; 660g).- Kibbert, Beile 39 Nr. 38 Taf. 3, 38.

37. Au bei Hammerau, Ldkr. Laufen.- Mittelständiges Lappenbeil.- Müller-Karpe, Chronologie 304 Nr. 22 Taf. 195, 22.

38. Auernheim, Ldkr. Gunzenhausen.- Einzelfund.- Lanzenspitze.- Hennig, Grab und Hort 114 Nr. 103 Taf. 43,2.

39. Aufseß, Ldkr. Ebermannstadt.- Einzelfund auf dem Heiligenberg.- Mittelständiges Lappenbeil.- Hennig, Grab und Hort 66 Nr. 23 Taf. 5,2.

40. Augsburg-Hochzoll.- Aus dem Lech.- Griffplattenschwert (Typus Rixheim).- Schauer, Schwerter 68 Nr. 228 Taf. 32, 228.

41. Augsburg.- Vollgriffschwert (Typus Riegsee).- F. Holste, Die bronzezeitlichen Vollgriffschwerter Bayerns (1953) 51 Nr. 1 Taf. 14,1; D. Ankner, Arch. u. Naturwiss. 1, 1977, 390f. mit Abb.

42. Augsburg.- Fundumstände unbekannt.- Großer Brillenanhänger.- U. Wels-Weyrauch, Die Anhänger und Halsringe in Süddeutschland und Nordbayern (1978) Taf. 70 A.

43. Augsburg.- Mittelständiges Lappenbeil.- Jahrb. RGZM 5, 1958, 161 Abb. 6b.

44. Augsfeld, Kr. Haßfurt.- Einzelfund.- Griffplattenschwertfrg. (Typus Rixheim nahestehend).- Schauer, Schwerter 78 Nr. 252A Taf. 134, 252A.

45. Auhöfe, Ldkr. Pfaffenhofen a.d. Ilm.- Auf einem Acker (aus verschleiftem Hügelgrab?).- Vollgriffschwert (Typus Riegsee).- D. Ankner, Arch. u. Naturwiss. 1, 1977, 332f. mit Abb.

46. Auingen b. Münsingen.- Mittelständiges Lappenbeil (700g).- Mus. Stuttgart 11385.- Taf. 18,1.

47. Aying-Kleinhelfendorf, Ldkr. München.- Einzelfund an einem verlandeten See.- Mittelständiges Lappenbeil.- Bayer. Vorgeschbl. Beiheft 1, 1987, 78 Abb. 53,3.

48. Bach a.d. Donau-Frengkofen, Ldkr. Regensburg.- Am Nordufer der Donau.- Mittelständiges Lappenbeil.- Bayer. Vorgeschbl. Beih. 3, 1990, 43 Abb. 35,2.

49. Babenhausen, Kr. Dieburg.- Grab.- Armring, kleiner Eisenring, Tüllenhaken, Keramik.- H.-J. Hundt, Germania 31, 1953, 214 Abb. 1.

50. Bacharach, Kr. St.Goar.- Aus dem Rhein.- Griffangelschwert (Typus Unterhaching nahestehend).- Schauer, Schwerter 84 Nr. 288 Taf. 42, 288.

51. Bad Abbach, Ldkr. Kelheim.- Einzelfund vom Steilhang des Donauufers.- Nadel mit mehrfach verdicktem Schaftoberteil (Typus Lüdermund).- Bayer. Vorgeschbl. 26, 1961, 280f. Abb. 22,7.

52. Bad Bergzabern, Kr. Landau.- Mittelständiges Lappenbeil.- Kibbert, Beile 43 Nr. 59 Taf. 4, 59.

53. Bad Dürkheim, Kr. Bad Dürkheim.- Einzelfund.- Mittelständiges Lappenbeil (Typus Grigny; 750g).- Kibbert, Beile 51 Nr. 107 Taf. 8, 107.

54. Bad Friedrichshall, Kr. Heilbronn.- Depot in Grabhügel.- 9 Armringe (Ha A2).- J. Biel, Untersuchung eines urnenfelderzeitlichen Grabhügels bei Bad Friedrichshall, Kr. Heilbronn. Fundber. Baden-Württemberg 3, 1977, 162-172 mit Abb. 4-6.

55. Bad Friedrichshall-Jagstfeld, Kr. Heilbronn.- Hügel 5; Brandschüttungsgrab.- Rasiermesser (Typus Dietzenbach), Gürtelhaken (Typus Wilten), Keramik.- Kilian-Dirlmeier, Gürtel 56 Nr. 156 Taf. 16, 156; Jockenhövel, Rasiermesser 106 Nr. 154 Taf. 13, 154.

56. Bad Friedrichshall-Jagstfeld, Kr. Heilbronn.- Hügel 2; Bestattung.- Rasiermesser (Typus Lampertheim), 2 Drahtspiralen, 2 Ringe, Ohrringe, Scherbe.- Jockenhövel, Rasiermesser 97 Nr. 126 Taf. 11, 126.

57. Bad Homburg, Hochtaunuskreis.- Einzelfund in der Nähe der Quelle beim Mithras-Heiligtum.- Mittelständiges Lappenbeil ("Form Kasendorf"; 211g).- Kibbert, Beile 32 Nr. 3 Taf. 1,3.

58. Bad Homburg-Gonzenheim, Obertaunus-Kreis.- Siedlungsreste.- Feuerbockreste, Keramik, Nadel, Zungenpfeilspitze, Feuersteinabschlag, Spinnwirtel.- Ha B (?).- F.-R. Herrmann, Die Funde der Urnenfelderkultur in Mittel- und Südhessen (1966) 81 Nr. 158 Taf. 13 B.

59. Bad Kreuznach (Umgebung).- Depot.- 1 Griffdornmesser, 1 Frg. eines mittelständigen Lappenbeils (Typus Grigny; 468g), 3 Lanzenspitzen.- Kibbert, Beile 50f. Nr.99 Taf. 7,99; 90B.

60. Bad Kreuznach.- Kastellgelände.- Depot.- 2 Knopfsicheln, 1 Bergenfrg.- W. Dehn, Kreuznach 1 (1941) 39f. Abb. 19.

61A. Bad Kreuznach.- Fundumstände unbekannt.- Lanzenspitze mit kurzer Tülle.- Deponierungen I Taf 3,2.

61A. Bad Kreuznach.- Einzelfunde oder Hort (vielleicht Teil eines Hortes aus dem Karpatenbecken).- 2 mittelständige Lappenbeile (südosteuropäische Formengruppe; 242g, 234g), 1 siebenbürgisches Tüllenbeil (265g).- Kibbert, Beile 43; 122 Nr. 51. 57; Nr. 560 Taf. 4,51. 57; 43, 560.

62. Bad Krozingen, Kr. Breisgau-Hochschwarzwald.- Grab.- 2 Nadeln (Typus Binningen), 2 Armringe, Drahtfrgte., Perlen, Keramik.- B. Grimmer, Arch. Nachr. Baden 37, 1986, 27 Abb. 4; B. Grimmer in: P. Brun u. C. Mordant (Hrsg.), Le groupe Rhin-Suisse-France orientale et la notion de civilisation des Champs d'Urnes. Actes Coll. Nemours 1986 (1988) 33ff. Abb. 1-2.

63. Bad Nauheim, Wetteraukreis.- Grab; Brandbestattung.- Griffangelschwertfrgte., Lanzenspitze, Blech, Messerfrg. mit durchlochtem Griffdorn, Arm oder Beinbergenfrgte., Doppelknöpfe, Phalere, Ringlein, Fibeln, Goldblechröhrchen, Goldplättchen, Glättsteine, Keramik.- Schauer, Schwerter 93 Nr. 313 Taf. 46, 313.

64. Bad Orb, Main-Kinzig-Kreis.- Depot.- 3 mittelständige Lappenbeile; die Zugehörigkeit eines vierten Beiles ist nicht gesichert (441g, 452g, 418g).- F.-R. Herrmann, Die Funde der Urnenfelderkultur in Mittel- und Südhessen (1966) 66 Nr. 77 Taf. 179 B 1-3; Kibbert, Beile 41 Nr. 45-48 Taf. 3, 45-48; Stein, Hortfunde Nr. 390.

65. Bad Reichenhall, Ldkr. Berchtesgadener Land.- "Knochenhügel"; Brandopferplatz.- Griffzungendolch, Sichelfrg., Angelhaken, Knochenknebel.- v. Chlingensperg, Mitt. Anthr. Ges. Wien 34, 1904 Taf. 7.

66. Bad Reichenhall, Ldkr. Berchtesgadener Land.- Aus der Saalach.- Vollgriffschwertgriff (Typus Riegsee).- Bayer. Vorgeschbl. 22, 1957, 132 Abb. 19,5; D. Ankner, Arch. u. Naturwiss. 1, 1977, 334f. mit Abb.; W. Kimmig, Bayer. Vorgeschbl. 29, 1964, 228 Nr. 3.

67. Bad Reichenhall, Ldkr. Berchtesgadener Land.- Flußfund.- Lanzenspitze mit gestuftem Blatt.- L. Mertig, Bayer. Vorgeschbl. 32, 1967, 159 Abb. 2.

68. Balmertshofen, Ldkr. Neu-Ulm.- Mittelständiges Lappenbeil (850g).- Bayer. Vorgeschbl. 23, 1958, 151 Abb. 9,4.

69. Bamberg, Stkr. Bamberg.- Grab 1; angeblich Doppelkörperbestattung (aber Brandspuren).- 2 Vasenkopfnadeln, tordierter Halsreif und Frg. eines weiteren, 2 Brillenspiralen und Frg. einer dritten, massiver Armring, 7 Blechbuckel, etwa 21 Knöpfe, 12 geschlossene Ringlein und Frg. eines 13., Bronzedrahtring, weitere Drahtringe, 1 Tüllenpfeilspitze, Drahtfrg., 78 Spiralröllchen, 2 Bernsteinperlen, Scherben mehrerer Gefäße.- H. Hennig in: K. Spindler (Hrsg.), Vorzeit zwischen Main und Donau (1981), 111ff. Abb. 9-10; U. Wels-Weyrauch, Die Anhänger und Halsringe in Süddeutschland und Nordbayern (1978) 100 Nr. 601-603 Taf. 99.

70. Bamberg.- Mittelständiges Lappenbeil.- Hennig, Grab und Hort 60 Nr. 6.

71. Barbelroth, Kr. Landau-Bergzabern.- Grab 1; Brandbestattung.- Rasiermesser (Typus Steinkirchen), Messer mit umgeschlagener Griffangel, Keramik (Ha A2).- Jockenhövel, Rasiermesser 100 Nr. 133 Taf. 11, 133.

72. Barbing ("Sarching"), Kr. Regensburg.- Depot beim Kiesgraben.- Bronzen und Keramikfrgte. dreier Gefäße. 4 Frgte. von mindestens 3 Schwertern (F. Stein), 3 Beilfrgte., 1 Zungensichel und 6 Frgte., 1 Sägenfrg., 2 Messerfrgte., 6 Nadeln, 1 Nadelschaft, 1 Armringfrg., 5 Blechfrgte., 1 Bronzefrg., 11 Gußbrocken.- W. Torbrügge, Die Bronzezeit in der Oberpfalz (1959) 207 Nr. 333 Taf. 70; Stein, Hortfunde 124ff. Nr. 299; Müller-Karpe, Vollgriffschwerter 93 Taf. 2 A; Schauer, Schwerter 78 Nr. 256 Taf. 36, 256.

73. Barbing, Ldkr. Regensburg.- Aus der Donau.- Vollgriffschwert (Typus Riegsee).- W. Torbrügge, Die Bronzezeit in der Oberpfalz (1959) 200 Taf. 71,4.

74. Barbing, Ldkr. Regensburg.- Grab 63.- Vasenkopfnadel; weitere Funde (?).- Hennig, Ausstellungskatalog München 74 Nr. 9.

75. Barbing, Ldkr. Regensburg, aus der Donau, Vollgriffschwert (Typus Riegsee).- W. Torbrügge, Die Bronzezeit in der Oberpfalz (1959) 200 Nr. 297 Taf. 71,5; D. Ankner, Arch. u. Naturwiss. 1, 1977, 336f. mit Abb; ; W. Kimmig, Bayer. Vorgeschbl. 29, 1964, 228 Nr. 4.

76. Batzhausen, Kr. Parsberg.- Körperbestattung in Hügel.- Rasiermesser (mit organischem Griff).- Jockenhövel, Rasiermesser 52 Nr. 33 Taf. 3,33.

77. Bauerbach, Kr. Marburg.- Urnengrab.- Radanhängerfrg., Nadelkopf, 2 Ringe, Fingerring, eiförmiger Quarzkiesel, Keramik.- U. Wels-Weyrauch, Die Anhänger und Halsringe in Süddeutschland und Nordbayern (1978) 71 Nr. 357 Taf. 17, 357.

78. Baunach, Ldkr. Bamberg.- Einzelfund aus Kiesgrube am Main.- Mittelständiges Lappenbeil.- Frankenland NF 28, 1976, 273 Abb. 8,2; A. Berger, Die Bronzezeit in Ober- und Mittelfranken (1984) 84 Nr. 3 Taf. 1,7.

79. **Baunach, Ldkr. Bamberg.-** Aus einem Baggersee.- Mittelständiges Lappenbeil.- Fundber. Oberfranken 3, 1981-82, 39 Abb. 9,6.

80. **Bayerbach, Kr. Passau.-** Brandbestattungen unter Hügel.- Funde bestimmten Gräbern nicht zuweisbar; 1 Armring, 1 Lanzenspitze mit gestuftem Blatt, 2 Nadeln, 1 Messer mit Rahmengriff, Keramik.- J. Pätzold u. H.-P. Uenze, Vor- und Frühgeschichte im Landkreis Griesbach (1963) 55ff. Nr. 9 Taf. 23.

81. **Bayerisch-Schwaben.-** Mittelständiges Lappenbeil.- Müller-Karpe, Chronologie 304 Nr. 4 Taf. 195, 4.

82. **Bayerisch-Schwaben.-** Riegseeschwert.- Holste, Vollgriffschwerter 51 Nr. 5; D. Ankner, Arch. u. Naturwiss. 1, 1977, 392f. mit Abb.

83. **Bayern.-** Riegseeschwert.- F. Holste, Die bronzezeitlichen Vollgriffschwerter Bayerns (1953) 52 Nr. 15; D. Ankner, Arch. u. Naturwiss. 1, 1977, 394f. mit Abb.

84. **Bayern.-** Dreiwulstschwert (Typus Illertissen).- Müller-Karpe, Vollgriffschwerter Taf. 14, 2.

85. **Bayreuth-Saas.-** Depot.- 2 Beinbergen (fragmentiert), 4 große Brillenspiralen.- Müller-Karpe, Chronologie 289 Taf. 159 A; Stein, Hortfunde Nr. 300.

86. **Behringersdorf, Ldkr. Nürnberger Land.-** Grab 2; Brand- und Körpergrab, wahrscheinlich Vierfachbestattung (Mann, Frau, 2 Kinder).- Lanzenspitze, Messer (Mann), 4 Armringfrgte., 1 Halsreif, 523 Spiralröllchen, Nadelfrgte., 2 Blechknöpfe, 17 Bernsteinperlen, weitere Bronzefrgte., Keramik.- H. Hennig, Jahresber. Bayer. Bodendenkmalpfl. 11-12, 1970-71, 28ff. Abb. 7-8.

86A. **Behringersdorf, Ldkr. Nürnberger Land.-** Grab 7.- Körperbestattung (?).- Lanzenspitze, Rasiermesserfrg., Nadel, Bronzedraht, Keramik.- H. Hennig, Jahresber. Bayer. Bodendenkmalpfl. 11-12, 1970-71, 36f. Abb. 10, 4-9.

87. **Behringersdorf, Ldkr. Nürnberger Land.-** Grab 12; "Brand- und Körper(?)grab"; Leichenbrand einer Frau, "Grabbau und Beigaben in ihrer Art und Lage (deuten) auf die Körperbestattung eines Mannes".- 1 Vollgriffschwert (Typus Riegsee), 1 Lanzenspitze, 3 Bronzeknöpfe, 4 Beschlagteile, Spiralröllchen, Bronzehülsen, Keramik.- H. Hennig, Jahresber. Bayer. Bodendenkmalpfl. 11-12, 1970-71, 19ff. Abb. 12; D. Ankner, Arch. u. Naturwiss. 1, 1977, 340f. mit Abb.

88. **Behringersdorf, Ldkr. Nürnberger Land.-** Grab 5; Körperbestattung (?).- Vollgriffschwert (Typus Riegsee), Griffzungenmesser mit Ringende, 7 Pfeilspitzen in Köcher.- H. J. Hundt, Jahresber. Bayer. Bodendenkmalpfl. 15/16, 1974/75, 42ff. Abb. 5; D. Ankner, Arch. u. Naturwiss. 1, 1977, 338 mit Abb.

89. **Belmbrach, Ldkr. Schwabach.-** Depot I (1912) in Tongefäß; verloren; Datierung möglicherweise Bz D/Ha A .- Von den achtlos weggeworfenen Bronzen sind einer Skizze zufolge 1 Dolchspitze, 3 Knopfsichelfrgte. 1 Gußzapfen, 3 Gußbrocken bekannt.- Stein, Hortfunde 126 Nr. Nr. 301.

90. **Belmbrach, Ldkr. Schwabach.-** Depot II.- Lanzettförmiger Meißel; vielleicht dazu 2 Griffzungensicheln.- Hennig, Grab und Hort 141 Nr. 160 Taf. 72,1; Stein, Hortfunde 126f. Nr. 302.

91. **Belmbrach, Ortsflur Barnsdorf, Ldkr. Schwabach.-** Einzelfund (?).- Vasenkopfnadel.- Hennig, Grab und Hort 141 Nr. 161 Taf. 72, 11.

92. **Berchtesgaden (Umgebung).-** Dreiwulstschwert (Typus Aldrans) in mehrere Stücke zerbrochen.- Müller-Karpe, Vollgriffschwerter 106 Taf. 32,9.

93. **Berchtesgaden.-** Mittelständiges Lappenbeil (Typus Freudenberg/Var. Retz).- Müller-Karpe, Chronologie 304 Nr. 21 Taf. 195, 21.

94. **Bergrheinfeld, Ldkr. Schweinfurt.-** Bei Kiesschachtungen.- Vollgriffschwert (Typus Riegsee); achtkantiger Griff, große querliegende Spirale.- Bayer. Vorgeschbl. 27, 1962, 193 Abb. 25,3.

95. **Berlin-Spindlersfeld.-** Depot.- 2 Gußformschalen, 1 Nadelkopf, 3 Bronzearmringe, 4 Zierscheiben, 1 Zierscheibe mit Radialrippen, 1 Brillenspirale, 2 herzförmige Anhänger, 1 anthropompher Anhänger, 2 Lanzettanhänger, 1 schwalbenschwanzförmiger Anhänger, 1 Radanhänger, 1 Rad, 1 Steckamboß, 1 Meißel, 6 Spiralröllchen, 3 Blechröllchen, 1 Plättchen, 3 Blechscheiben, 2 Bügelplattenfibeln, 1 Spiralplattenfibel, 1 Tülle.- E. Sprockhoff in: Marburger Studien (1938) Taf. 82; R. Schulz, M. Eckerl, Funde und Fundstellen in Berlin (1987) 349ff. Nr. 1117 mit Abb.; G. Kossack, Studien zum Symbolgut der Urnenfelder- und Hallstattzeit Mitteleuropas (1954) 91 Liste B Nr. 8.

96. **Bermaringen, Ldkr. Ulm.-** Einzelfund in einer Felsspalte.- Dolch mit zungenförmig herausgezogener Griffplatte.- Fundber. Baden Württemberg 2, 1975, 74f. Taf. 184 A.

97. **Besigheim, Kr. Ludwigsburg.-** Grabfund (?); (Ha B?).- In einem Schrägrandgefäß Sandsteingußform für 3 Tüllenpfeilspitzen, Tierzähne und Knochen.- R. Dehn, Die Urnenfelderkultur in Nordwürttemberg (1972) 85.

98. **Bessenbach, Ldkr. Aschaffenburg.-** Depot unter einem gesprengten Felsen.- 3 Knopfsicheln (eine zerbrochen).- O.M. Wilbertz, Die Urnenfelderkultur in Unterfranken (1982) 114 Nr. 9 Taf. 89, 8-10; Primas, Sicheln 65 Nr. 168-170 Taf. 10, 168-170.

99. **Beuron, Ldkr. Sigmaringen.-** Aus der Paulushöhle.- Nadel (Typus Binningen).- Beck, Beiträge 144 Taf. 51, 16.

100. **Beuron, Ldkr. Sigmaringen.-** Depot in einer Höhle (Paulushöhle); Ha B.- 5 Blechfrgte., die zu einer Beinschiene gehörten, 1 Bronzeblechscheibe, 3 Lanzenspitzenfrgte., 8 Armringfrgte., 3 Lappenbeilfrgte., 1 Griffzungenschwert(?)frg., 22 Sichelfrgte. 1 Griffzungensichel, 1 Griffdornmesser.- Müller-Karpe, Chronologie 290 Taf. 163 A.

101. **Bilfingen, Kr. Pforzheim.-** Einzelfund.- Griffplattenschwert (Typus Rixheim; Griffplatte abgebrochen).- Bad. Fundber. 22, 1962 Taf. 82,6 (summarische Zeichnung); Schauer, Schwerter 61f. Nr. 182 Taf. 24, 182.

102. **Bingen-Bingerbrück.-** Aus dem Rhein.- Mittelständiges Lappenbeil.- Kibbert, Beile 46 Nr. 74 Taf. 5, 74.

103. **Bingen.-** Aus dem Rhein.- Mittelständiges Lappenbeil (Typus Grigny; 245g).- Kibbert, Beile 52 Nr. 114 Taf.11, 114.

104. **Bingerbrück, Kr. St. Goar.-** Aus dem Rhein.- Griffangelschwert (Typus Unterhaching nahestehend).- Schauer, Schwerter 85 Nr. 289 Taf. 42, 289.

105. **Bingerbrück, Kr. Bad Kreuznach.-** Aus dem Rhein.- Lanzenspitze mit gestuftem Blatt.- G. Jacob-Friesen, Bronzezeitliche Lanzenspitzen Norddeutschlands und Skandinaviens (1967) Nr. 1279 Taf. 112, 10.

106. **Binzen, Ldkr. Lörrach.-** 2 Armringe (Typus Binzen).- W. Kimmig, Die Urnenfelderkultur in Baden (1940) 146 Taf. 2,B3; Beck, Beiträge 65.

107. **Birkeneck -> Halbergmoos**

108. **Birkenmoor, Gde. Meeder, Kr. Coburg.-** Grabfunde: um 1960 in mehrjährigem Abstand im Bereich ortsfremder Steine aus-

gepflügt.- Fragmentiertes Dreiwulstschwert, Lanzenspitze.- A. Berger, Die Bronzezeit in Ober- und Mittelfranken (1984) 95 Nr. 54 Taf. 14, 5-6.

109. **Birkland, Ldkr. Schongau.**- Auf dem östlichen Lechufer bei Flußausbau in 2,5 m Tiefe.- Mittelständiges Lappenbeil (Typus Freudenberg/Var. Rosenau) (512 g).- Bayer. Vorgeschbl. 18/19, 1951/52, 254 Abb. 9,7; Müller-Karpe, Chronologie 305 Nr. 34 Taf. 195, 34.

110. **Bitz und Winterlingen (Umgebung von).**- Lanzenspitze mit gestuftem Blatt (112 g); dunkelgrüne Patina.- Landesmus. Stuttgart A30/266.- Taf. 18,5.

111. **Bitzfeld, Kr. Öhringen.**- Griffzungenschwert (Typus Hemigkofen/Var. Uffhofen).- Schauer, Schwerter 160 Nr. 468 Taf. 68, 468.

112. **Blaichach, Ldkr. Sonthofen.**- Aus den Illerschottern.- Scheibenknaufschwertfrg. mit sechs Griffwülsten.- H.-P.Uenze, Bayer. Vorgeschbl. 30, 1965, 233ff. Abb.3,1.

113. **Blödesheim, Kr. Alzey-Worms.**- Depot oder mehrere Depots (die ältesten Stücke gehören in die späte Mittelbronzezeit, die jüngsten in die jüngere Urnenfelderzeit).- 5 Arm- oder Beinbergen, 2 Armspiralen, 8 Armringe, 1 Spiralanhänger, 1 Knopf, 2 Phaleren, 1 Lanzenspitze, 2 Sicheln, 1 Messer mit gelochtem Griffdorn.- I. Richter, Der Arm- und Beinschmuck der Bronze- und Urnenfelderzeit in Hessen und Rheinhessen (1970) 62 Nr. 335 Taf. 20, 335.

114. **Bobingen, Ldkr. Schwabmünchen.**- Einzelfund in Schottergrube (oder sekundär verbracht (?).- Nadel (Typus Horgauergreut).- H.-P. Uenze, Die Vor-und Frühgeschichte im Landkreis Schwabmünchen (1971) 86 Nr. 12 Taf. 12,3.

115. **Bobingen, Ldkr. Schwabmünchen.**- Einzelfund (im Hügelbereich).- Mittelständiges Lappenbeil.- H.-P. Uenze, Vor- und Frühgeschichte im Landkreis Schwabmünchen (1971) 75 Taf. 13,2.

116. **Böblingen.**- Einzelfund.- Mittelständiges Lappenbeil.- R. Dehn, Die Urnenfelderkultur in Nordwürttemberg (1972) 100; G. Kraft, Die Kultur der Bronzezeit in Süddeutschland (1926) 129. Hier Taf. 17,12.

117. **Böckels, Kr. Fulda.**- Angeblich aus Grabhügel.- Mittelständiges Lappenbeil.- Kibbert, Beile 45 Nr. 65 Taf. 5, 65.

117A. **Böckweiler.**- Brandgrab.- Pfeilspitzen.- A. Kolling, Späte Bronzezeit an Saar und Mosel (1968).

118. **Bogenberg-Grubhöh, Kr. Straubing-Bogen.**- Grabfund (oder Depot ?).- 2 Frgte. eines Dreiwulstschwertes (Typus Schwaig), 1 Lanzenspitze mit gestuftem Blatt.- H. Müller-Karpe, Bayer. Vorgeschichtsbl. 24, 1959, 208f. Abb. 15,1-2; Stein, Hortfunde Nr. 303; Müller-Karpe, Vollgriffschwerter 96 Taf. 9,2; 11B.

119. **Bogenhausen, Stkr. München/rechts der Isar.**- Vielleicht aus Depotfund oder aus zwei Depotfunden.- Schwertklingenfrg., Sichelfrg., 2 Lappenbeilfrgte., 1 Nagel, 1 Nadelfrg., 7 Blechröhren, Drahtstücke; zugehörig?: 8 Armringfrgte., 1 Drahtrest.- H. Koschick, Die Bronzezeit im südwestlichen Oberbayern (1981) 193 Nr. 138 Taf. 63, 8-16; 64.

120. **Boos, Ldkr. Memmingen.**- Mittelständiges Lappenbeil.- Müller-Karpe, Chronologie 305 Nr. 50 Taf. 195, 50.

121. **Bopfingen, Ldkr. Aalen.**- Grab.- Griffplattendolch mit verlängerter Zunge, 1 Griffplattenmesserfrg., 2 Pfrieme.- R. Dehn, Die Urnenfelderkultur in Nordwürttemberg (1972) 86 Taf. 2 E.

122. **Bopfingen, Ldkr. Aalen.**- 2 Mohnkopfnadeln (Form IIA).- Beck, Beiträge 27 Taf. 40, 9.11.

123. **Boppard, Ldkr. St. Goar.**- Grab.- Griffzungenschwert (Typus Hemigkofen/Var. Uffhofen).- Schauer, Schwerter 160 Nr. 469 Taf. 69, 469.

124. **Boppard, Ldkr. St. Goar, Boppardrer Wald.**- Messer mit umlapptem Ringgriff.- Mainzer Zeitschr. 1, 1906, 78 Abb. 13.

125. **Boppard, Rhein-Hunsrück-Kreis.**- Aus Grabhügel.- Nadel (Typus Guntersblum).- Mainzer Zeitschr. 1, 1906, 78 Abb. 13,5.

126. **Bötzingen, Kr. Breisgau-Hochschwarzwald.**- Grab.- 2 Binninger Nadeln, 4 Armringe- und Armbänder, 1 kleiner Ring, 1 Kettenfrg., Keramik.- B. Grimmer in: P. Brun u. C. Mordant (Hrsg.), Le groupe Rhin-Suisse-France orientale et la notion de civilisation des Champs d'Urnes. Actes Coll. Nemours 1986 (1988) 33ff. Abb. 3; R. Dehn u. G. Fingerlin, Arch. Nachr. Baden 20, 1978, 5 Abb.3.

127. **Braunsbach, Kr. Schwäbisch-Hall.**- Einzelfund.- Mittelständiges Lappenbeil.- Fundber. Baden-Württemberg 9, 1984, 622 Taf. 40 A.

128. **Breitenbrunn, Kr. Sulzbach-Rosenberg.**- Nadel (Typus Urberach). - W. Torbrügge, Die Bronzezeit in der Oberpfalz (1959) 224 Taf. 65, 7-9.

129. **Breitenbrunn, Ldkr. Rosenheim.**- Nadel (Typus Paudorf).- Müller-Karpe, Chronologie 306 Taf. 196 A 14.

129A. **Breitengüßbach, Ldkr. Bamberg.**- Bei Kiesarbeiten.- Riegseeschwert.- Bayer. Vorgeschbl. Beih. 5, 1992 55 Abb. 34,3.

130. **Bremelau, Ldkr. Münsingen.**- Grabfund.- Gezackte Trompetenkopfnadel (Form A).- Beck, Beiträge 13; R. Pirling u.a., Die Hügelgräberzeit auf der mittleren und westlichen Schwäbischen Alb (1980) 43 Taf. 4L.

131. **Bruchköbel, Main-Kinzig-Kreis.**- Einzelfund.- Mittelständiges Lappenbeilfrg. (392g).- Kibbert, Beile 34 Nr.13 Taf. 1,13.

132. **Bruchköbel, Main-Kinzig-Kreis.**- Grab v. 1937; Brandbestattung (gestört).- Nadel (Typus Wollmesheim), Nadelschaftfrg., 1 Knopf mit Öse, 1 Tüllenpfeilspitze, 1 Messerklinge, 1 Rasiermesser mit Hakengriff (Typus Hrušov), Silex, Urne, Keramik.- Kubach, Nadeln 435f. Nr. 1093 Taf. 71, 1093; Jockenhövel, Rasiermesser 191f. Nr. 378 (Hanau) Taf. 29, 378.

133. **Bruck a.d. Alz.**- Vasenkopfnadel.- Wagner, Tiroler Urnenfelder 152.

134. **Bruck, Ldkr. Neuburg - Schrobenhausen.**
Brandgrab 1: Riegseeschwert in 3 Teile zerbrochen, Bronzenadelfrg., Spiralröllchen, Bronzehülse, Bronzeschlacke, Ebereckzahn, Keramik.
Brandgrab 2: Keramik, Rippe eines kleinen Wiederkäuers.
Brandgrab 3: Bronzefrg. Bronzescheibe, Nadelschaft, Bronzehohlbuckel, Keramik, Backenzahnfrg. Schaf/Ziege.
Brandgrab 4: Nadelfrgte. (Typus Weitgendorf), geripptes Armringfrg., Bronzefrg., gegossene Röhre, Keramik.
"Fundstelle" 5: 3 tordierte Stäbe (Wagenteile).- M. Eckstein, Germania 41, 1963, 79ff. mit Abb. ; D. Ankner, Arch. u. Naturwiss. 1, 1977, 342f. mit Abb.; W. Kimmig, Bayer. Vorgeschbl. 29, 1964, 228 Nr. 5.

135. entfällt.

136. **Buch a. Erlbach, Ldkr. Landshut.**- Einzelfund.- Mittelständiges Lappenbeil.- A. Hochstetter, Die Hügelgräber-Bronzezeit in Niederbayern (1980) 141 Nr. 155 Taf. 62,3.

137. **Buchau, Kr. Biberach, "Wasserburg".**- Nadel (Typus Binningen). Beck, Beiträge 144 Taf. 50,5.

137A. Buchau, Ldkr. Saulgau.- Moorfund (Siedlungsfund).- 2 Mohnkopfnadeln (Form IIIA/IIIC). Beck, Beiträge 32.35 Taf. 42,4; 43,2.

138. Büchelberg, Kr. Germersheim.- Hügel 2, Grab.- 1 Vollgriffmesser, 1 Punzstift, 2 Niete, 2 Blechröhrchen, 1 Bronzeobjekt.- L. Kilian, Mitt. Hist. Ver. Pfalz 69, 1972, 5ff. Abb. 2.

139. Büchelberg, Kr. Germersheim.- Hügel 3; Körperbestattung.- 1 Dolch, 1 Nadel; am Kopf zusammen: 1 Punze (?), 1 rundliche Bronzeperle, 3 Blechröllchen, 2 zylindrische Bronzefrgte., 2 rechteckige Bronzestücke, 1 zylindrisches Bleifrg., 3 Eisenstücke, 2 Hämatitperlen, 3 Gefäße.- L. Kilian, Mitt. Hist. Ver. Pfalz 69, 1972, 8f. Abb. 4-5; D. Zylmann, Die Urnenfelderkultur in der Pfalz (1983) 91.

140. Buchloe, Kr. Kaufbeuren.- Grab (?).- Griffzungenschwert (Typus Buchloe/Greffern).- Schauer, Schwerter 150 Nr. 446 Taf. 65, 446.

141. Budenheim, Kr. Mainz-Bingen.- Aus dem Rhein.- Nadel (Typus Binningen).- Kubach, Nadeln Nr. 986.

142. Budenheim, Kr. Mainz-Bingen.- Aus dem Rhein.- Urberachnadel.- Kubach, Nadeln 343 Nr. 824 Taf.58, 824; G. Wegner, Die vorgeschichtlichen Flußfunde aus dem Main und dem Rhein bei Mainz (1976) 171 Nr. 917 Taf. 45,4.

143. Budenheim, Kr. Mainz-Bingen.- Fundumstände unbekannt.- Nadel (Typus Guntersblum).- Kubach, Nadeln 375 Nr. 930 Taf. 63,930.

144. Bühl, Kr. Tübingen.- Grab?.- Griffplattenschwert (Typus Rixheim).- Schauer, Schwerter 67 Nr. 219 A Taf. 31, 219 A.

145. Bühl, Ldkr. Tübingen.- Einzelfund (?).- Griffplattenschwert (Typus Rixheim).- Fundber. Baden-Württemberg 2, 1975, 75 Taf. 187 C.

146. Bühl, Kr. Nördlingen.- Grab 1; Urnengrab.- Gürtelhaken (Typus Wilten), Keramik.- Kilian-Dirlmeier, Gürtel 56 Nr. 158 Taf. 16, 158.

147. Bühlerzell-Hohenbach, Kr. Schwäbisch Hall.- Einzelfund unter einem Stein.- Mittelständiges Lappenbeil.- R. Dehn, Die Urnenfelderkultur in Nordwürttemberg (1972) 101.

148. Burgberg-Agathazell, Ldkr. Sonthofen.- Moorfund.- Gezackte Trompetenkopfnadel (Form A).- H. Schmeidl, Bayer. Vorgeschbl. 27, 1962, 131ff. Abb. 1; Beck, Beiträge 13.

149. Burggaillenreuth, Ldkr. Ebermannstadt.- Einzelfund innerhalb der frühlatènezeitlichen Wallanlagen.- Rasiermesser (Var. Velké Žernoseky).- Hennig, Grab und Hort 67 Nr. 24 Taf. 5, 11; Jockenhövel, Rasiermesser 133 Nr. 229 Taf. 20, 229.

150. Burladingen, Ldkr. Hechingen.- Einzelfund oder Antiquität aus einem alamannischen Grab.- Mohnkopfnadel.- Beck, Beiträge 34; Fundber. Schwaben NF 18, 1967/II, 49 Taf. 77,5.

151. Burladingen, Ldkr. Hechingen.- Grab.- Griffdornmesser, Wellenbügelfibel, 1 gerippter Fingerring, 1 Bronzetasse, Keramik.- Müller-Karpe, Chronologie 313 Taf. 207G.

152. Burlafingen, Ldkr. Neu- Ulm.- Aus altem Donaulauf.- Vollgriffschwert (Typus Riegsee).-. H.-J. Kellner in: Festgabe P. Auer (1963) 27ff. mit Abb; D. Ankner, Arch. u. Naturwiss. 1, 1977, 344f mit Abb.; W. Kimmig, Bayer. Vorgeschbl. 29, 1964, 228 Nr. 6.

153. Burglengenfelder Forst, Ldkr. Burglengenfeld.- Grabhügelfunde.- Dolch mit dreinietiger Griffplatte, Messer, Nadel.- W. Torbrügge, Die Bronzezeit in der Oberpfalz (1959) 119 Nr. 48 Taf. 15, 16-18.

154. Cadolzburg, Ldkr. Fürth.- Einzelfund.- zerbrochene Brillenspirale.- R. Hofmann, Arch. Jahr Bayern 1982, 48f. Abb. 26.

155. Chiemgau.- Mittelständiges Lappenbeil.- Müller-Karpe, Chronologie 305 Nr. 26 Taf. 195, 26.

156. Chiemsee (Gegend des).- Dreiwulstschwert (Typus Högl).- Müller-Karpe, Vollgriffschwerter 29 Nr. 13.

157. Collenberg-Reistenhausen, Ldkr. Miltenberg.- Flußfund (alte Mainfurt).- Frg. eines mittelständigen Lappenbeils.- O.M. Wilbertz, Die Urnenfelderkultur in Unterfranken (1982) 160 Nr. 125 Taf. 90,2.

158. Collenberg-Reistenhausen, Ldkr. Miltenberg.- Flußfund (alte Mainfurt).- Frg. eines mittelständigen Lappenbeils.- O.M. Wilbertz, Die Urnenfelderkultur in Unterfranken (1982) 160 Nr. 125 Taf. 90,3.

159. Crailsheim.- Mittelständiges Lappenbeil (verschollen).- R. Dehn, Die Urnenfelderkultur in Nordwürttemberg (1972) 101.

160. Dachau.- Depot.- 1 Armringfrg., 1 Halsringfrg., mehrere Armbergenfrg., 1 flachkonische Spirale, 1 Knopf, 1 Lanzenspitzenfrg., 1 Lochsichel, 2 Sichelfrg., 1 Messerfrg. (mit gelochter Griffangel), 4 Gußklumpen, 2 Gußbrocken.- Müller-Karpe, Chronologie 284 Taf. 146 C; Stein, Hortfunde Nr. 305.

161. Dächingen, Alb-Donau-Kreis.- Depot (HA A2/B1 ?).- 5 Zungensicheln.- Primas, Sicheln 104 Nr. 685-689 Taf. 40, 685-689; Stein, Hortfunde 109f. Nr. 265.

162. Darmstadt (Umgebung).- Urberachnadel.- W. Kubach, Die Stufe Wölfersheim im Rhein-Main-Gebiet (1984) 33 Nr. 6 Taf. 27 B2.

163. Darmstadt-Arheilgen.- Hügel 10.- Urberachnadel.- Kubach, Nadeln 341f. Nr. 809 Taf. 57, 809.

164. Darmstadt-Arheilgen.- Hügel 11, "Frauen"grab 3.- 2 Urberachnadeln, 2 Armspiralen, Tasse, Gefäß, Bernsteinperle, Spiralröllchen.- Kubach, Nadeln 341 Nr. 808 Taf. 57, 808. 342 Nr. 814 Taf. 57, 814; W. Kubach, Die Stufe Wölfersheim im Rhein-Main-Gebiet (1984) Taf. 28 E.

165. Darmstadt-Arheilgen.- Hügel 4, Körpergrab (1).- Urberachnadel, Tasse, Henkelschale.- Kubach, Nadeln 340 Nr. 800 Taf. 57, 800; W. Kubach, Die Stufe Wölfersheim im Rhein-Main-Gebiet (1984) Taf. 28 D.

166. Darmstadt-Oberwald.- Grabhügel 2; zentrale Brandbestattung.- 2 Tüllenpfeilspitzen mit Dorn, 1 Messer mit umgeschlagenem Griffdorn, 2 Ringlein, 1 Armring, 10 Gefäße (Ha A2).- F.-R. Herrmann, Die Funde der Urnenfelderkultur in Mittel- und Südhessen (1966) 154f. Nr. 544 Taf. 146 A.

167. Darshofen, Ldkr. Parsberg.- Aus Grabhügel.- Dorndorfer Nadel, Rollennadel, 7 Tüllenpfeilspitzen.- W. Torbrügge, Die Bronzezeit in der Oberpfalz (1959) 154 Nr. 135 Taf. 35, 13-20.

168. Deinsdorf, Ldkr. Sulzbach-Rosenberg.- Körpergrab unter Hügel.- 2 Dolche (je einer beiderseits des Skeletts), Pinzette, Nadel; bei Nachgrabung Scherben.- W. Torbrügge, Die Bronzezeit in der Oberpfalz (1959) 225 Nr. 416 Taf. 79, 1-4.

169. Dennenlohe, Ldkr. Dinkelsbühl.- Einzelfund.- Lanzenspitze.- Hennig, Grab und Hort 104f. Nr. 80 Taf. 31, 6.

170. Dexheim, Kr. Mainz-Bingen.- Grab (?).- 1 Bronzetasse.- AuhV 2, 1870 H3 Taf. 5,3; Eggert, Urnenfelderkultur 144 Nr. 33.

170A. Dietfurt a.d. Altmühl, Ldkr. Neumarkt.- Grabfund ?.- Frg. eines Achtkantschwertes.- Bayer. Vorgeschbl. Beih. 4, 1991, 62 Abb. 36,1.

171. Diesenbach, Ldkr. Regensburg.- Grab 11; Brandbestattung.- 5 Tüllenpfeilspitzen, teilw. mit Dorn, Keramik, weiterer Gegenstand.- H. Hennig, Arch. Korrbl. 16, 1986, Abb. 7.

172. Dietldorf, Ldkr. Burglengenfeld.- Grabhügelfund.- Scheibenkopfnadel, Henfenfelder Nadel (verloren), 6 Frgte. von 3 großen Brillenspiralen, Bronzemesser mit verziertem langen Vollgriff.- Reinecke, Germania 19, 1935, 209 Taf. 30,2 links; W. Torbrügge, Die Bronzezeit in der Oberpfalz (1959) 117 Taf. 12,1-4; Holste, Bronzezeit Taf. 12, 18.19.

173. Dietzenbach, Kr. Offenbach.- Grab 1; Brandbestattung.- Griffangelschwert (Typus Unterhaching), Lanzenspitze, 1 Messerfrg. mit gelochtem Griffdorn, 1 Rasiermesser (Typus Dietzenbach), 3 Nadeln, Drillingsringe, Keramik.- Schauer, Schwerter 83 Nr. 281 Taf. 41, 281; Jockenhövel, Rasiermesser 106 Nr. 148 Taf. 66 A.

174. Dietzenbach, Kr. Offenbach.- Grab 10; Flachbrandgrab.- 2 Spiralscheiben einer Beinberge, 2 gerippte Fingerringe, 1 Wellenbügelfibel- oder Wellennadel, 9 gewölbte Knöpfe, 35 Besatzbuckel, Spiralröllchen, 2 Goldblechanhänger mit konzentrischen und Radialrippen, 5 gerippte Goldblechröllchen, Keramik.- I. Richter, Der Arm- und Beinschmuck der Bronze- und Urnenfelderzeit in Hessen und Rheinhessen (1970) 58 Nr. 329 Taf. 18, 329.

175. Dietzenbach, Kr. Offenbach.- Brandgrab 23.- Urberachnadel, Pinzette, Henkelgefäß, Schale.- Kubach, Nadeln 343 Nr. 821 Taf. 58, 821; W. Kubach, Die Stufe Wölfersheim im Rhein-Main-Gebiet (1984) 33 Nr. 7 Taf. 25 D.

176. Dietzenbach, Kr. Offenbach.- Flachbrandgrab 35.- Nadel (Typus Guntersblum), 3 Blechbuckel, Spiralscheibenfrg., Messerklingenfrg., Drahtringfrg., 2 Blechzwingen, Blechfrg., Scherben.- Kubach, Nadeln 374 Nr. 923 Taf. 62,923.

177. Ditzingen, Ldkr. Leonberg.- Mohnkopfnadel (Form IA).- Beck, Beiträge 137 Taf. 40,7.

178 entfällt

179. Dixenhausen, Ldkr. Hilpoltstein.- Brand(?)grab.- Knöchelband, 3 Blechknöpfe, Spiralröllchen, 2 Henfenfelder Nadelfrgte., Nadelschaftfrg., Armringfrg., 2 Gefäße.- Hennig, Grab und Hort 131 Nr. 126 Taf. 64, 1-10.

180. Dixenhausen, Ldkr. Hilpoltstein.- Grab 1.- Nadel mit doppelkonischem, verziertem Kopf, Armring, Becher.- Hennig, Grab und Hort 130 Nr. 126 Taf. 63, 18-21.

181. Dixenhausen, Ldkr. Hilpoltstein.- Aus zerstörten Gräbern.- Nadelfrg., Tüllenpfeilspitze.- Hennig, Grab und Hort 131 Nr. 126 Taf. 65, 11-12.

182. Dixenhausen, Ldkr. Hilpoltstein.- Aus zerstörten Gräbern.- Schwertklingenfrg., Tüllenpfeilspitze, Blechknopf, Nadel.- Hennig, Grab und Hort 131 Nr. 126 Taf. 65, 15-18.

183. Dobl -> Bayerbach

184. Döberlitz, Kr. Hof.- Depot ? in einem ausgetrockneten See (vermutl. Seefunde).- 1 mittelständiges Lappenbeil, 1 Beil mit "Stiel".- Hennig, Grab und Hort 83 Nr. 44 Taf. 13,1; Stein, Hortfunde Nr. 307.

185. Donaustauf -> Forstmühler Forst

186. Donauwörth, Ldkr. Donau-Wörth, Bayerisch Schwaben.- Aus der Donau.- Dreiwulstschwert (Typus Erlach nahestehend).- Bayer. Vorgeschbl. 23, 1958, 153 Abb. 2; Müller-Karpe, Vollgriffschwerter 98 Taf. 15,1.

187. Donauwörth, Ldkr. Donau-Wörth, Bayerisch Schwaben.- Aus der Donau.- Dreiwulstschwert (Typus Illertissen).- Müller-Karpe, Vollgriffschwerter 98 Taf. 14,6.

188. Dornmettingen (?), Ldkr. Balingen.- Armring (Typus Pfullingen).- Beck, Beiträge 145 Taf. 53, 8.

189. Dornwang, Ldkr. Dingolfing-Landau.- Lesefunde aus dem Dornwanger Moos (-> Moorfunde).- Mittelständiges Lappenbeil (danubische Form), Kugelkopfnadel mit gerilltem Hals.- A. Hochstetter, Die Hügelgräber-Bronzezeit in Niederbayern (1980) 120 Nr. 56 Taf. 19, 7-8.

190. Dutenhofen, Kr. Wetzlar.- Aus der Lahn.- Mittelständiges Lappenbeil (Typus Grigny).- Kibbert, Beile 50 Nr. 96 Taf.7,96.

191. Ebelsbach-Steinbach, Ldkr. Haßberge.- Bei der Kiesgewinnung; Gewässerfund.- Lanzenspitze mit Rippe auf der Tülle.- Bayer. Vorgeschbl. 57, 1987 Beih. 1, 94 Abb. 66, 3.

192. Eberdingen-Hochdorf, Kr. Ludwigsburg.- Mittelständiges Lappenbeil.- Fundber. Baden-Württemberg 5, 1980 Taf. 82E.

192A. Eberdingen-Hochdorf, Kr. Ludwigsburg.- Gräberfeld (Bz D); Grab.- 2 Mohnkopfnadeln, 2 schwer gerippte Armringe (Typus Pfullingen), 1 S-förmiger Haken.- J. Biel, Arch. Ausgr. Baden-Württemberg 1991, 98 Abb. 62.

193. Eberfing, Ldkr. Weilheim.- Hügel 13; Brandbestattung.- 1 Messer, 1 Tüllenpfeilspitze, Frgte. von 3 verbrannten Armringen.- H. Koschick, Die Bronzezeit im südwestlichen Oberbayern (1981) 220 Nr. 206 Taf. 112, 15-19.

194. Eberfing, Ldkr. Weilheim.- Hügel 14, Urnengrab.- 2 Turbankopfnadeln, Vasenkopfnadel, verzierter Armring, Armringfrg., 6 kleine Ringe, 3 Tüllenpfeilspitzenfrgte., verbranntes Messer, Spiralröllchen, Blechröhrchen, 11 Knöpfe, Gußbrocken, Holzbruchstück.- H. Koschick, Die Bronzezeit im südwestlichen Oberbayern (1981) 220 Nr. 206 Taf. 113

195. Eberfing.- Hügel 21.- Griffzungenmesserfrg.- H. Koschick, Die Bronzezeit im südwestlichen Oberbayern (1981) 221 Nr. 206 Taf. 114, 5.

196. Ebersheim, Stadt Mainz.- Vermutlich Flußfund.- Lanzenspitze mit kurzem freien Tüllenteil.- Deponierungen I Taf. 4,2.

197. Eberstadt, Kr. Gießen.- Körpergrab.- Urberachnadel, Spiralröllchen, Bernsteinperlen, 2 dünne Ohrringe.- Kubach, Nadeln 339 Nr. 789 Taf. 56,789.

198. Eberstadt, Kr. Gießen.- Aus Brandbestattungen.- Rasiermesser (Typus Lampertheim).- Jockenhövel, Rasiermesser 97 Nr. 125 Taf. 11, 125.

199. Eberstadt, Kr. Gießen.- Grab 5; Brandbestattung.- Rasiermesser (Typus Steinkirchen), Keramik.- Jockenhövel, Rasiermesser 100 Nr. 137 Taf. 12, 137.

200. Ebingen, Kr. Balingen.- Hügel 1 (aus zerstörter Nachbestattung?).- Gürtelhaken (Typus Untereberfing).- Fundber. Schwaben NF 5, 1930, 29f. Abb. 11; Kilian-Dirlmeier, Gürtel 47 Nr. 80 Taf. 9, 80; Beck, Beiträge 147 Taf. 56,4.

201. Eddersheim, Main-Taunus-Kreis.- Aus dem Main.- Griffzungenschwert.- Schauer, Schwerter 132 Nr. 396 Taf. 58, 396.

202. Eddersheim, Main-Taunus-Kreis.- Aus dem Main.- Mittelständiges Lappenbeil (278g).- Kibbert, Beile 56 Nr. 119 Taf. 9,119.

203. Eddersheim, Main-Taunus-Kreis.- Aus dem Main.- Griffplattenschwert (Typus Rixheim).- Schauer, Schwerter 66 Nr. 214 Taf. 30, 214.

204. Ederheim, Kr. Nördlingen-Donauwörth.- Depot in Grabhügel.- 2 Knopfsicheln, 2 Sichelfrgte., Pinzette, kleiner Gußbrocken.- E. Frickhinger, Jahrb. Hist. Ver. Nördlingen 16, 1932, 118 Taf. 6 oben; Stein, Hortfunde Nr. 308.

205. Eggenfelden, Ldkr. Rottal Inn.- Fundumstände unbekannt, angeblich zusammen mit Plattenkopfnadel und Blechscheibe.- Mittelständiges Lappenbeil.- A. Hochstetter, Die Hügelgräber-Bronzezeit in Niederbayern (1980) 157 Nr. 219 Taf. 98,5.

206. Egglfing, Ldkr. Griesbach.- Flußfund aus dem Inn.- Griffzungenmesser (Typus Matrei).- Bayer. Vorgeschbl. 24, 1959, 208 Abb. 17, 7; J. Pätzold u. H.P. Uenze, Vor- und Frühgeschichte im Landkreis Griesbach (1963) Nr. 135 "Würding (?)" Taf. 25, 1.

207. Eggolsheim, Ldkr. Forchheim.- Körpergrab unter Hügel.- Dreiwulstschwert (Typus Illertissen), Messer mit gelochtem Griffdorn (dazu Niet vom Griff), Rasiermesser, Nadel mit Plattenkopf, 3 Doppelknöpfe, 3 kleine Ringe, 5 Gefäße.- B.-U. Abels, Arch. Korrbl. 13, 1983, 345ff. Abb. 1-3.

208. Eglingen, Kr. Münsingen.- Hügel 2/1900 "Grab 3".- Gürtelhaken (Typus Untereberfing/Var. 1), Frg. eines Gürtelhakens (Typus Wilten), Beinberge.- Kilian-Dirlmeier, Gürtel 47 Nr. 81 Taf. 9, 81; Beck, Beiträge 147 Taf. 56,2.

209. Egloffstein-Schweinthal, Ldkr. Forchheim.- Einzelfund auf Ringwallanlage.- Mittelständiges Lappenbeil.- Bayer. Vorgeschbl. Beiheft 1, 1987, 80 Abb. 53,1.

210. Egringen, Kr. Lörrach.- Einzelfund bei Drainage.- Griffplattenschwert (Typus Rixheim).- Schauer, Schwerter 67 Nr. 219 Taf. 31, 219.

211. Ehingen a.d. Donau, Kr. Ehingen.- Grab.- Dreiwulstschwert (Typus Illertissen); ganz erhalten; Griffdornmesser.- Müller-Karpe, Vollgriffschwerter 98 Taf. 14,3.

212. Ehingen a.d.Donau.- Brandgrab; Doppelbestattung (?).- 1 Tasse, 1 Nadel, 4 Fingerringe, 10 kleine Bronzeringe, 1 Pfeilspitze, 1 Fibel, 4 Armringe, 1 Messer mit Bronzegriff, Keramik.- Fundber. Schwaben 17, 1909, 10ff. Taf. 1.

213. Ehrenbürg, Ldkr. Forchheim.- Depot in kreisförmiger Steinsetzung.- 3 mitelständige Lappenbeile.- Ausgr. u. Funde Oberfranken 2, 1979, 13; 43 Abb. 11, 1-3.

214. Ehring, Ldkr. Mühldorf.- Aus dem Inn.- Lanzenspitze mit gestuftem Blatt.- W. Torbrügge, Bayer. Vorgeschbl. 25, 1960, 52 Nr. 15 Abb. 13, 6.

215. Ehring, Ldkr. Mühldorf.- Aus dem Inn.- Dreiwulstschwert (Typus Erlach nahestehend).- Müller-Karpe, Vollgriffschwerter 95 Taf. 5,10.

216. Ehring, Ldkr. Mühldorf.- Mittelständiges Lappenbeil.- Bayer. Vorgeschbl. 22, 1957, 145 Abb. 19,8.

217. Eicham, Ldkr. Laufen.- Mittelständiges Lappenbeil.- Müller-Karpe, Chronologie 304 Nr. 11 Taf. 195,11.

218. Eichberg in Bayern.- Dreiwulstschwert (Typus Högl).- Müller-Karpe, Vollgriffschwerter 29 Nr. 13.

219. Eigeltingen, Kr. Konstanz.- Depot in Kalksteinbruch.- 2 mittelständige Lappenbeile.- Bad. Fundber. 22, 1962, 252 Taf. 82, 4-5; Stein, Hortfunde Nr. 270.

220. Eitlbrunn, Kr. Regensburg.- Depot.- 1 Nadel mit gerippten Hals (frgagmentiert), 1 Absatzbeil, 1 mittelständiges Lappenbeilfrg., 2 Beilfrgte., 1 Knopfsichel, 1 Sichelfrg., 6 Gußkuchenfrgte.- Müller-Karpe Taf. 151 C; Stein, Hortfunde Nr. 311.

221. Eitting, Kr. Straubing-Bogen.- Depot (Objekte mit Moorpatina).- 2 Brillenspiralen mit breiten Bügeln.- Stein, Hortfunde Nr. 313 Taf. 96.

222. Ellenberg, Kr. Aalen.- Einzelfund.- Mittelständiges Lappenbeil.- Fundber. Schwaben NF 18 II, 1967, 49 Taf. 78, 6.

223. Ellwangen, Kr. Aalen.- Mittelständiges Lappenbeil.- R. Dehn, Die Urnenfelderkultur in Nordwürttemberg (1972) 101.

224. Ellwangen, Kr. Aalen oder Kr. Biberach, Gegend von.- Griffplattendolch.- Fundber. Schwaben NF 14, 1957, 178 Taf. 14, 13.

225. Elsenfeld, Ldkr. Miltenberg.- Brandgrab 1.- 1 Griffzungenschwert (Typus Hemigkofen/Var. Elsenfeld), 5 Tüllenpfeilspitzen, 1 Knopf mit Rückenöse, 1 Nadelfrg., Frgte. von 3 (?) weiteren Nadeln, 1 Tierzahn, 2 Kegelhalsgefäße, 1 Knickwandschale.- O.M. Wilbertz, Die Urnenfelderkultur in Unterfranken (1982) 161 Nr. 131 Taf. 36, 1-12; Schauer, Schwerter 163 Nr. 480 Taf. 71, 480.

226. Elsenfeld, Ldkr. Miltenberg.- Brandgrab 2.- Tüllenpfeilspitze, 7 Hutniete, 1 Schwert(?)klingenfrg., 2 Kegelhalsgefäße, 1 Tasse. Scherben.- O.M. Wilbertz, Die Urnenfelderkultur in Unterfranken (1982) 161 Nr. 131 Taf. 36, 13-23.

227. Eltmann, Ldkr. Haßberge.- 150 m vom Altmain.- Lanzenspitze mit profiliertem Blatt.- O.M. Wilbertz, Die Urnenfelderkultur in Unterfranken (1982) 130 Nr. 51.

Enderndorf -> Stockheim

228. Engen, Ldkr. Konstanz.- Depot- oder Grabfund, vielleicht auch 2 einzeln niedergelegte Waffen.- Griffplattenschwert (Typus Rixheim), Vollgriffschwert (Typus Riegsee).- F. Holste, Die bronzezeitlichen Vollgriffschwerter Bayerns (1953) 52 Nr. 19; D. Ankner, Arch. u. Naturwiss. 1, 1977, 346f. mit Abb; Schauer, Schwerter 62 Nr. 184 Taf. 132 A; Stein, Hortfunde 112 Nr. 271.

229. Englschalking, Stkr. München.- Einzelfund aus Lehmgrube.- Achtkantschwert.- F. Holste, Die bronzezeitlichen Vollgriffschwerter Bayerns (1953) 47 Nr. 9 Taf. 9,4.

230. Epfendorf, Kr. Rottweil.- In einer Gesteinsspalte.- Mittelständiges Lappenbeil.- Fundber. Schwaben NF 18 II, 1967, 49 Taf. 82, 1.

231. Epfenhausen, Kr. Landsberg a. Lech.- Moorfund.- Griffplattenschwert (Typus Rixheim; alt verbogen).- H. Koschick, Die Bronzezeit im südwestlichen Oberbayern (1981) 161 Nr. 47 Taf. 16,8; Schauer, Schwerter 69 Nr. 234 Taf. 33, 234.

232. Eppingen.- Einzelfund.- Beim Roden eines Weinberges.- Mittelständiges Lappenbeil.- E. Wagner, Fundstätten und Funde aus vorgeschichtlicher, römischer und alamannisch-fränkischer Zeit. II (1911) 324 Abb. 268.

233. Eppstein, Kr. Frankenthal.- Aus einer Gruppe von Brandbestattungen.- Rasiermesser (Typus Stockheim).- Jockenhövel, Rasiermesser 53f. Nr. 36 Taf. 3, 36.

234. Erbach, Ldkr. Ulm.- Aus altem Donaulauf.- 2 gezackte Nadeln.- Fundber.Schwaben NF 14, 1957, 178 Taf. 14,1; Fundber. Schwaben NF 15, 1959, 143 Taf. 20, 14; Beck, Beiträge 4 Taf. 37,4.8.

235. Erbach, Ldkr. Ulm.- Baggerfund aus Kiesgrube.- Griffzun-

genschwert (Var. Vilshofen).- Schauer, Schwerter 136 Nr. 408 Taf. 60, 408.

236. **Erbach, Ldkr. Ulm.**- Gewässerfund.- Griffplattenschwert (Typus Rixheim).- Schauer, Schwerter 62 Nr. 185 Taf. 25, 185.

237. **Erbach, Ldkr. Ulm.**- Aus altem Donaulauf.- Vollgriffschwert (Typus Riegsee/Var. Speyer).- Fundber. Schwaben NF 14, 1957, 178 Abb. 2 Taf. 14,3; Müller-Karpe, Vollgriffschwerter 94 Taf. 3,9; W. Kimmig, Bayer. Vorgeschbl. 29, 1964, 228 Nr. 2; P. Schauer, Jahrb. RGZM 20, 1973, 76 Nr. 3 Taf. 9,1.

238. **Erbach, Ldkr. Ulm.**- Aus einer Kiesgrube nahe der Donau.- Mohnkopfnadel (Form IID).- Beck, Beiträge 32 Taf. 42,1.

239. **Erbach, Ldkr. Ulm.**- Aus altem Donaulauf.- Gezackte Trompetenkopfnadel (Form C).- Beck, Beiträge 135 Taf. 35,4.

240. **Erbach, Ldkr. Ulm.**- Aus Donaukiesgrube.- Nadel (Typus Horgauergreut), 1 Lanzenspitze, 1 Lanzenspitze mit langem freien Tüllenteil, 2 Griffplattenschwerter (Typus Rixheim).- Fundber. Baden-Württemberg 2, 1975, 75 Taf. 185.

241. **Erbach, Ldkr. Ulm.**- Aus Kiesgrube in der Donauniederung (Flußfund).- Griffplattenschwert (Typus Rixheim).- Fundber. Baden-Württemberg 2, 1975, 75f. Taf. 185,6.

242. **Erbach, Ldkr. Ulm.**- Aus Kiesgrube in der Donauniederung (Flußfund).- Griffplattenschwert (Typus Rixheim).- Fundber. Baden-Württemberg 2, 1975, 75f. Taf. 185,5.

243. **Erding, Ldkr. Erding, Oberbayern.**- Grabfund.- Nadelkopf, Armringfrg., Knopf, Dreiwulstschwert (Typus Erlach), Keramik.- Müller-Karpe, Vollgriffschwerter 96 Taf. 9,3; 12A.

244. **Erfelden, Kr. Groß-Gerau.**- Aus dem Altrhein.- Mittelständiges Lappenbeil (Typus Grigny; 665g).- G. Wegner, Die vorgeschichtlichen Flußfunde aus dem Main und dem Rhein bei Mainz (1976) 131 Nr. 293; Kibbert, Beile 51 Nr. 104 Taf. 8,104.

245. **Ergolding, Ldkr. Landshut.**- Einzelfunde aus Kiesgrube.- 2 mittelständige Lappenbeile.- A. Hochstetter, Die Hügelgräber-Bronzezeit in Niederbayern (1980) 142 Nr. 159 Taf. 68, 1-2; Bayer. Vorgeschbl. 33, 1968, 174 Abb. 21, 3-4.

246. **Ergolding, Ldkr. Landshut.**- Aus Brandgräbern.- Nadeln (Typus Winklsaß), Bronzetasse, Messer mit durchlochtem Griffdorn.- Müller-Karpe, Chronologie 278 Taf. 128 B.

247. **Erlach, Ldkr. Pfarrkirchen, Niederbayern.**- Dreiwulstschwert (Typus Erlach).- Müller-Karpe, Vollgriffschwerter 94 Taf. 4,1.

248. **Erlangen-Büchenbach.**- Aus zerstörtem Grab.- Kugelkopfnadel.- Hennig, Grab und Hort Nr. 93 Taf. 35, 5-20.

249. **Ernzen, Kr. Bitburg-Prüm.**- Befestigte Höhensiedlung.- Nadel (Typus Binningen).- S. Gollub, Trierer Zeitschr. 32, 1969, 18ff. Abb. 9,3.

250. **Erzhausen, Kr. Darmstadt.**- Hügel 17, Grab 4.- 2 Urberachnadeln.- Kubach, Nadeln 346 Nr. 851 Taf. 59, 851; 346 Nr. 852 Taf. 59, 852.

251. **Erzingen, Kr. Waldshut.**- Brandgrab.- 2 Mohnkopfnadel, 2 schwer gerippte Armringe, 1 Griffplattenmesser, Keramik.- E. Gersbach, Urgeschichte des Hochrheins (1968-69) 135f. Taf. 72, 8-14; 73; Beck, Beiträge 33.

252. **Eschau, Kr. Miltenberg.**- Aus Hügel mit Brandbestattungen.- 2 gleiche Brillenspiralen.- U. Wels-Weyrauch, Die Anhänger und Halsringe in Süddeutschland und Nordbayern (1978), Anhänger 97 Taf. 32, 584-585.

253. **Eschborn, Main-Taunus-Kreis.**- Grab 2; Körper(?)bestattung.- Griffzungenschwert (Typus Hemigkofen/Var. Uffhofen) in 3 Fragmenten, 6 Tüllenpfeilspitzen, 2 Niete, Messer mit durchlochtem Griffdorn, 2 Sichelbruchstücke, 2 Nadeln, 1 Armring, 1 Fuchsstadttasse (fragmentiert), Keramik.- Schauer, Schwerter 160 Nr. 471 Taf. 69, 471.

254. **Eschenbach, Ldkr. Gunzenhausen.**- Flachgrab.- Dorndorfer Nadel, weitere Nadel, Halsring, Griffplattenmesser.- Hennig, Grab und Hort Nr. 116 Taf. 45, 9-13.

255. **Eschenz, Bodensee.**- Lanzettförmiger Anhänger (Datierung ?).- G. Kossack, Studien zum Symbolgut der Urnenfelder- und Hallstattzeit Mitteleuropas (1954) 92 Liste B Nr. 19a.

256. **Eschlkam, Kr. Cham.**- Depot.- Mittelständiges Lappenbeil, Zungensichel.- Müller-Karpe, Chronologie 285 Taf. 147 D; Stein, Hortfunde Nr. 316.

257. **Eschollbrücken, Kr. Darmstadt-Dieburg.**- Moorfund.- Schaftlochhammer (ca. 500g).- Kibbert, Beile 196 Nr. 980 Taf. 70, 980.

258. **Eschollbrücken, Kr. Darmstadt-Dieburg.**- Moorfund.- Gerippte Vasenkopfnadel.- Kubach, Nadeln 386 Nr. 951 Taf. 64, 951.

259. **Eschollbrücken, Kr. Darmstadt-Dieburg.**- Moorfund.- Drahtbügelfibel (Typus Buladingen).- P. Betzler, Die Fibeln in Süddeutschland, Österreich und der Schweiz (1974) 32 Nr. 55 Taf. 4, 55.

260. **Eschollbrücken, Kr. Darmstadt-Dieburg, Moorfund.** Nadel (Typus Binningen).- W. Kubach, Jahresber. Inst. Vorgesch. Univ. Frankfurt 1978-79, 306 Abb. 15,15.

261. **Eschollbrücken, Kr. Darmstadt-Dieburg.**- Moorfund.- Nadel (Typus Binningen).- W. Kubach, Jahresber. Inst. Vorgesch. Univ. Frankfurt 1978-79, 306 Abb. 15,16.

262. **Eschollbrücken, Kr. Darmstadt-Dieburg.**- Moorfund.- Lanzenspitze mit geschweiftem Blatt und kurzer Tülle.- F.-R. Herrmann, Die Funde der Urnenfelderkultur in Mittel- und Südhessen (1966) 216,3.

263. **Eschollbrücken, Kr. Darmstadt-Dieburg.**- Moorfund.- 2 Urberachnadeln.- Kubach, Nadeln 340 Nr. 802. 804 Taf. 57, 802. 804.

264. **Eßfeld, Kr. Ochsenfurt.**- Grab 1; Brandbestattung.- Griffangelschwert (Typus Unterhaching), 2 Messer mit durchlochtem Griffdorn, 2 Beinbergen mit reicher Verzierung, 2 Ringe mit 1 Spiralring, 1 Halsring, Wellenbügelfibelfrgte., 1 Plattenkopfnadel, 1 Rollennadel, 2 Ringlein, 2 Drahtröllchenreste, Keramik.- Schauer, Schwerter 83f. Nr. 282 Taf. 41, 282.

265. **Essing-Altessing, Ldkr. Kelheim.**- Depot (?).- 1 Knopfsichelfrg., Gußbrocken.- Stein, Hortfunde Nr. 317 Taf. 109,5.

266. **Essing-Altessing, Ldkr. Kelheim.**- Depot.- 6 Sicheln unbekannter Form.- Stein, Hortfunde 137 Nr. 318.

267. **Esslingen-Oberesslingen.**- Depot.- 3 Armringe, 3 kleine geschlossene Ringe.- R. Koch, Katalog Esslingen (1969) 15 Taf. 11, 1-3; Stein, Hortfunde 112 Nr. 272.

268. **Esslingen, Kr. Weißenburg.**- Depot.- Wellennadel mit Spiralende; "aufgeschoben" (vermutlich würde jeder Versuch, die Hülse abzuziehen, scheitern) eine Hülse mit drei Stegringen und 3 geschlossenen, anhängenden Ringen mit drei mal je zwei anthropomorphen Anhängern ("Schwalbenschwanzanhängern"), 2 Armringe.- Müller-Karpe, Chronologie 289 Taf. 159C; Stein, Hortfunde Nr. 319.

269. Etting (St. Andrä), Ldkr. Weilheim.- Hügel 3; Brandbestattung.- Messer mit Ringgrifftülle, Bronzefrg., Scherben von 1-2 Gefäßen.-Müller-Karpe, Bayer. Vorgeschbl. 20, 1954, 116 Abb. 1,13; H. Koschick, Die Bronzezeit im südwestlichen Oberbayern (1981) 227, Nr. 211 Taf. 119,1.

270. Etting (St. Andrä), Ldkr. Weilheim.- Hügel 5.- Vollgriffmesserfrg., Nadelfrg., Gefäße.- H. Koschick, Die Bronzezeit im südwestlichen Oberbayern (1981) 227 Nr. 211 Taf. 119, 2-3.

271. Etting (St. Andrä), Ldkr. Weilheim.- Hügel 7, Brandbestattung.- Messer mit Grifftülle, Bronzeschmelzstück, Nadelfrg., Gürtelblechfrg., 2 Schalen.- H. Koschick, Die Bronzezeit im südwestlichen Oberbayern (1981) 227f. Nr. 211 Taf. 119,4-6.

272. Etting, Ldkr. Weilheim.- Hügel 8.- Dolch mit zungenförmig herausgezogener Griffplatte.- H. Koschick, Die Bronzezeit im südwestlichen Oberbayern (1981) 226 Taf. 118m4.

273. Etting, Ldkr. Weilheim.- Hügel 22; Brandbestattung.- Gerippte Vasenkopfnadel, Fingerring, Messer, radförmiger Anhänger (verloren), Vollgriffschwert (Typus Riegsee; in mehrere Teile zerbrochen), Drahtfrgte., Reste eines Spiralröllchens.- F. Holste, Die bronzezeitlichen Vollgriffschwerter Bayerns (1953) 51 Nr. 6 Taf. 13,1; D. Ankner, Arch. u. Naturwiss. 1, 1977, 348f. mit Abb; Müller-Karpe, Vollgriffschwerter 93 Taf. 1,7-10; H. Koschick, Die Bronzezeit im südwestlichen Oberbayern (1981) 226 Nr. 210B Taf. 118, 6-11.

274. Etting (St. Andrä), Ldkr. Weilheim.- Aus Grabhügeln.- Griffzungendolch, Griffplattendolch, Kugelkopfnadel mit geripptem Schaft, Vasenkopfnadel, Mohnkopfnadel, gerippter Armring, gerillter Armring.- Müller-Karpe, Chronologie 298 Taf. 181 G.

275. Ettlingen, Kr. Karlsruhe.- Einzelfund.- Griffangelschwert (Typus Unterhaching nahestehend).- Schauer, Schwerter 84 Nr. 287 Taf. 42, 287.

276. Ettlingen.- Mittelständiges Lappenbeil (Typus Grigny nahestehend).- E. Wagner, Funde und Fundstätten aus vorgeschichtlicher, römischer und alamannisch-fränkischer Zeit im Großherzogtum Baden I (1908) II 63 Nr. 32 Abb. 67 a.

277. Eveshausen, Rhein-Hunsrück-Kreis.- Mittelständiges Lappenbeil (Typus Grigny; 705g).- Kibbert, Beile 50 Nr. 85 Taf. 6, 85.

278. Feldafing, Ldkr. Starnberg.- Einzelfund von der Roseninsel.- Nadel (Typus Horgauergreut).- H. Koschick, Die Bronzezeit im südwestlichen Oberbayern (1981) 201 Nr. 172 Taf. 73,4.

279. Feldkirchen, Ldkr. Neuburg a.d. Donau.- Depot in Tongefäß (1906).- 8 Armringe u. Frgte., 2 Halsringfrgte., 1 Nadelschaftfrg., 1 Bronzestück.- Müller-Karpe, Chronologie 284f. Taf. 147 B; Stein, Hortfunde Nr. 320.

280. Feldwies, Gde. Übersee, Ldkr. Traunstein.- Einzelfund.- Lanzenspitze.- Bayer. Vorgeschbl. 28, 1963, 209 Abb. 26,6.

281. Finningen und Reutti, Ldkr. Neu-Ulm.- Mohnkopfnadel.- Beck, Beiträge 38 Taf. 43,5.

282. Flochberg, Kr. Aalen.- Fundumstände unbekannt.- Rasiermesser (Typus Stadecken).- Jockenhövel, Rasiermesser 69 Nr. 64 Taf. 6, 64.

283. Ferthofen, Ldkr. Memmingen.- Gemeindekiesgrube.- Lanzenspitze mit gestuftem Blatt.- Bayer. Vorgeschbl. 22, 1957, 145 Abb. 19.

283A. Ferthofen, Ldkr. Memmingen.- Flußfund.- Achtkantschwert.- F. Holste, Die bronzezeitlichen Vollgriffschwerter Bayerns (1953) 47 Nr. 3 Taf. 10,4.

284. Forchheim.- Körpergrab 1.- Tordierter Halsreif, Nadel mit eiförmigem Kopf, Bronzespiralröllchen.- Hennig, Grab und Hort 69 Nr. 32 Taf. 5,4-5.

285. Forchheim.- Körpergrab 2.- Nadel mit verziertem eiförmigem Kopf, 3 Tongefäße.- Hennig, Grab und Hort 69 Nr. 32 Taf. 5,3.

286. Forstbezirk Schöngeisinger Forst, Ldkr. Fürstenfeldbruck.- Brandgräber; Fundkomplex 2.- Henfenfelder Nadel, Armring, 2 Armbänder, tordierte Armringfrg., 1 Halsringfrg., Drahtspirale, Spiralröllchen, Scherben.- Altbayer. Monatsschr. 8, 1908, 100 Abb. 5 ("Staatswald Bögelschlag"); H. Koschick, Die Bronzezeit im südwestlichen Oberbayern (1981) 150 Nr. 15 Taf. 4,6.

287. Forstinning, Ldkr. Ebersberg.- Vermutlich Brandgrab.- Vollgriffschwert (Typus Riegsee).-. D. Ankner, Arch. u. Naturwiss. 1, 1977, 350f. mit Abb.

288. Forstmühler Forst, Kr. Regensburg.- Depot zwischen Granitsteinen.- 1 Achtkantschwert (in 4 Stücke zerbrochen), 1 Lanzenspitzenfrg., 1 Sichelfrg., 17 Gußbrocken.- W. Torbrügge, Die Bronzezeit in der Oberpfalz (1959) 191 Nr. 261 Taf. 59, 10-12; Stein, Hortfunde Nr.323; Müller-Karpe, Vollgriffschwerter 93 ("Donaustauf") Taf. 2 B..

289. Forstmühler Forst, Ldkr. Regensburg.- Aus Grabhügel.- Tüllenpfeilspitze, Armring, Scherben.- W. Torbrügge, Die Bronzezeit in der Oberpfalz (1959) 191 Nr. 262 Taf. 54, 35-37.

290. Framersheim, Kr. Alzey-Worms.- Einzelfund.- Urberachnadel.- Kubach, Nadeln 342 Nr. 810 Taf. 57,810.

291. Frankenthal-Eppstein.- Aus Gräbern.- Tüllenpfeilspitze mit Dorn, Wollmesheimnadeln, Fibel, Armringe, Messer mit umgeschlagenem Griffdorn.- D. Zylmann, Die Urnenfelderkultur in der Pfalz (1983) (43f.) Taf. 17.

292. Frankenthal, Rheinland-Pfalz.- Grab 2; Körperbestattung.- Rasiermesser, Dolch mit zungenförmig herausgezogener Griffplatte.- Jockenhövel, Rasiermesser 56 Nr. 47 Taf. 56C.

293. Frankfurt-Niederursel.- Einzelfund.- Radanhänger.- U. Wels-Weyrauch, Die Anhänger und Halsringe in Süddeutschland und Nordbayern (1978), Anhänger 71 Nr. 348 Taf. 17, 348.

294. Frankfurt.- Aus dem Main.- Drahtbügelfibel (Typus Buladingen; mit dreieckigen Anhängern).- P. Betzler, Die Fibeln in Süddeutschland, Österreich und der Schweiz (1974) 32 Nr. 56 Taf. 4, 56.

295. Frankfurt (Umgebung).- Mittelständiges Lappenbeil mit Absatzbildung.- Kibbert, Beile 36 Nr. 29 Taf. 2, 29.

296. Frankfurt-Berkersheim.- Körpergrab. Doppelbestattung eines Mannes und einer Frau.- Schwert mit schmaler Griffplatte und seitlichen Nietkerben (Typus Rixheim nahestehend), Nadelkopf (Typus Kloppenheim). Zur Frauenbestattung gehören vielleicht eine Brillenspirale und sicher: 1 weitere Brillenspirale, 1 Kugelkopfnadel (Typus Urberach), 3 Nadelschaftfrg., 11 Drahtringe mit Innensteg, Glasperle, Biberzahn, 3 Bernsteinperlen, Keramik.- H.-J. Hundt, Gramania 36, 1958, 344ff. Taf. 44-45; Schauer, Schwerter 76f. Nr. 245 Taf. 35, 245; Kubach, Nadeln 322 Nr. 838 Taf. 58, 838; 355 Nr.859 Taf. 59,859.

297. Frankfurt-Fechenheim.- Brandgrab.- 3 Tüllenpfeilspitzen, Henkelbecher.- F.-R. Herrmann, Die Funde der Urnenfelderkultur in Mittel- und Südhessen (1966) 55 Nr. 25 Taf. 69 D.

298. Frankfurt-Heddernheim.- Körpergrab.- Urberachnadel.- Kubach, Nadeln 338 Nr. 787 Taf. 56, 787.- W. Kubach, Die Stufe

Wölfersheim im Rhein-Main-Gebiet (1984) 34 Nr. 14 Taf. 17D.

299. Frankfurt-Nied.- Einzelfund.- Bronzetasse.- F.-R. Herrmann, Die Funde der Urnenfelderkultur in Mittel- und Südhessen (1966) 56 Nr. 40 Taf. 208F.

300. Frankfurt-Preungesheim.- Mittelständiges Lappenbeil (südosteuropäischer Form).- Kibbert, Beile 43 Nr. 56 Taf. 4, 56.

301. Frankfurt-Rödelheim.- Depot aus den Niddawiesen.- 1 Nadel (Typus Dorndorf nahestehend), 1 Knopfsichel (42 g), 1 Tüllenpfeilspitze mit seitlichem Dorn (5,5 g), 2 Wetzsteine.- F.-R. Herrmann, Die Urnenfelderkultur in Mittel- und Südhessen (1966) 60 Nr. 54 Taf. 179 A; W. Kubach, Die Stufe Wölfersheim im Rhein-Main-Gebiet (1984) 38 Nr. 73.

302. Frankfurt-Rödelheim.- Körpergrab.- 2 Urberachnadeln, Tasse, 2 Schalen.- Kubach, Nadeln 345 Nr. 840-841 Taf. 58, 840-841; W. Kubach, Die Stufe Wölfersheim im Rhein-Main-Gebiet (1984) 34 Nr. 16 Taf. 18A.

303. Frankfurt-Sindlingen.- Einzelfund nach Mainhochwasser.- Brillenspirale.- U. Wels-Weyrauch, Die Anhänger und Halsringe in Süddeutschland und Nordbayern (1978) 101 Nr. 604 Taf. 37, 604.

304. Frankfurt.- Aus dem Main.- 1 glattes Trensenmittelstück (59g).- F.-R. Herrmann, Die Funde der Urnenfelderkultur in Mittel- und Südhessen (1966) 51 Nr. 8 Taf. 208C; G. Wegner, Die vorgeschichtlichen Flußfunde aus dem Main und dem Rhein bei Mainz (1976) 123 Nr. 207 Taf. 72,2.

305. Frankfurt-Stadtwald.- Hügel 1; Grab 6; Körperbestattung.- 1 Dolch, 1 Nadel mit scheibchenförmig gerippten Hals, 1 Rasiermesserblatt (Typus Stadecken?), 1 Drahtschlaufe, 1 Pfriem, Scherben, Tierknochen.- U. Fischer, Ein Grabhügel der Bronze- und Eisenzeit im Frankfurter Stadtwald (1979) 31f. Taf. 3; Kubach, Nadeln 330 Nr. 775 Taf. 56, 775.

306. Frankfurt-Stadtwald.- Fundumstände unbekannt.- Urberachnadel.- Kubach, Nadeln 342 Nr. 813 Taf. 57, 813.

307. Freimersheim, Kr. Alzey-Worms.- Körpergrab.- Urberachnadel.- Mainzer Zeitschr. 79/80, 1984/85, 257f. mit Abb.

308. Freimersheim, Kr. Alzey-Worms.- Brandgrab.- Rixheimschwert, Keramik.- Schauer, Schwerter 66 Nr. 215 Taf. 30, 215.

309. Freising (Umgebung) oder Ingolstadt (?).- Lanzettförmiger Meißel (104g); türkisfarbene Patina.- Altbayer. Monatsschr. 4, 1903-4, 118 Abb. 24 [non vidi, zitiert nach Mayer, Beile].- Taf. 19,6.

310. Fridolfing, Ldkr. Laufen.- Brandgrab (?).- Vollgriffschwert (Typus Riegsee; in fünf Stücke zerbrochen).- F. Holste, Die bronzezeitlichen Vollgriffschwerter Bayerns (1953) 51 Nr. 8 Taf. 13,7; D. Ankner, Arch. u. Naturwiss. 1, 1977, 352f. mit Abb; Müller-Karpe, Vollgriffschwerter 93 Taf. 1,11.

311. Fridolfing, Ldkr. Laufen.- Mittelständiges Lappenbeil (Typus Freudenberg).- Müller-Karpe, Chronologie 305 Nr. 41 Taf. 195, 41.

312. Friedberg, Wetteraukreis.- Brandgrab 8.- Radanhängerfrg., Keramik.- U. Wels-Weyrauch, Die Anhänger und Halsringe in Süddeutschland und Nordbayern (1978) 71 Nr. 356 Taf. 17, 356.

313. Froschau, Ldkr. Mühldorf, Oberbayern.- Aus dem Inn.- Dreiwulstschwert.- Müller-Karpe, Vollgriffschwerter 100 Taf. 17,6 ("Kraiburg"); W. Torbrügge, Bayer. Vorgeschbl. 25, 1960, 52 Nr. 19 Abb. 14,1.

314. Froschhausen, Kr. Offenbach.- Depot, beim Torfstechen gefunden.- 2 Brillenspiralen und 3 Frgte. einer (?) dritten.- U. Wels-Weyrauch, Die Anhänger und Halsringe in Süddeutschland und Nordbayern (1978) 96f. Nr. 578-580 Taf. 30, 578-580; W. Kubach, Die Stufe Wölfersheim im Rhein-Main-Gebiet (1984) 38 Nr. 74; Stein, Hortfunde 178 Nr. 402.

315. Fuchsstadt, Ldkr. Ochsenfurt.- Grabfund.- 1 Nadel, 1 Nadelschaft, 1 Rasiermesser (Var. Fuchsstadt), 1 Griffdornmesser, 1 Bronzetasse, Keramik.- Müller-Karpe, Chronologie 313 Taf. 207A; O.M. Wilbertz, Die Urnenfelderkultur in Unterfranken (1982) 209 Taf. 52; Jockenhövel, Rasiermesser 129 Nr. 216 Taf. 18, 216.

316. Fundort unbekannt.-
- Lanzenspitze.- Pescheck, Katalog Würzburg Taf. 34,4.
- Riegseeschwert.- D. Ankner, Arch. u. Naturwiss. 1, 1977, 400f. mit Abb.
- (Gegend Stuttgart).- Grab.- Griffplattenschwertfrg.- Schauer, Schwerter 78 Nr. 257 Taf. 37, 257.

317. Fürstenfeldbruck.- Brandflachgrab 1.- 2 Nadeln (Typus Horgauergreut), 2 Armringe, 1 Ringfrg., 1 Armband mit Hakenenden, 5 kleine Ringe, 1 Fingerring, 1 Messerfrg., Scherben, durchlochte Tonscheibe.- H. Koschick, Die Bronzezeit im südwestlichen Oberbayern (1981) 151 Taf.7, 1-7.

318. Gabelbach, Ldkr. Augsburg.- Einzelfund.- Mittelständiges Lappenbeil.- Bayer. Vorgeschbl. 22, 1957, 145.

319. Gablingen, Ldkr. Augsburg.- Kiesgrube.- Vollgriffschwert (Typus Riegsee).- F. Holste, Die bronzezeitlichen Vollgriffschwerter Bayerns (1953) 51 Nr. 2 Taf. 14,3; D. Ankner, Arch. u. Naturwiss. 1, 1977, 354f. mit Abb.

320. Gabsheim, Kr. Alzey-Worms.- Fundumstände unbekannt.- Nadel (Typus Guntersblum).- Kubach, Nadeln 375 Nr. 928 Taf. 62, 928.

321. Gädheim, Ldkr. Hassberge.- Körper(?)grab.- Mohnkopfnadel, Nadel mit eiförmigem Kopf und Nadelschaftfrg.- O.M. Wilbertz, Die Urnenfelderkultur in Unterfranken (1982) 131 Taf. 57, 1-3.

322. Gädheim, Ldkr. Hassberge.- Körpergrab (1909).- 1 Rasiermesser mit Rahmengriff (Typus Dietzenbach), 1 Messerklingenfrg., 1 Dornpfeilspitze, 3 Tüllenpfeilspitzen, 1 Punze, 1 Silexabschlag, 1 Silexklinge, 1 Steinhammer (?), 2 Tassen.- O.M. Wilbertz, Die Urnenfelderkultur in Unterfranken (1982) 131 Nr. 52 Taf. 75, 4-13; Jockenhövel, Rasiermesser ("Dietzenbach-Stufe") 106 Nr. 153 Taf. 13, 153.

323. Gambach, Wetteraukreis.- Körperflachgrab.- Armring (Typus Allendorf), geripptes Armband, Nadel mit Kugelkopf (Typus Urberach), durchlochter Bärenzahn, Tasse.- I. Richter, der Arm- und Beinschmuck der Bronze- und Urnenfelderzeit in Hessen und Rheinhessen (1970) 103 Nr. 605 Taf. 35, 605; 71 Nr. 380 Taf. 25, 380; Taf. 83 C; Kubach, Nadeln 343 Nr. 822 Taf. 58, 822.

324. Gambach, Wetteraukreis.- Aus Brandgräbern.- Rasiermesser (Typus Dietzenbach).- Jockenhövel, Rasiermesser 152 Taf. 13, 152.

325. Gambach, Wetteraukreis.- Körpergrab.- Urberachnadel.- Kubach, Nadeln 345 Nr. 839 Taf. 54,839.

326. Gammertingen, Kr. Sigmaringen.- Doppelgrab; Körperbestattungen (N-S).- 11 Radanhänger, 2 Nadeln, 1 kleinere Nadel, 2 Drillingsringe, 1 Armring, 12 Armringe, 1 Griffzungenschwert, 1 Schwertscheidenumwicklung, 1 Messer mit umgeschlagenem Griffdorn, 1 Knebel, 1 Blechzwinge, 1 Wellendraht, 2 tordierte Haken, 7 Doppelknöpfe, Spiralröllchen, Drahtspiralen, 85 kleine Ringe, 1 Wetzstein, Keramik.- U. Wels-Weyrauch, Die Anhänger und Halsringe in Süddeutschland und Nordbayern (1978), Anhänger 73f. Nr. 372 Taf. 18, 372-382; G. Kossack, Studien zum Symbolgut der Urnenfelder- und Hallstattzeit Mitteleuropas (1954) 87 Nr. 59.

327. **Gammertingen, Kr. Sigmaringen.**- Grab (Brandbestattung einer Frau und eines Mannes [?]).- 2 Goldblechfrgte. (keine Brandspuren), 1 Nadelschützer (keine Brandspuren), 1 Vogeltülle (keine Brandspuren), 4 Knöpfe mit Rückenöse, 3 Doppelknopffrgte., 1 gerippte Röhre (keine Brandspuren), 1 Tüllenpfeilspitzenfrg., 1 Schwertfrg. (intentionell fragmentiert), 2 Messerklingenfrgte. (intentionell fragmentiert), 2 Nagelfrgte., 1 Kugelkopfnadel, 5 Armringfrgte. (vor der Deponierung gewaltsam zerbrochen), 1 Blechfrg., 8 Nadel- oder Ringfrgte., 3 Drillings- und Zwillingsringfrgte., 1 Fingerringfrg., 1 Nietstift, 48 Bronzefrgte., 13 Gefäße (zerbrochen beigegeben), Schweineknochen (Ha A2).- H. Reim, Fundber. Baden-Württemberg 6, 1981, 121ff. mit Abb.

328. **Ganacker, Ldkr. Straubing.**- Brandgrab.- Mohnkopfnadel (Form IIIF; fragmentiert und verbogen), 4 Armringe und weitere Fragmente, 1 Nadelschützer, 1 Messerfrg., Ringlein, Nadelschaftfrgte., mindestens 6 lanzettförmige Anhänger, die offenbar zu einem komplexeren Gebilde gehörten.- H.-J. Hundt, Katalog Straubing II (1964) 68 Taf. 47; G. Kossack, Studien zum Symbolgut der Urnenfelder- und Hallstattzeit Mitteleuropas (1954) 92 Liste B Nr. 20; Beck, Beiträge 39;

329. entfällt.

330. **Ganacker, Ldkr. Landau a.d.Isar.**- Einzelfund.- Nadel (Typus Winklsaß).- Müller-Karpe, Chronologie 307 Taf. 197 C.

331. **Gansbach, Ldkr. Regensburg.**- Einzelfund in Kiesgrube.- Vollgriffschwert (Typus Riegsee).- F. Holste, Die bronzezeitlichen Vollgriffschwerter Bayerns (1953) 51 Nr. 13 Taf. 14,2; D. Ankner, Arch. u. Naturwiss. 1, 1977, 356f. mit Abb.

332. **Gärmersdorf-Penkhof, Kr. Amberg.**- Depot unter Kalksteinplatte.- 1 Nadelfrg., 1 Nadelschaftfrg., 1 Armbandfrg. mit abgebrochenen Spiralenden, Armband mit Spiralende, Blechfrg., Blechbuckelfrg., 2 Schwertklingenfrgte. (intentionell zerstört), Lanzenspitzenfrg., 2 Absatzbeile mit spitzer Rast, 9 Beilfrgte., 157 Sicheln und Sichelfrgte., 21 Gußbrocken (14 kg).- Stein, Hortfunde 139ff. Nr. 325. Taf. 97-107.

332A. **Gau-Algesheim.**- Steinkistengrab.- Lanzenspitze mit kurzer Tülle, Herduntersatz.- P. Schauer, Arch. Korrbl. 9, 1979, 69ff. mit Abb.

333. **Gau-Odernheim, Kr. Alzey.**- Fundumstände unbekannt.- Griffplattenschwert (Typus Rixheim).- Schauer, Schwerter 63 Nr. 195 Taf. 27, 195.

334. **Gauingen-Hochberg, Ldkr. Münsingen.**- Körpergrab.- Mohnkopfnadel (Form IA).- Beck, Beiträge 137 Taf. 40,1.

334A. **Gaukönigshofen, Ldkr. Würzburg.**- Einzelfund in Quellnähe.- Vollgriffmesser.- Ausgr. u. Funde Unterfranken 1980-82, 360 Abb. 42.

335. **Geiging, Ldkr. Rosenheim, Oberbayern.**- Urnengrab.- Dreiwulstschwert (alt verbogen und in vier Teile zerbrochen; Typus Illertissen), 2 Messer (1 Griffplattenmesser, 1 Messer mit gedrehter Griffzunge und Ringgriff), Urne.- Müller-Karpe, Vollgriffschwerter 98 Taf. 14,5; 33A.

336. **Gemmingen, Kr. Sinsheim.**- Körperbestattung in Flachgrab.- Rasiermesser (Typus Dietzenbach), Nadel, Armring, Griffangelmesser, Keramik.- Jockenhövel, Rasiermesser 107 Nr. 158 Taf. 13, 158; 65 C.

337. **Gerlenhofen, Ldkr. Neu-Ulm.**- Aus der Iller.- Vollgriffschwert (Typus Riegsee).- W. Kimmig, Bayer. Vorgeschbl. 29, 1964, 222ff. Abb. 2.; D. Ankner, Arch. u. Naturwiss. 1, 1977, 360f. mit Abb.

338. **Gerlenhofen, Ldkr. Neu-Ulm.**- Aus der Iller.- Vollgriffschwert (Typus Riegsee).- D. Ankner, Arch. u. Naturwiss. 1, 1977, 358 mit Abb.

339. **Gerlenhofen, Ldkr. Neu-Ulm.**- Aus der Iller.- "Zwei Schwerter, ein Rixheimschwert".- D. Ankner, Arch. u. Naturwiss. 1, 1977, 360.

340. **Gerlenhofen, Ldkr. Neu-Ulm.**- Mittelständiges Lappenbeil.- E. Pressmar, Vor- und Frühgeschichte des Ulmer Winkels (1938) 27 Abb. 13,6.

341. **Germering, Ldkr. Fürstenfeldbruck.**- Brandgrab; auf einem mit Leichenbrand gefüllten Gefäß lagen kreuzweise 2 Nadeln.- 2 Nadeln (Typus Henfenfeld), 1 Tongefäß.- H. Koschick, Die Bronzezeit im südwestlichen Oberbayern (1981) Taf. 9, 1-2.

342. **Germering, Ldkr. Fürstenfeldbruck.**- Einzelfund (Kiesansinterungen).- Dreiwulstschwert (Typus Erlach).- H.-P. Uenze, Bayer. Vorgeschbl. 30, 1965, 231ff. Abb. 2,2.

343. **Gernlinden, Ldkr. Fürstenfeldbruck.**- Aus einem Grab.- 1 Bronzetasse.- Müller-Karpe, Chronologie 313 Taf. 207D.

344. **Gernlinden, Ldkr. Fürstenfeldbruck.**- Urnengrab 36.- 2 Nadeln, Armringe, 1 Gürtelhaken (Typus Wilten), Keramik.- Kilian-Dirlmeier, Gürtel 55 Nr. 150 Taf. 16, 150.

345. **Gernlinden, Ldkr. Fürstenfeldbruck.**- Grab 46; Brandbestattung.- Griffzungenmesser (Typus Matrei), 1 Gürtelhaken, 10 kleine Ringe, Keramik.- H. Müller-Karpe, Münchner Urnenfelder (1958) 55f. Taf. 33A.

346. **Gernlinden, Ldkr. Fürstenfeldbruck.**- Grab 49.- 2 Vasenkopfnadeln, 2 Armringe, Keramik.- H. Müller-Karpe, Münchner Urnenfelder (1958) 56 Taf. 33G.

347. **Gernlinden, Ldkr. Fürstenfeldbruck.**- Brandgrab 76.- Armring, tordierter Armring, 2 Nadeln (Typ Winklsaß), Scherben einer verbrannten Schale.- Müller-Karpe, Chronologie 302 Taf. 188 C.

348. **Gernlinden, Ldkr. Fürstenfeldbruck.**- Brandgrab 86.- 2 im Brand deformierte Nadeln (Typus Winklsaß), 1 Gürtelhaken (Typus Wilten), 3 gerippte Fingerringe, bogener Ring, tordiertes Armringfrg., Frg. eines Spiraldrahtbügels, Besatzbuckel, Spiralröllchen, mehrere Armringe und Frgte., 4 Radanhänger, Urne, Amphore.- Müller-Karpe, Chronologie 302 Taf. 188 D; Kilian-Dirlmeier, Gürtel 55 Nr. 149 ("Stufe Hart") Taf. 16, 149..

349 entfällt.

350. **Gernlinden, Ldkr. Fürstenfeldbruck.**- Urnengrab 135.- Blattbügelfibelfrg., 1 Rasiermesserfrg., 4 Blechzwingen, 1 Gürtelhaken (Typus Wilten).- Kilian-Dirlmeier, Gürtel 55 Taf. 15, 145.

351. **Gernlinden, Ldkr. Fürstenfeldbruck.**- Urnengrab 139.- Gürtelhaken (Typus Wilten), Keramik.- Kilian-Dirlmeier, Gürtel 55 Nr. 147 Taf. 15, 147.

352. **Gernlinden, Kr. Fürstenfeldbruck.**- Grab 146; Brandbestattung in Urne.- Rasiermesser (Typus Steinkirchen), 4 Frgte. eines Nadelschaftes, 6 Bronzeringe, 3 Frgte. eines Vollgriffmessers, Frg. eines Messers mit durchlochter Griffplatte, Bronzetutulus, Wetzstein, Keramik.- Jockenhövel, Rasiermesser 100 "(Unterhaching-Stufe") Nr. 134 Taf. 11, 134.

353. **Gernlinden, Ldkr. Fürstenfeldbruck.**- Grab 152.- 2 Vasenkopfnadeln, mindestens 5 Armringe (alle Bronzen stark zerschmolzen), weitere Bronzefrgte., Keramik; Bronzegewicht: 232g.- H. Müller-Karpe, Münchner Urnenfelder (1958) 56 Taf. 33G.

354 entfällt.

355. Geroldshausen, Kr. Würzburg.- Körpergrab.- Rasiermesser (mit organischem Griff), 1 Nadel, 1 Dolch, Keramik.- Jockenhövel, Rasiermesser 51 Nr. 29 Taf. 56 D.

356. Gerolfingen-Hesselberg, Kr. Ansbach.- Höhensiedlung Hesselberg.- Depot I.- 1 lanzettförmiger Meißel, 1 Rasiermesser, 7 Sichelfrg. (mind. 2 v. Zungensicheln), 1 rundstabige Spirale, 1 herzförmiger Anhänger, 3 Fingerringe, 2 Spiralfingerringe, 36 Zierbuckel, 17 Spiralröllchen, 1 Gußkuchenfrg., 14 Bernsteinperlen, 3 Bernsteinfrgte., 1 Knochenperle, Tierzahn. F.-R. Herrmann, Arch. Korrbl. 3, 1973, 423ff. mit Abb.

357. Gerolfingen-Hesselberg, Kr. Ansbach, Höhensiedlung Hesselberg.- Depot II.- 1 mittelständiges Lappenbeil, 1 Zungensichel, 1 Rasiermesser (Typus Obermenzing).- Müller-Karpe, Chronologie 288 Taf. 155 C; Stein, Hortfunde Nr. 329; Hennig, Grab und Hort 105 Nr. 81 ("Ehingen"); Jockenhövel, Rasiermesser 69 ("Depotfundstufe Stockheim") Nr. 70 Taf. 7, 70.

358. Gerolfingen-Hesselberg, Kr. Ansbach.- Einzelfund.- Brillenspirale.- F.-R. Herrmann, Arch. Korrbl. 3, 1973, 427 Abb. 3,2.

359. Gerolfingen-Hesselberg, Kr. Ansbach.- Einzelfund.- Griffzungensichel.- Primas, Sicheln 88f. Nr. 488 Taf. 27, 488.

360. Gerstetten Dettingen am Albuch, Kr. Heidenheim.- In einem Steinbruch.- Mittelständiges Lappenbeil (185g).- Fundber. Baden-Württemberg 1978, 488 Taf. 31A.

361. Glött, Ldkr. Dillingen.- Armring (Typus Publy).- Bayer. Vorgeschbl. 27, 1962, 193ff. Abb. 22,4.

362. Glonn u. Ebersberg (zwischen), Ldkr. Ebersberg.- Grab oder Hort.- Vollgriffschwert (Typus Riegsee/Var Speyer ?); nach Müller-Karpe Knauf verziert; nach Ankner unverziert.- Bayer. Vorgeschbl. 25, 1960, 34; D. Ankner, Arch. u. Naturwiss. 1, 1977, 362f. m. Abb; Müller-Karpe, Vollgriffschwerter 94 ("Moosach") Taf. 3,10; W. Kimmig, Bayer. Vorgeschbl. 29, 1964, 228 Nr. 8.

363. Gnötzheim, Ldkr. Uffenheim.- Grab.- Lanzenspitze (schwarzbraun patiniert) mit kantiger Tülle, Armreif, Nadel mit eiförmigem, verziertem Kopf, Nadel (verloren).- Hennig, Grab und Hort 143 Nr. 170 Taf. 72, 4-6.

364 entfällt.

365. Gochsheim, Ldkr. Schweinfurt.- Depot (1907, "wie zusammengebunden aufeinanderliegend").- 1 Zungen-, 3 Knopfsicheln (77g, 87g, 122g, 128g).- O.M. Wilbertz, Die Urnenfelderkultur in Unterfranken (1982) 189 Nr. 198 Taf. 102, 4-7; Stein, Hortfunde 144 Nr. 330; Primas Sicheln 62 Nr. 115 Taf. 7, 115; 70 Nr. 248 Taf. 15, 248; Nr. 253 Taf. 16, 253; 97 Nr. 606 Taf. 37, 606.

366. Goldburghausen, Kr. Aalen.- Brandgrab.- 2 Nadeln (Typus Henfenfeld), Frg. eines tordierten Armrings, 1 Bronzeklumpen, 2 Wandscherben.- R. Dehn, Die Urnenfelderkultur in Nordwürttemberg (1972) 87 Taf. 2 B.

367. Goldburghausen, Kr. Aalen.- Mittelständiges Lappenbeil.- R. Dehn, Die Urnenfelderkultur in Nordwürttemberg (1972) 101f.; Fundber. Schwaben NF 3, 1926, 41.

368. Göppingen.- Beim Kiesgraben (Flußfund).- Mittelständiges Lappenbeil.- R. Dehn, Die Urnenfelderkultur in Nordwürttemberg (1972) 97; Fundber. Schwaben NF 15, 1959, 146 Taf. 20, 21.

369. Göppingen.- Vermutlich Gewässerfund.- Griffplattenschwert (Typus Rixheim).- Schauer, Schwerter 67 Nr. 220 Taf. 31, 220.

370. Görauer Anger, Kr. Lichtenfels.- Vermutlich Grab.- Vollgriffschwert (Typus Riegsee/Var. Speyer), Nadel, Absatzbeil.- A. Stuhlfauth, Vor- und Frühgeschichte Oberfrankens (1927) Taf. 4,1; P. Schauer, Jahrb. RGZM 20, 1973, 77f. Nr. 13.

371. Graben, Gde. Tabing, Ldkr. Traunstein.- Beim Torfstechen.- Griffplattendolch mit einem Nietloch.- Bayer. Vorgeschbl. 27, 1962, 96; 201 Abb. 24, 3.

372. Gräfensteinberg, Ldkr. Gunzenhausen.- Mohnkopfnadel (Form IIIE).- Beck, Beiträge 38 Taf. 43,6.

373. Gräfensteinberg, Ldkr. Gunzenhausen ("Gunzenhausen").- Brandgrab.- Bronzemesser, Keramik, Vollgriffschwert (Typus Riegsee).- F. Holste, Die bronzezeitlichen Vollgriffschwerter Bayerns (1953) 51f. Nr. 14 Taf. 14,6; D. Ankner, Arch. u. Naturwiss. 1, 1977, 364f. mit Abb.

374. Greffern, Kr. Bühl.- Gewässerfund.- Griffzungenschwert (Typus Buchloe/Greffern).- Schauer, Schwerter 150 Nr. 447 Taf. 65, 447.

375. Grenzebach -> Obergrenzebach

376. Griesbach, Niederbayern.- Aus Grabhügeln.- 2 fragmentierte Scheibenkopfnadeln.- P. Reinecke, Germania 19, 1935, 210.

377. Griesham-Einberg, Ldkr. Pfaffenhofen.- Mittelständiges Lappenbeil.- Müller-Karpe, Chronologie 304 Nr. 1 Taf. 195,1.

378. Griesheim, Kr. Darmstadt-Dieburg.- Einzelfund.- Mittelständiges Lappenbeil mit Absatzbildung (675g).- Kibbert, Beile 39 Nr. 39 Taf. 3,39.

379. Griesingen-Obergriesingen, Kr. Ehingen.- Doppelgrab mit Körperbestattungen.- 1 Rixheimschwert, 1 zweinietiger Griffplattendolch, 1 Gürtelhaken (Typus Wilten), 1 Phalere, 1 offener Ring, 8 Nadeln (darunter 1 Spulennadel, 6 Nadeln mit Kugelkopf, 1 unbestimmtes Frg.).- R. Dehn in: Inventaria Arch. Deutschland H. 14 (1967) D 132; Schauer, Schwerter 63 Nr. 198 Taf. 27, 198; 132 B; Beck, Beiträge 86 Abb. 3,4; Kilian-Dirlmeier, Gürtel 51 ("Frühe Urnenfelderzeit") Nr. 101 Taf. 11, 101.

380. Groß-Bieberau, Kr. Darmstadt-Dieburg.- Hügel 3.- Urberachnadel.- Kubach, Nadeln 341 Nr. 805, Taf. 57, 805.

381. Groß-Gerau.- Einzelfund.- Nadel (Typus Guntersblum).- Kubach, Nadeln 375 Taf. 63, 931.

382. Groß-Rohrheim, Kr. Bergstraße.- Grab 1; Urnenbestattung.- 2 Bergen, 4 Ringbruchstücke, 2 nierenförmige Bronzearmringe mit Querrillen" (verloren), 2 Spiralröllchen, 9 Glasperlen, 1 Schmuckscheibe (verziert), 11 weitere Schmuckscheiben, 1 Nadel, 1 viereckiger Stab mit eingerollten Enden, Bronzezylinder, Keramik.- I. Richter, Der Arm- und Beinschmuck der Bronze- und Urnenfelderzeit in Hessen und Rheinhessen (1970) 65 Nr. 348-349 Taf. 22, 348-349.

383. Großauheim, Main-Kinzig-Kreis.- Brandgrab.- Urberachnadel; Beifunde nicht ganz sicher zugehörig: 2 Armringe, Krug.- Kubach, Nadeln 343 Nr. 823 Taf. 58,823.

384. Großetzenberg-Polzhausen.- Kr. Regensburg.- Depot in einer Felsspalte ("zusammengepackt aufrecht").- 7 Zungensicheln (128 g, 135 g, 166 g, 170 g, 147 g, 139 g, 176 g).- Primas, Sicheln 85 Nr. 450 Taf. 24, 450; 86 Nr. 460-461 Taf.25, 460-461; 87 Nr. 476 Taf. 26, 476; 88 Nr. 483-484 Taf. 27, 483-484; 95 Nr. 581 Taf. 35, 581; Stein, Hortfunde Nr. 332 Taf. 108, 5-8; 109, 1-3.

385. Großkrotzenburg, Main-Kinzig-Kreis.- Vermutlich Moorfund.- Mittelständiges Lappenbeil (192g).- Kibbert, Beile 56 Nr. 121 Taf. 9,121.

386. Großlangheim, Ldkr. Kitzingen.- Fundumstände unbekannt.- Mittelständiges Lappenbeil.- O.M. Wilbertz, Die Urnenfelderkultur in Unterfranken (1982) 143 Nr. 86 Taf. 98, 15.

387. Grossweingarten-Wasserzell, Kr. Roth.- Depot.- 4 Brillenspiralen mit rundstabigem Bügel (verloren).- Stein, Hortfunde 145f. Nr. 333.

388. Großvillars, Kr. Vaihingen a.d.Enz.- Einzelfund (?).- Griffangelschwert (Typus Unterhaching nahestehend).- Schauer, Schwerter 84 Nr. 284 Taf. 42, 284.

389. Grubhöh -> Bogenberg-Grubhöh

390. Grundfeld, Ldkr. Staffelstein.- Aus zerstörten Gräbern.- Vasenkopfnadel.- Hennig, Grab und Hort 100 Nr. 66 Taf. 26, 8.

391. Grundfeld, Ldkr. Staffelstein.- Aus zerstörtem Grab.- Lanzenspitze (glatt).- Hennig, Grab und Hort 100 Nr. 66 Taf. 26,1.

392. Grundfeld, Ldkr. Staffelstein.- Körpergrab 1.- Vasenkopfnadel, tordierter Halsreif, Bronzedrahtröllchen, Bronzeblechknopf, 5 mittelgroße Blechknöpfe, 8 Ringlein, Bernsteinperle, Henkelbecher, Amphora, Scherben.- Hennig, Grab und Hort 93 Nr. 66 Taf. 20 1-22.

393. Grundfeld, Ldkr. Staffelstein.- Körpergrab 21.- Vasenkopfnadel, Tonware.- Hennig, Grab und Hort 96 Nr. 66 Taf. 26, 9-10.

394. Grünwald, Ldkr. München.- Aus Gräberfeld.- Griffzungenmesser mit Ringende.- H. Müller-Karpe, Münchner Urnenfelder (1957) Taf. 13 E5.

395. Grünwald, Ldkr. München.- Urnengrab 1.- Bronzetasse, mehrere Ringe mit Vogelprotomen, mehrere gerippte Fingerringe, mehrere Ringe mit Spiraldraht, 2 Vasenkopfnadeln, Gürtelhaken (Typus Wilten), mehrere Manschetten, mehrere Zwingen, mehrere Besatzbuckel, mehrere Haken, 2 Zwillingsarmringe, beschädigter Drillingsarmring, Pinzettenfrg., mehrere Radanhänger, Ring, Bronzescheibe, mehrere Armringe, Urne, 2 Schalen, Becher.- Müller-Karpe, Chronologie 299 Taf. 183; Kilian-Dirlmeier, Gürtel 54 Nr. 134 Taf. 14, 134; G. Kossack, Studien zum Symbolgut der Urnenfelder- und Hallstattzeit Mitteleuropas (1954) 87 Nr. 65.

396. Grünwald, Ldkr. München.- Urnengrab 2.- Fibelfrg., Gürtelhaken (Typus Wilten), Keramik.- Kilian-Dirlmeier, Gürtel 53 Nr. 120 Taf. 13, 120.

397. Grünwald, Ldkr. München.- Urnengrab 12.- Gürtelhaken (Typus Wilten), Vasenkopfnadel, Kugelkopfnadel, Pfriem, Griffdornmesserfrg., Becher, Schale.- Müller-Karpe, Chronologie 299 Taf. 182 D; Kilian-Dirlmeier 52 Nr. 108 Taf. 12, 108.

398. Grünwald, Ldkr. München.- Urnengrab 16.- Gürtelhaken (Typus Untereberfing/Var 2), Nadel mit geripptem Vasenkopf, Frgt. eines tordierten Halsringes, 2 Armringe, kleine Ringchen, Griffplattenmesser.- Kilian-Dirlmeier, Gürtel 47 ("Stufe Hart") Nr. 86 Taf. 9, 86; Müller-Karpe, Chronologie 298 Taf. 182 B.

399. Grünwald, Ldkr. München.- Urnengrab 18.- Vasenkopfnadel, Nähnadel, 1 Fibelfrg., 1 Armringfrg., 1 Messerklingenfrg., Besatzbuckelchen, Gürtelhaken (Typus Wilten).- Kilian-Dirlmeier, Gürtel 54 Nr. 132 Taf. 14, 132.

400. Grünwald, Ldkr. München.- Urnengrab 31.- Gürtelhaken (Typus Wilten).- Kilian-Dirlmeier, Gürtel 51 Nr. 103 Taf. 11, 103.

401. Grünwald, Ldkr. München.- Urnengrab 32.- Gürtelhaken mit Rückenöse (Typus Grünwald), 2 Vasenkopfnadeln, 2 verschmolzene Frgte. eines Messers, 8 Frgte. von 3 tordierten Armringen, Ring, Krug, Napf.- Müller-Karpe, Chronologie 298 Taf. 182 A; Kilian-Dirlmeier, Gürtel 59 Nr. 160 Taf. 16, 160.

402. Grünwald, Ldkr. München.- Urnenbrandgrab 38.- Kugelkopfnadel, Armringfrg., 1 Scheibenkopf mit Rückenöse, Radanhänger, 5 Ringchen, Gürtelhaken (Typus Wilten), Gefäße.- Kilian-Dirlmeier, Gürtel 52 Nr. 110 Taf. 12, 110.

403. Grünwald, Ldkr. München.- Grab 47; Brandbestattung.- Griffzungenmesser angeblich mit Elfenbeinbelag (Typus Matrei), 1 Rasiermesser, 1 Nadelschaft, 1 kleiner Ring, Gußklumpen, 7 Tongefäße.- H. Müller-Karpe, Münchner Urnenfelder (1957) 30 Taf. 12 C.

404. Grünwald, Ldkr. München.- Urnengrab 50.- Frgte. eines Armringes, Spirale (von einer Fibel?), 1 Stielpfeilspitze, Keramik.- H. Müller-Karpe, Münchner Urnenfelder (1957) 30 Taf. 10G.

405. Grünwald, Ldkr. München.- Urnengrab 54.- Vasenkopfnadel, tordiertes Armringfrg., Zylinderhalsurne, Henkelbecher, Schale.- Müller-Karpe, Chronologie 298 Taf. 182 C.

406. Grünwald, Ldkr. München.- Brandgrab 58.- Dreiwulstschwert (alt zerbrochen; unvollständig), Nadel, Doppelknopf.- Müller-Karpe, Vollgriffschwerter 97 Taf. 11D; H. Müller-Karpe, Münchner Urnenfelder (1957) 31 Taf. 11 B.

407. Grünwald, Ldkr. München II.- Hügel 1; Brandbestattung.- 4 Tüllenpfeilspitzen, 1 Armring, 1 Nadel, Gefäßfrgte.- H. Koschick, Die Bronzezeit im südwestlichen Oberbayern (1981) 173 Nr. 89 Taf. 36, 5-10.

408. Grünwald, Ldkr. München/rechts der Isar.- Brandgrab unter Hügel.- 2 verzierte Armringe, Vasenkopfnadel, Nadel (Typus Henfenfeld), Messerfrg., Doppelring, Schale, Henkelkrug mit Wolfszahnmuster.- Müller-Karpe, Inv. Arch. D 20 (1954); H. Koschick, Die Bronzezeit im südwestlichen Oberbayern (1981) Taf. 36, 18-22

409. Grünwald, Ldkr. München rechts der Isar.- Aus Grabhügeln.- Vasenkopfnadelfrg., Messerfrg., Hülse u.a.- H. Koschick, Die Bronzezeit im südwestlichen Oberbayern (1981) 174 Nr. 91 Taf. 38, 1-3.

410. Grünwald, Ldkr. München.- Depot.- 8 Sichelfrgte., 2 Gußkuchenfrgte.- Müller-Karpe, Chronologie Taf. 146 B; Stein, Hortfunde Nr. 334.

411. Gundelshausen, Stadt Kelheim.- Aus der Donau.- Riegseeschwert (fragmentiert).- K. Spindler, Arch. Korrbl. 9, 1979, 277ff. Abb. 1.

412. Gundelsheim, Ldkr. Bamberg.- Körpergrab 1.- Dreiwulstschwert (Typus Erlach), Bronzetasse, Nadel, Griffdornmesser mit Goldzwinge.- Müller-Karpe, Vollgriffschwerter 95 Taf. 5,3; H. Hennig in: K. Spindler (Hrsg.), Vorzeit zwischen Main und Donau (1980) 115ff. Abb. 13,1-4.

413. Gundelsheim, Ldkr. Bamberg.- Körpergrab 3.- 2 große Vasenkopfnadeln, tordierter Halsreif, 2 massive Armringe, fragmentierter Spiralring, weitere Spiralringfrgte., 3 Blechbuckel, 2 kleine Ringe, 8 Spiralröllchen, Etagengefäß, 2 Becher, Turbanrandschale, Tasse, henkelloses Gefäß, Tonscherbe, Schneidenteil eines Amphibolitbeils, kleines trapezförmiges Steinbeil, Kieselstein, Spinnwirtel.- H. Hennig in: K. Spindler, Vorzeit zwischen Main und Donau (1984) 116ff. Abb. 14, 6-11; 15, 1-4.

414. Gundelsheim, Ldkr. Bamberg.- Grab 11.- 1 Rasiermesser, 1 Nadel, 1 Punze, Keramik.- H. Hennig in: K. Spindler (Hrsg.), Vorzeit zwischen Main und Donau (1980) 121 Abb. 12, 6-8; A. Berger, Die Bronzezeit in Ober- und Mittelfranken (1984) 85f. Nr. 10 Taf. 3, 8-11.

415. Guntersblum, Kr. Mainz- Bingen.- Urnenflachgrab.- Nadel (Typus Guntersblum), 2 Armringe, 2 Brillenanhänger, Spiralfingerring, randlose Urne, Gefäßfrg., Zylinderhalsbecher.- Kubach,

Nadeln 372 Nr. 913 Taf. 61, 913; I. Richter, Der Arm- und Beinschmuck der Bronze- und Urnenfelderzeit in Hessen und Rheinhessen (1970) Taf. 83 D.

416. **Günzburg**, Kr. Günzburg.- Gewässerfund.- Griffplattenschwert (Typus Rixheim).- Bayer. Vorgeschbl. Beih. 2, 1988, 65f. Abb. 46,1.

417. **Günzburg**, Kr. Günzburg.- Einzelfund auf römischem Gräberfeld.- A. Stroh, Katalog Günzburg (1952) 11 Taf. 11,5.

418. **Günzburg**, Kr. Günzburg.- Einzelfund.- Nadel (Typus Winklsaß).- A. Stroh, Katalog Günzburg (1952) 14 Nr. 43 Taf. 11,1.

419. **Gustavsburg**, Kr. Groß-Gerau.- Aus dem Rhein.- Urberachnadel.- Kubach, Nadeln 339 Nr.791 Taf. 56,791.

420. **Gutmadingen**, Ldkr. Donaueschingen.- Im Torfstich.- Mohnkopfnadel (Form IIB).- Beck, Beiträge 138 Taf. 41,4.

421. **Haag**, Ortsflur Höfen, Ldkr. Weißenburg.- Grab 1.- Nadel (Typus Horgauergreut), Vasenkopfnadel, Wellennadelfrg., Armring mit Endspiralen, durchlochter Tonkegel, 2 Henkelkrüge, 2 Schalen, Kegelhalsgefäß, weitere Gefäße.- Müller-Karpe, Chronologie 311 Taf. 203 A; Hennig, Grab und Hort 144 Nr. 173 Taf. 73.

422. **Haag**, Ortsflur Höfen, Ldkr. Weißenburg.- Grab 3; Brandbestattung.- Tüllenpfeilspitze, 2 Tongefäße.- Hennig, Grab und Hort 144f. Nr. 173.

423. **Haag**, Ortsflur Höfen, Ldkr. Weißenburg.- Grab 4b; Brandbestattung.- Pfeilspitze, Nadel, 3 Tongefäße.- Hennig, Grab und Hort 145 Nr. 173.

424. **Haag**, Ortsflur Höfen, Ldkr. Weißenburg.- Brandgrab 15 - 2 Nadeln (Typus Horgauergreut), Ring, Bronzeblech mit geometrischer Zier, 2 Kegelkopfnadeln (fragmentiert) 2 Bandringe, 2 Bronzeblechröllchen, deformierte Bronzefrgte., Scherben mehrerer Gefäße; Beigaben teilweise absichtlich zerbrochen.- Müller-Karpe, Chronologie 309f. Taf. 201 A; Hennig, Grab und Hort 146 Nr. 173 Taf. 78, 1-15.

425. **Haag**, Ortsflur Höfen, Ldkr. Weißenburg.- Aus zerstörten Gräbern: u.a. 1 Griffzungenmesser mit Ringgriffende, 2 Tüllenpfeilspitzen, 1 Vasenkopfnadel.- Hennig, Grab und Hort 145 Nr. 173 Taf. 75.

426. **Haag**, Ortsflur Höfen, Ldkr. Weißenburg.- Aus zerstörten Gräbern.- Vasenkopfnadel.- Hennig, Grab und Hort 143 Nr. 173 Taf. 75, 15.

427. **Haaren**, Kr. Büren.- Depot.- 3 mittelständige Lappenbeile.- Kibbert, Beile 45 Nr. 67-69 Taf. 5, 67-69.

428. Hader -> Hütting

429. **Hagenau**, Kr. Regensburg.- Körpergrab (Bz C2).- 1 Griffzungenschwert, 1 Griffplattendolch, 1 Griffzungendolch, 1 mittelständiges Lappenbeil, 4 Tüllenpfeilspitzen, Nadel, 2 Armringpaare, 1 Spiralringpaar, 1 Gürtelhaken, 1 Rasiermesser, 3 Ahlen, 1 Silex, 13 kleinere und 30 größere Nägel, die als Beschlag eines Holzschildes gedeutet werden.- P.F. Stary in: K. Spindler (Hrsg.), Vorzeit zwischen Main und Donau (1984) 46ff.

430. **Haidenkofen**, Ldkr. Regensburg-Süd.- Grab 6.- Nadel (Typus Henfenfeld).- W. Torbrügge, Die Bronzezeit in der Oberpfalz (1959) 203 Taf. 65,6.

431. **Haidlfing**, Kr. Landau a.d. Isar.- Einzelfund.- Griffzungenschwert (Typus Buchloe/Greffern.- Schauer, Schwerter 150 Nr. 448 Taf. 65, 448.

432. **Hainsacker-Riedhöfl**, Kr. Regensburg.- Depot.- 1 Lanzenspitze, 1 Schwertklinge (gewaltsam zerbrochen), 2 Absatzbeile mit spitzer Rast, 2 Knopfsicheln, 1 mittelständiges Lappenbeilfrg., 1 Nadel mit geripptem Hals, 1 Vollgriffmesser (zweischalig gegossen).- Müller-Karpe, Chronologie 286 Taf. 151 A; Stein, Hortfunde 146 Nr. 336.

433. **Halbergmoos**, Ldkr. Freising.- Moorfund im Erdinger Moos.- 2 Mohnkopfnadeln (Form IIIB).- Beck, Beiträge 33; Müller-Karpe, Chronologie 310 Taf. 201 F1-2.

434. **Halle**.- Einzelfund.- Vollgriffdolch.- E. Gersbach, Jahrb. Schweiz. Ges. Urgesch. 49, 1962, 11 Abb. 1,12.

435. **Hals**, Ldkr. Passau, Niederbayern.- Dreiwulstschwert (Typus Erlach).- Müller-Karpe, Vollgriffschwerter Taf. 16,8.

436. Hanau -> Bruchköbel

437. **Hanau**, Main-Kinzig-Kreis, Bebraer Bahnhofstr. Grab 1, Brandgrab.- 2 Vasenkopfnadeln (davon eine gerippt), Frg. einer Phalere, Knopf mit Rückenöse, 6 Besatzbuckelchen, 2 Drillingsarmringe (davon eine fragmentiert), zahlreiche Spiralröllchen, offenes Blechröllchen, 13 kleine Ringe, 3 kleine Ringe mit Fortsatz, gewinkeltes Bronzestück, "Rest einer Pfeilspitze", 2 Frgte. eines Griffdornmessers, dünnes Goldblättchen, rillenverzierter Becher, 3 Schalen.- Kubach, Nadeln 386 Nr. 954.956 Taf. 121 D.

438. **Hanau**, Main-Kinzig-Kreis.- Lehrhofer Heide Grab 6, Brandbestattung.- Lanzenspitze mit gestuftem Blatt, Frg. eines Griffdornmessers (vermutlich mit gelochtem Dorn), Ring mit eingehängtem Haken, Keramik.- H. Müller-Karpe, Die Urnenfelderkultur im Hanauer Land (1948) 66 Taf. 12 B.

439. **Hart a.d. Alz**, Ldkr. Altötting.- Brandgrab.- Dreiwulstschwert (Typus Erlach), Griffdornmesser, Bronzeeimer (Typus Kurd), Bronzetasse, Sieb, 2 Tüllenpfeilspitzen mit Dorn, 1 Stielpfeilspitze, 1 Spiraldrahtring, 1 Ring mit linsenförmigem Querschnitt, Wagenteile.- Müller-Karpe, Bayer. Vorgeschbl. 21, 1956, 46ff. mit Abb.; Müller-Karpe, Vollgriffschwerter Taf. 4,2; 6.

440. **Haspelmoor**, Gde. Hattenhofen, Ldkr. Fürstenfeldbruck.- Mittelständiges Lappenbeil.- Müller-Karpe, Chronologie 305 Nr. 38 Taf. 195, 38.

441. **Hattenheim** (?), Rheingaukreis.- Einzelfund.- Mittelständiges Lappenbeil.- Kibbert, Beile 46 Nr. 75 Taf. 5, 75.

442. **Hattenhofen**, Ldkr. Fürstenfeldbruck.- Moorfund.- Griffzungenmesser (Typus Baierdorf nahestehend).- H. Koschick, Die Bronzezeit im südwestlichen Oberbayern (1981) 152 Nr. 24 Taf. 9,5.

443. **Hausen**, Stadt Obertshausen, Kr. Offenbach.- Gemeindewald, Waldbez. 12, Grab 3; Brandgrab in Steinkranz.- Funde u.a. Binninger Nadel, 2 Armringe mit Leiterbandzier, 1 Blechknopf, Keramik.- W. Kubach in: M. Gedl (Hrsg.), Die Anfänge der Urnenfelderkulturen in Europa (1991) 145 Abb. 1.

444. **Heglau-Dürrnhof**, Kr. Ansbach.- Depot in mooriger Umgebung.- Beinberge, 3 große Brillenspiralen.- Müller-Karpe, Chronologie 289 Taf. 160 A; Stein, Hortfunde 147 Nr. 338.

445. **Heidelberg**.- Körperbestattung.- Rasiermesser (Typus Lampertheim), Nadel, Messer mit durchlochtem Griffdorn, Ringchen, Becher, Tierrippen.- Jockenhövel, Rasiermesser 97 Nr. 124 Taf. 11, 124; 65 B.

446. **Heidenfeld**, Ldkr. Schweinfurt.- Depot am Mainufer; Flußfunde (?).- 5 Brillenspiralen.- G. Diemer, Arch. Jahr. Bayern 1987, 60ff. Abb. 30.

447. **Heilbronn-Neckargartach**.- Gußformendepot (Ha B).- O.

Paret, Germania 32, 1954, 7ff. Taf. 8, 15-16.

448. Heilbronn.- Baggerfund aus der Neckarniederung.- Griffzungenschwert (Typus Hemigkofen/Var. Elsenfeld).- Schauer, Schwerter 163 Nr. 482 Taf. 71, 482.

449. Heilbronn.- Mittelständiges Lappenbeil.- R. Dehn, Die Urnenfelderkultur in Nordwürttemberg (1972) 102; Fundber. Schwaben NF 16, 1962, 229 Taf. 25,5.

450. Heiligenstein, Kr. Speyer.- Vermutlich Grab.- Rasiermesser (Typus Dietzenbach).- Jockenhövel, Rasiermesser 106 Nr. 150 Taf. 13, 150.

451. Heimbach, Kr. Neuwied.- Urnengrab (Ha A2).- Nadel, Messer mit umgeschlagenem Griffdorn, Rasiermesser (Typus Dietzenbach), Keramik.- Jockenhövel, Rasiermesser 106f. Nr. 155 Taf. 13, 155.

452. Heldenbergen, Wetteraukreis.- Steinkistengrab; Brandbestattung.- 3 Tüllenpfeilspitzen, 1 Lanzenspitze, Reste einer Bronzeziste (?), Plattenkopfnadel, mehrere Nadelfrgte., Frgte. einer Wellenbügelfibel, 1 kleines Bronzestück.- F.-R. Herrmann, Die Funde der Urnenfelderkultur in Mittel- und Südhessen (1966) 120f. Nr. 357 Taf. 111B.

453. Heldritt, Gde Rodach, Ldkr. Coburg.- Körpergrab unter Hügel.- Dolch mit dreieckiger Griffplatte, Deinsdorfer Nadel, Randleistenbeil, Brillenspirale, Spiralröllchen, Rinderzahn.- A. Berger, Die Bronzezeit in Ober- und Mittelfranken (1984) 96 Nr. 58 Taf. 14, 11-15.

454. Hellmitzheim, Ldkr. Schweinfeld.- Grabhügel; Brandbestattung.- 2 Rollennadeln, 1 Punze, 1 Tüllenpfeilspitze, 1 Armring (Tonurne verschollen).- Hennig, Grab und Hort 139 Nr. 157 Taf. 71, 9-11.

455. Hemigkofen, Kr. Tettnang.- Grab; Brandbestattung.- Griffdornmesser mit durchlochtem Griffdorn, Griffzungenschwert (Typus Hemigkofen).- Schauer, Schwerter 157 Nr. 461 Taf. 144 B.

456. Henfenfeld, Ldkr. Hersbruck.- Grab 1.- Hennig, Grab und Hort Nr. 117 Taf. 55, 7-12.

457. Henfenfeld, Ldkr. Hersbruck.- Grab 10.- Nadel mit kugeligem Kopf, Halsreif, tordierter Halsreif, Blechknopf, Bronzering mit übergeschlagenen Enden, 2 Nadeln (Typus Urberach, Typus Henfenfeld), Feuersteinklinge, Rötel, Graphit, Henkelbecher.- Hennig, Grab und Hort 125 Taf. 57, 10-17.

458. Henfenfeld, Ldkr. Hersbruck.- Fund 12-21; Körpergrab; Doppelbestattung.- 2 Nadeln, 1 Nadelfrg., Bronzering, Frg. eines Bronzerings, Rasiermesser (Typus Stadecken), Henkeltasse.- Jockenhövel, Rasiermesser 69 ("Riegsee-Stufe") Nr. 66 Taf. 56 F.

459. Henfenfeld, Ldkr. Hersbruck.- Fund 34-40.- Körpergrab; vermutlich Doppelbestattung.- Nadel, 2 Messer, Rasiermesser (Typus Stadecken).- Jockenhövel, Rasiermesser 69 ("Riegsee-Stufe") Nr. 67 Taf. 57 A.

460. Henfenfeld, Ldkr. Hersbruck.- Aus zerstörten Gräbern.- Nadel mit verziertem Kugelkopf.- Hennig, Grab und Hort Nr. 117 Taf. 57, 1-5.

461-465. entfallen

466. Henfenfeld, Ldkr. Nürnberger Land.- Depot.- Vollgriffschwertfrg. (Typus Riegsee nahestehend), 4 Lanzenspitzen, 14 Lappenbeile und Frgte., 1 Tüllenmeißel, 5 Zungensicheln u. Frgte., 5 Nadeln und Frgte. (Typus Horgauergreut, Typus Lazany, Nadel mit gerippptem Kolbenkopf), 2 offene Ringe, 1 Spirale, 25 Frgte. von plankonvexen Barren.- F.-R. Herrmann, Jahresber. Bayer. Bodendenkmalpfl. 11/12, 1970/71, 75ff. Abb. 12-16; D. Ankner, Arch. u. Naturwiss. 1, 1977, 366f. m. Abb.

467. Hergolshausen, Ldkr. Schweinfurt.- In einer alten Mainschlinge.- Mittelständiges Lappenbeil.- Fundber. Unterfranken 1979, 105 Abb. 16,5.

468. Herlheim, Ldkr. Schweinfurt.- Körperbestattung in Grabhügel.- Vollgriffschwert (Typus Riegsee nahestehend), Rasiermesser, Griffplattenmesser, Nadel, Halsring, 6 Keramikgefäße.- B.-U. Abels, Arch. Korrbl. 5, 1975, 27ff. mit Abb; O.M. Wilbertz, Die Urnenfelderkultur in Unterfranken (1982) 194f. Nr. 205 Taf. 74.

469. Herlheim, Ldkr. Schweinfurt.- Fundumstände? (vermutlich Grab).- 2 Vasenkopfnadeln.- H. Hennig in: K. Spindler (Hrsg.), Vorzeit zwischen Main und Donau (1984), 145 Abb. 29, 3-4.

470. Hermaringen, Kr. Heidenheim, Württemberg.- Einzelfund.- Dreiwulstschwert (Typus Erlach).- Müller-Karpe, Vollgriffschwerter 94 Taf. 4,8.

471. Herrnwahlthann, Ldkr. Kelheim.- Grab 2 ; Brandbestattung.- Rasiermesser mit Rahmengriff, 1 Nadel mit profiliertem Kopf, 1 Griffdornmesser, 2 Tüllenpfeilspitzen, "Urne", Zylinderhalsgefäß, mehrere Schalen.- Jockenhövel, Rasiermesser 107 Nr. 159 Taf. 13, 159; U. Pfauth, Ber. Bayer. Bodendenkmalpfl. 28/29, 1987-88, 56 Taf. 4.

472. Hesselberg (Schlaifhausen), Kr. Forchheim.- Depot in Höhensiedlung (1979).- 3 mittelständige Lappenbeile.- A. Berger, Die Bronzezeit in Ober- und Mittelfranken (1984) 105 Nr. 84 Taf. 30, 15-17.

473. Hesselberg, Kr. Forchheim.- Höhenfund.- Lanzenspitze mit Kurztülle.- H. Hornung, "Germanenerbe" 1939, 104 Abb. 9.

474. Hesselberg, Kr. Forchheim.- Höhensiedlung (Nordhang des Burgwalles).- Halsfragment eines Kompositpanzers (?).- O. Kytlicová, Arch. Rozhledy 40, 1988, 306ff. Abb. 1,2; 2B.

475. Hessen (Großherzogtum).- Nadel (Typus Guntersblum).- Kubach, Nadeln 375 Nr. 927 Taf. 62,927.

476. Heuchelheim, Kr. Gießen.- Aus der Lahn.- Griffplattenschwert (Typus Rixheim verwandt).- Deponierungen I Taf. 6,3.

477. Hienheim, Ldkr. Kelheim.- Aus einem Grabhügel.- Nadel (Typus Henfenfeld nahestehend).- A. Hochstetter, Die Hügelgräber-Bronzezeit in Niederbayern (1980) 130 Nr. 103 Taf. 37,7.

478. Himmelstadt, Kr. Karlstadt.- Nadel (Typus Urberach).- Bayer. Vorgeschbl. 26, 1961, 275 Abb. 20.

479. Hochheim, Main-Taunus-Kreis.- Aus dem Main.- 1 glattes Trensenmittelstück.- F.-R. Herrmann, Die Funde der Urnenfelderkultur in Mittel- und Südhessen (1966) 75 Nr.128 Taf. 208G.

480. Hochstädt-Blindheim, Ldkr. Dillingen.- Mittelständiges Lappenbeil.- Müller-Karpe, Chronologie 304 Nr. 2 Taf. 195,2.

481. Högl, Ldkr. Berchtesgaden, Oberbayern.- Vielleicht Grabfund.- Dreiwulstschwert (in 5 Stücke zerbrochen; Typus Högl).- Müller-Karpe, Vollgriffschwerter 105 Taf. 30,4.

482. Höf und Haid, Gem. Flieden, Kr. Fulda.- Einzelfund.- Mittelständiges Lappenbeil (Typus Grignay; 440g).- Kibbert Beile 50 Nr. 89 Taf. 7,89.

483. Hofheim i.Ufr., Ldkr. Hassberge.- "Fundort unsicher".- Mittelständiges Lappenbeil (Typus Grigny).- O.M. Wilbertz, Die Urnenfelderkultur in Unterfranken (1982) 131 Nr. 54 Taf. 103,3.

484. Hofoldinger Forst, Ldkr. Bad Aibling.- Urnengrab 17.- 2 gerippte Vasenkopfnadeln, Messerklingenspitze, Gürtelhakenfrg.,

Henkelgefäßfrg., Scherben einer Schale, einer Urne, mehrere Bronzefrgte.- Müller-Karpe, Chronologie 300 Taf. 185 C.

485. Högl, Ldkr. Berchtesgaden, Oberbayern.- Vielleicht Grabfund.- Dreiwulstschwert (in 5 Stücke zerbrochen; Typus Högl).- Müller-Karpe, Vollgriffschwerter 105 Taf. 30,4.

486. Hohenaschau-Weidachwies, Kr. Rosenheim.- Depot (1922).- 1 gezackte Vasenkopfnadelfrg., 2 mittelständige Lappenbeile, 1 Beilschneidenfrg., 14 Sicheln (davon 4 unfragmentiert und 8 sichere Zungensicheln), 1 Blechbuckel, 7 Blechfrg., 1 Gußkuchen, 5 Gußbrocken.- Müller-Karpe, Chronologie Taf. 146 A1; W. Torbrügge, Vor- und Frühgeschichte im Landkreis Rosenheim (1959) 104f. Nr. 71 Taf. 6-7; Stein, Hortfunde 148f. Nr. 340; Primas, Sicheln 94 Nr. 553 Taf. 32, 553.

487. Hohenpeissenberg, Ldkr. Schongau.- Mittelständiges Lappenbeil.- Müller-Karpe, Chronologie 305 Nr. 32 Taf. 195, 32.

488. Hohenschwangau, Ldkr. Füssen.- Mittelständiges Lappenbeil.- Müller-Karpe, Chronologie 305 Nr. 44 Taf. 195, 44.

489. Hohenschwangau, Ldkr. Füssen.- Mittelständiges Lappenbeil.- Müller-Karpe, Chronologie 305 Nr. 45 Taf. 195, 45.

490. Hohensülzen, Kr. Alzey-Worms.- Einzelfund.- Nadel (Typus Guntersblum).- Kubach, Nadeln 376 Nr. 932 Taf. 63,932.

491. Holzheim, Ldkr. Dillingen.- Urnengrab.- Nadel (Typus Winklsaß), Zwillingsarmring, Keramikscherben.- Bayer. Vorgeschbl. 22, 1957, 148 Abb. 20,1-2.

492. Homburg-Schwarzenbach.- Grab oder Grabfunde; Geschlossenheit fraglich.- 1 Griffzungenschwert in sechs Fragmenten, 1 Lanzenspitze mit langem freien Tüllenteil, 1 Dornpfeilspitze, 1 Wollmesheimnadel, 2 Fibelfrgte., Armringe, kleine Ringe, Bergenfrg.- A. Kolling, Späte Bronzezeit an Saar und Mosel (1968) 172 Taf. 35.

493. Honau, Ldkr. Reutlingen.- Pyramidenkopfnadel.- Beck, Beiträge 43 Taf. 40, 20; A. Rieth, Vorgeschichte der Schwäbischen Alb (1938) 77 Abb. 29,3.

494. Horgauergreut, Kr. Augsburg-West.- Depot. - 1 Frg. einer Blattbügelfibel, 2 Nadelfrgte. (Typus Horgauergreut), 1 Nadelschaft, 1 rundstabiges Armringfrg., 5 tordierte Armringfrgte., 3 Frgte. von "Weißmetallringen", 3 mittelständige Lappenbeilfrgte., 1 Schneidenfrg., 12 Sichelfrgte. (von denen zwei aneinander passen), davon 3 Zungenfrg. mit Alveolenzier, 1 Bronzefrg., 1 zerschmolzenes Schwert- oder Lanzenspitzenfrg., 3 Gußbrocken, (dazu vielleicht noch eine Lanzenspitze).- Müller-Karpe, Chronologie 284 Taf. 147 A; Stein, Hortfunde 149f. Nr. 341; P. Betzler, Die Fibeln in Süddeutschland, Österreich und der Schweiz (1974) 51 Nr. 111 Taf. 7,111.

495. Hüfingen, Ldkr. Donaueschingen.- Mohnkopfnadel (Form IIIA).- Beck, Beiträge 32; E. Sangmeister, Bad. Fundber. 22, 1962, 9.11.16 Taf. 4,2.

496. Hünfeld, Kr. Fulda.- Einzelfund.- Lanzenspitze.- Deponierungen I Taf. 4,4.

497. Hundersingen, Kr. Biberach.- "Thalhau" am Rand von Hügel 4 auf dem anstehenden Boden.- Nadel (Typus Binningen).- Beck, Beiträge 144 Taf. 50, 24.

498. Hundersingen, Ldkr. Saulgau.- Heuneburg.- Pyramidenkopfnadel.- Beck, Beiträge 43; W. Kimmig in: Ausgrabungen in Deutschland, gefördert von der Deutschen Forschungsgemeinschaft 1950-1975 (1975) I 192ff. Abb. 3,1.

499. Hundersingen, Ldkr. Saulgau.- Grabhügel.- 1 Bronzetasse, 1 Messer mit umgeschlagenem Griffdorn, 1 Eberzahn.- Nachweis. C. Jacob (Diss. FU Berlin; erscheint als PBF-Band).

500. Hütting, Kr. Passau.- Brandbestattung unter Hügel.- Funde u.a. Wagenteile, Lanzenspitzenfrg. mit gestuftem Blatt, Gußbrocken.- J. Pätzold, H.-P. Uenze, Vor- und Frühgeschichte im Landkreis Griesbach (1963) 65 Taf. 28-31.

501. Icking, Ldkr. Wolfratshausen.- Aus der Isar.- Achtkantschwert.- F. Holste, Die bronzezeitlichen Vollgriffschwerter Bayerns (1953) 47 Nr. 7 Taf. 10,2.

502. Icking, Ldkr. Wolfratshausen.- Mittelständiges Lappenbeil.- Müller-Karpe, Chronologie 304 Nr. 16 Taf. 195, 16.

503. Iggelheim, Kr. Ludwigshafen.- Mittelständiges Lappenbeil (Typus Grigny; 166g).- Kibbert, Beile 52 Nr. 115 Taf. 9, 115.

504. Ihringen, Kr. Freiburg.- Hügel R; Fundgruppe 2.- Dolchfrgte., stempelverzierte Keramik.- W. Kimmig, Die Urnenfelderkultur in Baden (1940) Taf. 4 A.

505. Illertissen, Ldkr. Neu-Ulm.- Brandgrab.- Dreiwulstschwert (Typus Illertissen).- Müller-Karpe, Vollgriffschwerter 98 Taf. 14,1.

505A. Illertissen, Ldkr. Neu-Ulm.- Aus der Iller.- Griffzungenschwert.- Bayer. Vorgeschbl. Beih. 5, 1992, 73 Abb. 45.

506. Ilvesheim, Rhein-Neckar-Kreis.- Gezackte Nadel.- Beck, Beiträge 10; H. Köster, Die mittlere Bronzezeit im nördlichen Rheintalgraben (1968) 99 Taf. 27,10.

507. Ilvesheim, Rhein-Neckar-Kreis.- Körperdoppelgrab.- Nadel (Typus Büchelberg), Henkelkrug.- I. Jensen, Fundber. Baden-Württemberg 8, 1983, 1ff. Abb. 2, 1-2.

508. Immenstaad, Bodenseekreis.- Seerandsiedlung.- Radanhänger.- U. Wels-Weyrauch, Die Anhänger und Halsringe in Süddeutschland und Nordbayern (1978), Anhänger 71 Nr. 349.

509. Ingolstadt.- Aus Kiesgrube.- Frg. eines Griffzungenmessers (Typus Matrei).- Bayer. Vorgeschbl. 27, 1962, 209 Abb. 26, 4.

510. Ingolstadt (Umgebung).- Lappenmeißel.- Müller-Karpe, Chronologie 305 Nr. 31 Taf. 195, 31. Hier Taf. 19,3.

511. Inning am Ammersee, Ldkr. Starnberg.- Grabhügel; Brandbestattung.- Tüllenpfeilpitze, Ringfrg. (?), Gefäßfrgte.- Datierung ?.- H. Koschick, Die Bronzezeit im südwestlichen Oberbayern (1981) 209 Nr. 184A Taf. 104, 1-2.

512. Innzell, Ldkr. Traunstein.- Mittelständiges Lappenbeil (Typus Freudenberg/Var. Retz).- Müller-Karpe, Chronologie 305 Nr. 20 Taf. 195, 30.

513. Iphofen-Nenzenheim, Ldkr. Kitzingen.- Depot.- 1 Armring, 1 kleiner geschlossener Ring in verbogenen Nadelschaft eingehängt, 6 Brillenspiralfrgte., 1 kleines Spiralfrg., 1 Armringrohguß, 2 Nadelschaftfrgte., 7 Sichelfrgte. (davon 3 Zungensichelfrgte.), 3 mittelständige Lappenbeile (zwei fragmentiert), 3 Lanzenspitzenfrgte., 1 Schwertklingenfrg., 5 Gußkuchenfrgte.- O.M. Wilbertz, Die Urnenfelderkultur in Unterfranken (1982) 144 Nr. 91 Taf. 93; U. Wels-Weyrauch, Die Anhänger und Halsringe in Süddeutschland und Nordbayern (1978), Anhänger 97 Nr. 581 Taf. 30, 581a-f; Stein, Hortfunde Nr. 354.

514. Irlbach (Ödgodlricht), Ldkr. Lengenfeld.- Körpergrab (?) unter Hügel.- 2 dünne Ringe, Kugelkopfnadel, Scheibenkopfnadel, Halsring, Halsringfrg., hellgrüne Glasperle.- Reinecke, Germania 19, 1935, 208 Abb. 1; W. Torbrügge, Die Bronzezeit in der Oberpfalz (1959) 109 Nr. 14 Taf. 8, 1-5.

515. Irlbach, Ldkr. Straubing.- Einzelfund.- Mittelständiges

Lappenbeil.- Bayer. Vorgeschbl. 23, 1958, 149.

516. Ittling, Ldkr. Straubing, Niederbayern.- Brandgrab.- Dreiwulstschwert (alt in 2 Teile zerbrochen; Typus Erlach), Scherben.- Müller-Karpe, Vollgriffschwerter 95 Taf. 5,1.

517. Jagstzell-Dankoltsweiler, Ldkr. Aalen.- Depot.- 1 gezackte Trompetenkopfnadel (Form A; 37g), 1 Rasiermesserfrg. (15g), 4 Beilfrgte. (140g, 212g, 302g), 2 Sichelfrgte., 12 Fragmente plankonvexer Barren (573g, 599g, 471g, 119g).- Fundber. Schwaben NF 7, 1930-32, 21f. Taf. 2,1; Germania 16, 1932, 236 Abb. 16; Beck, Beiträge 13 Taf. 2 C; R. Dehn, Die Urnenfelderkultur in Nordwürttemberg (1972) 99.

518. Jochberg -> Weißbach

519. Kahl, Ldkr. Aschaffenburg.- Körpergrab.- Urberachnadel.- Frankenland NF 32, 1980, 105f. Abb. 17,6; W. Kubach, Die Stufe Wölfersheim im Rhein-Main-Gebiet (1984) 34f. Nr. 28 Taf. 24 A.

520. Kainsbach, Ldkr. Hersbruck.- Grab oder Grabfunde.- Vollgriffmesser, 5 Armringe, 5 Nadeln.- Hennig, Grab und Hort Nr. 121 Taf. 61, 2-14.

521. Kallmünz, Kr. Regensburg.- Depot in Höhle (1928).- Oberteil einer Nagelkopfnadel, 1 Armringfrg., 1 Dolchfrg., 1 Beilfrg., 12 Sichelfrgte.- Müller-Karpe, Chronologie 290 Taf. 161 B; Stein, Hortfunde Nr. 342; Primas, Sicheln 94 Nr. 561 Taf. 33, 561.

522. Kandel, Kr. Germersheim.- Mittelständiges Lappenbeil mit Absatzbildung.- Kibbert, Beile 38 Nr. 32 Taf. 2, 32.

523. Karbach, Ldkr. Main-Spessart.- Grab 4; Körperbestattung.- 1 Griffangelmesser, 1 Tüllenpfeilspitze.- O.M. Wilbertz, Die Urnenfelderkultur in Unterfranken (1982) 156 Nr. 112 Taf. 49, 1-2.

524. Karlstein, Ldkr. Berchtesgaden.- Brandgrab.- Dreiwulstschwert (verbogen und zerbrochen; Typus Aldrans), Meißelchen, Griffdornmesser.- Müller-Karpe, Vollgriffschwerter 106 Taf. 32,5.

525. Karlstein, Kr. Reichenhall.- "Eisenbichl"; Depot.- 1 Griffzungensichel, mehrere Gußbrocken.- Primas, Sicheln 85 Nr. 453 Taf. 24, 453.

526. Kasendorf, Ldkr. Kulmbach.- Körpergrab 1 in Hügel.- Henkelgefäß, Spinnwirtel.- A. Berger, Die Bronzezeit in Ober- und Mittelfranken (1984) Nr. 88 TAf. 32, 1-2.

527. Kasendorf (Azendorf), Ldkr. Kulmbach.- Hügelgrab; Bestattung 2.- Mittelständiges Lappenbeil, Henfenfelder Nadel mit kleiner Kopfplatte.- A. Berger, Die Bronzezeit in Ober- und Mittelfranken (1984) 106 Nr. 88 Taf. 32, 3-4.

528. Kasendorf, Ldkr. Kulmbach, Körpergrab 3 in Hügel.- Henkelgefäß, Kugelkopfnadel.- A. Berger, Die Bronzezeit in Ober- und Mittelfranken (1984) Nr. 88 Taf. 32, 5-6.

529. Kassel-Waldau.- Aus einem Altarm der Fulda.- Mittelständiges Lappenbeil.- Kibbert, Beile 45 Nr. 63 Taf. 5, 63.

530. Kastel-Staadt, Kr. Trier-Saarburg.- Mittelständiges Lappenbeil (mit Absatzbildung; Lappen facettiert; 822g).- Kibbert, Beile 40 Nr. 41 Taf. 3, 41.

531. Kastl-Bichl, Ldkr. Altötting.- Einzelfund.- Mittelständiges Lappenbeil (danubische Form).- Bayer. Vorgeschbl. 1968, 150; 162 Abb. 55,5.

532. Kehlmünz-Münchzell, Kr. Ansbach.- Depot.- 1 mittelständiges Lappenbeil (zerbrochen), 4 Frgte. plankonvexer Barren.- Stein, Hortfunde Nr. 346; F.-R. Herrmann, Arch. Korrbl. 4, 1974, 147ff. Abb. 1; Hennig, Grab und Hort 103 Nr. 75.

533. Kellmünz, Ldkr. Illertissen.- Aus der Iller.- Achtkantschwert.- F. Holste, Die bronzezeitlichen Vollgriffschwerter Bayerns (1953) 47 Nr. 2 Taf. 10,5.

534. Kellmünz, Ldkr. Illertissen.- Aus der Iller.- Griffzungenschwert (Typus Riedheim).- Schauer, Schwerter 155 Nr. 452.

535. Kellmünz, Ldkr. Illertissen.- Aus der Iller.- Schwert mit schmaler Griffplatte und seitlichen Nietkerben (Typus Rixheim nahestehend).- Schauer, Schwerter 77 Nr. 247 Taf. 35, 247.

536. Kellmünz, Ldkr. Illertissen, aus der Iller.- Messer mit umlapptem Ringgriff (Form A).- Müller-Karpe, Chronologie 309 Taf. 200 D1.

537. Kelsterbach, Kr. Groß-Gerau.- "Zerstörtes Hügelgrab".- Urberachnadel, kleiner Brillenanhänger, Bruchstücke zweier Beinbergen, Henkeltopf.- Kubach, Nadeln 345 Nr. 843 Taf. 58, 843; W. Kubach, Die Stufe Wölfersheim im Rhein-Main-Gebiet (1984) 35 Nr. 29 Taf. 29A; I. Richter, Der Arm- und Beinschmuck der Bronze- und Urnenfelderzeit in Hessen und Rheinhessen (1970) 58 Nr. 322-323 Taf. 17, 322-323.

538. Kenn, Kr. Trier-Saarburg.- Einzelfund.- Mittelständiges Lappenbeil (Typus Grigny; 286g).- Kibbert, Beile 50 Nr. 90 Taf. 7,90.

539. Kersbach, Ldkr. Forchheim.- Brandgrab in Urne.- 2 lange verbogene Nadeln, 5 teilw. fragmentierte tordierte Halsringe, 2 Fingerringe, 2 Armringe, Urne, weitere Gefäßfragmente.- Ausgr. u. Funde Oberfranken 5, 1985-85, 20 Abb. 22.

540. Kirchardt, Kr. Sinsheim.- Griffangelschwert (Typus Unterhaching nahestehend).- Schauer, Schwerter 84 Nr. 285 Taf. 42, 285.

541. Kirchdorf a.d. Iller, Kr. Biberach, Württemberg.- Aus der Iller.- Dreiwulstschwert (Typus Erlach).- Müller-Karpe, Vollgriffschwerter 94 Taf. 4,3.

542. Kirchehrenbach, Ldkr. Forchheim.- Einzeldeponierung auf Höhenanlage Ehrenbürg.- Dolch mit dreinietiger Griffplatte.- B.-U. Abels, Arch. Jahr Bayern 1985, 65ff. Abb. 29; Bayer. Vorgeschbl. 1987 Beih. 1, 83; 85 Abb. 58,1.

543. Kirchtellinsfurt, Ldkr. Tübingen.- Aus altem Neckarlauf.- Fundber. Baden-Württemberg 2, 1975, 81f. Taf. 193B.

544. Kirchtellinsfurt, Ldkr. Tübingen.- Aus Kiesgrube.- Fundber. Schwaben NF 18/2, 51 Taf. 1, 2-3.

545. Kissing, Ldkr. Aichach-Friedberg.- Einzelfund (nach Holste vermutlich aus Grabhügel; nach Müller-Karpe Fundumstände unbekannt).- Vollgriffschwert (Typus Riegsee).- F. Holste, Die bronzezeitlichen Vollgriffschwerter Bayerns (1953) 51 Nr. 3 Taf. 14,5; D. Ankner, Arch. u. Naturwiss. 1, 1977, 368f. mit Abb; Müller-Karpe, Vollgriffschwerter 93 Taf. 3,1.

546. Kitzingen-Etwashausen, Ldkr. Kitzingen.- Grab 11; Körperbestattung.- Griffplattenmesser, Nadel mit eiförmigem Kopf, Rasiermesser, Lanzenspitze, Phalere, Kegelhalsgefäß, Tassenfrg., Tierknochen.- O.M. Wilbertz, Die Urnenfelderkultur in Unterfranken (1982) 146f. Taf. 68, 1-7.

547. Klingenstein, Kr. Ulm.- Einzelfund einer Nadel (Typus Horgauergreut).- R. Dehn, Die Urnenfelderkultur in Nordwürttemberg (1972) 102; F.-R. Herrmann, Jahresber. Bayer. Bodendenkmalpfl. 11/12, 1970/71, 89 Abb. 11,8.

548. Klugham, Ldkr. Mühldorf a. Inn.- Aus dem alten Innbett.- Vollgriffschwert (Typus Riegsee/Var. Speyer).- F. Holste, Die bronzezeitlichen Vollgriffschwerter Bayerns (1953) 51 Nr. 9 Taf. 13,3; D. Ankner, Arch. u. Naturwiss. 1, 1977, 370f. mit Abb; P.

Schauer, Jahrb. RGZM 20, 1973, 78 Nr. 14.

549. Kochel, Ldkr. Bad Tölz.- Moorfund.- Nadel (Typus Paudorf).- Bayer. Vorgeschbl. 27, 1962, 200 Abb. 23,2.

550. Köfering, Ldkr. Amberg.- Körpergrab unter Hügel II.- Dolch mit dreieckiger Griffplatte, Scheibenkopfnadel, Nadelschaftfrg., Spiralscheibe, Keramikscherbe.- Reinecke, Germania 19, 1935, 206ff. Taf. 29; W. Torbrügge, Die Bronzezeit in der Oberpfalz (1959) 109f. Nr. 16 Taf. 8, 9-13.

551. Köfering, Ldkr. Regensburg.- Siedlungsfund (?).- Nadel (Typus Winklsaß).- Bayer. Vorgeschbl. 26, 1961, 280 Abb. 22,3.

552. Königsbronn, Kr. Heidenheim.- Brandgrab.- Fragmentierte Lanzenspitze mit gestuftem Blatt, 1 Winkeltülle mit Vogelaufsatz (von einem Wagen?), 3 plastische Vögel mit Blechzwingen, 3 Sterne, 1 stilisierte plastische Vogelbarke, Stangenknebel.- Jahrb. Staatl. Kunstsammlungen Baden-Württemberg 10, 1973, 247f. Abb.1; H.-G. Hüttel, Bronzezeitliche Trensen in Mittel- und Südosteuropa. PBF XVI,2 (1981) 128-183 Taf. 17, 182-183.

553. Königsdorf, Ldkr. Wolfratshausen.- Am Isarufer.- Achtkantschwert.- F. Holste, Die bronzezeitlichen Vollgriffschwerter Bayerns (1953) 47 Nr. 8 Taf. 9,8.

554. Köppern, Hochtaunuskreis.- Mittelständiges Lappenbeil (mit Absatzbildung; 421g).- Kibbert, Beile 39 Nr. 37 Taf. 3, 37.

555. Kordel, Kr. Trier-Saarburg.- Einzelfund am Abhang des Vogelknapp.- Mittelständiges Lappenbeil (Typus Grigny; 800g).- Kibbert, Beile 50 Nr. 93 Taf. 7, 93.

556. Kraiburg, Ldkr. Mühldorf a. Inn.- Aus dem Inn.- Vollgriffschwert (Typus Riegsee).- F. Holste, Die bronzezeitlichen Vollgriffschwerter Bayerns (1953) 51 Nr. 10 Taf. 13,5; D. Ankner, Arch. u. Naturwiss. 1, 1977, 372f. mit Abb.

557. Kraiburg, Ldkr. Mühldorf.- Aus dem Inn.- Dreiwulstschwert (Typus Erlach).- Müller-Karpe, Vollgriffschwerter 95 Taf. 5,2; W. Torbrügge, Bayer. Vorgeschbl. 25, 1960, 67 Nr. 22 Abb. 26,5.

558. Kraiburg -> Froschau

559. Kreßbronn-Hemigkofen, Kr. Tettnang.- Brandgrab.- 1 Rixheimschwert, 1 Vollgriffdolch, 1 Lanzenspitze, wohl 3 Nadeln (darunter eine Kolbenkopf- und eine Kugelkopfnadel), 1 Bronzestück, 1 vierkantiger Meißel oder Pfriem, 2 Spiralen, 4 Blechreste, 8 Kegelkopfniete, 49 Ziernägel im Bereich einer kreisrunden Verfärbung (Schildnagelung?), 5 Pflockniete, 3 Keramikgefäße.- H. Wocher, Germania 43, 1965, 17ff. Abb. 1-4; R. Dehn in: Inv. Arch. Deutschland H. 14 (1967) D 131; Schauer, Schwerter 65 Nr. 213 Taf. 29, 213; 133 A; Schauer, Jahrb. RGZM 1984, 225 Abb. 8; Beck, Beiträge 25.

560. Kripfling, B.A. Parsberg.- Grabhügelfund.- Scheibenkopfnadel.- Reinecke, Germania 19, 1935, 209 Taf. 30,2 rechts.

561. Kuhardt, Kr. Germersheim.- Dreiwulstschwert (Typus Erlach nahestehend). Das Lappenbeil Müller-Karpe Taf. 11E gehört nicht zum Fund.- Müller-Karpe, Vollgriffschwerter 94 Taf. 4,10.

562. Kuhardt, Kr. Germersheim.- Einzelfund (kein Grabfund mit Dreiwulstschwert Nr. 561 !).- Mittelständiges Lappenbeil.- Kibbert, Beile 49 Nr. 76 Taf. 6, 76.

563. Kühbach-Peutenhausen, Ldkr. Schrobenhausen.- Mittelständiges Lappenbeil.- Müller-Karpe, Chronologie 305 Nr. 48 Taf. 195, 48.

564. Kulmbach.- Mittelständiges Lappenbeil.- Hennig, Grab und Hort 83 Nr. 48.

565. Kulmbach.- Wohl Grabfund.- Nadel (Typus Henfenfeld), Radanhänger.- A. Berger, Die Bronzezeit in Ober- und Mittelfranken (1984) 106f. Nr. 91 Taf. 32,13.

566. Labersricht, Kr. Neumarkt.- Hügel XII, Grab 1; Körperbestattung.- 2 Rasiermesser (Typus Obermenzing), Nadel mit profiliertem Kopf, Griffplattenmesser, Pfriem, 2 Bronzeblechröhrchen, Keramik.- Jockenhövel, Rasiermesser 55 ("Riegsee-Stufe") Nr. 43-44 Taf. 56E.

567. Lämmerspiel, Kr. Offenbach.- Aus einem gestörten Steinkistengrab.- 2 Tüllenpfeilspitzen, Blechröhrchen, Keramik.- W. Kubach in: M. Gedl. (Hrsg.), Die Anfänge der Urnenfelderkulturen in Europa (1991) 147 Abb. 3.

568. Lampertheim, Kr. Bergstraße.- Grab 9; Brandbestattung.- Rasiermesser (Typus Lampertheim), Nadel, Keramik.- Jockenhövel, Rasiermesser 97 Nr. 123 Taf. 11, 123.

569. Lampertheim, Kr. Bergstraße.- Aus dem Rhein.- Griffplattenschwert (Typus Rixheim).- Schauer, Schwerter 67 Nr. 223 Taf. 31, 223.

570. Lampertheim, Kr. Bergstraße.- Vermutlich Feuchtbodenfund.- Nadel (Typus Guntersblum).- Kubach, Nadeln 375 Nr. 926 Taf. 62,926.

571. Landau.- Brandbestattung.- Rasiermesser (Typus Lampertheim).- Jockenhövel, Rasiermesser 97 Nr. 127 Taf. 11, 127.

572. Landsberg/Lech.- Mittelständiges Lappenbeil.- Müller-Karpe, Chronologie 304 Nr.14 Taf. 195,14.

573. Landshut.- Einzelfund.- Mittelständiges Lappenbeil.- A. Hochstetter, Die Hügelgräber-Bronzezeit in Niederbayern (1980) 147 Nr. 180 Taf. 76,1.

574. Landshut.- Moorfund.- Mittelständiges Lappenbeil.- A. Hochstetter, Die Hügelgräber-Bronzezeit in Niederbayern (1980) 147 Nr. 181 Taf. 76,2.

574A. Langen, Kr. Offenbach.- Körpergrab 6.- Urberachnadel.- W. Kubach, Die Stufe Wölfersheim im Rhein-Main-Gebiet (1984) 35 Nr. 32 Taf. 27, C21.

575. Langenargen, Kr. Tettnang.- Aus der Argenmündung.- Griffzungenschwert (Typus Hemigkofen/Var. Elsenfeld).- Schauer, Schwerter 163 Nr. 484 Taf. 72, 484.

576. Langendiebach, Kr. Hanau.- Steinkistengrab.- Lanzenspitze, Frgte. zweier Gefäße.- H. Müller-Karpe, Die Urnenfelderkultur im Hanauer Land (1958) 73 Taf. 25C.

577. Langendiebach, Kr. Hanau.- Brandgrab (nicht vollständig?).- 1 Stiel-, 4 Tüllenpfeilspitzen, 1 Messerklinge, Urne.- H. Müller-Karpe, Die Urnenfelderkultur im Hanauer Land (1958) 76 Taf. 29 B.; 31 D 4-11.

578. Langengeisling, Ldkr. Erding.- Grab 1, Brandbestattung.- Lanzenspitze, Messerfrg., Urne.- Bayer. Vorgeschbl. 21, 1956, 207 Abb. 29, 8-9.

579. Langengeisling, Ldkr. Erding.- Grab 6.- Dreiwulstschwert (zerbrochen und im Feuer deformiert), 3 Pfeilspitzen, 1 Pfeilstrecker aus Bimsstein, 1 Griffzungensichel, Griffzungensichelfrgte., Messer, 2 Punzen, 5 Niete, 1 Knopf, 14 flache Knöpfe, 1 Doppelknopf, 1 Nadel, 1 Bronzestab, 1 Spiralröllchenfrg., 1 Tüllenhaken, Knochenringe, Knochenknebel, Elfenbeinknopf, Keramik.- H.-J. Hundt, Germania 31, 1953, 146 Nr. 5 Abb. 1, 12; Müller-Karpe, Vollgriffschwerter 98 Taf. 13B; Primas, Sicheln 100 Nr. 677 Taf. 39, 677.

580. Langengeisling, Ldkr. Erding.- Urnengrab.- Armring- und

Nadelfrgte., 1 Bronzesieb, 1 Bronzetasse, Keramik.- Müller-Karpe, Chronologie 313 Taf. 207H.

581. Langenhain, Main-Taunus-Kreis.- Mittelständiges Lappenbeil (mit Absatzbildung; 188g).- Kibbert, Beile 39 Nr. 34 Taf.3,34.

582. Langenselbold, Main-Kinzig-Kreis.- Aus einem Grab.- 5 Tüllenpfeilspitzen.- F.-R. Herrmann, Die Funde der Urnenfelderkultur in Mittel- und Südhessen (1966) 69 Nr. 96 Taf. 81 B.

583. Langenthal, Kr. Kassel.- Einzelfund.- Fragment eines mittelständigen Lappenbeiles.- Kibbert, Beile 45 Nr. 64 Taf. 5, 64.

584. Langerringen, Ldkr. Augsburg.- Brandgrab.- 1 Griffplattenmesserfrg., 2 Nadeln (Typus Horgauergreut), 2 Armringe (Typus Pfullingen), 2 Armringe, weitere Armringfrgte.- Ausgr. u. Funde Bayer. Schwaben 1981, 26 Abb. 7.

585. Langsdorf, Kr. Gießen.- Körpergrab.- Griffzungenschwert (Typus Reutlingen/Var. Gemer), Nadel, Keramik.- Schauer, Schwerter 139 Nr. 415 Taf. 137 C.

586. Laufeld, Ldkr. Wittlich.- Gewässerfund.- Mohnkopfnadel.- Trierer Zeitschr. 18, 1949, 273f. Abb.1.

587. Lauingen, Ldkr. Dillingen.- Einzelfund (aus der näheren Umgebung ein zweites Lappenbeil [Jahrb. Dillingen 49/50, 1936/38, 72].- Breites mittelständiges Lappenbeil.- Bayer. Vorgeschbl. 18/19, 1951/52, 258 Abb. 9,9; Müller-Karpe, Chronologie 304 Nr.13 Taf. 195,13.

588. Lauingen, Ldkr. Dillingen.- Mittelständiges Lappenbeil.- Müller-Karpe, Chronologie 304 Nr. 3 Taf. 195,3.

589. Lay-Lohe -> Weinsfeld

590. Leibertingen, Ldkr. Stockach.- Mohnkopfnadel (Form IIIB).- Beck, Beiträge 33 Taf. 42, 11.

591. Lengdorf, Ldkr. Wasserburg.- Aus dem Inn.- Dreiwulstschwert (Typus Erlach).- Bayer. Vorgeschbl. 23, 1958, 153 Abb. 10,3; Müller-Karpe, Vollgriffschwerter 95 Taf. 5,6; W. Torbrügge, Bayer. Vorgeschbl. 25, 1960, 68 Nr. 35 Abb. 16,6.

592. Lengenfeld, Kr. Parsberg.- Fundumstände unbekannt.- 2 Nadeln, 2 Armringe (1 Typus Pfullingen), Blechscheibe, 2 Halsringe, Bronzestücke.- W. Torbrügge, Die Bronzezeit in der Oberpfalz (1959) 164 Nr. 192 Taf. 45, 30-35.

593. Lengfeld, Kr. Dieburg.- Brandbestattung in Urne.- Rasiermesser (Typus Budihostice ?), Nadel mit Kugelkopf, Griffangelmesser, Urne.- Jockenhövel, Rasiermesser 98 Nr. 131 Taf. 11, 131.

594. Leupolz-Herfatz, Ldkr. Wangen.- Brandgrab?- Zerschmolzene Griffplattenschwertfrgte. (Typus Rixheim) mit anhaftenden Knochenstückchen, Armring (Typus Leibersberg).- Beck, Beiträge 126 Taf. 13 B 1-2; Schauer, Schwerter 78 Nr. 254A.

595. Lich, Kr. Gießen.- Einzelfund.- Mittelständiges Lappenbeil.- Kibbert, Beile 45f. Nr. 70 Taf. 5, 70.

596. Lichteneiche bei Bamberg.- Grabgruppe.- Griffzungenschwert (Typus Nenzingen).- J.D. Cowen, Proc. Prehist. Soc. 17, 1951, 213 Nr. 4.

597. Liedolsheim, Ldkr. Karlsruhe.- In einem Torfmoor.- Mohnkopfnadel (Form IIIE).- Beck, Beiträge 140 Taf. 43,4.

598. Lindau.- Fundumstände unbekannt.- Griffzungenschwert (Var. Baierdorf).- Schauer, Schwerter 138 Nr. 414 Taf. 61, 414.

599. Liptingen, Ldkr. Stockach.- Auf dem Schloßberg (1883).- Armring (Typus Allendorf).- E. Wagner, Funde und Fundstätten aus vorgeschichtlicher, römischer und alamannisch-fränkischer Zeit im Großherzogtum Baden I (1908) 59; Beck, Beiträge 145 Taf. 53,4.

600. Lohkirchen, Kr. Erding.- Grabhügel.- 2 Henfenfelder Nadeln, Frgte. eines Armringes (Typus Pfullingen).- Müller-Karpe, Chronologie 298 Taf. 181 C.

601. Lorsch, Kr. Bergstraße.- Aus Grabhügel.- Lanzenspitze, Frg. von einem Blechgefäß (?).- F.-R. Herrmann, Die Funde der Urnenfelderkultur in Mittel- und Südhessen (1966) 151f. Nr. 524 Taf. 141D.

602. Lorsch, Kr. Bergstraße.- Grabhügel.- Griffzungenschwert (Typus Hemigkofen/Var. Uffhofen), Bronzestifte, 13 Frgte. dicken Golddrahts, Urnen.- Schauer, Schwerter 161 Nr. 473 Taf. 69, 473.

603. Lorsch, Kr. Bergstraße.- Grabhügel (?).- Griffzungenschwert (Typus Hemigkofen/Var. Elsenfeld).- Schauer, Schwerter 163f. Nr. 485 Taf. 72, 485.

603A. Lorsch, Kr. Bergstraße.- Grabhügel.- Tülle (von einem Wagenkasten (?), Rasiermesser, Messer mit umgeschlagenem Griffdorn.- F.-R. Herrmann, Die Funde der Urnenfelderkultur in Mittel- und Südhessen (1966) Taf. 141 E.

604. Lüdermund, Stkr. Fulda.- Fundumstände unbekannt.- Nadel mit mehrfach verdicktem Schaftoberteil (Typus Lüdermund).- Kubach, Nadeln 322 Nr. 769 Taf. 56, 769.

605. Ludwigshafen-Mundenheim.- Einzelfund bei Hafenarbeiten.- Griffzungenschwert (Typus Nenzingen/Var. Genf).- J.D. Cowen, Proc. Prehist. Soc. 17, 1951, 213 Nr. 8; Schauer, Schwerter 141 Nr. 422 Taf. 62, 422.

606. Ludwigshafen-Oggersheim.- Nadel (Typus Urberach).- Unz, Prähist. Zeitschr. 48, 1973, 82 Taf. 20, 1-6.

607. Ludwigshafen-Oppau.- Vermutlich Gewässerfund; Altrheingraben.- Mittelständiges Lappenbeil (Typus Grigny; 665g).- Kibbert, Beile 51 Nr. 105 Taf. 8, 105.

608. Ludwigshafen-Rheingönheim.- Aus dem Rhein bei der Rehbacheinmündung.- Mittelständiges Lappenbeil (Typus Grigny; 688g).- Kibbert, Beile 52 Nr. 117.

609. Ludwigshafen.- Aus dem Rhein.- Mittelständiges Lappenbeil.- Kibbert, Beile 46 Nr. 73 Taf. 5, 73.

610. Ludwigshöhe, Kr. Mainz-Bingen.- Depot.- 4 Nadeln (davon 2 Nadeln Typus Guntersblum), Phalere, 50 Tutuli, 8 Armringe, 5 Paare jeweils gleich verzierter kleiner und mittelgroßer Brillenspiralanhänger.- Kubach, Nadeln 371f. Nr. 911, 373 Nr. 919 Taf. 61, 911 Taf. 120.

611. Langerringen, Ldkr. Augsburg.- Brandgrab.- 2 verbogene Nadeln (Typus Horgauergreut), 2 gerippte Armringe, Frg. zweier tordierter Armringe, glatter rundstabiger Armring (Frg.), weitere Armringfrgte., Griffplattenmesserfrg.- Ausgr. u. Funde Bayerisch Schwaben 1981, 26 Abb. 7.

612. Maar, Vogelsbergkreis.- Depot.- 8 Armringe, 1 Knopfsichel.- I. Richter, Der Arm- und Beinschmuck der Bronze- und Urnenfelderzeit in Hessen und Rheinhessen (1970) 122 Taf. 93 A; Stein, Hortfunde 182 Nr. 409.

613. entfällt.

614. Mainflingen, Kr. Offenbach.- (Körper?)grab in Hügel.- 2 Urberachnadeln, 3 Armringe, Bronzefrg., 2 Tassen.- Kubach,

Nadeln 345f. Nr. 844. 846 Taf. 58, 844.846.

615. Mainleus, Ldkr. Kulmbach.- Grab 1.- Lanzenspitze, Bronzespirale, (Form unbekannt), Keramik.- Hennig, Grab und Hort 83 Nr. 49f. Taf. 15, 4.

616. Mainleus, Ldkr. Kulmbach.- Brandgrab 13.- 2 tordierte Halsreife, Nadel, Scherben.- Hennig, Grab und Hort 87 Nr. 49 Taf. 15, 1-3.

617. Mainz (Rettbergsaue) bzw. Wiesbaden-Biebrich.- Depot, aus dem Rhein.- 4 Schwertklingenfrgte. (Typus Rosnoën), 1 mittelständiges Lappenbeil, 1 Tüllenmeißel, 1 Mainzer Nadel, 1 Hirtenstabnadel, 1 Rollennadel, 2 Nadeln mit doppelkonischem Kopf, 1 Nadelschaftfrg., 1 Blattbügelfibelfrg., 1 Armringfrg., 1 Barrenfrg., 2 gebogene Bronzestücke, 1 lanzettförmiges Gürtelhakenfrg., 1 vierkantiges Bronzestück, 2 Lanzenspitzenfrgte., 1 Griffplattendolchfrg., 1 dünner Draht, 1 Gußzapfen, 5 Sichelfrgte., 1 Messerklingenfrg., 10 Gußkuchen.- W. Kubach, Arch. Korrbl. 3, 1973, 299ff. mit Abb.; Kubach, Nadeln 390 Nr. 958 Taf. 64, 958; Kilian-Dirlmeier, Gürtel 74 Nr. 264 Taf. 22, 264; Schauer, Schwerter 81f. Nr. 272 Taf. 40, 272; 135 B.

618. Mainz.- Aus dem Rhein.- 1 fragmentierter lanzettförmiger Anhänger.- U. Wels-Weyrauch, Die Anhänger und Halsringe in Süddeutschland und Nordbayern (1978) 114 Nr. 660 Taf. 29, 660.

619. Mainz.- Aus dem Rhein.- Dolch mit zungenförmig herausgezogener Griffplatte.- G. Wegner, Die vorgeschichtlichen Flußfunde aus dem Main und dem Rhein bei Mainz (1976) 158 Nr. 685 Taf. 18, 8.

620. Mainz.- Aus dem Rhein.- Griffzungenschwert.- Schauer, Schwerter, Seite nach S. 225 Nr. 473 A Taf. 153, 473 A.

621. Mainz.- Aus dem Rhein.- Dolch mit zungenförmig herausgezogener Griffplatte.- G. Wegner, Die vorgeschichtlichen Flußfunde aus dem Main und dem Rhein bei Mainz (1976) 158 Nr. 684 Taf. 18, 7.

622. Mainz.- Aus dem Rhein.- Dolch mit zungenförmig herausgezogener Griffplatte.- G. Wegner, Die vorgeschichtlichen Flußfunde aus dem Main und dem Rhein bei Mainz (1976) 169 Nr. 871 Taf. 8,10.

623. Mainz.- Aus dem Rhein.- Griffplattendolch.- G. Wegner, Die vorgeschichtlichen Flußfunde aus dem Main und dem Rhein bei Mainz (1976) 144 Nr. 480 Taf. 18, 6.

624. Mainz.- Aus dem Rhein.- Griffplattendolch.- G. Wegner, Die vorgeschichtlichen Flußfunde aus dem Main und dem Rhein bei Mainz (1976) 141 Nr. 441 Taf. 18, 5.

625. Mainz.- Aus dem Rhein.- Dreiwulstschwert (Typus Illertissen).- Müller-Karpe, Vollgriffschwerter 99 Taf.1 5,6.

626. Mainz.- Einzelfund.- Mittelständiges Lappenbeil (441g).- Kibbert, Beile 34 Nr.11 Taf. 1,11.

627. Mainz (?).- Mittelständiges Lappenbeil (südosteuropäischer Formprägung).- Kibbert, Beile 43 Nr. 58 Taf. 4, 58.

628. Mainz (Umgebung).- Lanzenspitze; grün bis bronzefarben; 173, 4 g.- MVF Berlin II 11,004.- Taf. 18,4.

629. Mainz-Kastel.- Einzelfund in der Nähe der Mainmündung.- Bronzetasse.- F.-R. Herrmann, Die Funde der Urnenfelderkultur in Mittel- und Südhessen (1966) 90, Nr. 207.

630. entfällt.

631. Mainz.- Aus dem Rhein.- Armring (Typus Publy).- I. Richter, Der Arm- und Beinschmuck der Bronze- und Urnenfelderzeit in Hessen und Rheinhessen (1970) 105 Nr. 618 Taf. 35, 618.

632. Mainz.- Aus dem Rhein.- Lanzenspitze.- G. Wegner, Die vorgeschichtlichen Flußfunde aus dem Main und dem Rhein bei Mainz (1976) 162 Nr. 881 Taf. 22,5.

633. Mainz.- Aus dem Rhein.- Lanzenspitze.- G. Wegner, Die vorgeschichtlichen Flußfunde aus dem Main und dem Rhein bei Mainz (1976) 162 Nr. 880 Taf. 22,4.

634. Mainz (Umgebung).- Einzelfund.- Griffzungenschwert (Typus Riedheim).- J.D. Cowen, Proc. Prehist. Soc. 17, 1951, 213 Nr. 10 ("Typ Nenzingen"); Schauer, Schwerter 155 Nr. 453 Taf. 66, 453.

635. Mainz (Umgebung).- Mittelständiges Lappenbeil (südosteuropäische Formprägung).- Kibbert, Beile 43 Nr. 54 Taf. 4,54.

636. Mainz (Umgebung).- Mittelständiges Lappenbeil (Typus Grigny).- Kibbert, Beile 50 Nr. 95 Taf. 7, 95.

637. Mainz (vermutlich Umgebung).- Aus einem Gewässer (?).- Griffangelschwert (Typus Arco).- Schauer, Schwerter 87 Nr. 294 Taf. 43, 294.

638. Mainz-Kostheim, Stkr. Wiesbaden.- Aus dem Main.- Armring (Typus Allendorf).- I. Richter, Der Arm- und Beinschmuck der Bronze- und Urnenfelderzeit in Hessen und Rheinhessen (1970) 103 Nr. 606 Taf. 35, 606.

639. Mainz.- Aus dem Rhein.- 1 glattes Trensenmittelstück.- G. Wegner, Die vorgeschichtlichen Flußfunde aus dem Main und dem Rhein bei Mainz (1976) 145 Nr. 501A und 79 Abb. 2.

640. Mainz.- Aus dem Rhein (oder Grab?).- Griffplattenschwertfrg. (Typus Rixheim nahestehend).- Schauer, Schwerter 78 Nr. 255 Taf. 36, 255.

641. Mainz.- Aus dem Rhein.- Nadel (Typus Binningen).- Kubach, Nadeln Nr. 992.

642. Mainz.- Aus dem Rhein.- Hirtenstabnadel.- Kubach, Nadeln 390 Nr. 959 Taf. 64, 959.

643. Mainz.- Aus dem Rhein.- Nadel (Typus Yonne/Form C nahestehend).- Kubach, Nadeln Nr. 971

644. Mainz-Kastel, Stkr. Wiesbaden.- Fundumstände unbekannt.- Nadel (Typus Guntersblum).- Kubach, Nadeln 373 Nr. 921 Taf. 62,921.

645. Mainz-Kastel, Stkr. Wiesbaden.- Aus Grab.- Urberachnadel.- Kubach, Nadeln 339 Nr. 790 Taf. 56,790.

646. Mainz-Kastel, Stkr. Wiesbaden.- Aus dem Rhein.- Urberachnadel.- Kubach, Nadeln 340 Nr. 795 Taf. 57,795; G. Wegner, Die vorgeschichtlichen Flußfunde aus dem Main und dem Rhein bei Mainz (1976) 140 Nr. 417 Taf. 44,17.

647. Mainz-Weisenau.- Aus dem Rhein.- Griffzungenschwert (Typus Hemigkofen).- Schauer, Schwerter 157f. Nr. 462 Taf. 67, 462.

648. Mainz-Weisenau.- Aus dem Rhein.- Griffzungenschwert (Typus Hemigkofen).- Schauer, Schwerter 158 Nr. 463 Taf. 67, 463.

649. Mainz.- Aus dem Rhein (?).- Urberachnadel.- Kubach, Nadeln 343 Nr. 825 Taf. 58, 825; G. Wegner, Die vorgeschichtlichen Flußfunde aus dem Main und dem Rhein bei Mainz (1976) 158 Nr. 690 ("Patina spricht gegen Flußfund").

650. entfällt.

651. Mainz.- Aus dem Rhein.- Griffangelschwert (Typus Monza).- Schauer, Schwerter 82 Nr. 276 Taf. 40, 276.

652. Mainz.- Aus dem Rhein.- Griffzungenschwert (Typus Hemigkofen/Var. Elsenfeld).- Schauer, Schwerter 164 Nr. 486 Taf. 72, 486.

653. Mainz.- Aus dem Rhein.- Griffzungenschwert (Typus Hemigkofen/Var. Elsenfeld).- Schauer, Schwerter 164 Nr. 487 Taf. 72, 487.

654. Mainz.- Aus dem Rhein.- Mittelständiges Lappenbeil (mit Absatzbildung; 430g).- Kibbert, Beile 39 Nr. 40 Taf. 3,40; G. Wegner, Die vorgeschichtlichen Flußfunde aus dem Main und dem Rhein bei Mainz (1976) 168 Nr. 865 Taf. 31,8.

655. Mainz.- Aus dem Rhein.- Mittelständiges Lappenbeil (191g).- Kibbert, Beile 34 Nr. 9 Taf. 1,9; G. Wegner, Die vorgeschichtlichen Flußfunde aus dem Main und dem Rhein bei Mainz (1976) 157 Nr. 672 Taf. 31,7.

656. Mainz.- Aus dem Rhein.- Mittelständiges Lappenbeil (564g).- Kibbert, Beile 41 Nr. 49 Taf. 3,49; G. Wegner, Die vorgeschichtlichen Flußfunde aus dem Main und dem Rhein bei Mainz (1976) 138 Nr. 396 Taf. 33,2.

657. Mainz.- Aus dem Rhein.- Mittelständiges Lappenbeil (Typus Grigny; 688g).- G. Wegner, Die vorgeschichtlichen Flußfunde aus dem Main und dem Rhein bei Mainz (1976) 161 Nr. 735 Taf.32,5; Kibbert, Beile 51 Nr. 103 Taf. 8,103.

658. Mainz.- Aus dem Rhein.- Mittelständiges Lappenbeil (Typus Grigny; 255g).- G. Wegner, Die vorgeschichtlichen Flußfunde aus dem Main und dem Rhein bei Mainz (1976) 161 Nr.734; Kibbert, Beile 51 Nr. 100 Taf. 8,100.

659. Mainz.- Aus dem Rhein.- Mittelständiges Lappenbeil (Typus Grigny; 338g).- Kibbert, Beile 50 Nr. 88 Taf. 7,88.

660. Mainz.- Aus dem Rhein.- Mittelständiges Lappenbeil mit Zangennacken, 315g.- G. Wegner, Die vorgeschichtlichen Flußfunde aus dem Main und dem Rhein bei Mainz (1976) 161 Nr. 731 Taf. 32, 1; Kibbert, Beile 56 Nr. 120 Taf. 9,120.

661. Mainz.- Aus dem Rhein.- Nadel (Typus Guntersblum).- Kubach, Nadeln 371 Nr. 910 Taf. 61,910; G. Wegner, Die vorgeschichtlichen Flußfunde aus dem Main und dem Rhein bei Mainz (1976) 133 Nr. 323 Taf. 44,12.

662. Mainz.- Aus dem Rhein.- Nadel (Typus Guntersblum).- Kubach, Nadeln 373 Nr. 920 Taf. 62,920; G. Wegner, Die vorgeschichtlichen Flußfunde aus dem Main und dem Rhein bei Mainz (1976) 133 Nr. 324 Taf. 44,11.

663. Mainz.- Aus dem Rhein.- Nadel (Typus Guntersblum).- Kubach, Nadeln 373 Nr. 922 Taf. 62,922; G. Wegner, Die vorgeschichtlichen Flußfunde aus dem Main und dem Rhein bei Mainz (1976) 133 Nr. 325 Taf. 44,21.

664. Mainz.- Aus dem Rhein.- Nadel (Typus Guntersblum).- Kubach, Nadeln 374 Nr. 924 Taf. 62,924; G. Wegner, Die vorgeschichtlichen Flußfunde aus dem Main und dem Rhein bei Mainz (1976) 158 Nr. 691.

665. Mainz.- Aus dem Rhein.- Urberachnadel.- Kubach, Nadeln 340 Nr. 799, Taf. 57,799.

666. Mainz.- Aus dem Rhein.- Urberachnadel.- Kubach, Nadeln 342 Nr. 817 Taf. 57,817; G. Wegner, Die vorgeschichtlichen Flußfunde aus dem Main und dem Rhein bei Mainz (1976) 147 Nr. 520 Taf. 44,8.

667. Mainz.- Aus dem Rhein.- Urberachnadel.- Kubach, Nadeln 344 Nr. 830 Taf. 58,830; G. Wegner, Die vorgeschichtlichen Flußfunde aus dem Main und dem Rhein bei Mainz (1976) 141 Nr. 439 Taf. 44,15.

668. Mainz.- Aus dem Rhein.- Urberachnadel.- Kubach, Nadeln 344 Nr. 832 Taf. 58,832; G. Wegner, Die vorgeschichtlichen Flußfunde aus dem Main und dem Rhein bei Mainz (1976) 133 Nr. 321 Taf. 44,16.

669. Mainz.- Aus dem Rhein.- Urberachnadel.- Kubach, Nadeln 346 Nr. 849 Taf. 58,849; G. Wegner, Die vorgeschichtlichen Flußfunde aus dem Main und dem Rhein bei Mainz (1976) 149 Nr. 558 Taf. 44,18.

670. Mainz.- Aus dem Rhein.- Urberachnadel.- Kubach, Nadeln 342 Nr. 811 Taf. 57,811; G. Wegner, Die vorgeschichtlichen Flußfunde aus dem Main und dem Rhein bei Mainz (1976) 158 Nr. 688 Taf. 45,2.

671. Mainz.- Vermutlich aus dem Rhein.- Mittelständiges Lappenbeil (Typus Grigny; 467g).- G. Wegner, Die vorgeschichtlichen Flußfunde aus dem Main und dem Rhein bei Mainz (1976) 161 Nr. 732 Taf. 32,2.; Kibbert, Beile 51 Nr. 109 Taf. 8, 109.

672. Mainz.- Wohl aus dem Rhein.- Mittelständiges Lappenbeil (Typus Grigny; 670g).- G. Wegner, Die vorgeschichtlichen Flußfunde aus dem Main und dem Rhein bei Mainz (1976) 161 Nr. 733 Taf. 32,3; Kibbert, Beile 52 Nr.116 Taf. 9,116.

673. Maisach, Ortsflur Gernlinden, Ldkr. Fürstenfeldbruck.- Aus Brandgräbern.- Vasenkopfnadel, Nadel mit doppelkonischem Kopf, Messerfrg., tordiertes Armringfrg.- H. Koschick, Die Bronzezeit im südwestlichen Oberbayern (1981) 153 Nr. 29 Taf.10, 1-4; H. Müller-Karpe, Münchner Urnenfelder (1957) 49.64 Taf. 29F ("Gräber 108 und 109").

674. Malling, Gde. Massing, Ldkr. Rottal-Inn.- Aus Hügeln.- 2 Nadeln (darunter eine des Typus Henfenfeld), Keramik.- A. Hochstetter, Die Hügelgräber-Bronzezeit in Niederbayern (1980) 158 Nr. 222 Taf. 100,6.

675. Malsch, Kr. Karlsruhe.- Einzelfund im versumpften Niederungsgebiet.- Lanzettförmiger Anhänger.- U. Wels-Weyrauch, Die Anhänger und Halsringe in Süddeutschland und Nordbayern (1978) 114f. Nr. 662 Taf. 39, 662; G. Kossack, Studien zum Symbolgut der Urnenfelder- und Hallstattzeit Mitteleuropas (1954) 92 Liste B Nr. 34.

676. Mamming, Ldkr. Dingolfing-Landau.- Depot in Kiesgrube.- 4 mittelständige Lappenbeile, 2 weitere Beile (verloren), Gußkuchenstück, Bronzestück (verloren).- A. Hochstetter, Die Hügelgräber-Bronzezeit in Niederbayern (1980) 123 Nr. 75 Taf. 21, 1-4; Stein, Hortfunde Nr. 349, 153 Abb.4.

677. Manching, Kr. Ingolstadt.- Aus Brandbestattungen vom Gelände des Oppidums.- Rasiermesser (Typus Morzg), 2 fragmentierte Nadeln (Typus Winklsaß).- Müller-Karpe, Chronologie 307 Taf. 197 D; Jockenhövel, Rasiermesser 91 Nr. 114 Taf. 10, 114.

678. Mannheim-Seckenheim.- Steinkistengrab in Hügel.- Urberachnadel.- Nadel mit vierkantigem Schaft, Rollenkopfnadel.- W. Kimmig, Die Urnenfelderkultur in Baden (1940) 151f. Taf. 2 A7.6.9.

679. Mannheim-Seckenheim.- Flachbrandgrab vom 24.4.1934.- Nadel (Typus Guntersblum nahestehend); Nadel mit Zylinderkopf, Schleifenring, Schale, Scherben zweier Becher. W. Kimmig, Die Urnenfelderkultur in Baden (1940) 151 Taf. 11 A.

680. Mannheim-Wallstadt.- Grabfund.- Nadel (Typus Guntersblum mit einfacher Schaftknotung), Nadel mit einfacher Kopfplatte und gerillter Schaftknotung.- Badische Fundber. 16/17, 1946 -

1947, 284 Taf. 68 C4.3.

681. Markstetten, Ortsflur Unterwahrberg, Ldkr. Parsberg.- Körpergrab unter Hügel.- 2 Petschaftskopfnadeln (Länge 58, 2; 55, 0 cm), Armband, Dolch mit dreieckiger Griffplatte.- W. Torbrügge, Die Bronzezeit in der Oberpfalz (1959) 169 Nr. 196 Taf. 40, 1-4.

682. Markt-Berolzheim, Ldkr. Gunzenhausen.- Einzelfund.- Lanzenspitze.- Hennig, Grab und Hort 116 Nr. 107 Taf. 43, 10.

683. Marzoll, Kr. Berchtesgaden.- Brandgrab.- Griffzungenschwertfrg. (Var. Baierdorf).- Schauer, Schwerter 137 Nr. 413 Taf. 60, 413.

684. Marzoll, Kr. Berchtesgaden.- Grab 1; Brandbestattung in Urne.- Rasiermesser (Typus Morzg/Var. Drazovice), Plattenkopfnadel, Messer mit zylindrischem Zwischenstück, Bronzestück, Keramik.- Jockenhövel, Rasiermesser 92 Nr.119 ("Unterhaching Stufe") Taf. 10, 119.

685. Marzoll, Kr. Berchtesgaden.- Grab 10; Brandbestattung.- Rasiermesser (Typus Imst), weitere Beigaben.- Jockenhövel, Rasiermesser 159 Nr. 305 Taf. 24, 305.

686. Marzoll, Kr. Berchtesgaden.- Urnengrab 14.- 3 Nagelkopfnadeln, 1 Griffdornmesserfrg., Gürtelhaken (Typus Wilten), Tonring.- Kilian-Dirlmeier, Gürtel 53 Nr. 122 Taf. 13, 122.

687. Marzoll, Kr. Berchtesgaden.- Urnengrab 17.- Armringfrg., 2 kleine Ringe, Drahtringchen, Blechröhrchen, Ahle, Gürtelhaken (Typus Wilten).- Kilian-Dirlmeier, Gürtel 52 Nr. 111 Taf. 12, 111.

688. Mattsies, Ldkr. Mindelheim.- Mittelständiges Lappenbeil.- Müller-Karpe, Chronologie 305 Nr. 43 Taf. 195, 43.

689. Mauthausen, Ldkr. Berchtesgaden.- Mittelständiges Lappenbeil (Typus Freudenberg/ Var. Villach).- Müller-Karpe, Chronologie 305 Nr. 27 Taf. 195, 27.

690. Meeder, Ldkr. Coburg.- Einzelfund?.- Dreiwulstschwert.- Fundber. Oberfranken 3, 1981-82, 12 Abb. 11,1.

691. Meersburg-Haltnau, Bodenseekreis.- Seerandsiedlung.- Radanhänger.- U. Wels-Weyrauch, Die Anhänger und Halsringe in Süddeutschland und Nordbayern (1978) 73 Nr. 369 Taf. 17, 369; G. Kossack, Studien zum Symbolgut der Urnenfelder- und Hallstattzeit Mitteleuropas (1954) 87 Nr. 68.

692. Mehrstetten, Ldkr. Münsingen, Fleckenhau.- Hügel 6, Körpergrab 1.- 2 Nadeln (davon 1 gezackte Trompetenkopfnadel der Form A), 2 Drahtringe, Bernsteinperle, Spiralröllchen, Gürtelhaken, 4 Zierscheiben, 20 Ziernägel, Scherbe.- Beck, Beiträge 13; R. Pirling u.a., Die Hügelgräberzeit auf der mittleren und westlichen Schwäbischen Alb (1980) Taf. 36 B6.

693. Memmelsdorf, Ldkr. Bamberg.- Körpergrab 1.- Griffzungenmesser mit Ringgriffende, Phalere, 4 Tüllenpfeilspitzen, Nadel mit gerilltem Kugelkopf, Griffzungenschwert (Typus Reutlingen/Var. Genf), Henkeltopf.- Hennig, Grab und Hort 63f. Nr. 15 Taf. 1, 11-19; Schauer, Schwerter 141 Nr. 423 Taf. 143 A.

694. Memmelsdorf, Ldkr. Bamberg.- Körper(?)grab 2.- Griffplattenmesser, Nadel mit doppelkonischem, gerippten Kopf, Henkeltasse.- Hennig, Grab und Hort 64 Nr. 15 Taf. 1, 5-7.

695. Memmelsdorf, Kr. Bamberg.- Grab 3, Körperbestattung.- 3 gleiche Brillenspiralen, Nadel (Typus Urberach), 2 große Armspiralen, 2 Trichterrandgefäße, Gefäß mit geblähtem Zylinderhals, Schale.- H. Müller-Karpe, Bayer. Vorgeschbl. 21, 1956, 184 Abb. 17, 10-13; 18,1-5; U. Wels-Weyrauch, Die Anhänger und Halsringe in Süddeutschland und Nordbayern (1978) 98f. Nr. 592-594 Taf. 34, 592-594; Hennig, Grab und Hort 64 Nr. 15 Taf. 2, 10-18.

696. Memmelsdorf, Ldkr. Bamberg.- Brandgrab 4.- Nadel mit verziertem, eiförmigem Kopf, Bernsteinperle, Zylinderhalsgefäß, 5 Tassen verschiedener Form, Amphore.- Hennig, Grab und Hort 64 Nr. 15 Taf. 2, 1-9.

697. Memmelsdorf, Ldkr. Bamberg.- Körpergrab 15.- 1 Rollenkopfnadel, 1 Rasiermesser, 1 Armring, 1 Tüllenpfeilspitze, 2 Gefäße.- A. Berger, Die Bronzezeit in Ober- und Mittelfranken (1984) 88 Nr. 18 Taf. 8, 4-9.

698. Memmelsdorf, Ldkr. Bamberg.- Grab 17; Brandbestattung.- 2 Nadeln, 1 Rasiermesser (Typus Obermenzing), tordierter Draht, Bronzereste, wenige Scherben.- A. Berger, Die Bronzezeit in Ober- und Mittelfranken (1984) 88 Nr. 18 Taf. 6, 1-4.

699. entfällt.

700. Memmelsdorf, Ldkr. Bamberg.- Aus zerstörten Gräbern.- 2 Nadeln mit verziertem eiförmigen Kopf, 1 Mohnkopfnadel, Schaftfrgte., Bronzedrahtröllchen, Keramik.- Hennig, Grab und Hort 64 Nr. 15 Taf. 3, 7-18.

701. Memmelsdorf, Ldkr. Bamberg.- Grab.- Vasenkopfnadel, Keramik.- H. Hennig in: K. Spindler (Hrsg.), Vorzeit zwischen Main und Donau (1984) 110 Abb. 8,7.

702-704 entfallen.

705. Memmingen.- Mittelständiges Lappenbeil.- Müller-Karpe, Chronologie 304 Nr. 9 Taf. 195,9.

706. Mengen, Kr. Saulgau.- Einzelfund (?).- Tordierter Armring (Typus Binzen).- Beck Beiträge 146 Taf. 54, 16

707. Mengen, Kr. Saulgau.- Grab; Brandbestattung in Urne.- Griffzungenschwert (wohl Typus Hemigkofen), Beigaben mit einem anderen Brandgrab vermischt.- Schauer, Schwerter 165 Nr. 490.

708. Mengen, Kr. Saulgau.- Flachbrandgrab (1905).- 4 Stangenknebel, 1 Gebißstange, Bronzeblechstreifen, 2 Blechscheiben, 6 Zierscheiben, 4 Nabenringe eines Wagens, 1 Hülse, 4 Stäbe, 1 Blech.- H.-G. Hüttel, Bronzezeitliche Trensen in Mittel- und Südosteuropa. PBF XVI,2 (1981) 127f. Nr. 170-173 Taf. 30 A.

709. Mengen, Kr. Saulgau.- Flachbrandgrab (1955).- 1 Stangenknebelfrg., 1 Messer, 1 Dolch, 1 Scheibe, 3 getreppte Knöpfe, 46 Häkchen, 4 tordierte Stäbe, mehrere weitere Stäbe, Tongefäße.- H.-G. Hüttel, Bronzezeitliche Trensen in Mittel- und Südosteuropa. PBF XVI,2 (1981) 128 Nr. 174 Taf. 30B-32; S. Schiek, Germania 40, 1962, 130ff. Abb. 1-7.

710. Mengkofen-Krottenthal, Kr. Untere Isar.- Depot (unvollständige überliefert.- Lanzenspitze mit gestuftem Blatt, Prunkaxt.- F. Holste, Germania 25, 1941, 161f. Taf. 23; Stein, Hortfunde 152 Nr. 350.

711. Merzingen, Ldkr. Donau-Ries.- Siedlungsgrube mit Keramik, Hirschgeweihsprosse, Eberzahn, Hüttenlehmfragmente.- Lanzettförmiger Meißel.- S. Ludwig-Lukanow, Hügelgräberbronzezeit und Urnenfelderkultur im Nördlinger Ries (1983) 41 Taf. 41 A8.

712. Mettendorf, Ldkr. Hilpoltstein.- Zerstörte Urnengräber.- Griffplattenmesser, Rasiermesser, Rollenkopfnadel, Kugelkopfnadel, Bronzeblech, 6 Tüllenpfeilspitzen.- Hennig, Grab und Hort 132 Nr. 128 Taf. 63, 1-11.

713. Miesbach, Oberbayern.- Wohl Grabfund.- Dreiwulstschwert (Typus Högl).- Müller-Karpe, Vollgriffschwerter 104 Taf. 30,1.

714. Mindelheim.- Grab 4.- Henfenfelder Nadel (3 Frgte.), 3 Gefäße, darunter eines mit Wolfszahnmuster.- Bayer. Vorgeschbl. 21, 1956, 212 Abb. 32 D.

715. Mintraching, Ldkr. Regensburg.- Depot (in Tongefäß).- 1 mittelständiges Lappenbeil, 1 Lappenbeil mit Absatz, 1 mittelständiges Lappenbeilfrg., 1 Schneidenfrg., 2 flache Armbänder mit eingerollten Enden, 1 rundstabiger Armring, 2 gleiche verzierte Armringe, 1 Ringlein, 1 fragmentierte Brillenspirale, 3 Frgte. von Brillenspiralen, Ringgehänge mit drei eingehängten "schwalbenschwanzförmigen Anhängern, 1 Schwertklingenfrg., 1 Zungensichel, 6 Sichelfrgte., 1 Blechfrg., 3 kleine Gußbrocken.- Müller-Karpe, Chronologie 285f. Taf. 150 A; Stein, Hortfunde Nr. 351.

715A. Mintraching, Ldkr. Regensburg.- Einzelfund.- Lanzenspitze mit Kurztülle.- Bayer. Vorgeschbl. Beih. 5, 1992, 72 Abb. 46,1.

716. Mistelgau, Ldkr. Bayreuth.- Einzelfund in einem Ha C-Grabhügel.- Hennig, Grab und Hort 65 Nr. 20 Taf. 4,8.

717. Mitterdarching, Ldkr. Miesbach.- Wohl Grabfund.- Dreiwulstschwert (Typus Högl).- Müller-Karpe, Vollgriffschwerter 104 Taf. 30,1.

717A. Mittich.- Aus dem Inn.- Lanzenspitze mit geschweiftem Blatt.- A. Hochstetter, Die Hügelgräber-Bronzezeit in Niederbayern (1980) 151 Taf. 94,3.

718. Möckmühl, Kr. Heilbronn.- Steinplattengrab mit Brandbestattung.- Dreiwulstschwert (Typus Illertissen; in 4 Teile zerbrochen), 2 Phaleren (eine erhalten), 2 Griffdornmesser, 2 Sichelfrgte., 3 kleine Gußbrocken, 1 Kegelkopfnadel, 1 Zylinderhalsgefäß.- Müller-Karpe, Vollgriffschwerter 96 Taf.14, 10; Fundber. Schwaben NF 15, 1959, 147f. Abb. 7 Taf. 23 A.

719. Möhringen, Kr. Donaueschingen.- Grab.- Bronzetasse, 1 Nadel, 6 Armringe, 35 kleine Ringe, Keramik.- W. Kimmig, Die Urnenfelderkultur in Baden (1940).

720. Möhrigen-Asphalgerhof, Kr. Biberach.- Mehrere ineinandergehängte Ringe (Ha B ?).- Stein, Hortfunde Nr. 284.

721. Monsheim -> Niederflörsheim

722. Monsheim, Kr. Alzey-Worms.- Einzelfund.- Mittelständiges Lappenbeilfrg. (270g).- Kibbert, Beile 34 Nr. 14 Taf. 1,14.

723. Moosach -> Glonn

724. Mörfelden, Kr. Groß-Gerau.- Fundumstände unbekannt.- Urberachnadel.- Kubach, Nadeln 344 Nr. 836 Taf. 58, 836.

725. entfällt.

726. Mötzingen, Kr. Böblingen.- Mittelständiges Lappenbeil.- Fundber. Schwaben NF 15, 1959, 148 Taf. 20, 22; R. Dehn, Die Urnenfelderkultur in Nordwürttemberg (1972) 103.

727. Mössingen-Belsen, Kr. Esslingen.- Armring (Typus Pfullingen).- Beck, Beiträge 146 Taf. 53, 11; Fundber. Schwaben NF 16, 1962, 230 Taf. 25, 9.

728. Mühldorf, Ldkr. Mühldorf.- Aus dem Inn.- Dreiwulstschwert (Typus Erlach ?).- W. Torbrügge, Bayer. Vorgeschbl. 25, 1960, 67 Nr. 25 Abb. 16,3.

729. Mühldorf, Ldkr. Mühldorf.- Mittelständiges Lappenbeil.- Müller-Karpe, Chronologie 305 Nr. 29 Taf. 195, 29.

730. Mühlheim-Dietesheim, Kr. Offenbach.- Grab 1F; "Bei einem frühgeschichtlichen Körpergrab lagen rechts oberhalb des Kopfes die Nadeln, sowie Bernstein und Glasperlen".- Urberachnadel.- Kubach, Nadeln 346f. Nr. 855 Taf. 59,855.

731. Mühlheim-Dietesheim, Kr. Offenbach.- Grab 5 von 1972.- Urberachnadel, Feuersteinklinge, Henkelkrug, Henkeltasse, Schale.- Kubach, Nadeln 343 Nr. 826 Taf. 58, 826.

732. München-Aubing.- Grab, Brandbestattung (?).- 1 Rixheimschwert, 1 Nadel (nach Schauer 2 Nadeln) (Typus Weitgendorf), 1 Griffplattenmesser.- H. Müller-Karpe, Münchner Urnenfelder (1957) 8f. Abb. 1, 6-8; Schauer, Schwerter 67 Nr. 225 Taf. 31, 225.

733. München-Englschalking.- Grab 12; Brandbestattung.- Griffzungenmesser (Typus Matrei), 1 Gürtelhaken, Keramik.- Müller-Karpe, Münchner Urnenfelder (1957) Taf. 3D.

734. München-Moosach.- Grab 4.- Gerippte Vasenkopfnadel, Kugelkopfnadel, vierkantiger Armring, kleine geschlossene Ringe, Gefäß.- H. Müller-Karpe, Münchner Urnenfelder (1957) 21 Taf. 1B.

735. München-Obermenzing.- Grab.- Rasiermesser; weitere Beigaben.- Jockenhövel, Rasiermesser 55 Nr. 39.

736. München-Thalkirchen.- Mittelständiges Lappenbeil.- Müller-Karpe, Chronologie 304 Nr. 12 Taf. 195,12.

737. entfällt.

738. München-Untermenzing.- Vermutlich Brandgrab.- Messer mit durchlochtem Griffdorn, 2 fragmentierte Nadeln (Typus Winklsaß), Spirale, 3 tordierte Armringe (davon einer fragmentiert), Armringfrg.- Müller-Karpe, Chronologie Taf. 182 E.

739. Münchingen, Kr. Leonberg.- Hügelgrab; Brandbestattung.- Griffangelschwert (in 4 Teile zerbrochen), Frg. eines zweiten Schwertes, Phalerenfrg., Lanzentülle, Sichelfrg., Bronzefrg., Brillenspiralfrg., Bronzenägel, Bronzebarren, Tongefäßhenkel.- Schauer, Schwerter 94 Nr. 316 Taf. 46, 316.

740. Münnerstadt, Ldkr. Bad Kissingen.- Aus dem Bereich einer Siedlung.- Tüllenpfeilspitze, Knopfsichel.- O.M. Wilbertz, Die Urnenfelderkultur in Unterfranken (1982) 135 Nr. 65 Taf. 15, 33.

741. Münsingen, Kr. Reutlingen.- Depot unter Steinen.- 1 Blechbuckel, 2 Lappenbeile, 4 Knopfsicheln, 1 Gußbrocken (115g).- Stein, Hortfunde 116 Nr. 197 Taf. 85.

742. Murnau, Ldkr. Weilheim.- Mittelständiges Lappenbeil.- Müller-Karpe, Chronologie 305 Nr. 40 Taf. 195, 40.

743. Murnau.- Auf einer Auktion erworben.- Mittelständiges Lappenbeil (83 g).- Prähist. Staatslg. München 1967, 1379. Taf. 19,4.

744. Mutterstadt.- Grab.- 3 Tüllenpfeilspitzen, Keramik.- Zylmann, Urnenfelderkultur 125 Taf. 56 A, 1-4.

745. Namsreuth-Breitenstein, Kr. Amberg.- Depot in Felsspalte.- 2 Knopfsicheln.- Primas, Sicheln 66 Nr. 185 Taf. 11, 185; Stein, Hortfunde 156 Nr. 353 Taf. 109,4.

746. Nauheim, Kr. Groß-Gerau.- Wohl Gewässer- oder Moorfund.- Mittelständiges Lappenbeil (Typus Grigny; 655g).- Kibbert, Beile 52 Nr. 111 Taf. 8,111.

747. Neckarsulm, Ldkr. Heilbronn.- Mohnkopfnadel (Form IIIE).- Beck, Beiträge 38 Taf. 43,11.

748. Neckarweihingen.- Schwert.- Müller-Karpe, Vollgriffschwerter 99 Taf. 16,4.

749. Nenzenheim -> Iphofen

750. Nenzingen, Kr. Stockach.- Grab.- 1 Griffzungenschwert (Typus Nenzingen); Beifunde ? 1 Binninger Nadel, 3 Wollmesheimnadeln, 2 tordierte Armringe, 1 Messer mit gelochtem Griffdorn.- J.D. Cowen, Proc. Prehist. Soc. 17, 1951, 213 Nr. 7; Schauer, Schwerter 133 Nr. 402 Taf. 59, 402; H. Reim, Die spätbronzezeitlichen Griffplatten-, Griffdorn- und Griffangelschwerter in Ostfrankreich (1974) Taf. 21 E.

751. Nersingen-Leibi, Ldkr. Neu-Ulm.- Aus Kiesgrube.- Griffplattenschwert (Typus Rixheim).- Bayer. Vorgeschbl. Beiheft 2, 1988, 67 Abb. 47,1.

752. Neubeuern, Ldkr. Rosenheim.- Einzelfund.- Mittelständiges Lappenbeil.- W. Torbrügge, Vor- und Frühgeschichte in Stadt- und Landkreis Rosenheim (1959) 109 Taf. 4,6.

753. Neubeuern, Ldkr. Rosenheim.- Einzelfund.- Mittelständiges Lappenbeil.- Bayer. Vorgeschbl. 23, 1958, 151 Abb. 9,3; W. Torbrügge, Vor- und Frühgeschichte in Stadt- und Landkreis Rosenheim (1959) 109 Taf. 4,5.

754. Neuensee, Kr. Lichtenfels.- Aus einem Gräberfeld.- Rasiermesser (Typus Dietzenbach).- Jockenhövel, Rasiermesser 106 Nr. 149 Taf. 13, 149.

755. Neuhausen, Ldkr. Deggendorf.- Gewässerfund (Moorpatina).- Mittelständiges Lappenbeil (danubische Form).- A. Hochstetter, Die Hügelgräber-Bronzezeit in Niederbayern (1980) 116 Nr. 34 Taf. 14,1.

756. Neu-Ulm.- Einzelfund.- Nadel (Typus Henfenfeld).- E. Pressmar, Vor- und Frühgeschichte des Ulmer Winkels (1938) 121 Abb. 13,1.

757. Neuffen, Kr. Eßlingen.- Depot.- Ringkette mit eingehängten Anhängern lanzettförmiger (mit seitlichen Ringen), kreuzförmiger und dreieckiger Gestalt.- U. Wels-Weyrauch, Die Anhänger und Halsringe in Süddeutschland und Nordbayern (1978) 115 Nr. 663 Taf. 39, 663; 103 D; G. Kossack, Studien zum Symbolgut der Urnenfelder- und Hallstattzeit Mitteleuropas (1954) 92 Liste B Nr. 42; Stein, Hortfunde Nr. 286.

758. Neuses, Ldkr. Bamberg.- 1 Tüllenpfeilspitze, 4 Knöpfe, 2 tordierte Halsreifen, 1 Nadel, Frgte. von 2 (?) weiteren Nadeln, 1 Ring mit lentoidem Querschnitt, Spiralröllchen, Keramik.- Pescheck, Frankenland NF 21, 1969, 238 Abb. 10.

759. Neustadt a.d. Donau.- Aus der Donau.- Dreiwulstschwert (Typus Aldrans und Högl nahestehend).- I. Burger, Arch. Jahr Bayern 1981, 96 Abb. 81.

760. Niederalteich, Ldkr. Deggendorf.- Flußfund.- Griffzungensichel.- Primas, Sicheln 89 Nr. 489 Taf. 27, 489.

761. Niederbayern.- Vollgriffschwert (Typus Riegsee).- F. Holste, Die bronzezeitlichen Vollgriffschwerter Bayerns (1953) 52 Nr. 16; D. Ankner, Arch. u. Naturwiss. 1, 1977, 396f. mit Abb (Identität unsicher).

762. Niederbayern.- Vollgriffschwert (Typus Riegsee).-. F. Holste, Die bronzezeitlichen Vollgriffschwerter Bayerns (1953) 52 Nr. 17; D. Ankner, Arch. u. Naturwiss. 1, 1977, 398f. mit Abb. (Identität unsicher).

763. Niederbayern.- Mittelständiges Lappenbeil.- Müller-Karpe, Chronologie 304 Nr. 20 Taf. 195, 20.

764. Niederbayern.- Mittelständiges Lappenbeil.- Müller-Karpe, Chronologie 305 Nr. 47 Taf. 195, 47.

765. Niederbayern.- Mittelständiges Lappenbeil (Typus Freudenberg/Var. Villach).- Müller-Karpe, Chronologie 304 Nr. 8 Taf. 195,8.

766. Niedergeiselbach, Ldkr. Erding.- Griffzungenmesser mit Ringende.- Müller-Karpe, Chronologie 306 Taf. 196, 18; Bayer. Vorgeschbl. 20, 1954, 115 Abb. 1,2.

767. Nieder-Ramstadt, Kr. Darmstadt-Dieburg.- Brandgrab.- Urberachnadel.- W. Kubach, Die Stufe Wölfersheim im Rhein-Main-Gebiet (1984) 26 Nr. 42 A Taf. 27 A1.

768. Nieder-Saulheim, Kr. Mainz-Bingen.- Körpergrab.- Urberachnadel.- Mainzer Zeitschr. 71/72, 1976/77, 256f. Abb. 10,4.

769. Niederflörsheim, Kr. Alzey-Worms.- Depot.- 2 große Brillenspiralen, 2 mittelgroße Brillenspiralen, 2 kleine Brillenspiralen, 52 Bronzeringlein, die teilweise mit Blechzwingen zu einer Kette verbunden sind, 12 Armringe mit rhombischem und rundem Querschnitt.- Mainzer Zeitschr. 65, 1970, 161ff. Abb. 11-12; I. Richter, Der bronze- und urnenfelderzeitliche Arm- und Beinschmuck in Hessen und Rheinhessen (1970) 107 Taf. 84 A.

770. Niederleierndorf, Ldkr. Kelheim.- Depot.- 6 Nadeln (Typus Winklsaß), 1 tordierter Halsring, 2 tordierte Ringe, 1 glatter Armring; weitere Funde (?).- Schätze aus Bayerns Erde. Ausstellungsführer Würzburg (1983) 51 Abb. 17.

771. Niedernberg, Ldkr. Miltenberg.- Depot in Gefäß.- 2 Knopfsicheln, 1 Zungensichel, mittelständiges Lappenbeil mit Absatzbildung, 2 Gebißstangen, Kette aus 6 dünnen geschlossenen Ringen und 5 breiten bandförmigen Blechzwingen, Phalere, 2 Brillenspiralfrgte., 2 Frgte. einer weiteren Brillenspirale, 2 Armspiralen, 26 Spiralröllchen, Scherben.- O.M. Wilbertz, Die Urnenfelderkultur in Unterfranken (1982) 171f. Nr. 152 88-89, 1-6; W. Kubach, Die Stufe Wölfersheim im Rhein-Main-Gebiet (1984) 39 Nr. 86 Taf. 31.

772. Niederolm -> Zornheim

773. Niedertraubling, Kr. Regensburg.- Depot (unvollständig?).- Schwertklingenfrg. (mit gestufter Klinge), 3 Sichelfrgte.- Stein, Hortfunde 156f. Nr. 356 Taf. 108,1-4.

774. Niederwalluf, Rheingau-Taunus-Kreis.- Steinkistengrab.- 2 Eberhauer, 2 Schlaufenbügel.- F.-R. Herrmann, Die Funde der Urnenfelderkultur in Mittel- und Südhessen (1966) Nr. 179 Taf. 89, 8-11.

775. Niederwegscheid, Ldkr. Wegscheid.- Tüllenbeil (glatt).- Bayer. Vorgeschbl. 27, 1962, 212 Abb. 27, 2.

776. Nierstein, Kr. Mainz-Bingen.- Grab (?).- Bronzetasse.- M.K.H. Eggert, Die Urnenfelderkultur in Rheinhessen (1976) 215 Nr. 320; H. Thrane, Acta Arch. 36, 1965, 159 Abb. 2b.

777. Nierstein, Kr. Mainz-Bingen.- Brandgrab.- Hirtenstabnadel, tordierter Armring, Bruchstücke von Schleifenringen, kerbschnittverzierter Krug, Tasse, Miniaturschälchen.- Kubach, Nadeln 390 Nr. 957 Taf. 119E.

778. Nierstein, Kr. Mainz-Bingen.- Grab.- 3 Zierscheiben mit Rückenöse, Nadel (Typus Guntersblum), Tutulus, Beinbergenfrg., Henkeltasse.- Kubach 372 Nr. 915 Taf. 61,915.

779. Nierstein, Kr. Mainz-Bingen.- Fundumstände unbekannt.- Nadel (Typus Binningen).- Kubach, Nadeln Nr. 988.

780. Nördlingen.- Brandbestattung unter Hügel.- Gezackte Nadel mit Trompetenkopf.- F. Holste, Prähist. Zeitschr. 30-31, 1939-40, 415f. Abb. 2,4; K. Zimmermann, Jahrb. Hist. Mus. Bern 49-50, 1969-70, 248f. Nr. 40.

781. Nordheim, Kr. Heilbronn.- Einzelfund.- Griffplattendolch mit verlängerter Zunge.- R. Dehn, Die Urnenfelderkultur in Nordwürttemberg (1972) 103.

782. Nürnberg-Hammer.- Einzelfund.- Mittelständiges Lappenbeil.- Hennig, Grab und Hort 136 Nr. 147 Taf. 66,1.

783. Nussdorf, Ldkr. Rosenheim.- Mittelständiges Lappenbeil (Typus Freudenberg/Var. Amlach).- Müller-Karpe, Chronologie 305 Nr. 46 Taf. 195, 46.

784. Oberboihingen.- Fundumstände unbekannte (Grab ?).- Blechtasse, Messer.- H. Thrane, Europaeiske forbindelser (1975) 279 Liste 12,1.

785. Oberbrunn, Gem. Pittenhart, Kr. Traunstein.- Vermutlich zerstörtes Brandgrab.- Gürtelhaken (Typus Wilten).- Kilian-Dirlmeier, Gürtel 53 Nr. 126 Taf. 13, 126.

786. Oberding, Ldkr. Erding.- Depot im Oberdinger Moos (1912).- 13 Armringe, die zu einer Kette zusammengefügt waren (Moorpatina).- Müller-Karpe, Chronologie 285 Taf. 147 C; Stein, Hortfunde Nr. 359.

787. Oberding, Ldkr. Erding.- "An der alten Torfstr.".- 2 Lanzenspitzen, davon eine mit gestuftem Blatt und eine glatt.- Bayer. Vorgeschbl. 24, 1959, 210f. Abb. 17, 1-2.

788. Oberkotzau, Kr. Hof.- Einzelfund aus einer Lehmgrube.- Mittelständiges Lappenbeil.- Hennig, Grab und Hort 83 Nr. 45 Taf. 13,6.

789. Obermühlhausen, Gem. Dießen a. Ammersee, Ldkr. Landsberg a. Lech.- Mittelständiges Lappenbeil (735 g).- Prähist. Staatslg. München 1972, 34.- **Taf. 19,5.**

790. Obernau, Ldkr. Aschaffenburg.- Grab 10; Brandbestattung.- 1 Messer mit gelochtem Griffdorn, Angelhaken, 1 Tüllenpfeilspitze, 1 Tüllenhaken, 1 Nadel (Typus Wollmesheim), 2 Meißelfrgte., Drahtreste, 2 Knickwandschalen (vielleicht Ha A2).- O.M. Wilbertz, Die Urnenfelderkultur in Unterfranken (1982) 126 Nr. 39 Taf. 32, 12-20; H.-J. Hundt, Germania 31, 1953, 146 Nr. 4 Abb. 1, 13.

791. Oberneukirchen-Zehenthof, Kr. Mühldorf.- Depot (1896).- 12 Armringe, 1 Dreiwulstschwert.- Müller-Karpe, Vollgriffschwerter 112 Taf. 47B; Stein, Hortfunde Nr. 360.

792. Ober-Olm (Umgebung), Kr. Mainz-Bingen.- Körpergrab.- Nadel (Typus Guntersblum), 2 Armringe, 2 Brillenanhänger, Drahtspirale, Tongefäß.- Kubach, Nadeln 372 Nr. 912 Taf. 61, 912, Taf. 119 B.

793. Oberpeiching, Kr. Neuburg/Donau.- Urnengrab (Ha A2).- 1 Messer mit umgeschlagenem Griffdorn, 1 Stielpfeilspitze, 1 Urne.- Bayer. Vorgeschbl. 24, 1959, 211 Abb. 17, 1-2.

794. Oberrimsingen, Kr. Freiburg i. Breisgau.- "Grüningen" Grab 3; Körperbestattung in Steinkiste (S-N).- Verziertes Goldblechfrg., 4 Bronzeringchen, 3 Blechröllchen, vierkantiger Pfriem mit Knochengriff, kleiner Tutulus, Gürtelhaken (Typus Wangen), 6 Eberhauer, Fußschale, spitzbodiger Becher, Schrägrandbecher mit plastischen Buckeln, große Urnen mit Schulterriefen, Schalen Töpfe.- Kilian-Dirlmeier, Gürtel 45 ("ältere Urnenfelderzeit") Nr. 78 A Taf. 9, 78A.

795. Obersinn, Main-Spessart-Kreis.- Einzelfund.- Mittelständiges Lappenbeil.- O.M. Wilbertz, Die Urnenfelderkultur in Unterfranken (1982) 157 Nr. 116 Taf. 90,5.

796. Obersöchering, Ldkr. Weilheim.- Hügel 1.- Vasenkopfnadelfrg., Gefäßfrg.- H. Koschick, Die Bronzezeit im südwestlichen Oberbayern (1981) 238 Nr. 220 Taf. 125, 5-6.

797. Oberstarz, Ldkr. Laufen.- Mittelständiges Lappenbeil.- Müller-Karpe, Chronologie 304 Nr. 17 Taf. 195, 17.

798. Oberwalluf, Rheingaukreis.- Steinkistengrab B; Brandbestattung (Ha A2).- 5 Tüllenpfeilspitzen, 1 Zungenpfeilspitze, 1 Messer mit durchlochtem Griffdorn, 1 Nadel, 2 Niete, 1 Spirale, 1 Bronzearmband(?), 1 Bronzeblechröllchen, Reste eines Lederbeschlages (?), 6 Gefäße.- F.-R. Herrmann, Die Funde der Urnenfelderkultur in Mittel- und Südhessen (1966) 84f. Nr. 180 Taf. 89 B.

799. Oberweissenbach, Ldkr. Münchberg.- Einzelfund.- Mittelständiges Lappenbeil.- Hennig, Grab und Hort 88 Nr. 54 Taf. 16,6.

800. Ochsenfurt, Ldkr. Würzburg.- Einzelfund.- Mittelständiges Lappenbeil.- O.M. Wilbertz, Die Urnenfelderkultur in Unterfranken (1982) 212 Nr. 251 Taf. 92,6.

801. Ockstadt, Wetteraukreis.- Körpergrab.- Dreiwulstschwert (ganz erhalten), 11 Tüllenpfeilspitzen, 1 Messer mit durchlochtem Griffdorn, 1 Rad, 1 Phalerenfrg.- F.-R. Herrmann, Die Funde der Urnenfelderkultur in Mittel- und Südhessen (1966) 124f. Nr. 382 Taf. 115 E; Müller-Karpe, Vollgriffschwerter 99, 104 Taf. 16,6; 28B.

802. Ödenwaldstetten, Kr. Reutlingen.- Körpergrab unter Hügel.- Viernietiger Dolche, Armring, gezackte Nadel.- R. Pirling u.a., Die Hügelgräberzeit auf der mittleren und westlichen Schwäbischen Alb (1980) Taf. 41 B1.

803. Ödenwaldstetten, Kr. Reutlingen.- Körpergrab in Hügel.- Mohnkopfnadel (Form IID), "Gürtelschloß", 2 Gefäße.- Beck, Beiträge 139 Taf. 42,2.

804. Oedgodlricht.- Nadel (Typus Urberach).- W. Torbrügge, Die Bronzezeit in der Oberpfalz (1959) 109 Taf. 8,1-5.

805. Offenau, Ldkr. Heilbronn.- Mohnkopfnadel (Form IIA).- Beck, Beiträge 27; Fundber. Schwaben NF 18, 1967, 59 Taf. 77 B6.

806. Offenbach a.d.Queich, Kr. Landau-Bergzabern.- Bei Entwässerungsarbeiten.- Mittelständiges Lappenbeil (Typus Grigny; 636g).- Kibbert, Beile 51 Nr. 106 Taf. 8, 106.

807. Offenbach-Rumpenheim.- Grab.- Halsring, Rollenkopfnadel, 2 Armringe, 3 Ringchen, 1 lanzettförmiger Anhänger, Keramik.- U. Wels-Weyrauch, Die Anhänger und Halsringe in Süddeutschland und Nordbayern (1978), Anhänger 114 Nr. 661 Taf. 97D; 121 A.

808. Offenthal, Kr. Offenbach.- Hügel 12 (zwischen hallstattzeitlichen Nach[?]bestattungen).- Urberachnadel.- Kubach, Nadeln 346 Nr. 854 Taf. 59, 854.

809. Offingen, Ldkr. Günzburg.- Einzelfund bei einer Lehmgrube.- Gezackte Nadel.- Bayer. Vorgeschbl. 22, 1957, 138 Abb. 18,3.

810. Öhringen.- Griffzungenschwert (Art Reutlingen).- Schauer, Schwerter 147 Nr. 440.

811. Ohrnberg, Kr. Öhringen.- Auf der Sohle des Kochertales, südlich der Einmündung der Ohrn in den Kocher.- Mittelständiges Lappenbeil.- R. Dehn, Die Urnenfelderkultur in Nordwürttemberg (1972) 97; Fundber. Schwaben NF 16, 1962, 230 Taf. 25,3.

812. Onstmettingen, Ldkr. Balingen.- Hügel auf Flur Gockeler, Grab 1.- 2 gezackte Trompetenkopfnadeln (Form A).- Beck, Beiträge 14; R. Pirling u.a., Die Hügelgräberzeit auf der mittleren und westlichen Schwäbischen Alb (1980) Taf. 40 A1.7.

813. Onstmettingen, Ldkr. Balingen.- Hügel in Flur Gockeler, Grab 4; Körpergrab.- Stachelscheibe, Herzanhänger, 6 Radanhänger, "Brillenspirale", Nadel mit gerippetm Hals, gezackte Nadel, fragmentierte Radnadel, 2 gerippte Armbänder, 2 tordierte Arm-

ringe, 2 Armringe mit rautenförmigem, Querschnitt, 4 Blechbuckel, Fingerring aus Golddraht, 2 Bernsteinperlen, Spiralröllchen, Keramik.- U. Wels-Weyrauch, Die Anhänger und Halsringe in Süddeutschland und Nordbayern (1978) 52f. Nr. 270 Taf. 92.

814. **Onstmettingen, Ldkr. Balingen.-** Fundumstände (?).- Dolch mit zungenförmig herausgezogener Griffplatte.- G. Kraft, Die Kultur der Bronzezeit in Süddeutschland (1926) Taf. 16, 9.

815. **Oppenheim, Kr. Mainz-Bingen.-** Fundumstände unbekannt.- Gerippte Vasenkopfnadel.- Kubach, Nadeln 386 Nr. 952 Taf. 64, 952.

816. **Oppenheim, Kr. Mainz-Bingen.-** Aus dem Rhein.- Griffplattenschwert (Typus Rixheim).- Schauer, Schwerter 62 Nr. 186 Taf. 25, 186.

817. **Ossenheim, Wetteraukreis.-** Grab (?).- Schwert mit schmaler Griffplatte und seitlichen Nietkerben (Typus Rixheim nahestehend).- Schauer, Schwerter 77 Nr. 248 Taf. 35, 248.

818. **Osterburken, Ldkr. Mosbach.-** Depotfund auf dem Gelände des römischen Kastells.- 2 Lanzenspitzen, 1 Frg. eines Messer mit gelochtem Griffdorn, 11 Sichelfrgte., 6 Spiralfrgte., 8 Armringfrgte., 2 Ahlen, 4 Bronzefrgte.- Müller-Karpe, Chronologie Taf. 162 A.

819. **Otterstadt, Kr. Speyer.-** Gewässerfund.- Griffzungenschwert (Typus Riedheim).- Schauer, Schwerter 156 Nr. 455 Taf. 66, 455.

820. **Öttingen, Ldkr. Donau-Ries.-** Fundumstände unbekannt.- Brillenspirale.- S. Ludwig-Lukanow, Hügelgräberbronzezeit und Urnenfelderkultur im Nördlinger Ries (1983) 45 Nr. 44 Taf. 11 D.

821. **Öttingen, Ldkr. Nördlingen.-** Mittelständiges Lappenbeil.- Müller-Karpe, Chronologie 305 Nr. 49 Taf. 195, 49.

822. **Ostheim, Wetteraukreis.-** Grab D (Ha A2!).- 2 Urberachnadeln, Armringfrg., Bronzegefäßfrg., Bronzefrg., Zylinderhalsurne, Zylinderhalsbecher, Tasse, 4 Schalen.- Kubach, Nadeln 344 Nr. 834 Taf. 58,834; 345 Nr. 842 Taf. 58,842.

823. **Ottowind, Ldkr. Coburg.-** Bestattung unter Hügel.- Kolbenkopfnadel, Nadel mit doppelkonischem Kof, Kugelkopfnadel, Spirale, Keramikfrgte. (darunter Doppelkonus, Henkelbecher).- Hennig, Grab und Hort 66 Nr. 21 Taf. 4, 1-6.

824. **Passau.-** Aus dem Inn.- Lanzenspitze mit stark abgenutztem Blatt; vielleicht ehemals gestuft.- H. Bender, Ostbair. Grenzmarken 30, 1988, 159ff. mit Abb.

825. **Peiting, Kr. Schongau.-** Grab (?).- Griffzungendolch, Griffzungenschwert (Typus Buchloe/Greffern).- Schauer, Schwerter 150 Nr. 449 Taf. 65, 449; 144 A.

826. **Pentling/Graß/Hohengebraching, Ldkr. Regensburg-Süd.-** Nadelfrg. mit mehrfach verdicktem Schaftoberteil.- W. Torbrügge, Die Bronzezeit in der Oberpfalz (1959) Taf. 67, 6.

827. **Pentling/Graß/Hohengebraching, Ldkr. Regensburg-Süd.-** Fundumstände unbekannt.- Gezackte Nadel.- W. Torbrügge, Die Bronzezeit in der Oberpfalz (1959) 206 Taf. 67,5.

828. **Petersaurach, Kr. Ansbach.-** Einzelfund.- Mittelständiges Lappenbeil.- Hennig, Grab und Hort 103 Nr. 76 Taf. 31,5.

829. **Petersberg, Kr. Fulda.-** Einzelfund ("wohl Höhenfund").- Mittelständiges Lappenbeil.- Kibbert, Beile 32 Nr. 6 Taf. 1,6.

830. **Pettstadt, Ldkr. Bamberg.-** Kiesgrube (wohl Gewässerfund).- Vollgriffschwert (Typus Riegsee).- Ausgr. u. Funde Oberfranken 5, 1985-86, 18 Abb. 18,3; Bayer. Vorgeschbl. Beiheft 1, 1987, 90f. Abb. 62.

831. **Pfaffenhofen-Pattershofen, Kr. Neumarkt.-** Depot mehrerer Gegenstände, die verloren sind; erhalten blieb eine Knopfsichel; Datierung ungewiß.- Bayer. Vorgeschbl. 26, 1961, 282 Abb. 22,1; Stein, Hortfunde 159 Nr. 363.

832. **Pfauhausen, Kr. Esslingen.-** Aus altem Neckarbett.- Griffplattenschwert (Typus Rixheim).- Schauer, Schwerter 63 Nr. 201 Taf. 28, 201.

833. **Pfeffertshofen, Ldkr. Neumarkt.-** Einzelfund auf Hochfläche.- Mittelständiges Lappenbeil.- W. Torbrügge, Die Bronzezeit in der Oberpfalz (1959) 136 Nr. 97 Taf. 19,8.

834. **Pflaumheim, Kr. Aschaffenburg.-** Körpergrab.- 5 Brillenspiralen, Nadel mit Petschaftkopf, 3 Nadelschaftfrgte., 2 Bergen, 2 Armspiralen, Spiralfingerring, 60 Tutuli, 30 Spiralröllchen, 16 Bernsteinperlen.- U. Wels-Weyrauch, Die Anhänger und Halsringe in Süddeutschland und Nordbayern (1978) 98 Nr. 88-590 Taf 96.

835. **Pflugdorf, Ldkr. Landsberg a.Lech.-** Einzelfund (aus einem Grab?).- Achtkantschwert.- F. Holste, Die bronzezeitlichen Vollgriffschwerter Bayerns (1953) 47 Nr. 5 Taf. 9,6.

836. **Pfohren, Ldkr. Donaueschingen.-** Mohnkopfnadel (Form IIB).- Beck, Beiträge 138 Taf. 41,6.

837. **Pfullingen (?), Ldkr. Reutlingen.-** Fundumstände unbekannt.- Nadel (Typus Binningen).- W. Vreeck, Die Alamannen in Württemberg (1931) 266ff. Taf. 45 A5.

838. **Pfullingen, Ldkr. Reutlingen.-** Brandgrab.- Mohnkopfnadel (Form IIC), 2 Nadelschaftfrgte., 8 Armringe (Typus Pfullingen), 2 linienverzierte Armringe, Scherben einer Schale. Bruchstücke von 5 Armringen und Scherben verloren.- Beck, Beiträge 125 Taf. 9 B.

839. **Piesbach, Kr. Saarlouis.-** Flußfund.- Lanzenspitze.- A. Kolling, Späte Bronzezeit an Saar und Mosel (1968) Nr. 82 Taf. 60,1.

840. **Pitzling, Ldkr. Landsberg am Lech.-** Depot beim Bau einer Staustufe oder Flußfunde (?).- Beile, Messer, Spangen (insgesamt ca. 15 Stücke). Erhalten ist ein mittelständiges Lappenbeil.- Bayer. Vorgeschbl. 18/19, 1951/52, 260 Abb. 9,8.

841. **Pleidelsheim, Kr. Ludwigsburg.-** Grab (?).- Griffzungenschwert (Typus Hemigkofen/Var. Elsenfeld).- Schauer, Schwerter 164 Nr. 488 Taf. 72, 488.

842. **Pleidelsheim, Kr. Ludwigsburg.-** Vermutlich Brandbestattung in Grabhügel.- Griffzungenschwert (Typus Hemigkofen/Var. Uffhofen), Griffzungenmesser.- Schauer, Schwerter 161 Nr. 474 Taf. 114D.

843. **Poing, Ldkr. Ebersberg.-** Brandgrab.- Siebtasse, Schwertfrgte. (unbestimmbar), Rasiermesser, Vasenkopfnadel, Frgte. eines vierrädrigen Wagens (Achskappen wie von Nagydem sind auf dem ersten Publikationsfoto erkennbar) und die Schirrung für zwei Pferde, lanzettförmige Anhänger, Vogelanhänger, Nietstifte, Muffen, Hülsen, Aufsätze, einige Tüllenpfeilspitzen, 2 Sicheln, einige Teile von Gußkuchen bzw. Barren, Keramik, teilweise bemalt.- S. Winghart, Arch. Jahr Bayern 1989, 74f. Abb. 43; S. Winghart, Arch. Deutschl. 1991 H. 3, 6ff.

844. **Polsingen, Ldkr. Weißenburg-Gunzenhausen.-** Gräberfeld.- Grabnummer nicht angegeben: Griffplattenmesser mit aufgeschobenem Scheibchen, Vollgriffmesser.- Arch. Jahr Bayern 1981, 87 Abb. 75.

845. **Polsingen, Ldkr. Weißenburg-Gunzenhausen.-** Gräberfeld mit 4 Bestattungen und einem quadratischen Holzbau
Grab 1: 2 Mohnkopfnadeln, 2 gerippte Armringe (darunter einer des Typus Pfullingen), 3 Gefäße.- S. Herramhof, F.-R. Herrmann, H. Koschick, D. Rosenstock, L. Wamser, Archäologische Funde

und Ausgrabungen in Mittelfranken. Fundchronik 1970-1985 (1986-1987) (= Jahrb. Hist. Ver. Mittelfranken 93, 1986-1987) 167 Abb. 57.

846. **Poppenweiler**, Ldkr. Ludwigsburg.- Urnengrab.- 1 Messer, 1 Nadel, 1 Bronzetasse, Keramik.- Müller-Karpe, Chronologie 313 Taf. 207F.

847. **Postau-Unholzing**, Kr. Landshut.- Im Auboden des Isartales.- Lanzenspitze mit kurzer Tülle.- Bayer. Vorgeschbl. 57, 1987 Beih. 1, 98 Abb. 67,6.

848. **Prien**, Kr. Rosenheim.- Fundumstände unbekannt; angeblich aus einer Kiesgrube.- Rasiermesser (Typus Morzg/Var. Drazovice), Lanzenspitze.- Jockenhövel, Rasiermesser 92 Nr. 120 Taf. 10, 120.

849. **Prien**, Kr. Rosenheim.- Grab; Körperbestattung.- Griffzungenschwert (wohl Typus Hemigkofen).- Schauer, Schwerter 165 Nr. 491 Taf. 73, 491.

850. **Püscheldorf**, Kr. Nürnberg.- Nadel (Typus Urberach).- Hennig, Grab und Hort 138 Taf. 69, 1-14.

851. **Radersdorf**, Ldkr. Aichach.- Urnengrab.- 2 Nadeln (davon eine Typus Winklsaß), Armring mit Stollenenden, Scherben.- Bayer. Vorgeschbl. 22, 1957, 148 Abb. 20, 3-5.

852. **Rattenkirchen**, Ldkr. Mühldorf.- Mittelständiges Lappenbeil.- Müller-Karpe, Chronologie 305 Nr. 35 Taf. 195, 35.

853. **Raubling-Reischenhart**, Ldkr. Rosenheim.- Einzelfund.- Fragmentiertes Dreiwulstschwert (Typus Erlach).- Bayer. Vorgeschbl. Beiheft 1, 1987, 103f. Abb. 69.

854. **Regensburg, Schwaighauser Forst**.- Grabhügel.- Dolch mit dreieckiger Griffplatte, Petschaftkopfnadel, 4 Armbänder, 4 Armringe, 6 Spiralscheibenringe, 10 herzförmige Anhänger, 9 Blechknöpfe.- W. Torbrügge, Die Bronzezeit in der Oberpfalz (1959) 191 Taf. 60, 24-36.

855. **Regensburg**.- Aus dem Inn.- Vollgriffschwert (Typus Riegsee/Var. Speyer).- W. Torbrügge, Die Bronzezeit in der Oberpfalz (1959) 214 Nr. 363 Taf. 73,3; D. Ankner, Arch. u. Naturwiss. 1, 1977, 374f. mit Abb.; P. Schauer, Jahrb. RGZM 20, 1973, 76 Nr. 1 Taf. 9,2.

856. **Regensburg**.- Flußfund.- Vollgriffschwert (Typus Riegsee).- W. Torbrügge, Die Bronzezeit in der Oberpfalz (1959) 214 Nr. 362 Taf. 73,2.

857. **Rehlingen**, Kr. Weißenburg.- Einzelfund in Nähe einer Grabhügelgruppe.- Rasiermesser (Typus Stadecken).- Jockenhövel, Rasiermesser 69 Nr. 68 Taf. 6, 68.

858. **Reichelsheim**, Wetteraukreis.- Brandgrab.- Radanhängerfrg. (?), 2 Kugelkopfnadeln, 1 Messer mit umgeschlagenem Griffdorn, 1 Spiralscheibe, 4 Gefäße.- U. Wels-Weyrauch, Die Anhänger und Halsringe in Süddeutschland und Nordbayern (1978) 70 Nr. 346 Taf. 17, 346.

859. **Reichenbach**, Kr. Biberach.- Grabhügel.- Blechtasse.- H. Thrane, Acta Arch. 36, 1965, 205 Nr. A21.

859A. **Reinheim**, Kr. Dieburg.- Grabfund.- Unter den Funden 1 Vollgriffmesser.- F.-R. Herrmann, Die Funde der Urnenfelderkultur in Mittel- und Südhessen (1966) Taf. 158 B,3.

860. **Reinheim a.d. Blies**, Kr. St. Ingbert.- Vermutlich Gewässerfund.- Griffzungenschwert (Typus Riedheim).- J.D. Cowen, Proc. Prehist. Soc. 17, 1951, 213 Nr. 9 ("Typus Nenzingen"); Schauer, Schwerter 156 Nr. 456 Taf. 66, 456.

861. **Reisenburg**, Ldkr. Günzburg.- Grab.- Achtkantschwert.- F. Holste, Die bronzezeitlichen Vollgriffschwerter Bayerns (1953) 47 Nr. 1 Taf. 9,1.

862. **Retzbach**, Kr. Main-Spessart.- Aus dem Main.- 2 gleiche verbogene Brillenspiralen.- U. Wels-Weyrauch, Die Anhänger und Halsringe in Süddeutschland und Nordbayern (1978) 99 Nr. 595-596 Taf. 35, 595-596.

863. **Reundorf**, Kr. Lichtenfeld.- Vasenkopfnadel.- C. Pescheck, Katalog Würzburg 1 (1958) 139 Abb. 23,3.

864. **Reutlingen**.- Grab 4, Brandbestattung.- Griffzungenschwert (Typus Nenzingen; in zwei Teile zerbrochen), 1 Tüllenpfeilspitze, 1 Nagel, 1 Kugelkopfnadel, 1 Nadelfrg., 2 kleine Ringe, 4 Bronzefrgte., Keramik.- J.D. Cowen, Proc. Prehist. Soc. 17, 1951, 213 Nr. 5; Schauer, Schwerter 133 Nr. 403 Taf. 59, 403; Chr. Unz, Prähist. Zeitschr. 48, 1973 Taf. 5,1-6.

865. **Reutlingen**.- Brandgrab 12.- Griffzungenschwert, 2 Nadeln (Typus Horgauergreut), 1 Vasenkopfnadelfrg., 4 Stielpfeilspitzen, verschmorte Bronzestücke, 1 Schlaufenhakenfrg., 1 Scheibe mit Nagel, Zylinderhalsgefäß, Henkelgefäß, 2 Schalen, Becher, Gefäßfrg.- Fundber. Schwaben 18, 1910, 18f. Taf. 2,12.15; J.D. Cowen, Proc. Prehist. Soc. 17, 1951, 213 Nr. 6; Schauer, Schwerter 133 Nr. 404 Taf. 59, 404.

866. **Rheinpfalz**.- Genauer Fundort und Fundumstände unbekannt.- Beinberge.- W. Kimmig, Germania 35, 1957, 113-115 Abb. 1.

867. **Rheinzabern**, Kr. Germersheim.- Im Bereich der römischen Töpfereien.- Mittelständiges Lappenbeil (mit Absatzbildung).- Kibbert, Beile 40 Nr. 42 Taf. 3, 42.

868. **Riedenburg**, Ldkr. Regensburg.- Fundumstände unbekannt.- Nadel (Typus Henfenfeld).- W. Torbrügge, Die Bronzezeit in der Oberpfalz (1959) 216 Nr. 379 Taf. 77, 10.

869. **Riedenburg**, Ldkr. Regensburg.- Vermutlich aus Grabhügel.- 1 Armring (Typus Pfullingen), 1 Armband, 1 Messer, Keramik.- W. Torbrügge, Die Bronzezeit in der Oberpfalz (1959) 216 Taf. 77, 6-8.

870. **Riedheim**, Kr. Günzburg.- Baggerfund.- Griffzungenschwert (Typus Riedheim).- Schauer, Schwerter 156 Nr. 457 Taf. 66, 457.

871. **Riedhöfl** (Hainsacker-Riedhöfl), Kr. Regensburg.- Depot. Beim Sprengen eines großen Felsblockes auf dem Gipfelpunkt des St. Lorenzberges: 1 Schwertklinge (modern zerbrochen), Lanzenspitze, 2 Absatzbeile, 1 Nadel, 2 Knopfsicheln, 1 Messer.- Müller-Karpe, Chronologie Taf. 151 A2; Stein, Hortfunde 146 Nr. 336.

872. **Riedlingen**, Ldkr. Donauwörth.- In altem Donaulauf.- Mittelständiges Lappenbeil.- Bayer. Vorgeschbl. 24, 1959, 205 Abb. 12,6.

873. **Riedstadt-Erfelden**, Kr. Groß-Gerau.- Gewässerfund.- Ösenlanzenspitze (277g).- Unpubliziert.- Landesamt f. Denkmalpflege Hessen DA 1992:2; Verbleib privat.- Taf. 18,6.

874. **Riegsee**, Ldkr. Weilheim.- Hügel 2, Brandbestattung.- Messer mit vogelkopfförmigem Ende (mit zweiseitig angeschärfter Klingenspitze ?), Gefäß, Scherben.- H. Koschick, Die Bronzezeit im südwestlichen Oberbayern (1981) 244 Nr. 234 Taf. 128,1.

875. **Riegsee**, Ldkr. Weilheim.- Grabhügel 8, Brandbestattung 1.- 3 Vasenkopfnadeln, mehrere Spiralröllchen, 3 Blechröhrchen, 2 tordierte Armringfrgte., Schmelzstücke von 6 gerippten Armbändern, 2 fragmentierte Radanhänger, Stück eines Goldblechs, 5 Fingerringe, 1 Griffplattenmesser, 1 Griffplattenmesserfrg., Frgte. von 3 verzierten Gürtelblechen, 2 Ösenknöpfe, Wellennadelfrg.(?) bei Koschick nicht genannt; abseits lagen ineinandergehakt 2

gerippte Armringe und 2 linienverzierte Armringe, 2 Gefäße.- Müller-Karpe, Chronologie 298 Taf. 181 A; H. Koschick, Die Bronzezeit im südwestlichen Oberbayern (1981) 245 Nr. 234 Taf. 128,2-7; 129; 130,1-7; Kilian-Dirlmeier, Gürtel 105 Nr. 414 Taf. 42, 414.

876. Riegsee, Ldkr. Weilheim.- Grabhügel 8, Brandbestattung 2.- Griffplattenmesser, 3 Gefäße.- H. Koschick, Die Bronzezeit im südwestlichen Oberbayern (1981) 245 Taf. 131,9-10.

877. Riegsee, Ldkr. Weilheim.- Hügelgrab 9; Brandbestattung.- 1 Vasenkopfnadel, 1 Messerklingenfrg., Keramik, 1 Vollgriffschwert (Typus Riegsee; in 5 Teile zerbrochen).- F. Holste, Die bronzezeitlichen Vollgriffschwerter Bayerns (1953) 51 Nr. 7 Taf. 13,4; D. Ankner, Arch. u. Naturwiss. 1, 1977, 378f. mit Abb; Müller-Karpe, Vollgriffschwerter 93 Taf. 1,1-2; H. Koschick, Die Bronzezeit im südwestlichen Oberbayern (1981) 245 Nr. 234 Taf. 131, 1-3; Müller-Karpe, Chronologie 297 Taf. 180 A.

878. Riegsee, Kr. Weilheim.- Grabhügel 23; Brandbestattung.- Griffzungenschwert (Typus Nenzingen/Var. Genf) (in 9 Stücke zerbrochen), Griffangelmesser, Metallfrg., Keramik.- J.D. Cowen, Proc. Prehist. Soc. 17, 1951, 213 Nr. 1; Schauer, Schwerter 141 Nr. 424 Taf. 62, 424.

879. Riegsee, Ldkr. Weilheim.- Hügel 25, Brandbestattung.- 3 gerippte Armringe, 2 tordierte Armringe, Frgte. von 2 Fingerringen, Drahtfrg., Griffplattenmesser, Gürtelblechfrgte. (Typus Riegsee), kleiner Ring, Gefäßscherben.- H. Koschick, Die Bronzezeit im südwestlichen Oberbayern (1981) 246f. Nr. 234 Taf. 133; Kilian-Dirlmeier, Gürtel 105 Nr. 420 Taf. 42, 420.

880. Riegsee, Ldkr. Weilheim.- Hügel 26, Brandgrab.- 1 Vasenkopfnadel, Kugelkopfnadel mit gerieptem Hals, Nadelfrg., Brillenanhänger, Griffplattenmesserfrg., Spiralröllchen, mindestens 5 Gefäße.- H. Koschick, Die Bronzezeit im südwestlichen Oberbayern (1981) 247 Nr. 234 Taf. 134, 1-12.

881. Riegsee, Ldkr. Weilheim.- Hügel 32, Brandbestattung.- Griffzungenmesser mit Ringende (erhaltene organische Griffeinlagen; Typus Baierdorf), 2 Gefäßscherben.- H. Koschick, Die Bronzezeit im südwestlichen Oberbayern (1981) 247 Nr. 234 Taf. 135,1.

882. Riegsee, Ldkr. Weilheim.- Grabhügel 34, Brandbestattung.- Frg. eines Gürtels (Typus Riegsee), Nadelfrg. mit gerieptem Hals, 4 Brillenanhänger, 2 Radanhänger, mehrere Blechtutuli, Spiralröllchen, 2 Gefäße.- Kilian-Dirlmeier, Gürtel 105 Nr. 421 Taf. 43, 421; H. Koschick, Die Bronzezeit im südwestlichen Oberbayern (1981) 247f. Nr. 234 Taf. 135, 2-14.

883. Riegsee, Ldkr. Weilheim.- Hügel 37, Brandgrab.- 1 Vasenkopfnadelfrg., kleine Schmelzstücke, Gefäßscherben.- H. Koschick, Die Bronzezeit im südwestlichen Oberbayern (1981) 248 Nr. 234 Taf. 134, 1-12.

884. Ringingen, Ldkr. Ehingen.- Fundumstände ?.- Pyramidenkopfnadel.- Beck, Beiträge 42 Taf. 40, 16.

885. Rödelsee, Ldkr. Kitzingen.- Depot im Wallversturz auf dem Schwanberg.- 3 mittelständige Lappenbeile.- D. Rosenstock, Arch. Jahr Bayern 1982, 50ff.

886. Rönshausen, Kr. Fulda.- Hügel 2; Körperbestattung.- Nadel mit mehrfach verdicktem Schaftoberteil (Typus Lüdermund); Bernsteinschieber.- Kubach, Nadeln 322 Nr. 770 Taf. 56, 770.

887. Rötz, Ldkr. Waldmünchen.- Einzelfund.- Mittelständiges Lappenbeil.- W. Torbrügge, Die Bronzezeit in der Oberpfalz (1959) 226 Nr. 418 Taf. 18, 4.

888. Rosenheim.- Aus einem Moor.- Dreiwulstschwert (Typus Erlach).- Müller-Karpe, Vollgriffschwerter 94 Taf. 4,4.

889. Rottenburg, Kr. Tübingen.- Baggerfund aus einer Kiesgrube.- Griffzungenschwert (Art Reutlingen).- Schauer, Schwerter 147 Nr. 441 Taf. 64, 441.

890. Rottenburg, Ldkr. Tübingen.- Aus einer Kiesgrube am linken Neckarufer.- Mohnkopfnadel (Form IIC).- Beck, Beiträge 139 Taf. 41,11.

890A. Rottweil. Armring (Typus Allendorf).

891. Ruhestetten, Ldkr. Sigmaringen.- Im Torfried.- Mohnkopfnadel (Form IIB).- Beck, Beiträge 138 Taf. 41,5.

892. Rümmingen, Kr. Lörrach.- Einzelfund.- Mittelständiges Lappenbeil (Typus Grigny).- Badische Fundber. 19, 1951, 153 Taf. 17 B.

893. Rüsselsheim, Kr. Groß-Gerau.- Brandbestattung in Urne (Ha A2).- Rasiermesser (Typus Steinkirchen), Nadel, Feuersteinabschlag, Keramik.- Jockenhövel, Rasiermesser 100 Nr. 135 Taf. 12, 135.

894. Rüsselsheim, Kr. Groß-Gerau.- Stadtwald; Brandgrubengrab.- Henfenfelder Nadel, verzierte Tasse mit X-Henkel.- Kubach, Nadeln 399 Nr. 969 Taf. 65, 969.

895. Rußheim, Kr. Karsruhe.- Baggerfund aus einer Kiesgrube.- Griffangelschwert.- Schauer, Schwerter 92 Nr. 305 Taf. 45, 305.

896. Saarbrücken-Burbach.- In Saarnähe.- Mittelständiges Lappenbeil (Typus Grigny; 537g).- Kibbert, Beile 51 Nr. 108 Taf. 8, 108.

897. Saarbrücken.- Aus der Saar.- Mittelständiges Lappenbeil.- Kibbert, Beile 56 Nr. 118 Taf. 9, 118.

898. Saas -> Bayreuth-Saas

899. Salem, Kr. Überlingen.- Armring (Typus Allendorf).- E. Wagner, Funde und Fundstätten aus vorgeschichtlicher, römischer und alamannisch-fränkischer Zeit im Großherzogtum Baden I (1908) 80 Abb. 55.

900. Sarching -> Barbing

901. Schaafheim, Kr. Dieburg.- Einzelfund.- Griffzungenschwert (Typus Riedheim).- Schauer, Schwerter 156 Nr. 458 Taf. 67, 458.

902. Schaafheim, Kr. Darmstadt-Dieburg.- Fundumstände unbekannt.- Urberachnadel.- Kubach, Nadeln 340 Nr. 794 Taf. 56, 794.

903. Schäfstall, Ldkr. Donau-Ries.- Aus der Donau.- 3 Lanzenspitzen.- Fundber. Bayer. Schwaben 1979, 20 Abb. 5, 1.2.7.

904. Schäfstall, Stadt Donauwörth, Ldkr. Donau-Ries.- Aus einem alten Donauarm.- Vollgriffschwert (Typus Riegsee/Var. Henfenfeld).- Ausgr. u. Funde in Bayerisch-Schwaben 1979 (1980), 20ff. Abb. 6,4.

905. Schäfstall, Stadt Donauwörth, Ldkr. Donau-Ries.- Aus einem alten Donauflußbett.- Beinschiene.- W. Dehn, Ausgr. und Funde Bayerisch Schwaben 1979, 29ff. Abb.8.-

906. Schäfstall, Stadt Donauwörth, Ldkr. Donau-Ries.- Aus einem alten Donauflußbett.- Mittelständiges Lappenbeil.- Fundber. Bayer. Schwaben 1979, 20 Abb. 3,11.

907. Schäfstall, Stadt Donauwörth, Ldkr. Donau-Ries.- Aus einem alten Donauflußbett.- Mittelständiges Lappenbeil.- Fundber. Bayer. Schwaben 1979, 20 Abb. 3,12.

908. Schäfstall, Stadt Donauwörth, Ldkr. Donau-Ries.- Aus ei-

nem alten Donauflußbett.- Mittelständiges Lappenbeil.- Fundber. Bayer. Schwaben 1979, 20 Abb. 4,2.

909. Schäfstall, Stadt Donauwörth, Ldkr. Donau-Ries.- Aus einem alten Donauflußbett.- Mittelständiges Lappenbeil.- Fundber. Bayer. Schwaben 1979, 20 Abb. 4,4.

910. Schäfstall, Stadt Donauwörth, Ldkr. Donau-Ries.- Aus einem alten Donauflußbett.- Mittelständiges Lappenbeil.- Fundber. Bayer. Schwaben 1979, 20 Abb. 4,5.

911. Schäfstall, Stadt Donauwörth, Ldkr. Donau-Ries.- Aus einem alten Donauflußbett.- Mittelständiges Lappenbeil.- Fundber. Bayer. Schwaben 1979, 20 Abb. 4,6.

912. Schäfstall, Stadt Donauwörth, Ldkr. Donau-Ries.- Aus einem alten Donauflußbett.- Mittelständiges Lappenbeil.- Fundber. Bayer. Schwaben 1979, 20 Abb. 4,9.

913. Schäfstall, Stadt Donauwörth, Ldkr. Donau-Ries.- Aus einem alten Donauflußbett.- Mittelständiges Lappenbeil.- Fundber. Bayer. Schwaben 1978, 29 Abb. 6,11.

914. Schäfstall, Stadt Donauwörth, Ldkr. Donau-Ries.- Aus einem alten Donauflußbett.- Mittelständiges Lappenbeil.- Fundber. Bayer. Schwaben 1978, 29 Abb. 6,6.

915. Schifferstadt, Kr. Ludwigshafen.- 2 Brandgräber in Hügel.- 3 Nadeln (Typus Guntersblum), 8 Gefäße aus 2 Fundkomplexen.- C. Unz, Prähist. Zeitschr. 48, 1973, 83 Taf. 22, 3-13.

916. Schirmreuth, Ldkr. Landshut.- Grabfund?- Nadel (Typus Paudorf), Nadel, Bronzeplättchen, 2 gerippte Armringe (davon einer fragmentiert).- Bayer. Vorgeschbl. 18-19, 1951-52, 249 Abb. 19C; Müller-Karpe, Chronologie 307 Taf. 197 A.

917. Schirradorf, Ldkr. Kulmbach.- Körpergrab 1 unter Hügel.- Kugelkopfnadel mit geripptem Hals, Lanzenspitze mit verzierter Tülle, Griffplattenmesser, Scherben.- A. Berger, Die Bronzezeit in Ober- und Mittelfranken (1984) 107 Nr. 93 Taf. 34,2-4.

918. Schlaifhausen -> Ehrenbürg

919. Schmiden, Kr. Waiblingen.- Grab?.- Schwert mit schmaler Griffplatte und seitlichen Nietkerben (Typus Mantoche), Messer.- Schauer, Schwerter 77 Nr. 250 Taf. 36, 250.

920. Schmidmühlen, Kr. Amberg.- Depot.- 1 Halsring, 1 Halsringfrg., 4 Armringe, 1 Armringfrg., 2 Fußringe, 2 Fußringfrgte., 1 Frg. eines Knöchelbandes (?), 1 Bügelfrg. einer Brillenspirale, 1 Lanzenspitzenfrg., 1 mittelständiges Lappenbeilfrg., Sichelfrg., Gußzapfen.- Müller-Karpe, Chronologie 286 Taf. 152 B; Stein, Hortfunde 162 Nr. 370.

921. Schönach, Ldkr. Regensburg.- Mittelständiges Lappenbeil.- Müller-Karpe, Chronologie 304 Nr.5 Taf. 195,5.

922. Schönbrunn, Ldkr. Bamberg.- Steinkistengrab; Körperbestattung.- 1 Rasiermesser (mit halbmondförmigem Blatt), 1 Kopfblech, Keramik.- H. Hennig in: K. Spindler (Hrsg.), Vorzeit zwischen Main und Donau (1980) 125f. Abb. 20.

923. Schongau (Umgebung).- Mittelständiges Lappenbeil.- Müller-Karpe, Chronologie 305 Nr. 32 Taf. 195, 32.

924. Schöngeising, Ldkr. Fürstenfeldbruck.- Hügel 52; Körperbestattung (gestört).- 11 Dornpfeilspitzen, 1 lanzettförmiger Gegenstand, 5 große und 21 kleine Ziernägel, Spiralröllchenfrgte., 1 Drahtstück, Scherben.- (Datierung ?).- H. Koschick, Die Bronzezeit im südwestlichen Oberbayern (1981) 157 Nr. 35 C Taf. 14, 1-36.

925. Schöngeising, Ldkr. Fürstenfeldbruck.- Aus Urnengräbern.- Gürtelhaken (Typus Wilten).- Kilian-Dirlmeier, Gürtel 54 Nr. 135 Taf. 14, 135.

926. Schöngeising, Ldkr. Fürstenfeldbruck.- Mittelständiges Lappenbeil (Typus Freudenberg /Var. Niedergößnitz).- Müller-Karpe, Chronologie 305 Nr.23 Taf. 195, 23.

927. Schonungen, Ldkr. Schweinfurt.- Flußfund aus dem Main.- Mittelständiges Lappenbeil.- O.M. Wilbertz, Die Urnenfelderkultur in Unterfranken (1982) 195 Nr. 211 Taf. 100,1.

928. Schussenried, Ldkr. Waldsee.- Aus einem Grab (?).- 1 Bronzetasse.- Müller-Karpe, Chronologie 313 Taf. 207 B.

929. Schwabegg, Ldkr. Schwabmünchen.- Hügel 1 (?)- Nadel (Typus Henfenfeld), Tongefäß.- H.-P. Uenze, Die Vor und Frühgeschichte im Landkreis Schwabmünchen (1971) 134 Nr. 92 Taf. 12,1.

930. Schwabmünchen, Ldkr. Augsburg.- Grab 13, Brandbestattung (3 od. 4 Individuen [1 inf., 3 adult bis matur; 1 fem., 1 mask., 1 unbest.]).- 1 Rixheimschwert (unverbrannt), 1 Schwertklingenfrg. (verbrannt), 2 Griffplattenmesser (unverbrannt), 1 Messer (verbrannt), 2 Halsreifen, davon einer fragmentiert, 4 Ringlein, 2 Hülsen, Bronzefrgte., 8 Gefäße, Tierknochen (Schaf/Ziege).- G. Krahe, Arch. Jahr Bayern 1985, 55ff. Abb. 22-24.

931. Schwabmünchen.- Einzelfund.- Mittelständiges Lappenbeil mit zur Schneide herabgezogenen Lappen.- Bayer. Vorgeschbl. 27, 1962, 214 Abb. 27,3.

932. Schwaig, Ldkr. Kelheim, Niederbayern.- Aus einem Moor (?).- Dreiwulstschwert (Typus Schwaig).- Müller-Karpe, Vollgriffschwerter 96 Taf. 9,1.

933. Schwaighauser Forst, Ldkr. Regensburg.- Mohnkopfnadel (Form IIB).- Beck, Beiträge 28; W. Torbrügge, Die Bronzezeit in der Oberpfalz (1959) 193 Taf. 60, 37.

934. Schwanfeld, Ldkr. Schweinfurt.- Einzelfund.- Griffplattenschwert (Typus Rixheim).- Fundber. Unterfranken 1979, 114 Abb. 20,13.

935. Schwanfeld, Ldkr. Schweinfurt.- Brandgrab (unvollständig).- 2 Bergen, Nadelschaft, Spiralscheibe.- O.M. Wilbertz, Die Urnenfelderkultur in Unterfranken (1982) 196 Nr. 209 Taf. 76.

936. Schwangau-Hohenschwangau, Kr. Marktoberdorf.- Depot.- 3 mittelständige Lappenbeile.- Stein, Hortfunde 163 Nr. 373 Taf. 111,1-3; Müller-Karpe, Chronologie 305 Nr. 44 Taf. 195, 44-45

937. Schwarzenthonhausen-Hatzenhof, Ldkr. Parsberg.- Angebl. Brandbestattung.- 2 Nadeln, 1 Rollennadel, 1 gezackte Nadel, Stollenarmband, Spiralscheibe, Fingerring, Spiralfingerring, 3 Knöpfe, 60 kleine Blechknöpfe, Spiralröllchen, Bronzefrg.- Beck, Beiträge 10; W. Torbrügge, Die Bronzezeit in der Oberpfalz (1959) 181 Taf. 48, 4-15.

938. Schwarzwöhr, Kr. Vilshofen.- Aus zwei (?) Urnengräbern.- Griffplattenmesser, Gürtelhaken (Typus Wilten), Keramik.- Kilian-Dirlmeier, Gürtel 53 Nr. 121 Taf. 13, 121.

939. Schweindorf, Ldkr. Aalen.- Hügel 2 Grab 1.- 3 flachkonische Blechtutuli, Drillingsarmring, Messer-(oder Sichel?)frg., Stabarmring, gezackte Nadel, Kerbschnittkrug.- Beck, Beiträge 85 Abb. 2,1.

940. Schweinfurt.- Depot ("großer Hort", ursprüngliche Zusammensetzung unbekannt).- 3 mittelständige Lappenbeile; ein angeblich viertes nach Wilbertz nicht nachweisbar.- O.M. Wilbertz, Die Urnenfelderkultur in Unterfranken (1982) 196 Nr. 211 Taf. 99, 1-3; Stein, Hortfunde 163 Nr. 374; Müller-Karpe, Chronologie 289

Taf. 159 B.

941. Schwenningen, Kr. Rottweil.- Einzelfund.- Griffzungenschwert (Typus Hemigkofen/Var. Uffhofen).- Schauer, Schwerter 161 Nr. 476 Taf. 70, 476.

942. Seligenstadt (?).- Griffangelschwert.- Schauer, Schwerter 94 Nr. 317 Taf. 46, 317.

942A. Seligenstadt.- Aus dem Main.- Griffplattenschwert (Typus Rixheim).- Deponierungen I Taf. 6,2.

943. Senden, Ldkr. Neu-Ulm.- Griffzungendolch.- Bayer. Vorgeschbl. 24, 1959, 200; 211 Abb. 17,3.

944. Sengkofen, Kr. Regensburg.- Urnengrab 17.- Blechtasse.- Fischer, Arch. Jahr Bayern 1981, 92ff. Abb. 79.

945. Siegersdorf, Kr. Lauf a.d. Pegnitz.- Nadel (Typus Urberach).- Hennig, Grab und Hort 134 Taf. 65, 7-9.

946. Sigmaringen.- "Brucherzdepot".- 7 Knopfsicheln, 4 Zungensicheln, mittelständige Lappenbeile, 1 Lanzenspitze.- Primas, Sicheln 62f. Nr. 116 Taf. 7, 116.

947. Singen, Kr. Konstanz.- Vermutlich Brandgrab.- Rixheimschwert, spindelförmiger Gegenstand, Lanzenspitze, Nadelfrg.- Schauer, Schwerter 68 Nr. 231 Taf. 32, 231; 133 B; Beck, Beiträge 129f. Taf. 25A.

948. Singen, Kr. Konstanz.- Aus Flachbrandgräbern.- Lanzenspitzenfrg. mit gestuftem Blatt; 2 Zwillingsringe.- W. Kimmig, Die Urnenfelderkultur in Baden (1940) Taf. 32, 2-5.

949. Sinzing, Ldkr. Regensburg.- Bei Fundierung der Laberbrücke; Flußfund.- Dolch mit dreinietiger Griffplatte.- W. Torbrügge, Die Bronzezeit in der Oberpfalz (1959) 196 Nr. 283 Taf. 55, 10.

950. Södel, Wetteraukreis.- Brandbestattung (Ha A2).- Rasiermesser (Typus Dietzenbach), Tonkern einer Kugelkopfnadel, 3 Kugelkopfnadeln, Anhängerfrg., Ringe, Keramik.- Jockenhövel, Rasiermesser 107 Nr. 157 Taf. 13, 157.

950A. Soflingen, Gem. Ulm.- Einzelfund.- Nadel (Typus Horgauergreut).- Fundber. Schwaben NF 13, 1952-54, 33 Abb. 17.

951. Spardorf, Kr. Erlangen.- Einzelfund.- Mittelständiges Lappenbeil.- Hennig, Grab und Hort 112 Nr. 97 Taf. 34,7.

952. Speyer.- Doppelgrab (?); Brandbestattung.- Griffangelschwert (Typus Unterhaching). Fraueninventar: Kugelkopfnadel, S-Haken, 4 Drahtfrgte., Frgte. mehrere Schleifenringe, 2 Zwillingsringe, Knöchelbandfrgte., 4 kleine geschlossene Ringe.- Schauer, Schwerter 84 Nr. 283 Taf. 41, 283.

953. Speyer.- Vermutlich Gewässerfund.- Vollgriffschwert (Typus Riegsee/Var. Speyer).- P. Schauer, Jahrb. RGZM 20, 1973, 76 Nr. 3 Taf. 9, 1.

954. Sprendlingen, Kr. Offenbach.- Aus Hügeln.- Tüllenpfeilspitze, Griffzungenschwertfrg., Schwertklingenspitze, Keramik.- F.-R. Herrmann, Die Funde der Urnenfelderkultur in Mittel- und Südhessen (1966) 191f. Nr. 748 Taf. 174 B.

955. Sprendlingen, Kr. Offenbach.- Grabhügel; Brandbestattung (?).- Griffzungenschwert (Art Reutlingen).- F.-R. Herrmann, Die Funde der Urnenfelderkultur in Mittel- und Südhessen (1966) 191 Nr. 748 Taf. 174 B,1-2; Schauer, Schwerter 147 Nr. 442 Taf. 64, 442.

956. Staatsforst Guttenberg.- Beinberge.- C. Pescheck, Bayer. Vorgeschbl. 33, 1968, 45 Abb. 1.

957. Staatsforst Kahr, Kr. Parsberg.- Grab.- Jockenhövel, Rasiermesser 55 Nr. 41.

958. Stabheim (?).- Griffplattenschwert (Typus Rixheim).- Schauer, Schwerter 67 Nr. 226 Taf. 30, 226.

959. Stadecken, Kr. Mainz-Bingen.- Fundumstände unbekannt.- Nadel (Typus Binningen).- Kubach, Nadeln Nr. 994.

960. Stadecken, Kr. Mainz-Bingen.- Brandgrab.- Nadel (Typus Guntersblum), Tüllengriffmesser, Rasiermesser (Typus Stadecken), Henkeltasse.- C. Unz, Prähist. Zeitschr. 48, 1973 Taf. 19, 10-13; Jockenhövel, Rasiermesser 69 ("Riegsee-Stufe") Nr. 69 Taf. 7, 69.

961. Staffelberg, Ldkr. Lichtenfels.- Einzelfund auf dem Hochplateau.- Mittelständiges Lappenbeil.- Ausgr. u. Funde Oberfranken 5, 1985, 18 Abb. 18,1.

962. Staffelberg (Staffelstein-Romansthal), Ldkr. Lichtenfels.- Auf dem Hochplateau; Einzelfund.- Mittelständiges Lappenbeil und Frg. eines mittelständigen Lappenbeiles des gleichen Typus.- Bayer. Vorgeschbl. Beiheft 1, 1987, 92 Abb. 53,4; Ausgr. u. Funde Oberfranken 5, 1985 18 Abb. 18,1.

963. Staffelstein, Ldkr. Lichtenfels.- Einzelfund auf dem Steglitz.- Rasiermesser.- B.-U. Abels, Das arch. Jahr in Bayern 1989, 72f. Abb. 40.

964. Staffelstein, Ldkr. Lichtenfels.- Flachgrab.- Griffzungenschwert, Keramik.- Schauer, Schwerter Seite nach 225 Nr. 404A Taf. 153, 404A.

965. Stätzling, Kr. Friedberg, Bayern.- Griffzungenschwert (Typus Stätzling).- Schauer, Schwerter 145 Nr. 436 Taf. 64, 436.

966. Stammbach, Kr. Zweibrücken.- Fundumstände unbekannt.- Griffplattenschwert (Typus Rixheim).- Schauer, Schwerter 66 Nr. 217 Taf. 30, 217.

967. Stammheim, Wetteraukreis.- Grabhügel.- Griffangelschwert, Griffangelmesser, Keramik.- Schauer, Schwerter 94 Nr. 318.

968. Steeden, Oberlahnkreis.- Einzelfund.- Rasiermesser (Typus Dietzenbach).- Jockenhövel, Rasiermesser 107 Nr. 160 Taf. 13, 160.

969. Steinberg, Ldkr. Rosenheim.- Mittelständiges Lappenbeil.- Müller-Karpe, Chronologie 305 Nr. 24 Taf. 195, 24.

970. Steinfurth, Wetteraukreis.- Aus Ziegeleigrube.- Urberachnadel.- Kubach, Nadeln 340 Nr. 793 Taf. 56,793.

971. Steingebronn, Ldkr. Münsingen.- Mohnkopfnadel (Form IIC).- Beck, Beiträge 30 Taf. 41,12.

972. St. Ilgen, Ldkr. Heidelberg.- Fundumstände unbekannt.- Messer mit umlapptem Ringgriff (Form D).- Beck, Beiträge 148 Taf. 57, 4; E. Wagner, Funde und Fundstätten aus vorgeschichtlicher, römischer und alamannisch-fränkischer Zeit im Großherzogtum Baden II (1911) 309 Abb. 257.

973. Steinheim, Main-Kinzig-Kreis.- Grab 2.- Urberachnadel, Armspiralfrg.- Kubach, Nadeln 339 Taf. 56, 788.

974. Steinheim, Main-Kinzig-Kreis.- (Brand)grab 10.- Urberachnadel, Bronzefrg. Tasse, Scherben eines weiteren Gefäßes.- Kubach, Nadeln 344 Nr. 833 Taf.58, 833.

975. Steinheim, Main-Kinzig-Kreis.- Körpergrab 27 (Doppelgrab?).- Messer mit umlapptem Ringgriff (Form B), Griffzungenmesser, Armring mit D-förmigem Querschnitt, Nadel mit geripptem, geschwollenem Hals und Trompetenkopf, Nadel mit gerilltem

Kugelkopf (Typus Urberach), Bronzeknopf, Geflechtrest, Schale, Rillenkrug.- H.-J. Hundt, Germania 34, 1956, 41ff. Abb. 2; Kubach, Nadeln 326f. Nr. 772 Taf. 56, 772; 344 Nr. 827 Taf. 58, 827.

976. **Steinheim**, Main-Kinzig-Kreis.- Grab 29; Körperbestattung.- Mehrere Pfeilspitzen.- H.-J. Hundt, Jahresber. Bayer. Bodendenkmalpfl. 15/16, 1974/75, 56 Anm. 13.

977. **Steinheim**, Main-Kinzig-Kreis.- Brandgrab 30.- 1 Urberach-, 1 Spinnwirtelkopfnadel, Armring, 2 kleine Ringe, 4 Tassen.- Kubach, Nadeln 344 Nr. 828 Taf. 58, 828; 361 Nr. 877 Taf. 60, 877.

978. **Steinheim**, Main-Kinzig-Kreis.- Grab 52; Brandbestattung. Das Grab war durch ein Pflanzloch für einen Obstbaum stark zerstört; es ist unklar, ob es sich um eine Einzelbestattung, ein Doppelgrab oder zwei Bestattungen handelt.- 1 Nadelfrg. (Typus Wollmesheim), 2 Frgte. einer Drahtbügelfibel (Typus Burladingen), 1 Pflockniet, 1 Guẞtröpfchen, 1 Vierkantstab, Keramik. Dazu ?: 23 Kieselsteine (darunter Angelhakenförmige, ein versteinerter Seeigel, weitere Versteinerungen), 1 Stein mit anhaftender Bronzeschmelzperle, Spinnwirtel, 1 Tonkugel, 2 längliche Knochenperlen, 1 Knochenpfriem, 3 kleine Guẞtröpfchen, 2 kleine Quarzabschläge (darunter eine Klinge), 1 Schuhleistenkeilfrg., 2 Bronzescheiben, Keramik.- G. Gallay, Antike Welt 15, H.2, 1984, 33ff. Abb. 4; Kubach, Nadeln 433 Nr. 1075 A Taf. 71, 1075 A.

979. **Steinheim**, Main-Kinzig-Kreis.- Grab.- Nadel (Typus Yonne/Form B).- Kubach, Nadeln Nr. 772.

980. **Steinheim**, Main-Kinzig-Kreis.- Grabfund.- Urberachnadel.- Kubach, Nadeln 339 Nr. 788 Taf. 56,788.

981. **Steinkirchen**, Kr. Deggendorf.- Grab 10; Brandbestattung in Urne.- Rasiermesser (Typus Steinkirchen), Nadelschaft, Messerklinge, Amboẞ, Keramik.- Jockenhövel, Rasiermesser 100 Nr. 132 Taf. 11, 132.

982. **Steinkirchen**, Kr. Deggendorf.- Grab 36, Urnenbrandgrab.- Gürtelhaken (Typus Wilten), Keramik.- Kilian-Dirlmeier, Gürtel 54 Nr. 139 Taf. 15, 139.

983. **Stetten auf den Fildern** (?), Kr. Esslingen.- Vermutlich Brandgrab.- Pyramidenkopfnadel, 2 Armringe (Typus Pfullingen).- Beck, Beiträge 127 Taf. 17 C.

984. **Stettfeld**, Kr. Haẞberge.- Körpergrab.- 2 Brillenspiralen, 2 verzierte Bergen, 2 Armspiralen, Scherben.- Müller-Karpe, Chronologie 287 Taf. 154 B; U. Wels-Weyrauch, Die Anhänger und Halsringe in Süddeutschland und Nordbayern (1978) 99 Nr. 597.598 Taf. 35, 597; 36, 598.

985. **Stockheim** (Enderndorf-Stockheim), Kr. Roth b.Nürnberg.- Depot.- 23 Nadelfrgte. (darunter 3 Ex. Typus Binningen, 1 Frg. einer gezackten Nadel, 1 Frg. einer Nadel mit doppelkonischem Kopf, 3 Nadelfrgte. mit verziertem Kugelkopf), 30 Arm- und Beinringe (teilweise fragmentarisch), 67 Beinbergen und Brillenspiralfrgte., 5 Anhänger (darunter 2 Frgte. von lanzettförmigen Gürtelhaken), 3 ringförmige Beschläge, Aufsteckvogel, 4 Schwertfrgte. (darunter eines vom Typus Rixheim), 1 Dolch und 6 Dolchfrgte., 2 Lanzenspitzen und 11 Lanzenspitzenfrgte., 1 mittelständiges Lappenbeil und 11 Beilfrgte., 1 Sichel und 22 Sichelfrgte., 2 Messerfrgte., 1 Rasiermesser, 1 Punze, 5 Meiẞelfrgte., 1 lanzenschuhförmiger Gegenstand, 1 Halsfrg., einer Bronzetasse, 30 Drähte und verschiedene Frgte., 5 Fehlgüsse und Guẞzapfen, 40 Guẞbrocken, Guẞkuchen, Weiẞmetallfrgte.- Müller-Karpe, Chronologie 288 Taf. 156-158; Stein, Hortfunde 131ff. Nr. 314; Schauer, Schwerter 64 Nr. 207 Taf. 28, 207; Kilian-Dirlmeier, Gürtel 73f. Nr. 261.262 Taf. 22, 261.262; Jockenhövel, Rasiermesser 53 ("Depotfundstufe Stockheim") Nr. 35 Taf. 3, 35; Beck, Beiträge 10; G. Kossack, Studien zum Symbolgut der Urnenfelder- und Hallstattzeit Mitteleuropas (1954)

93 Liste B Nr. 62.

986. **Stockheim**, Ldkr. Mindelheim.- Aus der Wertach.- Vollgriffschwert (Typus Riegsee).- F. Holste, Die bronzezeitlichen Vollgriffschwerter Bayerns (1953) 51 Nr. 4 Taf. 14,7; D. Ankner, Arch. u. Naturwiss. 1, 1977, 380f. mit Abb.

987. **Stockstadt**, Kr. Groẞ-Gerau.- Aus dem Altrhein.- Armringfrg. (Typus Allendorf).- I. Richter, Der Arm- und Beinschmuck der Bronze- und Urnenfelderzeit in Hessen und Rheinhessen (1970) 103 Nr. 607 Taf. 35, 607.

988. **Stockstadt**, Ldkr. Aschaffenburg.- Grab unter Hügel.- Nadel mit tonnenförmigem Kopf, Nadel (Typus Urberach), 2 kleine Brillenspiralen, Spiralfrg., Drahtreste, Frg. eines Rillenkruges, Scherben.- O.M. Wilbertz, Die Urnenfelderkultur in Unterfranken (1982) 129 Nr. 44 Taf. 22, 8-12.

989. Straẞbessenbach -> Bessenbach

990. **Strassberg**, Ldkr. Schwabmünchen.- Mittelständiges Lappenbeil.- Müller-Karpe, Chronologie 305 Nr. 42 Taf. 195, 42.

991. **Straubing**.- Im Königreich, Brandgrab 3.- 2 lanzettförmige Anhänger an einem Mittelstück, 3 Armringfrgte..- H.-J. Hundt, Katalog Straubing II (1964) 56 Taf. 52, 1-4; G. Kossack, Studien zum Symbolgut der Urnenfelder- und Hallstattzeit Mitteleuropas (1954) 93 Liste B Nr. 63.

992. **Straubing**.- Im Königreich Grab 2; Brandschüttung.- 2 Frgte. eines Griffdornmessers, Nagelkopfnadel, Gürtelhaken (Typus Wilten), Keramik.- Kilian-Dirlmeier, Gürtel 55 Nr. 142.

993-994 entfallen.

995. **Straubing**.- Grab (?).- Griffzungenschwert.- Schauer, Schwerter 133 Nr. 405 Taf. 59, 405.

996. **Strullendorf**, Ldkr. Bamberg.- Körpergrab.- Tordierter Halsreif, 2 verzierte Kugelkopfnadeln (eine mit verbogenem Schaft), Amphore.- Hennig, Grab und Hort 65 Nr. 17 Taf.1, 1-4.

997. entfällt.

998. **Stuttgart-Bottnang**.- Einzelfund.- Lanzenspitze mit kurzer Tülle (rezent zerbrochen).- Württembergisches Landesmus.- Taf. 18,3.

999. **Stuttgart-Bad Cannstatt**.- Aus Grab.- Rasiermesser (Typus Dietzenbach).- Jockenhövel, Rasiermesser 106 Nr. 151 Taf. 13, 151.

1000. **Stuttgart-Bad Cannstatt**.- Gewässerfund.- Griffplattenschwert (Typus Rixheim).- Schauer, Schwerter 64 Nr. 208 Taf. 29, 208.

1001. **Stuttgart-Bad Cannstatt**.- Vollgriffschwert (Typus Riegsee nahestehend).- Müller-Karpe, Vollgriffschwerter Taf. 3,7.

1002. **Stuttgart-Münster**.- Kiesgrube im Neckarbogen.- Mittelständiges Lappenbeil (anhaftende Holzfaserreste), Gew. 260g; dunkelbraun bis grün patiniert.- R. Dehn, Die Urnenfelderkultur in Nordwürttemberg (1972) 104; G. Kraft, Die Kultur der Bronzezeit in Süddeutschland (1926) 129. Hier Taf. 17, 10.

1002A. **Sulzfeld**, Ldkr. Kitzingen.- Fluẞfund aus dem Main.- Griffzungenschwert.- Bayer. Vorgeschbl. Beih. 5, 1992, 62 Abb. 39,5.

1003. **Südbayern**.- Mittelständiges Lappenbeil (Typus Freudenberg/Var. Niedergöẞnitz).- Müller-Karpe, Chronologie 304 Nr. 15 Taf. 195,15.

1004. Tauberbischofsheim-Hochhausen, Main-Tauber-Kreis.- Depot um Steinsetzung; die Brillenspiralen in Gruppen zu je 2 Exemplaren und die 3 Sichel- bzw. Beilfrgte. um diese Steinsetzung angeordnet).- 6 große Brillenspiralen (223g; 226g; 240g; 261g; 275g; 281g), 1 Sichelfrg. (175g), 2 Beilfrg. (91g).- L. Wamser, Fundber. Baden-Württemberg 9, 1984, 23ff. Abb. 4-7.

1005. Tauberbischofsheim.- Urnenbrandgrab 2.- 1 Nadel, 1 Tüllenpfeilspitzenfrg. mit Dorn, 1 Knochenleiste, 2 Hirschhornperlen, 1 Geweihtülle, 5 Gefäße, Urne, unverbrannte Tierknochen.- F. Schultze-Naumburg, Bad. Fundber. 23, 1967, 37ff. Taf. 11, 1-2.

1006. Tauberbischofsheim.- Urnenbrandgrab 4.- 1 Nadelschaft (an der Spitze umgebogen), 1 Messer mit gelochtem Griffdorn, 4 Tüllenpfeilspitzen, 1 Pfeilglätter, 1 Geweihtülle, 1 Hirschhornperle, Pfriemfrgte., 1 Bronzering, 2 Gefäße und weitere Scherben, Urne, unverbrannte Tierknochen.- F. Schultze-Naumburg, Bad. Fundber. 23, 1967, 39ff. Taf. 12.

1007. Teisendorf, Ldkr. Laufen.- Mittelständiges Lappenbeil (Typus Freudenberg/ Var. Retz).- Müller-Karpe, Chronologie 304 Nr. 18 Taf. 195,18.

1008. Temmels, Kr. Trier-Saarburg.- Aus der Mosel.- Mittelständiges Lappenbeil (Typus Grigny; 768g).- Kibbert, Beile 49 Nr. 80 Taf. 6, 80.

1009. Thalmässing, Ldkr. Hilpoltstein.- Einzelfund.- Mittelständiges Lappenbeil.- Hennig, Grab und Hort 133 Nr. 134 Taf. 62, 9.

1010. Thurnsberg, Kr. Freising.- Grab.- Rixheimschwert, Griffplattendolch.- Schauer, Schwerter 66 Nr. 218 Taf. 30, 218; 134 B.

1011. Tiengen, Kr. Waldshut.- Grab, Brandbestattung.- Griffplattenschwertfrg. (Typus Rixheim nahestehend), 2 Lanzenspitzenfrgte., 1 Nadelfrg., 6 verschmolzene Klümpchen, 2 blasige Bronzeschlacken, Keramik.- R. Dehn, Bad. Fundber. 23, 1967, 29ff. Taf. 9,3; Schauer, Schwerter 78f. Nr. 258 Taf. 37, 258.

1012. Tittmoning, Kr. Laufen.- Fundumstände unbekannt.- Griffzungenschwert (Typus Nenzingen/Var. Genf?).- J.D. Cowen, Proc. Prehist. Soc. 17, 1951, 213 Nr. 3; Schauer, Schwerter 141 Nr. 425.

1013. Töging, Ldkr. Altötting.- Aus dem Inn.- Griffzungenschwert (Typus Hemigkofen/Var. Elsenfeld).- Schauer, Schwerter 163 Nr.483 Taf. 71, 483.

1014. Töging, Ldkr. Altötting.- Aus dem Inn.- Lanzenspitze mit gestuftem Blatt.- W. Torbrügge, Bayer. Vorgeschbl. 25, 1960, 50 Abb. 20, 5.

1015. Töging, Ldkr. Altötting.- Aus dem Inn.- Lanzenspitze mit gestuftem Blatt.- W. Torbrügge, Bayer. Vorgeschbl. 25, 1960, 50 Abb. 20, 9.

1016. Töging, Ldkr. Altötting.- Aus dem Inn.- Spitze einer Lanzenspitze mit gestuftem Blatt.- W. Torbrügge, Bayer. Vorgeschbl. 25, 1960, 50 Abb. 20,6.

1017. Töging, Ldkr. Altötting.- Aus dem Inn.- Griffzungenschwert (wohl Typus Hemigkofen).- Schauer, Schwerter 165 Nr. 492 Taf. 73, 492.

1018. Töging, Ldkr. Altötting.- Aus dem altem Innbett.- Vollgriffschwert (Typus Riegsee).- Bayer. Vorgeschbl. 25, 1960, 49 Abb. 15,4; D. Ankner, Arch. u. Naturwiss. 1, 1977, 382f.mit Abb; W. Kimmig, Bayer. Vorgeschbl. 29, 1964, 228 Nr. 9.

1019. Töging, Ldkr. Altötting.- Mittelständiges Lappenbeil.- Müller-Karpe, Chronologie 305 Nr. 36 Taf. 195, 36.

1020. Töging, Ldkr. Altötting.- Mittelständiges Lappenbeil.- Müller-Karpe, Chronologie 305 Nr. 37 Taf. 195, 37.

1021. Töging, Ldkr. Altötting.- Mittelständiges Lappenbeil (Typus Freudenberg/Var. Rosenau).- Müller-Karpe, Chronologie 305 Nr. 28 Taf. 195, 28.

1022. Töging, Ldkr. Altötting.- Mittelständiges Lappenbeil.- Müller-Karpe, Chronologie 305 Nr. 39 Taf. 195, 39.

1023. Töging, Ldkr. Altötting.- Mittelständiges Lappenbeil.- Müller-Karpe, Chronologie 304 Nr.10 Taf. 195,10.

1024. Töging, Ldkr. Altötting.- Aus dem Inn.- Dreiwulstschwert.- W. Torbrügge, Bayer. Vorgeschbl. 25, 1960, 49 Nr. 5 Abb. 16,2.

1025. Töging, Ldkr. Altötting.- Aus einer Kiesgrube 200 m nördlich vom Innufer.- Dreiwulstschwert.- W. Torbrügge, Bayer. Vorgeschbl. 25, 1960, 49 Nr. 7 Abb. 16,1.

1026. Traisa, Kr. Darmstadt-Dieburg.- Körpergrab.- 2 Urberachnadeln.- W. Kubach, Die Stufe Wölfersheim im Rhein-Main-Gebiet (1984) 37 Nr. 56 Taf. 26 A 1.2.

1027. Traubing, Ldkr. Starnberg.- Hügel 39; Brandbestattung.- Vasenkopfnadel, 5 Gefäße.- H. Koschick, Die Bronzezeit im südwestlichen Oberbayern (1981) 213 Nr. 197 Taf. 106,4.

1028. Traubing und Machtlfing (zwischen), Ldkr. Starnberg.- Grab.- Achtkantschwert.- F. Holste, Die bronzezeitlichen Vollgriffschwerter Bayerns (1953) 47 Nr. 6 Taf. 10,3.

1029. Traunstein (Gegend von).- Mittelständiges Lappenbeil (Typus Freudenberg/Var. Retz).- Müller-Karpe, Chronologie 305 Nr. 25 Taf. 195, 25.

1030. Trechtingshausen, Kr. Mainz-Bingen.- Aus dem Rhein (?).- Griffplattendolch mit verlängerter Zunge.- Bonner Jahrb. 113, 1905, Abb. 29,2.

1031. Trechtingshausen, Kr. Mainz-Bingen.- Aus dem Rhein.- Mittelständiges Lappenbeil (Typus Grigny; 250g).- Kibbert, Beile 51 Nr. 101 Taf. 8,101.

1032. Trechtingshausen, Kr. Mainz-Bingen.- Vermutlich aus dem Rhein.- Schaftknotennadel (Typus Guntersblum).- Deponierungen I Taf. 13,4.

1033. Tremersdorf, Kr. Coburg.- Hügel 2; Körperbestattung.- 2 Radnadeln, Armspiralen, 2 kleine Armspiralen, 4 Armbergen, Tüllenlanzenspitze mit Tüllenrippe, 2 Fingerringe, Halsring, 6 Spiralröllchen, 8 Bernsteinperlen, 4 durchlochte Eberhauer, 5 durchlochte Raubtiereckzähne, Scherben.- A. Berger, Die Bronzezeit in Ober- und Mittelfranken (1984) 98f. Nr. 64 Taf. 18, 2-10.

1034. Trier.- Aus der Mosel.- Mittelständiges Lappenbeil (659g).- Kibbert, Beile 51f. Nr. 110 Taf. 8, 110.

1035. Trier.- Aus der Mosel.- Mittelständiges Lappenbeilfrg. (Typus Grigny; 451g).- Kibbert, Beile 49 Nr. 83 Taf. 6, 83.

1036. Trostberg, Kr. Traunstein.- Aus Grab (?).- Gürtelhaken (Typus Wilten).- Kilian-Dirlmeier, Gürtel 55 Nr. 148 Taf. 15, 148.

1037. Tückelhausen, Ldkr. Ochsenfurt.- Mittelständiges Lappenbeil.- C. Pescheck, Katalog Würzburg 1 (1958) 140f. Taf. 35,7.

1038. Türkheim, Kr. Mindelheim.- Brandgrab.- Dolch mit zungenförmig herausgezogener Griffplatte und Rast, Keramik (verloren).- Müller-Karpe, Bayer. Vorgeschbl. 23, 1958, 14 Abb. 3,5; J. Striebel, Bayer. Vorgeschbl. 31, 1966, 187ff. Abb. 1, 4.

1039. Tuttlingen, Kr. Tuttlingen.- Mohnkopfnadel (Form IA).- Beck, Beiträge 137 Taf. 40,5.

1040. Überlingen (?).- Aus dem Bodensee.- Nadel (Typus Binningen).- G. Behrens, Bronzezeit Süddeutschlands (1916) 238f. Nr. 598 Taf. 24, 15.

1041. Uffhofen, Kr. Alzey.- Grab.- Griffzungenschwert (Typus Hemigkofen/Var. Uffhofen), Griffdornmesser, Nadel, 3 Ringlein.- Schauer, Schwerter 161 Nr. 477 Taf. 144C.

1042. Uffing, Ldkr. Weilheim.- Grabhügel 1, Brandbestattung.- Frgte. eines Gürtels (Typus Riegsee), Nadelfrg. mit gerippten Hals, 5 Armringe (teilweise fragmentiert), mindestens 12 Brillenspiralfrgte. (nach Kilian-Dirlmeier 25 Brillenanhänger), Radanhänger, Messerfrg., kleiner Ring, Drahtfingerring, mehrere Spiralröllchen, Keramik.- H. Koschick, Die Bronzezeit im südwestlichen Oberbayern (1981) 250f. Nr. 241 Taf. 138, 9-35; 139, 1-6; Kilian-Dirlmeier, Gürtel 105 Nr. 415 Taf. 42, 415.

1043. Uffing, Ldkr. Weilheim.- Grabhügel 3 (1 nach Koschick), Brandbestattung.- Frg. eines Blechgürtels (Typus Riegsee), Nadelfrg., Knopf mit Rückenöse, mehrere Spiralröllchen, bandförmiger Fingerring, Messerfrg., Mundblech und Einfassung der Messerscheide aus Goldblech, Golddraht, Gefäßscherben.- Kilian-Dirlmeier, Gürtel 105 Nr. 416 Taf. 42, 416; H. Koschick, Die Bronzezeit im südwestlichen Oberbayern (1981) 249f. Nr. 240 Taf. 138, 1-6.

1044. Uhingen, Kr. Göppingen.- Kiesgrube.- Mittelständiges Lappenbeil (Typus Grigny).- R. Dehn, Die Urnenfelderkultur in Nordwürttemberg (1972) 98; Fundber. Schwaben NF 14, 1957, 182 Taf. 15 A 1.

1045. Uhingen, Kr. Göppingen.- Kiesgrube.- Mittelständiges Lappenbeil (Typus Grigny).- R. Dehn, Die Urnenfelderkultur in Nordwürttemberg (1972) 98; Fundber. Schwaben NF 14, 1957, 182 Taf. 15 A 2.

1046. Uhingen, Ldkr. Göppingen.- Einzelfund.- Lanzenspitze.- Fundber. Baden-Württemberg 2, 1975, 87 Taf. 199 C.

1047. Ulm, Stkr. Ulm.- Am Nordabhang des Kuhberges.- Mohnkopfnadel (Form IIC).- Beck, Beiträge 139 Taf. 41,9.

1048. Ulm-Grimmelfingen.- Mittelständiges Lappenbeil.- Fundber. Schwaben NF 16, 1962, Taf. 25, 2.

1049. Ulm.- Kuhberg.- Mittelständiges Lappenbeil.- R. Dehn, Die Urnenfelderkultur in Nordwürttemberg (1972) 105.

1050. Ulm-Söflingen.- Einzelfund einer Nadel (Typus Horgauergreut).- R. Dehn, Die Urnenfelderkultur in Nordwürttemberg (1972) 105; Fundber. Schwaben NF 13, 1955, 33 Abb. 17.

1051. Ulm.- "Aus Grabhügeln".- Griffplattenschwert (Typus Rixheim).- Schauer, Schwerter 67 Nr. 227 Taf. 32, 227.

1052. Ulm.- Baggerfund aus Donauschottern.- Fundber. Schwaben NF 18, 1967, 48 Taf. 76,9.

1053. Ulm.- Aus der Donau.- Griffzungenschwert (slawonischer Typus).- Schauer, Schwerter Seite nach 225 Taf. 153, 595A.

1054. Ulm.- Fundumstände unbekannt.- G. Kraft, Die Kultur der Bronzezeit in Süddeutschland (1926) Taf. 25, 12.

1055. Unering, Ldkr. Starnberg.- Mittelständiges Lappenbeil.- Müller-Karpe, Chronologie 304 Nr. 6 Taf. 195,6.

1056. Undenheim, Kr. Mainz-Bingen.- Grab 1 in Steinsetzung; Körperbestattung (infans II).- Blattbügelfibel, S-förmiger Haken, 3 kleine Ringe, 1 Fingerring, 1 Niet, 2 Blechröhrchen, 2 Muscheln, 1 Anhänger, 13 Tongefäße.- D. Zylmann, Mainzer Zeitschr. 82, 1987, 199f. Abb. 4-5A.

1057. Unteralting-Mauern, Ldkr. Fürstenfeldbruck.- 2 Mohnkopfnadeln (Form IIC).- Beck, Beiträge 30; Naue, Prähist. Bl. 8, 1896 Taf. 3,1; H. Knöll, Mitt. Prähist. Komm. Wien 5, 1944, 4f. Abb. 1.

1058. Unterbimbach, Kr. Fulda.- Hügel 4 Grab 2 (hallstattzeitliche Nachbestattung).- Urberachnadel.- Kubach, Nadeln 344 Nr. 829 Taf. 58, 829.

1059. Unterbimbach, Kr. Fulda.- Hügel 7 Körpergrab 3.- Urberachnadel, Armring mit Querstrichgruppen.- Kubach, Nadeln 340 Nr. 803 Taf. 57,803.

1060. Unterbimbach, Kr. Fulda.- Mühlberg, Hügel Z Grab.- Gezackte Trompetenkopfnadel (Form B).- Beck, Beiträge 14; Kubach, Nadeln Nr. 771.

1061. Unterbrunnham, Kr. Traunstein.- Rasiermesser (mit organischem Griff), Bronzedraht, Drahtringe, Niete, Beilschneide.- Jockenhövel, Rasiermesser 51f. ("vermutlich mittlere Bronzezeit") Nr. 30 Taf. 56 B.

1062. Unterbuch, Gde. Hochfeld, Ldkr. Donauwörth.- Bei Drainagearbeiten (Grab ?).- Keramik und Dolch mit dreieckiger Griffplatte.- Bayer. Vorgeschbl. 27, 1962, 202 Abb. 24, 4.

1063. Untereberfing, Kr. Weilheim.- Hügel 19; zerstörtes Urnengrab (?).- Gürtelhaken (Typus Untereberfing/Var 1), Scherben.- Kilian-Dirlmeier, Gürtel 46 Nr. 79 Taf. 9, 79.

1064. Unteremerheim, Ldkr. Schweinfurt.- Aus dem Main.- Griffzungenschwert (Typus Annenheim).- A. Jockenhövel, Arch. Korrbl. 6, 1976, 25ff. mit Abb.

1065. Unteremerheim, Ldkr. Schweinfurt.- Aus dem Main.- Griffplattenschwert (Typus Rixheim).- Frankenland NF 28, 1976, 273f. Abb. 9,4.

1066. Unterföhring, Ldkr. München.- Hügel 1.- 2 Sichelfrgte., mittelbronzezeitliche Keramik.- Primas, Sicheln 100 Nr. 678 Taf. 135B.

1067. Unterhaching, Ldkr. München.- Grab 1.- Ringfrgte, 1 Gürtelhaken (Typus Wilten).- Kilian-Dirlmeier, Gürtel 56 Nr. 153 Taf. 16, 153.

1068. Unterhaching, Ldkr. München.- Urnengrab 3.- Besatzbuckelchen, Nadelschaftfrgte., Armringfrg., Griffangelmesserfrg., Gürtelhaken (Typus Wilten), Keramik.- Kilian-Dirlmeier, Gürtel 51 Nr. 104 Taf. 11, 104.

1069. Unterhaching, Ldkr. München.- Urnengrab 8.- Nagelkopfnadel, tordierte Armringfrgte., 1 Ringchen, 1 Griffdornmesser, 1 Gürtelhaken (Typus Wilten), Keramik.- Kilian-Dirlmeier, Gürtel 55f. Nr. 151 Taf. 16, 151.

1070. Unterhaching, Ldkr. München.- Urnengrab 13.- Dreiwulstschwert (unverbrannt, aber zusammengebogen und in 2 Teile zerbrochen), Wetzstein, Messer mit durchlochtem Griffdorn, Pfriem, Nadelkopf, 2 Nadelschäfte 6 Gefäße.- Müller-Karpe, Vollgriffschwerter 97f. Taf. 13A; H. Müller-Karpe, Münchner Urnenfelder (1957) 36 Taf. 15 A.

1071. Unterhaching, Ldkr. München.- Grab 30; Brandbestattung in Urne.- Griffangelschwert (Typus Unterhaching; Schwert durch Feuereinwirkung in 11 Teile zerbrochen, 2 Frgte. eines Messers gelochtem Griffdorn, Kugelkopfnadel, Rollennadelfrg. und ein Nadelschaftfrg., 1 kleines Röhrchen, 1 Sichelfrg., 5 Gußbrocken, 1 Urne, 1 Schale.- Schauer, Schwerter 83 Nr. 280 Taf. 41, 280.

1072. Unterhaching, Ldkr. München.- Urnengrab 32.- Kugelkopfnadelfrg., tordierte Armringfrgte., Nadelschaftfrgte., 2 Ringchen, 1 Gürtelhaken (Typus Wilten), Gefäße.- Kilian-Dirlmeier, Gürtel 53 Nr. 119 Taf. 13, 119.

1073. Unterhaching, Ldkr. München.- Urnengrab 37.- Nagelkopfnadelfrg., 2 Armringe, 1 Nadelschaftfrg., 1 Messerklingenfrg., 1 Gürtelhaken (Typus Wilten), Keramik.- Kilian-Dirlmeier, Gürtel 52 Nr. 115 Taf. 12, 115.

1074. Unterhaching, Ldkr. München.- Urnengrab 42.- 2 Kugelkopfnadeln, 2 Vasenkopfnadeln, 2 Tüllenpfeilspitzen, Spiralröhrchen, Bronzeblechtutulus, Knopf mit Öse, Fibelfrg.?, mehrere Besatzbuckel, Spiralröllchen, Gürtelhaken (Typus Wilten), mehrere Ringe mit Blechzwingen, Zwillingsarmringfrg., mehrere Armringfrg., Henkelbecher, Becher, Schale, Urne.- Müller-Karpe, Chronologie 300f. Taf. 186 C; Kilian-Dirlmeier, Gürtel 52 Nr. 113 Taf. 12, 113.

1075. Unterhaching, Ldkr. München.- Urnengrab 44.- Nadelschaftfrg., 1 Wetzstein, Gürtelhaken (Typus Wilten).- Kilian-Dirlmeier, Gürtel 53 Nr. 118 Taf. 12, 188.

1076. Unterhaching, Ldkr. München.- Grab 52; Brandbestattung in Urne.- Rasiermesser (Typus Steinkirchen), Armringfrg., Drahtspirale, Ringchen, Griffdornmesser, Keramik.- Jockenhövel, Rasiermesser 100 Nr.138 Taf. 12, 138.

1077. Unterhaching, Ldkr. München.- Grab 68; Brandbestattung.- Griffzungenmesser (Typus Matrei), 1 Rasiermesser, 1 Bronzespange, 1 Tongefäß, Scherben.- H. Müller-Karpe, Münchner Urnenfelder (1957) 41 Taf. 22 A.

1078. Unterhaching, Ldkr. München.- Urnengrab 70.- Vielleicht: Fibelfrg., Armringfrg., Vasenkopfnadelfrg.; sicher: Nähnadel, 1 Drahtringchen, 1 Gürtelhaken (Typus Wilten), Keramik.- Kilian-Dirlmeier, Gürtel 53 Nr. 127 Taf. 13, 127.

1079. Unterhaching, Ldkr. München.- Urnengrab 88.- Nagelkopfnadel, Kolbenkopfnadel, Messerklingenfrg., Ringchen, 1 Gürtelhaken (Typus Wilten), Keramik.- Kilian-Dirlmeier, Gürtel 56 Nr. 152 Taf. 16, 152.

1080. Unterhaching, Ldkr. München.- Grab 92; Urnengrab.- Griffzungenschwert (Typus Hemigkofen) in 8 Bruchstücken, Messer- und Schwertbruchstücke (zusammengeschmolzen), Kugelkopfnadel, 3 Nadelschaftfrgte., 5 weitere kleine Metallklumpen.- Schauer, Schwerter 158 Nr. 466 Taf. 68, 466.

1081. Unterholzhausen, Ldkr. Altötting.- Aus dem Inn.- Riegseeschwert.- F. Holste, Die bronzezeitlichen Vollgriffschwerter Bayerns (1953) 51 Nr. 11 Taf. 13,6; D. Ankner, Arch. u. Naturwiss. 1, 1977, 384f. mit Abb.

1082. Unterleiterbach, Ldkr. Staffelstein.- Aus dem Main.- 2 Frgte. eines oder zweier mittelständiger Lappenbeile.- Hennig, Grab und Hort 101 Nr. 70.

1083. Untermenzing, Stkr. München links der Isar.- Lesefunde im Bereich eines Reihengräberfriedhofes.- Dolch mit dreieckiger Griffplatte.- H. Koschick, Die Bronzezeit im südwestlichen Oberbayern (1981) 192 Nr. 133B Taf. 62,2.

1084. Unteroberndorf, Kr. Bamberg.- Einzelfund aus Kiesgrube mit Wasserpatina.- Griffzungenschwert (Typus Annenheim).- Schauer, Schwerter 126 Nr. 385A Taf. 138, 385A.

1085. Unteröwisheim, Amt Bruchsal.- Hügel B; Körperbestattung.- Dolch mit zungenförmig herausgezogener Griffplatte, 2 kleine Ringe, 1 Manschette, 1 Henkelkrug mit Wolfszahnverzierung.- E. Wagner, Funde und Fundstätten aus vorgeschichtlicher, römischer und alamannisch-fränkischer Zeit im Großherzogtum Baden II (1911) 175 Abb. 153 B.

1086. Untersöchering, Kr. Weilheim.- Hügelgrab 28; Brandbestattung.- 3 Fragmente eines Griffzungenschwertes (Typus Nenzingen; nach Schauer "Art Reutlingen"), 2 Armringfrgte. (schwer gerippte Stollenarmbänder), Frg. eines kleinen Ringchens, Bronzeschmelzstücke, Keramik.- J.D. Cowen, Proc. Prehist. Soc. 17, 1951, 213 Nr. 2; Schauer, Schwerter 147 Nr. 443 Taf. 63, 443; H. Koschick, Die Bronzezeit im südwestlichen Oberbayern (1981) 236 Nr.219 Taf. 123,19-22.

1087. Unteruhldingen, Ldkr. Überlingen.- Bodensee.- Pyramidenkopfnadel.- Beck, Beiträge 138 Taf. 40, 22.

1088. Urach, Kr. Reutlingen.- Fundumstände unbekannt.- 2 Radanhänger.- U. Wels-Weyrauch, Die Anhänger und Halsringe in Süddeutschland und Nordbayern (1978), Anhänger 73 Nr. 370-371 Taf. 18, 370-371.

1089. entfällt.

1090. Urberach, Kr. Dieburg.- Einzelfund.- Urberachnadel.- Kubach, Nadeln 340 Nr. 792 Taf. 56, 792.

1091. Urberach, Kr. Offenbach, Häsengebirge.- Grab.- 2 Urberachnadeln, 1 Mohnkopfnadel, 1 Dolch mit zungenförmig herausgezogener Griffplatte, Schale.- Kubach, Nadeln 340 Nr.796 Taf.57, 796; Nr.831 Taf. 58,831. 382 Nr. 940 Taf. 63,940; Taf. 117 C.

1092. Urberach, Kr. Offenbach.- Grab.- 2 Urberachnadeln, 2 kleinere und 2 größere Brillenanhänger, 4 Spiralröllchen, 15 Bernsteinperlen, 3 kleine geschlossene Ringe, Krug, Henkelschale.- Kubach, Nadeln 343 Nr. 819 Taf. 57, 819. 344 Nr. 837 Taf. 58, 837.

1093. Utzenhofen, Ldkr. Neumarkt.- Fundumstände unbekannt.- Mittelständiges Lappenbeil.- W. Torbrügge, Die Bronzezeit in der Oberpfalz (1959) 140 Nr. 111 Taf. 19,7.

1094. Velburg.- Breitenwieser Höhle.- Lanzettförmiger Meißel (88 g).- Prähist. Staatsslg. München 1889.129.- Taf. 19,1.

1095. Veringenstadt, Kr. Sigmaringen.- Aus Grabhügel.- Griffplattenschwert (Typus Rixheim).- Schauer, Schwerter 65 Nr. 210 Taf. 29, 210.

1096. Viernheim, Kr. Bergstraße.- Brandgrab.- Unter den Funden: Bronzetasse, Messer mit umgeschlagenem Griffdorn, Lanzenspitze, Nadel, Blechzylinder, Wetzstein, Keramik.- F.-R. Herrmann, Die Funde der Urnenfelderkultur in Mittel- und Südhessen (1966) 153 Nr. 535 Taf. 144 A.

1097. Villingen.- Vermutlich Brandbestattung.- Griffplattenschwert (Typus Rixheim; in mindestens 3 Teile zerbrochen).- Schauer, Schwerter 62 Nr. 188 Taf. 25, 188.

1098. Vilshofen.- Aus der Donau.- Griffzungenschwert (Var. Vilshofen).- Schauer, Schwerter 136 Nr. 409 Taf. 60, 409.

1099. Wiesbaden.- Einzelfund.- Mittelständiges Lappenbeil (facettierte Lappen; 776g).- Kibbert, Beile 34 Nr. 10 Taf. 1,10.

1100. Wachenbuchen, Main-Kinzig-Kreis.- Körpergrab.- Nadel (Typus Guntersblum), Krug, Napf.- Kubach, Nadeln 373 Nr. 918 Taf. 62, 918; W. Kubach, Die Stufe Wölfersheim im Rhein-Main-Gebiet (1984) 37 Nr. 57 Taf. 22B.

1101. Waghäusel, Amt Bruchsal.- In einem Kiesloch in 2,5 m Tiefe.- Dolchmesser (zweischneidig, aber vielleicht zu einschneidigem Messer umgearbeitet).- E. Wagner, Funde und Fundstätten aus vorgeschichtlicher, römischer und alamannisch-fränkischer Zeit im Großherzogtum Baden II (1911) 183 Abb. 163.

1102. Waging a. See, Ldkr. Traunstein.- Brandgräberfeld; Grab

13.- Keramik, 5 Pfeilspitzen mit Widerhaken; Bronzefrg..- Datierung unklar; vielleicht ältere Urnenfelderzeit.- W. Irlinger, Arch. Jahr Bayern 1988, 59 Abb. 30.

1103. Wahnwegen.- Grabhügel.- Dolch mit zungenförmig herausgezogener Griffplatte.- D. Zylmann, Die Urnenfelderkultur in der Pfalz (1983) 172 Taf. 83 B.

1104. Wahnwegen, Kr. Kusel.- Grab 2.- Brandbestattung.- Rasiermesser (Typus Dietzenbach), Messer, Keramik.- Ha A2.- Jockenhövel, Rasiermesser 107 Nr. 156 Taf. 13, 156.

1105. Waizenhofen.- Henfenfelder Nadel.- Hennig, Grab und Hort Nr. 135 Taf. 62,11.

1106. Walchsing, Ldkr. Passau.- Einzelfund(?).- Nadel (Typus Henfenfeld).- A. Hochstetter, Die Hügelgräber-Bronzezeit in Niederbayern (1980) 157 Nr. 212 Taf. 98,2.

1107. Waldsee, Kr. Speyer.- Griffangelschwert (Typus Unterhaching nahestehend).- Schauer, Schwerter 84 Nr. 286 Taf. 42, 286.

1108. Wallhausen, Kr. Bad Kreuznach.- Einzel- oder Siedlungsfund.- Gußform für Stielpfeilspitzen.- D. Zylmann, Mainzer Zeitschr. 84/85, 1989/90, 113 Abb. 1.

1109. Walheim, Kr. Ludwigsburg.- Aus dem Neckar.- Westeuropäisches Griffangelschwert.- Schauer, Schwerter 82 Nr. 277 Taf. 40, 277.

1110. Wallersdorf-Ettling, Ldkr. Digolfing-Landau.- Aus einer Kiesgrube an der Isar.- Dreiwulstschwert (Typus Erlach, Spitze abgebrochen, 545g).- Bayer. Vorgeschbl. Beiheft 3, 1990, 51 Abb. 37.

1111. Wallerstädten, Kr. Groß- Gerau.- Fundumstände unbekannt.- Urberachnadel.- Kubach, Nadeln 340 Nr. 801 Taf. 57, 801.

1112. Walleshausen, Ldkr. Landsberg am Lech.- Mohnkopfnadel (Form IIA).- Beck, Beiträge 138 Taf. 40, 10.

1113. Wallroth, Main-Kinzig-Kreis.- Einzelfund.- Fragment einer Brillenspirale.- U. Wels-Weyrauch, Die Anhänger und Halsringe in Süddeutschland und Nordbayern (1978) 98 Nr. 591 Taf. 33, 591.

1114. Walpersdorf, Kr. Schwabach.- Depot.- 3 Brillenspiralen, mittelständiges Lappenbeil.- Hennig, Grab und Hort 142 Nr. 168 Taf. 85.

1115. Wangen.- Aus einer Kiesgrube (?).- Vollgriffschwert (Spitze abgebrochen).- P. Goessler, Ur und Frühgeschichte von Stuttgart-Cannstadt (1920) 20f. Abb. 2,3.

1116. Wasseralfingen.- Einzelfund.- Nadel (Typus Horgauergreut).- R. Dehn, Die Urnenfelderkultur in Nordwürttemberg (1972) 105; Fundber. Schwaben NF 14, 1957, 182 Taf. 16 A2.

1117. Wassertrüdingen, Kr. Dinkelsbühl.- Körpergrab.- Rixheimschwert, 3 Nadelfrgte.- Schauer, Schwerter 68 Nr. 232 Taf. 32, 232.

1118. Weiher, Kr. Bruchsal.- Grab 2.- 1 Messer mit gelochtem Griffdorn, 1 Fingerring, 2 Tüllenpfeilspitzen, Keramik.- W. Kimmig, Die Urnenfelderkultur in Baden (1940) 154 Taf. 7E.

1119. Weinheim, Kr. Alzey-Worms.- Grabfund.- Nadel (Typus Guntersblum), Scherbe.- Kubach, Nadeln 375 Nr. 929 Taf. 63,929.

1120. Weinsfeld, Ldkr. Roth.- Hügel 5; Körpergrab 1; in 1,5 m Entfernung in entgegengesetzter Orientierung ein weiteres Skelett; gestört.- 1 Griffplattenmesser, 1 Tüllenpfeilspitze, 5 Bernsteinperlen, Randscherben einer Schale, 1 Zylinderhalsgefäß, 1 Fingerring.- A. Berger, Die Bronzezeit in Ober- und Mittelfranken (1984) 138 Nr. 190 Taf. 66, 11-14; F. Vollrath, Abh. Naturhist. Ges. Nürnberg 30, 1961/62, 86ff. Taf. 15 V.

1121. Weißbach, Ldkr. Berchtesgadener-Land.- Jochberg, Alpthalkendelbach.- Mittelständiges Lappenbeil (252g; dunkelgrüne Patina).- Prähist. Staatsslg. 1890, 73.- Taf. 19,2.

1122. Weißbachgrund (Drossenhausen), Ldkr. Coburg.- Fundumstände unbekannt.- H. Hennig in: K. Spindler (Hrsg.), Vorzeit zwischen Main und Donau (1984) 145 Abb. 29,1.

1123. Weißenthurm, Kr. Mayen-Koblenz.- Mittelständiges Lappenbeil (südosteuropäische Formengruppe).- Kibbert, Beile 43 Nr. 52 Taf. 4, 52.

1124. Weitnau, Ldkr. Oberallgäu.- Einzelfund.- Mittelständiges Lappenbeil.- Bayer. Vorgeschbl. Beiheft 3, 1990, 51 Abb. 35, 4.

1125. Welschingen-Neuhausen, Ldkr. Konstanz.- Grabfund (?).- Mohnkopfnadel (Form IIA).- Beck, Beiträge 27; G. Kraft, Bad. Fundber. 1, 1925-28, 211ff. Abb. 89.

1126. Welzheim, Kr. Waiblingen.- Mittelständiges Lappenbeil (387 g; bronzefarben).- Mus. Stuttgart AV II 16.- R. Dehn, Die Urnenfelderkultur in Nordwürttemberg (1972) 105 ("Verschollen"); Kraft 1926, 128. Hier: Taf. 17,11

1127. Wendlingen, Kr. Eßlingen.- Einzelfund bei Bachregulierung.- Vollgriffschwert (Typus Riegsee).- F. Holste, Die bronzezeitlichen Vollgriffschwerter Bayerns (1953) 52 Nr. 20; D. Ankner, Arch. u. Naturwiss. 1, 1977, 386f. mit Abb.

1128. Westerhofen, Kr. Ingolstadt.- Fundumstände unbekannt.- Vollgriffdolch.- E. Gersbach, Jahrb. Schweiz. Ges. Urgesch. 49, 1962, 11 Abb. 1,3.

1129. Wickenrodt, Kr. Birkenfeld (?).- Angeblich aus einem Grab.- Mittelständiges Lappenbeil (Typus Grigny; 655g), "Haargewinde aus Bronze, Kohle, Urnenscherben".- Kibbert, Beile 51 Nr. 102 Taf. 8, 102.

1130. Wielenbach, Ldkr. Weilheim.- Aus Grabhügel?- Griffzungenmesserfrg. (Typus Baierdorf), Nadel mit profiliertem Kopf (Zusammengehörigkeit fraglich).- H. Koschick, Die Bronzezeit im südwestlichen Oberbayern (1981) 252 Nr. 245 Taf. 140,6-7.

1131. Wielenbach, Ldkr. Weilheim.- Hügel 2.- Stollenbandfrg., gerippter Armring, Turbankopfnadelfrg., Nadel (Typus Horgauergreut), 2 Unterkieferzähne v. Schwein.- H. Koschick, Die Bronzezeit im südwestlichen Oberbayern (1981) 251 Nr. 243 Taf. 140,2.

1132. Wiesbaden-Schierstein.- Einzelfund?.- Urberachnadel.- Kubach, Nadeln 342 Nr. 816 Taf. 57, 816.

1133. Wiesbaden-Schierstein.- Siedlung Freudenberg; Siedlungsgrube.- Frg. einer Specksteingußform für mittelständige Lappenbeile.- Kibbert, Beile 57 Nr. 126 Taf. 10, 126.

1134. Wiesbaden.- Griffzungenschwert (Art Reutlingen).- Schauer, Schwerter 147 Nr. 444.

1135. Wiesbaden.- Sonnenberg; Einzelfund.- Mittelständiges Lappenbeil mit facettierten Lappen.- Kibbert, Beile 34 Nr. 8 Taf. 1,8.

1136. Wiesloch, Kr. Heidelberg.- Grab 1, Brandbestattung in Urne.- Griffplattenschwert (Typus Rixheim; in vier Teile zerbrochen), Lanzenspitze, Frgte. von 2 Gefäßen.- Schauer, Schwerter 62 Nr. 189 Taf. 26, 189; 131 C.

1137. entfällt.

1138. Wilburgstetten, Ldkr. Dinkelsbühl.- Grab 2; Körperbestattung (15-jähriger Knabe?).- Griffplattendolch, Nadel mit verziertem Kugelkopf, verziertes Gefäß mit X-förmigem Henkel, Trichterrandbecher.- Hennig, Grab und Hort 105 Nr. 82 Taf. 31, 7-10.

1139. Wildenberg, Ldkr. Kronach.- Grab?.- Nadel mit eingesenkter Kopfplatte, Lanzenspitze mit kurzer Tülle.- A. Berger, Die Bronzezeit in Ober- und Mittelfranken (1984) 105f. Nr. 87 Taf. 31, 7-8.

1140. Wimm, Ldkr. Altötting.- Grab.- Armringe, Nadel (Typus Henfenfeld), Vollgriffschwert (Typus Riegsee; Spitze fehlt).- F. Holste, Die bronzezeitlichen Vollgriffschwerter Bayerns (1953) 51 Nr. 12 Taf. 13,2; D. Ankner, Arch. u. Naturwiss. 1, 1977, 388f. mit Abb; Müller-Karpe, Vollgriffschwerter 93 Taf. 1,3-6; Müller-Karpe, Chronologie 307 Taf. 196 C.

1141. entfällt.

1142. Windsbach, Kr. Ansbach.- Depot.- 3 Arm und Fußringe, 1 Frg. Rosnoënschwert (zu Dolch umgearbeitet), 1 Schwertklingenfrg., 1 Lanzenspitze, 1 Tüllenfrg., 4 Lappenbeile (u.a. Typus Grigny), 1 Absatzbeil, 3 Beilfrgte., 4 Sicheln und Frgte., 1 Blechfrg., 3 Gußbrocken.- Müller-Karpe, Chronologie 287 Taf. 115A; Stein, Hortfunde 165f. Nr. 380; Schauer, Schwerter 82 Nr. 273 Taf. 40, 273.273a; Hennig, Grab und Hort 104 Nr. 78.

1143. Winklermoos-Forst, Ldkr. Traunstein.- Beim Torfstechen.- Griffzungendolch.- Bayer. Vorgeschbl. 27, 1962, 204; 201 Abb. 24,1.

1144. Winklsass, Kr. Landshut.- Depot. In einer Grube, zuoberst die Gußkuchen.- 11 Nadelfrgte., 1 fibelartiges Drahtstück, 1 Mittelstück, 13 Armringe und Frgte., 9 Halsringfrgte., 1 Gürtelhaken, 1 Blechband, 1 Knopf, 1 kleiner Ring, 1 Schwertklingenfrg., 4 Lanzenspitzenfrgte., 1 Tüllenbeilfrg., 6 Beilfrgte. (darunter 2 Lappenbeile), 1 Sichel und 36 Frgte., 1 Rasiermesserfrgt., 4 Messerfrgte., 1 Peschieradolchfrg., 9 Blechfrgte., 1 Frg. einer gegossenen Scheibe, 1 Bandfrg., 1 Nadelschaft zu Meißel umgearbeitet, 1 Bolzen, 1 viereckiger Barren, 35 Gußbrocken.- F. Holste, Bayer. Vorgeschbl. 13, 1936, 1ff. Taf. 1-3; Müller-Karpe, Chronologie, 285 Taf. 148-149; Stein, Hortfunde 166 Nr. 381 Taf. 111, 112-116; Kilian-Dirlmeier 59 Nr. 166 Taf. 17, 166; Jockenhövel, Rasiermesser 78 ("Depotfundstufe Winklsaß") Nr. 88 Taf. 8, 88.

1145. entfällt.

1146. Wölfersheim, Wetteraukreis.- (Körper)grab 3.- Urberachnadel, 2 Brillenanhänger, wohl Spiralscheibe eines dritten Anhängers, Phalere, 2 Armspiralen, Henkelschale.- Kubach, Nadeln 342f. Nr. 818 Taf. 57,818.

1147. Wölfersheim, Wetteraukreis.- (Körpergrab) 2.- Urberachnadel, Armringfrg., Bernsteinperle, 2 Krüge, 2 Tassen, Henkelschüssel.- Kubach, Nadeln 343 Nr. 820 Taf. 57, 820.

1148. Wölkham, Ldkr. Rosenheim.- Mittelständiges Lappenbeil (Typus Freudenberg/ Var. Retz).- Müller-Karpe, Chronologie 304 Nr. 19 Taf. 195, 19.

1149. Wollmesheim, Kr. Landau.- Doppelgrab.- 74 Bronzeniete eines Schildes (?), davon 10 noch im Holz steckend, Griffzungenschwert, 7 Pfeilspitzen, 1 Messer, 1 Haken, 3 Nadeln (davon 2 Typus Wollmesheim), 1 Fibel, 2 Armringe, 2 Drillingsringe, 2 Bergenfrgte., 1 Wetzstein, Keramik.- J.D. Cowen, 36. Ber. RGK 1955 Taf. 19; Schauer, Schwerter 168 Nr. 509 Taf. 76, 509.

1150. Wollmesheim, Kr. Landau.- Grab.- Nadel (Typus Binningen).- L. Kilian, Mitt. Hist. Ver. Pfalz 68, 1970, 47f. Abb. 49,2.

1151 entfällt.

1152. Wollmesheim, Kr. Landau.- Grab 3.- Brandbestattung.- Bronzetasse, Messer mit umgeschlagenem Griffdorn, Keramik.- Müller-Karpe, Chronologie 314 Taf. 208 C.

1153. Wöllstein, Kr. Alzey-Worms.- Depot.- 2 Knopfsicheln (1 fragmentiert), 1 Beilfrg.- Kibbert, Beile Taf. 90 A; Stein, Hortfunde 190 Nr. 438.

1154. Wolpertshausen, Kr. Schwäbisch Hall.- Einzelfund.- Mittelständiges Lappenbeil.- H. Zürn, Katalog Schwäbisch Hall (1965) 34 Taf. 28, 14.

1155. Wölsau, Kr. Wunsiedel.- Depot unter großem Stein (Granitblock).- 3 Zungensicheln (vielleicht mittlere UK).- Müller-Karpe, Chronologie Taf. 151 B; Primas, Sicheln 111 Nr. 788-790 Taf. 48, 788-790; Stein, Hortfunde 169 Nr. 382.

1156. Worms-Adlerberg.- Brandgrab VIII.- Rasiermesser (Typus Obermenzing), Nadelschaftfrg., 2 Tüllen-, 3 Dornpfeilspitzen, 2 Henkelgefäße, Tierknochen.- M.K.H. Eggert, Die Urnenfelderkultur in Rheinhessen (1976) 315 Nr. 590 Taf. 26 B; Jockenhövel, Rasiermesser 56 Nr. 48 Taf. 5, 48.

1157. Wörth, Ldkr. Germersheim.- Baggerfund.- Messer mit umlapptem Ringgriff (Form C).- Mitt. Hist. Ver. Pfalz 54, 1956, 22 Abb. 22.

1158. Wörth-Niederwörth, Kr. Erding.- Depot (1966) in einem Gefäß, das mit der Mündung nach unten (!) vergraben wurde.- 1 Armring, 96 plankonvexe Barren.- Stein, Hortfunde 169f. Nr. 383; Bayer. Vorgeschbl. 37, 1972, 161 Abb. 50.

1159. Wössingen, Kr. Aalen.- Brandgrab.- 2 Mainzer Nadeln, Armring, Drahtreif.- Fundber. Schwaben NF 13, 1952-54, 34f. Abb. 18.

1160. Würding-Aichmühl, Kr. Passau.- Depot.- 2 Beinringsätze zu je 4 Ringen (Ha A?).- Stein, Hortfunde 170 Nr. 384.

1161. Würtingen, Ldkr. Reutlingen.- Einzelfund (?).- Gezackte Nadel.- Beck, Beiträge 5 Taf. 37,7; K. Zimmermann, Jahrb. Hist. Mus. Bern, 49-50, 1969-70, 247 Nr. 35 ("vermutlich aus einem Grabhügel").

1162. Würzburg (Umgebung).- Lanzenspitze mit gestuftem Blatt.- O.M. Wilbertz, Die Urnenfelderkultur in Unterfranken (1982) Nr. 265 Taf. 92, 1.

1163. Zandt, Ldkr. Eichstätt.- Grabfunde.- 5 Tüllenpfeilspitzen, 1 Vasenkopfnadelfrg., 1 Kugelkopfnadel, 1 verziertes Nadelschaftfrg.- Hennig, Grab und Hort 106 Nr. 89 Taf. 33 9-16.

1164. Zandt, Ldkr. Eichstätt.- Grabfunde (?) .- Vasenkopfnadel.- Hennig, Grab und Hort 106 Nr. 89 Taf. 33, 15.

1165. Zapfendorf, Ldkr. Bamberg.- Depot I.- Ursprünglich 100-130 Beile. Erhalten sind mindestens 7 mittelständige Lappenbeile.- Stein, Hortfunde 170f. Nr. 385 Taf. 117, 5-6. 118, 1-5; Hennig, Grab und Hort 102 Nr. 72 Taf. 27-28, 1-4.

1166. Zapfendorf, Ldkr. Bamberg.- Depot II (unweit von Depot I).- 4 mittelständige Lappenbeile.- Ausgr. u. Funde Oberfranken 2, 1979-80,14; 44 Abb. 12, 1-4.

1167. Zeilitzheim, Kr. Schweinfurt.- Depot (vielleicht unvollständig) 1,2-1,5 m Tiefe.- Frg. einer Zungensichel, mittelständiges Lappenbeil mit facettierten Lappen.- Stein, Hortfunde Nr. 386; O.M. Wilbertz, Die Urnenfelderkultur in Unterfranken (1982) 198 Nr. 223 Taf. 101,3-4.

1168. Zeublitz, Kr. Lichtenfels.- Depot.- 2 Knopfsicheln, 1 mittelständiges Lappenbeil.- K. Radunz, Vor- und Frühgeschichte im Kreis Lichtenfels (1969) 129 Nr. 138 Taf. 9,5; Stein, Hortfunde Nr. 387; Hennig, Grab und Hort 88 Nr. 53.

1169. Zornheim, Kr. Mainz-Bingen.- Vielleicht Depot.- 2 Armringe, 2 Nadelschäfte, 1 Tüllenhammer.- Kibbert, Beile 196 Nr. 983 Taf. 70, 983.

Tschechische Republik
Slowakische Republik

1. Adamov, okr. Blansko.- Byčí skála, Höhlenfund.- Rasiermesser (Var. Velké Žernoseky).- Jockenhövel, Rasiermesser 132 Nr. 225 Taf. 19, 225.

2. Albrechtice, Bez. Tyn nad Vltavou.- Gräber.- Radanhänger.- G. Kossack, Studien zum Symbolgut der Urnenfelder- und Hallstattzeit Mitteleuropas (1954) 85 Nr. 2; Mitt Anthr. Ges. Wien 23, 1893, 31 Taf. 1, 8.

3. Babie, okr. Vranov nad Topl'ou.- Depot; keine näheren Angaben.- V. Furmánek, Slovenská Arch. 25,2, 1977, 256 Nr. 1.

4. Babínec, okr. Rimavská Sobota.- Keramik von Brandgräberfeld der Pilinyer und Kyatice-Kultur.- V. Furmánek, Slovenská Arch. 25,2, 1977, 256 Nr. 2.

5. Bakta, okr. Rimavská Sobota.- Depot; keine näheren Angaben.- V. Furmánek, Slovenská Arch. 25,2, 1977, 256 Nr. 3.

6. Bajč-Vlkanovo, okr. Komárno.- Einzelfund.- 1 Griffzungendolch.- J. Vladár, Die Dolche in der Slowakei (1974) 51 Nr. 148 Taf. 7, 148.

7. Balog nad Iplom, okr. Vel'ký Krtíš.- Siedlungskeramik.- V. Furmánek, Slovenská Arch. 25,2, 1977, 256 Nr. 4.

8. Banka, okr. Trnava.- Depot.- 1 Posamenteriefibel, 2 Rollennadeln, 1 Nadel mit zylindrischem Kopf, 1 Messerklingenfrg., 1 Bronzering mit Mittelgrat, 1 mehrfach gebogenes Blechband, 1 Blechscheibe mit Öse, 1 strichgruppenverziertes Armband, 1 fragmentierte und 1 vollständige Spiralscheibe, Lausitzer Keramik, 1 oberständiges Lappenbeil.- O. Seewald, Sudeta 14, 1938, 10ff. ; Novotná, Beile 47 ("Jenisovice Stufe") Nr. 321 Taf. 17, 321.

9. Barca, Bez. Košice-Stadt.- Siedlungsfund.- Vollgriffschwert (Typus Ragály).- F. Holste, Die bronzezeitlichen Vollgriffschwerter Bayerns (1953) 52 Nr. 50; Müller-Karpe, Vollgriffschwerter, 95 Taf. 3, 5; V. Furmánek, Slovenská Arch. 25,2, 1977, 256 Nr. 7.

10. Barca, okr. Košice-Stadt.- 78 Brandgräber (davon 72 Urnengräber und 6 Brandschüttungsgräber).- In den Urnen Bronzebeigaben: Anhänger, Noppenringe, Nadeln, Gußbrocken, Bernsteinperlen.- V. Furmánek, Slovenská Arch. 25,2, 1977, 256 Nr. 5.

11. Bardejov, okr. Bardejov.- Dreiwulstschwert (Typus Liptov) und ein weiteres, ähnliches.- Müller-Karpe, Vollgriffschwerter 102 Taf. 21, 8.

12. Bátorová, okr. Vel'ký Krtíš.- Siedlungskeramik.- V. Furmánek, Slovenská Arch. 25,2, 1977, 256 Nr. 8.

13. Beloveza, okr. Bardejov.- Depot bei Steinbrucharbeiten.- Schmuckgegenstände und 2 Nackenscheibenäxte (davon eine - Typus B4 - erhalten).- Novotná, Beile 58 Nr. 375. 376 Taf. 22,375; Novotná, Hortfunde 89; V. Furmánek, Slovenská Arch. 25,2, 1977, 256 Nr. 9.

14. Beluša, okr. Považská Bystrica.- Brandgrab 11.- Lanzettförmiger Anhänger, Spiralröllchen, Keramik.- Slovenská Arch. 18, 1970, 443 Abb. 8,3; V. Furmánek, Die Anhänger in der Slowakei (1980) 42 ("Frühe/ältere Urnenfelderzeit") Nr. 811 Taf. 31, 811.

15. Berín -> Plešivec

16. Beša, okr. Levice.- Depotfund (?).- 3 z. T. fragmentierte Tüllenbeile, 2 Messer, 4 Griffzungensicheln, 1 Kegelkopfnadel, 4 Drahtstücke, 2 Bronzegußkuchen; unklar ist ob dieser Hort in Beziehung mit "25 Pfund" Bronzerohmaterial, weiteren Gegenständen, einem durchbohrten Hauer, 2 Wirbeln und Holzkohle steht.- Novotná, Hortfunde 89; Novotná, Beile 84 Nr. 629 Taf. 36, 629.

17. Bešeňová, okr. Liptovský Mikuláš.- Depot (jüngere Urnenfelderzeit ?).- 2 Tüllenbeile, 1 Lanzenspitze, 1 Messer, 1 Messerklingenfrg., 3 Knopfsicheln, 3 Nadeln (die mit mehrfach gewundenem Draht zusammengebunden waren, 1 Spiralfingerring, 1 Spiralscheibe, Drahtfrg., Miniatur-Doppelarmknauf.- Novotná, Beile 79f. ("Rohod-Stufe") Nr. 544 Taf. 31, 544; J. Kürti, Sborník Muz. Slov. Spol. 24, 1930, 179ff. (non vidi).

18. Bešeňová, okr. Liptovský Mikuláš.- Brandbestattung in Urne.- Rasiermesserfrg. (Typus Großmugl/Var. Mesić); Plattenkopfnadel, Kegelhalsurne, Schalenfrg.- Z. Pivovarová, Slovenská Arch. 14, 1966, 337. 339 Abb. 4, 4-7; Jockenhövel, Rasiermesser 79f. ("Diviaky-Stufe") Nr. 93 Taf. 9, 93; 63 B.

19. Bešeňová, okr. Liptovský Mikuláš.- Fundumstände unbekannt.- Nadel (Typus Malá Vieska).- M. Novotná, Die Nadeln in der Slowakei (1980) 108 Nr. 642 A Taf. 29, 642A.

20. Bestovice, okr. Ústí nad Orlicí (Ostböhmen).- Gräberfeld mit 10 Bestattungen; Grab 8; Brandbestattung.- Rasiermesser (Var. Velké Žernoseky), Keramik.- J. Filip, Pam. Arch. 38, 1942, 14ff. Abb. 5; Jockenhövel, Rasiermesser 132 Nr. 224 Taf. 19, 224.

21. Blatná Polianka, okr. Michalovce.- Depot.- 7 Schnabeltüllenbeile, 2 Lanzenspitzen mit profilierter Tülle, 2 Knopfsicheln, 1 Armring.- Novotná, Hortfunde 90 Taf. 51, 1-5; Novotná, Beile 74 ("Kísapáti-Stufe") Nr. 480 Taf. 55 B.

22. Blatnica, okr. Martin.- Depot (?).- Nackenkammaxt, Doppelarmknauf, 3 Tüllenbeile, Sichel, Knebel, Drahthalsring, unverzierte Armringe, Keulenkopf.- Novotná, Beile 30 Nr. 147 Taf. 8, 147; 63 Nr. 410 Taf. 25, 410.

23. Blatnica.- Fundumstände unbekannt.- Tasse (Typus Blatnica).- L. Veliačik, Die Lausitzer Kultur in der Slowakei (1983) 176 Nr. 23 Taf. 43.

24. Bláže, okr. Banská Bystrica.- 2 Depotfunde; davon ein Schwerthort (?); ein weiterer aus 12 Gegenständen bestehender Depotfund heute im MNM Budapest.- Datierung unbekannt.- Novotná, Hortfunde 90.

25. Blažice, okr. Košice-Land.- Depot; keine näheren Angaben.- V. Furmánek, Slovenská Arch. 25,2, 1977, 256 Nr. 10-11.

26. Blučina, okr. Brno-venkov.- Höhensiedlung Cezavy.- Nach einer Begehungsphase (keine Hausgrundrisse) in der Veterov-Zeit Nutzung in der Velatice-Zeit; Gräber: 132 Gräber mit 205 Individuen (Körperbestattung in Hockerlage).- K. Tihelka, Cezavy bei Blučina (1957); K. Tihelka, Velatice Culture Burials at Blučina. Font. Arch. Prag. 13 (1969).
- Körpergrab VI.- Rasiermesser.- Jockenhövel, Rasiermesser 74 Nr. 78 Taf. 7, 78.
- Körpergrab VIII.- Frau mit zwei Kindern.- Nadel (Typus Gutenbrunn), Spirale, Glasperlen, Bernsteinperlen, Armring, Wellennadel, Velatice-Tasse, Tierknochen.- Říhovský, Nadeln 93 Nr. 471 Taf. 26, 471; 78A; K. Tihelka, Pam. Arch. 52, 1965, 207 Abb. 10.
- Sektor 1 Grab 41.- Körperbestattung.- Rasiermesser (mit organischem Griff).- Jockenhövel, Rasiermesser 52 Nr. 32 Taf. 3, 32.

27. Blučina, okr. Brno-venkov.- Siedlungsfund.- Kugelkopfnadel.- J. Říhovský, Die Nadeln in Mähren und dem Ostalpengebiet (1979) 78 Nr. 357 Taf. 20, 357.

28. Blučina, okr. Brno-venkov.- Depot I.- 1 Rasiermesserfrg., 1 mittelständiges Lappenbeil (danubischer Form), 1 Beilschneidenfrg., 1 lanzettförmiger Meißel, 1 Griffplattenmesser mit zweischneidig angeschliffener Spitze, 1 Dolchklingenfrg., 1 verzierter Armring, 3 Armringfrgte., 2 Kugelkopfnadeln mit geschwollenem Hals, 2 Stabmeißel, 10 Sichelfragmente (2 von Knopfsicheln, 5 sicher von Zungensicheln, von denen sich vier zu einer Sichel rekonstruieren lassen; mit Fehlstellen), 10 Bronzegußstücke.- J. Říhovský, Slov. Arch. 9, 1961, 112 Abb.; Říhovský, Messer 21f. Nr. 51 Taf. 36 A; Říhovský, Sicheln 45 ("Frühe Urnenfelderzeit; Depotfundhorizont Blučina") Nr. 163 Taf. 11, 163; 66 Nr. 297 Taf. 19, 297; Jockenhövel, Rasiermesser 74 ("Depotfundstufe Blučina") Nr. 79 Taf. 8, 79; J. Říhovský, Die Nadeln in Mähren und dem Ostalpengebiet (1979) 7 Taf. 20, 356; J. Říhovský, Základy stredodunajských popelnicovych polí na Morave (1982) Taf. 47.

29. Blučina, okr. Brno-venkov.- Depot II.- 21 Zungensichelfrgte., 31 Sichelfrgte., 6 Nadeln (teilw. fragmentiert), 6 Nadelschaftfrgte., 1 Fibelnadelfrg., 12 Armringe (und Fragmente), 1 "Beschlagstück", 3 Knopffrgte., 1 Dolchfrg., 5 Lanzenspitzen (davon 3 Fragmente; mindestens 3 mit gestuftem Blatt), 2 Absatzbeile (davon 1 Fragment), 2 Fragmente mittelständiger Lappenbeile, 2 Stabmeißel, 1 lanzettförmiger Meißel, 1 Tüllenhammer, 2 Gußzapfen, trichterförmiger Blechbeschlag, Drahtspiralfrg., 5 Bronzefrgte. und Gußbrocken.- Říhovský, Sicheln 49 ("Frühe Urnenfelderzeit; Depotfundhorizont Blučina) Nr. 178 Taf. 11, 178; 58 Nr. 263 Taf. 17, 263; 71 Nr. 369 Taf. 24, 369; J. Říhovský, Základy stredodunajských popelnicovych polí na Morave (1982) Taf. 48-50; J. Hralová, J. Hrala, Arch. Rozhledy 23, 1971, 13 Abb. 3, 2.

30. Blučina, okr. Brno-venkov.- Depot III.- 1 zerbrochene Knopfsichel, 1 Knopfsichelfrg., 1 Sichelfrg., 10 Zungensichelfrgte., 23 Sichelfrgte., 1 Absatzbeil, Blechstücke.- J. Říhovský, Slovenská Arch. 9, 1961, 114 Abb. 10; Říhovský, Sicheln 22 ("Frühe Urnenfelderzeit; Depotfundhorizont Blučina") Nr. 37 Taf. 4, 37; Nr. 155 Taf. 10, 155; 45 Nr. 165 Taf. 11, 165; 58 Nr. 264 Taf. 17, 264; 66ff. Nr. 298 Taf. 19, 298; 370-372 Taf. 24, 370-372; 91 Nr. 488- 492 Taf. 33, 488-492; 97 Nr. 674-696 Taf. 39, 674-696; 58 Nr. 264 Taf. 17, 264; 66 Nr. 298 Taf. 298; 71 Nr. 370-372 Taf. 24, 370-372; J. Říhovský, Základy stredodunajských popelnicovych polí na Morave (1982) Taf. 51-52A.

31. Blučina, okr. Brno-venkov.- Depot IV.- 3 mittelständige Lappenbeile (danubische Form), 1 Absatzbeil mit gerundeter Rast, 4 kleine Phaleren, 2 etwas größere Phaleren, 1 Klingenfrg., 1 L-förmiges Objekt, 1 Dolch mit dreieckiger Griffplatte, 22 Armringe (davon 1 Fragment; überwiegend breite gerippte Armbänder), 4 fragmentierte Nadeln (Typus Velká Lehota, Knotennadeln), 1 Nadelschaft, 1 Gußkern, 22 Perlen, Hals einer Amphora.- J. Říhovský, Die Nadeln in Mähren und dem Ostalpengebiet (1979) 75 Nr. 315 Taf. 18, 315; 78B; J. Říhovský, Základy stredodunajských popelnicovych polí na Morave (1982) Taf. 52 B-55

32. Blučina, okr. Brno-venkov.- Depot V.- 1 Nadel mit doppelkonischem Kopf, 1 Nadelschützer, 1 Ringfrg., 3 kleine Blechbuckel, 1 Frg. eines mittelständigen Lappenbeiles, 1 Tüllenbeilfrg., 1 Zungensichelfrg., 1 Knopfsichelfrg., 1 Griffplattenmesser (beidseitig angeschärfte Klingenspitze), 12 Gußbrocken.- J. Říhovský, Arch. Rozhledy 14, 1963, 15ff. Abb. 3; Říhovský, Messer 22 Nr. 52 Taf. 4, 52; J. Říhovský, Základy stredodunajských popelnicovych polí na Morave (1982) Taf. 56 A; Říhovský, Sicheln 43f. Nr. 156 Taf. 10, 156.

33. Blučina, okr. Brno-venkov.- Depot VI.- 1 Lanzenspitze (glatt), 1 Dolch mit erweiterter Griffplatte, 1 mittelständiges Lappenbeil (danubischer Form), 3 Armringe, 12 Gußbrocken.- J. Říhovský, Základy stredodunajských popelnicovych polí na Morave (1982) Taf. 56B; J. Říhovský, Die Äxte, Beile, Meißel und Hämmer in Mähren (1992) Taf. 87A.

34. Blučina, okr. Brno-venkov.- Depot VII.- 2 Armringe, 1 mittelständiges Lappenbeil, 3 Knöpfe mit Rückenöse, 1 Messerklingenfrg., 1 Sichelklingenfrg., ca. 300 Bernstein- und Glasperlen; Gußbrocken.- V. Furmánek, Slovenská Arch. 21, 1973, 30 Abb. 4, 6-8. 11-12. 14; J. Říhovský, Základy stredodunajských popelnicovych polí na Morave (1982) Taf. 57A.

35. Blučina, okr. Brno-venkov.- Depot VIII.- 1 Zungensichelfrg., 12 Sichelfrgte., 2 Griffplattendolche, 1 Griffzungendolchfrg., 2 Stabmeißel, 6 Armringfrgte., 10 Nadelschaftfrgte., 18 atypische Fragmente und Bronzegußstücke, 2 Knochenperlen.- Říhovský, Sicheln 66 ("Frühe Urnenfelderzeit; Depotfundhorizont Blučina") Nr. 299 Taf. 69B; J. Říhovský, Základy stredodunajskych popelnicovych polí na Morave (1982) Taf. 61A.

36. Blučina, okr. Brno-venkov.- Depot IX.- 1 Zungensichelfrg., 1 Sichelklingenfrg., 1 Griffzungendolch und ein Fragment eines solchen, 2 Dolchfrgte., 2 Armringe (einer in 2 Teilen).- M. Novotná, Zbornik Fil. Fak. Bratislava, Musaica 20 (9), 1969, 3f. Taf. 2; Říhovský, Sicheln 71 Nr. 373 Taf. 24, 373; J. Říhovský, Základy stredodunajskych popelnicovych polí na Morave (1982) Taf. 57B.

37. Blučina, okr. Brno-venkov.- Depot X.- 1 mittelständiges Lappenbeil, 3 Gußbrocken.- J. Říhovský, Základy stredodunajskych popelnicovych polí na Morave (1982) Taf. 57C.

38. Blučina, okr. Brno-venkov.- Depot XI.- 2 Zungensichelfrgte., 1 Nadelfrg.- Říhovský, Sicheln 50 ("Frühe Urnenfelderzeit; Depotfundhorizont Blučina") Nr. 179-180 Taf. 11, 179-180; J. Říhovský, Základy stredodunajskych popelnicovych polí na Morave (1982) Taf. 58A.

39. Blučina, okr. Brno-venkov.- Depot XII.- 3 Zungensichelfrgte., 6 Sichelfrgte., 2 Stabmeißel, 2 Tutuli, 11 Bronzegußstücke.- J. Říhovský, Základy stredodunajskych popelnicovych polí na Morave (1982) Taf. 58 B; Říhovský, Sicheln 71 Nr. 374 Taf. 25, 374.

40. Blučina, okr. Brno-venkov.- Depot XIII.- 20 Zungensichelfrgte., 39 Sichelfrgte., 10 mittelständige Lappenbeile (davon 6 fragmentiert), 4 Stabmeißel, 2 Lanzenspitzen (davon 1 fragmentiert), 4 Dolchfrgte., 5 Armbandfrgte., 1 Fingerringfrg., Bronzestäbchen, Tutuli, Gürtelhaken (?), 1 Blechgürtelfrg. (Typus Riegsee), 6 Nadeln (teilw. frgagmentiert), 6 Nadelschaftfrgte., 196 atypische Bruchstücke und Bronzegußstücke.- Říhovský, Sicheln 66 ("frühe Urnenfelderzeit; Depotfundhorizont Blučina") Nr. 300 Taf. 70-71 A; J. Říhovský, Základy stredodunajskych popelnicovych polí na Morave (1982) Taf. 59-60.

41. Blučina, okr. Brno-venkov.- Depot XIV.- 1 Zungensichelfrg., 3 Bronzegußstücke, Gefäßscherben.- Říhovský, Sicheln 69 ("Frühe Urnenfelderzeit; Depotfundhorizont Blučina") Nr. 365 Taf. 24, 365; J. Říhovský, Základy stredodunajskych popelnicovych polí na Morave (1982) Taf. 61B.

42. Blučina, okr. Brno-venkov.- Depot XV.- 1 Griffzungendolch, 1 Tüllenpfeilspitze, 1 mittelständiges Lappenbeil, 1 Tüllenmeißel, 1 Lanzenspitze, 3 Nadeln, 1 Scheibe mit Rückenöse.- J. Říhovský, Základy stredodunajskych popelnicovych polí na Morave (1982) Taf. 58C; J. Říhovský, Die Äxte, Beile, Meißel und Hämmer in Mähren (1992) Taf. 87B.

43. Bobrovec, okr. Liptovský Mikuláš.- Depot.- 2 Dreiwulstschwerter, Lanzenspitze, 2 Posamenteriefibeln.- Novotná, Hortfunde 90f. J. Hrala, Arch. Rozhlédy 6, 1954, 224 Nr. 1-2; Müller-Karpe, Vollgriffschwerter 99 Taf. 16, 5.

44. Bodrog, okr. Trebišov.- Depot in 2 Tongefäßen an einem Weinberg. Es sind nur die Bronzen aus einem der Gefäße erhalten, die restlichen warf der Finder in einen Sumpf.- 287 größtenteils fragmentierte Bronzen: 59 Sicheln und Fragmente (davon mindestens 12 Knopf und 2 Zungensichelfrgte.), 12 Griffzungenmesserfrgte. (1 Messer zusammengebogen), 29 Beilfrgte. (wohl meist Tüllenbeile und 2 Lappenbeilfrgte.), 1 Nackenscheibenaxtfrg., 1 Lanzenspitzenfrg., 1 Griffzungenschwert (zusammengebogen), 12 Sägeklingenfrgte., 14 Meißel und Ahlen, 5 Nadelfrgte., 2 Knöpfe mit Rückenöse, 1 flache Scheibe, 1 Spiralfrg., 7 Ringfrgte., 87 Bronzeringchen, Hülsen u. a., 17 Blechhülsen, 1 Gürtelblechfrg. (?), vielleicht auch Gefäßfrgte., 34 Schlackenfrgte.- V. Budinsky-Krička, Studijne Zvesti 18, 1970, 25ff. Abb. 1-11; Novotná, Beile

47 ("Kisapáti-Stufe"; im Text S. 48 "Stufe Baierdorf-Velatice") Nr. 318; Novotná, Hortfunde 91 Taf. 18-21 (Auswahl).

45. Bohdalice, okr. Vyškov.- Brandgrab.- 3 Gefäße, 1 Spindlersfelder Fibel.- J. Říhovský, Arch. Rozhledy 9, 1957, 57ff. Abb. 34.

46. Bohosudov, okr. Ustí. nad Labem.- Wiener Prähist. Zeitschr. 1915, 39; J. Hrala, Arch. Rozhledy 6, 1954, 225 Nr. 27.

47. entfällt.

48. Bohuslavice, okr. Litovel.- Dreiwulstschwert (Typus Aldrans).- Müller-Karpe, Vollgriffschwerter Taf. 34, 5; J. Hrala, Arch. Rozhlédy 6, 1954, 225 Nr. 20 Abb. 107, 2.

49. Bojnicky, okr. Trnava.- Einzelfund.- Mittelständiges Lappenbeil (danubische Form/Typus Freudenburg).- Novotná, Beile 45 Nr. 272 Taf. 14, 272.

50. Bolelouc, okr. Olomouc.- Brandgrab XVII.- Bruchstücke von mindestens 4 halbmondförmigen Nadelschützern, Brillenanhängerfrg., Knopf, 2 Schlaufen, Frg. eines Knochenzierstücks, Frgte. von Spiralen, Ringen, Spiralrollen, Armringen, Glasperlen, 3 ganze Gefäße, Scherben weiterer Gefäße, Kugelkopfnadel.- J. Říhovský, Die Nadeln in Mähren und dem Ostalpengebiet (1979) 75 Nr. 316 Taf. 18, 316.

51. Bor u Protivína.- J. N. Woldrich, Mitt. Anthr. Ges. Wien 19, 1889, 96 Taf. 2, 12.

52. Borenovice, okr. Kroměříž.- Einzelfund.- Nadel mit mehrfach verdicktem Schaftoberteil (Typus Lüdermund).- J. Říhovský, Die Nadeln in Mähren und dem Ostalpengebiet (1979) 112f. Nr. 626 Taf. 33, 626.

53. Borotín, okr. Blansko.- Depot (unvollständig).- 4 Zungensichelfrgte., 2 Sichelfrgte., 2 Griffzungenmesserfrgte. (Typus Dašice; Typus Malhostovice), 1 Messerfrg., 1 Nadel, 3 Schwert- (oder Dolch)klingenfrgte., 2 Lanzenspitzenfrgte. (davon ein Exemplar mit langschmalem Blatt), 1 Pfeilspitze, 2 Lappenbeil- und 5 Tüllenbeilfrgte., 2 Blechstücke, 1 walzenförmiger Gegenstand, 6 Armringe, 1 Stabbarren- oder Meißelfrg., 1 Niet, 2 Stabförmige Fragmente, 5 Bronzegußstücke (22, 50, 50, 64, 134 g).- M. Salaš, Arch. Rozhledy 38, 1986, 139ff. Abb. 1-4; Říhovský, Sicheln 54 ("Ältere Urnenfelderzeit; Depotfundhorizont Přestavlky") Nr. 206 Taf. 68; Říhovský, Messer 30 Nr. 97 Taf. 9, 97; 34 Nr. 110 Taf. 10, 110.

54. Boršice, okr. Uherské Hradiště.- Depot.- 5 Nadeln (darunter eine fragmentierte Nadel mit mehrfach verdicktem Schaftoberteil (Typus Lüdermund), 1 Armring und Fragmente weiterer, 2 Halsringe, 1 Lanzenspitzenfrg., 1 Pfeilspitze.- J. Říhovský, Die Nadeln in Mähren und dem Ostalpengebiet (1979) 97 ("Depotfundhorizonte Drslavice und Přestavlky") Nr. 512-513; 112 Nr. 625 Taf. 33, 625; F. Popisil, Cas. Olomouc 32, 1920, 14.

55. Boršice, okr. Uherské-Hradiště.- Depot.- Lanzettförmiger Anhänger.- NHM Wien.- G. Kossack, Studien zum Symbolgut der Urnenfelder- und Hallstattzeit Mitteleuropas (1954) 91 Liste B Nr. 10.

56. Boskovice (Boskowitz) b. Brno, okr. Blansko.- Fundumstände unbekannt.- 2 Schaftlochhämmer.- Trapp, Mitt. Zentralkomm. 2. F 1895, 168; M. Much, Die Kupferzeit in Europa (1893) 42 Abb. 39; J. Říhovský, Die Äxte, Beile, Meißel und Hämmer in Mähren (1992) 284 Nr. 1361-1362 Taf. 80, 1361-1362.

57. Bošovice, okr. Vyškov.- Hügel I Brandgrab 1.- 6 Armringe mit dreieckigem oder rautenförmigem Querschnitt, 12 Gefäße, Kugelkopfnadel.- J. Říhovský, Die Nadeln in Mähren und dem Ostalpengebiet (1979) 75 Nr. 318 Taf. 18, 318; 76E.

58. Bošovice, Böhmen.- Depot.- 3 Nadeln, 3 Armringe, 2 bronzene Gußformen für Absatzbeile.- O. Kytlicová, Arch. Rozhledy 16, 1964, 535 Abb. 161.

59. Branka, okr. Opava.- Depot.- 1 Lanzenspitze mit gestuftem Blatt, 2 Absatzbeile, 1 Halsring, 1 Armring, 3 Knopfsicheln.- O. Kleemann, Sudeta 11, 1935, 73 Abb. 5, a-c; Říhovský, Sicheln 33 Nr. 108-110 Taf. 8, 108-110; 64.

60. Bratislava.- Fundumstände unbekannt.- Doppelarmknauf.- Novotná, Beile 62 Nr. 402 Taf. 24, 402.

61. Bratislava.- Siedlungsfund.- Mittelständiges Lappenbeil (danubische Form).- Novotná, Beile 46 Nr. 312 Taf. 17, 312.

62. Bretka, okr. Rimavská Sobota.- Siedlungskeramik (Pilinyer Kultur).- V. Furmánek, Slovenská Arch. 25,2, 1977, 256 Nr. 12.

63. Bratislava, Slowakei.- Vermutlich aus Siedlung.- Lanzettförmiger Meißel.- Novotná, Beile 68 Nr. 429 Taf. 25, 429.

64. Bratislava.- Einzelfund.- Lanzenspitze mit gestuftem Blatt.- M. Novotná, Arch. vyskumy a nálezy na Slovenská 1986 (1987) 136 Abb. 35.

65. Bratislava.- Fundumstände unbekannt.- Doppelarmknauf.- Novotná, Beile 62 Nr. 402 Taf. 24, 402.

65A. Břeclav.- Einzelfunde.- 2 mittelständige Lappenbeile.- J. Říhovský, Die Äxte, Beile, Meißel und Hämmer in Mähren (1992) 157 Nr. 503 Taf. 33, 503; 159 Nr. 511 Taf. 33, 511.

66. Brezovice, Gem. Holešovice, okr. Chrudim.- Depot.- 2 Tüllenhämmer, 3 Tüllenbeile, 1 Lanzenspitzenfrg., 2 Schwertklingenfrgte., 2 Sichelfrgte., 1 Keulenkopfnadelfrg., 1 Petschaftskopfnadel, 1 Zierscheibe mit konzentrischen Rippen, 3 Stabbarrenfrgte., 2 Bronzeschmelzklumpen; verloren ist ein spiralförmiger Zierrat.- J. Hralová, J. Hrala, Arch. Rozhledy 23, 1971, 3ff. Taf. 1-2.

67. Brňany, okr. Litoměřice.- Einzelfund.- Rasiermesser (Typus Dietzenbach).- Jockenhövel, Rasiermesser 108 Nr. 162 Taf. 13, 162.

67A. Brno, okr. Brno-mesto.- Einzelfund.- Mittelständiges Lappenbeil.- J. Říhovský, Die Äxte, Beile, Meißel und Hämmer in Mähren (1992) 154 Nr. 469 Taf. 30, 469.

68. Brno Kralovo.- 3 Tüllenpfeilspitzen.- M. Gimbutas, Bronze Age Cultures (1965) 240.

69. Brno-Komín, okr. Brno.- Einzelfund.- Griffzungenmesser (Typus Baierdorf) mit Ringgriff.- Říhovský, Messer 24 Nr. 60 Taf. 5, 60.

70. Brodek, okr. Prostějov od. Přerov.- Einzelfund.- Griffzungenmesserfrg. (Typus Malhostovice).- Říhovský, Messer 31 Nr. 98 Taf. 9, 98.

71. Brno-Lísen.- Depot (nicht gesichert).- 1 Zungensichelfrg., weitere Zungensichelfrgte., 1 Absatzbeil.- Říhovský, Sicheln 68 Nr. 357 Taf. 23, 357; J. Říhovský, Základy stredodunajskych popelnicovych polí na Morave (1982) Taf. 5 B.

72. Brvniste, okr. Považská Bystrica.- Depot.- 7 Tüllenbeilfrgte., 1 Tüllenhammer, 5 Sichelfrgte., 2 Lanzenspitzenfrgte., 2 Bronzestäbe, 1 Gußbrocken.- Jüngere Urnenfelderzeit.- Novotná, Hortfunde 91f.; Novotná, Beile 99 Nr. 804 Taf. 43, 804; J. Paulík, Arch. Rozhledy 17, 1965, 338ff.

73. Brzotín, okr. Roznava.- Einzelfund.- V. Furmánek, Slovenská Arch. 25,2, 1977, 256 Nr. 13.

74. Budča, okr. Zvolen.- Doppelarmknauf.- Novotná, Beile 63 Nr. 416.

75. Budihostice, okr. Kladno.- Depot.- Lanzenspitze, Brillenspiralanhänger, 2 Bronzeblechstreifen mit Buckelzier, Rasiermesser (Typus Budihostice).- NM Prag 68010.- Jockenhövel, Rasiermesser 98 ("vermutlich Depotfundstufe Suchdol") Nr. 129 Taf. 11, 129.

76. Budmerice, okr. Bratislava-Land.- Einzelfund.- Absatzbeil mit gerader Rast.- Novotná, Beile 42 Nr. 254.

77. Buková, okr. Klatovy.- Einzelfund bei Waldarbeiten.- Griffangelschwert (Typus Grigny) (in 2 erhaltene Teile zerbrochen.- V. Šaldová, Arch. Rozhledy 13, 1961, 705 Abb. 246, 10; P. Novák, Die Schwerter in der Tschechoslowakei I (1975) 12 Nr. 38 Taf. 5,38.

78. entfällt.

79. Bušovice, okr. Rokycany.- Aus zerstörten Hügeln.- 2 Armringe (Typus Stehelčeves), Bruchstück einer Berge (Typus Stare Sedlo; nicht gesichert).- O. Kytlicová in: Festschr. W. A. v. Brunn (1981) 213 Abb. 2; 225 Nr. 1.

80. Bušovice, okr. Rokycany.- Depot (1900 auf einem Feld ausgeackert).- 10 Armringe (davon 6 Ex. Typus Stehelčeves) (54 g, 49 g 90 g, 82 g, 39 g, 41 g, 31 g, 30 g, 46 g, 29 g), 4 Fragmente von 2 Fußringen (25 + 22 + 45 g = 92 g; 94 g), 2 (Hals)ringe mit Spiralenden (16 g, 13 g), 6 Spiralscheiben (fragmentiert) (3 g, 4 g, 4 g, 2 g, 2 g, 6 g), 1 große Scheibenkopfnadel mit Mitteldorn [bei der von Franc überlieferten Zeichnung sind an den sternförmig zulaufenden Strichbündeln zu beiden Seiten ein feiner Fransendekor zu ergänzen] (264 g), 4 teilweise fragmentierte Phaleren (92 g, 55 g, 52 g, 9 g), 3 Ringfrgte. (6 g, 7 g, 19 g).- O. Kytlicová in: Festschr. W. A. v. Brunn (1981) 213 Abb. 1; F. X. Franc, Stáhlauer Ausgrabungen 1890. Prehled nalezist' v oblasti Mze, Radbuzy, Uhlavy a Klabavy 1906. Hrsg. V. Šaldová (1988) 244 Taf. 36-37.

81. Buzica, okr. Košice-Land.- Depot II.- 2 Lanzenspitzen (eine glatt, eine mit profilierter Tülle), 2 Knopfsicheln.- V. Furmánek, Slovenská Arch. 25,2, 1977, 256 Nr. 15 Taf. 20, 3-6.

82. Buzica, okr. Košice-Land.- Depot I.- Angeblich in senkrechter Lage fanden sich 3 Schwerter (Typus Riegsee und Ragály); ein Schwert fragmentiert.- F. Holste, Die bronzezeitlichen Vollgriffschwerter Bayerns (1953) 52 Nr. 42-44; Novotná, Hortfunde, 92; V. Furmánek, Slovenská Arch. 25,2, 1977, 256 Nr. 14 Taf. 20, 1.

83. Bystricany-Chalmová.- Bronzepfeilspitze.- L. Veliačik, Die Lausitzer Kultur in der Slowakei (1983) 47.

84. Bystřice pod Hostynem, okr. Kroměříž.- Depot.- Sichelklinge, 3 Sichelfrgte., Nadel, 3 Messerfrgte., Stabmeißelfrgte., 1 Tüllenbeilfrg., 3 Schwertfrgte., 16 Armringe und 7 Fragmente derselben, 2 Spiralarmbänder und 2 Frgte., 4 Knöpfe und 2 Fragmente, 4 Fingerringe, 11 Spiralscheiben und 10 Fragmente derselben, 1 Spiralschmuck, 1 Fibelfragment, 1 Drahtstück.- Říhovský, Sicheln 96 Nr. 636 Taf. 78.

84A. Bystročice, okr. Olomouc.- Einzelfund.- Nadelfrg. mit mehrfach verdicktem Schaftoberteil.- J. Říhovský, Die Nadeln in Mähren und dem Ostalpengebiet (1979) 113 Nr. 629 Taf. 33, 629.

85. Bzince pod Javorinou, okr. Trencín.- Einzelfund.- Oberständiges Lappenbeil (danubische Form).- Novotná, Beile 46 (mittelständiges Lappenbeil) Nr. 310 Taf. 17, 310; L. Veliačik, Die Lausitzer Kultur in der Slowakei (1983) 177 Nr. 58 Taf. 41, 14.

86. Čachovice, okr. Chomutov.- Keramikdepot; innerhalb einer Knovizer Siedlung in Grube.- 32 Schalen und Tassen mit der Mün-

dung nach unten zu je 3 oder 4 Exemplaren auf 8 Säulen gestapelt; dazu Teller, Vorratsgefäß.- Datierung nach Smrž: Ha A1/2 (in der gleichen Siedlung fand sich eine Grube mit 5 menschlichen Schädeln und weiteren Knochenresten, die nach mitgefundener Keramik in die Stufe Ha B1 datiert werden.- Z. Smrž, Arch. Rozhlédy 33, 1981, 372ff. Abb. 1-2 Taf. 1.

87. Čachtice, okr. Nové Mesto nad Váhom.- Brandgrab.- Dreiwulstschwert (Typus Schwaig), 2 Nadeln, 2 Pfeilspitzen, Messer.- Müller-Karpe, Vollgriffschwerter 97 Taf. 10, 8; J. Hrala, Arch. Rozhlédy 6, 1954, 224 Nr. 4.

88. Čaka (Cseke), okr. Levice.- Grab II unter Hügel; Brandbestattung.- Griffzungenschwertfrg., Phalere, Panzerfrg., 2 Lanzenspitzen mit gestuftem Blatt, 2 mittelständige Lappenbeile, Tüllenmeißel, Rasiermesser, Fibelfrg., Nadel mit doppelkonischem Kopf, Plattenkopfnadel, Gürtelfrgte., Besatzhütchen, Anhänger, Bronzeröhrchen, Niete, Knöpfe, Nägel, Zwingen, Doppelkonus, eiförmiger Einhenkeltopf, 4 Tassen mit hochgezogenem Henkel.- P. Novák, Die Schwerter in der Tschechoslowakei I (1975) 20 Nr. 77f. Taf. 12, 77; Jockenhövel, Rasiermesser 74 ("Čaka-Stufe") Nr. 80 Taf. 59-61A; J. Bouzek in: Festschr. v. Brunn (1982), 27 Abb. 6,2; P. Schauer, Jahrb. RGZM 25, 1978, 116f. Abb. 3-4; J. Paulík, Ber. RGK 49. 1968, 45 Abb. 3.

89. Čakanovce, okr. Lučenec.- Siedlungsmaterial (Pilinyer Kultur).- V. Furmánek, Slovenská Arch. 25,2, 1977, 256 Nr. 16.

90. Čana, okr. Košice-Land.- Brandgrab.- V. Furmánek, Slovenská Arch. 25,2, 1977, 256 Nr. 17.

91. Čelechovice, okr. Prostějov.- Brandgrab 4.- Meißel, Blechstück, 6 Gefäße, Kugelkopfnadel.- J. Říhovský, Die Nadeln in Mähren und dem Ostalpengebiet (1979) 78 Nr. 359 Taf. 20, 359; A. Gottwald, Časopis Olomouc 39, 1927, 82 Abb. 1, 2 (non vidi).

92. Čeložnice, okr. Hodonín.- Hügel II.
- Brandgrab 1.- Nadelfragmente, 2 linienverzierte Armringe mit dreieckigem Querschnitt, 3 Gefäße, Kugelkopfnadel.- J. Říhovský, Die Nadeln in Mähren und dem Ostalpengebiet (1979) 78 Nr. 360-361 Taf. 20, 360-361; V. Furmánek, Slovenská Arch. 21, 1973, 36 Abb. 8, 6.
- Brandgrab 3.- Rahmengriffmesser (zweischalig gegossen), 5 Gefäße.- V. Hruby, Časopis Mor. Mus. 34, 1949, 178 Abb. 14; Říhovský, Messer 12 Nr. 4 Taf. 1, 4.

93. Čeradice, okr. Žatec, Böhmen (Naturhist. Mus. Wien).- Lanzettförmiger Meißel.- Mayer, Beile, 218 Anm. 6.

94. Čeradice, okr. Žatec.- Angeblich Grab.- Dreiwulstschwert (Typus Aldrans; in mehrere Teile zerbrochen), Vollgriffmesser.- Müller-Karpe, Vollgriffschwerter 106 Taf. 32, 3; 33E; J. Hrala, Arch. Rozhlédy 6, 1954, 225 Nr. 28; J. Böhm, Základy hallstattské periody v Čechách (1937) 145 Abb. 72.

95. Čerekvice Horní.- Einzelfunde ? (sicher kein Depot).- Lanzenspitze mit gestuftem Blatt.- H. Richlý, Die Bronzezeit in Böhmen (1894) 68 Taf. 4, 10.

96. Černčín, okr. Vyškov.- Einzelfund.- Nadel mit mehrfach verdicktem Schaftoberteil (Typus Hulín).- J. Říhovský, Die Nadeln in Mähren und dem Ostalpengebiet (1979) 112 Nr. 620 Taf. 33, 620.

97. Černice, okr. Plzeň.- Hügelgräber.- Radanhänger.- G. Kossack, Studien zum Symbolgut der Urnenfelder- und Hallstattzeit Mitteleuropas (1954) 86 Nr. 25; J. Schránil, Die Vorgeschichte Böhmens und Mährens (1928) 128.

98. Černosín, okr. Tachov.- Mittelständiges Lappenbeil.- E. Čujanová-Jílková, Mittelbronzezeitliche Hügelgräberfelder in Westböhmen (1970) 19 Nr. 2 Abb. 56, 6.

99. Černotín, okr. Přerov.- Einzelfund.- Griffzungenmesserfrg. (Typus Dašice).- Říhovský, Messer 35 Nr. 111 Taf. 10, 111.

100. Černová, okr. Liptovský Mikuláš.- Fundumstände unbekannt.- Doppelarmknauf.- Novotná, Beile 62f. Nr. 408 Taf. 24, 408.

101. Česká Lípa, okr. Česká Lipa.- Einzelfund.- Bronzebeil.- Verbleib Wien.- E. Plesl, Arbeits- u. Forschber. Dresden 16/17, 1967, 94 Nr. 1.

102. České Zlatníky, okr. Most.- Depot.- 1 Tüllenmeißel, 1 Absatzbeil.- O. Kytlicová, Arch. Rozhledy 16, 1964, 537 Abb. 162.

103. Chabzany, okr. Presov.- Depot.- 17 Bronzeringe.- Datierung?.- Novotná, Hortfunde 98.

104. Cheb.- Depot.- 2 Armringe (Typus Stehelčeves), 2 Fußringe mit Rillenzier, 2 tordierte Fußringe, 1 Ring, 2 Meißel (davon ein lanzettförmiger), 1 mittelständiges Lappenbeil, 1 Knopfsichel.- I. Siwkowna, Przglad Arch. 6, 1937-39, 239ff. ("Czechy") Abb. 1-12; O. Kytlicová in: Festschr. W. A. v. Brunn (1981) 214 Nr. 4.

105. Chleby bei Podebrady.- Depot.- 3 Armringe (184, 164, 186 g), 1 Lanzenspitze (60 g), 11 mittelständige Lappenbeile (495, 534, 420, 425, 213, 351, 355, 322, 328, 358, 288 g), 1 Absatz(?)beil.- J. Hellich, Pam. Arch. 29, 1917, 36ff. Abb. 20-21; O. Kytlicová, Arbeits- u. Forschber. Sachsen, 150f. Abb. 6, 8. 11.

106. Chlum u Podbore -> Oprany

107. Chrámec, okr. Rimavská Sobota.- Grabkeramik.- V. Furmánek, Slovenská Arch. 25,2, 1977, 257 Nr. 52.

108. Chotín, okr. Hurbanovo.- Gräberfeld.
- Grab 269/59.- Posamenteriefibelfrg. (?).- J. Paulík, Slovenská Arch. 7, 1959, 352.
- Grab 293/57.- Posamenteriefibelfrg. (?).- J. Paulík, Slovenská Arch. 7, 1959, 352.
- Grab 296/57.- Posamenteriefibelfrg. (?).- J. Paulík, Slovenská Arch. 7, 1959, 352.
- Grab 324/57.- Posamenteriefibelfrg. (?).- J. Paulík, Slovenská Arch. 7, 1959, 352.

109. Chotin, okr. Komárno.- Gräberfeld II, Grab 267, Brandbestattung.- Blattbügelfibel, Gürtelhaken (Typus Wilten), Gefäße.- Kilian-Dirlmeier, Gürtel 52 Nr. 109 Taf. 12, 109; J. Paulík, Zborník Slov. Nár. Múz. 66, 1972, 11 Abb. 6, 9f.

110. Chrast, okr. Chrudim.- Depot.- 4 Knöpfe, 4 Armringe, 2 Armspiralen.- Pam. Arch. 20, 1902-03, 329, 435-436; O. Kytlicová, Arch. Rozhledy 16, 1964 Abb. 165A.

111. Chrastany, okr. Rakovník.- Körpergrab (?); Datierung Ha A2/B1.- 1 Bronzetasse, 1 Fibelnadel, 2 Fibelfrgte., 2 Halsringe, 1 Beinring.- O. Kytlicová, Pam. Arch. 79, 1988, 348 Abb. 8.

112. Chrástany, okr. Litoměřice.- Einzelfund.- Griffzungenschwert.- P. Novák, Die Schwerter in der Tschechoslowakei I (1975) 21 Nr. 86 Taf. 13, 86.

113. Chrastavice, okr. Domažlice.- Hügel 3, Grab.- Griffzungenschwert.- P. Novák, Die Schwerter in der Tschechoslowakei I (1975) 21 Nr. 84 Taf. 13, 84.

114. Chrastavice, okr. Domažlice.- vermutlich aus Hügelgräberfeld.- Griffzungenschwert.- P. Novák, Die Schwerter in der Tschechoslowakei I (1975) 21 Nr. 85 Taf. 13, 85.

115. Chrastince, okr. Vel'ký Krtíš.- Siedlungskeramik (Pilinyer Kultur).- V. Furmánek, Slovenská Arch. 25,2, 1977, 257 Nr. 53.

116. Čičarovce, okr. Trebišov.- Depot.- 3 Tüllenbeilfrgte., 1 Axt- oder Meißelfrg., 4 Armringe, 3 Sicheln, 2 Schwert(?)klingen- frgte., 1 Bronzegußbrocken.- Novotná, Hortfunde 92; Novotná, Beile 73f. ("Kisapáti-Stufe") Nr. 474 Taf. 73, 474; Hampel, Bronzkor Taf. 158, 1-13.

117. Čierna nad Tisou (Agcsernyö), okr. Trebišov.- Vielleicht aus einem Grabhügel.- Panzerfrg., Keramik, Mahlstein.- B. Novotny, Sborník Fil. Fak. Bratislava (Musaica) 17 (6), 1966, 27ff. mit Abb; J. Bouzek in: Festschr. v. Brunn (1982), 27 Abb. 6,3; P. Schauer, Jahrb. RGZM 25, 1978, 125 Abb. 9; J. Paulík, Ber. RGK 49. 1968, 41ff. Abb. 2 Taf. 1.

118. Děčín-Podmokly.- Aus der Elbe.- Dreiwulstschwert (Typus Schwaig).- Müller-Karpe, Vollgriffschwerter 97 Taf. 10, 7; E. Neder, Heimatkunde des Elbegaus Tetschen (1923) 40 Taf. 6, 9; 30; J. Hrala, Arch. Rozhlédy 6, 1954, 225 Nr. 29.

119. Děčín (Umgebung), okr. Décin.- Griffzungenschwert.- P. Novák, Die Schwerter in der Tschechoslowakei I (1975) 20 Nr. 78 Taf. 12, 78.

120. Dedinka, okr. Nové Zámky.- Grabhügel.
- Zentralgrab mit Brandbestattung (Beraubungsspuren).
-Grab II; Brandbestattung (NW-SO).- Insgesamt ca 100 Gegenstände (Beigaben); darunter: schildförmiger Anhänger, 1 Vogelanhänger, 1 lanzettförmiger Anhänger, 1 ringscheibenförmiger Anhänger, 2 Nadelschoner, 1 Nähnadel, 4 Tutuli/Knöpfe, 2 Blechröhrchen, 1 Fibel, 1 Knopf mit Rückenöse, 1 Diadem (in 3 Teile zerbrochen), ein tordierter Ring. "In der Mitte, aus der Grubenmündung ragend, fand sich eine im Kreis angeordnete Gruppe von schiefstehenden, zum Teil umgestülpten Gefäßen. Zum Unterschied von der sekundär verbrannten Keramik, die in Bruchstücken auf der Brandfläche gefunden wurde, hat diese Gefäßgruppe nicht unter Wirkung eines sekundären Brandes gestanden".- J. Paulík, Jahresber. Inst. Vorgesch. Frankfurt 1975, 57ff. Abb. 1A; V. Furmánek, Die Anhänger in der Slowakei 42 Nr. 806 Taf. 31, 806; 42 B.
-Grab III; Brandbestattung.- Nadel, herzförmiger Anhänger.
-Grab IV; Brandbestattung.- Nadelschoner, Fibelfrg. (Typus Čaka), Tonwirtel, weitere Funde.- J. Paulík, Jahresber. Inst. Vorgesch. Frankfurt 1975, 57ff. Abb. 1B.

121. Diviaky nad Nitricou, okr. Prievidza.- Grab 9; Brandbestattung in Urne.- Rasiermesser (Typus Großmugl/Var. Mesić), 2 Nadeln, Gefäß, Hasenknochen.- Z. Pivovarová, Slovenská Arch. 7, 1959, 318 Taf. 1, 10; 2, 3-4. 10; Z. Pivovarová, Slovenská Arch. 14, 1966, 337f. Abb. 1,2. 5-6; Jockenhövel, Rasiermesser 80 Nr. 95 Taf. 9, 95; 63 A.

122. Diviaky nad Nitricou, okr. Prievidza.-Grab 6; Brandbestattung in Urne.- Rasiermesser (Typus Großmugl/Var. Mesić), verzierte Keulenkopfnadel, Gefäßfrg. Z. Pivovarova, Slovenská Arch. 7, 1959, 318 Taf. 2, 6. 12; Z. Pivovarová, Slovenská Arch. 14, 1966, 337f. Abb. 1, 3 bis 6; Jockenhövel, Rasiermesser 80 ("Diviaky-Stufe") Nr. 94 Taf. 9, 94; 63 D.

123. Diviaky nad Nitricou.- Gräberfeld.- Pfeilspitzen.- L. Veliačik, Die Lausitzer Kultur in der Slowakei (1983) 47.

124. Dobranov, okr. Česká Lípa.- "Lindenberg", Einzelfund.- Mittelständiges Lappenbeil.- E. Plesl, Arbeits- u. Forschber. Dresden 16/17, 1967, 94 Nr. 2.

125. Dobrochov, okr. Prostějov.- Depot.- 2 Zungensicheln (1 zerbrochen), 1 Zungensichelfrg., 10 Sichelfrgte., 2 Lanzenspitzenfrgte., 3 Tüllenbeilfrgte., 1 Beilfrg. (?), mindestens 6 Blechfrgte., Spiralfrgte., 4 Tutuli, 1 Griffzungenfrg., 1 Miniaturdoppelarmknauffrg., Beschlagstücke, Bronzestücke.- Mus. Olomouc.- Říhovský, Sicheln 55 ("Ältere Urnenfelderzeit") Nr. 227 Taf. 69 A; S. Stuchlík, Pam. Arch. 79, 1988, 316 Abb. 22.

126. Dolany, okr. Olomouc.- Einzelfund.- Posamenteriefibel mit Lanzettbehang.- G. Kossack, Studien zum Symbolgut der Urnenfelder- und Hallstattzeit Mitteleuropas (1954) 91 Liste B Nr. 17; V. Podborský, Mähren in der Spätbronzezeit und an der Schwelle der Eisenzeit (1970) 197 Nr. 51 Taf. 72, 3; J. Schránil, Die Vorgeschichte Böhmens und Mährens (1928) Taf. 41, 37.

127. entfällt.

128. Dolní Sukolom, okr. Olomouc.- Depot.- 2 Knopfsicheln (davon eine in 2 Teile zerbrochen), 5 Knopfsichelfrgte., 5 Zungensichelfrgte., 6 Sichelfrgte., 1 Griffzungenmesser (Typus Draßburg), 8 Armringe, 1 Spiralarmband mit Endspiralen, 1 Spiralbandscheibe, 1 Gürtelblechband (in 4 Bruchstücken), 1 Knopf, 2 Lanzenspitzen (glatt), 3 Lappenbeilfrgte. (südosteuropäische Formenfamilie), 3 Tüllenbeile (davon ein Exemplar fragmentiert), Bronzefrgte.- Říhovský, Sicheln, 28 Nr. 66 ("ältere Urnenfelderzeit Depotfundhorizont Přestavlky) Taf. 63- 64 A; Z. Trnácková, Práce Olomouc 5, 1965, 4 Abb. 1, 3.

129. Dolni Janiky -> Janiky

130. Dolný Kubín.- Brandgrab 19.- Nadel (Typus Malá Vieska); Nadel mit gegliedertem Kopf, Bronzefrg., Scherben.- M. Novotná, Die Nadeln in der Slowakei (1980) 108 Nr. 620 Taf. 26, 620; P. Caplovic, Slovenská Arch. 7, 1959, 307 Abb. 6, 5.

131. Dolný Peter (ehem. Svätý Peter), okr. Komárno.- Wahrscheinlich Grabhügel mit Brandbestattung.- Mittelständiges Lappenbeil (danubische Form/Typus Freudenberg, Var. Elixhausen), 2 Lanzenspitzen mit geflammtem Blatt, 1 Griffzungendolch.- Novotná, Beile 46 Nr. 284 Taf. 15, 284; J. Vladar, Die Dolche in der Slowakei (1974) 51f. Nr. 147 Taf. 14 B.

132. Domanín, okr. Hodonín.- Einzelfund.- Griffzungenmesser (Typus Vösendorf).- Říhovský, Messer 32 Nr. 101 Taf. 9, 101.

133. Domaniza, okr. Povaská Bystrica.- Depot.- 3 Posamenteriefibeln, Spindlersfelder Fibel, 2 Brillenspiralen, 1 Tüllenbeil, 2 Sicheln.- Novotná, Hortfunde 93; J. Paulík, Slovenská Arch. 7, 1959, 351.

134. Domaželice, okr. Přerov.- Brandgräberfeld.- Frg. einer Kugelkopfnadel.- J. Říhovský, Die Nadeln in Mähren und dem Ostalpengebiet (1979) 75 Nr. 319 Taf. 18, 319.

134A. Domoušice, okr. Louny.- Burgwall "Rovina".- Griffzungenmesser mit Ringgriff.- J. Blažek, L. Smejtek, Die Bronzemesser in Nordwestböhmen (1993) 37 Taf. 1, 12.

135. Drana, okr. Rimavská Sobota.- Siedlungskeramik (Pilinyer Kultur).- V. Furmánek, Slovenská Arch. 25,2, 1977, 256 Nr. 22-23.

136. Dražice, okr. Rimavská Sobota.- Depot (vielleicht unvollständig).- 4 trichterförmige Anhänger, 1 Armspirale, 4 Drahtarmringe, 4 Spiralfrgte., 2 Blechfrg., 12 Spiralröllchen.- Novotná, Hortfunde 93 Taf. 3; V. Furmánek, Slovenská Arch. 25,2, 1977, 256 Nr. 19 Taf. 23, 1-4.

137. Dražovice, okr. Vyškov.- Grab 2; Brandbestattung.- Rasiermesser (Typus Morzg, Var. Dražovice), Nadel mit profiliertem Kopf, dünner Bronzedrahtarmring, Griffzungenmesser (Typus Malhostovice), 4 Gefäße.- Říhovský, Messer 30 Nr. 87 Taf. 8, 87; Jockenhövel, Rasiermesser 92 Nr. 117 Taf. 10, 117; 63C.

138. Drazuvky, okr. Hodonín.- Einzelfund.- Vollgriffmesser.- Říhovský, Messer 43 Nr. 41 Taf. 13, 141.

139. Dretovice, okr. Kladno.- Depot (unvollständig).- 3 Armringe (Typus Dretovice), 5 Fragmente mittelständiger Lappenbeile.- NM Praha 12643-12649.- O. Kytlicová in: Festschr. W. A. v. Brunn (1981) 228 Nr. 1 Abb. 13.

140. Drevenfk (Žehra), okr. Spišská Nová Ves.- Depot I (mittlere Bronzezeit).- V. Furmánek, Slovenská Arch. 25, 1977, 258 Nr. 201 Taf. 36, 13-18.

141. Drevenfk (Žehra), okr. Spišská Nová Ves.- Depot II in einer Felsspalte (1937).- 2 Beile (1 Absatz-, 1 Tüllenbeil), 2 Oberarmspiralen, 5 Armspiralen, 8 Armringe, 3 Fingerringe, 1 Bleifingerring, 1 Ohrring, 16 Noppenringe, 19 herzförmige Anhänger, 18 Spiralröllchen, 20 Bernsteinperlen, 1 Glasperle, 1 Sandsteinperle, 8 Schieferperlen, 2 Nadeln (1 mit mehrfach verdicktem Schaftoberteil, 1 mit Kugelkopf; Var. Ducové), 5 Knöpfe, 53 Tutuli, 7 Anhängsel, 25 Nietnägel, 22 Blechstücke, 2 Gußbrocken; (221 Gegenstände).- J. Neustupný, Sborník NM Praha 1, 1938-39, 201ff. mit Abb. und Taf.; V. Furmánek, Slovenská Arch. 25, 1977, 258 Nr. 200 Taf. 35; M. Novotná, Die Nadeln in der Slowakei (1980) 87 Nr. 517 Taf. 22, 517; 105 Nr. 611 Taf. 26, 611; V. Furmánek, Die Anhänger in der Slowakei (1980) Taf. 39 B.

142. Drevenfk, okr. Spisska Nová Ves.- Fundumstände unbekannt.- Nackenscheibenaxt (Typus B4).- Novotná, Beile 58 Nr. 374 Taf. 22, 374.

143. Drevenfk, okr. Spišská Nová Ves.- Fundumstände unbekannt.- Absatzbeil mit gerader Rast.- Novotná, Beile 43 Nr. 260 Taf. 13, 260.

144. Drevenfk, okr. Trnava.- Einzelfund.- Mittelständiges Lappenbeil (danubische Form).- Novotná, Beile 45 Nr. 271 Taf. 14, 271.

145. Drevenfky bei Příbram.- Körpergrab (?).- Etagengefäß, Napf, Schüssel, 2 Armringe.- J. V. Bezdeka, J. Bouzek, Arch. Rozhledy 14, 1963, 568ff. Abb. 192. 194.

146. Drhovice, Gem. Drazice, okr. Tábor.- Aus Hügeln mit Brandbestattungen.- Henfenfelder Nadeln, reichprofilierte Nadel, Nadelschützer, Armring (Typus Stehelčeves), 3 hohle Armbänder.- J. Böhm, Základy hallstattské periody v Čechách (1937) 157 Abb. 78; O. Kytlicová in: Festschr. W. A. v. Brunn (1981) 214 Nr. 3; 228 Nr. 2 Abb. 14.

147. Driencany, okr. Rimavská Sobota.- 2 Depotfunde.- V. Furmánek, Slovenská Arch. 25,2, 1977, 256 Nr. 22-23.

148. Droužkovice, okr. Chomutov.- Keramikdepot.- 53-55 aufeinandergestellte Schalen.- Nach Smrž Ha A2.- Z. Smrž, Arch. Rozhledy 29, 1977, 137ff. Abb. 2.

149. Drslavice, Bez. Uherské Hradiště.- Depot I.- 10 Knopfsicheln (davon 8 fragmentiert, 1 Miniaturknopfsichel, 2 Hakensichelfrgte., 104 Zungensichelfrgte., 194 Sichelfrgte., 19 Nadeln (teilw. fragmentiert: darunter Typus Gutenbrunn, Kugelkopfnadel), 18 Nadelschaftfrgte., 1 Nadelschoner, 18 Fibelfrgte., 56 Armringe und Fragmente, 2 Halsringfrgte., 4 Ringe, 6 Blechgürtel in 19 Fragmenten, 7 Tutuli, 17 Knöpfe, 5 Spiralfrgte., Spiralröllchen, Anhänger, Draht- und Blechstücke, 1 Griffplattenmesserfrg. (mit beidseitig angeschärfter Klingenspitze), 1 Griffzungenmesserfrgt., 24 Lanzenspitzenfrgte., 17 Schwertfrgte., darunter ein Griffzungenschwertfrg. (nach Novák), 15 Dolche und Frgte., 32 Beile (darunter ein Absatzbeil mit gerader Rast, Tüllenbeile und mittelständige Lappenbeile, sowie Bruchstücke von solchen; auch eines böhmisch-fränkischer Form), 2 Meißel, verzierte Blechstücke (darunter Frg. eines Blechgürtels Typus Riegsee), zahlreiche Gürtelfrgte., Gürtelhaken), Zungenförmiges Blechfrg. (Blechgürtelrohling?), Ahle, Sägebruchstücke, weitere Gegenstände, Bronzegußkuchen.- J. Kucerea, Pravek 2, 1904, 7ff. Taf. 1-9; J. Pavelčík, Historica Slovaca (Eisneruv Sborník) 5, 1948, 75ff.; Kilian-Dirlmeier, Gürtel 105 Nr. 418 Taf. 42, 418; 105 Nr. 418 Taf. 42, 418; 108 ("frühe Urnenfelderzeit") Nr. 429-431 Taf. 43, 430-431; 44, 429; Nr. 433-434 Taf. 44, 433-434; Nr. 437-438 Taf. 44, 437-438; 109 Nr. 440-441 Taf. 45, 440-441; Nr. 443-444 Taf. 45, 443-444; Nr. 446 Taf. 47, 446; Nr. 448 Taf. 47, 448; Nr. 450 Taf. 47, 450; Nr. 451 Taf. 46, 452.; 110 Nr. 453 Taf. 46, 453; Nr. 456 Taf. 46, 456; 116 Nr. 481 Taf. 53, 481; P. Novák, Die Schwerter in der Tschechoslowakei I (1975) 20 Nr. 79 Taf. 12, 79; Taf. 37 B, 1-17; Říhovský, Messer 20 Nr. 44 Taf. 4, 44; 22 Nr. 53 Taf. 4, 53; Taf. 34-35; J. Říhovský, Die Nadeln in Mähren und dem Ostalpengebiet (1979) 76 Nr. 322 Taf. 18, 322; 93 Nr. 472 Taf. 26, 472; V. Podborský, Sborník Fil. Fak. Brno 9, 1960 (E5) 48 Taf. 5; Říhovský, Sicheln, 22f. ("Ältere Urnenfelderzeit; Depotfundhorizont Drslavice") Nr. 38-41 Taf. 4, 38-41; 30 Nr. 70-71 Taf. 6, 70-71; 38 Nr. 124 Taf. 9, 124; 43 Nr. 149 Taf. 10, 149; 43 Nr. 151-152 Taf. 10, 151-152; 44 Nr. 157 Taf. 10, 157; 47 Nr. 176 Taf. 11, 176; 50 Nr. 181 Taf. 11, 181; 50 Nr. 188 Taf. 12, 188; 54f. Nr. 207-208. 217. 221-222 Taf. 13, 207-208; 14, 217, 221-222; 56 Nr. 230-235 Taf. 15, 230-235; 58 Nr. 261 Taf. 17, 261; 58 Nr. 266-271 Taf. 17, 266-271; 64 Nr. 285-286 Taf. 18, 285-286; 66 Nr. 302-322 Taf. 19, 302-307. 20, 308-322; 69 Nr. 363 Taf. 24, 363; 71 Nr. 377-378 Taf. 25, 377-378; 79 Nr. 396-399 Taf. 26, 396-399; J. Říhovský, Die Äxte, Beile, Meißel und Hämmer in Mähren (1992) 150 Nr. 452 Taf. 29, 452.

150. Drslavice, okr. Uherské Hradiště.- Depot II (1963).- 439 fragmentierte Gegenstände: 1 Griffzungenmesserfrg. (Typus Dašice), 4 Nadelfrgte. (darunter Kugelkopf, 5 Fibelfrgte. (darunter Posamenterie- und Blattbügelfibeln), 12 Dolchfrgte., 1 Doppelarmknauffrg., 15 Lanzenspitzen (teilweise fragmentiert), 45 Beile (teilweise fragmentiert; darunter ein fragmentiertes Absatzbeil mit gerader Rast, Lappen- und Tüllenbeile), 164 Sichelfrgte. (davon 3 Knopf-, 1 Haken-, 63 Griffzungensicheln), "zahlreiche" Fragmente von Meißeln, Armringen, Armspiralen, Knöpfen, Blechbuckeln, Gürtelblechen (darunter 2 Frgte. eines verzierten Gürtels), Schwertern, Radbeschlägen, trichterförmigen Gegenständen, Scheiben, Anhängern, Ringen, Spiralröhrchen, Draht- und Blechstücken, weiteren nicht identifizierbaren Gegenständen, Bronzegußkuchen, Scherben.- J. Pavelčík, Prehled Vyzkumu 1963, 27ff. Taf. 13; Kilian-Dirlmeier, Gürtel 109 ("Anfangsstufe der älteren Urnenfelderzeit" Nr. 449 Taf. 47, 449; 110 Nr. 455 Taf. 46, 455; Nr. 457 Taf. 46, 457; Říhovský, Messer 35 Nr. 112 Taf. 36 E; 37; Říhovský, Sicheln, 23 ("Ältere Urnenfelderzeit; Depotfundhorizont Drslavice") Nr. 42-44 Taf. 4, 42-44; 47 Nr. 177 Taf. 11, 177; 50 Nr. 182-185 Taf. 11, 182-184; 12, 185; 51 Nr. 189 Taf. 12, 189; 55 Nr. 209-213. 218. 223-225 Taf. 13, 209-213; 14, 218, 223-225; 56 Nr. 236-241 Taf. 15, 236-241; 57 Nr. 249 Taf. 16, 249; 58 Nr. 272-274 Taf. 17, 172-274; 64f. Nr. 287 Taf. 18, 287; 65 Nr. 291-293 Taf. 18, 291-293; 66 Nr. 323-337 Taf. 21, 323-335; 22, 336-337; 71 Nr. 379-382 Taf. 25, 379-382; 79 Nr. 400 Taf. 26, 400; J. Říhovský, Die Nadeln in Mähren und dem Ostalpengebiet (1979) 78 Nr. 363 Taf. 20, 363.

151. Dubá, okr. Doksy.- Einzelfund.- Mittelständiges Lappenbeil.- E. Plesl, Arbeits- u. Forschber. Dresden 16/17, 1967, 94 Nr. 5.

152. Dubno, okr. Rimavská Sobota.- Depot (?).- 3 Nadeln, 1 Fibel, Tüllenbeile, 4 Schwerter, 3 Kommandostäbe, 1 Helm.- Funde nicht nachgewiesen; Datierung unklar.- Novotná, Hortfunde 94.

153. Dubovec, okr. Rimavská Sobota.- Siedlungs- und Grabmaterial (Pilinyer Kultur).- V. Furmánek, Slovenská Arch. 25,2, 1977, 256 Nr. 24-25.

154. Ducové, okr. Trenčín.- Depot aus einer befestigten Siedlung (135 Bronzen).- 2 Griffzungendolchgfrg., Frg. eines Bronzepanzers (ursprünglich zusammengerollt niedergelegt), 4 Nadeln (darunter Kugelkopfnadel), 2 Schildfibelfrgte., 119 Sicheln, 3 mittelständige Lappenbeile, 1 Rasiermesserfrg., 17 Blechfrgte.- AO AUSAV.- Novotná, Beile 45 ("Kisapáti-Stufe") Nr. 277 ("Hubina") Taf. 14, 277; J. Vladár, Die Dolche in der Slowakei (1974) 51 Nr. 150 A Taf. 7, 150A; M. Novotná, Die Nadeln in der Slowakei (1980) 104 Nr. 606. 607 Taf. 25, 606-607; Novotná, Hortfunde 94; J. Bouzek in: Festschr. v. Brunn (1982), 27 Abb. 6, 1; P. Schauer, Jahrb. RGZM 25, 1978, 118 Abb. 5; J. Paulík, Ber. RGK 49. 1968, 46ff. Abb. 4-5 Taf. 2 Abb. 7 B.

155. Dvorec, okr. Martin.- Depot.- 38 Nadeln.- Novotná, Hortfunde 94.

156. Dýšina, okr. Plzeň-sever.- Grab IX; Brandbestattung in Flachgrab mit Urne.- Rasiermesser (Typus Kostelec), Zylinderhalsgefäß, doppelkonisches Gefäß, Henkelschale, zweihenkliger Topf, kleines Gefäß.- Jockenhövel, Rasiermesser 43 ("Milavče Stufe") 43 Nr. 12 Taf. 1, 12.

157. Dýšina, okr. Plzeň-sever.- Aus Hügeln.- J. Böhm, Germania 20, 1936, 13, 15 (Kokotsko, Bez. Rokycany) Abb. 7; E. Čujanová-Jílková, Mittelbronzezeitliche Hügelgräberfelder in Westböhmen (1982) 25f. Nr. 10 Taf. 82 B15.

158. Dýšina, okr. Plzeň-sever.- Grab 1; Brandbestattung in Urne.- Rasiermesser (Typus Morzg/Var. Drazovice), Bronzeringchen, Keramik.- Jockenhövel, Rasiermesser 92 Nr. 118 Taf. 10, 118.

159. Dýšina, okr. Plzeň-sever.- Grab IX; Brandbestattung in Urnenflachgrab.- Rasiermesser (Typus Kostelec), Keramik.- Jockenhövel, Rasiermesser 43 Nr. 12 Taf. 1, 12.

160. Dýšina-Kokotsko, okr. Plzeň-sever.- Hügel 59.- Tüllenpfeilspitze.- R. Pleiner, Pravěké Dějiny Čechy (1978) 396 Abb. 112, 17.

161. Ejpovice, okr. Rokycany.- Brandbestattung in Urne.- Rasiermesser (Typus Dietzenbach).- Jockenhövel, Rasiermesser 107 Nr. 161 Taf. 13, 161.

162. Fundort unbekannt.-
- Absatzbeil mit gerader Rast.- Novotná, Beile 42 Nr. 256.
- Absatzbeil mit gerader Rast.- Novotná, Beile 43 Nr. 258 Taf. 13, 258.
- Absatzbeil mit gerader Rast.- Novotná, Beile 43 Nr. 259 Taf. 13, 259.
- Absatzbeil mit gerader Rast.- Novotná, Beile 43 Nr. 260a Taf. 13, 260a.

163. Gánovce, okr. Poprad.- Siedlungsmaterial (Pilinyer Kultur).- V. Furmánek, Slovenská Arch. 25,2, 1977, 256 Nr. 26.

164. Gemer (Sajógömör), okr. Rimavská Sobota.- Depot I in Tongefäß.- 7 Nadeln mit großer, gewölbter Kopfscheibe (Typus Gemer), davon 2 verziert, 2 Tüllenbeile, 7 Knopfsicheln, 13 Armringe, 2 Dolch- oder Schwertklingenfrgte., 3 Bronzeknöpfe, Spiralröllchen, Beilklingenfrg., Doppelarmknauffrg.- T. Kemenczei, Évkönyve Miskolc 5, 1964-1965, 109 Taf. 27-28; M. Novotná, Die Nadeln in der Slowakei (1980) 69 ("Horizont Ozd'any") Nr. 385-389 Taf. 15, 385-389; Nr. 396. 397 Taf. 16, 395-397.

165. Gemer (Sajógömör), okr. Rimavská Sobota.- Depot II.- 4 Vollgriffschwerter (Typen Riegsee und Ragály; angeblich auch Schwaig (?)).- Novotná, Hortfunde 94; ein von F. Holste, Die bronzezeitlichen Vollgriffschwerter Bayerns (1953) 52 Nr. 49 genanntes Riegseeschwert dürfte aus diesem Fund stammen; Müller-Karpe, Vollgriffschwerter Taf. 90, 9-10; A. Mozsolics, Alba Regia 15, 1977, 15; J. Hrala, Arch. Rozhledy 6, 1954, 224 Nr. 6.

166. Gemer (Sajógömör), okr. Rimavská Sobota.- Depot (?) III.- 2 Lanzenspitzen, 6 Sicheln und Fragmente, 2 Griffzungenmesser.- Novotná, Hortfunde 94f.

167. Gemer (Sajógömör), okr. Rimavská Sobota.- Depot IV.- 3 Griffzungenschwerter (davon eines mit abgebrochener Zunge; slawonischer Typus) und 2 Nenzingen-Schwerter.- P. Novák, Die Schwerter in der Tschechoslowakei I (1975) 20 Nr. 80. 81 Taf. 12, 80. 81; 28 Nr. 131 Taf 20, 131.

168. Gemer (Sajógömör) (Umgebung), okr. Rimavská Sobota.- Mittelständiges Lappenbeil (danubische Form).- Novotná, Beile 45 Nr. 270 Taf. 14, 270.

169. Gemer (Sajógömör), okr. Rimavská Sobota.- Fundumstände unbekannt (angeblich aus einem Depot).- Absatzbeil mit gerader Rast.- J. Hampel, Arch. Ért. 6, 1886, 11ff. Taf. 4, 6; Hänsel, Beiträge 195 Liste 59, 14; Novotná, Beile 42 Nr. 252 Taf. 13, 252.

170. Gemer (Sajógömör), okr. Rimavská Sobota.- Fundumstände unbekannt.- Doppelarmknauf.- Novotná, Beile 62 Nr. 394 Taf. 23, 394.

171. Gemer (Sajógömör), okr. Rimavská Sobota.- Mittelständiges Lappenbeil (danubische Form).- Novotná, Beile 46 Nr. 289.

172. Gemer (Sajógömör), okr. Rimavská Sobota.- Einzelfund.- Nackenscheibenaxt (Typus B3).- Novotná, Beile 57 Nr. 369 Taf. 21, 369.

173. Gemer (Sajógömör), okr. Rimavská Sobota.- Fundumstände unbekannt.- 2 Kugelkopfnadeln (Var. Ducové).- M. Novotná, Die Nadeln in der Slowakei (1980) 104 Nr. 608-9 Taf. 26, 608-609.

174. Gemer (Sajógömör), okr. Rimavská Sobota.- Depot.- Posamenteriefibelfrg.- J. Paulík, Slovenská Arch. 7, 1959, 351.

175. Gemerček, okr. Rimavská Sobota.- Depot.- 2 Oberarmspiralen (Salgotarján-Typus).- Novotná, Hortfunde 95; V. Furmánek, Slovenská Arch. 25,2, 1977, 256 Nr. 35.

176. Gemerský Jablonec (Almágy), okr. Rimavská Sobota.- Depot an einem Hügel.- 1 Spindelkopfnadel mit gegliedertem Hals (Typus Petervására), 2 Oberarmspiralen (Salgotarján-Typus), 2 Armspiralen, 3 offene Armringe.- T. Kemenczei, Évk. Miskolc 5, 1965, 109 Taf. 29-30; Novotná, Hortfunde 95; M. Novotná, Die Nadeln in der Slowakei (1980) 99 Nr. 566 Taf. 24, 566; V. Furmánek, Slovenská Arch. 25,2, 1977, 256 Nr. 36.

177. Gočaltovo, okr. Rožnava.- Depot; keine weiteren Angaben.- V. Furmánek, Slovenská Arch. 25,2, 1977, 256 Nr. 37.

178. Gömör (Ehem. Komitat).- Absatzbeil mit gerader Rast.- Novotná, Beile 42 Nr. 247 Taf. 13, 247.

179. Gottwaldov-Prstné, okr. Gottwaldow.- Einzelfund.- Mittelständiges Lappenbeil.- J. Langová, Přehled Vyzkumu 1983, 30 Abb. 27.

Groß Tschernosek -> Velké Žernoseky

180. Habartice, Böhmen.- Hallstattzeitliches Grab.- Phalere, Zierknopfreihe, 2 schildförmige Anhänger.- L. Píč, Starožitnosti země České 1,2 (1900) 59 Abb. 13; 138f. Taf. 9, 6-7; G. Kossack, Studien zum Symbolgut der Urnenfelder- und Hallstattzeit Mitteleuropas (1954) 97 E8.

181. Háj b. Nová Hut' -> Nová Hut'

182. entfällt.

183. Hamry-Brnenka (Žárovice-Hamry), okr. Prostějov.- Depot I.- 1 Griffzungenschwertfrg., 1 Dolch- oder Schwertklingefrg., 2 Lanzenspitzen (1 fragmentiertes Stück mit gestuftem Blatt und 1 Exemplar mit profilierter Tülle), 1 Griffzungenmesser, 1 Griffplattenmesserfrg., 1 Knopfsichelfrg., 4 Zungensichelfrgte., Spiralen, vierkantiger Barren, 1 Nadel, Nadelschaftfrgte., 2 Fibelnadelfrgte., 11 Blattbügelfibelfrgte., 5 Armringe und Bruchstücke von weiteren, 1 Meißelfrg., Bronzestabfrgte., Blechfrg., Beilfrgte. (darunter von einem Tüllenbeil), 4 Gußtücke.- P. Novák, Die Schwerter in der Tschechoslowakei I (1975) 20f. ("Stufe Přestavlky") Nr. 82 Taf. 12, 82; Řihovský, Sicheln 44 ("Ältere Urnenfelderzeit; Depotfundhorizont Přestavlky") Nr. 158 Taf. 66 B-67 A; Řihovský, Messer 18 ("Stufe Přestavlky") Nr. 34 Taf. 3, 34; P. Novák, Die Schwerter in der Tschechoslowakei I (1975) 20f. ("Stufe Přestavlky") Nr. 82 Taf. 12, 82.

184. Hamry (Žárovice-Hamry), okr. Prostějov.- Depot II.- Knopfsichel, Tüllenbeilfrg., Absatzbeilfrg. (vielleicht ein weiteres Absatzbeil), Fibelnadel, Armring, Tüllenhammer ?.- Říhovský, Sicheln 34 Nr. 116 Taf. 9, 116; J. Hralová, J. Hrala, Arch. Rozhledy 23, 1971, 13 Abb. 3, 3.

185. Hamry-Žárovice, okr. Prostějov.- Höhensiedlung; Einzelfund.- Kugelkopfnadel.- J. Říhovský, Die Nadeln in Mähren und dem Ostalpengebiet (1979) 77 Nr. 348 Taf. 19, 348.

186. Handlová, okr. Priedvidza.- Einzelfund in einem Steinbruch.- Tasse (Typus Blatnica).- L. Veliačik, Die Lausitzer Kultur in der Slowakei (1983) 179 Nr. 113 Taf. 36, 17.

187. Hermanovce nad Topl'ou, okr. Vranov nad Topl'ou.- Schnabeltüllenbeil.- H. Macalova, Arch. vyskumy a nálezy slovensku u roku 1982 (1983) 362 Abb. 108.

188. Hermanovce nad Topl'ou, okr. Presov.- Depot.- Bekannt sind Tüllenbeil und Lanzenspitze.- Datierung unsicher.- Novotná, Hortfunde 96.

189. Herspice, okr. Vyškov.- Einzelfund.- Griffzungendolch.- V. Furmánek, Slovenská Arch. 21, 1973, 38 Nr. 31 Abb. 5, 12.

190. Herspice, okr. Vyškov.- Hügel III, Brandgrab.- 4 Armringe, 6 Spiralscheiben, einige Spiralrollen, Lunula, Fingerring aus doppeltem Golddraht, 2 Gefäße, Kugelkopfnadel.- J. Říhovský, Die Nadeln in Mähren und dem Ostalpengebiet (1979) 78 Nr. 364 Taf. 20, 364.

191. Hluk, Bez. Uherské Hradiště.- Fundumstände unbekannt.- Vollgriffschwert (Typus Riegsee).- F. Holste, Die bronzezeitlichen Vollgriffschwerter Bayerns (1953) 52 Nr. 51.

192. Hodejov, okr. Rimavská-Sobota.- 2 Depots.- Novotná 1966, 9; V. Furmánek, Slovenská Arch. 25,2, 1977, 256 Nr. 43-44.

193. Hodonin.- Grabfund.- 1 Nadelschaft, 2 Phaleren, 1 Vollgriffdolch mit Endring, Keramik.- E. Gersbach, Jahrb. Schweiz. Ges. Urgesch. 49, 1962, 13 Abb. 3.

194. Hodonín.- Einzelfund.- Mittelständiges Lappenbeil.- J. Říhovský, Die Äxte, Beile, Meißel und Hämmer in Mähren (1992) 161 Nr. 522 Taf. 34, 522.

195. Holešov, okr. Kroměříž.- Einzelfund.- Nadel mit mehrfach verdicktem Schaftoberteil (Typus Lüdermund); Spitze abgebrochen.- J. Říhovský, Die Nadeln in Mähren und dem Ostalpengebiet (1979) 113 Nr. 627 Taf. 33, 627.

196. Holiša, okr. Lučenec.- Nackenscheibenaxt (Typus B3).- Novotná, Beile 57 Nr. 367; V. Furmánek, Slovenská Arch. 25,2, 1977, 256 Nr. 45.

197. Holiša, okr. Lučenec.- Doppelarmknauf.- Novotná, Beile 63 Nr. 417; V. Furmánek, Slovenská Arch. 25,2, 1977, 256 Nr. 45.

198. Holohlavy bei Jaromer.- Brandgrab von 1926.- 1 Nadel, 5 Tüllenpfeilspitzen, Urne.- J. Filip, Pam. Arch. 1936-37, 15 Abb. 1.

199. Honezovice, okr. Plzeň-jih.- Depot.- Mittelständiges Lappenbeil, 1 Griffzungensichel, 1 Knopfsichel.- E. Čujanová-Jílková, Mittelbronzezeitliche Hügelgräberfelder in Westböhmen (1970) 27f. Abb. 63, 1-3.

200. Hořice na Šumavě, okr. Krumlov.- Depot an einem Felshang (bei Straßenbauarbeiten).- 6 Armringe, 2 Blecharmbänder, 1 Rollenkopfnadel, 1 Plattenkopfnadelfrg., Zierscheibe, 2 Sichelfrgte., 5 Drahtfrgte., 1 Schwertklingenspitze.- Mus. Krumlov.- V. Spurny, Arch. Rozhledy 1, 1949, 169ff. ("Bz. C") Abb. 79; O. Kytlicová, Arch. Rozhledy 16, 1964, 563 Abb. 173 C.

200A. Horná Streda, okr. Trencín.- Flußfund aus der Waag.- Lanzenspitze mit gestuftem Blatt (erhaltene Schaftteile aus Ahornholz).- O. Ozdani, Arch. Rozhledy 44, 1992, 457ff. Abb. 1-2.

201. Horná Štubňa, okr. Martin.- Depot.- 3 Lanzenspitzen (darunter 2 Ex. mit profilierter Tülle), 2 Armringe, 1 Drahtspirale, 2 Nackenscheibenäxte (Typus B3 und B4); Zugehörigkeit eines Gegenstandes unbekannter Funktion unsicher.- Novotná, Hortfunde 96; Novotná, Beile 58 Nr. 371. 373 Taf. 22, 371. 373; L. Veliačik, Die Lausitzer Kultur in der Slowakei (1983) 179 Nr. 121 Taf. 35, 1-6.

202. Horná Ždaňa, okr. Bana.- Einzelfund.- Posamenteriefibel.- J. Paulík, Slovenská Arch. 7, 1959, 352.

203. Horné Plachtince, okr. Vel'ký Krtíš.- Siedlungsmaterial aus einer Burganlage; darunter Steingußform für Pfeilspitzen.- V. Furmánek, Slovenská Arch. 25,2, 1977, 257 Nr. 46 Taf. 20, 2.

204. Horné Túrovce, Bez. Levice.- Depot.- Erhalten sind eine Armspirale und eine Sichel.- Hampel, Bronzkor Taf. 36, 3.

205. Horné Zahorany, okr. Rimavská Sobota.- Keramik aus einem Brandgräberfeld der Pilinyer Kultur und der Kyatice-Kultur.- V. Furmánek, Slovenská Arch. 25,2, 1977, 257 Nr. 47.

206. Horní Němčí, okr. Uherské Hradiště.- Einzelfund.- Mittelständiges Lappenbeil.- J. Říhovský, Die Äxte, Beile, Meißel und Hämmer in Mähren (1992) 155f. Nr. 491 Taf. 32, 491.

207. Hostice (Gesztete), okr. Rimavská Sobota.- Depot.- 1 verzierter Doppelarmknauf, 2 Nackenscheibenäxte (Typus B4), 2 Griffzungendolche mit geschweifter Klinge (davon einer Typus Villa Capella; Gruppe A), 1 Griffzungenschwert.- J. Hampel, Arch. Ért. 13, 1879, 105 ("Piliny") mit Abb.; Mozsolics, Bronze- und Goldfunde 139 ("Horizont Opályi") Taf. 77 B; Novotná, Beile 58 Nr. 378-379; 63 Nr. 415; Novotná, Hortfunde 97 Taf. 2; V. Furmánek, Slovenská Arch. 25,2, 1977, 257 Nr. 48 Taf. 23, 5-10; J. Vladár, Die Dolche in der Slowakei (1974) 50 Nr. 142-143 Taf. 7, 142-143.

208. Hostín, okr. Melnik.- Fundumstände unbekannt.- Rasiermesser (Var. Velké Žernoseky).- Jockenhövel, Rasiermesser 132 Nr. 223 Taf. 19, 223.

209. Hostomice, okr. Teplice.- Aus einem Grab.- 1 Rasiermesser mit Hakengriff (in Pferdekopfform; Typus Hostomice).- W. Grünberg in: Marburger Studien (1938) 71 Taf. 29,2; Jockenhövel, Rasiermesser 184 Nr. 367 Taf. 28, 367.

210. Hostomice.- Nadel (Typus Lažany).- F.-R. Herrmann, Jahresber. Bayer. Bodendenkmalpfl. 11/12, 1970/71, 87 Abb. 10, 4; O. Kytlicová, Arbeits- und Forschber. Sachsen 16/17, 1967, 151f. Abb. 6,2.

211. Houst'ka, okr. Praha-vychod.- Hügelbestattung (möglicherweise zwei Gräber vermischt).- Scheibenkopfnadel, 2 gerippte Armringe, 2 Stabarmringe, 1 Ring mit übereinandergelegten Enden, Pinzette mit M- förmigem Bügel, Bronzeröhre, Griffzungenschwert, Ortband, Griffplattendolch, 6 Tüllenpfeilspitzen, Amphore, Rasiermesser (Typus Stadecken).- Jockenhövel, Rasiermesser 69f. ("Hloubetín-Stufe") Nr. 70 Taf 55 A.

212. Hradec-Cígel', okr. Prievidza.- Depot.- 8 Nadeln (Typus Malá Vieska), 3 (oder 6?) Nadeln (Typus Hradec), Nadelschäfte.- M. Novotná, Die Nadeln in der Slowakei (1980) 108 Nr. 635-642 Taf. 29, 635-642.

213. Hradec Králové-Slezské Predmestí.- Depot der Stufe Ha B.- 16 Beile, 38 Sicheln, 1 Fibel, 1 Tüllenmeißel, 1 Lanzenspitze, 1 Knopf, 1 Messer.- L. Domecka, Pam. Arch. 39, 1933, 68 Taf. 1.

214. Hradisko.- okr. Kroměříž.- Depot.- 5 Knopfsicheln (davon 4 fragmentiert), 12 Sichelfrgte., 14 Nadeln (teilw. fragmentiert; darunter Scheibenkopf-, Kugelkopf-, Knoten-, Kolben-, Rollenkopfnadeln), Armringe, Armspiralen, Fingerringe, Halbmondanhänger, Lanzenspitzenfrg., Knöpfe, Blechbuckel, Pfeilspitze, mittelständige Lappenbeile, Vollgriffdolch, Tüllenmeißel, 6 Stabmeißel, Angelhaken, Beschlag- und Gußstücke.- V. Furmánek, Slovenská Arch. 21, 1973, 40 Abb. 11; Říhovský, Sicheln 23f. ("späte Hügelgräberzeit/frühe Urnenfelderzeit") Nr. 45 Taf. 5, 45; 30 Nr. 73 Taf. 6, 74; 42ff. Nr. 147. 150. 159 Taf. 10, 147. 150. 159; 100 Nr. 1102-1113 Taf. 50, 1102-1113; J. Říhovský, Die Nadeln in Mähren und dem Ostalpengebiet (1979) 76 Nr. 326 Taf. 18, 326; 77; 78 Nr. 367 Taf. 20, 367; J. Böhm, Germania 20, 1936, 13f. Abb. 8; J. Říhovský, Die Nadeln in Mähren und dem Ostalpengebiet (1979) 67 Taf. 16. 296-297.

215. Hradisko, okr. Kroměříž.- Depot? (Zugehörigkeit nicht gesichert).
- Kugelkopfnadel. J. Říhovský, Die Nadeln in Mähren und dem Ostalpengebiet (1979) 76 Nr. 329 Taf. 18, 329.
- Kugelkopfnadel. J. Říhovský, Die Nadeln in Mähren und dem Ostalpengebiet (1979) 78 Nr. 371 Taf. 20, 371.

216. Hranična -> Svarcava

217. Hraniska, okr. Košice-Land.- 11 Brandgräber.- V. Furmánek, Slovenská Arch. 25,2, 1977, 256 Nr. Nr. 42.

218. Hribisko -> Ribsok

219. Hrnčiarska Ves-Pondelok, okr. Rimavská Sobota.- Siedlungskeramik.- V. Furmánek, Slovenská Arch. 25,2, 1977, 257 Nr. 49.

220. Hrnčiarske Zalužany, okr. Rimavská Sobota.- Matarial aus einem Brandgrab.- V. Furmánek, Slovenská Arch. 25,2, 1977, 257 Nr. 50.

221. Hrubčice, okr. Prostějov.- Grab.- Schildförmiger Anhänger.- Z. Fiedler, Pam. Arch. 44, 1954, 330; G. Kossack, Studien zum Symbolgut der Urnenfelder- und Hallstattzeit Mitteleuropas (1954) 97 E9.

222. Hrubčice, okr. Prostějov.- Brandgrab.- 2 Nadeln, ca. 90 Besatzbuckel, 4 Scheiben, 3 größere Knöpfe, 1 lanzettförmiger Anhänger, 2 kleine Ringe, 1 Spirale, 1 Fibelnadel, 16 Beigefäße.- A. Gottwald, Praveku sidliste a pohrebiste na Prostějovsku (1924) 81f. Taf. 9; G. Kossack, Studien zum Symbolgut der Urnenfelder- und Hallstattzeit Mitteleuropas (1954) 92 Liste B Nr. 23.

223. Hrušov, okr. Mladá Boleslav.- Grab 1; Brandbestattung in Urne.- 1 Rasiermesserfrg. mit Hakengriff (Typus Hrušov), Nadel, Nadelschaft, 2 Ringchen, 1 Griffangelmesser, 2 Tüllenpfeilspitzen, Keramik.- Jockenhövel, Rasiermesser 191 Nr. 377 Taf. 68A.

224. Hubina -> Ducové

225. Hulín, okr. Kroměříž.- Keramikdepot.- Ein größeres Gefäß, in das 7-9 Gefäße gelegt waren.- Nach Spurny Bz B.- V. Spurny Arch. Rozhledy 20, 1968, 245ff. Abb. 1.

226. Hulín, okr. Kroměříž.- Depot (1919).- 4 Knopfsicheln (davon 2 fragmentiert), 1 Griffzungensichel, 1 Sichelfrg., 6 Nadelfrgte. (darunter Scheibenkopf, Petschaftskopf-, Deinsdorf- und Kolbenkopfnadel; Nadel mit mehrfach verdicktem Schaftoberteil [Typus Hulín]), 8 Nadelschaftfragmente, 4 Armrspiralen (davon 2 fragmentiert), 73 Armringe, 48 Spiralfingerringe, 1 Lanzettanhänger, Draht- und Bandstücke, 1 Gußkuchenfrgte., Bronzestäbchen mit Kette, 3 Ringe, 2 Ösenknöpfe, 2 Halbmondanhänger, 4 Lappenbeile (davon 2 fragmentiert), 1 Absatzbeil, 1 Doppelarmknauf, 4 Tüllenmeißel, 2 Stabmeißel, 2 Lanzenspitzenfrgte. (darunter Typus Ullerslev), 1 verzierte Schaftröhre, 1 gegossene Schaftröhre.- J. Říhovský, Die Nadeln in Mähren und dem Ostalpengebiet (1979) 112 Nr. 621 Taf. 33, 621; V. Furmánek, Slovenská Arch. 21, 1973, 48ff. Nr. 40 Abb. 19- 30, 1-4. 7-8; G. Kossack, Studien zum Symbolgut der Urnenfelder- und Hallstattzeit Mitteleuropas (1954) 92 Liste B Nr. 24; Říhovský, Sicheln 24 (späte Hügelgräberzeit/frühe Urnenfelderzeit; Depotfundhorizont Hulín") Nr. 46 Taf. 4, 46; 32 Nr. 102-103 Taf. 8, 102-103; 42 Nr. 148 Taf. 10, 148; 56 Nr. 247 Taf. 16, 247; 56 Nr. 247 Taf. 16, 247; J. Říhovský, Die Äxte, Beile, Meißel und Hämmer in Mähren (1992) 266 Nr. 1187 Taf. 74, 1187.

227. Humenné.- 1 oder 2 Depots: Die beiden Schwerter lagen ca. 10 m abseits von den übrigen Bronzen.- 2 Dreiwulstschwerter, 5 Tüllenbeile, 5 "Halbmondanhänger" bzw. offene Ringe, 1 Draht.- K. Andel, B. Polla, Arch. Rozhledy 8, 1956, 643ff. m Abb. 262; Novotná, Hortfunde 97f. Taf. 37.

228. Hutnícky Bociar, okr. Košice-Land.- Siedlungskeramik.- V. Furmánek, Slovenská Arch. 25,2, 1977, 257 Nr. 51.

229. Iglofüred, okr. Spis Nova Ves.- Absatzbeil mit gerader Rast.- Bona, Acta Arch. Hung. 9, 1958, 232 Anm. 108; Hänsel, Beiträge 195 Liste 59, 13.

230. Imel', okr. Komárno.- Einzelfund am Ufer des Nitra-Flusses.- Griffzungendolch mit fächerförmiger Knaufzunge.- J. Vladár, Die Dolche in der Slowakei (1974) 52 Nr. 153 Taf. 7, 153.

231. Ivančice, Bez. Brno-venkov.- Brandgrab (nach den Fundumständen kann der Fund nicht als geschlossen gelten).- Vollgriffschwert (Typus Riegsee), Lanzenspitze, 2 Nadeln.- J. Říhovský, Pam. Arch. 49, 1978, 45ff. Abb. 1.

232. Ivančice, okr. Brno-venkov.- Einzelfund.- Rasiermesser mit am Blatt ansetzender Ringöse.- Jockenhövel, Rasiermesser 156 Nr. 294 Taf. 24, 294.

233. entfällt.

234. Ivančice, okr. Brno-venkov.- Ringwallanlage "Réna".- Depot.- 1 Rasiermesser, 1 Nadel (Typus Gutenbrunn), 1 Knopf, 1 fragmentierte Lanzenspitze mit gestuftem Blatt, 1 mittelständiges Lappenbeil (danubische Form).- M. Cizmár, S. Stuchlík, Sborník. Fil. Fak. Univ. Brno E 16, 1971, 119ff. Abb. 1; J. Říhovský, Die Nadeln in Mähren und dem Ostalpengebiet (1979) 93 Nr. 473 Taf. 26, 473.

235. entfällt.

236. Ivanovce, Slowakei.- Depot; im Bereich einer Mad'arovce Siedlung; beide Tassen mit der Mündung ineinandergestellt und in diesem Behältnis die Brillenfibeln.- 2 Bronzetassen (ohne Henkel), 2 kleinere, 2 größere Brillenfibeln.- L. Veliačik, V. Nemejcová-Pavúková, Slovenská Arch. 35, 1987, 47-63. mit Abb.

237. Jabloňany, okr. Blansko.- Brandgräberfeld.- Griffzungenmesserfrg. (Typus Dašice).- Říhovský, Messer 35 Nr. 114 Taf. 10, 114.

238. Jalovec, okr. Prievidza.- Einzelfund.- Absatzbeil mit gerader Rast.- Novotná, Beile 42 Nr. 248 Taf. 13, 248; L. Veliačik, Die Lausitzer Kultur in der Slowakei (1983) 180 Nr. 145 Taf. 61, 12.

239. Janíky, okr. Bratislava-vidiek.- Depot in einem Gefäß.- Nadeloberteil (Typus Malá Vieska), röhrenförmiger Aufsatz (von einem Helm?), kleine Säge, 2 scheibenförmige Gürtelhaken, stabförmiger Beschlag, Armringfrg., durchbrochener Anhänger, 2 Messerfrgte., 2 Sichelfrgte., 5 Blechstücke, 7 "Gegenstände" in T-Form, hufeisenförmiger Gegenstand, 2 Stäbchen, Nadelschaft(?), Gußzapfen. M. Novotná, Die Nadeln in der Slowakei (1980) 108 Nr. 669 Taf. 33, 669; J. Paulík, Zborník SNM. História 12, 1972, 6ff. Abb. 9, 3.

240. Jaroměř, okr. Nachod.- Gräberfeld.
- Grab XII.- Lanzenspitze.- J. Filip, Pam. Arch. 1936-38, 14ff. Abb. 10.
- 5 Räder.- Pam. Arch. 41, 1936/38, 21 Abb. 7.
- Grab 2/59.- Reichprofilierte Nadel.

241. Jaroměřice, okr. Svitavy.- Depot (unvollständig).- 3 Sicheln (davon sicher eine Zungensichel) und 3 Beile.- Z. Smrž, Enkláva lužického osídlení v oblasti Boskovské brázdy (1975) 12 Taf. 6, B4; Říhovský, Sicheln 66 Nr. 338 Taf. 22, 338.

242. Jarov, okr. Plzeň-jih.- Grab.- Scheibenkopfnadel, 2 Petschaftskopfnadeln, Armring.- E. Čujanová-Jílková, Mittelbronzezeitliche Hügelgräberfelder in Westböhmen (1970) 36 Taf. 47 C.

243. Javor b. Plzeň.- Hügel Nr. 38; Körpergrab.- Scheibenkopfnadel, zweinietiger Bronzedolch mit runder Heftplatte.- P. Reinecke, Germania 19, 1935, 211; J. Böhm, Germania 20, 1936, 10f. Abb. 2.

244. Jednovice (Jednowitz), okr. Blansko.- Fundumstände unbekannt.- 2 Schaftlochhämmer.- M. Trapp, Mitt. Zentralkomm. 21, 1895, 130f. Abb. 1c-d; J. Říhovský, Die Äxte, Beile, Meißel und Hämmer in Mähren (1992) 284 Nr. 1363-1364 Taf. 80, 1363-1364.

245. Jeřice, okr. Jicín.- Hügel III/61 Zentralgrab.- Reichprofilierte Nadel.- V. Vokolek, J. Rataj, Arch. Rozhledy 16, 1964, 22ff. Abb. 5, 10.

246. Jesenké, okr. Rimavská Sobopta.- Siedlungskeramik (Pilinyer Kultur).- V. Furmánek, Slovenská Arch. 25,2, 1977, 257 Nr. 54.

247. Jevíčko, okr. Svitavy.- Einzelfund.- Griffzungenschwert.- P. Novák, Die Schwerter in der Tschechoslowakei I (1975) 21 Nr. 87.

248. Jevíčko, okr. Svitavy.- Depot.- 1 Knopfsichelfrg., 1 Zungensichel, 3 Zungensichelfrgte., 6 Sichelfrgte., 3 Nadelfrgte., Fibelnadelfrg., 1 Anhänger, 1 Messer mit durchlochtem Griffdorn (verbogen und zerbrochen), Lanzenspitzenfrgte., mindestens 6 Tüllenbeile, bzw. Frgte., mindestens 2 Tüllenmeißel, mindestens 1 Sägefrg., kleiner Amboß (?), Punze, Blechstücke, Gußstücke.- Červinka, Popelnicová pole 102 mit Abb.; J. Mackerle, Pravek Malé Hané (1948) 15 Taf. 3; Z. Smrž, Enkláva lužického osídlení v oblasti Boskovské brázdy (1975) 13 Taf. 16, 15; Říhovský, Messer Taf. 39 B; Říhovský, Sicheln 33f. ("Ältere Urnenfelderzeit; Depotfundhorizont Přestavlky") Nr. 114 Taf. 8, 114; 53 Nr. 192 Taf. 12, 192; 65 Nr. 288 Taf. 18, 288.

249. entfällt.

250. Josefov.- Mittelständiges Lappenbeil.- NM Praha 15936.

251. Kamenny Most, okr. Nove Zamky.- Depot (unvollständig erhalten; ursprünglich 28 kg).- Lanzettförmiger Anhänger, Fragmente von Posamenteriefibeln, Armringe, 3 Tüllenbeile, 3 Lanzenspitzen, vierkantige und tordierte Bruchstücke.- V. Furmánek, Die Anhänger in der Slowakei (1980) 43 ("mittlere/jüngere Urnenfelderzeit") Nr. 813 Taf. 31, 813; J. Paulík, Slovenská Arch. 7, 1959, 352.

252. Kamýk nad Vltavou, okr. Příbram.- Depot in Gefäß am rechten Ufer der Moldau.- Insgesamt 68 Gegenstände: 2 Griffzungenschwertfrgte., 1 Lanzenspitzenfrg., 1 Griffplattenmesserfrg., 8 Knopfsichelfrgte., 3 Zungensichelfrgte., 2 Armringfrgte., Nadelfrgte., 6 Frgte. eines verzierten Blechgürtels, 1 Bronzeperle 20 Blechbuckel, 3 Knöpfe, ein hutförmiger Gegenstand (Niete?), 9 Gußbrocken, Tongefäß (Amphora); Gewicht der Bronzen: 1, 765 kg.- J. Hrala, Arch. Rozhledy 18, 1966, 8ff. Abb. 1-6; Kilian-Dirlmeier, Gürtel 109 ("Anfangsstufe der älteren Urnenfelderzeit") Nr. 442 Taf. 45, 442.

253. Katerinky pri Opave.- 2 Posamenteriefibeln mit Vogelprotomen und Lanzettbehang.- J. Paulík, Slovenská Arch. 7, 1959, 347 Abb. 13, 2. 4.

254. Kécspuszta, okr. Komárno.- Einzelfund.- Mittelständiges Lappenbeil (danubische Form).- Novotná, Beile 46 Nr. 303 Taf. 16, 303.

255. Kežmarok, okr. Poprad.- Einzelfund.- Nackenscheibenaxt (Typus B3).- Novotná, Beile 57 Nr. 361 Taf. 21, 361.

256. Kežmarok, okr. Poprad.- Griffzungenschwert (Typus Buchloe/Greffern).- P. Novák, Die Schwerter in der Tschechoslowakei I (1975) 19 Nr. 76 Taf. 11, 76.

257. Klobuky b. Slany, okr. Kladno.- Depot.- 1 fragmentierte Lanzenspitze, 1 Griffzungenschwertfrg. (Typus Nenzingen), 1 Schwertklingenfrg., 2 mittelständige Lappenbeile, 1 mittelständiges Lappenbeilfrg. (böhmische Form), 1 Stabbarren mit dreieckigem Querschnitt, 1 Bronzeschmelzstück, 2 Blechfrgte. (Gefäß?), 2 Brillenanhänger, 3 Ringe, 3 fragmentierte Nadeln mit profiliertem Kopf.- V. Moucha, Arch. Rozhledy 21, 1969, 491ff. Taf. 1; P. Novák, Die Schwerter in der Tschechoslowakei I (1975) 21 Nr. 88 Taf. 13, 88. Taf. 13, 88; F.-R. Herrmann, Jahresber. Bayer. Bodendenkmalpfl. 11/12, 1970/71, 87 Abb. 10, 5; O. Kytlicová, Die Bronzegefäße in Böhmen (1991) 60 Taf. 37.

258. Knín bei Tyn nad Vltavou.- Einzelfund.- Henfenfelder Nadel.- O. Kytlicová, Arbeits- u. Forschber. Sachsen 16-17, 1967, 145 Abb. 3, 3.

259. Koblov, okr. Opava.- Aus der Oder.- Dreiwulstschwert (ohne erkennbare Verzierung; nach der Form vielleicht Typus Schwaig nahestehend).- J. Pavelčík, Arch. Rozhledy 27, 1975, 385f. Taf. 1

260. Kokava nad Rimavicou, okr. Lučenec.- Siedlungskeramik.- V. Furmánek, Slovenská Arch. 25,2, 1977, 257 Nr. 59.

261. entfällt.

262. Kolín.- Einzelfund.- Dreiwulstschwert (Typus Schwaig).- Müller-Karpe, Vollgriffschwerter 96 Taf. 10,2; J. Hrala, Arch. Rozhledy 6, 1954, 225 Nr. 30; F. Dvorak, Pravek Kolínska a Kourimska 1936, 56 Abb. 15, 1.

263. entfällt.

264. Kolta, okr. Nové Zámky.- Grabhügel; Brandgrab 1.- Nadel, 2 Armringe, Knopf, großer Zierbuckel, Spiralröllchen, Glasperle, Schneckenhaus, Keramik, Doppelöse vielleicht von einem Anhänger (schildförmigen Aussehens).- J. Paulík, Slovenská Arch 14, 1966, 370ff.; V. Furmánek, Die Anhänger in der Slowakei (1980) 42 Nr. 807 Taf. 31, 807.

265. Komárov, okr. Bardejov.- Depot unterhalb des Berges Niklová.- 1 Spiralfrg., 4 Armringe, 2 Blechbuckel (einer buckelverziert), 1 Spiralfingerring.- V. Furmánek, Slovenská Arch. 25,2, 1977, 257 Nr. 61 Taf. 23, 13-18.

266. Komjatná, okr. Liptovský-Mikuláš.- Depot (1887).- 19 Schwerter (18 Vollgriff-, 1 Griffzungenschwert): 11 Dreiwulstschwerter (Typus Liptau), Dreiwulstschwert (Typus Aldrans).- Novotná, Hortfunde 101f. Taf. 31-33; Müller-Karpe, Vollgriffschwerter 104 Taf. 18, 4; 22. 2. 3. 8; 20, 5-9; 32, 10; 23, 1; 29; J. Hrala, Arch. Rozhledy 6, 1954, 224 Nr. 7.

267. Komjatná, okr. Liptovský-Mikuláš.- Depot (1864).- Dreiwulstschwert (Typus Liptau), 2 weitere Dreiwulstschwertfrgte., 6 Tüllenbeile, 10 Sicheln (davon 9 Knopfsicheln), 1 Posamenteriefibel, 2 Radnabenbeschläge, 2 Armspiralen, 3 Blechgürtel, 3 Kesselfrgte., Bronzeband.- Novotná, Hortfunde 100f. Taf. 28-30; Mül-

ler-Karpe, Vollgriffschwerter 104 Taf. 23, 4; 27A; Paulík, Slovenská Arch. 7, 1959, 352.

268. Komoca, okr. Npové Zámky.- Mittelständiges Lappenbeil (danubische Form).- Novotná, Beile 47 Nr. 320.

269. Konrádovce, okr. Rimavská Sobota.- Depot.- Armringe, Oberarmspiralen, Anhängezierrat, Lanzenspitzen.- Datierung vielleicht Bz D.- Novotná, Hortfunde 102; V. Furmánek, Slovenská Arch. 25,2, 1977, 257 Nr. 62.

270. Kopcany, okr. Trebišov.- Depot in 60x60 cm großer Grube in 55 cm Tiefe (1971).- 15 offene Ringe, 4 Armringe, 3 geschlossene Ringe, 1 Dreiwulstschwertfrg., 1 Schwerklingenfrg., 1 Klingenfrg., 1 Lanzenspitzenfrg., 1 Knopf mit Rückenöse, 1 Knopfsichel, 8 Tüllenbeile, 1 Bronzetassenfrg.- S. Demeterová-Polláková, Historia Carpathica 4, 1973, 109ff. Taf. 1-3 Abb. 1.

271. Kopisty, okr. Most.- Steinpackungsgrab mit Körperbestattung 1.- 2 Bergen (Typus Stare Sedlo), Arm- oder Beinring, Rollennadel, Henkelschüssel, Scherben von 2 Gefäßen, Bruchstücke zweier Spulen, Webgewicht, Getreidemörser, Knochenpfriem.- Kucera 1931, 12 Taf. 1, 1-8; O. Kytlicová in: Festschr. W. A. v. Brunn (1981) 225 Nr. 2 Abb. 9.

272. Koprivnica, okr. Bardejov.- Depot.- 1 Lanzenspitze mit profilierter Tülle, 4 Armringe (strichverziert), 1 kleiner Spiralfingering.- Novotná, Hortfunde 102; V. Furmánek, Slovenská Arch. 25,2, 1977, 257 Nr. 63 Taf. 23, 19-22.

273. Košice, okr. Košice-Stadt.- Depot.- 2 Armspiralen, 2 Handschutzspiralen.- V. Furmánek, Slovenská Arch. 25,2, 1977, 257 Nr. 64. Taf. 24, 1-4.

274. Košice (Gegend).- Dreiwulstschwert (Typus Liptau).- Müller-Karpe, Vollgriffschwerter 101 Taf. 20, 3.

275. Košice, okr. Košice-Stadt.- Einzelfund.- Nackenscheibenaxt (Typus B3).- Novotná, Beile, 57 Nr. 368.

276. Kosmonosy, okr. Boleslav.- Depot.- 1 mittelständiges Lappenbeil, 3 Sicheln, 13 Armringe.- Pam. Arch. 16, 1893-95, 583.

277. Kostelec bei Holešov, okr. Kroměříž.- Brandgrab unter Hügel.- Kugelkopfnadel.- J. Říhovský, Die Nadeln in Mähren und dem Ostalpengebiet (1979) 76 Nr. 331 Taf. 18, 331; I. L. Červinka, Časopis Mor. Mus. 11, 1911, 53 Abb. 12, 1 (non vidi).

278. Kourim, okr. Kolín.- Fundumstände unbekannt.- Rasiermesser (Typus Némcice).- Jockenhövel, Rasiermesser 89 Nr. 103 Taf. 9, 103.

279. Kovácovce, okr. Vel'ký Krtíš.- Keramik aus Siedlungen und 2 Gräberfeldern.- V. Furmánek, Slovenská Arch. 25,2, 1977, 257 Nr. 66-69.

280. Kračúnovce, okr. Bardejov.- 2 Schwerter aus Lehmgrube (Datierung ?).- Novotná, Hortfunde 102.

281. Kračúnovce-Kuková, okr. Bardejov.- Depot.- 2 Handschutzspiralen.- V. Furmánek, Slovenská Arch. 25,2, 1977, 257 Nr. 70 Taf. 23, 11-12.

282. entfällt.

283. Král'ovce-Krnisov (Hontkirályfalva), okr. Zvolen.- Depot.- 2 Nackenscheibenäxte, 3 Armringe, 3 Beinringe.- Mozsolics, Bronze- und Goldfunde 141 ("Horizont Opályi") Taf. 68; V. Furmánek, Slovenská Arch. 25,2, 1977, 257 Nr. Nr. 72.

284. Králov Brod, okr. Galanta, Einzelfund.- Griffzungenschwert.- P. Novák, Die Schwerter in der Tschechoslowakei I (1975) 21 Nr. 89 Taf. 13, 89.

285. Královice b. Slany, okr. Kladno.- Depot.- 2 mittelständige Lappenbeile (davon eines böhmischer Form), 2 Zungensicheln.- V. Moucha, Arch. Rozhledy 21, 1969, 507 Abb. 4.

286. Krám, okr. Banská-Bystrica.- Einzelfund.- Absatzbeil mit leicht gerundeter Rast.- Novotná, Beile 40 Nr. 242 Taf. 12, 242.

287. Krasna Horka -> Medvedzie

288. Krásna Hôrka, okr. Roznava.- Einzelfund.- Nackenscheibenaxt (Typus B3).- Novotná, Beile 57 Nr. 362 Taf. 21, 362.

289. Krásna Hôrka/Medvedzie, okr. Dolný Kubín.- Depot.- 2 Spiralen, Diadem, 1 Posamenteriefibel mit 10 lanzettförmigen Anhängern und Vogelprotomen (größtenteils verschollen).- Novotná, Hortfunde 107; J. Paulík, Slovenská Arch. 7, 1959, 347 Abb. 13, 1; 352; V. Furmánek, Die Anhänger in der Slowakei (1980) 41 ("jüngere Urnenfelderzeit") Nr. 791. 792 Taf. 28, 791. 792; Taf. 28, 791. 792; G. Kossack, Studien zum Symbolgut der Urnenfelder- und Hallstattzeit Mitteleuropas (1954) 92 Liste B Nr. 36; J. Hampel, Altherthümer der Bronzezeit in Ungarn (1887) Taf. 40.

290. Krásna nad Hornádom, okr. Košice-Land.- Einzelfund.- Nadel (Typus Malá Vieska).- M. Novotná, Die Nadeln in der Slowakei (1980) 108 Nr. 670 Taf. 33, 670; V. Furmánek, Slovenská Arch. 25,2, 1977, 257 Nr. 73.

291. Krásná Ves, okr. Topol'cany.- Brandgrab.- Fragmentierter Griffzungendolch.- J. Vladár, Die Dolche in der Slowakei (1974) 51.

292. Krásná Ves, okr. Topolcany.- Hügel 22; Brandbestattung in Urne.- Rasiermesser, Keramik.- Jockenhövel, Rasiermesser 96 Nr. 121 Taf. 11, 121.

293. entfällt.

294. Krchleby, okr. Domažlice.- Aus einem Grabhügel.- Griffzungenschwert.- P. Novák, Die Schwerter in der Tschechoslowakei I (1975) 21 Nr. 90 Taf. 13, 90.

295. Křečhoř, okr. Kolin.- Keramikdepot.- Nach Jelínková äneolithisch.- Z. Jelinková, Pam. Arch. 50, 1959, 17ff. Abb. 1-6.

296. Křepice.- Wohl Einzelfund aus Wallanlage.- Schildförmiger Anhänger (fragmentiert).- V. Podborský, Mähren in der Spätbronzezeit und an der Schwelle zur Hallstattzeit (1970) 70 Abb. 14, 29.

297. Křenovice, okr. Přerov.- Wohl Depot.- 2 Griffzungenschwerter, davon eines verschollen.- P. Novák, Die Schwerter in der Tschechoslowakei I (1975) 21 Nr. 91-92 Taf. 13, 91.

298. Křepice, okr. Znojmo.- Siedlungsfunde.- 3 Griffplattenmesser.- Říhovský, Messer 18 Nr. 35-37 Taf. 3, 35-37.

299. Křepice, okr. Znojmo.- Burgwall.- 1 Tüllenbeil mit Dreieckzier, 1 schildförmiger Anhänger, 1 Nadel mit verdicktem Oberteil, 3 späturnenfelderzeitliche Vasenkopfnadeln.- V. Podborský, Mähren in der Spätbronzezeit und an der Schwelle zur Hallstattzeit (1970) 70 Abb. 14, 25-31.

300. Křetín, okr. Blansko.- (Depot?).- Griffzungendolch mit Ringgriff, 2 Armringe, 1 Lappenbeilfrg.- V. Furmánek, Slovenská Arch. 21, 1973, 68 Abb. 35, 1. 3. 5. 7 (!).

301. Křivoklát, okr. Považská Bystrica.- Einzelfund.- Posamenteriefibel mit Vogelprotomen und 9 lanzettförmigen Anhängern.- G. Kossack, Studien zum Symbolgut der Urnenfelder- und Hallstattzeit Mitteleuropas (1954) 92 Liste B Nr. 27; L. Veliačik, Die Lausitzer Kultur in der Slowakei (1983) 181 Nr. 176 Taf. 42, 23; V. Furmánek, Die Anhänger in der Slowakei (1980) 43 Nr. 824-832; Paulík, Slovenská Arch. 7, 1959, 346 Abb. 12; 352f.

301A. Krnov, okr. Bruntál.- Befestigte Höhensiedlung.- Fragment eines mittelständigen Lappenbeiles.- J. Říhovský, Die Äxte, Beile, Meißel und Hämmer in Mähren (1992) 154 Nr. 476 Taf. 30, 476.

302. Krnsko, okr. Mladá Boleslav.- Grab 1; Brandbestattung.- 1 Rasiermesser mit Hakengriff (Typus Hrušov); Nadelschaft.- Jockenhövel, Rasiermesser 192 Nr. 379 Taf. 29, 379.

303. Kroměříž, okr. Kroměříž.- Depot.- 14 Knopfsicheln, 9 Knopfsichelfrgte. 1 Zungensichelfrg., 4 Sichelfrgte., 1 Nackenscheibenaxt, 3 Nackenscheibenaxtfrgte., 5 Absatzbeile mit spitzer Rast, 1 Absatzbeilfrg., 5 Bronzegußkuchen.- H. Chybová, Studie Mus. Kroměříž 1983, 36 Abb. 11; Říhovský, Sicheln 20 Nr. 8-9 Taf. 59B; 60; 61 A.

304 entfällt.

305. Krumsín, Bez. Prostějov.- Einzelfund.- Frg. einer Nadel (Typus Gutenbrunn).- J. Říhovský, Die Nadeln in Mähren und dem Ostalpengebiet (1979) 93 Nr. 474 Taf. 26, 474.

306. Krupá (Rakovník).- Depot in Tongefäß.- 2 Sichelfrgte., 8 Armringe (mit Fischblasenverzierung), geripptes Armband, Golddrahtgewinde (93 g).- H. Richlý, Die Bronzezeit in Böhmen (1894) 89ff. Taf. 14.

306A. Kšely, okr. Kolín.- Depot.- 1 mittelständiges Lappenbeil, 3 Beilfrgte., 22 Sichelfrgte., 2 Bergenfrgte., 4 Nadelfrgte., 6 Ringfrgte., 7 Bronzefrgte., 1 Gußbrocken.- R. Pleiner, Pravěké Dějiny Čech (1978) 455 Abb. 132.

307. Kšice, okr. Stříbro.- Einzelfund.- Dreiwulstschwert (Typus Schwaig).- V. Šaldová, Pravěk Stříbrska (1962) Abb. 5, 1; Müller-Karpe, Vollgriffschwerter 97 Taf. 10, 4; J. Hrala, Arch. Rozhledy 6, 1954, 225 Nr. 31.

308. Kšice, okr. Tachov.- Hügelgrab III; Brandbestattung.- 2 Armringe Typus Stehelčeves, 4 Fußringe mit Rillenzier, Halsring, Nadel mit langem geripptem Kopf, 3 Tongefäße; Eichhorn: "in der Brusthöhe stak ganz von Asche eingehüllt der Schaft einer bronzenen Gewandnadel; zu Füßen waren auf ein Häufchen zusammengelegt, 7 bronzene Armreifen und der Kopf, der Hals und die Spitze der Gewandnadel, wobei die ganzen Stücke unten, die zerbrochenen oben lagen; das Ende eines Armrings war etwas abseits, südlich davon".- O. Eichhorn, Mannus 30, 1938, 263ff. ("Mies") Abb. 1-4; O. Kytlicová in: Festschr. W. A. v. Brunn (1981) 214 Nr. 5 Abb. 3.

309. Kubšice, okr. Znojmo.- Depot (unvollständig).- Vermutl. mittlere Bronzezeit.- 6 Knopfsicheln, 2 Knopfsichelfrgte.; 1 Sichelfrg., 1 Absatzbeil, 1 Armringfrg., 26 Gußkuchen, Keramikgefäß.- V. Furmánek, Slovenská. Arch. 21, 1973 68 Abb. 34; Říhovský, Sicheln 17 Nr. 3 Taf. 58 A.

310. Kunetice, okr. Pardubice.- Grab XX/1911.- Reichprofilierte Nadel.- Pam. Arch. 25, 1913, 83 Abb. 10,2.

311. Kunetice.- Schildförmiger Anhänger.- Z. Fiedler, Pam. Arch. 44, 1954, 329 Abb. 1, 6.

312. Kurim, Bez. Zisnoy (Tischnowitz), Mähren.- Einzelfund.- Buckelverzierte Beinschiene.- G. v. Merhart in: Hallstatt und Italien, 173 Nr. 1 Abb. 2, 1.

313. L'ubietová, okr. Banská Bystrica.- Depot (1, 5 m tief im Schotter).- 12 Doppelarmknäufe, Tüllenmeißel, 2 Nadeln, 1 trichterförmiger Anhänger, weitere Gegenstände.- G. Thomka, Arch Ért. 18, 1898, 379f.; Novotná, Beile 62 Nr. 385-389. 392. 398-401. 411-412; Taf. 23, 385-389. 392; 24, 398-401; 25, 411-412.

314. L'uborča, okr. Trenčín.- Depot (?).- Doppelarmknauf, Pfeilspitze, Kugelkopfnadel mit geripptem Hals, Bronzegegenstand.- Novotná, Beile 62 Nr. 393 Taf. 23, 393.

315. Labuty, okr. Hodonín.- Einzelfund.- Griffplattenmesser.- Říhovský, Messer 13 Nr. 5 Taf. 1, 5.

316. Lažany, okr. Chomutov.- Depot I in Tongefäß (1870).- 4 Knopfsichelfrgte. (38 g, 25 g, 49 g, 14 g), 16 Fragmente von Griffzungensicheln (44 g, 47 g, 42 g, 34 g, 15 g, 43 g, 11 g, 37 g, 16 g, 39 g, 39 g, 37 g, 19 g, 26 g, 39 g), 10 Sichelklingenspitzen (14 g, 7 g, 23 g, 23 g, 9 g, 23 g, 24 g, 56 g, 21 g), 31 Sichelklingenfrgte. (22 g, 10 g, 35 g, 15 g, 25 g, 13 g, 16 g, 19 g, 16 g, 14 g, 9 g, 16 g, 21 g, 31 g, 26 g, 28 g, 22 g, 74 g, 50 g, 32 g, 10 g, 22 g, 27 g, 15 g, 14 g, 14 g, 21 g, 44 g, 25 g, 23 g, 12 g), 5 Spiralfrgte. (11 g, 57 g, 16 g, 21 g, 32 g).- NHM Wien.- H. Preidel, Heimatkunde des Bezirkes Komotau (1935) 92 Abb. 22.

317. Lažany, okr. Chomutov.- Depot II in Tongefäß (1907); es wird von Moor- und Modererde berichtet; zuunterst die Gußbrocken, dann die Nadeln und Schmuckgegenstände und zuoberst die Waffen; die Bronzen sind dunkelgrün stellenweise auch bräunlich und teilw. krustig patiniert.- Im Museum in Bilina (= Preidel a. a. O Taf. 6-7 befinden sich: 1 Griffzungenschwertfrg. (24 g); 2 Schwertklingenfrgte. (47 g, 20 g); 4 Lanzenspitzenfrgte. (eines mit gestuftem Blatt) (134 g, 48 g, 13 g, 49 g); 1 Schwert- oder Dolchklingenfrg. (15 g); 1 Tüllenbeilfrg. mit Keilrippenzier (28 g); 18 Lappenbeilfrgte. [meist mittelständige Lappenbeile; bei einigen Beilschneiden auch Herkunft von Absatzbeil möglich] (48 g, 32 g, 74 g, 63 g, 140 g, 41 g, 100 g, 150 g, 192 g, 302 g, 75 g, 90 g, 116 g, 132 g, 316 g, 337 g, 54 g, 115 g); 1 Rasiermesserfrg. (20 g); 6 Messerfrgte. [dabei Griffplatten- und Griffzungen] (8 g, 4 g, 6 g, 9 g, 20 g, 10 g); 2 durchbrochene Griffe [?] (4 g, 8 g); 33 Sichelspitzen (30 g, 21 g, 29 g, 12 g, 24 g, 39 g, 6 g, 8 g, 5 g, 9 g, 7 g, 10 g, 7 g, 4 g, 4 g, 2 g, 9 g, 9 g, 10 g, 9 g, 7 g, 4 g, 33 g, 55 g, 22 g, 25 g, 14 g, 26 g, 35 g, 34 g, 17 g, 13 g, 11 g); 1 Griffzungensichel und 61 Griffzungensichelfrgte. (94 g, 102 g, 84 g, 74 g, 82 g, 42 g, 46 g, 80 g, 84 g, 66 g, 64 g, 41 g, 86 g, 50 g, 35 g, 76 g, 60 g, 92 g, 43 g, 39 g, 62 g, 61 g, 45 g, 51 g, 54 g, 55 g, 49 g, 54 g, 52 g, 47 g, 53 g, 17 g, 50 g, 23 g, 33 g, 37 g, 33 g, 55 g, 38 g, 48 g, 39 g, 31 g, 74 g, 26 g, 25 g, 31 g, 28 g, 18 g, 17 g, 11 g, 10 g, 24 g, 62 g, 28 g, 7 g, 13 g, 32 g, 11 g, 23 g, 29 g, 30 g, 50 g); 32 Zungenfrgte. (46 g, 9 g, 11 g, 34 g, 7 g, 9 g, 11 g, 57 g, 12 g, 17 g, 19 g, 8 g, 9 g, 51 g, 57 g, 12 g, 17 g, 19 g, 8 g, 9 g, 51 g, 15 g, 15 g, 13 g, 11 g, 14 g, 8 g, 59 g, 12 g, 13 g, 20 g, 10 g); 24 Knopfsichelfrgte. (24 g, 42 g, 29 g, 61 g, 32 g, 38 g, 29 g, 12 g, 39 g, 47 g, 38 g, 14 g, 21 g, 14 g, 24 g, 54 g, 17 g, 28 g, 24 g, 22 g, 18 g, 23 g, 43 g, 9 g); 123 Sichelklingenfrgte. (10 g, 52 g, 12 g, 15 g, 34 g, 7 g, 39 g, 15 g, 6 g, 25 g, 40 g, 13 g, 14 g, 13 g, 26 g, 16 g, 30 g, 11 g, 58 g, 6 g, 6 g, 6 g, 4 g, 12 g, 7 g, 10 g, 18 g, 8 g, 12 g, 8 g, 3 g, 5 g, 6 g, 21 g, 11 g, 38 g, 26 g, 31 g, 38 g, 29 g, 48 g, 45 g, 29 g, 39 g, 59 g, 11 g, 47 g, 17 g, 47 g, 17 g, 44 g, 32 g, 23 g, 13 g, 19 g, 20 g, 28 g, 10 g, 20 g, 25 g, 24 g, 11 g, 25 g, 9 g, 15 g, 37 g, 27 g, 9 g, 40 g, 48 g, 16 g, 8 g, 11 g, 5 g, 15 g, 21 g, 17 g, 14 g, 11 g, 9 g, 20 g, 21 g, 16 g, 28 g, 14 g, 12 g, 20 g, 11 g, 9 g, 16 g, 9 g, 12 g, 6 g, 7 g, 6 g, 21 g, 8 g, 9 g, 15 g, 9 g, 9 g, 13 g, 15 g, 20 g, 22 g, 41 g, 15 g, 26 g, 18 g, 21 g, 12 g, 15 g, 10 g, 20 g, 12 g, 16 g, 21 g, 12 g, 15 g, 13 g, 11 g, 7 g, 9 g); 2 Stabmeißelfrgte. (5 g, 3 g); 1 Sägenfrg. (4 g); 1 Feilenfrg. (37 g); 9 Nadelfrgte. [davon 2 Typus Henfenfeld; eine Typus Lažany, eine Ösenkopfnadel, 1 Scheibenkopfnadel] (5 g, 5 g, 4 g, 7 g, 6 g, 62 g, 60 g, 57 g, 200 g); 29 Stabringfrgte. [z. T. tordiert] (17 g, 36 g, 13 g, 3 g, 10 g, 5 g, 7 g, 9 g, 2 g, 2 g, 10 g, 29 g, 10 g, 61 g, 2 g, 23 g, 15 g, 21 g, 5 g, 20 g, 9 g, 10 g, 6 g, 3 g, 7 g, 9 g, 12 g, 11 g, 5 g); 5 gerippte Armringe (6 g, 20 g, 4 g, 4 g, 5 g); 8 Blecharmringe (9 g, 27 g, 17 g, 7 g, 14 g, 13 g, 8 g, 4 g); 4 kleine Ringe (2 g, 5 g, 2 g, 10 g); 14 Spiralfrgte. (9 g, 3 g, 5 g, 6 g, 4 g, 22 g, 8 g, 76 g, 6 g, 3 g, 5 g, 3 g, 5 g); 1 Knopf (6 g); 5 Faleren (98 g, 25 g, 31 g, 30 g, 46 g); 8 Blechfrgte. (8 g, 7 g, 3 g, 1 g, 3 g, 1 g, 1 g, 1 g); 10 Ring- und Knöchelbandfrgte. (39 g, 55 g, 57 g, 24 g, 9 g, 8 g, 5 g, 12 g, 6 g, 22 g); 22 Blechfragmete [teilweise anpassend; von Spirale] (15 g, 17 g, 17 g, 27 g, 6 g, 11 g, 1 g, 2 g, 4 g, 4 g, 7 g, 3 g, 8 g, 13 g, 17 g, 23 g, 1 g, 1 g, 3 g, 1 g, 2 g, 8 g); 19 Blechfrgte. (6 g, 4 g, 3 g, 6 g, 8 g, 5 g, 8 g, 7 g, 4 g, 4 g, 8 g, 6 g, 3 g, 2 g, 1 g, 20 g, 10 g, 19 g, 11 g); 5 Bronzeobjekte (23 g,

14 g, 16 g, 5 g, 34 g); 4 "Drahtstücke" (22 g, 7 g, 16 g, 32 g); 5 kleine Bronzefrgte. (10 g, 4 g, 1 g, 4 g, 1 g); 269 Gußbrocken (292 g, 150 g, 450 g, 216 g, 88 g, 192 g, 57 g, 264 g, 54 g, 72 g, 64 g, 25 g, 142 g, 116 g, 154 g, 49 g, 108 g, 29 g, 46 g, 211 g, 120 g, 61 g, 211 g, 120 g, 61 g, 24 g, 9 g, 37 g, 33 g, 48 g, 70 g, 232 g, 34 g, 92 g, 120 g, 72 g, 26 g, 45 g, 246 g, 39 g, 104 g, 78 g, 255 g, 197 g, 242 g, 124 g, 102 g, 53 g, 74 g, 53 g, 198 g, 245 g, 34 g, 126 g, 198 g, 106 g, 112 g, 224 g, 94 g, 140 g, 98 g, 42 g, 44 g, 238 g, 108 g, 43 g, 227 g, 51 g, 32 g, 24 g, 37 g, 70 g, 74 g, 59 g, 76 g, 57 g, 39 g, 130 g, 99 g, 154 g, 100 g, 15 g, 25 g, 17 g, 15 g, 77 g, 15 g, 13 g, 116 g, 37 g, 142 g, 116 g, 85 g, 72 g, 18 g, 18 g, 29 g, 23 g, 25 g, 15 g, 12 g, 17 g, 38 g, 42 g, 74 g, 44 g, 80 g, 19 g, 49 g, 19 g, 6 g, 14 g, 9 g, 22 g, 21 g, 66 g, 56 g, 70 g, 19 g, 17 g, 13 g, 29 g, 19 g, 33 g, 19 g, 23 g, 30 g, 23 g, 20 g, 37 g, 6 g, 16 g, 42 g, 9 g, 13 g, 2 g, 70 g, 64 g, 340 g, 158 g, 686 g, 99 g, 72 g, 16 g, 335 g, 78 g, 158 g, 62 g, 252 g, 41 g, 51 g, 44 g, 99 g, 51 g, 48 g, 52 g, 66 g, 126 g, 300 g, 223 g, 90 g, 86 g, 207 g, 62 g, 204 g, 291 g, 106 g, 110 g, 34 g, 17 g, 61 g, 21 g, 152 g, 162 g, 119 g, 88 g, 41 g, 198 g, 68 g, 112 g, 106 g, 126 g, 23 g, 103 g, 108 g, 152 g, 56 g, 48 g, 30 g, 57 g, 366 g, 42 g, 59 g, 12 g, 84 g, 58 g, 140 g, 114 g, 68 g, 57 g, 90 g, 316 g, 252 g, 53 g, 78 g, 74 g, 24 g, 40 g, 21 g, 152 g, 14 g, 28 g, 96 g, 16 g, 34 g, 244 g, 238 g, 46 g, 66 g, 113 g, 80 g, 48 g, 78 g, 110 g, 92 g, 134 g, 74 g, 16 g, 30 g, 100 g, 59 g, 50 g, 82 g, 24 g, 52 g, 44 g, 25 g, 60 g, 27 g, 44 g, 63 g, 27 g, 15 g, 13 g, 26 g, 31 g, 66 g, 23 g, 26 g, 36 g, 112 g, 17 g, 57 g, 42 g, 16 g, 39 g, 78 g, 90 g, 21 g, 56 g, 66 g, 52 g, 46 g, 21 g, 12 g, 49 g, 42 g, 12 g, 12 g, 9 g); im NHM Wien befinden sich folgende Bronzen: 4 Beilfrgte. (15 g, 20 g, 17 g, 50 g) 44 Sichelfrgte. (18 g, 9 g, 8 g, 17 g, 14 g, 10 g, 9 g, 18 g, 4 g, 9 g, 10 g, 7 g, 6 g, 10 g, 12 g, 11 g, 8 g, 13 g, 15 g, 14 g, 10 g, 10 g, 17 g, 10 g, 17 g, 13 g, 7 g, 7 g, 13 g, 13 g, 13 g, 16 g, 16 g, 8 g, 8 g, 8 g, 6 g, 9 g, 9 g, 10 g, 13 g, 55 g, 47 g, 23 g), 1 Rasiermesserfrg. (9 g), 16 Blech- und Drahtfrgte. (2 g, 2 g, 3 g, 52 g, 13 g, 6 g, 5 g, 11 g, 7 g, 4 g, 3 g, 3 g, 4 g, 14 g, 8 g, 6 g), 2 Bronzestücke (27 g, 29 g), 3 Armringfrgte. (6 g, 3 g, 15 g), 7 Nadeln, mindestens 85 Gußbrocken (17 g, 14 g, 21 g, 30 g, 39 g, 20 g, 21 g, 70 g, 36 g, 24 g, 40 g, 44 g, 28 g, 15 g, 20 g, 19 g, 21 g, 53 g, 33 g, 37 g, 69 g, 18 g, 9 g, 12 g, 12 g, 19 g, 54 g, 30 g, 47 g, 38 g, 27 g, 31 g, 24 g, 24 g, 35 g, 39 g, 29 g, 21 g, 37 g, 40 g, 34 g, 29 g, 23 g, 47 g, 25 g, 45 g, 12 g, 11 g, 11 g, 19 g, 25 g, 6 g, 17 g, 20 g, 18 g, 19 g, 18 g, 18 g, 26 g, 11 g, 10 g, 8 g, 13 g, 12 g, 20 g, 11 g, 11 g, 29 g, 19 g, 16 g, 6 g, 14 g, 7 g, 9 g, 10 g, 6 g, 47 g, 44 g, 40 g, 54 g, 37 g, 52 g, 36 g, 19 g, 24 g [5 Stücke für Analysen zersägt zus. 49 g]).- H. Preidel, Heimatkunde des Bezirkes Komotau (1935) 92 Taf. 5-7; O. Kytlicová, Arbeits-u. Forschber. Sachsen 16-17, 1967, 145 Abb. 3, 1; F.-R. Herrmann, Jahresber. Bayer. Bodendenkmalpfl. 11/12, 1970/71, 87 Abb. 10, 1; J. Böhm, Germania 20, 1936, 13 Abb. 5; O. Kytlicová, Die Bronzegefäße in Böhmen (1991) 89 Taf. 30-34; hier Taf. 14.

318. Lažany, okr. Chomutov.- Depot III in Tongefäß (1909) ca. 136 Gegenstände; von der gleichen Flur wie Depot II.- Bestand im Museum Žatec: 51 Sichelfrgte. (darunter vielleicht 1 oder 2 Messerspitzen) (5 g, 9 g, 8 g, 12 g, 9 g, 7 g, 36 g, 25 g, 13 g, 2 g, 44 g, 21 g, 5 g, 11 g, 35 g, 9 g, 5 g, 10 g[Fehlguß?], 10 g, 6 g, 4 g, 13 g, 3 g, 16 g, 6 g, 6 g, 2 g, 3 g, 4 g, 5 g, 10 g, 10 g, 8 g, 5 g, 9 g, 4 g, 18 g, 14 g, 32 g, 22 g, 11 g, 20 g, 19 g, 7 g, 24 g, 5 g, 62 g, 11 g, 2 g, 7 g, 4 g), 2 Meißelfrgte. (6 g, 13 g), 6 Lappenbeilfrgte. (132 g, 46 g, 144 g, 118 g, 79 g, 84 g), 1 Blech mit Wolfszahnverzierung (1 g), 1 Schwertklingenfrg. (49 g), 1 Griffplattenmesserfrg. (5 g), 1 Ringgriffrg. (3 g), 1 massiver Armring (fragmentiert, 49 g), 2 Stabbarrenfrgte. (14 g, 6 g), 1 Draht mit linsenförmigem Querschnitt (9 g), 1 vierkantiger Draht (27 g), 2 Halsringfrgte. (?) (17 g, 13 g), Drahtfrgte. (11 g, 13 g, 6 g, 15 g, 9 g, 12 g), 1 kleiner Armring mit verjüngten Enden, 3 Nadel(?)schäfte (5 g, 5 g, 5 g), davon 2 verziert, 1 Blechtutulus, (12 g), 39 Gußbrocken (706 g, 637 g, 197 g, 505 g, 63 g, 41 g, 31 g, 54 g, 171 g, 214 g, 92 g, 20 g, 29 g, 3 g, 399 g, 78 g, 52 g, 55 g, 21 g, 7 g, 41 g, 6 g, 19 g, 78 g, 40 g, 24 g, 29 g, 37 g, 47 g, 45 g, 8 g, 21 g, 14 g, 49 g, 25 g, 19 g, 4 g, 2 g, 4 g); gegenüber der Aufzählung Preidels fehlen in Žatec 11 Fragmente: darunter 1 Gußbrocken, 4 Nadeln (Preidel Taf. 5, 2-3. 13) und vielleicht 5 oder 6 Sicheln; 1 Sichelfrg., 1 Tüllenbeil sind im Museum Chomutov (non vidi); der Rest im Mus. Žatec: 1315, 1-132; die heutigen Inventarnummern auf den Gegenständen stimmen nicht mehr mit den Preidelschen Angaben überein.- H. Preidel, Heimatkunde des Bezirkes Komotau (1935) 92 Taf. 5. Hier Taf. 15-16.

319. Lažany, okr. Prievidza.- Depot.- 2 Doppelarmknäufe.- Novotná, Beile 62 Nr. 395 Taf. 23, 395; 403 Nr. 24, 403.

320. Lazy, okr. Svitavy.- Einzelfund.- Tüllenbeil.- Z. Smrž, Enkláva lužického osídlení v oblasti Boskovské brázdy (1975) 14 Taf. 19,2.

321. Lechotice, okr. Kroměříž.- Einzelfund.- Kugelkopfnadel.- J. Říhovský, Die Nadeln in Mähren und dem Ostalpengebiet (1979) 76 Nr. 333 Taf. 18, 333.

322. Lednice, okr. Břeclav.- Keramikdepot.- Nach Říhovský Stufe Maisbirbaum-Zohor.- Říhovský, Základy Taf. 10-11.

323. Lednice, okr. Břeclav.- Brandgrab 1.- Griffplattenmesser, Scheibenkopfnadel, Spiralfrgte., Gußstücke, 11 Gefäße, Scherben.- A. Rzehak, Zeitschr. Mährisches Landesmus. 5, 1905, 41f. Taf. S. 39; J. Říhovský, Sborník Čs. Spol. Arch. 3, 1963, 74ff. Taf. 9 B1; Říhovský, Messer 13 Nr. 6 Taf. 1, 6.

324. Lešany, okr. Prostějov.- Depot.- Dreiwulstschwertfrgte. (Typus Liptau), 1 Armring, 2 Nadeln, 2 Sichelfrgte., 1 Sichel, 1 Tüllenbeil, 1 Lanzenspitze, 1 Griffdornmesser.- Müller-Karpe, Vollgriffschwerter 107 Taf. 35B; 21,2; J. Hrala, Arch. Rozhledy 6, 1954, 225 Nr. 23.

325. Lesné, okr. Michalovce.- Depot.- 7 Schnabeltüllenbeile, 2 Tüllenbeile, 3 Lanzenspitze (1 Exemplar mit profilierter Tülle; 2 glatte Exemplare).- Novotná, Beile 74 Nr. 475-477 Taf. 54 A; Novotná, Hortfunde 103 Taf. 36, 1-12.

326. Lesť-Turie Pole, okr. Zvolen.- Keramik aus Siedlung und Brandgräberfeld.- V. Furmánek, Slovenská Arch. 25,2, 1977, 257 Nr. 75. 76.

327. Levice.- Depot (1883).- 2 mittelständige Lappenbeile und 3 Beilfragmente (danubische Form), 1 Schnabeltüllenbeil, 4 Tüllenbeile, 1 Tüllenmeißel, 21 Sicheln, 1 Lanzenspitze, 9 formlose Bronzebrocken.- Novotná, Beile 46 ("Kisapáti-Stufe"; im Text S. 48 "Stufe Baierdorf-Velatice")) Nr. 291, 308, 313-315 Taf. 15, 291; 17, 308. 313-315; Novotná, Hortfunde 102f.

328. Levoča, okr. Spišská Nová Ves.- Siedlungskeramik; Bronzedepot.- V. Furmánek, Slovenská Arch. 25,2, 1977, 257 Nr. 78-80 Taf. 19, 16-18.

329. Lhán, okr. Jičín.- Grab 92; Brandbestattung.- 1 Rasiermesserfrg. mit Hakengriff (Typus Lhán), 2 Tüllenpfeilspitzen.- Jockenhövel, Rasiermesser 189 Nr. 372 ("Mittelstufe der Lausitzer Kultur") Taf. 68 B.

330. Lhota, okr. Doksy.- Einzelfund in Grotte.- Mittelständiges Lappenbeil.- E. Plesl, Arbeits- u. Forschber. Dresden 16/17, 1967, 96 Nr. 9.

331. Lhotka Libenská, okr. Rokycany.- Depot in Gefäß (beim Pflügen).- 8 Beilfrgte. (110 g, 86 g, 76 g, 56 g, 42 g, 46 g, 42 g, 262 g), 1 Lanzenspitze (verloren), 6 Lanzenspitzenfrgte. (46 g, 24 g, 72 g, 36 g, 8 g, 6 g), 1 spitzkonische Tülle (verloren), 2 Dolchfrgte. (11 g, 4 g), 4 Messerfrgte. (26 g, 9 g, 30 g, 6 g), 9 Zungensichelfrgte. (11 g, 32 g, 42 g, 35 g, 21 g, 21 g, 45 g, 8 g, 17 g), 4 Knopfsichelfrgte. (19 g, 26 g, 18 g, 72 g), 8 Sichelfrgte. (17 g, 15 g, 44 g, 11 g, 17 g, 38 g, 17 g, 12 g), 4 Schwertklingenfrgte. (28 g, 17 g, 13 g, 16 g), 1 Gürtelhaken (6 g), 1 Gürtelblech (?) 92 g), 2 Anhängerfrgte. (6 g, 5g), 3 Nadelfrgte. (10 g, 17 g, 28 g), 1 Knöchelbandfrg. (9 g), 3 Armringe (104 g, 320 g), 10 Armringfrgte. (80 g, 50 g, 17 g, 24 g, 24 g, 26 g, 18 g, 38 g, 35 g, 5 g),

2 Frgte. tordierter Halsringe (29 g, 72 g), 1 massives Bronzestück verziert (17 g), 1 kleiner Kegel (3 g), 1 hütchenförm. Gegenstand, 1 Kugelkopf (9 g), 8 Bronzestücke unbekannter Funktion (1 g, 1 g, 32 g, 30 g, 74 g, 2 g, 2 g, 15 g), 11 Blechfrgte. (1 g, 4 g, 2 g, 1 g, 2 g, 3 g, 3 g, 1 g, 3 g, 2 g, 3 g), 12 Stab- und Drahtstücke mit unterschiedlichem Querschnitt (3 g, 4 g, 11 g, 2 g, 3 g, 6 g, 9 g, 11 g, 5 g, 1 g, 3 g, 3 g), 2 Stabbarrenfrgte. (7 g, 18 g), 28 Gußkuchenfrgte. (256 g, 435 g, 1 g, 1 g, 4 g, 782 g, 24 g, 22 g, 21 g, 41 g, 45 g, 21 g, 90 g, 80 g, 10 g, 21 g, 10 g, 10 g, 9 g, 9 g, 8 g, 6 g, 2 g, 9 g, 6 g, 7 g, 5 g), 2 Golddrahtspiralen lagen in "unmittelbarer Nähe", 2 Wandscherben eines Tongefäßes.- Nationalmus. Praha (Nr. 11976-12082; 13497-525).- H. Richlý, Die Bronzezeit in Böhmen (1894) 93ff. Taf. 16-18; Kilian-Dirlmeier, Gürtel 73 ("Frühe Urnenfelderzeit") Nr. 260 Taf. 22, 260; 116 Nr. 482 Taf. 53, 482; O. Kytlicová in: Festschr. W. A. v. Brunn (1981) 214 Nr. 6 Abb. 4; 229 Nr. 4. Hier: Taf. 17, 1-9.

332. Lhotka, okr. Plzeň-sever.- Hügel 2; Brandbestattung in Urne.- Rasiermesser (Typus Budihostice).- Jockenhövel, Rasiermesser 98 Nr. 130 Taf. 11, 130.

333. Libákovice, okr. Plzeň-jih.- Depot unter Stein.- 1 Nadel mit durchbrochenem Kopf (53 g), 1 Knopfsichel (106 g), 2 Sichelfrgte. (32 g, 33 g) 1 Dolch (52 g), 1 mittelständiges Lappenbeil (böhmische Form; 212 g), 1 Rasiermesser (32 g).- V. Čtrnáct, Arch. Rozhledy 13, 1961, 732ff. mit Abb.; O. Kytlicová, Arch. Rozhledy 16, 1964, 516ff. Abb. 157 A; Jockenhövel, Rasiermesser 57 ("Depotfundstufe Plzeň Jíkalka") Nr. 53 Taf. 5, 53; 57 B.

334. Libákovice, okr. Plzeň-jih.- Einzelfund (?).- Doppelarmknauf (44 g).- E. Čujanová-Jílková, Mittelbronzezeitliche Hügelgräberfelder in Westböhmen (1970) 44 Nr. 33 Abb. 25,2.

335. Libochovany, okr. Litoměřice.- Grab 76; Brandestattung.- 5 Tüllenpfeilspitzen; teilw. fragmentiert, Keramik.- E. Plesl, Luzická Kultura v severozápadních Čechách (1961) 125 Taf. 17, 1-7.

336. Lipany u Zbaslaví, okr. Praha-venkov.- Mittelständiges Lappenbeil (fränkisch-böhmische Form).- NM Praha 15941.

337. Lipenec, okr. Praha-západ.- Brandbestattung in Urne.- Rasiermesser, Gefäße.- Jockenhövel, Rasiermesser 86 Nr. 96 A Taf. 9, 96.

338. Lipník nad Becvou, okr. Přerov.- Einzelfund.- Kugelkopfnadel (L. 57, 5 cm). J. Řihovský, Die Nadeln in Mähren und dem Ostalpengebiet (1979) 76 Nr. 334 Taf. 18, 334.

339. Lipovec, okr. Rimavská Sobota.- Depot.- 14 Tutuli.- Novotná, Hortfunde 103; Novotná 1968, 42, 52 Taf. 24; V. Furmánek, Slovenská Arch. 25,2, 1977, 257 Nr. 81.

340. Lipovca, okr. Rychnov nad Kreznou.- Einzelfund.- Dreiwulstschwert.- J. Schránil, Die Vorgeschichte Böhmens und Mährens (1928) Taf. 42, 1.

341. Lipovník, okr. Rožnava.- Einzelfunde.- V. Furmánek, Slovenská Arch. 25,2, 1977, 257 Nr. 82.

342. Liptovská Anna, okr. Liptovský Mikuláš.- Einzelfund.- Doppelarmknauf.- Novotná, Beile 62 Nr. 397 Taf. 23, 397.

343. Liptovská Mara (Svätá Mara).- Depot in Tongefäß.- 435 Blechbuckel, 3 Spiralringe, 1 weiteres Schmuckstück, 1 Blechstück unbekannter Funktion (nach Novotná "Wagenbeschlag").- M. Novotná in: Festschr. W. A. v. Brunn, 309ff. Abb. 1-2.

344. Liptovská Ondrašová, okr. Martin.- Brandgräberfeld.- 4 Doppelarmknäufe.- Novotná, Beile 62 Nr. 381-384 Taf. 23, 381. 382.

345. Liptovský Ján, okr. Liptovský Mikuláš.- Einzelfund.- Doppelarmknauf.- Novotná, Beile 63 Nr. 419.

346. Liptovský Michal, okr. Liptovský Mikulas.- Zerstörte Grabfunde.- Lanzettförmiger Anhänger.- L. Veliačik, Die Lausitzer Kultur in der Slowakei (1983) 182 Nr. 210 Taf. 1, 35; V. Furmánek, Die Anhänger in der Slowakei (1980) 43 ("Einzelfund") Nr. 833 Taf. 31, 833.

347. Liptovský Mikuláš-Ondrašová, okr. Liptovský-Mikuláš.- Brandgräberfeld; H III, Gr. 5/III, Urnengrab.- Nadel mit mehrfach verdicktem Schaftoberteil (mit flacher Kopfscheibe); Urne.- L. Veliačik, Slovenská Arch. 23, 1975, 17f.; M. Novotná, Die Nadeln in der Slowakei (1980) 87 Nr. 519 Taf. 22, 519.

348. Liptovský Mikuláš.- Dreiwulstschwert (Typus Liptau).- Müller-Karpe, Vollgriffschwerter 101 Taf. 19, 5; J. Hrala, Arch. Rozhledy 6, 1954, 224 Nr. 8.

349. Liptovský Mikuláš-Ondrašová, okr. Liptovský-Mikuláš.- Fundumstände unbekannt.- Nadelfrg. mit verdicktem Schaftoberteil (Typus Forró?).- M. Novotná, Die Nadeln in der Slowakei (1980) 88 Nr. 521 Taf. 22, 521.

350. Lišovice, okr. Kladno.- Vermutlich Depotfund.- 61 durchlochte Besatzbuckel, Rasiermesser (Typus Stadecken).- Jockenhövel, Rasiermesser 70 Nr. 73 Taf. 7, 73.

351. Lisková, okr. Liptovský Mikuláš.- Nadel (Typus Malá Vieska).- M. Novotná, Die Nadeln in der Slowakei (1980) 108 Nr. 668 Taf. 33, 668.

352. Litoměřice.- Einzelfund (?).- Mittelständiges Lappenbeil (Lausitzer Form).- Prag NM 25921.- O. Kytlicová, Arbeits- u. Forschber. Sachsen, 150. Hier: Taf. 1,1.

353. Litoměřice.- Einzelfund (?).- Mittelständiges Lappenbeil (Lausitzer Form).- Prag NM 34293.- O. Kytlicová, Arbeits- u. Forschber. Sachsen, 150. Hier: Taf. 1,3.

354. Litoměřice.- Posamenteriefibel mit Vogelprotomen und Lanzettbehang.- J. Paulík, Slovénska Arch. 7, 1959, 347 Abb. 13, 3.

355. Lodenice, Bez. Sternberk.- Fundumstände unbekannt.- Vollgriffschwert (Typus Riegsee).- F. Holste, Die bronzezeitlichen Vollgriffschwerter Bayerns (1953) 53 Nr. 52.

356. Lostice, okr. Sumperk.- Depot.- 2 Nadeln, 2 Rädchen, 1 Fibel, 1 Spirale, 4 kleine Ringe.- J. Řihovský, Die Nadeln in Mähren und dem Ostalpengebiet (1979) 48 ("Depotfundhorizont Prestvalky") Taf. 74 D.

357. Lovicky.- Mähren.- Siedlung.- Griffzungendolch, 2 Pfeilspitzen, 1 Blechbuckel, 1 Knochentrense.- J. Řihovský, Lovicky - Jungbronzezeitliche Siedlung in Mähren (1982) 7 Abb. 4.

357A. Lovosice, okr. Litoměřice.- Brandgrab (1937).- Griffplattenmesser, Nadel, 4 Tüllenpfeilspitzen, Keramik.- J. Blažek, L. Smejtek, Die Bronzemesser in Nordwestböhmen (1993) 42 Nr. 45 Taf. 8C.

358. L'ubietová, okr. Banská Bystrica.- 12 Doppelarmknäufe, 1 Tüllenmeißel, 2 Nadeln, 1 trichterförmger Anhänger, einige weitere kleine Gegenstände.- Novotná, Beile 62 Nr. 385-389. 392. 398-401. 411-412; Taf. 23, 385-389. 392; 24, 398-401; 25, 411-412; G. Thomka, Arch. Ért. 18, 1898, 379f.; Novotná, Hortfunde 103.

359. Luborca, okr. Trenčín.- Einzelfund.- Griffzungendolch mit fächerförmiger Knaufzunge.- J. Vladár, Die Dolche in der Slowakei (1974) 51 Nr. 152 Taf. 7, 152.

360. Lúc na Ostrove, okr. Dunajská Streda.- Einzelfund.- Vollgriffdolch.- J. Vladár, Die Dolche in der Slowakei (1974) 53 Nr. 157 Taf. 7, 157.

361. Luh, okr. Liberec.- Hradiště; Einzelfund (Höhenfund).- Mittelständiges Lappenbeil.- M. Jahn, Sudeta 2, 1926, 10ff. Abb.; E. Plesl, Arbeits- u. Forschber. Dresden 16/17, 1967, 97 Nr. 10.

362. Lukovna b. Kunetice, okr. Pardubice.- Nordostböhmen.- Gräber.- 1 schildförmiger Anhänger, Plattenkopfnadeln, 1 Nadel (Typus Winklsaß nahestehend), tordierter Ring, Rasiermesser mit Hakengriff.- J. Schránil, Pam. Arch. 31, 1919, 138 Abb. 11; Z. Fiedler, Pam. Arch. 44, 1954, 329 Abb. 1, 4; G. Kossack, Studien zum Symbolgut der Urnenfelder- und Hallstattzeit Mitteleuropas (1954) 98 E11.

363. Lukovna, okr. Pardubice.- Grab 2 oder 3; Brandbestattung.- 1 Rasiermesserfrg. mit Hakengriff (Typus Lhán), 2 schildförmige Anhänger (je Grab ein Exemplar).- Jockenhövel, Rasiermesser 189 Nr. 373 Taf. 28, 373.

364. Luleč, okr. Vyškov.- Einzelfund.- Griffzungenmesser (Typus Malhostovice).- Řihovský, Messer 30 Nr. 88 Taf. 8, 88.

365. Luleč, okr. Vyškov.- Einzelfund.- Mittelständiges Lappenbeil (danubische Form).- V. Furmánek, Slovenská Arch. 21, 1973, 72 Nr. 68 Abb. 37, 9.

366. Lutín, okr. Olomouc.- Brandgräberfeld.- Griffzungenmesser (Typus Dašice; Ringgriff beschädigt).- Řihovský, Messer 35 Nr. 115 Taf. 10, 115.

367. Lysice, okr. Blansko.- Brandgrab 31.- 1 Tüllenpfeilspitze.- Z. Smrž, Enkláva lužického osídlení v oblasti Boskovské brázdy (1975) 59 Taf. 15, 8.

368. Lysice, okr. Boskovice.- Grab.- Lanzettförmiger Anhänger.- G. Kossack, Studien zum Symbolgut der Urnenfelder- und Hallstattzeit Mitteleuropas (1954) 92 Liste B Nr. 32. Zeitschr. Gesch. Mährens und Schlesiens 32, 77ff. Abb. 2, 4 (non vidi).

369. Mähren.- Depot ?.- 7 Zungensichelfrgte., 5 Sichelfrgte., 4 Bronzegußstücke.- Řihovský, Sicheln 54 Nr. 205 Taf. 13, 205; 57 Nr. 257-260 Taf. 17, 257-260; 59 Nr. 284 Taf. 18, 284.

370. Mähren oder Oberungarn .- Depot.- 33 teilweise fragmentierte Knopfsicheln.- Řihovský, Sicheln 24 Nr. 53-60 Taf. 5, 53-60; 28 Nr. 68 Taf. 5, 68; 30 Nr. 75-92 Taf. 6, 75-84; 7, 85-92; 34 Nr. 117 Taf. 9, 117; 45 Nr. 171 Taf. 11, 171.

371. Malá Belá b. Bakov a. d. Iser, okr. Mnichovo Hradiště.- Grab.- Lanzettförmiger Anhänger.- G. Kossack, Studien zum Symbolgut der Urnenfelder- und Hallstattzeit Mitteleuropas (1954) 92 Liste B Nr. 33. Pam. Arch. 41, 1936/38, 26 Abb. 12, 17

372.-373. entfallen.

374. Malá Belá.- Grab 26; Brandbestattung.- 1 Rasiermesser mit Hakengriff (Typus Ustí), 2 Nadelfrgte., 1 Pfriem. 3 Bronzestäbchen, Ring, Keramik.- Jockenhövel, Rasiermesser 187 Nr. 370 Taf. 67A.

375. Malá Vieska, okr. Martin.- Depot in einer sumpfigen Wiese.- 10 Nadeln.- Novotná, Hortfunde 104 Taf. 8.

376. Malá Calomija, okr. Vel'ký Krtíš.- Siedlungskeramik.- V. Furmánek, Slovenská Arch. 25,2, 1977, 257 Nr. 83.

377. Malé Hradisko, okr. Prostějov.- Siedlungsfund.- Griffplattenmesser.- J. Meduna, Staré Hradisko. Katalog der Funde im Museum der Stadt Boskovice (1961) 73 Taf. 49, 11; Řihovský, Messer 13 Nr. 7 Taf. 1, 7.

378. Malhostovice, okr. Brno venkov.- Depot.- 2 Halsringe, Lanzenspitze, Griffzungenmesser (Typus Malhostovice), Gefäße (Ha B).- Řihovský, Messer 30 Nr. 89 Taf. 8, 89; J. Schránil, Die Vorgeschichte Böhmens und Mährens (1928) Taf 36. 24. 29.

379. Malinovec, okr. Santovka, okr. Levice.- Siedlungsfund (?).- Mittelständiges Lappenbeil (danubische Form/Typus Freudenberg).- Novotná, Beile 46 Nr. 283 Taf. 15, 283.

380. Malý Horeš, okr. Trebišov.- Depot in Tongefäß, das mit einer Bronzeplatte abgedeckt war.- 4 Armringe, 22 Anhänger, 3 Fingerringe, 34 Spiralröllchen, 2 Spiralen, 1 Phalere, 1 Blechscheibe, 8 Bernsteinperlen.- Novotná, Hortfunde 106f.; J. Pástor Arch. Rozhledy. 3, 1951, 154f. Abb. 114-115; V. Furmánek, Slovenská Arch. 25,2, 1977, 257 Nr. 84.

381. Mankovice, okr. Opava (Novy Jicín).- Depot (1891); ursprünglich 89 Gegenstände.- 1 Kolbenkopfnadel, 1 Kugelkopfnadel mit verdicktem Hals, 21 Bruchstücke von Armspiralen aus Blech, 41 Blechbuckel, 9 Spiralrollen, 1 kleine Spiralscheibe, 3 flache Spiralscheiben, 2 Brillenanhänger, Fingerring mit zwei Spiralscheiben, 2 Knöpfe, Fragmente eines Stäbchens, 13 vierspeichige Räder, 3 geschlossene Ringe.- V. Furmánek, Arch. Sborník Ostravské Mus. 1974, 54-65 Taf. 4-7; J. Řihovský, Die Nadeln in Mähren und dem Ostalpengebiet (1979) 76 Nr. 334 Taf. 19, 335; 79F; (D. Kühnholz frdl. Mitteilung).

382. Marefy, okr. Vyškov.- Depot (jüngere Urnenfelderzeit).- 14 Tüllenbeile, 2 Gußstücke, Griffplattenmesser.- V. Podborský, Sborník Brno 9, 1960, 48 Taf. 7; Řihovský, Messer 19 Nr. 38 Taf. 33 B.

383. Marefy, okr. Vyškov.- Einzelfund.- Griffzungenmesserfrg. (Typus Malhostovice).- Řihovský, Messer 30 Nr. 90 Taf. 8, 90.

384. Marhan, okr. Bardejov.- Depot am Hang (1896).- 2 Armringe, 6 trichterförmige Anhänger, 1 lanzettförmiger Anhänger, 1 Vogelbarke.- Novotná, Hortfunde 104f.; V. Furmánek, Slovenská Arch. 25,2, 1977, 257 Nr. 85 Taf. 19, 19-23; V. Furmánek, Die Anhänger in der Slowakei (1980) 43 Nr. 834 Taf. 31, 834.

385. Martin-Priekopa.- Depot.- 5 Nadeln (Typus Malá Vieska).- M. Novotná, Die Nadeln in der Slowakei (1980) 107 Nr. 612 Taf. 26, 612; 108 Nr. 614c Taf. 26, 614;

386. Martinček, Bez. Liptovský-Mikuláš (Liptószentmárton).- Depot.- Wohl 14 oder 15 Schwerter. Davon: 10 Dreiwulstschwerter (alle oder die meisten fragmentiert) (4 Typus Liptau, 2 Typus Illertissen, 1 Typus Högl), Vollgriffschwert, Ragályschwert, 2 (oder 3) Klingenfragmente.- Müller-Karpe, Vollgriffschwerter 104 Taf. 18, 2. 8. 9; 14, 7. 9; 15, 9; 21, 4; 26; 30, 10; J. Hrala, Arch. Rozhledy 6, 1954, 224 Nr. 9; Novotná, Hortfunde 105f.

387. entfällt

388. Mašková, okr. Lučenec.- Mittelständiges Lappenbeil (danubische Form).- Novotná, Beile 46 Nr. 295 Taf. 16, 295.

389. Maškovice, okr. Litoměřice, Nordböhmen.- Depot (jüngere Urnenfelderzeit).- H. Richlý, Die Bronzezeit in Böhmen (1894) Taf. 20; G. Kossack, Studien zum Symbolgut der Urnenfelder- und Hallstattzeit Mitteleuropas (1954) 98 E14.

390. entfällt.

391. Matejovice, okr. Poprad.- Depot.- Posamenteriefibel.- Paulík, Slovénska Arch. 7, 1959, 353; V. Furmánek, Slovenská Arch. 25,2, 1977, 257 Nr. 87-88.

392. Matejovice, okr. Poprad.- Fundumstände unbekannt.- Nadel mit großer gewölbter Kopfscheibe (Typus Gemer).- M. Novotná, Die Nadeln in der Slowakei (1980) 69 Nr. 391 Taf. 15, 391.

393. Medovarce, okr. Zvolen.- Keramik von Brandgräberfeld der späten Bronzezeit.- V. Furmánek, Slovenská Arch. 25,2, 1977, 257 Nr. 89 Taf. 37, 10-14.

394. Medvedzie -> Krásna Hôrka

395. Mělník.- Depot.- 3 Gußbrocken, 6 Sichelfrgte., 1 Beilfrg., 1 Anhänger, 1 Halsringfrg.- J. Hrala Arch. Rozhledy 23, 1971, 208f. Taf. 1.

396. Mělník.- Schwert.- J. Schránil, Die Vorgeschichte Böhmens und Mährens (1928) Taf. 30, 1; J. Hrala, Arch. Rozhledy 6, 1954, 225 Nr. 32.

397. Meník, okr. Novy Bydzov, Nordostböhmen.- Gräber mit vorwiegend hallstattzeitlichem Material.- 1 schildförmiger Anhänger.- L. Pič, Starožitnosti zeme České 2, 3 (1905) Taf. 19,20; Z. Fiedler, Pam. Arch. 44, 1954, 329 Abb. 1, 3; G. Kossack, Studien zum Symbolgut der Urnenfelder- und Hallstattzeit Mitteleuropas (1954) 98 E15.

398. Merklín, okr. Plzeň-Süd.- Brand(?)grab unter Hügel.- Blechfragmente von Tasse (?), Rasiermesserfrg., Nadelfrg., Messerfrg., 2 Bronzebrocken.- O. Kytlícová, Pam. Arch. 79, 1988, 343 Abb. 5A.

399. Merklín, okr. Plzeň-Süd.- Depot.- 2 Armringe mit Querrillen, Halsring, Fragmente von 4 Fußringen und einem weiteren Halsring.- O. Kytlicová in: Festschr. W. A. v. Brunn (1981) 214 Nr. 7 Abb. 5.

400. Měrovice, okr. Přerov.- Depot (aufgrund des Beiles und der Messerklinge Ha A2/B1).- Funde u. a. : Fragment eines glatten Blechgürtels, oberständiges Lappenbeil, Messerklingenfrg., Armringe.- Kilian-Dirlmeier, Gürtel 115f. ("Ältere Urnenfelderzeit") Nr. 477 Taf. 50, 477; M. Jasková, Sbornik Fil. Fak. Univ. Brno 17, 1968, 81ff. mit Abb. 4.

401. Mestečko Trnávka, okr. Svitava.- Depot (nach Říhovský 41 ist die Zusammensetzung des Depots nicht sicher).- Knopfsichelfrg., Zungensichelfrg., Lanzenspitze (?), 2 Tüllenmeißel, Fragment eines mittelständige Lappenbeiles, 4 Schwertfrgte., Bronzegußstück.- Z. Smrž, Enkláva lužického osídlení v oblasti Boskovské brázdy (1975) 17. 26 Taf. 15 A6; Říhovský, Sicheln 40 Nr. 143 Taf. 10, 143; 53 Nr. 196 Taf. 12, 196.

402. Mezice, okr. Olomouc.- Einzelfund.- Griffzungenmesser (Typus Pustimer).- Říhovský, Messer 32 Nr. 103 Taf. 9, 103.

403. Michalovce, okr. Michalovce.- Aus Depotfunden.- 1 Tüllenbeil, 1 Beilfrg., 1 Morgensternkopf, 1 Blechröllchen, 2 Sichelfrgte., 2 Drahtknäuel, Bronzerohmaterial.- Nach Novotná verloren; Kleinbronzen.- Novotná, Hortfunde 107; V. Furmánek, Slovenská Arch. 25,2, 1977, 257 Nr. 90.

404. Mies -> Ksice

405. Mikulčice, okr. Hodonín.- Siedlungsfund.- Griffzungenmesser (Typus Dašice).- Říhovský, Messer 35 Nr. 116 Taf. 10, 116.

406. Mikušovce, okr. Považská Bystrica.- Hügelgrab 93; in der Mitte Urnenbrandgrab.- Griffzungendolch (in 3 Teile zerbrochen), Tüllenpfeilspitze, 1 reich profilierte Nadel, 1 Bronzegegenstand, 1 Zierknopf, amorphe Bronzegußstücke, Radiolarit-Abschläge, doppelkonisches Gefäß und Knickwandtasse.- J. Vladár, Die Dolche in der Slowakei (1974) 51 Nr. 146; Z. Pivovarová, Slovenská Arch. 13, 1965, 109f. Taf. 5, 11. 12.

407. Mikušovce, okr. Považská Bystrica.- Hügelgrab mit Steinkranz.- Griffzungendolch, 2 Bronzeniete, Kettenglieder aus Bronzedraht, Spindlersfelder Fibel, 16 Bronzezierscheiben, Fragmente von 2 bronzenen Nadelschonern, 7 Fragmente von Bronzestäbchen, 1 Stück einer Spiralrosette, 13 Bruchstücke von Spiralröhrchen, 3 halbkreisförmige Anhänger, 2 zylindrische Bronzeperle, 1 doppelkonisches Gefäß, 1 Zweihenkeltopf, 1 Tasse, 1 Schale, 3 Amphoren.- J. Vladár, Die Dolche in der Slowakei (1974) 50f. Nr. 154 Taf. 11 D.

408. Mikušovce, okr. Považská Bystrica.- Hügelgrab 173.- 1 Ohrring, 1 Griffplattenmesser, 1 Tüllenpfeilspitze mit Dorn, 1 doppelkonisches Gefäß.- Z. Pivovarová, Slovenská Arch. 13, 1965, 109f. Taf. 6, 1-3; L. Veliačik, Die Lausitzer Kultur in der Slowakei (1983) Taf. 9, 4-6.

409. Mikušovce, okr. Považská Bystrica.- Hügelgräberfeld.- Hügelgrab 174.- Spindlersfelder Fibel, Peschieradolch, 25 Kettenglieder, 16 Zierbuckel, 3 Knöpfe, 1 Spiralröhrchen, Niete, Perlen, Spiralscheibenfrg., 2 Trensenquerstangen aus Geweih.- Z. Pivovarová, Slovenská Arch. 13, 1965, 159 Taf. 6, 4-17. Hügelgrab 174.- Griffzungenmesser, Ohrring, 1 Pfeilspitze.- Z. Pivovarová, Slovenská Arch. 13, 1965, 159 Taf. 6, 1-3.

410. Milavče, okr. Domažlice.- Brandgrab unter Hügel (C1).- 4 Nadeln, 1 Messerfrg., Niete, 2 Phaleren, 2 massive Ringe, 1 Kesselwagen, Bronzetassenfrgte., Frgte. eines weiteren Bronzegefäßes, 1 massiver tordierter Bronzestab, 1 Rasiermesser, 1 Riegseeschwert (in 5 Fragmenten), Klingenfrg. eines weiteren Schwertes, Kompositpanzerzerstückte (?), Keramik.- L. Pič, Starožitnosti zeme České 1,2 (1900) 144f. Taf. 27; Jockenhövel, Rasiermesser 43 Nr. 9 Taf. 1, 9; O. Kytlicová, Pam. Arch. 79, 1988, 351 Abb. 1; O. Kytlicová, Die Bronzegefäße in Böhmen (1991) 23 Nr. 1 Taf. 1, 1.

411. Milavče, okr. Domažlice.- Brand(?)grab unter Hügel (C6).- Bronzesiebfrgte., 1 Beilfrg., 2 Knebel (?), 2 Gußbrocken, Keramik.- O. Kytlícová, Pam. Arch. 79, 1988, 345f. Abb. 3.

412. Milavče, okr. Domažlice.- Hügel B (1887).- Lanzenspitze mit gestuftem Blatt, Pfeilglätter, Rasiermesser, 1 Messerfrg., Nadel (?), 2 Haken, Armringfrgte., Keramik.- O. Kytlicová, Pam. Arch. 79, 1988, 352 Abb. 2A.

413. Milavče, okr. Domažlice.- Hügelgrab 4; Brandbestattung.- 1 Lanzenspitze, 1 Nadel, 2 Bronzefrgte. vielleicht von Nadeln, 3 Blechfrgte., 1 Riegseeschwert, 1 Griffzungenmesser (Typus Baierdorf), 1 Bronzestück (Barren?).- V. Šaldová, Arch. Rozhledy 13, 1961, 702f. Abb. 246, 1-9; O. Kytlicová, Pam. Arch. 79, 1988, 352 Abb. 2B.

414. Milínov, okr. Plzeň-jih.- Hügel 38.- Scheibenkopfnadel, Griffplattendolch.- E. Čujanová-Jílková, Mittelbronzezeitliche Hügelgräberfelder in Westböhmen (1970) Taf. 51 B 16-17.

415. Milonice, Okr. Vyškov.- Einzelfund.- Kugelkopfnadel.- J. Říhovský, Die Nadeln in Mähren und dem Ostalpengebiet (1979) 76 Nr. 336 Taf. 19, 336.

416. Mimon, okr. Česká Lípa.- Einzelfund.- Mittelständiges Lappenbeil.- E. Plesl, Arbeits- u. Forschber. Dresden 16/17, 1967, 97 Nr. 12.

417. Mladá Boleslav.- Einzelfund.- Dreiwulstschwert (Typus Schwaig).- Müller-Karpe, Vollgriffschwerter Taf. 9, 7; J. Hrala, Arch. Rozhledy 6, 1954, 225 Nr. 33.

418. Modrý Kamen, okr. Vel'ký Krtíš.- Keramik von Brandgräberfeld.- V. Furmánek, Slovenská Arch. 25,2, 1977, 257 Nr. 91.

419. Mohelno, Bez. Trebíc, Einzelfund.- Nadel (Typus Gutenbrunn).- J. Říhovský, Die Nadeln in Mähren und dem Ostalpengebiet (1979) 93 Nr. 475 Taf. 26, 475.

420. Moravičany, okr. Šumperk.- Grab 531; Brandbestattung in Urne.- Rasiermesser, Amphore, Henkeltasse, Scherben.- Jockenhövel, Rasiermesser 74f. ("Zweite Stufe der älteren Lausitzer Kultur") Nr. 82 Taf. 8, 82.

421. Moravičany, okr. Šumperk.- Grab 700; Brandbestattung in Urne.- 1 Rasiermesserfrg. mit Hakengriff (Typus Lhán).- Jockenhövel, Rasiermesser 189 Nr. 376 Taf. 28, 376.

422. Moravičany, okr. Šumperk.- Grab 1208.- 2 Ringe, 1 Tüllenpfeilspitze, 1 Nadelfrg., 2 Bronzefrgte., Urne.- J. Nekvasil, Koll. Abb. 5, 6-12.

423. Moravsky Křumlov, Bez. Znojmo.- Einzelfund.- Nadel (Typus Gutenbrunn).- J. Říhovský, Die Nadeln in Mähren und dem Ostalpengebiet (1979) 93 Nr. 476 Taf. 26, 476.

424. Most.- Einzelfund.- Vollgriffschwert (Typus Riegsee).- J. Hrala, Arch. Rohzledy 16, 1964, 122 Abb. 54.

424A. Most (Brüx).- Einzelfund im Bereich des Gräberfeldes.- Lanzenspitze mit gestuftem Blatt.- H. Preidel, Die urgeschichtlichen Funde und Denkmäler des politischen Bezirkes Brüx (1934) 87 Taf. 16, 15.

425. Mostkovice, okr. Prostějov.- Reichprofilierte Nadel.- I. L. Červinka, Vestnik Prostějov 1, 1900 Taf. 6, 32; Pravek 4, 1908, 180 Abb. 29, 1.

426. Muzky, okr. Michnovo Hradiště.- Fundumstände?.- Lanzettförmiger Anhänger.- G. Kossack, Studien zum Symbolgut der Urnenfelder- und Hallstattzeit Mitteleuropas (1954) 92 Liste B Nr. 40.

427. Naciná Ves, okr. Michalovce.- Depot?- Schnabeltüllenbeil, Griffzungenschwert.- P. Novák, Die Schwerter in der Tschechoslowakei I (1975) 21 Nr. 95 Taf. 14, 95; Novotná, Hortfunde 107 Taf. 27, 10-11.

428. Náklo, okr. Olomouc.- Brandgrab.- Vollgriffmesserfrg., 2 Nadeln.- Říhovský, Messer 43 ("ältere Urnenfelderzeit") Nr. 42 Taf. 13, 142.

429. Nechranice, Gem. Brezno, okr. Chomutov.- Depot in Tongefäß; vielleicht im Zusammenhang mit der Abgrabung von Modererde.- 8 Fragmente mittelständiger Lappenbeile (174 g, 288 g, 282 g, 218 g), 1 Lappenpickel (220 g), 1 Knopfsichelfrg. (29 g), 8 Zungensichelfrgte. (76 g, 70 g, 43 g, 54 g, 66 g, 65 g, 78 g, 58 g), 2 Frgte. eines Knöchelbandes (25 g, 59 g), 1 Ringbarren (352 g), 1 Draht (10 g), 23 Gußkuchenfrgte. (Kupfer) (792 g, 890 g, 620 g, 330 g, 446 g, 294 g, 234 g, 178 g, 150 g, 282 g, 166 g, 124 g, 100 g, 296 g, 412 g, 146 g, 340 g, 72 g, 164 g, 912 g, 1 Exemplar ca. 1500 g), 2 Schalen einer Steingußform für Rasiermesser; Patina der Bronzen dunkelgrün; Mus. Wien (Ankauf W. Singer); 4 Lappenbeilfrgte. im Mus. Bilina, 1 Gußbrocken am 30. 6. 1953 an das Nationalmus. Kopenhagen abgegeben.- H. Preidel, Heimatkunde des Bezirkes Komotau (1935) 93f. Taf. 9, 1-15; Jockenhövel, Rasiermesser 129 Nr. 217 Taf. 18, 217-217A; hier: Taf. 2-3.

430. Nečín b. Dobrís.- Depot; Gewicht 1 380 g.- 26 Nadeln (Typus Henfenfeld), davon 2 zerbrochen.- E. Storch, Obzor Prehist. 14, 1950, 385f. mit Abb.

431. Nemčice na Hanou, okr. Prostějov.- Fundumstände unbekannt.- Rasiermesser (Tap Némcice).- Jockenhövel, Rasiermesser 89 Nr. 104.

432. Nemčice na Hané, okr. Prostějov.- Flußfund.- Griffzungenschwert.- P. Novák, Die Schwerter in der Tschechoslowakei I (1975) 21 Nr. 96 Taf. 14, 96.

433. Nemčice, okr. Brno-venkov.- Brandgräberfeld.- Griffplattenmesser.- J. Říhovský, Sborbnik, Cs. Spol. Arch. 3, 1963, 88 Taf. 18 C1; Říhovský, Messer 17 Nr. 30 Taf. 3, 30.

434. Nemčice, okr. Kroměříž.- Einzelfund.- Kugelkopfnadel. J. Říhovský, Die Nadeln in Mähren und dem Ostalpengebiet (1979) 378 Taf. 21, 378.

435. Nemojany, okr. Vyškov.- Depot.- Zungensichelfrg., 2 Lappenbeile (davon 1 fragmentiert), 1 Lanzenspitzenfrg.- Říhovský, Sicheln 59 Nr. 279 Taf. 18, 279.

436. Nepasice, okr. Hradec Králové, Nordostböhmen.- Gräber.- J. Filip, Popelnicová pole Abb. 27, 8; G. Kossack, Studien zum Symbolgut der Urnenfelder- und Hallstattzeit Mitteleuropas (1954) 98 E17.

437. Nestemice.- Depot.

438. Netovice, okr. Slany.- Flachgrab 3; Doppelbestattung (Körper- und Brandbestattung).- Scheibenkopfnadel, Nadel, zweinietiger Dolch, Rasiermesser, Knöpfe, Sichel- oder Messerfrg., goldener Spiralfingerring, Armringspiralfrg., Keramik.- Pam. Arch. 18, 1898/99, 239f. Taf. 27, 2. 4. 6. 8; J. Böhm, Germania 20, 1936, 11.

439. Nezvěstice-Podskálí, okr. Plzeň-jih.- Urnengrab.- Fragmente einer Bronzetasse, Keramik (hallstattzeitlich?).- O. Kytlicová, Pam. Arch. 79, 1988, 346f. Abb. 5C.

440. Nezvěstice, okr. Plzeň-Süd.- Depot in Felsspalte am rechten Ufer der Uslava.- Aufzählung Richlý: Palstab mit 2 Henkeln, 1 Meißel, 1 Pfeil- oder Lanzenspitze, 1 Nadel, 7 Ringe, 3 Sichelgewichte, Gußkuchenfrg. (ca. 375g); dazu(?) 2 Armringe (Typus Stehelčeves; je 210 g), 2 Beinringe (335 und 340 g), 1 dünner Beinring, 2 tordierte Halsringe, 3 Halsringfrgte., Brillenspiralfrg., 1 Meißel, 2 Pfrieme, 1 Sichelfrg., 1 dreieckiger, durchbrochener Anhänger.- H. Richlý, Die Bronzezeit in Böhmen (1894) 113ff. Taf. 24; O. Kytlicová in: Festschr. W. A. v. Brunn (1981) 214 Nr. 8.

441. Nitra.- Fundumstände unbekannt.- Doppelarmknauf.- Novotná, Beile 63 Nr. 409 Taf. 24, 409.

442. Nizna, okr. Dolný Kubín.- Depot in Tongefäß.- 75 Bronzen darunter Lanzenspitzen, Miniaturäxte und Schmuck.- Novotná, Hortfunde 108f; Arch. Rozhledy 9, 1957, 775ff.

443. Nolčovo, okr. Martin.- Depot.- Angeblich 36 Nadeln, davon 7 Nadeln (Typus Malá Vieska) erhalten.- M. Novotná, Die Nadeln in der Slowakei (1980) 107f. Nr. 613 Taf. 26, 613; 108 Nr. 615-619 Taf. 26, 615-619.

444. Nordböhmen.- Griffzungenschwert.- P. Novák, Die Schwerter in der Tschechoslowakei I (1975) 21 Nr. 93 Taf. 14, 93.

445. Nová Hut', okr. Plzeň.- Grab 13; Brandbestattung.- Kolbenkopfnadel, Scheibenkopfnadel, Knopf, Armring.-J. Böhm, Germania 20, 1936, 13; E. Čujanová-Jílková, Pam. Arch. 55, 1964, 47 Abb. 12, 24-26.

446. Nová Lehota, okr. Prievidza.- Depot in einem Steinbruch.- 11 Nadeln (Typus Malá Vieska).- M. Novotná, Die Nadeln in der Slowakei (1980) 108 Nr. 627. 630-634. 663-667; Taf. 27, 627; 28, 630-634; 33, 663-666; Novotná, Hortfunde 109; L. Veliačik, Die Lausitzer Kultur in der Slowakei (1983) 184 Nr. 266 Taf. 32, 12-22.

447. Nová Lesná, okr. Poprad.- Depot; keine weiteren Angaben.- V. Furmánek, Slovenská Arch. 25,2, 1977, 257 Nr. 92 Taf. 36, 19-22.

448. Nová Ves, okr. Kolín.- Depot.- 1 Amboß, 6 Goldringe, 1 Absatzbeil, 3 bronzene Gußformen für Absatzbeile.- J. Felcman, Pam. Arch. 24, 1909-1912, 375-382; A. Stocký, Čechy v dobe bronzové (1928) Taf. 40.

449. Nové Mesto nad Vahom (Vágúhely), okr. Trencín.- Aus dem Fluß Vág.- Vollgriffschwert (Typus Riegsee).- J. Paulik, Stud. zvesti 9, 1962, 117 Abb. 1.

450. Nové Mesto nad Váhom (Vágúhely), okr. Trencín.- Einzelfund.- Mittelständiges Lappenbeil (danubische Form).- Novotná, Beile 45 Nr. 273 Taf. 14, 273.

451. Nové Syrovice, okr. Moravske Budejovice.- Dreiwulstschwert (Typus Högl).- Müller-Karpe, Vollgriffschwerter 103 Taf. 23, 7.- J. Hrala, Arch. Rozhledy 6, 1954, 225 Nr. 24.

452. Obišovice, okr. Košice-vidiek.- 2 Bronzeräder.- J. Hampel, Alterthümer der Bronzezeit in Ungarn (1887) Taf. 59, 1.

452A. Oberungarn.-Nackenscheibenaxt (Typus B3).- Novotná, Beile 57 Nr. 366 Taf. 21, 366.

453. Obrnice, okr. Most.- Urnengrab.- Berge (Typus Stare Sedlo), Armringfrg., Scheibenkopfnadel mit Mitteldorn, Zierscheibe, Gefäßscherben (von 2 Gefäßen).- O. Kytlicová in: Festschr. W. A. v. Brunn (1981) 225f. Nr. 3 Abb. 10.

454. Očkov, okr. Trencín.- Brandgrab unter Hügel.- 3 Nadelfrgte., Bronzeröhrchen, Niet, Blechfrgte., Knöpfe, Lanzenspitze, Bronzetasse und weitere Gefäß(?)frgte., Keramik.- J. Paulík, Slovenská Arch. 10, 1962, 16ff.

455. Ohnišťany bei Novy Bydzov, okr. Hradec Králové.- Fundumstände unbekannt.- Vollgriffschwert (Typus Riegsee).- A. Stocký, La Boheme au l'âge du bronze (1928) Taf. 57, 7; J. L. Pič, Starožitnosti zeme České Bd. I/3 (1899) Abb. 34.

456. Ohrozim, okr. Prostějov.- Dily; Grab 12; Brandbestattung.- 1 Rasiermesserfrg. mit Hakengriff (Typus Lhán), Keramik.- Jockenhövel, Rasiermesser 189 Nr. 374 ("Mittlere Stufe der Lausitzer Kultur Nordmährens") Taf. 28, 374.

457. Okrouhlé Hradiště, okr. Tachov.- Depot.- 2 Armringe (Typus Stehelčeves).- O. Kytlicová in: Festschr. W. A. v. Brunn (1981) 214 Nr. 9.

458. Olcnava, okr. Spišská Nová Ves.- Siedlungskeramik.- V. Furmánek, Slovenská Arch. 25,2, 1977, 257 Nr. 94.

459. Olomouc.- Einzelfund.- Griffzungenmesserfrg. (Typus Pustimer).- Říhovský, Messer 32 Nr. 104 Taf. 9, 104.

460. Opatová (bei Ozdany), okr. Rimavská Sobota.- Depot.- 8 Schwerter; erhalten sind 4 Griffzungenschwerter.- Novotná, Hortfunde 109; V. Furmánek, Slovenská Arch. 25,2, 1977, 257 Nr. 31, 4-7; P. Novák, Die Schwerter in der Tschechoslowakei I (1975) 16f. Nr. 61. 62 ("wahrscheinlich Čaka-Stufe") Taf. 9, 61-62.

461. Opava-Katerinky (St. Katharein), okr. Troppau.- Mähren.- Depot (1928) in einem Tongefäß in etwa 80 cm Tiefe.- 2 Posamenteriefibeln mit eingehängten Lanzettamuletten, 14 Brillenanhänger, 5 Zierscheiben (Phaleren), 99 Buckel mit zwei Ösen, 1 Kette mit lanzettförmigen Anhängern.- G. Kossack, Studien zum Symbolgut der Urnenfelder- und Hallstattzeit Mitteleuropas (1954) 93 Liste B Nr. 57.

462. Oprany (Hügel Chlum), okr. Tábor.- Hügelgrab 3 (1898); Brandbestattung.- 2 hohle Blecharmbänder, 2 Nadeln (Typus Henfenfeld), meherere Gefäße.- O. Kytlicová in: Festschr. W. A. v. Brunn (1981) 228 Nr. 3.

463. Oravský Podzámok, okr. Dolný Kubín.- Aus einer Gruppe von Brandbestattungen.- Rasiermesser; Griffzungendolch mit fächerförmiger Knaufzunge.- M. Kubinyi, Arch. Értesitö 18, 1898 Abb. auf S. 406; J. Vladár, Die Dolche in der Slowakei (1974) 52 ("Depot") Nr. 154; Jockenhövel, Rasiermesser 75 Nr. 83 Taf. 8, 83.

464. Orechov, okr. Brno-venkov.- Depot.- 1 Knopfsichel, 1 Zungensichel, 6 Zungensichelfrgte., 24 Sichelklingenfrgte., 8 Lappenbeilfrgte., 2 (?) Tüllenbeilfrgte., 4 Messerfrgte. (darunter atypisches Griffplattenmesser), 2 Lanzenspitzenfrgte., 11 Armringe und Ringfrgte., 1 Draht mit eingerolltem Ende, 4 Nadeln, Bronzegußstücke, Gefäß.- Říhovský, Messer 19 Nr. 42 Taf. 3, 42; Říhovský, Sicheln 32 ("ältere Urnenfelderzeit; Depotfundhorizont Drslavice") Nr. 105 Taf. 61 B- 62.

465. Osádka, okr. Dolný Kubín.- Depot in Tongefäß.- 11 Brillenanhänger, 1 lanzettförmiger Anhänger, 5 Armspiralen, Draht, 4 Tutuli.- L. Veliačik, Die Lausitzer Kultur in der Slowakei (1983) 184 Nr. 280 Taf. 32, 1-11; V. Furmánek, Die Anhänger in der Slowakei (1980) 43 Nr. 835 Taf. 31, 835; Novotná, Hortfunde 109.

466. Ostrovany, okr. Presov.- Depot.- 1 Lanzenspitze, 1 Beil mit Öse, 3 Sicheln, 1 Armring.- Datierung ?- Novotná Hortfunde 109; V. Furmánek, Slovenská Arch. 25,2, 1977, 257 Nr. 96.

467. Otaslavice, okr. Prostějov.- Brandgrab.- Kugelkopfnadel.- J. Říhovský, Die Nadeln in Mähren und dem Ostalpengebiet (1979) 379 Taf. 21, 379.

468. Otročok, okr. Rimavská Sobota.- Depot.- 19 Armringe.- (Datierung?).- Novotná, Hortfunde 109f.; V. Furmánek, Slovenská Arch. 25,2, 1977, 257 Nr. 98.

469. Otročok, okr. Rimavská Sobota.- Siedlungskeramik.- V. Furmánek, Slovenská Arch. 25,2, 1977, 257 Nr. 97.

470. Ovčiarsko, okr. Žilina.- Depot.- Von 25-30 Nadeln sind 15 Nadeln (Typus Malá Vieska) erhalten.- M. Novotná, Die Nadeln in der Slowakei (1980) 108 Nr. 622-623. 650-662 Taf. 27, 622. 623; 31, 650-655; 32, 656-662; Novotná, Hortfunde 110; L. Veliačik, Die Lausitzer Kultur in der Slowakei (1983) 185 Nr. 285 Taf. 31, 5-16.

471. Ožďany, okr. Rimavská Sobota.- Depot I (1878 erworben).- Oberarmspirale (Salgotarján), 1 trichterförmiger Anhänger, 2 offene Armringe, 11 Buckel.- T. Kemenczei, Evk. Miscolc 5, 1965, 110 Taf. 31; Novotná, Hortfunde 110.

472. Ožďany, okr. Rimavská Sobota.- Depot II (1951).- 3 Doppelarmknäufe, 2 Absatzbeile mit gerader Rast, 2 mittelständige Lappenbeile (danubische Form/Typus Freudenberg, Var. Niedergößnitz), 1 Tüllenbeil, 3 Sicheln, 1 Sichelfrg., 1 Schwertspitze, 2 Nadeln mit großer gewölbter Kopfscheibe (Typus Gemer), davon eine fragmentiert, 2 Nadelschäfte, 5 Stabarmringe, 4 Handschutzspiralen, 1 Spiralfingerring.- J. Kudláček, Arch. Rozhledy 4, 1952, 28ff. Abb. 21-23; Novotná, Beile 42 Nr. 245-246; 62 Nr. 404-406 Taf. 24, 404-406; 46 Nr. 292. 309 Taf. 15, 292; 17, 309; Hänsel, Beiträge 195 Liste 59, 11; M. Novotná, Die Nadeln in der Slowakei (1980) 68 ("Horizont Ožďany") Nr. 383-384 Taf. 14, 383. 384; 69 Nr. 392. 393 Taf. 15, 392. 393.

473. Panické Dravce, okr. Lučenec.- Aus einer Gruppe von Brandbestattungen.- Rasiermesser (Typus Radzovce).- Jockenhövel, Rasiermesser 87 Nr. 101 A Taf. 9, 101.

474. entfällt.

475. Partizánska L'upča, okr. Liptovský Mikuláš.- Fundumstände unbekannt.- Doppelarmknauf.- Novotná, Beile 63 Nr. 418.

476. Partinzánska L'upča, okr. Lipt. Mikuláš.- Nach einer Überschwemmung gefunden; Gewässerfund?.- Dreiwulstschwert (Typus Liptau).- Novotná, Hortfunde 111; Müller-Karpe, Vollgriffschwerter 102 Taf. 21, 9; J. Hrala, Arch. Rozhledy 6, 1954, 224 Nr. 11.

477. Partizánske.- 26 Brandgräber.
-Grab 1: 2 Nadeln, 1 Anhänger, 6 Spiralröllchen, 3 Glasperlen, 1 Pfeilspitze, Keramik.- J. Porubsky, Slovenská Arch. 6, 1958, 94 Abb. 1-11.

-Grab 21: 1 Pfeilspitze (Silex?), 1 Nadel (?), Keramik.- J. Porubsky, Slovenská Arch. 6, 1958, 97 Taf. 4, 5-7.
-Ohne Grabkontext: 2 Tüllenpfeilspitzen, 2 Nadeln, 1 Brillenanhänger, Griffzungenfrg., Keramik.- J. Porubsky, Slovenská Arch. 6, 1958, 98 Taf. 5; vgl. auch: L. Veliačik, Die Lausitzer Kultur in der Slowakei (1983) 47. Taf. 1, 4; 4, 7; 5, 6. 10; J. Kudlacek, Arch. Rozhledy 5, 1953, 328ff.

478. Partizánske, okr. Topol'čany.- Auf einem Gräberfeld.- Fragmentierter Griffzungendolch.- J. Vladár, Die Dolche in der Slowakei (1974) 51 Nr. 150.

479. Paseka, okr. Pisek.- Depot (1895).- 1 Dolchklinge, 1 Golddiadem, 2 Zierscheiben, 1 Brillenspirale, 2 mittelständige Lappenbeile, 1 Vollgriffschwertfrg. (Achtkantschwert mit Paragraphenzier), 2 Armringe und Fragmente (darunter Typus Pfullingen), 5 Nadelfrgte., 1 Knebel.- H. Richlý, Die Bronzezeit in Böhmen (1894) 116 Taf. 25-27; unter Bezug auf chronologische Uneinheitlichkeit zieht (m. E. zu Unrecht) A. Mozsolics, Der Goldfund von Velem-Szentvid (1950) 17f. die Geschlossenheit des Hortes in Zweifel.

479A. Pasovice, okr. Uherské Hradiště.- Mittelständiges Lappenbeil.- J. Říhovský, Die Äxte, Beile, Meißel und Hämmer in Mähren (1992) 154 Nr. 477 Taf. 31, 477.

480. Pavlov, okr. Břeclav.- Brandgrab 4.- Griffzungenmesser (Typus Dašice), Nadeln, Scherben.- Říhovský, Messer 35 Nr. 117 Taf. 11, 117.

481. Pavlovce, okr. Rimavská Sobota.- Brandgräberfeld.- V. Furmánek, Slovenská Arch. 25,2, 1977, 257 Nr. 107.

482. Petipsy.- Depot (1900).- Mus. Praha: 3 Griffzungensicheln, 66 Sichelfrgte., 2 Messerfrgte., 3 mittelständige Lappenbeile, 2 Armringe, 1 Armringfrg., 1 Nadelfrg., 2 Spiralfrgte., 25 Gußbrocken; Mus. Bilina: 3 Zungensicheln (92 g, 100 g, 51 g), 1 Sichelspitze (16 g), 1 mittelständiges Lappenbeil (130 g), 1 Lappenbeilfrg. (160 g), 1 Armring (152 g), 5 Gußbrocken (41 g, 124 g, 74 g, 74 g, 44 g); glatte dunkelgrüne Patina.

483. Pisek, okr. Hradec Králové.- Depot.- 4 Armringe.- O. Kytlicová, Arch. Rozhledy 16, 1964, 545 Abb. 165 B.

484. Plešivec (Wallanlage)- Běyín, okr. Příbram.- Der Berg Plešivec liegt am rechten Ufer des Litava Baches. Eine moderne zusammenfassende Behandlung dieses wichtigen Denkmals fehlt bislang. Ausführlich wurde der Plešivec von B. Jelínek, Mitt. Anthr. Ges. Wien 26, 1896, 195ff.; ders. Pam. Arch. 12, 1882, 85ff. besprochen. Vgl. auch J. Malicky, Pam. Arch. 43, 1947-48, 21ff. Abb. 1-2 (neben den Bestandteilen von Horten auch 1 fragmentierter Brillenanhänger und 1 Lappenbeil (Typus Bad Orb).

485. Plešivec (Běyín).- Depot I beim Sandgraben (1825).- 3 Armringe (Typus Stehelčeves, 2 Oberarmringe, 5 Fußringe, 2 Halsringe, 2 tordierte Halsringe, 2 hohle Ringe (Typus Dretovice), gegossener Rahmen in Form einer Acht, 1 Meißelfrg., 1 Lanzenspitze, 2 Zungensicheln, 2 Griffzungensichelfrgte., 1 Tüllenmeißel, 1 kleiner Meißel, 1 Schwertklingenfrg.- NM Prag 16244-16275.- B. Jelínek, Mitt. Anthr. Ges. Wien 26, 1896, 210; H. Richlý, Die Bronzezeit in Böhmen (1894) 62ff. Taf. 1. 2; O. Kytlicová in: Festschr. W. A. v. Brunn (1981) 214 Nr. 10.

486. Plešivec.- Depot II beim alten Tor (1872); von einem Schmied (sic!) gefunden.- Die Bronzen sind nur bruchstückhaft überliefert; 2 Ringe, 2 Lanzenspitzen, 1 bronzener Kessel, 2 Palstäbe, 1 Schwert, Armringe, eine vierzinkige Gabel.- B. Jelínek, Mitt. Anthr. Ges. Wien 26, 1896, 200.

487. Plešivec.- Depot III (?) beim alten Tor (1878 und 1879); vielleicht zu Depot II.- 2 Lanzenspitzen, 1 Palstab (Absatzbeil).- B. Jelínek, Mitt. Anthr. Ges. Wien 26, 1896, 200.

488. Plešivec (Mala Vrata).- Depot IV außerhalb der Wallburg (1878) in einem großen Tongefäß; einige der Gegenstände sollen aber "ganz isoliert" gelegen haben.- Funde zumeist verloren: 1 Lanzenspitze mit gestuftem Blatt, 1 mittelständiges Lappenbeil, 1 tordierter Halsring, 1 gerippter Armring, 2 Armringe mit Kreisaugenzier (bronzezeitlich?), 1 Ahle, 1 Nadel stark verbogen, 3 Arm- und Beinringe mit Leiterbandverzierung, eine ungewöhnlich große Lanzenspitze "an deren Dille zwei Ringe angebracht waren" (vermutlich also eine Ösenlanzenspitze!), Gußbrocken.- B. Jelínek, Mitt. Anthr. Ges. Wien 26, 1896, 215 Abb. 406-410. 412-415; O. Kytlicová in: Festschr. W. A. v. Brunn (1981) 214 Nr. 11.

489. Plešivec (Mala Vrata).- Depot V außerhalb der Wallburg (1895) in Steinbruch.- 2 Armringe (Typus Stehelčeves); Fußring mit Rillenverzierung, 1 Spiralfingerring.- B. Jelínek, Mitt. Anthr. Ges. Wien 26, 1896, 215 Abb. 418-420; O. Kytlicová in: Festschr. W. A. v. Brunn (1981) 214 Nr. 12.

490. Plešivec (Rejkovice).- Depot VI (1867).- Funde verstreut: 1 Messer mit Rahmengriff, 1 Flachbeil, 1 glockenartiger Gegenstand, 1 Armring, Gußbrocken, 1 Sichelfrg.- B. Jelínek, Mitt. Anthr. Ges. Wien 26, 1896, 215 Abb. 437-438.

491. Plešivec (Rejkovice).- Depot VII (1876); bei einem Schmelzofen (?).- 1 Gußkuchen (17 kg schwer), aus denen eingeschmolzene Gegenstände herausragten, darunter auch mehrere Sicheln.-B. Jelínek, Mitt. Anthr. Ges. Wien 26, 1896, 216.

492. Plešivec (Rejkovice).- Depot VIII (1886); bei einem Schmelzofen (?).- Gußkuchen, Sicheln.- B. Jelínek, Mitt. Anthr. Ges. Wien 26, 1896, 216f. Abb. 441-442.

493. Plešivec -> Rejkovice

494. Plzeň-Doubrav.- Einzelfund.- Mittelständiges Lappenbeil (626 g).- Mus Plzeň Nr. 8600.- Taf. 1,4.

495. Plzeň-Jíkalka.- Depot in einer Sandschicht 1, 4 m tief (1896) in einem Tongefäß.- 1 Scheibenkopfnadel (verloren), 2 Schwertklingenfrgte. (25 g, 192 g), 2 Knopfsicheln (166 g, 168 g), 1 Knopfsichel (in 3 Teile zerbrochen; 26 + 32 + 54 g), 5 Frgte. von 2 Zungensicheln (12 g; 15 + 12 + 15 + 22 g), 5 Sichelfrgte. (28 g, 12 g, 34 g, 9 g, 26 g), 2 Armringfrgte. (12 g, 26 g), 2 Scheibenanhänger mit konzentrischen Reliefleisten und Mitteldorn (21 g, 27 g), 1 röhrenförmiges Blechstück (8 g), 1 kleiner Ring mit eingehängtem Blechstück (9 g), 4 Nadelschaft(?)frgte. (10 g, 14 g, 14 g, 19 g), 1 mittelständiges Lappenbeil (böhmische Form; 815 g), 1 Blechfrgte. (38 g), 5 Frgte. plankonvexer Barren (220 g, 88 g, 78 g, 198 g, 98 g), Keramikgefäß. Ein Bronzeschild zugehörig? - J. Böhm, Germania 20, 1936, 13f. Abb. 6; O. Kytlicová, Pam. Arch. 77, 1986, 424ff. Abb. 6-7; E. Čujanová-Jílková, Mittelbronzezeitliche Hügelgräberfelder in Westböhmen (1970) 72 Nr. 57 Abb. 23-24.

496. Plzeň-Nová Hospoda, okr. Plzeň-mesto.- Hügel 39, Grab 2; Brandbestattung.- Nadel, Rasiermesser (Typus Stadecken), Schale, Napf, Scherben.- Jockenhövel, Rasiermesser 69 ("Vsekary-Hustá Lec - Stufe") Nr. 65 Taf. 6, 65.

497. Pobedim, okr. Trenčín.- Siedlung am rechten Waagufer auf einer sanften Anhöhe.- Beginn der Besiedlung Bz D/Ha A. Befund: Zahlreiche Gruben und Reste von 23 Hausgrundrissen, 1 Brunnen, ein Kultplatz (Objekt 1/62).- Funde: 2 schildförmige Anhänger (davon einer dem klassischen Typus nahestehend), zahlreiche Messerfrgte. (darunter Typus Pfatten), 1 Tüllenbeilfrg., Knopf, Ringfrgte., Sicheln, Nadelfrgte.- E. Studeníková, J. Paulík, Osada z doby bronzovej v Pobedime (1983); V. Furmánek, Die Anhänger in der Slowakei (1980) 42 Nr. 808-809 Taf. 31, 808-809.

498. Podkonice, okr. Banská Bystrica.- Depot.- 6 Schwerter, davon 1 Dreiwulstschwert.- Novotná, Hortfunde 112f.

499. Podolí-Bohučovice (Grätz Bohutschowitz).- Depot (offenbar frei in der Erde).- 2 Absatzbeile, 2 Lanzenspitzen (eine mit profilierter Tülle, die andere mit gestuftem Blatt), 3 Halsringe, 11 Armringe (davon 2 fragmentiert), 3 Armbergen, 1 Silexpfeilspitze.- O. Kleemann, Sudeta 11, 1935, 70ff. Abb. 1-4; J. Říhovský, Die Äxte, Beile, Meißel und Hämmer in Mähren (1992) 138 Nr. 412-413 Taf. 89-90A.

500. Polkovice, okr. Přerov.- Depot.- 2 Knopfsicheln, 1 Zungensicheln, 3 Messerfrgte., 2 Armringe, 18 Armringfrgte., 1 größerer Ring, zahlreiche kleine Ringe, 3 beschädigte Ringe, zahlreiche winzige Ösenknöpfe, 5 Tutuli, 1 Frg. eines schildförmigen Anhängers, 2 Tüllenbeile, Frg. eines tordierten Drahtes.- Říhovský, Sicheln 39 ("jüngere Urnenfelderzeit, jüngerer Abschnitt [Depotfundhorizont Boskovice]") Nr. 133 Taf. 66A; G. Kossack, Studien zum Symbolgut der Urnenfelder- und Hallstattzeit Mitteleuropas (1954) 98 E19.)

501. Poprad-Vel'ká- > Velká

502. Postoupky-Hradisko -> Hradisko

503. entfällt.

504. Povazie (Waagtal).- Fundumstände unbekannt.- Mittelständiges Lappenbeil (danubische Form).- Novotná, Beile 45 Nr. 269 Taf. 14, 269.

505. Pozsdišovce, okr. Michalovce.- Depot (1955).- 2 Dreiwulstschwerter.- Novotná, Hortfunde 113 Taf. 9, 10-11.

506. Praha.- Dreiwulstschwert (mit Typus Erlach verwandt).- M. Friedrichová, Arch. Rozhledy 17, 1965, 92ff. Abb. 46.

507. Praha Bubenec.- Depot I in Amphore.- 4 Sichelfrgte., 4 Gußbrocken.- O. Kytlicová Arch. Rozhledy 16, 1964, 541 Abb. 163.

508. Praha Bubenec.- Depot II.- 2 gegossene, hohle Armringe (Typus Dretovice), 2 hohle Blecharmringe mit Rillenverzierung, 1 Zierbuckel, 2 Fingerringe.- O. Kytlicová in: Festschr. W. A. v. Brunn (1981) 229f. Nr. 6 Abb. 15.

509. Praha-Bubenec (Predni-Ovenec).- Gräberfeld mit ca 30 Brand- und 2 Körperbestattungen.- Tongefäße, 1 Nadel mit geripptem Hals, Nähnadel, 1 spatelförmiges Werkzeug, 2 Armringe, Hundeskelett, Pferde-, Schweine-, Schaf-, Rinder- und Hirschknochen.- B. Jelinek, Mitt. Anthr. Ges. Wien 24, 1894, 57ff. Abb. 5-24.

510. Praha-Dejvice.- Depot.- 2 mittelständige Lappenbeile (böhmische Form).- M. Slabina, Arch. Rozhledy 18, 1966, 342ff. Abb. 140, 1-2.

511. Praha-Dejvice.- Depot (Sv. Matej).- 7 Armringe (davon 2 verziert), 1 Frg. einer nordischen Spiralplattenfibel, 3 Tüllenpfeilspitzen, 1 Dolchfrg., 6 Sichelfrgte., 2 Rasiermesser (Typus Obermenzing und Stadecken), Bronzehülsen, Barren, Gußkuchen.- J. Schránil, Die Vorgeschichte Bömens und Mährens (1928) Taf. 30, 33; R. Turek in: J. Klika (Hrsg.), Šárka (1949) 126f. Taf. 13; O. Kytlicová, Arbeits- und Forschber. Sachsen 17/17, 1967, 156 Abb. 8, 1; Jockenhövel, Rasiermesser 56 ("Depotfundstufe Lažany") Nr. 50 Taf. 5, 50; 69 Nr. 71 Taf. 7, 71.

512. Praha Bubenec.- Keramikdepot (?) in einer Grube Reste von wohl 20 Gefäßen; 2 Gefäße (nämlich Tiroler "Import") sind unversehrt.- Datierung: Ha A1-2.- J. Hrala, Arch. Rozhledy 21, 1969, 510 mit Abb.

513. Praha-Modrany.- Keramikdepot.- 9 Gefäße.- Nach Kovárík: Knoviz I = Bz D fortgeschritten.- J. Kovárík, Arch. Rozhledy 31, 1979, 481ff.

514. Praha-Sarka.- Griffzungendolch (Typus Orci), Rasiermesser.- J. Schránil, Die Vorgeschichte Böhmens und Mährens (1928) Taf. 30, 12.

515. Praha-Dejvice.- Einzelfund.- Mittelständiges Lappenbeil (böhmische Form).- M. Slabina, Arch. Rozhledy 18, 1966, 342ff. Abb. 140, 4.

516. Praha-Hradcany (Strahov).- Depot.- 4 Armringe (Typus Stehelčeves), Frg. eines gerippten Armbands, Nadel mit geripptem Kopf, 2 Fingerringe.- O. Kytlicová in: Festschr. W. A. v. Brunn (1981) 217 Nr. 13.

517. Praha-Jinonice/Butovice.- Beil.- J. Schránil, Die Vorgeschichte Böhmens und Mährens (1928) 155.

518. Praha-Liben (Na Zertvách).- Depot.- 3 Armringe (Typus Stehelčeves), 2 Fußringe, geripptes Armband, stabförmiger Armring, Armring mit umgeschlagenen Enden, Armring mit rhombischem Querschnitt (ursprünglich 12 Ringe).- O. Kytlicová in: Festschr. W. A. v. Brunn (1981) 217 Nr. 14.

519. Praha-Liben.- Nadel mit mehrfach verdicktem Schaftoberteil (Typus Angern); Spitze abgebrochen.- J. Schránil, Die Vorgeschichte Böhmens und Mährens (1928) Taf. 33, 6.

520. Praha-Vysehrad.- Aus der Moldau.- Dreiwulstschwert.- J. Hrala, Arch. Rozhledy 27, 1971, 209ff.

521. Pravcice, okr. Kroměříž.- Depot.- 1 Zungensichel (zerbrochen), 1 Sichelfrg., 1 Tüllenbeil, 2 Schwertfrgte., 1 Armring, 1 Bronzestabfrg., 2 Gußkuchen.- Červinka, Popelnicová pole 109 mit Abb.; Říhovský, Sicheln 57 ("Ältere Urnenfelderzeit") Nr. 253 Taf. 16, 253.

522. Prelouci.- Depot.- 2 Knopfsicheln, 1 Griffzungensichelfrg., 1 mittelständiges Lappenbeil, 3 Blechknöpfe, 1 Spiralfrg., 4 Nadeln, 1 Haken, 1 Stabmeißel, 1 geschlossener Ring, 2 Armringfrgte., 1 Bronzestück, 3 Gußbrocken.- V. Divis-Cistecky, Pam. Arch. 18, 1898-1899, 531ff. Taf. 49.

522A. Přemyslovice, okr. Prostějov.- Einzelfund.- Mittelständiges Lappenbeil.- J. Říhovský, Die Äxte, Beile, Meißel und Hämmer in Mähren (1992) 159 Nr. 518 Taf. 33, 518.

523. Prešov, okr. Prešov.- Siedlungskeramik; 2 Brandgräberfelder und ein Bronzedepot.- Budinsky-Kricka 1965, 42 Taf. 2; 1969, 250f.; 259-260; V. Furmánek, Slovenská Arch. 25,2, 1977, 257 Nr. 114-117.

524. Přestavlky, okr. Přerov.- Depot (1899) vermutlich in Tongefäß(en); 175 Gegenstände sind nachweisbar, der Fund ist aber wohl nicht vollständig überliefert.- [die folgenden Zahlenangaben Mindestzahlen] ca. 65 Sicheln (davon 5 unfragmentiert), 13 Lappenbeile und Fragmente, 2 Tüllenbeile und Fragmente, 3 Messer, 1 Rasiermesserfrg. (Typus Morzg), 2 Stabmeißel, 2 Punzen, 1 Griffzungenschwert (in mindestens 3 Teile zerbrochen, von denen 2 deponiert), 2 Schwertklingenfrgte., 3 (einige) Lanzenspitzen, 1 konische Tülle (Lanzenschuh?), 1 Blechbandfrg., 1 Gegenstand, 4 Haken, 3 Blechröhren, 6 Blechfrgte., 1 Blechfrg. mit Guirlandenzier, 24 Ringe, 2 Armbergen, 4 Fibeln, 1 Nadel (Typus Mainz), 2 Bronzestäbe, 5 Buckel und Knöpfe, 3 Anhänger (lanzett-, kegel-, brillenförmig), 1 Doppelring, 1 Kompositgehängefrg?, 1 Blechröhrchen, 1 Spiralröllchen, 2 Platten mit Haken, 2 Gußbrocken.- A. Rzehak. Jahrb. Altkde. 1, 1907, 95ff. mit Abb. (gute Photographien); P. Macala, Slovénska Arch. 33, 1985, 165ff. mit Abb.; Říhovský, Messer 16f. Nr. 25; 31 Nr. 99 Taf. 9, 99; Taf. 32-33; G. Kossack, Studien zum Symbolgut der Urnenfelder- und Hallstattzeit Mitteleuropas (1954) 92 Liste B Nr. 46; Jockenhövel, Rasiermesser 91 Nr. 115 Taf. 10, 115.

525. Přibice, okr. Břeclav.- Siedlungsfund (?)- Vollgriffmesser (einschalig gegossen).- Říhovský, Messer 11 Nr. 2 Taf. 1,2.

526. Protivín (Bor), okr. Písek.- Hügelgrab II.- 2 große und 2 kleine hohle Armringe, Bruchstück einer Nadel (Typus Henfenfeld), Nadel mit abgebrochenem Kopfteil.- O. Kytlicová in: Festschr. W. A. v. Brunn (1981) 230 Nr. 7 Abb. 16.

526A. Pšov, okr. Louny.- Burgwall Rubín.- Griffzungenmesser mit Ringgriff.- J. Blažek, L. Smejtek, Die Bronzemesser in Nordwestböhmen (1993) 46 Nr. 69 Taf. 5, 69.

527. Púchov, okr. Považská Bytrica.- Vermutlich aus Depot.- Nadel (Typus Malá Vieska).- M. Novotná, Die Nadeln in der Slowakei (1980) 108 Nr. 621 Taf. 27, 621; Novotná, Hortfunde 113.

528. Púchov, okr. Považská Bytrica.- Gräberfeld mit 107 Brandbestattungen.- Grab 60/69: schildförmiger Anhänger.- L. Veliačik, Die Lausitzer Kultur in der Slowakei (1983) 186 Nr. 337 Taf. 6, 6; V. Furmánek, Die Anhänger in der Slowakei (1980) 42 Nr. 810 Taf. 31, 810.

529. Púchov, okr. Považská Bystrica.- Depot.- 2 lanzettförmige Anhänger in einem Rad.- G. Kossack, Studien zum Symbolgut der Urnenfelder- und Hallstattzeit Mitteleuropas (1954) 92 Liste B Nr. 68; V. Furmánek, Die Anhänger in der Slowakei (1980) 44 Nr. 836. 837 Taf. 31, 836-837.

530. entfällt.

531. Puštimer, okr. Vyškov.- Brandgräberfeld.- Griffzungenmesser (Typus Pustimer).- Říhovský, Messer 32 Nr. 105 Taf. 9, 105.

532. Puštimer, okr. Vyškov.- Einzelfund.- Griffzungenmesser (Typus Dašice).- Říhovský, Messer 35 Nr. 118 Taf. 11, 118.

533. Puštimer, okr. Vyškov.- Einzelfund.- Griffplattenmesser.- Říhovský, Messer 13 Nr. 8 Taf. 1, 8.

534. Radetice (Na Strazi), okr. Příbram.- Depot unter zwei Granitblöcken; teilweise verloren.- 1 Schwertklingenfrg., 1 Dolch(?)-klingenfrg., 2 Zungensicheln (jeweils in 3 Stücke zerbrochen); 1 Knopfsichel (in 2 Teile zerbrochen), 10 Sichelfrgte., weitere Sichelfrgte., sehr kleine, viermal gebrochene Sichel ohne Griff, 4 Lappenbeilfrgte., 1 Schneidenfrg., 1 Absatzbeilfrg., 1 Ringfrg.; 1 Frg. eines tordierten Ringes, 1 Armbandfrg., 6 Armringfrgte., 1 Spiralfrg., 1 tordierter (Finger)ring, 1 Bronzedrahtring, 1 Frg. eines gerippten Armbandes, Frg. einer Nadel (Typus Henfenfeld), 3 fragmentierte gerippte Kolbenkopfnadeln, 6 Bronzefrgte., 1 Blechfrg., Bronzedrahtfragmente, 38 Stücke Rohkupfer und einige Stücke Blei (Totalgew. 8, 419 kg). H. Richlý, Die Bronzezeit in Böhmen (1894) 111f. Taf. 22-23.

535. Radotín bei Praha.- Brandgrab.- 2 Armringe, 1 Nadel, 1 Knopf, Urne.- V. Moucha, Arch. Rozhledy 23, 1971, 742f. Taf. 1.

536. Radzovce, okr. Lučenec.- Urnengrab 54 (1932).- Griffzungendolchfrg.- J. Vladár, Die Dolche in der Slowakei (1974) 50 Nr. 144 Taf. 7, 144; V. Furmánek, Slovenská Arch. 25,2, 1977, 257 Nr. 120-121.

537. Radzovce, okr. Lučenec.- Brandbestattungen; Grab 54, 58 (?).- 3 Rasiermesser (Typus Radzovce).- Jockenhövel, Rasiermesser 86 ("jüngere Pilinyer-Kultur) Nr. 97-99 Taf. 9, 97-99.

538. Radzovce, okr. Lučenec.- Brandgräberfeld der Pilinyer Kultur.- Aus den Gräbern 164/69, 163/69, 109/69, 156/69 und 184/1931 stammen insgesamt 6 Nadeln mit kleiner oder mittelgroßer, gewölbter Kopfscheibe (Typus Gemer).- M. Novotná, Die Nadeln in der Slowakei (1980) 68 Nr. 375-380 Taf. 14, 375-380.

539. Radzovce, okr. Rimavská Sobota.- Brandgräberfeld-. Nadel mit mehrfach verdicktem Schaftoberteil (Typus Forró); Spitze abgebrochen.- M. Novotná, Die Nadeln in der Slowakei (1980) 87 Nr. 516 Taf. 22, 516.

540. Raksice, Bez. Znojmo.- Einzelfund.- Fragment einer Nadel (Typus Gutenbrunn).- J. Říhovský, Die Nadeln in Mähren und dem Ostalpengebiet (1979) 93 Nr. 477 Taf. 26, 477.

541. Ratkovská Suchá, okr. Rimavská Sobota.- Depot.- V. Furmánek, Slovenskáq Arch. 25,2, 1977, 257 Nr. 123.

542. Rejkovice -> Plešivec

543. Rejkovice.- Depot (nicht vollständig ?).- 2 mittelständige Lappenbeile, 1 mittelständiges Lappenbeilfrg., 1 Zungensichel, Frg. eines gedrehten Drahtes.- H. Richlý, Die Bronzezeit in Böhmen (1894) 128f. Nr. 36 Taf. 31.

544. Repec, Bez. Tábor .- Hügel Nr. 17; Brandgrab.- Scheibenkopfnadel, Stabarmring, kleiner Ring, Spiralfingerring, eiserner(?) Ring.- P. Reinecke, Germania 19, 1935, 211; Píč, Starožitnosti zeme Česke I/2; J. Böhm, Germania 20, 1936, 11.

545. Repec.- Hügel.- Grabfunde.- Doppelarmknauf, Scheibenkopfnadel, Griffzungendolch, Armringe, Phaleren, Nadeln.- J. L. Píč, Pam. Arch. 18, 1898 Taf. 2.

546. Rešica (Resta), okr. Košice-Land.- Depot (nähere Fundumstände unbekannt).- 2 Nadeln mit großer gewölbter Kopfscheibe (Typus Gemer), 3 Lanzenspitzen (davon nach Aufzählung Novotná, Hortfunde eine in 3 Teile zerbrochen; nach Abbildung M. Novotná, Die Nadeln in der Slowakei (1980) 4 Lanzenspitzen, von denen 3 mit profiliertem Blatt), 2 Handschutzspiralen (1 weiteres Handschutzspiralenfrg ?).- Novotná, Hortfunde 113f.; M. Novotná, Die Nadeln in der Slowakei (1980) 68 ("Horizont Ožďany") Nr. 381-382 Taf. 14, 381-382; 58 D; V. Furmánek, Slovenská Arch. 25,2, 1977, 257 Nr. 124 Taf. 27, 4-8.

547. Ribsko b. Voznice.- Depot (1904) in Tongefäß.- 3 Sicheln, 1 Dolchfrg., 2 Knöpfe, , 4 Ringe, 1 Fibel (?), Barren.- L. Schneider, Mitteilungen Zentral-Komm. 3. Folge 4, 1905, 279f.

548. Rimavská Sobota (Rimaszombat), Kr. Rimavská Sobota.- Depot I.- Griffplattenschwert (Typus Rixheim), Griffzungenschwert (Sprockhoff Ia), 2 Griffzungenschwerter (Typus Nenzingen, Var. Genf), Vollgriffschwert, 1 Armring, 1 Armringfrg., 2 herzförmige Anhänger, Anhänger, Blechdiademfrg., Bronzegefäßfrg., Bronzefrg., 2 Doppelarmknäufe, 2 Armspiralen, 5 Armspiralen, 4 Spiralrosetten, vier Spiralbleche, 84 Tutuli, Schmuckgehänge, Bronzebruchstücke, weitere Funde.- J. Hampel Altertümer der Bronzezeit in Ungarn (1887) Taf. 117 - 118; J. Paulik, SZ AUSAV 13, 63f. Taf. 2.- Novotná, Hortfunde 114; P. Novák, Die Schwerter in der Tschechoslowakei I (1975) 17 Nr. 66 Taf. 10, 66; 10 Nr. 32 Taf. 5, 32; 21 Nr. 98f. Taf. 15, 98f.; Novotná, Beile 62 Nr. 391 Taf. 23, 391.

549. Rimavska Sobota, okr. Rimavská Sobota.- Depot II in Tongefäß (1956).- 3 Posamenteriefibeln, 2 Armspiralen.- Novotná, Hortfunde 115; Paulík, Slovénska Arch. 7, 1959, 354.

550. Rimavská Sobota, okr. Rimavská Sobota.- Siedlungskeramik.- V. Furmánek, Slovenská Arch. 25,2, 1977, 258 Nr. 127-135.

551. Robčice, okr. Plzeň-jih.- Depot im Wald Malinec (1927) vor einem Steinbruch auf dem Fels in einer Lehmschicht ca. 50 cm tief.- 3 Lappenbeilfragmente (354 g, 214 g, 400 g), 1 Absatzbeil (512 g), 1 Sichelfrg. (63 g), 2 Zungensicheln (90 g, 98 g), 1 Zungensichelfragment (63 g), 1 Blechhülse (9 g), 1 Anhänger mit angeschärfter Schneide (verziert) (24 g).- Taf. 4.- Mus Plzeň 8219-8228.- O. Kytlicová, Acta Univ. Carol. Phil. et Hist. 3, 1959, 129ff. (das Absatzbeil).

552. Ronsperk.- Mittelständiges Lappenbeil.- NM Praha 15939.

553. Roušínov, okr. Vyškov.- Depot.- Rasiermesserfrg. mit Rahmengriff, Nadel mit doppelkonischem Kopf, 5 Armringe, Nadel

mit geripptem Kolbenkopf, Nadel mit reich profiliertem Kopf, Nadelschaftfrg., 1 breites geripptes Armband, Frg. eines tordierten Ösenhalsringes, Spiraldraht, Blechmanschette, Brillenfibel, Messerklinge, Scheibe mit Rückenöse.- Jockenhövel, Rasiermesser 177 ("Depotfundstufe Drslavice") Nr. 352 Taf. 58A; A. Procházka, Pravek 1907, 50f. Taf. 3.

554. Roušovice bei Mělník.- Depot mit Absatzbeilen.- J. Schránil, Die Vorgeschichte Böhmens und Mährens (1928) 145.

555. Rošice, okr. Chrudim.- Keramikdepot.- Wohl ältere Urnenfelderzeit.- V. Vokolek, Arch. Rozhledy 13, 1961, 478ff. Abb. 179.

556. Rozkoš, okr. Znojmo.- Einzelfund.- Nadel mit mehrfach verdicktem Schaftoberteil (Typus Hulín).- J. Řihovský, Die Nadeln in Mähren und dem Ostalpengebiet (1979) 112 Nr. 622 Taf. 33, 622.

557. Rýdeč (Ritschen), okr. Usti nad Labem.- Depot I (1886) im Wald Rovny.- Fund leuchtend grün patiniert.- 2 Schwertgriffe (53 g 120 g); 2 Griffzungenschwertfrgte. (68 g; 29 g); 2 Griffdornschwertfrgte. (70 g; 92 g); 2 Griffplattenschwertfrgte. (61 g; 116 g [Typen Rosnoën u. Ballintober]); 26 Schwertklingenfrgte. (38 g; 64 g; 48 g; 38 g; 44 g; 40 g; 8 g; 35 g; 36 g; 148 g; 55 g; 100 g; 68 g; 53 g; 56 g; 34 g; 50 g; 64 g; 59 g; 82 g; 14 g; 55 g; 66 g; 20 g; 21 g; 53 g); 2 Dolch und Dolchfrgte. (15 g; 21 g); 18 Lanzenspitzenfragmente (43 g; 44 g; 92 g; 43 g; 15 g; 72 g; 58 g; 50 g; 19 g; 28 g; 32 g; 31 g; 36 g; 31 g; 32 g; 21 g; 78 g; 57 g); 29 Lappenbeilfrgte. (102 g; 290 g; 407 g; 148 g; 106 g; 494 g; 230 g; 350 g; 305 g; 257 g; 202 g; 72 g; 148 g; 170 g; 188 g; 154 g; 240 g; 230 g; 158 g; 64 g; 96 g; 70 g; 153 g; 193 g; 118 g; 43 g; 60 g); 1 Griffzungensichel (84 g); 61 Sichelfrgte. (auch von Knopfsicheln) (46 g; 26 g; 30 g; 54 g; 43 g; 35 g; 32 g; 19 g; 18 g; 20 g; 36 g; 37 g; 32 g; 28 g; 47 g; 33 g; 24 g; 20 g; 19 g; 21 g; 19 g; 28 g; 64 g; 66 g; 84 g; 51 g; 43 g; 80 g; 39 g; 52 g; 32 g; 66 g; 31 g; 41 g; 74 g; 50 g; 32 g; 47 g; 60 g; 70 g; 88 g; 12 g; 74 g; 45 g; 56 g; 48 g; 27 g; 120 g; 62 g; 48 g; 42 g; 29 g; 47 g; 39 g; 68 g; 44 g; 32 g; 116 g; 68 g; 45 g); 13 Messerfrgte. (23 g; 30 g; 15 g; 11 g; 26 g; 22 g; 17 g; 32 g; 16 g; 5 g; 3 g; 20 g); 1 Wagentülle (174 g); 1 Wagenkastennagel (28 g); 1 Röhre (22 g); 1 Blech 7 g); 4 Phaleren und Frgte. (41 g, 30 g; 19 g; 20 g); 1 Sägefrg (11 g); 2 Meißelfrgte. (16 g, 16 g;); 3 Bronzestücke (55 g, 428 g, 158 g); 1 Nadel(?)kopf (59 g); 5 Nadeln und Frgte. (52 g; 13 g; 15 g;21 g; 33 g); 1 Amboß ? (118 g); 1 Armring (49 g); 1 Schmuckradanhängerfrg. (14 g); 2 Knöchelbandfrgte. (22 g, 7 g); 1 Bronzefrg. 11 g; 34 Armringe und -frgte. (68 g; 27 g; 28 g; 26 g; 41 g; 10 g; 21 g; 46 g; 35 g; 34 g; 50 g; 25 g; 26 g; 43 g; 27 g; 50 g; 17 g; 18 g; 14 g; 28 g; 22 g; 148 g; 58 g; 18 g; 21 g; 34 g; 26 g; 13 g; 11 g; 50 g; 45 g; 10 g); 15 Drahtfrgte. (31 g; 38 g; 14 g; 24 g; 23 g; 76 g; 26 g; 9 g; 21 g; 24 g; 12 g; 14 g; 19 g; 11 g; 66 g); 8 Spiralen (4 g; 15 g; 37 g; 41 g; 26 g; 19 g; 88 g; 94 g); 3 Bronzefrgte. (57 g; 33 g; 43 g); 2 große Gußkuchen (1, 5-2, 5 kg?). Alle genannten Funde im NM Praha.- Dazu im NHM Wien: 6 Lappenbeilfrgte. (307 g; 148 g; 204 g; 174 g; 278 g; 274 g); 2 Armringe (86 g; 78 g); 1 Schwertgriff 96 g); 1 Sichelfrg. (34 g); 1 Lanzenspitze (120 g); 1 Lanzenspitzenfrgte. (104 g).- Dazu im Museum Bilina 1 Tüllenmeißel, 2 Lanzenspitzen, 2 Randleistenbeile, 1 mittelständiges Lappenbeil, 1 Absatzbeil, 1 Tüllenbeil, 1 Lanzenspitzenfrg., 1 Schwertklingenfrg., 1 Rosnoënschwertfrg. Die Zugehörigkeit dieser Funde ist fraglich.- H. Richlý, Die Bronzezeit in Böhmen (1894) 130 nennt folgende Mengen: Armringe 1,275 kg; Nadeln 0, 225kg, Knöpfe 0, 113 kg; Säge und Meißel 0, 117g; Sicheln und Sensen 3, 296 kg; Schwerter, Dolche, Messer (2, 430kg; Beschklagstücke 0, 178kg; Kelte 5, 856 kg; Lanzenspitzen 0, 836 kg; versch. Gewinde 1, 302 kg; Schmiedehammer, 0, 778 kg; kleinerer Schmiedehammer 0, 453kg; 2 Stücke von Bronzeguß 4, 320 kg.- Gesamtgewicht 21, 146 kg.- H. Richlý, Die Bronzezeit in Böhmen (1894) 130 Nr. 37; H. Richlý, Mitt. Zentral-Komm. N. F. 22, 1896, 121ff.; P. Novák, Die Schwerter in der Tschechoslowakei I (1975) 11 Nr. 33-36 Taf. 5, 33-36; Nr. 39f. Taf. 6, 39f.; Nr. 53 Taf. 8, 53; Nr. 18 Taf. 3, 18; Nr. 158-178 Taf. 21, 158-178; O. Kytlicová, Arbeits- u. Forschber. Sachsen, 148ff.; J. Hralová, J. Hrala, Arch. Rozhledy 23, 1971, 13 Abb. 3, 1; R. Pleiner (Hrsg.), Praveké Dějiny Čech (1978) 460 Abb. 11. Hier: **Taf. 6-13.**

558. Rýdeč (Ritschen), okr. Usti nad Labem.- Depot II (1915) in einer Grube mit aschenähnlichem Inhalt.- 2 Beile (425, 450 g), 4 Stück Rohbronze (1050, 1050, 400 g).- Funde verloren.- P. Budinsky, Prísperky k praveku Podkrusnohorí ve sbírce Teplického muzea (1977) 42.

559. Rykovice.- Depot (?).- 1 Absatzbeil, 1 Messer mit Rahmengriff, 1 Gußzapfen, 1 Armring (?).- Nat. Mus. Praha 13533-13536.

560. Ryjice, okr. Ustí nad Labem.- Depot.- 11 Armringe, 1 Brillenanhänger.- E. Plesl, Luzická Kultura v severozápadních Čechách (1961) 128 Nr. 48 Taf. 52.

561. Sabenice, okr. Most.- Mindestens 3 Depotfunde. Alle stammen von der Flur "Am Pülnnaer Weg".-
1) 1889 Lappenbeil Mus. Most 1253
2) 1894 Lappenbeil Mus. Most 1254
3) ca. 1902 8-10 Lappenbeile Mus. Most
4) 1904 40 Lappenbeile 39 im Mus. Most, 1 Mus. Litoměřice
5) 1905 35 Lappenbeile Mus. Most
Diese Lappenbeile sind im Museum Most nicht beschriftet und nicht mehr zu identifizieren. Gegenwärtig werden 64 Lappenbeile dort aufbewahrt (Inv. 1255-1338). Die meisten tragen eine grüne stellenweise bräunliche Patina, die meist stark verkrustet ist. Einige Stücke besitzen eine dunkelgrüne Edelpatina. Die meisten Stücke sind wohl gelackt.
Nr. 01: 568 g; Nr. 02: 506 g; Nr. 03: 546 g; Nr. 04: 481 g; Nr. 05: 368 g; Nr. 06: 564 g; Nr. 07: 573 g; Nr. 08: 591 g; Nr. 09: 548 g; Nr. 10: 425 g; Nr. 11: 528 g; Nr. 12: 544 g; Nr. 13: 568 g; Nr. 14: 566 g; Nr. 15: 542 g; Nr. 16: 546 g; Nr. 17: 522 g; Nr. 18: 526 g; Nr. 19: 556 g; Nr. 20: 560 g; Nr. 21: 594 g; Nr. 22: 556 g; Nr. 23: 542 g; Nr. 24: 546 g; Nr. 25: 544 g; Nr. 26: 562 g; Nr. 27: 392 g; Nr. 28: 560 g; Nr. 29: 444 g; Nr. 30: 457 g; Nr. 31: 532 g; Nr. 32: 512 g; Nr. 33: 490 g; Nr. 34: 555 g; Nr. 35: 497 g; Nr. 36: 524 g; Nr. 37: 564 g; Nr. 38: 554 g; Nr. 39: 554 g; Nr. 40: 581 g; Nr. 41: 564 g; Nr. 42: 546 g; Nr. 43: 560 g; Nr. 44: 564 g; Nr. 45: 529 g; Nr. 46: 562 g; Nr. 47: 558 g; Nr. 48: 603 g; Nr. 49: 550 g; Nr. 50: 660 g; Nr. 51: 573 g; Nr. 52: 478 g; Nr. 53: 554 g; Nr. 54: 548 g; Nr. 55: 524 g; Nr. 56: 554 g; Nr. 57: 505 g; Nr. 58: 480 g; Nr. 59: 582 g; Nr. 60: 460 g; Nr. 61: 570 g; Nr. 62: 538 g; Nr. 63: 574 g; Nr. 64: 444 g.
6) 1 Lappenbeil, Widmung des Feldbesitzers J. Knobloch im Mus. Teplice (Inv. Nr. K 2480).
7) 1 Lappenbeil im Mus. Korneuburg.
Tätigkeitsber. Mus. Teplitz 1906/7, 42; H. Preidel, Sudeta 4, 1928, 196; ebd. 5, 1929, 65 Abb. 1 ("Sabnitz, Bez. Brüx"); H. Preidel, Die urgeschichtlichen Funde und Denkmäler des politischen Bezirkes Brüx (1934) 154ff. Abb. 16; O. Kytlicová, Jahresber. Inst. Vorgesch. Univ. Frankfurt/M 1975, 99 Abb. 2, 5; detaillierte Publikation durch den Verf. in Vorbereitung, daher werden hier nur zwei Beispiele in **Taf. 1, 5-6** gezeigt.

562. Sabenice, okr. Most.- Absatzbeil (vielleicht zu einem der Depotfunde ?); 578 g.- Mus. Bilina.

563. Safárikovo, okr. Rimavská Sobota.- Siedlungskeramik; Einzelfund; 226 Brandgräber.- V. Furmánek, Slovenská Arch. 25,2, 1977, 258 Nr. 152-155 Taf. 1-14; 15, 1-15; 16; 17, 18, 19, 1-5.

564. Salaš bei Velehrad, Mähren.- Depot.- Lanzettförmiger Anhänger.- G. Kossack, Studien zum Symbolgut der Urnenfelder- und Hallstattzeit Mitteleuropas (1954) 93 Liste B Nr. 55; Podborský, Mitt Zentralkomm. 1905, 492 Abb. 100.

565. Salka, okr. Nové Zámky.- Mittelständiges Lappenbeil (danubische Form; Typus Freudenberg/Var. Niedergößnitz).- Novotná, Beile 46 Nr. 287 Taf. 15, 287.

566. Sarovce, okr. Levice.- Keramikdepot in Siedlung.- 10 Gefäße.- Bz D/Ha A.- B. Novotny, M. Novotná, Siedlung der Čaka und Velatice-Kultur von Sarovce. Arbeits- u. Forschber. Dresden Beiheft 16 (1981) 237-250.

567. Sazovice, okr. Gottwaldow.- Depot.- 2 Zungensichelfrgte., 1 Sichelfrg., 1 Nadel mit Kugelkopf und geripptem und geschwollenem Hals, Fragmente von vielleicht 2 Blattbügelfibeln, 1 kleiner Brillenanhänger, 1 Aufhängerädchen, Kette mit Anhängern (lanzettförmig, schildförmig, viereckig, schwalbenschwanzförmig), Armringe, Halsringe, Knöpfe, Besatzbuckelchen, Spiralscheibenfrgte., Spiralrollen, Drahtstücke, mindestens 2 Tüllenbeile, Meißel, Gefäß.- I. L. Červinka, Časopis Olomouc 15, 1898, 43 Taf. 3, 4; I. L. Červinka, Morava za praveku (1902) 150 Taf. 18; G. Kossack, Studien zum Symbolgut der Urnenfelder- und Hallstattzeit Mitteleuropas (1954) 98 E22 Taf. 16, 21; J. Říhovský, Die Nadeln in Mähren und dem Ostalpengebiet (1979) 79 Taf. 79 B; Říhovský, Sicheln 79 ("Ältere Urnenfelderzeit; Depotfundhorizont Přestavlky") Nr. 402. 405 Taf. 27, 402. 405.

568. Sebeslavce obec Turcianska Blatnica, okr. Martin.- Depot (1876).- 4 Tüllenbeile, 1 Sichel, 1 "Kommandoaxt", 2 Trensenknebel, 3 Armringe, 2 Halsringe aus Bronzedraht, 11 miteinander verbundene Ringe, 1 Spirale, 1 Axt, 1 "Morgenstern", 4 Armringe, 1 Posamenteriefibel.- Paulík, Slovénska Arch. 7, 1959, 354; Novotná, Hortfunde 115.

569. Sedlec, okr. Plzeň-jih.- Hügelgrab 39, Körperbestattung 2.- Scheibenkopfnadel, Bronzedolch mit zwei Nieten, 3 Golddrahtringe, 3 Tüllenpfeilspitzen.- E. Čujanová-Jílková, Mittelbronzezeitliche Hügelgräberfelder in Westböhmen (1970) 86 Taf. 57, 6. 1. 3-5.

570. Sezemice bei Pardubice.- Einzelfund.- Lanzenspitze mit gestuftem Blatt.- B. Jelinek, Mitt. Anthr. Ges. Wien 24, 1884, 71f. Abb. 52.

571. Sirákov, okr. Lučenec.- Körpergrab.- Fundumstände unsicher.- Ringe, Fingerring, Absatzbeil mit gerader Rast.- Novotná, Beile 42 Nr. 255.

572. Šitboř, okr. Domažlice.- Depot.- 1 Lanzenspitze, 2 mittelständige Lappenbeile (ehemals 3 Exemplare), 1 Knopfsichel (ehemals 2 Exemplare), mindestens 15 Gußkuchen.- E. Čujanová-Jílková, Mittelbronzezeitliche Hügelgräberfelder in Westböhmen (1970) 90 Abb. 27 A; O. Kytlicová, Arch. Rozhledy 16, 1964, 525 Abb. 158.

573. Sivice, okr. Brno-venkov.- Einzelfund.- Kugelkopfnadel.- J. Říhovský, Die Nadeln in Mähren und dem Ostalpengebiet (1979) 76 Nr. 338 Taf. 19, 338.

574. Skalička "Roháj", okr. Hradec Králové.- Tüllenhammer.- J. Hralová, J. Hrala, Arch. Rozhledy 23, 1971, 9 Abb. 2, 4.

575. Skalice, okr. Příbram.- Depot.- Rasiermesser (Typus Obermenzing), 2 tordierte Halsringe, 2 kleinere Halsringe, Bronzedrahtreste.- Jockenhövel, Rasiermesser 56 ("Depotfundstufe Lažany") Nr. 49 Taf. 5, 49.

576. Skalice okr. Hradec Králové.- Gräber.- 1 schildförmiger Anhänger.- Filip a. a. O Abb. 27, 6; G. Kossack, Studien zum Symbolgut der Urnenfelder- und Hallstattzeit Mitteleuropas (1954) 98 E24.; J. Bouzek Pam. Arch. 57, 1966, 264f.; N. Chidiosan, Stud. Cerc. Ist. Vech. 28, 1977, 61 Abb. 4, 15.

577. Škalka, okr. Hodonín.- Fundumstände unbekannt.- Vollgriffmesserfrg.- J. Říhovský, Die Messer in Mähren und dem Ostalpengebiet (1972) 43 Nr. 43 Taf. 13, 143.

578. Škalská Nová Ves, okr. Trencín.- Grab.- Reichprofilierte Nadel.- M. Pichlerová, Arch. Rozhledy 18, 1966, 340ff. Abb. 139.

579. Skašov.- Depot.- 1 Griffzungensichel, 1 Brillenfibel.- Taf. 24.- Mus. Plzeň.- O. Kytlicová, Jahresber. Inst. Vorgesch. Univ. Frankfurt/M 1975, 114 Anm. 50.

580. Skuteč, okr. Chrudim.- Depot.- 3 Armspiralen verschiedener Form.- O. Kytlicová, Arch. Rozhledy 16, 1964 Abb. 165 C.

581. Sládkovičovo, okr. Galanta.- Einzelfund.- Griffzungenschwert.- P. Novák, Die Schwerter in der Tschechoslowakei I (1975) 21 Nr. 100 Taf. 15, 100.

582. Slanec, okr. Trebišov.- Depot(?).- Griffzungendolch mit Ringknaufende, Griffzungenschwert.- J. Vladár, Die Dolche in der Slowakei (1974) 51 Nr. 155; P. Novák, Die Schwerter in der Tschechoslowakei I (1975) 21 Nr. 101 Taf. 15, 101; Novotná, Hortfunde 117.

583. Slatinice, okr. Olomouc.- Brandgräberfeld.
- Fragment einer Kugelkopfnadel.- J. Říhovský, Die Nadeln in Mähren und dem Ostalpengebiet (1979) 77 Taf. 19, 340.
- Kugelkopfnadel. J. Říhovský, Die Nadeln in Mähren und dem Ostalpengebiet (1979) 79 Nr. 384 Taf. 21, 384.

584. Slatinice, okr. Olomouc.- Depot.- 4 Knopfsicheln (davon 1 fragmentiertes Exemplar und 1 Miniaturknopfsichel), 1 Sichelfrg., 2 Zungensicheln, 2 Nadeln, 1 Fibel (Typus Spindlersfeld), 2 Nadelschützer, 24 Armringe, 4 Armbergen, 6 Armspiralen, 1 Zierreif, 1 Halsring (tordiert), 4 Knöpfe, 1 trichterförmiges Zierstück, Beschlagstücke, flaches Drahtstück, 5 Röhrchen, 1 Stabmeißel (mit tordiertem Schaft), 1 Tüllenbeil, 1 Pfeilspitze, 1 Rädchenfrg., 1 Bronzestück.- V. Havelková, Časopis Olomouc 8, 1891, 89ff. mit Abb.; Říhovský, Sicheln 32f. ("Mittlere Urnenfelderzeit, Depotfundhorizont Zelezné") Taf. 65; J. Říhovský, Die Nadeln in Mähren und dem Ostalpengebiet (1979) 76f. Nr. 339 Taf. 19, 339.

585. Slatnice, okr. Olomouc.- Einzelfund.- Griffplattenmesser.- J. Říhovský, Die Messer in Mähren und dem Ostalpengebiet (1972) 14 Nr. 9 Taf. 1, 9.

586. Slavkovce, okr. Michalovce.- Depot.- 1 Tüllenbeil (160 g), 2 Oberarmspiralen (Typus Salgotarján, davon 1 fragmentiert; 225 und 425 g), 9 Armringe (210, 190, 65, 70, 25, 155, 200, 255, 270 g).- J. Vizdal, Arch. Rozhledy 14, 1962, 793ff. Abb. 252-253; 257-258; Novotná, Beile 75 Nr. 510 Taf. 29, 510; Novotná, Hortfunde 116f.

587. Sliače, okr. Liptovský-Mikulas.- Depot.- 1 Armspirale, 2 Brillenanhänger, 1 Diadem, 1 Knopf.- L. Veliačik, Die Lausitzer Kultur in der Slowakei (1983) 187 Nr. 358; 252 mit Abb.

587A. Sliače, okr. Liptovský-Mikulas.- Depot.- 6 Vollgriffschwerter, 2 Griffzungenschwerter.- L. Veliačik, Die Lausitzer Kultur in der Slowakei (1983) 187 Nr. 359 Taf. 45, 6-11.

588. Slizké, okr. Rimavská Sobota.- Depot.- 5 Knopfsicheln (Datierung: vermutlich mittlere Bronzezeit).- J. Paulík, Stud. Zvesti AUSAV 15, 1965 Taf. 9, 4-8.

589. Slovenská Lupča (Zólyomlipcse).- Depot.- 5 Dreiwulstschwerter.- A. Mozsolics, Arch. Értesitö 99, 1972, 196f. Abb. 7-8.

590. Slowakei.- Absatzbeil mit gerader Rast.- Novotná, Beile 42 Nr. 244 Taf. 13, 244.

591. Smrkovice, okr. Pisek.- Depot (vielleicht mittlere Bronzezeit).- 2 Absatzbeile, 6 Sichelfrgte., 10 Tutuli, 1 Armbandfrg., 3 Gußbrocken.- O. Kytlicová, Arch. Rozhledy 16, 1964, 563 Abb. 173 B.

592. Smolín, okr. Pohorelice.- Brandgrab (Ha A2).- Dreiwulstschwert, Griffzungensichel, Griffdornmesser.- J. Hrala, Arch.

Rozhledy 6, 1954, 225 Nr. 25; Müller-Karpe, Vollgriffschwerter 107 Taf. 34, 6.

592A. Sobulky.- Depot.- 1 mittelständiges Lappenbeil, 3 Sichelfrgte., 2 Gußbrocken.- Říhovský, Sicheln 67 Taf. 74B3.

593. Sokoleč b. Podebrady.- Depot (Ha B).- Kette aus Goldspiralringen, goldenes Lappenbeil (ca. 500 g).- A. Stocký, La Bohème l'âge du Bronze (1928) 22 Taf. 41, 7-8.

594. Somotor, okr. Trebišov.- Siedlungsfund aus Hütte Nr. 5/56.- Tüllenhammer.- Novotná, Beile 99 ("Gava-Kultur") Nr. 805 Taf. 43, 805.

595. Sovenice.- Grabfunde.- 2 Tüllenpfeilspitzen.- J. Filip, Dějinné Pocátky Českého Ráje (1947) Taf, 29, 6; 30, 12.

596. Spiš (Zips).- Fragment eines Absatzbeiles mit gerader Rast.- Novotná, Beile 42 Nr. 253 Taf. 13, 253.

597. Spišská Nová Ves, okr. Spišská Nová Ves.- Einzelfund.- Absatzbeil mit gerader Rast.- Novotná, Beile 42 Nr. 251 Taf. 13, 251; V. Furmánek, Slovenská Arch. 25,2, 1977, 258 Nr. 146.

598. St. Katharein -> Opava-Katerinky

599. Stáhlavy, okr. Plzeň-jih.- Hügel 2.- Lappenbeil, Nadel mit mehrfach verdicktem Schaftoberteil (Typus Lüdermund); 2 Gefäße.- E. Čujanová-Jílková, Mittelbronzezeitliche Hügelgräberfelder in Westböhmen (1970) 98f. Nr. 79 Taf. 71 A 1. 4. 6-7.

599A. Staré Mesto, okr. Uherské Hradiště.- Einzelfund.- Mittelständiges Lappenbeil.- J. Říhovský, Die Äxte, Beile, Meißel und Hämmer in Mähren (1992) 156 Nr. 493 Taf. 32, 493.

600. Staré Sedlo, okr. Milevsko.- Depot (angeblich in einem Bronzegefäß).- Mittelständiges Lappenbeil (danubische Form), 3 Zungensicheln (z. T. fragmentiert), 1 Turbankopfnadelfrg. (Typus Paudorf), gerippte Vasenkopfnadel (fragmentiert), 4 Bergen (Typus Stare Sedlo), 6 Arm- oder Beinringe, 4 gedrehte Ringe, Frg. einer Beinschutzspirale, 2 Gehängeschmuckstücke mit 1 bzw. 4 eingehängten, "schwalbenschwanzförmigen", anthropomorphen Anhängern, 1 ebensolcher Anhänger in 3 Ringen, Mittelteil eines Gürtels, Haken mit Quertülle, 4 Knöpfe/Phaleren, 2 Stangenknebel.- O. Kytlicová in: Festschr. W. A. v. Brunn (1981) 226 Nr. 4 Abb. 11; O. Kytlicová, Pam. Arch. 46, 1955, 52ff. Abb. 1-4; F. Lískovec, Obzor Prehist. 14, 1950, 387f. mit Abb.; H.-G. Hüttel, Bronzezeitliche Trensen in Mittel- und Südosteuropa (1981) 135 Nr. 205-206 Taf. 19, 205-206; H.-J. Hundt, Germania 31, 1953, 146 Nr. 9 Abb. 1, 9.

600A. Stary Pleš, okr. Náchod.- Depot.- 1 buckelverzierte Tasse, 1 Lappenbeilfrg., 1 Spirale, 2 Armringe. Ha B (Kytlicová hingegen für Datierung in Ha A).- O. Kytlicová, Die Bronzegefäße in Böhmen (1991) 25 Taf. 27A.

601. Stehelčeves, okr. Kladno.- Depot in Steinkiste mit steinerner Platte abgedeckt.- 3 Armringe (Typus Stehelčeves), 2 Fragmente eines tordierten Halsrings mit verzierten Enden, 1 Stabring.- O. Kytlicová in: Festschr. W. A. v. Brunn (1981) 217 Nr. 15, Abb. 6-7.

602. entfällt.

603. Stochov, okr. Slaný.- Einzelfund (vielleicht auch Depotfund mit weiterem Lappenbeil und Lanzenspitze).- Mittelständiges Lappenbeil (fränkisch-böhmische Form).- NM Praha 13705.

604. Stodulky, okr. Praha západ.- Dreiwulstschwert (Typus Aldrans; in mehrere Teile zerbrochen).- Müller-Karpe, Vollgriffschwerter Taf. 32, 8.- J. Schránil, Die Vorgeschichte Böhmens und Mährens (1928) Taf. 32,2.- J. Hrala, Arch. Rozhledy 6, 1954, 225 Nr. 34.

605. Stradonice b. Slany, okr. Kladno.- Depot.- 5 Frgte. eines Gürtelblechs, 1 Tassenfrg. (?), 1 Frg. einer verzierten Phalere, 2 kleine Brillenanhänger und 1 Frg. eines solchen, 3 Spiralfrgte. 3 Nadelfrgte. (Typus Lažany), 3 Nadelschaft(?)frgte., 1 Griffplattenmesserfrg., 1 Messer(?)frg., 12 Sichelfrgte., 1 Schwertklingen(?)frg. 2 Lanzenspitzenfrgte., 1 mittelständiges Lappenbeil, 3 Frgte. von mittelständigen Lappenbeilen (böhmische Form), 2 Ringe, 21 Frgte. von Ringen, 2 kleine Spiralringe.- V. Moucha, Arch. Rozhledy 21, 1969, 491ff. Abb. 1-3; O. Kytlicová, Die Bronzegefäße in Böhmen (1991) 24 Nr. 4 Taf. 35-36.

606. Štramberk, okr. Novy Jicín.- Siedlungsfund.- Griffzungenmesser (Typus Malhostovice).- J. Říhovský, Die Messer in Mähren und dem Ostalpengebiet (1972) 30 Nr. 91 Taf. 8, 91.

607. Strání, okr. Uherské Hradiště.- Einzelfund.- Kugelkopfnadel.- J. Říhovský, Die Nadeln in Mähren und dem Ostalpengebiet (1979) 386 Taf. 21, 386.

608. Stráz -> Radetice

609. Středokluky, okr. Praha-západ.- Depot.- 1 Gürtelhaken mit Mitteldorn (Typus Wilten), 1 Phalere, 1 Rasiermesser, 1 Halsring (tordiert), 1 umgekehrt herzförmiger Anhänger, 1 Griffzungenmesser, 32 kleine Ringe und Fragmente derselben, 18 Spiralröllchen, 2 Knöpfe, 1 Spiralfrg., Bronzebuckel auf Leder, 1 Bronzesieb, 1 Bronzetasse, 1 blaue Glasperle.- O. Kytlicová, Pam. Arch. 50, 1959, 125ff. Abb. 1-5; Jockenhövel, Rasiermesser 103f. ("in die Zeit zwischen den Depotfundstufen Suchdol und Jenisovice gehörig") Nr. 144 Taf. 12, 144; Kilian-Dirlmeier, Gürtel 54 Nr. 138 Taf. 15, 138; O. Kytlicová, Die Bronzegefäße in Böhmen (1991) 24 Nr. 5 Taf. 38-39.

610. Střelec-Hrdonovice bei Sobotka, okr. Jicin.- Depot.- 2 Posamenteriefibeln mit eingehängten lanzettförmigen Anhängern.- J. Filip, Dějinné počátky Českého ráje (1947), 282 Taf. 31; G. Kossack, Studien zum Symbolgut der Urnenfelder- und Hallstattzeit Mitteleuropas (1954) 93 Liste B Nr. 64.

611. Stříbro, okr. Tachov.- Hügel 1; Brandbestattung.- Rasiermesser (Typus Stadecken), Henkelkrug, Schüssel, Fußschale, Amphore, Tasse, Scherben, Kiesel.- Mittlere Bronzezeit.- Jockenhövel, Rasiermesser 70 Nr. 75 Taf. 53 D.

612. Stul'any, okr. Bardejov.- Depot; keine näheren Angaben.- V. Furmánek, Slovenská Arch. 25,2, 1977, 258 Nr. 150.

613. Stupesice, okr. Znojmo.- Siedlungsfund.- Griffplattenmesser.- J. Říhovský, Die Messer in Mähren und dem Ostalpengebiet (1972) 14 Nr. 10 Taf. 1, 10.

614. Suchdol, okr. Praha-zapád.- Depot.- 4 Nadelfrgte. (44 g; 2 g; 1 g; 1 g), 4 Nadelfrgte. (44 g; 2 g; 1 g; 1 g), 1 Nadelschaft (7 g), 1 mittelständiges Lappenbeil (348 g), 1 Lanzenspitzenfrg. (94 g), 2 Frgte. mittelständiger Lappenbeile (454 g; 126 g; 68 g [Nackenfrg.]), 1 Beilschneide (10 g), 4 Knopfsichelfrgte. (31 g; 23 g; 11 g; 26 g), 31 Sichelfrgte. meist sicher von Zungensicheln (88 g; 61 g; 15 g; 44 g; 25 g; 46 g; 45 g; 15 g; 28 g; 26 g; 16 g; 8 g; 24 g; 22 g; 12 g; 16 g; 18 g; 14 g; 8 g; 7 g; 11 g; 8 g; 7 g; 21 g; 9 g; 6 g; 35 g; 26 g; 22 g; 29 g; 14 g), 1 Stabfrg. (4 g), 1 Zungenmesserfrg. (15 g), 1 Blechfrg. (9 g), 1 Objekt (19 g), 1 Spirale (9 g), 4 Fibelfrgte. (20 g; 6 g; 6 g; 16 g), 12 Armringe und Frgte. (22 g; 38 g; 14 g; 14 g; 11 g; 20 g; 24 g; 27 g; 68 g; 21 g; 10 g; 28 g), 1 Bronzestück (15 g), 1 Niet (6 g), 1 tordiertes Ringfrg. (6 g), 3 Ringfrgte. (12 g; 18 g; 4 g), 1 Rasiermessergriff (Typus Morzg) (4 g), 1 Drahtspiralring (5 g), 37 Gußbrocken (27 g; 22 g; 17 g; 24 g; 64 g; 34 g; 66 g; 25 g; 60 g; 96 g; 41 g; 32 g; 76 g; 164 g; 230 g; 88 g; 23 g; 214 g; 424 g; 714 g; 128 g; 64 g; 24 g; 17 g; 16 g; 22 g; 10 g; 29 g; 19 g; 16 g; 21 g; 29 g; 15 g; 12 g; 23 g; 9 g; 24 g).- L. Zotz, Von den Mammutjägern zu den Wikingern (1944) 55 Abb. 48; Jockenhövel, Rasiermesser 91 ("Depotfundstufe Suchdol") Nr. 112 Taf. 10, 112; vgl hier Taf. 1,2.

615. Suché Brezovo, okr. Lučenec.- Einzelfund.- Absatzbeil mit gerader Rast.- Novotná, Beile 42 Nr. 250 Taf. 13, 250; Eisner, Slovensko v Praveku (1933) 68 Taf. 36, 3; Hänsel, Beiträge 195 Liste 59, 12.

616. Sulislav, okr. Tachov.- Depot.- 1 mittelständiges Lappenbeil, 3 Armringe (Zugehörigkeit 3 weiterer Armringe unsicher).- Cujanova, Hügelgräber 89 Abb. 22, 7-10; O. Kytlicova, Arch. Rozhledy 16, 1964, 523 Abb. 157 B.

617. Svábenice, okr. Vyškov.- Brandgräber.-
Grab 1: N-S ausgerichtet; 7 Gefäße, 2 Bronzeringe, Drahtfrgte., Blechfrgte., Bronzedeckel.
Grab 2: Scherben, Bronzestäbchen.
Grab 3: Griffzungendolch, 4 Pfeilspitzen, 2 Hülsen, 1 Nadel.
Grab 4: Urne.
Grab 5: Scherben.
Z. Trnácková, Arch. Rozhledy 9, 1957, 609ff. Abb. 242.

618. Švarčava (heute Hraničná) (Paadorf), okr. Domažlice.- Depot (1899).- 1 Lanzenspitze, 1 Griffzungenschwertfrg., 5 Zungensichelfrgte., 13 weitere Sichelfrgte., 2 Nadelfrgte. (Typus Henfenfeld), 1 Frg. eines mittelständigen Lappenbeiles (danubische Form/Typus Freudenberg), 1 Nackenfrg. eines Lappenbeiles, 10 Gußkuchenfrgte.- Müller-Karpe, Chronologie 307 Taf. 196 B (Paadorf); P. Novák, Die Schwerter in der Tschechoslowakei I (1975) 28 Nr. 140 Taf. 20, 140; J. Michálek, West- und Südböhmische Funde in Wien (1979) 92f. Nr. 31.

619. Svárec -> Zákava

620. Sväta Mara -> Liptovská Mara

621. Svätý Král' (Lóczipuszta bei Sajószentkirály), Bez. Tornalá.- Fundumstände unbekannt.- Vollgriffschwert (Typus Ragály).- Arch. Ért. 19, 1899, 428f. Abb.; F. Holste, Die bronzezeitlichen Vollgriffschwerter Bayerns (1953) 52 Nr. 48 Taf. 15, 11; A. Moszolics, Alba Regia 15, 1977 14 Taf. 7,2.

622. Svátý Tomáš, okr. Česky Krumlov.- Bei dem von O. Kytlicová, Arch. Rozhledy 16, 1964, 543 Abb. 164 angegebenen Schwertdepot scheint es sich um zwei Einzelfunde (Griffzungenschwerter Sprockhoff Ia) zu handeln; P. Novák, Die Schwerter in der Tschechoslowakei I (1975) 17 Nr. 67; Sudeta 9, 1933, 58 Abb. 1

623. Švedlár, okr. Spišská Nová Ves.- Depot.- 1 Nadel mit großer, gewölbter und verzierter Kopfscheibe (Typus Gemer), 6 Nadeln, 2 Handschutzspiralen, 2 Armspiralen, 1 Fingerspirale, 1 Knopf, 1 Absatzbeil.- M. Novotná, Die Nadeln in der Slowakei (1980) 69 ("späte Hügelgräber-/frühe Urnenfelderzeit") Nr. 390 Taf. 15, 390; V. Furmánek, Slovenská Arch. 25,2, 1977, 258 Nr. 163 Taf. 30-31, 1-3.

624. Svijány, okr. Turnov, Nordböhmen.- Depot 1855 in einem Steinbruch in 65 cm Tiefe.- 16 Vogeltüllen (in einer dieser Tüllen sind 2 lanzettförmige Anhänger befestigt), 1 Aufsteckvogel, 3 Zylinder, 2 Ringe.- Jüngere Urnenfelderzeit.- H. Richlý, Die Bronzezeit in Böhmen (1894) 138ff. Nr. 44 Taf. 38; J. Filip, Dějinné počátky Českého ráje (1947), 36 Abb. 11; G. Kossack, Studien zum Symbolgut der Urnenfelder- und Hallstattzeit Mitteleuropas (1954) 93 Liste B Nr. 65.

625. Svinárky, okr. Hradec Králové.- Depot.- 2 mittelständige Lappenbeile (eines vom Typus Grigny, das andere fränkisch-böhmisch), 1 gerippte Vasenkopfnadel, 1 Nagel (?), 1 verbogener Draht, 3 Drahtfrgte., 1 Tülle (Sauroter), 1 Schwertfrg., 2 Sichelfrgte., 4 Gußbrocken (ca 4 kg), 7 Armringfrgte., 5 Bronzestücke.- L. Domecka, Pam. Arch. 37, 1931, 93ff. m Abb.

626. Szásza.- Lanzenspitze mit gestuftem Blatt.- Jacob-Friesen, Lanzenspitzen Nr. 1541 Taf. 112, 1.

627. Tajanov, Bez. Klatovy; Flur Husín.- Brandgrab Hügel 32.- Scheibenkopfnadel, flacher Bronzeknopf, Frg. eines Armringes mit Spiralenden, Keramik.- J. Böhm, Germania 20, 1936, 13; E. Čujanová-Jílková, Mittelbronzezeitliche Hügelgräberfelder in Westböhmen (1970) Taf. 8 B.

628. Tajanov, Gem. Tuplady, okr. Klatovy.- Hügelgrab 28; Brandbestattung.- Hohles, gegossenes Armband (Typus Dretovice), und Frg. eines ähnlichen, Nadel mit großem, getrepptem Kopf.- O. Kytlicová in: Festschr. W. A. v. Brunn (1981) 230 Nr. 8 Abb. 17.

629. Tavíkovice, okr. Znojmo.- Einzelfund.- Griffplattenmesser.- J. Říhovský, Die Messer in Mähren und dem Ostalpengebiet (1972) 14 Nr. 11 Taf. 1, 11.

630. Telince, okr. Nitra.- Depot (?).- Dreiwulstschwert (Typus Liptau), Schalenknaufschwert (?).- Müller-Karpe, Vollgriffschwerter 101 Taf. 18, 10; J. Hrala, Arch. Rozhledy 6, 1954, 224 Nr. 14; Novotná, Hortfunde 119f.; Hampel, Bronzkor Taf. 22, 4-5.

631. Tesáre nad Zitavou.-Einzelfund.- Mittelständiges Lappenbeil (danubische Form).- Novotná, Beile 46 Nr. 316.

632. Tesárske Mlyňany, okr. Nitra.- Fundumstände unbekannt.- Mittelständiges Lappenbeil (danubische Form).- Novotná, Beile 46 Nr. 317.

633. Tesnovice, okr. Kroměříž.- Brandgräberfeld.- Kugelkopfnadel.- J. Říhovský, Die Nadeln in Mähren und dem Ostalpengebiet (1979) 77 Nr. 341 Taf. 19, 341.

634. Tetčice, okr. Brno-venkov.- Brandgrab 2.- 8 Gefäße, 1 Armring, fragmentiertes Griffzungenmesser (Typus Baierdorf) mit beidseitig geschärfter Klingenspitze.- J. Říhovský, Die Messer in Mähren und dem Ostalpengebiet (1972) 28 Nr. 80 Taf. 7, 80.

635. Tetín, okr. Beroun.- Gußform für einen Tüllenhammer (Datierung ?).- J. Hralová, J. Hrala, Arch. Rozhledy 23, 1971, 18 Abb. 5.

636. Tomášov, okr. Bratislava-Land.- Mittelständiges Lappenbeil (danubische Form).- Novotná, Beile 46 Nr. 290 Taf. 15, 290.

637. Toušeň, okr. Praha-vychod.- Am linken Elbufer.- Griffzungenschwert.- P. Novák, Die Schwerter in der Tschechoslowakei I (1975) 21 Nr. 103 Taf. 15, 103.

638. Třebel, okr. Tachov.- Fundumstände unbekannt.- Vollgriffschwert (Typus Riegsee).- F. Holste, Die bronzezeitlichen Vollgriffschwerter Bayerns (1953) 53 Nr. 57; A. Stocký, Čechy v dobe bronzové (1928) Taf. 57, 9.

639. Třebetiće, okr. Kroměříž.- Siedlungsfund.- Griffzungenmesserfrg. (Typus Dašice ?).- J. Říhovský, Die Messer in Mähren und dem Ostalpengebiet (1972) 35 Nr. 119 Taf. 11, 119.

640. Třebišov.- Depot.- 5 Armringe, 3 Oberarmspiralen (Salgotarján-Typus), Bronzegegenstand.- Novotná, Hortfunde 120 Taf. 9, 1-9.

640A. Třebušice.- Grab.- Lanzenspitze mit glattem Blatt.- Pam. Arch. 63, 1972, 432ff. Abb. 33.

641. Trenčianske Bohuslavice, okr. Trenčín.- Depot in Tongefäß unter einem Felsblock.- 5 Lanzenspitzen, 6 Sicheln, 4 Messer, 1 Tüllenmeißel, 1 Mießel, 1 Stäbchen, 6 Tüllenbeile, 1 Griffzungenschwert, 7 Klingenfrgte., 1 Tüllenhammer, 3 Stäbchen, 1 Pinzette, 1 Nabenkappe, 1 Scheibe, 1 Spirale, 8 Trichterbleche, 26 Armringe, 3 Vierkantstäbe, 1 Posamenteriefibel, 2 Rosetten, 1 Draht, 4 Bleche, 1 Nadel, Gußbrocken.- Novotná, Hortfunde 120f.; Paulík,

Slovenská Arch. 7, 1959, 354; Novotná, Beile 99 Nr. 803 Taf. 43, 803.

642. Trenčianske Teplice, okr. Trencín.- Grab 39; Brandbestattung in Urne.- Rasiermesser (Typus Großmugl/Var. Mesić), Rollennadel, 2 Ringfrgte., Urne, Schüssel, 2 Tassen, Scherben.- Z. Pivovarová, Slovenská Arch. 14, 1966, 340f. Abb. 5; Jockenhövel, Rasiermesser 79 ("Diviaky-Stufe") Nr. 91 Taf. 8, 91.

643. Trenčianske Teplice.- Hügel 45.- Bronzepfeilspitze, Ringfrg.- L. Veliačik, Die Lausitzer Kultur in der Slowakei (1983) 47; Z. Pivovarova, Slovenská Arch. 13, 1965, 158 Taf. 5, 20-21.

644. Trencín, okr. Trencín.- Aus der Waag.- Griffzungenschwert.- P. Novák, Die Schwerter in der Tschechoslowakei I (1975) 21 Nr. 102 Taf 15, 102.

645. Trnáva, okr. Trebíc.- Depot.- 1 Zungensichelfrg., 3 Sichelfrgte., 1 Nadel, 2 Armringe, 24 Knöpfe, 1 Anhänger, 1 Fingerring, Spiralröllchen, 13 Bronzeperlen, Kette aus 5 Ringen, Bronzedrahtstücke, 1 Tüllenbeil (unverziert) und Fragmente von weiteren, 2 Lanzenspitzenfrgte., 1 kleines Röhrchen (?), 40 Glasperlen.- J. Skutil, Vlastivedny sborník Vysociny 1, 1956 22f. Taf. 1, 5; Říhovský, Sicheln 65 ("Ältere Urnenfelderzeit; Depotfundhorizont Drslavice") Nr. 296 Taf. 19, 296.

646. Trsice, okr. Olomouc.- Brandgräberfeld.- Kugelkopfnadel.- J. Říhovský, Die Nadeln in Mähren und dem Ostalpengebiet (1979) 77 Nr. 342 Taf. 19, 342.

647. Trsice, okr. Olomouc.- Depot.- 5 Nadeln, 3 Armringe, 1 Knopf, 2 Gußbrocken.- J. Říhovský, Die Nadeln in Mähren und dem Ostalpengebiet (1979) 79 Nr. 388 Taf. 21, 388; M. Jasková, Sborník Fil. Fak. Univ. Brno 17, 1968 (E13) 85ff. Abb. 2, 1-9.

648. Trstenice, okr. Znojmo.- Einzelfund.- Griffplattenmesser.- J. Říhovský, Die Messer in Mähren und dem Ostalpengebiet (1972) 17 Nr. 31 Taf. 3, 31.

649. Tupadly, okr. Domažlice.-
Grab 1.- 1 tordierter Halsring (in 4 Teilen), 1 Nadel, 1 Griffzungenmesser (Typus Matrei), Keramik.- V. Šaldova, Arch. Rozhledy 13, 1961, 695 Abb. 244.
Grab 2.- Berge (Typus Staré Sedlo), Arm- oder Beinring.- O. Kytlicová in: Festschr. W. A. v. Brunn (1981) 226 Nr. 5 Abb. 12.
Grab 5.- Vollgriffschwertfrg. (Typus Riegsee), Messerklinge.- V. Šaldova, Arch. Rozhledy 13, 1961, 696, 699 Abb. 245, 1-2 (Identisch ? mit F. Holste, Die bronzezeitlichen Vollgriffschwerter Bayerns (1953) 53 Nr. 59).

650. Turčianske Teplice, okr. Martin.- Depot.- 10 Nadeln (Typus Malá Vieska).- M. Novotná, Die Nadeln in der Slowakei (1980) 108 Nr. 624-626; 643-649 Taf. 27, 624-626; 30, 643-649; Hänsel, Beiträge 206 Liste 88 Nr. 7; Kimmig, Bad. Fundber. 17, 1941-47, 154 Taf. 53 A; L. Veliačik, Die Lausitzer Kultur in der Slowakei (1983) 188 Nr. 386 Taf. 34, 1-7.

651. Uherské Hradiště, okr. Uherské Hradiště.- Einzelfund.- Griffzungenmesser (Typus Malhostovice) mit Ringgriff.- J. Říhovský, Die Messer in Mähren und dem Ostalpengebiet (1972) 30 Nr. 92 Taf. 8, 92.

652. Uherské Hradiště, okr. Uherské Hradiště.- Einzelfund.- Griffzungenmesser (Typus Baierdorf).- J. Říhovský, Die Messer in Mähren und dem Ostalpengebiet (1972) 25 Nr. 75 Taf. 7, 75.

653. Uherský Ostroh, okr. Uherské Hradiště.- Depot.- 4 Zungensichelfrgte., 7 Sichelfrgte., 1 Nadelfrg., Nadelschaftfrgte., 1 Armringfrg., Spiralröllchen, 1 Beschlagstück, Fragmente eines Tüllenbeiles, Tutulifrgte., Blechröhrchen, amorphe Bruchstücke, Bronzegußstücke, Gefäßscherben.- Říhovský, Sicheln 57 Nr. 256 Taf. 17, 256. S. 62: "Alturnenfelderzeitlich".

653A. Uhricice, okr. Přerov.- Einzelfund.- Mittelständiges Lappenbeil.- J. Říhovský, Die Äxte, Beile, Meißel und Hämmer in Mähren (1992) 161 Nr. 523 Taf. 34, 523.

654. Ujezd, ob. Albrechtice n. Vlatava, okr. Písek.- Depot.- 2 Tüllenhämmer, 1 Amboß, 1 Absatzbeil, 1 Scheibenkopfnadel, 1 Nadel mit Scheibenkopf, 1 Ahle, 2 Gegenstände.- J. Hralová, J. Hrala, Arch. Rozhledy 23, 1971, 9 Abb. 2, 3; 17 Abb. 4, 1; O. Kytlicová, Arch. Rozhledy 16, 1964, 563 Abb. 173 A ("Vsetec").

655. Ujezd u Brna, okr Brno-venkov.- Einzelfund.- Dolch mit dreieckiger Griffplatte.- V. Furmánek, Slovenská Arch. 21, 1973, 92 Nr. 132 Abb. 49, 10.

656. Ujhyarmat, Slowakei.- Mohnkopfnadel (mit geritzter Kopfzier).- Hänsel, Beiträge 206 Liste 88 Nr. 9.

657. Určice, okr. Prostějov.- Grab 216.- Reichprofilierte Nadel.- V. Podborský, Mähren in der Spätbronzezeit und an der Schwelle der Hallstattzeit (1970) Taf. 49, 3-7; Abb. 5, 3.

658. Uretice b. Chrudim, Böhmen.- Hallstattzeitliches Grab.- 3 schildförmige Anhänger; weitere Funde.- L. Pič, Starožitnosti zeme České 2, 3 (1905) Taf. 24, 31-33; Z. Fiedler, Pam. Arch. 44, 1954, 329 Abb. 1, 5; G. Kossack, Studien zum Symbolgut der Urnenfelder- und Hallstattzeit Mitteleuropas (1954) 98 E31.

659. Usti nad Labem.-Strekov.- Grabfund.- Nadel (Typus Lažany).- F.-R. Herrmann, Jahresber. Bayer. Bodendenkmalpfl. 11/12, 1970/71, 87 Abb. 10, 3; E. Simbriger, Das spätbronzezeitliche Gräberfeld auf dem Angelberg. Sudeta 8, 1932, 87 Taf. 2, 11; E. Plesl, Luzická kultura v severzápadních Čechách (1961) 139f. Taf. 36, 6.

660. Ustí nad Labem.- Strekov II; aus einer zerstörten Bestattung in Brandgräberfeld.- 1 Rasiermesser mit Hakengriff (Typus Ustí).- Jockenhövel, Rasiermesser 187 Nr. 368 Taf. 28, 368.

661. Ustí nad Labem.- Strekov II; Grab 47; Brandbestattung.- 1 Rasiermesserfrg. mit Hakengriff (Typus Lhán), Keramik.- Jockenhövel, Rasiermesser 189 Nr. 375 Taf. 28, 375.

662. Ustí nad Labem.- Strekov II; Grab 60; Brandbestattung.- 1 Rasiermesserfrg. mit Hakengriff (Typus Ustí), Keramik, Feuersteinsplitter.- Jockenhövel, Rasiermesser 187 Nr. 369 Taf. 28, 369.

663. Valterice, okr. Česká Lípa.- Buchberg; Einzelfund.- Mittelständiges Lappenbeil und Gußform.- E. Plesl, Arbeits- u. Forschber. Dresden 16/17, 1967, 100 Nr. 17; L. Franz, Zittauer Geschichtsblätter 12, 1935, 28 (non vidi).

664. Varvažov, okr. Písek.- Depot.- Lanzenspitze mit gestuftem Blatt, Rasiermesser (Typus Gusen), Rollennadel mit tordiertem Schaft, (dazu vermutlich) Scheibe einer Scheibenkopfnadel, Nadel mit gerripptem Oberteil, Stachelscheibe.- O. Kytlicová, Arch. Rozhledy 16, 1964, 541 Abb. 163 A; Jockenhövel, Rasiermesser 65 ("Depotfundstufe Plzeň-Jíkalkla") Nr. 58 Taf. 57 C.

665. Vážany, Mähren.- Fragment einer Nadel mit mehrfach verdicktem Schaftoberteil (Typus Lüdermund).- J. Říhovský, Die Nadeln in Mähren und dem Ostalpengebiet (1979) 113 Taf. 33, 628.

666. Včelínce, okr. Rimavská Sobota.- Fundumstände unbekannt.- Nadel mit mehrfach verdicktem Schaftoberteil (mit flacher Kopfscheibe).- M. Novotná, Die Nadeln in der Slowakei (1980) 87 Nr. 520 Taf. 22, 520.

667. Včelínce, okr. Rimavská Sobota.- Brandgräberfeld.- V. Furmánek, Slovenská Arch. 25,2, 1977, 258 Nr. 167-169 Taf. 31, 8-11; 32.

668. Vedrovice, okr. Znojmo.- Einzelfund.- 2 Griffzungenmesserfrgte. (Typus Baierdorf) mit Ringgriffende.- J. Říhovský, Die Messer in Mähren und dem Ostalpengebiet (1972) 24 Nr. 61 Taf. 5, 61.

669. Velatice, okr. Brno.- Brandgrab 1.- Verbranntes Dreiwulstschwert, Lanzenspitze mit gestuftem Blatt, Bronzetasse, Anhänger, Blechtütchen, Nägel, über 30 Tongefäße.- J. Říhovský, Pam. Arch. 49, 1958, 67ff. mit Abb.; Müller-Karpe, Vollgriffschwerter 103 Taf. 25; J. Hrala, Arch. Rozhledy 6, 1954, 225 Nr. 26; G. Kossack, Studien zum Symbolgut der Urnenfelder- und Hallstattzeit Mitteleuropas (1954) 93 Liste B Nr. 71.

670. Velim, Böhmen.- Einzelfund.- Mittelständiges Lappenbeil (Lausitzer Form).- Praha NM 25925.

671. Velká (Felka), okr. Poprad.- Depot I.- 2 Bronzeringe, etliche Bronzenadeln (frühbronzezeitlich ?), 18 "schlüsselförmige Bronzen".- J. Spöttl, Mitt. Anthr. Ges. Wien 13, 1883, 223ff.

672. Velká (Felka), okr. Poprad.- Depot II (vermutlich Ha B) unweit von Depot I; die Schwerter lagen auf einer "Ebenholzunterlage".- 7 Schwerter: 3 Dreiwulstschwerter (Typus Liptau).- Müller-Karpe, Vollgriffschwerter 100 Taf. 18, 6; 19,2. 4; J. Spöttl, Mitt. Anthr. Ges. Wien 13, 1883, 223ff. Abb. 81-82; J. Hrala, Arch. Rozhledy 6, 1954, 224 Nr. 12.

673. Veľká, okr. Poprad.- Depot (?).- 1 Antennenschwert, 1 Posamenteriefibel.- Novotná, Hortfunde 122; Paulík, Slovénska Arch. 7, 1959, 354.

674. Veľká, okr. Poprad.- Fundumstände unbekannt.- Mittelständiges Lappenbeil (danubische Form/Typus Freudenberg, Var. Obertraun).- Novotná, Beile 45 Nr. 278 Taf. 14, 278.

675. Velká Dobrá, okr. Kladno.- Hügel 24; Brandgrab.- Fragmente eines Bronzesiebes, Nadelfrg., Fragmente eines Griffzungenmessers mit Ringgriff, 1 Modellrad, 1 Blechfrg., Keramik.- O. Kytlícová, Pam. Arch. 79, 1988, 349 Abb. 5B.

676. Velká Lehota (Nagy-Lehota), okr. Prievidza.- Aus einem Hügelgrab.- Griffzungendolch mit fächerförmiger Knaufzunge; dabei (?) fanden sich Nadel, Perle, Fingerringfrg., Flintwerkzeuge.- J. Vladár, Die Dolche in der Slowakei (1974) 51 Nr. 151 Taf. 7, 151.

677. Veľká Lehota, okr. Prievidza.- Aus Gräbern.- Griffzungenmesser mit Ringende, Brillenanhänger, Nadeln.- Arch. Ért. 9, 1899, 387 mit Abb.

678. Velká Roudka, okr. Blansko.- Depot.- 3 Zungensicheln 2 Zungensichelfrgte. (eine weitere Sichel verschollen), 1 Lanzenspitze.- Z. Smrž, Enkláva lužického osídlení v oblasti Boskovské brázdy (1975) 15 Taf. 18 A, 1-3; Říhovský, Sicheln 54 Nr. 200-202 Taf. 12, 200; 13, 201-202; 55 Nr. 219 Taf. 14, 219; 59 Nr. 283 Taf. 18, 283.

679. Velké Hostěrádky, okr. Břeclav.- Grabhügel I, Körpergrab.- Griffzungenschwert (Typus Annenheim?), dreinietiger Griffplattendolch, zweischneidiges Rasiermesser, 5 Gefäße. Kugelkopfnadel.- J. Říhovský, Die Nadeln in Mähren und dem Ostalpengebiet (1979) 77 Nr. 343 Taf. 19, 343; 78C.

680. Velké Losini, okr. Sumperk.- Tüllenhammer (Datierung ?).- J. Hralová, J. Hrala, Arch. 23, 1971, 13 Abb. 3, 4.

681. Velké Nepodrice.- Depot.

682. Velké Žernoseky, okr. Litoměřice.- Aus der Elbe.- Griffzungenschwert.- P. Novák, Die Schwerter in der Tschechoslowakei I (1975) 21 Nr. 94 Taf. 14, 94.

683. Velké Žernoseky, okr. Litoměřice.- Aus der Elbe.- Dreiwulstschwert (Typus Liptau).- Müller-Karpe, Vollgriffschwerter 111 Taf. 45, 7; J. Hrala, Arch. Rozhledy 6, 1954, 225 Nr. 35.

684. Velké Žernoseky, okr. Litoměřice.- Aus der Elbe.- Dreiwulstschwert (Typus Liptau).- Müller-Karpe, Vollgriffschwerter 102 Taf. 22, 4.

685. Velké Žernoseky, okr. Litoměřice.- Aus der Elbe.- Rasiermesser (Var. Velké Žernoseky).- Jockenhövel, Rasiermesser 132 Nr. 22 Taf. 19, 222.

686. Velké Žernoseky.- Aus der Elbe.- Posamenteriefibel mit lanzettförmigen Anhängern.- G. Kossack, Studien zum Symbolgut der Urnenfelder- und Hallstattzeit Mitteleuropas (1954) 93 Liste B Nr. 73; E. Plesl, Die Lausitzer Kultur in Nordwestböhmen (1961) 53, 1.

687. Velké Žernoseky, okr. Litoměřice.- Einzelfund in einem Steinbruch.- Mittelständiges Lappenbeil.- Sudeta 7, 1931, 6 Abb. 1.

688. Velké Žernoseky, okr. Litoměřice.- Depot II.- 1 Rasiermesserfrg. mit Hakengriff (?) (Typus Ustí), 2 Plattenkopfnadeln, Kolbenkopfnadel, Armringe, Messerklinge, Armband, mittelständiges Lappenbeil, Knopfsichel, Zungensichel.- Jockenhövel, Rasiermesser 187 ("Depotfundstufe Suchdol") Nr. 371 Taf. 28, 371; O. Kytlicová, Arbeits- u. Forschber. Sachsen, 152 Abb. 6, 13.

689. Veľký Blh (Felsöbalog), okr. Rimavská Sobota.- Depot.- Doppelarmknauf, 1 Absatzbeil mit gerader Rast, Nackenscheibenaxt, Spiralarmbandfrg., 2 Oberarmspiralen, 1 Prunkaxt mit ankerförmigem Nacken.- Novotná, Beile 42 Nr. 249 Taf. 13, 249; 62 Nr. 396 Taf. 23, 396; 57 Nr. 359 Taf. 20, 359; Taf. 49 A; Mozsolics, Bronze-und Goldfunde Taf. 7.

690. Veľký Blh, okr. Rimavská Sobota.- Einzelfund.- Doppelarmknauf.- Novotná, Beile 62 Nr. 390 Taf. 23, 390.

691. Veľký Blh, okr. Rimavská Sobota.- Nackenscheibenaxt (Typus B3).- Novotná, Beile 57 Nr. 365 Taf. 21, 365.

692. Velký Grunov, okr. Česká Lípa.- Einzelfund.- E. Plesl, Arbeits- u. Forschber. Dresden 16/17, 1967, 100 Nr. 18; C. Streit, Sudeta 10, 1934, 110 Abb.

693. Veľký Saris, okr. Prešov.- Einzelfund.- Nackenscheibenaxt (Typus B2).- Novotná, Beile 57 Nr. 360.

694. Veľký Pesek, okr. Levice.- Keramikdepot.- 6 Gefäße.- Nach Novotny Bz B-C.- B. Novotny, Musaica 12, 1961, 45ff. Taf. 18.

695. Velvary, okr. Kladno.- Depot in Gefäß.- Blechgürtelfrg. (Typus Riegsee), Griffzungenschwertfrg., Frg. eines mittelständigen Lappenbeils, Knopfsichelfrgte., Zungensichelfrgte., Griffplattenmesser, Nadel (Typus Henfenfeld), Kugelkopfnadel mit verdicktem Hals (Typus Gutenbrunn), Scheibenkopfnadel, Frg. einer Armberge.- K. Prokop, Pravek 8, 1912, 66ff. Abb. 3-4; Kilian-Dirlmeier, Gürtel 106 Nr. 424 Taf. 43, 424.

696. Vepček, okr. Kladno.- Gußformendepot.- Jockenhövel, Rasiermesser 169 Taf. 79A.

697. Vícemeřice, okr. Prostějov.- Kugelkopfnadel.- J. Říhovský, Die Nadeln in Mähren und dem Ostalpengebiet (1979) 77 Nr. 346 Taf. 19, 346.

698. Vieska-Bezdedov, okr. Puchov.- Depot.- 3 Dreiwulstschwerter; nach Novotná 2 Schwerter.- Müller-Karpe, Vollgriffschwerter 99 Taf. 16, 7; J. Hrala, Arch. Rozhledy 6, 1954, 224 Nr. 15; Novotná, Hortfunde 122.

699. Viľchovica (Egerske).- Schwertdepot.- Mozsolics, Arch. Ért. 99, 1972, 204.

700. Viničky, okr. Trebišov.- Urnenbrandgrab.- 3 Nadeln (1 Exemplar mit mehrfach verdicktem Schaftoberteil [Typus Forro]; 1 Exemplar mit einfacher Schaftschwellung (senkrechte Riefelung; Typus Dreveník) Armring, 6 Schläfenringe, Röhrchen, Urne, Gefäß.- V. Furmánek, Slovenská Arch. 25,2, 1977, 258 Nr. 182 Taf. 36, 1-11; M. Novotná, Die Nadeln in der Slowakei (1980) 87f. Nr. 518; 522 Taf. 58 C.

701. Vinoř, okr. Praha-vychod.- Depot.- Rasiermesser (mit organischem Griff); weitere Funde?.- NM Prag 26. 122.- Jockenhövel, Rasiermesser 52 Nr. 34 Taf. 3, 34; J. Schránil, Die Vorgeschichte Böhmens und Mährens (1928) 153ff.

702. Vlčnov, okr. Uherské Hradiště.- Depot.- Lanzettförmiger Anhänger in Mittelstück.- V. Podborský, Mähren in der Spätbronzezeit und an der Schwelle zur Hallstattzeit (1970) 210 Nr. 276 Taf. 74, 1.

703. Voďnany, okr. Strakonice.- Depot.- 3 Sicheln (2 Zungen, 1 Knopf).- O. Kytlicová, Arch. Rozhledy 16, 1964, 523 Abb. 157 C.

703A. Vojkovice, okr. Brno-venkov.- Einzelfund.- Mittelständiges Lappenbeil.- J. Říhovský, Die Äxte, Beile, Meißel und Hämmer in Mähren (1992) 154 Nr. 478 Taf. 31, 478.

704. Vokovice b. Praha.- Gräberfeld.- Gußform für Pfeilspitzen.- H. Richlý, Die Bronzezeit in Böhmen (1894) 167f. Taf. 40,2.

705. Vrbnice, okr. Michalovce.- Einzelfund.- Lanzenspitze mit profilierter Tülle und reich verziertem freien Tüllenteil.- J. Vizdal, Arch. Rozhledy 36, 1984, 669f. Abb. 1.

706. Vrútky (Rutka), okr. Turciansky Sv. Martin.- Dreiwulstschwert (Typus Erlach).- Müller-Karpe, Vollgriffschwerter 95 Taf. 5, 9.

707. Všetec -> Ujezd

708. Vyšná Hutka, okr. Košice-Land.- Depot.- 1 Nackenscheibenaxt (Typus B3), 1 Tüllenmeißel, 3 Lanzenspitzen (darunter 1 Ex. mit profilierter Tülle), 2 Bronzefrgte. und mehrere Blechstreifenstücke.- M. Novotná, Pam. Arch 50, 1959, 1ff. mit Abb.; Novotná, Beile 57 Nr. 370 Taf. 50A; Novotná Hortfunde 123; V. Furmánek, Slovenská Arch. 25,2, 1977, 258 Nr. 187 Taf. 33, 7-13; Hänsel, Beiträge 236 Taf. 56, 16-21.

709. Vyšná Pokoradz, okr. Rimavská Sobota.- Einzelfund.- Zweiteilige Sandsteingußform für Rasiermesser (Typus Großmugl/Var. Mesić).- Jockenhövel, Rasiermesser 79 Nr. 89 Taf. 8, 89.

710. Vyšná Pokoradz, okr. Rimavská Sobota.- Siedlungsmaterial und Brandgräberfeld.- V. Furmánek, Slovenská Arch. 25,2, 1977, 258 Nr. 188; 189 Taf. 37, 5-6; 37, 7.

711. Vyšná Pokoradz, okr. Rimavská Sobota.- Dreiwulstschwert.- J. Hrala, Arch. Rozhledy 6, 1954, 225 Nr. 16.

712. Vyšní Blh, okr. Rimavská Sobota.- Absatzbeil mit gerader Rast.- J. Hampel, Arch. Ért. 1, 1881, 277ff. Abb. 1, 5; Hänsel, Beiträge 195 Liste 59, 10 Taf. 52,2.

713. Vyšný Brod.- Lanzenspitze mit gestuftem Blatt.- NM Praha 13480.

714. Vyšný Kubín, okr. Dolný Kubín.- Aus einer Gruppe von Brandbestattungen.- Rasiermesser (Typus Großmugl/Var. Mesić).- Z. Pivovarová, Slovenská Arch. 14, 1966, 341. 339 Abb. 3, 1; Jockenhövel, Rasiermesser 79 Nr. 92 Taf. 9, 92.

715. Vyšný Kubín, okr. Dolný Kubín.- Aus einer Gruppe von Brandbestattungen.- Rasiermesser.- Jockenhövel, Rasiermesser 75 Nr. 84 Taf. 8, 84.

716. Vyšný Kubín, okr. Dolný Kubín.- Aus Brandbestattungen.- Rasiermesser.- Jockenhövel, Rasiermesser 96 Nr. 122 Taf. 11, 122.

717. Vyšný Sliac (Sliács), okr. Ruzomberok.- Depot II in Travertinspalte.- 4 Vollgriffschwerter (Typus Liptau), 3 Griffzungenschwerter.- V. Uhlár, Slovenská Arch. 7, 1959, 71ff. Abb. 1-5; Müller-Karpe, Vollgriffschwerter 125 Taf. 90, 1-7; J. Hrala, Arch. Rozhledy 6, 1954, 225 Nr. 17.

718. Vyšný Sliac, okr. Ruzomberok.- Depot I (Inhalt, Datierung?).- J. Kürti SMSS 12, 1928, 33-35 (non vidi).

719. Zábrdovice, Bez. Brünn.- Fundumstände unbekannt.- Vollgriffschwert (Typus Riegsee).- F. Holste, Die bronzezeitlichen Vollgriffschwerter Bayerns (1953) 53 Nr. 53.

720. Zádielske Dvorníky, okr. Košice-Land.- Depot.- 10 ineinandergehängte Ringe, z. T. mit Strichverzierung.- Datierung Ha A (?).- J. Bárta, L. Veliačik, Arch. Vyskumu a nalezy na Slovensku v roku 1976, 36ff. Abb. 5-6.

721. Zahaji.- Depot (nähere Fundumstände unbekannt).- 1 Lanzenspitze, 1 Schnabeltüllenbeil, 1 Kugelkopfnadel mit geschwollenem Hals, 4 Sichelfrgte. (davon 2 von Zungensicheln), 2 Gußkuchenfrgte.- Mus Budweis.- H. Richlý, Die Bronzezeit in Böhmen (1894) 150 Nr. 50 Taf. 43.

722. Žákava, okr. Plzeň-jíh.- Grabhügelnekropole Svárec; Hügel 7.- Aus dem Hügel stammen hart an der Oberfläche ein kleines Gefäß und eine Nadel; sodann 2 verzierte Gefäße, eine Amphore und ein Krug. Am Nordostrand des Steinkranzes fand sich ein mittelständiges Lappenbeil.- E. Čujanová-Jílková, Mittelbronzezeitliche Hügelgräberfelder in Westböhmen (1970) 126 Nr. 97 Abb. 64A.

723. Žákava.- Brandgrab.- Riegseeschwert (zerschmolzen).- J. Böhm, Základy hallstattské periody v Čechách (1937) 159 Abb. 80, 1.

724. Žákava Svárec, Gem. Žákava, Bez. Plzeň.- Hügel 19, in Steinpackung.- Scheibenkopfnadel, Bernsteinperlen.- J. Böhm, Germania 20, 1936, 12; E. Čujanová-Jílková, Mittelbronzezeitliche Hügelgräberfelder in Westböhmen (1970) Taf. 64 C.

725. Žákava, okr. Plzeň-jíh.- Hügel 65.- Scheibenkopfnadel.- J. Böhm, Germania 20, 1936, 12; E. Čujanová-Jílková, Mittelbronzezeitliche Hügelgräberfelder in Westböhmen (1970) 129 Taf. 66 D6.

726 entfällt.

727. Zálezlice, okr. Mělník.- Urnengrab.- 2 Armringe (Typus Stehelčeves), Nadel mit langem gerippten Kopf, Petschaftskopfnadel, Brillenspirale, Amphore, doppelkonisches Gefäß, Kännchen, kleine Schüssel.- O. Kytlicová in: Festschr. W. A. v. Brunn (1981) 217 Nr. 16 Abb. 8.

728. Záluží, okr. Plzeň-jíh.- Urnenflachgrab.- Fragmente eines Bronzesiebes, 2 Fragmente eines Halsringes, Armring, Keramik.- O. Kytlícová, Pam. Arch. 79, 1988, 347f. Abb. 4.

729. Zarazice, okr. Hodonín.- Einzelfund.- Messer mit umlapptem Ringgriff (Form A).- J. Říhovský, Die Messer in Mähren und dem Ostalpengebiet (1972) 37 Nr. 127 Taf. 12, 127.

730. Zárovice-Hamry -> Hamry

731. Žaškov, okr. Dolný Kubín.- Depot (Ha A2/B1).- 8 Sicheln, 2 Lanzenspitzen, Röllchen, Dreiwulstschwertfrg., 4 Tüllenbeile, Bronzegefäß, 3 Nadeln, Bronzefrg., Draht, Helmfrg., Blechbuckel, Beschlag, Blechband, Stäbchen, Pferdegeschirrbeschläge, Blechbandfrgte., Draht, 2 Nadelschaftfrgte., 2 Bronzegußkuchen.- Novotná, Hortfunde 126 Taf. 22-23; J. Hrala, Arch. Rozhledy 6, 1954, 225 Nr. 19.

731A. Zastrizly, okr. Kroměříž.- Einzelfund.- Mittelständiges Lappenbeil.- J. Říhovský, Die Äxte, Beile, Meißel und Hämmer in Mähren (1992) 156 Nr. 494 Taf. 32, 494.

732. Žatec, okr. Žatec.- Körpergrab.- Dreiwulstschwert (Typus Högl), Bronzegefäßfrgte. von einer Amphora (?), 2 Nadeln, 2 Griffdornmesser, 1 Ringlein, 7 Keramikgefäße.- Müller-Karpe, Vollgriffschwerter 105 Taf. 30, 5; J. Hrala, Arch. Rozhledy 6, 1954, 225 Nr. 36; O. Kytlicová, Pam. Arch. 79, 1988, 357 Abb. 7; J. Böhm, Zaklady 120 Abb. 34, 1; J. Bouzek in: Praehistorica VIII, Varia Arch. 2 (1981) 123ff.; Taf. 14, 2. 6-10, 12-13.

733. Žatec-Mačerka, okr. Louny.- Brandgrab 1.- 1 Messer mit gelochtem Griffdorn, 1 Rasiermesser, 1 buckelverzierte Tasse, Fragmente einer Ciste (?), Keramik.- Jockenhövel, Rasiermesser 152 ("Žatec-Stufe") Nr. 287 Taf. 23, 287; O. Kytlícová, Pam. Arch. 79, 1988, 350f. Abb. 6.

734. Žatec.- Einzelfund.- Mittelständiges Lappenbeil (fränkischböhmische Form).- NM Praha 25922.

735. Žatec.- Einzelfund.- Mittelständiges Lappenbeil (fränkischböhmische Form).- NM Praha 25933.

736. Zbince, okr. Michalovce.- Depot.- 6 Schnabeltüllenbeile, 17 Armringe, 1 Armringfrg., 2 Blechfrgte. (von einem Eimer), 1 Sichelfrg., 2 Trensenknebel.- K. Andel Stud. Zvesti 4, 1961, 109ff. Abb. 1; Novotná, Beile 74 Nr. 490 Taf. 51 (mit Taf. 53 vertauscht).

737. Ždaňa (Hernádzsadány), okr. Košice-Land.- Depot.- 3 Vollgriffschwerter (1 Typus Riegsee, 2 Typus Ragály).- F. Holste, Die bronzezeitlichen Vollgriffschwerter Bayerns (1953) 52 Nr. 45-47; Novotná, Hortfunde 127; V. Furmánek, Slovenská Arch. 25,2, 1977, 258 Nr. 199 Taf. 24, 6; Müller-Karpe, Vollgriffschwerter 93 Taf. 3, 4.

738. Zdánice, okr. Hodonin.- Depot (unvollständig).- Überliefert sind 2 Zungensichelfrgte.- Říhovský, Sicheln 66 Nr. 341 Taf. 22, 341.

739. Žehra -> Dreveník

740. Žehušice.- Depot (1888); frei in der Erde.- 2 große Beinbergen, 4 Armringe (strichverziert), 2 gerippte Armbänder.- H. Richlý, Die Bronzezeit in Böhmen (1894) 150ff. Taf. 46-47, 2-5.

741. Želatovice, okr. Přerov.- Depot.- 1 Tüllenbeil, 4 Nadeln, 2 Gußbrocken, 2 ineinandergehängte Spiralringe, 1 Messerklingenfrg., 1 Sichelfrg.- M. Jaskova, Sbornik Fil. Fak. Brno 17, 1968 (E 13) 88f. Abb. 2, 10-18.

742. Želénky, okr. Teplice.- Einzelfund.- Dreiwulstschwert.- J. Schránil, Die Vorgeschichte Böhmens und Mährens (1928) Taf. 30, 3.

743. Zemplín, okt. Trebišov.- Depot.- 21 zumeist fragmentierte oder stark verbogene Sicheln (davon 2 Knopfsicheln), 8 Tüllenbeile und Fragmente von solchen, 1 Lappenbeil, 1 Tüllenmeißel, 3 Lanzenspitzenfrgte., 1 Klingenfrg. (Schwert), 1 Armspiralfrg., 3 Nackenscheibenäxte, 1 Griffzungenmesserfrg., 2 Ringe, 1 Ringfrg., 1 Nadelkopf, 5 Gußbrocken.- D. Gasaj, Historica Carpathica 13, 1982, 273ff. Abb. 1-5.

744. Žešov, okr. Prostějov.- Brandgräberfeld.- Kugelkopfnadeln.- J. Říhovský, Die Nadeln in Mähren und dem Ostalpengebiet (1979) 77 Nr. 349 Taf. 19, 349; 79, Nr. 393 Taf. 22, 393.

745. Zlatká Idka, okr. Košice.- Depot.- 2 Armschutzspiralen, Spiralscheibe, Lanzenspitze, Fingerring.- NHM Wien.- Novotná, Hortfunde 124.

746. Zlonín.- Depot.- 1 mittelständiges Lappenbeil, 2 norddeutsche Absatzbeile, 12 Knopfsichelfrgte., 4 Ringe, 1 Ringfrg., 1 Spirale.- O. Kylicová, Arch. Rozhledy 16, 1964, 527 Abb. 159.

747. Znojmo, okr. Znojmo.- Einzelfund.- Vollgriffmesser (einschalig gegossen).- J. Říhovský, Die Messer in Mähren und dem Ostalpengebiet (1972) 11 Nr. 3 Taf. 1, 3.

748. Zohor, okr. Bratislava-vidiek.- Einzelfund.- Vollgriffdolch.- J. Vladár, Die Dolche in der Slowakei (1974) 53 Nr. 156 Taf. 7, 156.

749. Zohor, okr. Bratislava-venkov.- Keramikdepot.- Stufe Maisbirbaum-Zohor.- J. Eisner, Wiener Prähist. Zeitschr. 1941, 171ff. mit Abb.

750. Zsutaj.- Depot.- 8 Vollgriffschwerter, 4 Lanzenspitzen (3 davon mit profilierter Tülle; von diesen 2 mit Strichverzierungen auf der Tülle), 2 Ringe, 1 Fragment, 1 Vogelkopftülle.- J. Csóma, Arch. Ért. 5, 1885, 9ff. Abb. 1-3.

751. Zvíkov, okr. Písek.- Depot.- 4 Nadeln, 2 Absatzbeile.- O. Kytlicová, Arch. Rozhledy 16, 1964 Abb. 162.

752. Zvirotice u Sedlcan.- Grab.- Fibel (Typus Čaka).- Arch. Rozhledy 2, 1950, 221ff. Abb. 155.

753. Zvolen.- Depot I in Tonkrug.- 134 Bronzebuckel.- Novotná, Hortfunde 125.

754. Zvolen.- Depot II in Tonschüssel (78 erhaltene Bronzen).- 2 Doppelarmknäufe, Absatzbeil mit gerader Rast, 1 Tüllenhammer, 1 Meißelfrg., 14 Knopfsicheln, 4 Griffzungensicheln, 1 Sichelfrg., 1 Pinzette, 1 Fragment einer Oberarmspirale, 1 Handschutzspirale, 2 halbmondförmige Anhänger, 37 unverzierte und 2 verzierte Blechbuckel, 2 Phaleren, 3 Spiralfingerringe, 4 Spiralröllchen, 1 Nadel, 2 Stäbchen, mehrere Gußkuchenfrgte.- G. Balasa, Časopis Muz. Slov. Spol. 36-37, 1946, 90ff.; Novotná, Beile 42f. Nr. 257 Taf. 48 A.

755. Zvolen, "Krivá Púť".- Depot III (1962).- 4 Dreiwulstschwerter (davon 3 Ex. Typus Illertissen), 2 Schwertklingen (davon 1 weiteres Dreiwulstschwert ?), 35 Armringe (teilw. verbogen).- P. Kuka, Arch. Rozhledy 17, 1965, 783ff.; 797ff. Abb. 209-212; L. Veliačik, Die Lausitzer Kultur in der Slowakei (1983) 189 Nr. 421 Taf. 41, 1-11.

756. Zvolen (Zólyom).- Depot auf Flur Pusty hrad (1944); Novotná, Nadeln vermutet, daß es sich um Bestandteile eines größeren Komplexes handelt, den Balasa 1946 publizierte (vgl. Novotná, Beile Taf. 48 A).- 2 Nadeln mit großer gewölbter Kopfscheibe (Typus Gemer), 1 Meißel, 5 Absatzbeile mit gerader Rast, 3 Reifen, 2 Armspiralen, 1 großer, gegossener, herzförmiger Anhänger mit Rippenzier.- M. Novotná, Die Nadeln in der Slowakei (1980) 69 ("Horizont Ožd'any") Nr. 394. 395 Taf. 15, 394. 395.

757. Zvolen (Umgebung).- Nackenscheibenaxt (Typus B3).- Novotná, Beile 57 Nr. 364 Taf. 21, 364.

758. Zvoleněves, okr. Kladno.- Gußformendepot mit 21 Modeln u. a. für einen Tüllenhammer.- H. Richlý, Die Bronzezeit in Böhmen (1894) Taf. 44-45; J. Hralová, J. Hrala, Arch. Rozhledy 23, 1971, 17 Abb. 4, 2.

Österreich

1. **Aigenfließen**, OG. Ernsthofen, VB Amstetten.- Einzelfund.- Mittelständiges Lappenbeil (Typus Freudenberg).- Fundber. Österreich 19, 1980, 418 Abb. 344.

2. **Albrechtsberg a. d. Pielach**, MG Loosdorf, VB Melk, Niederösterreich.- Flußfund.- Riegseeschwert.- D. Ankner, Arch. u. Naturwiss. 1, 1977, 402f. mit Abb.; W. Krämer, Die Vollgriffschwerter in Österreich und der Schweiz (1985) 18 Nr. 28 Taf. 6, 28.

3. **Aldrans**, VB Innsbruck.- Brandgrab.- Dreiwulstschwert (vollständig erhalten; Typus Aldrans), Griffdornmesser, Nadelfrg. mit alternierend tordiertem Schaft, Keramik.- Müller-Karpe, Vollgriffschwerter 106 Taf. 32, 2; 33B; W. Krämer, Die Vollgriffschwerter in Österreich und der Schweiz (1985) 30 Nr. 85 Taf. 14, 85.

4. **Alpach-Steinbergalpe**.- Mittelständiges Lappenbeil.- Mayer, Beile 144 Nr. 624 Taf. 45, 624.

5. **Altenmark im Pongau** (Gegend von).- Angeblich aus einem Grab.- Dreiwulstschwert (Spitze fehlt; Typus Högl).- L. Zemmer-Plank, Schild von Steier 15/16, 1978/79, 28f. Abb. 4 Taf. 1, 4; W. Krämer, Die Vollgriffschwerter in Österreich und der Schweiz (1985) 28 Nr. 81 Taf. 14, 81.

6. **Altheim** -> Feldkirchen

7. **Altmünster**, MG Gmunden.- Grab.- 2 Fibeln, 2 Armringe.- M. zu Erbach, Die spätbronze- und urnenfelderzeitlichen Funde aus Linz und Oberösterreich (1986) 10 Nr. 6-9 Taf. 73 A.

8. **Altmünster**, MG Gmunden.- Am Gmundnerberg; Einzelfund.- Lanzenspitze mit profiliertem Blatt (L. 30, 5 cm).- M. zu Erbach, Die spätbronze- und urnenfelderzeitlichen Funde aus Linz und Oberösterreich (1986) 9 Nr. 5 Taf. 82, 3.

9. **Amlach**, VB Spittal a. d. Drau.- Einzelfund.- Mittelständiges Lappenbeil (Typus Freudenberg/Var. Amlach).- Mayer, Beile 138 Nr. 598 Taf. 43, 598.

10. **Amras bei Innsbruck**.- Mittelständiges Lappenbeil (Typus Freudenberg/Var. Retz).- Mayer, Beile 136 Nr. 576 Taf. 41, 576.

11. **Amstetten**, VB Amstetten, Niederösterreich.- Lappenbeil mit hellebardenförmiger Schneide (Zwischenform).- Mayer, Beile 158 Nr. 719 Taf. 52, 719.

12. **Angern**, VB Krems a. d. Leitha.- Niederösterreich.- Körpergrab.- 2 Nadeln mit mehrfach verdicktem Schaftoberteil (Typus Angern), eine fragmentiert; das erhaltene Exemplar 67, 4 cm; zweinietiger Dolch, Bronzepfriem in Knochenschäftung, Tonscherben.- J. Říhovský, Die Nadeln in Mähren und dem Ostalpengebiet (1979) 112 Nr. 618-619 Taf. 32, 618-619.

13. **Annenheim-Hotel**, Gde. Landskron, VB Villach-Land, Kärnten.- Depot (?).- 2 Griffzungenschwerter (Typus Annenheim), Lanzenspitze, "Beile und Dolche".- Schauer, Schwerter 126 Nr. 379. 380 Taf. 56, 379. 380.

14. **Ardeschitza bei Rosenbach**, VB Villach-Land, Kärnten.- Einzelfund.- Frg. eines Griffangelschwertes (Typus Arco).- Schauer, Schwerter 87 Nr. 291 Taf. 43, 291.

15. **Aschach** -> Feldkirchen

16. **Aschbach a. d. Donau**, VB Eferding.- Aus der Donau.- Lanzenspitze (mittlere Bronzezeit).- M. zu Erbach, Die spätbronze- und urnenfelderzeitlichen Funde aus Linz und Oberösterreich (1986) 11 Nr. 12 Taf. 79, 2.

17. **Asparn a. d. Zaya**, VB Mistelbach-. Einzelfund.- Griffzungensichel.- Primas, Sicheln 88 Nr. 487 Taf. 27, 487.

18. **Asparn a. d. Zaya**, VB Mistelbach-. Einzelfunde oder Depot.- 3 Griffzungensicheln.- Primas, Sicheln 88 Nr. 485 Taf. 27, 485.

19. **Asten**, Oberösterreich.- Lanzenspitze mit schmalem Blatt und rezent abgesägter Tülle (Ha B?).- A. Mahr, Mitt. Anthr. Ges. Wien 46, 1916, 23 Taf. 2 P 26; M. zu Erbach, Die spätbronze- und urnenfelderzeitlichen Funde aus Linz und Oberösterreich (1986) 12 Nr. 15 Taf. 79, 1.

20. **Atzenberger Alpe**, VB Spittal a. d. Drau.- Einzelfund.- Mittelständiges Lappenbeil (Typus Freudenberg/Var. Stanz).- Mayer, Beile 138 Nr. 596 Taf. 43, 596.

21. **Au**, Gem. Linz.- Brandbestattung in Urne.- Rasiermesser (Var. Velké Žernoseky), Messer mit gelochter Griffangel, Lanzenspitze, Keramik.- Ha A2.- Jockenhövel, Rasiermesser 133 Nr. 227 Taf. 19, 227; 73 C.

22. **Augsdorf b. Velden**, VB Villach, Kärnten.- Depot.- 4 Griffzungenschwertfrgte. (Typus Reutlingen Var. Bruck, slawonischer Typus), 3 Lanzenspitzen, 3 Lappenbeilfrgte. (davon 2 Typus Haidach), 7 Tüllenbeilfrgte., 1 Griffzungenmesserfrg. (Typus Hradec), 16 fragmentierte Griffzungensicheln, Stücke von Sägeblättern, Haken, flache Platte, Beilklinge (?), Amboß, Blechbuckel, Ring, verz. Armring, Schmuckscheibe.- Müller-Karpe, Chronologie Taf. 129; Schauer, Schwerter 142f. Nr. 426 Taf. 139; 140 A; Mayer, Beile 153 Nr. 682-683 Taf. 49, 682-683; 190 Nr. 1038-1039 Taf. 75, 1038-1039; 191 Nr. 1045-46 Taf. 76, 1045-1046; Říhovský, Messer 34 Nr. 109 Taf. 10, 109.

23. **Aurach-Kelchalm**, VB Kitzbühel.- Aus "Abfallgrube" 47 bei Scheidehalde 32 im Bergbaugebiet.- Keramikscherben, 3 Kerbhölzer, Nadel, Gußkuchefrg., Sichel (168 g).- E. Preuschen/ R. Pittioni, Arch. Austriaca 15, 1954, 7ff. Abb. 27, 5; Primas, Sicheln 96 Nr. 600 Taf. 36, 600.

24. **Aurach**, VB Kitzbühel.- Mittelständiges Lappenbeil (Typus Freudenberg/Var. Rosenau).- Mayer, Beile 133 Nr. 526 Taf. 36, 526.

25. **Bad Aussee**, VB Liezen, Steiermark.- Einzelfund.- Lanzettförmiger Meißel.- Mayer, Beile 217 Nr. 1265-67, Taf. 87, 1265-67.

26. **Bad Aussee**, VB Liezen.- Einzel- oder Depotfund.- Mittelständiges Lappenbeil (Typus Freudenberg).- Mayer, Beile 132 Nr. 511 Taf. 35, 511.

27. **Bad Aussee**, VB Liezen.- Im Kainischbach mit noch zwei gleichen Stücken gefunden.- Mittelständiges Lappenbeil (Typus Freudenberg/Var. Retz).- Mayer, Beile 135 Nr. 561 Taf. 39, 561.

28. **Bad Deutsch-Altenburg**, VB Bruck a. d. Leitha.- Einzelfund.- Tüllenbeil.- Mayer, Beile 185 Nr. 980 Taf. 71, 980.

29. **Bad Deutsch-Altenburg**, VB Bruck a. d. Leitha.- Einzelfund.- Deinsdorfer Nadel.- J. Říhovský, Die Nadeln in Mähren und dem Ostalpengebiet (1979) 79 Nr. 401 Taf. 22, 401.

30. **Bad Goisern**, VB Gmunden.- Einzelfund, bzw. Flußfund aus der Traun.- Mittelständiges Lappenbeil (Typus Freudenberg/Var. Elixhausen).- Mayer, Beile 132 Nr. 517 Taf. 35, 517.

31. **Bad Goisern**, VB Gmunden.- Im Knallbach.- Mittelständiges Lappenbeil (Typus Freudenberg/Var. Villach).- Mayer, Beile 134 Nr. 532 Taf. 36, 532.

32. **Bad Hall**, VB Steyr-Land.- Fundumstände unbekannt.- Nackenscheibenaxt (Typus B).- Mayer, Beile 39 Nr. 81 Taf. 8, 81.

33. **Bad Ischl, VB Gmunden.-** Aus dem Sulzbach.- Dreiwulstschwert.- W. Krämer, Die Vollgriffschwerter in Österreich und der Schweiz (1985) 28 Nr. 80 Taf. 13, 80; Müller-Karpe, Vollgriffschwerter Taf. 17, 7.

34. **Bad Ischl, VB Gmunden.-** Aus der Traun.- Mittelständiges Lappenbeil (Typus Freudenberg/Var. Elixhausen).- Mayer, Beile 133 Nr. 519 Taf. 35, 519.

35. **Bad Schallerbach, VB Grieskirchen.-** Müllerberg; Höhenfund.- Mittelständiges Lappenbeil (Typus Freudenberg/Var. Retz).- Mayer, Beile 135 Nr. 555 Taf. 39, 555.

36. **Bad Wimsbach-Neydharting, VB Wels.-** Traun-Alm-Eck; Einzelfund.- Mittelständiges Lappenbeil mit gerundet profiliertem Umriß.- Mayer, Beile 146 Nr. 632 Taf. 45, 632.

37. **Bad Wimsbach-Neydharting, VB Wels, Oberösterreich.-** Wohl Flußfund.- Achtkantschwert.- W. Krämer, Die Vollgriffschwerter in Österreich und der Schweiz (1985) 15f. Nr. 21 Taf. 5, 21.

38. **Baierdorf, VB Hollabrunn, Niederösterreich;** "Gastal".- Gräberfeld.-
Grab 1, Brandbestattung.- 2 Nadeln (Typus Paudorf; in zwei bzw. drei Teile zerbrochen), 2 kräftig gerippte Armringe, Griffzungenmesser, 2 Gefäße.- Říhovský, Messer 28f. Taf. 36 B4. 5.
Grab 2, Brandbestattung. Griffzungenschwert (Var. Baierdorf), intentionell zerstörtes Griffzungenmesser mit Ringende (Typus Baierdorf) mit beidseitig geschärfter Klingenspitze (beide absichtlich verbogen und das Schwert in 5 Teile zerbrochen), Blechfrg., Keramik.- M. Lochner, Arch. Austriaca 70, 1986, 269 Taf. 2, 1; 3. Schauer, Schwerter 137 Nr. 411 Taf. 60, 411; Říhovský, Messer 28 Nr. 82 Taf. 7, 82.
Grab 3.- Beschädigtes Griffzungenmesser mit Ringende (Typus Baierdorf), Nadel, Nähnadel.- Říhovský, Messer 24f. ("wahrscheinlich Stufe Baierdorf") Nr. 62 Taf. 5, 62.
Grab 4.- Nadel (Typus Gutenbrunn).- J. Říhovský, Die Nadeln in Mähren und dem Ostalpengebiet (1979) 93 Nr. 478 Taf. 26, 478.
Grab 6.- Brandgrab. Vollgriffschwert (Typus Riegsee; die Spitze ist absichtlich in drei Teile zerbrochen), zwei kleine, geschlossene Ringe, mehrere Blechbuckel, Griffplattenmesser, Nadel, Ahle, vier Gefäße.- M. Lochner, Arch. Austriaca 70, 1986, 266f. Taf. 7-8; W. Krämer, Die Vollgriffschwerter in Österreich und der Schweiz (1985) 18 Nr. 29 Taf. 6, 29; D. Ankner, Arch. u. Naturwiss. 1, 1977, 404f. mit Abb; Říhovský, Messer 14 Nr. 12 Taf. 1, 12.
Grab 7.- 1 Griffangelschwert (Typus Terontola), 4 Niete, 1 Griffzungenmesser.- S. Foltiny, Arch. Austriaca 36, 1964, 40 Abb. 1, 1; M. Lochner, Arch. Austriaca 70, 1986, 267 Taf. 9, 1-3; Schauer, Schwerter 89 Nr. 299 Taf. 44, 299; Říhovský, Messer 28 Nr. 83 Taf. 7, 83.

39. **Baierdorf, VB Hollabrunn.-** Aus dem Bereich des Brandgräberfeldes.
- Griffzungen(?)messerfrg.- Říhovský, Messer 25 Nr. 63 Taf. 5, 63.- Griffzungenmesser (Typus Dašice?).- Říhovský, Messer 35f. Nr. 121 Taf. 11, 121.
- 2 Nadeln (Typus Paudorf).- M. Lochner, Arch Austriaca 70, 1986, 293 Taf. 11, 6. 8.

40. **Baumkirchen, VB Innsbruck.-** 2 Vasenkopfnadeln.- K. Wagner, Nordtiroler Urnenfelder (1934) 69.

41. **Bergheim-Winding, VB Salzburg.-** Depot in nasser Wiese (1928); Datierung unbekannt.- 6 Gußkuchen.- Stein, Hortfunde 197 Nr. 456.

42. **Berndorf, VB Pottenstein, Niederösterreich.-** Fundumstände unbekannt.- Griffzungendolch.- M. Hoernes, Mitt. Anthr. Ges. Wien 30, 1900, 67 Taf. 1, 8.

43. **Bischofshofen, VB St. Johann im Pongau.-** Einzelfund.- Mittelständiges Lappenbeil (Typus Freudenberg).- Mayer, Beile 131 Nr. 493 Taf. 34, 493.

44. **Bischofshofen, VB St. Johann im Pongau.-** Depot (1903) in 1, 2 m Tiefe; Datierung nicht möglich.- 4 Gußkuchen.- Stein, Hortfunde 197 Nr. 457.

45. **Braunau am Inn, VB Braunau.-** Einzelfund bei der Inn-Regulierung.- Mittelständiges Lappenbeil (Typus Freudenberg/Var. Retz).- Mayer, Beile 136 Nr. 569 Taf. 40, 569.

46. **Bregenz, Vorarlberg.-** Aus der Ach.- Griffzungenschwert (Typus Stätzling).- Schauer, Schwerter 144 Nr. 433 Taf. 63, 433.

47. **Bregenz, Vorarlberg.-** Griffzungensichel.- Primas, Sicheln 91 Nr. 520 Taf. 30, 520.

48. **Bregenz, Vorarlberg.-** Dolch mit zungenförmig herausgezogener Griffplatte.- O. Menghin, Die vorgeschichtlichen Funde Vorarlbergs (1973) 57 Abb. 36, 2.

49. **Breitenbach, VB Kufstein, Tirol.-** Sekundär verschleppt.- Achtkantschwert.- W. Krämer, Die Vollgriffschwerter in Österreich und der Schweiz (1985) 15 Nr. 13A Taf. 3, 13A.

50. **Bruck a. d. Mur, Steiermark.-** Depot.- 1 (in drei Teile zerbrochenes) Griffzungenschwert (Var. Bruck), 2 Lanzenspitzenfrgte., 10 fragmentierte Griffzungensicheln, 1 Griffplattenmesserfrg., mehrere Blechfrgte.- Schauer, Schwerter 143 Nr. 427 Taf. 141B; Říhovský, Messer 19 Nr. 39 Taf. 3, 39; Primas, Sicheln 89 Nr. 490 Taf. 27, 490.

51. **Bürs, Voralberg.-** Höhenfund; am Rande des Schuttkegels im Wildbach.-Lanzenspitze mit kurzem freien Tüllenteil (164 g).- E. Vonbank, Arch. Austriaca 40, 1966, 88 Abb. 7.

52. **Desselbrunn (Rüstorf), VB Vöcklabruck, Oberösterreich.-** Flußfund aus dem Anger.- Dreiwulstschwert (Typus Erlach).- Müller-Karpe, Vollgriffschwerter 99 Taf. 15, 8; W. Krämer, Die Vollgriffschwerter in Österreich und der Schweiz (1985) 25 Nr. 66 Taf. 12, 66.

53. **Deutschkreutz, VB Oberpullendorf.-** Keramikdepot in kleeblattförmiger Grube; dabei auch vergangene Bausubstanz.- Mindestens 12 Gefäße.- Nach Ruttkay Ende Bz C/Anfang Bz D.- E. Ruttkay in: Festschr. A. A. Bars (1966) 222ff. mit Abb.

54. **Donawitz bei Leoben, Steiermark.-** Griffzungendolch.- Müller-Karpe, Chronologie 279 Taf. 132 B1.

55. **Donnerskirchen, VB Eisenstadt.-** Depot in einem Tongefäß in Bachnähe.- Fragment eines Lappenbeiles (Typus Haidach; als Hammer weiterverwendet), 1 Lappenbeilfrg., 2 Zungensichelfrgte., 7 Sichelfrgte., 1 Bronzeblechfrg., 3 Gußkuchenfrgte. aus Kupfer, zweihenkliger Topf.- R. Pittioni, Arch. Austriaca 41, 1967, 66ff. mit Abb.; Mayer, Beile 154 Nr. 685 Taf. 49, 685.

56. **Dorf im Pinzgau, Salzburg.-** Grab 1; Brand in Urne.- Gürtelhakenfrg. (Typus Untereberfing/Var 2), Griffplattenmesserfrg., Messerklingenfrg., Tasse, 2 Henkelbecher, Scherben weiterer Beigefäße, Trichterhalsurne.- Kilian-Dirlmeier, Gürtel 47 ("frühe Urnenfelderzeit") Nr. 88 Taf. 10, 88.

57. **Dorf im Pinzgau, Salzburg.-** Brandgrab 5.- Gerippte Vasenkopfnadel.- Gürtelhaken ? (verloren), Urne.- M. Hell, Arch. Austriaca 28, 1960, 65ff. Abb. 3, 1-3; 5, 1.

58. **Draßburg, VB Mattersburg.-** Depot in einem Tongefäß; Gesamtgewicht 26 kg.- 1 Fragment eines Lappenbeiles (Typus Haidach), 6 Lappenbeilfrgte., 9 Tüllenbeilfrgte., weitere kleine Tüllenbeilfrgte., 1 Frg. eines Tüllenbeiles mit Hohlschneide, Gußzapfen, 10 Gußzapfen, 2 Tüllenhämmer, 1 Meißelpunze, 1 Meißel-

punzenfrg., 1 Tüllenmeißelfrg., 1 Griffplattenmesser, 2 Griffzungenmesserfrgte., 10 Messerfrgte., 92 Zungensicheln und Frgte. derselben, 8 Schwertfrgte., 7 Lanzenspitzen und Frgte. (darunter mit gestuftem Blatt), 3 Pflocknieten, 5 Nägel und Stifte bzw. Frgte. derselben, 1 Kugelkopfnadel, 3 Nadelkopfnadeln, 1 Nähnadelfrg., 1 Anhänger in Schiffchenform, 10 Ringe und Frgte. derselben, 19 Drahtgegenstände, 13 Drahtfrgte., 8 Bronzefrgte., 35 Blechstücke, über 30 Gußkuchen und Frgte. derselben, Tongefäß.- Říhovský, Messer Taf. 38 A; Mayer, Beile 154 Nr. 686 Taf. 49, 686; 223 Nr. 1330-31 Taf. 89, 1330-31; R. Pittioni, Beiträge zur Urgeschichte der Landschaft Burgenland im Reichsgau Niederdonau (1941) 87 Taf. 15; Říhovský, Messer 17 Nr. 32 Taf. 3, 22.

58A. Drösing, VB Gänserndorf.- Einzelfund.- Lanzenspitze mit gestuftem Blatt.- Fundber. Österreich 28, 1989, 184 Abb. 341.

59. Dürnstein, VB Krems a. d. Donau.- Einzelfund.- Griffzungenmesserfrg. (Typus Baierdorf?).- Říhovský, Messer 25 Nr. 64 Taf. 5, 64.

60. Eggenburg, VB Horn, Niederösterreich.- Einzelfund.- Kette aus Blechgliedern mit 11 eingehängten Lanzettanhängern mit flach-dreieckigem Querschnitt.- E. v. Sacken, Über Ansiedlungen und Funde aus heidnischer Zeit in Niederösterreich (1873) 20 Taf. 2, 49; G. Kossack, Studien zum Symbolgut der Urnenfelder- und Hallstattzeit Mitteleuropas (1954) 92 Liste B Nr. 18.

61. Eggenburg, VB Horn, Niederösterreich.- Brandgräberfeld.- Vasenkopfnadel (glatt).- J. Říhovský, Die Nadeln in Mähren und dem Ostalpengebiet (1979) 190 Nr. 1487 TAf. 56, 1487.

62. Eichenbrunn, VB Mistelbach a. d. Zaya.- Mittelständiges Lappenbeil (Typus Freudenberg).- Mayer, Beile 132 Nr. 504 Taf. 34, 504.

63. Elixhausen, VB Salzburg-Land.- Depot in Moorgegend.- Gußkuchen; Datierung nicht möglich.- Stein, Hortfunde 198 Nr. 458.

64. Elixhausen, VB Salzburg-Land.- Einzelfund mit Moorpatina.- Mittelständiges Lappenbeil (Typus Freudenberg/Var. Elixhausen).- Mayer, Beile 132 Nr. 513 Taf. 35, 513.

65. Ellbögen-St.-Peter, VB Innsbruck.- Urnengrab.- Vasenkopfnadel, Fragmente eines oder zweier Messer (mit gelochtem Griffdorn), Armring, Schmelzstücke, Keramik.- K. Wagner, Nordtiroler Urnenfelder (1934) 70 Taf. 1, 16-17.

66. Engelhartszell -> Schlögen

67. Engerwitzdorf, VB Urfahr-Umgebung.- Amberg; Einzelfund.- Mittelständiges Lappenbeil (Typus Freudenberg/Var. Retz).- Mayer, Beile 135 Nr. 556 Taf. 39, 556.

68. Engerwitzdorf, VB Urfahr-Umgebung.- Einzelfund.- Mittelständiges Lappenbeil (Typus Freudenberg/Var. Obertraun).- Mayer, Beile 137 Nr. 581 Taf. 41, 581.

69. Enns, VB Linz-Land.- Aus der Enns.- Lanzenspitze (Ha A-B).- M. zu Erbach, Die spätbronze- und urnenfelderzeitlichen Funde aus Linz und Oberösterreich (1986) 27 Taf. 79, 3.

70. Enns (Umgebung), VB Linz-Land.- Lanzenspitzenfrg. mit gestuftem Blatt.- A. Mahr, Mitt. Anthr. Ges. Wien 46, 1916, 19 Taf. 2 P 13; M. zu Erbach, Die spätbronze- und urnenfelderzeitlichen Funde aus Linz und Oberösterreich (1986) 25 Nr. 78 Taf. 80, 7.

71. Enns (Umgebung), VB Linz-Land.- Lanzenspitzenfrg. mit gestuftem Blatt.- A. Mahr, Mitt. Anthr. Ges. Wien 46, 1916, 19 Taf. 2 P 8; M. zu Erbach, Die spätbronze- und urnenfelderzeitlichen Funde aus Linz und Oberösterreich (1986) 26 Nr. 80 Taf. 81, 1.

72. Enns (Umgebung), VB Linz-Land.- Lanzenspitzenfrg. mit gestuftem Blatt (tüllenparallel); relativ kurze Tülle (Ha B?).- A. Mahr, Mitt. Anthr. Ges. Wien 46, 1916, 22 Taf. 2 P 9; M. zu Erbach, Die spätbronze- und urnenfelderzeitlichen Funde aus Linz und Oberösterreich (1986) 26 Nr. 79 Taf. 80, 8.

73. Enns, VB Linz-Land.- Angeblich zusammen mit römischen Funden.-Fragmentierte Lanzenspitze mit schmalem Blatt (Ha A?).- A. Mahr, Mitt. Anthr. Ges. Wien 46, 1916, 22 Taf. 2 P 27; M. zu Erbach, Die spätbronze- und urnenfelderzeitlichen Funde aus Linz und Oberösterreich (1986) 27 Nr. 83 Taf. 84, 1.

74. Enns, VB Linz-Land.- Mittelständiges Lappenbeil (Typus Freudenberg/Var. Retz).- Mayer, Beile 136 Nr. 573 Taf. 41, 573.

75. Enns, VB Linz-Land.- Oberösterreich.- Griffangelschwert (?).- Schauer, Schwerter 93 Nr. 310 Taf. 46, 310.

76. Enns, VB Linz-Land.- Einzelfund.- Tüllenbeil.- Mayer, Beile 188 Nr. 1011 Taf. 73, 1011.

76A. Enns, VB Linz-Land.- Aus dem Kunsthandel.- Bronzetasse (Typus Blatnica).- G. Prüssing, Die Bronzegefäße in Österreich (1991) 21 Nr. 6 Taf. 1, 6.

77. Ennsdorf, VB Amstetten.- Grabhügel, Brandbestattung.- Griffzungenschwert, Rasiermesser, Messer mit umgeschlagenem Griffdorn, Kugelkopfnadel, Keramik; zweite Nadel unsicher; Jockenhövel, Rasiermesser Nr. 170 Taf. 73A; Schauer, Schwerter 191 Nr. 597 Taf. 91, 597.

78. Ennsdorf, VB Amstetten, Niederösterreich.- Beim Baggern östlich der Enns.- Lanzenspitze mit gestuftem Blatt (verbogen).- M. zu Erbach, Die spätbronze- und urnenfelderzeitlichen Funde aus Linz und Oberösterreich (1986) 30 Nr. 93 Taf. 81, 3.

79. Enzenkirchen, VB Schärding.- Im Steinbruch.- Mittelständiges Lappenbeil (Typus Freudenberg).- Mayer, Beile 131 Nr. 495 Taf. 34, 495.

80. Enzersfeld, VB Korneuburg, Niederösterreich.- Lesefund mit Keramik.- Lanzettförmiger Meißel (ohne Kopfscheibe).- Fundber. Österreich 24/25, 1985/86, 238, Abb. 213.

81. Ernsthofen, Niederösterreich.- Einzelfund.- Lanzenspitze mit gestuftem Blatt.- G. Kyrle, Wiener Prähist. Zeitschr. 4, 1917, 100 Abb. 3.

82. Eugendorf, VB Salzburg-Land.- Einzelfund.- Riegseeschwert.- D. Ankner, Arch. u. Naturwiss. 1, 1977, 406f. mit abb.; W. Krämer, Die Vollgriffschwerter in Österreich und der Schweiz (1985) 19 Nr. 36 Taf. 7, 36.

83. Feisterer Alm bei Mautern.- Höhenfund.- Lanzenspitze mit langer Tülle und gestuftem Blatt.- W. Modrijan, Schild v. Steier 6, 1956, 13 Abb. 7 (links).

84. Feldkirch, VB Feldkirch.- Am linken Illufer.- Mittelständiges Lappenbeil (Typus Grigny; 785 g).- Mayer, Beile 144 Nr. 621 Taf. 44, 621.

85. Feldkirch, VB Feldkirch.- Depot.- Mittelständiges Lappenbeil (775 g), 1 Fragment eines mittelständigen Lappenbeils mit facettierten Lappen (590 g), Nadel mit Spinnwirtelkopf, Gußkuchenstücke aus Kupfer.- Mayer, Beile 144 Nr. 620. 622 Taf. 44, 620; 45, 622; Stein, Hortfunde 198 Nr. 460.

86. Feldkirch, VB Feldkirch.- Im Illbett.- Mittelständiges Lappenbeil (böhmische Form).- Mayer, Beile 145 Nr. 625 Taf. 45, 625.

87. Feldkirch, Vorarlberg.- Depot am Südhang des Blasenberges.- 4 Gußkuchen; die Gußkuchen standen aufrecht im Lehmboden, die Flachseiten gegeneinander gelehnt; Datierung nicht möglich.- Stein, Hortfunde 198 Nr. 459.

88. Feldkirchen, VB Urfahr-Umgebung.- Im Geröll eines Granitbruches am Hartberg (1905).- Depot (Ha B?).- 2 Lappenbeilfrgte., 2 Zungensicheln, 2 Zungensichelfrgte., 5 Sichelfrgte., 1 Nagelkopfnadel mit durchlochtem Hals, 1 herzförmiger Anhänger, 1 Ringbarrenfrg., 2 Gußschlacken, 2 Tonscherben.- Mitt. Zentral-Komm. 4, 1905, 278; Mayer, Beile 182 Nr. 935-936 Taf. 69, 935-936; Primas, Sicheln 85 Nr. 447-448 Taf. 24, 447-448.

89. Feldkirchen, Ortsteil Altheim, VB Braunau, Oberösterreich.- Einzelfund.- Dreiwulstschwert (Typus Erlach).- Müller-Karpe, Vollgriffschwerter 94 Taf. 4, 7; W. Krämer, Die Vollgriffschwerter in Österreich und der Schweiz (1985) 24f. Nr. 56 Taf. 10, 56.

90. Fisching, VB Linz-Land, Oberösterreich.- Gewässerfund.- "Drei"wulstschwert (mit 5 Griffwülsten; Typus Erlach).- W. Krämer, Die Vollgriffschwerter in Österreich und der Schweiz (1985) 25 Nr. 64 Taf. 11, 64; V. Tovornik, Jahrb. Oberösterr. Musealver. 1973, 38ff. Taf. 9.

91. Fisching, VB Linz-Land, Oberösterreich.- Einzelfund bei Baggerarbeiten (Flußfund?).- Riegseeschwert.- W. Krämer, Die Vollgriffschwerter in Österreich und der Schweiz (1985) 18 Nr. 25 Taf. 5, 25.

92. Frauendorf, Waldviertel.- Einzelfund.- Lanzenspitze mit gestuftem Blatt und langer Tülle.- R. Pittioni, Die urzeitliche Entwicklung auf dem Boden des Waldviertels, in: Geschichte des Waldviertels (1936) Taf. 10, 7.

93. Frauendorf, VB Hollabrunn.- Einzelfund.- Griffplattenmesser.- Říhovský, Messer 14 Nr. 14 Nr. 13 Taf. 2, 13.

94. Fresach, VB Villach, Kärnten.- Einzelfund.- Lappenbeil mit doppelt getrepptem Umriß (Typus Poggio Berni).- Mayer, Beile 147 Nr. 633 Taf. 45, 633.

95. Freudenberg, Gde. St. Thomas a. Zeiselberg, VB Klagenfurt-Land.- Lanzenspitze mit gestuftem Blatt.- L. Franz, Mitt. Anthr. Ges. Wien 61, 1931, 98ff. Abb. 8.

96. Freudenberg, VB Klagenfurt.- Moorfund.- Griffzungenmesser (Typus Baierdorf) mit Ringriffende.- Říhovský, Messer 25 Nr. 65 Taf. 5, 65.

97. Freudenberg, VB Klagenfurt-Land.- Moorfund.- Lanzenspitze.- L. Franz, Mitt. Anthr. Ges. Wien, 61, 1939, 106 Abb. 8.

98. Freudenberg, VB Klagenfurt-Land.- Moorfund.- Mittelständiges Lappenbeil (Typus Freudenberg/Var. Rosenau).- Mayer, Beile 133 Nr. 523 Taf. 36, 523.

99. Freudenberg, VB Klagenfurt-Land.- Raunacker Moos; Moorfund.- Mittelständiges Lappenbeil (Typus Freudenberg).- Mayer, Beile 131 Nr. 489 Taf. 33, 489.

100. Freudenberg, VB Klagenfurt-Land.- Raunacker Moos; Moorfund.- Mittelständiges Lappenbeil (Typus Freudenberg).- Mayer, Beile 131 Nr. 487 Taf. 33, 487.

101. Fundort unbekannt
- Riegseeschwert.- W. Krämer, Die Vollgriffschwerter in Österreich und der Schweiz (1985) 18 Nr. 27 Taf. 6, 27.
- Tüllenhammer.- Mayer, Beile 223 Nr. 1332 Taf. 89, 1332.
- Tüllenhammer.- Mayer, Beile 224 Nr. 1335 Taf. 90, 1335.
- Mittelständiges Lappenbeil (Typus Freudenberg).- Mayer, Beile 131 Nr. 497 Taf. 34, 497.
- Mittelständiges Lappenbeil (Typus Freudenberg/Var. Retz).- Mayer, Beile 135 Nr. 559 Taf. 39, 559.

102. Gaiselberg, VB Gänserndorf.- Siedlungsfund.- Griffzungensichel.- Primas, Sicheln 94 Nr. 550 Taf. 32, 550.

103. Gauderndorf, VB Horn, Niederösterreich.- Einzelfund.- Nadelfrg. (Typus Gutenbrunn).- J. Říhovský, Die Nadeln in Mähren und dem Ostalpengebiet (1979) 94 Nr. 479 Taf. 26, 479.

104. Gemeinlebarn, VB St. Pölten.- Nekropole A; Grab 1.- 1 schildförmiger Anhänger, 5 Blechknöpfe, 1 doppelkonische Urne.- J. Szombathy, Prähistorische Flachgräber bei Gemeinlebarn in Niederösterreich (1929) 46 Taf. 15, 1-3; G. Kossack, Studien zum Symbolgut der Urnenfelder- und Hallstattzeit Mitteleuropas (1954) 97 E7 Taf. 15, 2.

105. Gemeinlebarn, VB St. Pölten.- Brandgrab 22.- Drahtbruchstücke, 3 Gefäße, Scherben von 17 weiteren Gefäßen, Griffplattenmesser.- Říhovský, Messer 14 Nr. 14 Taf. 2, 14.

106. Gemeinlebarn, VB St. Pölten.- Aus dem Brandgräberfeld.
- Griffplattenmesser.- Říhovský, Messer 19 Nr. 40 Taf. 3, 40.
- Griffplattenmesser.- Říhovský, Messer 14 Nr. 15 Taf. 2, 15.

107. Gemeinlebarn, VB St. Pölten.- Brandgrab 270 (Geschlossenheit unsicher).- Messergriffende, Nadel mit zartgeripptem Kugelkopf, Fibelfrg., 4 Armringe, Tutulus, 2 Blechbuckel, Henkelschale, Griffplattenmesser.- Říhovský, Messer 20 Nr. 46 Taf. 31 C.

108. Gemeinlebarn, VB St. Pölten.- Nekropole A; Grab 3.- 1 Messerklingenfrg. (stark geschweift), 1 zweiteilige Blattbügelfibel, 1 schildförmiger Anhänger, 2 lanzettförmige Anhänger, 1 Radamulett, 1 Halsring, zwei Armringe, 1 Knopf, 1 topfförmige Urne, ca 15 Beigefäße, 2 Tonlöffel, 1 Astragalus (Ziege).- J. Szombathy, Prähistorische Flachgräber bei Gemeinlebarn in Niederösterreich (1929) 46f. Taf. 15, 19-27; 16; G. Kossack, Studien zum Symbolgut der Urnenfelder- und Hallstattzeit Mitteleuropas (1954) 97 E7 Taf. 16, 29

109. Gemeinlebarn, VB St. Pölten.- Grab 271.- 5 Tüllenpfeilspitzen, 1 Armreif, 1 tönerner Spinnwirtel, 4 Tonschalen, 1 bikonische Urne.- Szombathy, Gemeinlebarn 65 Taf. 23, 6.

110. Glasenbach, VB Salzburg-Land.- Im Bett des Klambaches.- Mittelständiges Lappenbeil (Typus Freudenberg/Var. Elixhausen).- Mayer, Beile 133 Nr. 518 Taf. 35, 518.

111. Glashütten, Gem. Alland, VB Baden.- Im Flußbett der Schwechat.- 1 Fragment eines mittelständigen Lappenbeils (Typus Freudenberg).- Fundber. Österreich 19, 1980, 422 Abb. 368.

112. Gleinstätten, VB Leibnitz.- Steiermark.- Granbhügel 17; Brandbestattung.- Griffzungenschwertfrg. (slawonischer Typus); Knochen- und Bronzefrgte.- Schauer, Schwerter 191 Nr. 591 Taf. 90, 591.

113. Gloggnitz, VB Neunkirch.- Einzelfund.- Mittelständiges Lappenbeil (Typus Freudenberg/Var. Retz).- Mayer, Beile 136 Nr. 574 Taf. 41, 574.

114. Göttweig (Gegend), Niederösterreich.- Einzelfund auf einer Bergkuppe (1920).- Lanzenspitze mit gestuftem Blatt; rostfarben mit grünen Flecken (111 g).- Taf. 20,4.

114A. Golling (Rabenstein), Land Salzburg.- Große Lanzenspitze mit Kurztülle (Var. Gaualgesheim).- M. Hell/F. Moosleitner, MGSLK 120/21, 1980/81, 21f Abb. 10 (non vidi); S. Hiller, Jahresh. Österr. Arch. Inst. 61, 1991/92, 1ff. Abb. 12b.

115. Gratwein, VB Graz, Steiermark.- Einzelfund.- Achtkantschwert (jüngere Variante).- W. Krämer, Die Vollgriffschwerter in Österreich und der Schweiz (1985) 16 Nr. 23 Taf. 5, 23.

116. Graz (Umgebung), Steiermark.- Vasenkopfnadel (glatt).- J. Říhovský, Die Nadeln in Mähren und dem Ostalpengebiet (1979) 190 Nr. 1488 Taf. 56, 1488.

117. Graz, Steiermark.- Grab(?).- Griffzungenschwert (Var. Baierdorf).- Schauer, Schwerter 137 Nr. 412 Taf. 60, 412.

118. Graz, Steiermark.- Einzelfund.- Griffzungensichel (137 g).- Primas, Sicheln 85 Nr. 449 TAf. 24, 449.

119. Graz, Steiermark.- Am Fuße des Plabutsch; Depot.- 1 mittelständiges Lappenbeil mit Absatzbildung, 1 Tüllenbeil, 1 Tüllenmeißelfrg., 2 Fragmente von 2 Griffzungenschwertern (davon eines intentionell zerbrochen), Schwertklingenspitze, Lanzenspitzenfrg. (mit gestuftem Blatt), 1 Griffzungendolchfrg. (Typus Tenja), 1 Zungensichel, 1 Zungensichelfrg., 1 Armringfrg., 1 Gußkuchenfrg.- LM Graz.- Vorzeit an der Mur. Schild von Steier - Kleine Schriften 15 (1974) 16 Abb. 9; Mayer, Beile 125 Nr. 456 Taf. 31, 456; 190 Nr. 1034 Taf. 75, 1034; Schauer, Schwerter Taf. 149 A.

120. Graz-Engelsdorf.- Einzelfund.- Griffzungenmesser (Typus Baierdorf).- D. Kramer, Bl. f. Heimatkunde Graz 60, 1986, 123-126 mit Abb.

121. Grein, VB Perg, Oberösterreich.- Greiner Donaustrudel bei St. Nikola.- Dreiwulstschwertfrg.- Müller-Karpe, Vollgriffschwerter, Taf. 34, 4; W. Krämer, Die Vollgriffschwerter in Österreich und der Schweiz (1985) 31 Nr. 93 Taf. 16, 93.

122. Grein, VB Perg, Oberösterreich.- Greiner Donaustrudel.- Dreiwulstschwert (Typus Erlach nahestehend).- Müller-Karpe, Vollgriffschwerter 99 Taf. 16, 2; W. Krämer, Die Vollgriffschwerter in Österreich und der Schweiz (1985) 25 Nr. 63 Taf. 11, 63.

123. Greiner Strudel.- Aus der Donau.- Griffzungenmesser (Typus Baierdorf).- M. zu Erbach, Die spätbronze- und urnenfelderzeitlichen Funde aus Linz und Oberösterreich (1986) Taf. 52, 11.

124. Greiner Strudel.- Flußfund aus der Donau.- Kleines Absatzbeil mit gerader Rast (L. 5, 7 cm).- Mayer, Beile 123 Nr. 443 Taf. 30, 443.

125. Grein, Greiner Donaustrudel -> vgl. auch St. Nikola

126. Großmain, VB Salzburg-Land.- Mittelständiges Lappenbeil (Typus Freudenberg).- Mayer, Beile 132 Nr. 502 Taf. 34, 502.

127. Großmain, VB Salzburg-Land.- Mittelständiges Lappenbeil (Typus Freudenberg/Var. Niedergößnitz).- Mayer, Beile 134 Nr. 540 Taf. 37, 540.

128. Großhöflein, VB Eisenstadt.- Grab 2; Brandbestattung in Urne u. "Manns"langer Kiste.- Kolbenkopfnadel, 2 Griffangelmesserfrgte., Rasiermesser, 3 Jaspisabsplisse, Doppelkonus, 3 Zylinderhalsurnen, 4 Schalen, Tasse.- Jockenhövel, Rasiermesser 74 ("Velatice Stufe") Nr. 81 Taf. 8, 81; Schauer, Jahrb. RGZM 31, 1984, 233 Nr. 121.

129. Großmeiseldorf, VB Ravelsbach.- Keramikdepot (Ha A).- F. Berg, Arch. Austriaca 11, 1952, 54ff. Abb. 1-2

130. Großmugl, VB Korneuburg.- Keramikdepot I.- C. Eibner, Arch. Austriaca 46, 1969, 43 Anm. 3.

131. Großmugl, VB Korneuburg.- Keramikdepot II.- C. Eibner, Arch. Austriaca 46, 1969, 43 Anm. 3.

132. Großmugl, VB Korneuburg.- Brandgrab 1.- 3 Messer, 3 Keulenkopfnadeln, Violinbogenfibel, Blattbügelfibel, 5 Armringe, Ring, Fingerring, 1 Bronzeperle, 1 Tüllenpfeilspitze, Bronzetasse.- K. Kromer, Mitt. Anthr. Ges. Wien 88-89, 1959, 125 Taf. 1, 8; Říhovský, Messer 14 Nr. 16 Taf. 2, 16; 31 B.

133. Großmugl, VB Korneuburg.- Brandgrab (1929).- Violinbogenfibel, 1 Kolbenkopfnadel, 2 Keulenkopfnadeln, Armringfrgte., 1 doppelkonische Bronzeperle, 3 Griffzungenmesser, 1 Tüllenpfeilspitze, Fragmente einer Bronzetasse, Keramik.- P. Betzler, Die Fibeln in Süddeutschland, Österreich und der Schweiz (1974) 13 Nr. 7 Taf. 1, 7.

134. Großmugl, VB Korneuburg.- Brandgrab 2.- Griffzungenmesser (Typus Dašice), Rasiermesser, 2 Nadeln, 1 Doppelknopf, Ahle, Wetzstein.- Říhovský, Messer 36 ("Stufe Velatice I") Nr. 122 Taf. 11, 122.

135. Großmugl, VB Korneuburg.- Flur "Beim Lehberg" Grab E, Brandbestattung.- Griffzungenmesser (Typus Matrei), zahlreiche Stäbe (von einem Wagen?), Ahle, Urne.- E. Rotter, Die vor- und frühgeschichtlichen Bodenfunde des Gerichtsbezirks Stockerau. Dissertation Wien 1940, 248f. Abb. 40. 41. 68-71 (Hinweis L. Nebelsick).

136. Großmugl, VB Korneuburg.- Brandbestattung in Urne.- Rasiermesser (Typus Großmugl/Var. Großmugl), Plattenkopfnadel, Keulenkopfnadel, verzierter Doppelknopf, Griffzungenmesser, Pfriem, Schleifstein.- W. Angeli, Mitt. Anthr. Ges. Wien 88/89, 1959, 127f. Taf. 5, 7-13; Müller-Karpe, Chronologie 276 Taf. 124 B; Jockenhövel, Rasiermesser 80 ("Velatice-Stufe") Nr. 96 Taf. 9, 96; 62 A.

137. Großraming, VB Steyr-Land.- Am Sonnenberg; Einzelfund.- Lanzenspitze mit gestuftem Blatt (28, 2 cm).- M. zu Erbach, Die spätbronze- und urnenfelderzeitlichen Funde aus Linz und Oberösterreich (1986) 52 Nr. 179 Taf. 82, 2.

138. Gumping bei Lofer, VB Zell am See.- Mittelständiges Lappenbeil (560 g).- Mayer, Beile 144 Nr. 623 Taf. 45, 623.

139. Gunskirch, VB Wels.- "Weiße Sinterschicht" -> Gewässerfund (?).- Mittelständiges Lappenbeil (Typus Freudenberg/Var. Amlach).- Mayer, Beile 138 Nr. 601 Taf. 43, 601.

140. Gurina, Gde. Dellach im Gaital, VB Hergamor.- Einzelfund.- Griffzungenmesserfrg. (Typus Malhostovice).- Říhovský, Messer 30 Nr. 100 Taf. 9, 100.

140A. Gusen, VB Perg, Oberösterreich.- Körpergrab.- Griffzungenschwert, Lanzenspitze, Rasiermesser, Bronzetasse, Feuersteinklinge.- H. Müller-Karpe, Handbuch der Vorgeschichte Bd. IV (1980) 828 Nr. 520a Taf. 338B.

141. Gutenbrunn, VB Wettl, Niederösterreich.- Depot.- 10 bis 15 Nadeln (Typus Gutenbrunn).- M. Hoernes, Mitt. Anthr. Ges. Wien 30, 1900 Taf. 4, 16-17; J. Říhovský, Die Nadeln in Mähren und dem Ostalpengebiet (1979) 93 Nr. 480 - 484 Taf. 26, 480-484.

142. Gutenstein (Parzenthal bei).- Lanzenspitze mit gestuftem Blatt.- M. Hoernes, Mitt. Anthr. Ges. Wien 30, 1900, 68 Nr. 12 Taf. 1, 12.

143. Hafnerbach, VB St. Pölten, Niederösterreich.- Depot in Tasse (1985).- 3 Nadeln, 1 "Nadelschützer", 1 Ringfrg., 1 Sichelfrg., 1 Blechfrg., 1 Tontasse.- Fundber. Österreich 24/25, 1985/86, 239 Abb. 224-231.

144. Haidach im Glantal, VB Feldkirchen, Kärnten.- Nordhang des Polinik; Depot unter Steinblock zusammen mit Keramikscherben.- 2 Lappenbeile (Typus Haidach; 380, 550 g), 1 Lappenbeil mit Hohlschneide, 2 Tüllenmeißel, 1 lanzettförmiger Meißel, 2 Meißel mit Doppelschneide, 1 Vollgriffdolch mit Ringgriffende, 1 Zungensichel, 1 Griffplattenmesser, 1 Lanzenspitze mit kurzer Tülle, 1 Sauroter (?), 1 Frg. eines tordierten Halsringes, 1 Bronzetasse.- Müller-Karpe, Chronologie 278 Taf. 128A; Mayer, Beile 153 Nr. 673-674 Taf. 48, 673-674; 217 Nr. 1269 Taf. 87, 1268; Říhovský, Messer 22 Nr. 56 Taf. 5, 56; E. Gersbach, Jahrb. Schweiz. Ges. Urgesch. 49, 1962, 13 Abb. 2, 3.

145. entfällt.

146. Hall.- Mittelständiges Lappenbeil (Typus Freudenberg/Var. Niedergößnitz).- Mayer, Beile 135 Nr. 548 Taf. 38, 548.

147. Halldorf, VB St. Johann im Pongau.- Einzelfund am linken Ufer der Salzach.- Mittelständiges Lappenbeil (Typus Freudenberg/Var. Niedergößnitz).- Mayer, Beile 134f. Nr. 547 Taf. 38, 547.

148. Hallein, VB Hallein.- Im Rainbachgraben.- Mittelständiges Lappenbeil (Typus Freudenberg/Var. Stanz).- Mayer, Beile 137 Nr. 591 Taf. 42, 591.

149. Hallenstein b. Lofer, VB Zell am See, Salzburg.- Einzelfund (in einem Windwurf).- Achtkantschwert.- W. Krämer, Die Vollgriffschwerter in Österreich und der Schweiz (1985) 15 Nr. 14 Taf. 3, 14.

150. Hallstatt, VB Gmunden- Einzelfund.- Mittelständiges Lappenbeil (Typus Freudenberg).- Mayer, Beile 132 Nr. 512 Taf. 35, 512.

151. Hallstatt, VB Gmunden, Oberösterreich.- Lanzettförmiger Meißel.- M. zu Erbach, Die spätbronze- und urnenfelderzeitlichen Funde aus Linz und Oberösterreich (1986) Taf. 104 B1.

152. Hallstatt, VB Gmunden, Oberösterreich.- Amboß (hallstattzeitlich).- Mayer, Beile 224 Nr. 1337 Taf. 90, 1337.

153. Hallstatt, VB Gmunden.- Aus dem Bereich des Gräberfeldes.- Lanzenspitze mit gestuftem Blatt offenbar in umgearbeiteter Form sekundär verwendet.- M. zu Erbach, Die spätbronze- und urnenfelderzeitlichen Funde aus Linz und Oberösterreich (1986) 56 Nr. 196 Taf. 83, 5.

154. Hallstatt-Däumelkogel, VB Gmunden, Oberösterreich.- Einzelfund mit der Spitze nach ober in der Erde steckend.- Dreiwulstschwert (Typus Erlach).- Müller-Karpe, Vollgriffschwerter 95 Taf. 5, 5; W. Krämer, Die Vollgriffschwerter in Österreich und der Schweiz (1985) 25 Nr. 57 Taf. 10, 57.

155. Hallstatt, VB Gmunden.- Einzelfund.- Mittelständiges Lappenbeil (Typus Freudenberg/Var. Amlach).- Mayer, Beile 138 Nr. 599 Taf. 43, 599.

156. Hallstatt, VB Gmunden ("irrig Freistadt, ungenau Rudolfsturm").- Depot; weitere Funde unbekannt.- 3 Griffzungensicheln.- Primas, Sicheln 92 Nr. 532; 538-539 Taf. 31, 538-539; 552 Taf. 32, 552.

157. Hallstatt, VB Gmunden.- In der Tropfwand.- Mittelständiges Lappenbeil (Typus Freudenberg).- Mayer, Beile 131 Nr. 491 Taf. 34, 491.

158. Hallstatt, VB Gmunden.- Mittelständiges Lappenbeil (Typus Freudenberg/Var. Niedergößnitz).- Mayer, Beile 134 Nr. 536 Taf. 37, 536.

159. Hallstatt, VB Gmunden.- Einzelfund in einer Felsnische.- Lanzenspitze mit gestuftem Blatt (Ha B?).- M. zu Erbach, Die spätbronze- und urnenfelderzeitlichen Funde aus Linz und Oberösterreich (1986) 56 Nr. 195 Taf. 80, 2.

160. Hallstatt, VB Gmunden.- Salzberg.- Mittelständiges Lappenbeil (Typus Freudenberg/Var. Niedergößnitz).- Mayer, Beile 134 Nr. 537 Taf. 37, 537.

161. Hartkirchen -> Nr. 163

162. Hard, Voralberg.- Bei Bauarbeiten an der Dornbirner Ach.- Gezackte Trompetenkopfnadel (Form C).- Beck, Beiträge 135 Taf. 35, 3.

163. Hartkirchen, VB Eferding.- Depot (?) (wahrscheinlich unvollständig).- 1 Lanzenspitzenfrg. mit gestuftem Blatt, Sichelfrg., Gußstück.- M. zu Erbach, Die spätbronze- und urnenfelderzeitlichen Funde aus Linz und Oberösterreich (1986) 61f. Nr. 212-214 Taf. 45 C, 1-3.

164. Helfenberg, VB Rohrbach, Oberösterreich.- Grab (?), Griffzungenschwert.- Schauer, Schwerter 132f. Nr. 400 Taf. 59, 400.

165. Helpfau-Uttendorf, VB Braunau.- Mittelständiges Lappenbeil (Typus Freudenberg/Var. Amlach).- Mayer, Beile 138 Nr. 603 Taf. 43, 603.

166. Herzogenburg, Niederösterreich.- Aus dem Bett der Traisen; Flußfund.- Lanzenspitze; bronzefarben bis hellgrün patiniert, stellenweise mit Kies verkrustet; in der Tülle Reste des Holzschaftes (Gew. 254 g).- NHM Wien 87838.- Taf. 20,3.

167. Herzogenburg, VB St. Pölten.- Keramikdepot.- Hohe Tasse, Henkelkrug mit kannelierter Schulter, flache Henkelschalen mit Omphalos.- J. Bayer, Jahrb. Zentral- Komm. NF 4, 1906, 60-70.

168. Hinterwaldberg, Gem. Wald im Pinzgau, VB Zell am See.- Einzelfund.- Mittelständiges Lappenbeil (Typus Freudenberg).- Fundber. Österreich 20, 1981, 411 Abb. 384.

169. entfällt.

170. Hof a. Leithagebirge.- Griffzungensichel.- Primas, Sicheln 89 Nr. 491 Taf. 27, 491.

171. Hohenems, VB Dornbirn, Voralberg.- Moorfund ("im Torf").- Mohnkopfnadel (Form IIIB).- Beck, Beiträge 139 Taf. 42, 10.

172. Hollern, VB Bruck a. d. Leitha.- Depot (?)- 1 Griffplattenmesser, 1 Lanzenspitzenfrg., 3 Lappenbeilfrgte., 1 Tüllenbeilfrg., 6 Sichelfrg., Nadelfrgte., 1 Wetzstein, 1 tönernes Siebgefäßfrg.- W. Angeli, Mitt. Anthr. Ges. Wien 90, 1960, 116f. Taf. 15, 2; Říhovský, Messer 17 Nr. 27 Taf. 3, 27; Mayer, Beile 191 Nr. 1043 Taf. 75, 1043; Primas, Sicheln 85 Nr. 451-452 Taf. 24, 451-452.

173. Höhnhart, VB Braunau.- Mittelständiges Lappenbeil (Typus Freudenberg).- Mayer, Beile 132 Nr. 503 Taf. 34, 503.

174. Holzleithen, Gde. Hörsching, VB Linz-Land.- Grab; Brandbestattung (?).- Griffzungenschwert (Typus Letten).- Schauer, Schwerter 166 Nr. 498 Taf. 74, 498.

175. Horn (Umgebung?).- Fragment eines Tüllenbeiles.- Mayer, Beile 190 Nr. 1042 Taf. 75, 1042.

176. Horn, VB Horn, Niederösterreich.- Brandgrab 11.- Griffzungenmesserfrg. (Typus Baierdorf?), weitere Beifunde.- Říhovský, Messer 25 Nr. 66 Taf. 6, 66.

177. Horn, VB Horn.- Brandgrab 12.- Griffzungenmesser (Typus Baierdorf) mit Ringende, weitere Beifunde.- Říhovský, Messer 25 Nr. 67 Taf. 6, 67.

178. Hötting, VB Innsbruck.- Grab 23; Brandbestattung in Urne.- Gürtelhaken (Typus Wilten), Saugfläschchen, Keramik.- Kilian-Dirlmeier, Gürtel 55 Nr. 144 Taf. 15, 144.

179. Hötting, VB Innsbruck.- Aus Urnengräbern.- Gürtelhaken (Typus Mühlau).- Kilian-Dirlmeier, Gürtel 49 Nr. 93 Taf. 10, 93; K. Wagner, Nordtiroler Urnenfelder (1934) 78 Nr. 26.

180. Hötting, VB Innsbruck.- Brandgrab 40.- Fragmente tordierter Armringe, Gürtelhaken (Typus Mühlau), Keramik.- Kilian-Dirlmeier, Gürtel 49f. Nr. 97 Taf. 11, 97; Wagner, Nordtiroler Urnenfelder (1934) 29 Nr. 3; 75.

181. Hötting, VB Innsbruck.- Urnengräberfeld (I).- Grab 2.- Vasenkopfnadel, Messer mit umlappter Griffzunge, Krug, Schale.- K. Wagner, Nordtiroler Urnenfelder (1934) 71.

182. Hötting, VB Innsbruck.- Urnengräberfeld (I).- Grab 28.- 2 Armringfrgte., Vasenkopfnadelfrg. (mit horizontalen Rippen), Frg. eines (?) Messers mit durchlochtem Griffdorn, Kugelkopfnadel, Draht, Blech, Keramik.- K. Wagner, Nordtiroler Urnenfelder (1934) 73 Taf. 2, 10-13.

183. Hötting, VB Innsbruck.- Urnengräberfeld (I).- Grab 3.- Vasenkopfnadel, Messer mit umlappter Griffzunge, Säulchenurne, weiteres Gefäß.- K. Wagner, Nordtiroler Urnenfelder (1934) 71.

184. Hötting, VB Innsbruck.- Urnengräberfeld (I).- Grab 39.- 2 Vasenkopfnadelfrgte., 2 Frgte. eines Messers mit gelochtem Griffdorn, Keramik.- K. Wagner, Nordtiroler Urnenfelder (1934) 75.

185. Hötting, VB Innsbruck.- Urnengräberfeld (I).- Grab 47.- Frg. einer Vasenkopfnadel, Flintstück, Bronzeschmelzstücke, Keramik.- K. Wagner, Nordtiroler Urnenfelder (1934) 76.

186. Hötting, VB Innsbruck.- Grab 2.- 1 Griffzungenmesser (Typus Matrei), 1 Vasenkopfnadel, 1 Schale.- K. Wagner, Nordtiroler Urnenfelder (1934) 71f.

-> Vgl. auch Innsbruck-Hötting.

187. entfällt.

188. Hummersdorf, VB Radkersburg.- Depot (?).- 2 Tüllenbeile, 1 Lappenbeil, Schwertspitze oder Oberteil einer Lanzenspitze, 2 Lanzenspitzen, 10 Zungensicheln, Gußklumpen.- Mayer, Beile 154 Nr. 690 Taf. 50, 690; 75, 1044; 191 Nr. 1044 Taf. 75, 1044; Primas, Sicheln 87 Nr. 447-478 Taf. 26, 477-478.

189. Imst, Grab 35.- Brandbestattung in Urne.- Rasiermesser (Typus Imst), Nähnadel, Spiralröllchen, Urnenfrgte.- Jockenhövel, Rasiermesser 159 Nr. 303 Taf. 24, 303.

190. Imst.- Aus Gräberfeld.- Gürtelhaken (Typus Wilten).- Kilian-Dirlmeier, Gürtel 54 Nr. 129.

191. Imst.- Gräber 4-7; Brandbestattungen.- Gürtelhaken (Typus Wilten); Halsringe, Armring, Griffdornmesser.- Kilian-Dirlmeier, Gürtel 52 Nr. 106 Taf. 11, 106; F. Miltner, Wiener Prähist. Zeitschr. 18, 1941, 126ff. mit Abb.

192. Innsbruck-Hötting.- Aus einer Gruppe Brandbestattungen.- Rasiermesser (Typus Imst).- Jockenhövel, Rasiermesser 159 Nr. 306 Taf. 24, 306.

193. Innsbruck-Hötting.- Brandbestattung.- Lanzenspitze, Nadel; weitere Beigabe ?.- Mus. Ferdinandeum Innsbruck, Inv. Nr. 18390-18393.- P. Schauer, Jahrb. RGZM 31, 1984, 234 Nr. 127.

194. Innsbruck-Hötting.- Grab; Brandbestattung.- Griffzungenschwert (Typus Stätzling).- Schauer, Schwerter 145 Nr. 434 Taf. 63, 434.

195. Innsbruck-Mühlau, VB Innsbruck, Tirol.- Grab 54 a.- Dreiwulstschwert (vollständig erhalten; Typus Illertissen), Wetzstein, Rasiermesserfrg., 2 Ringlein, Henkeltopf.- Müller-Karpe, Vollgriffschwerter 99 Taf. 15, 10; Jockenhövel, Rasiermesser Taf. 65A; W. Krämer, Die Vollgriffschwerter in Österreich und der Schweiz (1985) 26 Nr. 68 Taf. 12, 68.

196. Innsbruck-Mühlau, VB Innsbruck, Tirol.- Grab 37.- Dreiwulstschwert, Griffdornmesser, Nadel mit scheibenförmigem Kopf, 2 Zwingen, 2 Niete, 5 Gefäße.- Müller-Karpe, Vollgriffschwerter 95 Taf. 8C; W. Krämer, Die Vollgriffschwerter in Österreich und der Schweiz (1985) 28 Nr. 74 Taf. 13, 74.

197. Innsbruck-Mühlau.- Grab 11; Brandbestattung.- Violinbogenfibel, 2 gerippte Vasenkopfnadeln, 1 Fragment einmes tordierten Armrings, 2 kleine Ringe, 3 Knöpfe, 1 Zierbuckel, 1 Griffzungenmesser, 1 Goldspiralröllchen, Keramik.- P. Betzler, Die Fibeln in Süddeutschland, Österreich und der Schweiz (1974) 11f. Nr. 3 Taf. 1, 3.

198. Innsbruck-Mühlau, Grab 1 -> Nr. 330.

199. Innsbruck-Mühlau.- Grab 41; Brandbestattung.- 2 Rasiermesser (1 Ex. Typus Morzg), Kugelkopfnadel, 3 Nadelschäfte, Fingerringfrgte., Messer mit durchlochter Griffangel, Bronzeschmelzstückchen, Keramik.- Jockenhövel, Rasiermesser 91 Nr. 110 Taf. 10, 110.

200. Innsbruck-Mühlau.- Grab 54b; Brandbestattung.- Griffzungenschwert (Art Reutlingen) im Feuer stark verschmolzen, 2 Messer mit durchlochter Griffangel, 1 Rasiermesser, 4 Doppelknöpfe, Nagel, Kugelkopfnadel, Fingerringfrg., Keramik.- Schauer, Schwerter 147 Nr. 439 Taf. 64, 439; 143B.

201. Innsbruck-Wilten, Tirol.- Flußfund.- Riegseeschwert.- W. Krämer, Die Vollgriffschwerter in Österreich und der Schweiz (1985) 19 Nr. 41. Taf. 8, 41.

202. Innsbruck-Wilten.- Grab 4-7: Unter der Fußplatte eines der Gräber 4-7 lagen: ein Griffangelmesserfrg., 1 Lanzettanhänger, 1 Tüllenpfeilspitze, 1 Gürtelhaken; die weiteren Funde (hauptsächlich Keramik) sind unbekannt.- Wagner, Nordtiroler Urnenfelder (1934) 121 Taf. 27, 4-6; Kilian-Dirlmeier, Gürtel 59 Nr. 161 Taf. 16, 161.

203. Innsbruck-Wilten.- Urnengrab 8.- Urne, Griffzungenmesser, Vasenkopfnadel, Nadel mit kleinem Vasenkopf.- K. Wagner, Nordtiroler Urnenfelder (1934) 121 Taf. 27, 7-10.

204. Innsbruck-Wilten.- Urnengrab 9.- Urne, Napf, Gefäßscherben, Griffzungenmesser, Gürtelhaken, 4 tordierte Armringe, Fingerring, 2 Vasenkopfnadeln, 3 Zierbuckel, Häkchen, deformierte Bronzen (Messer, Knöpfe, Nadelschäfte) und "2 unverbrannte Rippen, Vasenkopfnadel, 2 Armringe".- K. Wagner, Nordtiroler Urnenfelder (1934) 122.

205. Innsbruck-Wilten.- Urnengrab 16.- Gürtelhaken (Typus Wilten), Dolchmesser, Drahtfrgte. (von Nadeln?), Keramik.- Kilian-Dirlmeier, Gürtel 51 Nr. 100 Taf. 11, 100; K. Wagner, Nordtiroler Urnenfelder (1934) 123 Taf. 37, 18.

206. Innsbruck-Wilten.- "Manns"lange Steinsetzung; Brandgrab 50.- Doppelkonus, Schüssel, Henkelkrug, Tasse, umlappte und durchlochte Griffzunge eines Messers, Messerfrg., Gürtelhaken, vierkantiger Armring, tordierter Armring, Zierbuckel, 4 Vasenkopfnadeln, Nadelschaft.- K. Wagner, Nordtiroler Urnenfelder (1934) 126f. Taf. 30, 1-7.

207. Innsbruck-Wilten.- Urnenbrandgrab 62.- Urne, Scherben einer Tasse und einer Schale, Vasenkopfnadel, zusammengebogenes Bronzeblech, Nadelschaft "dazu ein Messer, eine Henkeltasse, ein größerer Krug in dessen Hals ein Krüglein".- K. Wagner, Nordtiroler Urnenfelder (1934) 128.

208. Innsbruck-Wilten.- Urnengrab 63.- Doppelkonus, Becher, Schale, Vasenkopfnadel, Rollennadel.- K. Wagner, Nordtiroler Urnenfelder (1934) 128 Taf. 28, 8-11.

209. Innsbruck-Wilten.- Grab 64; Brandbestattung in Urne.- Rasiermesser (Typus Morzg), Fragmente zweier Messer, Urne, Schale.- Jockenhövel, Rasiermesser 90 Nr. 107 Taf. 10, 107.

210. Innsbruck-Wilten.- Brandgrab 68 in "manns"langer Steinsetzung.- Henkelkrug, Tasse, Schale, Messer mit umlappter und durchlochter Griffzunge, 2 Gürtelhaken (Typus Wilten, Typus

Mühlau), 2 stark gerippte Armringe, 2 tordierte Armringe, Fingerring, Zierbuckel, Bronzedraht, 4 Vasenkopfnadeln, Tierrippen.- K. Wagner, Nordtiroler Urnenfelder (1934) 129 Taf. 30, 10-22; Kilian-Dirlmeier, Gürtel 54 Nr. 131 Taf. 14, 131; 49 Nr. 96 Taf. 11, 96.

211. Innsbruck-Wilten.- Brandgrab 70 in "manns"langer Steinsetzung.- Urne, Henkelkrug, Schale, Messer mit umlappter Griffzunge, Messer mit durchlochter Griffangel, 2 Gürtelhaken (Typus Mühlau; Typus Volders), 1 vierkantiger Armring, 2 stark gerippte Armringe, vier Knöpfe, Zierbuckel, 4 Vasenkopfnadeln, Bronzeschmelzstücke (darunter vierkantiger Armring, Fingerring, Nadelschäfte).- K. Wagner, Nordtiroler Urnenfelder (1934) 129f. Taf. 31, 1-14; Kilian-Dirlmeier, Gürtel 49 Nr. 95 Taf. 10, 95.

212. Innsbruck-Wilten.- Urnengrab 77.- Urne, 2 Schalen, Messer mit durchlochter Griffzunge, Pfeilspitze, Gürtelhaken (Typus Volders), Zierbuckel, 2 Vasenkopfnadeln.- K. Wagner, Nordtiroler Urnenfelder (1934) 130f.; Kilian-Dirlmeier, Gürtel 62 Nr. 178 Taf. 18, 178.

213. Innsbruck-Wilten.- Urnengrab 86.- Schale, Messer mit durchlochter Griffangel, Gürtelhaken, vierkantiger Armring, Vogelanhänger, Radanhänger, Zierscheibe mit konzentrischen Kreisen, vier Vasenkopfnadeln, Bährenzähne, 2 unverbrannte Knochen.- K. Wagner, Nordtiroler Urnenfelder (1934) 132 Taf. 34, 15-17.

214. Innsbruck-Wilten.- Grab 88, Brandbestattung.- Besatzbuckelchen, Kugelkopfnadel, Nadelfrg., 2 Griffplattenmesser, 1 Doppelknopf, 1 Gürtelhaken (Typus Wilten), Keramik.- Kilian-Dirlmeier, Gürtel 53 Nr. 124 Taf. 13, 124.

215. Innsbruck-Wilten.- Grab 95; Urnengrab.- Armring, Messerfrg., 1 Gürtelhaken (Typus Wilten), Keramik.- Kilian-Dirlmeier, Gürtel 56 Nr. 154 Taf. 16, 154.

216. Innsbruck-Wilten.- Urnengrab 97.- Urne, Henkelkanne, 2 Schalen, Gürtelhaken, Vasenkopfnadel. Unter den deformierten Bronzen Blech und Armring.- K. Wagner, Nordtiroler Urnenfelder (1934) 133.

217. Innsbruck-Wilten.- Urnengrab 98.- Säulchenurne, Urnenfrg., Bechfrg., Henkelkanne, Schale, Gürtelhaken, Zierbuckel, 2 Zierscheiben, Tutulus, Vasenkopfnadel, Frg. einer Spiralscheibe, zwei Nadelschäfte.- K. Wagner, Nordtiroler Urnenfelder (1934) 133 Taf. 27, 14-15.

218. Innsbruck-Wilten.-Urnengrab 101.- Urne, 2 Henkelschalen, Tassenfrg., Schale, Messer mit durchlochter Griffzunge, Gürtelhaken, Zierbuckel und Goldschmelztropfen, Vasenkopfnadel.- K. Wagner, Nordtiroler Urnenfelder (1934) 133f. Taf. 30, 23-27.

219. Innsbruck-Wilten.- Brandgrab 102.- 3 Schalen, 2 vierkantige Armringe, Vasenkopfnadel, Nadelschaft.- K. Wagner, Nordtiroler Urnenfelder (1934) 134.

220. Innsbruck-Wilten.- Brandgrab 107 in "manns"langer Steinsetzung.- Frg. eines tordierten Armrings, Zierbuckel, 2 Vasenkopfnadeln, Nadelschaftfrg., Bronzeschmelzstücke.- K. Wagner, Nordtiroler Urnenfelder (1934) 134.

221. Innsbruck-Wilten.- Grab 109.- 2 Vasenkopfnadeln, 2 vierkantige Armringe.- K. Wagner, Nordtiroler Urnenfelder (1934) 134 Taf. 34, 1-6.

222. Innsbruck-Wilten.- Grab 110.- Tasse, Messerfrg. mit umlappter Griffzunge, 2 stark gerippte Armringe, goldblechbelegte Zierscheibe mit konzentrischen Kreisen verziert, 2 Gürtelhaken (Typus Mühlau; Typus Wilten), Zierbuckel, 2 Vasenkopfnadeln, Nadelschaft, unter den Bronzeschmelzstücken weitere Armringe, Vasenkopfnadel.- K. Wagner, Nordtiroler Urnenfelder (1934) 134f. Taf. 30, 8-9; Kilian-Dirlmeier, Gürtel 50 Nr. 98 Taf. 11, 98; 54 Nr. 133 Taf. 14, 133.

223. Innsbruck-Wilten.- Brandbestattungen.- Rasiermesser (Typus Lampertheim).- Jockenhövel, Rasiermesser 97 Nr. 128 Taf. 11, 128.

224. Innsbruck-Wilten.- Nähere Fundumstände unbekannt; vielleicht Teil eines Grabfundes.- Ganz erhaltenes Dreiwulstschwert (Typus Erlach, Spitze fehlt allerdings); von der gleichen Fundstelle Nadel mit profiliertem Scheibenkopf.- L. Zemmer-Plank, Schild von Steier 15/16, 1978/79, 26f. Abb. 3 Taf. 1, 3; W. Krämer, Die Vollgriffschwerter in Österreich und der Schweiz (1985) 25 Nr. 67 Taf. 12, 67.

224A. Inzersdorf, VB St. Pölten.- Urnengräberfeld; Brandgrab 39.- Bronzetasse, Griffzungenmesser (Typus Dašice), Scheibenkopfnadel.- J. W. Neugebauer, Fundber. Österreich 20, 1981, 157ff.; G. Prüssing, Die Bronzegefäße in Österreich (1991) 18 Nr. 4 Taf. 1, 4.

225. Jedenspeigen, VB Gänserndorf.- Einzelfund.- Griffzungenmesser (Typus Malhostovice).- Říhovský, Messer 30 Nr. 93 Taf. 8, 93.

226. Jedenspeigen, VB Gänserndorf.- Brandgrab.- 2 Knöpfe, 5 Armringe, Zierstück mit Anhängern, 2 konische Bronzeröllchen, Bronzefrgte., 3 Bronzegefäße, 1 Griffplattenmesser.- Říhovský, Messer 14 Nr. 17 Taf. 2, 17; K. Kromer, Mitt. Anthr. Ges. Wien 88-89, 1959, 125 Taf. 1, 8.

227. Jedenspeigen, VB Gänserndorf.- Brandgräberfeld.- Griffplattenmesser.- Říhovský, Messer 14 Nr. 18 Taf. 2, 18.

228. Jochberg, Nordtirol.- Mittelständiges Lappenbeil (Typus Freudenberg/Var. Stanz).- Mayer, Beile 137 Nr. 585 Taf. 42, 585.

229. Kärnten.- Mittelständiges Lappenbeil (Typus Freudenberg/Var. Rosenau).- Mayer, Beile 133 Nr. 525 Taf. 36, 525.

230. Karlsbach, VB Ybbs, Niederösterreich.- Flußfund im Karlsbach.- Dreiwulstschwert.- W. Krämer, Die Vollgriffschwerter in Österreich und der Schweiz (1985) 27 Nr. 69 Taf. 12, 69.

231. Kemmelbach, Gde. Neumarkt a. d. Ybbs, VB Melk, Niederösterreich.- Aus der Ybbs.- Dreiwulstschwert.- W. Krämer, Die Vollgriffschwerter in Österreich und der Schweiz (1985) 27 Nr. 70.

232. Keutschach in der Sadnitz, Kärnten.- Griffzungendolch.- Müller-Karpe, Chronologie 279 Taf. 132 B3.

233. Kindberg, VB Mürzzuschlag.- Einzelfund.- Griffzungensichel.- Primas, Sicheln 90 Nr. 497 Taf. 28, 497.

234. Kindberg, VB Mürzzuschlag.- Tüllenbeil.- Mayer, Beile 188 Nr. Nr. 1012 Taf. 73, 1012.

235. Kirchberg am Wagram, VB Tulln.- Einzelfund.- Griffzungenmesser (Typus Keszöhidegkút; nach Říhovský: Typus Pustimer).- Říhovský, Messer 33 Nr. 106 Taf. 9, 106.

236. Kirchberg, VB Kitzbühel, Tirol.- Etwa 80 cm tief im Sand.- Mohnkopfnadel (Form IA), mittelständiges Lappenbeil (Typus Freudenberg/Var. Villach).- Mayer, Beile 134 Nr. 533 Taf. 36, 533; Beck, Beiträge 25; O. Menghin, Wiener Prähist. Zeitschr. 11, 1924, 118 Abb. 1.

237. Kirchberg am Wagram, VB Tulln, Niederösterreich.- Fundumstände unbekannt.- Dreiwulstschwert (Typus Erlach).- Müller-Karpe, Vollgriffschwerter 94 Taf. 4, 5; W. Krämer, Die Vollgriff-

schwerter in Österreich und der Schweiz (1985) 25 Nr. 62 Taf. 11, 62.

238. Kirchberg, VB Kitzbühel, Tirol.- Dreiwulstschwert.- W. Krämer, Die Vollgriffschwerter in Österreich und der Schweiz (1985) 28 Nr. 75 Taf. 13, 75.

239. Kitzbühel, Kelchalpe.- E. Preuschen u. R. Pittioni, Mitt. Prähist. Komm. Wien 3, 1937-39, 70 Taf. 16, 1.

240. Kitzbühel, VB Kitzbühel.- Mittelständiges Lappenbeil (Typus Freudenberg/Var. Niedergößnitz).- Mayer, Beile 134 Nr. 545 Taf. 38, 545.

241. Kitzbühel, VB Kitzbühel.- Mittelständiges Lappenbeil (Typus Freudenberg/Var. Niedergößnitz).- Mayer, Beile 135 Nr. 549 Taf. 38, 549.

242. Kitzbühel, VB Kitzbühel.- Brandgrab.- Dreiwulstschwertfrg., Lanzenspitze, Gefäßfrg.- W. Krämer, Die Vollgriffschwerter in Österreich und der Schweiz (1985) 31 Nr. 92 Taf. 16, 92.

243. Klagenfurt (Umgebung).- Mittelständiges Lappenbeil (Typus Freudenberg).- Mayer, Beile 132 Nr. 508 Taf. 35, 508.

244. Kleinmeiseldorf, VB Horn.- Einzelfund.- Griffzungenmesserfrg. (Typus Baierdorf) mit Ringende.- Říhovský, Messer 26 Nr. 76 Taf. 7, 76.

245. Kleinmeiseldorf, VB Horn.- Einzelfund.- Fragmentiertes Griffzungenmesser (Typus Baierdorf) mit beidseitig geschärfter Klingenspitze.- Říhovský, Messer 28 Nr. 84 Taf. 7, 84.

246. Klosterneuburg-Neukirling, VB Wien-Umgebung, Niederösterreich.- Einzelfund.- Deinsdorfer Nadel.- J. Říhovský, Die Nadeln in Mähren und dem Ostalpengebiet (1979) 77 Nr. 353 Taf. 19, 353.

247. Kletschachalm -> Niklasdorf

248. Koblach, VB Feldkirch, Voralberg.- Moorfund ("im Torf").- Mohnkopfnadel (Form IA).- Beck, Beiträge 137 Taf. 40, 3.

249. Koblach, VB Feldkirch, Voralberg.- Moorfund.- Nadel (Typus Binningen).- Beck, Beiträge 145 Taf. 52, 6.

250. Köstendorf im Gailtal, Kärnten.- Dolch mit zungenförmiger Griffplatte.- Müller-Karpe, Chronologie Taf. 132 B10.

251. Krems, VB Krems, Niederösterreich.- Hälfte einer zweiteiligen Gußform vielleicht für Tüllenhammer.- Mayer, Beile 224 Nr. 1340 Taf. 90, 1340.

252. Krems, Niederösterreich.- Aus der Donau.- Dreiwulstschwert (Typus Illertissen).- J. Kuizenga, Arch. Korrbl. 14, 1984, 156f. Nr. 4 Abb. 1; W. Krämer, Die Vollgriffschwerter in Österreich und der Schweiz (1985) 27 Nr. 68A Taf. 12, 68A.

253. Kreuzstetten, VB Horn.- Einzelfund.- Griffplattenmesser.- Říhovský, Messer 14 Nr. 19 Taf. 2, 19.

254. Kronstorf.- Aus einer Schottergrube.- Lanzenspitzenfrg. mit langer Tülle und schmalem Blatt; gestuft.- A. Mahr, Mitt. Anthr. Ges. Wien 46, 1916, 23 Taf. 2 P 28; M. zu Erbach, Die spätbronze- und urnenfelderzeitlichen Funde aus Linz und Oberösterreich (1986) 67 Nr. 233 Taf. 73 E1.

255. Kronstorf, VB Linz-Land.- Nackenscheibenaxt (Typus B).- Mayer, Beile 40 Nr. 86 Taf. 8, 86.

256. Kronstorf.- Aus einer Schottergrube.- Kugelkopfnadel mit leicht gerilltem Hals.- M. zu Erbach, Die spätbronze- und urnenfelderzeitlichen Funde aus Linz und Oberösterreich (1986) 66f. Nr. 232 Taf. 73 E2.

257. Kufhaus, VB Gmunden.- Fundumstände unbekannt.- Lanzenspitze mit gestuftem Blatt.- M. zu Erbach, Die spätbronze- und urnenfelderzeitlichen Funde aus Linz und Oberösterreich (1986) 67 Nr. 235 Taf. 81, 4.

258. Kufstein.- Grab.- K. Wagner, Nordtiroler Urnenfelder (1934) Taf. 1, 23.

259. Kufstein-Zell.- Torfstich.- Nadel mit profiliertem Kopf (20 g).- F. Eisterer, Wiener Prähist. Zeitschr. 20, 1933, 8f. Abb. 1

260. Kuchl, VB Salzburg.- Depot auf einem Plateau in einer Felsnische und mit einem Stein abgedeckt.- 3 Armringe, 5 Griffzungensicheln (davon eine fragmentiert), 14 Gußbrocken.- M. Hell, Wiener Prähist. Zeitschr. 2, 1915, 77ff. Abb. 2.

261. Kulm -> St. Peter Freienstein

262. Laas, Gde Fresach, VB Villach, Kärnten.- Depot.- 1 Lappenbeil, 1 lanzettförmiger Meißel, 2 Tüllenbeile.- Mayer, Beile 217 Nr. 1262 Taf. 87, 1262.

263. Ladendorf, VB Mistelbach, Niederösterreich.- Einzelfund.- Griffzungensichel.- Primas, Sicheln 86 Nr. 464 Taf. 25, 464.

264. Lading, VB Wolfsberg.- Einzelfund.- Mittelständiges Lappenbeil (Typus Freudenberg/Var. Retz).- Mayer, Beile 136 Nr. 567 Taf. 40, 567.

265. Langmannersdorf, VB St. Pölten.- Brandgrab 2.- 2 Nadeln, Violinbogenfibel, Griffzungenmesser (Typus Malhostovice).- Říhovský, Messer 30 Nr. 94 Taf. 8, 94.

266. Lannach, VB Deutschlandberg.- Depot (?).- 1 Lappenbeil, 2 Tüllenbeile, 1 Griffzungensichelfrg., Gußkuchen.- Mayer, Beile 190 Nr. 1033 Taf. 75, 1033.

267. Lansach, VB Villach, Kärnten.- Einzelfund.- Dreiwulstschwert (Typus Schwaig nahestehend).- Müller-Karpe, Vollgriffschwerter 96 Taf. 10, 1; W. Krämer, Die Vollgriffschwerter in Österreich und der Schweiz (1985) 22 Nr. 52 Taf. 10, 52.

268. Lavanttal (aus dem), Kärnten.- Dreiwulstschwert (Typus Schwaig nahestehend).- Müller-Karpe, Vollgriffschwerter 97 Taf. 10, 5; W. Krämer, Die Vollgriffschwerter in Österreich und der Schweiz (1985) 22 Nr. 49 Taf. 9, 49.

269. Lech, VB Bludenz, Voralberg.- Zwischen Zürs und Stutz in ca 1600 m Höhe; Einzelfund.- Mittelständiges Lappenbeil mit gerundet profiliertem Umriß.- E. Vonbank, Arch. Austriaca 40, 1966, 81 Abb. 1; Mayer, Beile 146 Nr. 631 Taf. 45, 631.

270. Leibnitz, VB Leibnitz.- Mittelständiges Lappenbeil (Typus Freudenberg).- Mayer, Beile 132 Nr. 507 Taf. 35, 507.

271. Lichtenwörth, Niederösterreich.- Lanzenspitzte mit gestuftem Blatt.- Jacob-Friesen, Lanzenspitzen 385 Nr. 1832.

272. Leoben-Nennersdorf, VB Leoben.- Depot (1895) unter einem Fels.- 1 Sichelzunge, 2 Tüllenmeißel (Datierung ?).- Primas, Sicheln 99 Nr. 666 Taf. 39, 666.

273. Leoben, VB Leoben.- Mündung des Schladnitzbaches.- Mittelständiges Lappenbeil (Typus Freudenberg/Var. Stanz).- Mayer, Beile 137f. Nr. 594 Taf. 43, 594.

273A. Leombach, Gem. Sippachzell, VB Wels-Land.- Depot (angeblich in Bronzekessel; ca. 170kg).- Zahlreiche Gußkuchen, Dolch, Absatzbeil, Griffzungendolch, Griffzungenschwert, Armreifen, Nadeln (Typus Paudorf und Typus Deinsdorf), Vasenkopfnadel, Gürtelblech (Typus Riegsee), Lanzenspitze, Lappenbeil, Tutulus, ca. 300 Griffzungensichelfrgte., Lappenpickel, Steckamboß, Treibhammer, Nadel zu Meißel umgearbeitet, Metallplatten.- Fundber. Österreich 28, 1989, 187; P. Höglinger, Arch. Österreich 2 H. 2, 1991, 35ff. Abb. 9.

274. Limberg, VB Hollabrunn.- Tüllenbeil.- Mayer, Beile 185 Nr. 99 Taf. 71, 977.

275. Limberg, VB Hollabrunn.- Mittelständiges Lappenbeil (Typus Freudenberg/Var. Retz).- Mayer, Beile 135 Nr. 554 Taf. 39, 554.

276. Linz a. d. Donau.- Vermutlich Gewässerfund oder Depot mit Lanzenspitze.- Mittelständiges Lappenbeil (Typus Freudenberg/Var. Retz).- Mayer, Beile 135 Nr. 553 Taf. 39, 553.

277. Linz, VB Linz, Oberösterreich.- Mohnkopfnadel (Form IIC).- Beck, Beiträge 30; J. Reitinger, Die ur- und frühgeschichtlichen Funde in Oberösterreich (1968) 255f. Abb. 211.

278. Linz, Oberösterreich.- Vom Ausgang des alten Winterhafens (Gewässerfund).- Griffplattenschwert (Typus Rixheim).- Schauer, Schwerter 67 Nr. 224 Taf. 31, 224.

Linz-Au -> Au

279. Linz-Freinberg.- Depot (jüngere Urnenfelderzeit).- Gürtelhaken (Typus Wilten) und weitere Funde.- Kilian-Dirlmeier, Gürtel 55 Nr. 140 Taf. 15, 140.

280. Linz-St. Peter, Oberösterreich.- Grab 11, Körperbestattung.- Kugelkopfnadel, Armring, Gürtelhaken (Typus Wilten).- Kilian-Dirlmeier, Gürtel 55 Nr. 141 Taf. 15, 141.

281. Linz-St. Peter, Oberösterreich.- Grab 205; Brandbestattung.- 5 Tüllenpfeilspitzen, 2 Griffdornmesser, 1 Rasiermesserfrg., Keramikfrgte.- Datierung Ha A2.- Jockenhövel, Rasiermesser 175 Nr. 340 ("Unterhaching Stufe") Taf. 74B.

282. Linz-St. Peter.- Grab 417; Brandbestattung.- Lanzenspitze (in zwei Teile zerbrochen, L. 29, 1 cm), Keramik.- M. zu Erbach, Die spätbronze- und urnenfelderzeitlichen Funde aus Linz und Oberösterreich (1986) 112 Nr. 436-437 Taf. 30D.

283. Linz-St. Peter.- Einzelfund (?).- Griffzungenmesser (Typus Dašice nahestehend).- M. zu Erbach, Die spätbronze- und urnenfelderzeitlichen Funde aus Linz und Oberösterreich (1986) Taf. 85, 2.

284. Linz-Urfahr, Oberösterreich.- Lanzettförmiger Meißel.- Mayer, Beile Nr. 1271 Taf. 87, 1271.

285. Linz-Wahringerstraße.- Brandgrab.- 2 Nadeln (Typus Paudorf) in 2 bzw. 3 Teile zerbrochen, 2 schwere, gerippte Armringe, 2 ovalstabige, geschlossene Ringe, 2 fragmentierte Drahtringe, kleiner in 4 Teile zerbrochener Armring, rundstabiger fragmentierter Halsreif, 12 kleine Ringlein, Griffzungenmesser (in zwei Teile zerbrochen), kurze Nadel mit Spiralkopf, 2 Knöpfe, Brillenanhänger, Radanhänger, 8 Bronzestückchen.- H. Ladenbauer-Orel, Mitt. Anthr. Ges. Wien 92, 1962, 211-215 Abb. 1.

286. Lorch, Stadt Enns, VB Linz-Land, Oberösterreich.- Fundumstände unbekannt.- Riegseeschwert.- D. Ankner, Arch. u. Naturwiss. 1, 1977, 408f. mit abb.; W. Krämer, Die Vollgriffschwerter in Österreich und der Schweiz (1985) 19 Nr. 38 Taf. 8, 38.

287. Loretto, VB Eisenstadt, Burgenland.- Dreiwulstschwert (Typus Schwaig).- Müller-Karpe, Vollgriffschwerter 14 Nr. 5; W. Krämer, Die Vollgriffschwerter in Österreich und der Schweiz (1985) 22 Nr. 51.

288. Lueg-Kanal.- Flußfund.- Nadel (Typus Gutenbrunn).- M. Pollak, Arch. Austriaca 70, 1986, 8 Nr. 23 Taf. 3, 23.

289. Luftenberg, Oberösterreich.- Aus der Donau.- Vollgriffschwert (Typus Riegsee).- Fundber. Österreich 22, 1983, 254 Abb. 205.

290. Luftenberg a. d. Donau, VB Perg.- Depot (?) knapp außerhalb des Rinwalles.- Tüllenmeißel; mittelständiges Lappenbeil (Typus Freudenberg/Var. Retz).- J. Kneidinger, Arch. Austriaca 28, 1960, 13f. Abb. 1, 2. 6; Stein, Hortfunde 205 Nr. 469 Taf. 123, 6-7. Mayer, Beile 136 Nr. 564 Taf. 40, 564.

291. Luftenberg a. d. Donau, VB Perg.- Depot innerhalb des Ringwalls.- 2 Kugelkopfnadeln mit geripptem Hals (L. 62, 2; 51, 7 cm), 2 Frg. einer Schwertklinge, mittelständiges Lappenbeil mit facettierten Lappen (Typus Freudenberg/Var. Retz), Frg. eines mittelständigen Lappenbeiles, Sichelfrg., viereckiger Gußbrocken.- J. Kneidinger, Arch. Austriaca 28, 1960, 13f. Abb. 1, 1. 3-5. 7; Stein, Hortfunde 204 Nr. 468 Taf. 123, 1-5; Mayer, Beile 135f. Nr. 563 Taf, 40, 563; 182 Nr. 937 Taf. 69, 937; Taf. 123 A.

292. Lustenau, VB Bregenz, Voralberg.- "Ca. 2m tief"; Einzelfund (?).- Gezackte Trompetenkopfnadel (Form C).- Beck, Beiträge 135 Taf. 35, 2.

293. Mahrersdorf, Gde. Ternitz, VB Neunkirchen, Niederösterreich.- Depot.- Lanzettförmiger Meißel.- Mayer, Beile, 217 Nr. 1263 Taf. 87, 1263.

294. Maiersch, VB Horn, Niederösterreich.- Grab 12; Brandbestattung.- 3 Tüllenpfeilspitzen, 8 Nägel, 80 Bronzeklümpchen, Keramik.- F. Berg, Mitt. Anthr. Ges. Wien 92, 1962, 27 Taf. 4, 8-13.

295. Maiersch, VB Horn, Niederösterreich.- Grab 7; Brandbestattung.- Nadelfrg., 2 Tüllenpfeilspitzen, Keramik.- F. Berg, Mitt. Anthr. Ges. Wien 92, 1962, 26 Taf. 3, 5-11.

296. Maiersdorf, VB Wiener Neustadt.- Neue Welt; "problematische Deponierungen" (Primas); aus einem Depot (?).- 2 Sichelfrgte., Lanzenspitze, Blechfrgte., Fragment eines Tüllenbeiles.- Mayer, Beile 190 Nr. 1040 Taf. 75, 1040; Primas, Sicheln 89 Nr. 493 Taf. 28, 493. .

297. Maisbirbaum, PB Korneuburg.- Keramikdepot.- C. Eibner, Arch. Austriaca 46, 1969, 43 Nr. 11; M. Doneus, Arch. Austriaca 1991, 107ff.

298. Mannersdorf, VB Melk, Niederösterreich.- Einzelfund.- Tüllenhammer.- Mayer, Beile 223 Nr. 1334 Taf. 90, 1334.

299. Mannersdorf a. d. March, VB Gänserndorf.- Grabfund; vielleicht Depot (?).- 1 Griffzungenschwertfrg. (slawonischer Typ), intentionell zerstört, 2 Lanzenspitzen mit gestuftem Blatt.- Schauer, Schwerter 191 Nr. 592 Taf. 90, 592; 148 A.

300. Mannsdorf a. d. Donau, VB Gänserndorf, Niederösterreich.- Flußfund. Griffzungenschwert.- Schauer, Schwerter 133 Nr. 401 Taf. 59, 401.

301. Margarethen am Moos, VB Bruck a. d. Leitha.- Einzel- oder Grabfund.- Fundber. Österreich 24/25, 1985/86 241 Abb. 238.

302. Maria Anzbach, VB St. Pölten.- Einzelfund.- Griffplattenmesser (mit drei aufgeschobenen Ringen; beidseitig angeschärfte Klinge).- Říhovský, Messer 22 Nr. 57 Taf. 5, 57.

303. Maria Saaler Berg im Zollfeld, Kärnten.- Griffplattendolch.- Müller-Karpe, Chronologie 279 Taf. 132 B7.

304. Matrei, VB Innsbruck.- Aus Gräbern.- Gürtelhaken (Typus Wilten).- Kilian-Dirlmeier, Gürtel 53 Nr. 116 Taf. 13, 116.

305. Matrei, VB Innsbruck.- Vasenkopfnadel, Gürtelhaken (Typus Wilten).- Kilian-Dirlmeier, Gürtel 52 Nr. 114 Taf. 12, 114.

306. Matrei, VB Innsbruck.- Aus Gräbern.- Gürtelhaken (Typus Wilten).- Kilian-Dirlmeier, Gürtel 54 Nr. 130 Taf. 14, 130.

307. Matrei, VB Innsbruck.- Aus Gräbern.- Nadel (Typus Paudorf).- K. Wagner, Nordtiroler Urnenfelder (1934) 81 Taf. 7, 7.

308. Matrei, VB Innsbruck.- Grab 1.- Keramik, 1 Messer (Typus Matrei), Schmelzbrocken.- K. Wagner, Nordtiroler Urnenfelder (1934) 83f.

309. Matrei, VB Innsbruck.- Aus den 1844 geborgenen Gräbern stammt u.a.: 1 Tüllenpfeilspitze, 1 Rasiermesser, 2 Turbankopfnadeln, 2 Zierscheiben, Armringe, 1 Messer.- K. Wagner, Nordtiroler Urnenfelder (1934) Taf. 7.

310. Matrei, VB Innsbruck.- Aus Gräbern.- Gürtelhaken (Typus Wilten).- Kilian-Dirlmeier, Gürtel 53 Nr. 128.

311. Mattighofen, VB Braunau.- Mittelständiges Lappenbeil (Typus Freudenberg/Var. Obertraun).- Mayer, Beile 137 Nr. 582 Taf. 42, 582.

312. Mautern -> Feisterer Alm

313. Mauthausen, VB Perg.- In der Au gegenüber Enns; Einzelfund.- Lanzenspitze mit gestuftem Blatt.- A. Mahr, Mitt. Anthr. Ges. Wien 46, 1916, 19 Taf. 2 P 7; M. zu Erbach, Die spätbronze- und urnenfelderzeitlichen Funde aus Linz und Oberösterreich (1986) 161 Nr. 670 Taf. 83, 2.

314. Mayerhof (zwischen Hainburg und Wolfsthal).- Brandgrab.- 1 Vollgriffschwert (in 5 Fragmenten; unvollständig); 1 Lanzenspitze mit gestuftem Blatt), 1 Messerklinge.- E. Beninger, Prähistorische, Germanische und Mittelalterliche Funde von Carnuntum und Umgebung. Materialien zur Urgesch. Österreichs H. 4 (1930) 23 Taf. 9, 5.

315. Melk, Niederösterreich.- Bei Schotterarbeiten (Flußfund).- Dreiwulstschwert (Typus Erlach nahestehend).- J. Kuizenga, Arch. Korrbl. 14, 1984, 156f. Nr. 5 Taf. 19, 5.

316. Michelstetten, VB Mistelbach a. d. Zaya.- Einzelfund.- Tüllenbeil.- Mayer, Beile 190 Nr. 1041 Taf. 75, 1041.

317. Mining, VB Braunau, Oberösterreich.- Aus dem Inn.- Dreiwulstschwert (Typus Erlach).- Müller-Karpe, Vollgriffschwerter 95 Taf. 5, 4; W. Krämer, Die Vollgriffschwerter in Österreich und der Schweiz (1985) 24 Nr. 55 Taf. 10, 55.

318. Mitterberg (?), VB St. Johann im Pongau.- Mittelständiges Lappenbeil (Typus Freudenberg/Var. Villach).- Mayer, Beile 134 Nr. 531 Taf. 36, 531.

319. Mitterberg, Gde. Mühlbach/Bischofshofen, VB St. Johann im Pongau.- Aus dem Kupferbergwerk.- Schaftlochhammer (4317 g).- Mayer, Beile 223 Nr. 1328 Taf. 89, 1328.

320. Mitterberg, VB St. Johann im Pongau.- Nach Mayer wahrscheinlich aus dem Kupferbergwerk.- Mittelständiges Lappenbeil (Typus Freudenberg/Var. Obertraun).- Mayer, Beile 137 Nr. 580 Taf. 41, 580.

321. Mitterberg, VB St. Johann im Pongau.- Aus dem Kupferbergwerk.- Mittelständiges Lappenbeil (Typus Freudenberg/Var. Retz).- Mayer, Beile 135 Nr. 558 Taf. 135, 558.

322. Mitterberg, VB St. Johann im Pongau.- Einzelfund.- Mittelständiges Lappenbeil (Typus Freudenberg/Var. Retz).- Mayer, Beile 136 Nr. 566 Taf. 40, 566.

323. Mitterndorf im Salzkammergut, VB Liezen, Steiermark.- Einzelfund.- Dreiwulstschwert (Typus Schwaig).- Müller-Karpe, Vollgriffschwerter 96 Taf. 9, 10; W. Krämer, Die Vollgriffschwerter in Österreich und der Schweiz (1985) 22 Nr. 48 Taf. 9, 48.

324. Mixnitz, VB Bruck. a. d. Mur, Steiermark.- Depot aus der Drachenhöhle.- 2 lanzettförmige Anhänger, Ringscheibe, 2 Blechbuckel, mehrere Ösenknöpfe, 1 Spiralröhrchen, 1 Scheibe mit 2 Löchern, 1 profilierter Ring, 1 Lanzenspitzenfrg., 1 Meißel, 1 Pfeilspitze, 1 Ring, 1 Nagel, 1 Fibelnadel, 2 Griffzungensichelfrgte., 3 doppelaxtförmige Rasiermesser (Typus Großmugl/Var. Mixnitz), 1 Tülle.- R. Pittioni, Urgeschichte des österreichischen Raumes (1954) 476ff. Abb. 342; Müller-Karpe, Chronologie 276 Taf. 124 D; G. Kossack, Studien zum Symbolgut der Urnenfelder- und Hallstattzeit Mitteleuropas (1954) 92 Liste B Nr. 37; Jockenhövel, Rasiermesser 78 ("Depotfundstufen Uriu-Kisapati") Nr. 85-87 Taf. 8, 85-87; Primas, Sicheln 91 Nr. 512 Taf. 29, 512.

325. Mold, VB Horn.- Einzelfund.- Griffplattenmesser.- Říhovský, Messer 14 Nr. 20 Taf. 2, 20.

326. Molln, VB Kirchdorf.- Einzelfund.- Lanzenspitze mit glattem geschweiften Blatt.- M. zu Erbach, Die spätbronze- und urnenfelderzeitlichen Funde aus Linz und Oberösterreich (1986) 161 Nr. 670 Taf. 80, 4.

327. Mondsee, VB Vöcklabruck.- Am Gaisberg.- Einzelfund.- Mittelständiges Lappenbeil (Typus Freudenberg/Var. Niedergößnitz).- Mayer, Beile 134 Nr. 539 Taf. 37, 539.

328. Morzg -> Salzburg-Morzg

329. Mühlau, Tirol.- Mittelständiges Lappenbeil (Typus Freudenberg/Var. Stanz).- Mayer, Beile 137 Nr. 590 Taf. 42, 590.

330. Mühlau, VB Innsbruck.- Urnenbrandgrab 1.- Violinbogenfibel, Besatzbuckelchen, 2 Vasenkopfnadeln, 2 Armringe, 1 Zierscheibe mit Goldblechbelag, Knöpfe mit Goldblechbelag, Vogelhänger, 1 kugeliger Anhänger, Spiralen, Golddraht, Glasperlen, Gürtelhaken (Typus Wilten), Gefäße.- Kilian-Dirlmeier, Gürtel 52 Nr. 107 Taf. 11, 107; P. Betzler, Die Fibeln in Süddeutschland, Österreich und der Schweiz (1974) 11 Nr. 2 Taf. 1, 2.

331. Mühlau, VB Innsbruck.- Grab 15.- 1 Griffangelmesser, 1 lanzettförmiger Anhänger, 1 Zierbuckel, 1 Drahtspirale, Keramik.- K. Wagner, Nordtiroler Urnenfelder (1934) 89 Taf. 12, 1-7; G. Kossack, Studien zum Symbolgut der Urnenfelder- und Hallstattzeit Mitteleuropas (1954) 92 Liste B Nr. 39.

332. Mühlau, VB Innsbruck.- Urnengrab 23.- Besatzbuckelchen, 2 Vasenkopfnadeln, 2 Kugelkopfnadeln, 2 Armringe, 1 Zwillingsring, 1 Fingerring, Golddrahtspiralen, Fragmente von zwei Griffzungenmessern, 1 Griffplattenmesser, Gürtelhaken (Typus Wilten), Keramik.- Kilian-Dirlmeier, Gürtel 52 Nr. 112 Taf. 12, 112.

333. Mühlau, VB Innsbruck.- Grab 25, Brandbestattung in Urne.- Linsenkopfnadel, Rasiermesser, Griffangelmesser, Messerfrg., Gürtelhaken (Typus Mühlau), Gefäße.- Kilian-Dirlmeier, Gürtel 49 Nr. 91 Taf. 10, 91; K. Wagner, Nordtiroler Urnenfelder (1934) 92.

334. Mühlau, VB Innsbruck.- Grab 35.- Schwertklingenfrg., 1 Griffangelmesser, 1 Griffzungenmesserfrg., 1 Griffzungenmesser (Typus Matrei), 1 Knauf, 1 Nadelschaft, 1 Bronzestab, 1 Glasperle, Keramik.- K. Wagner, Nordtiroler Urnenfelder (1934) 93f. Taf. 15, 1.

335. Mühlau, VB Innsbruck.- Urnengrab 55.- Besatzbuckelchen, Vasenkopfnadel, Gürtelhaken (Typus Mühlau).- Kilian-Dirlmeier, Gürtel 49 Nr. 92 Taf. 10, 92; K. Wagner, Nordtiroler Urnenfelder (1934) 99.

336. Mühlbach am Hochkönig, VB St. Johann im Pongau.- Einödberg; im Areal eines Berghausgrundrisses; Siedlungsfund(?).- Mittelständiges Lappenbeil (Typus Freudenberg/Var. Villach).- Mayer, Beile 133f. Nr. 530 Taf. 36, 530.

337. Mühlbachl, VB Innsbruck, Tirol.- Grab 36; Brandbestattung.- Rasiermesser (Typus Steinkirchen), Keramik.- Ha A2.- Jockenhövel, Rasiermesser 100 Nr. 136 Taf. 12, 136.

338. Mühlbachl. VB Steinach, Tirol.- Grab 96; Branmdbestattung.- Nadel, Griffzungenmesser, Rasiermesser (mit organischem Griff).- Jockenhövel, Rasiermesser 52 Nr. 31 Taf. 3, 31.

339. Müllendorf, VB Eisenstadt.- Brandgräber.- Griffzungenmesserfrg. (Typus Dašice?).- Říhovský, Messer 36 Nr. 123 Taf. 11, 123.

340. Münster, VB Kufstein, Tirol, Oberösterreich. Fundumstände unbekannt (?). Vollgriffschwert (Typus Riegsee). W. Krämer, Die Vollgriffschwerter in Österreich und der Schweiz (1985) 18 Nr. 30.

341. Munderfing-Buch, VB Braunau, Oberösterreich.- Depot; Datierung unsicher: aufgrund des querschneidigen Lappenbeiles vielleicht Ha B-zeitlich.- Ursprünglich "80 Pfund schwer", auch Barrenfrgte.; überwiegend eingeschmolzen. Erhalten sind 2 fragmentierte Nadeln (Typus Henfenfeld), 3 Fragmente von Kugelkopfnadeln mit gerippten Hals, 1 Nagelkopfnadelfrg., 4 Ringfrg., 1 querschneidiges Lappenbeil (180 g), 1 Beilfrg. (290 g), 2 Sichelfrgte., 1 Pfeilspitze, 1 Lanzenspitzenfrg.- J. Reitinger, Die ur- und frühgeschichtlichen Funde in Oberösterreich (1968) 306 Abb. 251; Stein, Hortfunde 205f. Nr. 471; Mayer, Beile 180 Nr. 906 Taf. 67, 906; 183 Nr. 961 Taf. 70, 961.

342. Muntigl, VB Salzburg.- In einem Steinbruch (aus dem weitere Bronzen stammen).- Dreiwulstschwert; 835 g.- W. Krämer, Die Vollgriffschwerter in Österreich und der Schweiz (1985) 31 Nr. 91 Taf. 15, 91.

343. Nals.- Einzelfund.- Dolch mit zungenförmig herausgezogener Griffplatte (58 g).- K. Wada, Die bronzezeitlichen Einzel- und Depotfunde Tirols. Diss. Innsbruck (1975) Taf. 3, 7.

344. Neufeld a. d. Leitha.- Brandgrab.- Griffzungenmesserfrg. (Typus Dašice?), Nadelkopf, 9 Tüllenpfeilspitzen, Keramik.- Říhovský, Messer 36 Nr. 124 Taf. 11, 124.

345. Niedergößnitz bei Köflach, VB Voitsberg.- Depot.- 2 mittelständige Lappenbeile (Typus Freudenberg, davon eines Var. Niedergößnitz).- Mayer, Beile 131 Nr. 488 Taf. 33, 488; 134 Nr. 534 Taf. 36, 534.

346. Niederrußbach, VB Stockerau.- Vielleicht Keramikdepot.- 4 Gefäße (Urnenfelderzeit).- J. Bayer, Mitt. Anthr. Ges. Wien 58, 1928, 332f.; C. Eibner Arch. Austriaca 46, 1969, 37.

347. Niklasdorf, VB Leoben.- Höhenfund (Kletschachalm).- Lanzenspitze (nach Abb. frühbronzezeitliche Datierung möglich).- W. Modrijan, Schild v. Steier 6, 1956, 13 Abb. 7 (mitte).

348. Nöfing, Gde. St. Peter am Hart, VB Braunau, Oberösterreich.- Fundumst. unbekannt (Grab?).- Riegseeschwert.- D. Ankner, Arch. u. Naturwiss. 1, 1977, 412f. mit Abb.; W. Krämer, Die Vollgriffschwerter in Österreich und der Schweiz (1985) 18 Nr. 32 Taf. 6, 32.

349. Nöfing, Gde. St. Peter am Hart, VB Braunau, Oberösterreich.- Brandbestattung unter Hügel.- 1 Riegseeschwert, 1 Griffrg. eines weiteren Riegseeschwertes, 1 Griffzungendolch, 1 Messer, 1 Nadelschaft, mehrere Gefäße.- H. v. Preen, Prähist. Bl. 6, 1894, 5ff. Taf. 2, 1-4; D. Ankner, Arch. u. Naturwiss. 1, 1977, 410f. Nr. 41 mit Abb.; W. Krämer, Die Vollgriffschwerter in Österreich und der Schweiz (1985) 18 Nr. 33 Taf. 7, 33; 20 Nr. 46 Taf. 9, 46; M. zu Erbach, Die spätbronze- und urnenfelderzeitlichen Funde aus Linz und Oberösterreich (1986) Taf. 39 C.

350. "Nordtirol".- Mittelständiges Lappenbeil (Typus Freudenberg/Var. Stanz).- Mayer, Beile 137 Nr. 586 Taf. 42, 586.

351. Nussdorf/Traisen, VB St. Pölten.- Keramikdepot.- C. Eibner, Arch. Austriaca 46, 1969, 19ff. Abb. 2-4.

352. Ober-Aichwald, Gde. Finkenstein, VB Villach-Land, Kärnten.- Einzelfund.- Deinsdorfer Nadel.- J. Říhovský, Die Nadeln in Mähren und dem Ostalpengebiet (1979) 79 Nr. 405 Taf. 22, 405.

353. Oberburgau, Gem. St. Gilgen, VB Salzburg-Land.- Einzelfund.- Vollgriffschwert (Typus Riegsee).- Holste, Vollgriffschwerter 52 Nr. 22; D. Ankner, Arch. u. Naturwiss. 1, 1977, 414f. mit abb.

354. Obereching, Salzburg.- Aus Salzachschotter.- Vasenkopfnadel.- G. Kyrle, Die Urgeschichte des Kronlandes Salzburg (1918) 19; 59 Abb. 7, 15.

355. Oberleis, Gde. Klement, VB Mistelbach a. d. Zaya, Niederösterreich.- Puberleiserberg.- Tüllenhammer.- Mayer, Beile 223 Nr. 1333 Taf. 90, 1333.

356. Oberloisdorf, VB Oberpullendorf.- Depot.- 1 fragmentiertes mittelständiges Lappenbeil (böhmische Form), 1 Doppelarmknauf, Meißelfrgte., Messerfrg., Dolchklinge, Lanzenspitze, 1 Zungensichel, mehrere fragmentierte Zungensicheln, 2 Armbänder, Gußbrocken.- K. v. Miske, Arch. Értesitö 19, 1899, 60f. mit Abb.; Mayer, Beile 45 Nr. 91; 145 Nr. 627 Taf. 45, 627.

357. Oberravelsbach, VB Hollabrunn.- 2 Fundstellen 15 m voneinander entfernt; Zuweisung des Materials zu einer der beiden Fundstellen nicht möglich.- Keramikdepot.- Becher, Krüge, Tassen, Näpfe, Keramikspulen.- Ha A.- M. Lochner, Arch. Austriaca 70, 1986, 295ff. mit Abb.

358. Oberravelsbach, VB Hollabrunn, Niederösterreich.- Einzelfund senkrecht im Boden steckend.- Dreiwulstschwert (Typus Liptau).- Müller-Karpe, Vollgriffschwerter 105 Taf. 31, 7; W. Krämer, Die Vollgriffschwerter in Österreich und der Schweiz (1985) 29 Nr. 82 Taf. 14, 82.

359. Ober-Schoderlee (Haslerberg bei), VB Laa a. d. Thaya.- Lanzenspitze mit gestuftem Blatt.- Jacob-Friesen, Lanzenspitzen 385 Nr. 1833.

360. Obertraun, VB Gmunden.- Einzelfund.- Mittelständiges Lappenbeil (Typus Freudenberg/Var. Obertraun).- Mayer, Beile 137 Nr. 579 Taf. 41, 579.

361. Obertraun VB Gmunden, Oberösterreich.- Einzelfund (?).- Lanzettförmiger Meißel.- Mayer, Beile, 217 Nr. 1268 Taf. 87, 1268

362. Oberweißbach im Pinzgau, Salzburg.- Einzelfund (Höhenfund?).- Mittelständiges Lappenbeil (Typus Freudenberg/Var. Stanz).- Mayer, Beile 137 Nr. 588 Taf. 42, 588.

362A. Oedt b. Traun.- Schottergrube.- Griffzungenschwert.- V. Tovornik, Jahrb. Oberösterr. Musver. 118, 1973, 37 Abb. 1.

363. Oslip, VB Eisenstadt-Umgebung.- Lesefund.- Fragment eines Griffzungendolches.- Fundber. Österreich 14, 1975, 91 Abb. 132.

364. Österreich.- Aus der Donau.- Vollgriffschwert.- J. Kuizenga, Arch. Korrbl. 14, 1984, 155f. Taf. 19, 3; 20, 3.

365. Österreich.- Dreiwulstschwert (Typus Liptau).- Wohl Ha A2.- J. Kuizenga, Arch. Korrbl. 14, 1984, 158 Abb. 2.

366. Österreich.- Dreiwulstschwert (Typus Liptau).- J. Kuizenga, Arch. Korrbl. 14, 1984, 158 Abb. 2.

367. Paß Lueg, Gde. Golling, VB Hallein.- Depot.- Fragment eines mittelständigen Lappenbeiles (Typus Gmunden; 291 g), 3 Tüllenpickel (davon 2 fragmentiert); 1 Bronzehelm mit Wangenklappen, 3 Frgte. einer Bronzestange, 2 Gußkuchenfrgte.- Mayer, Beile 128 Nr. 473 Taf. 124 A; Stein, Hortfunde, 199 Nr. 462.

368. Paß Luftenstein (St. Martin), VB Zell am See.- Depot.- 1 Lanzenspitze (Typus Gaualgesheim), 1 Messer, 1 Haken.- M. Hell, Wiener Prähist. Zeitschr. 26, 1939, 148ff. Abb. 1; Stein, Hortfunde 206 Nr. 472; P. Schauer, Arch. Korrbl. 9, 1979, 70 Abb. 2, 3; H.-J. Hundt, Germania 31, 1953, 146 Nr. 7 Abb. 1, 7.

369. Paudorf, VB Krems a. d. Donau-Land.- Steinkistengrab.- 2 Nadeln (Typus Paudorf; eine verbogen, die andere frg.).- 2 Radanhänger, Griffplattenmesser, stark gerippter Armring 5 Gefäße.- W. Angeli, Mitt. Anthr. Ges. Wien 90, 1960, 112 Taf. 5, 5; Müller-Karpe, Chronologie 276 Taf. 124 A; Říhovský, Messer 22 Nr. 54 Taf. 4, 54.

370. Paudorf, VB Krems a. d. Donau.- Brandgäberfeld.
- Griffzungenmesserfrg. (Typus Malhostovice).- Říhovský, Messer 30 Nr. 95 Taf. 8, 95.
- Griffplattenmesser.- Říhovský, Messer 14f Nr. 21 Taf. 2, 21.

371. Peggau, VB Graz, Steiermark.- Fundumstände unbekannt.- Riegseeschwert.- D. Ankner, Arch. u. Naturwiss. 1, 1977, 416f. mit Abb.; W. Krämer, Die Vollgriffschwerter in Österreich und der Schweiz (1985) 19 Nr. 34 Taf. 7, 34.

372. Peilstein, VB Rohrbach.- Mittelständiges Lappenbeil (Typus Freudenberg).- Mayer, Beile 132 Nr. 501 Taf. 34, 501.

373. Pernegg -> Mixnitz

374. Persenbeug, VB Melk, Niederösterreich.- Aus der Donau.- Achtkantschwert.- W. Krämer, Die Vollgriffschwerter in Österreich und der Schweiz (1985) 15 Nr. 20 Taf. 4, 20.

375. Petronell, VB Bruck a. d. Leitha.- Einzelfund.- Nadel mit mehrfach verdicktem Schaftoberteil (Typus Hulín).- J. Říhovský, Die Nadeln in Mähren und dem Ostalpengebiet (1979) 112 Nr. 624 Taf. 33, 624.

376. Piller, Gde. Fließ im Pitztal, VB Landeck, Tirol.- Moorfund (?).- Vollgriffschwert (Typus Riegsee).- O. Menghin u. W. Kneußl, Bayer. Vorgeschbl. 34, 1969, 30ff. Abb. 2; D. Ankner, Arch. u. Naturwiss. 1, 1977, 418f. mit Abb.; W. Krämer, Die Vollgriffschwerter in Österreich und der Schweiz (1985) 18 Nr. 31 Taf. 7, 31.

377. Pleissing, VB Hollabrunn.- Brandgrab.- Lanzenspitze, Urne, Griffplattenmesser.- Říhovský, Messer 15 Nr. 22 Taf. 2, 22; E. Beninger, Arch. Austriaca 30, 1961, 58 Abb. 6, 577.

378. Pleissing, VB Hollabrunn.- Grab; Brandbestattung (?).- Griffzungenschwertfrg. (slawonischer Typus), Lanzenspitze mit profilierter Tülle.- Schauer, Schwerter 191 Nr. 593 Taf. 91, 593.

379. Pöttsching (Pecsevyéd), Burgenland.- Brandgrab.- 1 Dreiwulstschwert (Typus Schwaig; in drei Stücken mit Brandspuren), 1 Lanzenspitze, 2 Dolchklingen, 1 Armring, Henkelschale.- Müller-Karpe, Vollgriffschwerter 96 Taf. 9, 6; S. Foltiny, Arch. Austriaca 40, 1966, 67ff. Abb. 1-2; W. Krämer, Die Vollgriffschwerter in Österreich und der Schweiz (1985) 22 Nr. 50 Taf. 10, 50.

380. Pranhartsberg, VB Hollabrunn.- Brandgräberfeld.- Griffzungenmesserfrg. (Typus Baierdorf).- Říhovský, Messer 25 Nr. 68 Taf. 6, 68.

381. Premstätten, VB Graz.- Mittelständiges Lappenbeil mit Absatzbildung.- Mayer, Beile 125 Nr. 458 Taf. 31, 458.

382. Pubersdorf, VB Klagenfurt, Kärnten.- Depot "gefunden im Oberwasserkanal"; vermutlich Flußfundensemble.- Rollennadel, Kugelkopfnadel mit geripptem Hals, Vasenkopfnadel mit schräger Riefelung, Angelhaken, Ringlein.- Müller-Karpe, Chronologie 276 Taf. 124 F.

383. Pucking, Oberösterreich.- Einzelfund.- Lanzenspitze mit gestuftem Blatt (Spitze abgebrochen).- Fundber. Österreich 22, 1983, 254 Abb. 296.

384. Pulgarn, Gde. Steyregg, Oberösterreich.- Einzelfund in 8 m Tiefe in Hanglage.- Lanzenspitze mit gestuftem Blatt.- J. Kneidinger, Arch. Austriaca 29, 1960, 29 Abb. 9, 2; J. Reitinger, Die ur- und frühgeschichtlichen Funde in Oberösterreich (1968) 405 Abb. 303; M. zu Erbach, Die spätbronze- und urnenfelderzeitlichen Funde aus Linz und Oberösterreich (1986) 182 Nr. 751 Taf. 80, 3.

385. Rainberg b. Salzburg.- Einzelfund von Höhenplateau.- Vasenkopfnadel.- M. Hell, M. Koblitz, Die prähistorischen Funde vom Rainberge in Salzburg. in: G. Kyrle, Die Urgeschichte des Kronlandes Salzburg (1918)/ Beitr. III 3, 16 Abb. 10, 1.

386. Rankweil- Brederis (?).- Dolch mit zungenförmig herausgezogener Griffplatte.- O. Menghin, Die vorgeschichtlichen Funde Vorarlbergs (1973) 57 Abb. 36, 1.

387. Rankweil, VB Feldkirch, Voralberg.- Einzelfund in 1 m Tiefe.- Fragment eines Dreiwulstschwertes (Typus Rankweil); jüngere Urnenfelderzeit.- W. Krämer, Die Vollgriffschwerter in Österreich und der Schweiz (1985) 31 Nr. 87; Müller-Karpe, Vollgriffschwerter Taf. 45, 4.

388. Reisberg, VB Wolfsberg.- Mittelständiges Lappenbeil (Typus Freudenberg).- Mayer, Beile 132 Nr. 500 Taf. 34, 500.

389. Rettenwandhöhle, Murtal, VB Bruck. a. d. Mur, Steiermark.- Höhlenfund.- Lanzettförmiger Anhänger.- G. Kossack, Studien zum Symbolgut der Urnenfelder- und Hallstattzeit Mitteleuropas (1954) 92 Liste B Nr. 52.

390. Retz (Umgebung).- Mittelständiges Lappenbeil (Typus Freudenberg/Var. Retz).- Mayer, Beile 135 Nr. 550 Taf. 38, 550.

391. Riegersburg, VB Feldbach, Steiermark.- Einzelfund.- Griffzungenschwert (Var. Genf).- Schauer, Schwerter 140 Nr. 421 Taf. 62, 421.

392. Roggendorf, VB Horn.- Niederösterreich.- Einzelfund.- Griffzungenmesser (Typus Baierdorf) mit Ringgriffende und beidseitig geschärfter Klingenspitze.- Říhovský, Messer 28 Nr. 85 Taf. 7, 85.

393. Rohr im Kremstal, VB Steyr, Oberösterreich.- In 110 cm Tiefe mit Holzkohle.- Lappenbeil.- Mayer, Beile 148 Nr. 642 Taf. 46, 642.

394. Ronthal, VB Hollabrunn.- Einzelfund.- Griffzungenmesser (Typus Baierdorf) mit Ringende.- Říhovský, Messer 25 Nr. 69 Taf. 6, 69.

395. Rosenau am Hengstpaß, VB Kirchdorf.- Beim Torfstechen.- Mittelständiges Lappenbeil (Typus Freudenberg/Var. Rosenau).- Mayer, Beile 133 Nr. 520 Taf. 35, 520.

396. Rüstorf -> Desselbrunn

397. Sachsenburg, VB Spittal a. d. Drau.- Auf dem Festungesberg.- Mittelständiges Lappenbeil (Typus Freudenberg/Var. Stanz).- Mayer, Beile 137 Nr. 587 Taf. 42, 587.

398. Im Salzburgischen.- Brillenspirale mit breiten Bügeln.- Wels-Weyrauch, Anhänger 100 Taf. 70B.

399. Salzburg (ohne nähere Angabe).- Mittelständiges Lappenbeil (Typus Freudenberg).- Mayer, Beile 131 Nr. 494 Taf. 34, 494.

400. Salzburg (ohne nähere Angabe).- Mittelständiges Lappenbeil (Typus Freudenberg).- Mayer, Beile 132 Nr. 510 Taf. 35, 510.

401. Salzburg (ohne nähere Angabe).- Mittelständiges Lappenbeil (Typus Freudenberg/Var. Niedergößnitz).- Mayer, Beile 134 Nr. 546 Taf. 38, 546.

402. Salzburg (Land), angeblich Neumarkt, VB Salzburg-Land.- Fundumstände unbekannt.- Achtkantschwert.- W. Krämer, Die Vollgriffschwerter in Österreich und der Schweiz (1985) 15 Nr. 18 Taf. 4, 18.

403. Salzburg.- Am Nordhang des Untersberg in einem Kalksteinbruch.- Lanzenspitze mit gestuftem Blatt (173 g).- M. Hell, Wiener Prähist. Zeitschr. 20, 1933, 128ff. Abb. 1.

404. Salzburg (?).- Mittelständiges Lappenbeil (Typus Freudenberg/Var. Retz).- Mayer, Beile 136 Nr. 575 Taf. 41, 575.

405. Salzburg (?).- Mittelständiges Lappenbeil (Typus Freudenberg/Var. Stanz).- Mayer, Beile 137 Nr. 592 Taf. 42, 592.

406. Salzburg-Morzg.- Grab 2.- 4 Tüllenpfeilspitzen mit Dorn, 1 Nadelfrg., 2 Schaftbruchstücke von Nadeln (?), 2 Niete, 1 Hülse, Keramik.- M. Hell, Wiener, Prähist. Zeitschr. 25, 1938, 84ff. Abb. 3-4.

407. Salzburg-Morzg.- Grab 3.- Rasiermesser, Lanzenspitze mit gestuftem Blatt, Schwertklingenfrg., Tülle.- Hell, Wiener Prähist. Zeitschr. 25, 1938, 98ff. Abb. 5.

408. Salzburg-Morzg.- Grab 4; Brandbestattung.- Rasiermesser (Typus Morzg), Nadel, Nadelschaft, Lanzenspitze, 3 Gefäße.- Jockenhövel, Rasiermesser 90 Nr. 106 Taf. 10, 106; 64C.

409. Salzburg-Morzg.- Grab 6.- Griffzungendolch, Vasenkopfnadel, 1 schwer gerippter Armring.- M. Hell, Arch. Austriaca 1, 1948, 45f. Abb. 2.

410. Salzburg-Morzg.- Grab 13; Brandbestattung.- Rasiermesser (Typus Radzovce), 3 kleine Zierbuckel, 3 Tongefäße.- M. Hell, Arch. Austriaca 33, 1963, 5ff. Abb. 5; Jockenhövel, Rasiermesser 87 ("Hart-Stufe") Nr. 100 Taf. 9, 100; 64 B.

411. Salzburg-Morzg, VB Salzburg-Stadt.- Brandgrab.- Riegseeschwert (in acht Teile zerbrochen), einseitig profilierte Messerklinge, gerippter Knauf (?), Bronzestücke, Urne.- M. Hell, Arch. Austriaca 1, 1948, 46 ff. Abb. 4; W. Krämer, Die Vollgriffschwerter in Österreich und der Schweiz (1985) 20 Nr. 43 Taf. 9, 43.

412. Salzburg-Nord.- Aus Schottersee.- Achtkantschwert.- W. Krämer, Die Vollgriffschwerter in Österreich und der Schweiz (1985) 15 Nr. 17 Taf. 4, 17.

413. Salzburg-Untersberg.- In Kalksteinbruch; Einzelfund.- Lanzenspitze mit gestuftem Blatt (L. 20, 7 cm; 173 g).- M. Hell, Wiener Prähist. Zeitschr. 20, 1933, 128-132; Abb. 1.

414. Salzburg.- Bürgelstein; Einzelfund.- Nackenkammaxt.- Mayer, Beile 33 Nr. 71 Taf. 7, 71.

415. Salzburg.- Bürgelstein.- Tüllenbeil.- Mayer, Beile 184 Nr. 970 Taf. 71, 970.

416. Salzburg.- Mittelständiges Lappenbeil (Typus Freudenberg/Var. Amlach).- Mayer, Beile 138 Nr. 602 Taf. 43, 602.

417. Schafberggebiet.- Auf dem Rücken des Feichtingeggs in 1350 m Höhe; Höhenfund.- Lanzenspitze mit gestuftem Blatt.- F. Morton, Neue Funde aus dem Salzkammergut. Germania 28, 1944-50, 25-29 Abb. 1.

418. Schafberggebiet -> St. Wolfgang

419. Schallemersdorf, MG Emmersdorf a. d. Donau, VB. Melk.- Baggerfunde in einer Schottergrube am linken Donauufer.- deformierte Lanzenspitze mit gestuftem Blatt.- Fundber. Österreich 24/25, 1985/86, 242 Abb. 251.

420. Schallemersdorf, MG Emmersdorf a. d. Donau, VB. Melk.- Baggerfunde in einer Schottergrube am linken Donauufer.- Lanzenspitze mit abgesetzten Graten auf der Tülle.- Fundber. Österreich 24/25, 1985/86, 242 Abb. 250.

421. Scheiben, Gde. St. Georgen ob Judenburg, VB Judenburg, Steiermark.- Flußfund.- Riegseeschwert.- W. Krämer, Die Vollgriffschwerter in Österreich und der Schweiz (1985) 19 Nr. 37 Taf. 8, 37.

422. Schiltern, VB Krems a. d. Donau.- Depot (während der Grabungen auf dem Burgstall zu Schiltern; 1939).- 2 Tüllenhämmer (oder 1 Amboß), 1 Röhre mit Endscheibe (Helmaufsatz?), 2 Gußkerne, 10 kleine Ringe, 4 zusammengebogene Drähte, 1 Bronzeobjekt, 1 Griffplattenmesser.- R. Girtler, Arch. Austriaca 48, 1970, 1ff. Abb. 1; Říhovský, Messer 20 Nr. 45 Taf. 4, 45; Mayer, Beile 224 Nr. 1338-9 Taf. 90, 1338-9; G. Trnka, Arch. Austriaca 67, 1983, 129ff. Abb. 13, 1-2.

423. Schiltern, Niederösterreich.- Vielleicht vom Burgstall.- Lanzenspitze mit gestuftem Blatt und sehr langer Tülle.- G. Trnka, Arch. Austriaca 67, 1983, 143 Abb. 13, 13.

424. Schlägl, VB Rohrbach.- Lanzenspitze (späte Mittelbronzezeit).- J. Kneidinger, Arch. Austriaca 29, 1960, 29 Abb. 9, 3; M. zu Erbach, Die spätbronze- und urnenfelderzeitlichen Funde aus Linz und Oberösterreich (1986) 177 Nr. 733 Taf. 80, 1.

425. Schlatt, VB Vöcklabruck.- Am linken Agerufer.- Lanzenspitze (Ha B?).- M. zu Erbach, Die spätbronze- und urnenfelderzeitlichen Funde aus Linz und Oberösterreich (1986) 177 Nr. 734 Taf. 79, 6.

426. Schleißheim, VB Wels.- Lanzenspitze (L. 15, 8 cm, B. 3, 1 cm) mit langem freien Tüllenteil.- W. Rieß, in Stadtmuseum Wels. Katalog 38 Nr. V 72 mit Abb.

427. Schleißheim, VB Wels.- Bei Regulierungsarbeiten in der Traun.- Lanzenspitze mit gestuftem Blatt.- M. zu Erbach, Die spätbronze- und urnenfelderzeitlichen Funde aus Linz und Oberösterreich (1986) 177 Nr. 735 Taf. 81, 6.

428. Schlögen, Gde. Haibach ob der Donau, VB Eferding, Oberösterreich.- Aus der Donau.- Dreiwulstschwert.- Müller-Karpe, Vollgriffschwerter 104 (Engelhartszell; Depotfund) Taf. 28C; W. Krämer, Die Vollgriffschwerter in Österreich und der Schweiz (1985) 27f. Nr. 73 Taf. 13, 73.

429. Schörgenhub, VB Kleinmünchen, Oberösterreich.- Aus Brandgrab 4.- Dreiwulstschwert in drei Stücken (Typus Erlach nahestehend); vielleicht mit Nadel (Typus Winklsaß).- Müller-Karpe, Vollgriffschwerter 99 Taf. 16, 1; W. Krämer, Die Vollgriffschwerter in Österreich und der Schweiz (1985) 28 Nr. 79 Taf. 13, 79.

430. Schrattenberg, VB Mistelbach, Niederösterreich.- Keramikdepot.- 19 Gefäße.- Nach Eibner Bz. C.- C. Eibner, Arch. Austriaca 46, 1969, 19ff.

431. Schrattenbruck-Pöverding, VB Melk.- Einzelfund.- Mittelständiges Lappenbeil (Typus Freudenberg/Var. Retz).- Mayer, Beile 135 Nr. 557 Taf. 39, 557.

432. Schwertberg, VB Perg.- Auf dem Doppl-Holz.- Fragment einer Lanzenspitze mit gestuftem Blatt.- J. Reitinger, Die ur- und frühgeschichtlichen Funde in Oberösterreich (1968) 392 Abb. 294; M. zu Erbach, Die spätbronze- und urnenfelderzeitlichen Funde aus Linz und Oberösterreich (1986) 178f. Nr. 738 Taf. 80, 5.

433. Schwaz-Pirchanger, VB Schwaz, Tirol.- Aus einem Brandgräberfeld.- 3 Fragmente eines Dreiwulstschwertes.- W. Krämer, Die Vollgriffschwerter in Österreich und der Schweiz (1985) 28 Nr. 77.

434. Seekirchen, VB Salzburg-Land.- Mittelständiges Lappenbeil (Typus Freudenberg/Var. Niedergößnitz).- Mayer, Beile 134 Nr. 535 Taf. 36, 535.

435. Semmering, VB Neunkirchen, Niederösterreich. Depot(?). Griffzungenschwert (3 Frgte; Var. Bruck), Lappenbeil.- Schauer, Schwerter 143 Nr. 428 Taf 63, 428.

436. Sieghartskirchen, VB Tulln.- Einzelfund.- Griffzungenmesser (Typus Baierdorf).- Říhovský, Messer 25 Nr. 70 Taf. 6, 70.

436A. Sierndorf an der March, VB Gänserndorf.- Lesefunde.- 2 Griffzungenmesser (davon 1 Typus Dašice), Tüllenpfeilspitze, Lanzenspitzenfrg.- Fundber. Österreich 28, 1989, 186 Abb. 386-389.

437. Sistrans, VB Innsbruck.- Brandgrab.- 1 lanzettförmiger Anhänger, 1 Bernsteinperle, 1 Henkelkrug.- K. Wagner, Nordtiroler Urnenfelder (1934) 105 Taf. 1, 9. 13. 15; G. Kossack, Studien zum Symbolgut der Urnenfelder- und Hallstattzeit Mitteleuropas (1954) 93 Liste B Nr. 59.

438. Söllheim.- Moorfunde.- 2 Lanzenspitzen (mittlere Bronzezeit, höchstens Bz D).- M. Hell, Wiener Prähist. Zeitschr. 18, 1931, 32ff. Abb. 2, 1-2.

439. Sommerein, VB Bruck a. d. Leitha.- Grab 147.- 1 Lanzenschuh, 1 fragmentierte Lanzenspitze mit kurzer Tülle, 1 Griffplattenmesserfrg., 2 Nadeln (verbogen) 1 Ringfrg.- Fundber. Österreich 14, 1975, 98 Abb. 145-150.

439A. Sommerein, VB Bruck a. d. Leitha.- Steinkistengrab.- Die Steinplatten sind mit schildförmigen Ritzlinien verziert.- Lanzenspitze mit gestuftem Blatt, Griffplattenmesser, Kugelkopfnadel, Keramik.- M. Kaus, Arch. Österreich 2, H. 1 1991, 29ff. mit. Abb.

440. Sonnenburg.- Aus Urnengräberfeld.- Vasenkopfnadel.- K. Wagner, Nordtiroler Urnenfelder (1934) 107.

441. Sonnenburg.- Aus Urnengräberfeld.- Nadeln (Typus Paudorf).- K. Wagner, Nordtiroler Urnenfelder (1934) 106 Taf. 22, 13-15.

442. Sonnenburg, Gem. Natters, VB Innsbruck.- Aus Urnengräbern.- Gürtelhaken (Typus Wilten).- Kilian-Dirlmeier, Gürtel 56 Nr. 155 Taf. 16, 155.

443. Spitz a. d. Donau, VB Krems a. d. Donau.- Lanzenspitze mit gestuftem Blatt.- F. Felgenhauer, Arch. Austriaca 24, 1958, 1ff. Abb. 1.

444. Staudach.- Grab.- Reste von einem Wagen.- Müller-Karpe, Bayer Vorgeschbl. 1956, 171 Abb. 10.

444A. Steiermark.- Mittelständiges Lappenbeil (Typus Freudenberg/Var. Niedergößnitz).- Mayer, Beile 134 Nr. 543 Taf. 37, 543.

445. Steyregg -> Pulgarn

446. entfällt.

447. St. Andrä a. d. Traisen.- Gußform für Tüllenhammer.- Mayer, Beile 223 Nr. 1329 Taf. 89, 1329.

448. St. Andrä a. d. Traisen, VB St. Pölten.- Einzelfund.- Messer Říhovský, Messer 17 Nr. 28 Taf. 3, 28.

449. St. Gallenkirch, Gargellen, Voralberg.- Höhenfund.- Lanzenspitze mit langer Tülle und geschweiftem Blatt.- E. Vonbank, Arch. Austriaca 40, 1966, 85 Abb. 5.

450. St. Johann im Pongau.- Moorfund.- Vasenkopfnadel (L. 23, 8 cm).- M. Hell, Arch. Austriaca 36, 1964, 57ff. Abb. 1.

451. St. Johann im Pongau und Schwarzach im Pongau (zwischen), VB St. Johann i. Pongau, Salzburg. Einzelfund.- Riegseeschwert.- W. Krämer, Die Vollgriffschwerter in Österreich und der Schweiz (1985) 20 Nr. 44.

452. St. Johann im Pongau, VB St Johann i. Pongau, Salzburg.- Fundumstände unbekannt.- Riegseeschwert.- W. Krämer, Die Vollgriffschwerter in Österreich und der Schweiz (1985) 18 Nr. 24 Taf. 5, 24.

453. St. Johann im Pongau.- Aus zerstörten Urnengräbern.
- Vasenkopfnadel, Radanhänger, 3 Griffplattenmesser.- M. Hell, Arch. Austriaca 7, 59ff. Abb. 2
- Gürtelhaken (Typus Wilten).- Kilian-Dirlmeier, Gürtel 55 Nr. 143 Taf. 15, 143.
- Gürtelhaken (Typus Untereberfing/Var. 2).- Kilian-Dirlmeier, Gürtel 47 Nr. 89 Taf. 10, 89.
- Gürtelhaken (Typus Wilten).- Kilian-Dirlmeier, Gürtel 53 Nr. 117 Taf. 13, 117.

454. St. Lorenz, VB Vöcklabruck.- In einer Kulturschicht mit "gespaltenen Baumstämmen, Astholz, Buchennüssen und einem Hirschgeweih".- Mittelständiges Lappenbeil (Typus Freudenberg/Var. Stanz).- Mayer, Beile 138 Nr. 597 Taf. 43, 597.

455. St. Margarethen, VB Eisenstadt.- Benkovsky-Pivovaroá 1974, 4ff. Abb. 4; Horst 146 Nr. 63.

456. St. Martin -> Paß Luftenstein

457. St. Martin, VB Lofer, Salzburg.- Brandgrab (jüngere Urnenfelderzeit).- Dreiwulstschwert (Typus Rankweil), fragmentiertes Griffzungenmesser, Henkelschale, Urne.- Müller-Karpe, Vollgriffschwerter 106 Taf. 33 F; W. Krämer, Die Vollgriffschwerter in Österreich und der Schweiz (1985) 31 Nr. 89 Taf. 15, 89.

458. St. Nikola, VB Perg, Oberösterreich.- Aus der Donau (Greiner Strudel).- Achtkantschwert. W. Krämer, Die Vollgriffschwerter in Österreich und der Schweiz (1985) 15 Nr. 16 Taf. 4, 16.

459. St. Nikola, VB Perg.- Aus der Donau (Greiner Strudel).- Nackenscheibenaxt (Typus B).- Mayer, Beile 41 Nr. 88 Taf. 8, 88.

460. St. Nikola, VB Perg, Oberösterreich.- Greiner Donaustrudel.- Dreiwulstschwertfrg.- Müller-Karpe, Vollgriffschwerter, Taf. 34, 4; W. Krämer, Die Vollgriffschwerter in Österreich und der Schweiz (1985) 31 Nr. 93 Taf. 16, 93.

461. St. Nikola, VB Perg, Oberösterreich.- Greiner Donaustrudel.- Lanzenspitze mit profiliertem Blatt.- M. zu Erbach, Die spätbronze- und urnenfelderzeitlichen Funde aus Linz und Oberösterreich (1986) 50 Nr. 173 Taf. 52, 13.

462. St. Nikola, VB Perg, Oberösterreich.- Greiner Donaustrudel.- Lanzenspitze mit gestuftem Blatt.- M. zu Erbach, Die spätbronze- und urnenfelderzeitlichen Funde aus Linz und Oberösterreich (1986) 51 Nr. 174 Taf. 52, 12.

463. St. Nikola, VB Perg, Oberösterreich.- Greiner Donaustrudel.- Dreiwulstschwert (Typus Erlach nahestehend).- Müller-Karpe, Vollgriffschwerter 99 Taf. 16, 2; W. Krämer, Die Vollgriffschwerter in Österreich und der Schweiz (1985) 25 Nr. 63 Taf. 11, 63.

464. St. Nikola, VB Perg.- Einzelfund.- Lanzenspitze mit gestuftem Blatt.- M. zu Erbach, Die spätbronze- und urnenfelderzeitlichen Funde aus Linz und Oberösterreich (1986) 183 Nr. 753 Taf. 81, 5.

465. St. Nikola, VB Perg.- Greiner Donaustrudel.- Mittelständiges Lappenbeil (Typus Freudenberg/Var. Retz).- Mayer, Beile 136 Nr. 570 Taf. 41, 570.

466. St. Nikola, VB Perg.- Greiner Donaustrudel.- Mittelständiges Lappenbeil (Typus Freudenberg).- Mayer, Beile 132 Nr. 505 Taf. 34, 505.

467. St. Nikola, VB Perg.- Greiner Donaustrudel.- Mittelständiges Lappenbeil (Typus Freudenberg/Var. Rosenau).- Mayer, Beile 133 Nr. 522 Taf. 36, 522.

468. St. Nikola, VB- Greiner Donaustrudel.- Mittelständiges Lappenbeil (Typus Freudenberg/Var. Niedergößnitz).- Mayer, Beile 134 Nr. 538 Taf. 37, 538.

469. St. Nikola, VB- Greiner Donaustrudel.- Mittelständiges Lappenbeil (Typus Freudenberg/Var. Obertraun).- Mayer, Beile 137 Nr. 583 Taf. 42, 583.

470. St. Nikola, VB- Greiner Donaustrudel.- Mittelständiges Lappenbeil (Typus Freudenberg/Var. Stanz).- Mayer, Beile 138 Nr. 595 Taf. 43, 595.

471. St. Oswald bei Freistadt.- Aus der March.- Mittelständiges Lappenbeil (böhmische Form).- Mayer, Beile 145 Nr. 628 Taf. 45, 628.

472. St. Pantaleon.- Grabfund.- Griffzungenmesser (Typus Dašice nahestehend).- M. zu Erbach, Die spätbronze- und urnenfelderzeitlichen Funde aus Linz und Oberösterreich (1986) Taf. 40, 2.

473. St. Pauls/Eppan b. Bozen.- Siedlung (Laugen/Melaun).- 1 Lanzenspitze (glatt) mit langer Tülle, 2 Nadeln, 1 Fibelfrg.- W. Leitner, Mitt. Österr. Arbeitsgem. Ur- u. Frühgesch. 32, 1982, 19ff. Taf. 5.

474. St. Peter-Freienstein, VB Leoben.- Mittelständiges Lappenbeil (Typus Freudenberg/Var. Niedergößnitz).- Mayer, Beile 134 Nr. 544 Taf. 38, 544.

475. St. Peter-Freienstein, VB Leoben, Steiermark, Höhenfund.- Lanzenspitze mit kurzer Tülle (vermutlich ältere Urnenfelderzeit).- W. Modrijan, Schild v. Steier 6, 1956 14 Abb. 7 (rechte Lanzenspitze).

476. St. Peter-Freienstein, VB Leoben, Steiermark, Höhenfund.- Griffzungenschwert (Typus Annenheim).- Schauer, Schwerter 126 Nr. 384 Taf. 56, 384.

477. St. Pölten, VB St. Pölten, Niederösterreich.- Fundumstände unbekannt.- Dreiwulstschwert (beschädigt).- W. Krämer, Die Vollgriffschwerter in Österreich und der Schweiz (1985) 31 Nr. 90 Taf. 15, 90.

478. St. Urban bei Glanegg, VB Feldkirchen.- Einzelfund.- Mittelständiges Lappenbeil (Typus Freudenberg/Var. Rosenau).- Mayer, Beile 133 Nr. 524 Taf. 36, 524.

479. St. Valentin, VB Amstetten.- Fundumstände unklar.-Dreiwulstschwert (Typus Aldrans).- Fundber. Österreich 13, 1974, 65 Abb. 162; W. Krämer, Die Vollgriffschwerter in Österreich und der Schweiz (1985) 33 ("Schalenknaufschwert Typus Wörschach") Nr. 101 Taf. 17, 101.

480. St. Walburgen bei Eberstein, Kärnten.- Griffzungendolch.- Müller-Karpe, Chronologie 279 Taf. 132 B4.

481. St. Willibald, VB Schärding.- Einzelfund.- Fragment einr Lanzenspitze mit gestuftem Blatt.- M. zu Erbach, Die spätbronze- und urnenfelderzeitlichen Funde aus Linz und Oberösterreich (1986) 185 Nr. 759 Taf. 80, 6.

482. St. Wolfgang im Salzkammergut, VB Gmunden.- In der Nähe des Münichsees auf dem Schafberg in 1200 m Höhe im Almbereich.- Lanzenspitze mit gestuftem Blatt.- F. Morton, Arch. Austriaca 1, 1948, 90ff. Abb. 1; M. zu Erbach, Die spätbronze- und urnenfelderzeitlichen Funde aus Linz und Oberösterreich (1986) 186 Nr. 760 Taf. 81, 2.

483. Stadelbach, VB Villach.- Mittelständiges Lappenbeil (Typus Freudenberg).- Mayer, Beile 131 Nr. 496 Taf. 34, 496.

484. Stadelbach, Gde. Kellerbach, VB Villach.- Einzelfund.- Mittelständiges Lappenbeil (Typus Freudenberg/Var. Retz).- Mayer, Beile 136 Nr. 565 Taf. 40, 565.

485. Stanz, VB Landeck.- Einzelfund.- Mittelständiges Lappenbeil (Typus Freudenberg/Var. Stanz).- Mayer, Beile 137 Nr. 584 Taf. 42, 584.

486. Steiermark.- Fundumstände unbekannt.- Achtkantschwert.- W. Krämer, Die Vollgriffschwerter in Österreich und der Schweiz (1985) 15 Nr. 19 Taf. 4, 19.

487. Steiermark.- Tüllenhammer.- Mayer, Beile 224 Nr. 1336 Taf. 90, 1336.

488. Stein im Jauntal, VB Völkermarkt.- Einzelfund.- Griffzungenmesserfrg. (Typus Baierdorf?).- Říhovský, Messer 25 Nr. 71 Taf. 6, 71.

489. Steinhaus, VB Wels.- Aus dem Traunschotter (1935).- Griffzungensichel (116 g).- Primas, Sicheln 95 Nr. 586 Taf. 35, 586.

490. Steinhaus-Traunleiten, VB Wels.- Aus dem Traunschotter.- Tüllenbeil.- Mayer, Beile 190 Nr. 1032 Taf. 74, 1032.

491. Steinhaus am Semmering, Steiermark.- Fundumstände unbekannt.- Dreiwulstschwert (Typus Aldrans) 1165 g.- Müller-Karpe, Vollgriffschwerter 105 Taf. 32, 1; W. Krämer, Die Vollgriffschwerter in Österreich und der Schweiz (1985) 30 Nr. 86 Taf. 15, 86.

492. Stetten, VB Korneuburg.- Am Teiritzberg.- Vermutlich Depot (sicher unvollständig).- Beinschienenfrgte., Blechfrg., 2 Sichelfrgte., 1 Lappenbeil (Typus Haidach; als Hammer verwendet).- A. Persy, Arch. Austriaca 31, 1962, 37ff. Abb. 3-4; Mayer, Beile 155 Nr. 695 Taf. 50, 695.

493. Steyr, VB Steyr.- Aus einer Lehmgrube.- Mittelständiges Lappenbeil (Typus Freudenberg/Var. Retz).- Mayer, Beile 135 Nr. 562 Taf. 40, 562.

494. Stift Göttweig -> Göttweig

495. entfällt.

496. Stockerau, Niederösterreich.- Griffzungendolch.- A. F. Harding, British Museum Quaterly 37, 1973, 142 Abb. 2. 2.

497. Stoitzendorf, VB Horn.- Einzelfund.- Fragmentiertes Griffzungenmesser (Typus Baierdorf) mit beidseitig geschärfter Klingenspitze.- Říhovský, Messer 28 Nr. 86 Taf. 7, 86.

498. Strassengel, Gde. Judendorf-Strassengel, VB Graz-Umgebung, Steiermark.- Depotfund.- 1 verbogenes Blech mit aufsitzender Tülle (Helm ?), 1 Griffzungendolchfrg. mit fächerförmigem Knauf (Griffzungen als Wulste ausgebildet), 1 Griffzungendolchfrg. (Typus Dombovár), 1 Blechtassen(?)frg., 3 Armbandfrgte., 3 Armringfrgte., 2 Schwertklingenfrg., 1 geripptes Bronzeband, 2 Lanzenspitzenfrgte., 1 Tüllenbeilfrg., 9 Sichelklingenfrgte., 2 Messerklingen; vielleicht ebenfalls dazu 1 Scheibe mit Rückenöse, 1 Lanzenspitzenfrg., 1 Armringfrg., 1 Schwertgriffzungenfrg., 2 Sichelfrgte.- Mülle-Karpe, Chronologie 277 Taf. 126 A; Schauer, Schwerter 191f. Nr. 598 Taf. 91, 598.

499. Straß im Attergau, VB Vöcklabruck.- Fundumstände unbekannt.- Lanzenspitze (L. n. 27, 1 cm).- M. zu Erbach, Die spätbronze- und urnenfelderzeitlichen Funde aus Linz und Oberösterreich (1986) 186 Nr. 762 Taf. 82, 1.

500. Strasswalchen, VB Salzburg.- Depot (in 1, 5 m Tiefe); Datierung ?.- Ursprünglich 14 Armringe; 7 Ex. erhalten.- M. Hell, Arch. Austriaca 22, 1957, 1-4 Abb. 1; Stein, Hortfunde 206 Nr. 475.

501. Stubalpe, Steiermark.- Mittelständiges Lappenbeil (Typus Freudenberg/Var. Retz).- Mayer, Beile 136 Nr. 571 Taf. 41, 571.

502. Stuhlfelden, VB Zell am See.- Dürnberg.- Mittelständiges Lappenbeil (Typus Freudenberg/Var. Rosenau).- Mayer, Beile 133 Nr. 521 Taf. 36, 521.

503. Tarrenz, VB Imst.- Einzelfund in der Schlucht des Salvesenbaches (Gewässerfund?).- Lanzenspitze mit langer Tülle und glattem birnenförmig geschweiften Blatt.- Fundber. Österreich 23, 1984, 256 Abb. 227.

504. Taxenbach, VB Salzburg.- Einzelfunde (?) einige Meter voneinander entfernt.- 2 gerippte Armringe.- M. Hell, Arch. Austiaca 7, 67 Abb. 5.

505. Taxenbach, VB Salzburg.- Einzelfund.- Dreiwulstschwert (Typus Schwaig).- W. Krämer, Die Vollgriffschwerter in Österreich und der Schweiz (1985) 22 Nr. 47 Taf. 9, 47.

506. Telfs, VB Innsbruck.- Grab 11; Brandbestattung in Urne.- 2 Vasenkopfnadeln, Gürtelhaken (Typus Wilten), Keramik.- Kilian-Dirlmeier, Gürtel 55 Nr. 146 Taf. 15, 146.

507. Telfs-Ematbödele.- Nekropole; ca. 15 Gräber ohne gesicherten Kontext.- Vasenkopfnadel; Messer mit durchlochtem Griffdorn.- E. Moser, Telfs in früh- und vorgeschichtlicher Zeit. Veröff. Landesmus. Tirol Ferdinandeum 50, 1970, 113ff. Abb. 18.

508. Tenneck im Pongau, VB St. Johann im Pongau.- Auf einer Schotterbank am linken Ufer der Salzach.- Mittelständiges Lappenbeil (Typus Freudenberg/Var. Niedergößnitz).- Mayer, Beile 134 Nr. 541 Taf. 37, 541.

509. Ternberg, VB Steyr.- Einzelfund.- Lanzenspitze (Ha B?).- M. zu Erbach, Die spätbronze- und urnenfelderzeitlichen Funde aus Linz und Oberösterreich (1986) 186 Nr. 763 Taf. 79, 5.

510. Thalheim, VB Wels.- Auf einer Schotterbank der Traun.- Mittelständiges Lappenbeil (Typus Freudenberg/Var. Retz).- Mayer, Beile 136 Nr. 572 Taf. 41, 572.

511. Thalheim, VB Wels.- Am rechten Traunufer.- Tüllenbeil.- Mayer, Beile 193 Nr. 1063 Taf. 77, 1063.

512. Thalheim, VB Wels.- Einzelfund.- Mittelständiges Lappenbeil (Typus Freudenberg).- Mayer, Beile 131 Nr. 499 Taf. 34, 499.

513. Thallern, VB Krems a. d. Donau.- Brandgräberfeld.- Funde u. a. Nadel mit geripptem Vasenkopf, Griffplattenmesser.- K. Willvonseder, Nachrbl. Dtsch. Vorz. 10, 1934, 69; Říhovský, Messer 17 Nr. 29 Taf. 3, 29; J. Říhovský, Die Nadeln in Mähren und dem Ostalpengebiet (1979) 189 Nr. 1481 Taf. 56, 1481.

514. Thaur, VB Innsbruck.- Brandgräberfeld.- Fragmente eines Dreiwulstschwertes (Typus Erlach); unsicher ob zugehörig: Griffzungenmesser (Typus Matrei), Gürtelhaken, Keramik.- L. Zemmer-Plank, Schild von Steier 15/16, 1978/79, 25 Abb. 2 Taf. 1, 2; W. Krämer, Die Vollgriffschwerter in Österreich und der Schweiz (1985) 25 Nr. 65 Taf. 12, 65.

515. Thenneberg, VB Baden.- Einzelfund.- Mittelständiges Lappenbeil (Typus Freudenberg).- Fundber. Österreich 24/25, 1985/86, 242 Abb. 255.

516. Theras, VB Horn.- Mittelständiges Lappenbeil (Typus Freudenberg/Var. Retz).- Mayer, Beile 135 Nr. 551 Taf. 38, 551.

517. Thunau am Kamp, VB Horn.- Einzelfund.- Mittelständiges Lappenbeil (Typus Freudenberg/Var. Elixhausen).- Mayer, Beile 132 Nr. 515 Taf. 35, 515.

518. Thürnthal, G. B. Kirchberg am Wagram.- Depot um 1888.- 1 Zylinderhalsgefäß und Scherben eines weiteren, mehr als 27 Tassen.- Mitt. Anthr. Ges. Wien 90, 1960, 115f. Taf. 10-12.

519. Tirol (wahrscheinlich).- Dreiwulstschwert.- L. Zemmer-Plank, Schild von Steier 15/16, 1978/79, 29f. Abb. 5 Taf. 1, 5; W. Krämer, Die Vollgriffschwerter in Österreich und der Schweiz (1985) 27 Nr. 71 Taf. 12, 71.

520. Traismauer, VB St.-Pölten.- Flußfunde (1935).- 2 Griffzungensicheln.- Primas, Sicheln 94 Nr. 562 Taf. 33, 562; 96 Nr. 594 Taf. 36, 594.

521. Trasdorf, VB Tulln.- Brandgrab (?)- Bronzedraht, 2 Gefäße und Scherben, Griffplattenmesser.- B. Brunar, Arch. Austriaca 33, 1963, 21 Abb. 2, 3; Říhovský, Messer 22 Nr. 58 Taf. 5, 58.

522. Traun.- Flußfund.- Lanzenspitze mit gestuftem Blatt.- Fundber. Österreich 5, 1946-50, 66 Abb. 312.

523. Traun, Gde. Bad Wimsbach-Neydharting, VB Wels, Oberösterreich.- Aus der Traun.- Griffzungenschwert (Typus Annenheim).- Schauer, Schwerter 126 Nr. 385 Taf. 57, 385.

524. Trössing, VB Radkersburg, Steiermark.- Depot (ursprünglich 26 Gegenstände).- 2 Griffzungenschwertfrgte. (davon eines Typus Reutlingen und eines vom slawonischen Typus), 1 Tüllenbeil, 5 Lappenbeile (darunter Typus Freudenberg, Typus Haidach, Typus Gmunden, Typus Hallstatt), 1 Lanzenspitzenfrg. mit kurzer Tülle,

1 lanzettförmiger Meißel, 1 Gußkern, 2 Stifte mit Scheibenkopf, 1 Armringfrg., 1 Zungensichel, 2 Sichelfrgte., 1 Blechfrg.- Schauer, Schwerter 133 Nr. 407 Taf. 60, 407; 138 C; Mayer, Beile 132 Nr. 509 Taf. 35, 509; 154 Nr. 688 Taf. 50, 688; 217 Nr. 1270 Taf. 87, 1270.

525. Tulfes, VB Innsbruck-Land.- Mittelständiges Lappenbeil (Typus Freudenberg/Var. Stanz).- Mayer, Beile 137 Nr. 593 Taf. 42, 593.

526. Überackern, VB Braunau a. Inn, Oberösterreich.- Grab 4; Brandbestattung in Urne.- Rasiermesser mit x-förmig verstrebtem Rahmengriff, Lanzenspitzenfrg., Keramik.- Jockenhövel, Rasiermesser 128 Nr. 214 Taf. 17, 214.

527. Ungenach, VB Vöcklabruck.- Zusammen mit Tonscherben.- Mittelständiges Lappenbeil (Typus Freudenberg).- Mayer, Beile 131 Nr. 492 Taf. 34, 492.

528. Ungerbach, Niederösterreich.- Fundumstände unbekannt.- Mittelständiges Lappenbeil (Typus Freudenberg/Var Retz); die Zugehörigkeit eines Nadelfrg. mit spindelförmigem Kopf ist chronologisch denkbar, aber keinesfalls erwiesen.- F. Hampl, in: Festschr. R. Pittioni 60f. Abb. 2.

529. Unken, VB Zell am See.- Einzelfund.- Mittelständiges Lappenbeil (Typus Freudenberg/Var. Niedergößnitz).- Mayer, Beile 134 Nr. 542 Taf. 37, 542.

530. Unterach.- VB Vöcklabruck.- Oberösterreich.- Einzelfunde oder Depot in der Nähe der Kienbergwand am Mondsee.- Mittelständiges Lappenbeil, Zungensichelfrg. (1930), Kupfergußkuchen, Riegseeschwert (1936).- Mayer, Beile 148 Nr. 641 Taf. 46, 641; 123B.

531. Unterach, VB Vöcklabruck, Oberösterreich.- Aus einer Schottergrube (Gewässerfund?).- Riegseeschwert.- W. Krämer, Die Vollgriffschwerter in Österreich und der Schweiz (1985) 19 Nr. 39 Taf. 8, 39.

532. Unterach, VB Vöcklabruck, Oberösterreich.- Einzelfund.- Griffzungensichel (180 g).- Primas, Sicheln 86 Nr. 463 Taf. 25, 463.

533. Unterradl, VB St. Pölten, Niederösterreich.- Brandgräberfeld, das unsachgemäß aufgedeckt wurde und dessen Funde meistenteils nicht mehr zuweisbar sind. Nach dem Fundbericht wurden in Parzelle 223 nur in 3 Gräbern Bronze- und Goldbeigaben entdeckt, während in 18 Gräbern sich keine Beigaben fanden.- F. Eppel, Arch. Austriaca 2, 1948, 33ff. Taf. 1-5.

534. Unterradl.- Grab 1 oder 2.- 3 Nadelschützer.- F. Eppel, Arch. Austriaca 2, 1948, Taf. 3, 21.

535. Unterradl, VB St. Pölten, Niederösterreich.- Grab 1/223.- Außerhalb: 2 Fragmente eines Griffzungenschwertes, Lappenbeil. Im Grab: Armring, "Gehängestück" (vermutlich Nadelschützer), Nadel, "Zapfen", Blechröhrchen, Tongefäße.- F. Eppel, Arch. Austriaca 2, 1948, 35 Taf. 4, rechts; Mayer, Beile 155 Nr. 699 Taf. 50, 699.

536. Unterradl, VB St. Pölten, Niederösterreich.- Grab 10; Brandbestattung.- Dreiwulstschwert ganz erhalten (Typus Schwaig), 2 Messerfrgte., Nadel, 8 Tongefäße.- Müller-Karpe, Vollgriffschwerter 99 Taf. 10, 6; W. Krämer, Die Vollgriffschwerter in Österreich und der Schweiz (1985) 23 Nr. 53 Taf. 10, 53.

537. Unterradl, VB St. Pölten, Niederösterreich.- Grab 17/222; Brandbestattung.- Mittelständiges Lappenbeil (Typus Greiner Strudel), "ein Messer mit durchlochter Griffzunge, Blechschale, 1 Nadel".- F. Eppel, Arch. Austriaca 2, 1948, 36 Taf. 3, 10; Mayer, Beile 143 Nr. 607 Taf. 43, 607.

538. Unterradl, VB St. Pölten, Niederösterreich.- Grab 2/223 vom 17. 9. 1906; Brandbestattung angeblich zweier Männer und einer Frau.- Funde nicht mehr sicher zu identifizieren. 1 Lanzenspitze wohl mit gestuftem Blatt, 1 Lanzenspitzenfrg., 2 Griffzungenmesser, 4 Nadeln, 1 Armring, 3 kleine Armspangen, Gegenstand in Form eines Schlüssels mit hohlem Schaft (Nadelschützer?), 1 Bronzetassenhenkel, 2 kleine geringelte Knöpfe, 1 Blechstück.- F. Eppel, Arch. Austriaca 2, 1949, 35 Taf. 3, 21. 24; 4 mitte.

539. entfällt.

540. Unterradl, VB St. Pölten.- Brandgräberfeld.
- Griffzungenmesser (Typus Baierdorf) mit Ringende.- Říhovský, Messer 25 Nr. 72 Taf. 6, 72.
- Griffzungenmesserfrg. (Typus Baierdorf?).- Říhovský, Messer 25 Nr. 73 Taf. 6, 73.
- Griffzungenmesserfrg.- Říhovský, Messer 26 Nr. 78 Taf. 7, 78.
- Griffzungenmesserfrg. (Typus Baierdorf) mit Ringende.- Říhovský, Messer 26 Nr. 77 Taf. 7, 77.
- Griffplattenmesser.- Říhovský, Messer 15 Nr. 23 Taf. 2, 23.
- Frg. eines Griffplattenmessers.- Říhovský, Messer 15 Nr. 24 Taf. 2, 24.
- Griffplattenmesserfrg.- Říhovský, Messer 20f. Nr. 48 Taf. 4, 48.
- Griffplattenmesserfrg.- Říhovský, Messer 21. Nr. 50 Taf. 4, 50.
- Griffplattenmesserfrg.- Říhovský, Messer 21. Nr. 49 Taf. 4, 49.

541. entfällt

542. Unterradl, VB St. Pölten, Niederösterreich.- Grab 32/222; Brandbestattung.- Drahtbügelfibel (Typus Unterradl), Messer.- F. Eppel, Arch. Austriaca 2, 1948, 37 Taf. 3, 9; P. Betzler, Die Fibeln in Süddeutschland, Österreich und der Schweiz (1974) 16 Nr. 8 Taf. 1, 8.

543. Unterschauersburg, VB Wels, Oberösterreich.- Aus der Traun.- Dreiwulstschwert (Typus Erlach).- Müller-Karpe, Vollgriffschwerter 99 Taf. 15, 7; W. Krämer, Die Vollgriffschwerter in Österreich und der Schweiz (1985) 25 Nr. 61 Taf. 11, 61.

544. Unterwinden, VB St. Pölten.- Lippert 1964, 11ff. Taf. I-II; Horst 146 Nr. 65.

545. Viechtwang, VB Gmunden.- Depot der jüngeren Urnenfelderzeit.- Absatzbeil mit spitzer Rast, Frg. eines Lappenbeiles (Typus Haidach), Frg. eines Lappenbeiles (Typus Bad Goisern), 2 Lappenbeilfrgte., 3 Gußkuchenfrgte.- Stein, Hortfund 207 Nr. 476; J. Reitinger, Die ur- und frühgeschichtlichen Funde in Oberösterreich (1968) 434 Abb. 327; Mayer, Beile 122 Nr. 429 Taf. 29, 429; 154 Nr. 684 Taf. 49, 684; 160 Nr. 736 Taf. 54, 736; 188 Nr. 922-923 Taf. 68, 922-923.

546. Viehofen, Gem. St. Pölten.- Aus einer Schottergrube.- Vollgriffschwert (Typus Riegsee).- Fundber. Österreich 18, 1979, 376 Abb. 33, 6.

547. Villach, SG Villach.- Einzelfund am Südhang der Graschlitzen.- Mittelständiges Lappenbeil (Typus Freudenberg/Var. Villach).- Mayer, Beile 133 Nr. 529 Taf. 36, 529.

548. Villach VI, Kärnten.- Aus dem Milesi-Teich.- Griffangelschwert.- Schauer, Schwerter 93 Nr. 311 Taf. 46, 311.

549. Vöcklabruck, VB Vöcklabruck.- Fundumstände unbekannt.- Griffzungendolch.- M. zu Erbach, Die spätbronze- und urnenfelderzeitlichen Funde aus Linz und Oberösterreich (1986) 233 Nr. 991 Taf. 85, 6.

550. Volders, VB Innsbruck, Tirol.- Aus Gräberfeldareal.- Dreiwulstschwertfrg.- W. Krämer, Die Vollgriffschwerter in Österreich und der Schweiz (1985) 23 Nr. 54 Taf. 10, 54.

551. Volders, VB Innsbruck, Tirol.- Bei Bauarbeiten.- Dreiwulstschwertfrg. (Typus Erlach).- Müller-Karpe, Vollgriffschwerter Taf. 91, 2; A. Kasseroler, Das Urnenfeld von Volders (1959) 11 Taf. 41I; W. Krämer, Die Vollgriffschwerter in Österreich und der Schweiz (1985) 25 Nr. 60 Taf. 11, 60.

552. Volders, VB Innsbruck, Tirol.- Grab 18; Brandbestattung in "mannslanger" Kiste.- Dreiwulstschwertfrg. (Typus Erlach), Rasiermesser (Typus Némcice), Gürtelhaken (Typus Volders), 2 Griffzungenmesser (eines absichtlich verbogen), 6 Zierbuckel, Blechstreifen, 3 Gefäße.- Müller-Karpe, Vollgriffschwerter Taf. 91, 1; A. Kasseroler, Das Urnenfeld von Volders (1959) 164f. 220 Abb. 425; Jockenhövel, Rasiermesser 89 ("Stufe Tirol II") Nr. 102 Taf. 9, 102; 64 A; W. Krämer, Die Vollgriffschwerter in Österreich und der Schweiz (1985) 25 Nr. 59 Taf. 11, 59; Kilian-Dirlmeier, Gürtel 61f. Nr. 170 Taf. 17, 170.

553. Volders, VB Innsbruck.- Grab 60, Brandbestattung.- Blechgürtelfrg. (Typus Riegsee), gerippter Armring, Ringchen, Messer.- Kilian-Dirlmeier, Gürtel 105f. Nr. 422 Taf. 43, 422.

554. Volders, VB Innsbruck.- Grab 96.- Vasenkopfnadel, Nadel mit kleinem Kopf, Keramik.- A. Kasseroler, Das Urnenfeld von Volders (1959) 58f. Taf. 38, 96.

555. Volders, VB Innsbruck.- Gräber 114a und b; Brandbestattungen.- Vasenkopfnadel, Armring, Keramik, Urne.- A. Kasseroler, Das Urnenfeld von Volders (1959) 161; 220 Abb. 420.

556. Volders, VB Innsbruck.- Grab 114; Brandbestattung.- 3 Vasenkopfnadeln, 1 Fragment eines tordierten Armrings, 2 Nadelschäfte, 1 Fingerring, 16 Zierbuckel, 1 Gürtelschließe, Schmelzstücke.- A. Kasseroler, Das Urnenfeld von Volders (1959) 64 Taf. 38, 114 a-c.

557. Volders, VB Innsbruck.- Grab 145.- Vasenkopfnadel, Schale, Urne.- A. Kasseroler, Das Urnenfeld von Volders (1959) 71 Taf. 38, 145.

558. Volders, VB Innsbruck.- Brandgrab 146.- Vasenkopfnadelfrg., Griffzungenmesserfrg., Gürtelhaken (Typus Mühlau), Schälchen.- Kilian-Dirlmeier, Gürtel 49 Nr. 94 Taf. 10, 94; A. Kasseroler, Das Urnenfeld von Volders (1959) 71 Taf. 37, 146.

559. Volders, VB Innsbruck.- Grab 157; Brandbestattung.- Rasiermesser (Var. Velké Žernoseky), Messer mit gelochter Griffangel, Bronzestückchen, Keramik.- Jockenhövel, Rasiermesser 133 Nr. 230 Taf. 20, 230.

560. Volders, VB Innsbruck.- Grab 164, Brandbestattung.- Vasenkopfnadel, Nadel mit Kugelkopf, Griffzungenmesser.- A. Kasseroler, Das Urnenfeld von Volders (1959) 76 Taf. 31, 164; 40, 164; 38, 164.

561. Volders, VB Innsbruck.- Grab 186; Brandbestattung.- 2 Drahtarmringe, 2 Vasenkopfnadeln, 1 Fingerring, 10 Zierbuckel, 1 Zierbuckel, 1 Blechstück, 3 Armringfrgte., Bronzeschmelzstücke, 1 Nadelschaft.- A. Kasseroler, Das Urnenfeld von Volders (1959) 82f. Taf. 35, 186; 38, 186; 42, 186.

562. Volders, VB Innsbruck.- Grab 187; Brandbestattung in Urne.- 4 Armringe, Drahtbügel, 27 Besatzbuckelchen, 1 Gürtelhaken (Typus Wilten), Krug.- Kilian-Dirlmeier, Gürtel 54 Nr. 136 Taf. 14, 136.

563. Volders, VB Innsbruck.- Grab 189.- Vasenkopfnadel, Keramik.- A. Kasseroler, Das Urnenfeld von Volders (1959) 84 Taf. 38, 189.

564. Volders, VB Innsbruck.- Grab 197; Urnenbestattung.- 1 Vasenkopfnadel, 1 Kugelkopfnadel, 1 Messer mit gelochtem Griffdorn, 1 Pinzette, Bronzeschmelstücke, Blech, 5 Nadelschäfte, Urne (sehr groß).- A. Kasseroler, Das Urnenfeld von Volders (1959) 86 Taf. 17, 197; 38, 197; 40, 197; 42, 197.

565. Volders, VB Innsbruck.- Grab 208, Brandbestattung.- Bronzetasse (Typus Fuchsstadt), 1 Messer, 1 Nadel, 1 Rollennadel, 2 Fingerringe.- A. Kasseroler, Das Urnenfeld von Volders (1959) 290; 224 Abb. 208.

566. Volders, VB Innsbruck.- Grab 214; Brandbestattung.- Tüllenpfeilspitze, Gürtelhaken (Typus Wilten), Keramik.- Kilian-Dirlmeier, Gürtel 53 Nr. 125 Taf. 13, 125.

567. Volders, VB Innsbruck.- Grab 215.- Rasiermesser (Typus Imst), 2 Messer mit durchlochter Griffangel, Keramik.- Jockenhövel, Rasiermesser 159 Nr. 304 Taf. 24, 304.

568. Volders, VB Innsbruck, Tirol.- Grab 229, Brandbestattung.- Fragmente eines Blechgürtels (Typus Riegsee), Nadel mit geripptem Kugelkopf, gerippter Armring, Zylinderhalsschale, Becher.- Kilian-Dirlmeier, Gürtel 105 Nr. 419 Taf. 42, 419.

569. Volders, VB Innsbruck.- Grab 309; Brandbestattung.- Nadelschaft, 3 Ringchen. 1 Griffzungenfrg., 1 Blechgefäßfrg., 1 Gürtelhaken (Typus Wilten), Keramik.- Kilian-Dirlmeier, Gürtel 54 Nr. 137 Taf. 14, 137.

570. Volders, VB Innsbruck, Tirol.- Grab 321, Brandbestattung in Urne.- Gürtelblechfrte. (Typus Riegsee), Nadel mit geripptem Kegelkopf, Schaft fein gerillt, Armring mit Strichdekor, 2 Becher.- Kilian-Dirlmeier, Gürtel 106 Nr. 425 Taf. 43, 425.

571. Volders, VB Innsbruck.- Grab 341; Brandbestattung.- Nadel, 2 Griffdornmesser, Gürtelhaken (Typus Wilten), Becher.- Kilian-Dirlmeier, Gürtel 53 Nr. 123 Taf. 13, 123.

572. Volders, VB Innsbruck.- Grab 398; Brandbestattung.- Rasiermesser (Typus Imst), Nadel, Messer mit durchlochter Griffangel, Keramik.- Jockenhövel, Rasiermesser 159 Nr. 307 Taf. 25, 307; 75 C.

573. Volders, VB Innsbruck, Tirol.- Grab 417; Brandbestattung in Urne.- Gürtelhaken (Typus Untereberfing/Var. 2), Scherben.- Kilian-Dirlmeier, Gürtel 47 Nr. 87 Taf. 9, 87.

574. Völs, VB Innsbruck.- Urnengrab 6.- 1 Griffdornmesser, 1 Bronzetasse (Typus Fuchsstadt), 2 große Nadeln, mehrere Ringe, Nadelschaft, Schmelzbrocken, Keramik.- Müller-Karpe, Chronologie 313 Taf. 207E; G. Prüssing, Die Bronzegefäße in Österreich (1991) 22 Nr. 7 Taf. 1, 7.

575. Völs VB Innsbruck.- Grab.- Matreier Messer.- K. Wagner, Nordtiroler Urnenfelder (1934) Taf. 38, 4.

576. Vollern, VB Salzburg.- In einem Steinbruch 3 m tief in angeschwemmtem Salzachschotter.- Dreiwulstschwert (Typus Liptau); 1040 g.- Müller-Karpe, Vollgriffschwerter 102 Taf. 23, 3; W. Krämer, Die Vollgriffschwerter in Österreich und der Schweiz (1985) 29 Nr. 83 Taf. 14, 83.

577. Vorarlberg.- 1 fragmentiertes, mittelständiges Lappenbeil.- Mayer, Beile 145 Nr. 626 Taf. 45, 626.

578. Vordernberg, VB Leoben.- Mittelständiges Lappenbeil (Typus Freudenberg/Var. Amlach).- Mayer, Beile 138 Nr. 600 Taf. 43, 600.

579. Vösendorf, VB Mödling, Niederösterreich.- Brandgrab 6.- Griffzungenmesser (Typus Baierdorf) mit Ringende, Drahtfrg., 4 theriomorphe Gefäße, 4 Gefäße, Scherben.- Říhovský, Messer 25 ("Stufe Velatice I") Nr. 74 Taf. 6, 74.

580. Vösendorf, VB Mödling.- Brandgrab 12.- Spiralscheiben, Fibelfrg., 1 Griffplattenmesser (beidseitig angeschärfte Klingenspitze) 2 Henkelgefäße, Scherben.- O. Seewald, Fundber. Österreich 4, 1952, 31f.; Říhovský, Messer 22 Nr. 59 Taf. 5, 59.

581. Vösendorf, VB Mödling.- Brandgrab 15.- 2 Nadelfrgte. mit großem, geripptem Kugelkopf, Violinbogenfibelfrg., Blechtutulus, 1 Messer mit seitlich verstärkter Griffplatte (n. Říhovský: Griffzungenmesser [Typus Vösendorf]), 11 Gefäße.- Říhovský, Messer 32 Nr. 102 Taf. 9, 102.

582. Vösendorf, VB Mödling.- Brandgrab 26.- Griffzungenmesser (Typus Dašice), Fragment eines Messer- oder Rasiermessergriffes, Kopf einer Kugelkopfnadel, Ring, Griffrg. Gefäßbruchstücke.- Říhovský, Messer 36 ("Sufe Velatice I") Nr. 125 Taf. 11, 125.

583. Wabelsdorf, VB Klagenfurt, Kärnten.- Brandgrab.- Messer mit umlapptem Ringgriff (Form D), 2 Nadelschaftfrgte., Griffplattendolch, Scherben.- Müller-Karpe, Chronologie Taf. 124 E3; Říhovský, Messer 37 Nr. 128 Taf. 12, 128; 36 D.

584. Wackonig, Gde Walterskirchen, VB Klagenfurt.- Einzelfund.- Griffzungenmesser (Typus Baierdorf) mit Vogelkopfende.- Říhovský, Messer 26 Nr. 79 Taf. 7, 79.

585. Waidendorf, VB Gänserndorf.- Buhuberg; Fragment einer zweiteiligen Sandsteingußform für Nackenkammäxte.- Mayer, Beile 33 Nr. 72 Taf. 7, 72.

586. Wals-Siezenheim, VB Salzburg-Land.- Aus einer Schottergrube im alten Schwemmgebiet der Saalach.- Mittelständiges Lappenbeil (Typus Freudenberg/Var. Stanz).- Mayer, Beile 137 Nr. 584A Taf. 42, 584A.

587. Wals-Siezenheim, VB Salzburg-Land.- Schottergrube bei der Saalach.- Tüllenbeil.- Mayer, Beile 188 Nr. 1012A. Taf. 73, 1012A.

588. Wals-Siezenheim, VB Salzburg-Land.- Aus einer Schottergrube am rechten Ufer der Saalach.- Mittelständiges Lappenbeil (Typus Freudenberg/Var. Retz).- Mayer, Beile 136 Nr. 578 Taf. 41, 578.

589. Wals-Siezenheim, VB Salzburg-Land.- Einzelfund am rechten Ufer der Saalach.- Mittelständiges Lappenbeil (Typus Freudenberg/Var. Retz).- Mayer, Beile 136 Nr. 577 Taf. 41, 577.

590. Wals-Siezenheim, VB Salzburg Land.- Schottergrube am rechten Ufer der Saalach.- Mittelständiges Lappenbeil (Typus Freudenberg/Var. Stanz).- Mayer, Beile 137 Nr. 589 Taf. 42, 589.

591. Wals-Siezenheim, VB Salzburg-Land.- Aus einer Schottergrube im alten Schwemmgebeiet der Saalach.- Mittelständiges Lappenbeil (Typus Freudenberg/Var. Stanz).- Mayer, Beile 137 Nr. 588A TAf. 42, 588A.

592. Wals-Siezenheim, VB Salzburg-Land.- In der Saalach.- Mittelständiges Lappenbeil (Typus Freudenberg).- Mayer, Beile 132 Nr. 506 Taf. 35, 506.

593. Wals-Siezenheim, VB Salzburg-Land.- Schottergrube am Ufer der Saalach.- Mittelständiges Lappenbeil (Typus Freudenberg/Var. Retz).- Mayer, Beile 135 Nr. 560 Taf. 39, 560.

594. Wels-Waidhausen, Oberösterreich.- Gewässerfund.- Griffzungenschwert (Var. Vilshofen).- Schauer, Schwerter 136 Nr. 410 Taf. 60, 410.

595. Wels, VB Wels.- Am linken Traunufer im Schotter.- Mittelständiges Lappenbeil (Typus Freudenberg/Var. Rosenau).- Mayer, Beile 133 Nr. 527 Taf. 36, 527.

596. Wels (Gegend von), Oberösterreich.- Vollgriffschwert (vermutlich Typus Riegsee).- J. Reitinger, Die ur- und frühgeschichtlichen Funde in Oberösterreich (1968) 454 Abb. 340; W. Krämer, Die Vollgriffschwerter in Österreich und der Schweiz (1985) 20 Nr. 45.

597. Wels, VB Wels.- Im Flußbett der Traun (1955).- Vasenkopfnadel.- W. Rieß, in Stadtmuseum Wels. Katalog 37 Nr. V67.

598. Wels, VB Wels.- Am linken Traunufer.- Lanzenspitze (Ha A?).- M. zu Erbach, Die spätbronze- und urnenfelderzeitlichen Funde aus Linz und Oberösterreich (1986) 265 Nr. 1179 Taf. 83, 4.

599. Wels, VB Wels, Oberösterreich.- Grab B/XXIX; Brandbestattung in Urne.- 1 Griffplattenmesser (32 g), 1 Griffplattenmesser (22 g), 1 Rasiermesserfrg. mit Hakengriff (Typus Hrušov) (21 g), 1 Nadel (5 g), 1 Nadelkopf (14 g), 3 Pfrieme (2 g, 4 g, 4 g), 2 Tüllenpfeilspitzen (2 und 4 g), 1 Stäbchen (2 g), 1 Blechstreifen (1 g).- K. Willvonseder, Arch. Austriaca 7, 1950, 24ff. Abb. 9; Jockenhövel, Rasiermesser 192 Taf. 29, 380.

600. Wels, VB Wels.- Am linken Traunufer im Schotter.- Mittelständiges Lappenbeil (Typus Freudenberg/Var. Retz).- Mayer, Beile 135 Nr. 552 Taf. 38, 552.

601. Wels, VB Wels.- Am linken Traunufer.- Mittelständiges Lappenbeil (Typus Freudenberg).- Mayer, Beile 131 Nr. 498 Taf. 34, 498.

602. Wels, VB Wels.- Mittelständiges Lappenbeil (Typus Freudenberg/Var. Elixhausen).- Mayer, Beile 132 Nr. 514 Taf. 35, 514.

603. Wels-Hochpoint, VB Wels Oberösterreich.- Bei der Traunregulierung (Gewässerfund?).- Griffzungenschwert (Var. Bruck).- Schauer, Schwerter 143 Nr. 429 Taf. 63, 429.

604. Westendorf, VB Kitzbühel, Tirol.- Aus Urnengrab.- Blechgürtelfrg. (Typus Riegsee).- Kilian-Dirlmeier, Gürtel 105 Nr. 413 Taf. 42, 413.

605. Westendorf.- Aus Brandgrab.- Vasenkopfnadel.- K. Wagner, Nordtiroler Urnenfelder (1934) 119.

606. Westendorf, VB Kitzbühel.- Aus zerstörten Urnengräbern.- Gürtelhaken (Typus Mühlau).- Kilian-Dirlmeier, Gürtel 50 Nr. 99 Taf. 11, 99; K. Wagner, Nordtiroler Urnenfelder (1934) 119.

607. Wien-Oberlaa.- Grabfund (?).- Lanzenspitze (glatt); im Feuer deformiert.- Fundber. Österreich 24/25, 1985/86, 245 Abb. 265.

608. Wien, 21. Bezirk, Leopoldsau.- Einzelfund mit Gewässerpatina.- Griffzungensichel.- Primas, Sicheln 97 Nr. 603 Taf. 36, 603.

609. Wien, 13. Bezirk, Lainzer Tiergarten.- Gewässerfund (in einem Bach).- Griffzungensichel.- Primas, Sicheln 95 Nr. 587 Taf. 35, 587.

610. Wien, 21. Bezirk, Leopoldsau.- Mittelständiges Lappenbeil (Typus Freudenberg/Var. Retz).- Mayer, Beile 136 Nr. 568 Taf. 40, 568.

611. Wien XXV-Vösendorf.- Niederösterreich.- Schauer, Schwerter 192 Nr. 601 Taf. 91, 601.

612. Wien, 17. Bezirk.- Lanzenspitze mit gestuftem Blatt.- Jacob-Friesen, Lanzenspitzen 385 Nr. 1836.

613. entfällt.

614. **Wien XXI-Leopoldau.-** Einzelfund.- Rasiermesser (Typus Morzg, Var. Drazovice).- Jockenhövel, Rasiermesser 92 Nr. 116 Taf. 10, 116.

615. **Wieselburg, VB Scheibbs.-** Brandgrab.- 1 Griffzungendolch, 2 Kugelkopfnadeln mit geripptem Hals.- J. Říhovský, Die Nadeln in Mähren und dem Ostalpengebiet (1979) Nr. 423-424 Taf. 79E.

616. **Wilten bei Innsbruck.-** Aus einem Grab.- 1 Bronzetasse.- Müller-Karpe, Chronologie 314 Taf. 207I.

617. **Willendorf, VB Krems a. d. Donau.-** Einzelfund.- Griffplattenmesser.- Říhovský, Messer 17 Nr. 33 Taf. 3, 33.

618. **Wimpassing, VB Neunkirchen.-** Flußfund bei der Schwarzaregulierung.- Griffzungenschwert (Art Reutlingen).- Schauer, Schwerter 147f. Nr. 445 Taf. 64, 445.

619. **Windischgarsten, VB Kirchdorf.-** Fundumstände unbekannt.- Lanzenspitze mit gestuftem Blatt.- M. zu Erbach, Die spätbronze- und urnenfelderzeitlichen Funde aus Linz und Oberösterreich (1986) 267 Nr. 1188 Taf. 83, 3.

620. **Winklarn bei Velden, VB Villach.-** Mittelständiges Lappenbeil (Typus Freudenberg/Var. Rosenau).- Mayer, Beile 133 Nr. 528 Taf. 36, 528.

621. **Wolfsthal VB Bruck a. d. Leitha, Niederösterreich.-** Brandgrab (?).- Griffzungenschwert (Typus Riedheim nahestehend).- Schauer, Schwerter 156 Nr. 459 Taf. 67, 459.

622. **Wolfsthal, VB Bruck a. d. Leitha, Niederösterreich.-** Grab, Brandbestattung.- Griffzungenschwertfrg. (Var. Bruck).- Schauer, Schwerter 143 Nr. 431 Taf. 63, 431.

623. **Wöllersdorf, VB Wiener-Neustadt, Niederösterreich.-** Depot I.- 2 Griffzungenschwertfrgte. (slawonischer Typus 131 g und Typus Aranyos 134, 5 g), 2 Schwertklingenfrgte. (101 g; 145, 5 g), 3 Tüllenbeilfrgte. (330, 5 g; 284, 5 g; 209, 5 g), 2 Fragmente mittelständiger Lappenbeile (Typus Haidach, Typus Radkersburg/ 102, 5 g; 165, 5 g), 4 Griffzungensichelfrgte. (117, 5 g; 119, 5 g; 109, 5 g; 104 g).- F. Hauptmann, Wiener Prähist. Zeitschr. 11, 1924, 61ff.; Schauer, Schwerter 190 Nr. 590 Taf. 149 B; Mayer, Beile 155 Nr. 704 Taf. 51, 704; 192 Nr. 1052 Taf. 76, 1052.

624. **Wöllersdorf, VB Wiener Neustadt.-** Depot II (1900). Auf einer Anhöhe unter einem Felsblock (Gew. 3400g; vielleicht nicht vollständig).- 1 Knopfsichel (68 g), 31 Sichelfrgte. (meist von Zungensicheln (23 g, 16 g, 39 g, 21 g, 14 g, 10 g, 33 g, 10 g, 21 g, 22 g, 35 g, 82 g, 90 g, 86 g, 93 g, 66 g, 49 g, 114 g, 92 g, 44 g, 108 g, 102 g, 132 g, 148 g, 44 g, 128 g, 80 g, 59 g, 39 g, 148 g) [das bei Müller-Karpe, Chronologie Taf. 135, 6 abgebildete Sichelklingenfrg. gehört nicht zu dem Depotfund], 1 Griffzungenschwertfrg. (Typus Reutlingen/Var. Bruck) (75 g), 3 (dazugehörige) Schwertklingenfrgte. (89 g, 100 g, 58 g), 2 gerippte Blechröhren (12 g, 13 g), 1 Blechfalere (9 g), 2 Zierknöpfe (28 g, 59 g), 2 tordierte Ringfrgte. (13 g, 16 g), 1 Armringfrg. (7 g), 2 Nadelfrgte. (8 g, 8 g), 1 Tüllenbeil (120 g), 1 Lappenbeilfrg. (114 g), 1 Beilschneidenfrg. (49 g), 1 doppelaxtförmiges Rasiermesserfrg. ("Typus Großmugl") mit angebackenem Sichelklingenfrg. (38 g), 1 Stabfrg. (30 g), 1 Blechfrg. (7 g), 1 Griffzungenmesserfrg. (Typus Malhostovice)(23 g), 1 Sägeklingenfrg. (14 g), 1 Platte (74 g), 1 Helmwangenklappenfrg. (26 g), 1 Barrenfrg. (144 g), 2 Gußbrocken (58 g, 192 g).- J. Szombathy, Mitt. Zentralkommission Wien 3. F. 4, 1905, 40ff. Taf. 1; Müller-Karpe, Chronologie Taf. 135 B-136; Schauer, Schwerter 143 Nr. 430 Taf. 63, 430; Taf. 142; F. E. Barth, Arch. Korrbl. 18, 1988, 243f. Abb. 1; Schauer, Schwerter 143 Nr. 430 Taf. 63, 430; 142; Mayer, Beile 183 Nr. 966 Taf. 70, 966; 125 Nr. 457 Taf. 31, 457; 186 Nr. 985 Taf. 71, 985; Říhovský, Messer 30 Nr. 96 Taf. 9, 96.

625. entfällt.

626. **Wörgl, VB Kufstein, Nordtirol.-** Vermutlich Grabfund.- Dreiwulstschwert mit 4 Griffwülsten (Typus Erlach und auch Typus Schwaig nahestehend; ganz erhalten; 670 g); zusammen mit gerippter Vasenkopfnadel und Bronzescheibe mit konzentrischer Kreiszier (Gürtelfrg. ?).- L. Franz, Mitt. Anthr. Ges. Wien 86, 1956, 89 f. mit Abb.; Müller-Karpe, Vollgriffschwerter 95 Taf. 9, 4; W. Krämer, Die Vollgriffschwerter in Österreich und der Schweiz (1985) 25 Nr. 19 ("Riegseeschwert mit Querwülsten auf der Griffstange") Nr. 35 Taf. 7, 35,

627. **Wörschach, VB Liezen, Steiermark.-** Grab; Brandbestattung.- Griffzungenschwert (wohl Typus Hemigkofen).- Schauer, Schwerter 165 Nr. 493 Taf. 73, 493.

628. **Wörschach.-** Aus einem Grabverband mit drei Bestattungen der jüngeren Urnenfelderzeit.- 1 Schalenknaufschwert, 1 Bronzetasse, Keramik.- Müller-Karpe, Chronologie 314 Taf. 207K.

629. **Wulkaprodersdorf, VB Eisenstadt.-** Einzelfund.- Griffplattenmesser.- R. Pittioni, Beiträge zur Urgeschichte der Landschaft Burgenland im Reichsgau Niederdonau (1941) 68. 71 Taf. 14, 6; Říhovský, Messer 19 Nr. 41 Taf. 3, 41.

630. **Wörgl, VB Kufstein, Tirol.-** Wohl Grab.- Nadel, Phalere, Riegseeschwert (Übergangsform).- W. Krämer, Die Vollgriffschwerter in Österreich und der Schweiz (1985) 19 Nr. 35 Taf. 7, 35.

631. **Ybbs, VB Melk, Niederösterreich.-** Aus der Donau.- Vollgriffschwert (Typus Riegsee).- J. Kuizenga, Arch. Korrbl. 12, 1982, 331f. Taf. 33, 1. 4; W. Krämer, Die Vollgriffschwerter in Österreich und der Schweiz (1985) 18 Nr. 26 Taf. 6, 26.

632. **Ybbs, VB Melk, Niederösterreich.-** Aus der Donau.- Vollgriffschwert.- J. Kuizenga, Arch. Korrbl. 12, 1982, 332 Taf. 33, 2; W. Krämer, Die Vollgriffschwerter in Österreich und der Schweiz (1985) 19 Nr. 42 Taf. 9, 42.

633. **Zeltweg-Neufisching, VB Judenburg.-** Einzelfund im Schotter.- Mittelständiges Lappenbeil (Typus Freudenberg).- Mayer, Beile 131 Nr. 490 Taf. 33, 490.

634. **Zirl, VB Innsbruck.-** Grabfunde.- Lanzettförmige Anhänger, Messer, Gürtelhaken, Ringe, Nadeln.- K. Wagner, Nordtiroler Urnenfelder (1934) 143f.; G. Kossack, Studien zum Symbolgut der Urnenfelder- und Hallstattzeit Mitteleuropas (1954) 93 Liste B Nr. 77.

635. **Zlapp und Hof, KG Heiligenblut, VB Spittal a. d. Drau.-** Einzelfund.- Lanzenspitze mit gestuftem Blatt.- Fundber. Österreich 13, 1974, 57 Abb. 134.

636. **Zöbern, VB Neunkirchen.-** Einzelfund.- Mittelständiges Lappenbeil (Typus Freudenberg/Var. Elixhausen).- Mayer, Beile 132 Nr. 516 Taf. 35, 516.

637. **Zwentendorf, VB Tulln.-** Aus einer Gruppe von Brandbestattungen in Urnen.- Rasiermesser (Typus Großmugl/Var Mesić).- W. Angeli, Mitt. Anthr. Ges. Wien 90, 1960, 113 Taf. 8,1; Jockenhövel, Rasiermesser 79 Nr. 90 Taf. 8, 90.

638. **Zwerndorf a. d. March.-** Brandgrab.- Griffzungendolch, Keramik.- K. Willvonseder, Mitt. Anthr. Ges. Wien 63, 1933, 24 Abb. 1.

639. **Zwerndorf, VB Gänserndorf.-** Einzelfund "südlich des Schotterteiches".- Nadel (Typus Gutenbrunn).- Fundber. Österreich 23, 1984, 255 Abb. 226.

Ungarn

1. **Abaújkér, Kom. Borsod-Abaúj-Zemplén.-** Depot (kann nach Kemenczei, Spätbronzezeit, nicht verifiziert werden).- Handschutzspirale, 3 Lanzenspitzen mit gestuftem Blatt, Mohnkopfnadel, Trichteranhänger, Radanhänger, 4 strichverzierte Armringe, 1 unverzierter Armring, 1 Rasiermesser.- F. Holste, Hortfunde Südosteuropas (1951) Taf. 39, 1-13; Hänsel, Beiträge 206 Liste 88 Nr. 5; Kemenczei, Spätbronzezeit 112 Nr. 1b.

2. **Abaújkér, Kom. Borsod-Abaúj-Zemplén.-** Fundumstände unbekannt; vermutlich Depot.- 1 Nackenkammaxt, 1 Handschutzspirale; ein Messer mit Ringgriffende scheidet Mozsolics aus dem Fund aus.- Mozsolics, Bronze- und Goldfunde 116 ("Horizont Forro") Taf. 5, 7-8; Kemenczei, Spätbronzezeit 112 Nr. 1a.

3. **Abau Szemere.-** Depot.- Kompositgehänge (das Kompositgehänge findet seinen direkten Vergleich in Tibolddaróc, ist aber offenbar nicht identisch), Bronzespirale, Lanzenspitze.- F. Nopcsa, Mitt. Anthrop. Ges. Wien 44, 1914 (49f.) mit Abb. 1.

4. **Abaújszántó, Kom. Borsod-Abaúj-Zemplén.-** Vermutlich Depot, nähere Fundumstände unbekannt.- 1 Nackenkammaxt, 1 Nackenscheibenaxt, 2 Lanzenspitzen (davon eine mit profilierter Tülle und profiliertem Blatt; eine fragmentiert), 1 Knopfsichelfrg., 1 Tüllenbeil, 2 Anhänger, 6 Ringe, 1 Spiralscheibenanhänger.- Mozsolics, Bronze- und Goldfunde 116 ("Horizont Opályi") Taf. 51; Kemenczei, Spätbronzezeit 112 Nr. 2; Mozsolics, Bronzefunde 85 ("zu überlegen, ob er nicht besser in den Horizont Aranyos datiert werden sollte").

5. **Abaújszántó, Kom. Borsod-Abaúj-Zemplén.-** Angeblich Teile eines Depotfundes.- Dreiwulstschwert, 2 Nadelfrgte., Armring(?)frg., Ringfrg., 2 kleine Ringe.- Mozsolics, Bronzefunde 85.

6. **Abaújszántó, Kom. Borsod-Abaúj-Zemplén.-** Einzelfund.- Dreiwulstschwert.- Mozsolics, Bronzefunde 85; T. Kemenczei, Die Schwerter in Ungarn II (1991) 35 Nr. 106 Taf. 24, 106.

7. **Abod, Kom. Borsod-Abaúj-Zemplén.-** Absatzbeil mit tiefer und breiter Kerbung.- Hänsel, Beiträge 195 Liste 59, 8.

8. **Abod, Kom. Borsod-Abaúj-Zemplén.-** Einzelfund in 1, 5 m Tiefe.- Dreiwulstschwert (Typus Högl).- Mozsolics, Bronzefunde 85; Müller-Karpe, Vollgriffschwerter 104 Taf. 30, 2.

9. **Abos -> Obišovice (Slowakei).**

10. **Acs, Kom. Komáron.-** Am Donauufer.- Griffzungenschwert (Zunge abgebrochen) ('Typus C6') und (nach Mozsolics) Griffzunge.- Kemenczei, Schwerter 61 Nr. 325 Taf. 36, 325; Mozsolics, Bronzefunde 85.

11. **Acsterszér, Kom. Komárom.-** Einzelfund.- Griffzungenschwert ('Typus A1').- Kemenczei, Schwerter 44 Nr. 181 Taf. 16, 181.

12. **Aggtelek, Kom. Borsod-Abaúj-Zemplén.-** Baradla-Höhle; vielleicht auch Bestattungen.- Armberge Typus Salgotarján, Lanzenspitze, Harfenfibel (!), Blechknöpfe, Spiralring bei einem Skelett; weiterhin fand sich in der Höhle 1 Bronzetasse ("Typus Gusen"), Nadeln, Knopfsichelfrg., Geweihtrense, Rasiermesser, 2 Tüllenmeißel, herzförmiger Anhänger, Tongefäße.- Kemenczei, Spätbronzezeit 127f. Taf. 100-101; P. Patay, Die Bronzegefäße in Ungarn (1990) 49 Nr. 70 Taf. 36, 70; Mozsolics, Bronzefunde 95f.

13. **Agostonfalva -> Augustin (RO).**

14. **Ajak, Kom. Szabolcs-Szatmár.-** Depot.- Griffzungenschwert ('Typus C7'), Griffzungendolchfrg.- Kemenczei, Schwerter 62 Nr. 330A Taf. 37, 330 A; 28 Nr. 112A Taf. 9, 112.

15. **Ajak, Kom. Szabolcs-Szatmár.-** Depot I in Tongefäß; die Äxte in Reihen geschichtet.- 39 Nackenscheibenäxte (Gußnähte belassen) (bei einer Axt Scheibe abgebrochen), 1 Schwert absichtlich in zwei Teile zerbrochen; nach Mozsolics 1 Beilhammer.- E. Kroeger-Michel, Nyíregyházi Jósa András Múz. Évk. 11, 1968, 63ff. mit Abb; Mozsolics, Bronze- und Goldfunde 117 ("Horizont Opalyi") Taf. 37 A 1-5; 38.

16. **Ajka, Kom. Veszprém.-** Einzelfunde oder zerstreutes Depot.- Tüllenbeil und Messer.- Mozsolics, Bronzefunde 85.

17. **Alattyán, Kom. Szolnok.-** Einzelfund.- Griffzungenschwert; Spitze abgebrochen ('Typus A4').- Kemenczei, Schwerter 49 Nr. 222 Taf. 22, 222.

18. **Almágy -> Gemersky Jablonec (Slowakei).**

19. **Alsóberecki, Kom. Borsod-Abaúj-Zemplén.-** Urnengräberfeld mit 32 Gräbern; die Friedhofsgrenzen nicht erreicht; innerhalb des Friedhofs rezente Störung (Bz C?/D).- Grab IX: "5 Urnen"; Mehrfachbestattung. In einem Gefäß Frg. einer Nadel mit doppelkonischem Kopf und Schaftknoten.- T. Kemenczei Folia Arch. 32, 1981, 76f. Abb. 6, 6. 12-17; 7, 1-3.- Grab 25: Leichenbrandbehälter, Schale, auf den Knochenresten Bronzepatinaspuren.- T. Kemenczei, Folia Arch. 32, 1981, 80f. Abb. 9, 11.

20. **Alsódobsza, Kom. Borsod-Abaúj-Zemplén.-** Depot.- 4 Tüllenbeile (davon 2 fragmentiert), 3 Lanzenspitzenfrgte. (darunter eine mit gestuftem Blatt und eine mit profilierter Tülle), 10 Griffzungensichelfrgte., Griffzungenschwertfrg. ('Typus C'), 1 Schwertklingenfrg., Armschutzspiralenfrg., 1 ovales Bronzeblech, Rasiermesserfrg., 2 Spindelkopfnadeln mit gegliedertem Hals (Typus Petersvására) (beide fragmentiert), 1 Nadelschaftfrg., Bronzespiralröhre, 2 Sägefrgte., Ahlen, 1 Spiralröllchen, 4 Blechfrgte., 10 Blechbuckel, 1 Kettchen, 11 Gußkuchenfrgte., 11 Goldringe.- Mozsolics, Bronzefunde 85f. ("Horizont Kurd") Taf. 166-168; Kemenczei, Spätbronzezeit 112ff. Nr. 3 Taf. 41-42; Kemenczei, Schwerter 62f. Nr. 338 Taf. 38, 338.

21. **Alsófehér Komitat -> Alba (RO).**

22. **Alsónémedi, Kom. Pest.-** Einzelfund.- Griffzungenschwert ('Typus B2').- Kemenczei, Schwerter 51 Nr. 244 Taf. 25, 244.

23. **Alsóoroszfalu -> Rusu de Jos (RO).**

24. **Alsópél, Udvari, Kom. Tolna.-** Verschiedene Bronzen; Einzelfunde oder Teile von Horten: Messer, Armringe, Lappenbeil, Pfeilspitze.- Mozsolics, Bronzefunde 86.

25. **Alsótórja -> Turia (RO).**

26. **Anarcs, Kom. Szabolcs-Szatmár.-** Einzelfunde.- 1 Armring (gerippt), 1 Tüllenbeil ("Horizont Biharugra").- Mozsolics, Bronzefunde 86.

27. **Apagy - Urbázis, Kom. Szabolcs-Szatmár.-** Tüllenbeil.- Mozsolics, Bronzefunde 87 ("vielleicht Horizont Opályi").

28. **Apagy, Kom. Szabolcs-Szatmár.-** Depot in Tongefäß (in 1 m Tiefe).- 2 Dolchfrgte., 1 Frg. einer Lanzenspitze mit gestuftem Blatt, 2 Nackenscheibenaxtfrgte., 1 Frg. eines mittelständigen Lappenbeils, 3 Tüllenbeilfrgte., 43 Sicheln und Sichelfrgte. (5 Knopfsicheln 5 Knopfsichelfrgte., 1 Hakensichel, 1 Griffzungensichel, 15 Griffzungensichelfrgte., 16 Sichelfrgte.), Messerfrg.(?), Falerenfrg., Bronzebandfrg., Tutulusfrg., verzierte Blechgürtelfrgte., 12 Gußkuchenfrgte.- A. Jósa [Kemenczei ed.], Nyíregyházi Jósa András Múz. Évk. 6-7, 1963-64, 20 Taf. 1-3; Kilian-Dirlmeier, Gürtel 108 ("Hortfundstufe Kispáti-Lengyeltóti") Nr. 436 Taf. 44, 436; Nr. 451 Taf. 46, 451; Mozsolics, Bronzefunde 86f. ("Horizont Kurd") Taf. 180-182.

29. **Aparhant**, Kom. Tolna.- Siedlung.- Keramik.- E. Patek, Die Urnenfelderkultur in Transdanubien (1968) 53.

30. **Apátomb** -> Kesthely.

31. **Aranyos** -> Bükkaranyos.

32. **Arka**, Kom. Borsod-Abaúj-Zemplén.- Depot in Tongefäß.- 1 Tüllenbeil, 1 Tüllenmeißel, 18 Armringe (davon 2 fragmentiert), 1 Armspirale mit Spiralscheibenenden.- Mozsolics, Bronzefunde 87 ("Horizont Aranyos"); Kemenczei, Spätbronzezeit 114 Nr. 4 Taf. 43 a.

33. **Arpád** -> Arpasel (RO).

34. **Aszár**, Kom. Komárom.- Fundumstände unbekannt.- Griffzungendolch ("Typus A1").- Kemenczei, Schwerter 23 Nr. 68 Taf. 7, 68.

35. **Aszód**, Kom. Pest.- Kessel mit Dreiecksattaschen.- Mozsolics, Bronzefunde 87.

36. **Aszód**.- Gußform für Tüllenhämmer.- J. Hampel, Altertümer der Bronzezeit in Ungarn (1887) Taf. 4, 6.

37. **Babót**, Kom. Györ-Sopron.- Teile eines Depots (?).- 1 Lappenbeil, 1 Tüllenbeil, 2 Griffzungensicheln, 3 Sichelfrgte., 1 Bronzeniet.- Mozsolics, Bronzefunde 87.

38. **Bács-Bodrog** (ehemaliges Komitat).- Griffzungenschwertfrg. ('Typus C5').- Kemenczei, Schwerter 61 Nr. 322 Taf. 35, 322.

39. entfällt.

40. **Badacsonytomaj**, Kom. Vezprém.- Depot.- 7 Messerfrgte., 6 Sägefrgte., 2 Lanzenspitzenfrgte., 2 Knopfsichelfrgte., 33 Sichelfrgte. (meist von Griffzungensicheln), 12 Tüllenbeile (meist fragmentiert), 3 Bronzefrgte., 3 Bronzestäbe, 1 Posamenteriefibelfrgte., 1 Blattbügelfibelfrg., 1 Violinbogenfibelfrg., 1 Nadelfrg., 2 Drahtstücke, 1 Frg., eines tordierten Halsrings, 3 Armringfrgte., 1 Draht, 1 Rasiermesserfrg. (im Feuer deformiert), 4 Blechfrgte., 2 Gußzapfen.- Mozsolics, Bronzefunde 87f. ("Horizont Gyermely") Taf. 234-236.

41. **Badacsonytördemic**, Kom. Veszprém.- Einzelfunde oder Teile von Depots.- 2 Beile, 1 Tüllenbeil, 1 Lanzenspitze.- Mozsolics, Bronzefunde 88.

42. **Bágyogszovát**, Kom. Györ-Sopron.- Streufund.- E. Patek, Die Urnenfelderkultur in Transdanubien (1968) 76.

43. **Bakóca**, Kom. Baranya.- Depot in 30-35 cm Tiefe eng beieinanderliegend.- 9 Tüllenbeile (davon 4 fragmentiert; in ein Tüllenbeil ist ein Sichelfragment eingesteckt), 2 Tüllenmeißel, 1 Lappenbeilfrg., 1 Griffdornmesserfrg., 2 Dolche (fragmentiert), 1 Griffzungenschwertfrg. ('Typus C2'; stark verbogen), 3 Schwertklingenfrgte., 57 Griffzungensicheln (davon 31 frgagmentiert), 1 stabförmiger Barren, 4 plankonvexe Barrenfrgte.- Mozsolics, Bronzefunde 88ff. ("Horizont Kurd") Taf. 87-88; Kemenczei, Schwerter 56 Nr. 281 Taf. 31, 281.

44. **Bakonszeg** (?), Kom. Hajdu-Bihar.- Kurd-Eimer.- Mozsolics, Bronzefunde 90.

45. **Bakony-Somhegy**, Kom. Veszprém.- Streufund.- E. Patek, Die Urnenfelderkultur in Transdanubien (1968) 76.

46. **Bakonyákó**, Kom. Veszprém.- Hügel 6, Grab 2 (nach Kemenczei "späte Hügelgräberkultur").- Griffzungenschwert (in 5 Stücke zerbrochen; Heftplatte fragmentarisch; Zunge abgebrochen), 2 Lanzenspitzen, Nagelkopfnadelfrg., Keramikscherben.- Kemenczei, Schwerter 47 Nr. 205 Taf. 20, 205.

47. **Bakonybél**, Kom. Veszprém.- Vermutlich Grabfund oder mehrere Grabfunde.- 1 Tüllenmeißel, 1 Dolch, 1 Lanzenspitze, 1 mittelständiges Lappenbeil, 1 Schwertklingenfrg., Dolchfrgte. (im Feuer deformiert), Nadel.- Mozsolics, Bronzefunde 90.

48. **Bakonybél**, Kom. Veszprém.- Gräberfeld, Hügelgrab.- 2 Armringe.- E. Patek, Die Urnenfelderkultur in Transdanubien (1968) 28 Taf. 91, 2-3.

49. **Bakonybél-Feketehegy**, Kom. Veszprém.- Einzelfund.- Mittelständiges Lappenbeil.- E. Patek, Die Urnenfelderkultur in Transdanubien (1968) 121 Taf. 61, 6.

50. **Bakonybél-Szentkút**, Kom. Veszprém.- Einzelfunde.- 2 Armringe.- E. Patek, Die Urnenfelderkultur in Transdanubien (1968) 121 Taf. 60, 1-2.

51. **Bakonyjákó**, Kom. Veszprém.- Hügelgrab.- Frg. eines Griffzungendolches mit fächerförmiger Knaufzunge, Kugelkopfnadel, Rollenkopfnadel, Schlaufennadel, Spiralröllchen.- Kemenczei, Schwerter 42f. Nr. 177 Taf. 16, 177.

52. **Bakonyoszlop**.- Einzelfund.- Mittelständiges Lappenbeil (danubische Form).- NM Budapest 25. 1943.

53. **Bakonyszücs**, Kom. Veszprém.- Großes Hügelgräberfeld mit über 200 Tumuli; 1 Grabhügel ergraben.- Brandbestattung.- Fragmentierter Griffzungendolch mit fächerförmiger Knaufzunge, Lanzenspitze, Rasiermesser, Nadel, Keramik.- E. Patek, Acta Arch. Acad. Scien. Hungaricae 22, 1970, 41ff. Taf. 1-3; Kemenczei, Schwerter 43 Nr. 178 Taf. 16, 178.

54. **Bakonyszücs**, Kom. Veszprém.- Szászhalom, Hügel 8.- 2 Lanzenspitzenfrgte., Tüllenmeißel, Schwertklingen Griffzungendolch ("Typus A1").- Kemenczei, Schwerter 23 Nr. 69 Taf. 7, 69.

55. **Bakonytamási**, Kom. Veszprém.- Einzelfund.- Griffzungenschwertfrg. ('Typus AB').- Kemenczei, Schwerter 52 Nr. 246 Taf. 26, 246.

56. **Baktalóránthaza** (Nyírbakta), Kom. Szabolcs-Szatmár.- Einzelfunde.- Tüllenmeißel, Lanzenspitze, Tüllenbeil, Doppelarmknauffrg.- Mozsolics, Bronze- und Goldfunde 119.

57. **Balassagyarmat**, Kom. Nógrád.- Bestandteile eines Depots (?) von einem Weinberg.- 1 Sichel, 3 Tüllenbeile, Scheibenkopfnadel, Drahtfibel, Tutulus, 2 Knöpfe, 2 Bleche.- Kemenczei, Spätbronzezeit 114 Nr. 5b; Mozsolics, Bronzefunde 90.

58. **Balassagyarmat**, Kom. Nógrád.- Bestandteile eines Depots (?).- Lanzenspitzenfrg., Tüllenbeil. Nach Mozsolics zu dem gleichen (?) Fund Armring, Barren, Dreiwulstschwertfrgte. (2 Teile).- Kemenczei, Spätbronzezeit 114 Nr. 5a Taf. 43b; Mozsolics, Bronzefunde 90 ("Horizont Kurd").

59. **Balaton** (Plattensee).- Aus dem See.- Griffzungenschwert ('Typus A1') (in drei Teile zerbrochen).- Kemenczei, Schwerter 44 Nr. 182 Taf. 16, 182.

60. **Balaton** (Plattensee, Umgebung).- Depot (ca. 85 kg).- 7 Tüllenbeile (134 g, 278 g, 172 g, 282 g, 190 g, 83 g), 1 Beilschneide (148 g), 1 Lanzenspitzenfrg. mit gestuftem Blatt (104 g), 1 Lappenbeilfrg. (259 g), 4 Schwertfrgte. (davon 2 Griffzungenschwerter 'Typus C1; C3': 80 g, 164 g, 199 g, 130 g), 2 Stabbarren (94 g, 76 g), 2 Gußzapfen (53 g, 98 g), 1 Drahtfrg. (72 g), 1 Bronzestück (27 g), 2 Dolch(?)klingen, (31 g, 18 g), 1 Sägefrg. (31 g), 8 plankonvexe Barren, (946 g, 408 g, 256 g, 493 g, 432 g, 578 g, mehr als 1000 g, mehr als 1000 g), 1 Knopfsichel (37 g), 511 Sicheln (110 g, 170 g, 138 g, 140 g, 185 g, 185 g, 182 g, 180 g, 112 g, 196 g, 94 g, 180 g, 146 g, 156 g, 122 g, 120 g, 164 g, 112 g, 146 g, 114 g, 146 g, 170 g, 118 g, 127 g, 130 g, 108 g, 148 g, 136 g, 150 g, 148 g, 158 g, 102 g, 122 g, 134 g, 90 g, 132 g, 132 g, 164 g, 162 g, 106 g, 145 g, 117 g, 168 g, 212 g, 114 g, 174 g,

166 g, 138 g, 220 g, 126 g, 186 g, 144 g, 164 g, 152 g, 138 g, 126 g, 118 g, 128 g, 124 g, 110 g, 140 g, 100 g, 110 g, 168 g, 134 g, 158 g, 148 g, 114 g, 186 g, 110 g, 126 g, 206 g, 108 g, 166 g, 112 g, 146 g, 126 g, 152 g, 174 g, 174 g, 136 g, 140 g, 226 g, 146 g, 170 g, 148 g, 268 g, 126 g, 142 g, 116 g, 174 g, 116 g, 212 g, 212 g, 189 g, 138 g, 182 g, 138 g, 182 g, 138 g, 170 g, 156 g, 130 g, 164 g, 164 g, 168 g, 154 g, 142 g, 104 g, 136 g, 142 g, 114 g, 160 g, 132 g, 164 g, 164 g, 114 g, 138 g, 170 g, 132 g, 156 g, 178 g, 154 g, 155 g, 74 g, 102 g, 90 g, 116 g, 126 g, 86 g, 100 g, 186 g, 108 g, 180 g, 112 g, 122 g, 138 g, 160 g, 128 g, 88 g, 130 g, 156 g, 126 g, 122 g, 110 g, 114 g, 104 g, 146 g, 120 g, 144 g, 124 g, 146 g, 160 g, 144 g, 138 g, 174 g, 154 g, 148 g, 102 g, 124 g, 142 g, 164 g, 138 g, 124 g, 119 g, 138 g, 164 g, 138 g, 118 g, 146 g, 146 g, 134 g, 143 g, 140 g, 91 g, 135 g, 133 g, 104 g, 128 g, 114 g, 110 g, 94 g, 98 g, 180 g, 138 g, 147 g, 133 g, 143 g, 117 g, 132 g, 170 g, 132 g, 158 g, 184 g, 126 g, 92 g, 147 g, 132 g, 86 g 69 g, 104 g, 126 g, 126 g, 156 g, 112 g, 158 g, 116 g, 120 g, 116 g, 132 g, 124 g, 152 g, 128 g, 126 g, 119 g, 140 g, 106 g, 113 g, 140 g, 152 g, 176 g, 122 g, 152 g, 100 g, 112 g, 125 g, 166 g, 144 g, 157 g, 120 g, 162 g, 140 g, 166 g, 145 g, 94 g, 138 g, 130 g, 160 g, 118 g, 90 g, 186 g, 106 g, 142 g, 130 g, 114 g, 112 g, 124 g, 118 g, 176 g, 168 g, 122 g, 127 g, 140 g, 130 g, 146 g, 123 g, 110 g, 151 g, 134 g, 138 g, 86 g, 166 g, 94 g, 130 g, 152 g, 136 g, 174 g, 136 g, 91 g, 130 g, 148 g, 170 g, 120 g, 130 g, 112 g, 112 g, 148 g, 168 g, 112 g, 123 g, 157 g, 130 g, 160 g, 112 g, 136 g, 138 g, 140 g, 187 g, 130 g, 136 g, 102 g, 130 g, 162 g, 132 g, 140 g, 132 g, 156 g, 131 g, 102 g, 148 g, 127 g, 110 g, 120 g, 166 g, 102 g, 122 g, 100 g, 137 g, 110 g, 108 g, 110 g, 98 g, 191 g, 162 g, 142 g, 114 g, 170 g, 160 g, 154 g, 113 g, 150 g, 144 g, 110 g, 128 g, 160 g, 118 g, 154 g, 168 g, 143 g, 144 g, 130 g, 199 g, 108 g, 119 g, 162 g, 128 g, 152 g, 164 g, 150 g, 118 g, 152 g, 114 g, 122 g, 158 g, 152 g, 172 g, 124 g, 124 g, 116 g, 120 g, 148 g, 126 g, 154 g, 162 g, 150 g, 112 g, 158 g, 136 g, 126 g, 183 g, 112 g, 114 g, 158 g, 126 g, 118 g, 221 g, 148 g, 132 g, 102 g, 144 g, 114 g, 108 g, 122 g, 122 g, 108 g, 120 g, 156 g, 136 g, 120 g) und Sichelfrgte. (140 g, 132 g, 92 g, 122 g, 102 g, 136 g, 99 g, 130 g, 82 g, 86 g, 84 g, 60 g, 124 g, 128 g, 152 g, 126 g, 104 g, 92 g, 108 g, 108 g, 96 g, 86 g, 49 g, 186 g, 130 g, 62 g, 100 g, 138 g, 84 g, 114 g, 74 g, 162 g, 96 g, 133 g, 104 g, 96 g, 57 g, 44 g, 148 g, 64 g, 74 g, 110 g, 104 g, 90 g, 72 g, 98 g, 116 g, 10 g, 140 g, 126 g, 100 g, 125 g, 99 g, 102 g, 144 g, 94 g, 131 g, 143 g, 158 g, 110 g, 80 g, 100 g, 64 g, 94 g, 138 g, 116 g, 98 g, 112 g, 68 g, 98 g, 70 g, 132 g, 76 g, 100 g, 90 g, 80 g, 96 g, , 98 g, 47 g, 108 g, 142 g, 86 g, 92 g, 168 g, 94 g, 114 g, 102 g, 99, g, 74 g, 117 g, 70 g, 84 g, 138 g, 110 g, 114 g, 48 g, 32 g, 72 g, 37 g, 114 g, 66 g, 61 g, 64 g, 63 g, 70 g, 38 g, 71 g, 128 g, 88 g, 86 g, 29 g, 70 g, 74 g, 90 g, 51 g, 68 g, 100 g, 48 g, 60 g, 39 g, 38 g, 44 g, 68 g, 80 g, 102 g, 84 g, 114 g, 84 g, 70 g, 80 g, 94 g).- W. Angeli, H. Neuninger, Mitt. Anthr. Ges. Wien 94, 1964, 77ff. Taf. 1-15; Kemenczei, Schwerter 53 Nr. 252 Taf. 26, 252; 58f. Nr. 301 Taf. 33, 301; Mozsolics, Bronzefunde 90f.

61. Balatonboglár, Kom. Somogy.- Streufunde.- Keramik.- E. Patek, Die Urnenfelderkultur in Transdanubien (1968) 121 Taf. 89, 11-15.

62. Balatonendréd, Kom. Somogy.- Streufund.- E. Patek, Die Urnenfelderkultur in Transdanubien (1968) 76.

63. Balatonfökajár-Balatonaliga, Kom. Veszprém.- Siedlung.- E. Patek, Die Urnenfelderkultur in Transdanubien (1968) 76.

64. Balatonhídvég-Zimány.- Einzelfund.- Tüllenbeil.- E. Patek, Die Urnenfelderkultur in Transdanubien (1968) Taf. 51, 13.

65. Balatonkiliti -> Siófok-Balatonkiliti.

66. Balatonszabadi, Kom. Somogy.- Depot.- 2 Sichelspitzen, 8 Sichelfrgte. (Griffzungensicheln), 1 Anhängerfrg., 4 Gußklumpen.- Mozsolics, Bronzefunde 92 ("Horizont Gyermely").

67. Balatonszemes, Kom. Somogy.- Depot in einem Gefäß (in 40-50 cm Tiefe auf einem Hügel).- 2 Griffzungensicheln, 6 Sichelfrgte., 6 Tüllenbeilfrgte., 1 Gußfladenfrg., 1 Draht.- Mozsolics, Bronzefunde 92 ("Horizont Kurd") Taf. 121.

68. Balsa, Kom. Szabolcs-Szatmár.- Depot in 38 cm Tiefe in einem Tongefäß.- Griffzungenschwertfrg. ('Typus C2'), 27 Zungensicheln (teilw. fragmentiert), 27 Knopfsicheln (teilw. fragmentiert), 12 Sichelfrgte., 8 Tüllenbeile (teilw. fragmentiert), 5 Beilfrgte., 1 Lappenbeilfrg., 2 Tüllenmeißel, 2 Sägeblätter, 4 Schwertklingenfrgte., 3 Griffzungendolchfrgte., 5 Lanzenspitzen (teilw. fragmentiert) 12 Armringe, 13 Armringfrgte., 1 Tüllenhaken, 2 Nadelfrgte., 5 Drahtfrgte., 23 Gußstücke und plankonvexe Barren (nach Kemenczei 4 Stücke), 1 Gußzapfen.- Mozsolics, Bronzefunde 92ff. ("Horizont Kurd"); Kemenczei, Schwerter 56f. Nr. 282 Taf. 31, 282; 30 Nr. 121 Taf. 10, 121; Nr. 126 Taf. 10, 126.

69. Bályok -> Balc (RO).

70. Bánhida, Gem. Tatabánya, Kom. Komáron.- Vielleicht Grabfund.- Feuerdeformierte Bruchstücke von Schwert, Lanzenspitzen, Gefäß, Draht, Armspirale.- Mozsolics, Bronzefunde 94.

71. Bánhida, Gem. Tatabánya, Kom. Komáron.- Depot mit Gefäßscherben.- 2 Lanzenspitzen, 1 Messer, 1 Draht, 1 Gußkuchen, 1 Gußkuchenfrg., 1 Beil(?)frg.- Mozsolics, Bronzefunde 94 Taf. 122, 6-12.

72. Barabás, Kom. Szabolcs-Szatmár.- Depot I.- 11 Armringe (davon 3 fragmentiert), Knopfsichel.- Kemenczei, Spätbronzezeit 124 Nr. 37b; Mozsolics, Bronze- und Goldfunde 120 ("Horizont Opályi").

73. Barabás, Kom. Szabolcs-Szatmár.- Depot II.- 4 Armringe, Blechfrgte.- Kemenczei, Spätbronzezeit 124 Nr. 37 a Taf. 58 a; Mozsolics, Bronze- und Goldfunde 120 (vielleicht "Horizont Opályi").

74. Baracs, Kom. Feher.- Einzelfund.- Lanzenspitze mit gestuftem Blatt.- Nationalmus. Budapest.

75. Baracska, Kom. Fejér.- Einzelfund in Sandgrube.- Dreiwulstschwert (Typus Liptau).- Mozsolics, Bronzefunde ("Horizont Kurd") 94 Taf. 227, 2.

76. Barcika -> Kazincbarcika.

77. Barcs, Kom. Somogy.- Flußfund aus der Drau.- Vollgriffschwert (Typus Riegsee).- T. Kemenczei, Die Schwerter in Ungarn II (1991) 23 Nr. 59A Taf. 11, 59A.

78. Baros, Kom. Somogy.- Aus der Drave.- Griffzungenschwert ('Typus A4').- Kemenczei, Schwerter 49 Nr. 223 Taf. 22, 223.

79. Bátaszék, Kom. Tolna.- Depot in Tongefäß.- Mozsolics, Bronzefunde 95 ("Horizont Gyermely") Taf. 269.

80. Battonya, Kom. Békés.- Keramikdepot.- Ha A.- A. Sz. Kallay, Arch. Ért. 113, 1986, 159ff.

81. Becsvölgye, Kom. Zala.- Streufund.- E. Patek, Die Urnenfelderkultur in Transdanubien (1968) 76.

82. Békéscsaba, Kom. Békés.- Depot.- Mozsolics, Bronzefunde 95 ("Horizont Gyermely").

83. Benczúrfalva (Dolány) -> Szécsény, Kom. Nógrád.

84. Beregsurány, Kom. Szabolcs-Szatmár.- Depot in Tongefäß.- 1 Frg. einer Lanzenspitze mit gestuftem Blatt, 44 Arm- und Fußringe (davon einer fragmentiert).- Mozsolics, Bronze- und Goldfunde 121f. ("Horizont Opalyi") Taf. 63.

85. Beremend, Kom. Baranya.- Depot.- U.a. kissenförmiger bzw. viereckiger Miniaturbarren und Tüllenbeil mit breiter, gegen den Körper abgesetzter Schneide.- Mozsolics, Bronzefunde 85f. ("Horizont Gyermely") Taf. 252-254.

86. Berettyóújfalu (Gegend von), Kom. Hajdú-Bihar.- Eimer (Typus Kurd/Var. Hosszúpályi).- P. Patay, Die Bronzegefäße in Ungarn (1990) 38 Nr. 52 Taf. 28, 52.

87. Berkesz, Kom. Szabolcs-Szatmár.- Depot (zwischen 1850 u. 1860) 500 Schritte nördlich des Urnenfriedhofes.- 2 Teile einer Nackenscheibenaxt, 3 Lappenbeile, 10 Tüllenbeile (teilw. fragmentiert), 4 Knopfsicheln und 3 Knopfsichelfrgte., 1 Griffzungensichel, 1 Griffzungensichelfrg., 3 Sichelfrgte., 1 Röhre, 2 Griffzungenschwertfrgte. ('Typus C3; C7'), 3 Schwertklingenfrgte., 2 Lanzenspitzen (davon eine mit profiliertem Blatt, eine mit profilierter Tülle), 10 Ringe, 4 Handschutzspiralen, 37 Frgte. plankonvexer Barren, 16 Sägeklingen, 4 Sägeklingenfrgte., 1 Dolchfrg., 4 Blechbänder (teilw. zusammengerollt), 1 Gußstück.- A. Jósa [Kemenczei ed.], Nyíregyházi Jósa András Múz. Évk. 6-7, 1963-64 Taf. 10-15; Mozsolics, Bronzefunde 96f. ("Horizont Kurd") Taf. 175-179; Kemenczei, Schwerter 59 Nr. 302 Taf. 33, 302; 62 Nr. 331 Taf. 37, 331; 69-71 (ohne plankonvexe Barren).

88. Berzence, Kom. Baranya.- Depot in der Nähe der Drau (40-50 cm tief); in unmittelbarer Umgebung Gefäßscherben.- 1 Tüllenbeil mit Keilrippen, 1 Tüllenbeil, 2 Sicheln, 1 Gußbrocken.- Mozsolics, Bronzefunde 96 ("Horizont Kurd").

89. Besenyöd, Kom. Szabolcs-Szatmár.- Einzelfunde.- Lanzenspitze mit profilierter Tülle, 1 Griffzungendolch.- Mozsolics, Bronzefunde 97 Taf. 18, 4-5.

90. entfällt.

91. Besterec-Földvár, Kom. Szabolcs-Szatmár.- Einzelfund.- Vollgriffschwert (Typus Riegsee).- A. Jósa, Arch. Ért. 26, 1906, 279f. Abb. 1 a-b; Holste, Vollgriffschwerter 52 Nr. 36; A. Mozsolics, Alba Regia 15, 1977; Mozsolics, Bronzefunde 98.

92. Bezdéd -> Vieska Bezdedov (Slowakei).

93. entfällt.

94. Bilak -> Bileag (RO).

95. Birján, Kom. Baranya.- Depot.- 76 Griffzungensicheln und Frgte., 12 Tüllenbeile und Frgte., 3 mittelständige Lappenbeile (teilw. fragmentiert), 3 Ahlen bzw. Meißel, 2 Sägefrgte., 2 kissenförmige Barren, 1 Barren, 1 Spirale.- Mozsolics, Bronzefunde 98f. Taf. 62-69.

96. Bocskorhegy, Kom. Veszprém.- Einzelfund.- Armring.- E. Patek, Die Urnenfelderkultur in Transdanubien (1968) 122 Taf. 63, 9.

97. Bodrogkeresztúr, Kom. Borsod-Abaúj-Zemplén.- Depot I in Tongefäß in Weingarten.- 7 Tüllenbeile.- Mozsolics, Bronzefunde 100 ("Horizont Aranyos") Taf. 20, 1-7; Kemenczei, Spätbronzezeit 114 Nr. 6b Taf. 44a.

98. Bodrogkeresztúr, Kom. Borsod-Abaúj-Zemplén.- Depot II vielleicht in Tongefäß (bei Mozsolics Zweifel an der Richtigkeit der Fundortangabe und der Zusammengehörigkeit).- Fundstücke größtenteils fragmentiert: 4 mittelständige Lappenbeile, 16 Tüllenbeile, 4 Knopfsicheln, 11 Messer, 43 Griffzungensicheln, 1 Fibel, 1 Halsring, 1 Miniaturaxt, 1 Lanzenspitze, 1 Rasiermesser (?), 13 Sägen, 1 Posamenteriefibel, 1 Blattbügelfibel, 1 Fibelnadel, 9 Armringe, 1 Spiralring, 1 Phalere, 2 nicht näher bestimmbare Gefäßfrgte., 1 Nadelfrg., 2 Bronzestäbe, 2 Meißel, 1 lanzettförmiger Anhänger, 1 Ring, 3 Armspiralen, 2 Knöpfe, 4 Spiralen, 10 Blechfrgte., 8 Drahtstücke, 31 Gußbrocken, 1 kleiner, dreieckiger Dolch (nach Mozsolics nicht zugehörig); nicht zugehörig sind des weiteren nach Mozsolics mit Wahrscheinlichkeit 1 Dolch, 1 Tüllenbeil, 41 Hakensicheln, 1 Schildfrg.- J. Hampel, Alterthümer der Bronzezeit in Ungarn (1887) Taf. 95-96; Mozsolics, Bronzefunde 100f.; P. Patay, Die Bronzegefäße in Ungarn (1990) 82 Nr. 149 Taf. 69, 149.

99. Bodrogkeresztúr, Kom. Borsod-Abaúj-Zemplén.- Depot III.- Depot.- 48 Gußkuchen (oder 62?), 1 Randleistenbeil, 1 Knopfsichelfrg.- Datierung(?).- Mozsolics, Bronzefunde 101 Taf. 21.

100. Bodrogkeresztúr, Kom. Borsod-Abaúj-Zemplén.- Depot IV.- 15 Goldarmringe, 1 Blecharmring.- Kemenczei, Spätbronzezeit 114 Nr. 6c.

101. Bodrogkeresztúr, Kom. Borsod-Abaúj-Zemplén.- Depot (?) V.- 11 Armringe.- Kemenczei, Spätbronzezeit 114 Nr. 6a Taf. 43 c; Mozsolics, Bronze- und Goldfunde 123 ("Horizont Opályi") Abb. 7 B1-3.

102. Bodrogkeresztúr, Kom. Borsod-Abaúj-Zemplén.- Urnengrabfunde.- Kemenczei, Spätbronzezeit 109f. Nr. 76 Taf. 31-35.

103. Bodrogköz, Kom. Borsod-Abaúj-Zemplén.- 1 Lanzenspitze (mit gestuftem Blatt), 4 kegelförmige Tutuli, 1 Spiralröhrchen.- Kemenczei, Spätbronzezeit 124 Nr. 38 Taf. 58b; Mozsolics, Bronzefunde 102.

104. Bodrogzsadány -> Sárazsadány.

105. Bodvaszilas-Perecsütö-Abod -> Abod.

106. Bokod, Kom. Komárom.- Depot.- 1 Posamenteriefibel, 13 Fußringe, 2 Fußringe, 1 Gußfladen.- Mozsolics, Bronzefunde 102 ("Horizont Gyermely") Taf. 232 B.

107. Bököny, Kom. Szabolcs-Szatmár.- Depot.- 5 Lanzenspitzen, 1 Tüllenbeil (zugehörig?), mehrere weitere Gegenstände verloren.- A. Jósa, Nyíregyházi Jósa András Múz. Évk. 6/7, 1963/64 Taf. 20; Mozsolics, Bronzefunde 102 ("Horizont Aranyos"); v. Brunn, Hortfunde 289.

108. Bölcske-Szentandrás, Kom. Tolna.- Streufund.- E. Patek, Die Urnenfelderkultur in Transdanubien (1968) 76.

109. Boldogkőváralja, Kom. Borsod-Abaúj-Zemplén.- Depot; vielleicht unvollständig.- 8 Armringe.- Mozsolics, Bronze- und Goldfunde 123 ("Horizont Opályi") Taf. 61 A.

110. Boldogkőváralja, Kom. Borsod-Abaúj-Zemplén.- Siedlung.- 1 Knopfsichel, 3 Armringe. T. Kemenczei, Herman Ottó Múz. Évk. 10, 1971, 68 Taf. 165, 5. 7-9.

111. Bonyhád (Umgebung), Kom. Tolna.- Depot.- 1 Lanzenspitze und 13 Lanzenspitzenfrgte. (darunter mit gestuftem Blatt, profiliertem Blatt, kurzer Tülle/Var. Gaualgesheim), 5 Dolchfrgte. (darunter von Griffzungendolchen), 3 Schwertklingenfrgte., 1 Messerfrg., 5 mittelständige Lappenbeilfrgte., 1 Lappenbeil mit ausschwingender Schneide, 1 Tüllenbeil mit ausschwingender Schneide, 14 Tüllenbeilfrgte., 2 Tüllenmeißel, 2 Stabmeißel, 1 Griffzungensichel, 71 Sichelfrgte. (soweit erkennbar, alle von Griffzungensicheln), 3 Bronzestabfrgte., 3 Gußbrocken und -zapfen, 6 Armringfrgte., 7 Halsreiffrgte., 1 Kugelkopfnadel, 14 Drahtfrgte., 3 Ringe, mindestens 20 Blechfrgte. (davon 9 mit Gewalt zerstückelte Frgte. eines Kurd-Eimers; Helm?), 4 Phaleren, 1 Knopf, 2 Spiralen, 1 durchbrochener "Zierrat", 1 Gürtelplatte (?).- M. Wosinsky, Arch. Ért. 10, 1890, 29ff. Taf. 1-3; Mozsolics, Bronzefunde 102 ff. ("Horizont Kurd") Taf. 36-40; P. Patay, Die Bronzegefäße in Ungarn (1990) 36 Nr. 47 Taf. 27, 47.

112. Bönyrétalap, Kom. Györ-Sopron.- Einzelfund auf einem kleinen Hügel.- Griffzungenschwert ('Typus A3'/'Typus Ennsdorf').- Kemenczei, Schwerter 47 Nr, 203 Taf. 20, 203; Mozsolics, Bronzefunde 102.

113. Borjád, Kom. Tolna.- Fundumstände unbekannt.- 2 Griffzungensicheln.- Mozsolics, Bronzefunde 104.

114. Borsod-Abaúj-Zemplén (Komitat).- Griffzungendolch ("Typus B1").- Kemenczei, Schwerter 28 Nr. 110 Taf. 28, 110.

115. Borsodbóta, Kom. Borsod-Abaúj-Zemplén.- Depot.- 1 Dreiwulstschwertfrg. (Typus Liptau), 2 Schwertklingenfrgte. (davon eines mit konzentrischer Kreiszier, 2 fragmentierte Lanzenspitzen, 1 Kesselfrg.- Datierung nach den Schwertern: Ha B.- Müller-Karpe, Vollgriffschwerter Taf. 24, 2. Mozsolics, Bronzefunde 104 ("Horizont Kurd") Taf. 156.

116. Borsodgeszt, Kom. Borsod-Abauj-Zemplén.- Depot (1901); verschollen.- 1 mittelständiges Lappenbeil, 2 Tüllenbeile, 2 Knopfsicheln, 1 Tüllenmeißel, 1 Ring.- Mozsolics, Bronzefunde 104 ("Wahrscheinlich Horizont Kurd").

117. Borsodgeszt, Kom. Borsod-Abaúj-Zemplén.- Depot.- 2 Faleren, 1 Fingerspirale, 15 dünnstabige Armringe, 2 Armspiralfrgte., 2 kleinere Spiralen, 1 Blechbuckelchen, 1 Kette, 1 Bronzestange; nicht abgebildet sind "4 tordierte Drahtringe, 6 Ringe mit gerilltem Rücken, 8 glatte Drahtringe, 19 Drahtfrgte., Spiralröhrchen".- Kemenczei, Spätbronzezeit 115 Nr. 8 Taf. 45.

118. Borzavár-Alsómajor, Kom. Veszprém.- Gräberfeld.- E. Patek, Die Urnenfelderkultur in Transdanubien (1968) 76.

119. Botpalad, Kom. Szabolc-Szatmár.- Depot in Tongefäß.- 3 Tüllenbeile, 1 Armring; weitere Funde offenbar nicht erworben.- Kemenczei, Spätbronzezeit 124 Nr. 39 Taf. 58e.

120. entfällt.

121. Bozsók -> Palotabozsók.

122. Buchs, Ungarn; vielleicht Bucsuszentlászlo, Kom. Zala.- Dreiwulstschwert (Typus Illertissen nahestehend).- Müller-Karpe, Vollgriffschwerter 99 Taf. 16, 12.

123. Budakalász, Kom. Pest.- Gräberfeld.- E. Patek, Die Urnenfelderkultur in Transdanubien (1968) 76.

124. Budapest und Vác (zwischen).- Aus der Donau.- Griffzungenschwert ('Typus B1').- Kemenczei, Schwerter 51 Nr. 241 Taf. 25, 241.

125. Budapest, Margaretheninsel.- Aus der Donau.- Vollgriffschwert (Typus Riegsee).- Holste, Vollgriffschwerter 52 Nr. 34-35; Mozsolics, Bronzefunde Taf. 16, 3.

126. Budapest.- Aus der Donau.- Dreiwulstschwert.- Müller-Karpe, Vollgriffschwerter 102 Taf. 23, 5.

127. Budapest.- Aus der Donau.- Griffzungenschwert ("Typus D")- Kemenczei, Schwerter 66 Nr. 353 Taf. 39, 353.

128. Budapest.- Aus der Donau.- Griffzungenschwert ('Typus A1').- Kemenczei, Schwerter 44 Nr. 183 Taf. 17, 183.

129. Budapest.- Aus der Donau.- Griffzungenschwert ('Typus C1').- A. Mahr, Wiener Prähist. Zeitschr. 1, 1914, 293 Abb. 1; Kemenczei, Schwerter, 53 Nr. 252 A Taf. 26, 252A.

130. Budapest.- Dreiwulstschwert (Typus Illertissen nahestehend).- Müller-Karpe, Vollgriffschwerter 99 Taf. 16, 11.

131. Budapest.- Dreiwulstschwert.- Mozsolics, Bronzefunde 13.

132. Budapest.- Einzelfund.- Griffzungenschwert ("Typus C7").- Kemenczei, Schwerter 62 Nr. 332 Taf. 37, 332.

133. Budapest.- Einzelfund.- Griffzungenschwert ('Typus A4').- Kemenczei, Schwerter 49 Nr. 224 Taf. 22, 224.

134. Bükkaranyos (Aranyos), Kom. Borsod-Abaúj-Zemplén.- Depot I.- 1 Riegseeschwert, 1 od. 2 Griffzungenschwerter (Typus Nenzingen, 'Typus C1'), 2 Griffzungenschwerter (Typus Aranyos/'Typus A2'), 1 Schwertklinge, 1 Schwertklingenspitze, 1 Griffangelschwert (in zwei Teile zerbrochen), 1 Griffzungendolch, Griffzungendolchfrgte., 1 Armspirale und 2 Frgte., 1 Nadel, 9 Tüllenbeile, 23 Lanzenspitzen und Frgte. (darunter 1 Exemplar mit profilierter Tülle)- J. Hampel, Arch. Ért. 15, 1895, 193ff. Taf. 1-2; Mozsolics, Bronzefunde 104f. ("Horizont Aranyos") Taf. 1-2; Kemenczei, Spätbronzezeit 115 Nr. 9a; Kemenczei, Schwerter 53f. Nr. 253-254 Taf. 27, 253-254; 46 Nr. 194-195 Taf. 18, 194-19, 195; 61; 62 A; 34 Nr. 142 Taf. 11, 142; S. Foltiny, Arch. Austriaca 36, 1964, 41 Abb. 2, 7.

135. Bükkaranyos (Aranyos), Kom. Borsod-Abaúj-Zemplén.- Depot II in der befestigten Siedlung Földvár (bei Ausgrabungen gefunden); zusammenliegend zwischen Gefäßfragmenten.- 8 Tüllenbeile, 2 Doppelarmknäufe, 31 Lanzenspitzen (darunter solche mit profilierter Tülle).- T. Kemenczei, Folia Arch. 25, 1974, 49ff. mit Abb.; Kemenczei, Spätbronzezeit 115 Nr. 9b Taf. 37-38; Mozsolics, Bronzefunde 105f. ("Horizont Aranyos") Taf. 3-5.

136. Bükkaranyos (Aranyos), Kom. Borsod-Abaúj-Zemplén.- Depot III (Geschlossenheit wird von Mozsolics, Bronzefunde 106 in Frage gestellt).- Griffzungenschwertfrg., Dreiwulstschwertfrg., 2 Schwertklingenfrgte., 3 Tüllenbeile, 2 Tüllenmeißel, 4 Lappenbeile, 1 Beilfrg., 13 ganze und fragmentierte Zungensicheln, 4 Sichelfrgte., 61 Armringe (darunter 22 verzierte), 13 Armringfrgte., 1 Armspiralenfrg., 4 Halsringfrgte., 1 Posamenteriefibel, 1 Ringanhänger, 5 Sägefrgte., 5 ineinandergehängte Ringe, Frgte. von Ringen, Blechen und Drähten.- Kemenczei, Schwerter 59 Nr. 303 Taf. 33, 303.

137. Bükkaranyos (Aranyos), Kom. Borsód-Abauj-Zemplén.- Dreiwulstschwert (Typus Liptau).- Müller-Karpe, Vollgriffschwerter 103 Taf. 24, 3.

138. Bükkaranyos, Kom. Borsod-Abaúj-Zemplén.- Einzelfund.- Lanzenspitze mit gestuftem Blatt.- T. Kemenczei, Herman Ottó Múz. Évk. 7, 1968, 22 Taf. 3, 5.

139. Bükkaranyos, Kom. Borsod-Abaúj-Zemplén.- Befestigte Siedlung auf Hügelrücken.- Kemenczei, Spätbronzezeit 97ff. Abb. 3.

140. Buj, Kom Szabolcs-Szatmár.- Depot.- Mozsolics, Bronzefunde, 106 ("Horizont Gyermely") Taf. 260.

141. Buzita -> Buzica (Slowakei).

142. Csabapuszta -> Tab.

143. Csabdi, Kom. Fejer.- Depot in Tongefäß.- Mozsolics, Bronzefunde, 107 ("Horizont Gyermely") Taf. 247-248.

144. Csabrendek, Kom. Veszprém.- Depot in Tongefäß; verschollen; Zeitstellung ungewiß.- Schwert, Lanze, Messer, Schnalle, Haken, Gußbrocken.- Mozsolics, Bronzefunde 107.

145. Csabrendek, Kom. Veszprém.- Grab 12; Körperbestattung (1884).- 2 Schwertklingenfrgte., Lanzenspitzenfrg. Griffzungendolch ("Typus A1").- Kemenczei, Schwerter 23 Nr. 70 Taf. 7, 70.

146. Csabrendek, Kom. Veszprém.- Vermutlich Streufunde aus einem Gräberfeld.- 2 lanzettförmige Anhänger.- K. Dorner, Arch. Ért. 4, 1884, 231 Abb. 6-7; danach die Abb. bei E. Patek, Die Urnenfelderkultur in Transdanubien (1968) Taf. 57. G. Kossack, Studien zum Symbolgut der Urnenfelder- und Hallstattzeit Mitteleuropas (1954) 91 Liste B Nr. 15.

147. **Csabrendek, Kom. Veszprém.**- Urnengräberfeld (vereinzelt Körperbestattungen); mehr als 300 ausgegrabene Gräber (im einzelnen nicht identifiziert; Grabfund (1877).- 1 in 2 Stücke zerbrochenes Griffzungen(?)schwert ('Typus C3'), 2 Lanzenspitzen, 3 verzierte Gürtelfrgte. (Typus Sieding-Szeged), 1 Armring, 1 Kugelkopfnadel.- E. Patek, Die Urnenfelderkultur in Transdanubien (1968) 28f. Taf. 58; Kilian-Dirlmeier, Gürtel, 101 ("mittlere Bronzezeit") Nr. 401 Taf. 38/39, 401; Kemenczei, Schwerter 59 Nr. 304 Taf. 33, 304; E. Patek, Die Urnenfelderkultur in Transdanubien (1968) 28ff. Taf. 56-59.

148. **Csaholc, Kom. Szabolcs-Szatmár.**- Depot (bei Rodungsarbeiten).- 1 Tüllenmeißel, 7 fragmentierte Tüllenbeile, 4 Knopfsichelfrgte., 1 Griffzungensichelfrg., 1 Lanzenspitzenfrg., 4 Schwertklingenfrgte., 1 Armringrohling, 1 Drahtstücke, 1 Gürtel(?)hakenfrg., 4 Säge(?)frgte., 1 Blechstück, 1 kleiner Ring, 3 Gußbrocken, 1 Gußzapfen.- Mozsolics, Bronzefunde 107f. ("Horizont Kurd").

149. **Csámpa, Kom. Tolna.**- Depot beim Rigolen; verschollen.- Schwert (Dreiwulstschwert?), 3 Messer, 5 Nadeln, 8 Drahtstücke, 8 Ringe, 2 Rasiermesserfrgte.- Mozsolics, Bronzefunde 108.

150. **Csegöld, Kom. Szabolcs-Szatmár.**- Depot.- 18 Nackenscheibenäxte (3 fragmentiert), 3 Tüllenbeile, 1 Beilhammer, 6 Armringe.- Mozsolics, Bronze- und Goldfunde 125f. ("Horizont Opályi") Taf. 36.

151. **Cserépfalu, Kom. Borsod-Abaúj-Zemplén.**- Depot ? Mehrgliedriges Gehänge, Handschutzspirale. Nach Hampel dazu ein Schwert.- Kemenczei, Spätbronzezeit 115 Nr. 10 Taf. 44d.

152. **Cserszegtomaj-Dobogó, Kom. Veszprém.**- Depot.- E. Patek, Die Urnenfelderkultur in Transdanubien (1968) 77; Mozsolics, Bronzefunde 108 ("Datierung unsicher").

153. **Cserszegtomaj-Dobogó, Kom. Veszprém.**- Gräberfeld.- Keramik.- E. Patek, Die Urnenfelderkultur in Transdanubien (1968) 30 Taf. 52, 3. 5. 7; 60, 9. 10.

154. **Cserszegtomaj-Dobogó, Kom. Veszprém.**- Siedlung.- E. Patek, Die Urnenfelderkultur in Transdanubien (1968) 30.

155. **Csesztve, Kom. Nógrád.**- Einzelfund.- Rasiermesser mit gegliedertem Blattdurchbruch.- Kemenczei, Spätbronzezeit 98 Nr. 13 Taf. 1, 17.

156. **Csitár, Kom. Nógrád.**- Depot in Tongefäß (1966).- 5 Absatzbeile (unter dem Absatz strahlenförmig facettiert), 1 mittelständiges Lappenbeil, 11 Lappenbeilfrgte., 12 Tüllenbeilfrgte., 1 Tüllenmeißel, 2 kleine Doppelpickel, 18 z. T. fragmentierte Knopfsicheln, 85 Griffzungensicheln und Frgte., 7 Dolchfrgte. (z. T. Griffzungendolche), 4 Schwertklingenfrgte., 2 Lanzenspitzenfrgte., 2 Messer, 1 Fransenbesatzstück, 3 Fibelplattenfrgte., 5 Armringe, 7 Nadeln, 1 Drahtfrg. (tordiert), 4 Blechfrgte., 19 Bronzestäbe, 2 Drähte, 1 Platte, 5 Gußbrocken.- Mozsolics, Bronzefunde 109 ("Horizont Kurd").

157. **Csögle, Kom. Veszprém.**- Grab unter Hügel (1934).- Griffzungenschwert (in 4 Stücke zerbrochen, im Brand beschädigt) ('Typus A2'), Lanzenspitze, 2 Armringe, Anhängerfrgte., Kegelkopfnadeln.- E. Patek, Die Urnenfelderkultur in Transdanubien (1968) Taf. 62, 12-16; 63, 3-6; Kemenczei, Schwerter 46 Nr. 196 Taf. 19, 196; MRT 3, 1970, 64 Taf. 4, 1.

158. Csóka -> Coka (JU).

159. **Csongrád (Komitat).**- Griffzungendolch ("Typus A2").- Kemenczei, Schwerter 25 Nr. 90 Taf. 8, 90.

160. **Csongrád (Komitat).**- Fragmentiertes Griffzungenschwert ('Typus C1').- Kemenczei, Schwerter 55 Nr. 277 Taf. 30, 277.

161. **Csongrád, Kom. Csongrád.**- Depot in Gefäß (ehem. ca. 100 Stücke; nur teilweise erhalten).- 1 Tüllenbeil, 3 Griffzungensichelfrgte., 2 Sichelfrgte.- F. Holste, Hortfunde Südosteuropas (1951) Taf. 29, 25-28; Mozsolics, Bronzefunde 110 Taf. 226B. ("Horizont Kurd").

162. **Csongrád, Kom. Csongrád.**- Depot.- 1 Tüllenbeil, 1 Lanzenspitzenfrg. (mit glattem Blatt und glatter Tülle), 1 Nackenscheibenaxtfrg., 1 Nackenknaufaxtfrg., 1 Handschutzspiralenfrg., 1 Armringfrg., Armringfrgte., 1 Kugelkopfnadelfrg., 1 weitere Kugelkopfnadel wahrscheinlich nicht zugehörig.- Mozsolics, Bronze- und Goldfunde 127 ("Horizont Opályi") Taf. 37 B.

163. **Csopak, Kom. Veszprém.**- Einzelfund.- Armring.- E. Patek, Die Urnenfelderkultur in Transdanubien (1968) 123 Taf. 63, 10.

164. **Csór, Kom. Fejér.**- Siedlung.- E. Patek, Die Urnenfelderkultur in Transdanubien (1968) 77.

165. **Csorva, Kom. Csóngrad.**- Gräberfeld mit 82 Bestattungen; weitere 40 sind möglicherweise der landwirtschaftlichen Nutzung des Areals zum Opfer gefallen. Es handelt sich um Brandbestattungen, der Leichenbrand oft in der Urne, aber auch frei in der Grube. In 28 % der Gräber sind Bronzebeigaben, meist extrem fragmentiert und nur als Teil mitgegeben, überliefert; Tierknochen sind in weiteren 28 % der Gräber vertreten; nur in 2 Gräbern finden sich Bronze- und Fleisch(?)beigaben nebeneinander. Auffallend ist die Beigabe von Steinen in den Gräbern (12,5 %).- Die Bronzebeigaben bestehen aus Drahtschmuckfragmenten, sowie Nadel- und Armring. 2 Gräber (Nr. 38 und 77) enthielten kleine Schwertfrgte.- O. Trogmayer, Acta Arch. Acad. Scien. Hungaricae 15, 1963, 87ff.

166. **Cszákberény, Kom. Fejér.**- Fundumstände unbekannt.- Mehrere Lanzenspitzen, 1 jüngerurnenfelderzeitliches Rasiermesser, 1 Nadel.- Mozsolics, Bronzefunde 108.

167. **Czalankert, Westungarn.**- Lanzettförmiger Anhänger.- G. Kossack, Studien zum Symbolgut der Urnenfelder- und Hallstattzeit Mitteleuropas (1954) 91 Liste B Nr. 16.

168. **Darvas, Kom. Hajdú-Bihar.**- Einzelfunde oder Teile eines Depots.- 2 Tüllenbeile.- Mozsolics, Bronzefunde 110 ("Horizont Aranyos").

169. **Debrecen-Francsika, Kom. Hajdú-Bihar.**- Depot I (1961).- 1 Tüllenbeil, 4 Handschutzspiralen und Frgte., 6 halbmondförmige Anhänger (davon einer mit Vogelprotomen), 2 Ringe, 5 kegelförmige Fransenbesatzstücke, 176 halbmondförmige Anhänger?, 4 gewölbte Scheiben, 760 Buckelchen und weitere Bruchstücke, 3 kalottenförmige, goldblechüberzogene Knöpfe, 2 beinschienenförmige Bleche, 89 Spiralröhrchen, 11 Gürtel(?)frgte., 19 Blechstücke, 1 Drahtstück , 1 Tongefäß.- Mozsolics, Bronzefunde 110 ("Horizont Kurd") Taf. 211-217.

170. **Debrecen-Francsika, Kom. Hajdú-Bihar.**- Depot II in Tongefäß.- Mozsolics, Bronzefunde 110f. ("Horizont Gyermely") Taf. 259.

171. **Debrecen-Francsika, Kom. Hajdú-Bihar.**- Depot III in Tongefäß.- Mozsolics, Bronzefunde 111f. ("Horizont Gyermely") Taf. 264-267.

172. **Debrecen.**- Keramikdepot.- 67 Gefäße.- Datierung: Bz C-D.- I. Poroszlai, Debreceni Déri-Múz. Évk. 1982, 75ff. mit Abb.

173. **Debrecen-Macs.**- Nackenscheibenaxt.- E. Kroeger-Michel, Nyíregyházi Jósa András Múz. Évk. 11, 1968, 75.

174. **Demecser, Kom. Szabolcs-Szatmár.**- Depot (nicht vollständig überliefert).- 3 Schnabeltüllenbeile, 6 Knopfsicheln, 3 Lanzenspitzen (davon 2 mit profilierter Tülle und eine mit gestuftem Blatt), Bronzestab, 2 Armringe, Frgte. von 2 Armringen, 1 verbogener

Armring, Armringfrgte., 8 Armringe mit übereinandergelegten Enden, 2 ineinanderhängende Armringe mit übereinandergelegten Enden, 7 Bronzegefäßfrgte., 4 Gußbrocken.- v. Brunn, Hortfunde 289; Mozsolics, Bronzefunde 112 ("Horizont Kurd"); A. Jósa, Nyíregyházi Jósa András Múz. Évk. 6/7, 1963/64 Taf. 22, 1-8; Kemenczei, Spätbronzezeit 124 Nr. 40 Taf. 60a.

175. Dereckse, Kom. Hajdú-Bihor.- Golddepot.- 2 Spiralarmringe, 3 Lockenringe.- Mozsolics, Bronze- und Goldfunde 193 Taf. 81.

176. Deszk, Kom. Csongrad.- Einzelfund.- Oberteil eines Griffzungenschwertes ('Typus A3').- Kemenczei, Schwerter 47 Nr. 204 Taf. 20, 204.

177. Detek, Kom. Borsod-Abaúj-Zemplén.- Urnengräberfeld.- Kemenczei, Spätbronzezeit 110 Nr. 80.

178. Dévaványa, Kom. Békés.- Einzelfunde (vielleicht auch Teile eines Hortes).- 2 Knopfsicheln, 1 Tüllenbeil.- Mozsolics, Bronzefunde 112 ("Horizont Aranyos") Taf. 226 C.

179. Doboz, Kom. Békés.- Depot in Tongefäß.- 9 Nadeln, 2 Armringe, 6 Sägefrgte., 3 Blechfrgte., 21 Griffzungensichelfrgte., 1 Messerfrg., 2 mittelständige Lappenbeilfrgte., 8 Tüllenbeilfrgte., 2 Dolchfrgte. (Griffzungendolch), 1 Lanzenspitze, 8 Gußbrocken.- Mozsolics, Bronzefunde 112f ("Horizont Kurd").

180. Döge -> Szabolcsveresmart.

181. Dolány -> Szécsény.

182. Domahida -> Domanesti (RO).

183. Dombóvár, Kom. Tolna.- Einzelfund.- Griffzungendolch (Typus Dombovár).- Arch. Ért. 1886, 34 Abb. 2; Kemenczei, Schwerter 23 Nr. 71 Taf. 7, 71.

184. Dombóvár, Kom. Tolna.- Einzelfund.- Griffzungenschwert ('Typus C7'/Ennsdorf).- Mozsolics, Bronzefunde 113.

185. Dombóvár-Döbrököz, Kom. Tolna.- Depot am Kaposufer in einer Grube.- 5 Griffzungensicheln, 5 Griffzungensichelfrgte., 8 Sichelfrgte., 1 Tüllenbeilfrg., 1 Griffzungenschwertfrg., 3 Schwertklingenfrgte., 1 Rasiermesserfrg. (doppelaxtförmig), 1 Ahle, 1 Griffzungenschwertfrg., 2 Schwertklingenfrgte., 1 Messerklingenfrg., 2 Messer- oder Sägefrgte., 1 Sägefrgte., 1 Nadel mit tordiertem Hals, 7 Armringfrgte., 2 Spiralröhrchen, 1 Spiralfrg., 1 Handschutzspiralfrg. (?), 1 trichterförmiger Anhänger, 3 Drahtfrgte. (z. T. tordiert), 1 Ringfrg., 7 Blechfrgte., 2 Bronzestücke, 2 Stabbarren, 1 Gußbrocken.- G. Mészáros, Szekszárdi Béri Balogh Ádám Múz. Évk. 8-9, 1977-78, 3ff. mit Abb.; Mozsolics, Bronzefunde 113f. ("Horizont Kurd"); Kemenczei, Schwerter 63 Nr. 339 Taf. 38, 339.

186. Dragomérfalva -> Dragomiresti (RO).

187. Dunaalmás, Kom. Komáron.- Einzelfund in einem Steinbruch.- Mittelständiges Lappenbeil mit "italischer Kerbe".- Mozsolics, Bronzefunde 114.

188. Dunaföldvár, Kom. Tolná.- Flußfund aus der Donau.- Dreiwulstschwert.- Mozsolics, Bronzefunde 114; Arch. Ért. 112, 1975, 22 Anm. 12.

189. Dunaföldvár, Kom. Tolna.- Vielleicht Bestandteile eines Depots.- 1 Tüllenmeißel, 1 mittelständiges Lappenbeil, 1 Griffzungendolch.- Mozsolics, Bronzefunde 114.

190. Dunafüred.- Einzelfund.- Mittelständiges Lappenbeil (danubische Form).- NM Budapest 59. 11. 1.

191. Dunaujváros, Kom. Féjér.- Aus der Donau.- Griffzungenschwert ('Typus A4').- Kemenczei, Schwerter 49 Nr. 225 Taf. 22, 225; Mozsolics, Bronzefunde 114f.

192. Dunaújváros, Kom. Fejér.- Aus der Donau.- Griffzungenschwert ('Typus C1').- Kemenczei, Schwerter 54 Nr. 255 Taf. 27, 255; Mozsolics, Bronzefunde 114f.

193. Dunaújváros, Kom. Fejér.- Aus der Donau.- Griffzungenschwert ('Typus C4').- Kemenczei, Schwerter 60 Nr. 317 Taf. 35, 317; Mozsolics, Bronzefunde 114f.

194. Dunaújváros, Kom. Fejér.- Einzelfund (1951) im Gebiet des bronzezeitlichen Gräberfeldes.- Achtkantschwert.- A. Mozsolics, Alba Regia 15, 1977, 9ff. mit Abb.

195. Dunavecse.- Aus der Donau.- Dreiwulstschwert.- Mozsolics, Bronzefunde 13.

196. Ebergöc, Kom. Györ-Sopron.- Depot in Tongefäß.- 3 leicht beschädigte Griffzungensicheln (davon eine gewaltsam in zwei Teile zerbrochen), 22 Sichelfrgte., 1 Tüllenmeißelfrg., 1 Tüllenbeilfrg., 2 Lappenbeilfrgte., Frgte. zweier Lanzenspitzen (darunter ein offenbar sehr langes Exemplar), 1 Oberteil eines Griffzungenschwertes (Klinge verbogen) ('Typus A3') 1 Gürtelfrg., 1 Armringfrg., Frgte. von plankonvexen Barren.- G. Bandi, Arch. Ért. 84, 1962, 77ff. Abb. 2-3; Mozsolics, Bronzefunde 115 ("Horizont Kurd"); Kemenczei, Schwerter 48 Nr. 207 Taf. 20, 207.

197. Ecseg, Kom. Nógrád.- Depot in Tongefäß.- Mozsolics, Bronzefunde 115 ("Horizont Gyermely").

198. Edelény, Kom. Borsod-Abaúj-Zemplén.- Depot (?).- Armspirale, Griffplattendolchfrg., Tüllenbeilschneide, 2 Trichteranhänger.- Kemenczei, Spätbronzezeit 116 Nr. 11 Taf. 47b; Mozsolics, Bronzefunde 115.

199. Edelény, Kom. Borsod-Abauj-Zemplén.- Depot.- Dreiwulstschwert (Typus Liptau), 3 Tüllenbeile, Messerfrg., Fibelfrg.- Müller-Karpe, Vollgriffschwerter 102 Taf. 22, 1; T. Kemenczei, Die Schwerter in Ungarn II (1991) 35 Nr. 108 Taf. 87D.

200. Edelény-Finke, Kom. Borsod-Abaúj-Zemplén.- Depot.- 1 Griffzungenschwert (gewaltsam in zwei Teile zerbrochen), 1 Lanzenspitze, 1 Tüllenmeißel, 2 Tüllenbeile, 2 Nadeln mit spindelförmigem Kopf und verdicktem Hals (Typus Petersvására), 4 Armringe, 1 Armringfrg., 2 Drahtspiralringe, 1 Armspiralenfrg., Bronzestäbe mit vierkantigem Querschnitt.- Mozsolics, Bronzefunde 116 ("Horizont Kurd") Taf. 157.

201. Eger, Kom. Heves.- Einzelfunde oder Bestandteile von Horten.- 3 Handschutzspiralen, 1 Armspirale, Absatzbeil mit gerader Rast und facettierten Seiten.- Hänsel, Beiträge 195 Liste 59, 3 Taf. 50, 8-12.

202. Eger, Kom. Heves.- Depotbestandteile (?).- 2 gußgleiche Lanzenspitzen mit gestuftem Blatt.- NHM. Wien.

203. Eger.- Einzelfunde (?).- 2 Lanzenspitzen mit gestuftem Blatt.- Nationalmus. Budapest 51. 1893. 2-3.

204. Egerpatak -> Aninoasa (RO).

205. Élesd -> Alesd (RO).

206. Endröd, Kom. Békés.- Einzelfund.-Griffzungenschwert ('Typus A1').- Kemenczei, Schwerter 44 Nr. 184 Taf. 17, 184.

207. Ercsi, Kom. Fejér.- Aus der Donau.- Griffzungenschwert ('Typus C7').- Kemenczei, Schwerter 62 Nr. 333 Taf. 37, 333.

208. Érd, Kom. Pest.- Aus der Donau.- Griffzungenschwert ('Typus A1'; in 2 Teile zerbrochen).- Kemenczei, Schwerter 44 Nr. 185 Taf. 17, 185.

209. Érd, Kom. Pest.- Aus der Donau.- Griffzungenschwert (Bz C).- Mozsolics, Bronze- und Goldfunde 131 ("B IVa") Taf. 14, 2.

210. Érdliget, Kom. Pest.- Gräberfeld.- E. Patek, Die Urnenfelderkultur in Transdanubien (1968) 77.

211. Erdöbénye, Kom. Borsod-Abaúj-Zemplén.- 2 Einzelfunde oder Schwertdepot.- 2 Griffzungenschwerter ('Typus A3').- Mozsolics, Bronzefunde 116 ("Horizont Aranyos") Taf. 19, 4-5; Kemenczei, Schwerter 48 ("Einzelfunde") Nr. 208-209 Taf. 20, 208-209.

212. Erdöhorváti, Kom. Borsod-Abaúj-Zemplén.- Depot in Tongefäß.- Insgesamt sollen 9 Armringe, 1 Lanzenspitze, 13 Trichteranhänger, 2 unvollständige Spiralscheibenanhänger und 1 Frg. sowie 7 Drahtspiralringe gefunden worden sein; abgebildet sind 2 rundstabige Armringe mit enger Rippenzier, 1 Lanzenspitze, 4 trichterförmige Anhänger, 1 Spiralscheibenanhänger (1 Fingerspirale?), 3 Draht(finger)ringe.- Kemenczei, Spätbronzezeit 116 Nr. 12 Taf. 44b.

213. Érkeserü -> Chesereu (RO).

214. Érkörtvélyes -> Curtuiseni (RO).

215. Érmihályfalva -> Valea lui Mihai (RO).

216. Értény-Elédeny, Kom. Pest.- Siedlung.- E. Patek, Die Urnenfelderkultur in Transdanubien (1968) 77.

217. Esztergom, Kom. Komárom, Donauufer.- Einzelfund.- Fibel (Typus Unterradl?) mit tordiertem Bügel.- E. Patek, Die Urnenfelderkultur in Transdanubien (1968) 125 Taf. 64, 7.

218. Esztergom, Kom. Komárom.- Gräberfeld.- E. Patek, Die Urnenfelderkultur in Transdanubien (1968) 74.

219. Esztergom, Kom. Komáron.- Aus der Donau.- Griffzungenschwert ('Typus C1'; Typus Nenzingen).- A. Mozsolics Arch. Ért. 102, 1975, 5 Abb. 2, 3; Mozsolics, Bronzefunde 116; Kemenczei, Schwerter 54 Nr. 256 Taf. 27, 256.

220. Esztergom, Kom. Komáron.- Dreiwulstschwert.- Mozsolics, Bronzefunde 116.

221. Esztergom-Szentgyörgymezö, Kom. Komáron.- Depot in Tongefäß.- 298 überwiegend fragmentierte Gegenstände.- 14 Sichelfrgte., 14 Griffzungensichelfrgte., 1 Knopfsichelfehlguß, 19 Sägefrgte., 4 Messerklingenfrgte., 6 Schwertklingenfrgte., 1 Griffzungenschwertfrg., 7 Tüllenbeilfrgte., 2 Tüllenbeilfehlgüsse, 4 Dolchfrgte., 6 Lanzenspitzenfrgte. (darunter ein Exemplar mit gestuftem Blatt und eines mit kurzer Tülle), 1 Tüllenhammer, 2 Bronzenägel, 9 Blechbuckel, 5 Knöpfe, 4 Blechscheiben, 4 Ringfrgte., 2 Ringe, mindestens 88 Blechfrgte. (u. a. von Blechgürteln und Eimern des Typus Kurd [?]), 29 Armringfrgte., 1 Meißelfrg., 4 Anhängerfrgte. (davon 1 lanzettförmiger), 16 Drahtstücke, 3 Fibelfrgte., 4 flache Spiralen (Feuereinwirkung), 6 Spiralröhrchen, 1 doppelaxtförmiger Zierrat, 1 Angelhaken, 2 Bronzestäbe, 2 Meißel(?)frgte., 2 Bronzebandfrgte., 1 Blechfrg. wahrscheinlich von einer Beinschiene (vgl. Taf. 21,4), 1 "Miniaturbeinschiene", 1 Blechfrg., 1 Knopf, 4 Bronzestücke, 2 Gußzapfen, 2 Bronzestücke, 66 Bronzebrocken.- Mozsolics, Bronzefunde 116ff. ("Horizont Kurd") Taf. 137-138.

222. Farkasgyepü, Kom. Veszprém.- Gräberfeld; Grabhügel.- E. Patek, Die Urnenfelderkultur in Transdanubien (1968) 31.

223. Farkasgyepü, Kom. Veszprém.- Hügel mit 15 Gräbern, Grab I.- Nadel mit mehrfach verdicktem Schaftoberteil (Typus Hulín), Nadelfrg. (Typus Sárbogárd), 3 Armringe, Pechscholle.- J. Říhovský, Die Nadeln in Westungarn I. (1983) 18 Nr. 80 Taf. 6, 80; 22 Nr. 108 Taf. 7, 108. Siehe auch Nr. 80.

224. Farkasgyepü, Kom. Veszprém.- Hügelgrab (1911).- Nadel, Kolbenkopfnadel, 2 Tüllenmeißel, 2 Trichteranhänger, Griffzungendolch ("Typus B1").- Kemenczei, Schwerter 28 Nr. 103 Taf. 9, 103; MRT 4, 1972, 311 Taf. 19, 4.

225. Farnas -> Sfaras (RO).

226. Fejer (Komitat).- Aus der Donau.- Dreiwulstschwert.- Mozsolics, Arch. Ért. 102, 1975, 21 Anm. 120.

227. Fejér (Komitat).- Verschiedene Bronzefunde.- Mittelständiges Lappenbeil, Tüllenbeil, 2 Lanzenspitzen, Tüllenbeile, Gußbrocken.- Mozsolics, Bronzefunde 118.

228. Feketetót -> Taut (RO).

229. Felör -> Uriu-de-Sus (RO).

230. Felsöboldád -> Stîna (RO).

231. Felsödobsza, Kom. Borsod-Abaúj-Zemplén.- Depot in Tongefäß; ursprünglich wohl 250 Stücke (Funde im Mus. Budapest [diese aufgezählt bei Mozsolics], Mus. Wien, RGZM und Kosice).- 1 Nackenscheibenaxt, 1 Handschutzspirale, 7 Tutuli, 2 tutulusförmige Anhänger, 1 Stab mit Ringkopf, 1 Dolchfrg., 3 Armringe, Frgte. eines Blechgürtels (mit Dekor), 5 Knöpfe und Phaleren, 1 Nadel, 5 Anhänger, 3 Spiralröhrchen, 2 Fingerspiralen, 3 Bronzescheiben; (nach Kemenczei: 2 Nackenscheibenäxte, 1 Doppelarmknauf, 2 Tüllenbeile, 7 Ringe mit Spiralenden, 1 Spiralschmuck, 2 Armringe, 6 Phaleren, 37 Blechbuckelchen, 3 Spiralröhrchen, 25 Knöpfe); nach einer weiteren Zählung sollen auch Meißel und Lanzenspitzen zu dem Fund gehört haben.- Arch. f. Kde. Österreich. Geschichtsquellen 24, 1860, 363ff.; v. Brunn, Hortfunde 289; Mozsolics, Bronze- und Goldfunde 134f. ("Horizont Opalyi") Taf. 47; T. Kemenczei, Herman Ottó Múz. Évk. 5, 1965, 108 Taf. 14-15; Kemenczei, Spätbronzezeit 116 Nr. 13a; Kilian-Dirlmeier, Gürtel 108 ("Hortfund-Stufe Uriul-Domanesti") Nr. 432A.

232. Felsögalla -> Tatabánya.

233. Felsömarosujvár, Felsöjuvár -> Uioara-de-Sus (RO).

234. Felsönyék, Kom. Tolna.- Verschiede Bronzen; vielleicht Depot.- Mozsolics, Bronzefunde 118.

235. Felsö-Potsaga -> Posaga de Sus (RO).

236. Felsöszentlászló -> Oberloisdorf (A).

237. Felsöszuha -> Szuhafö.

238. Felsötárkány, Kom. Heves.- Vermutlich (aus) Depot.- 7 ineinandergehängte Armringe.- Kemenczei, Spätbronzezeit 117 Nr. 14 Taf. 44e; Mozsolics, Bronzefunde 119 ("vielleicht Horizont Aranyos").

239. Felsötóti -> Horna Ves (Slowakei).

240. Felsözsolca, Kom. Borsod-Abaúj-Zemplén.- Depot angeblich in Bronzegefäß (in 1 m Tiefe).- 3 Griffzungendolche, 7 Lanzenspitzen (darunter 3 mit profilierter Tülle, mindestens eine mit gestuftem Blatt), 9 verzierte Armringe, 1 Bronzetassenfrg. ("Typus Gusen"), 1 Bodenteil eines größeren Gefäßes.- v. Brunn, Hortfunde 289; Mozsolics, Bronze- und Goldfunde 137 ("Horizont Opályi") Taf. 57 A; Kemenczei, Spätbronzezeit 117 Nr. 15; Mozsolics, Bronzefunde 119 ("Horizont Aranyos"); P. Patay, Die Bronzegefäße in Ungarn (1990) 49 Nr. 71 Taf. 36, 71; Kemenczei, Schwerter 29 Nr. 113 Taf. 9, 113.

241. Fenékpuszta -> Keszthely.

242. **Földeák.**- Fundumstände unbekannt (Datierung?).- 1 Tüllenhammer mit Keilrippenzier, 2 Tüllenmeißel.- NM Budapest 64. 1887. 2-4.

243. **Fonyód**, Kom. Somogy.- Depot.- 42 Bronzeringe (verschollen).- Mozsolics, Bronzefunde 119 ("Datierung unsicher").

244. **Forró**, Kom. Borsod-Abaúj-Zemplén.- Depot.- Schwert mit achtkantigem Vollgriff, 4 Armspiralen (davon 2 fragmentiert), 4 Handschutzspiralen (davon 3 fragmentiert), 4 Nadeln (davon 3 fragmentiert; Länge der erhaltenen Nadel 47 cm).- Mozsolics, Bronze- und Goldfunde 136 ("B IV a") Taf. 6; Kemenczei, Spätbronzezeit 117 Nr. 16.

245. **Fundort unbekannt.-**
- Kissenförmiger Anhänger (130 g); bronzefarben.- NM Budapest 122. 1881. 6.- Taf. 21,1.
- Tüllenpfeilspitze mit seitlicher Öse.- NM Budapest 5. 1871. 18.
- Lanzenspitze mit gestuftem Blatt.- 23. 1887.
- Lanzenspitze mit gestuftem Blatt 63. 1897. 20.- Taf. 21,3.
- Griffzungenschwert ('Typus C2').- Kemenczei, Schwerter 58 Nr. 299 Taf. 33, 299.
- Lappenbeilfrg.- NM Budapest.- Taf. 22,3.
- Lanzettmeißel.- NM Budapest.- Taf. 21,2.

246. Futtak -> Futog (JU).

247. **Füzesabony**, Kom. Heves.- Depot beim Bau der Theißbrücke; viele Bronzen verloren. Die überlieferten Stücke sind nicht ganz sicher verbürgt.- 34 Sichelfrgte. (davon 2 von Knopfsicheln), 1 Hakensichelfrg., 25 Armringfrgte., mehrere Frgte. zweier durchbrochener Zierscheiben, 2 Dolchfrgte., 6 Tüllenbeilfrgte., 8 Lappenbeilfrgte., 2 Schwertklingenfrgte., 4 Lanzenspitzenfrgte. (darunter mit gestuftem Blatt), 1 Nadel, 9 Säge(?)klingen, 1 Tüllenmeißel, 3 "Fransenbestazstücke", 3 Knöpfe, 1 Gußzapfen, 9 Stabbarren.- Mozsolics, Bronzefunde 119f. ("Horizont Kurd") Taf. 145-146.

248. **Gáborján**, Kom. Hajdú-Bihar.- Depot in Tongefäß.- Mozsolics, Bronzefunde 120f. ("Horizont Gyermely").

249. **Gárdony**, Kom. Fejér.- Siedlung.- E. Patek, Die Urnenfelderkultur in Transdanubien (1968) 77.

250. **Géberjén**, Kom. Szabolc-Szatmár.- Depot ("die Bronzen waren übereinandergehäuft").- 13 Nackenscheibenäxte, 9 Armringe, 3 Handschutzspiralen (fragmentiert).- v. Brunn, Hortfunde 289; Mozsolics, Bronze- und Goldfunde 137 ("Horizont Opályi") Taf. 58 A.

251. **Gégény**, Kom. Szabolcs-Szatmár.- Depot I in Tongefäß.- 10 Spiralfingerringe, 1 Nadelschützer, 2 Spiralröllchen, 4 Armringe.- A. Jósa, Nyíregyházi Jósa András Múz. Évk. 6/7, 1963/64 Taf. 24; Mozsolics, Bronzefunde 121 ("Horizont Kurd").

252. **Gégény**, Kom. Szabolcs-Szatmár.- Depot II.- 20 Armringe (davon 3 fragmentiert), Frgte. einer Armspirale, Drahtringfrgte., 2 Gußbrocken.- Mozsolics, Bronzefunde 121 ("Horizont Aranyos"); v. Brunn, Hortfunde 289; Kemenczei, Spätbronzezeit 124 Nr. 41.

253. **Gelej**, Kom. Borsod-Abaúj-Zemplén.- Urnengräberfeld; 150 mittelbronzezeitliche Bestattungen und 130 Bestattungen der Pilinyer Kultur.- Kemenczei, Spätbronzezeit 100 Nr. 19 Taf. 18.
- Grab 105: 1 Nadel mit verziertem Kolbenkopf, 1 Griffplattenmesser, 5 Tongefäße.- Kemenczei, Spätbronzezeit 100 Nr. 19 Taf. 18, 1-7.

254. **Gelénes**, Kom. Szabolc-Szatmár.- Depot (vermutlich unvollständig).- 6 Knopfsichelfrgte., 1 Meißelfrg., Schwertklingenfrg., 10 Fußringe (davon 3 fragmentiert), 14 Armringe; vielleicht gehören zu diesem Fund 2 Tüllenbeile und 3 Armringe.- Mozsolics, Bronze- und Goldfunde 137f. ("vielleicht B IVb").

255. **Gemzse**, Kom. Szabolcs-Szatmár.- Depot.- Ursprünglich 51 Stücke. Erhalten sind: 1 Frg. eines mittelständigen Lappenbeils, 5 Tüllenbeilfrgte., 1 Hammer, 4 Knopfsicheln, 1 Nackenknaufaxtfrg., 1 Zylinder, 1 Lanzenspitze (mit glatter Tülle und glattem Blatt), 1 Bronzestück (vielleicht Gußrückstand von der Lanzenspitzenherstellung), 2 Ösenhalsnadeln (davon 1 fragmentiert), 1 Falere, 6 Armringe, 3 Spiralfrgte., 2 Bronzebrocken, 1 Goldkette mit 7 Ringen.- Mozsolics, Bronze- und Goldfunde 138f. ("Horizont Opályi") Taf. 33; v. Brunn, Hortfunde 289.

256. **Gencsapáti**, Kom. Vas.- Einzelfund.- Griffzungenschwert ('Typus A2').- Kemenczei, Schwerter 46 Nr. 197 Taf. 19, 197.

257. Gesztete -> Hostice (Slowakei).

258. **Gulács**, Kom. Szabolc-Szatmár.- Depot (?).- Lanzenspitzenfrg., 4 Armringe, 1 Goldring, Spiralfrg.- Mozsolics, Bronze- und Goldfunde 139 ("vielleicht Horizont Opályi").

259. **Gyenesdiás**, Kom. Veszprém.- Streufunde von Gräberfeld (?).- Keramik.- E. Patek, Die Urnenfelderkultur in Transdanubien (1968) 127.

260. **Gyermely** (zwischen) und Szomor, Kom. Komáron.- Mozsolics, Bronzefunde 121 (dort stufendefinierender Fund).

261. **Gyöngyössolymos-Kishegy**, Kom. Heves.- Depot I im Steinbruch am Kishegy.- 2 Tüllenbeile, 3 Tüllenbeilfrgte., 1 Tüllenbeil mit hellebardenförmiger Schneide (Zwischenform), 4 Griffzungensicheln, 11 Griffzungensichelfrgte., 1 Tüllenmeißel, 1 Tüllenhammerfrg., 1 Trensenknebel, 2 Lanzenspitzen und 2 Lanzenspitzenfrgte., 5 Armringe (teilw. verbogen und fragmentiert), 1 Plattenkopfnadel, 5 Sägeklingenfrgte., 1 Röhre, 3 Drähte, 3 zusammengebogene Bleche.- T. Kemenczei, Egri Múz. Évk. (Agria) 8-9, 1970-71, 143f. Taf. 5-6 (nach Fotos); Mozsolics, Bronzefunde 122f. ("Horizont Kurd") Taf. 144.

262. **Gyöngyössolymos-Kishegy**, Kom. Heves.- Depot II.- 1 Tüllenbeil, 2 Lanzenspitzen, 6 Griffzungensicheln, 4 Messerfrgte., 6 Sägefrgte., 8 Armringe, 3 Nadeln, 3 Spiralen.- T. Kemenczei, Egri Múz. Évk. (Agria) 8-9, 1970-71, 139f. Taf. 1-2; Mozsolics, Bronzefunde 123.

263. **Gyöngyössolymos-Kishegy**, Kom. Heves.- Depot III vermutlich in Tongefäß.- 3 Tüllenbeile, 7 Sicheln, 4 Messer, 4 Sägen, 1 Nadel, 2 Ringe, 1 Blech, 1 Gefäßfrg., 1 Spirale.- T. Kemenczei, Egri Múz. Évk. (Agria) 8-9, 1970-71, 141f. Taf. 3-4; Mozsolics, Bronzefunde 123.

264. **Gyöngyössolymos-Kishegy**, Kom. Heves.- Depot IV (1975) bei Steinbrucharbeiten.- 11 Tüllenbeile (teilw. fragmentiert), 3 Tüllenmeißelfrgte., 7 Messerfrgte., 45 Sicheln und Frgte., 6 Ahlen, 4 Lanzenspitzenfrgte., 5 tütenförmig zusammengerollte Bleche, beinschienenförmige Phalere, 1 Anhänger (anthropomorph), 1 Ringscheibenanhänger mit Stielöse, Tutulus mit Vogelprotome, 1 Trensenknebel, 1 Doppelring 3 Fibelfrgte., 3 Knöpfe, 12 Nadelfrgte., 6 (z. T. tordierte) Drahtstücke, 19 (Arm)ringfrgte., 3 kleine Spiralringe, 3 kleine Drahtringe, 2 flache Spiralen, 1 Perle, 1 Halsring, 6 Blechröhrchen, 7 Blechfrgte., 12 Sägen und Frgte., Bronzestab, 10 Gußbrocken.- T. Kemenczei, Egri Múz. Évk. (Agria) 16-17, 1978-79, 137ff. Taf. 1-7; Mozsolics, Bronzefunde 123f. ("Horizont Kurd").

265. **Győr**, Komitat .- Griffzungenschwertfrg. ('Typus C2').- Kemenczei, Schwerter 57 Nr. 283 Taf. 31, 283.

266. **Győr** (Gegend).- Einzelfund.- Griffangelschwert (Typus Sandersleben).- Kemenczei, Schwerter 35 Nr. 147 A Taf. 12, 147A.

267. Györ, Kom. Györ-Sopron.- Einzelfund.- Lanzenspitze mit gestuftem Blatt.- E. Patek, Die Urnenfelderkultur in Transdanubien (1968) 32 Taf. 55, 4.

268. Györ, Kom. Györ.- Depot (?).- 1 mittelständiges Lappenbeil, 4 Lanzenspitzen (davon offenbar eine mit Kurztülle).- Mozsolics, Bronzefunde 124f. ("Horizont Kurd").

269. Györ-Koroncó, Kom. Györ-Sopron.- Siedlung.- E. Patek, Die Urnenfelderkultur in Transdanubien (1968) 77.

270. Györ-Likóspuszta, Donauufer, Kom. Györ-Sopron.- Streufunde.- Keramik.- E. Patek, Die Urnenfelderkultur in Transdanubien (1968) 32 Taf. 58, 5-6.

271. Györ Sövenháza, Kom. Györ Sopron.- Einzelfund.- Lanzenspitze mit gestuftem Blatt.- E. Patek, Die Urnenfelderkultur in Transdanubien (1968) 127 Taf. 45, 4.

272. Györ.- Einzelfund.- (Siebenbürgisches) Tüllenbeil.- E. Patek, Die Urnenfelderkultur in Transdanubien (1968) Taf. 44, 12.

273. Györszemere, Kom. Györ-Sopron.- Streufund.- E. Patek, Die Urnenfelderkultur in Transdanubien (1968) 77.

274. Gyoma, Kom. Békés.- Depot.- Alle Stücke fragmentiert: 17 Griffzungensicheln, 3 Dolche, 3 Sägen, 1 Tüllenbeil, 1 Lanzenspitze, 1 Schwert, 15 Armringe, 1 Lanzettanhänger (?), 28 Gußbrocken.- Mozsolics, Bronzefunde 125 ("Horizont Kurd").

275. Gyuláháza -> Nyírkárasz.

276. Hajdú (Komitat).- Nackenscheibenaxt.- Mozsolics, Bronze- und Goldfunde Taf. 28, 1.

277. Hajdúbagos, Kom. Hajdú-Bihar.- Einzelfund.- Griffzungenmesser.- Mozsolics, Bronzefunde 125 ("Horizont Kurd").

278. Hajdubözsörmény, Kom. Hajdú-Bihar.- Depot (nach Mozsolics Teil eines Depots).- 3 Nackenscheibenäxte.- Mozsolics, Bronze- und Goldfunde 140.

279. Hajdúhadház-Poroszlópuszta, Kom. Hajdú-Bihar.- Depot in Tongefäß.- Ursprünglich 1 Beil, 1 Nackenknaufaxt, 17 Nackenscheibenäxte. Erhalten sind: 5 Nackenscheibenäxte (2 fragmentiert), 1 Nackenknaufaxt, 1 Tüllenbeil.- Mozsolics, Bronze- und Goldfunde 140 ("Horizont Opályi") Taf. 42 A 1-7.

280. Hajduszoboszlo.- Goldfund.

281. Halmaj, Kom. Borsod-Abauj-Zemplén.- Urnengräberfeld mit 16 Bestattungen.- Kemenczei, Spätbronzezeit 110.

282. Hant (Aparhant), Kom. Tolna.- Depot in Tongefäß in einem Weingarten; fast vollständig verloren.- 48 Tüllenbeile, 3 Lappenbeile, "1 Beil aus reinem Zinn", 4 Sichelfrgte., 1 Schwertfrg., 1 Dolchfrg., zahlreiche Gußbrocken.- Mozsolics, Bronzefunde 126 ("Horizont Kurd").

283. Harasztos -> Calarasi (RO).

284. Haró -> Harau (RO).

285. Harsány, Kom. Borsod-Abaúj-Zempén.- 7 Tüllenbeile, 1 Doppelarmknauf, 1 Doppelarmknauffrg. 1 Griffzungensichel, 1 Sichelfrg. (die beiden Sicheln nach Mozsolics wahrscheinlich nicht dazugehörig), 14 Armringe (44,1 g; 57,7 g; 59,6 g; 93,5 g; 82,3 g; 81,2 g; 75,1 g; 74,4 g; 73,6 g; 61,7 g; 58,5 g; 44,7 g; 40,5 g), Dolchfrg., Griffzungendolchfrg.- Kemenczei, Spätbronzezeit 117 Nr. 17 Taf. 47; Mozsolics, Bronzefunde 126 ("Horizont Aranyos").

286. Hazfalva (Haschendorf).- Bronze"trommel".- M. Ebert, Reallexikon der Vorgeschichte Bd. 1 (1924) s. v. Balkakra Taf. 73.

287. Hejöszalonta, Kom. Borsod-Abaú-Zemplén.- Depot.- Dreiwulstschwert (Typus Aldrans), Becken (Typus B), 2 Spindelkopfnadeln, 3 Ringe.- Mozsolics, Bronzefunde 127 Taf. 143, 4-6; P. Patay, Die Bronzegefäße in Ungarn (1990) 19 Nr. 13 Taf. 9, 13.

288. Herceghalom, Kom. Pest.- Depot.- Mozsolics, Bronzefunde 127f. ("Horizont Gyermely").

289. Hernádzsadány -> Zdana (Slowakei).

290. Heves (Komitat).- Depot (?).- 1 Absatzbeil mit gerader Rast, 1 Armschutzspirale, 3 Armbergen (Typus Salgótarján).- Mozsolics, Bronze- und Goldfunde 141 ("Horizont Forró"); Kemenczei, Spätbronzezeit 118 Nr. 18; Hänsel, Beiträge Taf. 50, 10. 12.

291. Hódmezövásarhely, Kom. Csongrád.- Depot.- Mozsolics, Bronzefunde 128 ("Horizont Gyermely").

292. Hódmezövásarhely, Kom. Csongrád.- Einzelfund.- Griffzungenschwert ("Typus D").- Kemenczei, Schwerter 66 Nr. 353 Taf. 39, 353.

293. Högyész, Kom. Tolna.- Bronzen aus einer Sammlung.- 2 Sichelfrgte., 2 Nadeln, 2 Armringe.- Mozsolics, Bronzefunde 128 ("Horizont Kurd").

294. Höltövény -> Halchiu (RO).

295. Homokszentgyörgy, Kom. Somogy.- Depotbestandteile (?).- Griffzungensichel, Lanzenspitze, Tüllenbeil.- Mozsolics, Bronzefunde 129 ("Horizont Kurd").

296. Hontkirályfalva -> Král'ovce (Slowakei).

297. Hosszúpályi, Kom. Hajdú-Bihar.- Einzelfund.- Eimer (Typus Kurd/Var. Hosszúpályi).- P. Patay, Die Bronzegefäße in Ungarn (1990) 38 Nr. 53 Taf. 28, 53; Mozsolics, Bronzefunde 129.

298. Hövej (Gem. Kapuvár), Kom. Györ-Sopron.- Grabhügel (Grabung 1884) mit zwei Bestattungen; seitliche Körperbestattung (?).- 1 Schwertfrg., 2 mittelständige Lappenbeile, Tüllenmeißel, Knopf, Drahtspiralen, Nadel, Blechzylinder, Keramik, durchlochte Kalksteinkugel.- J. Hampel, Alterthümer der Bronzezeit in Ungarn (1887) Taf. 100-101; F. Köszegi, Alba Regia 2-3, 1961-62, 25ff. Taf. 19, 3-7; Mozsolics, Bronzefunde 128; E. Patek, Die Urnenfelderkultur in Transdanubien (1968) 77.

299. Hövej, Kom. Györ-Sopron.- Streufunde.- 2 Lanzenspitzen, 1 Schwertklingenfrg.- Mozsolics, Bronzefunde 128.

300. Isaszeg, Kom. Pest.- Teile eines Depotfundes.- 2 Tüllenbeile, 2 Sicheln.- Mozsolics, Bronzefunde 129 ("vielleicht Horizont Gyermély").

301. Ispánlak-> Spalnaca (RO).

302. Istenmezeje, Kom. Heves.- Grab A.- Diadem.- Mozsolics, Bronze- und Goldfunde 142 Taf. 24, 2.
Grab B: Diadem, kegelförmiger Anhänger, weitere Anhänger, Knöpfe und Perlen.- Mozsolics, Bronze- und Goldfunde 142 ("Zeit von Opályi").

303. Izsákfa, Kom. Vas.- Depot.- Griffzungenschwertfrg. ("Typus C7"), 3 Schwertklingenfrgte., 35 Zungensicheln und Frgte., 17 Lappenbeile (teilw. fragmentiert), 1 Absatzbeil, 3 Tüllenbeile, 1 Meißel, 1 Tüllenmeißel, 10 Lanzenspitzenfrgte., 4 Dolchklingen, 4 Sägeblätter, 2 Blecharmbänder, 1 Armring, 2 Drahtfrgte., 1 Haken, Gußreste.- Kemenczei, Schwerter 62 ("ältere Urnenfelderzeit") Nr. 334 A Taf. 37, 334 A.

304. entfällt.

305. Jánd, Kom. Szabolcs-Szatmár.- Depot (?).- 6 Nackenscheibenäxte ? (verschollen) - Mozsolics, Bronze- und Goldfunde 142f.

306. Jankmajtis, Kom. Szabolcs-Szátmar.- Depot- 5 Goldringe, 12 Bronzeringe.- Mozsolics, Bronze- und Goldfunde 196f. Taf. 64-66.

307. Jánosháza, Kom. Vas (Umgebung).- Tüllenbeil, Beil, Lanzenspitze.- Mozsolics, Bronzefunde 129.

308. Jánosháza, Kom. Vas.- Gräberfeld.- E. Patek, Die Urnenfelderkultur in Transdanubien (1968) 77.

309. Jászbéreny, Kom. Szolnok.- Urnengräberfeld mit 70 Bestattungen.- Z. Csalog, T. Kemenczei Arch. Ért. 93, 1966, 65ff.; Kemenczei, Spätbronzezeit 100 Nr. 27 Taf. 16.

310. Jászkarjenö, Kom. Pest.- Depot.- Mozsolics, Bronzefunde 129f. ("Horizont Gyermély").

311. Jéke, Kom. Szabolcs-Szatmár.- Depot.- 19 Armbergen (Typus Salgótarján).- Mozsolics, Bronze- und Goldfunde 143f. ("Horizont Opályi") Taf. 56.

312. Jód -> Ieud (RO).

313. Kács, Kom. Heves.- Einzelfund.- Vollgriffdolch mit Rahmengriff.- Kemenczei, Schwerter 32 Nr. 136 Taf. 11, 136.

314. Kadarkút-Somogyszentimre, Kom. Somogy.- Streufund.- E. Patek, Die Urnenfelderkultur in Transdanubien (1968) 77.

315. Kádárta, Kom. Veszprém.- Streufund.- Kugelkopfnadel (Ha A?).- E. Patek, Die Urnenfelderkultur in Transdanubien (1968) 127 Taf. 78, 4.

316. Kajdács (Nagykajdács), Kom. Tolna.- Depot.- 1 Griffzungenschwertfrg. ('Typus C'), 1 Schwertklingenspitze, 1 mittelständiges Lappenbeil, 1 Frg. eines mittelständigen Lappenbeils, 2 Griffzungensichelfrgte., 7 Sichelfrgte., 1 Ring, 1 Dolchfrg., 1 Blechstück, 6 Frgte. plankonvexer Barren.- Mozsolics, Bronzefunde 130f. ("Horizont Kurd"); Kemenczei, Schwerter 63 Nr. 340 Taf. 38, 340.

317. Kál, Kom. Heves.- 3 Urnengräber der Pilinyer Kultur.- Kemenczei, Spätbronzezeit 101 Nr. 30.

318. Kálnok -> Cîlnic.

319. Kamond-Kárdháza, Kom. Veszprém.- Einzelfund.- Lanzenspitze mit gestuftem Blatt.- E. Patek, Die Urnenfelderkultur in Transdanubien (1968) 127 Taf. 66, 1.

320. Kánya, Kom. Somogy.- Grabhügel; Brandbestattung.- Gefäßwagen (mit Leichenbrand); Dat. mittlere Urnenfelderzeit (?).- Arch. Ért. 70, 1943, 41ff. Taf. 6.

320A. Kapospula, Kom. Tolna.- Einzelfund.- Dreiwulstschwert.- T. Kemenczei, Die Schwerter in Ungarn II (1991) 33 Nr. 105A Taf. 23, 105A.

Kapuvár -> Babót.

Károlyfalvai -> Banatski Karlovac (JU).

321. Kazincbarcika, Kom. Borsod-Abaúj-Zemplén.- Depot.- 8 Armspiralenfrgte., 6 Spiral(finger)ringe, 2 Armringfrgte., 2 Scheibenkopfnadeln mit Öse, Stangenbarren, 1 mit Goldblech überzogener Bronzebuckel, 4 Golddrähte.- Mozsolics, Bronze- und Goldfunde 144 ("Horizont Forró") Taf. 10; Kemenczei, Spätbronzezeit 118 Nr. 19 Taf. 48; T. Kemenczei, Herman Ottó Múz. Évk. 5, 1965, 106 Taf. 18.

322. Kék, Kom. Szabolcs-Szatmár.- Depot am Südostabhang des Sátoros-Berges (vielleicht unvollständig).- 8 Tüllenbeile, 12 Tüllenbeilfrgte., 9 Knopfsicheln (davon 7 fragmentiert), 5 Griffzungensicheln (davon 4 fragmentiert), 10 Sichelfrgte., 1 Tüllenmeißel, 1 Messerfrg., 1 Dolchfrg., 1 Schwertklingenspitze, 3 Lanzenspitzen, 1 Ringscheibenanhänger, 1 schildförmiger Anhänger, 1 Blechdiadem, 2 Anhänger, 3 Fibelfrgte., 34 Armringe (und Frgte.), 1 Stabmeißel, 5 Sägefrgte., 5 Bleche (feuervergoldet), 3 Frgte. eines glatten Blechgürtels (zusammengefaltet), 4 Gußbrocken, 3 Blechtutuli, 9 Spiralfrgte., 14 Drahtfrgte., 1 Stab, 1 Nagel.- Mozsolics, Bronzefunde 131f. ("Horizont Kurd") Taf. 191-192; Kilian-Dirlmeier, Gürtel 115 ("Hortfundstufe Kispáti-Lengyeltóti") Nr. 474 Taf. 48/49, 474; Taf. 65B-66A.

323. Kelemér, Kom. Borsod-Abaúj-Zemplén.- Depot.- 3 Lanzenspitzen, 1 Handschutzspiralenfrg., 1 Knopfsichel, 1 Knopfsichelfrg., 1 Armring, 4 Armringfrgte., 2 Spiralringe, 1 Noppenring, Schieber.- Mozsolics, Bronze- und Goldfunde 145 ("Horizont Forró od. Opályi"); Kemenczei, Spätbronzezeit 118 Nr. 20.

324. Kemecse, Kom. Szabolcs-Szatmár.- Depot I in Tongefäß.- 9 Armringe (davon 1 fragmentiert; 55g, 55g, 145g, 135g, 140g, 190g), 8 Knopfsicheln, 4 Griffzungensicheln, 1 Kompositgehänge (eingehängt sind 5 dreieckige Anhänger ["Handamulette"]), 2 beschädigte Lanzenspitzen (davon eine mit gestuftem Blatt), 2 Armspiralen, 1 Handschutzspirale, 1 verziertes Blechdiadem, 1 Tassenbodenfrg., 1 Blechring, 2 stabförmige Barren.- J. Hampel, A bronzkor emlékei Magyarhonban Bd. 3 (1896) Taf. 196.; v. Brunn, Hortfunde 289; Kemenczei, Spätbronzezeit 125 Nr. 42 Taf. 61; A. Jósa, Nyíregyházi Jósa András Múz. Évk. 6-7, 1963-64 Taf. 32; Mozsolics, Bronzefunde 132 ("Horizont Kurd") Taf. 188-190; N. Chidiosan, Stud. Cerc. Ist. Vech. 28, 1977, 60 Abb. 3, 13; P. Patay, Die Bronzegefäße in Ungarn (1990) 53 Nr. 80 Taf. 39, 80.

325. Kemecse, Kom. Szabolcs-Szatmár.- Depot II.- 1 Griffzungensichelfrg., 1 Schwertklingenfrg., 5 Armringe, 1 tordiertes Drahtfrg.- A. Jósa [Kemenczei ed.], Nyíregyházi Jósa András Múz. Évk. 6-7, 1963-64 Taf. 31; Mozsolics, Bronzefunde 132.

326. Kemecse, Kom. Szabolcs-Szatmár.- Depot III in Tongefäß.- 31 Tüllenbeile und Frgte., 3 Knopfsichelfrgte., 47 Griffzungensichelfrgte. (3 Sicheln nicht fragmentiert), 10 Sägen und Frgte., 4 Lanzenspitzenfrgte., 7 Schwertklingenfrgte., 2 Gefäßfrgte. (darunter ein Bandhenkel eines Eimers Typus Kurd/Var. Hosszúpályi), 8 Armringfrgte., 2 Dolchfrgte., 3 Meißel- und Ahlen, 3 Blechstücke, 6 stabförmige Bronzen, 6 Drahtstücke, 1 Spirale, 3 Gußzapfen, 40 Frgte. plankonvexer Barren (Gußbrocken); dazu eine Nadel, 1 Dolch, 1 Scheibe.- A. Jósa [Kemenczei ed.], Nyíregyházi Jósa András Múz. Évk. 6-7, 1963-64 Taf. 27-30; Mozsolics, Bronzefunde 132ff. Taf. 183-187; P. Patay, Die Bronzegefäße in Ungarn (1990) 38 Nr. 54 Taf. 29, 54.

326A. Kemensszentmárton, Kom. Vas.- Bronzefunde, vielleicht aus einem oder mehreren Depots.- Mozsolics, Bronzefunde 134.

327. Kenderes, Kom. Szolnok.- Verschiedene vermischte Funde vermutlich aus Depots.- Mozsolics, Bronzefunde 134.

328. Kenézlö, Kom. Borsod-Abaúj-Zemplén.- Vermutlich aus einem Depot.- 1 Tüllenbeil, 4 kegelförmige Blechtutuli.- Mozsolics, Bronzefunde 135; Kemenczei, Spätbronzezeit 125 Nr. 43 Taf. 58c.

329. Kér -> Szentgaloskér.

330. Keresztéte, Kom. Borsod-Abaúj-Zemplén.- Depot.- 1 Phalere, 5 Lanzenspitzen, 16 Armringe, 1 Helm, 1 Bronzekännchen, 1 Bronzebecken (Typus A).- P. Patay, Die Bronzegefäße in

Ungarn (1990) 19 Nr. 3 Taf. 1, 3; Mozsolics, Bronzefunde 135 Taf. 150-151 ("Horizont Kurd").

331. Keszöhidegkút, Kom. Tolna.- Depot.- 8 Messerfrgte., 6 Lappenbeilfrgte., 1 Absatzbeilfrg., 15 Tüllenbeilfrgte., 1 massive Tüllenbeilhalbform, 1 Tüllenhammer, 7 Dolchfrgte. (u. a. von Griffzungendolchen), 4 Meißelfrgte. (darunter 1 Tüllenmeißel), 7 Schwertfrgte. (darunter 2 Griffzungenfrgte.), 12 Lanzenspitzenfrgte. (darunter 2 Ex. mit Kurztülle und langschmalem Blatt; 1 Frg. mit gestuftem Blatt), 5 Knopfsicheln (3 fragmentiert), 59 Griffzungensicheln (davon 53 fragmentiert), 1 Trensenknebel, 5 Phaleren, 5 Knöpfe, 1 Niet, 1 Nadel, 1 kegelförmiger Anhänger mit Vogelprotome, 1 Lanzettanhängerfrg., 1 Tülle, 41 Armringfrgte. (darunter auch einige Halsringfrgte.?), 1 doppelaxtförmiges Rasiermesser, 1 Blattbügelfibelfrg., 1 doppelaxtförmige Zierscheibe, 2 Armspiralfrgte., 3 Halsringfrgte., 5 Gefäßfrgte., 1 Schildfrg., 59 Blechfrgte. (teilw. von Helmen?, Gefäßen?), 60 Sägen, 4 Ringe, 1 Stab, 3 Barren, 4 Bronzestücke, 6 Drahtstücke, 7 Blechröhrchen, 1 Spirale, 1 Spiralröllchen, 1 Bronzebrocken (Aufzählung nach Mozsolics; abweichend Kemenczei).- Mozsolics, Bronzefunde 135ff. Taf. 31-35; Kemenczei, Schwerter 48 Nr. 210 Taf. 21, 210; 60 Nr. 318 Taf. 35, 318; 72-74; P. Patay, Die Bronzegefäße in Ungarn (1990) 36f. Nr. 48 Taf. 27, 48.

332. Keszthely, Kom. Veszprém.- Streufund.- E. Patek, Die Urnenfelderkultur in Transdanubien (1968) 77.

333. Keszthely, Kom. Zala, Depot.- 4 buckelverzierte Bronzescheiben, 2 Nadelfrgte., 16 Lanzenspitzen (davon 12 fragmentiert; 1 Ex. mit Kurztülle, 4 mit gestuftem Blatt), 2 Tüllenbeile, 1 Tüllenmeißel, 1 Bronzestäbchen, 1 Knopfsichel, 9 Griffzungensicheln (davon 18 fragmentiert), 5 Sichelfrgte., 2 Drahtfrgte., 2 Gußbrocken.- Mozsolics, Bronzefunde 137f. Taf. 130-132.

334. Keszthely-Apátomb, Kom. Zala.- Siedlung.- 1 Messer, 1 halbmondförmiger "Nadelschützer", 2 lanzettförmige Anhänger.- S. Darnay, Arch. Ért. 29, 1909, 350 Abb. 7, 1-2; G. Kossack, Studien zum Symbolgut der Urnenfelder- und Hallstattzeit Mitteleuropas (1954) 91 Liste B Nr. 4; E. Patek, Die Urnenfelderkultur in Transdanubien (1968) 77.

335. Keszthely-Csórégödör, Kom. Veszprém.- Streufund.- E. Patek, Die Urnenfelderkultur in Transdanubien (1968) 77.

336. Keszthely-Fenékpustza, Kom. Veszprém.- Siedlung.- Einzelfund eines Tüllenbeiles mit Y-Rippen (Ha A2).- E. Patek, Die Urnenfelderkultur in Transdanubien (1968) 33 Taf. 42, 2.

337. Keszthely-Lehenrét, Kom. Veszprém.- Streufund.- E. Patek, Die Urnenfelderkultur in Transdanubien (1968) 77.

338. Kéthely, Kom. Somogy- Einzelfund.- Griffzungenschwertfrg. ('Typus C2').- Kemenczei, Schwerter 57 Nr. 285 Taf. 31, 285.

339. Kéthely, Kom. Somogy.- Einzelfund.- Griffzungendolch ("Typus A3").- Kemenczei, Schwerter 25 Nr. 96 Taf. 8, 96.

340. Királyháza -> Hontkirályfalva.

341. Kis-Köszeg, Kom. Baranya.- Gräber.- Dreiecksanhänger mit Protuberanzen.- Wiener Prähist. Zeitschr. 4, 1917, 41 Abb. 9; S. Gallus, T. Horváth, Un peuple cavalier préskythique en Hongrie (1939) Taf. 7, 8; G. Kossack, Studien zum Symbolgut der Urnenfelder- und Hallstattzeit Mitteleuropas (1954) 97 E10.

342. Kisapáti, Kom. Veszprém.- Depot in Tongefäß (Berg Szentgyörgy).- 2 Griffzungenschwertfrgte. ('Typus C2'), 14 Tüllenbeile (teilw. fragmentiert), 2 Lappenbeile, 3 Lappenbeilfrgte., 29 Zungensicheln (davon 26 fragmentiert) 1 Knopfsichel, 1 Griffplattendolch, 1 Griffangelmesser, 1 Messerfrg., 5 Schwertklingenfrgte., 1 Lanzenspitze, 1 Lanzenspitzenfrg., 4 Armringe, 8 Armspiralfrgte., 2 Posamenteriefibeln, 1 doppelaxtförmige Falere, 1 Blechknopf, Bronzegefäßfrgte., 11 Gußstücke.- Arch. Ért. 17, 1897, 116ff.

Abb. 1-4 (gute Zeichnungen); Kemenczei, Schwerter 57 Nr. 286. 286 A Taf. 31, 286, 286 A; Mozsolics, Bronzefunde 138 Taf. 133-134; P. Patay, Die Bronzegefäße in Ungarn (1990) 83 Nr. 154. 159 Taf. 69, 154. 158.

343. Kisgyör, Kom. Borsod-Abaúj-Zemplén.- Depot in Felskluft am Abhang des Várvölgy-Berges.- 2 Armspiralen, 2 Handschutzspiralen, 2 Armringe, Blechbuckel, 75 Spiralröhrchen, 7 zusammengefaltete Drähte, 2 Drahtfingerringe.- Mozsolics, Bronze- und Goldfunde 146 ("Horizont Forró"); Kemenczei, Spätbronzezeit 118 Nr. 21 Taf. 49.

344. Kiskanizsa, Kom. Zala.- Einzelfund.- Lanzenspitze mit gestuftem Blatt.- E. Patek, Die Urnenfelderkultur in Transdanubien (1968) 128 Taf. 93, 6.

345. Kiskereki -> Cherechiu (RO).

346. Kiskunmajsa, Kom. Bács-Kiskun.- Einzelfund.- Griffzungenschwert.- Mozsolics, Bronzefunde 138.

347. Kiskunmajsa, Kom. Bács-Kiskun.- Nach Mozsolics wahrscheinlich Grabfund.- 1 Nackenscheibenaxt, 2 Armringe, 2 Frgte. einer Nadel, 1 Tüllenpfeilspitze, 1 Silexpfeilspitze.- Mozsolics, Bronze- und Goldfunde 147 ("nach Koszider-Horizont") Taf. 5, 1-6.

348. Kislöd, Kom. Veszprém.- Streufunde, vermutlich aus Gräberfeld.- Keramik.- E. Patek, Die Urnenfelderkultur in Transdanubien (1968) 34 Taf. 62, 1-11; 63, 1. 2; 69, 1. 3. 6.

349. Kismárton.- Einzelfund.- Lappenbeil (böhmisch-fränkische Form), dunkelgrün patiniert (414 g).- NM Budapest 10. 1885.- Taf. 23,4.

350. Kispalád, Kom. Szabolc-Szatmár.- Armring.- Mozsolics, Bronze- und Goldfunde 148.

351. Kispalád, Kom. Szabolcs-Szatmár.- Depot II in Tongefäß.- 9 Nackenscheibenäxte, 1 Nackenknaufaxt, 2 Spiralen (davon 1 fragmentiert).- v. Brunn, Hortfunde 289; Mozsolics, Bronze- und Goldfunde 147 ("Horizont Opályi") Taf. 39.

352. Kispalád, Kom. Szabolcs-Szatmár.- Depot III (?).- 3 Armringe.- Mozsolics, Bronze- und Goldfunde 147.

353. Kispalád, Kom. Szabolcs-Szatmár.- Depot IV.- 12 Nackenscheibenäxte.- Mozsolics, Bronze- und Goldfunde 147 ("Horizont Opályi").

354. Kispalád, Kom. Szabolcs-Szatmár.- Depot VI oder Teil von Depot V.- 2 Armringe.- Mozsolics, Bronzefunde 139.

355. Kisrebra -> Rebrisoara (RO).

356. Kistelek, Kom. Csongrád.- Einzelfund.- Griffzungenschwert ('Typus C1').- Kemenczei, Schwerter 54 Nr. 257 Taf. 27, 257; Mozsolics, Bronzefunde 139.

357. Kisterenye, Kom. Nógrád.- Absatzbeil mit gerader Rast.- Kubinyi, Arch. Közl. 2, 1861, 92 Taf. 9, 43; Hänsel, Beiträge 195 Liste 59, 5.

358. Kisterenye, Kom. Nógrád.- Eine Reihe von Bronzen, offenbar auf dem und an den Abhängen des Hársas Berges. Ob es sich um Bestandteile eines oder mehrerer Mehrstückdepots und Einzeldeponierungen handelt, kann nicht entschieden werden.- Mozsolics bildet aus diesem Komplex 4 Nackenscheibenäxte, 3 tutulusförmige Anhänger, 4 herzförmige Anhänger, 1 Armringfrg. ab; Kemenczei bietet 7 Scheibenkopfnadeln mit Öse, 1 Handschutzspirale, 2 herzförmige Anhänger 5 trichterförmige Anhänger.- Mozsolics, Bronze- und Goldfunde 148 Taf. 40; T. Kemenczei, Herman Ottó Múz. Évk. 5, 1965, 106 Taf. 1-2; Kemenczei, Spätbronzezeit 101 Nr. 35; 118 Nr. 22.

359. Kisterenye, Kom. Nógrád.- Hársas-Berg.- Einzelfund.- Griffzungendolch ("Typus A2"); Sonderform.- Kemenczei, Schwerter 24 Nr. 84 Taf. 7, 84.

360. Kisterenye, Kom. Nógrád.- Hársas-Berg; Einzelfund.- Griffzungendolch ("Typus B1").- Kemenczei, Schwerter 28 Nr. 104 Taf. 9, 104.

361. Kisterenye, Kom. Nógrád; Hársas-Berg.- Einzelfund.- Griffzungendolch ("Typus A1").- Kemenczei, Schwerter 23 Nr. 72 Taf. 7, 72.

362. Kisürögd.- Nackenscheibenaxt.- E. Kroeger-Michel, Nyíregyházi Jósa András Múz. Évk. 11, 1968, 75.

363. Kisvarsány, Kom. Szabolcs-Szatmár.- Depot.- 1 Nackenscheibenaxt, 1 Knopfsichel, 3 Knopfsichelfrgte., 3 Griffzungensichelfrgte., 1 Tüllenbeil, 3 Gußkuchenfrgte., 1 Pfeilspitze (?), 6 Armringe, 2 Drahtstücke, 1 Pinzette (?), 2 Gußbrocken, Schlacke; mehrere weitere Bronzen verloren.- Mozsolics, Bronze- und Goldfunde 149f. ("Horizont Opályi") Taf. 54.

364. Köbölkút -> Cubulcut (RO).

365. Kocsola, Kom. Tolna.- Gräberfeld.- E. Patek, Die Urnenfelderkultur in Transdanubien (1968) 77.

366. Köhalom -> Rupea (RO).

367. Komádi, Kom. Hajdú-Bihar.- Einzelfund.- Griffzungenschwertfrg. ('Typus AB').- Kemenczei, Schwerter 52 Nr. 246A Taf. 26, 246A; Mozsolics, Bronzefunde 139.

368. Komárom (Ujszőny), Kom. Komárom.- Depot.- 2 Tüllenbeilfrgte., 14 Griffzungensichelfrgte., 4 Sägefrgte., 2 Schwertklingenfrgte., 1 Helmfrg., 1 Rasiermesserfrg., 3 Aremringe und Frgte., 1 Spirale, 1 Ring mit eingehängten Ringen, 3 Tutuli, 7 Phaleren, 5 Knöpfe, 2 Blechfrgte., Stange, 1 Gefäßfrg., 1 Tassenfrg., 3 Bronzetassenfrgte. (Typus Blatnica), 5 Gußbrocken.- P. Patay, Die Bronzegefäße in Ungarn (1990) 52 Nr. 74 Taf. 37, 74.

369. Komárom, Kom. Komárom.- Aus der Donau.- Griffzungenschwert ('Typus B1').- Kemenczei, Schwerter 51 Nr. 241A Taf. 25, 241 A.

370. Korlát, Kom. Borsod-Abaúj-Zemplén.- Depot im Weinberg Köves.- 4 Tüllenbeile, 1 Nackenscheibenaxt.- Kemenczei, Spätbronzezeit 118 Nr. 23 Taf. 44c.

371. Környe, Kom. Komáron.- Siedlung.- Keramik.- E. Patek, Die Urnenfelderkultur in Transdanubien (1968) 129 Taf. 116-177.

372. Koroncó, Kom. Győr-Sopron.- Depot in Siedlung (1939).- Griffzungendolch mit fächerförmiger Knaufzunge, Griffzungenschwert ("Typus C2") Griffzunge abgebrochen, Lanzenspitze mit gestuftem Blatt, mittelständiges Lappenbeil mit Nackenkerbe, Keramik.- S. Mithay, Bronzkori kulturák Győr környékén (1942) Taf. 18, 6; Kemenczei, Schwerter 43 Nr. 179 Taf. 67 A.

373. Koroncó, Kom. Győr-Sopron.- Depot.- Griffzungenschwertfrg. ('Typus C2').- Kemenczei, Schwerter 57 Nr. 287 Taf. 31, 287.

374. Koroncó, Kom. Győr-Sopron.- Wahrscheinlich aus dem Marcal-Fluß.- Dreiwulstschwert (nach Abbildung und Beschreibung zu urteilen Typus Erlach).- Mozsolics, Bronzefunde 139 Taf. 227, 1.; Mithay 1941 30f. Taf. XVIII, 1.

375. Koroncó, Kom. Győr-Sopron.- Einzelfunde.- Tüllenbeil, Tüllenbeil, Griffzungensichel, Tüllenmeißel.- Mozsolics, Bronzefunde 139.

376. Kőszeg, Kom. Vas.- Depot in einer Felsnische (1841).- 44 Sicheln.- Mozsolics, Bronzefunde 139 ("Horizont Kurd").

377. Kővár, ehem. Kom. Szatmár.- Fundumstände unbekannt.- Vollgriffschwert (Typus Riegsee).- Holste, Vollgriffschwerter 52 Nr. 37; nach A. Mozsolics, Alba Regia 15, 1977, 14 kann das Schwert nicht identifiziert werden.

378. Kozárd, Kom. Nógrád.- Depot (?).- 2 Armspiralen.- Kemenczei, Spätbronzezeit 118 Nr. 24 Taf. 50b.

379. Kraszna -> Crasna (RO).

380. Krasznabéltek -> Beltiug (RO).

381. Krasznokvajda, Kom. Borsod-Abaúj-Zemplén.- Depot (die Schwerter lagen 30 cm tief mit dem Griff nach Norden).- Mindestens 10 Dreiwulstschwerter und 6 Griffzungenschwerter; die meisten Stücke sind zerbrochen oder beschädigt. Von 4 Exemplaren fehlen Teile der Klinge oder man muß mehr Exemplare annehmen.- A. Mozsolics, Arch. Ért. 99, 1972, 191f. Abb. 2-3; Mozsolics, Bronzefunde 139f. ("Horizont Kurd") Taf. 152-153.

382. Kurd, Kom. Tolna.- Depot (1894) im Bronzeeimer mit Graphitstück, Gipsstück und Bernsteinperlen; am Hang eines Hügels neben dem Kapos-Fluß; vermutlich nicht vollständig.- 1 fragmentierter Bronzeeimer (Typus Kurd), 1 Bronzeeimerfrg., 1 Pfannenfrg., 1 Lappenbeilfrg., 1 Messerfrg., 1 Lanzenspitzenfrg. mit profilierter Tülle, 1 Nadel, 1 Posamenteriefibelfrg., 1 Blattbügelfibelfrg., 1 Schwertklingenfrg., 1 Dolchfehlgußfrg., 24 Sichelfrgte. (zumeist Griffzungensicheln), 4 Tüllenbeilfrgte., 1 Halbform eines Tüllenbeiles, 38 Armringe und 2 Ösenhalsringe (davon ein Teil offenbar nicht mehr identifizierbar), 2 Schmuckscheiben, 1 verzierte Schmuckscheibe, 2 Bronzeknöpfe, 10 kegelförmige Anhänger, 8 tütchenförmige Bleche, 1 Anhängerring, 1 Anhänger mit Vogelprotome, 3 Anhänger, 1 kleiner Ring, 185 kleinere Bernsteinperlen und 1 größere, und Spiralen, 1 Bronzescheibe, 1 Schmuckscheibe, 1 Drahtspirale, 1 Gußzapfen (?), 3 Gußbrocken.- Mozsolics, Bronzefunde 140f. ("Horizont Kurd") Taf. 22-25; P. Patay, Die Bronzegefäße in Ungarn (1990) 35 Nr. 44-45 Taf. 27, 44-45; 446 Nr. 69 Taf. 35, 69.

383. Kurityán, Kom. Borsod-Abaúj-Zemplén.- Depot in Tongefäß.- 22 verzierte Armringe, 14 trichterförmige Anhänger, 2 Scheibenkopfnadeln, 2 Handschutzspiralen, 2 Spiralscheibenanhänger, 2 Spiralscheibenringe, 10 Spiraldrahtringe, 3 Blechknöpfe mit Öse, 1 Metallknopf, Perle, Schieber, Tüllenbeil mit Dreieckrippenverzierung, Tüllenschaftfrg.- Kemenczei, Spätbronzezeit 118f. Nr. 25; Mozsolics, Bronzefunde 141f ("Horizont Aranyos").

384. Lábatlan (ehem. Piszke), Kom. Komáron.- Aus der Donau.- Griffzungenschwert ('Typus A1').- Kemenczei, Schwerter 44 Nr. 186 Taf. 17, 186.

385. Lábatlan, Kom. Komáron.- Streufund von Gräberfeld.- Keramik.- E. Patek, Die Urnenfelderkultur in Transdanubien (1968) 129 Taf. 104, 1-5; 13.

386. Laskod, Kom. Szabolcs-Szatmár.- Einzelfund.- Griffzungenschwert ('Typus C3'/Ennsdorf).- Kemenczei, Schwerter 59 Nr. 306 Taf. 33, 306; Mozsolics, Bronzefunde 142.

387. Lázárpatak, Kom. Nógrád.- Depot.- Sicheln, Tüllenbeile, Dolchfrgte., Armringe, lanzettförmige Anhänger, Lanzenspitzen mit profilierter Tülle, Phaleren, Armspiralen, Angelhaken (?), Mohnkopfnadel (mit geritzter Kopfzier).- Arch. Ért. 5, 1885, 183ff. Taf. 1-2; Hänsel, Beiträge 206 Liste 88 Nr. 4; J. Hampel, A bronzkor emlékei Magyarhonban Bd. 1(1886) Taf. 109, 1.

388. Lazy (Ukraine) -> Lázárpatak

389. **Lengyel**, Kom. Tolna.- Ältere Phase der Höhensiedlung.- Keramik.- E. Patek, Die Urnenfelderkultur in Transdanubien (1968) 130f. Taf. 75-76.

390. **Lengyel-Zsibrik**, Kom. Tolna.- Einzelfund.- Griffzungendolch ("Typus B5").- Kemenczei, Schwerter 30 Nr. 122 Taf. 10, 122.

391. **Lengyeltóti**, Kom. Somogy.- Depot II (165 Gegenstände; 1906 in Berlin erworben).- 1 Tüllenbeil mit Keilrippenzier (412 g), 1 Tüllenbeilfrg. (174 g), 1 Tüllenmeißel (180 g), 1 Meißelfrg. (10 g; nach Wanzek "Miniaturbeil oder Miniaturaxt), 3 Tüllenhämmer (285 g, 116 g, 240 g), 1 Punze (18 g) Lanzenspitzenfrg. (73 g; nach Wanzek "tüllenbeilartiges Gerät"), 16 Sicheln und Sichelfrgte. (9 g, 164 g, 83 g, 15 g, 117 g, 140 g, 122 g, 74 g, 59 g, 57 g, 54 g, 25 g, 21 g, 10 g, 10 g), 1 Griffplattenmesser (39 g), 1 Posamenteriefibel (104 g), 4 Blechbuckel mit Öse (18 g, 5 g, 8 g, 9 g, 6 g), 2 Frgte. von Kompositgehängen (12 g, 9 g), 1 Draht (28 g + 2 g), 3 tutulusförmige Anhänger in einem Draht (33 g), 2 Spiraldrahtgewinde (8 g, 4 g), 2 Kettenfrgte. (8 g, 9 g), 3 Blechscheiben (1 g, 3 g, 1 g), 1 Blechzylinder, 3 Spiralringe (5 g, 2 g, 3 g), 1 Tülle (33 g), 1 Anhänger (22 g), 2 Blechhülsen (7 g, 3 g), 1 Blechgürtelfrg. (Typus Riegsee 12 g) (Stab (13 g), 1 Bronzeplatte (81 g), 97 Ringe (50 g, 32 g, 38 g, 37 g, 41 g, 35 g, 42 g, 47 g, 25 g, 40 g, 41 g, 31 g, 37 g, 36 g, 37 g, 37 g, 55 g, 53 g, 49 g, 48 g, 51 g, 36 g, 67 g, 57 g, 65 g, 41 g, 44 g, 50 g, 53 g, 43 g, 52 g, 60 g, 65 g, 53 g, 51 g, 51 g, 52 g, 63 g, 57 g, 55 g, 42 g, 65 g, 65 g, 50 g, 56 g, 46 g, 46 g, 38 g, 41 g, 31 g, 61 g, 51 g, 48 g, 53 g, 67 g, 37 g, 44 g, 57 g, 67 g, 80 g, 51 g, 22 g, 19 g, 19 g, 16 g, 16 g, 22 g, 18 g, 32 g, 27 g, 15 g, 28 g, 19 g, 20 g, 17 g, 21 g, 21 g, 17 g, 27 g, 12 g, 18 g, 51 g, 22 g, 23 g, 38 g, 88 g, 5 g, 8 g, 33 g, 36 g, 15 g, 15 g, 14 g, 50 g, 53 g, 13 g), 7 Bronzegegenstände (fragmentiert), 4 Gußbrocken.- Kilian-Dirlmeier, Gürtel 106 Nr. 423 Taf. 63, 64 A; Mozsolics, Bronzefunde 142f. Taf. 107; B. Wanzek, Acta Praehist. et Arch. 24, 1992, 249ff. mit Abb.

392. **Lengyeltóti**, Kom. Somogy.- Depot III in Weinberg (im Krieg vernichtet).- 3 Posamenteriefibeln, 1 Blattbügelfibel, 1 Fingerspirale, 1 Brillenspirale, 4 tutulusförmige Anhänger, 1 Nadelschützer, 2 trichterförmige Anhänger, 3 Knöpfe mit Rückenöse, 1 kleiner, tordierter Ring, 1 Radamulett, 1 Mittelstück, 1 Dreiring, 4 Griffzungensicheln, 7 bandförmige Armspiralen, 4 Tüllenhämmer, 30 Arm- und Beinringe, 4 Halsringe, 1 Draht, 2 "Halbformen für Tüllenbeile mit Gußkanal".- Mozsolics, Bronzefunde 142f. ("Horizont Kurd") Taf. 108-109.

393. **Lengyeltóti**, Kom. Somogy.- Depot IV.- 1 Absatzbeil, 1 Tüllenmeißel, 2 Tüllenbeile, 5 Tüllenbeilfrgte., 3 Griffzungensichelfrgte., 1 Messer, 1 Löffel, Blechfrgte. (von Kurdeimer), 1 rechteckiges Bronzestück mit Spiralverzierung, 6 Armringe und Frg., 1 doppelkonischer Anhänger, 3 Ahlen, 4 Blechfrgte., 1 Siebfrg., 6 Gußfladenstücke.- Mozsolics, Bronzefunde 143f. ("Horizont Kurd") Taf. 110.

394. Leppend -> Lepindea (RO).

395. **Lesenceistvánd**, Kom. Veszprém.- Depot I (in Tongefäß).- Unter Scherben 15 Armringe.- Datierung ?.- Mozsolics, Bronzefunde 144.

396. **Lesenceistvánd**, Kom. Veszprém.- Depot II.- Mozsolics, Bronzefunde 144 ("Horizont Gyermely").

397. **Levelek**, Kom. Szabolcs-Szatmár.- Depot oder Streufunde.- 2 Nackenscheibenäxte.- Mozsolics, Bronze- und Goldfunde 153f. ("Horizont Opalyi") Taf. 42 B 1-2.

398. Liptószentmárton -> Martinček (Slowakei).

399. **Litke**, Kom. Nógrád.- Urnengräberfeld mit 52 Bestattungen (Gräberfeldgrenzen nicht erreicht).- Kemenczei, Spätbronzezeit 102 ff. Nr. 38.
Grab 2: Urnenfrgte., Bronzedrahtring.- Kemenczei, Spätbronzezeit 102 Taf. 7, 3.
Grab 7.- Urne, Sichelfrg.- Kemenczei, Spätbronzezeit 102 Taf. 7, 12-13.
Grab 9: Urnenfrgte., Spiralröllchen.- Kemenczei, Spätbronzezeit 102 Taf. 7, 10, 14-15.
Grab 10: Urne, Schüssel, Rasiermesser, Drahtstücke.- Kemenczei, Spätbronzezeit 102 Taf. 7, 17-20.
Grab 15: Urnenfrgte., Schüsselfrgte., Spiralröllchen.- Kemenczei, Spätbronzezeit 102 Taf. 8, 1-2.
Grab 17: Urnenfrgte., Töpfchen, Sichelspitze.- Kemenczei, Spätbronzezeit 102 Taf. 8, 7-9.
Grab 34: Urne, 2 Schüsseln, Bronzesichelfrg.- Kemenczei, Spätbronzezeit 103 Taf. 9, 12-13. 15.

400. **Lókút**, Kom. Veszprém.- Streufund.- E. Patek, Die Urnenfelderkultur in Transdanubien (1968) 77.

401. **Lókút-Pénzeskút**, Kom. Veszprém.- Gräberfeld.- E. Patek, Die Urnenfelderkultur in Transdanubien (1968) 34.

402. **Lovasberény**, Kom. Fejér.- Depot.- Mozsolics, Bronzefunde 144f. ("Horizont Gyermély") Taf. 244-246.

403. **Lovasberény**, Kom. Fejér.- Einzelfund.- 2 Frgte. eines Griffzungenschwertes ('Typus AB').- Kemenczei, Schwerter 53 Nr. 247 Taf. 26, 247.

404. **Mád**, Kom. Borsod-Abaúj-Zemplén.- Depot in Weingarten.- 2 Armspiralen, 2 Spiralscheibenfrgte. von Armspiralen, 1 verzierter Armring, 8 Spiralanhänger, 7 Spiraldrahtringe, 1 Ring, Gehängefrgte., 18 Blechbuckel.- Kemenczei, Spätbronzezeit 119 Nr. 29; Mozsolics, Bronzefunde 145f ("Horizont Kurd").

405. **Magayaralmás**, Kom. Fejér.- Gefäßdepot.- "Bz D-Ha A1".- E. Patek, Die Urnenfelderkultur in Transdanubien (1968) 77.

406. **Magosliget**, Kom. Szabolcs-Szatmár.- Depot in 40 cm Tiefe; 5 Äxte mit der Schneide in den Boden gesteckt.- 6 Nackenscheibenäxte; erhalten sind 3 Nackenscheibenäxte, davon eine fragmentiert.- Mozsolics, Bronze- und Goldfunde 154 ("Horizont Opalyi") Taf. 29, 3-5; E. Kroeger-Michel, Nyíregyházi Jósa András Múz. Évk. 11, 1968, 75.

407. Magyarcsaholy -> Cehalut (RO).

408. **Magyartelek**, Kom. Baranya.- Einzelfund.- Griffzungenschwertfrg. ('Typus C2').- Kemenczei, Schwerter 57 Nr. 287A Taf. 31, 287A.

409. **Magyartés**, Kom. Csongrád.- Grab; nach Kemenczei ist diese Angabe unglaubwürdig.- Tüllenbeil, Lanzenspitze mit gestuftem Blatt, Tüllenpfeilspitze, 3 geschlossene und 1 offener Armring (ineinanderhängend).- Kemenczei, Spätbronzezeit 176 Nr. 30 ("Gáva-Kultur") Taf. 180d.

410. **Mályi**, Kom. Borsod-Abaúj-Zemplén.- Einzelfund in einem Feuchtgebiet (?).- Griffzungenschwert ('Typus A1') (in zwei Teile zerbrochen).- M. Hellebrandt, Acta Arch. Acad. Scien. Hungaricae 37, 1985, 23ff. Abb. 1, 1; Kemenczei, Schwerter 44 Nr. 187 Taf. 17, 187; Mozsolics, Bronzefunde 146.

411. **Marcal-Ufer**.- Streufund.- E. Patek, Die Urnenfelderkultur in Transdanubien (1968) 77.

412. **Máriakéménd**, Kom. Baranya.- Depot.- Mozsolics, Bronzefunde 146 ("Horizont Gyermely").

413. **Márok**, Kom. Baranya.- Depot vielleicht in Tongefäß(en); ca. 55 kg.- Aufzählung nach Mozsolics (sie errechnet 622 Stücke,

zählt jedoch über 730 Fragmente auf): 11 Lappenbeile u. Frgte., 45 Tüllenbeile und Frgte., 3 Tüllenmeißel, 3 Meißel, 18 Dolche und Frgte., 10 Schwertfrgte. (darunter auch Griffzungenschwert), 8 Messer, 15 Lanzenspitzen und Frgte., 27 Armringe und Frgte., 15 Gürtel- od. Diademfrgte., 3 Halsringfrgte., 1 Perle, 41 Blechfrgte., 1 Anhänger, 2 Gefäßbruchstücke, 1 Bronzestück unbekannter Verwendung, 20 Drahtstücke, 1 Nadel, 7 Ringchen, 101 Sägefrgte., 1 Knopfsichel, 278 Sicheln (meist Griffzungen), 1 Miniatursichelfehlguß, 8 Gußzapfen, 8 Barren, 94 Gußfladen.- Mozsolics, Bronzefunde 146ff. Taf. 90-95; Kemenczei, Schwerter 57 Nr. 288. 289 Taf. 31, 288. 289.

414. Maroskeresztur -> Cristesti (RO).

415. Marosvécs -> Brîncovensti (RO).

416. **Mártély**, Kom. Csongrád.- Einzelfund.- Griffplatte und Klingenteil eines Griffzungenschwertes.- Kemenczei, Schwerter 63 Nr. 341 Taf. 38, 341.

417. **Mátészalka**, Kom. Szabolcs-Szatmár.- Depot.- 8 Armringe.- Mozsolics, Bronze- und Goldfunde 156 ("wahrscheinlich Horizont Opályi"); Kemenczei, Spätbronzezeit 125 Nr. 44.

418. **Mátraverebély**, Kom. Nógrád.- Depot.- 10 Armringe.- Kemenczei, Spätbronzezeit 119 Nr. 27 Taf. 50a; Mozsolics, Bronzefunde 149 ("Horizont Kurd") Taf. 149, 1-10.

419. **Mencshely**, Kom. Veszprém.- Keramik.- E. Patek, Die Urnenfelderkultur in Transdanubien (1968) 34 Taf. 63, 8.

420. **Ménfőcsanak**, Kom. Győr-Sopron.- Keramik.- E. Patek, Die Urnenfelderkultur in Transdanubien (1968) 34 Taf. 45, 5.

421. **Méra**, Kom. Borsod-Abaúj-Zemplén.- Urnengräberfelder.- Kemenczei, Spätbronzezeit 111 Nr. 90 Taf. 38.

422. **Meszes**, Kom. Borsod-Abaúj-Zemplén.- Urnengräberfeld mit 8 Bestattungen.- Kemenczei, Spätbronzezeit 111 Nr. 88.

423. **Meszlen**, Kom. Vas.- Depot.- Mozsolics, Bronzefunde 149 ("Horizont Gyermely") Taf. 232 A.

424. **Mezcösát**, Kom. Borsod-Abaúj-Zemplén.- Grube 9.- 1 Tüllenbeilgußform, Tongefäße.- Mozsolics, Bronzefunde 149.

425. **Mezőkövesd** (Umgebung), Kom. Borsod-Abaú-Zemplén.- Depot (?).- 6 Tüllenbeile, 5 Zungensicheln, 1 Knopfsichel, 3 Lanzenspitzen, 4 Armringe, 1 Brillenspirale, 1 Dolchklingenfrg., 1 Griffzungendolch ("Typus B1").- Datierung: jüngere Urnenfelderzeit.- Kemenczei, Schwerter 28 Nr. 105 Taf. 9, 105.

426. **Mezőnyárád**, Kom. Borsod-Abaúj-Zemplén.- Depot.- 9 Lanzenspitzen, 8 Armringe, 10 Spiralringe, 23 Spiralröllchen, 2 Bronzescheiben, Helmklappe, 2 Handschutzspiralen, viele Kettenfrgte., Becken (Typus A), 2 Bronzeschalen (fragmentiert; Typus Blatnica).- Mozsolics, Bronzefunde 149f. ("Horizont Kurd"); P. Patay, Die Bronzegefäße in Ungarn (1990) 19 Nr. 4 Taf. 2, 4; 52 Nr. 75. 76 Taf. 38, 76; 37, 75.

427. Mezőség -> Cîmpia Transilvaniei (RO).

428. **Mezőtárkány**, Kom. Heves.- Einzelfunde oder Depot.- Dreiwulstschwert und Tüllenbeil.- Mozsolics, Bronzefunde 150.

429. Micske puszta -> Misca (RO).

430. **Miskolc**, Kom. Borsod-Abaúj-Zemplén.- Depot (?).- 1 Tüllenbeil, 3 Knopfsicheln, 1 Griffzungensichel, 1 Säge, 1 Armspiralenfrg. (?).- Mozsolics, Bronzefunde 150.

431. **Miskolc**, Kom. Borsod-Abaúj-Zemplén.- Fundumstände unbekannt.- Frg. eines Dreiwulstschwertes.- Mozsolics, Bronzefunde 150.

432. Mócs -> Mociu (RO).

433. **Mohács**, Csele-Bach, Kom. Baranya.- Siedlung.- E. Patek, Die Urnenfelderkultur in Transdanubien (1968) 77.

434. entfällt.

435. **Mohács**, Kom. Baranya.- Depot.- Es wird von folgenden Funden berichtet: 12 Tüllenbeile, 1 Tüllenhammer, 20 Sichelfrgte., 20 Lanzenspitzenfrgte., mehrere Armringe, viele Gußkuchen- und brocken: die meisten Funde wurden nach Berlin verkauft; in das NM Budapest gelangten: 3 Tüllenbeile, 3 Sicheln, 1 Ring.- Mozsolics, Bronzefunde 150 ("Horizont Gyermely").

436. **Mohacs**.- Schaftlochhammer (Gewicht 1930 g).- A. Mahr. Wiener Prähist. Zeitschr. 2, 1915, 159 Abb. 1, 6.

437. **Monor**, Kom. Pest.- Einzelfund.- Griffzungendolch ("Typus B4").- Kemenczei, Schwerter 29 Nr. 120 Taf. 10, 120.

438. **Mosdós**, Kom. Somogy.- Einzelfund.- Griffzungenschwertfrg.- Kemenczei, Schwerter 57 Nr. 290 Taf. 32, 290.

439. **Mosonmagyaróvár**, Donauufer.- Streufund.- Keramik.- E. Patek, Die Urnenfelderkultur in Transdanubien (1968) 35 Taf. 45, 2.

440. **Mosonmagyaróvár**, Kom. Győr-Sopron.- Aus der Donau.- Griffzungenschwert ('Typus B1').- Kemenczei, Schwerter 51 Nr. 241 B Taf. 25, 241 B.

441. **Mosonmagyaróvár**, Kom. Győr-Sopron.- Aus der Donau.- Griffzungenschwert (beschädigt) ('Typus C6').- Kemenczei, Schwerter 61 Nr. 325 A Taf. 36, 325 A.

442. **Mosonmagyarovar** (Ungarisch Altenburg).- Aus der Donau.- Griffplattenschwert (Typus Rixheim).- E. Sprockhoff, Mainzer Zeitschr. 29, 1934, 62 Nr. 1.

443. **Mosonszentjános**, Kom. Győr-Sopron.- Vielleicht aus einem Depot.- Lanzenspitze, Schwertklinge.- Mozsolics, Bronzefunde 151.

444. **Mosonszentmiklós**, Kom. Győr-Sopron.- Streufund.- Urne.- E. Patek, Die Urnenfelderkultur in Transdanubien (1968) 35.

445. **Mosonszolnok**, Kom. Győr-Sopron.- Aus Gräberfeld.- Griffzungenschwert ('Typus C1').- A. Sötér, Arch. Ért. 12, 1892, 209 Taf. 2, 9; E. Patek, Die Urnenfelderkultur in Transdanubien (1968) Taf. 46, 6; Kemenczei, Schwerter 54 Nr. 258 Taf. 27, 258.
Griffzungenschwert, in 3 Teilen ('Typus C3').- A. Sötér, Arch. Ért. 12, 1892, 209 Taf. 2, 1; E. Patek, Die Urnenfelderkultur in Transdanubien (1968) Taf. 46, 7; Kemenczei, Schwerter 59 Nr. 307 Taf. 34, 307.
Griffzungendolch ("Typus A1").- Kemenczei, Schwerter 23 Nr. 73 Taf. 7, 73.

446. **Mosonszolnok**, Kom. Győr-Sopron.- Streufunde von Keramik.- E. Patek, Die Urnenfelderkultur in Transdanubien (1968) 132 Taf. 45, 7.

447. **Mosonszolnok-Haidehof-Puszta**, Kom. Győr-Sopron.- Gräberfeld.- Fibel, Lanze, Schwerter, Meißel, Griffzungendolch, Nadeln.- E. Patek, Die Urnenfelderkultur in Transdanubien (1968) 35, Taf. 46, 8-9; 47-48.

448. **Muhi**, Kom. Borsod-Abaúj-Zemplén.- Doppelarmknauf, Nackenscheibenaxt, Lanzenspitze.- Mozsolics, Bronze- und Gold-

funde 157 ("Horizont Opályi"); Kemenczei, Spätbronzezeit 119 Nr. 28 Taf. 50d.

449. **Muhi**, Kom. Borsod-Abaúj-Zemplén.- Vielleicht Grabfund.- Rasiermesser.- Kemenczei, Spätbronzezeit 159 Taf. 133. 31.

450. **Murga**, Kom. Tolna.- Depot (z. T. nicht mehr identifizierbar).- 4 Tüllenbeile, 1 Knopfsichel, 5 Griffzungensicheln, 3 Schwertklingenfrgte., 1 Dolch, 1 Lanzenspitze, 3 flache Drahtstücke, 10 Spiralrollen, 1 Spange (zugehörig?).- Mozsolics, Bronzefunde 151 ("Horizont Kurd").

451. **Nadap**, Kom. Fejér.- Depot; 713 bestimmbare Gegenstände, 80 kleinere Fragmente.- 3 Rasiermesser (Typus Großmugl), 2 Dreiwulstschwertgriffe, 2 zusammengehörige, beschädigte Beinschienen, 2 Beinschienenfrgte., Helme, Schild, 4 Panzerteile, Amboß, Tüllenhämmer, Meißel, Tüllen- und Lappenbeile, Sicheln, Lanzenspitzen, Armringe, Anhänger, Gürtelbleche, Fibeln (Violinbogenfinbel), Halsringe, Nadeln, Gußbrocken, 1 Bronzebecken, 11 Bronzetassen- und schalen, 1 Bronzesieb mit Vogelprotomen.- É. F. Petres in: P. Patay, Die Bronzegefäße in Ungarn (1990) 87ff. Taf. 72-75; Mozsolics, Bronzefunde 75, 151 ("Horizont Kurd"); É. F. Petres, Savaria 16, 1982, 57ff. mit Abb. (zu den Schutzwaffen).

452. **Nádaspapfalva** - > Popesti (RO).

453. **Nádudvár**, Kom. Hajdú-Bihar.- Depot (Ha B).- M. Sz. Máthé, Acta Arch. Acad. Scien. Hungaricae 24, 1972, 399ff. mit Abb.

454. **Nádudvár**, Kom. Hajdú-Bihar.- Depot in Tongefäß.- (Ha B1).- A. Mozsolics, Inventaria Arch. U 17; Mozsolics, Bronzefunde 151f. ("Horizont Gyermely").

455. **Nagybáka (Szabolcsbáka)**, Kom. Szabolcs-Szatmár.- 35 Armringe (darunter mindestens 1 Frg.), 1 unverzierter Blechgürtel.- A. Jósa, Nyíregyházi Jósa András Múz. Évk. 6-7, 1963-64 Taf. 33; Kilian-Dirlmeier, Gürtel 115 ("Hortfundstufe Kispáti-Lengyeltóti") Nr. 473 Taf. 50/51, 473; Kemenczei, Spätbronzezeit 126 Nr. 50 Taf. 63a; Mozsolics, Bronzefunde 152 ("wahrscheinlich Horizont Kurd").

456. **Nagybátony**, Kom. Nógrád.- Urnengräberfeld mit 972 Bestattungen (Brandgräber).- Das Gräberfeld ist noch weitgehend unpubliziert. Abgebildet sind nur eine Anzahl von Funden, besonders Miniaturbronzen, u. a. Rasiermesser (Typus Nemcice; Radzovce); Absatzbeil mit gerader Rast.- Patay, Arch. Ért. 81, 1954, 33ff. Abb. 17, 1; Hänsel, Beiträge 195 Liste 59, 4; Kemenczei, Spätbronzezeit 104f. Nr. 45 Taf. 5, 7-8. 10-11.

457. **Nagyberki-Szalacsa**, Kom. Somogy.- Ältere Phase der Höhensiedlung.- Herzanhänger, Bronzesichelfrg., Keramik.- E. Patek, Die Urnenfelderkultur in Transdanubien (1968) 132 Taf. 90, 1. 3.

458. **Nagydém**, Kom. Veszprém.- Depot in 2 Tongefäßen (ca. 75 kg; wohl nicht vollständig überliefert).- 4 Griffzungensicheln, 1 Griffzungensichelfrg., 2 Sichelfrgte., 1 Tüllenhammer, 1 Hammer(?)frg. (2,315 kg) 1 Beilschneidenfrg., 1 Tüllenbeil, 3 Tüllenbeilfrgte. (davon eines mit sanduhrförmigem Dekor), 1 Tüllenmeißel(?)frg., 3 Aufsteckvögel, 2 Tüllen, 1 Zylinderknauf, 3 Dreiwulstschwerter (Typus Högl), 1 Lanzenspitze, 1 Gußzapfen, 2 Gußkuchen (je 5,5 kg), 85 Gußkuchenfrgte. (zusammen 55 kg).- Müller-Karpe, Vollgriffschwerter 101 Taf. 19, 9;20, 10; 30, 9; 35A; Mozsolics, Bronzefunde 152 ("Horizont Gyermely").

459. **Nagyecsed**, Kom. Szabolcs-Szatmár.- Depot (?).- 7 Armringe.- Mozsolics, Bronzefunde 152.

460. **Nagyhalász**, Kom. Szabolcs-Szatmár.- Depot in einem Tongefäß.- Griffzungenschwert ('Typus B2'), Schwertklingenfrg., 1 Dolchklingenfrg., 4 Tüllenbeile, 5 Tüllenbeilfrgte., 1 Sichelfrg., 1 Knopfsichelfrg., 1 Nackenscheibenaxt (Miniaturanfertigung), 3 Messerfrgte., 2 Lanzenspitzen (davon 1 mit profilierter Tülle), 2 Armspiralen, 3 Armspiralenfrgte., 1 Halsring, 34 Armringe, 1 Spiralring, 1 Trichteranhänger, 2 Nadelfrgte., 8 Perlen, 5 Spiralröhrchen, 5 Sägefrgte., 1 Gußstück, 2 Blechfrgte.- A. Jósa [Kemenczei ed.], Nyíregyházi Jósa András Múz. Évk. 6-7, 1964-64 Taf. 35-37; Kemenczei, Schwerter 51 Nr. 245 Taf. 25, 245; Kemenczei, Spätbronzezeit 177 Nr. 34b Taf. 173c-174; Mozsolics, Bronzefunde 153.

461. **Nagykálló**, Kom. Szabolcs-Szatmár.- Depot I.- 11 Tüllenbeile, 3 Sicheln.- Mozsolics, Bronzefunde 154 ("Horizont Hajdúböszörmény").

462. **Nagykálló**, Kom. Szabolcs-Szatmár.- Depot II in Tongefäß; in einer Siedlung der Gáva-Gruppe. "Einige Zentimeter entfernt, fast über dem Depot, lag mit dem Boden nach oben ein Gefäß der Gava-Keramik".- 2 Lanzenspitzenfrgte. (mit gestuftem Blatt), 10 Tüllenbeile und Frgte., 2 mittelständige Lappenbeile, 6 Knopfsicheln und Frgte., 2 Griffzungensichelfrgte., 8 Sichelfrgte., 2 Hakensicheln, 2 Ringe, 1 Stab, 39 Gußklumpen.- Mozsolics, Bronzefunde 154f. ("Horizont Kurd") Taf. 171-174.

463. **Nagykálló-Kiskálló**, Kom. Szabolcs-Szatmár.- Diverse Einzelfunde.- Mozsolics, Bronzefunde 155.

464. **Nagykanizsa**, Kom. Zala.- Grabfund.- Griffzungenschwert ('Typus A1') (in zwei Teile zerbrochen), 3 Frgte. von Kegelkopfnadeln.- E. Patek, Die Urnenfelderkultur in Transdanubien (1968) Taf. 93, 1; Kemenczei, Schwerter 44f. Nr. 188 Taf. 17, 188.

465. **Nagykónyi-Eledény**, Kom. Tolna.- Siedlung.- Scherben.- E. Patek, Die Urnenfelderkultur in Transdanubien (1968) 60.

466. **Nagy-Lehota** - > Vel'ká Lehota (Slowakei).

467. **Nagylózna** - > Lozna-Mare (RO).

468. **Nagyrécse**, Kom. Zala.- Einzelfund.- Griffzungenschwert ('Typus C1').- Kemenczei, Schwerter 54 Nr. 259 Taf. 27, 259.

469. **Nagyrév**, Kom. Szolnok.- Von der Theiß angeschwemmt.- Dreiwulstschwert.- Mozsolics, Bronzefunde 155; T. Kemenczei, Die Schwerter in Ungarn II (1991) 35 Nr. 109 Taf. 25, 109.

470. **Nagysink**, Kom. Küküllő -> Cincu (RO).

471. **Nagyszeben** -> Sibiu (RO).

472. **Nagytétény-Budapest XXII.**- Flußfunde aus der Donau.- Griffzungenschwert, Helm.- Mozsolics, Bronzefunde 155 Taf. 136, 3.

473. **Nagyvárad** -> Oradea (RO).

474. **Nagyvejke**, Kom. Tolna.- Depot in einer Siedlung der Szekszárd-Gruppe; ein Teil des Depots dürfte infolge landwirtschaftlicher Tätigkeit verloren sein. Jetzt 164 Gegenstände).- 2 Lappenbeilfrgte., 12 Tüllenbeile und Frgte., 3 Knopfsichelfrgte., 29 Griffzungensicheln und frgte., 4 Sichelfrgte., 2 Messerfrgte., 1 Griffzungendolchfrg., 5 Sägefrgte., 2 Griffzungenschwertfrgte. (Typus Ennsdorf), 4 Schwertklingenfrgte., 4 Lanzenspitzen und Frgte. (in der Tülle einer dieser Lanzen ist ein Bronzestab eingekeilt), 1 Phalere, 1 doppelaxtförmige Zierscheibe, 4 Knöpfe, 14 Armringfrgte., 9 Drahtstücke, 1 Drahtspiralfrg., 5 Bänder, 2 Ösenkopfnadeln, 1 Riemenverteiler, 2 kleine Ringe, 4 Blechröhrchen, 1 tütenförmiges Blech, 3 Nadelfrgte., 1 Violinbogenfibelfrg., 1 Blattbügelfibelfrg., 1 Plättchen (Rasiermesser?), Bronzebleche, 1 Bronzetassenfrg., 25 Bronzebrocken.- Mozsolics, Bronzefunde 157; Kemenczei, Schwerter 30 Nr. 127 Taf. 10, 127; 63 Nr. 342-343 Taf. 38, 342-343; P. Patay, Die Bronzegefäße in Ungarn (1990) 70 Nr. 117 Taf. 45, 117.

475. Nagyzorlenc -> Zorlentu Mare (RO).

476. **Napkor**, Kom. Szabolcs-Szatmár.- Depot beim Rigolen in Tongefäß.- Griffzungenschwertfrg. ('Typus C1'), 7 Tüllenbeile, Lappenbeilfrg., 2 Zungensicheln, 3 Knopfsicheln, Sichelklingenfrg., 1 Meißelfrg., 6 Armringe, 3 Sägeblätter, Ösenknopf, 3 Blechfrgte., 10 Gußstücke.- Kemenczei, Schwerter 54 Nr. 260 Taf. 28, 260; Mozsolics, Bronzefunde 157f. ("Horizont Gyermely") Taf. 257-258.

477. **Napkor-Piripucpuszta**, Kom. Szabolcs-Szatmár.- Depot (1964) in Tongefäß in einer Lehmgrube.- 16 Tüllenbeile (davon 5 fragmentiert), 1 Beilschneide, 1 Tüllenmeißel, 2 Lanzenspitzen (davon eine in zwei Stücken; 1 Ex. mit gestuftem Blatt, 1 Ex. mit profilierter Tülle), 4 fragmentierte Lanzenspitzen (darunter 1 Ex. mit kurzer Tülle), 4 Zungensicheln, 10 Zungensichelfrgte., 1 Knopfsichel, 1 Knopfsichelfrg. 1 Sichelfrg., 3 Sägeklingen, 1 fragmentierter Dolch, 1 Vollgriffschwert (Typus Riegsee?), 2 Schwertklingenfrgte., 1 Ahle, 5 Armringe, 3 Drahtstücke, Bronzeplatte, Spiralfrg., 1 Gußkuchenfrg., 6 Goldgegenstände: Die Goldgegenstände waren in einem Tüllenbeil verborgen (1 zusammengebogener Ring und 1 Goldfladen sowie Drahtfrgte.).- Mozsolics, Bronzefunde 158 ("Horizont Kurd"); T. Kemenczei, Nyíregyházi Jósa András Múz. Évk. 8-9, 1965-66, 13ff. mit Abb.

478. **Nauzeti**, Kom. Komáron.- Dreiwulstschwert (Typus Liptau).- Müller-Karpe, Vollgriffschwerter Taf. 22, 10.

479. **Nemesgulács**, Kom. Veszprém.- Depot.- 29 Gußkuchen.- Datierung ungewiß.- Mozsolics, Bronzefunde 159 ("Vielleicht Horizont Kurd").

480. **Nemetbánya**.- Gräberfeld der späten Hügelgräberkultur (Čaka-Kultur).-
- Hügel II, 1; Grab 1; Brandbestattung.- Fibel (Typus Čaka), 3 Armringe, Nadelfrg., Keramik.- G. Ilon, Közlemenei Veszprém 17, 1984, 69ff. Taf. 1.
-Grab 3.- Unter anderem kleine Bronzeplatte.- G. Ilon, Közlemenei Veszprém 18, 1986, 83ff.

481. **Neszmély**, Kom. Komárom.- Gräberfeld mit ca 600 Gräbern.- E. Patek, Acta Arch. Acad. Scien. Hungaricae 13, 1961, 33ff.

482. **Nógrádsáp**, Kom. Nógrád.- Urnengräber auf dem Berg Somlyóhegy.- Keramikfrgte.; Messerfrg., Sichelfrg. Rasiermesserfrgte. (mit ovalem Blattausschnitt), Spiralröllchen.- Kemenczei, Spätbronzezeit 106 Taf. 1, 26-30.

483. **Nyékládháza**, Kom. Borsod-Abaúj-Zemplén.- Einzelfund aus einer Schottergrube.- Griffzungenschwert ('Typus C1').- M. Hellebrandt, Acta Arch. Acad. Scien. Hungaricae 37, 1985, 23 Abb. 1, 2; Kemenczei, Schwerter 54 Nr. 261 Taf. 28, 261.

484. **Nyergesújfalu**, Kom. Komárom.- Donauufer, Siedlung.- Keramik; Lehmarchitekturteile.- E. Patek, Die Urnenfelderkultur in Transdanubien (1968) 35 Taf. 111, 7; 113-115.

485. **Nyergesújfalu**, Kom. Komáron.- Aus der Donau.- Griffzungenschwert (Zunge abgebrochen) ('Typus C7'). Daneben fanden sich 1 Dreiwulstschwert, 3 Dreiwulstschwertrohlinge, 1 Gußfladen.- Mozsolics, Bronzefunde 159; Kemenczei, Schwerter 62 Nr. 335 Taf. 37, 335.

486. entfällt.

487. **Nyíracsád**, Kom. Szabolcs-Szatmár.- Depot in Tongefäß.- ehemals 10 Ringe; erhalten sind 4 Ringe.- Mozsolics, Bronzefunde 159.

488. **Nyíracsád-Nagyerdö**, Kom. Szabolcs-Szatmár.- Depot in Tongefäß 1,3 - 1,5 m tief.- 1 Absatzbeil mit gerader Rast, 4 Tüllenbeilfrgte., 6 Knopfsicheln, 1 Griffzungensichel (verbogen), 1 Griffzungendolch, 1 Nackenscheibenaxtfrg., 8 Armringe, 3 Armringrohlinge, 1 Bronzestück mit dreieckigem Querschnitt, 30 Gußkuchenfrgte.; 5 weitere Gegenstände blieben in Privatbesitz.- v. Brunn, Hortfunde 290; Mozsolics, Bronze- und Goldfunde 159f. ("Horizont Opályi") Taf. 57 B; Mozsolics, Bronzefunde 159 ("Horizont Aranyos"); Kemenczei, Schwerter 29 Nr. 114 Taf. 10, 114.

489. **Nyírbátor**, Kom. Szabolcs-Szatmár.- Depot I (unvollständig erhalten).- Nackenscheibenaxtfrg., 3 Tüllenbeile, 1 Tüllenbeilfrg., 1 Griffzungendolchfrg., 2 Sichelfrgte. Nach der Aufzählung bei Mozsolics, Bronzefunde 2 weitere Sichelfrgte. und 1 Tüllenmeißel (?); das Nackenscheibenaxtfrg. wird nicht erwähnt.- Mozsolics, Bronze- und Goldfunde 160 ("Horizont Opályi"); Kemenczei, Spätbronzezeit 125 Nr. 45 Taf. 59b; Mozsolics, Bronzefunde 159 ("Horizont Kurd").

490. **Nyírbátor**, Kom. Szabolcs-Szatmár.- Depot II (1971) angeblich 39 Stücke, nach Aufzählung Mozsolics aber 42.- 5 Tüllenbeilfrgte., 1 Nackenscheibenaxtfrg., 1 Meißelfrg., 3 Knopfsichelfrgte., 1 Griffzungensichel, 3 Griffzungensichelfrgte., 1 Griffzungenmesserfrg., 1 Lanzenspitzenfrg., 1 Sägefrg., 1 Scheibe, 5 Armringe und Frg., 10 Gußbrocken.- Bronzefunde 159 ("Horizont Kurd").

491. **Nyírbátor**, Kom. Szabolcs-Szatmár.- Einzelfund.- Armring.- Mozsolics, Bronzefunde 160.

492. **Nyírbéltek**, Kom. Szabolcs-Szatmár.- Depot.- 3 Nackenscheibenäxte, 6 Armringe (98,3 g; 1177,5 g; 231,9 g; 270,9 g; 272,7 g; 275,8 g).- Mozsolics, Bronze- und Goldfunde 160f. ("Horizont Opályi") Taf. 41; Vulpe, Äxte I Taf. 86 C; A. Mozsolics, Acta Arch. Acad. Scien. Hungaricae 15, 1963, 70 Abb. 1 u. Taf. 6.

493. entfällt.

494. **Nyírbogdány**, Kom. Szabolcs-Szatmár.- Depot vermutlich in Tongefäß.- Alle Stücke fragmentiert: 22 Sichelfrgte. (davon mindestens 1 Griffzungen- und 2 Knopfsicheln), 1 Nadelschützer, 9 Tüllenbeile, 9 Ringe, 5 kleine Ringe, 6 Armspiralenfrgte., 2 Meißelfrgte., 1 Spirale, 29 Sägeblätter, 6 Blechstücke (darunter von einem Blechgürtel mit gepunztem Dekor), 1 Bronzefrg. (von einem Anhänger?), 1 Griffzungenmesserfrg., 45 Gußkuchenfrgte.- A. Jósa, Nyíregyházi Jósa András Múz. Évk. 6-7, 1963-64, 35 Taf. 40-41; Kilian-Dirlmeier, Gürtel 109 ("Hortfundstufe Kispáti-Lengyeltóti") Nr. 447 Taf. 47, 447; Mozsolics, Bronzefunde 160 ("Horizont Kurd").

495. **Nyíregyháza**, Kom. Szabolcs-Szatmár.- Depot der Stufe Hajdúböszörmény.- Mozsolics, Bronzefunde 161.

496. **Nyíregyháza**, Kom. Szabolcs-Szatmár.- Nackenscheibenaxt.- Mozsolics, Bronze- und Goldfunde 162.

497. **Nyíregyháza**, Kom. Szabolcs-Szatmár.- Tüllenbeil mit gerade abgeschnittenem Tüllenmund und plastischer Lappenzier.- Mozsolics, Bronze- und Goldfunde 162.

498. **Nyíregyháza-Bujtos**, Kom. Szabolcs-Szatmár.- Depot I in Tongefäß.- 13 Arminge, 11 kleinere Ringe.- Mozsolics, Bronze- und Goldfunde 161 ("Horizont Opályi") Taf. 60.

499. **Nyíregyháza-Bujtos**, Kom. Szabolcs-Szatmár.- Depot II in Tongefäß in einer Siedlung.- 1 Nackenscheibenaxt, 10 Armringe, 4 Armringe mit eingerollten Enden, 2 Spiralen.- A. Jósa [Kemenczei ed.], Nyíregyházi Jósa András Múz. Évk. 6-7, 1964-64 Taf. 43; v. Brunn, Hortfunde 290; Mozsolics, Bronze- und Goldfunde 161 ("Horizont Forró") Taf. 9.

500. **Nyírkarász-Gyulaháza** (zwischen), Kom. Szabolcs-Szatmár.- Grabhügel; "darin in 4,5 m Tiefe 'in einem Haufen über gebrannten Knochen in Ordung übereinander'" die Bronzen; Grab oder

Depotfund.- 1 Nackenscheibenaxt, 2 Griffzungendolche (der bei der Grabung noch erhaltene Beinbelag der Griffzunge eines dieser Dolche war mit Ziernägeln beschlagen), 2 Tüllenbeile, 1 Messer- oder Dolchgriff, 1 Scheibenkopfnadel, 1 Warzenhalsnadel, 1 Goldperle, Keramikfrgte.- E. Kroeger-Michel, Nyíregyházi Jósa András Múz. Évk. 11, 1968, 77; Mozsolics, Bronze- und Goldfunde 162 Taf. 67; Kemenczei, Schwerter 28 Nr. 106-107.

501. Nyírlugos, Kom. Szabolcs-Szatmár.- Fundumstände unbekannt (?).- 1 Nackenscheibenaxtfrg.- Mozsolics, Bronze- und Goldfunde 162 Taf. 42 C.

502. Nyírpazony, Kom. Szabolcs-Szatmár.- Depot (?).- 2 Dreiwulstschwerter, 1 Gußkuchen (4 kg).- Arch. Ért. 26, 1906, 181 Abb. 11a-b; Mozsolics, Bronzefunde 162 Taf. 209, 6-7; Müller-Karpe, Vollgriffschwerter103 Taf. 24, 9.

503. Nyírszölös, Kom. Szabolcs-Szatmár.- 1 Nackenscheibenaxt, 2 Armspiralen; bei Nachgrabungen fanden sich 7 Sägeblätter, eine verzierte Scheibe, 1 Beilfrg., mehrere Gußbrocken, 3 Drahtstücke.- v. Brunn, Hortfunde 290; Mozsolics, Bronze- und Goldfunde 162 Taf. 55, 1-3.

504. Nyírtura, Kom. Szabolcs-Szatmár.- Depot (nicht vollständig überliefert).- 2 Tüllenbeile (eines fragmentiert), 3 Sichelfrgte., 2 Frgte. eines Griffzungendolches, 1 Schildfrg., 1 Nadelfrg., 1 Bronzestab, 4 Gußkuchenfrgte.; weitere Bronzen, u. a. eine Knotennadel, 1 Sägeklingenfrg., 1 Ahlenfrg. gehören nicht sicher zu diesem Depotfund.- P. Patay, Germania 46, 1968, 241ff.; Mozsolics, Bronzefunde, 162f. Taf. 204; Kemenczei, Schwerter 30 Nr. 128 Taf. 10, 128.

505. Nyúl, Kom. Györ-Sopron.- Streufund.- Keramik.- E. Patek, Die Urnenfelderkultur in Transdanubien (1968) 133.

506. Oberloisdorf -> Felsöszentlászló.

507. Öcsény, Kom. Tolna.- Depot.- 7 Armringe, 4 Gußbrocken.- Mozsolics, Bronzefunde, 163 ("vielleicht Horizont Kurd").

508. Ofehérto.- Golddepot

509. Okány, Kom. Bekes.- Einzelfund.- Griffzungendolch mit Ringknaufende.- Kemenczei, Schwerter 25 Nr. 100 Taf. 8, 100; Mozsolics, Bronzefunde 165.

510. Oláhcsaholy -> Cehal (RO).

511. Oláhhorvát -> Horoatu Cehului (RO).

512. Oláhlápos -> Lapus (RO).

513. Olcsvaapáti, Kom. Szabolcs-Szatmár.- Depot I beim Einsturz des Szamos-Ufers (Funde angeblich vermischt).- Vollgriffdolchfrg., 1 Lanzenspitze, 4 Knopfsicheln, 2 Nadeln, 2 Blechanhängerfrgte., Bronzering, 6 enggerippte Armringe mit sich berührenden Enden, 3 Ringe gleichen Typs mit Tannenzweigdekor, 2 Armringe, 4 kleinere Ringe.- Mozsolics, Bronze- und Goldfunde 163f.; Mozsolics, Bronzefunde 165 ("Datierung unsicher").

514. Olcsvaapáti, Kom. Szabolcs-Szatmár.- Depot II.- 1 Griffzungenschwert (Typus Nenzingen/'Typus C2'), 4 Tüllenbeile, 1 Tüllenmeißel, 2 Frgte. einer (?) Lanzenspitze mit gestuftem Blatt, 2 kleine Goldringe, 6 kleine Bronzestücke.- F. v. Tompa, 24.-25. Ber. RGK 1934-35, 103 Taf. 49, 24-30; 50, 26. 28; Mozsolics, Bronze- und Goldfunde 164 ("Horizont Opályi") Taf. 34; Kemenczei, Schwerter 57 Nr. 291 Taf. 32, 291; Mozsolics, Bronzefunde 165 ("Horizont Aranyos").

515. Olcsvaapáti, Kom. Szabolcs-Szatmár.- Depot III.- In einer "Bronzelade(?)" 30-40 Armringe; 9 Ex. erhalten.- Mozsolics, Bronzefunde 165 ("Vielleicht Horizont Aranyos").

516. Olcsvaapáti, Kom. Szabolcs-Szatmár.- Depot IV.- 2 Tüllenbeile, 1 Knopfsichel, 4 Armringe, 6 gerippte Armringe, 5 größere Ringe, 1 Ringfrg., rechteckiges Bronzestück.- Mozsolics, Bronzefunde 165 (keine Abb.) ("Horizont Aranyos").

517. Opályi, Kom. Szabolcs-Szatmár.- Depot bei dem Bach Kraszna in einem Bronzegefäß entdeckt; die Nackenscheibenäxte waren um das Gefäß herumgestellt; als Abdeckung des Gefäßes dienten die Phaleren. Ein Teil der Gegenstände, darunter das Bronzegefäß, ist verloren.- 13 Nackenscheibenäxte, 1 Doppelarmknauf, 1 Lanzenspitze mit profilierter Tülle, 1 Tüllenbeil, 4 verzierte Armringe, 23 unverzierte Armringe (davon 1 fragmentiert), 4 dreieckige Anhänger (davon 1 fragmentiert), 4 fragmentierte Phaleren, 14 kleinere Bronzescheiben und Knöpfe, 2 Bronzeperlen, 1 tutulusförmiger Knopf, 4 kegelförmige Anhänger, 2 kleine Zylinder, 3 mehrfach gebogene Warzenhalsnadeln, 1 halbkreisförmige Vogelprotome (mit Bernsteineinalge im Auge). Gewichtsangaben liegen nur für die Armringe vor: 119,4 g; 120,1 g; 178,6 g; 183,6 g; 46,7 g; 47,6 g; 41,6 g; 58 g; 85,2 g; 52,6 g; 53,5 g; 55,3 g; 57,3 g; 59,1 g; 56,3 g; 57,6 g; 58,8 g; 56,7 g; 58 g; 59,1 g; 59,3 g; 59,5 g; 61,4 g; 62 g.- A. Mozsolics, Acta Arch. Acad. Scien. Hungaricae 15, 1963, 65ff. mit Abb.; Mozsolics, Bronze- und Goldfunde 164f. Taf. 15-20; A. Hochstetter, Germania 59, 1981, 258 Nr. 30; N. Chidiosan, Stud. Cerc. Ist. Vech. 28, 1977, 60 Abb. 3, 10-11; P. Patay, Die Bronzegefäße in Ungarn (1990) 85 Nr. 170.

518. Operint -> Szombathely.

519. Orci, Kom. Somogy.- Depot 1884 in einem Gefäß; im unteren Teil des Gefäßes lagen Knochen.- 1 Tüllenbeil mit Keilrippenzier (verloren), 7 Griffzungensicheln, 2 Sichelfrgte., 1 Griffzungenschwertgriff (Typus Dunaújváros/A4), 1 Schwertklingenfrg. (verloren), 1 Griffzungenmesser, 1 Griffzungendolchfrg., 1 Lanzenspitze mit geflammtem Blatt (verloren), 1 Armringfrg., 1 Posamenteriefibelfrg., 1 Spiralröhrchen (verloren), 4 Drahtfrgte. (von Mozsolics als Nadelschäfte bezeichnet), 2 Gußbrocken.- Arch. Ért. 4, 1884, 204f. (gute Abbildungen); Mozsolics, Bronzefunde 165f. Taf. 120; Kemenczei, Schwerter 49 Nr. 226 Taf. 23, 226; 30 Nr. 123 Taf. 10, 123.

520. Öreglak, Kom. Somogy.- Depot in 1,5 m Tiefe.- 3 Frgte. mittelständiger Lappenbeile, 9 zumeist beschädigte Tüllenbeile, 8 Tüllenbeilfrgte., 1 Tüllenmeißelfrg., 23 Zungensicheln, 30 Zungensichelfrgte., 20 Sichelfrgte., 2 Lanzenspitzen, 4 Lanzenspitzenfrgte., 4 stabförmige Bronzestücke, 16 Armringe und Frgte., 1 Frg. einer Spindelkopfnadel mit gegliedertem Hals (Typus Petersvására), 1 Frg. einer Nadel mit geschwollenem und gerippten Hals, 1 Messerfrg., 1 Dolchklingenfrg., 1 lanzettförmiger Meißel, 1 Feile (?) 5 Griffzungenschwertfrgte. ('Typus C3; C6'), 2 Schwertklingenfrgte., 1 Stab, 1 Keule, 2 Gußzapfen, 24 Frgte. plankonvexer Barren.- Mozsolics, Bronzefunde 163ff. ("Horizont Kurd") Taf. 76-86; Kemenczei, Schwerter 59 Nr. 308-310 Taf. 34, 308-310; 61 Nr. 326-327 Taf. 36, 326-327.

521. Oros, Kom. Szabolcs-Szatmár.- Einzelfund.- Lanzenspitze mit profiliertem Blatt.- Mozsolics, Bronzefunde 166.

522. Oros, Kom. Szabolcs-Szatmár.- Einzelfund.- Siebenbürgisches Tüllenbeil.- Mozsolics, Bronzefunde 166.

523. Orosháza, Kom. Békés.- Depot (?).- 16 Arm- und Beinringe.- Mozsolics, Bronzefunde 166.

524. Orosháza, Kom. Békés.- Depot (1952).- 2 Dreiwulstschwerter ("senkrecht in der Erde steckend").- Mozsolics, Bronzefunde 166; T. Kemenczei, Die Schwerter in Ungarn II (1991) 33 Nr. 102 Taf. 23, 102.

525. Orosháza, Kom. Békés.- Einzelfund (1892).- Griffzungendolch ("Typus B5").- Kemenczei, Schwerter 31 Nr. 129 Taf. 10, 129; Mozsolics, Bronzefunde 166.

526. Orosháza, Kom. Békés.- Einzelfund.- Griffzungendolch ("Typus B3").- Kemenczei, Schwerter 29 Nr. 117 Taf. 10, 117; Mozsolics, Bronzefunde 166.

527. Orosz -> Orci.

528. Oroszmező -> Rus (RO).

529. Osgyán -> Ozd'any (Slowakei).

530. Ösi, Kom. Veszprém.- Einzelfund.- Griffzungenschwert (Spitze fehlt) ('Typus A3').- Kemenczei, Schwerter 48 Nr. 211 Taf. 21, 211.

531. Pácin, Kom. Borsod-Abaúj-Zemplén.- Depot I in Tongefäß auf Flur Alsókenderhomokdülő.- 18 Armringe, 1 Tüllenbeil, Spiralringfrg., Dolchgrifffrg., Nadelfrg., 2 Anhängerfrgte., 2 kleine Spiralscheiben, 9 Spiraldrahtringfrgte.- Mozsolics, Bronze- und Goldfunde 167 ("Horizont Opályi"); Kemenczei, Spätbronzezeit 125 Nr. 46a Taf. 62a; Mozsolics, Bronzefunde 166 ("Horizont Aranyos").

532. Pácin, Kom. Borsod-Abaúj-Zemplén.- Depot II.- 2 Armspiralen, 4 Handschutzspiralen.- Mozsolics, Bronze- und Goldfunde 167 ("vielleicht noch Horizont Forró, sicher Stufe B IV"); Kemenczei, Spätbronzezeit 125 f. Nr. 46b Taf. 62b; Mozsolics, Bronzefunde 166 ("Horizont Aranyos").

533. Pácin, Kom. Borsod-Abaúj-Zemplén.- Depot IV in Tongefäß.- 7 schwere Ringe (274 g, 205 g, 190 g, 340 g, 389 g, 320 g, 228 g), 18 Armringe (100 g, 118 g, 123 g, 88 g, 109 g, 90 g, 50 g, 64 g, 85 g, 36 g, 30+18 g, 30+18 g, 9+55 g, 35 g, 16+19 g, 41 g, 55 g, 19 g, 18 g), 2 Tüllenbeile (davon eines - mit Keilrippen - fragmentiert, das Schnabeltüllenbeil erh.), 3 Beilfrgte. (180 g, 209 g, 152 g, 144 g, 295 g), 5 Schaftröhrenäxte (bei dreien theriomorpher Aufsatz) (163 g, 60 g, 80 g, 55 g, 183 g, 159 g), 1 Gußzapfen (91 g), Tutulus (33 g), 8 Knopfsicheln, 10 Zungensicheln (58 g, 27 g, 30 g, 52 g, 31 g, 60 g, 55 g, 81 g, 45 g, 65 g, 77 g, 62 g, 93 g, 105 g, 28 g, 50 g, 22 g), 1 Phalere (89 g), 2 Lanzenspitzenfrgte. (55 g, 55 g) 1 Griffzungendolchfrg. (65 g), 11 Gußbrocken (268 g, 149 g, 120 g, 90 g, 605 g, 151 g, 206 g, 91 g, 77 g, 132 g, 95 g), 1 kleines Blech (2 g).- M. B. Hellebrandt, Commun. Arch. Hungariae 1989, 97-117 mit Abb.

534. Paks, Kom. Tolna.- Griffzungenschwert ('Typus A4').- Kemenczei, Schwerter 49 Nr. 227 Taf. 23, 227.

535. Palotabozsok, Kom. Baranya.- Depot beim Rigolen (1882).- 18 Tüllenbeile und Frg., 1 Flachbeil, 12 Knopfsicheln, 1 Hakensichel, 51 Griffzungensicheln und Frg., 3 Griffzungendolchfrg., 4 Schwertklingenfrgte., 6 Lanzenspitzenfrgte., 1 Griffzungenmesserfrg., 6 Phaleren und Scheiben, 1 doppelaxtförmige Phalere, 20 Gußbrocken, 2 Stäbe, 2 Brillenspiralen, ca. 25 Bruchstücke von Armringen (vielleicht darunter auch Stücke anderer Verwendung), 1 Spiralring, 1 Zylinder, 1 Spiralröllchen, 1 Tassenfrg., 7 Blechfrgte. von verzierten Gürteln, 1 Halsringfrg., 1 Drahtfrg., 1 Handschutzspiralenfrg., 19 Sägefrgte.- J. Hampel, Alterthümer der Bronzezeit in Ungarn (1887) Taf. 97-100 (gute Abbilundgen); Mozsolics, Bronzefunde 167 ("Horizont Kurd") Taf. 70-75; Kemenczei, Schwerter 31 Nr. 130 Taf. 10, 130; P. Patay, Die Bronzegefäße in Ungarn (1990) 70 Nr. 118 Taf. 45, 118; Kilian-Dirlmeier, Gürtel 110 ("Hortfundstufe Kispáti-Lengyeltóti") Nr. 454 Taf. 46, 454.

536. Paloznak.- Einzelfund.- Tüllenbeil.- E. Patek, Die Urnenfelderkultur in Transdanubien (1968) Taf. 66, 4.

537. Pamuk, Kom. Somogy.- Depot an einer "ehemals sumpfigen Stelle".- 3 Griffzungenschwertfrgte. ("Typus C1; C'), 6 Schwertklingenfrgte. 5 Dolchklingenfrgte., 1 Dolchklinge, 4 Lanzenspitzenfrgte. (mit gestuftem Blatt), 1 Knopfsichelfrg., 4 Tüllenbeilfrgte. (in einem Draht), 4 Zungensichelfrgte., 1 Messerklinge, 3 Sichelfrgte., 1 Sichel, 25 Sichelfrgte., 4 Drahtstücke, 4 Arm- oder Fußringe, 1 verbogenes Blechband, 6 Armringfrgte., 5 Sägefrgte., 1 Blechstück, 19 Gußkuchenfrgte., 1 Scheibe, 2 Rasiermesserfrgte. (doppelaxtförmig), 1 Mohnkopfnadelfrg., 2 Fibelfrgte., 1 Nadelkopf, 1 Bronzefrg., 1 Schildbuckelfrg., 2 Blechfrgte., 1 Spiralröhrchen, 1 Siebfrg., 1 Bronzefrg., 1 Ring, 2 Blechgürtelfrgte. (glatt), Blechfrgte. (von Gürteln?), verzierte Blechstücke, Blechstücke, 1 Frg. tordierten Drahtes, Keramik (insgesamt 146 Stücke, aber 116 nur aufgezählt).- Mozsolics, Bronzefunde 168f. Taf. 104-106; Kemenczei, Schwerter 54 Nr. 262 Taf. 28, 262; 63 Nr. 344 Taf. 38, 344; 67 B; 68; 31 Nr. 11, 131; P. Patay, Die Bronzegefäße in Ungarn (1990) 72 Nr. 122 Taf. 45, 122.

538. Páncélcseh -> Panticeu (RO).

539. Pap, Kom. Szabolcs-Szatmár.- Depot in Tongefäß.- 3 Nackenscheibenäxte (davon eine fragmentiert), 1 Lanzenspitze (glatt), 1 Phalere (fragmentiert), 2 Armringe, 1 Handschutzspirale, 1 Nadel mit seitlicher Öse.- A. Jósa [Kemenczei ed.], Nyíregyházi Jósa András Múz. Évk. 6-7, 1964-64 Taf. 46; Mozsolics, Bronze- und Goldfunde 168 ("Horizont Opályi") Taf. 43-44.

540. Pápa oder Nyárád, Kom. Veszprém.- Frg. eines Dreiwulstschwertes, angeblich zusammen mit einem anderen Schwert oder Dolch.- Mozsolics, Bronzefunde 169 ("Horizont Kurd").

541. Pápa, Kom. Veszprém.- Einzelfund.- Griffzungendolch ("Typus B2").- Kemenczei, Schwerter 29 Nr. 115 Taf. 10, 115.

542. Pári, Kom. Tolna.- Siedlung.- E. Patek, Die Urnenfelderkultur in Transdanubien (1968) 77.

543. Pátka, Kom. Fejér.- Einzelfunde (?).- 2 Lanzenspitzen mit geflammtem Blatt bzw. randparallel profiliert.- Mozsolics, Bronzefunde 169.

544. Pátroha, Kom Szabolcs-Sztmár.- Depot in Tongefäß beim Rebpflanzen.- 3 Tüllenbeilfrgte., 1 Lanzenspitze, 2 Griffzungensichelfrgte., 2 Blechanhänger, Spiralring, 11 Armringe und Frgte., 28 Perlen; dazu eine Lanzenspitze, 1 Tüllenbeil, 3 Armringe.- A. Jósa [Kemenczei ed.], Nyíregyházi Jósa András Múz. Évk. 6-7, 1964-64 Taf. 47; Kemenczei, Spätbronzezeit 126 Nr. 47 Taf. 63b; Mozsolics, Bronzefunde 169f. ("Horizont Kurd").

545. Patvarc, Kom. Nógrád.- "Grubenhaus" und Abfallgruben auf dem Berg Hradistye.- Neben Keramikfragmenten 2 Nadeln, 1 Tüllenbeil, 1 Lanzenspitze, Drahtring.- Kemenczei, Spätbronzezeit 106 Nr. 52 Taf. 11, 14-27.

546. Pécs, Kom. Baranya.- Depot I (1903); unvollständig.- Überliefert sind als Bestandteile: 16 Griffzungensicheln bzw. Griffzungensichelfrgte. und 1 Tüllenbeil.- Mozsolics, Bronzefunde 170 ("Horizont Kurd") Taf. 46.

547. Pécs, Kom. Baranya.- Depot II beim Rigolen.- 4 Tüllenbeile, 2 Lanzenspitzen, 1 Stabmeißel, 1 Drahtstück, 2 Sägeklingen, 39 Griffzungensicheln und Griffzungensichelfrgte.- Mozsolics, Bronzefunde 170f. ("Horizont Kurd") Taf. 47-51.

548. Pécs, Kom. Baranya, Jakobshügel.- Depot III. Bei Ausgrabungen außerhalb der Westschanze gefunden.- 5 Kolbenkopfnadeln, Kugelkopfnadel, Rollennadel, 2 Ösenhalsnadeln, 2 Bronzeknöpfe, 2 Scheiben, 8 Fußringe, 1 Armringfrg., 3 Armringe, 3 Drahtstücke, 1 Halsringfrg., 1 Knopf, 3 Plattenfibeln, 1 Violinbogenfibel mit Fuß, 4 Drahtringe, kleiner Angelhaken, 1 Pfeilspitze, 8 Tüllenbeile und Frgte., 15 Sicheln und Sichelfrgte. (Griffzungensicheln), 4 Messerfrgte. (teilw. von Griffzungenmessern), 3 Lanzenspitzen mit gestuftem Blatt), 1 Gegenstand, 1 Draht, 1 Zierknopf, 12 Gußkuchen und Frgte.- Mozsolics, Bronzefunde 171 ("Horizont Kurd").

549. Pécs.- Jakabhegy (Jakobshügel).- Verschiedene keramische Funde legen eine Begehung oder Besiedlung des Jakobshügels in

der späten Bronzezeit (Bz D- Ha A) nahe.- B. Maráz, Janus Pannonius Múz. Évk. 30-31, 1985-85, 39ff.

550. Pecsenyéd -> Pöttsching (A).

551. Pécska -> Pecica (RO).

552. Penészlek, Kom. Szabolcs-Szatmár.- Depot in ca. 70 cm Tiefe.- 1 Nackenscheibenaxt, 1 Lanzenspitze (mit gestuftem oder profiliertem Blatt), 1 Nackenknaufaxt, 3 Tüllenbeile mit symmetrisch aufgebogenem Rand, 9 Armringe, 1 Anhängerfrg.- Mozsolics, Bronze- und Goldfunde 169 ("Horizont Opályi") Taf. 77 A; Vulpe, Äxte I Taf. 85.

553. Pénzesgyör (Lókút-Pénzeskút), Kom. Vészprém.- Gräberfeld (?).- 2 Nadeln mit mehrfach verdicktem Schaftoberteil (Typus Hulín).- J. Říhovský, Die Nadeln in Westungarn I (1983) 22 Nr. 109-110 Taf. 7, 109-110.

554. Pest (Komitat).- Griffzungendolch ("Typus A3").- Kemenczei, Schwerter 25 Nr. 97 Taf. 8, 97.

555. Peterd, Kom. Baranya.- Depot.- mindestend 169 Griffzungensicheln und Fragmente, 1 mittelständiges Lappenbeil, 12 Tüllenbeile und Frg. (eines als Hammer verwendet), 2 Tüllenmeißel, 1 Meißelfrg., 3 Dolchfrgte., 1 Lanzenspitze mit gestuftem Blatt, 1 punktbuckelverziertes Blechfrg., 2 Armringfrgte., 1 Knopf, 1 Schwertklingenfrg., 4 Drahtfrgte., 1 Nadel, 1 Messer mit Vogelkopfgriff.- Mozsolics, Bronzefunde 171ff. Taf. 52-61.

556. Pétervására, Kom. Heves.- Depot.- 3 fragmentierte Dolche (2 davon in jeweils drei Fragmenten), 2 Lanzenspitzen (mit gestuftem Blatt), 4 Tüllenbeile (davon 1 fragmentiert), 3 Armspiralenfrgte., 3 Handschutzspiralenfrgte., 4 Spindelkopfnadeln mit gegliedertem Hals (davon 1 fragmentiert) (Typus Pétervására), 2 Plattenkopfnadeln, 7 Scheibenkopfnadeln, 3 Nadelschaftfrg. Nach Mozsolics ist die Patina der Gegenstände unterschiedlich; die von ihr unternommene Ausscheidung in drei verschiedene Fundkomplexe beruht auf den Patinaunterschieden und typologischen Erwägungen.- Kemenczei, Spätbronzezeit 119 Nr. 29b Taf. 51-52a; Mozsolics, Bronzefunde 175 ("Horizont Aranyos"); Kemenczei, Schwerter 23 Nr. 74 Taf. 7, 74.

557. Pétervására, Kom. Heves.- Depot.- Goldnoppenringe, Golddrähte.- Kemenczei, Spätbronzezeit 119 Nr. 29a.

558. Pétervására, Kom. Heves.- Vielleicht Bestandteile eines Depots.- 1 Doppelarmknauf, 1 Lanzenspitze (glatt), 1 Handschutzspirale, 1 Armspirale, 2 Armringe, 1 Spiralring. Nach Mozsolics gehören zu diesem Komplex außerdem Schildfibel, Griffzungensichel, Kugelkopfnadel, Mehrkopfnadel.- Kemenczei, Spätbronzezeit 119 Nr. 29c Taf. 52b; Mozsolics, Bronzefunde 175 ("Hallstattzeitlich").

559. Piliny, Kom. Nógrád.- Absatzbeil mit gerader Rast.- J. Hampel, A bronzkor emlékei Magyarhonban Bd. 1 (1886) Taf. 70, 3; 3, 2; Hänsel, Beiträge 195 Liste 59, 6.

560. Piliny, Kom. Nógrád.- Urnengräberfeld auf dem Berg Borsoshegy mit 237 Bestattungen. Das Material ist vermischt.- Kemenczei, Spätbronzezeit 106 Nr. 54.

561. Piricse, Kom. Szabolcs-Szatmár.- Depot I.- 1 Riegseeschwertfrg., 1 Klingenfrg., 20 Griffzungensicheln und Frg., 3 Tüllenbeile, 10 Barrenfrgte.- A. Jósa [Kemenczei ed.], Nyíregyházi Jósa András Múz. Évk. 6-7, 1964-64 Taf. 48; v. Brunn, Hortfunde 290; Mozsolics, Bronzefunde 176 Taf. 197-199; andere Aufzählung bei dies., Alba Regia 15, 1977, 14f.

562. Piricse, Kom. Szabolcs-Szatmár.- Depot II.- 2 mittelständige Lappenbeile (eines fragmentiert), 10 Tüllenbeilfrgte., 3 Lanzenspitzen (davon eine fragmentiert und mit glattem Blatt, eine mit profilierter Tülle und eine mir gestuftem Blatt) 1 weitere Lanzenspitze verloren, Griffzungendolchfrg., 1 Schwertklingenfrg., 2 Armringe mit rhomischem Querschnitt (einer mit Gußnähten 8 und 10 dkg), 1 Griffdornschwert (ganz erhalten), 1 Sägefrg., 16 fragmentierte Sicheln (davon mindestens 7 Knopf und 5 Griffzungensicheln), 1 Nadelkopf (oder eher Phalere ?), 2 Armringe (einer eng gerippt; der andere mit Strichdekor).- Mozsolics, Bronzefunde 176f. ("Horizont Kurd") Taf. 200-201; Kemenczei, Schwerter 24 Nr. 86 Taf. 8, 86; 34 Nr. 143 Taf. 11, 143.

563. Pocsaj, Kom. Hajdú-Bihar.- Vielleicht Reste eines oder mehrerer Depotfunde.- Mozsolics, Bronzefunde 177.

564. Pölöske, Kom. Zala.- Depot in Tongefäß in 2 m Tiefe unter dem Boden eines entwässerten Moores (1886).- 3 mittelständige Lappenbeile, 4 Tüllenbeile, 1 Lanzenspitze mit gestuftem Blatt, 7 Griffzungensicheln, 1 Blechstück, 1 Beschlagstück, 1 Griffzungenschwertfrg., 1 Blechröhre, 2 Armringe, 1 Nadel, 1 Ring, 4 Bronzegefäßfrgte., 30 Griffzungensicheln und Frgte., 11 Gußbrocken.- Arch. Ért. 18, 1887, 55 Taf. 1 (gute Abbildungen); Mozsolics, Bronzefunde 177f. Taf. 124-128; P. Patay, Die Bronzegefäße in Ungarn (1990) 83 Nr. 160 Taf. 70, 160; Kemenczei, Schwerter 65 Nr. 349 Taf. 38, 349.

565. Pomáz, Kom. Pest.- Einzelfund.- Griffzungenschwert ('Typus B1').- Kemenczei, Schwerter 51 Nr. 242 Taf. 25, 242.

566. Pomáz, Kom. Pest.- Einzelfunde.- Lanzenspitze, Sichel (beide Ha A2/B1).- E. Patek, Die Urnenfelderkultur in Transdanubien (1968) 75 Taf. 129, 10. 12.

567. Pomáz, Kom. Pest.- Gräberfeld.- E. Patek, Die Urnenfelderkultur in Transdanubien (1968) 77.

568. Poroszlópuszta, Kom. Szabolcs.- Nackenscheibenaxt.- E. Kroeger-Michel, Nyíregyházi Jósa András Múz. Évk. 11, 1968, 75.

569. Porva, Kom. Veszprém.- Vielleicht aus Depot.- 2 Armringe, Lanzenspitze.- Mozsolics, Bronzefunde 178 ("Jungbronzezeitlich").

570. Pötréte - > Zalaszentmihály

571. Püspökhatvan, Kom. Pest.- Depot.- Griffzungenschwertfrg. ('Typus C7'), 2 Absatzbeile, 4 Lappenbeilfrgte., 2 Tüllenbeile, 4 Tüllenbeilfrgte., 13 Beilfrgte., 2 Messerfrgte., 3 Schwertklingenfrgte., 1 Dolchfrg., 3 Lanzenspitzenfrgte. (glatt; eines vermutlich von Kurztüllenlanze), 17 Zungensicheln (teilw. fragmentiert), 8 Knopfsicheln (teilw. fragmentiert), 8 Sichelfrgte., 11 Sägeblätter, 1 Fibelfrg., 6 Blechknöpfe, 5 Blechknopffrgte., 4 Armringe, 10 Armringfrgte., 3 Halsringfrgte., 17 Armspiralenfrgte., 9 Drahtfrgte., 2 Spiralröhrchen, 3 Anhänger, 1 Tüllenhaken, 1 Nähnadel, 1 Mehrkopfnadel, 1 Meißel, 23 Gußstücke.- Kemenczei, Schwerter 62 Nr. 336 Taf. 37, 336; Mozsolics, Bronzefunde 178f. Taf. 139-140.

572. Püspökladány, Kom. Hajdú-Bihar.- Depot I.- 2 Vollgriffschwerter, 1 Griffzungenschwert (Typus Nenzingen).- Mozsolics, Bronzefunde 179 Taf. 19, 1-3.

573. Püspökladány, Kom. Hajdú-Bihar.- Depot II; die beiden Gefäße standen ineinander und mit der Mündung nach unten in einer Grube.- 2 Eimer (Typus Kurd).- Mozsolics, Bronzefunde 179f.; P. Patay, Die Bronzegefäße in Ungarn (1990) 38 Nr. 55-56 Taf. 29, 55-56.

574. Pusztadobos, Kom. Szabolcs-Szatmár.- Depot.- U. a. Armberge (Typus Salgótarján).- A. Jósa [Kemenczei ed.], Nyíregyházi Jósa András Múz. Évk. 6-7, 1964-64 Taf. 49; Mozsolics, Bronzefunde 180 ("Horizont Gyermely").

575. Pusztaszer.- Einzelfund.- Lanzenspitze mit gestuftem Blatt und verzierter Tülle.- Nationalmus. Budapest 23/1881.- Taf. 20,6.

576. Rába-Fluß, Kom. Győr-Sopron oder Kom. Vas.- Griffzungenschwertfrg. ('Typus C1').- Kemenczei, Schwerter 54 Nr. Nr. 263 Taf. 28, 263.

577. Ragály, Kom. Borsod-Abaúj-Zemplén.- Depot.- 1 Vollgriffschwert (fragmentiert; Typus Riegsee nahestehend), 1 Vollgriffschwert (Typus Ragály), Mehrkopfnadel.- W. Kimmig, Bayer. Vorgeschbl. 29/30, 1964/65, 228 Nr. 12; Mozsolics, Bronzefunde 180 Taf. 18, 1-3; Müller-Karpe, Vollgriffschwerter 93 Taf. 3, 3.

578. Rajka, Kom. Győr-Sopron.- Einzelfund.- Griffzungenschwert ('Typus C7').- Kemenczei, Schwerter 62 Nr. 337 Taf. 37, 337.

579. Rákócifalva.- Lanzettförmiger Meißel (68 g), bronzefarben.- NM Budapest 26. 1941. 2.- Taf. 51, 3.

580. Rátka und Szerencs (zwischen), Kom. Borsód-Abaúj-Zemplén.- Depot.- 1 Vollgriffschwert (Typus Riegsee), 1 Vollgriffschwert (Typus Ragály).- M. Hellebrandt, Acta Arch. Acad. Scien. Hungaricae 37, 1985, 26f. Abb. 3; Mozsolics, Bronzefunde 180.

581. Recsk, Kom. Heves.- Depot in einem Andesitsteinbruch unter einem Steinblock.- 9 Vollgriffschwerter (darunter 3 Dreiwulstschwerter, 4 Schwerter mit glatter Griffstange).- A. Mozsolics, Arch. Ért. 99, 1972, 193ff. Abb. 4-6; Mozsolics, Bronzefunde 180 ("Horizont Kurd") Taf. 141-142.

582. Regöly, Kom. Tolna.- Ältere Phase der Höhensiedlung.- Keramik.- E. Patek, Die Urnenfelderkultur in Transdanubien (1968) 64ff. Taf. 80-86.

583. Regöly, Kom. Tolna.- Depot I.- Ca. 60 Armringe.- Mozsolics, Bronzefunde 181 ("Datierung unsicher").

584. Regöly, Kom. Tolna.- "Depot II".- Offensichtlich handelt es sich um verschiedene Einzelfunde oder Teile eines oder mehrerer Depotfunde. Eine Fundscheidung ist offenbart nicht zu erreichen.- Mozsolics, Bronzefunde 181.

585. Regöly, Kom. Tolna.- Depot III (zuunterst lagen die Bernsteinperlen).- 2 Tüllenbeile (davon 1 fragmentiert), 1 Schwertklingenfrg., 8 Griffzungensichelfrgte., 1 Blechanhänger, 12 Knöpfe und Phaleren, 1 trichterförmiger Anhänger, 11 Ringfrgte. (wohl dazu), 2 tütenförmige Bleche, 3 Armringfrgte., 1 Ahle, 4 Gußbrocken, ca 180 Bernsteinperlen und feiner, zur Perlschnur gehörender Golddraht.- G. Mézáros, Szekszárdi Béri Balogh Adám Múz. Évk. 1975-76, 61ff. mit Abb; Mozsolics, Bronzefunde 181f. Taf. 29-30.

586. Remete -> Remetea (RO).

587. Rétközberencs, Kom. Szabolcs-Szatmár.- Depot (unvollständig?).- 6 Nackenscheibenäxte (2 fragmentiert).- Mozsolics, Bronze- und Goldfunde 170 ("Horizont Opályi") Taf. 30, 1-6.

588. Rétközberencs, Kom. Szabolcs-Szatmár.- Depot.- 1 Tüllenbeil, 4 Knopfsicheln, 1 Tüllenmeißel, 1 trichterförmiger Anhänger, 1 Sichelklingenfrg., 1 herzförmiger Anhänger, 11 Beinringe, 4 Gußbrocken, 11 Ringe (davon einige Rohgüße).- T. Kovács in: Festschr. W. A. v. Brunn (1981) 163ff. Abb. 1 u. Taf. 7-8; Mozsolics, Bronzefunde 182f. Taf. 193-194.

589. Rétszilas, Kom. Fejer.- Einzelfund.- Griffzungenschwert ("Typus D")- Kemenczei, Schwerter 66 Nr. 358 Taf. 39, 358; Mozsolics, Bronzefunde 182.

590. Rezi, Kom. Veszprém.- Depot unter Steinen.- 25-30 Gegenstände; überliefert ist 1 mittelständiges Lappenbeil.- Mozsolics, Bronzefunde 182 ("wahrscheinlich Horizont Kurd").

591. Rimaszombat -> Rimavská Sobota (Slowakei).

592. Rinyaszentkirály, Kom. Somogy.- Depot (1894 in Weingarten).- 2 Blechfrgte. (Panzer?), 1 Beinschiene, 3 Frgte. eines mit Gewalt zerstörten Eimers (Typus Kurd), 1 Dreiwulstschwertgriff (Typus Illertissen nahestehend), 1 Lanzenspitzenfrg. (mit gestuftem Blatt), 3 Frgte. von mittelständigen Lappenbeilen, 9 Tüllenbeile (davon 8 fragmentiert), 1 Hammer (?), 1 Beilschneidenfrg. (breite Schneide), 2 Messergriffe, 1 Nadel (?), 1 Armring, 7 Griffzungensichelfrgte., 2 Sichelklingenfrgte., 24 Gußkuchenstücke, 1 Gußzapfen, Nagel.- Mozsolics, Bronzefunde 182f. ("Horizont Kurd") Taf. 96-98; P. Patay, Die Bronzegefäße in Ungarn (1990) 35f. Nr. 46 Taf. 27, 46; Müller-Karpe, Vollgriffschwerter 98 Taf. 15, 4.

593. Rohod, Kom. Szabolcs-Szatmár.- Absatzbeil mit gerader Rast.- I. Bona, Acta Arch. Acad. Scient. Hungaricae 9, 1958, 232 Anm. 108; Hänsel, Beiträge 195 Liste 59, 9.

594. Rohod, Kom. Szabolcs-Szatmár.- Depot I in Tongefäß.- 80 "vollkommen gleiche" Armringe, von denen 14 überliefert sind.- Mozsolics, Bronze- und Goldfunde 172 ("wahrscheinlich Horizont Opályi") Taf. 61 B; Kemenczei, Spätbronzezeit 126 Nr. 48a Taf. 64 b; Mozsolics, Bronzefunde 183 ("wahrscheinblich Horizont Aranyos").

595. Rohod, Kom. Szabolcs-Szatmár.- Depot II bei der Rebanpflanzung.- 3 Tüllenbeile, 3 Knopfsicheln, 10 Armringe.- Mozsolics, Bronze- und Goldfunde, 172 ("wahrscheinlich nach BIV"); Kemenczei, Spätbronzezeit 126 Nr. 48 Taf. 64a; Mozsolics, Bronzefunde 183 ("wahrscheinlich Horizont Kurd").

596. Rohod.- Nackenscheibenaxt.- E. Kroeger-Michel, Nyíregyházi Jósa András Múz. Évk. 11, 1968, 75.

597. Rozsály.- Depot; die Goldgegenstände waren in einem Tongefäß niedergelegt, die Äxte mit den Schneiden in die Erde gesteckt.- 3 Nackenscheibenäxte, 8 Ohrringe und 5 Ringe aus Gold.- Mozsolics, Bronze- und Goldfunde Taf. 90; E. Kroeger-Michel, Nyíregyházi Jósa András Múz. Évk. 11, 1968, 75; A. Mozsolics, Mitt. Anthr. Ges. Wien 118-119, 1988-89, 168f. Abb. 3.

598. Rózsapallag -> Prilog (RO).

599. Rudabánya, Kom. Borsod-Abaúj-Zemplén.- 3 Armringe.- Mozsolics, Bronzefunde 183 ("vielleicht Horizont Aranyos").

600. Sághegy, Kom. Vas.- Ältere Phase der Höhensiedlung.- Griffzungendolch.- E. Patek, Die Urnenfelderkultur in Transdanubien (1968) 145 Taf. 35, 5.

601. Ságvár, Kom. Somogy.- Streufund.- E. Patek, Die Urnenfelderkultur in Transdanubien (1968) 77.

602. Sajó -> Sieu (RO).

603. Sajógömör -> Gemer (Slowakei).

604. Sajószentpéter, Kom. Borsod-Abaúj-Zemplén.- Dreiwulstschwert.- Mozsolics, Bronzefunde 184; Kemenczei 1966 Taf. 20, 1.

605. Sajóvámos, Kom. Borsod-Abaúj-Zemplén.- Einzelfund.- Griffzungendolch ("Typus B1").- Kemenczei, Schwerter 28 Nr. 108 Taf. 9, 108.

606. Sajóvámos, Kom. Borsod-Abaúj-Zemplén.- Depot v. 1902.- Der Fund soll aus 30-35 Gegenständen bestanden haben. Bekannt sind: 5 Absatzbeile mit gerader Rast, 2 Doppelarmknäufe, 2 Nackenkammäxte, 1 Dolch(?)griff, 1 Wagenabenbeschlag, 13 Armringe.- Mozsolics, Bronze- und Goldfunde 175 ("wahrscheinlich Horizont Forró") Taf. 13; Kemenczei, Spätbronzezeit 119 Nr. 31; A. Mozsolics, Acta Arch. Acad. Scien. Hungaricae 7, 1956, 3ff. Abb. 1-2; dies., Acta Arch. Acad. Scien. Hungaricae 15,

1963, 72 Abb. 2-4; F. Holste, Hortfunde Südosteuropas (1951) 15 Taf. 28, 9-11; Hänsel, Beiträge 195 Liste 59, 7 Taf. 55, 34-36.

607. Salgótarján, Kom. Nógrád.- Depot.- 1 Scheibenkopfnadel mit Öse, 2 Handschutzspiralen.- Mozsolics, Bronze- und Goldfunde 175; Kemenczei, Spätbronzezeit 120 Nr. 32.

608. Salgótarján, Kom. Nógrád.- Urnengräberfeld Zagyvapálfalva mit 221 Bestattungen.- Kemenczei, Spätbronzezeit 107 Nr. 57d.

609. Sárazsadány (Bodrogzsadány), Kom. Borsod-Abaúj-Zemplén.- Depot in Bronzegefäß.- Fragment eines Eimers, 8-12 kg Goldgegenstände; davon 2 kg erhalten: 41 Armringe, 13 Golddrähte, 15 Rohgoldklumpen.- Mozsolics, Bronzefunde 184 (nur der Eimer erwähnt); P. Patay, Die Bronzegefäße in Ungarn (1990) 43 Taf. 34, 65.

610. Sárazsadány (Bodrogzsadány), Kom. Borsod-Abaúj-Zemplén.- Depot; wohl unvollständig.- 5 Lappenbeilfrgte., 4 Tüllenbeile und Frg., 1 Nackenscheibenaxt, 1 Griffangeldolchfrg., 1 Vogelprotome, 6 Griffzungensichelfrgte., 6 Armringe, 1 Gußzapfen, 1 Stab, 2 Gußbrocken.- Mozsolics, Bronzefunde 184 Taf. 169-170.

611. Sárbogárd, Kom. Fejér.- Gräberfeld der späten Bronzezeit (Čaka-Gruppe).- Grab XII.- 3 Nadeln, weitere Beifunde (?). Aus dem Gräberfeld weitere Nadeln, Lanzettanhänger, Teil eines Kompositgehänges.- T. Kovács, Alba Regia 4-5, 1963-64, 201ff. Abb. 1; J. Rihovsky, Die Nadeln in Westungarn I (1983) 18 Nr. 83-85 Taf. 6, 83-85.

612. Sarkad, Kom. Békés.- Depot.- 1 Griffzungenschwertfrg. ('Typus A4'), 1 Tüllenbeil, 1 Griffzungensichel, 5 Griffzungensichelfrgte., 2 Knopfsicheln, 3 Sichelfrgte., 1 Frg. eines mittelständigen Lappenbeils, 1 Sägeblatt, 1 verziertes Blechfrg.- Kemenczei, Schwerter 49 Nr. 228 Taf. 23, 228; Mozsolics, Bronzefunde 184f.

613. Sarkad, Kom. Békés.- Einzelfund.- Griffzungenschwert.- Kemenczei, Schwerter 57 Nr. 292 Taf. 32, 292.

614. Sárközujlak -> Livada Mica (RO).

615. Sármellék, Kom. Veszprém.- Einzelfunde (vielleicht aus Depot oder Gräbern).- 4 Nadeln, 1 Messerfrg., 1 Messer, Sichelfrgte.- E. Patek, Die Urnenfelderkultur in Transdanubien (1968) 148 Taf. 51, 2-10. 15-17. 20.

616. Sármellék, Kom. Veszprém.- Gräberfeld.- E. Patek, Die Urnenfelderkultur in Transdanubien (1968) 77.

617. Sárospatak, Kom. Borsod-Abaúj-Zemplén.- Depot I.- 3 leicht beschädigte Griffzungenschwerter ('Typus C1'), 1 Armspiralfrg., 1 Armberge (Typus Salgótarján), 1 Armring (nicht abgebildet).- Kemenczei, Spätbronzezeit 126 Nr. 49 Taf. 65a; Mozsolics, Bronzefunde 185 ("Horizont Aranyos") Taf. 11; Kemenczei, Schwerter 54 Nr. 264-266 Taf. 28, 264-266.

618. Sárospatak, Kom. Borsod-Abaúj-Zemplén.- Depot II (in 1,5 - 2 m Tiefe).- 5 Tüllenbeilfrgte., 5 Lanzenspitzenfrgte. (darunter mit gestuftem Blatt), 2 Sichelfrgte., 1 Pfriem, 1 Rasiermesser, 1 lanzettförmiger Anhänger, 1 Armringfrg., 1 Messerklingenfrg., 1 Drahtspiralfrg., 4 Blechfrgte., 6 Blechröhrchenfrgte., 2 Stabbarren(?)frgte., 1 konisches Blechtüllenfrgte., 1 gelochte Blechscheibe, 1 Blechgürtelfrg., 2 kleine Phaleren über Stäbe aufgeschoben, Phalerenfrg., 3 Drähte.- M. B. Hellebrandt, Commun. Arch. Hungariae 1986, 5ff. Abb. 3-4 [Abbildungsunterschriften irrtümlich vertauscht].

619. Sárvár, Kom. Vas.- Einzelfund.- Vollgriffdolch mit Rahmengriff.- Kemenczei, Schwerter 32 Nr. 137 Taf. 11, 137.

620. Segesvár -> Sighisoara (RO).

621. Sepsibessenyö -> Besineu (RO).

622. Sfirnas -> Sfaras (RO).

623. Simonfa, Kom. Somogy.- Depot.- 1 mittelständiges Lappenbeil, 5 Tüllenbeile, 1 Tüllenbeilfrg., 1 Griffzungensichel, 1 Dolchklingenfrg., 3 Lanzenspitzen (darunter 1 mit profilierter Tülle), 1 Armspirale, 2 Armringe, 1 Ampyx, 1 kegelförmiger Anhänger, 1 Posamenteriefibel, 1 Sichelfrg.- B. Kohlbach, Arch. Ért. 20, 1900, 81 mit Abb.; danach die Abb. bei Mozsolics, Bronzefunde 185 ("Horizont Kurd") Taf. 123.

624. entfällt.

625. Sióagárd, Kom. Tolna.- Depot.- 1 Griffzungenschwertfrg. ('Typus C1'), 2 Schwertklingenfrgte., 1 Griffzungendolch, 6 Sichelfrgte., 4 Lappenbeile (teilw. fragmentiert), 20 Tüllenbeile (teilw. frgmentiert), 5 Lanzenspitzen, 5 Armringe, 3 Tüllenmeißel.- F. Holste, Hortfunde Südosteuropas (1951) Taf. 42; Kemenczei, Schwerter 54 Nr. 267 Taf. 28, 267; Mozsolics, Bronzefunde 186 Taf. 42-43; Hänsel, Beiträge 195 Liste 59, 2.

626. Siófok-Balatonkiliti, Kom. Somogy.- Depot.- Posamenteriefibel, 2 verzierte Armringe, Armring, 3 Drähte, Spiralarmbandfrgte., 33 Griffzungensicheln, 10 Sichelfrgte., 5 Tüllenbeilfrgte., 4 Tüllenbeile, mittelständiges Lappenbeil Tüllenmeißel, 3 Lanzenspitzen (davon eine mit gestuftem Blatt und eine mit glattem Blatt), 2 Griffzungenschwertfrgte. (bei einem Zugehörigkeit unsicher; 'Typus C2'), 2 Schwertklingenfrgte., Dolchfrg., spindelförmige Perle, 5 Gußkuchenfrgte., Bronzeblech, (Helm?); eine bei Kuzsinszky abgebildete Nadel fehlt in der Aufzählung bei Mozsolics.- B. Kuzsinszky, A balaton környékének archeoligiája (1920), 4-8 Abb. 6-9; Mozsolics, Bronzefunde 91f. ("Horizont Kurd") Taf. 99-103; Kemenczei, Schwerter 57 Nr. 293 Taf. 32, 293.

627. Soltvadkert, Kom. Bács-Kiskun.- Gußformendepot.- Mittlere Bronzezeit.- G. Gazdapusztai, Acta Arch. Acad. Scien. Hungaricae 9, 1958, 256ff. Taf. 2, 5.

628. Somogyacsa.- Einzelfund.- Tüllenbeil.- E. Patek, Die Urnenfelderkultur in Transdanubien (1968) Taf. 44, 9.

629. Somogybabod, Kom. Somogy.- Depot; vermutlich unvollständig.- 1 Tüllenbeil, 1 mittelständiges Lappenbeil, 3 Sichelspitzen, 1 Niet. Dazu 2 Sicheln.- Mozsolics, Bronzefunde 186f. Taf. 122, 1-5.

630. Somogyszob, Kom. Somogy.- Depot.- Mozsolics, Bronzefunde 187 (Horizont Gyermély) Taf. 249.

631. Sopron (Umgebung).- Lanzenspitze mit gestuftem Blatt (126 g), hellgrüne Patina.- Naturhistorisches Mus. Wien 28210.- G. Jacob-Friesen, Bronzezeitliche Lanzenspitzen Norddeutschlands und Skandinaviens (1967) 386 Nr. 1843.- Hier: Taf. 20,5.

632. Sopron, Kom. Györ-Sopron.- Depot (1942).- 1 mittelständiges Lappenbeil, 2 Tüllenbeile, 3 Griffzungensicheln.- Mozsolics, Bronzefunde 187 Taf. 135.

633. Sövényszeg -> Fiser (RO).

634. Sülbö, Westungarn.- Fundumstände unbekannt.- Lanzettförmiger Anhänger.- G. Kossack, Studien zum Symbolgut der Urnenfelder- und Hallstattzeit Mitteleuropas (1954) 93 Liste B Nr. 67.

635. Sümeg, Kom. Veszprém.- Depot.- Mozsolics, Bronzefunde 187 ("Horizont Gyermély") Taf. 270B.

636. Szabadbattayán, Kom. Fejér.- Einzelfund.- Griffzungenschwert ('Typus A2').- Kemenczei, Schwerter 46 Nr. 198 Taf. 19, 198; Mozsolics, Bronzefunde 187.

637. Szabolcs (Umgebung), Kom. Szabolcs-Szatmár.- Schildförmiger Anhänger.- J. Makkay, Nyíregyházi Jósa András Múz. Évk. 3, 1960, 78 Taf. 5, 1.

638. Szabolcs, Kom. Szabolcs-Szatmár.- Bronzen; vielleicht aus mehreren Depots.- Mozsolics, Bronzefunde 187f.

639. Szabolcs-Szátmar (Komitat).- 3 Nackenscheibenäxte.- Mozsolics, Bronze- und Goldfunde Taf. 28, 2-4.

640. Szabolcs (Komitat).- Fundumstände unbekannt.- 4 Nackenscheibenäxte.- Mozsolics, Bronze- und Goldfunde 178, 2-4; E. Kroeger-Michel, Nyíregyházi Jósa András Múz. Évk. 11, 1968, 75.

641. Szabolcsbáka -> Nagybáka.

642. Szabolcsi-puszta.- Nackenscheibenaxt.- E. Kroeger-Michel, Nyíregyházi Jósa András Múz. Évk. 11, 1968, 75.

643. Szabolcsveresmart (Döge), Kom. Szabolcs-Szatmár.- Depot.- 1 Griffzungenschwert, 1 Dreiwulstschwert (Typus Liptau).- Müller-Karpe, Vollgriffschwerter 101 Taf. 20, 4; Mozsolics, Bronzefunde 188 ("Horizont Gyermély") Taf. 208, 1-2; 209, 5.

644. Szakácsi, Kom. Borsod-Abaúj-Zemplén.- Depot.- 2 Armbergenfrgte. (Typus Salgótarján), 9 Armringe (6 verziert, 3 unverziert).- v. Brunn, Hortfunde 290; Kemenczei, Spätbronzezeit 120 Nr. 33 Taf. 50e.

645. Szamos-Flußbett.- 2 Nackenscheibenäxte (aus der gleichen Gußform?).- Mozsolics, Bronze- und Goldfunde 178 Taf. 28, 5-6.

646. Szamossósmezö -> Glod (RO).

647. Szamosújvár -> Gherla (RO).

648. Szamosszéplak -> Alunis (RO).

649. Szamosújvárnémeti -> Mintiul Gherlii (RO).

650. Szanda, Kom. Nógrád.- Vermutlich aus Depotfund(en).- Spiralring, Tüllenbeil, Lanzenspitze, Knopfsichel, Tüllenmeißel, Gußklumpen.- Kemenczei, Spätbronzezeit 120 Nr. 34.

651. Szárazd; Kom. Tolna.- Depot; die Phototafel bei Mozsolics zeigt den Fund in seinem originalen Fundzustand mit stellenweise krustiger Patina auf den Bronzen; der Fund ist heute durch aggressive Entpatinierung völlig verändert (die Gewichtsangaben daher nur als Anhaltspunkt).- 1 Tüllenbeil mit Keilrippen (116 g), 1 Tüllenmeißel (102 g), 1 Armspirale und Frgte. (56 g), 7 Armringfrgte. (28 g, 45 g, 6 g, 6 g, 6 g, 6 g, 2 g), 36 Griffzungensicheln und Frgte. (15 g, 29 g, 11 g, 54 g, 55 g, 32 g, 26 g, 41 g, 114 g, 16 g, 17 g, 39 g, 31 g, 19 g, 12 g, 24 g, 17 g, 31 g, 16 g, 41 g, 72 g, 41 g, 100 g, 114 g, 74 g, 156 g, 110 g, 120 g), 1 Lanzenspitze mit gestuftem Blatt, 1 Lanzenspitzenfrg. (180 g) (42 g), 1 Knopf, 1 Barren (58 g), 1 Stab, 1 Gußbrocken (38 g, 392 g, 72 g), 1 doppelaxtförmiges Rasiermesserfrg. (21 g), 1 lanzettförmiges Anhängerfrg. (2 g), 1 Blechanhängerfrg., 1 Halsring (126 g), 1 tütchenförmiges Blech, 1 Draht, 6 Blechstücke,.- Mozsolics, Bronzefunde 188f. ("Horizont Kurd") Taf. 27-28; F. Holste, Hortfunde Südosteuropas (1951) Taf. 21, 40; G. Kossack, Studien zum Symbolgut der Urnenfelder- und Hallstattzeit Mitteleuropas (1954) 93 Liste B Nr. 69.

652. Szarvas (Umgebung), Kom. Békés.- Verschiedene Bronzen.- Tüllenbeile, Lappenbeilfrgte., Schwertfrg., Griffzungendolch.- Mozsolics, Bronzefunde 189.

653. Szarvaszó -> Sarasau (RO).

654. Szécsény, Kom. Nógrád.-

Höhensiedlung "Majorhegy" mit Befestigungsanlage (Wall- und Graben).-
Depot III auf der SO-Seite.- 5 Schwerter (darunter 3 Griffzungenschwerter; von diesen 1 fragmentiert) 2 Handschutzspiralen; weitere Funde, darunter Lanzenspitzen.- Kemenczei, Spätbronzezeit 121e Taf. 53a; Mozsolics, Bronzefunde 189 ("Horizont Aranyos") Taf. 6 (Fund I).
Depot IV.- 4 Armspiralenfrgte., 3 Lanzenspitzenfrgte., 1 Bronzebuckel, 1 Gehängefrg., 1 Spiralscheibenanhänger, 1 Halsring, 2 Brillenanhänger, 3 Spiralscheibenfrgte., Ösenknopf, mit Goldblech überzogener Bronzebuckel.- Kemenczei, Spätbronzezeit 121 Nr. 36f. Taf. 54.
Einzelfunde (vermutlich aus Depots oder Einzeldeponierungen).- 2 kleine Gehänge, Blechbuckel, Knopfsicheln, Armringe, Halsring, Nadel, Rasiermesser, Lanzenspitze, Tüllenbeil.- Kemenczei, Spätbronzezeit 121 Nr. 36g.
Benczúrfalva.-
Einzelfunde.- Eine große Zahl von bronzenen Einzelfunden listet Mozsolics auf.- Keramik, 2 Rasiermesser.- Kemenczei, Spätbronzezeit 108 Nr. 61 b Taf. 1, 3-4. 13-14; Mozsolics, Bronzefunde 190f.
Depot I.- Mehrere Halsringe, 1 Lappenbeil, 1 Armring, 2 mit Goldblech überzogene Bronzebuckelchen.- Kemenczei, Spätbronzezeit 120f. Nr. 36c Taf. 53b.
Depot II (?).- 5 Sicheln.- Mozsolics, Bronzefunde 190.
Vermutlich zu Depotfunden gehörende Gegenstände.- 4 Halsringe, Armspirale, 3 Griffzungendolche, Vollgriffdolch, 2 Griffzungenmesser, Lanzenspitzen, Tüllenbeile, Meißel, Armringe, Nadeln, Ringe.- Kemenczei, Spätbronzezeit 121 Nr. 36d; Mozsolics, Bronzefunde 189f. (z. T. "Horizont Kurd").
Einzelfunde: Keramikfrgte., Rasiermesser, 4 Bronzeringe, Messer, Nadeln.- Kemenczei, Spätbronzezeit 107 Nr. 61 Taf. 1, 5-9. 11. 15-16.
Depot I.- 2 Schnabeltüllenbeile, 1 Armspirale, 1 Knopfsichel, 1 Doppelösenknopf, 6 Noppenringe, 2 Spiralscheibenarmringe, 2 Armringe mit Strichverzierung, 7 brillenförmige Anhänger (davon 1 fragmentiert), 1 tordierter Halsring mit 2 darübergezogenen Ösenknöpfen, Spiralröhrechen.- Kemenczei, Spätbronzezeit 120 Nr. 36 a.
Depot II in Tongefäß.- 7 Goldringe, 7 Bronzeringe (?).- Kemenczei, Spätbronzezeit 120 Nr. 36b.

655. Szécsény, Kom. Nógrád; Benczurfalva.- Einzelfund.- Griffzungendolch ("Typus A1").- Kemenczei, Schwerter 24 Nr. 75 Taf. 7, 75.

656. Szeged (Umgebung), Kom. Csongrád.- Griffzungenschwert; Spitze fehlt ('Typus A4').- Kemenczei, Schwerter 49 Nr. 229 Taf. 23, 229.

657. Szeged, Kom. Csongrád.- Einzelfund.- Frg. eines Griffzungenschwertes (Zunge abgebrochen) ('Typus A2').- Kemenczei, Schwerter 46 Nr. 199 Taf. 19, 199.

658. Szeged-Szöreg.- Gußformendepot.- Mozsolics, Bronzefunde 196f. Taf. 273-274.

659. Székely, Kom. Szabolc-Szatmár.- Streufunde.- 2 Knopfsicheln.- Mozsolics, Bronzefunde 191.

660. Székesfehérvár, Kom. Fejer.- Depot (Ha A2/Ha B1).- É. F. Petres, Folia Arch. 12, 1960, 35ff.; Mozsolics, Bronzefunde 191f. ("Horizont Gyermely").

661. Szelevény, Kom. Csongrád.- Ostungarn; Fundumstände (?).- Dolgozatok Koloszvár 9, 1918, 114 Abb. 2, 2; G. Kossack, Studien zum Symbolgut der Urnenfelder- und Hallstattzeit Mitteleuropas (1954) 98 E26.

662. Szendrö, Kom. Borsod-Abaúj-Zemplén.- Höhle Ördöggáti-Csengö.- Lanzenspitze mit profilierter Tülle, Tüllenbeil, Nähnadel, Anhänger, Knochentrensenfrg., Keramik.- Kemenczei, Spätbronzezeit 143 Nr. 51 Taf. 110; Mozsolics, Bronzefunde 192.

663. Szendrőlád, Kom. Borsod-Abaúj-Zemplén.- Depot.- Mozsolics, Bronzefunde 192 ("Horizont Gyermely").

664. Szentendre, Kom. Pest.- In einem Bachbett.- Verzierte Lanzenspitze.- Ha A2 (?).- Mozsolics, Bronzefunde 192f.

665. Szenterzsébet -> Gusterita (RO).

666. Szentes, Kom. Csongrád.- Depot; vielleicht nicht vollständig.- 30 Griffzungensichelfrgte.- Mozsolics, Bronzefunde 192 Taf. 222-223A.

667. Szentes, Kom. Csongrád.- Einzelfund.- Griffzungenschwertfrg. ('Typus C2').- Kemenczei, Schwerter 57 Nr. 294 Taf. 32, 294.

668. Szentes-Gógány.- Nackenscheibenaxt.- E. Kroeger-Michel, Nyíregyházi Jósa András Múz. Évk. 11, 1968, 77.

669. Szentes-Terehalom.- Depot, vielleicht unvollständig und mit jüngeren Bronzen vermischt.- Mozsolics, Bronzefunde 193f. Taf. 224-225A.

670. Szentgál, Kom. Veszprém.- Einzelfund.- Griffzungendolch mit fächerförmiger Knaufzunge (in 3 Teile zerbrochen).- Kemenczei, Schwerter 43 Nr. 180 Taf. 16, 180.

671. Szentgáloskér (Kér), Kom. Somogy.- Depot in einem Gefäß, das wohl mit Bronzescheibe abgedeckt war.- 10 leicht beschädigte Tüllenbeile, 12 Tüllenbeilfrgte., 3 Griffzungensicheln und 29 Frgte. und Fehlgüsse, 3 Griffzungenschwertfrgte. ('Typus A3; C1'), 1 Dreiwulstschwertfrg., 4 Schwertklingenfrgte., 1 Dolchfrg., 4 Lanzenspitzenfrgte. (glatt; darunter 1 Ex. mit Kurztülle; 1 Ex. mit gestuftem Blatt ?), 2 Lappenbeile und 4 Frgte., 1 Blechstück, 5 Frgte. einer "Halsberge", vermutlich aber Teile eines Kompositpanzers, Halsbergenfrgte., 4 Phaleren, 1 Gürtelhaken, 1 lanzettförmiger Anhänger mit Ärmchen, 1 Tüllenmeißel, 1 Platte, 1 Doppelarmknauffrg., 1 Gefäßfrg., 1 Scheibenfrg., 1 Helm- oder Gefäßfrg., 1 Frg. eines Beckenbügelhenkels (?), Blechstücke (von einem Kurd-Eimer?), Panzergfrg., 4 Panzerfrgte., 3 Blechstücke, 1 Halsring, 3 Drahtstücke, 1 Armringfrg.- Mozsolics, Bronzefunde, 194f. Taf. 111-115; Kemenczei, Schwerter 48 (abweichende Aufzählung des Depotinhaltes) Nr. 212 Taf. 21, 212; 54 Nr. 54 268 Taf. 28, 268; Müller-Karpe, Vollgriffschwerter 45; É. F. Petres, Savaria 12, 1982, 72 Abb. 11 b. e; G. Kossack, Studien zum Symbolgut der Urnenfelder- und Hallstattzeit Mitteleuropas (1954) 92 Liste B Nr. 26; P. Patay, Die Bronzegefäße in Ungarn (1990) 32f. Nr. 40 Taf. 26, 40; 37 Nr. 50 Taf. 27, 50.

672. Szentgerice -> Galateni (RO).

673. Szentistvánbaksa, Kom. Borsod-Abaúj-Zemplén.- Depot.- 2 Armbergen (Typus Salgótarján); weitere Funde nicht erhalten.- Kemenczei, Spätbronzezeit 120 Nr. 35.

674. Szentpéterszeg, Kom. Hajdú-Bihar.- Depot (25-30 Bronzen).- Erhalten sind 6 Tüllenbeile, 1 Tüllenhammerfehlguß, 1 Tüllenhammer, 1 Lanzenspitzenfrg., 1 Ringfrg., 1 Gegenstand, 2 Gußkuchenstücke, 1 Drahtstück.- Mozsolics, Bronzefunde 195 ("Horizont Kurd").

675. Szigliget, Kom. Veszprém.- Streufund.- E. Patek, Die Urnenfelderkultur in Transdanubien (1968) 77.

676. Szihalom, Kom. Heves.- Depot.- 3 Dreiwulstschwerter (Typus Liptau).- Müller-Karpe, Vollgriffschwerter 23. 101 Taf. 19, 10; Mozsolics, Bronzefunde 196 (andeutungsweise "Horizont Gyermely") Taf. 143, 1-3.

677. Szikszó bei Miskolc, Kom. Borsod-Abaúj-Zemplén.- Depot.- 2 Knopfsicheln, 4 Zungensicheln, 1 Lappenquerbeil.- H. Hencken, The earliest European Helmets (1971) 130. 132 Abb. 101.

678. Szilágynádasd -> Nadis (RO).

679. Szőke, Kom. Baranya.- Depot.- Griffzungenschwertfrg. ('Typus A4'), 1 Schwertklingenfrg., 6 Frgte. von Drahtarmringen, 5 Frgte. von Blecharmringen, 1 Frg. eines doppelaxtförmigen Rasiermessers, 1 Nadelfrg., Blechfrgte.- Kemenczei, Schwerter 49f. Nr. 230 Taf. 23, 230; Mozsolics, Bronzefunde Taf. 89.

680. Szőkedencs, Kom. Somogy.- 2 Posamenteriefibeln.- Mozsolics, Bronzefunde 196 ("Horizont Gyermely").

681. Szolnok, Kom. Szolnok.- Am Theißufer (Depot?).- Griffzungenschwert ('Typus AB'), 4 Frgte. von 2 Griffzungenschwertern (beide unvollständig).- Kemenczei, Schwerter 53 Nr. 248 Taf. 26, 248; 63 Nr. 345-346 Taf. 38, 345-346.

682. Szolnok, Kom. Szolnok.- Depot (1962).- 1 Griffzungenschwertfrg., 35 Sicheln und Sichelfrgte. (fast ausschließlich Griffzungensicheln, mindestens 1 Knopfsichelfrg.), 2 Tüllenbeilfrgte., 1 Tüllenbeil, 1 mittelständiges Lappenbeil, 1 Lanzenspitze (mit gestuftem Blatt), 1 Armringfrg., 1 Blechringfrg., 19 Gußbrocken.- Kemenczei, Schwerter 60f. Nr. 320 Taf. 35, 320; 75-76; Mozsolics, Bronzefunde 197f. Taf. 219-221.

683. Szolnok, Kom. Szolnok.- Depot (?) auf Flughafengelände.- 1 Scheibenknaufschwert, 2 Griffzungenschwerter (davon eines fragmentiert) ('Typus C5').- Kemenczei, Schwerter 61 Nr. 321 Taf. 35, 321.

684. Szombathely (Operint), Kom. Vas.- Ankauf von einem Händler.- Bronzebecken (Typus A).- P. Patay, Die Bronzegefäße in Ungarn (1990) 18 Nr. 1 Taf-. 1, 2; Mozsolics, Bronzefunde 198f. Taf. 136, 4.

685. Szombathely, Kom. Vas.- Vielleicht Teile eines Depots.- Mittelständiges Lappenbeil, Armringfrg., 4 Fransenbestazstücke, 1 Messerfrg.- Mozsolics, Bronzefunde 198 Taf. 129, 1-7.

686. Szőny, Kom. Komárom.- Streufunde (?).- Lanzenspitze, Rasiermesser.- E. Patek, Die Urnenfelderkultur in Transdanubien (1968) 39. 153; Müller-Karpe, Chronologie 106.

687. Szőny, Kom. Komáron.- Aus der Donau.- Griffzungenschwert ('Typus A1').- Kemenczei, Schwerter 45 Nr. 189 Taf. 18, 189.

688. Szőreg (Szeged), Kom. Csongárd.- Grube 2; Gußformendepot.- Mozsolics, Bronzefunde 196f. Taf. 273-274.

689. Szuhafö (Felsőszuha), Kom. Borsod-Abaúj-Zemplén.- Depot.- 2 Vollgriffschwerter (Typus Ragály und Riegsee), 1 Nadel.- Mozsolics, Bronzefunde 199 Taf. 16, 1. 2. 6; Kemenczei, Spätbronzezeit 121 Nr. 37 Taf. 52d.

690. Tab (Czabapuszta), Kom. Somogy.- Depot.- 3 Lappenbeilfrgte. (320 g, 342 g, 88 g), 8 Tüllenbeile (508 g, 114 g, 576 g, 188 g, 406 g, 322 g, 461 g, 239 g), 11 Griffzungensicheln (148 g, 142 g, 130 g, 136 g, 112 g, 200 g, 162 g, 82 g, 128 g, 172 g, 176 g), 1 Dolch (32 g), 6 fragmentierte Lanzenspitzen (davon 1 Ex. mit gestuftem Blatt; die übrigen glatt; 2 mit Kurztülle; davon eine Var. Gaualgesheim; 58 g, 140 g, 154 g, 74 g, 114 g, 168 g), 2 Griffzungenschwertfrgte. ('Typus C6 und A4; 122 g, 148 g), 2 Schwertklingenbruchstücke (68 g, 122 g), 1 Halsring (60 g), 2 Armringe (25 g, 114 g).- Mozsolics, Bronzefunde 199 ("Horizont Kurd") Taf. 117-118; Kemenczei, Schwerter 50 Nr. 231 (abweichende Aufzählung) Taf. 23, 231; 61 Nr. 328 Taf. 36, 328; 77; 78.

691. Tákos, Kom. Szabolcs-Szatmár.- Depot I.- 1 Nackenscheibenaxt, 5 Tüllenbeile (davon mind. 4 fragmentiert), Bronzekeil, 4 Knopfsichelfrgte., 1 Messerfrg., mindestens 3 Armringe, 2 Barren.- Mozsolics, Bronze- und Goldfunde 181.

692. Tákos, Kom. Szabolcs-Szatmár.- Depot II in Grube mit Tonscherben und Hüttenlehm.- 9 Tüllenbeile und Frgte., 1 Frg. eines mittelständigen Lappenbeils, 1 Golddraht, 3 Blechanhängerfrgte., 1 Gußzapfen, 5 Sichelfrgte., 1 Schwertklingenfrg., 1 Gußkuchenfrg., 2 Armringfrgte.- Mozsolics, Bronzefunde 199f. Taf. 211.

693. Tállya, Kom. Borsod-Abaúj-Zemplén.- Depot an einem Abhang in Tongefäß.- 3 Tüllenbeile, 9 fragmentierte Tüllenbeile, 1 Griffzungensichel, 12 fragmentierte Griffzungensicheln, 4 Sichelfrgte., 1 Knopfsichel, 1 Knopfsichelfrg., 1 Griffzungenmesser mit Ringriffende, 2 Messerklingen, 1 Dolchklinge, 4 Schwertklingenfrgte., 5 Lanzenspitzenfrgte., 8 Sägeklingenfrgte., 4 Armringfrgte., 12 Pfeilspitzen, 1 Drahtstück, 2 Barren, 1 Ahle, 2 Tüllenmeißel, 1 Schmuckblech, 4 Blechgürtelfrgte., 1 Bronzegefäßfrg., 4 Handschutzspiralenfrgte., 1 Bronzedraht, 10 Frgte. von Arm- und Handschutzspiralen, 3 Armspiralfrgte., 2 Armspiralen, 17 Armringe (teilw. fragmentiert), 2 Frgte. von Posamenteriefibeln, 1 Spiralarmring, 1 Fibel mit Achterschleifen, 1 Bügel einer Plattenfibel, 1 Nadelkopf mit Dorn, 1 Mehrkopfnadel, 1 Scheibenkopfnadel, 2 Nadelschaftfrgte., 1 dünnes Kettchen, 1 anthropomorpher Anhänger, 1 Rasiermesserfrg. (nach Kemenczei Gürtelschließe mit Dorn), S-förmiger Zierrat, 1 Dreieckanhänger ("Handamulett"), 2 Spiralringe, 5 Knöpfe, 1 Drahtring, 2 Drähte, 9 Blechstücke, 2 Spiralröhrchen, 22 Frgte. plankonvexer Barren.- Mozsolics, Bronzefunde 200f. ("Horizont Kurd") Taf. 159-164; N. Chidiosan, Stud. Cerc. Ist. Vech. 28, 1977, 60 Abb. 3, 12; T. Kemenczei, Herman Ottó Múz. Évk. 8, 1969, 30-32 Taf. 12, 12; P. Patay, Die Bronzegefäße in Ungarn (1990) 43f. Nr. 66 Taf. 34, 66; Kilian-Dirlmeier, Gürtel 116 ("Hortfundstufe Kispáti-Lengyeltóti") Nr. 478 Taf. 52/53, 278.

694. Tamási, Kom. Tolna.- Einzelfund.- Dreiwulstschwert.- T. Kemenczei, Die Schwerter in Ungarn II (1991) 29 Nr. 85 Taf. 18, 85.

695. Tamási, Kom. Tolna.- Westungarn.- M. Wosinsky, Tolnavármegye az öskortól a Hontoglalasig (1896) Taf. 119, 2; G. Kossack, Studien zum Symbolgut der Urnenfelder- und Hallstattzeit Mitteleuropas (1954) 98 E27.- Zur Siedlung: E. Patek, Die Urnenfelderkultur in Transdanubien (1968) 77.

696. Tamási, Kom. Tolna.- Depot in Siedlungsbereich.- 3 Tassen (darunter Typus Blatnica) unter Tongefäß.- P. Patay, Die Bronzegefäße in Ungarn (1990) 52f. Nr. 77 Taf. 38, 77; Mozsolics, Bronzefunde 201.

697. Tápé, Kom. Csongrád.- Gräberfeld der mittleren Bronzezeit.- In Grab 415 Lanzettanhänger.- O. Trogmayer, Das bronzezeitliche Gräberfeld bei Tápé (1975).

698. Tápiószentmárton-Földvár.- Einzelfund (?).- Lanzenspitze mit gestuftem Blatt.- I. Dinnyés, Stud. Comitatensia 2, 1973, 41 Taf. 5, 9.

699. Tatabánya, Kom. Komáron.- Depot I (Ha B1).- T. Kemenczei, Arch. Ért. 1983, 25ff. Abb. 1-4.

700. Tatabánya, Kom. Komáron.- Depot II (Ha B1).- B. Jungbert, Commun. Arch. Hungariae 1986, 17ff. Abb. 1-3; Mozsolics, Bronzefunde 201 ("Horizont Gyermely").

701. Tarpa, Kom. Szabolc-Szatmár.- Golddepot.- Lockenringe.- Mozsolics, Bronze- und Goldfunde 207 Taf. 89, 1-6.

702. Téglás.- Nackenscheibenaxt.- E. Kroeger-Michel, Nyíregyházi Jósa András Múz. Évk. 11, 1968, 77.

703. Tényö, Köm. Györ Sopron.- Einzelfund.- Lanzenspitze mit gestuftem Blatt.- E. Patek, Die Urnenfelderkultur in Transdanubien (1968) Taf. 48, 23.

704. Tibolddaróc, Kom. Borsod-Abaúj-Zemplén.- Depot (nur teilweise erhalten).- Schmuckgehänge, 2 Lanzenspitzen mit profilierter Tülle, trichterförmiger Anhänger, Tüllenbeilfrg., 11 Armringe. Der Fund enthielt des weiteren 58 Bronzeperlen, 2 Nadeln, 1 lanzettförmigen Anhänger, 1 trichterförmigen Anhänger, Blechknopf, Knopf, 14 Schieber, 5 Griffzungensichelfrgte., 4 Tüllenbeile, Drahtfrgte.- Kemenczei, Spätbronzezeit 121 Nr. 38 Taf. 55; Mozsolics, Bronzefunde 202f. ("Horizont Kurd"); G. Kossack, Studien zum Symbolgut der Urnenfelder- und Hallstattzeit Mitteleuropas (1954) 93 Liste B Nr. 71.

705. Ticud -> Valea Larga (RO).

706. Tihany-Óvár, Kom. Veszprém.- Ältere Phase der Höhensiedlung.- E. Patek, Die Urnenfelderkultur in Transdanubien (1968) 154 Taf. 73, 2. 3., 7-10. 11.

707. Tiszabecs, Kom. Szabolcs.- Depot in Tongefäß.- 7 Nackenscheibenäxte (eine fragmentiert), 1 Nackenkammaxt, 7 Armringe, Bronzefrgte.- Mozsolics, Bronze- und Goldfunde 182 (Horizont Opalyi") Taf. 52-53.

708. Tiszabercel, Kom. Szabolcs-Szatmár.- Depot (vermutlich in Tongefäß); vollständig (?).- 1 Sichelfrg., 1 Tüllenbeilfrg., 8 Gußkuchenfrgte., 1 Gußzapfen.- Mozsolics, Bronzefunde 203 Taf. 210.

709. Tiszabezdéd, Kom. Szabolcs-Szatmár.- Depot (vermutlich nicht vollständig).- 1 Lanzenspitze (glatt), 1 Dolchklingenfrg., 1 Schwert- oder Dolchklingenfrg., 1 Schwertklingenfrg., 7 Knopfsichelfrgte., 1 Hammer, 3 Tüllenbeile, 1 Warzennadelfrg., 1 Nadelfrg., 1 Nadelkopf, verbogene Nadel, von Handschutzspiralen, 3 Armringe, 2 Armschutzspiralenfrgte., 1 Drahtstück, 1 Gußzapfen.- Mozsolics, Bronze- und Goldfunde 182f. ("Horizont Opályi") Taf. 57 D; J. Hampel, Arch. Ért. 9, 1891 80 mit Abb. Text S. 83; A. Hochstetter, Germania 59, 1981, 259 Nr. 37.

709A. Tiszabezdéd, Kom. Szabolcs-Szatmár.- Depot (1981).- 3 Vollgriffschwerter mit Pilzknauf, 1 Dreiwulstschwert, 1 Griffzungenschwert.- Kemenczei, Schwerter 69 Nr. 367 Taf. Taf. 41, 367; T. Kemenczei, Die Schwerter in Ungarn II (1991) 18 Nr. 47-49 Taf. 9, 47; 10, 48-49.

710. Tiszadób, Kom. Szabolcs-Szatmár.- Depot.- 1 Lanzenspitze, 3 Schwertklingenfrgte., 2 Dolchklingenfrgte., 1 Draht, 3 Ringfrgte., 1 Knopf, 1 Gürtelblechfrg., 15 Sichelfrgte., 2 Tüllenbeilfrgte., 21 Sägefrgte., 15 Bronzebrocken, 1 Scheibe.- Mozsolics, Bronzefunde 203 Taf. 202-203; Kemenczei, Schwerter 24 Nr. 76 Taf. 7, 76.

711. Tiszaeszlár, Kom. Szabolcs-Szatmár.- Depot.- Dreiwulstschwert (Typus Illertissen nahestehend), 2 Tüllenbeile, 3 Lappenbeile, 9 Armringe, 3 Sicheln, 3 Lanzenspitzen.- Jüngere Typengesellschaft.- Müller-Karpe, Vollgriffschwerter 102 Taf. 21, 3; T. Kemenczei, Die Schwerter in Ungarn II (1991) 31 Nr. 94 Taf. 88A.

712. Tiszaföldvár, Kom. Szolnok.- Einzelfund.- Griffzungenschwertfrg. ('Typus AB').- Kemenczei, Schwerter 53 Nr. 249 Taf. 26, 249.

713. Tiszaföldvár, Kom. Szolnok.- Gußformen für Hammer.- Mozsolics, Bronzefunde 203.

714. Tiszaladány, Kom. Borsod-Abaúj-Zemplén.- Depot (unvollständig erhalten).- 1 Lanzenspitze (mit profilierter Tülle), 1 Tüllenbeil, 2 Armringe.- Mozsolics, Bronze- und Goldfunde 184 ("Horizont Opályi"); Kemenczei, Spätbronzezeit 126 Nr. 51 Taf. 64 c); Mozsolics, Bronzefunde 203f. ("Horizont Aranyos").

715. Tiszalök, Kom. Szabolcs-Szatmár.- Depot, vielleicht mit gebrannten Knochen (Grab?).- 1 Posamenteriefibel, 3 Armringe, Griffzungenschwertfrg. ("Typus D").- Mozsolics, Bronzefunde 204; Kemenczei, Schwerter 66 Nr. 351 Taf. 38, 351.

716. entfällt.

717. Tiszalúc, Kom. Borsod-Abaúj-Zemplén.- Einzelfund.- Griffzungenschwertfrg. ('Typus C2').- Kemenczei, Schwerter 57 Nr. 295 Taf. 32, 295.

718. Tiszalúc, Kom. Borsod-Abaúj-Zemplén.- Einzelfund.- Griffzungendolch ("Typus B3").- Kemenczei, Schwerter 29 Nr. 118 Taf. 10, 118; Mozsolics, Bronzefunde 204.

719. Tisza-Szentimre, Kom. Großkumanien, Nordungarn.- J. Hampel, A bronzkor emlékei Magyarhonban Bd. 2 (1892) Taf. 172, 5; G. Kossack, Studien zum Symbolgut der Urnenfelder- und Hallstattzeit Mitteleuropas (1954) 98 E28.

720. Tiszanagyfalu, Kom. Szabolcs-Szatmár.- Depot.- Griffzungenschwert ('Typus A1'), Griffzungenschwert ('Typus C2'), Doppelarmknauf, Lanzenspitze, Tutuli (?), Situla (?).- Kemenczei, Schwerter 45 Nr. 190 Taf. 18, 190; 57 Nr. 296 Taf. 32, 296.

721. Tiszanagyfalu, Kom. Szabolcs-Szatmár.- Depot.- 14 offene Ringe, 2 barrenförmige Ringe, 1 Tüllenbeil, 1 Lanze mit profilierter Tülle, 2 Knopfsicheln, 1 Griffzungensichel.- A. Jósa [Kemenczei ed.], Nyíregyházi Jósa András Múz. Évk. 6-7, 1964-64 Taf. 34.

722. Tiszanagyfalu, Kom. Szabolcs-Szatmár.- Mehrere Depotfunde.- Mozsolics, Bronzefunde 204.

723. Tiszaroff, Kom. Szolnok.- Einzelfund (1941).- Griffzungendolch ("Typus B5").- Kemenczei, Schwerter 31 Nr. 132 Taf. 11, 132.

724. Tiszaszederkény (Leninváros), Kom. Borsod-Abaúj-Zemplén.- Depot in Sumpfgebiet; einige Gegenstände gingen verloren.- 2 Armspiralen, 5 verzierte Armringe, 3 Trichteranhänger, 5 Spiraldrahtringe, 2 Spiralscheibenanhänger, 2 Spiralröllchen, 1 Drahtfrg.- Mozsolics, Bronze- und Goldfunde 184 ("Horizont Opalyi") Taf. 50; Kemenczei, Spätbronzezeit 121 Nr. 39.

725. Tiszaszederkény, Kom. Borsod-Abaúj-Zemplén.- Einzelfund.- Dreiwulstschwert.- Mozsolics, Bronzefunde 205.

726. Tiszaszentimre.- Schildförmiger Anhänger.- N. Chidiosan, Stud. Cerc. Ist. Veche 28, 1977, 61 Abb. 4, 13.

727. Tiszaszentmárton, Kom. Szabolcs-Szatmár.- Depot.- 1 Tüllenbeil, 1 Lanzenspitze (mit profilierter Tülle), 1 Falere, 23 Arm- und Beinringe.- A. Jósa [Kemenczei ed.], Nyíregyházi Jósa András Múz. Évk. 6-7, 1964-64 Taf. 60; Mozsolics, Bronze- und Goldfunde 184 ("wahrscheinlich Horizont Opályi") Taf. 62

728. Tiszatényö, Kom. Szolnok.- Aus einem alten Theißarm.- Griffzungenschwert ("Typus A4").- Kemenczei, Schwerter 50 Nr. 232 Taf. 23, 232; Mozsolics, Bronzefunde 205.

729. Tiszavasvári, Kom. Szabolcs-Szatmár.- Depot.- 2 Frgte. eines Griffzungenschwertes ('Typus C2'), 4 Tüllenbeile, 5 Lanzenspitzen (teilw. fragmentiert, 2 Tüllenbeilfrgte., 5 Sichelfrgte., 1 Messerfrg., Sägeblätter, trichterförmige Anhänger, 6 Armringe (teilw. fragmentiert), Vogelfigur, Blechfrg., 1 Gußstück.- Kemenczei, Schwerter 57f. Nr. 297 Taf. 32, 297; Mozsolics, Bronzefunde 205 ("Horizont Gyermely").

730. Tökés -> Kolodnoje (Ukraine).

731. entfällt.

732. Törökbálint, Kom. Pest.- Einzelfund.- Griffzungenschwert (in zwei Teile zerbrochen) ('Typus A3').- Kemenczei, Schwerter 48 Nr. 213 Taf. 21, 213.

733. Törökkoppány, Kom. Somogy.- Depot (wohl unvollständig).- 5 Sicheln, 1 Tüllenbeil.- Mozsolics, Bronzefunde 206 Taf. 119, 1-5.

734. Törökkoppány, Kom. Somogy.- Lanzenspitze.- Mozsolics, Bronzefunde 206 Taf. 119, 6.

735. Tolna (Komitat).- Einzelfunde.- 2 Griffzungendolche mit Ringende.- Mozsolics, Bronzefunde 206; Kemenczei, Schwerter 25 Nr. 91 Taf. 8, 91.

736. Tolna, Kom. Tolna.- Einzelfund.- 1 Vierwulstschwert.- Mozsolics, Bronzefunde 206.

737. Tordavilma -> Vima Mare (RO).

738. Tordos -> Turdas (RO).

739. Tornyosnémeti, Kom. Borsod-Abaúj-Zemplén.- Depot in Tongefäß.- 4 Armringe, 1 Trichteranhänger, 2 Spiralscheibenanhänger, 3 Spiraldrahtringe, 18 Ösenknöpfe, 9 Spiralröhrchen, 1 kleiner Knopf, Schieber.- Kemenczei, Spätbronzezeit 122 Nr. 40.

740. Torvaj, Kom. Somogy.- Depot in Tongefäß; nur ein Teil erhalten?.- 1 Tüllenhammer (Fehlguß), 1 Tüllenbeilfehlguß, 4 Tüllenbeilfrgte., 2 Sichelfrgte., 2 Lanzenspitzenfrgte. (davon 1 Fehlgußstück), 8 Ringe, 1 Armringfrg., 3 Drahtfrgte., 4 Gußzapfen, 16 Gußkuchenfrgte.- Mozsolics, Bronzefunde 206 ("Horizont Gyermely") Taf. 271 B.

741. Törökbálint, Kom. Pest.- Einzelfund.- Griffzungenschwert (in zwei Teile zerbrochen) ('Typus A3').- Kemenczei, Schwerter 48 Nr. 213 Taf. 21, 213.

742. Tuszér, Kom. Szabolcs-Szatmár.- Depot.- 2 Dreiwulstschwerter (Typus Liptau und Aldrans nahestehend), 1 Schalenknaufschwert.- Datierung: jüngere Urnenfelderzeit.- Kemenczei, Spätbronzezeit 189 Nr. 75 Taf. 197c, 1-3; Müller-Karpe, Vollgriffschwerter 101 Taf. 19, 8; Mozsolics, Bronzefunde 206 ("Horizont Gyermely") Taf. 209, 1-3.

743. Túrterebes -> Turulung (RO).

744. Tyukod, Kom. Szabolcs-Szatmár.- Depot.- 20 Armringe.- Datierung (?).- Mozsolics, Bronzefunde 207.

745. Ujkigyós, Kom. Békés.- Einzelfund.- Griffzungenschwert ('Typus A3').- Kemenczei, Schwerter 48 Nr. 214 Taf. 21, 214.

746. Ujszöny, Kom. Komáron.- Depot (?).- Mozsolics, Bronzefunde 207 ("Horizont Kurd"); J. Hampel, A bronzkor emlékei Magyarhonban Bd. 2 (1892) Taf. 125.

747. Ujradna -> Sant (RO).

748. Ungarn.- Lappenbeil mit weit ausschwingender Schneide.- Mitt. Anthr. Ges. Wien 8 Taf. 7, 8.

749. Ungarn.- Griffzungendolch ("Typus B5").- Kemenczei, Schwerter 31 Nr. 135 Taf. 11, 135.

750. Ungarn.- Vollgriffschwert (Typus Riegsee).- A. Mozsolics, Alba Regia 15, 1977, 15 Taf. 6, 2.

751. Ungarn.- Frg. eines Blechgürtels (mit Dekor).- Kilian-Dirlmeier, Gürtel 109 Taf. 46, 445.

752. Ungarn.- Griffzungendolch ("Typus A1").- Kemenczei, Schwerter 24 Nr. 77 Taf. 7, 77.

753. Ungarn.- Griffzungendolch ("Typus A2").- Kemenczei, Schwerter 25 Nr. 92 Taf. 8, 92.

754. Ungarn.- Griffzungendolch ("Typus A2").- Kemenczei, Schwerter 25 Taf. 8, 94.

755. Ungarn.- Griffzungendolch ("Typus A2").- Kemenczei, Schwerter 25 Nr. 95 Taf. 8, 95.

756. Ungarn.- Griffzungendolch ("Typus A2").- Kemenczei, Schwerter 25 Nr. 93 Taf. 8, 93.

757. Ungarn.- Griffzungendolch ("Typus A3").- Kemenczei, Schwerter 25 Nr. 98 Taf. 8, 98.

758. Ungarn.- Griffzungendolch ("Typus A3").- Kemenczei, Schwerter 25 Nr. 99 Taf. 8, 99.

759. Ungarn.- Griffzungendolch ("Typus B1").- Kemenczei, Schwerter 28 Nr. 111 Taf. 9, 111.

760. Ungarn.- Griffzungendolch ("Typus B1").- Kemenczei, Schwerter 28 Nr. 112 Taf. 9, 112.

761. Ungarn.- Griffzungendolch ("Typus B5").- Kemenczei, Schwerter 31 Nr. 134 Taf. 11, 134.

762. Ungarn.- Griffzungendolch ("Typus B5").- Kemenczei, Schwerter 31 Nr. 133 Taf. 11, 133.

763. Ungarn.- Griffzungendolch mit Ringknaufende.- Kemenczei, Schwerter 25 Nr. 101 Taf. 8, 101.

764. Ungarn.- Griffzungenschwert ("Typus D").- Kemenczei, Schwerter 66 Nr. 352 Taf. 38, 352.

765. Ungarn.- Griffzungenschwert (Zunge abgebrochen) ('Typus A2').- Kemenczei, Schwerter 46 Nr. 202 Taf. 19, 202.

766. Ungarn.- Mohnkopfnadel (mit geritzter Kopfzier).- Hänsel, Beiträge 206 Liste 88 Nr. 6; J. Hampel, A bronzkor emlékei Magyarhonban Bd. 1 (1886) Taf. 52, 8.

767. Ungarn.- Fragmentiertes Griffzungenschwert ('Typus C1'). Kemenczei, Schwerter 55 Nr. 278 Taf. 30, 278.

768. Ungarn.- Fragmentiertes Griffzungenschwert ('Typus C1'). Kemenczei, Schwerter 55 Nr. 279 Taf. 30, 279.

769. Ungarn.- Fragmentiertes Griffzungenschwert ('Typus C1'). Kemenczei, Schwerter 55 Nr. 280A Taf. 30, 280A.

770. Ungarn.- Dreiwulstschwert (Typus Schwaig).- Müller-Karpe, Vollgriffschwerter 96 Taf. 9, 5.

771. Ungarn.- Dreiwulstschwert (Typus Aldrans).- Müller-Karpe, Vollgriffschwerter 106 Taf. 32, 6.

772. Ungarn.- Dreiwulstschwert (Typus Illertissen nahestehend).- Müller-Karpe, Vollgriffschwerter 96 Taf. 15, 3.

773. Ungarn.- Dreiwulstschwert (Typus Liptau).- Müller-Karpe, Vollgriffschwerter 101 Taf. 20, 1.

774. Ungarn.- Dreiwulstschwert (Typus Liptau).- Müller-Karpe, Vollgriffschwerter 101 Taf. 20, 2.

775. Ungarn.- Dreiwulstschwert (Typus Liptau).- Müller-Karpe, Vollgriffschwerter 103 Taf. 24, 1.

776. Ungarn.- Dreiwulstschwertfrg. (Typus Schwaig) Müller-Karpe, Vollgriffschwerter 97 Taf. 10, 8.

777. Ungarn.- Frg. eines Blechgürtels (mit Dekor).- Kilian-Dirlmeier, Gürtel 109 Taf. 46, 445.

778. Ungarn.- Griffzungenschwert ('Typus C2').- Kemenczei, Schwerter 58 Nr. 301 Taf. 33, 301.

779. Ungarn.- Griffzungenschwert (Typus A4).- Kemenczei, Schwerter 50 Nr. 236 Taf. 24, 236.

780. Ungarn.- Griffzungenschwert (Typus A4).- Kemenczei, Schwerter 50 Nr. 238 Taf. 24, 238.

781. Ungarn.- Griffzungenschwert (Typus A4).- Kemenczei, Schwerter 50 Nr. 240 Taf. 24, 240.

782. Ungarn.- Griffzungenschwert (Typus A4).- Kemenczei, Schwerter 50 Nr. 240A Taf. 24, 240 A.

783. Ungarn.- Griffzungenschwert ('Typus A1').- Kemenczei, Schwerter 45 Nr. 192 Taf. 18, 192.

784. Ungarn.- Griffzungenschwert ('Typus A1').- Kemenczei, Schwerter 45 Nr. 192 A Taf. 18, 192 A.

785. Ungarn.- Griffzungenschwert ('Typus A1').- Kemenczei, Schwerter 45 Nr. 193 Taf. 18, 193.

786. Ungarn.- Griffzungenschwert ('Typus A3').- Kemenczei, Schwerter 48 Nr. 220 Taf. 22, 220.

787. Ungarn.- Griffzungenschwert ('Typus A3').- Kemenczei, Schwerter 48 Nr. 221 Taf. 22, 221.

788. Ungarn.- Griffzungenschwert ('Typus B1').- Kemenczei, Schwerter 51 Nr. 243 Taf. 25, 243.

789. Ungarn.- Griffzungenschwert ('Typus B1').- Kemenczei, Schwerter 51 Nr. 243 A Taf. 25, 243 A.

790. Ungarn.- Griffzungenschwert ('Typus C2').- Kemenczei, Schwerter 58 Nr. 300 Taf. 33, 300.

791. Ungarn.- Griffzungenschwert ('Typus C3').- Kemenczei, Schwerter 59 Nr. 315 Taf. 35, 315.

792. Ungarn.- Griffzungenschwert ('Typus C3').- Kemenczei, Schwerter 59 Nr. 316 Taf. 35, 316.

793. Ungarn.- Griffzungenschwert ('Typus C5').- Kemenczei, Schwerter 61 Nr. 323 Taf. 56, 323.

794. Ungarn.- Griffzungenschwert ('Typus C5').- Kemenczei, Schwerter 61 Nr. 324 Taf. 56, 324.

795. Ungarn.- Griffzungenschwert (Zunge abgebrochen) ('Typus A2').- Kemenczei, Schwerter 46 Nr. 202 Taf. 19, 202.

796. Ungarn.- Griffzungenschwert in zwei Teile zerbrochen (Zunge fehlt) ('Typus C').- Kemenczei, Schwerter 63 Nr. 348 Taf. 38, 348.

797. Ungarn.- Griffzungenschwert; Zunge abgebrochen (Typus A4).- Kemenczei, Schwerter 50 Nr. 239 Taf. 24, 239.

798. Ungarn.- Griffzungenschwertfrg. (Typus A4).- Kemenczei, Schwerter 50 Nr. 237 Taf. 24, 237.

799. Ungarn.- Griffzungenschwertfrg. ('Typus AB').- Kemenczei, Schwerter 53 Nr. 251 Taf. 26, 251.

800. Ungarn.- Griffzungenschwertfrg. ('Typus C6').- Kemenczei, Schwerter 61 Nr. 330 Taf. 36, 330.

801. Ungarn.- Schildförmiger Anhänger (Form A).- J. Hampel, Alterthümer der Bronzezeit in Ungarn (1887) Taf. 54, 9.- N. Chidiosan, Stud. Cerc. Ist. Vech. 28, 1977, 61 Abb. 4, 14.

802. Ungarn.- Dreiwulstschwert (Typus Liptau).- Müller-Karpe, Vollgriffschwerter 102 Taf. 22, 6.

803. Uzd, Kom. Tolna.- 2 Lanzenspitzen, 3 Knopfsicheln, 7 Beile (auch Absatzbeil mit gerader Rast).- F. Holste, Hortfunde Südosteuropas (1951) 23 Taf. 42, 26. 30; Hänsel, Beiträge 75 ("noch mittelbronzezeitlich") 195 Liste 59, 1; Taf. 51, 7-18.

804. Vácszentlászló, Kom. Pest.- Ankauf aus einer Sammlung.- Bronzebecken (Typus A).- P. Patay, Die Bronzegefäße in Ungarn (1990) 18 Nr. 2 Taf. 1, 2.

805. Vácszentlászló, Kom. Pest.- Depotfund mit 32 Gegenständen; die Tasse stand inmitten des Diadems und um dieses waren vier, 59 cm lange, Nadeln senkrecht in die Erde gesteckt.- Bekannt sind 1 Diadem, 1 Bronzetasse ("Typus Gusen"), 1 Sichelfrg., 4 Nadeln (L. 59 cm), spiralähnliche Gegenstände.- Mozsolics, Bronze- und Goldfunde 187 Taf. 24, 1; Kemenczei, Spätbronzezeit 122 Nr. 41; P. Patay, Die Bronzegefäße in Ungarn (1990) 17; 49 Nr. 72 Taf. 36, 72.

806. Vadasd -> Vadas (RO).

807. Vág, Kom. Györ-Sopron.- Einzelfund.- Griffzungenschwertfrg. ('Typus C2').- Kemenczei, Schwerter 58 Nr. 298 Taf. 32, 298.

808. Vaja, Kom. Szabolcs-Szatmár.- Depot (?) Die Fundgeschichte ist unklar. Nach Mozsolics' Recherche wird man einen Schwerthort mit ca 20 Exemplaren vermuten dürfen; dazu kommt ein Depot in einem Gefäß und offenbar Einzelfunde.- Dreiwulstschwert (Typus Liptau), 2 Griffzungenschwerter.- Müller-Karpe, Vollgriffschwerter 100 Taf. 18, 5; Mozsolics, Bronzefunde 209 Taf. 208, 3-5; 209, 4; Kemenczei, Schwerter 48 Nr. 215 Taf. 21, 215; 54 Nr. 269 Taf. 29, 269.

809. Vajdácska, Kom. Borsod-Abaúj-Zemplén.- 3 Urnengräber.- Keramik.- Kemenczei, Spätbronzezeit 123 Nr. 39 Taf. 56-57.

810. Vajdácska, Kom. Borsod-Abaúj-Zemplén.- Depot in einem Tongefäß in 1 - 1,5 m Tiefe (Gesamtgewicht 28 kg).- 4 Nackenscheibenäxte, 5 Schwertklingenfrgte., 1 Lanzenspitzenfrg. (mit profilierter Tülle), 10 Knopfsichelfrgte. (davon 1 Exemplar zusammengefaltet), 2 Griffzungensichelfrgte., 4 Sichelfrgte., 1 mittelständiges Lappenbeil, 3 Lappenbeilfrgte. (2 Nackenteile, 1 Mittelteil), 18 Tüllenbeilfrgte., 1 zusammengebogene Nadel mit großer Kopfscheibe und Öse, 1 Armspirale, 1 trichterförmiger Anhänger, 2 zusammengefaltete Frgte. von Gürtelblechen, 37 plankonvexe Bronzebarrenfrgte., 3 Armringfrgte., 2 flache Ringe, 1 Ösenscheibe, 1 Perle, 3 Spiralröhrchen, 2 Barren, 1 Ahle, 5 Bronzefrgte., Tongefäß (Gáva-Ware).- T. Kemenczei in: Festschr. W. A. v. Brunn (1981), 151ff. Taf. 1-6; Mozsolics, Bronzefunde 210f. ("Horizont Kurd") Taf. 205-207.

811. Várfalva -> Moldovenesti (RO).

812. Várkatély (im Schloßhof).- Urnengrab in Steinpackung.- Urne, Schüsselfrg., Sichelspitze.- Kemenczei, Spätbronzezeit 107c Taf. 13, 11. 15-16.

813. Varmézö -> Buciumi (RO).

814. Várpalota, Kom. Veszprém.- Einzelfunde oder Depotbestandteile (?).- 2 Tüllenbeilfrgte., 1 Beil.- E. Patek, Die Urnenfelderkultur in Transdanubien (1968) Taf. 44, 5-6; Mozsolics, Bronzefunde 211.

815. Várvölgy, Kom. Zala.- Depot.- (Gefäße).- Ha B.- P. Patay, Die Bronzegefäße in Ungarn (1990) 33 Nr. 42 A; 36 Nr. 46 A. B. Taf. 27, 46A-B.

816. Várkudu -> Coldau (RO).

817. Vas (Komitat).- Flußfunde.- 1 Griffzungenschwert, 1 Lanzenspitze mit profiliertem Blatt, 1 Nadel.- Mozsolics, Bronzefunde 211.

818. Velem, Kom. Vas.- Ältere Phase der Höhensiedlung.- E. Patek, Die Urnenfelderkultur in Transdanubien (1968) 154ff.

819. Velem, Kom. Vas.- Szent Vid hegy.- Fundumstände unbekannt.- Vielleicht Frgte. von einem Kurd-Eimer.- P. Patay, Die Bronzegefäße in Ungarn (1990) 37 Nr. 51 Taf. 27, 51.

820. Velem-Szentvid, Kom. Vas.- Depot.- U. a. 4 lanzettförmige Anhänger.- Mozsolics, Bronzefunde Taf. 231; G. Kossack, Studien zum Symbolgut der Urnenfelder- und Hallstattzeit Mitteleuropas (1954) 93 Liste B Nr. 72.

821. Velem-Szentvid, Kom. Vas.- Depot (1898).- Oberteil eines Griffzungenschwertes ('Typus C6'), 6 Zungensicheln, 3 Zungensichelfrgte., Hammer, Armring (Museum Budapest MNM 99. 1898. 2).- Kemenczei, Schwerter 61 Nr. 329 Taf. 36, 329.

822. Velem-Szentvid, Kom. Vas.- Depot IV in Haus 27.- 13 Radanhänger, 1 Frg. einer Gürtelapplik.- G. Bándi, M. Fekete, Savaria 11-12, 1977-78, 101ff. Abb. 20-22.

823. Velem-Szentvid, Kom. Vas.- Einzelfund.- Heftbruchstück eines Griffzungenschwertes ('Typus C').- Kemenczei, Schwerter 63 Nr. 347 Taf. 38, 347.

824. Velemszentvid, Kr. Szombathely, Kom. Vas.- Höhensiedlung.- Depot (?).- Vasenkopfnadeln mit horizontalen Rippen.- J. Říhovský, Die Nadeln in Westungarn (I) (1983) 44 Nr. 508 Taf. 21, 508.

825. Velemszentvid. Kom. Vas.- Höhensiedlung.- Nadel mit mehrfach verdicktem Schaftoberteil (Typus Lüdermund nahestehend).- J. Říhovský, Die Nadeln in Westungarn I (1983) 22 Nr. 11 Taf. 7, 111.

826. Veröce und Vác (zwischen).- Aus der Donau.- 2 Dreiwulstschwerter.- Mozsolics, Arch. Ért. 102, 1975, 21 Anm. 119.

827. Verpelét, Kom. Heves.- Doppelscheibenkopfnadeln, Armspirale, Handschutzspirale.- Naturhistorisches Mus. Wien Inv. Nr. 34876.- Kemenczei, Spätbronzezeit 122 Nr. 42.

828. Veszprém (Komitat).- Griffzungenschwertfrg. ('Typus AB').- Kemenczei, Schwerter 53 Nr. 250 Taf. 26, 250.

829. Veszprém, Kom. Veszprém.- Depot (?).- Griffzungenschwert ("Typus A4"), 1 Griffzungendolch ("Typus B3"), Lanzenspitze.- Kemenczei, Schwerter 29 Nr. 119 Taf. 10, 119; 50 Nr. 233 Taf. 23, 233; Mozsolics, Bronzefunde 213f.

830. entfällt.

831. Vidornyaszölös, Kom. Veszprém.- Einzelfund (1968).- Griffzungendolch ("Typus B5").- Kemenczei, Schwerter 30 Nr. 125 Taf. 10, 125.

832. Vilyvitány, Kom. Borsod-Abaúj-Zemplén.- Depot in einem Gefäß unter einem Stein.- 2 Griffzungendolche; ferner 2 Dolchklingen, 1 Lanzenspitze, 3 Armringe, 1 Armspirale.- Mozsolics, Bronze- und Goldfunde 188; Kemenczei, Spätbronzezeit 122 Nr. 43; Kemenczei, Schwerter 28 Nr. 109 Taf. 9, 109; 29 Nr. 116 Taf. 10, 116.

832A. Vindornyaszölös, Kom. Veszprém.- Einzelfund.- Oberteil eines Dreiwulstschwertes.- T. Kemenczei, Die Schwerter in Ungarn II (1991) 29 Nr. 86 Taf. 18, 86.

833. Visegrád, Kom. Pest.- Aus der Donau.- Griffzungenschwert ('Typus C1').- Kemenczei, Schwerter 54 Nr. 270 Taf. 29, 270.

834. Visegrád, Kom. Pest.- Aus der Donau.- Griffzungenschwert ('Typus C4').- Kemenczei, Schwerter 60 Nr. 319 Taf. 35, 319.

835. Visegrád, Kom. Pest.- Aus der Donau.- Griffzungenschwertfrg. ('Typus C1').- Kemenczei, Schwerter 54 Nr. 271 Taf. 29, 271.

836. Visegrád, Kom. Pest.- Aus der Donau.- Dreiwulstschwert.- A. Mozsolics, Arch. Ért. 102, 1975, 7 Abb. 4, 1.

837. Visegrád, Kom. Pest.- Aus der Donau.- Griffzungenschwert ('Typus A3').- Kemenczei, Schwerter 48 Nr. 219 Taf. 22, 219.

838. Viss, Kom. Borsod-Abaúj-Zemplén.- Depot I (nach Mozsolics) auf einem Sandhügel in einem Gefäß in 0, 6 m Tiefe (ein Teil der Bronzen verloren).- Eng gerippter Armring, trichterförmiger Anhänger, Dreickanhänger, Lanzenspitze (mit profilierter Tülle; und gestuftem Blatt ?), Nackenkammaxt.- T. Kemenzcei, Herman Ottó Múz. Évk. 5, 1965, 109 Taf. 22; Mozsolics, Bronzefunde 214 ("wahrscheinlich Horizont Kurd"); Kemenczei, Spätbronzezeit 126 Nr. 52a Taf. 64d.

839. Viss, Kom. Borsod-Abaúj-Zemplén.- Depot (?) II an einem Fischteich.- 2 Armspiralenfrgte.- Mozsolics, Bronzefunde 214 ("wahrscheinlich Horizont Aranyos").

840. Viss, Kom. Borsod-Abaúj-Zemplén.- Depot III in Bachnähe und in Nähe zu Depot IV.- 2 Vollgriffschwerter (Typus Ragály), 4 Griffzungenschwerter (Typus Nenzingen/'Typus A3/C1), 1 Griffzungenschwert (Sprockhoff Ia/'Typus A2'), 1 Nackenscheibenaxt (Typus E), 1 zylindrische Röhre, 1 Doppelarmknauf, 3 Spiralen, 1 Spiralröhre, Tassenfrg. (Typus Blatnica).- Mozsolics, Bronzefunde 214f. ("Horizont Aranyos") Taf. 12 - 15; Kemenczei, Spätbronzezeit 127 Nr. 52b Taf. 67; Kemenczei, Schwerter 46 Nr. 200 Taf. 19, 200; 48 Nr. 216 Taf. 21, 216; 54f. Nr. 272-274 Taf. 29, 272-274; 63; 64A; P. Patay, Die Bronzegefäße in Ungarn (1990) 53 Nr. 78 Taf. 38, 78.

841. Viss, Kom. Borsod-Abaúj-Zemplén.- Depot IV.- 1 Tüllenbeil, 1 Dolch mit Scheibenknauf, 2 Lanzenspitzen (mit profiliertem Blatt), 1 Tüllenpfeilspitze, 2 Handspiralenfrgte., 1 kegelförmiger Blechtutulus.- Kemenczei, Spätbronzezeit 127 Nr. 52c Taf. 65b.

842 entfällt.

843. Vonyarcvashégy, Kom. Veszprém.- Streufund.- E. Patek, Die Urnenfelderkultur in Transdanubien (1968) 77.

844. Waitzen (ungarischer Ortsname mir nicht bekannt), Kom. Vas.- Tüllenbeil mit symmetrischer aufgebogenem Rand.- C. Laske, Wiss. Zeitschr. Martin-Luther-Universität Halle 7, 1957/58, 246ff. Abb. 1.

845. Zabar, Kom. Nógrád.- Depot (?).- 1 Lappenbeil, 1 Armberge (Typus Salgótarján), 1 Halsring mit eingerollten Enden.- Kemenczei, Spätbronzezeit 122 Nr. 44; J. Paulík, Stud. Zvesti 15, 1965, 94 Taf. 9, 1-3.

846. Zágon.- Nackenscheibenaxt.- E. Kroeger-Michel, Nyíregyházi Jósa András Múz. Évk. 11, 1968, 77.

847. Záhony, Kom. Szabolcs-Szatmár.- Depot in Tongefäß (vielleicht unvollständig).- 3 Armringe, 2 Sichelfrgte.- Mozsolics, Bronzefunde 214.

848. Zala (Komitat).- Griffzungenschwert (Typus A4).- Kemenczei, Schwerter 50 Nr. 235 Taf. 24, 235.

849. Zalacsány, Kom. Zala.- Aus dem Bach Zala.- Riegseeschwert.- Mozsolics, Bronzefunde 214; A. Mozsolics, Alba Regia 15, 1977, 15 Taf. 6, 2; T. Kemenczei, Die Schwerter in Ungarn II (1991) 24 Nr. 68 Taf. 14, 68.

850. Zalaszántó, Kom. Veszprém.- Depot.- 5 Tüllenbeilfrgte., 1 Lanzenspitzenfrg., 2 Ringfrgte., 1 Spiralring, 2 Barren, 1 Gußfladen.- Mozsolics, Bronzefunde 215.

851. Zalaszentmihály, Kom. Zala.- Siedlung.- E. Patek, Die Urnenfelderkultur in Transdanubien (1968) 77.

852. Zalaszentmihály-Pötréte, Kom. Zala.- Depot beim Torfstechen.- 250 Bernsteinperlen, 4 Phaleren, 1 wellenförmiges Anhängerzwischenstück mit eingehängten Kettengliedern; lose Kettenglieder, davon 2 mit eingehängten lanzettförmigen Anhängern. 7 einzelne lanzettförmige Anhänger, 2 Brillenspiralanhänger, 25 Spiralröllchen, 198 Blechbuckel und Tutuli.- R. Müller, A Veszprém Megyei Múzeumok Közleményei 11, 1972, 59ff. mit Abb; Mozsolics, Bronzefunde 215f.

853. Zalavár, Kom. Veszprém.- Einzelfund.- Griffzungensichelfrg. (Ha A2).- E. Patek, Die Urnenfelderkultur in Transdanubien (1968) 166 Taf. 51, 14.

854. Zalkod, Kom. Borsod-Abaúj-Zemplén.- Depot.- 8 Schwerter, darauf 4 Armbergen und 5 Armschutzspiralen, Nadel, "kleine Abfälle (Blechstücke)". Erhalten sind: 5 Griffzungenschwerter ('Typus A2; A3; C1; C3'), 4 Armspiralen, 3 Armbergen (Typus Salgótarján).- F. Holste, Hortfunde Südosteuropas (1951) Taf. 38, 8-13; Mozsolics, Bronzefunde 216 ("Horizont Aranyos") Taf. 7-10; Kemenczei, Spätbronzezeit 127 Nr. 53 Taf. 58; Kemenczei, Schwerter 46 Nr. 201 Taf. 19, 201; 48 Nr. 217-218 Taf. 21, 217; 22, 217; 55 Nr. 275 Taf. 30, 275; 59 Nr. 314 Taf. 34, 314.

855. Zamárdi, Kom. Somogy.- Aus dem Plattensee.- Griffzungenschwert ('Typus A1').- Kemenczei, Schwerter 45 Nr. 191 Taf. 18, 191.

856. Zamárdi, Kom. Somogy.- Einzelfund.- Griffzungenschwert ('Typus C1').- Kemenczei, Schwerter 55 Nr. 276 Taf. 30, 276.

857. Zamárdi, Kom. Somogy.- Griffzungenschwert; Zunge abgebrochen ("Typus A4").- Kemenczei, Schwerter 50 Nr. 234 Taf. 24, 234.

858. Zeng.- Einzelfund.- Lanzenspitze mit gestuftem Blatt.- E. Patek, Die Urnenfelderkultur in Transdanubien (1968) Taf. 65, 4.

859. Zirc, Kom. Veszprém.- Einzelfund.- Griffzungendolch.- E. Patek, Die Urnenfelderkultur in Transdanubien (1968) 160 Taf. 67, 3.

860. Zirc, Kom. Veszprém.- Gräberfeld.- E. Patek, Die Urnenfelderkultur in Transdanubien (1968) 166 Taf. 63, 11-13. 16.

861. Zólyom -> Zvolen (Slowakei).

862. Zsujta, Kom. Borsod-Abaúj-Zemplén.- Depot in der Nähe einer Quelle.- 8 Dreiwulstschwerter (vorwiegend Typus Liptau), 4 Lanzenspitzen, 8 Armringe (davon einer fragmentiert), 1 Vogelkopftülle (zu einem Deichselwagen?).- Müller-Karpe, Vollgriffschwerter 104 Taf. 18, 3; 19, 7; 31, 5. 6. 10; 28A; Mozsolics, Bronzefunde ("Horizont Kurd") 217 Taf. 154-155.

Jugoslawien, Kroatien, Slowenien

1. **Alum.**- Depot (Ha B).- Neben weiteren Funden 1 schmale Kurztüllenlanzenspitze (Typus Gaualgesheim).- Garašanin u.a., Ostave Taf. 80, 4.

2. **Aussergoritzen bei Ljubljana.**- Dolch mit zungenförmiger Griffplatte.- Müller-Karpe, Chronologie Taf. 132 B8.

3. **Apatovac, o. Krizevci.**- Depot (größtenteils vernichtet).- Z. Vinski, K. Vinski-Gasparini, Opuscula Arch. (Zagreb) 1, 1956, 80 Nr. 2 ("Ha A2").

4. **Avber (Gradišče).**- Griffzungenschwert.- J. Dular in: Varia Archaeologica 1 (1974) 25 Nr. 10 Taf. 2, 10; Praistorija Jugoslavenskih Zemalja Bd. 4 (1983) Taf. 2, 10.

5. **Balina Glavica, o. Drnis.**- Depot.- Z. Vinski, K. Vinski-Gasparini, Opuscula Arch. (Zagreb) 1, 1956, 80 Nr. 3 ("Ha A2").

6. **Banatski Karlovac (Károlyfalvai; Karlsdorf).**- Depot über sumpfigem Gelände in Tongefäß (1896); ursprünglich 8 kg; 32 ganze Stücke.- 13 Tüllenbeile, 3 Armringe, 1 Handschutzspirale (mit schildförmigem Anhänger).- F. Milleker, Arch. Ért. 16, 1896, 252 Abb. S. 253; ders., Starinar 15, 1940 23; F. Holste, Hortfunde Südosteuropas (1951) 10 Taf. 17, 11-18; G. Kossack, Studien zum Symbolgut der Urnenfelder- und Hallstattzeit Mitteleuropas (1954) 97 E1; N. Chidiosan, Stud. Cerc. Ist. Vech. 28, 1977, 61 ("Vršac") Abb. 4, 18; Garašanin u.a., Ostave 87ff. Taf. 76-77; R. Vasić in: B. Hänsel (Hrsg.), Südosteuropa zwischen 1600 und 1000 v. Chr. (1982) 268 ("Stufe I").

7. **Barajevo.**- Depot (1874 erworben).- 10 Armringe.- D. Garašanin, Katalog metala (1954), 15f. Taf. 54, 1-5; Garašanin, u.a., Ostave 4ff. Taf. 4; R. Vasić in: B. Hänsel (Hrsg.), Südosteuropa zwischen 1600 und 1000 v. Chr. (1982) 268 ("Stufe II"); M. Kosorić, Arch. Iugoslavica 13, 1972, 5.

8. **Bela pri Poljcanah.**- Depot.- Bronasta doba na Slovenskem narodni muzej Ljubljana (1987) 10 Nr. 1.

9. **Belica, op. Čakovec.**- Depot (1964).- 1 Messerfrg., 14 Tüllenbeile (z.T. fragmentiert), 1 Lappenbeilfrg., 1 Lanzenspitzenfrg. (mit Kurztülle), 1 Tüllenmeißel, 1 Stabmeißel, 1 Schwertklingenfrg., 40 Griffzungensicheln (z.T. fragmentiert), 2 Frgte. einer Rollennadel, 4 Gußbrocken.- J. Vidović, Arh. Vestnik 39-40, 1988-89, 453ff. Taf. 4-13.

10. **Belica, Serbien.**- Tüllenbeil (Ha B).- M. Stojić, Gvozdeno doba u basenu Velike Morave (1986) 26 Taf. 21, 5.

11. **Beli Manastir.**- Grab- oder Siedlungsfund (Grube).- 3 Nadeln (2 Kolbenkopfnadeln, 1 Kugelkopfnadel), Keramik.- K. Vinski-Gasparini, Kultura polja sa zarama u sjevernoj Hrvatskoj (1973) 211 Taf. 22, 1-7.

12. **Belšcica.**- Dolch mit dreieckiger Griffplatte.- Praistorija Jugoslavenskih Zemalja Bd. 4 (1983) Taf. 2, 7.

13. **Beograd-Autokomanda.**- Depot.- 17 Armringe, 1 Lappenbeil, 1 Halsring (?).- Garašanin u.a., Ostave 2f. Taf. 1, 5-8; 2; R. Vasić in: B. Hänsel (Hrsg.), Südosteuropa zwischen 1600 und 1000 v. Chr. (1982) 268 ("Stufe I"); M. Kosorić, Arch. Iugoslavica 13, 1972, 5f.

14. **Beranci bei Bitola, Mazedonien.**- Visoi, Grabhügel, Grab 37, Zentralgrab.- Doppelbeilanhänger (L. 6, 7 cm), zweihenklige Kylix.- K. Kilian, Prähist. Zeitschr. 50, 1975, 78f. Taf. 59, 14; Simoska/Sanev, Praistorija 56 Abb. 295; Kilian-Dirlmeier, Anhänger 245 Nr. 1571 Taf. 90, 1571.

15. **Beravci, Kr. Slavonski Brod.**- Depot der jüngeren Urnenfelderzeit.- Z. Vinski, K. Vinski-Gasparini, Opuscula Arch. (Zagreb) 1, 1956, 80 Nr. 6 ("Ha A2"); K. Vinski-Gasparini, Kultura polja sa zarama u sjevernoj Hrvatskoj (1973) 211 "Phase IV" Taf. 108-109.

16. **Bersaska -> Berzaska (RO).**

17. **Bežanija b. Zemun.**- Depot.- 1 Tüllenbeil, 4 Sicheln (davon 3 Fragmente), 2 Lanzenspitzenfrgte., 1 Stab, 1 Eisengegenstand (?).- D. Garašanin, Katalog metala (1954) 18 Taf. 7, 1-7; D. Garašanin, Zbornik Narod. Muz. Arh. (Beograd) 5, 1967, 31ff. Abb. 2; Garašanin u.a., Ostave 21 Taf. 22, 1-7.; R. Vasić in: B. Hänsel (Hrsg.), Südosteuropa zwischen 1600 und 1000 v. Chr. (1982) 268 ("Stufe II"); M. Kosorić, Arch. Iugoslavica 13, 1972, 5; Z. Vinski, K. Vinski-Gasparini, Opuscula Arch. (Zagreb) 1, 1956, 81 Nr. 7 ("Ha A1").

18. **Bingula - Divoš (zwischen beiden Orten), Kr. Sremska Mitrovica.**- Depot mit 142 Bronzestücken (im Mus. Zagreb 135 Stücke gesehen).- 8 Schwertfrgte. (2 mit Vollgriff [Dreiwulstschwertfrg. Typus Schwaig nahestehend; Typus Riegsee nahestehend], 2 Griffzungen; 3 Klingenfrgte. [davon eine profilierte Klinge slawonischen Typs: 13 g; 46 g; 76 g; 70 g; 98 g; 152 g; 304 g; 29 g], 8 Lanzenspitzen und Frgte. (72 g; 116 g; 176 g; 126 g; 108 g; 110 g; 61 g; 66 g), 8 Tüllenbeile und Frgte. (darunter eines mit ausschwingender Schneide; 156 g; 434 g; 295 g; 254 g; 338 g; 405 g; 338 g; 180 g), 21 Sicheln und Frgte. (124 g; 132 g; 156 g; 114 g; 148 g; 100 g; 90 g; 164 g; 49 g; 62 g; 19 g; 124 g; 130 g; 168 g; 134 g; 150 g; 78 g; 50 g; 30 g; 212 g; 136 g), 2 hohlschneidige und 1 geradschneidiger Tüllenmeißel (104 g; 122 g; 48 g), 4 Dolche und Fragmente (34 g; 74 g; 9 g; 50 g), 3 Messerfrgte. (6 g; 10 g), 2 Tüllenhaken (25 g; 28 g), 6 Blechfrgte. (8 g; 9 g; 7 g; 3 g; 1 g; 11 g), 1 Blechgefäßfrg. (49 g; hier: Taf. 23,6), 9 Sägenfrgte. (12 g; 18 g; 6 g; 24 g; 24 g; 18 g; 10 g; 12 g; 10 g), 1 getreppter Knopf (30 g), 12 Phaleren und Knöpfe (26 g; 62 g; 12 g; 9 g; 19 g; 20 g; 3 g; 3 g; 2 g; 24 g; 3 g; 2 g), 3 Nadelfrgte. (darunter ein Spindelkopfnadelfrg. mit gegliedertem Hals [Typus Petersvására] 11 g; 152 g; 15 g), 1 Violinbogenfibel, 2 Fragmente von Kompositgehängen, 1 doppelaxtförmiger Knopf, 3 Brillenanhänger (10 g), 1 Lanzettanhänger, 1 Schildanhänger, 1 Radanhänger, 1 Trichteranhänger (7 g), 1 Handschutzspiralenfrg. (40 g), 1 Armspirale (96 g), 2 Halsringe (94 g; 84 g), 21 Ringe und Fragmente (14 g; 19 g; 8 g; 8 g; 8 g; 12 g; 38 g; 39 g; 14 g; 52 g; 24 g; 16 g; 9 g; 25 g; 5 g; 3 g; 29 g; 38 g; 16 g; 8 g; 3 g), 1 Spiralröhrchen (10 g), 2 Zierstücke (7 g), 1 Spiraldraht mit Bronzeperlen (16 g), 3 Drähte (17 g; 5 g; 21 g), 1 Bronzefrg. (1 g), 2 Gußstücke (41 g; 40 g), 1 Barren mit dreieckigem Querschnitt (48 g).- F. Holste, Hortfunde Südosteuropas (1951) Taf. 10, 13-23; 11-12; K. Vinski-Gasparini, Kultura polja sa zarama u sjevernoj Hrvatskoj (1973) 211 ("Phase II") Taf. 84-87; G. Kossack, Studien zum Symbolgut der Urnenfelder- und Hallstattzeit Mitteleuropas (1954) 97 E3; ebd. 85 Nr. 12; N. Chidiosan, Stud. Cerc. Ist. Veche 28, 1977, 60 Abb. 4; R. Vasić in: B. Hänsel (Hrsg.), Südosteuropa zwischen 1600 und 1000 v. Chr. (1982) 268 ("Stufe II"); Müller-Karpe, Vollgriffschwerter 96 Taf. 9, 8; Z. Vinski, K. Vinski-Gasparini, Opuscula Arch. (Zagreb) 1, 1956, 81 Nr. 8 ("Ha A2").

19. **Bizovac, Kr. Osijek.**- Depot in Tongefäß; an der Fundstelle Brandspuren.- 333 Fundstücke; abgebildet sind: Blechfrgte. eines Kurd-Eimers, Helmfrgte., 1 Zierscheibenfrg., 3 Armringe, 1 Griffzungenschwertfrg. 3 Schwertklingenfrgte., 1 Griffzungendolch, 2 Sägeklingen, 1 Bronzestück, 10 Lanzenspitzen (z.T. fragmentiert; mit gestuftem Blatt, glatt), Sägen, 1 Randleistenbeil, 1 Absatzbeil, 6 Lappenbeile, 31 Tüllenbeile, 66 Sicheln und Fragmente (zumeist Griffzungensichel, 1 Hakensichel), 2 Stäbe, Bronzegußkuchen.- F. Holste, Hortfunde Südosteuropas (1951) 4 Taf. 3; 4, 1-17; K. Vinski-Gasparini, Kultura polja sa zarama u sjevernoj Hrvatskoj (1973) 212 Taf. 35-43; K. Vinski-Gasparini, Vjesnik Arh. Muz. Zagreb 3, 1968, 1ff. Taf. 1, 1; 2 (zu Kurd-Eimern); Z. Vinski, K. Vinski-Gasparini, Opuscula Arch. (Zagreb) 1, 1956, 81 Nr. 10 ("Ha A2").

20. Bizovac-Cerovac.- Tüllenbeil.- Mus. Osijek 7085.

21. Bizovac, Kr. Osijek.- Einzelfund.- Nadelfrg. mit verziertem Kugelkopf.- K. Vinski-Gasparini, Kultura polja sa zarama u sjevernoj Hrvatskoj (1973) 212 Taf. 19, 12.

22. Bled.- Depot.- [Gewichtsangaben für die im Naturhist. Mus. Wien aufbewahrten Funde] 4 Lappenbeile und Fragmente (162 g, 159 g, 302 g, 180 g) , 7 Griffzungensicheln und Fragmente (102 g, 166 g, 76 g, 190 g).- S. Gabrovec, Prazgodovinski Bled (1960) Taf. 1; Bronasta doba na Slovenskem narodni muzej Ljubljana (1987) 10 Nr. 2.

23. Bogdanovci, Kr. Vinkovci.- Gewässerfund (Fluß Vuka).- Nadel mit verziertem Kugelkopf.- K. Vinski-Gasparini, Kultura polja sa zarama u sjevernoj Hrvatskoj (1973) 212 Taf. 19, 3.

24. Boboljuske.- Griffzungensichel.- V. Čurčić, Wiss. Mitt. Bosnien u. Herzegowina 11, 1909, 94.

25. Boljanić, Kr. Gracanica.- Depot in einem Tongefäß.- 1 Griffzungenschwertfrg., 5 Dolche (davon 3 Exemplare in mehrere Teile zerbrochen), 10 Tüllenbeile, 2 bronzene Gußkerne, 1 Tüllenmeißel (mit Hohlschneide), 1 Phalerenfrg., 2 Beinschienen(?)frgte., 2 Ringe, 1 Sägenfrg., 1 Messerfrg., 1 Sichelfrg., 1 Schmuckscheibenfrg., 7 Phalerenfrgte., 1 kleine doppelaxtförmige Phalere, 2 Armringfrgte., 1 Platte (?), 3 Gegenstände unbest. Funktion, 1 Nadel, 1 verzierter Tüllenhaken, 1 Lanzette (?), 1 Tonperle, 1 Angelhaken, 1 Vogelfigürchen, 1 Klumpen kleiner Bronzenägel.- R. Jovanović, Članci i Grada Kulturnu Istor. Istočne Bosne 2, 1953, 23ff. mit Abb.

26. Bolman, Kr. Osijek.- Einzelfund (?).- Lanzenspitze mit gestuftem Blatt (106 g).- Mus. Osijek 11100.

27. Bordjos -> Borjàš.

28. Borjàš, Bez. Kanjiza, Vojvodina.- Depot I (bei der Burg) 74 Bronzen.- Abgebildet sind 1 Lanzenspitze, 2 Nadeln, 1 Tüllenbeil, 1 Tüllenbeilfrg., 1 Tüllenmeißel, 1 Zungensichel, 1 Knopfsichel, 1 Armring, 2 tordierte Ringfrgte., 1 Säge, 1 Meißelfrg., 1 Tutulus, 1 Muffe, 1 Blechfrg., 2 Gußbrocken, 1 Messer(?)frg., 1 Ahle.- F. Milleker, Starinar 15, 1940, 20f. Taf. 14; R. Vasić in: B. Hänsel (Hrsg.), Südosteuropa zwischen 1600 und 1000 v. Chr. (1982) 268 ("Stufe II").

29. Borjàš, Bez. Kanjiza, Vojvodina.- Depot II (1898) bei Kanalisierungsarbeiten an der Theiß in einem Felsspalt.- 1 Phalere, 2 Zungensichelfrgte., 1 Knopfsichel, 1 Hakensichelfrg., 1 Sichelfrg., 5 Tüllenbeile (davon 1 fragmentiert), 2 geschlossene Ringe, 1 Ösenknopf, 1 Gürtelapplik, 3 Spiralscheiben, Spiralfrg. (von Fibel ?), 1 Ringscheibe mit profilierten Rippen, 1 flache Blechscheibe, 1 Ring mit eingerollten Enden, 4 Sägenfrgte., 1 Messerfrg., 7 Bronzen, 4 Gußbrocken, 1 Miniaturradfrg., 2 Geweihknebel (Hirschhorn).- F. Milleker, Starinar 15, 1940, 21 Taf. 15; R. Vasić in: B. Hänsel (Hrsg.), Südosteuropa zwischen 1600 und 1000 v. Chr. (1982) 268 ("Stufe II"); H.-G. Hüttel, Bronzezeitliche Trensen in Mittel- und Osteuropa (1981) 90 Taf. 29.

30. entfällt.

31. Bošnjaci, Kr. Vinkovci.- Depot (1933 angekauft); unvollständig überliefert.- 24 Bronzestücke von denen 20 abgebildet sind: 2 Griffzungensicheln, 3 Schwertklingenfrgte., 3 Tüllenbeilfrgte., 1 Tüllenmeißelfrg., 1 Lanzenspitzenfrg. (unbestimmbar), 1 Griffzungenmesserfrg., 3 Spiralfrgte., 2 kleine Nadeln, 2 große Nadelschaftfrgte. (erkennbar ist der gerippte, geschwollene Hals), 2 kleine Bronzescheiben; verloren ist eine Goldspirale.- K. Vinski-Gasparini, Kultura polja sa zarama u sjevernoj Hrvatskoj (1973) 212 Taf. 30, 1-20; Z. Vinski, K. Vinski-Gasparini, Opuscula Arch. (Zagreb) 1, 1956, 81 Nr. 10 ("Ha A2").

32. Bovec (Strmec), Bez. Gorica, Slowenien.- Dreiwulstschwert (Typus Illertissen nahestehend).- Müller-Karpe, Vollgriffschwerter 99 Taf.16, 3; D. Svoljšak, Arh. Vestnik 39-40, 1988-89, 367f. Abb. 1.

33. Brajkovic.- Depot.- 12 Armringe.- Mus Titovo Uzice.- P. Medović, Starinar 24-25, 1973-74, 181; R. Vasić in: B. Hänsel (Hrsg.), Südosteuropa zwischen 1600 und 1000 v. Chr. (1982) 268 ("Stufe II") 271.

34. Brestovik, Kr. Grocka.- Depot I (1953).- 2 Tüllenmeißel, 1 Nadel, 3 Armringe, 2 Knopfsicheln, 5 Armringe (davon 1 fragmentiert), 1 Ahle, 5 Gußrückstände, 4 Bronzestücke.- Garašanin u.a., Ostave 8f. Taf. 7-8; R. Vasić in: B. Hänsel (Hrsg.), Südosteuropa zwischen 1600 und 1000 v. Chr. (1982) 268 ("Stufe II").

35. Brestovik, Kr. Grocka.- Depot II (1927).- 2 Knopfsicheln (davon 1 fragmentiert), 1 Armring, 2 Tüllenmeißel, 1 Tüllenbeil mit Keilrippenzier.- D. Garašanin, Katalog metala (1954) 18 Taf. 8, 1-6; Garašanin u.a., Ostave 9f. Taf. 8, 5-7; 9, 1-2; R. Vasić in: B. Hänsel (Hrsg.), Südosteuropa zwischen 1600 und 1000 v. Chr. (1982) 268 ("Stufe II").

36. Brestovik, Kr. Grocka.- Depot III (1910).- 46 Armringe, 6 Sägen, 2 Bronzeschalen, 3 Sichelfrgte. (davon 1 Knopf u. 1 Griffzungensichel), 1 Tüllenbeilfrg., 1 Tüllenmeißel, 16 Nadeln, 1 Ringscheibe, 1 Gußkuchen; von den angegebenen Funden kann nur noch ein Teil identifiziert werden.- D. Garašanin, Katalog metala (1954) 19ff. Taf. 9, 1-7; Garašanin u.a., Ostave 10ff. Taf. 9, 3.4 Taf. 10-14; R. Vasić in: B. Hänsel (Hrsg.), Südosteuropa zwischen 1600 und 1000 v. Chr. (1982) 268 ("Stufe II").

37. Brestovik, Kr. Grocka.- Depot IV (1951); die Armbänder waren in zwei Gruppen zu je drei Exemplaren gruppiert.- 6 Armringe.- D. Garašanin, Katalog metala (1954) 19 Taf. 55, 1-3; Garašanin u.a., Ostave 13f. Taf. 15; R. Vasić in: B. Hänsel (Hrsg.), Südosteuropa zwischen 1600 und 1000 v. Chr. (1982) 268 ("Stufe II").

38. Brestovik, Kr. Grocka.- Depot V (1948); Depotcharakter offenbar nicht völlig eindeutig.- 1 Tüllenmeißel, 1 Griffzungensichel, 1 Lanzenspitze (glatt).- D. Garašanin, Katalog metala (1954) 19 Taf. 7, 8-10; Garašanin u.a., Ostave 14f. Taf. 17, 1-3.

39. Brezovo polje, Kr. Zepce.- Depot (wahrscheinlich Ha A2/B1).- 3 Lanzenspitzen, 1 Griffzungensichel, 16 Tüllenbeile.- Abgebildet ist nur die Griffzungensichel und der Dekor der Tüllenbeile; die meisten Beile besitzen Winkelzier, manche bereits y-Rippen.- S. Sielsi, Glasnik Sarajevo 43, 1931, 9f. Taf. 16, 147.

40. Brod b. Boh. Bistrica.- Fragmentierte Lanzenspitze mit gestuftem Blatt.- Varstvo Spomenikov 13-14, 1968-69 Taf. 2, 1.

41. Brodski Varoš, Kr. Slavonski Brod.- Depotfunde; bei Arbeiten in einem Weinberg wurden in einer Tiefe von ca. 50 cm 3 ca. 2-3m voneinander entfernte Depotfunde aufgedeckt; es wird von verbrannter Erde berichtet. Die Depotfunde sind vermischt und teilweise verloren. Erhalten sind über 800 Bronzen.- Abgebildet sind 479 Bronzen: 1 Griffzungenschwert (in 3 Teile zerbrochen), 9 Griffzungenschwertfrgte., 12 Schwertklingenfrgte.(darunter eine Klinge slawonischen Typs), 14 Griffzungendolchfrgte., 15 Messerfrgte., 10 beschädigte Rasiermesser (9 doppelaxtförmige Rasiermesserfrgte. (Typus Großmugl)), 5 Objekte, 15 Blechfrgte. (darunter Reste einer geschnürten Beinschiene), 4 Bronzestäbe, 10 Sägeblätter, 41 Tüllenbeile (teilw. fragmentiert), 4 Lappenbeile (darunter auch ein Lappenenbeil mit breiter Schneide), 23 beschädigte und fragmentierte Lanzenspitzen, 2 Tüllenhämmer, 3 Meißel, 2 Tüllenmeißel, 1 Pfeilspitze, 1 Violinbogenfibel, 5 Blattbügelfibelfrgte., zahlreiche Spiraldrahtfrgte. von Posamenteriefibel(n), 3 Halsringe, 3 Halsringfrgte., 16 fragmentierte Nadeln (darunter: 1 Fragment einer Spindelkopfnadel [wahrscheinlich Typus Petersvására]), Fragment eines Kompositgehänges, 8 Perlen, 4 Angelhaken, ca. 20 Tüllen u.ä., 69 Knöpfe, Gürtelteile,

Appliken, Faleren etc., 1 Vogelplastik, 25 Anhänger (darunter 1 schildförmiger Anhänger mit Rückenöse, 3 Ringscheibenanhänger mit Stielöse), 6 kegelförmige Anhänger, 1 Spiralfragment, 2 Nadelschützer, 59 Armringe, 1 Spiralfingerring, 5 Spiralröhrchen, 43 beschädigte und fragmentierte Griffzungensicheln, 1 Hakensichelfrg., 3 Knopfsichelfrgte., 1 Tüllenhaken. Erwähnt werden 27, 5 kg Gußkuchen und Rohbronze sowie 1, 15 kg kleine Fragmente.- K. Vinski-Gasparini, Kultura polja sa zarama u sjevernoj Hrvatskoj (1973) 212 ("Phase II") Taf. 52-65; Z. Vinski, K. Vinski-Gasparini, Opuscula Arch. (Zagreb) 1, 1956, 82 Nr. 12 ("Ha A2").

42. Budinščina, Kr. Krapina.- Depot in 1, 5 m Tiefe; 220 Bronzestücke; hellgrüne Patina, meist entfernt und nur auf wenigen Stücken erhalten.- 7 Lappenbeilfrgte. (336 g, 488 g, 334 g, 290 g, 334 g, 390 g, 78 g); 1 Lanzenspitze mit gestuftem Blatt (124 g); 7 Lanzenspitzenfrgte. (ein bei Vinski-Gasparini Taf. 77, 20 abgebildetes Fragment ist nicht auffindbar) (glatt, mit profilierter Tülle, mit gestuftem Blatt [42 g; 148 g; 102 g; 56 g; 90 g; 55 g; 59 g]); 2 Vollgriffschwertfrgte. (336 g; 136 g); 3 Griffzungenschwertfrgte. (170 g; 122 g; 138 g); 12 Schwertklingenfrgte. (darunter 2 vom slawonischen Typus) (48 g; 152 g; 208 g; 156 g; 68 g; 132 g; 41 g; 180 g; [88 + 62] = 150 g; 39 g; 176 g); 1 kegelförmiger Anhänger (14 g); 6 Phalerenfrgte., davon eines mit Guirlandenmuster (17 g; 51 g; 10 g; 19 g; 8 g; 20 g); 1 Scheibenfrg. mit Radialrippen (56 g); 1 Diademfrg. (?) (22 g); 5 bandförmige Blechfrgte. mit kreuzförmigem Buckeldekor ([14 g; 5 g; 21 g; 23 g; 15 g] = 76 g); 1 Blech (44 g); 1 Ringscheibenanhängerfrg. (12 g); 1 Spiralfrg. (15 g); 1 Blechfrg. mit kreisförmigem Buckeldekor (33 g); 2 glatte Blechgürtelfrgte. ([25 + 31] = 57g); 1 Ring mit rhombischem Querschnitt (176 g); 1 Ring mit rundem Querschnitt (36 g); 1 verziertes Halsringfrg. (150 g); 1 Ringfrg. mit c-förmigem Querschnitt (21 g); 1 geripptes Armbandfrg. (14 g); 1 Messerfrg. (36 g); 1 Sägenfrg. (8 g); 2 Dolchfrgte. (9 g; 60 g); 2 Niete (3 g; 3 g); 1 Blechhülse (8 g); 1 Blechfrg. (6 g); 1 Blecharmband(?)frg. (5 + 2 g); 1 vernietetes Blech (12 g); 10 Blechfrgte. (von Gürtel?) (5 g; 4 g; 10 g; 9 g; 16 g; 4 g; 4 g; 2 g; 25 g; 46 g [entpatiniert]); 1 Ringfrg. (18 g; 6 g; 1 g; 3 g; 11); 5 ineinanderhängende kleine Ringe (10 g); 1 verbogener Draht (13 g); 7 Tüllenbeile (524 g; 514 g [beschädigt]; 336 g; 338 g; 602 g; 392 g; 403 g); 2 Tüllenbeilfrgte. (130 g; 282 g; 122 g; 26 g; 150 g; 262 g; 482 g; 160 g; 168 g; 212 g); 1 Lochaxtfrg. (128 g); 1 Tüllenmeißelfrg. (17 g); 1 sehr großer Gußkuchen sowie 5 große Bruchstücke und 38 Gußkuchenfrgte. (86 g; 490 g; 602 g; 214 g; 106 g; 344 g; 162 g; 52 g; 342 g; 318 g; 61 g; 246 g; 54 g; 120 g; 372 g; 166 g; 756 g; 422 g; 754 g; 1004 g; 140 g; 386 g; 456 g; 726 g; 498 g; 214 g; 110 g; 230 g; 86 g; 74 g; 88 g; 418 g; 146 g; 302 g; 196 g; 49 g; 378 g; 340 g); 15 Sichelspitzen (50 g; 68 g; 78 g; 44 g; 39 g; 66 g; 28 g; 62 g; 28 g; 39 g; 55 g; 74 g; 44 g; 72 g; 98); 36 Zungensichelfrgte. (90 g; 72 g; 80 g; 57 g; 146 g; 100 g; 104 g; 96 g; 100 g; 90 g; 106 g; 70 g; 61 g; 58 g; 96 g; 42 g; 118 g; 78 g; 122 g; 61 g; 59 g; 76 g; 112 g; 110 g; 90 g; 88 g; 110 g; 128 g; 71 g; 128 g; 148 g; 115 g; 49 g; 88 g; 146 g; 120 g); 16 Zungensicheln (116 g; 162 g; 160 g; 136 g; 156 g; 142 g; 142 g; 136 g; 132 g; 138 g; 160 g; 113 g; 152 g; 132 g; 120 g; 116 g); 7 Sichelklingenfrgte. (59 g; 52 g; 66 g; 49 g; 130 g; 52 g; 88 g); 1 Knopfsichel (43 g).- K. Vinski-Gasparini, Kultura polja sa zarama u sjevernoj Hrvatskoj (1973) 212 ("Phase II") Taf. 77-81A.

43. Brza Palanka.- Depot (Ha A2/B1).- 4 Tüllenbeile, 2 Lanzenspitzen, 4 Ringe, 2 Tierplastiken, 1 Steingußform.- Garašanin u.a., Ostave 100ff. Taf. 103, 1-8; 104, 1-5.

44. Buzija bei Bjelaj.- Einzelfund.- Griffzungenschwert (Typus Aranyos) 528,6 g; Griffzunge abgebrochen.- F. Fiala, Wiss. Mitt. Bosnien u. Herzegowina 6, 1899, 143 Abb. 10.

45. Buzim b. Krupa.- Fundumstände (?).- 3 Tüllenbeile (vermutlich jüngere Urnenfelderzeit).- V. Čurčić, Wiss. Mitt. Bosnien u. Herzegowina 11, 1909, 93 Taf. 17, 7.

46. Castel-Lastua und Spizza.- Depot.- 20 Äxte.- P.P. Kaer, Wiss. Mitt. Bosnien u. Herzegowina 6, 1899, 522.

47. Cavka planina, Bez. Tešanj.- Einzelfund.- Tüllenbeil mit Keilrippenzier.- Truhelka, Wiss. Mitt. Bosnien u. Herzegowina 11, 1909, 74 Abb. 40; V. Čurčić, Wiss. Mitt. Bosnien u. Herzegowina 11, 1909, 94.

48. Celje, Aus dem Flußbett der Savinja.- Mittelständiges Lappenbeil.- Varstvo Spomenikov 29, 1987, 238 Abb. 5.

49. Cemernica.- Tüllenbeil mit Keilrippenzier.- Praistorija Jugoslavenskih Zemalja Bd. 4 (1983) Taf. 52, 4.

50. Cerknica.- Fundumstände (?).- Tüllenbeil mit breiter, gegen den Körper abgesetzter Schneide.- M.Gustin, Notranjska. Zu den Anfängen der Eisenzeit an der nördlichen Adria (1979) Taf. 1, 19.

51. Cerovec pod Bocem.- Depot (1923; Steinbruch).- 2 Griffzungensichelfrgte.; 2 Frgte. mittelständiger Lappenbeile.- A. Smodić, Arh. Vestnik 6, 1955, 88f. Abb. 3 Taf. 3, 17-20.

52. Coka (Csóka), Banat.- Depot- oder Grabfund; der Fund ist als Depot inventarisiert wurde aber zusammen mit angeblich menschlichen Knochen gefunden (sofern die von Foltiny bemühte Literaturstelle die überlieferten Bronzen meint).- Fragment eines Griffzungenschwertes, 5 Phaleren und Blechknöpfe; Datierung vermutlich ältere Urnenfelderzeit.- S. Foltiny, Mitt. Anthr. Ges. Wien 1960, 108ff. Taf. 4.

53. Črmošnjice b. Novo Mesto.- Depot (1905 beim Pflügen).- 1 Blechgefäßfrg., 1 Griffzungendolch, 2 Tüllenbeile, 1 mittelständiges Lappenbeil, 2 Tüllenmeißel, 5 Griffzungensicheln und Frgte., 1 Lanzenspitze (glatt) 1 Griffzungenschwertfrg., 1 Ringfrg.; dazu 1 Tüllenmeißel, 1 Lanzenspitze, 1 Armring, viele Zungensichelfrgte.- Müller-Karpe, Chronologie 279 Taf. 132; A. Schmid, Carniola 2, 1909 113ff. Abb. 4 Taf. 2-4; Praistorija Jugoslavenskih Zemalja Bd. 4 (1983) Taf. 4; J. Dular in: Varia Archaeologica 1 (1974) 25 Nr. 15 Taf. 3, 15.

54. Črmožiše (Pridna vas) b. Rogatec.- Depot (1898).- 1 doppelaxtförmiges Rasiermesserfrg. (11 g), 2 Messerfrgte. (23 g, 34 g), 1 Anhänger (?) (9 g), 1 Halsringfrg., 1 Bronzegefäßfrg. (Eimer) (31 g), mehrere Blechfrgte., u.a. mit getriebenem Punktdekor (24 g, 30 g, 22 g, 16 g, 22 g, 41 g, 42 g, 31 g, 56 g, 17 g), 2 Griffzungenschwertfrgte. (138 g, 158 g), 1 Schwertklingenfrg. (53 g), 1 Armring (32 g), 1 Spiralscheibe (17 g), 1 vierkantiger Ring (44 g), 1 gegossenes Bronzestück mit Rillen (19 g), 1 Tüllenmeißel (92 g), 1 Vierkantmeißel (63 g), 4 rundstabige Bronzefrgte. (8 g, 12 g, 11 g, 7 g), 1 Nagel (12 g), 17 Griffzungensichelfrgte. (55 g, 80 g, 70 g, 72 g, 70 g, 114 g, 88 g, 114 g, 196 g, 90 g, 50 g, 55 g, 124 g, 48 g, 54 g, 120 g [Taf. 21,5], 43 g), 10 Tüllenbeile, davon 5 fragmentiert (94 g, 420 g, 226 g, 422 g, 472 g, 184 g, 120 g, 290 g), 5 oberständige Lappenbeile (546 g, 550 g, 784 g, 276 g, 70 g), 10 Lanzenspitzen (alle fragmentiert; 1 Exemplar mit Kurztülle; 3 Exemplar mit profilierter Tülle, 4 Exemplare mit gestuftem Blatt, 1 glattes Exemplar) (212 g, 88 g, 55 g, 112 g, 63 g, 100 g, 86 g, 86 g, 92 g, 35 g), 3 Gußkuchenfrgte. (142 g, 266 g, 810 g).- Mus. Graz u. Maribor (?).- Müller-Karpe, Chronologie 280 Taf. 133-134 (ca. 60 Stücke); A. Smodić, Arh. Vestnik 6, 1955, 82ff. Abb. 1. Taf. 1-3, 1-16 (abweichende Angaben zum Depotinhalt: 72 Stücke); J. Dular in: Varia Archaeologica 1 (1974) 24 Taf. 1, 8; 25 Nr. 16 Taf. 3, 16; hier: Taf. 21,5-6; 23,3.

55. Crna rijeka am Vrbas.- Einzelfund.- Lanzenspitze mit gestuftem Blatt (87 g); bräunliche Patina.- Wien, Naturhist. Mus. 38943.- V. Čurčić, Prähistorische Funde aus Bosnien und Herzegowina. Wiss. Mitt. Bosnien u. Herzegowina 11, 1909, 95 Taf. 17, 13; Taf 23, 4.

55A. Csóka -> Coka.

56. Dabar -> Marina.

57. Dalmatien.- Axt.- P.P. Kaer, Wiss. Mitt. Bosnien u. Herzegowina 6, 1899, 523 Abb. 18.

58. Dalj, Kr. Osijek.- Grabfund (?).- Vasenkopfnadel (zusammen mit inkrustierter Keramik).- K. Vinski-Gasparini, Kultura polja sa zarama u sjevernoj Hrvatskoj (1973) 213 Taf. 19, 7.

59. Debeli Vrh b. Predgrad.- Depot (1977).- 147 Objekte und 61, 25 kg Rohbronze.; 13 Bernsteinperlen; 11 Tüllenbeile, 4 Tüllenbeilfrgte., 1 mittelständiges Lappenbeil, 1 Griffzungenschwertfrg. (slawonischer Typus), 5 Schwertklingenfrgte., 4 Griffzungendolchfrgte., 1 Vollgriffdolch mit Ringgriff, 2 fragmentierte Lanzenspitzen (darunter 1 Exemplar mit profilierter Tülle), 12 Griffzungensicheln, 12 Griffzungensichelfrgte., 9 Sichelfrgte., 1 Knopfsichel (in zwei Teile zerbrochen), Frgte. einer Schmuckscheibe mit konzentrischen Rippen, 7 Blechfrgte., 8 Armringfrgte., 2 Knöpfe, 1 Ringfrg., 3 Stücke Blech und Draht, 4 Blechröhrchen, 1 Wetzstein.- G. Hirschbäck-Merhar, Arh. Vestnik 35, 1984, 90ff. Taf.1-9; B. Teržan, Arh. Vestnik 35, 1984, 110ff. (zu den Bernsteinperlen).

60. Debelo brdo, Bez. Sarajevo.- Siedlung.- Radanhänger (Datierung ?); unter den Funden auch ein Tüllenbeil "ungarischer Form".- F. Fiala, Wiss. Mitt. Bosnien u. Herzegowina 5, 1897 124ff. Taf. 54, 4; G. Kossack, Studien zum Symbolgut der Urnenfelder- und Hallstattzeit Mitteleuropas (1954) 86 Nr. 40.

61. Doborovac b. Gracanica, Bez. Tuzla.- Berg Monj.- Depot (Ha A2).- R. Jovanović, Članci i Grada Kulturnu Istor. Istočne Bosne 2, 1953, 23-35 mit Abb.

62. Dobova.- Urnengrab 289.- 8 Armringe, 4 Ringe mit eingerollten Enden, 2 Ringe mit eingerollten Enden und eingehängten Ringchen, 10 Zierscheiben und Besatzbuckelchen, 1 Fibelfrg., 7 Anhänger (3 schildförmige, 1 Ringscheibenanhänger, 2 halbmondförmige, 1 lanzettförmiger), Keramik.- K. Vinski-Gasparini, Vjesnik Arh. Muz. Zagreb 8, 1974 Taf. 7, 1-6; F. Starè, Dobova (1975) Taf. 40-41; J. Dular, Arh. Vestnik 29, 1978, 36ff.

63. Dobrinci.- Depot.- Massive, gerippte Armbänder, runde Zierscheiben, Nadel mit doppelkonischem Kopf, Rinscheibenanhänger, halbmondförmige Anhänger ("älterer Form"), Posamenteriefibel mit einer Reihe plastischer Vogelfiguren; weitere Funde ?.- R. Vasić in: B. Hänsel (Hrsg.), Südosteuropa zwischen 1600 und 1000 v. Chr. (1982) 268 ("Stufe II") 273f.

64. Dolina, Kr. Nova Gradiska.- 1 Griffzungenschwertfrg. (162,8 g), 1 Vollgriffschwertklingenfrg. (185,5 g), 1 Schwertklingenfrg. (135,7 g), 1 Lanzenspitzentülle (20,8 g), 1 mittelständiges Lappenbeil (448 g), 15 Tüllenbeile und Frgte. (336 g, 412,3 g, 539,6 g, 381 g, 226,5 g, 187,8 g, 279,8 g, 359,6 g, 343 g, 227 g, 101 g, 433,9 g, 589,6 g, 142 g, 240,4 g; in der Publikation irrtümlich auch als Tüllenmeißel und -hammer klassifiziert), 1 Tüllenmeißel (101 g), 40 Zungensicheln und Frgte. (67,6 g, 111,8 g, 46,2 g, 55,9 g, 86,4 g, 110,8 g, 102,8 g, 105,7 g, 45,6 g, 37,3 g, 167,1 g, 100,1 g, 58,3 g, 87,2 g, 146,3 g, 136,2 g, 115 g, 166,4 g, 74,5 g, 101,5 g, 26,2 g, 80,5 g, 139,4 g, 127,8 g, 105,6 g, 137,4 g, 124,2 g, 85,8 g, 44,7 g, 39,8 g, 34,4 g, 26,3 g, 37,5 g, 34,8 g, 31,0 g, 25,1 g, 33,0 g, 36,7 g, 44,8 g, 145,1 g, 130,0 g, 99,6 g), 1 Messerfrg.(10,1 g), 1 Sägenfrg. (5,6 g), 4 Frgte. eines Blechbandes (65,9 g), 1 Gürtelhakenfrg. (23 g), 2 Armringe (123,1 g, 76,4 g), 1 tordiertes Ringfrg. (8,5 g), Blechhülse (2,9 g), 43 Gußkuchenfrgte. (1194 g, 1360 g, 818 g, 131 g, 190,8 g, 1040,7 g, 1450 g, 786,5 g, 1100,8 g, 326,8 g, 608,1 g, 165,2 g, 442 g, 597,8 g, 704,3 g, 170,7 g, 481,8 g, 139 g, 133,6 g, 248,3 g, 121,8 g, 161,8 g, 218,1 g, 80,5 g, 171,8 g, 42,4 g, 56 g).- P. Schauer, Jahrb. RGZM 21, 1974, 93 ff. mit Abb.

65. Donja Bebrina, Kr. Slavonski Brod.- Depotfund unweit des Save-Ufers; wohl unvollständig.- 18 Lanzenspitzen, 1 Lappenbeil, 5 Tüllenbeile, 2 Tüllenmeißel, 1 Griffzungenmesser, 2 Sicheln, 1 Schwertklingenfrg.- F. Holste, Hortfunde Südosteuropas (1951) 8 Taf. 15, 1-18; K. Vinski-Gasparini, Kultura polja sa zarama u sjevernoj Hrvatskoj (1973) 213 Taf. 94; P. Schauer, Arch. Korrbl. 9, 1979, 70 Abb. 2, 2; Z. Vinski, K. Vinski-Gasparini, Opuscula Arch. (Zagreb) 1, 1956, 82 Nr. 18 ("Ha A2").

66. Donja Dolina an der Save, Bosnien.- Gräber (frühe Eisenzeit).- Radanhänger.- G. Kossack, Studien zum Symbolgut der Urnenfelder- und Hallstattzeit Mitteleuropas (1954) 86 Nr. 44 Wiss. Mitt. Bosnien u. Herzegowina 9, 1904, 125 Taf. 72, 20-21.

67. Donja Poljana, Kr. Varaždin.- Depot; unvollständig.- 4 Bronzen erhalten; 3 Griffzungensicheln, 1 Gußkuchen.- K. Vinski-Gasparini, Kultura polja sa zarama u sjevernoj Hrvatskoj (1973) 213 Taf. 82 B; Z. Vinski, K. Vinski-Gasparini, Opuscula Arch. (Zagreb) 1, 1956, 83 Nr. 19 ("Ha A1").

68. Donji Petrovci.- Depot (?).- 4 Lanzenspitzen.- Garašanin u.a., Ostave 20 Taf. 17, 4-7; D. Garašanin Katalog metala (1954) 60 Taf. 38, 1-4.; R. Vasić in: B. Hänsel (Hrsg.), Südosteuropa zwischen 1600 und 1000 v. Chr. (1982) 268 ("Stufe II"); Z. Vinski, K. Vinski-Gasparini, Opuscula Arch. (Zagreb) 1, 1956, 83 Nr. 20 ("Ha A2?").

69. Drenkova.- Depot in Tongefäß (Datierung?).- 17 Armringe, 2 Armspiralen, 2 Schwertklingenfrgte., 2 Tüllenbeile, 1 Sichel, 8 kleinere Ringe, viele Gußbrocken.- F. Milleker, Starinar 15, 1940, 22.

70. Drenovido, Bez. Brca, Bosnien.- Depot (der jüngeren Urnenfelderzeit).- Funde u.a. 3 Armspiralen, 1 Tüllenbeil, 6 Sicheln, 2 Halsringe, 1 Radanhänger.- Wiss. Mitt. Bosnien u. Herzegowina 11, 1909, 56 Taf. 16, 16; G. Kossack, Studien zum Symbolgut der Urnenfelder- und Hallstattzeit Mitteleuropas (1954) 86 Nr. 46.

71. Drmno.- Depot (?).- 2 Armringe (davon einer fragmentiert).- D. Garašanin, Katalog metala (1954) 65 Taf. 61, 8; ; M. Kosorić, Arch. Iugoslavica 13, 1972, 5.

72. Dubravica.- Depot (?).- 3 Tüllenbeile (1 Schnabeltüllenbeil, 1 siebenbürgisches).- D. Garašanin, Katalog Metala (1954) 54 Taf. 36, 3-4.10 (skeptisch zum Depotcharakter); R. Vasić in: B. Hänsel (Hrsg.), Südosteuropa zwischen 1600 und 1000 v. Chr. (1982) 268 ("Stufe I").

73. Durdevo, Serbien.- Tüllenbeil.- M. Bogdanović, Starinar 21, 1971, 153 Abb. 3, 4.

74. Dvoriste.- Depot.- Tüllenbeil; weitere Funde.- B. Trbuhović, Starinar 11-12, 1960-61, 183 Abb. 5; M. Stojić, Gvozdeno Doba u basenu Velike Morave (1986) 26.

75. Fundort unbekannt.
- Griffzungendolch (Mus. Osijek) Taf. 23,2.
- 3 Lanzenspitzen mit gestuftem Blatt (Mus. Osijek).
- 5 Tüllenbeile (Mus. Osijek).

76. Futog (Futtak; ehem. Kom. Bács-Bodrog), Bez. Novi Sad.- Depot.- Weitgehend unpubliziert, abgebildet sind: 1 Lanzenspitze mit gestuftem Blatt, 1 Lanzenspitze, 2 Frgte. von Radnaben, 1 Griffzungensichel, 1 Tüllenbeil, 2 Brillenanhänger, 1 Armring, 1 Blechscheibe mit Öse, 1 Griffzungendolchfrg.; genannt werden: 1 breites, verziertes Blechgürtelbruchstück mit Raddarstellung, Tüllenbeile, Knopfsicheln, Zungensicheln, 2 Angelhaken.- A. Mozsolics, Acta Arch. Acad. Scien. Hungaricae 7, 1956, 13 Abb. 3; Kilian-Dirlmeier, Gürtel 110; R. Vasić in: B. Hänsel (Hrsg.), Südosteuropa zwischen 1600 und 1000 v. Chr. (1982) 268 ("Stufe II") 270.; Mozsolics, Bronzefunde 47; G. Supka, Bericht vom Jahre 1913 über die Erwerbungen des ungarischen Nationalmuseums (Archäologische Abteilung). Arch. Anz. 1915, 18ff. Abb. 2.

77. Gaj.- Depot (1948).- 7 tordierte Ösenhalsringe (z. T. verbogen und fragmentiert), 2 Sägeblätter, 1 Dolch(?)klinge, 1 Tüllenbeil, 1 Griffzungenmesser (in 3 Fragmenten), 1 Hülse, 4 Bronzefrgte., 2 Ringe mit rhomboidem Querschnitt, 1 Blechbandspirale, 1 Nadelschützer, 19 Knöpfe, 65 Ringanhänger, 37 Ringe mit rhomboidem Querschnitt, 46 Armringe, 2 Gehängeteile mit Ringscheibenanhängern. Veselinović spricht von 224 Gegenständen.- R.L. Veselinović, Rad Vojvodanskih Muz. 1,

1952, 38ff. Abb. 1-5; Garašanin u.a., Ostave 52ff. Taf. 51-57 (im Vergleich zur Erstpublikation sind einige Stücke frei ergänzt, die Bruchstellen nicht dargestellt); G. Kossack, Studien zum Symbolgut der Urnenfelder- und Hallstattzeit Mitteleuropas (1954) 16; R. Vasić in: B. Hänsel (Hrsg.), Südosteuropa zwischen 1600 und 1000 v. Chr. (1982) 268 ("Stufe II"); M. Kosorić, Arch. Iugoslavica 13, 1972, 6.

78. Gmic bei Prozor.- Depot in Parzelle Ometela; jüngere Urnenfelderzeit/frühe Eisenzeit.- 2 Tüllenbeile, 2 Lanzenspitzen (eine mit arkadenförmig gegliederter Tüllenrippung, die andere mit oktogonaler Tülle), 1 Schmuckscheibe.- B. Čović, Glasnik Sarajevo 29, 1974, 281ff. Abb. 7-11.

79. Gorenji Log b. Litija.- Depot (?).- 2 Lanzenspitzen, 1 mittelständiges Lappenbeil, 2 Tüllenbeile, 1 Griffzungensichel.- Müller-Karpe, Chronologie 276f. Taf. 125 A; Praistorija Jugoslavenskih Zemalja Bd. 4 (1983) Taf. 3, 7-12.

80. Gornja Bela Reka.- Beildepot.- 4 Tüllenbeile.- A. Lalović, Starinar 26, 1975, 149 Taf. 7, 5-8; R. Vasić in: B. Hänsel (Hrsg.), Südosteuropa zwischen 1600 und 1000 v. Chr. (1982) 268 ("Stufe III"), 278f. Abb. 3, 1-4.

81. Gornja Vrba, Kr. Slavonski Brod.- Depot in Tongefäß.- 83 Bronzestücke; abgebildet sind: 1 Griffzuungenschwertfrg., 1 Vollgriffschwertklingenfrg., 2 Schwertklingenfrgte., 3 Dolchfrgte., 4 Lanzenspitzenfrgte., 8 Tüllenbeilfrgte., 1 Tüllenmeißelfrg., 1 mittelständiges Lappenbeil, 1 Zierscheibe, 1 Zierscheibenfrg., 1 Sägen(?)frg., 11 Sicheln (davon 2 Knopfsicheln), 7 Armring- und Armbandfrgte., 1 Nadel, 1 Tutulus, 1 Besatzbuckel, 1 Knopf mit Rückenöse, 1 Blechstück; dazu Gußkuchen.- F. Holste, Hortfunde Südosteuropas (1951) 9 Taf. 16, 1-33; K. Vinski-Gasparini, Kultura polja sa zarama u sjevernoj Hrvatskoj (1973) 214 ("Phase II") Taf. 50-51; Z. Vinski, K. Vinski-Gasparini, Opuscula Arch. (Zagreb) 1, 1956, 83 Nr. 23 ("Ha A2").

82. Gornji Milanovic.- Depot (zw. 1964 u. 1965).- 22 Armringe; verloren sind Lanzenspitzen, Pfeilspitzen, Tüllenbeile, Menschenknochen, die zu diesem Fund gehört haben sollen.- M. Vukmanović, Sbornik. Narod. Muz. 13, 1988, 81 Taf. 1-4.

83. Gornji-Lupkova.- Depot (1882) in einer Felsspalte in einem Tongefäß.- Es fanden sich 8 kg unversehrte Bronzeobjekte.- Datierung?.- F. Milleker, Starinar 15, 1940, 24.

84. Gornji Racnik.- Tüllenbeil.- M. Stojić, Gvozdeno doba u basenu Velike Morave (1986) 26 Taf. 21, 1.

85. Gornji-Slatinik, Kr. Slawonski Brod.- Depot.- 133 Bronzestücke; abgebildet sind 29 Bronzen; 1 Griffzungenschwertfrg. (slawonischer Typus), 1 Schwertklingenfrg., 2 Dolchklingen, 2 Tüllenbeilfrgte., 1 hohlschneidiger Tüllenmeißel, 8 Griffzungensicheln und 4 Griffzungensichelfrgte., 1 Nadel, 1 Armring, 1 Tüllenhaken, 1 tutulusförmiger Anhänger (?), 3 Frgte. einer Schmuckscheibe, 4 weitere Schmuckscheibenfrgte., 1 Ring; dazu Stäbe und Rohrbronze.- K. Vinski-Gasparini, Kultura polja sa zarama u sjevernoj Hrvatskoj (1973) 214 ("Phase II") Taf. 69-70; Z. Vinski, K. Vinski-Gasparini, Opuscula Arch. (Zagreb) 1, 1956, 83 Nr. 24.

86. Gostivar, Mazedonien.- Depot (?).- 1 Tüllenbeil; weitere Funde unbekannt; Datierung Ha B?.- D. Garašanin, Katalog metala (1954) 53 Taf. 35, 7; R. Vasić in: B. Hänsel (Hrsg.), Südosteuropa zwischen 1600 und 1000 v. Chr. (1982) 268 ("Stufe II").

87. Gostović, Bez. Zepce.- Einzelfund.- Tüllenbeil (Datierung?).- V. Čurčić, Wiss. Mitt. Bosnien u. Herzegowina 11, 1909, 94.

88. Grabe.- Depot (Datierung?).- Bronasta doba na Slovenskem narodni muzej Ljubljana (1987) 10 Nr. 8.

89. Gracac.- 2 Lanzenspitzen, 1 Sichel (Ha A2/B1).- Praistorija Jugoslavenskih Zemalja Bd. 4 (1983) Taf. 52, 6.8-9.

90. Grgar pri Gorici.- Depot (1889).- 14 Griffzungensicheln.- Bronasta doba na Slovenskem narodni muzej Ljubljana (1987) 10 Nr. 9; freundl. Hinweis B. Teržan.

91. Grotta Rača auf der Insel Lastovo.- Höhlenfund.- Doppelaxtförmiges Rasiermesser.- S. Batović, Godisnijak 18, 1980 Taf. 12, 19.

92. Gučevo.- Depot (1871 erworben).- 4 Armringe (davon 1 fragmentiert).- D. Garašanin, Katalog metala (1954) 16f. Taf. 54, 6-9; Garašanin u.a., Ostave 1975 3f. Taf. 3; R. Vasić in: B. Hänsel (Hrsg.), Südosteuropa zwischen 1600 und 1000 v. Chr. (1982) 268 ("Stufe II"); M. Kosorić, Arch. Iugoslavica 13, 1972, 6.

93. Gudurica (Kudritz).- Depot (ca. 1888).- "Viele Bronzesachen".- Datierung?- F. Milleker, Starinar 15 1940, 23; R. Vasić in: B. Hänsel (Hrsg.), Südosteuropa zwischen 1600 und 1000 v. Chr. (1982) 268 ("Stufe II").

94. Gunja, Kr. Vinkovci.- Grab- oder Depotfund.- 2 Armringe.- K. Vinski-Gasparini, Kultura polja sa zarama u sjevernoj Hrvatskoj (1973) 214 Taf. 26, 3-4.

95. Hetin -> Tamasfalva (H).

96. Hočko Pohorje (Spurehof) zwischen Sv. Areha und Sv. Bolfenka auf dem Höhenzug Pohorje südwestlich von Maribor.- Depot in einer Tiefe von 0,35 - 0,60 m auf 10 m^2 in kleinen Häufchen beisammenliegend.- Ca. 12 kg des Depots wurden als Altmetall verkauft. Erhalten sind: 12 Tüllenbeile (eines mit weit ausschwingender Schneide), 1 Lappenbeil (116 g), 1 Tüllenmeißelfrg., 46 Sicheln und Frgte. (darunter 1 Knopfsichelfrg.), 3 Lanzenspitzen, 11 Lanzenspitzen (glatte Variante, gestuftes Blatt, rippenverzierte Tülle), 12 Dolchfrgte., 2 Schwertklingenfrg. (darunter Klinge vom slawonischen Typus), 13 Sägenfrgte., 9 Phaleren und Knöpfe, 5 Schmuckscheibenfrgte., 1 Diadem (?), 2 Halsringe, 3 Draht- und Blechstücke, 1 Posamenteriefibelfrg., 16 Armringe und Frgte., 2 Anhänger, 2 Nadeln, 8 Bronzefrgte., 1 Meißel, 11 Gußbrocken. Verloren sind Blechfrgte. (von Helmen [nach Teržan Wangenklappe] oder Gefäßen?), 2 blaue Glasperlen.- Müller-Karpe, Chronologie 279 Taf. 131; Praistorija Jugoslavenskih Zemalja IV (1983) 75 Taf. 5; B. Teržan, Arh. Vestnik 34, 1983, 65f. Abb. 10, 1-13; S. Pahić, Hocko Pohorje Najdisce in najdbe (1987).

97. Hrge, Bez. Maglaj.- Einzelfund.- Tüllenbeil (Datierung?).- V. Čurčić, Wiss. Mitt. Bosnien u. Herzegowina 11, 1909, 94.

98. Hrustovac.- Höhlenfund, Depot (?).- 1 Vasenkopfnadel, 1 Violinbogenfibelfrg., 1 gerippter Armring, 1 Handschutzspiralenfrg., 1 Gußbrocken, 1 Dolchfrg., 1 Halsringfrg.- Glasnik Sarajevo 3, 1948 Taf. 4; K. Vinski-Gasparini, Vjesnik Arh. Muz. Zagreb 8, 1974 Taf. 5.

99. Hudinja b. Vitanje.- Depotfund (1891) in Steinbruch in einer Felsspalte.- 1 Schaftlochhammer (3,380 kg), 2 mittel- bis oberständige Lappenbeile (ein großes und ein kleineres).- A. Smodič, Arh. Vestnik 6, 1955, 91f. Abb. 5; B. Teržan, Arh. Vestnik 34, 1983, 62 Abb. 9, 6-7.

100. Iglarevo bei Prizren.- Körperbestattung.- 1 mykenisches Rapier, Messer, Dolch.- N. Durić, Glasnik Pristina 13-14, 1984, 17-24; K. Kilian, Jahresber. Inst. Vorgesch. Univ. Frankfurt 1976, 113ff.

101. Ilijak, Hügel III, Grab 9.- 2 sekundär umgearbeitete Beinschienen; Ha C.- K. Kilian, Germania 51, 1973, 528ff. Taf. 41 Abb. 3-4.

102. Ilok, Kr. Vinkovci, Syrmien.- Grab- oder Depotfundrest.- 2 abgebrochene Kugelkopfnadeln (Mohnkopfnadel).- K. Vinski-Gasparini, Kultura polja sa zarama u sjevernoj Hrvatskoj (1973) 214 Taf. 19, 1-2; Hänsel, Beiträge 206 Liste 88 Nr. 12.

103. Islam Grcki.- Fundumstände unbekannt.- Griffzungenschwert.- S. Batović in: Adriatica (Festschr. Novák) 173ff. Abb. 1.

104. Ivanovo (Sándoregyháza).- Depot (1896) in Tongefäß.- 41 Bronzen (Schmuck).- Datierung (?).- F. Milleker 15, 1940, 23; R. Vasić in: B. Hänsel (Hrsg.), Südosteuropa zwischen 1600 und 1000 v. Chr. (1982) 268 ("Stufe II").

105. Ivanska, Kr. Bjelovar.- Grab (?).- Messerfrg. mit profilierter Klinge und Rahmengriff mit Ringende.- K. Vinski-Gasparini, Kultura polja sa zarama u sjevernoj Hrvatskoj (1973) 214 Taf. 18, 10.

106. Jajce, Bocak, Kurozele bei Gerovo.- Einzelfund.- Tüllenbeil (Datierung?).- V. Čurčić, Wiss. Mitt. Bosnien u. Herzegowina 11, 1909, 94.

107. Jajčić.- Depot (1907 erworben).- Ehemals 23 Gegenstände; identifiziert werden: 7 Armringe.- D. Garašanin, Katalog metala (1954) 16f. Taf. 54, 6-9; Garašanin u.a., Ostave, 6f. Taf. 5-6; R. Vasić in: B. Hänsel (Hrsg.), Südosteuropa zwischen 1600 und 1000 v. Chr. (1982) 268 ("Stufe II"); M. Kosorić, Arch. Iugoslavica 13, 1972, 6.

108. Jakovo.- Depot in Siedlungsareal.- Ursprünglich 9 Tüllenbeile, 13 Sicheln, 6 Lanzenspitzen, mehrere Schwertfrgte., 25 Schmuckgegenstände, Armringe, Knöpfe, Anhänger, Petschaftskopfnadeln, 1 Keulenkopfnadel, 3 kg Rohbronze; N. Tasić rechnet ein doppelaxtförmiges Rasiermesser nicht zu dem Depot, sondern wertet es als Siedlungsfund. Allerdings dürfte es sich nur um einen verschleiften Bestandteil handeln. Bei Garašanin u.a., ostave 27ff. Taf. 27- 30, 1-4 werden angeführt: 10 Sichelfrgte. (davon 7 Griffzungensicheln), 4 Tüllenbeile (davon 2 fragmentiert), 2 Tüllenmeißel, 1 Griffzungenschwertfrgt., 1 Schwertklingenfrg., 5 Lanzenspitzen (davon 2 frg.; 1 Lanzen mit Kurztülle,), 7 Armringfrg., 2 Spiralen, 1 Nadel, 1 Knopf, 1 Kompositgehänge, 3 Frgte. von Posamenteriefibeln.- N. Tasić, Rad Vojvodanskih Muz. 11, 1962, 144 Taf. 1-2; R. Vasić in: B. Hänsel (Hrsg.), Südosteuropa zwischen 1600 und 1000 v. Chr. (1982) 268 ("Stufe II"); J. Todorivić, Catalog of prehistorical metal object 19 Nr. 11 Taf. 8; Garašanin u.a., Ostave 27ff. Taf. 27-30.

109. Jarak, Gem. Hrkovski, Bez. Sremska Mitrovica.- Depot I in einem Tongefäß in 1 m Tiefe (1876).- Abgebildet werden: 2 Frgte. eines glatten Blechgürtels, 1 Griffzungenschwertfrg., 1 Schwertklingenfrg., 2 Tüllenbeile (davon 1 fragmentiert), 2 Knopfsicheln, 1 Hakensichel, 3 Griffzungensicheln (davon 2 fragmentiert), 1 Säge, 1 Spiralröllchen, 1 Griffzungenmesserfrg., 1 Handschutzspirale, 1 Armring, 1 Bein(?)ring, 1 massiver, kleiner Ring mit übereinandergelegten Enden, 1 Blechfrg. (von Gefäß?), 1 Drahtfrg., 1 Dolch(?)frg.; dazu Rohbronze (nach Vinski-Gasparini) und 1 Meißel (nach Kilian-Dirlmeier).- K. Vinski-Gasparini, Kultura polja sa zarama u sjevernoj Hrvatskoj (1973) 214f. Taf. 83; Kilian-Dirlmeier, Gürtel 115 ("Ältere Urnenfelderzeit") Nr. 475 Taf. 50/51, 475; R. Vasić in: B. Hänsel (Hrsg.), Südosteuropa zwischen 1600 und 1000 v. Chr. (1982) 268 ("Stufe II"); Z. Vinski, K. Vinski-Gasparini, Opuscula Arch. (Zagreb) 1, 1956, 83 Nr. 25 ("Ha A2").

110. Jarak, Gem. Hrkovski, Bez. Sremska Mitrovica.- Depot II.- 1 Fragment einer Zierscheibe mit Radialrippen, 1 Lanzenspitze, 4 Armringe, 1 Bronzestab, 1 Knopfsichel, 1 Sichelfrg., 1 Knopf, 3 Sägen.- D. Balen-Letunić, Vjesnik Arh. Muz. Zagreb 21, 1988. 5ff. Taf. 4; R. Vasić in: B. Hänsel (Hrsg.), Südosteuropa zwischen 1600 und 1000 v. Chr. (1982) 268 ("Stufe II").

111. Jaruge, Kr. Zupanja.- 3 Nadeln (ohne weitere Angaben) davon 2 Kolbenkopfnadeln und 1 den Vasenkopfnadeln nahestehendes Exemplar.- K. Vinski-Gasparini, Kultura polja sa zarama u sjevernoj Hrvatskoj (1973) 215 Taf. 26, 16-18.

112. Javornik, Kr. Sisak.- Depot.- 27 Bronzestücke; abgebildet sind 7 Tüllenbeile (davon 4 fragmentierte), 1 Lanzenspitzenfrg., 17 Griffzungensicheln (davon 6 fragmentierte); dazu 2 (?) Stücke Rohbronze.- K. Vinski-Gasparini, Kultura polja sa zarama u sjevernoj Hrvatskoj (1973) 215 Taf. 98-99; Z. Vinski u. K. Vinski-Gasparini, Opuscula Arch. (Zagreb) 1, 1956, 84 Nr. 27 ("Ha A1").

113. Jeremenovci.- Depot.- Datierung und Zusammensetzung unbekannt.- F. Milleker, Starinar 15, 1940 23.

114. Juriju bei Bevke.- Flußfund (Ljubljanica).- Bronzetasse.- M. Potočnik, Arh. Vestnik 39-40, 1988-89, 402 Taf. 7, 36.

115. Jurka vas b. Gotna vas.- Depot (1868).- 1 Bogenfibelfrg., 1 Rasiermesser, 3 Griffzungensichelfrgte., 1 Doppelarmknauffrg., 1 Lanzenspitzenfrg. (mit gestuftem Blatt), 2 Griffzungendolchfrgte., 3 Tüllenbeilfrgte., 1 Schwertklingenfrg., 1 Ring, 3 Blechstücke; dazu nach Müller-Karpe: 1 Messerfrg., 1 Lappenbeil.- Müller-Karpe, Chronologie 278 Taf. 130B; Praishistorija Jugoslavenskih Zemalja Bd. 4 (1983) Taf. 6.

116. Jurkendorf -> Jurka vas.

117. Kacianski.- Einzelfund (?).- Lappenbeil (124 g).- Mus. Maribor 1352.- Taf. 22,1.

118. Kal.- Griffzungensichel.- M. Gustin, Notranjska (1979) Taf. 1, 14.

119. Kalnik, Kr. Križevci.- Einzelfunde oder Teile eines Depots.- 2 Nadeln, 1 Lanzenspitze, 1 Griffzungensichel.- (Ha A2/B1).- K. Vinski-Gasparini, Kultura polja sa zarama u sjevernoj Hrvatskoj (1973) 215 Taf. 93, 13-16.

120. Kamenovo.- Depot.- 1 Tüllenbeil, 32 Armringe (15 erhalten).- M. Kosorić Starinar 9-10, 1958-59, 275f. Abb. 2-7; Garašanin u.a., Ostave 73ff. Taf. 68-69; R. Vasić in: B. Hänsel (Hrsg.), Südosteuropa zwischen 1600 und 1000 v. Chr. (1982) 268 ("Stufe II").

121. Kanalski Vrh.- Depot I zwischen zwei Steinen auf einem Plateau (Ha B).- 3 Halsringe, 1 Lappenbeil, 3 Radanhänger, 2 Phaleren.- Unpubliziert; Unterlagen Hauptseminar WS 90/91.

122. Kanalski Vrh.- Depot II ca. 1 km von Depot I.- Gußkuchenhort (ca. 30 kg Gesamtgewicht).- Unpubliziert; Unterlagen Hauptseminar WS 90/91.

123. Karlovac (Umgebung).- Streufunde vielleicht aus Gräbern, u.a. Nadel und Violinbogenfibel.- K. Vinski-Gasparini, Kultura polja sa zarama u sjevernoj Hrvatskoj (1973) 215 Taf. 26, 19.

124. Kasidol bei Požarevac.- Depot.- 21 Armringe und Frgte.- D. Jacanović, Starinar 39, 1988, 29ff. Abb. 1-3.

125. Kladovo, Kr. Kljuc.- Depot.- 4 Fibelfrgte., 1 Messer, 1 Lanzenspitze.- Datierung: wahrscheinlich Ha B.- D. Garašanin, Katalog metala (1954) 23 Taf. 8, 7-9; R. Vasić in: B. Hänsel (Hrsg.), Südosteuropa zwischen 1600 und 1000 v. Chr. (1982) 268 ("Stufe II").

126. Klenje b. Golubac.- Depot an Flußufer in einem Tongefäß (8,191 kg).- 72 Armringe, 1 Gürtel, 10 Tüllenbeile, 10 Sicheln, 2 Anhänger (davon 1 Brillenanhänger), 1 tordiertes Ringfrg., 2 Meißel, 20 Sägen, 3 Messer, 1 Meißel, 1 Pfeilspitze, 6 Gußstücke.- D. Jacanović, Starinar 37, 1986, 153ff. mit Abb.

127. Kloštar Ivanić.- Depot in Tongefäß mit 277 z.T. verlorenen Gegenständen (Ha A2/B1).- 2 fragmentierte Beinschienen, 1 Zungensichelfrg., 2 Sichelfrgte., Tüllenbeilfrgte., 1 Miniaturbarren, Nägel, Tüllenfrgt. (von Lanzenspitze), Stabbarren, 1 Anhänger, Armbänder, Zierscheiben, Meißel, Stäbe, Tongefäß.- K. Vinski-Gasparini, Kultura polja sa zarama u sjevernoj Hrvatskoj (1973) 215 ("Phase III") Taf. 96.

128. Konjuša, Kr. Podgorina.- Grabhügelfunde aus mehreren Bestattungen.- 3 Violinbogenfibeln, 1 Tüllenbeil, 1 Blechgürtel, 1 Griffzungenschwert, 2 Halsringe, 1 Armspirale.- K. Vinski-Gasparini, Vjesnik Arh. Muz. Zagreb 8, 1974 Taf. 3-4; Kilian-Dirlmeier, Gürtel 92f. Nr. 379 Taf. 30/31, 379; D. Garašanin, Zbornik Narod. Muz. Arh. (Beograd) 5, 1967, 31ff.

129. Koprivnica.- Einzelfund in einer Kiesgrube.- Fragmentiertes Griffzungenschwert.- K. Vinski-Gasparini, Kultura polja sa zarama u sjevernoj Hrvatskoj (1973) 215 Taf. 26, 1.

130. Kovin (Temes-Kubin), Bez. Pancevo, Serbien.- Aus der Donau.- Dreiwulstschwert (nach Müller-Karpe Typus Schwaig und Typus Erlach nahestehend).- Müller-Karpe, Vollgriffschwerter 94 Taf. 4, 9.

131. Kranj.- Einzelfund.- Griffzungenschwert (mit beschädigter Griffzunge).- J. Dular in: Varia Archaeologica 1 (1974) 24 Taf. 1, 5.

132. Krakaca, Bez. Cazin.- Einzelfund.- Tüllenbeil (Datierung?).- V. Čurčić, Wiss. Mitt. Bosnien u. Herzegowina 11, 1909, 94.

133. Krčedin.- Depot.- Unveröffentlicht im Mus Novi Sad.- R. Vasić in: B. Hänsel (Hrsg.), Südosteuropa zwischen 1600 und 1000 v. Chr. (1982) 268 ("Stufe II") 270.

134. Krehin gradac b. Mostar.- Einzelfund.- Tüllenbeil (Datierung?).- V. Čurčić, Wiss. Mitt. Bosnien u. Herzegowina 11, 1909, 94.

135. Krivabara (Ujfalu).- Depot (1878).- Zusammensetzung und Datierung unbekannt.- F. Milleker, Starinar 15, 1940, 23.

136. Krnjak, Kr. Karlovac.- Depot.- 1 Lanzenspitzenfrg., 1 Tüllenbeil, 1 Bogenfibel mit tordiertem Bügel,* 5 Armringe.- L. Cučković, in: Arheološka istrazivanja na Karlovačkom i Sisačkom području. Kongress Karlovac 1983 (1986), 9ff mit Abb.
* = nicht dazugehörig!!

137. Krsko.- Flußfund aus der Sava.- Griffzungenschwert.- J. Dular in: Varia Archaeologica 1 (1974) 25 Nr. 15 Taf. 3, 15.

138. Kučišta, Kr. Bosanski Brod.- Depot (93 Bronzen; Datierung?).- Schwerter, Lanzenspitzen, Beile, Sicheln, Meißel, Armringe, Nadeln, Gußbrocken.- Arheoloski Leksikon Bosne i Hercegovine (1988) 66 Nr. 4.75.

139. Kulen Vakuf.- Griffzungensichel.- V. Čurčić, Wiss. Mitt. Bosnien u. Herzegowina 11, 1909, 94 Taf. 17, 18.

140. Kupinovo.- Depot.- 3 Lanzenspitzen (davon 1 mit gestuftem Blatt), 1 mittelständiges Lappenbeil, 2 Tüllenbeile, 1 Armring, 1 Keil für Gußform (?).- R. Vasić in: B. Hänsel (Hrsg.), Südosteuropa zwischen 1600 und 1000 v. Chr. (1982) 268 ("Stufe II"); D. Balen-Letunić, Vjesnik Arh. Muz. Zagreb 21, 1988, 5ff. Taf. 3; Z. Vinski, K. Vinski-Gasparini, Opuscula Arch. (Zagreb) 1, 1956, 84 Nr. 29 ("Ha A2").

141. Laslovo, Kr. Osijek.- 2 Nadeln.- K. Vinski-Gasparini, Kultura polja sa zarama u sjevernoj Hrvatskoj (1973) 215 Taf. 19, 5-6.

142. Lasva b. Travnik.- Griffzungensichel.- V. Čurčić, Wiss. Mitt. Bosnien u. Herzegowina 11, 1909, 94.

143. Leskovo.- Depot.- 3 Tüllenbeile, 1 Griffzungenschwertfrg., 3 Armringe, 1 Halsring.- Garašanin u.a., Ostave 78f. Taf. 31.

144. Lipovec bei Blatna Brezovica.- Aus dem Fluß Ljubljanica.- 3 mittelständige Lappenbeile.- M. Potočnik, Arh. Vestnik 39-40, 1988-1989, 390 Taf. 6, 32-34.

145. Lisicji mlin (im unteren Mislinjatal).- Einzelfund aus einem Steinbruch.- Mittelständiges Lappenbeil.- B. Teržan, Arh. Vestnik 34, 1983, 62 Abb. 10, 14.

146. Lisine, Kr. Karlovac.- Depot (1936) mit 102 Bronzestücken.- 3 Lanzenspitzenfrgte. (darunter 1 Stück mit profilierter Tülle, 1 Exemplar mit gestuftem Blatt) (84 g; 58 g; 19 g); 1 Griffzungenschwertfrg., 1 Schwertklingenfrg. (48 g; 22 g); 1 Tüllenbeilfrg. (86 g); 1 Nackenfrg. eines Lappenbeiles (47 g); 1 Lappenbeil mit Absatz (106 g); 37 Sichelfrgte. (90 g; 158 g; 150 g; 96 g; 70 g; 114 g; [29 + 68] = 97 g; [30 + 108] = 138 g; [9 + 25 + 88] = 122 g; [10 + 72] = 82 g; [64 + 43] = 108 g; 41 g; 14 g; 48 g; 70 g; 21 g; 37 g; 10 g; 9 g [Sichel?]; 31 g; 17 g; 62 g; 29 g; 24 g; 16 g; 25 g; 54 g; 28 g; 25 g; 80 g; 17 g); 1 Messerklingenfrg. (14 g); 1 Punze (9 g); 1 Sägenfrg. (4 g); 1 Stabbarrenfrg. (22 g); 3 Blechfrgte. (9 g; 6 g; 4 g); 53 Gußkuchenfrgte. (202 g; 632 g; 744 g; 206 g; 186 g; 152 g; 220 g; 76 g; 110 g; 37 g; 114 g; 33 g; 94 g; 154 g; 66 g; 66 g; 11 g; 13 g; 368 g; 94 g; 33 g; 80 g; 54 g; 258 g; 218 g; 288 g; 202 g; 54 g; 24 g; 35 g; 38 g; 47 g; 18 g; 56 g; 38 g; 126 g; 46 g; 121 g; 20 g; 63 g; 456 g; 116 g; 47 g; 53 g; 61 g; 42 g; 27 g; 10 g; 80 g; 34 g; 80 g; 39 g; 72 g); 2 Gußkuchen (364 g; 436 g); 1 Viertelbruchstück eines großen Gußkuchens (über 1 kg).- K. Vinski-Gasparini, Kultura polja sa zarama u sjevernoj Hrvatskoj (1973) 216 ("Phase III") Taf. 97; Z. Vinski, K. Vinski-Gasparini, Opuscula Arch. (Zagreb) 1, 1956, 84 Nr. 31 ("Ha A2").

147. Livno, Grkovci, Bez. Livno.- Einzelfund.- Tüllenbeil (Datierung?).- V. Čurčić, Wiss. Mitt. Bosnien u. Herzegowina 11, 1909, 94.

148. Ljubljanica-Fluß.- Flußfund.- Griffzungenmesser (Typus Keszöhidegküt).- Bronasta doba na Slovenskem narodni muzej Ljubljana (1987) 75 Abb. 52.

149.Ločica bei Vransko.- Lanzenspitze mit gestuftem Blatt.- Varstvo Spomenikov 26, 1984, 203 Abb. 10.

150. Lokev pri Divaci.- Depot.- Bronasta doba na Slovenskem narodni muzej Ljubljana (1987) 10 Nr. 14.

151. Londica, Kr. Slavonska Pozega.- Depot nicht vollständig überliefert.- 11 Bronzen erhalten: Abgebildet sind 2 Tüllenbeile, 1 Lanzenspitzenfrg. (mit profilierter Tülle), 2 Fragmente eines Griffzungenschwertes (slawonischer Typus?), 1 Messerfrg., 1 Griffzungensichel; dazu amorphe Rohbronze.- K. Vinski-Gasparini, Kultura polja sa zarama u sjevernoj Hrvatskoj (1973) 216 ("Phase II") Taf. 74 B; Z. Vinski, K. Vinski-Gasparini, Opuscula Arch. (Zagreb) 1, 1956, 84 Nr. 32.

152. Lovas, Kr. Vinkovci.- Einzelfund.- Dolch mit dreieckiger Griffplatte.- K. Vinski-Gasparini, Kultura polja sa zarama u sjevernoj Hrvatskoj (1973) 216 Taf. 18, 1.

153. Lovas, Kr. Vinkovci.- Einzelfund.- Kolbenkopfnadel mit Tannenzweigzier.- K. Vinski-Gasparini, Kultura polja sa zarama u sjevernoj Hrvatskoj (1973) 216 Taf. 26, 15.

154. Mačkovac, Kr. Gradiska.- Depot (1880); wohl unvollständig (nach Holste tragen die Fundstücke unterschiedliche Patina).- 37 Bronzestücke; abgebildet sind 32: 4 Lappenbeile und Frgte., 1 Tüllenbeil, 2 Schwertklingenfrgte., 1 Lanzenspitzenfrg., 3 Meißel, 5 Knöpfe mit Rückenöse, 3 Messerfrgte., 4 Sicheln, 3 Fibelfrgte. (darunter 1 Violinbogenfibel), 1 Armringfrg., 1 tordiertes Ringfrg., 2 kleine Ringchen, 5 Knöpfe mit Rückenöse, 1 Riemenverteiler, 1 flache Scheibe.- F. Holste, Hortfunde Südosteuropas

(1951) 6 Taf. 9, 1-28; K. Vinski-Gasparini, Kultura polja sa zarama u sjevernoj Hrvatskoj (1973) 216 Taf. 73; Z. Vinski, K. Vinski-Gasparini, Opuscula Arch. (Zagreb) 1, 1956, 85 Nr. 34.

155. Mačkovac, Kr. Gradiska.- Depot (1896) der jüngeren Urnenfelderzeit.- Tüllenbeile, Armringe, Sicheln, Axt.- F. Fiala, Wiss. Mitt. Bosnien u. Herzegowina 6, 1896, 141ff. Taf. 6.

156. "Makarska".- Kissenförmiger Miniaturbarren; der Fund gehört zu einem Komplex aus Zypern.- H.-G. Buchholz, Arch. Anz. 1974, 330 Abb. 4; K. Kilian, Jahresber. Inst. Vorgesch. Inst. Frankfurt/M 1976, 122 Anm.1.

157. Mala Racna pri Grosupljem.- Depot beim Ausheben einer Kalkgrube in 0,5 m Tiefe.- 4 Sicheln.- Jahrb. Altkde. 4, 1910, 91; Bronasta doba na Slovenskem narodni muzej Ljubljana (1987) 10 Nr. 15.

158. Mala Vrbica bei Kragujevac, Kr. Gruza.- Depot (?).- 2 Lanzenspitzen (Bz C-D).- D. Garašanin, Katalog metala (1954) 60 Taf. 38, 6-7; Garašanin u.a., Ostave, 22 Taf. 30, 5-6; R. Vasić in: B. Hänsel (Hrsg.), Südosteuropa zwischen 1600 und 1000 v. Chr. (1982) 268 ("Stufe II").

159. Male Livadice.- Depot (Datierung, Inhalt?).- Letica, Zbornik Fil. Fak. Beograd 10 H.1, 1969, 33-40 (non vidi); R. Vasić in: B. Hänsel (Hrsg.), Südosteuropa zwischen 1600 und 1000 v. Chr. (1982) 268 ("Stufe II")

160. Mali Izvor.- Depot.- Ehemals neun Gegenstände. Erhalten sind 4 Tüllenbeile.- R. Vasić in: B. Hänsel (Hrsg.), Südosteuropa zwischen 1600 und 1000 v. Chr. (1982) 268 ("Stufe II") 278f. Abb. 3, 5-8.; Lalović, Starinar 26, 1975, 148f. Taf. 8, 1-4.

161. Mali Žam.- Depot (1881); über 50 Gegenstände, 12 kg schwer; unvollständig.- 6 Tüllenbeilfrgte., 3 Lanzenspitzen (2 davon mit profilierter Tülle), 3 Knopfsicheln, 1 Griffzungensichelfrg., 1 Armringfrg., Gußbrocken.- F. Milleker, Starinar 15, 1940, 26; F. Holste, Hortfunde Südosteuropas (1951) 12 Taf. 21, 26-34; Garašanin, u.a., Ostave 60 Taf. 58-59; R. Vasić in: B. Hänsel (Hrsg.), Südosteuropa zwischen 1600 und 1000 v. Chr. (1982) 268 ("Stufe II").

162. Malička.- Depot (1968) 124 Gegenstände.- Fragment einer Spindelkopfnadel mit gegliedertem Hals (Typus Petersvására), 1 Schwertklingenfrg., 2 Messerfrgte., 1 Fragment einer Ringscheibe mit konzentrischen Kreisen, 4 Tüllenbeile, 1 Blechknopf mit Rückenöse, 1 Armringfrg., 4 Blechfrgte. (darunter von einem größeren Gefäß), 1 Riemenverteiler, 1 Halsringfrg., 1 Ringfrg., 1 Nadelfrg., 1 Griffzungensichel, 9 Griffzungensichelfrgte.- D. Balen-Letunić, Vjesnik Arh. Muz. Zagreb 18, 1985, 35ff. Taf. 1-3.

163. Malo Središte.- Depot (vielleicht unvollständig).- 2 Tüllenbeile, 1 Tüllenmeißel.- R. Rašajski, Rad Vojvodanskih Muz. 20, 1971, 25f. mit Abb.; R. Vasić in: B. Hänsel (Hrsg.), Südosteuropa zwischen 1600 und 1000 v. Chr. (1982) 268 ("Stufe II").

164. Maravić, Glasinac, Bosnien.- Mohnkopfnadel (mit gerippter Kopfzier).- Hänsel, Beiträge 206 Liste 88 Nr. 3; A. Benac u. B. Čović, Glasinac 1 (1956) 57f. mit Taf. 31, 2.

165. Maria Rast -> Ruse.

166. Maribor (?).- Tüllenbeil ohne Öse mit 4 Keilrippen.- S. Pahič, Maribor v prazgodovini. Casopis za zgodovino in Narodopisje. N.F. 4, 1968, 9-63; S. 19 Taf. 3, 3.

167. Maribor.- Gräberfeld (Ha B).- 1 schildförmiger Anhänger.- Müller-Karpe, Chronologie 273 Taf. 118, 25; G. Kossack, Studien zum Symbolgut der Urnenfelder- und Hallstattzeit Mitteleuropas (1954) 98 E12.

168. Marija Creta bei Vransko.- Depot (1882).- Mindestens 2 Griffzungensicheln und Beile; weitere Funde (?).- Bronasta doba na Slovenskem narodni muzej Ljubljana (1987) 10 Nr. 16; Arheoloska Najdisca Slowenije (1975) 295; Unterlagen Hauptseminar WS 90/91.

169. Marina ("Dabar"), Kr. Split.- Depot; wohl unvollständig.- 12 Bronzen sind erhalten; abgebildet werden: 1 Griffzungenschwertfrg., 1 Schwertklingenfrg., 1 Griffzungendolchfrg., 1 Messerklingenfrg., 1 Griffzungensichel, 4 Griffzungensichelfrgte., 2 Tüllenbeile (davon 1 fragmentiert), 1 Zierscheibe.- F. Holste, Hortfunde Südosteuropas (1951) Taf. 17, 1-10; K. Vinski-Gasparini, Kultura polja sa zarama u sjevernoj Hrvatskoj (1973) 216 Taf. 82, 1-9; Praistorija Jugoslavenskih Zemalja Bd. 4 (1983) Taf. 49.

170. Markovac-Leskovica.- Depot (1896); 28 Stücke.- 2 Tüllenbeile, 1 Messer, 1 Armring und Frgte. weiterer, 1 Blechbuckel, 1 trichterförmiger Anhänger, 2 Lanzettanhängerfrgte., 1 Dreieckanhänger, 1 Anhänger(?)frg., 1 Brillenspirale, mehrere Spiralfrgte., 1 Spiralröllchen, 2 Glasperlen, 1 Zinnperle, 2 Gußbrocken.- F. Milleker, Starinar 15, 1940, 24; F. Holste, Hortfunde Südosteuropas (1951) 12 Taf. 21, 12-25; R. Vasić in: B. Hänsel (Hrsg.), Südosteuropa zwischen 1600 und 1000 v. Chr. (1982) 268 ("Stufe II").

171. Markovac-Urvina.- Depot mit 18 Gegenständen.- 1 Griffzungenschwert (in zwei Stücke zerbrochen), 1 Schwertklingenfrg., 1 Lanzenspitzenfrg., 1 lanzettförmiger Anhänger, 1 Dolchklingenfrg., 1 verziertes Messerfrg., 1 Meißelfrg., 1 Sägefrg., 1 Vasenkopfnadelfrg., 1 Spindelkopfnadelfrg. (?), 1 kegelförmiger Anhänger, 2 Riemenkreuzungen, 1 Blechknopf, 1 Armring, 1 Ring, Bronzedraht.- R. Rašajski, Rad Vojvodanskih Muz. 20, 1971, 26ff., Abb.1 Taf. 2-3; R. Vasić in: B. Hänsel (Hrsg.), Südosteuropa zwischen 1600 und 1000 v. Chr. (1982) 268 ("Stufe II"); G. Kossack, Studien zum Symbolgut der Urnenfelder- und Hallstattzeit Mitteleuropas (1954) 92 Liste B Nr. 35.

172. Markusica, Kr. Vinkovci.- Depot in Tongefäß (1891).- 4 Armringe und 7 Armringfrgte.- F. Holste, Hortfunde Südosteuropas (1951) 8 Taf. 14, 19-25; K. Vinski-Gasparini, Kultura polja sa zarama u sjevernoj Hrvatskoj (1973) 216 Taf. 30 C; Z. Vinski, K. Vinski-Gasparini, Opuscula Arch. (Zagreb) 1, 1956, 85 Nr. 35.

173. Martijanec, Kr. Varaždin.- Urnengräberfeld (zerstört); ein Grab 1952 entdeckt.- 2 Armringe, 1 Nadel, Keramik.- K. Vinski-Gasparini, Kultura polja sa zarama u sjevernoj Hrvatskoj (1973) 216 Taf. 25, 5-9.

174. Medivide.- Einzelfund von Höhensiedlung.- Lanzenspitze mit kurzer Tülle.- S. Batović, Diadora 3, 1965, 52 Abb. 2, 7.

175. Medojevac, Serbien.- Tüllenbeil.- M. Stojić, Cvozdeno doba u basenu Velike Morave (1986) 26 Taf. 21, 3.

176. Mesić-Čikovac.- Depot 1888 im Weingarten (vielleicht unvollständig).- 3 Tüllenbeilfrgte.- R. Rašajski, Rad Vojvodanskih Muz. 20, 1971, 36 Taf. 1, 4-6; R. Vasić in: B. Hänsel (Hrsg.), Südosteuropa zwischen 1600 und 1000 v. Chr. (1982) 268 ("Stufe II").

177. Mesić-Supaja.- Depot (1931 beim Rigolen); 41 Bronzen.- 1 Absatzbeil, 5 Tüllenbeile (davon 1 fragmentiert), 2 Tüllenmeißel (davon 1 fragmentiert), 1 Griffzungenschwertfrg., 1 Schwertklingenfrg., 1 Dolch, 1 Dolchklingenfrg., 7 Lanzenspitzenfrgte. (2 Exemplare glatte Variante, 2 Exemplare mit pofiliertem Blatt), 2 Griffzungensicheln, 6 Griffzungensichelfrgte., 2 Sichelfrgte., 1 doppelaxtförmiges Rasiermesser, 1 tordierter Bronzering, 1 Armring, 1 Doppelspirale, 1 Anhänger, 1 Phalere, 1 Bronzefrg., 2 Blechfrgte., 2 Bronzefrgte., Gußbrocken.- F. Milleker, Starinar 15, 1940, 24; F. Holste, Hortfunde Südosteuropas (1951) 11 Taf. 19, 1-27; Garašanin u.a., Ostave 63ff. Taf. 60-62; R. Vasić in: B. Hänsel (Hrsg.), Südosteuropa zwischen 1600 und 1000 v. Chr.

(1982) 268 ("Stufe II"); Junghans/Sangmeister/Schröder SAM II/2 Taf. 24, 2040.

178. Mihovo bei Sentjernej.- Einzelfund.- Griffzungenschwert.- J. Dular in: Varia Archaeologica 1 (1974) 25 Nr. 11 Taf. 2, 11; Praistorija Jugoslavenskih Zemalja Bd. 4 (1983) Taf. 2, 12.

179. entfällt

180. Mladikovina bei Blatnica, Bez. Tešanj (Bosnien).- Depot.- 1 Zierscheibe mit Radialrippen, 3 Tüllenbeile (davon 2 mit Winkelzier), 1 Lanzenspitze (glatt), 2 Frgte. einer Zungensichel (unvollständig), 1 Gußbrocken.- M. Mandić, Glasnik Sarajevo 43, 1931, 13ff. Taf. 17.

181. Mlasj, Glasinac, Bosnien.- Mohnkopfnadel (mit gerippter Kopfzier).- Hänsel, Beiträge 206 Liste 88 Nr. 2; A. Benac, B. Čović, Glasinac 1 (1956) 57 Taf. 28, 5.

182. Monj, Kr. Gracanica.- Depot (Ha A2/B1).- 3 Tüllenbeile, 1 Griffzungensichel, 33 Arm- und Halsringe, 1 Armspirale, 1 Lanzenspitze.- R. Jovanović, Članci i Grada Kulturnu Istor. Istočne Bosne 2, 1958, 23ff. mit Abb.

183. Montenegro.- Axt.- P.P. Kaer, Wiss. Mitt. Bosnien u. Herzegowina 6, 1899, 522.

184. Monte Grosso bei Stinjana, Kr. Pula.- Depot (unvollständig).- 3 mittelständige Lappenbeile; weitere Funde zerstreut.- A. Gnirs, Istria Praeromana (1925) 99 Abb. 57; Praistorija Jugoslavenskih Zemalja Bd. 4 (1983) Taf. Taf.42, 1-3.

185. Morava (Gewässerfund ?).- Tüllenbeil (162 g).- Mus. Osijek 12743.

186. Moravce bei Sesvete, Kr. Zagreb.- Nekropole; Grab 7.- In einem Gefäß war der saubere Leichenbrand aufbewahrt. Dieses Gefäß war mit einem weiteren umgespülpten abgedeckt. Auf diesem wiederum steht ein mit Stein abgedeckter Krug. In der Grabgrube weitere umgestürzte Gefäße; keine Bronzen.- Ältere Urnenfelderzeit.- V. Sokol, Arh. Vestnik 39-40, 1988-89, 425ff.

187. Motarsko blato.- Lanzenspitze mit profilierter Tülle (Ha A2-B1); dunkelgrüne Patina (198 g); Taf. 59, 1).- Naturhist. Mus. Wien 38944.- V. Čurčić, Wiss. Mitt. Bosnien u. Herzegowina 11, 1909, 95 Taf. 18, 2; hier: Taf. 23,7.

188. Motke, Gem. Dolnja Zgosca, Bez. Visoko.- Depot.- 21 Tüllenbeile, 2 Griffzungensicheln.- F. Fiala, Wiss. Mitt. Bosnien u. Herzegowina 6, 1899, 144ff. Abb. 12-21.

189. Nerezisce.- Steinkistengrab; Körperbestattung.- 1 Griffzungendolch, 1 Spirale.- I. Marović, Vjesnik Dalmat. 75, 1981, 7ff. Abb. 4.1.5.

190. Nijemci, Kr. Vinkovci.- Depot (teilweise zerstört).- 1 lanzettförmiger Meißel, 6 Tüllenbeile, 1 Lanzenspitze mit gestuftem Blatt; gegenüber der Datierung von Vinski-Gasparini spricht m.E. nichts gegen eine Datierung in die ältere Urnenfelderzeit /Ha A).- K. Vinski-Gasparini, Kultura polja sa zarama u sjevernoj Hrvatskoj (1973) 216f. (Phase IV) Taf. 107 B1; Z. Vinski, K. Vinski-Gasparini, Opuscula Arch. (Zagreb) 1, 1956, 85 Nr. 37.

191. Nočaj-Salaš.- Depot in Tongefäß (113 Bronzen;6 Goldgegenstände).- 8 Nadel, 1 Nadelschaftfrg. 1 tordierter Draht, 1 Blattbügelfibelfrg., 1 Violinbogenfibelfrg., 3 tordiete Armringe, 5 Blechfrgte. (teilw. von Gürteln) 5 Lanzenspitzenfrgte., 5 Messerfrgte., 1 Schwertklingenfrg., 2 Dolchbruchstücke, 1 Band, 1 Niet, 7 Tüllenbeilfrgte., 4 Sicheln, 20 Sichelfrgte., 3 Bronzefrgte., 3 Frgte. eines Griffangelschwertes (Typus Terontola), 19 Barren, 26 Frgte., 6 Golddrähte.- D. Popović, Rad Voivodanskih Muz. 12-13, 1964, 5ff. Abb. 1-9; R. Vasić in: B. Hänsel (Hrsg.), Südosteuropa zwischen 1600 und 1000 v. Chr. (1982) 268 ("Stufe II").

192. Nova Bingula.- Depot.- 1 Griffzungenschwertfrg., 3 Schwertklingenfrgte., 1 Griffzungendolchfrg., 3 Dolchklingenfrgte., 3 Messerfrgte., 4 Lanzenspitzen (davon eine fragmentiert; eine mit gestuftem Blatt, eine mit profilierter Tülle), 5 Griffzungensicheln, 3 Knopfsichelfrgte., 7 Sichelfrgte., 3 Griffzungensichelfrgte., 11 Tüllenbeile und Frgte., 1 Tüllenmeißelfrg., 2 Stabmeißel, 7 Sägen, 3 Nadelfrgte., 1 Nähnadel, 2 Violinbogenfibelfrgte., 1 Posamenteriefibelfrg., 15 Ringe, zumeist Armringe, 1 Zierscheibe mit Sternmuster, 4 Frgte. von solchen Zierscheiben, 3 Blechscheibenfrgte., 4 Knöpfe und Buckel, 1 verziertes Blechfrg. (Gürtel (?)), 6 Spiralfrgte., 11 Bügel (?), 1 Doppel(angel)haken, 15 Drahtfrgte., 7 Bronzefrgte., 4 Gußbrocken.- Garašanin u.a., Ostave 34ff. Taf. 31-39; R. Vasić in: B. Hänsel (Hrsg.), Südosteuropa zwischen 1600 und 1000 v. Chr. (1982) 268 ("Stufe II").

193. Nova Kasaba (Vlasenica, Ostbosnien).- Depot in Tongefäß.- Ca. 2/3 des Depotfundes sind verloren. Erhalten sind 6 glatte Blechbuckel, 2 Knöpfe mit konzentrischen Rippen, 2 Zierscheiben mit Speichenverstrebung, 1 verzierte Blechscheibe.- B. Čović, Članci i Grada Kulturnu Istor. Istočne Bosne 11, 1975, 11ff. Taf. 1.

194. Novi Bečej.- Depot.- 7 Nadelfrgte. (darunter eine Spindelkopfnadel mit gegliedertem Hals Typus Petersvására), 1 Lanzenspitzenfrg., 1 Frg. eines doppelaxtförmigen Rasiermessers, 1 Aufsteckvogel, 18 Ringe und Frgte. von solchen, 6 kegelförmige Tutuli, 5 Spiralröhrchen, 1 Fingerspirale, 1 Fibelfrg., 1 verziertes Blechgürtelfrg., 1 Blechfrg., 1 bandförmiges Armbandfrg., 3 Spiralfrgte., 14 stabförmige Drähte, 2 Blechfrgte., 1 Schwertklingenfrg., 5 Messerfrgte., 1 Dolchfrg., 4 Sägeklingenfrgte., 1 Meißel, 28 Blechbuckelchen, Knöpfe und Riemenverteiler, 4 teilweise fragmentierte Tüllenbeile, 6 Sichelfrgte. (drei aneinanderpassend, 17 Blechfrgte. verschiedner Form, 7 stabförmige Barren, 28 Frgte. von plankonvexen Barren und Gußstücken.- S. Nagy, Rad Voivodanskih Muz. 4, 1955, 43ff. mit Abb; Kilian-Dirlmeier, Gürtel 109 ("Hortfundstufe Kispáti-Lengyeltóti") Nr. 439 Taf. 45, 439; Garašanin 1973 Taf. 76-81.; R. Vasić in: B. Hänsel (Hrsg.), Südosteuropa zwischen 1600 und 1000 v. Chr. (1982) 268 ("Stufe II").

195. Novi Grad bei Bos. Šamca.- Depot (1926); 20 Stücke.- 7 Tüllenbeile, 1 mittelständiges Lappenbeil (offenbar Rohling), 1 Lanzenspitze mit gestuftem (?) Blatt, 7 od. 8 Sichelfrgte., 1 Armbandfrg., 1 Drahtstück, 2 Gußklumpen.- M. Mandić, Glasnik Sarajevo 29, 1927, 205 Taf. 3-4, 1-12.

196. Novi Kostolac, Kr. Pozarevac.- Depot; die Bronzen waren in zwei Gruppen niedergelegt, gesondert alle Armringe, daneben das Übrige.- 12 Armringe, 1 Knopf, 1 Brillenanhänger, 1 Spirale, 1 Nadel.- D. Garašanin, Katalog metala (1954) 24f. Taf 12; 56, 1-6; Garašanin u.a., Ostave S.1; 15ff. Taf. 1, 1-4; 16 (Als zwei Depotfunde aufgefaßt); R. Vasić in: B. Hänsel (Hrsg.), Südosteuropa zwischen 1600 und 1000 v. Chr. (1982) 268 ("Stufe I").

197. Obajgora bei Bajina Basta (Titovo Uzice).- Depot in Tongefäß (1955); mindestens 2 Ringe verloren; Gesamtgewicht 6,342 kg.- Schaftlochaxt (736 g), Tüllenbeil (195 g), Tüllenmeißel (100 g), 2 Sicheln (35 g, 53 g), Lanzenspitze (175 g), 30 Armringe (207 g, 177 g, 301 g, 280 g, 128 g, 204 g, 202 g, 226 g, 268 g, 176 g, 195 g, 162 g, 160 g, 230 g, 210 g, 161 g, 176 g, 500 g, 160 g, 325 g, 300 g, 70 g, 78 g, 48 g, 44 g, 65 g, 55 g, 60 g, 50 g), 4 Spiralringe (76 g, 13 g, 10 g, 15 g).- P. Medović, Starinar 24-25, 1973-74, 175-182 mit Abb.; R. Vasić in: B. Hänsel (Hrsg.), Südosteuropa zwischen 1600 und 1000 v. Chr. (1982) 268 ("Stufe II").

198. Obrež.- Depot.- 6 Armringe.- D. Balen-Letunić, Vjesnik Arh. Muz. Zagreb 21, 1988, 5ff. Taf. 2; R. Vasić in: B. Hänsel (Hrsg.), Südosteuropa zwischen 1600 und 1000 v. Chr. (1982) 268 ("Stufe II"); Z. Vinski, K. Vinski-Gasparini, Opuscula Arch. (Zagreb) 1, 1956, 85 Nr. 38.

199. Ometala -> Gmić.

200. Opore, Bez. Travnik.- Einzelfund.- Tüllenbeil (Datierung?).-
V. Čurčić, Wiss. Mitt. Bosnien u. Herzegowina 11, 1909, 94.

201. Osijek (Kr.) (oder Dalj).- Tüllenbeil (368 g).- Mus. Osijek 5915.

202. Osijek-Turda.- Tüllenbeil (154 g).- Mus. Osijek 6346.

203. Osor.- Tüllenbeil.- J. Cus-Rukonić, D. Glogović, Arh. Vestnik 39-40, 1988-89, 495ff. Taf. 4, 1.

204. Otocac.- Tüllenbeil mit verbreiterter Schneide.- Praistorija Jugoslavenskih Zemalja Bd. 4 (1983) Taf. 52, 10.

205. Otok Privlaka, Kr. Vinkovci.- Depot mit 276 Gegenständen.- 17 Tüllenbeile und Frgte. (180 g, 164 g, 112 g, 347 g, 320 g, 47 g, 80 g, 102 g, 41 g, 57 g, 100 g, 164 g, 88 g, 192 g, 485 g, 394 g, 58 g), 50 Griffzungensicheln und Frgte. (15 g, 28 g, 9 g, 15 g, 29 g, 33 g, 35 g, 20 g, 18 g, 8 g, 44 g, 8 g, 38 g, 32 g, 9 g, 28 g, 29 g, 41 g, 25 g, 28 g, 13 g, 24 g, 25 g, 11 g, 18 g, 88 g, 65 g, 80 g, 82 g, 86 g, 98 g, 57 g, 70 g, 96 g, 41 g, 82 g, 100 g, 74 g, 58 g, 76 g, 66 g, 42 g, 27 g, 47 g, 138 g, 98 g, 53 g, 158 g, 92 g, 120 g), 3 Knopfsicheln und Frgte. (14 g, 16 g, 16 g), 1 Hakensichelfrg., 1 Vollgriffschwertfrg. (Typus Schwaig) (234 g), 3 Griffzungenschwertfrgte. (106 g, 82 g, 23 g), 6 Schwertklingenfrgte. [die zwei Fragmente Vinski-Gasparini Taf. 27, 3a-b passen nicht aneinander] (70 g, 96 g, 76 g, 19 g, 16 g, 48 g), 10 Lanzenspitzenfrgte. (56 g, 66 g, 21 g, 32 g, 33 g, 78 g, 208 g), 1 Niet (1 g), 5 Griffzungendolchfrgte. (13 g, 19 g, 26 g, 78 g, 78 g), 2 Messerfrgte. (15 g, 18 g), 5 Rasiermesser und Frgte. (7 g, 22 g, 11 g), 10 Phaleren und Schmuckscheibenfrgte. (50 g, 17 g, 12 g, 9 g, 9 g, 5 g, 6 g, 3 g, 0, 5 g, 26 g), 1 Spiralröllchen (37 g), 1 Knopf (1 g), 1 Knopf mit Durchbruch (14 g), 1 Frg. eines trichterförmigen Anhängers (6 g), 1 Blechtütchen (2 g), 1 Perle (1 g), 12 dünne Drahtarmringfrgte. (3 g, 4 g, 6 g, 3 g, 5 g, 6 g, 4 g, 1 g, 1 g, 1 g, 1 g), 1 Zierstück (15 g), 34 Ringe (22 g, 11 g, 16 g, 10 g, 12 g, 8 g, 8 g, 19 g, 10 g, 4 g, 4 g, 3 g, 12 g, 3 g, 8 g, 4 g, 6 g, 11 g, 5 g, 1 g, 14 g, 24 g, 5 g, 18 g, 2 g, 8 g, 6 g, 4 g, 8 g, 6 g, 12 g, 5 g, 8 g), 3 Nadelfrgte. (96 g, 186 g [darunter 2 Spindelkopfnadeln mit gegliedertem Hals Typus Petersvására]), 1 Blattbügelfibel, 2 Armbergenfrgte. (197 g, 144 g), 3 Blechgürtelfrgte. (248 g [in zwei Teilen 176 und 72 g], 8 g, 29 g), 7 kleine Ringe (1 g, 1 g, 1 g, 1 g, 1 g, 1 g, 3 g), 7 Sägeklingen (z. T. extrem zusammengebogen) (8 g, 11 g, 27 g, 7 g, 3 g, 11 g, 8 g, 1 g), 1 Nagel (29 g), 1 Tüllenhaken (12 g), 44 Blechfrgte., darunter vielleicht (!) von einem Gefäß; einen Schild konnte ich nicht erkennen (2 g, 2 g, 32 g, 12 g, 11 g, 11 g, 23 g, 12 g, 13 g, 4 g, 5 g, 21 g, 19 g, 9 g, 1 g, 1 g, 7 g, 13 g, 6 g, 4 g, 2 g, 2 g, 12 g, 2 g, 2 g, 2 g, 1 g, 2 g, 1 g, 3 g, 2 g, 2 g, 1 g, 2 g, 1 g, 3 g, 1 g, 1 g, 1 g, 1 g, 6 g, 7 g), 11 Drahtfrgte. (25 g, 43 g, 48 g, 18 g, 11 g, 9 g, 7 g, 5 g, 5 g, 5 g, 9 g), 1 Tüllenmeißel und 1 Meißelfrg. (22 g, 118 g), 1 Bronzefrg. (10 g), 1 Gußstück mit Treibspuren (124 g), 1 Stabbarrenfrg. (24 g), 31 Gußkuchen und Frgte. (>1000 g, >1000 g, 612 g, 20 g, 184 g, 488 g, 43 g, 44 g, 42 g, 280 g, 57 g, 29 g, 17 g, 672 g, 92 g, 344 g, 66 g, 248 g, 126 g, 168 g, 3 g, 2 g, 40 g, 21 g, 5 g, 3 g, 61 g, 25 g, 27 g, 66 g, 15 g).- F. Holste, Hortfunde Südosteuropas (1951) 5 Taf. 5-6; K. Vinski-Gasparini, Kultura polja sa zarama u sjevernoj Hrvatskoj (1973) 217 Taf. 27-29; Kilian-Dirlmeier, Gürtel 115 ("Hortfundstufe Kispáti-Lengyeltóti") Nr. 476 Taf. 50, 476; Müller-Karpe, Vollgriffschwerter 96 Taf. 10, 3; Z. Vinski, K. Vinski-Gasparini, Opuscula Arch. (Zagreb) 1, 1956, 85 Nr. 40; hier Taf. 22,5-6.

206. Paklenica b. Tešanj.- Einzelfund.- Tüllenbeil (Datierung?).- V. Čurčić, Wiss. Mitt. Bosnien u. Herzegowina 11, 1909, 94.

207. Pancevo.- Depot (ca. 1925); Milleker nennt 51 Stücke (davon 5 Frgte.).- Aufzählung nach Vasić: 2 Griffzungensichelfrgte. 1 Tüllenmeißelfrg., 1 Angelhaken, 17 Ringe, 3 Blechfrgte., 3 Spiralröhrchen, 1 Vasenkopfnadelfrg., 1 Nadelschützer, 2 kegelförmige Anhänger, 1 Spiralfrg., 2 Bronzeobjekte, 1 kleine Phalere.- F. Milleker, Starinar 15, 1940, 25; R. Vasić in: B. Hänsel (Hrsg.), Südosteuropa zwischen 1600 und 1000 v. Chr. (1982) 268 ("Stufe II") 275 Abb. 2.

208. Papraca, Bez. Zvornik.- Depot (1893) in einer Felsspalte (unter der Burg Peringrad).- 1 Tüllenbeil mit ausschwingender Schneide, 1 Tüllenhaken, 5 Griffzungensicheln, 1 Griffzungenschwertfrg. 1, Schwertklingenfrg.- F. Fiala, Wiss. Mtt. Bosnien Herzegowina 4, 1896, 180ff. Abb. 40-48; ders. Glasnik Sarajevo 6, 1894, 331 Taf. 1, 1-5.

209. Pasalici bei Gracanica.- Depot (Ha B).- 4 Tüllenbeile, 1 Lanzenspitze, 1 Pinzette, 1 Ringgriff.- Čović, Glasnik Sarajevo 12, 1957, 249ff. Abb. 9-13.

210. Pečina-Hrustovača, Slowenien.- Siedlung.- Vasenkopfnadel mit horizontalen Rippen.- F. Starè, Arh. Vestnik 4, 1953, 47ff. Abb. 51, 2.

211. Pečinci, Kr. Sremska Mitrovica.- Depot I.- 3 Frgte. eines verzierten Blechgürtels, Dolchklingenfrg., 2 Lanzenspitzen, 4 Griffzungensicheln, Tüllenbeil, Fragment eines Doppelarmknaufes, Ringriffmesserfrg., Posamenteriefibel, Halsring, Armringe, Frg. einer Kolbenkopfnadel, Besatzbuckelchen.- Kilian-Dirlmeier, Gürtel 108 ("Hortfundstufe Kispáti-Lengyeltóti") Nr. 432 Taf. 43, 432; R. Vasić in: B. Hänsel (Hrsg.), Südosteuropa zwischen 1600 und 1000 v. Chr. (1982) 268 ("Stufe II") 270.

212. Pečinci. - Depot II (vielleicht nur teilweise überliefert).- 2 Tüllenbeile, 1 doppelaxtförmiges Rasiermesser mit durchbrochenem Blatt, Zungensichelfrg., amorphes Bronzestücke.- R. Vasić in: B. Hänsel (Hrsg.), Südosteuropa zwischen 1600 und 1000 v. Chr. (1982) 268 ("Stufe II") 281 Abb. 4.

213. Pekel b. Maribor.- 2 etwa 5 m voneinander entfernt aufgefundene und dann vermischte Depotfunde.- 2 Griffzungenschwertfrgte., 1 Schwertklingenfrg., 3 Lappenbeilfrgte., 1 Tüllenbeilfrg., 1 Lanzenspitzenfrg. (mit Kurztülle), 15 z.T. fragmentierte Griffzungensicheln, 2 Ringe, 3 Meißel, 1 Griffzungenmesserfrg., 6 Bronzeobjekte (Funktion?).- V. Pahić, Arh. Vestnik 34, 1983, 106ff. mit Taf. 1-5; J. Dular in: Varia Archaeologica 1 (1974) 24 Taf. 1, 7.

214. Peklenica, op. Čakovec.- Depot (1925).- 5 Griffzungenschwerter (davon 4 fragmentiert), 6 Nadeln, 1 Dolch, 1 Tüllenbeilfrg., 1 Tüllenbeil, 3 Griffzungensicheln (davon 1 fragmentiert).- Ha A2/B1.- K. Vinski-Gasparini, Kultura polja sa zarama u sjevernoj Hrvatskoj (1973) 217 ("Phase I"); J. Vidović, Arh. Vestnik 39-40, 1988-89, 453ff. Taf. 1-2, 1-3; Praistorija Jugoslavenskih Zemalja Bd. 4 (1983) Taf. 92; Z. Vinski, K. Vinski-Gasparini, Opuscula Arch. (Zagreb) 1, 1956, 86 Nr. 41.

215. Peringrad b. Vlasenica -> Papraca.

216. Petrillova.- Depot 1887 beim Waldroden.- Von dem großen Depotfund gelangte ein Beinring in das Museum Vršac.- Datierung (?).- F. Milleker, Starinar 15, 1940, 25.

217. Pétrović.- Depot (vollständig).- Zwei Äxte.- A. Benac, Glasnik Sarajevo 10, 1955, 87; 90 Taf. 1, 1-2.

218. Pivnica bei Odzak.- Siedlung.- Gußformen für Lanzenspitzen mit arkadenförmig gegliederter Tüllenrippung.- A. Benac, Glasnik Sarajevo 21-22, 1966-67, 157ff. Taf. 1-2.

219. Plitvice.- Tüllenbeil.- Praistorija Jugoslavenskih Zemalja Bd. 4 (1983) Taf. 12, 1.

220. Podcrkavlje-Slavonski Brod.- Depot oder zwei vermischte Depotfunde.- Insgesamt 277 Bronzestücke; abgebildet sind: 1 mittelständiges Lappenbeil, 6 Tüllenbeile (fragmentiert), 5 fragmentierte Lanzenspitzen (darunter mit gestuftem Blatt, glatte Variante und Form Gaualgesheim, 2 Griffzungenschwertfrgte., 4 Schwertklingenfrgte. (darunter eines vom slawonischen Typus), 13 Griff-

zungendolchfrgte., 2 doppelaxtförmige Rasiermesserfrgte., 2 Armringe, 2 Fibelfrgte., 4 Nadelfrgte., 1 Spiralstück, 1 Griffzunge (Objekt?), 4 Messerfrgte., 3 Stabmeißel, 3 Blechhütchen, 5 Knöpfe, 2 Schmuckscheibenfrgte., 1 Helmfrg. (?), 22 zumeist fragmentierte Sicheln (darunter mindestens 4 Knopf und 16 Griffzungensicheln), 1 Draht, 10 Blechstücke 1 Ring, 2 Bronzestücke, 1 Spiraldraht; dazu Rohbronze.- F. Holste, Hortfunde Südosteuropas (1951) 6 Taf. 7-8; K. Vinski-Gasparini, Kultura polja sa zarama u sjevernoj Hrvatskoj (1973) 217 ("Phase II") Taf. 66-68; P. Schauer, Arch. Korrbl. 9, 1979, 70 Abb. 1, 3; Z. Vinski, K. Vinski-Gasparini, Opuscula Arch. (Zagreb) 1, 1956, 86 Nr. 42.

221. Podrute, Kr. Varaždin.- Depot in Tongefäß (1886).- 30 Bronzestücke; abgebildet sind: 3 fragmentierte Lanzenspitzen, 4 Tüllenbeile (davon 3 fragmentiert), 1 Violinbogenfibel, 1 Schwertklingenfrg., 1 Messerfrg. mit Ringgriffende, 2 Stabmeißel, 2 Sichelfrgte., 1 Blattbügelfibelfrg., 1 Sägenfrg., 2 Blechfrgte., 1 kleiner Ring, 1 Frg. eines Eimers (Typus Kurd); dazu mindestens noch Rohbronze.- K. Vinski-Gasparini, Vjesnik Arh. Muz. Zagreb 3, 1968 Taf. 1, 2; 3; K. Vinski-Gasparini, Kultura polja sa zarama u sjevernoj Hrvatskoj (1973) 217 Taf. 81B; Z. Vinski, K. Vinski-Gasparini, Opuscula Arch. (Zagreb) 1, 1956, 86 Nr. 43.

222. Podumci, Kr. Sibenik.- Höhle mit Körper und Brandgräbern.- Einige Anhänger, eine Nadel, 1 Violinbogenfibel.- K. Vinski-Gasparini, Kultura polja sa zarama u sjevernoj Hrvatskoj (1973) 217f. Taf. 91, 10a.

223. Poljanci, Kr. Slavonski Brod.- Depot I mit über 150 Gegenständen.- Abgebildet ist der "wichtigste Fundstoff des Hortes": 2 Griffzungensicheln, 3 Griffzungensichelfrgte., 1 Tüllenbeil, 1 Tüllenmeißel, 1 Doppelspirale, 1 Meißel(?)frg., 5 Ringe, 5 Knöpfe, 1 tordiertes Stabfrg., 1 Niet, 1 Radamulett, 2 Schwertklingenfrgte. (darunter von einem slawonischen Typus?), 2 Griffzungenschwertfrgte., 1 Dolchfrg., 2 Lanzenspitzenfrgte., 1 Messer, 2 doppelaxtförmige Rasiermesser, 1 Beinschienenfrg., 1 dreieckiger Anhänger, 1 Stieranhänger, 2 Nadelfrgte., 3 Fibelfrgte., 1 doppelkonische Perle, 2 trichterförm. Anhänger, 1 radförmige Zierscheibe, 2 Bleche, 5 Bronzefrgte. (Frgte. von einem Helm).- K. Vinski-Gasparini, Kultura polja sa zarama u sjevernoj Hrvatskoj (1973) 218 ("Phase II") Taf. 48-49.

224. Poljanci b. Slavonski Brod.- Depot II.- 16 Schwertklingenfrgte. (davon Griffzungenschwerter) (204 g, 154 g, 178 g, 154 g, 148 g, 102 g, 204 g, 16 g, 162 g, 56 g, 60 g, 22 g, 30 g, 126 g, 190 g, 192 g), 6 Dolchfrgte. (17 g, 22 g, 21 g, 50 g, 23 g, 11 g), 15 Lanzenspitzen und Lanzenspitzenfrgte. (278 g, 80 g, 43 g, 35 g, 144 g [Fehlguß], 12 g, 24 g, 48 g, 144 g, 7 g, 106 g, 102 g, 92 g, 64 g, 252 g), 4 Griffzungensicheln (122 g, 128 g, 134 g, 122 g), 36 Griffzungensichelfrgte. (115 g, 34 g, 68 g, 96 g, 90 g, 128 g, 57 g, 29 g, 138 g, 144 g, 24 g, 23 g, 47 g, 17 g, 17 g, 76 g, 130 g, 142 g, 92 g, 92 g, 80 g, 134 g, 88 g, 128 g, 82 g, 86 g, 128 g, 86 g, 66 g, 152 g, 76 g, 49 g, 100 g, 80 g, 55 g, 98 g), 27 Sichelfrgte. (19 g, 32 g, 23 g, 37 g, 25 g, 27 g, 44 g, 48 g, 29 g, 15 g, 16 g, 53 g, 59 g, 49 g, 23 g, 31 g, 19 g, 37 g, 12 g, 54 g, 35 g, 20 g, 18 g, 35 g, 11 g, 9 g, 11 g), 1 Knopfsichel (74 g), 22 Sägeblätterfrgte. (13 g, 8 g, 15 g, 14 g, 13 g, 5 g, 7 g, 5 g, 6 g, 6 g, 5 g, 5 g, 3 g, 5 g, 5 g, 6 g, 4 g, 5 g, 3 g, 15 g, 16 g, 17 g), 22 Tüllenbeile und Frgte. (561 g, 454 g, 346 g, 486 g, 55 g, 176 g, 98 g, 232 g, 22 g, 40 g, 22 g, 8 g, 560 g, 562 g, 310 g, 212 g, 208 g, 246 g, 182 g, 58 g, 114 g, 282 g), 1 Axtfrg. (48 g), 5 Lappenbeile und Frgte. (115 g, 178 g, 236 g, 46 g, 57 g), 1 Bronzefrg. (38 g), 6 Meißel oder Meißelfrgte. (29 g, 28 g, 14 g, 70 g, 61 g, 136 g), 4 Barren (78 g, 15 g, 43 g, 33 g), 3 Armbandfrgte. (13 g, 12 g, 6 g), 52 Arm- und Beinringe und Frgte. (36 g, 17 g, 13 g, 15 g, 22 g, 25 g, 19 g, 23 g, 28 g, 32 g, 13 g, 9 g, 4 g, 6 g, 41 g, 3 g, 6 g, 2 g, 78 g, 116 g, 10 g, 10 g, 13 g, 12 g, 9 g, 7 g, 16 g, 12 g, 6 g, 11 g, 11 g, 8 g, 11 g, 3 g, 8 g, 6 g, 7 g, 6 g, 3 g, 6 g, 7 g, 9 g, 6 g, 2 g, 5 g, 6 g, 21 g, 38 g, 14 g, 34 g, 6 g, 31 g), 3 Fibelfrgte. (5 g, 7 g, 6 g), 6 große Spiralröllchen und Frgte. (15 g, 4 g, 1 g, 1 g, 1 g, 1 g), 1 Blechspirale (17 g), 6 Halsringe und Frgte. (31 g, 14 g, 16 g, 7 g, 6 g, 194 g), 11 Hülsen aus Blech (1 g, 1 g, 4 g, 2 g, 1 g, 3 g, 1 g, 1 g, 1 g, 2 g, 1 g), 17 Draht(knäuel) (2 g, 1 g, 1 g, 1 g, 3 g, 16 g, 11 g, 6 g, 7 g, 5 g, 2 g, 2 g), 2 Objekte (54 g, 14 g), 2 gerippte Bleche (3 g, 2 g), 28 Blechfrgte. (16 g, 5 g, 7 g, 2 g, 4 g, 2 g, 2 g, 2 g, 2 g, 17 g, 5 g, 19 g, 6 g, 1 g, 1 g, 3 g, 2 g, 4 g, 1 g, 6 g, 2 g, 2 g, 7 g, 3 g, 23 g, 3 g, 2 g, 27 g), 8 kleine Ringe (6 g, 14 g, 1 g, 3 g, 1 g, 4 g, 1 g, 1 g), 3 Messerfrgte. (13 g, 25 g, 12 g), 4 Riementeiler (14 g, 13 g, 13 g, 11 g), 17 Knöpfe und kleine Phaleren (6 g, 8 g, 0, 5 g, 14 g, 6 g, 14 g, 1 g, 0, 4 g, 1 g, 1 g, 17 g, 33 g, 2 g, 3 g, 3 g, 1 g, 13 g), 1 Scheibenfrg. mit konzentrischen Rippen (112 g), 2 hohle Kegel (22 g, 18 g), 1 Miniaturtüllenbeil (4 g), 1 Bronzestück (33 g), 1 flaches Gußkuchenfrg. (270 g), 1 Objekt (2 g), 2 Anhänger (davon ein "anthropomorpher"; verschollen) (2 g), 6 doppelaxtförmige Scheiben und Frgte. (7 g, 4+53 g, 53 g, 47 g, 52 g), 1 längliches Gußstück (52 g), 5 Tüllenaufsätze (6 g, 7 g, 2 g, 1 g, 4 g), 5 große Phalerenfrgte. (266 g, 13 g, 4 g, 42 g, 1 g, 12 g), 1 Diademfrg. (9 g), 1 vernietetes Blech (34 g), 2 Gefäßhenkel (19 g, 8 g), 1 gegossenes und verziertes Objekt (39 g), 16 Blechfrgte. mit Rippen und großen Buckeln (2 g, 3 g, 4 g, 2 g, 3 g, 2 g, 2 g, 5 g, 3 g, 1 g, 3 g, 4 g, 2 g, 5 g, 2 g, 2 g), 1 beinschienenförmige Phalere (13 g), 8 Frgte. doppelaxtförmiger Rasiermesser (15 g, 17 g, 8 g, 10 g, 13+17 g, 17 g, 8 g), 5 Nadelfrgte. (11 g, 4 g, 16 g, 20 g, 9 g), 3 Nägel (4 g, 2 g, 3 g), 12 Spiralfrgte. (3 g, 5 g, 10 g, 4 g, 1 g, 26 g, 4 g, 3 g, 3 g, 2 g, 2 g, 2 g), 1 Bronzespinnwirtel (38 g).- M. Bulat, Zbornik Osijek 14-15, 1973-75, 3ff. Taf. 1-16. Hier: Taf. 25-34 (der anthropomorphe Anhänger nach Bulat).

225. Polstrau -> Središče.

226. entfällt.

227. Popinci.- Depot.- 1 Lappenbeil, 1 Schwertklingenfrg., 3 Griffzungendolchfrgte., 1 Lanzenspitzenfrg., 2 Griffzungensichelfrgte., mindestens 5 Ringe und Ringfrgte., 2 Bronzebuckel, 1 Nadel, 1 Spirale, 2 Spiralröllchen, Drahtreste, 2 Bronzeblechstücke und weitere, 1 Gußkuchen.- F. Holste, Hortfunde Südosteuropas (1951) 9 Taf. 15, 19-37; R. Vasić in: B. Hänsel (Hrsg.), Südosteuropa zwischen 1600 und 1000 v. Chr. (1982) 268 ("Stufe II"); Z. Vinski, K. Vinski-Gasparini, Opuscula Arch. (Zagreb) 1, 1956, 86 Nr. 44.

228. Popovac, Kr. Osijek.- Einzelfund (?).- Tüllenbeil (444 g).- Mus. Osijek 7627.

229. Pozarevac, Serbien.- Lanzenspitze (vielleicht Ha A2/B1).- Naturhist. Mus. Wien 45785.

230. Pričac, Kr. Slavonski Brod.- Depot am Saveufer in einem Tongefäß.- Vinski nennt 105 Bronzen; im Mus. Zagreb konnte ich nur 95 Stücke zählen: 2 Tüllenbeile bzw. Frgte. (430 g; 84 g), 1 Griffzungenschwertfrg. (224 g), 3 Lanzenspitzenfrgte. (darunter vermutl. 1 Exemplar mit Kurztülle Typus Gaualgesheim)(68 g; 47 g; 200 g), 6 Dolchfrgte. (47 g; 27 g; 16 g; 19 g), 2 Sicheln und 7 Frgte. (112 g; 126 g; 96 g; 61 g; 46 g; 62 g; 52 g; 66 g; 98 g), 1 Messerfrg. (44 g), 3 Stabmeißelfrgte. (27 g; 19 g; 43 g), 13 Ringe und Frgte. (9 g; 23 g; 12 g; 28 g; 20 g; 13 g; 4 g; 6 g; 20 g; 36 g; 15 g; 47 g; 26 g), 3 tordierte Halsringe bzw. Frgte. (192 g; 108 g; 66 g), 4 Fibeln, 1 Gürtelhaken (?), 1 Knopfleiste, 4 Trichter und 2 kleine zugehörige (?) Nadeln (11 g; 7 g; 10 g; 29 g; 26 g), 2 Lanzettanhänger (7 g), 1 Ringscheibenanhänger, 1 Schildanhänger, 2 Trichteranhänger, 1 Radialscheibenfrg. (31 g); 1 Spiralringfrg. (6 g), 2 Spiralen (28 g; 12 g) 3 Scheiben mit Rückenöse (4 g; 5 g), 1 Stangenknebel (44 g), 1 Doppelniete (22 g), 5 Drahtstücke (14 g; 4 g; 17 g; 4 g; 2 g), 3 Sägenfrgte. (10 g; 9 g; 14 g), 5 Blechstücke (4 g; 1 g; 1 g; 5 g; 3 g), 1 Bronzestück (50 g), 13 Gußbrocken (>1000 g; 512 g; 150 g; 61 g; 44 g; 305 g; ca. 2000 g; 982 g; 39 g; 66 g; 128 g; 178 g; 143 g).- K. Vinski-Gasparini, Kultura polja sa zarama u sjevernoj Hrvatskoj (1973) 218 ("Phase II") Taf. 71-72; G. Kossack, Studien zum Symbolgut der Urnenfelder- und Hallstattzeit Mitteleuropas (1954) 92 Liste B Nr. 47 ("Pricar-Luzanska"); 98 E20; Z. Vinski, K. Vinski-Gasparini, Opuscula Arch. (Zagreb) 1, 1956, 86 Nr. 45.

231. Privina Glava, Kr. Šid.- Depot (1925 erworben).- 5 Tüllenbeile (zumeist fragmentiert), 1 Meißelfrg., 13 Zungensicheln und Frgte. (ein weiteres Sichelfrg.?), 1 Griffzungendolchfrg., 3 Frgte. von doppelaxtförmigen Rasiermessern, 4 Lanzenspitzenfrgte., 6 Sägenfrgte., 1 Ahle, 1 Zungenmesserfrg., 1 Messerklingenfrg., 2 Bronzeknöpfe, 1 kegelförmiger Anhänger, 1 Zierscheibe mit kreuzförmigem Durchbruch, mehrere Frgte. von 3 Phaleren, 1 Blechfrg. mit Sternmusterzier, 13 Bronzeblechfrgte., 9 Armringfrgte., 2 Nadeln, 7 Drahtstücke, 2 Gußkuchenfrgte.- D. Garašanin, Katalog metala (1954) 25ff. Taf. 13-15; Garašanin u.a., doppelaxtförmig, 68ff. Taf. 63-67; R. Vasić in: B. Hänsel (Hrsg.), Südosteuropa zwischen 1600 und 1000 v. Chr. (1982) 268 ("Stufe II"); Z. Vinski, K. Vinski-Gasparini, Opuscula Arch. (Zagreb) 1, 1956, 87 Nr. 47.

232. Prozor.- Einzelfund.- Tüllenbeil (Datierung?).- V. Čurčić, Wiss. Mitt. Bosnien u. Herzegowina 11, 1909, 94.

233. Ptuj.- Fundumstände unbekannt.- 2 gerippte Vasenkopfnadeln.- Mus. Maribor 1334-35.

234. entfällt.

235. Punitovci bei Dakovo, Kroatien.- Depot in Tongefäß.- 2 fragmentierte Dreiwulstschwerter (Typus Erlach und Typus Schwaig), 3 Lanzenspitzen (eine mit gestuftem Blatt, eine glatt und eine fragmentierte mit tief ansetzendem Blatt), 3 fragmentierte mittelständige Lappenbeile, 7 Tüllenbeile (davon 4 fragmentiert), 20 Griffzungensicheln, 4 Griffzungensichelfrgte., 2 Zierscheibenfrgte.- K.Vinski-Gasparini, Vjesnik (Zagreb) 12-13, 1979-81, 87ff. mit Abb.

236. Pusenci b. Ormoz.- Depot.- Bronasta doba na Slovenskem narodni muzej Ljubljana (1987) 10 Nr. 18.

237. Pustakovec.- Depot (1961/62).- 1 Tüllenbeil (mit Keilrippenzier; Var. Tab), 1 Lappenbeil (mit oberständigem Ansatz), 1 Lappenbeilfrg. (Nackenbruchstück von kleinem Beil), 1 Stabmeißel, 1 Lanzenspitzentülle (Bruchstelle neu), 6 Griffzungensicheln, 4 Sichelspitzen, 3 Griffzungensichelfrgte., 2 Sichelfrgte. (1 von Knopfsichel?), 1 Armring mit C-förmigem Querschnitt, 2 strichverzierte Halsringe mit eingerollten Enden, 1 Barrenneuguß?, 2 Gußbrocken, 1 Sägenfrg., 2 Armringe, 2 Armringfrgte., 1 Blattbügelfibelfrg. mit mehrfachem Schildmotiv), 1 Blechfrg., mit mehrfachem Schildmotiv und eingerolltem Ende (Typus Kurd), 1 Blechstreifen, 1 Hülse, [1 Drahtring mit eingehängten Gegenständen: 1 fragmentiertes Rasiermesser mit doppelaxtförmigem Blatt, 1 Tüllenbeilfrg., 2 Ringe]; 6 Blechringe, 2 Stabringfrgte., 1 tordiertes Ringfrg., 1 kleines Ringfrg.- A. Hänsel, Ein Schatzfund der späten Bronzezeit aus dem mittleren Donauraum (1991).

238. Račinovci, Kr. Vinkovci.- Depot (in der Nähe einer Bachmündung).- 51 Bronzestücke. Abgebildet sind 2 kleine Ringe, 7 Bronzeknöpfe und ein trichterförmiger Anhänger (?); offenbar dazu noch zahlreiche Knöpfe und Rohbronze.- K. Vinski-Gasparini, Kultura polja sa zarama u sjevernoj Hrvatskoj (1973) 218 Taf. 30b; Z. Vinski, K. Vinski-Gasparini, Opuscula Arch. (Zagreb) 1, 1956, 87 Nr. 49.

238A. Radaljska ada.- Flußfund aus der Drina.- Griffzungenschwert (286,5g).- C. Hörmann, Wiss. Mitt. Bosnien u. Herzegowina 1, 1893, 317f. Abb.4.

239. Radovljica.- Einzelfund.- Griffzungenschwert (an der Klinge und an der Griffzunge abgebrochen).- J. Dular in: Varia Archaeologica 1 (1974) 24 Taf. 2, 9.

240. Rama, Gradac bei Posusje.- Einzelfund.- Tüllenbeil (Datierung?).- V. Čurčić, Wiss. Mitt. Bosnien u. Herzegowina 11, 1909, 94.

241. Ripač.- Lanzenspitze.- Naturhist. Mus. Wien 38942.- V. Čurčić, Wiss. Mitt. Bosnien u. Herzegowina 11, 1909, 95 Taf. 17, 14.

242. Ritiseva.- Depot (?).- 2 Phaleren.- R. Rašajski, Rad Vojvodanskih Muz. 15-17, 1966-68, 43ff. Abb. 1-2.

243. Rogatec.- Einzelfund.- Mittelständiges Lappenbeil.- A. Smodić, Arh. Vestnik 6, 1955, 89 Taf. 3, 21.

244. Rudnik.- Depot (1932 erworben).- 2 Tüllenbeile, 5 Lanzenspitzen (davon 4 fragmentiert; 1 mit gestuftem Blatt, 1 mit Kurztülle), 1 Griffzungensichelfrg., 1 Messer (in 2 Teilen), 1 Schwertklingenfrg., 14 Sägen, 1 Kugelkopfnadel, 7 Bronzefrgte., 5 z.T. fragmentierte Armringe, 3 kleine Ringchen, 1 Knopf, 1 glockenförmiger Anhänger, 1 Blech, 1 buckelverziertes Blech, 1 Spiralröllchen, 5 dünne Drahtfrgte., 3 Gußstücke.- F. Holste, Hortfunde Südosteuropas (1951) 11 Taf. 20, 1-13; D. Garašanin, Katalog metala (1954) 29ff. Taf. 16; Garašanin u.a., Ostava 91f. Taf. 78-79; R. Vasić in: B. Hänsel (Hrsg.), Südosteuropa zwischen 1600 und 1000 v. Chr. (1982) 268 ("Stufe II").

245. Ruše.- Grab.110.- 2 schildförmige Anhänger, Krug, kleine Tasse, Fibelfrg., Urne.- Müller-Karpe, Chronologie Taf. 112 D; G. Kossack, Studien zum Symbolgut der Urnenfelder- und Hallstattzeit Mitteleuropas (1954) 98 E13.

246. Rutevac.- Gräberfeld; Grab 1.- 5 Blechpfeilspitzen.- J. Todorović, A. Somović, Starinar 9-10, 1958-59, 267ff. Abb. 6.

247. Ruzici-Gradac-Gorica, Bez. Ljubuski.- Fundumstände?- 6 Tüllenbeile.- V. Čurčić, Wiss. Mitt. Bosnien u. Herzegowina 11, 1909, 93 Taf. 17, 8-10.

248. Salaš Nočajski -> Nočaj-Salaš.

249. Satnica, Kr. Osijek.- Angeblich Grabfunde bei der Bachregulierung.- 1 Griffzungendolch, Nagelkopfnadel, Keramik.- K. Vinski-Gasparini, Kultura polja sa zarama u sjevernoj Hrvatskoj (1973) 218 Taf. 18, 2.

250. Sečanji.- Depot (Ha A2/B1).- Lanzenspitzen, Tüllenbeile, Anhänger, Armringe, 3 Posamenteriefibeln.- R. Radisić, Rad Vojvodanskih Muz. 7, 1958, 115ff. Abb. 1-4.

251. Selce -> Selci.

252. Selci.- Depot (jüngere Urnenfelderzeit).- K. Vinski-Gasparini, Kultura polja sa zarama u sjevernoj Hrvatskoj (1973) 218 ("Phase IV") Taf. 107 A; Z. Vinski, K. Vinski-Gasparini, Opuscula Arch. (Zagreb) 1, 1956, 87 Nr. 50 ("Ha A2").

253. Sempeter pri Gorici.- Depot (1867); Datierung (?).- Bronasta doba na Slovenskem narodni muzej Ljubljana (1987) 10 Nr. 20.

254. Senkovec.- Einzelfund.- Mittelständiges Lappenbeil.- J. Vidović, Arh. Vestnik 39-40, 1988-89, 453ff. Taf. 3, 11.

255. Sice, Kr. Nova Gradiska.- Depot in Tongefäß aus einem Teich (?) 1900; teilweise verloren.- Erhalten sind 49 Bronzen: 1 Lappenbeil, 6 Tüllenbeile, 1 Tüllenmeißel, Sicheln, Rohbronze.- F. Holste, Hortfunde Südosteuropas (1951) 7 Taf. 9, 29-38; K. Vinski-Gasparini, Kultura polja sa zarama u sjevernoj Hrvatskoj (1973) 218 ("Phase III") Taf. 95; Z. Vinski, K. Vinski-Gasparini, Opuscula Arch. (Zagreb) 1, 1956, 87 Nr. 51.

256. Silovec-Sromlje.- Depot.- 2 Tüllenbeilfrgte. 1 Halsringfrg., 3 Sichelfrgte., 5 Armringfrgte., 13 Gußbrocken.- Literatur ?; Unterlagen Hauptseminar WS 90/91.

257. Šimanovci.- Depot.- 4 Lanzenspitzenfrgte. (3 glatt, 1 mit profilierter Tülle), 6 Schwertklingenfrgte., 1 Griffzungendolchfrg.,

2 Dolchklingenfrgte., 1 Messerklingenfrg., 10 Tüllenbeilfrgte., 2 Frgte. eines Doppelarmknaufs, 1 Hakensichelfrg., 8 Griffzungensichelfrgte., 17 Sichelfrgte., 4 Sägenfrgte., 1 doppelaxtförmiges Rasiermesserfrg., 1 Nadelfrg. (Spindelkopfnadel), 2 Nadelfrgte., 14 Ringe, 8 Spiralröllchen, 2 Hülsen, 8 Knöpfe, 1 Scheibe, 1 Lanzettanhänger, 2 Blechgürtelfrgte., 37 Blechfrgte., 51 Draht-, Spiral- und Nadelschaftfrgte., 7 Bronzefrgte.- Garašanin u.a., Ostave 43ff. Taf. 41-50; R. Vasić in: B. Hänsel (Hrsg.), Südosteuropa zwischen 1600 und 1000 v. Chr. (1982) 268 ("Stufe II"); D. Popović, Bronzana ostava iz Simanovaca Praistoijske ostave u Srbiji i Voivodini. Srpska akademija nauka i umetnosti, Arheoloska grada Srbije ser.1, Praistorija knj., 1, 1975, 46 Taf. 44, 4;

258. Siroki brijeg, Obrovac b. Jezero.- Einzelfund.- Tüllenbeil (Datierung?).- V. Curčić, Wiss. Mitt. Bosnien u. Herzegowina 11, 1909, 94.

259. Sirova Katalena, Kr. Koprivnica.- Nekropole mit 22 Urnengräbern.- Keine Bronzen.- K. Vinski-Gasparini, Kultura polja sa zarama u sjevernoj Hrvatskoj (1973) 219 Taf. 12-15.

260. Sisak.- Depot (ca. 1880); unvollständig.- 1 Griffzungensichel, 1 Tüllenbeil, 1 Lanzenspitze, 1 Armring.- K. Vinski-Gasparini, Kultura polja sa zarama u sjevernoj Hrvatskoj (1973) 219 Taf. 74 C; Z. Vinski, K. Vinski-Gasparini, Opuscula Arch. (Zagreb) 1, 1956, 87 Nr. 52.

261. Sisak.- Flußfund aus der Kupa.- Griffzungenschwert (Typus Letten).- K. Vinski-Gasparini, Kultura polja sa zarama u sjevernoj Hrvatskoj (1973) 219 Taf. 26, 11.

262. Sisak.- Flußfunde aus der Kupa.- 6 Nadeln.- K. Vinski-Gasparini, Kultura polja sa zarama u sjevernoj Hrvatskoj (1973) 219 Taf. 26, 5-10.

263. Sitno (Dalmatien).- Depot in unmittelbarer Nähe zu einer Ascheschicht mit Knochen (Pferde, Rinder ?).- Doppelnadel, 2 Spiralscheiben, 5 Tüllenbeile, 1 Lappenbeil, 6 Beilfrgte., 2 Frgte. einer Axt.- Ha B.- P.P. Kaer, Wiss. Mitt. Bosnien u. Herzegowina 6, 1899, 518ff. Abb. 2-16; Praistorija Jugoslavenskih Zemalja Bd. 4 (1983) Taf. 50 (ohne die Doppelnadel).

264. Skočjan (S. Canziano, St. Kanzian)- Musja jama (Fliegenhöhle); Schachthöhle mit Opferfunden; mit Ausnahme weniger römischer Funde überwiegend Ha B- zeitliche Funde (in der benachbarten "Knochenhöhle" ist auch die Hallstattzeit vertreten); ein Schwertfragment könnte etwas älter sein. Die Bronzen sind teilweise angeschmolzen: über 200 Lanzenspitzen, Bronzegefäße, wenig Schmuck, 2 Griffzungenschwertfrgte.- J. Szombathy, Mitt. Prähist. Komm. Wien 2, 2, 1912 (1913), 127ff.; J. Dular in: Varia Archaeologica 1 (1974) 25 Nr. 14 Taf. 2, 14; L. Pauli, ANRW II 18, 1 (1986) 831ff.

265. Slavonski Brod.- Depot.- 2 mittelständige Lappenbeile, Frgte. von Tüllenbeilen, Lanzenspitze, Frgte. von Lanzenspitzen, 2 Griffzungenschwertfrgte., Frg. eines Dolchmessers, Meißel, 2 Lanzenschuhe, Zungensicheln, Blecharmband, Armringe, Fragment eines todierten Ringes, Kugelkopfnadel, Blechfrgte. mit Buckeldekor (von Beinschiene?), verzierter Blechgürtel.- Kilian-Dirlmeier, Gürtel 107f. ("Hortfundstufe Kispáti-Lengyeltóti") Nr. 428 Taf. 44/45, 428; 108 Nr. 435 Taf. 44, 435.

266. Slavonski Brod.- Depot (1916); größteteils vernichtet; wahrscheinlich jüngere Urnenfelderzeit.- K. Vinski-Gasparini, Kultura polja sa zarama u sjevernoj Hrvatskoj (1973) 219 Taf. 106 C.

267. Slavonski Brod.- Mohnkopfnadel (mit geritzter Kopfzier).- Hänsel, Beiträge 206 Liste 88 Nr. 13; vermutlich identisch mit K. Vinski-Gasparini, Kultura polja sa zarama u sjevernoj Hrvatskoj (1973) 219 Taf. 19, 4.

268. Slavonski Brod -> Poderkavlje.

269. Slovenska Bistrica (Windisch Feistnitz).- Depot.- 1 Griffzungenschwert (rezent zerbrochen) (190 g), 1 Tüllenbeil (92 g), 3 Knopfsicheln (57g, 55g, 42 g).- NM Wien 4819-4823.- B. Teržan, Arh. Vestnik 34, 1983, 63f. Abb. 9, 1-5; J. Dular in: Varia Archaeologica 1 (1974) 25 Nr. 18 Taf. 3, 18.

270. Sobunar und Debelo brdo (zwischen).- Depot; die Beile und die Axt in einem Ring steckend).- 5 Tüllenbeile, 1 Schaftlochaxt, 1 Blechring.- F. Fiala, Wiss. Mitt. Bosnien und Herzegowina 4, 1896, 58ff. Abb. 155-161.

271. Solin.- In einer Sondage.- Violinbogenfibelfrg.- I. Marović, Vjesnik Dalmat. 75, 1981, 7ff. Abb. 9, 5.

272. Spure -> Hočko Pohorje.

273. Središče (Polstrau).- Depot (1855); alle Bronzen entpatiniert.- 1 Tüllenbeil mit Keilrippenzier (352 g), 1 Tüllenbeilfrg., 1 Tüllenbeil ohne Öse (Meißel?), 1 Lappenbeilfrg., 1 Blattfragment einer Lanzenspitze mit abgeplatteter Tülle, 1 Fragment einer Lanzenspitze mit gestuftem Blatt (51 g), 1 Lanzenspitzenfrg. (glatt; 23 g), 1 hohle Bronzekugel (87 g), 1 Bronzeperle (43 g).- Mus Graz 6153, 6164, 6166, 6235, 6507, 6525, 6528.- A. Smodić, Arh. Vestnik 6, 1955, 89f. Taf. 4, 4-10; hier: Taf. 24.

274. Sremska Mitrovica.- Depot.- 3 Sägeblätter, 1 Armringfrg., 1 Messerfrg., 1 Schwertklingenspitze, 1 Dolchspitze, 1 Nadel, 1 Sichel, 1 Blechfrg.- Z. Vinski, K. Vinski-Gasparini, Opuscula Arch. (Zagreb) 1, 1956, 88 Nr. 58 ("Ha A2?"); R. Vasić in: B. Hänsel (Hrsg.), Südosteuropa zwischen 1600 und 1000 v. Chr. (1982) 268 ("Stufe II").

275. Staro Petrovo Selo, Kr. Nova Gradiska.- Vermutl. Grab.- Keulenkopfnadel und Keramikfrgte.- K. Vinski-Gasparini, Kultura polja sa zarama u sjevernoj Hrvatskoj (1973) 219 Taf. 26, 14.

276. Staro Topolje, Kr. Slavonski Brod.- Depot (1956).- Ca. 50 Bronzen Tüllenbeile, Sicheln, 2 Armbänder, 1 Violinbogenfibel.- K. Vinski-Gasparini, Kultura polja sa zarama u sjevernoj Hrvatskoj (1973) 219 Taf. 90, 4 (Violinbogenfibel).

277. St. Johann -> Sv. Janez.

278. St. Kanzian (Fliegenhöhle) -> Skočjan (musja jama).

279. St. Magdalenenberg bei St. Marein.- Slowenien.- Griffzungendolch.- Müller-Karpe, Chronologie 279 Taf. 132 B5.

280. Strmec -> Bovec.

281. Struga, Kr. Varaždin.- Depot (1931?); teilweise vernichtet.- 17 Bronzen, davon 7 abgebildet: 1 Sichelfrg., 1 Phalerenfrg., 1 Blechscheibe mit Rückenöse, 2 Ringfrgte., 1 Gefäßfrg.; dazu Rohbronze.- K. Vinski-Gasparini, Kultura polja sa zarama u sjevernoj Hrvatskoj (1973) 220 Taf. 74D; Z. Vinski, K. Vinski-Gasparini, Opuscula Arch. (Zagreb) 1, 1956, 88 Nr. 59.

282. Šumetac b. Podzvizd, Kr. Cazin (Bosnien).- Depot.- 5 Tüllenbeile (z.T. fragmentiert), 3 Lappenbeilfrgte. ("Palstäbe"), 1 Fragment einer Spindelkopfnadel, 1 Griffzungendolchfrg., 22 Griffzungensicheln (davon mindestens 11 fragmentiert), 1 Frg. eines "Lanzenschaftschutzes", Frg. einer Hammeraxt, 2 Bronzedrahtstücke, 15 Gußkuchenfrgte.- Č. Truhelka, Wiss. Mitt. Bosnien Herzegowina 1, 1893, 35ff. mit Abb.; Holste, Chronologie Taf. 16.

283. Šumetac.- 4 Tüllenbeile, die nicht sicher zu dem Depotfund gehören.- V. Curčić, Wiss. Mitt. Bosnien u. Herzegowina 11, 1909, 93f. Taf. 17, 6.11.

284. Sveti Janez b. Tomišelj.- Depot (1905) b. Steinbrucharbeiten.- 1 Tüllenbeil, 2 Lappenbeile, 1 "vielgliedrige Bronzekette".-

Müller-Karpe, Chronologie 277 Taf. 125 C; Praistorija Jugoslavenskih Zemalja Bd. 4 (1983) Taf. 3, 4-6 (Tomišelj pri Igu).

285. **Sveti Petar bei Ludbreg**.- Grube mit zahlreichen Gußformen, darunter auch für Pfeilspitzen.- B. Wanzek, Die Gußmodel für Tüllenbeile im südöstlichen Europa (1989) 199f. Taf. 35-37.

286. **Sviloš, Kr. Novi Sad**.- Depot.- 2 Posamenteriefibeln, 2 Spiralfrgte. (von Handschutz- oder Armspirale?), 2 Lanzenspitzen, 1 Griffzungenschwert in drei Teile zerbrochen; Griffzunge fehlt, 1 Spindelkopfnadelfrg. mit gegliedertem Hals (Typus Petersvására), 1 gebogener Stab ("Halbfabrikat").- F. Holste, Hortfunde Südosteuropas (1951) 9 Taf. 16, 34-40; S. Ercegović, Rad Voivodanskih Muz. 4, 1955, 17ff. mit Abb.; K. Vinski-Gasparini, Kultura polja sa zarama u sjevernoj Hrvatskoj (1973) 220 ("Phase II") Taf. 88; R. Vasić in: B. Hänsel (Hrsg.), Südosteuropa zwischen 1600 und 1000 v. Chr. (1982) 268 ("Stufe II"); Z. Vinski, K. Vinski-Gasparini, Opuscula Arch. (Zagreb) 1, 1956, 88 Nr. 60.

287. **Tamásfalva, Bez. Vršac**.- Depot in Gefäß mit über 80 Stücken.- Unter den Funden: 3 Lanzenspitzen (darunter 2 mit gestuftem Blatt), 6 Vollgriffdolche, 3 Schwertklingenfrgte., 5 Nadeln, 7 Tüllenbeile, 12 Knöpfe, 20 Armringe, 2 Spiralfrgte.- J. Hampel, Alterthümer der Bronzezeit in Ungarn (1887) Taf. 126-127; I. Bona, Evkönyve Miskolc 3, 1963, 20 Abb. 2; Hänsel, Beiträge 239 Taf. 57-58; F. Milleker, Starinar 15, 1940, 25.

288. **Temes-Nagyfalu**.- Depot (ca. 1907) in einem Herd.- Gold und Bernstein, Bronzen.- Datierung?.- F. Milleker, Starinar 15, 1940, 25.

289. **Tenja, Kr. Osijek**.- Depot (1877).- 82 Gegenstände (nach Vinski-Gasparini); 38 Lanzenspitzen, 7 Tüllenbeile, 45 Sicheln, 17 Armringe, 7 Armringfrgte., 10 weitere Bronzen (nach Holste); abgebildet sind: 1 Griffzungenschwert (in drei Fragmenten), 4 Griffzungendolche (einer in 2 Teilen), 17 Lanzenspitzen (davon 1 fragmentiert), 3 Tüllenbeile, 16 Griffzungensicheln, 5 Armringe; dazu Beschläge.- F. Holste, Hortfunde Südosteuropas (1951) 8 Taf. 13; 14, 1-18; K. Vinski-Gasparini, Kultura polja sa zarama u sjevernoj Hrvatskoj (1973) 220 Taf. 31-34; Müller-Karpe, Handbuch der Vorgeschichte IV (1980) 808 Nr. 319; Z. Vinski, K. Vinski-Gasparini, Opuscula Arch. (Zagreb) 1, 1956, 89 Nr. 62.

290. **Tešanj**.- Einzelfund.- Tüllenbeil mit Turbandrandmündung (Ha A2/B1).- Truhelka, Wiss. Mitt. Bosnien u. Herzegowina 11, 1909, 74 Abb. 39.

291. **Tešanj, Srpska Varos, Bez. Tešanj**.- Einzelfund.- Tüllenbeil (Datierung?).- V. Čurčić, Wiss. Mitt. Bosnien u. Herzegowina 11, 1909, 94.

292. **Tešanj**.- Lanzenspitze.- Wiss. Mitt. Bosnien u. Herzegovina 11, 1909 62 Abb.11.

293. **Tešanj**.- Depot in einer Felsspalte.- 1 Tüllenbeil (fragmentierte Schneide), 3 große, ovale, offene Ringe, 1 tordiertes Ringfrg., 2 kleine Gußkuchen (108 und 70 g schwer).- Ha A2.- Truhelka, Wiss. Mitt. Bosnien u. Herzegowina 11, 1909, 73f. Abb. 35-38.

294. **Tešanj**.- Depot; größtenteils verloren.- 1 unverziertes Tüllenbeil, 2 Lanzenspitzen mit rippenverzierter Tülle.- Ha A2/B1.- Truhelka, Wiss. Mitt. Bosnien u. Herzegowina 11, 1909, 72 Abb. 32-34.

295. **Tešanj b. Doboj**.- Depot.- 1 Tüllenbeilfrg., 1 Lanzenspitzenfrg., 2 Halsringe, 62 Armringe.- Datierung: vermutlich fortgeschrittenes Ha A (vgl. Slowakei).- D. Garašanin, Katalog metala (1954) 31f. Taf. 17.

296. **Tomašica, Kr. Kutina**.- Aus dem Bach Banovaca.- Griffzungendolch (mit abgebrochener Griffzunge).- K. Vinski-Gasparini, Kultura polja sa zarama u sjevernoj Hrvatskoj (1973) 220 Taf. 18, 6.

297. **Tomišelj pri Igu** -> Sveti Janez.

298. **Topličica, Kr. Krapina**.- Depot I (1886) in Tongefäß.- 50 Bronzestücke; abgebildet sind: 3 mittelständige Lappenbeile, 1 Tüllenbeil, 1 Tüllenbeilfrg., 6 z.T. fragmentierte Griffzungensicheln, 1 Rasiermesser (Typus Nemcice), 1 Lanzenspitze, 1 Dolchklingenfrg., 1 Griffzungenschwertfrg., 3 Schmuckscheiben, 1 Tutulus, 1 Fibel, 1 Nadelfrg., 6 Ringe, 1 Sägenfrg., 2 Spiralfrgte., 1 Griffzungenmesserfrg.- S. Ljubić, Popis Ark. odjela Naradnog zemaljskog muzeja Zagreb I, 1889, 60ff. Taf. 8, 9-15.; K. Vinski-Gasparini, Kultura polja sa zarama u sjevernoj Hrvatskoj (1973) 220f. Taf. 76; Z. Vinski, K. Vinski-Gasparini, Opuscula Arch. (Zagreb) 1, 1956, 89 Nr. 63.

299. **Topličica, Kr. Krapina**.- Depot II (1913) in einem Steinbruch; teilweise vernichtet.- 10 Griffzungensicheln (davon 3 fragmentiert).- K. Vinski-Gasparini, Kultura polja sa zarama u sjevernoj Hrvatskoj (1973) 221 Taf. 75B; Z. Vinski, K. Vinski-Gasparini, Opuscula Arch. (Zagreb) 1, 1956, 89 Nr. 64.

300. **Topolnica**.- Depot.- 1 Riegseeschwert, 5 Griffzungenschwerter, davon eines fragmentiert, 2 Tüllenbeile, 3 Armringe, 2 Nadeln, 2 Handschutzspiralen (eine fragmentiert), 6 Doppelspiralen.- B. Jovanović, Starinar 21, 3ff. mit Abb. 1970; Garašanin u.a., Ostave, 81ff. Taf. 73-75; R. Vasić in: B. Hänsel (Hrsg.), Südosteuropa zwischen 1600 und 1000 v. Chr. (1982) 268 ("Stufe I").

301. **Trlić**.- 22 Armringe und Frgte., 2 Lanzenspitzenfrgte., 1 Tüllenmeißelfrg., 1 mittelständiges Lappenbeil, 5 Tüllenbeile und Frgte., 9 Griffzungensichelfrgte. (davon 4 aneinanderpassend), 1 Messer mit Ringgriff in zwei Teilen, 2 Griffzungendolchfrg., 1 Dolchklingenfrg., 1 Griffzungenschwertfrg., 5 Schwertklingenfrgte., 2 Ringfrgte., 3 Sägenfrgte., 2 Stabbarren, 1 Stab, 8 Bronzefrgte., 1 Gußbrocken.- Garašanin u.a., Ostave 22ff. Taf. 23-26; R. Vasić in: B. Hänsel (Hrsg.), Südosteuropa zwischen 1600 und 1000 v. Chr. (1982) 268 ("Stufe II").

302. **Trzisce**.- Griffzungensichel.- M. Gustin, Notranjska (1979) Taf. 17, 9.

303. **Turski Becej** -> Borjàs.

304. **Udje b. Grosuplje**.- Depot in Gefäß (1973), 50 Gegenstände.- 1 Schwertfrg., 1 Lanzenspitzenfrg., 1 Messerfrg., 14 Sichelfrgte., 4 Tüllenbeilfrgte., 1 Meißelfrg., 1 Armringfrg., mehrere Gußbrocken, Draht und Blechstücke.- B. Teržan, Varstvo Spomenikov 17-19/1, 1974, 186; dies., frdl. Hinweis.

305. **Uljma**.- Depot I (1888) 5 massive Bronzeringe.- Daierung (?).- F. Milleker, Starinar 15, 1940, 26.

306. **Uljma**.- Depot II (1923).- 11 Ringe.- F. Milleker, Starinar 15, 1940, 26; F. Holste, Hortfunde Südosteuropas (1951) 10 Taf. 17, 21-30; Bizic 1958; R. Vasić in: B. Hänsel (Hrsg.), Südosteuropa zwischen 1600 und 1000 v. Chr. (1982) 268 ("Stufe I").

307. **Urovica**.- Depot.- 20 Tüllenbeile, 1 Lappenbeil.- Datierung vermutlich jüngere Urnenfelderzeit.- D. Strejović, Starinar 11, 1960, 56 Abb. 14; Garašanin u.a., Ostave 96ff. Taf. 81-82; R. Vasić in: B. Hänsel (Hrsg.), Südosteuropa zwischen 1600 und 1000 v. Chr. (1982) 268 ("Stufe II").

308. **Velika Greda (Györgyháza)**.- Depot (1878).- 10 Stücke (darunter Tüllenbeile, Lanzenspitzen, Äxte) handelte der Schmied ein, der Rest ging offenbar verloren.- F. Milleker, Starinar 15, 1940, 23; R. Vasić in: B. Hänsel (Hrsg.), Südosteuropa zwischen 1600 und 1000 v. Chr. (1982) 268 ("Stufe II").

309. **Velika Planina**.- Einzelfund.- Mittelständiges Lappenbeil.- Varvsto Spomenikov 17-19, 185 Abb. 111.

310. Velika Planina.- Einzelfund.- Tüllenbeil mit Keilrippenzier.- Varvsto Spomenikov 17-19, 185 Abb. 112.

311. Veliki Beckerek.- Depot in Tongefäß (ca. 4 kg).- Bis auf einen Meißel verloren.- F. Milleker, Starinar 15, 1940, 21.

311A. Veliki Gaj (Nagygaj).- 3 Schwertklingenfrgte., 1 Griffzungenschwert.- T. Kemenczei, Die Schwerter in Ungarn I (1988) Taf. 47, 411-413.

312. Veliki Otok pri Postojni.- Depot (vermutlich Ha A2/B1).- M. Gustin, Notranjska (1979) Taf. 1, 1-13; identisch mit (?) Bronasta doba na Slovenskem narodni muzej Ljubljana (1987) 10 Nr. 24.

313. entfällt.

314. Veldes -> Bled.

315. Veliko Nabrđe, Kr. Osijek.- Depot (1922).- Insgesamt handelt es sich um 224 Bronzegegenstände: Abgebildet sind 105 Gegenstände (ich habe in Zagreb 218 Teile gezählt).- 13 Griffzungenschwert- und Schwertklingenfrgte. (darunter auch slawonischer Typ) (170 g, 108 g, 76 g, 61 g, 68 g, 70 g, 96 g, 130 g[100 und 30 g], 178 g, 132 g, 156 g, 33 g), 5 Lanzenspitzenfrgte. (25 g, 27 g, 23 g, 148 g, 16 g), 7 Beinschienenfrgte. (5 g, 3 g, 3 g, 2 g, 4 g, 4 g, 2 g), 1 Griffzungendolchfrg. (12 g), 1 Messerfrg. (?) (11 g), 17 Tüllenbeile und Frgte. (484 g, 472 g, 223 g, 268 g, 264 g, 352 g, 296 g, 168 g, 130 g, 174 g, 302 g, 298 g, 318 g, 186 g, 310 g, 224 g, 214 g), 3 Lappenbeilfrgte. (51 g, 55 g), 18 Griffzungensicheln und Frgte. (112 g, 88 g, 108 g, 94 g, 64 g, 70 g, 158 g, 84 g, 64 g, 86 g, 184 g, 104 g, 54 g, 24 g, 59 g, 32 g, 39 g, 46 g), 13 Sichelspitzen (10 g, 20 g, 36 g, 27 g, 26 g, 5 g, 16 g, 22 g, 25 g, 29 g, 42 g, 40 g, 56 g), 8 Sichelklingenfrgte. (60 g, 18 g, 15 g, 20 g, 56 g, 34 g, 18 g, 19 g), 4 Sägenfrgte., vielleicht z.T. auch Dolchfrgte. (4 g, 6 g, 5 g, 6 g), 4 Frgte. eines glatten Gürtelbleches (27g, 72g, 31g), 6 Doppelaxtförmige Phaleren (50 g, 53 g, 62 g, 64 g, 55 g, 12 g), 2 Phalerenfrgte. (5 g, 2 g), 1 Radialrippenscheibe aus Blech (26 g), 4 flache Spiralen (9 g, 9 g, 8 g, 3 g), 2 Spiralröllchenfrgte. (1 g, 1 g), 1 Zierstück (6 g), 2 Blechröhren (2 g, 5 g), 1 Gefäßfrg. (?) (4 g), 23 Blechfrgte. (37 g, 8 g, 3 g, 3 g, 3 g, 8 g, 5 g, 6 g, 2 g, 6 g, 2 g, 4 g, 8 g, 3 g, 11 g, 2 g, 5 g, 10 g, 5 g, 2 g, 2 g, 3 g, 1 g), 3 gegossene Radialscheibenfrgte. (74 g, 62 g, 19 g), 1 Ringscheibenanhänger (10 g), 1 Tütenanhänger (6 g), 2 Nadeln (17 g, 4 g,), 34 Ringfrgte. (16 g, 11 g, 16 g, 5 g, 3 g, 8 g, 4 g, 4 g, 15 g, 4 g, 5 g, 10 g, 6 g, 26 g, 25 g, 15 g, 9 g, 11 g, 9 g, 3 g, 5 g, 2 g, 6 g, 5 g, 2 g, 20 g, 25 g, 148 g, 134 g, 20 g, 17 g, 9 g, 10 g, 4 g), 16 kleine Ringe (7 g, 3 g, 3 g, 3 g, 2 g, 2 g, 5 g, 2 g, 5 g, 2 g, 2 g, 1 g, 3 g, 2 g, 3 g, 1 g), 2 Drahtfrgte. (8 g, 80 g), 3 Bronzefrgte. (5 g, 4 g, 9 g), 1 Fibeldraht (5 g), 17 Blechknöpfe und Tutuli (7 g, 8 g, 18 g, 14 g, 13 g, 10 g, 19 g, 13 g, 18 g, 12 g, 9 g, 12 g, 7 g, 5 g, 2 g, 21 g, 10 g), 1 Gußkern für Tüllenbeile (128 g), 1 Gußplatte (200 g), 1 Stabbarrenfrg. (?) (46 g).- Helmfragmente konnte ich nicht entdecken.- K. Vinski-Gasparini, Kultura polja sa zarama u sjevernoj Hrvatskoj (1973) 221 Taf. 44-47; Praistorija Jugoslavenskih Zemalja Bd. 4 (1983) Taf. 93; Z. Vinski, K. Vinski-Gasparini, Opuscula Arch. (Zagreb) 1, 1956, 89 Nr. 65. Hier: Taf. 23,1.

316. Veliko Središte.- Depot I.- 1867 wurden von dem Schmied in Vršac 15 kg patinierte Bronzen gekauft und eingeschmolzen.- F. Milleker, Starinar 15, 1940, 25.

317. Veliko Središte.- Depot II.- 1900 fand man mehrere Bronzen von denen 4 Stücke ins Museum gelangten.- F. Milleker, Starinar 15, 1940, 25.

318. Veliko Središte.- Depot III (1912); 113 Objekte.- Abgebildet sind: 8 z.T. fragmentierte Tüllenbeile mit Winkelzier, 3 Lanzenspitzen (darunter eine mit gestuftem Blatt), 8 teilw. fragmentierte Sicheln, 84 geschlossene und offene Ringe, 1 Nadel, 1 Blech, 7 Objekte.- F. Milleker, Starinar 15, 1940, 25ff. Taf. 19-23; R. Vasić in: B. Hänsel (Hrsg.), Südosteuropa zwischen 1600 und 1000 v. Chr. (1982) 268 ("Stufe II").

319. Vidovice.- Depot.- 2 Lanzenspitzen, 6. Tüllenbeile (davon 3 fragmentiert), 1 Tüllenhammer, 3 z.T. fragmentierte Armringe, 1 Spirale, 3 Drähte, 1 Zierscheibenfrg., 9 Sichelfrgte., 1 massiver Bolzen, 3 Gußkuchenfrgte.- M. Babić, Arh. Vestnik 37, 1986, 77ff. Taf. 1-3.

320. Vinča oder Brestovik.- Teile eines Depots.- 14 Armringe.- D. Garašanin, Katalog metala (1954) 22f. Taf. 55, 9-10; Garašanin u.a., Ostave 19f. Taf. 20-21; R. Vasić in: B. Hänsel (Hrsg.), Südosteuropa zwischen 1600 und 1000 v. Chr. (1982) 268 ("Stufe II").

321. Vinča, Kr. Beograd.- Depot 1907 angekauft; vermutlich unvollständig und vielleicht teilweise vermischt.- Ehemals 36 Armringe, 1 fragmentierte Sichel und 10 Bronzesägen, sowie Schmuckscheiben; identifiziert wurden von Garašanin: 1 Stachelscheibe, 1 Zierscheibe mit radfömigem Durchbruch, 11 Armringe, 12 Sägen.- D. Garašanin, Katalog metala (1954) 21f. Taf. 10; Garašanin u.a., Ostave 17f. Taf. 18-19; R. Vasić in: B. Hänsel (Hrsg.), Südosteuropa zwischen 1600 und 1000 v. Chr. (1982) 268 ("Stufe II").

322. Vinča.- Doppelaxtförmiges Rasiermesser.- Müller-Karpe, Vom Anfang Roms (1959) 109 Taf. 32, 4.

323. Vindija, Kr. Varaždin.- Einzelfund.- Dolch mit dreieckiger Griffplatte.- K. Vinski-Gasparini, Kultura polja sa zarama u sjevernoj Hrvatskoj (1973) 221 Taf. 18, 8.

324. Vinkovci.- Fragment einer Griffzungensichel.- I. u. P. Nad, Katalog Arheoloske Zbirk. Dr. Imre Frey. Gradski Muzej Sombor (1964) 13 Taf. 3, 8.

325. Virje, Kr. Koprivnica.- Einzelfund.- Griffzungendolch.- K. Vinski-Gasparini, Kultura polja sa zarama u sjevernoj Hrvatskoj (1973) 221 Taf. 18, 7.

326. Virovitica.- Nekropole; größtenteils zesrtört.- Unter den Beigaben: 5 Nadeln, 1 Dolch, 1 Meißel, Keramik.- K. Vinski-Gasparini, Kultura polja sa zarama u sjevernoj Hrvatskoj (1973) 221 ("Phase I") Taf. 7-11.

327. Vlasko Polje.- Tüllenbeil.- Praistorija Jugoslavenskih Zemalja Bd. 4 (1983) Taf. 52, 7.

328. Vnanje Gorice.- Einzelfund.- Griffzungenschwert.- J. Dular in: Varia Archaeologica 1 (1974) 25 Nr. 12 Taf. 2, 12; Praistorija Jugoslavenskih Zemalja Bd. 4 (1983) Taf. 2, 11.

329. Vojilovo.- Depot.- 3 Tüllenbeile, 1 Lanzenspitze mit dichtem Tannenzweigdekor auf der Tülle, 1 Griffzungenschwertfrg., 1 Dolchfrg., 1 Messerfrg., 1 Nadel, 2 Armringe, 1 Blechknopf, 2 Ringscheibenanhänger, 2 Ringe (Ringscheibenanhänger, und Lanzenspitze sprechen für einen der Stufe Ha B entsprechenden Zeitabschnitt.- Garašanin u.a., Ostave Taf. 70.

330. Vransko -> Marija Creta.

331. Vrbas-Defilé b. Bocac.- Fundumstände (?).- 2 Bronzesicheln.- V. Čurčić, Wiss. Mitt. Bosnien u. Herzegowina 11, 1909, 94 Taf. 17, 17.

332. Vrhnika.- Grab.- 1 Nadel, 1 Griffzungendolch, 1 mittelständiges Lappenbeil, 1 Tongefäß.- Praistorija Jugoslavenskih Zemalja Bd. 4 (1983) Taf. 2, 1-4.

333. Vrhovine (Höhle Bezdanjaca).- Höhle mit ca. 200 Bestattungen; einige Gräber mit guten Bronzeausstattungen.- R. Drechsler-Bizić, Vjesnik Arh. Muz. Zagreb 12-13, 1979-80, 27ff.

334. Vršac-Kozluk.- Depot (1911) beim Rigolen; wohl unvollständig (4,59kg).- 1 Griffangelschwert(?)frg., 3 Griffzungensichelfrgte., 1 Knopfsichel, 1 Sichelfrg., 1 Tüllenbeil, 3 Lanzenspitzen-

frgte., 4 Armringe (davon 3 fragmentierte Exemplare.), 1 Draht, 1 Dolchklingenfrg., 1 Sägenfrg., 1 trichterförmiger Anhänger, 1 Zierknopf mit Nagel, 1 Lanzettanhängerfrg.(?), 9 Gußstücke.- F. Milleker, Starinar 15, 1940, 26; F. Holste, Hortfunde Südosteuropas (1951) 11 Taf. 19, 28-39; R. Rašajski, Rad Vojvodanskih Muz. 21-22, 1972-73, 29ff. Taf. 1-2.; R. Vasić in: B. Hänsel (Hrsg.), Südosteuropa zwischen 1600 und 1000 v. Chr. (1982) 268 ("Stufe II").

335. **Vršac-Majdan**.- Depot.- 2 Fibeln, 6 Brillenanhänger, 1 Spirale, 1 Spiralröllchen, 4 Anhänger (1 Paar tutulusförmige, 1 Ringscheiben-, 2 Lanzettanhänger), 2 Nadelschützer, 3 Phaleren, 9 Knöpfe, 2 Phaleren, 1 Tüllenhaken, 11 Armringe, 2 Tüllenbeile, 1 Schwertklingenfrg., 1 Sichelfrg., 3 flache Bronzestücke, 2 Blechfrgte., 4 gerippte Bleche, 2 Frgte. eines buckelverzierten Blechs, 2 Ringchen, 2 Gußbrocken, 1 Tassenfrg., 9 Perlen.- R. Rašajski, Starinar 39, 1988, 15ff. mit Abb.

336. **Vučedol**.- Aus Gruben.- Keulenkopfnadel, Säge, Griffzungendolch, Ahle.- S. Forenbaher, Opusc. Arch. Zagreb 13, 1988, 32 Abb. 4.

337. **Vuka, Kr. Osijek**.- Tüllenbeil (224 g).- Mus. Osijek 6055.

338. **Vukovar**.- Einzelfund.- Tüllenbeil mit Keilrippenzier (298 g).- Mus. Osijek 43.

339. **Windisch Feistnitz** -> Slovenska Bistrica.

340. **Zagorje**.- Depot (1882-1886) an Berghang.- 6 Lappenbeile und Frgte., 1 Schwertklingenfrg., 6 Sicheln und Frgte.- S. Gabrovec, Arh. Vestnik 17, 1966, 35 Taf. 2-4, 1-2; Bronasta doba na Slovenskem narodni muzej Ljubljana (1987) 10 Nr. 25.

341. **Zagreb**.- Depot (1949); unvollständig erhalten.- 2 Sichelfrgte., 2 Griffzungensichelfrgte., 1 od. 2 Lanzenspitze(n) (fragmentiert; mit kurzer Tülle), 1 Mohnkopfnadel, Bronzestücke.- Z. Vinski, K. Vinski-Gasparini, Opuscula Arch. (Zagreb) 1, 1956, 89 Nr. 68; K. Vinski-Gasparini, Kultura polja sa zarama u sjevernoj Hrvatskoj (1973) 222 Taf. 74 A; Hänsel, Beiträge 206 Liste 88 Nr. 14.

342. **Zagreb-Medvedgrad**.- Depot (1959), teilweise verloren.- 26 Bronzestücke erhalten; abgebildet sind 7 Armringe, 7 kleine Ringe, 1 Anhänger.- K. Vinski-Gasparini, Kultura polja sa zarama u sjevernoj Hrvatskoj (1973) 222 Taf. 75 A.

343. **Zagreb-Vrapce**.- Gräber.- Grab 1.- 1 Rasiermesser, 1 Pinzette, 1 Nadel, 1 Gefäß.- K. Vinski-Gasparini, Kultura polja sa zarama u sjevernoj Hrvatskoj (1973) 222 Taf. 23, 1-4.

344. **Zarkovo**.- Depot.- D. Garašanin, Katalog metala (1954) 23 Taf. 56, 7-8; R. Vasić in: B. Hänsel (Hrsg.), Südosteuropa zwischen 1600 und 1000 v. Chr. (1982) 268 ("Stufe II").

345. **Zbjeg, o. Brodski Stupnik, k. Slavonski Brod**.- Depot (Datierung, Inhalt?).- Z. Vinski, K. Vinski-Gasparini, Opuscula Arch. (Zagreb) 1, 1956, 90 Nr. 69.

346. **Zidani Most**.- Depot.- Bronasta doba na Slovenskem narodni muzej Ljubljana (1987) 10 Nr. 26.

347. **Zgosca**.- Depot.- V. Čurčić, Wiss. Mitt. Bosnien u. Herzegowina 11, 1909, 94.

348. **Zlatar, Kr. Krapina**.- Violinbogenfibel.- K. Vinski-Gasparini, Kultura polja sa zarama u sjevernoj Hrvatskoj (1973) 222 Taf. 26, 20.

349. **Zlebic b. Ribnica**.- Griffzungenschwertfrg.- J. Dular in: Varia Archaeologica 1 (1974) 24 Taf. 1, 6; Praistorija Jugoslavenskih Zemalja Bd. 4 (1983) Taf. 2, 13.

350. **Zović, Bez. Rogatica**.- Einzelfund.- Tüllenbeil (Datierung?).- V. Čurčić, Wiss. Mitt. Bosnien u. Herzegowina 11, 1909, 94.

351. **Zrenjanin**.- Depot (?).- F. Milleker Starinar 15, 1940, 21 (?); R. Vasić in: B. Hänsel (Hrsg.), Südosteuropa zwischen 1600 und 1000 v. Chr. (1982) 268 ("Stufe II").

352. **Županja, Kr. Vinkovci**.- Vielleicht Grabfund.- 1 Messer mit Ringgriff, Keramik.- K. Vinski-Gasparini, Kultura polja sa zarama u sjevernoj Hrvatskoj (1973) 22 Taf. 18, 9.

353. **Zupanek**.- Depot (1899) in Gefäß.- 14 Objekte; Datierung (?).- F. Milleker, Starinar 15, 1940, 26.

Rumänien

1. **Adrian**, jud. Mureş.- Einzelfund.- Tüllenhammer mit Keilrippenzier.- I. Berciu, A. Popa, Apulum 6, 1967, 76 Abb. 2, 16; Acta Arch. Carpathica 7, 1965, 74 Abb. 3;

2. **Agnita**, ray. Agnita.- Siebenbürgisches (?) Tüllenbeil.- M. Rusu, Sargetia 4, 1966, 35 Nr. 1.

3. **Agrieş**, jud. Bistriţa-Nasaud.- Depot vermutlich in Tongefäß.- 14 Armringe, 1 Nackenscheibenaxtfrg., Blechreste (von einem Helm ?).- G. Marinescu, Apulum 17, 1979, 93ff. Abb. 1-2.

4. **Aiud**, jud. Alba.- Depot in Grube (1971); 1595 Objekte und 1324 Gußreste.- 22 ganze und fragmentierte Bronzegürtel, 37 Gürtelblechfrgte., 7 Fragmente schmaler Gürtel (die Gürtel waren mehrfach zusammengebogen und mit Draht umwickelt), 109 Tüllenbeile (z.T. fragmentiert), 1 Tüllenhammer, 14 Lappenbeile (z.T. fragmentiert), 1 Nackenscheibenaxtfrg., (1 Meißelfrg.[?]; vermutlich handelt es sich um den Hammer), 197 Sicheln (z. T. fragmentiert; davon 154 Knopf, 20 Griffzungen, 4 Hakensicheln), 6 Messerfrgte., 18 Sägeblätter (z. T. fragmentiert),, 14 Griffzungenschwertfrgte. und Schwertklingenbruchstücke, 9 Dolchfrgte. (z. T. von Griffzungendolchen), 2 Lanzenspitzen, 5 Wagennabenfrgte. (?), 3 Panzerfrgte. (?), 39 Armringe (z. T. fragmentiert, z. T. mit Spiralenden), 2 Spiralfrgte. (von Fibel?), 1 verzierte Nadel, 1 Halsring, 1 Draht, 1 Ampyxfrg., 2 Bronzegegenstände, 1039 Gußkuchen, Barren und Gußzapfen, 4 Zink(?)platten, 3 Zinnklumpen, Blei, Zink und Zinn in pulverisierter Form, 25 würfelförmige Barren aus Blei im Gewicht von 11 kg.- M. Rusu in: Studien zur Bronzezeit. Festschr. W.A. v. Brunn (1981) 375ff. Abb. 3; T. Bader, Die Schwerter in Rumänien (1991) 69 Nr. 38-42 Taf. 9, 38-42.

5. **Alba Iulia** (Umgebung), jud. Alba.- Griffzungenschwertfrg. von slawonischem Typus.- T. Bader, Die Schwerter in Rumänien (1991) 103 Nr. 253 Taf. 25, 253.

5a. **Alba** (judetul).- Hakensichel und 5 siebenbürgische Tüllenbeile.- M. v. Roska, ESA 12, 1938, 154 Nr. 1; M. Rusu, Sargetia 4, 1966, 35.

6. **Aleşd** (Élesd), jud. Bihor.- Depot I.- 2 Tüllenbeile (davon 1 siebenbürgisches), 1 Absatzbeil mit gerader Rast, 2 Knopfsicheln, 1 Griffzungensichel, 1 Armring.- v. Brunn, Mitteldeutsche Hortfunde 289; M. Rusu, Dacia N.S. 7, 1963, 205 ("Bronzestufe D") Nr. 1; M. Petrescu-Dîmboviţa, Die Sicheln in Rumänien (1978) 97 ("Erste Jungbronzezeitstufe") Nr. 1 Taf. 19A; ders., Depozitele de bronzuri din România (1977) 51 Taf. 21, 1-7; Vulpe, Äxte II 75 Nr. 412 Taf. 42, 412; F. Holste, Hortfunde Südosteuropas (1951) 20 Taf. 38,7; Hänsel, Beiträge 195 Liste 59, 16.

7. **Aleşd** (Élesd), jud. Bihor.- Depotfund (?).- Tüllenbeil mit Keilrippenzier, Zungensichel; weitere Funde (?).- M. Petrescu-Dîmboviţa, Die Sicheln in Rumänien (1978) 155 ("unsicherer Hort") Taf. 270 F.

8. **Alţina**, jud. Sibiu.- Depot in Tongefäß (1886).- 1 Knopf- und 4 Hakensicheln, 7 Armringe, 1 Kugelkopfnadel, mehrere Spiralröllchen, 1 Knopf, 1 Bronzeplatte, 1 Bernsteinperle, 1 schwarze Perle (Material?).- M. Petrescu-Dîmboviţa, Die Sicheln in Rumänien (1978) 113 Nr. 111 Taf. 79 A.

9. **Aluniş**, jud. Mureş.- Depot (?).- 5 Sicheln.- M. Petrescu-Dîmboviţa, Die Sicheln in Rumänien (1978) 155 Nr. 326 ("unsicherer Hort").

10. **Aluniş** (Saplac, Szamosszéplak), Gem. Benestat, jud. Salaj.- Depot in Tongefäß.- 2 Tüllenbeile, 3 Zungensichelfrgte., Bruchstücke einer Messerklinge, 1 Lanzenspitze mit profilierter Tülle, 1 Haken, 2 Knöpfe mit Öse, 1 Bronzefrg., 23 Armringe, mehrere (mindestens) 7 Gußkuchenfrgte.- v.Roska, Repertorium 254 Abb. 314; M. Petrescu-Dîmboviţa, Die Sicheln in Rumänien (1978) 113 Nr. 112 ("Zweite Jungbronzezeitstufe") Taf. 79B-80 A.

10A. **Anieş**, jud. Bistriţa-Nasaud.- Depot (Datierung: Ha B1).- 3 Tüllenbeile.- Nachweis T. Soroceanu (Manuskript).

11. **Aninoasa**, r. Sf. Gheorge.- Tüllenbeil mit parabelförmiger Klinge.- Roska, Repertorium 72 Abb. 77.

12. **Arcalie**.- Depot.- 2 Bronzeräder.- Hampel, Bronzkor Taf. 59, 2.

13. **Arcuş**, Gem. Valea Crişului, Bez. Covasna.- Depot.- Zungensichelfrg., 1 Spachtel, 4 Armringe, 2 Nadeln, 2 Tüllenbeile (1 mit parabelförmiger Klinge, 1 siebenbürgisches (?) Tüllenbeil.- M. Rusu, Sargetia 4, 1966, 35 Nr. 5; M. Rusu, Dacia N.S. 7, 1963, 205 ("Bronzestufe D") Nr. 2; M. Petrescu-Dîmboviţa, Die Sicheln in Rumänien (1978) 98 Nr. 2 Taf. 19 C; ders., Depozitele de bronzuri din România (1977) 51 Taf. 21, 8-13; 22, 1-3.

14. **Ardud**.- Depot (?).- unbestimmter Gegenstand (Schwertscheide ?), 2 Armringe.- M. Petrescu-Dîmboviţa, Depozitele de bronzuri din România (1977) 51 Taf. 22, 4-6.

15. **Armeniş**, r. Singeorgiu de Padure.- Siebenbürgisches (?) Tüllenbeil.- M. Rusu, Sargetia 4, 1966, 35 Nr. 6.

16. **Arpăşel** (Arpád), com Batar, jud. Bihor.- Depot; vermutlich unvollständig.- 1 Ring, 3 Nadelschützer, 5 schildförmige Anhänger, 2 trichterförm. Anhänger, 1 Tutulus, 2 Fragmente eines Kompositgehänges, 1 Kettengehänge mit eingehängten Dreieckanhängern mit durchbrochener Platte.- A. Götze in: Festschr. O. Montelius (1913) 164 Abb. 8; L. v. Károlyi, Berliner Jahrb. Vor- und Frühgesch. 8, 1968, 80 Taf. 7, 3-10; C. Kacsó, Apulum 26, 1989, 79ff. Abb. 1, 1-5.

17. **Aşchileu Mare**, jud. Cluj.- Depot- oder Einzelfunde.- 2 siebenbürgische Tüllenbeile.- M. Petrescu-Dîmboviţa, Die Sicheln in Rumänien (1978) 155 Nr. 327 ("unsicherer Hort").

18. **Augustin** (Agostonfalva), Gem. Ormenis, jud. Brasov.- Depot.- 2 Tüllenbeile (1 siebenbürgisches, 1 mit parabelförmiger Klinge), 1 Tüllenmeißel, 1 Armring, 2 Spinnwirtel und 2 Gewichte aus Ton.- v. Brunn, Mitteldeutsche Hortfunde 289; M. Rusu, Dacia N.S. 7, 1963, 205 ("Bronzestufe D") Nr. 3; M. Petrescu-Dîmboviţa, Die Sicheln in Rumänien (1978) 98 Nr. 3 Taf. 19 B; ders., Depozitele de bronzuri din România (1977) 51f. Taf. 22, 7-10.

19. **Aurel Vlaicu**, jud. Alba.- Depot.- 2 Fragmente einer Hakensichel, 1 Griffzungenschwertfrg.- M. Petrescu-Dîmboviţa, Die Sicheln in Rumänien (1978) 98 Nr. 4 Taf. 19 D; M. Rusu, Dacia N.S. 7, 1963, 205 ("Bronzestufe D") Nr. 4; T. Bader, Die Schwerter in Rumänien (1991) 82 Nr. 132 Taf. 16, 132.

20. **Băbeni**, jud. Salaj.- Depot.- 1 Tüllenmeißel, 2 Hakensicheln, 1 Griffzungenschwertfrg., 1 Schwertklingenfrg., 3 Lanzenspitzen (fragmentiert), 6 Armringe (davon 2 fragmentiert), ein größerer geschlossener Ring.- C. Kacsó, Acta Mus. Napocensis 17, 1980, 417ff. Abb. 2; T. Bader, Die Schwerter in Rumänien (1991) 73f. Nr. 49 Taf. 10,49; 74A.

21. **Babota**, Siebenbürgen.- Lanzettförmiger Anhänger.- G. Kossack, Studien zum Symbolgut der Urnenfelder- und Hallstattzeit Mitteleuropas (1954) 91 Liste B Nr. 6.

22. **Balc** (Bályok), jud. Bihor.- Depot.- 30 Phaleren, 2 Knöpfe mit Öse, 6 Tutuli, 2 Armringe, 1 Handschutzspiralenfrg., 2 Armringfrgte., 1 Kugelkopfnadel mit verdicktem Schaft (fehlt bei Petrescu-Dîmboviţa).- v. Brunn, Mitteldeutsche Hortfunde 289; M.Rusu, Dacia N.S. 7, 1963, 205 ("Bronzestufe D") Nr. 5; M. Petrescu-Dîmboviţa, Die Sicheln in Rumänien (1978) 98 Nr. 5

Taf. 19 E- 20 A; Hänsel, Beiträge 206 Liste 88 Nr. 10; F. Holste, Hortfunde Südosteuropas (1951) 16 Taf. 30, 32.

23. **Băleni**, jud. Galati.- Depot (1963) an einem Abhang in einer Lößschicht 0,6 m tief mit 269 Gegenständen.- Unter den Funden: Schneideteil eines Tüllenbeiles, 2 Hakensicheln, 2 Sichelfrgte., 1 Messer, 12 Messerfrgte., 2 Sägenfrgte., 5 Pfrieme, 4 Meißel, 2 Nadeln, 6 Dolchfrgte., 10 Anhänger (davon 4 fragmentiert) (Dreiringanhänger, Anhänger mit eingerollter Öse, Brillenspiralanhänger), 4 Spiralröllchen, 4 Gußzapfen, 5 Bronzeabfälle, 4 Perlen, Blech, 2 kleine Ringe, 2 Spiralen, 1 Bronzegefäßfrg., 1 Ring, 1 Objekt, 26 Knöpfe, 3 Riemenbeschläge.- I.T. Dragomir, Danubius 1, 1967, 89ff. mit Abb.; M. Petrescu-Dîmbovita, Die Sicheln in Rumänien (1978) 109 Nr. 88 Taf. 52 E - 57 A; A. Hochstetter, Germania 59, 1981, 258 Nr. 26.

24. **Bălcescu N.**, ray. Medgidia.- Siebenbürgisches (?) Tüllenbeil.- M. Rusu, Sargetia 4, 1966, 35 Nr. 9.

25. **Balşa**, jud. Hunedoara.- R. Orastie.- Depot in einer Höhle.- 8 Tüllenbeile (siebenbürgischer Typus; 1 Fragment), 2 Zungensichelfrgte., 1 Hakensichelfrg., 1 Armring, 2 Bronzebrocken; an gleicher Stelle wurden weitere, jedoch zerstörte Bronzen gefunden.- M. Rusu, Sargetia 4, 1966, 17ff. mit Abb.; M. Rusu, Dacia N.S. 7, 1963, 205 ("Bronzestufe D") Nr. 6; Petrescu-Dîmboviţa, Sicheln 98 Nr. 6 Taf. 20 B.

26. **Balta** -> Cetea

27. **Baia Mare**, jud. Maramureş.- Bronzen aus Privatsammlungen.- M. Petrescu-Dîmboviţa, Die Sicheln in Rumänien (1978) 155f. Nr. 328 ("unsicherer Hort").

28. **Band**, jud. Mureş.- Depot. In einer Grube; 2467 Objekte, 260 kg schwer.- 13 Tüllenbeilfrgte., 42 Knopfsichelfrgte., 79 Zungensichelfrgte., 1 zusammengebogene Hakensichel, 2 Hakensichelfrgte., 101 Sichelfrgte., 2 kleine Meißel, 28 Sägen, 332 Sägefrgte., 2 Blechgürtel (teilweise rekonstruiert; insgesamt 110 Bruchstücke), 3 Fragmente mittelständiger Lappenbeile, 5 Griffzungenmesserfrgte., 5 Lanzenspitzenfrgte., 3 Griffzungenschwertfrgte., 5 Dolchfrgte., 9 Blechbandfrgte., 3 Armringfrgte., 1 Nadelfrg. mit verziertem Kopf, 3 Frgte. von Nadelschützern (?), 2 Halbmondanhänger, 1 Ringfrg., 1 Stabfrgte., 1 Blechfrg., 7 Bandfrgte. mit rechteckigem Querschnitt, 4 Stabfrgte. mit halbrundem Querschnitt, 1 Stabfrg. mit rhombischem Querschnitt, 7 Ohrgehänge, 1 lanzettförmiger Anhänger, 1 Blechbeschlag und zwei Frgte., 14 Spiralröllchen, 15 kleinere Blechbeschläge, 1 Drahtfrg. mit eingehängtem Nadelfrg., 1 Gürtelfrg., 2 Knöpfe, 1 kleiner fragmentierter Ring, 5 Bandfrgte., 11 Bronzefrgte., "10 Armring(?)frgte. und andere Gegenstände aus dickerem Blech mit linsenförmigem Querschnitt", 53 Gußrückstände, zahlreiche Bronzegußbrocken im Gewicht von 230 kg.- M. Petrescu-Dîmboviţa, Die Sicheln in Rumänien (1978) 113f. Nr. 113 Taf. 80 B- 81 A; T. Bader, Die Schwerter in Rumänien (1991) 69 Nr. 43 Taf. 10,43.

29. **Bătarci**, jud. Satu Mare.- Depot in Tongefäß (vermutlich unvollständig).- 4 Nackenscheibenäxte, davon 3 fragmentiert (Typus B3 und B4); 2 Nackenkammäxte, 8 Tüllenbeile davon 4 fragmentiert, 14 Knopfsicheln, z. T. fragmentiert, 1 Fragment eines mittelständigen Lappenbeils ("Typus Uriu"), 1 Tüllenbeilfrg., 1 Lanzenspitze (mit profilierter Tülle), 6 Armringe, 1 Armringfrg., 1 Vollgriffdolch, 2 Bronzestäbe, 1 Blechfrg., 8 Gußbrocken, 4 kleine Goldringe. Bei einem "Gefäßhenkelfrg." (Petrescu-Dîmboviţa) handelt es sich um einen Armring, Bader bildet 17 Stücke ab; Petrescu-Dimboviţa bildet 54 Stücke ab).- M. Macrea u. C. Kacsó, Studi şi communicari Satu Mare 2, 1972, 101ff. mit Abb.; v. Brunn, Hortfunde 289; M. Rusu, Dacia N.S. 7, 1963, 205 ("Bronzestufe D") Nr. 8; T. Bader, Inv. Arch. Rumänien Fasc. 6 (1971) R 25 a-b; A. Vulpe, Die Äxte und Beile in Rumänien I (1970) 58 Nr. 256-266 Taf. 17, 265-266; 86 Nr. 448 Taf. 32, 448; 91 Nr. 503 Taf. 36, 503; 94 Nr. 535 Taf. 39, 535; M. Petrescu-Dîmboviţa, Die Sicheln in Rumänien (1978) 98 Nr. 7 Taf. 20 C; 21 A; A. Vulpe, Die Äxte und Beile in Rumänien II (1975), 74 Nr. 388 Taf. 40, 388.

29A. **Baziaş**, jud. Caraş-Severin.- Flußfund aus der Donau.- Griffzungenschwert des slawonischen Typus.- T. Bader, Die Schwerter in Rumänien (1991) 103 Nr. 254 Taf. 25, 254.

30. **Bedeni**, jud. Mureş.- Siebenbürgisches (?) Tüllenbeil.- M. Rusu, Sargetia 4, 1966, 35 Nr. 10.

31. **Beltiug** (Krasznabéltek), jud. Satu Mare.- Depot aus einem Bachbett.- 2 Nackenscheibenäxte (Typus B 3 und B4), vermutlich 2 Nackenscheibenäxte (verloren), 3 Knopfsicheln (davon 1 fragmentiert), 4 Zungensicheln (davon 2 fragmentiert), 3 Sichelfrg., 5 Tüllenbeile (davon 3 fragmentiert; 2 siebenbürgische, 1 Schnabeltüllenbeil), 1 Warzennadelfrg., 1 Schwertklingenfrg., 1 Bronzebrocken.- Mozsolics, Bronze- und Goldfunde 152 ("Horizont Opalyi") Taf. 57 C; A. Vulpe, Die Äxte und Beile in Rumänien I (1970) 83 Nr. 371 Taf. 27, 371; 93 Nr. 513 Taf. 37, 513; M. Petrescu-Dîmboviţa, Die Sicheln in Rumänien (1978) 98f. Taf. 21 B; 22 A; A. Hochstetter, Germania 59, 1981, 258 Nr. 27; T. Bader, Die Schwerter in Rumänien (1991) 93 Nr. 194 Taf. 21, 194.

32. **Berzasca**, jud. Caraş-Severin.- Depot (ca 50 Gegenstände mit einem Gewicht von ca. 50 kg) unter einer großen Steinplatte auf dem Bergkamm Stînca Liupcova (1883).- 5 Tüllenbeile (teilw. fragmentiert), 2 Zungensicheln (teilw. fragmentiert), 2 Sägefrgte., 3 Schwertklingenfrg., 1 Lanzenspitzenfrg., 8 Armringe und 6 Armringfrgte., mehrere Bronzegußkuchen und 6 Gußabfälle. Weitere Funde sind in Wien erhalten (?) [Aufzählungen bei Milleker und Petrescu nicht identisch].- F. Milleker, Starinar 15, 1940, 21; F. Holste, Hortfunde Südosteuropas (1951) 12 Taf. 21, 1-11; M. Petrescu-Dîmboviţa, Die Sicheln in Rumänien (1978) 114 Nr. 114 Taf. 81 B-82 A.

33. **Beşineu**, ray. Sf. Gheorghe.- Siebenbürgisches Tüllenbeil.- M. Rusu, Sargetia 4, 1966, 35 Nr. 13; M. v. Roska, Eurasia Septentrionalis Antiqua 12, 1938, 158 Nr. 53.

34. **Bicaciu** (Bicács Peér), jud. Bihor.- Aus einem Depot (1908).- 3 schwere Armringe, 1 kegelförmiger Anhänger, 1 schildförmiger Anhänger, 2 Knopfscheiben, 2 Tutuli, Fragment einer dünnen, gezahnten Platte, spiralförmige Perle, 3 Tonscherben, verkohlter Knochensplitter.- F. Holste, Hortfunde Südosteuropas (1951) Taf. 49, 23-27; v. Brunn, Hortfunde 289; M. Rusu, Dacia N.S. 7, 1963, 205 ("Bronzestufe D") Nr. 7; G. Kossack, Studien zum Symbolgut der Urnenfelder- und Hallstattzeit Mitteleuropas (1954) 97 E2; N. Chidiosan, Stud. Cerc. Ist. Veche 28, 1977, 60 Abb. 4, 11; M. Petrescu-Dîmboviţa, Die Sicheln in Rumänien (1978) 99 Nr. 9 ("Erste Jungbronzezeitstufe") Taf. 22 B; C. Kacsó, Apulum 26, 1989, 79ff. Abb. 1, 6.

34A. **Bicaz**, jud. Maramureş.- Depot I (226, 155 kg).- 2 Schwertklingenfrgte., 1 Axt Typus Drajna, 11 Nackenscheibenäxte, 2 Dolchfrgte., 17 Tüllenbeile, 1 Tüllenhammer, 4 Tüllenmeißel, 1 Sägenfrg., 24 Sicheln, 1 Gürtelfrg., 1 Ringfrg., 1 Anhängerfrg., 13 Gegenstände, 404 Gußkuchen.- C. Kacsó, Stud. şi Cerc. Istor. veche 31, 1980, 295ff.; T. Bader, Die Schwerter in Rumänien (1991) 93 Nr. 196-197 Taf. 21, 196-197.

34B. **Bicaz**, jud. Maramureş.- Depot II (1978).- 1 Schwertfrg., 3 Nackenscheibenäxte, 10 Nackenscheibenaxtfrgte., 7 Lanzenspitzenfrgte., 8 Dolchfrgte., 92 Tüllenbeile und Fragmente derselben, 1 Schaftlochaxtfrg., 1 Beil von kaukasischem Typus, 4 mittelständige Lappenbeile, 6 Sägen, 101 Sicheln und Sichelfrgte., 2 Nägel, 4 Stangen, 11 Gürtel und Gürtelfrgte., 1 Fibel, Drahtfrg., Blechfrgte., 9 Armringfrgte., 1 Nadelfrg., 2 Anhänger, 1 Phalere, 373 Gußfladen.- C. Kacsó, Stud. şi Cerc. Istor. veche 31, 1980, 295ff.; T. Bader, Die Schwerter in Rumänien (1991) 84 Nr. 136 Taf. 16, 136.

35. **Biharea**, jud. Bihor.- Depot. Am Ufer des Cosmeu-Baches; vielleicht aus zwei Depotfunden.- 3 Tüllenbeile (davon ein Schneidenteil; siebenbürgischer Typus), 4 Knopfsicheln, 4 Zungensichelfrgte., 2 Sichelfrgte., Griffzungenmesserfrg., 1 Lanzenspitzenfrg., 1 trichterförmiger Anhänger, 1 großer Ring, 23 Armringe, 1 Tutulus, 3 Radanhänger mit vier Speichen, 1 tordierter Stab, Bronzegußkuchenfrgte; dazu vielleicht: Sichelfrg., 1 Armring, 1 Radanhänger, 1 Phalere, 2 Anhänger (im British Museum).- G. Kossack, Studien zum Symbolgut der Urnenfelder- und Hallstattzeit Mitteleuropas (1954) 85 Nr. 11; M. Rusu, Sargetia 4, 1966, 35 Nr. 15; M. Petrescu-Dîmboviţa, Die Sicheln in Rumänien (1978) 114f. Nr. 115 Taf. 82B-83A.

36. **Bileag**, ray. Bistriţa.- 2 siebenbürgische Tüllenbeile.- M. Rusu, Sargetia 4, 1966, 35 Nr. 14; M. v. Roska, Eurasia Septentrionalis Antiqua 12, 1938, 155 Nr. 8.

37. **Bîrghis**, r. Agnita.- Siebenbürgisches (?) Tüllenbeil.- M. Rusu, Sargetia 4, 1966, 35 Nr. 16.

38. **Bîrsana**, jud. Maramureş.- Depot (vermutlich in Tongefäß).- 2 Tüllenbeile, 7 Armringe.- M. Petrescu-Dîmboviţa, Die Sicheln in Rumänien (1978) 115 Nr. 116 Taf. 83 B; ders., Depozitele de bronzuri din România (1977) 84 Taf. 119.

39. **Bistriţa**, Rayon Bistriţa.- Dreiwulstschwert (Typus Liptau).- Müller-Karpe, Vollgriffschwerter 101 Taf. 19, 1; A.D. Alexandrescu, Dacia N.S. 10, 1966, 10 Nr. 3 Taf. 7, 1.

39A. **Bistriţa**, jud. Bistriţa-Nasaud.- Einzelfund.- Lanzenspitze mit gestuftem Blatt (Gew. 150 g).- G. Marinescu/S. Danila, File Istor. 3, 1974, 66 Taf. 2, 3.

40. **Bocşa**, jud. Caraş-Severin.- Depot in Tongefäß (1901).- 4 oder 5 Halsringe, 1 Griffzungenmesser, 2 Lasnzenspitzen, 6 Armringe, 2 Drahtspiralen, 1 Armring mit Spiralenden, 2 Armspiralen, 2 Drahtspiralen ("Typus Pecica").- M. Petrescu-Dîmboviţa, Die Sicheln in Rumänien (1978) 115 Nr. 117 Taf. 84 A.

41. **Bocşa**, jud. Caraş-Severin.- Depot (1886).- 1 Flachbeil, 1 Tüllenbeil, 1 Blechknopf, 3 Zungensicheln, 2 Ringe mit rhombischem Querschnitt, 7 Armringe, 2 Spiralscheiben, mehrere Gußbrocken.- M. Petrescu-Dîmboviţa, Die Sicheln in Rumänien (1978) 115 Nr. 118 Taf. 84 B.

42. **Bogata** (Bogata de Mureş), jud. Mureş.- Depot (vielleicht unvollständig).- 5 Tüllenbeile (z.T. fragmentiert; 3 mit Keilrippendekor, 1 glatt), 19 Zungensichelfrgte., 1 Lanzenspitzenfrg., 1 Schwertklingenfrg., 1 Bronzestab, 2 Armringfrgte., 1 Fragment eines tordierte Halsrings.- M. Rusu, Sargetia 4, 1966, 35 Nr. 17; M. Petrescu-Dîmboviţa, Die Sicheln in Rumänien (1978) 115 Nr. 119 Taf. 84 C-85 A.

43. **Bogata de Jos**, jud. Cluj.- Depot.- 1 Stangenknebel, 2 Armringe; dazu (?) 9 Armringe, 1 Ring.- H.-G. Hüttel, Bronzezeitliche Trensen in Mittel- und Südosteuropa (1981) 131 Nr. 192 Taf. 18, 192; M. Petrescu-Dîmboviţa, Die Sicheln in Rumänien (1978) 115f. Nr. 120.

44. **Bogata de Jos**, jud. Cluj.- Auf der gleichen Flur, auf der das Depot Nr. 43 gefunden wurde, soll auch ein Bronzegefäß mit einem Bronze- und einem Goldring gefunden worden sein.- M. Petrescu-Dîmboviţa, Die Sicheln in Rumänien (1978) 116.

45. **Bogdan Vodă**, jud. Maramureş.- Depot in Tongefäß (1981) 225 Gegenstände.- 2 Schwertfrgte., 24 Tüllenbeile, 1 mittelständiges Lappenbeil, 3 Messer, 1 Rasiermesser, 88 Sicheln (davon 86 Griffzungensicheln, 1 Haken- 1 Knopfsichel), 25 Sägen, 6 Lanzenspitzen (davon 1 verziert), 4 Dolchfrgte., 7 Armringe, 3 Nägel, 5 Gürtelfrgte., 3 Ringe, 1 Perle, 13 Stangen, 23 Gußkuchen, 3 Gußreste.- I. Chicideanu, in Vorb.; T. Soroceanu, Symposium Berlin-Nitra (1982) 373 Nr. 7; T. Bader, Die Schwerter in Rumänien (1991) 75 Nr. 56 Taf. 11, 56; I. Motzoi-Chicideanu/G. Iuga in: T. Soroceanu (Hrsg.), Bronzefunde aus Rumänien (im Druck) mit den Zeichnungen der Funde.

46. **Bogdana**, r. Vaslui.- Siebenbürgisches (?) Tüllenbeil.- M. Rusu, Sargetia 4, 1966, 35 Nr. 18.

47. **Borşa**, jud. Maramureş.- Depotfunde (1855) in einem Garten.- Ein Gold- und ein Bronzehort beide jeweils aus Schmuck bestehend.- M. Petrescu-Dîmboviţa, Die Sicheln in Rumänien (1978) 116 Nr. 121.

48. **Bozia Noua**, jud. Vaslui.- Depot.- 1 siebenbürgisches Tüllenbeil, 3 Hakensicheln, 3 Gußbrocken und weitere Gußbrocken.- M. Rusu, Sargetia 4, 1966, 35 Nr. 19; M. Petrescu-Dîmboviţa, Die Sicheln in Rumänien (1978) 109 Nr. 89.

49. **Bozieni**, r. Roman.- Siebenbürgisches (?) Tüllenbeil.- M. Rusu, Sargetia 4, 1966, 35 Nr. 20.

50. entfällt.

51. **Breb**, jud. Maramureş.- Depot.- 1 Nackenscheibenaxtfrg. (Typus B3), 2 Armringe in drei Fragmenten.- F. Nistor, A. Vulpe, Stud. Cerc. Ist. Veche 20, 1969, 185 Abb. 1 A 1-3; A. Vulpe, Die Äxte und Beile in Rumänien I (1970) 86 Nr. 447 Taf. 32, 447; M. Petrescu-Dîmboviţa, Die Sicheln in Rumänien (1978) 99 Nr. 10 Taf. 22 C; M. Rusu, Dacia N.S. 7, 1963, 205 ("Bronzestufe D") Nr. 9.

52. **Brîncoveneşti** (Marosvécs), jud. Mureş.- Depot; am Ufer des Baches vor 1885.- 2 Eimer (Typus Kurd).- M. Petrescu-Dîmboviţa, Die Sicheln in Rumänien (1978) 116 Nr. 122 Taf. 86B.

53. **Brusturi**, jud. Salaj.- Siebenbürgisches Tüllenbeil.- E. Lakó, Acta Mus. Porolissensis 7, 1983, 72 Nr. 14 Taf. 2, 6.

54. **Buciumi** (Varmézö), jud. Salaj.- Siebenbürgisches Tüllenbeil.- M. v. Roska, Eurasia Septentrionalis Antiqua 12, 1938, 160 Nr. 72; M. Rusu, Sargetia 4, 1966, 35 Nr. 21; E. Lakó, Acta Mus. Porolissensis 7, 1983, 71 Taf. 1, 4.

55. **Buneşti**, r. Husi.- Siebenbürgisches (?) Tüllenbeil.- M. Rusu, Sargetia 4, 1966, 35 Nr. 22.

56. **Buneşti**.- Depot der jüngeren Urnenfelderzeit.- Dreiwulstschwert, 2 Schalenknaufschwerter.- A.D. Alexandrescu, Dacia N.S. 10, 1966, 11 Nr. 7 Taf. 11, 4.

57. **Buza**.- Bronzegefäßdepot der jüngeren Urnenfelderzeit mit Hajduböszörmény-Eimer und Kesseln.- T. Soroceanu, V. Buda, Dacia 22, 1978, 99ff. mit Abb.

58. **Buzd**, r. Mediş.- Siebenbürgisches (?) Tüllenbeil.- M. Rusu, Sargetia 4, 1966, 35 Nr. 23.

59. **Cadea**, jud. Bihor.- Fundumstände unbekannt.- 2 Tüllenbeile.- T. Bader, Epoca bronzului in Nord-Vestul Transilvaniei (1978) 121 Nr. 16; Z. Nanasi, Crişia 4, 1974, 177 Abb. 3, 7.

60. **Calăcea**, jud. Salaj.- Depot (urspr. über 20 Bronzen).- Mittelständiges Lappenbeil, siebenbürgisches Tüllenbeil.- E. Lakó, Acta Mus. Porolissensis 7, 1983, 72 Nr. 15 Taf. 2, 7-8.

61. **Călăraşi**, R. Turda.- Depot.- Tüllenbeile (weitere Funde?).- M. Rusu, Dacia N.S. 7, 1963, 205 ("Bronzestufe D") Nr. 14; T. Soroceanu, Symposium Berlin-Nitra (1982) 373 Nr. 11; M. v. Roska, Eurasia Septentrionalis Antiqua 12, 1938, 156 Nr. 19; M. Rusu, Sargetia 4, 1966, 35 Nr. 26.

62. **Călugăreni**, jud. Mureş.- Depot (1973); Gew. 11, 6 kg (Vulpe u. Lazar setzen - trotz Bedenken - den Fund noch in die Stufe Ha A; das Tüllenbeil ebd. Abb. 1, 9 und mit Einschränkungen auch Abb. 1, 14 geben aber Anlaß zu einer Datierung in die jüngere Ur-

nenfelderzeit).- 5 Nackenscheibenaxtfrgte. (260 g, 345 g, 350 g, 58 g), 1 Lappenbeilfrg. (250 g), 1 Meißelfrg. (29 g), 14 Tüllenbeile und Fragmente (120 g, 415 g, 420 g, 255 g, 325 g, 117 g, 95g, 72 g), 1 Tüllenhammer (210 g), Schwertklingenfrg. (88 g), 2 Griffzungendolchfrgte. (10 g), Klingenfrg. von Schwert oder Dolch, 2 Messerklingenfrgte. (15 g, 26 g), Sägeblatt (15 g), 13 Griffzungensichelfrgte. (66 g, 82 g, 17 g, 41 g, 29 g, 55 g, 64 g, 25 g, 40 g, 33 g, 16 g, 25 g), 5 Knopfsichelfrgte. (34 g, 33 g, 3 g, 36 g, 58 g), 13 Sichelfrgte. (13 g, 27 g, 7 g, 10 g, 18 g, 11 g, 24g, 5 g, 16 g, 29 g, 13 g, 6 g), 3 Fragmente einer Bronzetasse (47 g), 3 Blechfrgte. (8 g, 3 g, 2 g), 1 Barrenfrg. (17 g), 1 Anhänger (21 g), 3 Armringe (90 g, 110 g, 160 g), 6 Drahtstücke von Bergen Typus Salgótarjan (47 g, 150 g, 110 g, 77 g, 57 g, 6g), 1 Bronzestück (36 g)m 1 Gußzapfen (33 g), 36 Gußbrocken (zus. 6,41 kg).- A. Vulpe u. V. Lazar, Dacia 33, 1989, 235ff. Abb. 1-4.

63. **Căpleni**, jud. Satu Mare.- Depot am Crasna-Ufer.- 1 mittelständiges Lappenbeil, 1 Tüllenbeil, 1 Tüllenbeilfrg., 1 Lanzenspitze, 1 Dolchklingenfrg., 1 Vollgriffdolchfrg., 10 Griffzungensichelfrgte., 1 Hakensichelfrg., 1 Nackenscheibenaxt (in 2 Stücken), 2 Blechfrgte., 2 Nadeln, 2 Nadel(?)schäfte, 2 Fibeln, 3 Fibelfrgte., 1 Bronzefrg., 6 Gußkuchenstücke.- I. Németi, Stud. Cerc. Ist. Veche 29, 1978, 99ff. Abb. 11-12 (nur ein Teil des Hortes); T. Bader, Die Fibeln in Rumänien (1983) 17 Nr. 7 A Taf. 53.

64. **Cara**, jud. Cluj.- Depot.- 3 Tüllenbeile (1 siebenbürgisches), 5 z.T. beschädigte Hakensicheln.- M. Rusu, Sargetia 4, 1966, 35 Nr. 21; M. Rusu, Dacia N.S. 7, 1963, 205 ("Bronzestufe D") Nr. 10; M. Petrescu-Dîmboviţa, Die Sicheln in Rumänien (1978) 99 Nr. 11 Taf. 23 A; ders., Depozitele de bronzuri din România (1977) 53 Taf. 29, 4-10.

65. **Caransebeş**, jud. Caraş-Severin.- Depot (vor 1894).- 172 Gegenstände (ca. 4 kg): 12 Tüllenbeilfrgte., 1 Meißel, 22 Sicheln, 1 Messerfrg. mit gelochtem Griffdorn, 22 Sägen, 14 Gefäßfrgte., 3 Schwertfrgte., 1 Dolchfrg., 3 Lanzenspitzenfrgte., 2 Pferdegeschirrknöpfe, 2 Ampyxen, 1 Pferdegeschirrteil, 1 Wagennabenfrg. (?), 11 Armringe, 4 Halsringfrgte., 13 Kegelhaubenknöpfe, 1 lanzettförmige Anhänger, 1 Radanhänger (?), 7 Saltaleoni, 8 Blechröhrchen, 1 Bronzeperle, 13 Gürtelfrgte., 15 Gußkuchenfrgte; sonstige Bruchstücke.- M. Petrescu-Dîmboviţa, Die Sicheln in Rumänien (1978) 116f. ("Zweite Jungbronzezeitstufe") Nr. 124 Taf. 86 C; 87; 88A; G. Kossack, Studien zum Symbolgut der Urnenfelder- und Hallstattzeit Mitteleuropas (1954) 91 Liste B Nr. 11; 86 Nr. 22; T. Bader, Die Schwerter in Rumänien (1991) 94 Nr. 200 Taf. 21, 200.

66. **Carlsdorf**, r. Moldova Noua.- Siebenbürgisches (?) Tüllenbeil.- M. Rusu, Sargetia 4, 1966, 35 Nr. 25.

67. **Căsei**, jud. Cluj.- Einzelfund.- Nackenscheibenaxt (Typus B3).- A. Vulpe, Die Äxte und Beile in Rumänien I (1970) 83f. Nr. 373 Taf. 27, 373.

68. **Catina**, jud. Cluj.- Depot.- 1 Tüllenbeil, 2 Hakensicheln.- M. Rusu, Dacia N.S. 7, 1963, 205 ("Bronzestufe D") Nr. 11; M. Petrescu-Dîmboviţa, Die Sicheln in Rumänien (1978) 99 Nr. 12 Taf. 23 B.

69. **Căuaş**, jud. Satu Mare.- Depot I (in einem Weingarten in einem Gefäß).- Beil od. Meißelfrg., 1 Schaftröhrenaxtfrg., 1 Dolch, 4 Sicheln, mehrere Gußbrocken, 3 Goldringe.- M. Rusu, Dacia N.S. 7, 1963, 205 ("Bronzestufe D") Nr. 12; M. Petrescu-Dîmboviţa, Die Sicheln in Rumänien (1978) 99 Nr. 13.

70. **Căuaş**, jud. Satu Mare.- Depot II.- 2 Nackenscheibenaxtfrgte. (Typus B3), 1 Zungensichel, 3 Sichelfrg., 3 Bronzebrocken.- M. Rusu, Dacia N.S. 7, 1963, 205 ("Bronzestufe D") Nr. 13; M. Petrescu-Dîmboviţa, Die Sicheln in Rumänien (1978) 99 Nr. 14 Taf. 23 C; A. Vulpe, Die Äxte und Beile in Rumänien I (1970) 84 ("Cauas III") Nr. 378-379 Taf. 27, 378-379.

71. **Căuaş**, jud. Satu Mare.- Depot III.- Schnabeltüllenbeil, Tüllenmeißel, Armring.- M. Petrescu-Dîmboviţa, Die Sicheln in Rumänien (1978) 117 Nr. 125 Taf. 88 B.

72. **Cehăluţ**, jud. Satu Mare.- Depot I (1873).- Fragmente von zwei Blechgürteln, 10 Armringe, 2 Armmanschetten, 65 Phaleren, 1 Ampyx.- M. Petrescu-Dîmboviţa, Die Sicheln in Rumänien (1978) 99 ("Erste Jungbronzezeitstufe") Nr. 15 Taf. 24-25A; M. Rusu, Dacia N.S. 7, 1963, 205 ("Bronzestufe D") Nr. 15.

73. **Cehăluţ**, jud. Satu Mare.- Depot II.- 3 Nackenscheibenäxte (Typus B3).- T. Bader, Inv. Arch. Rumänien Fasc. 6 (1971) R 28,1-3; A. Vulpe, Die Äxte und Beile in Rumänien I (1970) 83 Nr. 370 a-c Taf. 56 A; M. Petrescu-Dîmboviţa, Die Sicheln in Rumänien (1978) 99 Nr. 16 Taf. 25 B.

74. **Cernica**.- Gußformendepot.- B. Wanzek, Die Gußmodel für Tüllenbeile im südöstlichen Europa (1989) 200 Nr. 44.

75. **Cetatea de Balta**, jud. Alba.- Depot.- 3 Tüllenbeile, 1 Tüllenmeißel, 3 Angelhaken, 4 Sicheln, 3 Armringe (davon ein breiter, reichverzierter), 1 Tutulus, 1 Bronzeklinge, 2 Stabbarrenfrgte., 1 plankonvexer Barren, 1 Gußstück.- V. Pepelea, Acta Mus. Napocensis 10, 1973, 517ff. mit Abb. 1; ; M. Petrescu-Dîmboviţa, Depozitele de bronzuri din România (1977) 88 Taf. 127.

76. **Cetea**, jud. Alba.- Einzelfund.- Nackenscheibenaxt (Var. B4).- A. Vulpe, Die Äxte und Beile in Rumänien I (1970) 90 Nr. 484 Taf. 35, 484.

77. **Cherechiu**, jud. Bihor.- Depot (unvollständig).- 2 Tüllenbeile (siebenbürgischer Typus), Zungensichel, 2 Dolche.- M. Rusu, Dacia N.S. 7, 1963, 205 ("Bronzestufe D") Nr. 16; M. Rusu, Sargetia 4, 1966 Nr. 28; M. v. Roska, Eurasia Septentrionalis Antiqua 12, 1938, 156 Nr. 28; M. Petrescu-Dîmboviţa, Die Sicheln in Rumänien (1978) 99.

78. **Cherghes**, jud. Hunedoara.- Depot.- 5 Armringe, 1 Halsring, 3 Ampyxe, 2 Spiralröllchen, 2 Drahtstücke, 1 Gußkuchen, 1 Radanhänger.- M. Petrescu-Dîmboviţa, Die Sicheln in Rumänien (1978) 117 Nr. 126 Taf. 88C.

79. **Cheşereu** (Érkeserü), Gem. Cherechiu, jud. Bihor.- Depot.- 1 Tüllenbeil (mit Winkelzier), 3 Zungensicheln, 1 Lanzenspitze.- M. Petrescu-Dîmboviţa, Die Sicheln in Rumänien (1978) 117 Nr. 127 Taf. 88 D (Zeichnungen offenbar von Holste abhängig); F. Holste, Hortfunde Südosteuropas (1951) 22 Taf. 41, 1-5.

80. **Cheşereu** (Érkeserü), Gem. Cherechiu, jud. Bihor.- Depot (vielleicht Teil eines Depots im Museum Debrecen; vgl. Roska, Repertorium 81).- Tüllenbeil (356 g), Tüllenmeißel (60 g), Sichel (91 g), Lanzenspitze (mit profilierter Tülle) (76 g), 2 Bronzeplatten (168 g), Armring (100 g), Phalere (36 g).- Z. Nanasi, Crişia 4, 1974, 177f. Abb. 1.

81. **Chidid**.- Einzelfund.- Siebenbürgisches Tüllenbeil.- I. Andritoiu, Stud. şi Cerc. Istor. Veche 21, 1970, 635 Abb. 1 a.

82. **Chisirid**, jud. Bihor.- Depot.- Nackenscheibenaxt (Typus B3), 2 Tüllenbeile, 2 Armringe, "viele" Gußkuchen.- A. Vulpe, Die Äxte und Beile in Rumänien I (1970) 88 Nr. 480 Taf. 34, 480.

83. **Ciceu-Criştur**, r. Dej.- Siebenbürgisches (?) Tüllenbeil.- M. Rusu, Sargetia 4, 1966, 35 Nr. 30.

84. **Ciceu-Corabia**, jud. Maramureş.- Einzelfund.- Nackenknaufaxt.- A. Vulpe, Die Äxte und Beile in Rumänien I (1970) 100 Nr. 569a.

85. **Cil**, r. Gurahont.- Siebenbürgisches (?) Tüllenbeil.- M. Rusu, Sargetia 4, 1966, 35 Nr. 31.

86. Cîlnic (Kálnok), r. Sf. Gheorghe.- Süddanubisch-bulgarisches Tüllenbeil.- M. Rusu, Sargetia 4, 1966, 35 Nr. 33; Roska, Repertorium 119 Nr. 45 Abb. 146.

87. Cîmpia Transilvaniei (Mezöség).- Siebenbürgisches Tüllenbeil.- M. Rusu, Sargetia 4, 1966, 35 Nr. 34; M. v. Roska, Eurasia Septentrionalis Antiqua 12, 1938, 158 Nr. 40.

88. Cîmpulung la Tisa, Jud Maramureş.- Einzelfund.- Nackenscheibenaxt (Typus B3).- A. Vulpe, Die Äxte und Beile in Rumänien I (1970) 84 Nr. 374 Taf. 27, 374.

89. Cincu (Großschenk), jud. Braşov.- Depot (1888).- 1 Tüllenmeißel, 1 Meißel, 8 Zungensicheln, 15 Sichelfrgte. (davon 4 von Knopfsicheln), 1 Messer oder Rasiermesserfrg.(?), 1 spitzer Stab, 1 Messerklinge, 1 Säge, 12 Gefäßfrgte., 1 Fragment einer Tasse Typus Blatnica (kein "Siebfrg.", wie Petrescu-Dimboviţa meint; Hinweis T. Soroceanu), 3 Dolchfrgte., 20 Lanzenspitzen, 9 Armringe, 3 Wellennadeln, 2 Posamenteriefibelfrgte. (Var. A1), 1 lanzettförmiger Anhänger, 2 Ampyxe, 1 Nadelfrg., mehrere Bronzeplattenfrgte., 1 Bronzeplatte, 2 Frgte., 14 Rohbronzefrgte.- M. Petrescu-Dîmboviţa, Die Sicheln in Rumänien (1978) 117 ("Zweite Jungbronzezeitstufe") Nr. 128 Taf. 88E; 89; 90A.

90. Cîndeşti, r. Buhusi.- Siebenbürgisches (?) Tüllenbeil.- M. Rusu, Sargetia 4, 1966, 35 Nr. 35; Stud. şi Cerc. Istor. Veche 4, 1953, 463 Abb. 14, 2.

91. Ciocaia, jud. Bihor.- Depot (1958).- 1 Nackenscheibenaxt, 1 Halsring, 2 Armringe, 1 Gehänge mit Dreiecksanhängern.- M. Petrescu-Dîmboviţa, Depozitele de bronzuri din România (1977) Taf. 33, 2-7.

92. Cioclovina, jud. Hunedoara.- Depot (vielleicht auch Depotfunde und Einzelfunde ?) in Höhle.- 69 kegelförmige Ampyxe, 5 Faleren, 17 Tutuli mit konzentrischer Rippenzier, 1828 Tutuli, 92 Nadelschützer, 15 Drahtspiralscheiben, 257 Spiralröllchen, 1 offene Ringe, 4 Hirschhornpsalien, ca. 1208 Bernstein-, 1748 Glas-, 12 Zinn- und 612 Faienceperlen,- M. Petrescu-Dîmboviţa, Die Sicheln in Rumänien (1978) 117f. ("Zweite Jungbronzezeitstufe") Nr. 129 Taf. 90B; M. Rusu in: Studien zur Bronzezeit. Festschr. W. A. v. Brunn (1981) 399 Anm. 22.

93. Cireşoaia, jud. Bistriţa-Nasaud.- Depot II nach Recherche Rusu und Petrescu-Dîmboviţa.- 17 Armringe.- M. Petrescu-Dîmboviţa, Die Sicheln in Rumänien (1978) 100 Nr. 18 Taf. 25 C; ders., Depozitele de bronzuri din România (1977) 55.

94. Cîrşa, r. Fagaras.- Siebenbürgisches (?) Tüllenbeil.- M. Rusu, Sargetia 4, 1966, 35 Nr. 36.

95. Ciumeşti, jud. Satu Mare.- Gußformendepot.- M. Petrescu-Dîmboviţa, Die Sicheln in Rumänien (1978) 118 Nr. 130 Taf. 91; B. Wanzek, Die Gußmodel für Tüllenbeile im südöstlichen Europa (1989) 200f. Nr. 45.

96. Cizer, jud. Salaj.- Depot in Tongefäß (Datierung?).- 3 Armringe, 2 halbmondförmige Anhänger, 1 Knopf, 1 Schmuckscheibe, 1 Kettenfrg.- M. Petrescu-Dîmboviţa, Depozitele de bronzuri din România (1977) 55.

97. Cluj-Hoja.- Siebenbürgisches (?) Tüllenbeil.- M. Rusu, Sargetia 4, 1966, 35 Nr. 37.

98. Cluj ("Ehemaliges Komitat") .- Depot.- Dreiwulstschwertgriff, Lappenbeil.-A.D. Alexandrescu, Dacia N.S. 10, 1966, 11 Nr. 8 Taf. 7,2.

99. Cluj.- Einzelfund.- Nackenscheibenaxt (Typus B3).- A. Vulpe, Die Äxte und Beile in Rumänien I (1970) 85 Nr. 437 Taf. 31, 437.

100. Coasta, jud. Cluj.- Einzelfund.- Mittelständiges Lappenbeil ("Typus Uriu").- A. Vulpe, Die Äxte und Beile in Rumänien II (1975), 74 Nr. 403 Taf. 41, 403.

101. Coldău.- jud. Bistriţa-Nasaud.- Fundumstände unbekannt.- 2 Nackenscheibenäxte (Typus B3).- A. Vulpe, Die Äxte und Beile in Rumänien I (1970) 84 Nr. 380.381 Taf. 27, 380.381; M. Petrescu-Dîmboviţa, Die Sicheln in Rumänien (1978) 156 Nr. 335 ("unsicherer Hort").

102. Corneşti, jud. Cluj.- Depot (heute vernichtet).- Posamenteriefibelfrg. (Var A3), 32 Tüllenbeile und Fragmente (darunter siebenbürgische), 1 oberständiges Lappenbeil, 1 Tüllenhammer, 1 Absatzbeil, 1 Axt, 10 Sicheln und Fragmente, 5 Messer und Fragmente, 10 Sägen und Fragmente, 2 Meißelfrgte., Hammerfrgte., 5 Schwertfrgte., 3 Lanzenspitzen, 15 Armringe und Fragmente, Gürtelfrgte., Gefäßfrgte., Gußkuchen u.a.- T. Bader, Die Fibeln in Rumänien (1983) 43 f. Nr. 26 Taf. 5, 26; M. Rusu, Sargetia 4, 1966, 35 Nr. 38.

103. Corneşti, jud. Timiş.- Keramikdepot in Herd (pyramidenförmig gestapelt).- 20 ein- und zweihenkelige Krüge, 1 Schüssel, 1 Sieb, 1 bikonisches Gefäß.- Vatina-Kultur.- O. Radu, Stud. şi Cerc. Istor. Veche 23, 1972, 272ff. Taf. 3-7.

104. Cornuţel, jud. Caraş-Severin.- Depot in Tongefäß; 1 m tief am Cozlar-Berg (1958).- 2 Armringe, 3 Armbergen, 2 Phaleren, 2 Tutuli, 1 Kegelkopfnadel, 1 kleines Ringfrg.- M. Petrescu-Dîmboviţa, Die Sicheln in Rumänien (1978) 100 Nr. 19 Taf. 25 D- 26 A; M. Rusu, Dacia N.S. 7, 1963, 205 ("Bronzestufe D") Nr. 17.

105. Corund, jud. Harghita.- Depot.- 2 Tüllenbeile (siebenbürgischer Typus), 1 Tüllenhammer (singuläre Form !), 2 Hakensicheln, 3 Sichelfrgte.- M. Rusu, Sargetia 4, 1966, 35 Nr. 39; M. Rusu, Dacia N.S. 7, 1963, 205 ("Bronzestufe D") Nr. 18; M. Petrescu-Dîmboviţa, Die Sicheln in Rumänien (1978) 100 Nr. 20 Taf. 26 B.

106. Coştiui, Gem. Rona de Sus, jud. Maramureş.- Depot (1863).- 2 Tüllenbeile, 1 Knopfsichel, 2 Armringe.- M. Petrescu-Dîmboviţa, Die Sicheln in Rumänien (1978) 100 Nr. 21 Taf. 26 C; M. Rusu, Dacia N.S. 7, 1963, 205 ("Bronzestufe D") Nr. 19.

107. Costiui, Gem. Rona de Sus, jud. Maramureş.- Depot (vollständig ?).- 6 Armringe.- M. Petrescu-Dîmboviţa, Die Sicheln in Rumänien (1978) 100 Nr. 22 Taf. 27 A.

108. Cotnari, r. Hîrlau.- Siebenbürgisches (?) Tüllenbeil.- M. Rusu, Sargetia 4, 1966, 35 Nr. 40.

109. Crăciuneşti.- Depot (vollständig?).- 1 Schnabeltüllenbeil, 2 Armringe, 2 Gußkuchen; davon einer mit eingeschmolzenen Ringen (später angekauft), 1 Nackenkammaxt, 15 Nackenscheibenaxtfrgte., 5 Tüllenbeile mit aufgezogenem Rand, 13 Armringe, 6 Gußkuchen, 1 Ring mit eingehängtem Barren, 1 Barren (die beiden letztgenannten Stücke sind etwa gleich schwer).- M. Petrescu-Dîmboviţa, Depozitele de bronzuri din România (1977) 56 Taf. 37, 13-16; 38-39, 1-5; C. Kacsó, Stud. şi Cerc. Istor. Veche 41, 1990, 235ff. Abb. 1-5.

110. Crasna, jud. Salaj.- Depot.- 2 Armbergen Typus Salgótarján, 2 Tüllenbeile, 3 Zungensicheln, 1 fragmentierte Lanzenspitze, 1 Beinring.- M. Petrescu-Dîmboviţa, Die Sicheln in Rumänien (1978) 118 Nr. 131 Taf. 92 A.

111. Crasna (Kraszna), r. Zalau.- Depot (unvollständig).- Tüllenbeil (siebenbürgischer Typus), 1 Hakensichel.- M. Rusu, Sargetia 4, 1966, 35 Nr. 41; M. v. Roska, Eurasia Septentrionalis Antiqua 12, 1938, 156 Nr. 30.

112. Crişana (Region).- Siebenbürgisches (?) Tüllenbeil.- M. Rusu, Sargetia 4, 1966, 35 Nr. 42.

113. Cristesti (Maroskeresztur), r. Tirgu Mureş.- Siebenbürgisches Tüllenbeil.- M. Rusu, Sargetia 4, 1966, 35 Nr. 43; M. v. Roska, Eurasia Septentrionalis Antiqua 12, 1938, 156 Nr. 35.

114. Cristian, Bez. Braşov.- Depot (1905 und 1911 (d.h. vielleicht zwei Horte).- 12 Sicheln, die mit Draht zusammengebunden waren (1905), 6 Sicheln (1911).- M. Petrescu-Dîmboviţa, Die Sicheln in Rumänien (1978) 100 Nr. 21 Taf. 27 C; M. Rusu, Dacia N.S. 7, 1963, 205 ("Bronzestufe D") Nr. 20.

115. Criţ, r. Rupea.- Siebenbürgisches (?) Tüllenbeil.- M. Rusu, Sargetia 4, 1966, 35 Nr. 44.

116. Crizbav, r. Sf. Gheorghe.- Siebenbürgisches (?) Tüllenbeil.- M. Rusu, Sargetia 4, 1966, 36 Nr. 45.

117. Cubulcut, jud. Bihor (Köbölkút).- Depot.- 1 Lanzenspitze, 1 Blechgürtelfrg., 1 Nadelschützer, 212 Tutuli (210 verschollen), 10 meist durchbrochene Ampyxen, 3 Dreieckanhänger, 1 schildförmiger Anhänger, 1 Fragment eines Kompositgehänges.- v. Brunn, Mitteldeutsche Hortfunde 289; M. Rusu, Dacia N.S. 7, 1963, 205 ("Bronzestufe D") Nr. 21; M. Petrescu-Dîmboviţa, Die Sicheln in Rumänien (1978) 118 ("Zweite Jungbronzezeitstufe") Nr. 132 Taf. 92 B.

118. Cugir, jud. Alba.- Depot (1973); jüngere Urnenfelderzeit.- Tüllenbeilfrgte., Sichelfrgte., Armringe, Messer u.a.- M. Petrescu-Dîmboviţa, Depozitele de bronzuri din România (1977) Taf. 134, 15-25; 135, 1-23.

119. Curciu, r. Mediaş.- Siebenbürgisches (?) Tüllenbeil.- M. Rusu, Sargetia 4, 1966, 36 Nr. 46.

120. entfällt.

121. Curtuişeni (Érkörtvélyes), jud. Bihor.- Siebenbürgisches (?) Tüllenbeil.- M. Rusu, Sargetia 4, 1966, 36 Nr. 47; M. v. Roska, Eurasia Septentrionalis Antiqua 12, 1938, 155 Nr. 14.

122. Curtuişeni (Érkörtvélyes), jud. Bihor.- Depot.- Fragment eines mittelständigen Lappenbeiles ("Typus Uriu"), 2 Zungensicheln (davon eine stark fragmentiert), 3 Armringe, 9 Gußabfälle.- M. Petrescu-Dîmboviţa, Die Sicheln in Rumänien (1978) 100 ("Erste Jungbronzezeitstufe") Nr. 24 Taf. 27 B; A. Vulpe, Die Äxte und Beile in Rumänien II (1975) 74 Nr. 380 Taf. 40, 380; M. Rusu, Dacia N.S. 7, 1963, 205 ("Bronzestufe D") Nr. 22.

123. Daisoara, r. Rupea.- Siebenbürgisches (?) Tüllenbeil.- M. Rusu, Sargetia 4, 1966, 36 Nr. 49.

124. Dăneş, r. Sighisoara.- Siebenbürgisches (?) Tüllenbeil.- M. Rusu, Sargetia 4, 1966, 36 Nr. 48.

125. Danesti, r. Vaslui.- Siebenbürgisches (?) Tüllenbeil.- M. Rusu, Sargetia 4, 1966, 36 Nr. 50.

126. Deda, r. Toplita.- Siebenbürgisches (?) Tüllenbeil.- M. Rusu, Sargetia 4, 1966, 36 Nr. 51.

127. Dej (?), jud. Cluj.- Einzelfund.- Nackenscheibenaxt (Typus B3).- A. Vulpe, Die Äxte und Beile in Rumänien I (1970) 86 Nr. 449 Taf. 32, 449.

128. Deva, jud. Hunedoara.- Depot III am Fuß des Szárhegy-Berges.- 5 Tüllenbeilfrgte. (mit Winkelzier), 2 Tüllenmeißel, 9 Sichelfrgte., 1 Frg. eines Griffzungenmessers ?, 3 Sägenfrgte., 2 Schwertklingenfrgte., 1 Dolch, 2 Anhänger, 1 Nadelschützer, 3 Nadeln Typus Gutenbrunn, 1 Wellennadel, 6 Armringe, 5 Armringfrgte., 2 Tutuli, 1 Ösenknopf, 2 Stabfrgte., 1 Drahtstück, 6 Bronzefrgte., 3 Bronzestücke. Vielleicht dazu 2 Lanzenspitzen, Armring [Die Aufzählungen bei v. Roska und bei Petrescu-Dîmboviţa sind sehr verschieden !].- M. Rusu, Sargetia 4, 1966, 36 Nr. 52; M. v. Roska, Eurasia Septentrionalis Antiqua 12, 1938, 155 Nr. 12; M. Petrescu-Dîmboviţa, Die Sicheln in Rumänien (1978) 118 Taf. 92 C-93 A; G. Kossack, Studien zum Symbolgut der Urnenfelder- und Hallstattzeit Mitteleuropas (1954) 97 E4a.

129. Deva, jud. Hunedoara.- Depot II.- 2 Tüllenbeile, 1 Blechfrg. (von einem Gefäß?), 3 Schmuckscheibenfrgte. mit Radialrippen; dazu auch 1 Warzennadel, 2 Nackenscheibenäxte.- M. Petrescu-Dîmboviţa, Die Sicheln in Rumänien (1978) 100f. Nr. 25 Taf. 27D; J. Andritoiu, Sargetia 11-12, 1974-75, 393ff; A. Hochstetter, Germania 59, 1981, 257 Nr. 13.

130. Dipsa (Dürrbach), jud. Bistriţa-Nasaud.- Depot (1911).- 45 Tüllenbeile und Frg. (mit Winkelzier, Schnabeltüllenbeile, siebenbürgischer Typus), 4 Tüllenhämmer, 1 Fragment eines mittelständigen Lappenbeils (Typus Sighet), 3 Beilschneidenfrgte., 141 Sicheln (davon 11 Knopf-, 45 Zungen-, 10 Haken-, 75 unbestimmte Sicheln), 3 Meißel, 6 Messer, 8 Sägen, 1 Bronzetasse, 1 Gefäßhenkelfrg., 7 Blechstücke, 15 Bronzestäbe, 10 Schwertfrgte., 1 Schaftlochaxtfrg. (Typus Balsa n. Vulpe), 1 Nackenscheibenaxtfrg.(Var. B 4), 7 Dolchfrgte., 8 Lanzenspitzen, 6 Anhänger, 1 Ziernadel, 2 Pferdegeschirrteil, 2 Nadelschützer, 16 Armringe, 1 Armband, 1 verziertes Gürtelfrg., 2 Bronzeperlen, 2 Knöpfe, 1 zusammengebogener Draht, 7 Gußzapfen, 3 Bronzefrgte., 112 Gußkuchen.- M. Petrescu-Dîmboviţa, Die Sicheln in Rumänien (1978) 118f. Nr. 134 Taf. 93 B- 98 A; A. Vulpe, Die Äxte und Beile in Rumänien I (1970) 90 Nr. 486 Taf. 35, 486; 51 Nr. 217 Taf. 14, 217; A. Vulpe, Die Äxte und Beile in Rumänien II (1975), 76 Nr. 438 Taf. 43, 438; M. Rusu, Sargetia 4, 1966, 36 Nr. 53; T. Bader, Die Schwerter in Rumänien (1991) 75f. Nr. 58-59 Taf. 11, 58-59.

131. Dobra, r. Ilia.- Siebenbürgisches (?) Tüllenbeil.- M. Rusu, Sargetia 4, 1966, 36 Nr. 54.

132. Dobrocina, jud. Salaj.- Depot in Tongefäß.- 1 Tüllenbeil, 6 Armringe, vielleicht 2 Nackenscheibenäxte (Typus B3).- A. Vulpe, Die Äxte und Beile in Rumänien I (1970) 81 Nr. 344; 84 Nr. 375 Taf. 27, 375; Taf. 75 C; M. Petrescu-Dîmboviţa, Die Sicheln in Rumänien (1978) 101 Taf. 27 E; 28 A.

133. Dolješti, jud. Iaşi.- Depot.- 1 siebenbürgisches Tüllenbeil, 3 Hakensicheln, 4 Sichelfrgte., weitere Hakensicheln (verloren).- M. Rusu, Sargetia 4, 1966, 36 Nr. 55; M. Petrescu-Dîmboviţa, Die Sicheln in Rumänien (1978) 109 Nr. 91 Taf. 58 B.

134. Domăneşti (Domahida), jud. Satu Mare.- Depot I in Tongefäß; mindestens 357 Stücke, davon sind 182 bekannt.- 23 Nackenscheibenäxte (Typus B 3 und B4), 1 Nackenkammaxt, 1 Griffzungenschwertfrg., 2 Schwertklingenfrgte., Fragmente von mindestens 5 Doppelarmknäufen (insgesamt 9 Fragmente), 1 Beilhammer, 1 Lanzenspitze, 4 Lanzenspitzenfrgte., 16 Armringe, 1 Tüllenhammer, 20 Tüllenbeile und Frgte., 48 Knopf- und Griffzungensichelfrgte., Messer und Sägenfrgte., 2 Gußformhälften, 6 Bronzebrocken.- Mozsolics, Bronze- und Goldfunde 128 ("Horizont Opalyi") Taf. 26-27; Hampel, Bronzkor Taf. 122-124; A. Vulpe, Die Äxte und Beile in Rumänien I (1970) 87f. Nr.461-479 Taf. 33, 461-472; 34, 473-479; 93 Nr.519.520 Taf. 38, 519.510; 91 Nr. 506 Taf. 36, 506; 94 Nr.535 Taf. 39, 535; Taf. 84; Petrescu-Dîmboviţa 101 Taf. 28 B-30A.

135. Domăneşti (Domahida), jud. Satu Mare.- Depot II; in 60 cm Tiefe. 73 Bronzegegenstände.- 4 Nackenscheibenäxte (Typus B 3 und B4; davon zwei fragmentiert), 4 kleine Ringe, 35 Armringe, 20 Phaleren, Tutuli und Knöpfe, 8 Doppelringe, 1 fragmentierter Anhänger, 1 Tüllenmeißel.- T. Bader, Inv. Arch. Rumänien Fasc. 6 (1971) R 24a-h; A. Vulpe, Die Äxte und Beile in Rumänien I (1970) 87 Nr. 456-458 Taf. 32, 456-458; 94 Nr. 537 Taf. 39, 537; Mozsolics, Bronze- und Goldfunde 129 ("Horizont Opalyi"); M. Petrescu-Dîmboviţa, Die Sicheln in Rumänien (1978) 101 Nr. 28 Taf. 30 B-32; M. Rusu, Dacia N.S. 7, 1963, 205 ("Bronzestufe D") Nr. 23; v. Brunn, Mitteldeutsche Hortfunde 289.

136. Doştat, j. Alba.- Depot.- 1 Tüllenbeil (siebenbürgischer Typus), 1 Hammeraxt, 1 Bronzenagel.- M. Rusu, Dacia N.S. 7, 1963, 205 ("Bronzestufe D") Nr. 24; M. Rusu, Sargetia 4, 1966, 36 Nr. 56; M. Petrescu-Dîmboviţa, Die Sicheln in Rumänien (1978) 101 Nr. 29 Taf. 33 A.

137. Dragomireşti (Dragomérfalva).- Depot (wohl unvollständig).- 1 Nackenscheibenaxt (Typus B3), 1 Nackenkammaxt, 1 Tüllenbeil, 5 Armringe (davon 2 fragmentiert).- Roska, Repertorium 69 Abb. 71; M. Rusu, Dacia N.S. 7, 1963, 205 ("Bronzestufe D") Nr. 25; v. Brunn, Mitteldeutsche Hortfunde 289; T. Bader, Inv. Arch. Rumänien, Fasc. 6 (1971) R 30; A. Vulpe, Die Äxte und Beile in Rumänien I (1970) 58 Nr. 262; 85 Nr. 434 Taf. 31, 434; Taf. 66 D; Mozsolics, Bronze- und Goldfunde 129f. ("Horizont Opályi") Taf.73 A; M. Petrescu-Dîmboviţa, Die Sicheln in Rumänien (1978) 101f. Taf. 33 B.

138. Dragu, jud. Salaj.- Einzelfunde oder Depot.- 1 Nackenscheibenaxt (Typus B3), 2 Tüllenbeile (davon 1 siebenbürgisches), 1 Lanzenspitze.- A. Vulpe, Die Äxte und Beile in Rumänien I (1970) 84 Nr. 384 Taf. 27, 384; M. Rusu, Sargetia 4, 1966, 36 Nr. 57; M. Petrescu-Dîmboviţa, Die Sicheln in Rumänien (1978) 156 ("unsicherer Hort") Nr. 337 Taf. 273 A.

139. Drajna de Jos, jud. Teleajen.- Depot 0,4m tief; mindestens 240 Bronzen; weitere Stücke gelangten in Privathand.- 1 Nackenkammaxt, 3 Nackenknaufäxte, 1 Hammeraxt, 1 Griffzungenschwertfrg. (Typus Nenzingen), 5 Schwertklingenfrgte., 15 Lanzenspitzen (3 fragmentiert), 13 Tüllenbeile (siebenbürgischer Typus) (bei einem "Tüllenhammer" [Petrescu-Dîmboviţa] handelt es sich offenbar um ein abgebrochenes Tüllenbeil), 199 Sicheln (oder 198 und 10 Fragmente), davon 1 Zungensichel; der Rest - soweit bestimmbar - Hakensicheln; dazu ein "Szepter, 3 Schwertfrgte., 13 Sicheln".- v. Brunn, Mitteldeutsche Hortfunde 289; A.D. Alexandrescu, Inv. Arch. Rumänien Fasc. 2 (1966) R 15a-i; A. Vulpe, Die Äxte und Beile in Rumänien I (1970) 59 Nr. 268 Taf. 17, 1268; Taf. 67; M. Petrescu-Dîmboviţa, Die Sicheln in Rumänien (1978) 111f. Taf. 66-73A; M. Rusu, Sargetia 4, 1966, 36 Nr. 57.

140. entfällt.

141. Dumbrava, jud. Timiş.- Depot (?).- Tüllenbeil, Zungensichel, 24 Armringe und Spiralen, teilw. fragmentiert- M. Petrescu-Dîmboviţa, Die Sicheln in Rumänien (1978) 119 Nr. 135 Taf. 98B-99A.

142. Dumbrăvioara, jud. Mureş.- Einzelfund.- Nackenscheibenaxt (Typus B3).- A. Vulpe, Die Äxte und Beile in Rumänien I (1970) 80 Nr. 338 Taf. 24, 338.

143. Dumeşti, jud. Hunedoara.- Depot.- Tüllenbeil, Tüllenmeißel, 3 Griffzungensichelfrgte., 2 Sägenfrgte., 2 Bronzebarren, 2 Bronzeplatten.- M. Petrescu-Dîmboviţa, Die Sicheln in Rumänien (1978) 119 Nr. 136 Taf. 99B.

144. entfällt.

145. Felnac, jud. Arad.- Depot (1972).- 1 Dolch mit geschweifter Schneide, 5 Armringe, 3 Nadeln (darunter eine Petschaftskopfnadel), 2 Bronzebrocken.- M. Petrescu-Dîmboviţa, Depozitele de bronzuri din România (1977) 93 Taf. 142, 9-17.

146. Firiza, jud. Maramureş.- Einzelfund.- Nackenscheibenaxt Typus B3.- C. Kacsó, Marmatia 3, 1977, 27f. Abb. 1.

147. Fîrtuşu, jud. Harghita.- Einzelfunde oder Depot.- 3 Tüllenbeile, (davon 2 siebenbürgischen Typus).- M. Rusu, Sargetia 4, 1966, 36 Nr. 59; M. Petrescu-Dîmboviţa, Die Sicheln in Rumänien (1978) 156 ("unsicherer Hort") Nr. 339 Taf. 273 C.

148. Fişer (Sövényszeg), r. Rupea.- Siebenbürgisches Tüllenbeil.- M. Rusu, Sargetia 4, 1966, 36 Nr. 60; M. v. Roska, Eurasia Septentrionalis Antiqua 12, 1938, 159 Nr. 55.

149. Fizeş, jud. Caraş-Severin.- Depot in Tongefäß (Gew. insgesamt: 2835,6 g).- 12 Tüllenbeile (290,5 g; 224,5g; 164,5 g; 259,3 g; 244,5 g; 253,3 g; 237,2 g; 258,8 g; 216,1 g; 233,9 g; 108,5 g), 1 Lanzenspitze (70 g), 6 Blechgürtelfragmente (zusammen 90 g).- O. Bozu, Studi şi communicari etnografie istorie Mus. Caransebes 4, 1980, 137ff. mit Abb.

150. Fodora, Gem. Gîlgau, jud. Salaj.- Depot oder aus mehreren Depots.- 1 Tüllenbeil, 1 Tüllenmeißel, 1 Stabmeißel, 2 Goldringe.- M. Rusu, Dacia N.S. 7, 1963, 206 ("Bronzestufe D") Nr. 26; Petrescu-Dimboviţa, Sicheln 102 Nr. 31 Taf. 33 C.

151. Frîncenii-de-Piatra, jud. Salaj.- Depot.- Lappenbeil ("Typus Sighet"), 2 Tüllenbeile (1 siebenbürgisches, 1 mit Winkelzier), 1 Zungensichel, 1 Säge, 5 Lanzenspitzen, 1 Nadelschützer, 1 fragmentierte Plattennadel, 1 Riemenverteiler, 3 Armringe, 1 Armringfrg., 1 Objekt, 1 Anhänger (?), 1 Knopf (?).- M. Petrescu-Dîmboviţa, Die Sicheln in Rumänien (1978) 119f. Nr. 137 Taf. 99C-110A; A. Vulpe, Die Äxte und Beile in Rumänien II (1975), 76 Nr. 421 Taf. 42, 421; M. Rusu, Sargetia 4, 1966, 36 Nr. 61.

152. Gad, jud. Timiş.- Depot.- 5 Sägenfrgte., 2 Schwertklingenfrgte., 3 Armringe, 2 Phaleren, Ring, 2 Nadeln, 1 Gegenstand, 1 Bronzeröhrchen, 1 Blechstück.- Petrescu-Dimboviţa, Sicheln 120 Nr. 138 Taf. 100 B.

153. Gălăţeni (Szentgerice), r. Tirgu Mureş.- 2 siebenbürgische Tüllenbeile.- M. Rusu, Sargetia 4, 1966, 36 Nr. 63; M. v. Roska, Eurasia Septentrionalis Antiqua 12, 1938, 160 Nr. 63.

154. Galoşpetreu, jud. Bihor.- Depot (O,3 m tief).- 9 Tüllenbeile (z.T. fragmentiert; 1 Winkelzier, 3 Schnabeltüllenbeile), 1 mittelständiges Lappenbeil ("Typus Uriu"), 2 Lappenbeilfrgte., 13 Knopfsicheln (fragmentiert und beschädigt), 3 Zungensicheln, 1 Sichelfrg. 1 Sägeblatt, 1 Angelhaken, 1 Schwertklingenfrg., 2 Griffzungendolche, 2 Dolchklingen, 7 Lanzenspitzen (darunter solche mit profilierter Tülle; glatte Ex.), 1 Rasiermesserfrg., 1 Gefäßfrg., 2 Nadelschützer, 8 Armringe, 1 Ring, 1 Stab, 2 Spiralscheiben, 1 Dreieckanhänger mit durchbrochenem Blatt, 2 Stäbe mit halbrundem Querschnitt, 2 Blechstücke, 4 Bronzegußstücke, 2 Gußzapfen. Ein Nadelschützer, 4 Sichelfrgte. und 1 Drahtspirale scheidet T. Soroceanu aus dem Hort aus.- M. Petrescu-Dîmboviţa, Die Sicheln in Rumänien (1978) 120 ("Zweite Jungbronzezeitstufe") Nr. 139 Taf. 100C-102A; N. Chidiosan, Stud. Cerc. Ist. Veche 28, 1977, 60 Abb. 4,4; A. Vulpe, Die Äxte und Beile in Rumänien II (1975), 74 Nr. 378-379 Taf. 40, 378-379; v. Brunn, Mitteldeutsche Hortfunde 289; M. Rusu, Dacia N.S. 7, 1963, 206 ("Bronzestufe D") Nr. 28;

155. Galoşpetreu, jud. Bihor.- siebenbürgisches (?) Tüllenbeil.- M. Rusu, Sargetia 4, 1966, 36 Nr. 62.

156. Gătaia, r. Deta.- Siebenbürgisches (?) Tüllenbeil.- M. Rusu, Sargetia 4, 1966, 36 Nr. 64.

157. Gheja, Stadt Ludus, jud. Mureş.- Depot (Datierung?).- Tüllenbeil mit 5 ineinandergehängten Ringen.- M. Petrescu-Dîmboviţa, Die Sicheln in Rumänien (1978) 102 Nr. 32 Taf. 33 D; M. Rusu, Dacia N.S. 7, 1963, 206 ("Bronzestufe D") Nr. 27.

158. Gherla (Szamosújvár), r. Gherla.- Aus einem Depotfund.- Siebenbürgisches Tüllenbeil, Hakensichel.- M. Rusu, Sargetia 4, 1966, 36 Nr. 65; M. v. Roska, Eurasia Septentrionalis Antiqua 12, 1938, 159 Nr. 58.

159. Ghinda (Vinda), jud. Bistriţa-Nasaud.- Depot (wohl unvollständig).- 1 Tüllenbeil und 4 Sicheln.- M. Rusu, Dacia N.S. 7, 1963, 206 ("Bronzestufe D") Nr. 29; Petrescu-Dîmbovuta, Sicheln

152 Nr. 289; M. Rusu, Sargetia 4, 1966, 36 Nr. 66; M. v. Roska, Eurasia Septentrionalis Antiqua 12, 1938, 160 Nr. 74.

160. Ghineşti, jud. Maramureş.- Einzelfund.- Lappenbeil ("Typus Uriu").- A. Vulpe, Die Äxte und Beile in Rumänien II (1975) 74 Nr. 381 Taf. 40, 381.

161. Gîrbou, jud. Salaj.- Depot.- Tüllenbeil, Tüllenmeißel, Lanzenspitze.- M. Rusu, Dacia N.S. 7, 1963, 206 ("Bronzestufe D") Nr. 30; M. Petrescu-Dîmboviţa, Die Sicheln in Rumänien (1978) 102 Nr. 33 Taf. 33E.

162. Gîrbova, r. Aiud.- Siebenbürgisches (?) Tüllenbeil.- M. Rusu, Sargetia 4, 1966, 36 Nr. 67.

163. Giula, jud. Cluj.- Depot in Tongefäß (1879).- 2 verzierte Blechgürtelfrgte., Gürtelfrgte., 129 Nadelschützer, 133 Spiralröllchen.- M. Petrescu-Dîmboviţa, Die Sicheln in Rumänien (1978) 120 Nr. 140 Taf. 102 B-103 A.

164. Glod (Szamossósmezö), jud. Salaj.- Einzelfunde oder Depot.- Mehrere Tüllenbeile (davon 1 siebenbürgisches), 2 Nackenscheibenäxte (Typus B3), 1 Nadel, Meißel.- A. Vulpe, Die Äxte und Beile in Rumänien I (1970) 85 Nr.438. 439 Taf. 31, 438. 439; M. Petrescu-Dîmboviţa, Die Sicheln in Rumänien (1978) 156f. Nr. 340 Taf. 274 A; M. Rusu, Sargetia 4, 1966, 36 Nr. 68; M. v. Roska, Eurasia Septentrionalis Antiqua 12, 1938, 159 Nr. 56.

165. Glod.- Siebenbürgisches Tüllenbeil.- E. Lakó, Acta Mus. Porolissensis 7, 1983, 77 Nr. 33 Taf. 5, 6-8.

166. Govoro, jud. Vîlcele.- Keramikdepot.- 17 intakte Gefäße (Kantharoi).- Verbicioara-Gruppe.- Hänsel, Hallstattzeit 59f. Taf. 4-5, 1-6; D. Berciu, P. Purcarescu, P. Roman, Mat. şi Cerc. Arh. 7, 19., 131ff. Abb. 3.

167. Großwardein -> Oradea Mare

168. Guruslau, jud. Salaj.- Depot.- 3 Tüllenbeile, 1 fragmentiertes Tüllenbeil, 7 Armringe, 4 teilw. fragmentierte Faleren, 1 Kompositgehänge (mit Dreieckanhängern), 1 Bruchstück, "mehrere kleine fragmentierte Gegenstände, besonders Kettenringe.- M. Petrescu-Dîmboviţa, Die Sicheln in Rumänien (1978) 102 ("Erste Jungbronzezeitstufe") Nr. 34 Taf. 33F-34A; N. Chidiosan, Stud. şi Cerc. Istor. Veche 28, 1977, 60 Abb. 4,7; M. Rusu, Dacia N.S. 7, 1963, 206 ("Bronzestufe D") Nr. 31; v. Brunn, Hortfunde 289.

169. Guruslau, jud. Salaj.- Dreiwulstschwert.- A.D. Alexandrescu, Dacia N.S. 10, 1966, 11 Nr.13.

170. Guşteriţa (Szenterzsébet, Hammersdorf), jud. Sibiu.- Depot II; 1870 bei Feldarbeiten gefunden; Gesamtgewicht etwa 800 kg; Hortbestandteile in folgenden Museen: Brukenthal, Budapest, k.u.k. Antikenslg. Wien, Cluj, Mediş, Braşov, Sfîntu, Gheorge, Sighisoara, Linz, Zürich.- 69 Tüllenbeile (siebenbürgischer Typus, mit Winkeldekor, Schnabeltüllenbeile), 3 Tüllenhämmer, 8 Tüllenmeißel, 2 Schaftlochäxte, 11 Lappenbeile (teilweise fragmentiert; darunter: ("Typus Uriu"; "Typus Sighet"), 7 Knopfsicheln, 76 Zungensicheln- und Fragmente, 46 Hakensicheln, 72 Sichelfragmente, 1 Angelhaken, 13 Messerfragmente (darunter 1 Griffzungenmesser Typus Keszöhidegkút), 2 Lappenpickel, 1 Rasiermesser, 58 Sägen, 26 Gefäßfrgte., 20 Schwertklingenfrgte. (davon 7 sicher von Griffzungenschwertern; ein Griffzungenschwert in vier Teilen ; Griffzunge fehlt?), 17 Griffzungendolche- und Dolchfrg., 17 teilweise fragmentierte Lanzenspitzen, 2 Helmfrgte., 52 Armringe und Fragmente von solchen, 2 Drahtspiralen, ca. 36 Gefäß- und Gürtelblechfrgte., 2 Anhänger (1 lanzettförmiger), 2 Vogelaufstecker, 6 Platten, 1 Ohrgehänge (?), 8 Nadeln, 1 Nadelschützer, 10 Knöpfe und Phaleren, 9 Perlen, 1 Spinnwirtel, 2 Fibelfrgte., 26 Objekte, 38 Stäbe, mindestens 24 Rohbronzebrocken, 6 Zinnstücke, 1 Meißel, 1 Locke (?), 1 Griff, 2 Bleche.- M. Petrescu-Dîmboviţa, Die Sicheln in Rumänien (1978) 120 ("Zweite Jungbronzezeitstufe") Nr. 141 Taf. 103 B-118 A); A. Vulpe, Die Äxte und Beile in Rumänien II (1975), 74 Nr. 384-387 Taf. 40, 384-387; Nr. 399 Taf. 41, 399; 80 Nr. 464 Taf. 46, 464; 76 Nr. 416-420 Taf. 42, 416-420; M. Rusu, Sargetia 4, 1966, 36 Nr. 70; M. v. Roska, Eurasia Septentrionalis Antiqua 12, 1938, 160 Nr. 62.

171. Hălchiu (Höltövény), r. Sf. Gheorghe.- Siebenbürgisches Tüllenbeil.- M. Rusu, Sargetia 4, 1966, 36 Nr. 72; M. v. Roska, Eurasia Septentrionalis Antiqua 12, 1938, 156 Nr. 22.

172. Halînga, r. Turnu Severin.- Siebenbürgisches (?) Tüllenbeil.- M. Rusu, Sargetia 4, 1966, 36 Nr. 71.

173. Halmaşd, jud. Salaj.- Einzelfund.- Schnabeltüllenbeil mit facettiertem Körper.- E. Lakó, Acta Mus. Porolissensis 7, 1983, 77 Nr. 36 Taf. 6, 1.

174. Hammersdorf -> Gusterita

175. Hăşmaş, jud. Salaj-. Depot (vermutlich unvollständig geborgen).- 4 Sicheln, 26 Armringe.- M. Rusu, Dacia N.S. 7, 1963, 206 ("Bronzestufe D") Nr. 32; M. Petrescu-Dîmboviţa, Die Sicheln in Rumänien (1978) 102 Nr. 36 Taf. 34 C.

176. Hărău (Haró), jud. Hunedoara.- Depot.- 1 Tüllenbeil (siebenbürgischer Typus), 1 Armring, 3 Spiralröllchen, 2 plattenfragmente, vielleicht dazu 1 Tüllenbeil ? (winkelverziert).- M. Petrescu-Dîmboviţa, Die Sicheln in Rumänien (1978) 122 Nr. 142 Taf. 118 B; M. Rusu, Sargetia 4, 1966, 36 Nr. 73; M. v. Roska, Eurasia Septentrionalis Antiqua 12, 1938, 156 Nr. 20.

177. Hida, jud. Salaj.- Depotfund.- Dreiwulstschwert (Typus Liptau), Tüllenbeil, weitere Gegenstände.- A.D. Alexandrescu, Dacia N.S. 10, 1966, 11 Nr. 5 Taf. 7,3; T. Bader, Die Schwerter in Rumänien (1991) 129f. Nr. 320 Taf. 32, 320.

178. Hinova Mehedinţi.- Depot in Tongefäß.- Ausschließlich goldene Schmuckbestandteile: Perlen, Armbänder, trichterförmige Anhängsel, Spiralröllchen.- M. Davidescu, Drobeta 5, 1982, 5ff. mit Abb.

179. Horoatu Cehului (Oláhhorvát), jud. Salaj.- Depot (unvollständig); angeblich in Holzkiste mit weiteren Bronzen (Tüllenmeißel, Ringe).- 2 Tüllenbeile (eines in zwei Teile zerbrochen), 1 Tüllenbeilfrg., 1 Beilfrg., 1 Lappenbeilfrg., 2 Sicheln, 4 Nackenscheibenäxte (Typus B4), 5 Armringe (nach Petrescu-Dîmboviţa).- M. Petrescu-Dîmboviţa, Die Sicheln in Rumänien (1978) 102 Nr. 37 Taf. 35 A; Mozsolics, Bronze- und Goldfunde 163 Taf. 29,8; Vulpe, Äxte 93 ("jud.Salaj") Nr. 515-518 Taf. 515-518; M. Rusu, Dacia N.S. 7, 1963, 206 ("Bronzestufe D") Nr. 33.

180. Huneodoara (Bezirk).- Depot.- 1 Tüllenbeil (siebenbürgischer Typus), 1 Zungensichel, 5 Armringe.- M. Petrescu-Dîmboviţa, Die Sicheln in Rumänien (1978) 122 Nr. 143 Taf. 118 C-119 A; M. Rusu, Sargetia 4, 1966, 36 Nr. 74; M. v. Roska, Eurasia Septentrionalis Antiqua 12, 1938, 156 Nr. 23.

181. Iablaniţa, jud. Caraş-Severin.- Depot II.- 18 Tüllenbeile.- M. Petrescu-Dîmboviţa, Die Sicheln in Rumänien (1978) 122 Nr. 144 Taf. 119 B.

182. Iara de Jos, jud. Cluj.- Depot I.- 2 Bronzesägen aus je zwei Framenten, 3 Sägefrgte., 2 Griffzungendolche, 2 Halsringfrgte., 1 Warzennadel, 2 Kugelkopfnadeln, 1 Dreieckanhänger (mit durchbrochenem Blatt), 2 Bronzeschmuckfrgte., 1 Drahtfrg.- M. Petrescu-Dîmboviţa, Die Sicheln in Rumänien (1978) 102f. Nr. 38 Taf. 35 B; A. Hochstetter, Germania 59, 1981, 257 Nr. 18; N. Chidiosan, Stud. şi Cerc. Istor. Veche 28, 1977, 60 Abb. 4,6; Hänsel, Beiträge 206 Liste 88 Nr. 11; Hampel I Taf. 52, 5.6; M. Rusu, Dacia N.S. 7, 1963, 206 ("Bronzestufe D") Nr. 34.

183. Iadara, jud. Maramureş (Iadara, ehem. Kom. Szátmár).- Einzelfund.- Vollgriffschwert Typus Riegsee.- Alexandrescu, Dacia 10, 1966, 170 Nr. 17 Taf. 5,2; A. Mozsolics, Alba Regia 15, 1977, 14 Taf. 7,1.

184. Iernut, jud. Mureş.- Depot in Grube (unvollständig geborgen).- 1 Lanzenspitze mit gestuftem Blatt, 1 Lanzenspitze mit kurzem freien Tüllenteil (ebenfalls abgestuftes Blatt), 1 Griffzungenmesserfrg., 1 Messerklingenfrg., 2 Schmuckscheiben mit Rückenöse, 20 Arm- und Beinringe, 2 Halsringe, 1 lanzettförmiger Anhänger, 11 Bronzeknöpfchen, 6 flache Spiralen, 1 größere Spirale (von einer Fibel?), 2 Drahtfrgte., 2 kleine Ringchen, 3 Nadelschaft(?)frgte., 3 Armringfrgte., 1 Blechröhrchen, 1 Spiralröllchen, 1 kleine Kette, 3 kreuzförmige Appliken, 1 kreuzförmiges Stück, 1 Doppelring, 6 Bernsteinperlen, 2 Drahtfrgte.- T. Soroceanu, Symposium Berlin-Nitra (1982) 375 Nr. 28 ("Ha A"); T. Bader, Die Fibeln in Rumänien (1983) 61 Nr. 104-106 Taf. 56D-57; A. Vulpe u. V. Lazar, Dacia 33, 1989, 235ff. Abb. 4-8.

185. Ieud, jud. Maramureş.- Depot.- 4 oder 5 Nackenscheibenäxte (Typus B3).- A. Vulpe, Die Äxte und Beile in Rumänien I (1970) 84f. Nr. 419-423; M. Petrescu-Dîmbovița, Die Sicheln in Rumänien (1978) 103 Nr. 39 Taf. 35 C; M. Rusu, Dacia N.S. 7, 1963, 206 ("Bronzestufe D") Nr. 35.

186. Igriş, Gem. Sînpetru Mare, Bez. Timiş.- Depot.- 2 Tüllenbeile ohne Öse, 1 Knopfsichel, 9 Zungensicheln, 1 Tülle einer Lanzenspitze.- M. Petrescu-Dîmbovița, Die Sicheln in Rumänien (1978) 122 Nr. 145 Taf. 119 C - 120 A.

187. Igrița, com. Aştileu, jud. Bihor.- Höhle (Gräber ?).- Nadelschützer.- I. Emödi, Stud. şi Cerc. Istor. Veche 31, 1980, 232 Abb. 5,8.

188. Ilba, jud. Maramureş.- Teil eines Depotfundes; in einer mit Lehm geglätteten Grube.- Nackenscheibenaxt (Typus B3); dazu: Streitäxte und Tüllenbeile.- A. Vulpe, Die Äxte und Beile in Rumänien I (1970) 85 ("Einzelfund") Nr. 440 Taf. 31, 440; M. Petrescu-Dîmbovița, Die Sicheln in Rumänien (1978) 103 Nr. 40 Taf. 34 D.

189. Ileanda, jud. Salaj.- Depot.- 2 Tüllenbeilfrgte., 1 Knopfsichel, 1 Armring.- M. Petrescu-Dîmbovița, Die Sicheln in Rumänien (1978) 103 Nr. 41 Taf. 35 D.

190. Ilişeni, Gem. Santa Mare, jud. Botoşani.- Depot.- 3 Tüllenbeile (siebenbürgischer Typus), 4 Knopfsicheln, 1 Zungensichelblatt, 22 Hakensicheln, 5 Griffzungenschwertfrgte. (eines in vier Fragmenten), 1 Lanzenspitze.- M. Petrescu-Dîmbovița, Die Sicheln in Rumänien (1978) 136 Nr. 189 Taf. 211 B- 213; M. Rusu, Sargetia 4, 1966, 36 Nr. 75.

191. Insula Banului, jud. Mehedinti.- Siedlung.- Lanzettanhänger.- T. Bader, Die Fibeln in Rumänien (1983) 56 Nr. 83 Taf. 9, 85.

192. Jabenița, jud. Mureş.- Depot.- Hakensichel, Nackenknaufaxt.- T. Soroceanu, Symposium Berlin-Nitra (1982) 375 Nr. 30 ("Bz D").

193. Jibou, jud. Salaj.- Depot.- 6 Nackenscheibenäxte (davon 1 Exemplar Typus B3 erhalten), mehrere Bronzebrocken.- A. Vulpe, Die Äxte und Beile in Rumänien I (1970) 84 ("Einzelfund") Nr. 382 Taf. 27, 382; M. Petrescu-Dîmbovița, Die Sicheln in Rumänien (1978) 103 Nr. 42; M. Rusu, Dacia N.S. 7, 1963, 206 ("Bronzestufe D") Nr. 36.

194. Jorj, Oltenien.- Griffzungendolch.- R. Peroni, Bad. Fundber. 20, 1956, 88 Nr. 143.

195. Lăpuş (ehem. Lapuşul Român; Oláhlápos), jud. Maramureş.- Grabfunde (Brandgräber unter Hügeln); aus diesen Gräbern auch ein Blechgefäß (Information T. Soroceanu).- 2 Nackenscheibenäxte (Typus B3).- A. Vulpe, Die Äxte und Beile in Rumänien I (1970) 80 Nr. 339.340 Taf. 24, 339.340.

196. Lăpuş, jud. Maramureş.- Einzelfund (oder aus einem Grab?).- Nackenknaufaxt.- A. Vulpe, Die Äxte und Beile in Rumänien I (1970) 99 Nr. 566 Taf. 41, 566.

197. Lăpuş, jud. Maramureş.- Depot (1932).- 4 Tüllenbeile, 16 Armringe, 1 Axt, 1 Knopfsichel.- M. Rusu, Dacia N.S. 7, 1963, 206 ("Bronzestufe D") Nr. 37; M. Petrescu-Dîmbovița, Die Sicheln in Rumänien (1978) 103 Nr. 43 Taf. 35 E.

198. Lăpuşel, jud. Maramureş.- Einzelfund.- Nackenscheibenaxt (Typus B3).- A. Vulpe, Die Äxte und Beile in Rumänien I (1970) 81 Nr. 346 Taf. 25, 346.

199. Lăţunas, jud. Timiş.- Depot in Tongefäß (1887).- 2 Tüllenbeile (in einem steckte ein Armringfrg.), 3 Sichelfrgte., 5 Sägen, 1 Stab, 1 Gußbrocken, dazu vielleicht ein Tüllenbeil.- M. Petrescu-Dîmbovița, Die Sicheln in Rumänien (1978) 122 Nr. 146 Taf. 120B.

200. Lelei, jud. Satu Mare.- Depot.- 27 Armringe.- M. Rusu, Dacia N.S. 7, 1963, 206 ("Bronzestufe D") Nr. 38; M. Petrescu-Dîmbovița, Die Sicheln in Rumänien (1978) 103 Nr. 44 Taf. 35F.

201. Lepindea (Leppend), jud. Mureş.- Depot.- 3 Hakensichelfrgte., 1 Tüllenbeilfrg. (siebenbürgischer Typus?).- M. Rusu, Dacia N.S. 7, 1963, 206 ("Bronzestufe D") Nr. 39; M. Petrescu-Dîmbovița, Die Sicheln in Rumänien (1978) 103 (erwähnt nur die Sicheln) Nr. 45 Taf. 36 A; M. Rusu, Sargetia 4, 1966, 36 Nr. 76; M. v. Roska, Eurasia Septentrionalis Antiqua 12, 1938, 156 Nr. 31.

202. Leppend -> Lepindea

203. Liubcova, jud. Caraş-Severin.- Depot in einem Tongefäß (1980) im Areal eines Gräberfeldes mit Keramik des "Typus Dubovac-Zuto-Brdo-Gîrla Mare"; alle Bronzen (43 Stücke) stark fragmentiert.- 5 Schwertklingenfrgte., 1 Blattbügelfibel, 1 Ringscheibenanhänger, 2 Sichelfrgte., 3 Sägen, 4 Dolche, 1 Draht, 1 tordierter Draht, 2 Blechknöpfe, 1 Tüllenhammer, 2 Tüllenbeile, 6 Ringe, 2 Gußbrocken, 1 Hülse, 8 Bronzefrgte.- T. Soroceanu, Symposium Berlin-Nitra (1982) 375 Nr. 32 ("Ha A"); G. Sacarin, Banatica 8, 1985, 91ff. Taf. 1-7.

204. Livada Mica (Sárközújlak), jud. Satu Mare.- Depot (Fundumstände unsicher).- 8 Nackenscheibenäxte (Typus B3 und B4) (vier erhalten, davon eine fragmentiert).- T. Bader, Inv. Arch. Rumänien Fasc. 6 (1971) R 27; A. Vulpe, Die Äxte und Beile in Rumänien I (1970) 84 Nr. 377 Taf. 27, 377; 86 Nr. 450 Taf. 32, 450; 91 Nr. 500 Taf. 36, 500; 94 Nr. 539 Taf. 39, 539; Nr. 377; M. Petrescu-Dîmbovița, Die Sicheln in Rumänien (1978) 103 Taf. 36 B; Mozsolics, Bronze- und Goldfunde 176 ("Horizont Opalyi") vermutet Zugehörigkeit zum Hort von Prilog; M. Rusu, Dacia N.S. 7, 1963, 206 ("Bronzestufe D") Nr. 40.

205. Livada Noua -> Prilog

206. Logreşti-Moşteni, jud. Gorj.- Depot.- 3 Gußformen für Tüllenbeile siebenbürgischer Art.- M. Petrescu-Dîmbovița, Die Sicheln in Rumänien (1978) 112 Nr. 107 Taf. 74 C; M. Rusu, Sargetia 4, 1966, 36 Nr. 77; B. Wanzek, Die Gußmodel für Tüllenbeile im südöstlichen Europa (1989) 201 Nr. 48.

207. Lozna-Mare (Nagylózna), jud. Salaj.- Depot in Tongefäß "unter dem Hügel".- 2 Lanzenspitzen, 1 Tüllenbeil (siebenbürgischen Typus), 2 Armringe, 4 kleine Ringe, 2 scheibenförmige Knöpfe, 1 Pferdegeschirrknopf ("Anhänger" ?), 1 Nadelfrg., 4 Trensenknebel (davon einer fragmentiert), 1 Nackenscheibenaxt (Typus B3); vielleicht weitere verlorene Gegenstände.- M. Rusu, Dacia N.S. 7, 1963, 206 ("Bronzestufe D") Nr. 41; Mozsolics, Bronze- und Goldfunde 158 ("Horizont Opalyi") Taf. 72 B; A.

Vulpe, Die Äxte und Beile in Rumänien I (1970) 81 Nr. 348 Taf. 78 A; M. Petrescu-Dîmboviţa, Die Sicheln in Rumänien (1978) 103f. ("Erste Jungbronzezeitstufe") Nr. 47 Taf. 36 C-37 A; v. Brunn, Mitteldeutsche Hortfunde 289; M. Rusu, Sargetia 4, 1966, 36 Nr. 78.

208. **Lugoj**, jud. Timiş.- Depot.- 1 Tüllenbeilfrg., 4 Armringfrgte.- M. Petrescu-Dîmboviţa, Die Sicheln in Rumänien (1978) 122 Nr. 147 Taf. 120C; ders., Depozitele de bronzuri din România (1977) 99 Taf. 163, 6-8.

209. **Măgherani**, jud. Mureş.- Depot.- 1 Zungensichel, 3 Hakensicheln.- Rusu, Dacia N.S. 7, 1963, 206 ("Bronzestufe D") Nr. 44; M. Petrescu-Dîmboviţa, Die Sicheln in Rumänien (1978) 104 Nr. 49 Taf. 37C.

210 entfällt.

211. **Măgura**, r. Ilia.- Siebenbürgisches Tüllenbeil.- M. Rusu, Sargetia 4, 1966, 36 Nr. 80.

212. **Maioreşti**, jud. Mureş.- "5 Sicheln". T. Soroceanu teilt freundlichst mit, daß dieser Fund inexistent ist und es sich um die Sicheln von Aluniş (hier Nr. 9) handelt.- M. Petrescu-Dîmboviţa, Die Sicheln in Rumänien (1978) 157 Nr. 344 ("unsicherer Hort").

213. **Malnaş**, jud. Covasna.- Depot in der Nähe eines Steinbruchs (unvollständig).- 6 Hakensicheln, 1 Meißelfrg., 1 Griffzungenmesser, Bronzegefäßfrgte., Lanzenspitze, 7 Armringe und Fragmente.- M. Rusu, Dacia N.S. 7, 1963, 206 ("Bronzestufe D") Nr. 42; M. Petrescu-Dîmboviţa, Die Sicheln in Rumänien (1978) 153 Nr. 292.

214. **Maramureş**.- Aus einem Depot (?).- 11 Nackenscheibenaxtfrgte. (Typus B3), Knopf- und Hakensicheln, Tüllenbeile, Armringe, hutförmige Knöpfe, Schlaftlochaxtklinge.- A. Vulpe, Die Äxte und Beile in Rumänien I (1970) 81 Nr.349-358 Taf. 25, 349-358.

215. **Maramureş**.- Depot (?).- Nackenscheibenaxt (Var. B4).- A. Vulpe, Die Äxte und Beile in Rumänien I (1970) 93 Nr. 514 Taf. 37, 514; Nr. 487.

216. **Maramureş**.- Nackenscheibenaxt (Var. B4).- A. Vulpe, Die Äxte und Beile in Rumänien I (1970) 90 Nr. 487 Taf. 35, 487.

217. **Maramureş**.- Nackenscheibenaxt (Var. B4).- A. Vulpe, Die Äxte und Beile in Rumänien I (1970) 90 Nr. 488 Taf. 35, 488.

218. **Maramureş** (jud.).- Depot.- Nackenscheibenaxt (Typus B3).- A. Vulpe, Die Äxte und Beile in Rumänien I (1970) 84 Nr. 385 Taf. 27, 385 Nr. 349.

219. **Maramureş**.- Dreiwulstschwert.- A.D. Alexandrescu, Dacia N.S. 10, 1966, 11 Nr. 6 Taf. 5, 7.27

220. **Maramureş**.- Siebenbürgisches (?) Tüllenbeil.- M. Rusu, Sargetia 4, 1966, 36 Nr. 79.

221. **Marca**, jud Salaj .- Depot.- 7 Tüllenbeile und Fragmente, 1 Schwertfrg., 1 Gußkuchen, 1 Armringfrg.- M. Rusu, Dacia N.S. 7, 1963, 206 ("Bronzestufe D") Nr. 43; M. Petrescu-Dîmboviţa, Die Sicheln in Rumänien (1978) 104 Nr. 48 Taf. 37 B.

222. **Martineşti**, jud. Hunedoara.- Depot.- 1 Tüllenbeilfrg., 2 mittelständige Lappenbeile ("Typus Uriu"), 2 Hakensichelfrgte., 3 Nadelschützer, 2 Bronzebrocken; vielleicht noch 3 Hakensichelfrgte.- M. Petrescu-Dîmboviţa, Die Sicheln in Rumänien (1978) 122 ("Zweite Jungbronzezeitstufe") Nr. 148 Taf. 120 D; A. Vulpe, Die Äxte und Beile in Rumänien (1970)I, 74 Nr. 406-407 Taf. 41, 406-407.

223. **Mediş**, r. Mediş.- Siebenbürgisches (?) Tüllenbeil.- M. Rusu, Sargetia 4, 1966, 36 Nr. 81.

224. **Medişa**, jud. Satu Mare.- Depot.- 5 Streitäxte mit Nackenscheibe und Dorn (ein Exemplar erhalten).- T. Soroceanu, Symposium Berlin-Nitra (1982) 375 Nr. 35 ("Bz D").

225. **Meseşenii de Sus**, jud. Salaj.- Siebenbürgisches Tüllenbeil.- E. Lakó, Acta Mus. Porolissensis 7, 1983, 80 Nr. 49 Taf. 8,2.

226. **Micăsasa**, jud. Sibiu.- Depot.- 9 oder 10 Hakensicheln.- M. Petrescu-Dîmboviţa, Die Sicheln in Rumänien (1978) 104 Nr. 50 Taf. 37D-38A.

227. **Miercurea Ciuc**, jud. Harghita.- Depot (bei einer Steinbruchsprengung; vielleicht unvollständig).- 4 Tüllenbeile, 1 Meißel, 1 Hakensichel, 1 Lanzenspitze (mit gestuftem Blatt).- M. Petrescu-Dîmboviţa, Die Sicheln in Rumänien (1978) 104 Nr. 51 Taf. 38 B.

228. **Minişu de Sus**, jud. Arad.- Depot.- 101 Knöpfe, 2 Phalerenfrgte., 8 Spiralröllchen, 15 Fragmente von Anhängern, Sicheln u.a.- M. Rusu, Dacia N.S. 7, 1963, 206 ("Bronzestufe D") Nr. 45; M. Petrescu-Dîmboviţa, Die Sicheln in Rumänien (1978) 104 Nr. 52 Taf. 39A.

229. **Mintiu Gherlii** (Szamosújvárnémeti), r. Gherla.- Siebenbürgisches (?) Tüllenbeil.- M. Rusu, Sargetia 4, 1966, 36 Nr. 82.

230. **Mirăslău**, r. Aiud.- Siebenbürgisches (?) Tüllenbeil.- M. Rusu, Sargetia 4, 1966, 36 Nr. 83.

231. **Mişca** -> Oradea, Depot IV (Nr. 261C).

232. **Mişca**, jud. Bihor.- Depot (1967) auf einer Anhöhe.- 100-120 schildförmige Anhänger, 20-25 Spiralröhrchen.- Die erhaltenen Teile (66) wiegen 1108 g; es handelt sich um 55 Anhänger, von denen 37 unbeschädigt sind und 11 Spiralröhrchen.- N. Chidiosan, Stud. şi Cerc. Istor. Veche 28, 1977, 55ff. mit Abb; C. Kacsó, Apulum 26, 1989, 80 Abb. 1,9-16; 2, 1-7.

233. **Mişid**, com. Suncuiuş, jud. Bihor.- Höhlenfund.- Bronzeblechgürtel, 9 Nadelschützer, 1 Angelhaken, 1 Nadel (?), 1 kleiner Ring mit übereinander gelegten Enden , 1 Tongefäß ein Miniaturtongefäß, 2 Tonscheiben, 5 Tonobjekte, 42 Bernsteinperlen, 1 Steinabschlag.- N. Chidiosan, I. Emödi, Thraco-Dacia 2, 1981, 161ff. mit Abb.

234. **Mociu** (Mócs), jud. Cluj.- Depot.- Knopfsichelfrg., 9 Hakensicheln, 2 Lanzenspitzen (eine mit gestuftem Blatt, eine mit profilierter Tülle), 4 Bronzestücke.- v.Roska, Repertorium 183 Abb. 222; M. Petrescu-Dîmboviţa, Die Sicheln in Rumänien (1978) 104 Nr. 54 Taf. 40 A; v. Brunn, Mitteldeutsche Hortfunde 289; M. Rusu, Dacia N.S. 7, 1963, 206 ("Bronzestufe D") Nr. 47.

235. **Mogoşeşti-Siret**.- Einzelfund.- Siebenbürgisches Tüllenbeil.- V. Chirica, M. Tanasachi, Repertoriul Arheologic al judetul Iaşi I (1984) 276 Abb. 9, 1.

236. **Moigrad**, jud. Salaj.- Im Umkreis des Berges Magura zahlreiche Tüllenbeile, Äxte, Lanzen, und Pfeilspitzen.- M. Petrescu-Dîmboviţa, Die Sicheln in Rumänien (1978) 157.

237. **Moigrad**, jud. Salaj.- Einzelfund.- Nackenscheibenaxt (Typus B3).- A. Vulpe, Die Äxte und Beile in Rumänien I (1970) 84 Nr. 397 Taf. 28, 397.

238. **Moigrad**, jud. Salaj.- Einzelfund.- Absatzbeil mit gerader Rast.-A. Vulpe, Die Äxte und Beile in Rumänien I (1970) 72 Nr. 373 Taf. 39, 373.

239. **Moldova Veche**, Bez. Caraş-Severin.- Depot I.- 3 Tüllenbeilfrgte., 7 Fragmente einer Knopfsichel, 3 Zungensichelfrgte., 3 Sichelfrgte., 4 Griffzungenmesser, 1 Meißel, 20 Sägen, 1 Schwertklingenfrg., 1 Dolchfrg., 3 Pfeilspitzen, 11 z.T. fragmentierte

Armringe, 1 Ampyx, 1 Tutulus, Kugelkopfnadel, 2 Nadelspitzen, 1 Spirale (Fibel?), 3 Drahtstücke, 3 tordierte Ringe, 2 Anhänger, 1 Fragment, 2 Gußkuchenstücke.- M. Petrescu-Dîmbovița, Die Sicheln in Rumänien (1978) 122f. Nr. 149 ("Zweite Jungbronzezeitstufe") Taf. 120E-121A.

240. Moldova Veche, Bez. Caraș-Severin.- Depot II auf der Donauinsel (Zusammensetzung "nicht ganz sicher").- Tüllenbeil, Zungensichel, 5 Armringe, Nadelkopf.- M. Petrescu-Dîmbovița, Die Sicheln in Rumänien (1978) 123 Nr. 150 Taf. 121 B-122A.

241. Moldova Veche, Bez. Caraș-Severin.- Depot III auf der Donauinsel (Datierung?).- 7 zu einer Kette zusammengefügte Ringe.- M. Petrescu-Dîmbovița, Die Sicheln in Rumänien (1978) 123 Nr. 151 Taf. 122B.

242. Moldova Veche, Bez. Caraș-Severin.- Depot IV.- Kette mit eingehängten Miniaturgefäßen (aus den Gava-artigen Gefäßen ergibt sich die Datierung der Kette in die ältere Urnenfelderzeit), einer Widderfigur und einem Anhänger.- M. Petrescu-Dîmbovița, Die Sicheln in Rumänien (1978) 123 Nr. 152 Taf. 122 C.

243. Moldovenești (Várfalva) r. Turda.- Einzelfund am Várhegy.- Siebenbürgisches Tüllenbeil.- M. Rusu, Sargetia 4, 1966, 36 Nr. 84; M. v. Roska, Eurasia Septentrionalis Antiqua 12, 1938, 160 Nr. 71.

244. Nadiș (Nadeșul Roman), jud. Salaj.- Vermutlich Depot I.- Nackenscheibenaxt (Typus B3), eine weitere Axt ?, 4 Tüllenbeile ("davon 3 siebenbürgischer Art").- M. Rusu, Dacia N.S. 7, 1963, 206 ("Bronzestufe D") Nr. 48; A. Vulpe, Die Äxte und Beile in Rumänien I (1970) 87 Nr.482 Taf. 34, 482; M. Petrescu-Dîmbovița, Die Sicheln in Rumänien (1978) 104 Nr. 55 Taf. 40 B.

245. entfällt.

246. entfällt

Nagyfalù -> Satu Mare

247. Negrești, jud. Vaslui.- Depot.- 5 Tüllenbeile (davon 3 siebenbürgischer Typus), 8 Sicheln und Fragmente, 1 Lanzenspitzentülle.- M. Petrescu-Dîmbovița, Die Sicheln in Rumänien (1978) 110 Nr. 97 Taf. 63 A; M. Rusu, Sargetia 4, 1966, 36 Nr. 85.

248. entfällt.

249. Nordsiebenbürgen.- 2 Nackenkammäxte.- A. Vulpe, Die Äxte und Beile in Rumänien I (1970) 58 Nr. 253.254 Taf. 16, 253.254.

250. Nordsiebenbürgen.- Nackenkammaxt.- A. Vulpe, Die Äxte und Beile in Rumänien I (1970) 58 Nr.259 Taf. 17, 259.

251. Oarța de Sus, jud. Maramureș.- Einzelfund.- Nackenknaufaxt.- C. Kascó, Acta Mus. Napocensis 14, 1977, 57ff.Abb.1.

252. Oarța de Sus, jud. Maramureș.- Einzelfund.- Nackenscheibenaxt (Typus B3).- C. Kacsó, Marmatia 3, 1977, 29f. Abb.2.

253. Oarța de Sus, jud. Salaj.- Einzelfund.- Nackenscheibenaxt (Typus B3).- A. Vulpe, Die Äxte und Beile in Rumänien I (1970) 84 Nr. 398 Taf. 28, 398.

254. Ocna de Fier (Morawitza, Eisenstein), jud Caraș-Severin.- Depot in Steinbruch (1890).- 1 Zungensichel, 14 Armringfrgte., 1 "Spiralbarren" (?).- M. Petrescu-Dîmbovița, Die Sicheln in Rumänien (1978) 123 Nr. 153 Taf. 122D.

255. Ocna Mureș, jud. Alba.- Depot (?).- Tüllenbeil, 2 weitere verschollen.- M. Petrescu-Dîmbovița, Die Sicheln in Rumänien (1978) 157 Nr. 346 ("Unsicherer Hort") Taf. 274 C.

256. Ocna Sibiului, jud. Sibiu.- Depot.- 1 Tüllenhammer, 1 Hakensichelfrg., 1 Lanzenspitze, 1 Gußkuchenstück: dazu möglicherweise 1 Tüllenbeil und ein Bronzegegenstand (verloren).- M. Petrescu-Dîmbovița, Die Sicheln in Rumänien (1978) 123 Nr. 154 Taf. 122 E.

257. Odorhei (Bezirk).- Siebenbürgisches Tüllenbeil.- M. Rusu, Sargetia 4, 1966, 36 Nr. 86.

258. Odorhei (Butvar), Rayon Odorhei.- Dreiwulstschwert (Typus Liptau).- Müller-Karpe, Vollgriffschwerter 100 Taf. 18,1; A.D. Alexandrescu, Dacia N.S. 10, 1966, 10 Nr. 2 Taf. 5,5; 6,7.

259. Odorheiu Secuiesc, jud. Harghita.- Einzelfund.- Nackenscheibenaxt (Typus B3).- A. Vulpe, Die Äxte und Beile in Rumänien I (1970) 88 Nr. 481 Taf. 34, 481.

260. Oinacu, jud. Ilfov.- Depot.- 15 Tüllenbeile (süddanubisch-bulgarischer Typus).- M. Petrescu-Dîmbovița, Die Sicheln in Rumänien (1978) 112 Nr. 104 Taf. 73 B; M. Rusu, Sargetia 4, 1966, 36 Nr. 87.

261. Oradea, jud. Bihor (Nagyvárad, Großwardein).- Depot I (1870).- Tüllenbeile, Radialscheiben.- Information T. Soroceanu (die Depotfunde von Oradea wird C. Kasco in T. Soroceanu (Hrsg.), Bronzefunde aus Rumänien (im Druck) behandeln; Hampel, Alterthümer Taf. 34, 3.

261A. Oradea, jud. Bihor (Nagyvárad, Großwardein).- Depot II (1896).- 2 Lanzenspitzen, 1 Axt, 1 Tüllenbeil.- Information T. Soroceanu.

261B. Oradea, jud. Bihor (Nagyvárad, Großwardein).- Depot III.- Mittelbronzezeit.- Information T. Soroceanu.

261C. Oradea, jud. Bihor (Micske Puszta).- Depot IV (vollständig?).- 1 Lanzenspitze, 4 Sichelfrgte., Spiralscheibe, 4 Drahtbruchstücke, Anhänger, 2 dreieckige Anhänger, 2 Nadelschützer, Ösennadel, Kompositgehänge (vermutlich nur teilweise erhalten) aus tordierten Ringgliedern und eingehängten Dreieckanhängern (mit durchbrochenem Blatt), 4 schildförmige Anhänger, 8 Ampyxen, 2 "Radösenknöpfe mit vier Speichen", 2 Ösenknöpfe, 2 Tutuli, 12 Phaleren, 1 Bronzeplattenfrg., breite Bronzeplatte, Tüllenbeil, 1 Oberteil eines Miniaturgriffzungenschwertes (oder eher Dolch), Dolchklingenstück, und andere Bronzefrgte.- Petrescu-Dîmbovița, Sicheln 104 ("Erste Jungbronzezeitstufe") Nr. 53 Taf. 39 B; Mozsolics, Bronzefunde 157 ("Horizont Opályi") Taf. 73 B; Roska, Thesaurus 181 Abb. 219; G. Kossack, Studien zum Symbolgut der Urnenfelder- und Hallstattzeit Mitteleuropas (1954) 98 E16; N. Chidiosan, Stud. și Cerc. Istor. Veche 28, 1977, 62 ("Oradea") Abb. 4,12; 5, 2.4; v. Brunn, Mitteldeutsche Hortfunde 289; M. Rusu, Dacia N.S. 7, 1963, 206 ("Bronzestufe D") Nr. 46; T. Bader, Die Schwerter in Rumänien (1991) 82f. Nr. 133-134 Taf. 16, 133-134.

261D. Oradea, jud. Bihor (Nagyvárad, Großwardein).- Depot V.- Hallstattzeitliches Depot (?).- Information T. Soroceanu.

261E. Oradea, jud. Bihor (Nagyvárad, Großwardein).- Depot VI (1958).- Information T. Soroceanu.

262. Oradea (Nagyvárad, Großwardein).- Depot VII (angeblich Grab).- Scheibe mit Radialrippen, 2 schildförmige Anhänger, 1 Phalere, 1 Fragment eines Kompositgehänges, 7 kleinere Phaleren, 2 Ringscheibenanhänger mit Radkreuz, 2 Räder, 4 Nadelschützer, 7 Ampyxe.- R.A. Smith, British Mus. Quart. 4, 1927, 92. Taf. 50; J. Nestor, 22. Ber. RGK 1932, 119 Anm. 490; G. Kossack, Studien zum Symbolgut der Urnenfelder- und Hallstattzeit Mitteleuropas (1954) 98 E18; C. Kacsó, Apulum 26, 1989, 80.

263. Oradea, jud. Bihor.- Streufund.- Posamenterifibel (Var. A3).- T. Bader, Die Fibeln in Rumänien (1983) 45 Nr. 30 Taf. 7, 30.

264. Oradea, Rayon Oradea.- Einzelfund.- Dreiwulstschwert.- A.D. Alexandrescu, Dacia N.S. 10, 1966, 11 Nr. 9 Taf. 5,6.

265. Orheiu Bistriţei, jud. Bistriţa Nasaud.- Einzelfund.- Siebenbürgisches Tüllenbeil.- G. Marinescu, Marisia 10, 1980, 46 Taf. 9, 6.

266. Ormeniş, jud. Braşov (in der Lit.: auch "Armenis").- Depot.- 3 Tüllenbeile, 1 Lanzenspitze, 1 Zungensichel.- M. Petrescu-Dîmboviţa, Die Sicheln in Rumänien (1978) 123 Nr. 155 Taf. 123 A; ders., Depozitele de bronzuri din România (1977) 100f. Taf. 167, 11-15.

267. Orşova, r. Orşova.- Siebenbürgisches (?) Tüllenbeil.- M. Rusu, Sargetia 4, 1966, 36 Nr. 90.

268. Oşorhei, jud Bihor.- Gußformendepot.- M. Rusu, Dacia N.S. 7, 1963, 206 ("Bronzestufe D") Nr. 50; M. Petrescu-Dîmboviţa, Die Sicheln in Rumänien (1978) 104 Nr. 56 Taf. 41 A.

269. Ostrovu Mare, r. Vînju Mare.- Siebenbürgisches (?) Tüllenbeil.- M. Rusu, Sargetia 4, 1966, 36 Nr. 91.

270. Otomani, jud. Bihor.- Depot in Siedlung.- 17 Phaleren, 7 Tutuli, 4 Knöpfe, 2 Nadeln, 69 Spiralröllchen.- M. Petrescu-Dîmboviţa, Die Sicheln in Rumänien (1978) 123 Nr. 156 Taf. 123 B-124A.

271. Otomani, jud. Bihor.- Siebenbürgisches (?) Tüllenbeil.- M. Rusu, Sargetia 4, 1966, 36 Nr. 92.

272. Pǎltiniş, jud. Sibiu.- Depot.- Tüllenbeil, 2 Zungensicheln, 1 Schwertspitze.- M. Petrescu-Dîmboviţa, Die Sicheln in Rumänien (1978) 123f. Nr. 157 Taf. 124B.

273. Panticeu (Páncélcseh), jud. Cluj.- Depot.- 2 Nackenscheibenaxtfrgte. (Var. B4), 2 Lanzenspitzen (davon 1 fragmentiert), 1 Tüllenbeil, 2 Tüllenbeilfrgte. (1 Schnabeltüllenbeil, 1 siebenbürgisches), 1 Tüllenmeißel (oder Sauroter?), 1 Griffzungendolchfrg., 7 (oder 5?) Knopf- und 1 Griffzungensichelfrg., 1 gerippter Armring, 1 strichverzierter Armring, 2 unverzierte Armringe, 1 Armringfrg., 1 Bronzestück (Funktion?), 1 Gußstück, 1 Keil (?), 1 Barren mit dreieckigem Querschnitt.- v. Brunn, Mitteldeutsche Hortfunde 290; M. Rusu, Dacia N.S. 7, 1963, 206 ("Bronzestufe D") Nr. 52; A. Vulpe, Die Äxte und Beile in Rumänien I (1970) 91 Nr. 501-502 Taf. 36, 501-502; M. Petrescu-Dîmboviţa, Die Sicheln in Rumänien (1978) 105 ("Erste Jungbronzezeitstufe") Nr. 57 Taf. 41 B; Mozsolics, Bronze- und Goldfunde 167f. ("Horizont Opályi") Taf. 45 B; M. Rusu, Sargetia 4, 1966, 36 Nr. 93.

274. Panticeu, Rayon Gherla.- Einzelfund.- Dreiwulstschwert.- A.D. Alexandrescu, Dacia N.S. 10, 1966, 11 Nr. 12 Taf. 25,1.

275. Pasareni, r. Tirgu Mureş.- Siebenbürgisches (?) Tüllenbeil.- M. Rusu, Sargetia 4, 1966, 37 Nr. 94.

275A. Pecica, jud. Arad.- Depot I.- 1 Griffzungenschwert, 2 Tüllenbeile, 1 Knopfsichel, Ahle, 15 Sägeklingen, 1 Messerfrg., 1 Dolchfrg., 1 Lanzenspitze, 1 Armring, 1 Ring, 1 Drahtfrg., 2 Armbandfrgte., 2 Tutuli, 3 Phaleren, 54 Besatzbuckelknöpfe, 2 Knöpfe, 1 Scheibennadel, 1 Spiralröllchen, 5 Bronzestücke.- T. Bader, Die Schwerter in Rumänien (1991) 77 Nr. 81 Taf. 13, 81 (hier als Depot II bezeichnet).

276. Pecica, jud. Arad.- Depot II in einem schwarzen Tongefäß, wahrscheinlich mit einer Tontasse abgedeckt.- 3 Tüllenbeilfrgte., 18 Knopfsicheln, 2 od. 3 Messerfrgte., 27 z.T. fragmentierte Sägen, 1 verzierter Blechgürttel (in zwei Teile zerbrochen), 3 Gürtelblechfrgte., 7 Griffzungenschwertfrgte., 1 Dolch, 4 Fragmente von zwei Lanzenspitzen, 8 Armringe, 10 z.T. fragmentierte Nadelschützer, 4 Spiralarmbänder., 1 Frg. eines Spiralarmbandes, 4 Spiralfrgte. von Fibeln, 1 haubenförmiger Knopf, 8 kleinere Knöpfe, 1 Ring, 220 z.t. verzierte Bronzeblechkegel, 6 unbestimmte Fragmente, 8 Rohbronzebrocken, 8 kegelstumpfförmige Bernsteinperlen, 2 Glasperlen, Tongefäß und Tasse.- M. Petrescu-Dîmboviţa, Die Sicheln in Rumänien (1978) 124 Nr. 158 Taf. 124 C- 128 A; T. Bader, Die Schwerter in Rumänien (1991) 70 Nr. 44 Taf. 10, 44.

277. Pecica, jud. Arad.- Depot III in einem Weingarten und in enger Nähe zu Depot II.- 3 Tüllenbeile, 2 Sicheln.- M. Petrescu-Dîmboviţa, Die Sicheln in Rumänien (1978) 124 Nr. 159 Taf. 128B.

278. Perişor, jud. Bistriţa-Nasaud.- Depot in Tongefäß.- 7 Nackenkammäxte (900 g, 545 g, 375 g, 355 g, 175 g, 145 g, 15 g), 9 Nackenscheibenäxte (585 g, 515 g, 455 g, 450 g, 440 g, 435 g, 425 g, 415 g, 410 g), 1 Nackenknaufaxt (200 g); 7 Tüllenbeile (395 g, 300 g, 225 g, 220 g, 185 g, 125 g, 115 g+50 g), 1 Vollgriffdolch (192 g), 2 Tutuli (9 g, 7 g), 1 Ahle (20 g), 8 Knopfsicheln (105 g, 95 g, 80 g, 80 g, 75 g, 75 g, 70 g, 35 g [frg.], 2 Hakensichelfragmente (125 g, 55 g), 6 Sichelfrgte. (85 g, 30 g, 25 g, 20 g, 15 g, 10 g), Bronzefrg. (30 g), Schwert- oder Dolchklingenfrg. (90 g), Bronzegußkuchen (482 g), mehrere kleine Stücke mit einem Gewicht von 2200 g; Gesamtgewicht des Hortes 12,555 kg.- T. Soroceanu, A. Retegan, Dacia N.S. 25, 1981, 207ff. Abb. 26-32.

279. Pescari, jud. Caraş-Severin.- Depot I (Datierung?).- Kette aus 14 kleineren und 2 größeren Ringen.- M. Petrescu-Dîmboviţa, Die Sicheln in Rumänien (1978) 124 Nr. 160 Taf. 129 A.

280. Pescari, jud. Caraş-Severin.- Depot II.- 3 Tüllenbeile bei Steinbrucharbeiten.- C. Sacarin, Banatica 4, 1977, 111ff. Taf. 2, 1-3.

281. Peteritea, jud. Maramureş.- Depot in Tongefäß.- 5 Äxte, 1 Golddrahtarmring, 1 Goldspirale.- M. Rusu, Dacia N.S. 7, 1963, 206 ("Bronzestufe D") Nr. 53; M. Petrescu-Dîmboviţa, Die Sicheln in Rumänien (1978) 105; A. Vulpe, Die Äxte und Beile in Rumänien I (1970) 58 Nr. 261.

282. Petroşani, jud. Hunedoara.- Depot I (unvollständig ?).- 3 Tüllenbeile (siebenbürgischer Typus), 1 Lanzenspitze mit profilierter Tülle.- L. Marghitan, Sargetia 5, 1968, 23ff. Abb. 1-3.8; M. Rusu, Dacia N.S. 7, 1963, 206 ("Bronzestufe D") Nr. 54; M. Petrescu-Dîmboviţa, Die Sicheln in Rumänien (1978) 105 Nr. 59 Taf. 43 A; M. Rusu, Sargetia 4, 1966, 36 Nr. 95.

283. Petroşani, jud. Hunedoara.- Depot II.- 10 Tüllenbeile.- M. Petrescu-Dîmboviţa, Die Sicheln in Rumänien (1978) 124 Nr. 161 Taf. 129 B; M. Rusu, Dacia N.S. 7, 1963, 206 ("Bronzestufe D") Nr. 55.

284. Petroşani, jud. Hunedoara.- Depot III (Teil von Depot II?).- 5 Tüllenbeile (verschollen).- M. Petrescu-Dîmboviţa, Die Sicheln in Rumänien (1978) 157 Nr. 347 Taf. 274 D ("unsicherer Hort").

285. Pinticu, jud. Bistriţa Nasaud.- Einzelfund.- Siebenbürgisches Tüllenbeil.- G. Marinescu, Marisia 10, 1980, 46f. Taf. 9, 7.

286. Pir, jud. Satu Mare.- Siedlungsfund (Otomani-Siedlung).- Gußform für eine Nackenkammaxt.- A. Vulpe, Die Äxte und Beile in Rumänien I (1970) 58 Nr. 260 Taf. 17, 260.

287. Pleniţa, jud. Dolj.- Gußformenhort.- B. Wanzek, Die Gußmodel für Tüllenbeile im südöstlichen Europa (1989) 202 Nr. 52.

288. Pojejena, jud. Caraş-Severin.- Depot (1988).- 10 Armringe (53,42 g; 38,98 g; 32,78 g; 141,97 g; 27,72 g; 29,54 g; 28,95 g; 26,40 g; 25,31 g; 24,69 g), 1 kleiner Ring (10,99 g).- A. Oprinescu, Banatica 10, 1990, 81ff. mit Abb.

289. Poiana, r. Roman.- Siebenbürgisches (?) Tüllenbeil.- M. Rusu, Sargetia 4, 1966, 37 Nr. 96.

290. Popeşti (Nádaspapfalva), jud. Cluj.- Depot in Tongefäß.- 1 Nackenscheibenaxt, 3 Tüllenbeilfrgte., 2 Tüllenbeile (1 Schnabeltüllenbeil, 1 siebenbürgischer Typus), 4 Hakensichelfrgte., 1 Knopfsichel, 3 Sichelfrgte., 1 Kette aus kleinen Ringen, 2 Pferdegeschirrteile, 1 Lanzenspitze, 1 Nadel, 5 Armringe, 6 Gußbrocken.- M. Petrescu-Dîmbovița, Die Sicheln in Rumänien (1978) 124 ("Zweite Jungbronzezeitstufe") Nr. 162 Taf. 129; v. Brunn, Hortfunde 290; M. Rusu, Sargetia 4, 1966, 37 Nr. 97; M. v. Roska, Eurasia Septentrionalis Antiqua 12, 1938, 158 Nr. 46.

291. Poroina, r. Turnu Severin.- Siebenbürgisches (?) Tüllenbeil.- M. Rusu, Sargetia 4, 1966, 37 Nr. 98.

292. Posaga de Sus, jud Alba.- Depot in Tongefäß am Ufer des Dorfbaches.- Tüllenbeilfrg., 3 Sichelfrgte., 5 Sägenfrgte., Fragment eines Torques, Nadelschützerfrg., 10 Armringe, Drahtstück mit Saltaleonifrg., 5 schildförmige Anhänger mit Öse, 1 Tutulus, 1 Spirale (von einer Fibel?).- M. Petrescu-Dîmbovița, Die Sicheln in Rumänien (1978) 125 ("Zweite Jungbronzezeitstufe") Nr. 163 Taf. 130 B; C. Kacsó, Apulum 26, 1989, 80 Abb. 2, 13-17; N. Chidiosan, Stud. şi Cerc. Istor. Veche 28, 1977, 62 Abb. 5,3; Hampel, Bronzkor 2 Taf. 165, 6-8; G. Kossack, Studien zum Symbolgut der Urnenfelder- und Hallstattzeit Mitteleuropas (1954) 97 E6.

293. Predeal, Rayon Braşov.- Depot.- Dreiwulstschwert.- Vermutlich jüngere Urnenfelderzeit.- A.D. Alexandrescu, Dacia N.S. 10, 1966, 11 Nr. 10 Taf. 5,8; Müller-Karpe, Vollgriffschwerter Taf. 24, 12.

294. Prejmer, Rayon Sfîntu Gheorghe.- Depot.- Dreiwulstschwert.- Vermutlich jüngere Urnenfelderzeit.- A.D. Alexandrescu, Dacia N.S. 10, 1966, 11 Nr. 11 Taf. 12,1.

295. Preuteşti, r. Falticeni.- Siebenbürgisches (?) Tüllenbeil.- M. Rusu, Sargetia 4, 1966, 37 Nr. 99.

296. Prilog (Livada Noua, Rózsapallag), jud. Satu Mare.- Depot.- 13 Nackenscheibenäxte (11 erhalten) (Var. B3 und B4), 3 stabförmige Barren ("Bronzestangen") (bei Bader nicht aufgezählt, aber zwei abgebildet), 7 oder 8 Gußkuchen "und viel Schlacke".- M. Rusu, Dacia N.S. 7, 1963, 206 ("Bronzestufe D" Nr. 56; T. Bader, Inv. Arch. Rumänien (1971) R 26 a-c; Vulpe, Äxte 93 Nr. 508-512; 84 Nr. 399-402 Taf. 28, 399-402; 90 Nr. 492 Taf. 35, 492; 91 Nr. 504 Taf. 36, 504; Taf. 80; M. Petrescu-Dîmbovița, Die Sicheln in Rumänien (1978) 105 ("Erste Jungbronzezeitstufe") Nr. 60 Taf. 42; Mozsolics, Bronze- und Goldfunde 173 ("Horizont Opályi") Taf. 58 B. Vgl. auch Livada Mica.

297. Proştea Mare, r. Mediş.- Siebenbürgisches (?) Tüllenbeil.- M. Rusu, Sargetia 4, 1966, 37 Nr. 100.

298. Putreda, jud. Buzau.- Depot (unvollständig).- 2 Tüllenbeile, 1 Sichelfrg., 3 Ringe (2 verschollen) 1 Lanzenspitze.- M. Petrescu-Dîmbovița, Die Sicheln in Rumänien (1978) 112 ("Zweite Jungbronzezeitstufe") Nr. 106 Taf. 74 B.

299. Răbăgani, jud. Bihor.- Aus einem Depot (1872).- Dolchklingenfrg., 30 Ampyxe, 1 Trichteranhänger, 6 Phaleren, 7 Nadelschützer, 1 Armringfrg., 1 Tutulus, 13 Blechgürtelfrgte., Spiralscheibe einer Fibel.- M. Petrescu-Dîmbovița, Die Sicheln in Rumänien (1978) 125 ("Zweite Jungbronzezeitstufe" Nr. 165 Taf. 131 B; N. Chidiosan, Stud.si Cerc. Istor. Veche 28, 1977, 60 Abb. 4,3.

300. Rachita, jud Alba.- 3 oder 4 Tüllenbeile (siebenbürgischer Typus).- M. Rusu, Sargetia 4, 1966, 37 Nr. 103; M. Rusu, Dacia N.S. 7, 1963, 206 ("Bronzestufe D") Nr. 57; Petrescu-Dîmbovița, Sicheln 105 Nr. 61 Taf. 44 B.

301. Rădeşti, r. Aiud.- Siebenbürgisches (?) Tüllenbeil.- M. Rusu, Sargetia 4, 1966, 37 Nr. 104.

302. Rapoltu Mare, jud. Hunedoara.- Depot auf dem Berg Dealul Ples unter einer Steinplatte (1961).- 3 Tüllenbeile, 1 Knopfsichel, 18 Sichelfrgte., 2 Bronzefrgte., 2 Messerfrgte., 10 Sägefrgte., 9 Blechfrgte. (vielleicht von Gürteln oder Gefäßen), 2 Lanzenspitzenfrgte., 5 zylindrisch zusammengerollte Bleche, 4 Armringfrgte., 1 verziertes Blech, 7 Fragmente (darunter eine Vogelprotome), 1 Knopf, mehrere Stäbe (darunter vielleicht Nadelfrgte.) 15 Gußbrocken.- M. Petrescu-Dîmbovița, Die Sicheln in Rumänien (1978) 125 Nr. 164 Taf. 131 A; M. Rusu, Sargetia 4, 1966, 37 Nr. 102.

303. Răscruci, jud. Cluj.- Im Uferhang des Baches Borsa nahe der Mündung in den kleinen Somes.- 3 oder 4 Tüllenbeile, 1 Beschlag mit Protomen, vielleicht 2 Nackenscheibenäxte, 1 Armring.- M. Petrescu-Dîmbovița, Die Sicheln in Rumänien (1978) 125f. Nr. 166 Taf. 131C.

304. Războieni-Cetate, Stadt Ocna Mureş.- Depot.- Sauroter (?), 3 Nadeln, 5 Armringe, 3 Ringe.- M. Petrescu-Dîmbovița, Die Sicheln in Rumänien (1978) 126 Nr. 167 Taf. 132 A.

305. Rebrişoara (Kisrebra), jud. Bistrița-Nasaud.- Depot I.- 6 Nackenscheibenäxte (Typus B3 und B4; zwei fragmentiert), 1 mittelständiges Lappenbeil ("Typus Uriu"), 1 Lanzenspitze, 3 Tüllenbeile (2 vom siebenbürgischen Typus; für die Anzweiflung der Zugehörigkeit des dritten Tüllenbeils sprechen bei den jeweiligen Autoren allein chronologische Gründe).- Mozsolics, Bronze- und Goldfunde 148 ("Horizont Opályi") Taf. 69; M. Rusu, Arh. Moldovei 2-3, 1964, 239 Abb. 1; A. Vulpe, Die Äxte und Beile in Rumänien I (1970) 74 Nr. 383 Taf. 40, 383; 86 Nr. 441-445; 90 Nr. 491 Taf. 35, 491; Taf. 82 A; M. Petrescu-Dîmbovița, Die Sicheln in Rumänien (1978) 106 Nr. 63 Taf. 43 C- 44 A; M. Rusu, Dacia N.S. 7, 1963, 206 ("Bronzestufe D") Nr. 58; M. Rusu, Sargetia 4, 1966, 37 Nr. 105.

306. Rebrişoara (Kisrebra), jud. Bistrița-Nasaud.- Depot II.- 4 Nackenscheibenäxte (2 fragmentiert; Typus B3 und B4), 2 Nackenkammäxte, 1 Tüllenbeil (siebenbürgischer Typus), 4 Armringe.- v. Brunn, Mitteldeutsche Hortfunde 290; Mozsolics, Bronze- und Goldfunde 148 ("Horizont Opályi") Taf.70; M. Rusu, Arh. Moldovei 2-3, 1964, 241 Abb.2; A. Vulpe, Die Äxte und Beile in Rumänien I (1970) 58 Nr. 256 Taf. 16, 256; 86 Nr.446 Taf. 32, 446; 90 Nr. 489. 490 Taf. 35, 489. 490; Nr. 263; M. Petrescu-Dîmbovița, Die Sicheln in Rumänien (1978) 105 Nr. 62 Taf. 43 B; M. Rusu, Dacia N.S. 7, 1963, 206 ("Bronzestufe D") Nr. 59; M. Rusu, Sargetia 4, 1966, 37 Nr. 105.

307. Remetea, r. Alba.- Siebenbürgisches Tüllenbeil.- M. Rusu, Sargetia 4, 1966, 37 Nr. 106; M. v. Roska, Eurasia Septentrionalis Antiqua 12, 1938, 158 Nr. 50.

308. Rodna, jud. Bistrița-Nasaud.- Einzelfund.- Nackenscheibenaxt (Typus B3).- A. Vulpe, Die Äxte und Beile in Rumänien I (1970) 84 Nr. 386 Taf. 27, 386.

309. Rona, Stadt Jibou, jud. Salaj.- Depot in einer Salzgrube.- Tüllenbeile, Äxte, Lanzenspitzen.- M. Petrescu-Dîmbovița, Die Sicheln in Rumänien (1978) 153 Nr. 302; M. Rusu, Dacia N.S. 7, 1963, 206 ("Bronzestufe D") Nr. 60.

310. Roşia de Secas, Bez. Alba.- Depot.- Siebenbürgisches Tüllenbeil, Zungensichel, Sichel, Armring.- M. Rusu, Sargetia 4, 1966, 37 Nr. 108; M. v. Roska, Eurasia Septentrionalis Antiqua 12, 1938, 160 Nr. 73; M. Rusu, Dacia N.S. 7, 1963, 206 ("Bronzestufe D") Nr. 61; M. Petrescu-Dîmbovița, Die Sicheln in Rumänien (1978) 106 Nr. 64 Taf. 44 C.

311. Rotunda, r. Falticeni.- Siebenbürgisches (?) Tüllenbeil.- M. Rusu, Sargetia 4, 1966, 37 Nr. 109.

312. Rozavlea, jud. Maramureş.- Depot.- 3 Nackenscheibenäxte bzw. Fragmente (395 g, 205 g, 65 g), 1 mittelständiges Lappenbeil (205 g), 3 Gußbrocken (260 g, 345 g, 390 g), 2 Dolchklingen (65

g; 60 g), 1 Griffzungensichelfrg. (85 g), 1 Armring (100 g), 8 schmale Tüllenbeile (150 g, 160 g, 160 g, 140 g, 155 g, 160 g, 145 g, 165 g), 7 Schnabeltüllenbeile (270 g, 205 g, 275 g, 295 g, 290 g, 125 g, 165 g), 1 Eisenfrg. (5 g).- C. Kacsó u. I. Mitrea, Stud. și Cerc. Istor. Veche 27, 1976, 537ff. Abb. 1-2.

313. **Ruja**.- Depot (großenteils verloren).- Siebenbürgisches Tüllenbeil.- Sargetia 16-17, 1982-83, 121 Abb. 10, 5.

314. **Rupea** (Köhalom), r. Rupea.- Siebenbürgisches Tüllenbeil.- M. Rusu, Sargetia 4, 1966, 37 Nr. 110; M. v. Roska, Eurasia Septentrionalis Antiqua 12, 1938, 156 Nr. 29.

315. **Rus** (Oroszmezö), jud. Salaj.- Depot.- 2 Stangenknebel, 2 Tüllenbeile, 1 Nadelfrg., Bronzescheiben.- H.-G. Hüttel, Bronzezeitliche Trensen in Mittel- und Südosteuropa (1981) 134 Nr. 198-199 Taf. 19, 198-199; M. Petrescu-Dîmbovița, Die Sicheln in Rumänien (1978) 126 Nr. 168 Taf. 132 B.

316. **Rusu de Jos** (Alsóoroszfalu), r. Dej.- Siebenbürgisches Tüllenbeil.- M. Rusu, Sargetia 4, 1966, 37 Nr. 111; M. v. Roska, Eurasia Septentrionalis Antiqua 12, 1938, 154 Nr. 3.

317. **Săcel**, jud. Maramureș.- Einzelfund.- Nackenkammaxt.- C. Kacsó, Marmatia 3, 1977, 31 Abb. 3.

318. **Sacosu-Timisoara**.- Siebenbürgisches (?) Tüllenbeil.- M. Rusu, Sargetia 4, 1966, 37 Nr. 112.

319. **Sacoți**, jud. Vîlcea.- Depot.- Lanzenspitze mit Kurztülle.- T. Bader, Die Fibeln in Rumänien (1983) Taf. 54- 55 A.

320. **Sacoți-Slatioara**, jud. Vîlcea.- Siebenbürgisches (?) Tüllenbeil.- M. Rusu, Sargetia 4, 1966, 37 Nr. 113.

321. entfällt.

322. **Săcueni**, r. Marghita.- Siebenbürgisches (?) Tüllenbeil.- M. Rusu, Sargetia 4, 1966, 37 Nr. 114.

323. **Șaeș**, r. Sighisoara.- Siebenbürgisches (?) Tüllenbeil.- M. Rusu, Sargetia 4, 1966, 37 Nr. 126.

324. **Sălaj** (jud.).- Lappenbeil.- A. Vulpe, Die Äxte und Beile in Rumänien II (1975), 7 Nr. 439 Taf. 44, 439.

325. **Sălciua de Sus**, R. Cîmpeni.- Depot.- M. Rusu, Dacia N.S. 7, 1963, 206 ("Bronzestufe D") Nr. 62.

326. **Săliște**, jud. Maramureș.- Depot.- 1 Tüllenbeil, 1 Nackenscheibenaxt (Var. B4).- Vulpe, Äxte 91 Nr. 496 Taf. 36, 496; M. Petrescu-Dîmbovița, Die Sicheln in Rumänien (1978) 106 Nr. 66 Taf. 45 A.

327. **Samsud**, r. Zalau.- Siebenbürgisches (?) Tüllenbeil.- M. Rusu, Sargetia 4, 1966, 37 Nr. 127.

328. **Sanț**, jud. Bistrița-Nasaud.- Depot.- 4 Nackenkammäxte, 5 Nackenscheibenäxte (Typus B3 und B4), 1 Nackenknaufaxt, 5 Teile des Pferdegeschirrs (Knebel).- A. Vulpe, Die Äxte und Beile in Rumänien I (1970) 58 Nr. 249-252 Taf. 16, 249-252; 85 Nr. 435-436 Taf. 31, 435-436; 86 Nr. 453 Taf. 32, 453; 81 Nr. 360 Taf. 25, 360; Nr. 249; 94 Nr. 538 Taf. 39, 538; 100 Nr. 568 Taf. 41, 568; Taf. 79 A; v. Brunn, Hortfunde 290.

329. **Sărăsău**, jud. Maramureș.- Depot II.- 10 bzw. 13 Nackenscheibenäxte (Typus B3 und B4), davon eine bzw. zwei fragmentiert.- M. Rusu, Dacia N.S. 7, 1963, 206 ("Bronzestufe D") Nr. 63; F. Nistor u. A. Vulpe, Stud. și Cerc. Istor. Veche 20, 1969, 185 Abb. 1 B; 186 Abb. 2 A; A. Vulpe, Die Äxte und Beile in Rumänien I (1970) 85 Nr. 424-429 Taf. 30, 424-429; 86 Nr. 452 Taf. 32, 452; 91 Nr. 497-499 Taf. 36, 497-499; M. Petrescu-Dîmbovița, Die Sicheln in Rumänien (1978) 106 Nr. 65 Taf. 44 D; zu 3 Stücken aus einer Schulsammlung: C. Kacsó u. N. Bura, Acta Mus. Napocensis 11, 1974, 1ff. Abb. 1.

330. **Sarpatac**, r. Sighisoara.- Siebenbürgisches (?) Tüllenbeil.- M. Rusu, Sargetia 4, 1966, 37 Nr. 128.

331. **Săsarni**, com Chiuza.- Einzelfund.- Siebenbürgisches (?) Tüllenbeil (Gew. 385 g).- G. Marinescu, Studi și communicari 31, 1979, 128 Taf. 2, 4.

332. **Sasciori**, r. Sebes.- Siebenbürgisches (?) Tüllenbeil.- M. Rusu, Sargetia 4, 1966, 37 Nr. 115.

333. **Satu Mare** (Judetul).- Depot II.- 4 Nackenscheibenäxte (Var. B4).- A. Vulpe, Die Äxte und Beile in Rumänien I (1970) 93 Nr. 533-534 Taf. 39, 533-534; 90 Nr. 485 Taf. 35, 485; 86 Nr. 455 Taf. 32, 455; Taf. 83 A.

334. **Satu Mare** (Judetul).- Depot.- 9 Nackenscheibenäxte (davon 1 Fragment) (Typus B3).- A. Vulpe, Die Äxte und Beile in Rumänien I (1970) 84 Nr. 387-395 Taf. 28, 387-395.

335. **Satu Mare**.- Flußfunde (im Bette des Someș-Baches 1871).- 2 Tüllenbeile, 1 Votivboot mit Vogelprotomen.- M. Petrescu-Dîmbovița, Die Sicheln in Rumänien (1978) 126 Nr. 169 Taf. 132C.

336. **Satu Mare** (Umgebung).- Depotfund.- Posamenteriefibel (Var. A3).- T. Bader, Die Fibeln in Rumänien (1983) 45 Nr. 31 Taf. 7, 31.

336A. **Satu Mare** (Nagyfalù), jud. Timiș-Torontal.- Griffzungendolch .- R. Peroni, Bad. Fundber. 20, 1956, 88 Nr. 142.

337. **Secuime** (Székelyföld, Seklerland).- 2 siebenbürgische Tüllenbeile.- M. Rusu, Sargetia 4, 1966, 37 Nr. 116.

338. **Seleuș** (Groß-Alisch), jud. Mureș.- Depot (5,775 kg).- 3 Tüllenbeile, 7 Tüllenbeilfrgte., 1 Tüllenhammerfrg. (?), 1 Knopfsichel, 4 Sichelfrgte., 1 Schwertklingenfrg., 1 Schmuckscheibe mit Radialrippen, 1 Gegenstand, 17 Gußbrocken.- M. Petrescu-Dîmbovița, Die Sicheln in Rumänien (1978) 106 Nr. 67 Taf. 45 B; T. Bader, Die Schwerter in Rumänien (1991) 90 Nr. 176 Taf. 20, 176.

339. **Sfaraș** (Farnas; Tarnas; Sfîrnasi), jud. Salaj.- Depot.- 2 Nackenscheibenäxte (Var. B4) davon 1 Fragment, 1 Lanzenspitze (mit profiliertem Blatt), 1 Schwertklingenfrg., 2 Griffzungensicheln, 10 Sichelfrgte. (davon 2 von Knopfsicheln), 1 mittelständiges Lappenbeil ("Typus Uriu"), 7 Tüllenbeile, davon 4 Fragmente, 1 Säge, 1 Sägenfrg., 1 Bronzestück, 1 längliches Bronzebarrenfrg., 39 Bronzeklumpen (31 erhalten).- v. Brunn, Mitteldeutsche Hortfunde 290; Vulpe, Äxte 94f. Nr. 541.542 Taf. 40, 541.542; 83 B; Mozsolics, Bronze- und Goldfunde 132f. ("Horizont Opályi") Taf. 31-32; M. Petrescu-Dîmbovița, Die Sicheln in Rumänien (1978) 126f. ("Zweite Jungbronzezeitstufe") Nr. 171 Taf. 133B-134A; M. Rusu, Dacia N.S. 7, 1963, 206 ("Bronzestufe D") Nr. 64; A. Vulpe, Die Äxte und Beile in Rumänien II (1975) 74 Nr. 382 Taf. 40, 382.

340. **Sibiu** (Nagyszeben) (Umgebung).- Siebenbürgisches Tüllenbeil.- M. Rusu, Sargetia 4, 1966, 37 Nr. 117; M. v. Roska, Eurasia Septentrionalis Antiqua 12, 1938, 158 Nr. 43.

341. **Sibiu**.- Einzelfund.- Mittelständiges Lappenbeil ("Typus Uriu").- A. Vulpe, Die Äxte und Beile in Rumänien II (1975), 74 Nr. 402 Taf. 41, 402.

342. **Sichevița**, jud. Caraș-Severin.- Depot (1964/65); vollständig?.- Tüllenbeilfrg., Griffzungenschwertfrg., funktional unbestimmtes Objekt, 1 Gußbrocken.- M. Petrescu-Dîmbovița, Depozitele de bronzuri din România (1977) 106 Taf. 185, 7-9; T. Bader, Die Schwerter in Rumänien (1991) 89 Nr. 156 Taf. 18, 156.

343. Șieu (Saieu), jud. Maramureș.- Depot I.- 2 Nackenscheibenäxte (Typus B3 und B4), 1 Lanzenspitze (angeblich mit "Rostspuren"; mit profilierter Tülle?), 3 Armringe; außerdem nach Popescu "goldene Armringe und Siegel (?)" und nicht 4 Sicheln und Goldgegenstände, wie Vulpe und Petrescu-Dîmbovița angeben.- D. Popescu, Dacia 7-8, 1937-40, 145f. Abb. 1; v. Brunn, Mitteldeutsche Hortfunde 290; A. Vulpe, Die Äxte und Beile in Rumänien I (1970) 81 Nr. 359; 93 Nr. 532 Taf. 39, 532; Taf. 81 B; M. Petrescu-Dîmbovița, Die Sicheln in Rumänien (1978) 107 Nr. 75 Taf. 48 B; M. Rusu, Dacia N.S. 7, 1963, 206 ("Bronzestufe D") Nr. 70.

344. Sighetu Marmației, jud. Maramureș.- Depot I in Tongefäß.- 6 Tüllenbeile und Fragmente derselben, 1 mittelständiges Lappenbeil ("Typus Sighet"), 16 Sicheln, 2 Dolchfrgte. (davon ein Griffzungendolch), 22 Bronzegußkuchen und -"abfälle", Nackenscheibenaxtfrg. (Var. B4).- A. Vulpe, Die Äxte und Beile in Rumänien I (1970) 94 Nr. 562 Taf. 40, 562; M. Petrescu-Dîmbovița, Die Sicheln in Rumänien (1978) 127 Nr. 172 Taf. 134 B; A. Vulpe, Die Äxte und Beile in Rumänien II (1975) 76 Nr. 415 Taf. 42, 415; 61 B; 62; M. Rusu, Sargetia 4, 1966, 37 Nr. 118; T. Bader, Die Schwerter in Rumänien (1991) 76 Nr. 63 Taf. 11, 63.

345. Sighetu Marmației, jud. Maramureș.- Depot II.- Reste eines Depots, das offenbar rezent durch die Finder versteckt und von diesen nicht mehr gefunden wurde (sic!).- 1 Blechfrg. vielleicht von einem Knöchelband (sicher kein Gefäß), 1 Stabbarrenfrg., 1 Blechfrg.- M. Petrescu-Dîmbovița, Die Sicheln in Rumänien (1978) 127 Nr. 173 Taf. 135A.

346. Sighișoara (Segesvár), jud. Mureș.- Siebenbürgisches Tüllenbeil.- M. Rusu, Sargetia 4, 1966, 37 Nr. 119; M. v. Roska, Eurasia Septentrionalis Antiqua 12, 1938, 158 Nr. 52.

347. Sighișoara (Umgebung).- Mittelständiges Lappenbeil ("Typus Uriu").- A. Vulpe, Die Äxte und Beile in Rumänien II (1975), 74 Nr. 404 Taf. 41, 404.

348. Sighișoara (Umgebung), jud. Mureș.- Mittelständiges Lappenbeil ("Typus Alesd").- A. Vulpe, Die Äxte und Beile in Rumänien II (1975), 75 Nr. 414 Taf. 42, 414.

349. Sîmboieni, jud. Cluj.- Einzelfunde oder Depot.- 2 Tüllenbeile (siebenbürgischer Typus), 1 Nackenscheibenaxt; angeblich auch weitere Streitäxte, ein Streitkolben und eine Lanzenspitze.- M. Petrescu-Dîmbovița, Die Sicheln in Rumänien (1978) 106 Nr. 68 Taf. 45 C; M. Rusu, Sargetia 4, 1966, 37 Nr. 120.

350. Simbriaș, jud. Mureș.- Depot.- Z. Szekely, Aluta 8-9, 1976-77, 25ff.

351. Simișna, jud. Salaj.- Einzelfund.- Absatzbeil mit gerader Rast.- A. Vulpe, Die Äxte und Beile in Rumänien I (1970) 72 Nr. 372 Taf. 39, 372.

352. Simișna, jud. Salaj.- Depot in Tongefäß (1927).- 6 Nackenscheibenäxte.- M. Rusu, Dacia N.S. 7, 1963, 206 ("Bronzestufe D") Nr. 71; M. Petrescu-Dîmbovița, Die Sicheln in Rumänien (1978) 107 Nr. 76.

353. Sîncai, r. Ludus.- Siebenbürgisches (?) Tüllenbeil.- M. Rusu, Sargetia 4, 1966, 37 Nr. 129.

354. Singeorgiu Sasesc.- Depot (?).- Dreiwulstschwert (nach Alexandrescu ähnlich jenem von Bistrița), Helm.- A.D. Alexandrescu, Dacia N.S. 10, 1966, 10 Nr.4.

355. Sîngeorgiu de Mureș, jud. Mureș.- Depot.- 6 Nackenkammäxte (490 g, 490 g, 450 g, 495 g, 475 g, 455 g).- V. Lazar, Apulum 24, 1987, 41ff, Abb. 1-2.

356. Sîngeorgiu de Pădure, r. Tg. Mureș.- Siebenbürgisches (?) Tüllenbeil.- M. Rusu, Sargetia 4, 1966, 37 Nr. 121.

356A. Sîngeorzu-Nou, jud. Bistrița-Nasaud.- Einzelfund.- Fragment einer Lanzenspitze mit profilierter Tülle.- G. Marinescu, S. Danila, File Istor. 3, 1974, 80 Taf. 20,6.

357. Sînnicolau Mare, jud. Timiș.- Urnengrab.- 6 Lanzettanhänger, Urne, Knopf, Ring, Draht.- T. Bader, Die Fibeln in Rumänien (1983) 56 Nr. 85 A Taf. 9, 85 A.

358. Sînnicolau Român, jud. Bihor.- Depot.- 1 Armberge Typus Salgótarján, 1 Nadelfrg., 2 Armringfrgte., 1 Spiralfrg.- M. Rusu, Dacia N.S. 7, 1963, 206 ("Bronzestufe D") Nr. 65; M. Petrescu-Dîmbovița, Die Sicheln in Rumänien (1978) 106 Nr. 69 Taf. 46A.

359. Sînpetru-German, jud. Arad.- Depot in einem Weingarten (1896).- 3 Sägen, 2 Posamenteriefibeln (Var. A3), Drahtspiralscheibe, konzentrische und radial gerippte Scheibe, 10 Ringe; vermutlich gehören des weiteren dazu: 2 Tüllenbeile (fragmentiert), 1 mittelständiges Lappenbeil ("Typus Uriu"), 6 Zungensicheln (teilw. fragmentiert), 1 Rohbronzebrocken; T. Bader, Die Fibeln in Rumänien (1983) nennt noch 3 Sägen.- M. Petrescu-Dîmbovița, Die Sicheln in Rumänien (1978) 127 ("Zweite Jungbronzezeitstufe") Nr. 174 Taf. 135 B; A. Vulpe, Die Äxte und Beile in Rumänien II (1975) 74 Nr. 398 Taf. 41, 398; Bader Fibeln 44 Nr. 27-29 Taf. 6, 27-28.

360. Sîntimreu, jud. Bihor.- Depot.- I. Emödi, Crișia 8, 1978, 525ff.

360A. Sintana, jud. Arad.- Reich ornamentierter Bronzegürtel, teilweise vergoldet.- Goldhelm, Schwert und Silberschätze. Ausstellungskatalog Frankfurt am Main (1994) 137 Abb. 36.

361. Sîntion-Lunca, r. Tg. Secuesc.- Siebenbürgisches (?) Tüllenbeil.- M. Rusu, Sargetia 4, 1966, 37 Nr. 122.

362. Sîrbi, jud. Maramureș.- Depot unter einem Steinhaufen.- 12 Nackenscheibenäxte (Typus B3 und B4), davon 5 fragmentiert.- F. Nistor u. A. Vulpe, Stud. și Cerc. Istor. Veche 20, 1969, 186 Abb. 2 B; 187 Abb. 3 A; A. Vulpe, Die Äxte und Beile in Rumänien I (1970) 84 Nr. 403-412 Taf. 29, 403-412; 86 Nr. 454 Taf. 32, 454; 91 Nr. 505 Taf. 36, 505; Nr. 403; M. Petrescu-Dîmbovița, Die Sicheln in Rumänien (1978) 106f. Nr. 70 Taf. 46 B; M. Rusu, Dacia N.S. 7, 1963, 206 ("Bronzestufe D") Nr. 66.

363. Siret, jud. Suceava (verwechselt mit Prelipce, UdSSR).- Depot.- Nackenkammaxt, Tüllenbeil.- A. Vulpe, Die Äxte und Beile in Rumänien I (1970) 58 Nr. 264.

364. Socu, jud. Gorj.- Depot.- 5 Tüllenbeile (darunter 2 siebenbürgischen Typus, 1 mit Winkelzier).- M. Rusu, Sargetia 4, 1966, 37 Nr. 123; M. Petrescu-Dîmbovița, Die Sicheln in Rumänien (1978) 136 Nr. 190 Taf. 214 A.

365. Somcuta, jud. Maramureș.- Einzelfund.- Nackenscheibenaxt (Var. B4).- A. Vulpe, Die Äxte und Beile in Rumänien I (1970) 90 Nr. 483 Taf. 35, 483.

366. Someș (ehem. Kom. Szolnok-Doboka).- Depot?- 4 Nackenscheibenäxte (Typus B3), weitere Bronzen (?).- A. Vulpe, Die Äxte und Beile in Rumänien I (1970) 84 Nr. 414-417 Taf. 29, 414-417.

367. Someș.- Nackenknaufaxt.- A. Vulpe, Die Äxte und Beile in Rumänien I (1970) 100 Nr. 569 Taf. 41, 569.

368. Sona, r. Tîrnaveni.- Siebenbürgisches (?) Tüllenbeil.- M. Rusu, Sargetia 4, 1966, 37 Nr. 130.

369. Spalnaca, jud. Alba.- Depot II (Gesamtgewicht 1000 bis 1200 kg); 1887 gefunden und auf mehrere Museen verteilt.- 260 meist fragmentierte Tüllenbeile, 6 Tüllenhämmer, 1 Lappenhammer, 1 Hammerfrg., 1 Axtfrg., 1 Randbeil, 1 "Randbeil böhmischen Typs", 24 Meißel (meist Tüllenmeißel), 3 Pfriemfrgte., 6

mittelständige Lappenbeile ("Typus Uriu"; "Typus Sighet"), 3 oberständige Lappenbeile, 546 z.T. fragmentierte Sicheln, 172 Messerfrgte., 2 Rasiermesser, 483 meist fragmentierte Sägen, 1 Angelhaken (?) 8 Gefäßfrgte., 60 Schwertfrgte., 8 Dolche, 1 Griffzungendolchfrg., 42 Lanzenspitzen, 5 Pfeilspitzen, 1 Trense, 132 Gürtelblechfrgte., 2 Nadeln mit doppelkonischem Kopf, 2 lanzettförmige Anhänger, 1 Nagelkopf, 8 Drahtspiralen, 144 Armringe (teilw. fragmentiert), 1 Handschutzspiralenfrg., 6 Anhänger, 2 Ampyxe, 2 Tutuli, 2 Nadelschützerfrgte., 1 Bronzeperle, 4 Tutuli, 16 Knöpfe und weitere Knöpfe, 5 Bronzescheibenfrgte., 2 Radanhänger, 1 Posamenteriefibelfrg.,1 Fibelfrg., 1 Ziernadel, Spiralröllchen, 28 Fragmente, 1 Platte, 8 Barrenstücke, 1 Gußzapfen, 32 Abfälle und Rohbronzebrocken, 90 Rohbronzestücke, 300 Schlackenstücke und Gußabfälle, 47 Blechreste, 22 Stabfragmente, 2 Stücke Zinn.- M. Petrescu-Dîmboviţa, Die Sicheln in Rumänien (1978) 127ff. ("zweite Jungbronzezeitstufe") Nr. 177. Taf. 140-158; A. Vulpe, Die Äxte und Beile in Rumänien II (1975), 74 Nr. 389 Taf. 40, 389; 76 Nr. 435-436 Taf. 43, 435-436; G. Kossack, Studien zum Symbolgut der Urnenfelder- und Hallstattzeit Mitteleuropas (1954) 93 Liste B Nr. 61; M. Rusu, Sargetia 4, 1966, 37 Nr. 131; T. Bader, Die Schwerter in Rumänien (1991) 74 Nr. 52-53 Taf. 11, 52-53.

370 entfällt.

371. Spalnaca, jud. Alba.- Einzelfund.- Nackenscheibenaxt (Typus B3).- A. Vulpe, Die Äxte und Beile in Rumänien I (1970) 81 Nr. 361 Taf. 26, 361.

372. Stejăriş, R. Turda.- Depot.- 2 Tüllenbeile, 2 Armringe, 1 Sichel.- M. Rusu, Dacia N.S. 7, 1963, 206 ("Bronzestufe D") Nr. 68; M. Petrescu-Dîmboviţa, Die Sicheln in Rumänien (1978) 154 Nr. 308.

373. Stîna (Felsöboldád), jud. Satu Mare.- Depot (wohl unvollständig).- 3 Nackenscheibenäxte (eine fragmentiert; Typus B3), 1 Griffzungensichel (fragmentiert), 1 Armring, 1 Armbergenfrg. Typus Salgótarján; dazu: 1 Schwertklingenfrg., 4 Gußkuchen; weitere Tüllenbeile, Sicheln, Hacken, Ringe, Spiralen, Rohbronzebrocken.- v. Brunn, Mitteldeutsche Hortfunde 290; A. Vulpe, Die Äxte und Beile in Rumänien I (1970) 85 Nr. 430-432 Taf. 82 B; Mozsolics, Bronze- und Goldfunde 134 ("Horizont Opályi") Taf. 45 A; M. Petrescu-Dîmboviţa, Die Sicheln in Rumänien (1978) 107 Nr. 71 Taf. 46 C-47 A; M. Rusu, Dacia N.S. 7, 1963, 206 ("Bronzestufe D") Nr. 67.

374. Stupini, Gem. Sînmihaiu de Cîmpie, jud. Bistriţa-Nasaud.- Depot.- 1 Tüllenbeile, 5 Trensen, 2 Lanzenspitzen, 3 Armringe.- M. Petrescu-Dîmboviţa, Die Sicheln in Rumänien (1978) 107 Nr. 72 TAf. 47 B.

375. Suatu, r. Gherla.- Siebenbürgisches (?) Tüllenbeil.- M. Rusu, Sargetia 4, 1966, 37 Nr. 124.

376. Suceava, jud. Suceava.- Depot in Tongefäß.- 2 größere geschlossene Ringe, 2 Armringe, 1 Blechstreifen (Diadem?), 3 Anhänger, 1 kleiner Ring, 1 Ampyx (?), 24 Bernstein- und 2 Knochenperlen.- L. Chitescu, Stud. şi Cerc. Istor. Veche 27, 1976, 1033. Abb. 1-4.

377. Suciu de Jos, jud. Maramureş.- Depot I.- 3 Tüllenbeile.- M. Petrescu-Dîmboviţa, Die Sicheln in Rumänien (1978) 107 Nr. 73 Taf. 47C.

378. Suciu de Jos, jud. Maramureş.- Depot II.- 2 oder 4 Nackenscheibenäxte (Typus B3).- A. Vulpe, Die Äxte und Beile in Rumänien I (1970) 82 Nr. 364 Taf. 26, 364; 84 Nr. 376 Taf. 27, 376; M. Petrescu-Dîmboviţa, Die Sicheln in Rumänien (1978) 107 Nr. 74 Taf. 48 A; M. Rusu, Dacia N.S. 7, 1963, 206 ("Bronzestufe D") Nr. 69.

379. Suciu de Sus, jud. Maramureş.- Depot oder Grabfund.- Nackenscheibenaxt (Var. B4).- A. Vulpe, Die Äxte und Beile in Rumänien I (1970) 93 Nr.531 Taf. 38, 531.

380. Şncuiuş -> Mişid

381. Şuncuiuş, jud. Bihor.- Depot am Eingang einer Höhle (4, 37 kg; 110 Stücke).- 4 Knopfsicheln, 1 Stabmeißel, 1 Tüllenhammer, 1 Tüllenbeil, 2 Lanzenspitzen (mit profilierter Tülle), 2 Handschutzspiralen, 1 Blechgürtel (glatt), 6 Spiralröllchen, 18 tutulusförmige Knöpfe, 52 Nadelschützer (Lunulae), 2 glatte Phaleren, 1 Knopf, 17 Armringe, 1 kleines Ringfrg. (2 Nadeln und ein Pfriem aus dem Stratum der Höhle in naher Umgebung, aber nicht direkt zugehörig).- S. Dumitrascu, I. Crişan, Crişia 19, 1989, 17ff. mit Abb.

382. Susani.- Opferhügel mit Hunderten von Keramikgefäßen.- I. Stratan u. A. Vulpe, Prähist. Zeitschr. 52, 1977, 28ff.

383. Suseni, jud. Mureş.- Depot in Tongefäß.- 10 Tüllenbeile (davon 5 fragmentiert; 1 Schnabeltüllenbeil, 1 keilrippenverziertes, 1 siebenbürgisches), 14 Sicheln (1 Knopf-, 13 Griffzungensicheln), 4 Griffzungenmesser, 1 Messer, 1 Gefäßhenkel, 1 Gefäßbodenteil, 7 Griffzungenschwertfrgte., 8 Lanzenspitzenfrgte., 1 Psalienfrg., 32 Armringe und Armbänder, 1 Posamenteriefibel mit eingehängten lanzettförmigen Anhängern, 1 Doppelspiralfibel, 5 Spiralscheiben, 1 Nadel (?), 1 Knopf, 11 Gürtelfrgte., 1 Röhrchen, 3 Objekte, 1 Rohbronzebrocken, 1 Golddrahtstück.- M. Petrescu-Dîmboviţa, Die Sicheln in Rumänien (1978) 127 ("Zweite Jungbronzezeitstufe") Nr. 175 Taf. 135 C-137; G. Kossack, Studien zum Symbolgut der Urnenfelder- und Hallstattzeit Mitteleuropas (1954) 93 Liste B Nr. 68; M. Rusu, Sargetia 4, 1966, 37 Nr. 125; T. Bader, Die Fibeln in Rumänien (1983) 53f. Nr. 72 Taf. 10, 72; T. Bader, Die Schwerter in Rumänien (1991) 74f. Nr. 54 Taf. 11, 54.

384. Taga, r. Gherla.- Siebenbürgisches (?) Tüllenbeil.- M. Rusu, Sargetia 4, 1966, 38 Nr. 141.

385. Tălmaci, r. Sibiu.- Siebenbürgisches (?) Tüllenbeil.- M. Rusu, Sargetia 4, 1966, 37 Nr. 132.

386. Tăsad, jud. Bihor.- Depot (1972).- 13 Spiralröllchenfrgte., Tüllenbeil, 2 Sägeklingen, 2 Ahlen, 13 Nadeln.- M. Petrescu-Dîmboviţa, Depozitele de bronzuri din România (1977) 112f. Taf. 213, 1-7.

387. Tăut (Feketetót), jud. Bihor.- Depot in Tongefäß (vielleicht unvollständig).- 1 Tüllenbeil (siebenbürgischer Typus), 2 Knopfsicheln, 2 Sichelfrgte., 1 Messer, 1 Armberge Typus Salgótarján, 1 Spiralscheibenfrg., 7 Ringe, 433 kleine Buckelchen mit 2 Löchern, 2 Phaleren, 46 Tutuli, 14 Spiralröllchen, 1 Gürtelapplik (nicht "Gefäßhenkel"), 6 Platten 1 Draht.- M. Rusu, Dacia N.S. 7, 1963, 206 ("Bronzestufe D") Nr. 72; M. Petrescu-Dîmboviţa, Die Sicheln in Rumänien (1978) 131 Nr. 178 Taf. 159 A; v. Brunn, Mitteldeutsche Hortfunde 289; M. Rusu, Sargetia 4, 1966, 37 Nr. 133.

388. Tauteu, jud. Bihor.- Depot.- Fragment eines mittelständigen Lappenbeiles.- Stufe Ha B1.- A. Vulpe, Die Äxte und Beile in Rumänien II (1975) 76 Nr. 437 Taf. 43, 437.

389. Ticvaniul Mare, jud. Caraş-Severin.- Depot (1979).- 1 Halsring, 4 Armringe, 5 Armbergen (Typus Salgótarján) mit eingehängten schildförmigen Anhängern, 1 Lappenbeil mit langezogenen Lappen.- T. Soroceanu, Symposium Berlin-Nitra (1982), 376 Nr. 53 ("Ha A"); G. Sacarin, Banatica 6, 1981, 97ff. Abb. 1-4; C. Kacsó, Apulum 26, 1989, 80.

390. Tigau, jud. Bistriţa-Nasaud.- Depot in einer Siedlung der Noua-Kultur.- 36 Knopfsicheln und Fragmente, 1 Nadelfrg., 2 Tüllenbeilfrgte., 2 Fragmente mittelständiger Lappenbeile, 1 Haken, 8 Bronzefrgte.- G. Marinescu, Marisia 9, 1979, 39ff. Taf. 17-19.

391. Timişoara (Temesvar), jud. Timiş.- Depot auf einer Baggerschaufel; weitere Funde nicht nachzuweisen.- 1 Amboß, 1 Tüllenbeil oder Tüllenhammer mit Keilrippenzier, 1 schmaler Schaftlochhammer (sekundär umgearbeitet ?).- Freundlicher Hinweis T. Soroceanu.

392. Timişoara (Temesvar), jud. Timiş.- Depot.- Lt. Petrescu-Dîmboviţa nicht klar zu identifizieren.- Zugehörig Tüllenbeile, Sicheln, Messer, Schwertfrgte.; Lt. Bader 28 Gegenstände: 2 Schwertklingenfrgte., 2 Tüllenbeilfrgte., 5 Sicheln, 1 Knopfsichel, 1 Messer, 2 Sägefrgte., 1 Lanzenspitze, 1 Nadel, 3 Anhänger, 5 Armringe, 5 Drahtfrgte., 2 Gußbrocken.- M. Petrescu-Dîmboviţa, Die Sicheln in Rumänien (1978) 131 Nr. 179 Taf. 159B; T. Bader, Die Schwerter in Rumänien (1991) 96 Nr. 238 Taf. 23, 238.

393. Timişoara (Temesvar), jud. Timiş.- Mittelständiges Lappenbeil ("Typus Uriu").- A. Vulpe, Die Äxte und Beile in Rumänien II (1975) 74 Nr. 405 Taf. 41, 405.

394. Tiream, jud. Satu Mare.- Depot (?).- 2 verzierte Armringe.- M. Petrescu-Dîmboviţa, Die Sicheln in Rumänien (1978) 131 Nr. 180 Taf. 160A.

395. Tîrgu-Lapuş, jud. Maramureş.- Einzelfunde oder Depot.- 2 Nackenknaufäxte, 1 Nackenkammaxt.- Arch. Ért. 15, 1895, 284 Abb. zu S. 192; A. Vulpe, Die Äxte und Beile in Rumänien I (1970) 99f. Nr. 567 Taf. 41, 567; 58 Nr. 258 Taf. 17, 258; M. Petrescu-Dîmboviţa, Die Sicheln in Rumänien (1978) 107 Nr. 78 Taf. 48C.

396. Tîrgu-Mureş (Umgebung), jud Mureş.- Mittelständiges Lappenbeil ("Typus Uriu").- A. Vulpe, Die Äxte und Beile in Rumänien I (1970) 74 Nr. 408 Taf. 42, 408.

397. Tîrgusor, jud. Bihor.- Depot.- 6 Nackenscheibenäxte (Typus B3 und B4), Schwertklingenfrg. (weitere Fragmente?).- A. Vulpe, Die Äxte und Beile in Rumänien I (1970) 87 Nr. 459-460; 93 Nr. 521-522 Taf. 38, 521-522; 81 Nr. 362-363 Taf. 26, 362-363; Taf. 78 B; M. Petrescu-Dîmboviţa, Die Sicheln in Rumänien (1978) 107 Nr. 77 Taf. 47 D; M. Rusu, Dacia N.S. 7, 1963, 206 ("Bronzestufe D") Nr. 73.

398. Tirol, jud. Caraş Severin.- Depot.- 4 Tüllenbeile (siebenbürgischer Typus), 1 Zungensichel, 4 Ringe.- M. Rusu, Sargetia 4, 1966, 37 Nr. 134; M. Petrescu-Dîmboviţa, Die Sicheln in Rumänien (1978) 131 Nr. 181 Taf. 160 B.

399. Todireşti, jud. Iaşi.- Lanzenspitze mit profilierter Tülle.- V. Chirica, M. Tanasachi, Repertorul arheologic al judetului Iaşi (1984), 542 Abb. 46, 12.

400. Todireşti, jud. Suceava.- Depot.- 12 Hakensicheln (2 erhalten).- T. Soroceanu, Symposium Berlin-Nitra (1982), 376 Nr. 54 ("Bz D").

401. Topliţa, jud. Salaj.- Depot (vollständig ?).- 2 Hakensicheln.- M. Petrescu-Dîmboviţa, Die Sicheln in Rumänien (1978) 107 Nr. 79 Taf. 48 D.

402. Transsilvanien (westliches).- Depotfund ? oder Teile davon.- mehere Anhänger.- C. Kacsó, Apulum 26, 1989, 81.

403. Transsilvanien.- Nackenscheibenaxt (Typus B3).- A. Vulpe, Die Äxte und Beile in Rumänien I (1970) 84 Nr.383 Taf. 37, 383.

404. Transsilvanien.- Nackenscheibenaxt (Var. B4).- A. Vulpe, Die Äxte und Beile in Rumänien I (1970) 93 Nr. 528 Taf. 38, 528.

405. Transsilvanien.- Nackenscheibenaxt (Var. B4).- A. Vulpe, Die Äxte und Beile in Rumänien I (1970) 93 Nr. 529 Taf. 38, 529.

406. Transsilvanien.- Fragment eine Nackenkammaxt.- A. Vulpe, Die Äxte und Beile in Rumänien I (1970) 58f. Nr. 267 Taf. 17, 267.

407. Transsilvanien.- Nackenscheibenaxt (Typus B3).- A. Vulpe, Die Äxte und Beile in Rumänien I (1970) 81 Nr. 345 Taf. 25, 345.

408. Transsilvanien.- Nackenscheibenaxt (Typus B3).- A. Vulpe, Die Äxte und Beile in Rumänien I (1970) 81 Nr. 347 Taf. 25, 347.

409. Transsilvanien.- Nackenscheibenaxt (Typus B3).- A. Vulpe, Die Äxte und Beile in Rumänien I (1970) 84 Nr. 418 TAf. 29, 418.

410. Transsilvanien.- Nackenscheibenaxt (Var. B4).- A. Vulpe, Die Äxte und Beile in Rumänien I (1970) 93 Nr. 93 Taf. 38, 523.

411. Transsilvanien.- Vollgriffschwert Typus Riegsee.- A.D. Alexandrescu, Dacia 10, 1966 170 Nr. 16 Taf. 6,1. - Vielleicht identisch mit "Erdély, Siebenbürgen", Fundumstände unbekannt, Holste, Vollgriffschwerter 52 Nr. 38. Alexandrescu, Dacia 10, 1966, 170 Taf. 5,1. 6,1.

412. Transsilvanien.- Dreiwulstschwert (Typus Illertisen nahestehend).-A.D. Alexandrescu, Dacia N.S. 10, 1966, 10 Nr. 1 Taf. 5,4; 6,6.

413. Transsilvanien.- Einzelfund.- Nackenscheibenaxt (Typus B3).- A. Vulpe, Die Äxte und Beile in Rumänien I (1970) 80 Nr. 342 Taf. 24, 342.

414. Transsilvanien.- Einzelfund.- Nackenscheibenaxt (Typus B3).- A. Vulpe, Die Äxte und Beile in Rumänien I (1970) 81 Nr. 343 Taf. 24, 343.

415. Transsilvanien.- Fundumstände unbekannt.- 2 Lappenbeile ("Typus Uriu").- A. Vulpe, Die Äxte und Beile in Rumänien I (1970) 74 Nr. 400-401 Taf. 41, 400-401.

416. Transsilvanien.- Mittelständiges Lappenbeil ("Typus Sighet").- A. Vulpe, Die Äxte und Beile in Rumänien II (1975), 76 Nr. 422 Taf. 42, 422.

417. Transsilvanien.- Mittelständiges Lappenbeil ("Typus Sighet").- A. Vulpe, Die Äxte und Beile in Rumänien II (1975), 76 Nr. 434 Taf. 43, 434.

418. Treznea, jud. Salaj.- 1 Knopfsichel, 3 Armringe, 3 Tüllenbeile, 2 Zungensicheln, 16 Armringe.- M. Petrescu-Dîmboviţa, Die Sicheln in Rumänien (1978) 131 Nr. 183 Taf. 160D.

419. Turda, r. Turda.- Siebenbürgisches (?) Tüllenbeil.- M. Rusu, Sargetia 4, 1966, 37 Nr. 137.

420. Turdaş, r. Orăstie.- Siebenbürgisches (?) Tüllenbeil.- M. Rusu, Sargetia 4, 1966, 37 Nr. 138; M. v. Roska, Eurasia Septentrionalis Antiqua 12, 1938, 160 Nr. 68.

421. Turia (Alsótórja), jud. Cosvasna.- Depot II.- 1 siebenbürgisches Tüllenbeil, 2 Hakensicheln; weitere Tüllenbeile, Nackenscheibenaxt.- M. v. Roska, Eurasia Septentrionalis Antiqua 12, 1938, 155 Nr. 4; M. Rusu, Sargetia 4, 1966, 37 Nr. 139; M. Petrescu-Dîmboviţa, Die Sicheln in Rumänien (1978) 108 Nr. 80 Taf. 49 B; M. Rusu, Dacia N.S. 7, 1963, 206 ("Bronzestufe D") Nr. 74.

422. Turnu Severin.- Siebenbürgisches (?) Tüllenbeil.- M. Rusu, Sargetia 4, 1966, 38 Nr. 140.

423. Turulung (Túrterebes).- Depot (?).- 2 Nackenscheibenäxte.- Mozsolics, Bronze- und Goldfunde 185 Taf. 29,1-2.

424. Ugrutiu, jud. Cluj.- Einzelfund.- Nackenscheibenaxt (Typus B3).- A. Vulpe, Die Äxte und Beile in Rumänien I (1970) 84 Nr. 396 Taf. 28, 396.

425. Uioara de Sus (Felsömarosujvár, Felsöjuvár), jud. Alba.- Nach Petrescu-Dîmboviţa Depot mit "über 5812" Gegenständen in einer 1,2 m tiefen und 1,5 m im Durchmesser großen Grube; Gesamtgewicht ca. 1100 kg. Abgebildet wurden etwa 1542 Stücke; 355 Tüllenbeile und Frgamente derselben (darunter siebenbürgischer Typus, Schnabeltüllenbeil, Keilrippenzier), 9 Tüllenhämmer, 22 Meißel, 1 Axt, 1 Hammer, 8 Lappenpickel, 45 Lappenbeile und Fragmente (darunter: "Typus Uriu"; "Typus Sighet"), 1303 Sicheln (meist fragmentiert), 261 Platten- und Blechfrgte., von denen 56 zu Gefäßen gehören sollen, 1 Gefäßhenkel mit Vogelprotom, 384 Sägen (davon 18 ganz erhaltene Exemplare), 5 Rasiermesserfrgte., 126 Messer- und Dolche, 93 Pferdegeschirrteile, 93 fragmentierte Schwerter (davon 29 Griffzungen, 1 Vollgriffschwert des Typus Riegsee), 1 Ortband, 55 fragmentierte Lanzenspitzen, 5 Pfeilspitzen, 9 Helmfrgte., 7 Panzerfrgte., 35 Nackenscheibenäxte (davon 34 fragmentiert) 42 Gürtelblechfgte., 48 Hals(?)ringfrgte., 208 Armringe (davon 20 ganz erhalten), 2 Spiralarmringe, 3 Fußringe, 167 Armbandfrgte., 57 Ringlein, 18 Spiralen und Scheiben sowie Fibelteile, 45 meist fragmentierte Nadeln, 35 Anhänger (darunter ein schildförmiger, 2 Dreieckanhänger), 3 Diadem(?)frgte., 2 Perlen, 9 Spiralröllchen, 1 Doppelpickel, 10 Blechröhrchen, 17 radförmige Scheibenfrgte., 6 Blechfrgte., 106 stangenförmige Barren, ca. 2378 Bronzegußkuchen- und Gußabfälle (nach dieser Aufzählung sind es 5976 Bronzen); dazu befinden sich im Mus. Göteborg folgende vielleicht zu diesem Hort gehörende Gegenstände: 3 Tüllenbeile, 1 Zungensichel, 1 Lanzenspitze, 1 Armring, 1 Nadel, 1 Nadelschützer, 2 Anhänger, 2 Knöpfe, 1 Perle; 29 Nackenscheibenäxte und Fragmente (Var. B4); mehrere Funde u.a. eine Nadel wie Vilcele, einen Nadelschützer, 1 Tüllenmeißel in Göteborg (vgl. L. Franz).- M. Petrescu-Dîmboviţa, Die Sicheln in Rumänien (1978) 132ff. Nr. 184 Taf. 160E-209A. A. Vulpe, Die Äxte und Beile in Rumänien I (1970) 94 Nr. 543-561 Taf. 40, 543-561; 86 Nr. 451 Taf. 32, 451; 93 Nr.524-527 Taf. 38, 524-527; 91 Nr. 507 Taf. 36, 507; 82 Nr. 365 Taf. 26, 365; F. Holste, Hortfunde Südosteuropas (1951) Taf. 44,44; G. Kossack, Studien zum Symbolgut der Urnenfelder- und Hallstattzeit Mitteleuropas (1954) 98 E30; A. Vulpe, Die Äxte und Beile in Rumänien II (1975), 74 Nr. 390-397 Taf. 40, 390-392; 41, 393-397; 80 Nr. 457-463 Taf. 45, 457-459; 46, 460-463; 76 Nr. 423-433 Taf. 43, 423-433; M. Rusu, Sargetia 4, 1966, 38 Nr. 143; C. Kacsó, Apulum 26, 1989, 82f.; L. Franz, Wiener Prähist. Zeitschr. 9, 1922, 67ff. Abb. 1.

426. Unip, jud. Timiş.- Körpergrab (?).- Bei Arbeiten an Bachufer Griffzungenschwert und Lanzenspitze; später an gleicher Stelle auch Menschenknochen.- T. Bader, Die Schwerter in Rumänien (1991) 73 Nr. 47 Taf. 10, 47.

427. Ungureni, jud. Maramureş.- Depot II in Tongefäß.- 4 Stangenknebel, 1 Bügelknebel, 5 Ringe, 3 Phaleren, 27 Niete, 210 kleine Ringe, 13 Armringe, 11 Äxte.- H.-G. Hüttel, Bronzezeitliche Trensen in Mittel- und Südosteuropa (1981) 131 Nr. 188-191 Taf. 18, 188-191; M. Petrescu-Dîmboviţa, Die Sicheln in Rumänien (1978) 135 Nr. 184 A Taf. 139-140A.

428. Uriu de Sus (Felör), jud. Bistriţa-Nasaud.- Depot in Tongefäß (1911).- 8 Nackenscheibenäxte (Typus B3 und B4), 1 Griffzungenschwert, 1 Lanzenspitze, 1 mittelständiges Lappenbeil ("Typus Uriu"), 8 Tüllenbeile (davon 2 fragmentiert; Schnabeltüllenbeile; siebenbürgischer Typus), 11 gerippte Armringe, 1 Fußring, 2 Knopf- und 2 Griffzungensicheln, 4 oder 5 Bronzegußkuchen.- A. Vulpe, Die Äxte und Beile in Rumänien I (1970) 82 Nr. 366-369; 93 Nr. 530 Taf. 38, 530 ; Nr. 366.90 Nr. 494-495, Taf. 36, 494-495; 94 Nr. 540 Taf. 40, 540 Nr. 366; Taf. 76.77; Mozsolics, Bronze- und Goldfunde 133 ("Horizont Opalyi") Taf. 71-72 A; M. Petrescu-Dîmboviţa, Die Sicheln in Rumänien (1978) 108 Nr. 81 Taf. 49 C-50; M. Rusu, Dacia N.S. 7, 1963, 206 ("Bronzestufe D") Nr. 75; Vulpe, Äxte II, 73f. Nr. 377 Taf. 39, 377; v. Brunn, Mitteldeutsche Hortfunde 290; M. Rusu, Sargetia 4, 1966, 38 Nr. 144; T. Bader, Die Schwerter in Rumänien (1991) 73 Nr. 46 Taf. 10, 46.

429. Uriu de Sus (Felör), jud. Bistriţa-Nasaud.- Hampel, Alterthümer der Bronzezeit Taf. 10, 13 bildet einen Tüllenhammer mit Keilrippenzier ab, der zu diesem (?) Fund gehören soll.

430. Uriu de Sus, jud. Cluj.- Einzelfund.- Nackenscheibenaxt (Typus B3).- A. Vulpe, Die Äxte und Beile in Rumänien I (1970) 80 Nr. 341 Taf. 24, 341.

431. Uroi, jud. Hunedoara.- Depot.- 2 Tüllenbeile (siebenbürgischen Typus).- Petrescu-Dîmboviţa, Sicheln 108 Nr. 82 Taf. 51 A; M. Rusu, Dacia N.S. 7, 1963, 206 ("Bronzstufe D") Nr. 76; M. Rusu, Sargetia 4, 1966, 38 Nr. 145.

432 entfällt

433. Vadaş (Vadasd), jud. Mureş.- Depot (unvollständig).- Tüllenbeil (siebenbürgischen Typus), 2 Hakensichelfrgte.- M. Rusu, Sargetia 4, 1966, 38 Nr. 148; M. v. Roska, Eurasia Septentrionalis Antiqua 12, 1938, 160 Nr. 70; M. Rusu, Dacia N.S. 7, 1963, 206 ("Bronzestufe D") Nr. 79; M. Petrescu-Dîmboviţa, Die Sicheln in Rumänien (1978) 108 Nr. 85.

434. Valea Larga (Ticud), jud. Mureş.- Depot.- 2 Tüllenbeile (siebenbürgischen Typus), 19 z.T. fragmentierte Hakensicheln, 5 Bronzebrocken.- M. Rusu, Dacia N.S. 7, 1963, 206 ("Bronzestufe D") Nr. 77; M. Rusu, Sargetia 4, 1966, 38 Nr. 146; M. Petrescu-Dîmboviţa, Die Sicheln in Rumänien (1978) 108 Nr. 83 Taf. 51 B; v. Brunn, Hortfunde 290.

435. Valea lui Mihai (Érmihályfalva), jud. Bihor.- Depot I in Tongefäß.- 2 Nackenscheibenäxte (eine fragmentiert; Typus B3), 1 Nackenkammaxt, 6 Tüllenbeile, 1 mittelständiges Lappenbeil ("Typus Uriu"), 3 Griffzungensichelfrgte., 6 Knopfsichelfrgte., 8 Armringe, 18 Rohgußbrocken (mit über 16 kg Gew.).- v. Brunn, Mitteldeutsche Hortfunde 290; Mozsolics, Bronze- und Goldfunde Taf. 16; A. Vulpe, Die Äxte und Beile in Rumänien I (1970) 58 (abweichende Aufzählung) Nr. 257 Taf. 17, 257; 85 Nr. 433 Taf. 31, 433; Taf. 68 A; M. Petrescu-Dîmboviţa, Die Sicheln in Rumänien (1978) 135 Nr. 185 Taf. 209 B- 210 A; Vulpe, Äxte II 75 Nr. 410 Taf. 42, 410.

436. Valea lui Mihai (Érmihályfalva), jud. Bihor.- Depot II (unvollständig).- 4 Tüllenbeile (davon 2 fragmentiert; siebenbürgischer Typus), 1 Sichelfrg. [nach Petrescu-Dîmboviţa: 2 Sichelfrgte., 1 Gußbrocken].- M. Rusu, Sargetia 4, 1966, 36 Nr. 47; M. v. Roska, Eurasia Septentrionalis Antiqua 12, 1938, 155 Nr. 15 Abb. 3; M. Rusu, Dacia N.S. 7, 1963, 206 ("Bronzestufe D") Nr. 78; M. Petrescu-Dîmboviţa, Die Sicheln in Rumänien (1978) 108 Nr. 84 Taf. 52 A.

437. Valea lui Mihai, jud. Bihor.- Einzelfund.- Mittelständiges Lappenbeil ("Typus Uriu").- Vulpe, Äxte II 74 Nr. 409 Taf. 42, 409.

438. Valea Pomilor (ehem. Mocirla), jud. Salaj.- Einzelfund.- Nackenscheibenaxt (Typus B3).- A. Vulpe, Die Äxte und Beile in Rumänien I (1970) 84 Nr. 413 Taf. 29, 413.

439. Valeni, r. Roman.- Siebenbürgisches (?) Tüllenbeil.- M. Rusu, Sargetia 4, 1966, 38 Nr. 149.

440. Vard, r. Agnita.- Siebenbürgisches (?) Tüllenbeil.- M. Rusu, Sargetia 4, 1966, 38 Nr. 150.

441. Vilcele (Baniabic), jud. Cluj.- Depot in Gefäß.- 1 Bronzegefäß, Blattbügelfibelfrg. (22 g), Blechgürtel, Nadelfrg. (28 g), 6 Armringe (40 g, 62 g, 53 g, 30 g, 31 g, 38 g), 2 Spiralen (15 g, 18 g), Stabbarren (32 g), 2 Lanzenspitzenfrgte. (60 g, 29 g), 7 Tüllenbeile, darunter 65 Fragmente (254 g, 170 g, 39 g, 131 g, 39 g), Schwert- oder Dolchklingenfrg. (31 g), 5 Zungensicheln (davon 4 fragmentiert) (168 g, 58 g, 132 g, 81 g, 32 g), 8 Knopfsicheln, davon 5 fragmentiert (40 g, 68 g, 30 g, 30 g, 33 g, 30 g, 30 g, 15 g), 8 Sichelbruchstücke (16 g, 50 g, 12 g, 16 g, 20 g, 9 g, 32 g, 32 g), Messerfrg. (0,8 g), Drahtfrg. (5 g), Ringöse (4 g), 2 Barrenfrgte. (62 g, 17 g), 3 Gußkuchenfrgte. (130 g, 55 g, 12 g); Tongefäß; insgesamt 2400 g; 51 Objekte.- T. Soroceanu, Prähist. Zeitschr. 56, 1981, 249ff. mit Abb.

442. Vima-Mare, jud. Maramureş.- Depot.- 2 Nackenscheibenäxte (Typus B3 und B4).- T. Bader, Inv. Arch. Rumänien Fasc. 2 (1971) R 29; A. Vulpe, Die Äxte und Beile in Rumänien I (1970) 82 Nr.370; 90 Nr.493 Taf. 35, 493; Taf. 79 B; M. Petrescu-Dîmboviţa, Die Sicheln in Rumänien (1978) 108 Nr. 86 Taf. 52 C.

443. Vînători, jud. Arad.- Depot an Bachufer.- Tüllenbeilfrg., 1 Armring, 1 Halsring, 1 Fragment, 1 Bronzebrocken, 1 Meißel, 5 Sichelfrgte., 1 trichterförm. Gegenstand, 1 Drahtfrg., 1 Einlegestück, 2 Messerfrgte.- M. Petrescu-Dîmboviţa, Die Sicheln in Rumänien (1978) 108 Nr. 87 Taf. 52B; M. Rusu, Dacia N.S. 7, 1963, 206 ("Bronzestufe D") Nr. 81.

444. Vinda -> Ghinda

445. Viştea, jud. Cluj.- Depot.- Tüllenbeilfrg., Zungensichelfrg., Messergriff, Meißel, Pfriem, 2 Ringfrgte., Gußkuchenfrgte.- M. Rusu, Dacia N.S. 7, 1963, 206 ("Bronzestufe D") Nr. 80; M. Petrescu-Dîmboviţa, Die Sicheln in Rumänien (1978) 154 Nr. 318.

446. Vlădeni, r. Botoşani.- Siebenbürgisches (?) Tüllenbeil.- M. Rusu, Sargetia 4, 1966, 38 Nr. 151.

447. Voila, r. Făgăraş.- Siebenbürgisches (?) Tüllenbeil.- M. Rusu, Sargetia 4, 1966, 38 Nr. 152.

448. Vorumloc, r. Mediş.- Siebenbürgisches (?) Tüllenbeil.- M. Rusu, Sargetia 4, 1966, 38 Nr. 153.

448A. Zagujeni, com. Constantin Daicoviciu, jud. Caraş-Severin.- Depot.- 3 Phaleren, 2 Lunulae, 1 Glasperle.- M. Guma, O. Popescu, Traco-Dacica 13, 1992, 53ff. mit Abb.

449. Zărneşti, Braşov.- Depot.- M. Rusu, Dacia N.S. 7, 1963, 206 ("Bronzestufe D") Nr. 83.

450. Zau de Cîmpie, jud. Mureş.- Depot.- 4 Sägefrgte., 5 Nadeln, 1 Tüllenbeil (?).- M. Rusu, Dacia N.S. 7, 1963, 206 ("Bronzestufe D") Nr. 82; M. Petrescu-Dîmboviţa, Die Sicheln in Rumänien (1978) 135 Nr. 186 Taf. 210B.

451. Zăuăn, jud Salas.- Fundumstände unbekannt.- Siebenbürgisches Tüllenbeil.- E. Lakó, Acta Mus. Porolissensis 7, 1983, 92 Taf. 16, 5.

452. Zimandu Nou, jud. Arad.- Depot.- 3 Tüllenbeile, 3 Sichelfrgte., 5 Knöpfe, 1 Ring, 2 Blechfrgte., 1 Mondanhänger, 1 Bronzebrocken.- M. Petrescu-Dîmboviţa, Die Sicheln in Rumänien (1978) 135 Nr. 187 Taf. 210 C.

453. Zlatna, jud. Alba.- Depot II; vielleicht auch Fundort Ampoita.- 3 Tüllenbeile, 2 oberständige Lappenbeile ("Typus Uriu"; "Typus Alesd"), 2 Lanzenspitzen; vielleicht zugehörig: 1 Tüllenbeil, 1 Schaftlochaxt, 1 Lanzenspitze, 1 Schwertspitze.- M. Petrescu-Dîmboviţa, Die Sicheln in Rumänien (1978) 139 ("Dritte Jungbronzezeitstufe") Nr. 207 Taf. 222A; Vulpe, Äxte II 75 Nr. 411 Taf. 42, 411; 75 Nr. 413 Taf. 42, 413.

454. Zlatna, jud. Alba.- Depot III.- 7 Tüllenbeile, 1 Keulenhammer, 1 Knopfsichel, 1 Hakensichelfrg., 2 Sichelfrgte., 1 Bronzedornfrg., 1 Griffzungenschwertfrg., 2 Lanzenspitzen, 1 Posamentertiefibelfrg., 4 Scheiben von Posamenteriefibeln, 3 Stabfrgte., 1 Rohbronzebrocken.- M. Petrescu-Dîmboviţa, Die Sicheln in Rumänien (1978) 135f. ("Zweite Jungbronzezeitstufe") Nr. 188 Taf. 211 A; M. Rusu, Sargetia 4, 1966, 38 Nr. 154.

455. Zorlentu Mare (Nagyzorlenc), r. Reşiţa.- Siebenbürgisches (?) Tüllenbeil.- M. Rusu, Sargetia 4, 1966, 38 Nr. 155; M. v. Roska, Eurasia Septentrionalis Antiqua 12, 1938, 158 Nr. 45.

Abbildungsverzeichnis

Abb. 1 Veränderung der Quellenkenntnis durch sytematische Funderfassung am Beispiel der ungarischen Griffzungenschwerter. Absolute Fundzahlen: nach Daten T. Kemenczei.

Abb. 2 Veränderung der Quellenkenntnis durch sytematische Funderfassung am Beispiel der ungarischen Griffzungenschwerter. Prozentualer Anteil der Schwertfunde nach Quellengruppen: nach Daten T. Kemenczei.

Abb. 3 Beinschienen der älteren Urnenfelderzeit: nach Salzani, Mira Bonomi, Vinski-Gasparini, Dehn, Stein, Mozsolics, Petres, Persy, Mountjoy.

Abb. 4 Beinschienen der Urnenfelderzeit: Nachweise vgl. Abb. 3

Abb. 5 Verbreitung der urnenfelderzeitlichen Beinschienen: 1 Esztergom-Szentgyörgymezö (H 221).- 2 Nadap (H 451).- 3 Rinyaszentkirály (H 592).- 4 Poljanci I (JU 223).- 5 Veliko Nabrđe (JU 315).- 6 Brodski Varoš (JU 41).- 7 Boljanić (JU 25).- 8 Stetten (A 492).- 9 Winklsaß (D 1144).- 10 Schäfstall (D 905).- 11 Cannes-Écluse (F 72).- 12 Desmontà (I 81).- 13 Malpensa (I 128).- 14 Kloštar Ivančic (JU 127).- 15 Kuřim (CS 312).- 16 Beuron (D 100).- 17 Pergine (I 166).- 19 Bouclans (F 62).- 20 Kallithea (Textanmerkung).- 21 Athen (Textanmerkung). Nr. 18 2

Abb. 6 Verbreitung der Schilde in geschlossenen Funden (geschlossene Signaturen Metallschilde/Depots; halboffene Signaturen Holzschilde/Grabfunde): 1 Nyírtura (H 504).- 2 Otok-Privlaka (JU 205).- 3 Nadap (H 451).- 4 Keszöhidegkút (H 331).- 5 Bodrogkeresztur (H 98).- 6 Hagenau (D 429).- 7 Wollmesheim (D 1149).- 8 Kressbronn (D 559).

Abb. 7 Verbreitung der Miniaturbeinschienen: 1 Esztergom-Szentgyörgymezö (H 221).- 2 Gyöngyössolymos IV (H 264).- 3 Debrecen I (H 169).- 4 Poljanci II (JU 224).

Abb. 8 Verbreitung der reinen Schutzwaffendepots: 1 Fröslunda: U.E. Hagberg, Mitt. Ges. Anthr. Ethn. Urgesch. Berlin 9, 1988, 61ff.- 2 Viksö: Norling-Cristensen, Acta Arch. 17, 1946, 99ff.- 3 Sörup, Nordfalster: Sprockhoff, Handelsgeschichte 9 Nr. 3.- 4 Herzsprung, Kr. Ostprignitz: ebd. 10 Nr. 6 Taf. 5.- 5 Yetholm, Roxbouroghshire: ebd. 12 Nr. 16-18.- 6 Achmaleddie, New Dear Aberdeenshire: ebd. 12 Nr. 12-13.- 7 Beith, Ayrshire: ebd. 12 Nr. 15.- 8 Coveny Fen, Cambridge: ebd. 13 Nr. 27-28.- 9 Marmesse: Y. Mottier, Helvetia Arch. 19, 1988, 110ff.- 10 Bernières d'Ailly, Dép. Calvados: v. Merhart, Hallstatt und Italien 124 Abb. 4, 3-8.- 11 Pergine (I 166).- 12 Biebesheim: W. Jorns, Fundber. Hessen 12, 1972, 76ff. (Gewässerfund).- 13 Fillinges (F 151).- 14 Desmontá (I 81).

Abb. 9 Ausstattung der Hortfunde mit Schutzwaffenbeigabe.

Abb. 10 Verbreitung der Griffplattenschwerter: 1 Corbeil (F 116).- 2 Laval-en-Brie (F 214).- 3 Marolles-sur-Seine (F 251).- 4 Barbuise - Courtavant (F 44).- 5 Barbuise - Courtavant (F 42).- 6 Villeneuve-la-Guyard (F 436).- 7 Fontenay-de-Bossery (F 153).- 8 Evry (F 147).- 9 Sens (F 388).- 10 Sens (F 389).- 11 Saint-Georges-de-Reneins (F 354).- 12 Lyon (F 226).- 13 Mâcon (F 233).- 14 Tournus (F 407).- 15 Ormes (F 295).- 16 Vaux-et-Chantegrue (F 417).- 17 Colombier-Châtelot (F 112).- 18 Chaugey (F 99).- 19 Montseugny (F 278).- 20 Gugney (F 184).- 20 Gugney (F 185).- 21 Saxon - Sion (F 381).- 22 Maron (F 253).- 23 Wittelsheim (F 447).- 24 Wittelsheim (F 448).- 25 Rixheim (F 338).- 26 Heidolsheim (F 187).- 27 Mundolsheim (F 280).- 28 Entzheim (F 136).- 29 Erstein (F 141).- 30 Genf (CH 140).- 30 Genf (CH 139).- 31 Plainpalais (CH 268).- 32 St.Sulpice (CH 318).- 33 Echandens (CH 87).- 34 Arconciel (CH 10).- 35 Laupen (CH 190).- 36 Sugiez (CH 326).- 37 Brügg und Aegerten (CH 49).- 37 Brügg und Aegerten (CH 53).- 38 Orpund (CH 257).- 39 Biberist (CH 41).- 39 Derendingen (CH 76).- 40 Le Landeron (CH 192).- 40 Nidau (CH 234).- 40 Sutz-Lattringen (CH 328).- 41 Interlaken (CH 179).- 42 St. Moritz (CH 316).- 43 St. Moritz (CH 317).- 44 Reichenau (CH 283).- 45 Freienbach (CH 115).- 46 Baar (CH 23).- 47 Rothrist (CH 289).- 48 Wangen a.d. Aare (CH 357).- 48 Wangen a.d. Aare (CH 357).- 48 Wangen a.d.Aare (CH 357).- 49 Oltingen (CH 252).- 50 Riehen (CH 284).- 51 Böttstein (CH 45).- 52 Volketswil (CH 351).- 53 Kilchberg (CH 183).- 53 Egg (CH 88).- 53 Hirslanden (CH 173).- 53 Wallisellen (CH 356).- 54 Flaach (CH 110).- 55 Zürich (CH 394).- 55 Letten (CH 193).- 56 Berg a. Irchel (CH 34).- 57 Weinfelden (CH 361).- 57 Weinfelden (CH 360).- 58 Hüttwilen (CH 174).- 58 Müllheim (CH 225).- 59 Schinznach (CH 296).- 60 Egringen (D 210).- 61 Villingen (D 1097).- 62 Veringenstadt (D 1095).- 63 Tiengen (D 1011).- 64 Engen (D 228).- 65 Singen (D 947).- 66 Kreßbronn-Hemigkofen (D 559).- 67 Schwabmünchen (D 930).- 68 Augsburg-Hochzoll (D 40).- 69 Epfenhausen (D 231).- 70 München-Aubing (D 732).- 71 Thursnberg (D 1010).- 72 Bühl (D 144).- 72 Bühl (D 145).- 73 Stuttgart-Bad Cannstatt (D 1000).- 74 Leupolz-Herfatz (D 594).- 75 Pfauhausen (D 832).- 76 Göppingen (D 369).- 77 Wassertrüdingen (D 1117).- 78 Erbach (D 240).- 78 Erbach (D 241).- 78 Erbach (D 242).- 79 Nersingen-Leibi (D 751).- 80 Günzburg (D 416).- 81 Ulm (D 1051).- 82 Griesingen-Obergriesingen (D 379).- 83 Kellmünz (D 535).- 84 Stockheim (D 985).- 85 Sarching (D 72).- 86 Stammbach (D 966).- 87 Bilfingen (D 101).- 88 Wiesloch (D 1136).- 89 Freimersheim (D 308).- 90 Gau-Odernheim (D 333).- 91 Oppenheim (D 816).- 92 Mainz (D 640).- 93 Eddersheim (D 203).- 94 Frankfurt-Berkersheim (D 296).- 95 Ossenheim (D 817).- 96 Seligenstadt (D 942A).- 97 Lampertheim (D 569).- 98 Heuchelheim (D 476).- 99 Schwanfeld (D 934).- 100 Unteremerheim (D 1065).- 101 Augsfeld (D 44).- 102 Linz (A 278).- 103 Mosonmagyarovar (H 442).- 104 Rimavská Sobota (CS 548).- 105 Peschiera del Garda (I 174).- 105 Peschiera (I 175).- 106 Olonio (I 156).- 107 Palazzo (I 159).- 108 Cattabrega de Crescenzago (I 65).

Abb. 11 Verbreitung der Griffangelschwerter Typus Mantoche (offene Signaturen) und Typus Monza (geschlossene Signaturen): Geschlossen: 1 Ile-Saint-Ouen (F 192).- 2 Paris (F 304).- 3-4 Villeneuve-Saint-Georges (F 438).- 5 Noyen-sur-Seine (F 289).- 6 Sens (F 386).- 7 Chalon-sur-Saône/Verdun (F 83).- 8 Grottes de Bize (F 182).- 9 Aime (F 5).- 10 Gletterns (CH 146).- 11 Trana (I 261).- 12 Torino (I 259).- 13 Viverone (I 276).- 14 Monza (I 151).- 14 Monza (I 151).- 15 Crema (I 79).- 16 Codogna (I 72).- 17 Bolzano (I 21).- 18 Moor-Sand (GB).- 19 Mainz (D 651).
Offen: 1 Foecy (F 152).- 2 Sens (F 385).- 3 Mâcon (F 229).- 4 Mâcon und Tournus (zwischen) (F 228).- 5 Pontoux (F 318).- 6 Mantoche (F 242).- 7 Genf (CH 138).- 8 Genf (CH).- 9 Brügg und Aegerten (CH 51).- 10 Selz (F 382).- 11 Schmiden (D 910).

Abb. 12 Verbreitung der Griffangelschwerter Typus Grigny (geschlossene Signaturen) und Pepinville (offene Signaturen); Geschlossen: 1 Cannes-Écluse (F 71).- 2 Fedry (F 149).- 3 Grigny (F 180).- 4 Port (F 272).- 5 St. Martin de Corléan (I 250).- 6 Cologne (I 74).- 7 Diepoldsau (CH 77).- 8 Ruβheim (D 895).- 9 Buková (CS 77).- 9 Rýdeč (CS 557).- 10 Baierdorf (A 38). Offen: 1 Picquigny (F 309).- 2 Champlay (F 87).- 3 Richemont-Pépinville (F 334).- 4 Port (F 272).- 5 Thun (CH 335).- 6 Mels (CH 211).- 7 Ems (CH 82).- 8 Castelletto (I 60).- 9 Voltabrusegana (I 277).- 10 Laupen (CH 189).- 11 Bükkaranyos (H 134).- 12 Peschiera (I 173).

Abb. 13 Verbreitung der Griffangelschwerter Typus Unterhaching (halb gefüllte Signaturen) und Terontola/Arco (gefüllte Signaturen): 1 Châlon-sur-Saône (F 78).- 2 Genève (CH 127).- 3 Genève (CH 136).- 4 Brügg (CH 48).- 5 Ilanz (CH 177).- 6 Bacharach (D 50).- 7 Bingerbrück (D 104).- 8 Mainz (D 637).- 9 Dietzenbach (D 173).- 10 Speyer (D 952).- 11 Waldsee (D 1107).- 12 Kirchardt (D 540).- 13 Walheim (D 1109).- 14 Großvillars (D 388).- 15 Ettlingen (D 275).- 16 Eßfeld (D 264).- 17 Unterhaching D 1071).- 18 Altötting (D 27).- 19 Biandronno (I 17).- 20 Sasello (I 233).- 21 Malcantone (I 125).- 22 Pieve S. Giacomo (I 205).- 23 Casalbuttano (I 46).- 24 Lago di Trasimeno (I 122).- 25 Terontola

(I 257).- 26 Forlì (I 89).- 27 Este (I 84).- 28 S. Antonio (I 222).- 29 Arco (I 8).- 30 Stenico (I 251).- 31 Margreid (I 130).- 32 Dimaro (I 82).- 33 Pavone Mella (I 168).- 34 Ardeschitza (A 14).- 35 Piricse (H 562).- 36 Nočaj-Salaš (JU 191).- 37 Verona (I 271).- 38 Genève (CH 129).

Abb. 14 Verbreitung der Griffzungenschwerter Typus Budinščina: 1 Straßengel (A 498).- 2 Paks (HU 534).- 3 Krsko (JU 137).- 4 Budinščina (JU 42).- 5 Brodski Varoš (JU 41).- Angeschlossen (nicht kartiert) Lisine (JU 146).

Abb. 15 Verbreitung der Griffzungenschwerter mit profiliertem Klingenquerschnitt (slawonischer Typus): 1 Sutz-Lattringen (CH 329).- 2 Augsdorf (A 22).- 3 Gleinstätten (A 112).- 4 Trössing (A 524).- 5 Pleißing (A 378).- 6 Mannersdorf a.d.March (A 299).- 7 Wöllersdorf (A 623).- 8 Velem (H 821).- 9 Mosonmagyaróvár (H 441).- 10 Acs (H 10).- 11 Nyergesújfalu (H 485).- 12 Budapest (H 132).- 13 Ercsi (H 207).- 14 Püspökhatvan (H 571).- 15 Izsákfa (H 303).- 16 Tab (H 690).- 17 Öreglak (H 520).- 18 Dombóvár (H 185).- 19 Ajak (H 14).- 20 Berkesz (H 87).- 21 Gemer (CS 167).- 22 Uioara de Sus (RO 425).- 23 Spalnaca (RO 369).- 24 Bazias (RO 29A).- 25 Debeli Vrh (JU 59).- 26 Budinščina (JU 42).- 27 Poderkavlje-Slavonski Brod (JU 220).- 28 Veliko Nabrde (JU 315).- 29 Poljanci (JU 224).- 30 Brodski Varoš (JU 41).- 31 Gornji-Slatinik (JU 85).- 32 Bingula Divoš (JU 18).- 33 Novi Bečej (JU 194).- 34 Rajka (H 578).- 35 Londica (JU 151).- 36 Ulm (D 1053).- Nicht kartiert: "Ungarn" (H 800).- Umgebung Alba Iulia (RO 5).

Abb. 16 Verbreitung der Achtkantschwerter: 1 Dietikon (CH 78).- 2 Au (CH 13).- 3 St. Moritz (CH 316).- 4 Hauenstein, Com. Castelrotto, Prov. Bolzano, Trentino-Alto Adige (Einzelfund, V. Bianco Peroni, Die Schwerter in Italien [1970] 100 Nr. 276 Taf. 41, 276).- 5 Rovereto, Prov. Trento (Gewässerfund, ebd. 101 Nr. 277 Taf. 41, 277).- 6 Mägerkingen, Kr. Reutlingen (Grab, F. Holste, Die bronzezeitlichen Vollgriffschwerter Bayerns [1953] 48 Nr. 30).- 7 Reisenburg (D 861).- 8 Kellmünz (D 533).- 9 Ferthofen (D 238A).- 10 Pflugdorf (D 835).- 11 Traubing (D 1028).- 12 Aichach (D 6).- 13 Unterföhring, Stkr. München r. d. Isar (aus der Isar, H. Koschick, Die Bronzezeit im südwestlichen Oberbayern [1981] 181 Taf. 44, 8).- 14 Englschalking (D 229).- 15 Ergertshausen, Ldkr. Wolfratshausen (aus der Isar, Koschick a.a.O., 253 Taf. 141, 10).- 16 Königsdorf (D 553).- 17 Wasserburg a. Inn, Ldkr. Rosenheim (Fundumstände unbekannt, Holste a.a.O, 48 Nr. 14 Taf. 2,2).- 18 Westendorf a. Inn, Ldkr. Rosenheim (aus dem Inn, ebd. 48 Nr. 13 Taf. 10, 7).- 19 Leonberg, Ldkr. Altötting (Grab, ebd. 48 Nr. 15 Taf. 9, 5).- 20 Freilassing, Ldkr. Laufen (Fundumstände unbekannt, ebd. 48 Nr. 11 Taf. 10, 6).- 21 Hausmoning, Ldkr. Laufen (Fundumstände unbekannt, ebd. 48 Nr. 12 Taf. 2,1).- 22 Aidenbach, Ldkr. Vilshofen (Grab, ebd. 48 Nr. 18 Taf. 12 B).- 23 Untereisenheim, Ldkr. Gerolzhofen (aus dem Main, ebd. 48 Nr. 29 Taf. 11, 10).- 24 Albertshofen, Ldkr. Kitzingen (Grab, ebd. 48 Nr. 28 Taf. 11,8).- 25 Hellmitzheim, Ldkr. Schweinfeld (Grab, ebd. 48 Nr. 27 Taf. 11, 9).- 26 Görauer Anger (D 370).- 27 Pelchenhofen u. Tauernfeld (zwischen), Ldkr. Neumarkt (Grab, Holste a.a.O, 48 Nr. 25 Taf. 11, 5).-6.- 28 Taxöldern, Ldkr. Neunburg vorm Wald.- (Grab, ebd. 48 Nr. 24 Taf. 11, 4).- 29-32 Regensburg (Gewässerfunde, ebd. 48 Nr. 20-22).- 33 Obrnice, okr. Most (Grab, ebd. 49 Nr. 39 Taf. 12, A).- 34 Solany, okr. Roudnice (Grab, ebd. 49 Nr. 40 Taf. 12 C).- 35 Tachlovice, okr. Smichov (Depot, ebd. 49 Nr. 41 Taf. 15, 4).- 36 Smilovice, okr. Tyn nad Vlatavou (Einzelfund, ebd. 49 Nr. 43).- 37 Bad Wimsbach-Neydharting (A 37).- 38 Salzburg-Nord (A 412).- 39 Hallenstein (A 149).- 40 St. Nikola (A 458).- 41 Persenbeug (A 374).- 42 Gratwein (A 115).- 43 Dunaújváros (H 194).- 44 Forró (A 244).- 45 Vrhavec, Bez. Stríbo (Grab, Holste a.a.O, 49 Nr. 42).- 46 Bogenhausen, Stadtkr. München r. d. Isar (aus der Isar, Koschick a.a.O., 194 Taf. 65, 3).- 47 Seehausen, Ldkr. Weilheim (Seefund, ebd. 248 Taf. 137,1).- 48 Otzing, Ldkr. Deggendorf (Einzelfund bei einem Bach, A. Hochstetter, Die Hügelgräber-Bronzezeit in Niederbayern [1980] 117 Taf. 14, 3).- 49 Hüttenkofen, Ldkr. Digolfing-Landau (Einzelfund, ebd. 122 Taf. 20).- 50 Oberhausen, Ldkr. Dingolfing-Landau (Einzelfund, ebd. 24 Taf. 24, 2).- 51 Untergrasensee, Ldkr. Rottal-Inn (Einzelfund, ebd. 158f. Taf. 103, 5).- 52 Wolfsegg, Ldkr. Rottal-Inn (Hügelfeld, ebd. 159 Taf. 103, 6).- 53 Dietfurt (D 170A). Dazu Typ Speyer: Regensburg (aus der Donau, Torbrügge, Oberpfalz 214 Nr 363 Taf. 73,3).- Erbach, Kr. Ulm (aus der Donau, Fundber. Schwaben NF 14, 1957, 178f. Abb. 2 Taf. 14,3).- Speyer (Gewässerfund, P.Schauer, Jahrb. RGZM 20, 1973, 76 Nr. 3 Taf. 9, 1).- Klugham, Kr. Mühldorf a. Inn (Einzelfund, Holste a.a.O., 51 Nr. 9 Taf. 13,3).-Breitenbach, BH. Kufstein, Tirol (Krämer, Vollgriffschwerter 15 Nr. 13A Taf. 3, 13A).- Kirchbichl, Ldkr. Bad Tölz (Einzelfund, Koschick a.a.O. 146 Taf. 1, 12).

Abb. 17 Verbreitung der Vollgriffschwerter Typus Riegsee: 1 Topolnica (JU 300).- 2 Spalnaca (RO 369).- 3 Uioara de Sus (RO 425).- 4 Idara (RO 183).- 5 Besterec-Földvár (H 91).- 6 Bükkaranyos (H 134).- 7 Rátka (H 580).- 8 Budapest (H 125).- 9 Piricse (H 561).- 10 Szuhafő (H 689).- 11 Gemer (CS 164).- 12 Busica (CS 78).- 13 Žďaňa (CS 737).- 14 Nové Mesto nad Vahom (CS 449).- 15 Hluk (CS 191).- 16 Ivančice (CS 231).- 17 Ohništ'any (CS 455).- 18 Most (CS 424).- 19 Svárec (CS 723).- 20 Milavče (CS 410).- 20 Milavče (CS 413).- 21 Tuplady (CS 649).- 22 Baierdorf (A 38).- 23 Peggau (A 371).- 24 Scheiben (A 421).- 25 Albrechtsberg a.d. Pielach (A 2).- 26 Ybbs (A 631).- 27 Luftenberg (A 289).- 28 Lorch (A 286).- 29 Fisching (A 91).- 30 Wels (A 596).- 31 Unterach (A 530).- 32 St. Johann im Pongau (A 452).- 32 St. Johann im Pongau (A 451).- 33 Wörgl (A 630).- 34 Innsbruck-Wilten (A 201).- 35 Piller (A 376).- 36 Nöfing (A 348).- 36 Nöfing (A 349).- 37 Eugendorf (A 82).- 38 Salzburg-Morzg (A 411).- 39 Oberburgau (A 353).- 40 Viehofen (A 546).- 41 Klugham (D 548).- 42 Unterholzhausen (D 1081).- 43 Wimm (D 1140).- 44 Fridolfing (D 310).- 45 Bad Reichenhall (D 66).- 46 Forstinning (D 287).- 47 Riegsee (D 877).- 48 Etting (D 273).- 49 Stockheim (D 986).- 50 Aichach (D 6).- 51 Augsburg (D 41).- 52 Engen (D 228).- 53 Aldingen (D 13).- 54 Wendlingen (D 1127).- 55 Erbach (D 237).- 56 Burlafingen (D 152).- 57 Gerlenhofen (D 337).- 57 Gerlenhofen (D 338).- 57 Gerlenhofen (D 339).- 58 Gablingen (D 319).- 59 Speyer (D 953).- 60 Bergrheinfeld (D 94).- 61 Gräfensteinberg (D 373).- 62 Behringersdorf (D 87).- 62 Behringersdorf (D 88).- 63 Bruck (D 134).- 64 Auhöfe (D 45).- 65 Gansbach (D 331).- 66 Barbing (D 75).- 66 Barbing (D 73).- 67 Regensburg (D 855).- 67 Regensburg (D 856).- 68 Gundelshausen (D 411).- 69 Pettstadt (D 830).- 70 Lodenice (CS 355).- 71 Kraiburg (D 556).- 72 Münster (A 340).- 73 Barcs (H 77).- 74 Töging (D 1018).- 75 Zalacsány (H 849).- 76 Breitengüßbach (D 129A).- Nicht kartiert: Trebel (CS 638).- Zábrdovice (CS 719).

Abb. 18 Verbreitung der Vollgriffschwerter Formen Kissing (halboffene Signaturen) und Eschenz (geschlossene Signaturen) Halboffen: 1 Herlheim (D 468).- 2 Henfenfeld (D 466).- 3 Schäfstall (D 904).- 4 Kissing (D 545). Geschlossen: 1 Bad Cannstatt (D 1001).- 2 Eschenz (CH 95).- 3 Matrei (H.-J. Hundt, Arch. Korrbl. 9, 1979, 183ff. Abb. 1).- 4 Ybbs (A 632).- 5 Bingula Divoš (JU 18).- Nicht kartiert: "Österreich" (A 364).

Abb. 19 Verbreitung der Vollgriffschwerter Typus Ragály: 1 Martinček (CS 386).- 2 Sväty Král' (CS 621).- 3 Gemer (CS 165).- 4 Bušica (CS 78).- 5 Barca (CS 9).- 6 Žďaňa (CS 737).- 7 Szuhafő (H 689).- 8 Ragály (H 577).- 9 Rátka und Szerencs (zwischen) (H 580).- 10 Viss (H 840).

Abb. 20 Verbreitung der Vollgriffschwerter mit wulstgegliedertem Griff: 1 Genève (CH 128).- 2 Port (CH 274).- 3 Chur (CH 62).- 4 Chalon-sur-Saône (F 77).- 5 Mainz (D 625).- 6 Ockstadt (D 801).- 7 Gundelsheim (D 412).- 8 Eggolsheim (D 207).- 9 Möckmühl (D 718).- 10 entfällt.- 11 Illertissen (D 505).- 12 Kirchdorf (D 541).- 14 Apfeldorf (D 33).- 15 Ehingen (D 211).- 16 Hermaringen (D 470).- 17 Donauwörth (D 186).- 17 Donauwörth (D 187).- 18 Neustadt a.d.Donau (D 759).- 19 Schwaig (D 932).- 20 Germering (D 342).- 21 Unterhaching (D).- 22 Erding (D 243).- 23 Langengeisling (D 580).- 24 Rosenheim (D 888).- 25 Lengdorf (D 591).- 26 Kraiburg (D 557).- 27 Mühldorf (D 728).- 28 Ering (D).- 29 Hals (D 435).- 30 Mining (D).- 31 Feldkirchen (A).- 32

Vollern (A).- 33 Altötting (D 25).- 33 Altötting (D 26).- 34 Geiging (D 335).- 35 Raubling-Reischenhart (D 853).- 36 entfällt.- 37 Hart a.d.Alz (D 439).- 38 Högl (D 481).- 39 Karlstein (D 524).- 40 Taxenbach (A 505).- 41 Kitzbühel (A 242).- 42 Kirchberg (A 237).- 43 Schwaz-Pirchanger (A 433).- 44 Wörgl (A 626).- 45 Aldrans (A 3).- 46 Innsbruck-Mühlau (A 195).- 46 Innsbruck-Wilten (A 196).- 47 Volders (A 551).- 47 Volders (A 552).- 47 Volders (A 550).- 48 Thaur (A 514).- 49 Hallstatt (A 154).- 50 Bad Ischl (A 33).- 51 Desselbrunn (A 52).- 52 Unterschauersburg (A 543).- 53 Schörgenhub (A 429).- 54 Fisching (A 90).- 54 Schlögen (A 428).- 55 Lansach (A 267).- 56 entfällt.- 57 Mitterndorf (A 323).- 58 Steinhaus (A 491).- 59 entfällt.- 60 Kemmelbach (A 231).- 61 Karlsbach (A 230).- 62 Grein (A 121).- 62 Grein (A 122).- 63 Oberravelsbach (A 358).- 64 Krems (A 252).- 65 St. Pölten (A 477).- 66 Unterradl (A 536).- 67 entfällt.- 68 Loretto (A 287).- 69 Pecsevyéd (A 379).- 70 Bovec (JU 32).- 71 Budinščina (JU 42).- 72 Punitovci (JU 235).- 73 Otok-Privlaka (JU 205).- 74 Bingula-Divoš (JU 21).- 75 Kovin (JU 130).- 76 Melk (A 315).- 77 Tamasi (H 694).- 78 Rinyaszentkirály (H 592).- 79 Szentgáloskér (H 671).- 80 Dunaföldvár (H 188).- 81 Budapest (H 126).- 81 Budapest (H 130).- 81 Budapest (H 131).- 82 Nyergesújfalu (H 485).- 83 Visegrád (H 836).- 84 Baracska (H 75).- 85 Nadap (H 451).- 86 Nagydem (H 458).- 87 Recsk (H 581).- 88 Bükkaranyos (H 136).- 89 Szihalom (H 676).- 90 Nyírpazony (H 502).- 91 Esztergom (H 221).- 92 Vaja (H 808).- 93 Zsuijta (H 862).- 94 Szabolcsveresmart (H 643).- 95 Sajószentpéter (H 604).- 96 Krasznokvajda (H 381).- 97 Fumarogo (I 96).- 98 Villa Agnedo (I 274).- 99 Vindornyaszőlős (H 832A).- 100 Stenn.- 101 Čeradice (CS 94).- 102 Žatec (CS 732).- 103 Decín-Podmokly (CS 118).- 104 Velké Žernoseky (CS 683).- 104 Velké Žernoseky (CS 684).- 105 Stodulky (CS 602).- 106 Dunavecse (H 194).- 107 Praha (CS 506).- 108 Mladá Boleslav (CS 417).- 109 Kolín (CS 262).- 110 Nové Syrovice (CS 451).- 111 Bohuslavice (CS 48).- 112 Lesany (CS 324).- 113 Velatice (CS 669).- 114 Čachtice (CS 87).- 115 Koblov (CS 259).- 116 Vieska-Bezdedov (CS 698).- 117 Komjatná (CS 266).- 117 Komjatná (CS 267).- 118 Martinček (CS 386).- 119 Vyšná Pokoradz (CS 711).- 120 Partinzánska Lupca (CS 476).- 121 Bodvaszilas (H 8).- 122 Žvolen (CS 755).- 123 Velká (CS 672).- 124 Slovenska Lupca (CS 589).- 125 Telince (CS 630).- 126 Kuhardt (D 561).- 127 Bogenberg-Grubhöh (D 118).- 128 Koroncó (H 374).- 129 Tiszabezdéd (H 709A).- 130 Buchs (H 122).- 131 Orosháza (H 524).- 132 Kapospula (H 320A).- 133 Abaújszánto (H 6).- 134 Balassagyarmat (H 58).- 135 Edelény (H 199).- Nicht kartiert: Bardejov (CS 11).- Berchtesgaden (D 92).- Bernate (I 15).- Bistrița (RO 39).- Blaichach (D 112).- Bobrovček (CS 43).- Bohosudov (CS 46).- Bunești (RO 56).- Hida (RO 177).- Komitat Cluj (RO 98).- Košice (CS 274).- Kšice (CS 307).- Liptovsky Mikuláš (CS 348).- Oberneukirchen-Zehenthof (D 791).- Odorhei (RO 258).- Oradea (RO 264).- Panticeu (RO 274).- Predeal (RO 293).- Prejmer (RO 294).- Singeorgiu Sasesc (RO 354).- Smolín (CS 592).- Vyšný Sliac (CS 717).

Abb. 21 Verteilung der verschiedenen Schwerttypen auf Quellengruppen (prozentuale Werte).

Abb. 22 Verbreitung der Grabfunde mit Schwertbeigabe (Bz D-Ha A).

Abb. 23 Anzahl der Schwertfragmente in Grabfunden und Horten.

Abb. 24 Verbreitung der Depotfunde mit Schwertern und Schwertfragmenten.

Abb. 25 Schwerter aus Depotfunden: nach P. Schauer und W. Torbrügge.

Abb. 26 Gewichte der Schwertfragmente in Depotfunden Böhmens und Kroatiens.

Abb. 27 Schwerter der Stufen Bz D und Ha A: nach Krämer, Dular, Herrmann.

Abb. 28 Ausstattung von Horten mit Schwertern (Auswahl).

Abb. 29 Verbreitung der reinen Schwerthorte: 1 Oberillau (CH 240).- 2 Engen (D 228).- 3 Martinček (CS 386).- 4 Komjatná (CS 266).- 5 Vyšný Sliac (CS 717).- 6 Velká (CS 672).- 7 Gemer (CS 165).- 8 Ždaňa (CS 737).- 9 Komarniki (Textanmerkung).- 10 Vieska-Bezdedov (CS 698).- 11 Krasznokvajda (H 381).- 12 Rátka (H 580).- 13 Szabolcsveresmart (H 643).- 14 Vaja (H 808).- 15 Recsk (H 581).- 16 Szihalom (H 676).- 17 Püspökladány (H 572).- 18 Pozdisovce (CS 505).- 19 Opátova (CS 460).- 20 Slovenská Lupca (CS 589).- 21 Podkonice (CS 498).- 22 Diepoldsau (CH 77).- 23 Tiszabezdéd (H 709A).- 24 Orosháza (H 524).

Abb. 30 Verbreitung der Depotfunde mit intakten oder wenig fragmentierten Schwertern: 1 Komjatna (CS 267).- 2 Žvolen (CS 755).- 3 Rimavska Sobota (CS 548).- 4 Zsjuta (CS 750).- 5 Humenné (CS 227).- 6 Sarospatak (H 617).- 7 Viss (H 840).- 8 Zalkod (H 854).- 9 Ragály (H 577).- 10 Szuhafö (H 689).- 11 Bükkaranyos (H 134).- 12 Sviloš (JU 286).- 13 Széczeny (H 654).- 14 Topolnica (JU 300).- 15 Edeleny (H 200)

Abb. 31 Verbreitung von Vollgriffschwertgriffen in Depotfunden: Riegseeschwerter (offene Signaturen): 1 Piricse (H 561).- 2 Uioara de Sus (RO 425).- 3 Spalnaca (RO 369).
Dreiwulstschwerter (gefüllte Signaturen): 1 Budinščina (JU 42).- 2 Punitovci (JU 235).- 3 Otok (JU 205).- 4 Bingula Divoš (JU 18).- 5 Rinyaszentkiralyi (H 592).- 6 Szentgaloskér (H 671).- 7 Bükkaranyos (H 136).

Abb. 32 Schwertfunde in Transdanubien nach Quellen. Nach Angaben Kemenczei, Schwerter.

Abb. 33 Lanzenspitzen der älteren Urnenfelderzeit: Abbildungsnachweise im Katalog

Abb. 34 Verbreitung der Lanzenspitzen mit kurzem freien Tüllenteil: 1 Reventin-Vaugris (F 333).- 2 Rhêmes-Saint-Georges (I 217).- 3 Sasello (I 233).- 4 Malpensa (I 128).- 5 Sanpolo d'Enza (I 227).- 6 Viadana (I 273).- 7 Orpund (CH 261).- 8 Triengen (CH 336).- 9 Besenbüren (CH 38).- 10 Bad Kreuznach (D 61).- 11 Gau-Algesheim (D 332A).- 12 Ebersheim (D 196).- 13 Stuttgart Bottnang (D 998).- 14 Kitzingen-Etwashausen (D 546).- 15 Gnötzheim (D 363).- 16 Hesselberg (D 473).- 17 Riedhöfl (D 871).- 18 Postau-Unholzing (D 847).- 19 Bürs (A 51).- 20 Sesto (I 241).- 21 St. Martin-Paß Luftenstein (A 368).- 22 Haidach (A 144).- 23 Trössing (A 524).- 24 Sommerein (A 439).- 25 Borotín (CS 53).- 26 Esztergom (H 221).- 27 Keszthely (H 333).- 28 Tab (H 690).- 29 Öreglak (H 520).- 30 Szentgáloskér (H 671).- 31 Keszöhidegkút (H 331).- 32 Bonyhád (H 111).- 33 Napkor-Piripucpuszta (H 477).- 34 Pekel (JU 213).- 35 Cermozisce (JU 54).- 36 Zagreb (JU 341).- 37 Pričac (JU 230).- 38 Medivide (JU 174).- 39 Poderkavlje-Slavonski Brod (JU 220).- 40 Brodski Varoš (JU 41).- 41 Bingula Divoš (JU 18).- 41 Donja Bebrina (JU 65).- 42 Punitovci (JU 235).- 43 Poljanci (JU 224).- 45 Jakovo (JU 108).- 46 Püspöhatvan (H 571).- 47 Altbach (D 16).- 48 Oggiono Ello (I 154).- 49 Menglon (F 260).- 50 Kieron (vgl. Textanmerkung).- 51 Langada (vgl. Textanmerkung).- 52 Mitopolis (vgl. Textanm.).- 53 Imphy (F 193).- 54 Cannes-Écluse (F 71).- 55 Grigny (F 177) und Villeneuve-Saint Georges (F 440).- 56 Rudnik (JU 230).- 57 Iernut (RO 184).- 58 Sacoți (RO 319).- 59 Mintraching (D 715A).- Nicht kartiert: Prov. Reggio (I 216).- Bargone (I 13).

Abb. 35 Verbreitung der Lanzenspitzen mit gestuftem Blatt: 1 Lausanne-Cheseaux (CH 191).- 2 Riehen (CH 284).- 3 Davoser See (CH 74).- 4 Königsbronn (D 552).- 5 Bingerbrück (D 105).- 6 Hanau (D 438).- 7 Würzburg (D 1162).- 8 Bogenberg-Grubhöh (D 118).- 9 Mengkofen-Krottenthal (D 710).- 10 Oberding (D 787).- 11 Ehring (D 214).- 12 Töging (D 1016).- 12 Töging (D 1015).- 12 Töging (D 1014).- 13 Hader (D 500).- 14 Dobl (D 80).- 15 Passau (D 824).- 16 Bad Reichenhall (D 67).- 17 Bitz (D 110).- 18 Salzburg-Morzg (A 407).- 19 Salzburg-Untersberg (A 413).- 20 Schafberggebiet (A 417).- 21 Hallstatt (A 159).- 21 Hallstatt (A 153).- 22 Windischgarsten (A 619).- 23 Mauthausen (A 313).- 24 Ennsdorf (A 78).- 25 Kronstorf (A 254).- 26 St. Nikola (A 461).- 26 St. Nikola (A 462).- 27 St. Wolfgang (A 482).- 28 Schleißheim

(A 427).- 29 Podoly-Bohusovice (CS 499).- 30 Traun (A 522).- 31 Hartkirchen (A 163).- 32 Pulgarn (A 384).- 33 Schwertberg (A 432).- 34 St. Willibld (A 481).- 35 Molln (A 326).- 36 Enns (A 70).- 36 Enns (A 71).- 36 Enns (A 72).- 37 Ernsthofen (A 81).- 38 Gutenstein (A 142).- 39 Spitz (A 443).- 40 Unter-Radl (A 538).- 41 Stift Göttweig (A 114).- 42 Schiltern (A 423).- 43 Frauendorf (A 92).- 44 Oberschoderlee (A 359).- 45 Mannersdorf (A 299).- 46 Wien (A 612).- 47 Lichtenwörth (A 271).- 48 Pöttsching (A 379).- 49 Draßburg (A 58).- 50 Mayerhof (A 314).- 51 Zlapp und Hof (A 635).- 52 Augsdorf b. Velden (A 22).- 53 Freudenberg (A 95).- 54 Graz Plabutsch (A 119).- 55 Feisterer Alm bei Mautern (A 83).- 56 Schallemersdorf (A 419).- 57 Singen (D 948).- 58 Ferthofen (D 283).- 59 Most (CS).- 60 Milavče (CS 412).- 61 Lazanay (CS 317).- 62 Rýdeč (CS 557).- 63 Varvažov (CS 664).- 64 Zahai (CS 721).- 65 Čerekvice (CS 95).- 67 Sezemice (CS 570).- 68 Velatice (CS 669).- 69 Ivančice (CS 231).- 70 Ivančice (CS 235).- 71 Blučina II (CS 29).- 72 Přestavlky (CS 524).- 73 Branka (CS 59).- 74 Plešivec (CS 488).- 75 Bratislava (CS 64).- 76 Čaka (CS 88).- 77 Dolný Peter (CS 131).- 78 Rešica (CS 546).- 79 entfällt.- 80 Pácin (H 533).- 81 Tapioszentmarton (H 698).- 82 Sopron (Umgebung) (H 631).- 83 Koroncó (H 372).- 84 Györ (H 271).- 85 Tenjö (H 703).- 86 Kamond (H 319).- 87 Baracs (H 74).- 88 Esztergom (H 221).- 89 Kisapati (H 342).- 90 Keszthely (H 333).- 91 Pölöske (H 564).- 92 Kiskanisza (H 344).- 93 Siófok-Balatonkiliti (H 626).- 94 Tab (H 690).- 95 Öreglak (H 520).- 96 Pamuk (H 537).- 97 Rinyaszentkirály (H 592).- 98 Orci (H 519).- 99 Szentgaloskér (H 671).- 100 Sioagard (H 625).- 101 Keszöhidegkút (H 331).- 102 Szarazd (H 651).- 103 Bonyhád (H 111).- 104 Pecs I u. III (H 548, 546).- 105 Peterd (H 555).- 106 Márok (H 413).- 107 Eger (H 203).- 108 Füzeszabony (H 247).- 109 Pétervására (H 556).- 110 Bükkaranyos I (H 134).- 110 Bükkaranyos II (H 135).- 111 Felsözsolca (H 240).- 112 Abaújkér (H 2).- 113 Sarospatak (H 617).- 114 Alsódobsza (H 20).- 115 Balsa (H 68).- 116 Kemecse (H 326).- 117 Demecser (H 174).- 118 Apagy (H 28).- 119 Piricse (H 562).- 120 Napkor (H 477).- 121 Nagykalló (H 462).- 122 Bököny (H 107).- 123 Penészlek (H 552).- 124 Szolnok (H 682).- 125 Pusztaszer (H 575).- 126 Magayrtés (H 409).- 127 Beregsurány (H 84).- 128 Locica bei Vransko (JU 149).- 129 Cermozise (JU 54).- 130 Podrute (JU 221).- 131 Budinščina (JU 42).- 132 Središče (JU 273).- 133 Lisine (JU 146).- 134 Crna rijeka am Vrbas (JU 55).- 135 Punitovci (JU 235).- 136 Podcrkavlje-Slavonski Brod (JU 220).- 137 Brodski Varoš (JU 41).- 138 Donja Bebrina (JU 65).- 139 Otok Privlaka (JU 205).- 140 Sviloš (JU 286).- 141 Bingula Divoš (JU 18).- 142 Privina Glava (JU 231).- 143 Nova Bingula (JU 192).- 144 Donji Petrovci (JU 68).- 145 Kupinovo (JU 140).- 146 Jakovo (JU 108).- 147 Mesić (JU 177).- 148 Toplicica I (JU 298).- 149 Bizovac (JU 19).- 150 Tenja (JU 289).- 151 Nočaj-Salaš (JU 191).- 152 Pecica (RO 276).- 153 Băbeni (RO 20).- 154 Uioara-de-Sus (RO 425).- 155 Spalnaca (RO 369).- 156 Zlatna III (RO 454).- 157 Bogata de Mures (RO 42).- 158 Suseni (RO 383).- 159 Gușterița (RO 170).- 160 Lozna-Mare (RO 207).- 161 Castions di Strada (I 64).- 162 Hočko Pohorje (JU 96).- 163 Jurka vas (JU 115).- 164 Futog (JU 76).- 165 Mačkovac (JU 154).- 166 Gornja Vrba (JU 81).- 167 Novi Grad (JU 195).- 168 Trlic (JU 301).- 169 Veliko Srediste (JU 318).- 170 Rudnik (JU 244).- 171 Sacoți (RO 319).- 172 Gornja Vrba (JU 81).- Nicht kartiert: Plattensee (Umgebung) (H 60).- Miercurea Ciuc (RO 227).- Cincu (RO 89).- Rapoltu Mare (RO 302).- Bodrogköz (H 103).- Brod (JU 40).- Kufhaus (A 257).- Pucking (A 383).

Abb. 36 Verbreitung der Lanzenspitzen mit geripptem Blatt: 1 Bătarci (RO 29).- 2 Cheșereu (RO 79).- 3 Domănești (RO 134).- 4 Gușterița (RO 170).- 5 Mociu (RO 234).- 6 Spalnaca (RO 369).- 7 Uioara-de-Sus (RO 425).- 8 Rešica (CS 546).- 9 Drslavice I (CS 149).- 9 Drslavice II (CS 150).- 10 Balassagyarmat (H 58).- 11 Berkesz (H 87).- 12 Viss (H 841).- 13 Bükkaranyos I (H 134).- 13 Bükkaranyos II (H 135).- 14 Szecseny (H 654).- 15 Sioagard (H 625).- 16 Bonyhad (H 111).- 17 Márok (H 413).- 18 Donja Bebrina (JU 65).- 19 Otok Privlaka (JU 205).- 20 Londica (JU 151).- 21 Tenja (JU 289).- 22 Vyšná Hutka (CS 708).- 23 Koroncó (H 372).- Nicht kartiert: Drajna de Jos (RO 139)

Abb. 37 Verbreitung der Lanzenspitzen mit profilierter Tülle: 1 Debeli Vrh (JU 59).- 2 Cermozisce (JU 54).- 3 Budinščina (JU 42).- 4 Pričac (JU 230).- 5 Otok Privlaka (JU 205.- 6 Nova Bingula (JU 192).- 7 Šimanovci (JU 257).- 8 Mali Zam (JU 161).- 10 Petroșani (RO 282).- 11 Vîlcele (RO 441).- 12 Zlatna (RO 454).- 13 Spalnaca II (RO 369).- 14 Uioara-de-Sus (RO 425).- 15 Sfaraș (RO 339).- 16 Panticeu (R 273).- 17 Mociu (RO 234).- 18 Rebrișoara (RO 305).- 19 Uriu-de-Sus (RO 428).- 20 Bătarci (RO 29).- 21 Aluniș (RO 10).- 22 Galoșpetreu (RO 154).- 23 Cheșereu (RO 80).- 24 Sieu (RO 343).- 25 Opălyi (H 517).- 26 Olcsvaapáti (H 514).- 27 Berkesz (H 87).- 28 Napkor-Piripucpuszta (H 477).- 29 Kék (H 322).- 30 Nagyhalász (H 460).- 31 Demecser (H 174).- 32 Kemecse (H 326).- 33 Vajdácska (H 810).- 34 Viss (H 838).- 35 Tiszaladány (H 714).- 36 Abaújszántó (H 4).- 37 Alsódobsza (H 20).- 38 Felsözsolca (H 240).- 39 Bükkaranyos (H 134).- 39 Bükkaranyos (H 135).- 40 Tibolddaróc (H 704).- 41 Kurd (H 382).- 42 Simonfa (H 623).- 43 Tiszaszentmárton (H 727).- 44 Szendrö (H 662).- 45 Blatná Polianka (CS 21).- 46 Lesné (CS 325).- 47 Horne Štubňa (CS 201).- 48 Hamry (CS 183).- 49 Vyšná Hutka (CS 708).- 50 Bužica (CS 81).- 51 Gemer (CS 166).- 52 Ilanovo (CS).- 53 Podoli-Bohutschowitz (CS 499).- 54 Șuncuiuș (RO 381).- 55 Lisine (JU 146)

Abb. 38 Verbreitung der Lanzenspitzen mit langem freien Tüllenteil im westlichen Teil des Untersuchungsgebietes: 1 Saint-Georges-de-Reneins (F 356).- 2 Sancé (F 373).- 3 Montbellet (F 274).- 4 Préty (F 327).- 5 Ormes (F 296).- 6 Saint-Romain (F 371).- 7 Dijon (F 125).- 8 Martigny-les-Bains (F 257).- 9 Mantoche (F 244).- 10 Marnay (F 249).- 11 Atton (F 22).- 12 Pont-a-Mousson (F 311).- 12 Pont-a-Mousson (F 312).- 13 Galmiz (CH 122).- 14 Aesch (CH 2).- 15 Oberkulm (CH 242).- 17 Piesbach (D 839).- 18 Bad Kreuznach (D 59).- 19 Mainz (D).- 20 Mainz (D).- 21 Hanau (D).- 22 Lorsch (D 601).- 23 Osterburken (D 483).- 24 Kirchtellinsfurt (D).- 25 Uhingen (D 1046).- 26 Dennenlohe (D 169).- 27 Windsbach (D 1142).- 28 Schäfstall (D 903).- 29 Kreßbronn-Hemigkofen (D 559).- 30 Stockheim (D 985).- 31 Hünfeld (D 496).- 32 Grächen (CH 151).- Nicht kartiert: Longueville (F 220).- Mainleus (D 615).- Camparan (F 70).- Saint-Vitte-sur Briance (F 372).- Villemur (F 432).

Abb. 39 Verbreitung der Lanzenspitzen mit gerippter Tülle: 1 Hočko Pohorje: Müller-Karpe, Chronologie Taf. 131, 11.- 2 S. Canziano, Fliegenhöhle: S. Batović, Godisnjak (Sarajevo) 18, 1980, 21ff. Taf. 3,6.- 3 Vranjkova, Depot in Höhle: ebd. Taf. 10,8.- 4 Goluzzo, Depot: Müller-Karpe, Chronologie Taf. 47, 16.- 5 Piedluco, Depot: ebd. Taf. 49, 22-24.26. - 6 Pivnica, Siedlung: Steinerne Gußform: A. Benac, Glasnik Sarajevo 21-22, 1966-67, 157ff. Taf. 1.- 7 Grapska, angeblich Grab, aber eher Depot: A. Benac, Glasnik Sarajevo 9, 1954, 163ff. Taf. 1, 3-4.- 8 Gmić, Depot: S. Batović, Godisnjak 18, 1980, 21ff. Taf. 17,4.- 9 Tesanj, Depot: C. Truhelka, Glasnik Sarajevo 19, 1907, 72 m. Abb.- 10 Hrgovi (in der Nähe des Flußes Krivaja), Depot: Wiss. Mitt. Bosnien Hercegowina 6, 1899, 523ff. Abb. 19.

Abb. 40 Verzierungsschemata älterurnenfelderzeitlicher Lanzenspitzen.

Abb. 41 Verbreitung der verzierten Lanzenspitzen: 1 Bad Kreuznach (D 61).- 2 Gau-Algesheim (D 332A).- 3 Dietzenbach (D 173).- 4 Schirradorf (D 917).- 5 Aesch (CH 2).- 6 Saint Triphon (CH 321).- 7 Šitbor (CS 572).- 8 Borotín (CS 53).- 9 Bököny (H 107).- 10 Bükkaranyos (H 135).- 11 Gyöngyossolymos (H 261).- 12 Tab (H 690).- 13 Márok (H 413).- 14 Beremend (H 85).- 15 Pusztaszer (H 575).- 16 Budinščina (JU 42).- 17 Krnjak (JU 136).- 18 Podcrkavlje-Slavonski Brod (JU 220).- 19 Donja Bebrina (JU 65).- 20 Poljanci (JU 224).- 21 Otok Privlaka (JU 205).- 22 Bingula Divoš (JU 18).- 23 Šimanovci (JU 257).- 24 Nočaj Salaš (JU 191).- 25 Jakovo (JU 108).- 26 Rudnik (JU 244).- 27 Mesić (JU 177).- 28 Vršac (JU 334).- 29 Fizeș (RO 149).- 30 Igriș (RO 186).- 31 Keszöhidegkút (H 331).- 32 Hočko Pohorje (JU 96).- 33 Obajgora (JU 197).

Abb. 42 Depotfunde mit mehr als einem Drittel Lanzenspitzenanteil, Verbreitung und Ausstattung: 1 entfällt.- 2 Vyšná Hutka (CS 708).- 3 Rešica (CS 546).- 4 Buzica II (CS 81).- 5 Felsözsolca (H 240).- 6 Bükkaranyos I (H 134).- 7 Bükkaranyos II (H 135).- 8 Bököny (H 107).- 9 Horná Stubňa (CS 201).- 10 Keszthely (H 333).- 11 Donja Bebrina (JU 65).- 12 Kupinovo (JU 140). Nicht kartiert: Gornji Log (JU 79).- Središce (JU 273).- Sasello (I 233).- Zlatna II (RO 453).

Abb. 43 Zahl der in Horten deponierten Lanzenspitzen.

Abb. 44 Gewichte der in einigen böhmischen und kroatischen Horten deponierten Lanzenspitzen und Fragmente.

Abb. 45 Tabelle: Ausstattung der Gräber mit Lanzenbeigabe.

Abb. 46 Verbreitung der Grabfunde mit Lanzenspitzen: 1 Gaualgesheim (D 332A).- 2 Bad Nauheim (D 63).- 3 Langendiebach (D).- 4 Hanau (D 438).- 5 Dietzenbach G1 (D 173).- 7 Viernheim (D 1096).- 8 Wiesloch (D 1136).- 9 Münchingen (D 739).- 10 Kitzingen G11 (D 546).- 11 Gnötzheim (D 363).- 12 Schirradorf (D 917).- 13 Behringersdorf G12 (D 87).- 13 Behringersdorf G2 (D 86).- 13 Behringersdorf G7 (D 86).- 14 Riehen (CH 284).- 15 Tiengen (D 1011).- 16 Singen (D 948).- 17 Hart a.d. Alz (D 439).- 18 Bayerbach (D 80).- 19 Milavče H4 (CS 413).- 20 Ivančice? (CS 231).- 21 Velatice (CS 669).- 22 Čaka (CS 88).- 23 Palazzo (I 159).- 24 Innsbruck-Hötting (A 193).- 25 Kitzbühel (A 242).- 26 Überackern G4 (A 526).- 27 Salzburg-Morzg G3 (A 407).- 27 Salzburg-Morzg G4 (A 408).- 28 Linz-Au (A 21).- 28 Linz-St.Peter 417 (A 282).- 29 Pleißing (A 377).- 30 Unter-Radl 223/2 (A 538).- 31 Pöttsching (A 379).- 32 Sömmerein G147 (A 439).- 33 Mosonszolnok (H 445).- 34 Csögle (H 157).- 35 Heldenbergen (D 452).- 36 Kressbronn (D 559).- 37 Prien (D 848).- 38 Grubhöh (D 118).- 39 Most (CS).- 40 Meeder ? (D).- 41 Grundfeld (D 391).- 42 Třebušice (CS).- 43 Langengeisling (D 578).- 44 Mayerhof (A 314).- 45 Homburg (D 492).

Abb. 47 Verbreitung der Depotfunde mit Lanzenspitzen (östliche Urnenfelderkultur nicht kartiert): 1 Beaujeau (F 51).- 2 Publy (F 328).- 3 Dompierre (F 129).- 4 Aesch (CH 2).- 5 Oberkulm (CH 242).- 6 Bad Kreunach (D 59).- 7 Mainz (D 617).- 8 Osterburken (D 818).- 9 Iphofen (D 513).- 10 Windsbach (D 1142).- 11 Stockheim (D 985).- 12 Henfenfeld (D 466).- 13 Horgau (D 494).- 14 Dachau (D 160).- 15 Varvažov (CS 664).- 16 Gärmersdorf (D 332).- 17 Schmidmühlen (D 920).- 18 Riedhöfl (D 871).- 19 Mintraching (D 715).- 20 Forstmühler Forst (D 288).- 21 Mengkofen (D 710).- 22 Winklsaß (D 1144).- 23 Sitbor (CS 572).- 24 Švarčava (CS 618).- 25 Honezovice (CS).- 26 Radetice (CS).- 27 Lhotka Libenska (CS 331).- 28 Plešivec (CS 485).- 28 Plešivec (CS 486).- 28 Plešivec (CS 488).- 29 Kamýk (CS 252).- 30 Rýdeč (CS 557).- 31 Lažany (CS 317).- 32 Budihostice (CS 75).- 33 Klobuky (CS 257).- 34 Stradonice (CS 605).- 35 Suchdol (CS 614).- 36 Munderfing (A 341).- 37 Paß Luftenstein (A 368).- 38 Castions di Strada I (I 63).- 38 Castions di Strada II (I 64).- 39 Sasello (I 233).- 40 Malpensa (I 128).- 41 Rhêmes (I 217).- 42 Oggiono Ello (I 154).

Abb. 48 Verbreitung der Pfeilspitzen mit Öse: 1 Mainz (aus dem Rhein): G. Wegner, Die vorgeschichtlichen Flußfunde aus dem Main und dem Rhein bei Mainz (1976) 147 Nr. 533 Taf. 23, 15.- 2 Mainz (aus dem Rhein): ebd. 169 Nr. 887 Taf. 23, 17.- 3 Mainz (aus dem Rhein): ebd. 148 Nr. 546 Taf. 23, 16.- 4 Maximiliansau, Kr. Germersheim (aus dem Rheinkies): Mitt. Hist. Ver. Pfalz 55, 1957, 19 Taf. 4,5.- 5 Großkötz, Ldkr. Günzburg (Baggerfund aus Kiesgube): Bayer. Vorgeschbl. 22, 1957, 146;.- 6 Rennariedl, VB Rohrbach ("80 cm [!?] vom Donauufer entfernt"): M. zu Erbach-Schönberg, Die spätbronze- und urnenfelderzeitlichen Funde aus Linz und Oberösterreich (1985) 173f. Nr. 719 Taf. 89,4.- 7 Waschenberg bei Bad Wimsbach/Neidharting, VB Wels (Höhensiedlung): Jahrb. Öberösterr. Musealver. 116, 1971, 51ff. Taf. 19, 9.- 9 Fundort unbekannt (Ungarn?): Nationalmuseum Budapest Inv. Nr. 5.1871.18.- Nicht kartiert: Werfen (G. Kyrle, Urgeschichte des Kronlandes Salzburg [1918] 44 Abb. 4, 10).

Abb. 49 Verbreitung der Pfeilspitzen Typus Bourget: nach Angaben G. Wegner (Textanmerkung) mit Ergänzungen.

Abb. 50 Tabelle: Stil- und Tüllenpfeilspitzen in Grabfunden der älteren Urnenfelderzeit.

Abb. 51 Verbreitung der urnenfelderzeitlichen Gußformen für Pfeilspitzen: 1. Gorzano (Terramara): G. Säflund, Le terramare delle provincie di Modena, Reggio Emilia, Parma, Piacenza (1939) Taf. 71,4.- 2. Meckenheim (Gußformdepot, Ha B): D. Zylmann, Die Urnenfelderkultur in der Pfalz (1983) Taf. 56,2.- 3. Martizay, Dép. Indre (Gußformdepot ? mit Randleistenbeilform): G. Cordier u. G. Mornand, Separatdruck (o.J.) m. Abb.- 4. Sveti-Petar, ops. Ludbreg (aus einem Gußformdepot der jüngeren Urnenfelderzeit): B. Wanzek, Die Gußmodel für Tüllenbeile im südöstlichen Europa (1989) 199 Nr. 39 Taf. 37, 2d.- 5. Corcelettes, Kt. Neuchâtel (Seerandstation): L. Coutil, Bull. Soc. Préhist. France 9, 1912, 130 Abb. 1.- 6. Debnica, pow. Trebnica (Lausitzer Siedlung der Per. IV-V): T. Kaletyn, Wiadomosci Arch. 30, 1964, 302 Abb. 12-14.- 7. Heilbronn-Neckargartach (Gußformendepot, Ha B): O. Paret, Germania 32, 1954, 7ff. Taf. 8, 15-16.- 8. Besigheim, Kr. Ludwigsburg (Grabfund?): Fundber. Schwaben 22-24, 1914-16, 7f. Abb. 4-5.- 9. Bos du Roc: Coutil a.a.O.- 10. Radzovce (Siedlung der Pilinyer Kultur Bz C/D): V. Furmanek, Stud. Zvesti Arch. Ustavu 20, 1983, 90 Abb. 2, 1.3.- 11. Schellenberg, Fürstentum Liechtenstein (vom nördlichen Teil des Plateaus auf dem Borscht): Jahrb. Schweiz. Ges. Urgesch. 32, 1940/41, 216.- 12. Gävernitz, Kr. Großenhain (vielleicht aus einem Urnengrab bzw. dem Bereich eines Urnengräberfeldes): G. Bierbaum, Arbeits- u. Forschber. Sachsen 5, 1956, 176ff. Abb. 1-3.- 13. Burkheim, Kr. Breisgau-Hochschwarzwald (Burgberg, ältere Urnenfelderzeit?): R. Dehn, Arch. Ausgr. Baden-Württemberg 1984, 56 Abb. 39 rechts.- 14. Cieplowód, woj. Wroclaw (Grab): B. Gediga, Pam. Muz. Miedzi 1, 1982, 120 Abb. 15.- 15. Velem-St. Vid (Siedlung): K. v. Miske, Wiener. Prähist. Zeitschr.16, 1929, 87 Abb. 7,2.; 8, 2.- 16. Battaune, Kr. Eilenburg (aus einem jüngstbronzezeitlichen Grab): F. Winkler u. W. Baumann, Ausgr. u. Funde 20, 1975, 80ff. Abb. 3,1.- 17. Sulow, woiw. Wroclaw (aus einem Lausitzer Grab): T. Malinowski, Pam. Muz. Miedzi 1, 1982, 260 Abb. 14.- 18. Mukulovice, okr. Chomutov (unbefestigte Knovizer Höhensiedlung): Z. Smrž u. F. Mlady, Arch. Rozhledy 31, 1979, 31 Abb. 4,1.- 19. Riesbürg-Goldburghausen, Ostalbkreis (Höhensiedlung "Goldberg"): Fundber. Schwaben NF 8, 1933-35, 61 Taf. 8,4; S. Ludwig-Lukanow, Hügelgräberbronzezeit und Urnenfelderkultur im Nördlinger Ries (1983) 28f. Taf. 35,14.- 20. Zittau (Einzelfund von der Höhenburg Oybin): W. Coblenz, Pam. Arch. 1961, 367 Abb. 2.- 21. Horné Plachtince, okr. Vel'ký Krtis (Siedlungsmaterial aus einer Burganlage, Pilinyer Kultur): V. Furmánek, Slovenská Arch. 25, 1977, 257 Nr. 46 Taf. 20,2.- 22. Uherský Brod, okr. Uherské Hradiste (mittelbronzezeitliche Siedlung): V. Furmánek, Slovenská Arch. 31, 1973, 90 Abb. 46, 16.- 23. Tesetice, okr. Znojmo (Siedlungsfund, mittlere Bronzezeit): V. Furmánek, Slovenská Arch. 31, 1973, 86 Abb. 44, 23.- 24. Vokovice b. Prag (Grabfunde): H. Richlý, Die Bronzezeit in Böhmen (1894) Taf. 40, 3.- 25. Runder Berg bei Urach: J. Stadelmann, Funde der vorgeschichtlichen Perioden aus den Plangrabunhen 1976-1974 (1981) 79 Taf. 53, 554.- 26. Wallhausen (D 1108).- 27. Kopanin bei Cechuvky (Knovizer Siedlung): A. Gottwald, Pravek 4, 1908, 2ff. Abb. 4, 12.- 28. Gór-Kápoplnadomb, Kom. Vas (Ha B-Siedlung): G. Ilon, Acta Arch. Acad. Scient. Hungaricae 44, 1992, 245 Abb. 6,3.

Abb. 52 Ausstattungstabelle der Grabfunde mit Pfeilspitzen.

Abb. 53 Verbreitung der Grab- und Depotfunde mit Pfeilspitzen: 1 Rigny-sur-Arroux (F 335).- 2 Wangen (CH 357).- 3 Gorduno (CH 148).- 4 Homburg (D 492).- 5 Worms (D 1156).- 6 Mutterstadt (D 744).- 7 Wollmesheim (D 1149).- 8 Weiher (D 1118).- 9 Oberwalluf (D 798).- 10 Eschborn (D 253).- 11 Frankenthal-Eppstein (D 291).- 11 Frankfurt-Fechenheim (D 297).- 12 Ockstadt (D 801).- 13 Langendiebach (D 577).- 14 Bruchköbel (D 132).- 14 Heldenbergen (D 452).- 14 Langenselbold (D 582).- 15 Frankfurt-

Rödelheim (D 301).- 16 Sprendlingen (D 954).- 17 Steinheim (D 976).- 17 Hanau (D 437).- 18 Aschaffenburg-Strietwald (D 27).- 19 Obernau (D 790).- 20 Elsenfeld (D 226).- 20 Elsenfeld (D 225).- 21 Karbach (D 523).- 22 Hellmitzheim (D 454).- 23 Tauberbischofsheim (D 1005).- 23 Tauberbischofsheim (D 1006).- 24 Reutlingen (D 864).- 24 Reutlingen (D 865).- 25 Münnerstadt (D 740).- 26 Gädheim (D 322).- 27 Memmelsdorf (D 693).- 27 Memmelsdorf (D 697).- 28 Bamberg (D 69).- 29 Neuses (D 758).- 30 Haag (D 423).- 30 Haag (D 422).- 30 Haag (D 425).- 31 Behringersdorf (D 88).- 32 Dixenhausen (D 182).- 32 Dixenhausen (D 181).- 33 Darshofen (D 167).- 34 Diesenbach (D 171).- 35 Zandt (D 1163).- 36 Herrnwahlthann (D 471).- 37 Langengeisling (D 579).- 38 Schöngeising (D 924).- 39 Grünwald (D 407).- 39 Grünwald (D 404).- 40 Unterhaching (D 1074).- 41 Inning am Ammersee (D 511).- 42 Eberfing (D 194).- 42 Eberfing (D 193).- 43 Deutenhausen (D).- 44 Hart a.d.Alz (D 439).- 45 Innsbruck Wilten (A 202).- 45 Innsbruck-Wilten (A 212).- 46 Matrei (A 309).- 47 Morzg (A 406).- 48 Muderfing-Buch (A 341).- 49 Wels (A 599).- 50 Linz-St.Peter (A 281).- 51 Gemeinlebarn (A 109).- 52 Mixnitz (A 324).- 53 Großmugl (A 133).- 54 Milavče (CS 410).- 55 Dýšina-Kokotsko (CS 156).- 56 Libochovany (CS 76).- 57 Praha-Dejvice (CS 511).- 58 Lysice (CS 367).- 59 Borotín (CS 53).- 60 Slatinice (CS 584).- 61 Svábenice (CS 617).- 62 Hradisko (CS 214).- 63 Mikušovce (CS 406).- 63 Mikušovce (CS 408).- 64 L'uborca (CS 314).- 65 Trenčianske Teplice (CS 641).- 66 Partizanske (CS 477).- 67 Diviaky nad Nitricou (CS 123).- 68 Čachtice (CS 87).- 69 Kisvarsány (H 363).- 69 Tállya (H 693).- 69 Viss (H 841).- 70 Pécs (H 548).- 71 Spalnaca (RO 369).- 71 Uioara-de-Sus (RO 425).- 72 Brodski Varoš (JU 41).- 73 Castelnau-Valence (F 69).- 74 Böckweiler (D).- 75 Waging a. See (D 1102).- 76 Maiersch (A 295).- 77 Boršice (CS 54).- 78 Holohlavy (CS 198).- 79 Crévic (F 123).- 80 Prégilbert (F326).- 81 Lämmerspiel (D 567).- 82 Klenje (JU 126).- 83 Podoli (CS 499).- 84 Lovošice (CS 357A).- Nicht kartiert: Marthalen ? (CH 205).- Sovenice (CS 595).- Weinsfeld (D 1120).

Abb. 54 Anzahl der Pfeilspitzen in (a) spätneolithischen, (b) urnenfelderzeitlichen und (c) hallstattzeitlichen Grabfunden.

Abb. 55 Verbreitung der Rasiermesser Typus Obermenzing/Stadecken: 1 Frankenthal (D 292).- 2 Worms- Adlerberg (D 1156).- 3 Stadecken (D 960).- 4 Frankfurt-Stadtwald (D 305).- 5 Gerolfingen-Hesselberg (D 357).- 6 Flochberg (D 282).- 7 Rehlingen (D 857).- 8 München-Obermenzing (D 735).- 9 Aich (D 5).- 10 Henfenfeld (D 459).- 10 Henfenfeld (D 458).- 11 Labersricht (D 566).- 12 Staatsforst Kahr (D 957).- 13 Amberg-Kleinraigering (D 31).- 14 Stríbo (CS 611).- 15 Melnice (CS).- 16 Cervené Poříčí (CS).- 17 Libákovice (CS 333).- 18 Dýšina (CS 156).- 19 Plzeň-Nová Hospoda (CS 496).- 20 Skalice (CS 575).- 21 Houst'ka (CS 211).- 22 Prag-Hloubetin (CS).- 23 Prag-Vokovice (CS).- 24 Prag-Dejvice (CS 511).- 25 Varvažov.- 26 Lišovice (CS 350).- 27 Memmelsdorf (D 698).- 27 Memmelsdorf (D 697).- 27 Grandson (CH 162).- 28 Chopol (F 106).- 29 Saint-Georges-de-Reneins (F 361).- 30 La Ferté-Hauterive (F 205).- 31 Pouges-les-Eaux (F 324).- 32 Montgivray (F 276).- 33 Monéteau (F 272).- 34 Evry (F 147).- 35 Misy-sur-Yonne (F 266).- 36 Marolles-sur-Seine (F 252).- 37 Babuise-Courtavant (F 43).- 37 Barbuise-Courtavant (F 47).- 38 Villeneuve-Saint-Georges (F 439).- 39 Caussols (F 76).- 40 Vaduz (CH 343).

Abb. 56 Verbreitung der Rasiermesser mit halbmondförmigem Blatt: nach Jockenhövel mit Ergänzungen.

Abb. 57 Verbreitung der Rasiermesser mit doppelaxtförmigem Blatt: 1 Winklsass (D 1144).- 2 Großmugl (A 136).- 3 Zwentendorf (A 637).- 4 Wöllersdorf (A 624).- 5 Mixnitz (A 324).- 6 Diviaky nad Nitricou (CS 121).- 6 Diviaky nad Nitricou (CS 122).- 7 Trenčianske Teplice (CS 642).- 8 Bešenová (CS 18).- 9 Vyšný Kubín (CS 714).- 10 Vyšná Pokoradz (CS 709).- 11 Szécsény (H 654).- 12 Nadap (H 451).- 13 Szárazd (H 651).- 14 Keszöhidegkút (H 331).- 15 Pamuk (H 537).- 16 Szöke (H 679).- 17 Dombóvár-Döbrököz (H 185).- 18 Brodski Varoš (JU 41).- 19 Poderkavlje (JU 220).- 20 Poljanci I (JU 223).- 20 Poljanci II (JU 224).- 21 Otok Privlaka (JU 205).- 22 Privina Glava (JU 231).- 23 Pecinci (JU 212).- 24 Jakovo (JU 108).- 25 Šimanovci (JU 257).- 26 Mesić (JU 177).- 27 Novi Bečej (JU 194).- 28 Vinča (JU 322).- 29 Jurka Vas (JU 115).- 30 Grotta Rača/Insel Lastovo (JU 91).- 31 Beranci bei Bitola (JU 14).- 32 Lipenec ("Typ Lipenec") (CS 337).- 33 Pustakovec (JU 237).

Abb. 58 Verbreitung der Rasiermesser Typ Radovce/Nemčice: 1 Bellevue (CH 30).- 2 Sasello (I 233).- 3 Volders (A 552).- 4 Salzburg-Morzg (A 410).- 5 Toplicica (JU 298).- 6 Otok Privlaka (JU 205).- 7 Kourim (CS 278).- 8 Nemčice na Hanou (CS 431).- 9 Panické Dravce (CS 473).- 10 Radzovce (CS 537).- 11 Nagybátony (H 456).- 12 Nógrádsáp (H 482).

Abb. 59 Verbreitung der Rasiermesser mit flügelförmigem Blatt: 1 Cannes-Écluse ? (F 71).- 2 Estavayer-le-Lac (CH 103).- 3 Twann-Petersinsel (CH 338).- 4 Orpund (CH 258).- 5 Castellaro di Gottolengo (I 54).- 6 Peschiera (I 169-172).- 7 Villa Capella (I 275).- 8 Pieve San Giacomo (I 200).- 9 Castione dei Marchesi (I 61).- 10 Fodico (I 88).- 11 Campegine (I 32.34-36).- 12 Montecchio (I 147).- 13 Savona di Cibeno (I 234).- 14 S. Agata Bolognese (I 3).- 15 Redù (I 213).- 16 Hötting (A 306).- 17 Innsbruck-Mühlau Grab 41 (A 199).- 18 Innsbruck-Wilten Grab 64 (A 209).- 19 Salzburg-Morzg Grab 4 (A 408).- 20 Wien XXI-Leopoldau (A 614).- 22 Marzoll (D 684).- 23 Prien (D 848).- 24 Manching (D 677).- 25 Dýšina (CS 158).- 26 Suchdol (CS 614).- 27 Dražovice (CS 137).- 28 Přestavlky (CS 524).- 29 Szécsény (H 654).- 30 Csesztve (H 155).- 31 Cermozise (JU 54).- 32 Isolone del Mincio (I 111).- 32 Lago di Garda (I 121).- Casinalbo (I 53).- Cevola (I 67).- Gorzano (I 101).- Monte Venera (I 145).- Provinci di Modena.- Quingento (I 211)- Santa Caterina di Tredossi (I 231).- Scoglio del Tonno.- Trebbo Sei Vie (I 262).

Abb. 60 Ausstattungstabelle der Grabfunde mit Rasiermesser-Beigabe.

Abb. 61 Rasiermesser der älteren Urnenfelderzeit.

Abb. 62 Ausstattungstabelle der Depotfunde mit Rasiermesser-Beigabe.

Abb. 63 Verbreitung der Depotfunde mit Rasiermessern: 1 Porcieu-Amblagnieu (F).- 2 Jagstzell-Dankoltsweiler (D).- 3 Gerolfingen-Hesselberg (D).- 4 Gerolfingen-Hesselberg (D).- 5 Stockheim (D).- 6 Winklsass (D).- 7 Wöllersdorf (A).- 8 Mixnitz (A).- 9 Sasello (I).- 10 Jurka Vas (JU).- 11 Toplicica I (JU).- 12 Poderkavlje-Slavonski Brod (JU).- 13 Brodski Varoš (JU).- 14 Poljanci II (JU).- 15 Poljanci I (JU).- 16 Otok Privlaka (JU).- 17 Privina Glava (JU).- 18 Pecinci (JU).- 19 Šimanovci (JU).- 20 Mesić (JU).- 21 Novi Bečej (JU).- 22 Cermozise (JU).- 23 Szöke (H).- 24 Dombóvár-Döbrököz (H).- 25 Pamuk (H).- 26 Keszöhidegkút (H).- 27 Szárazd (H).- 28 Nadap (H).- 29 Alsódibsza (H).- 30 Abaújkér (H).- 31 Szöke (H).- 32 Sárospatak II (H).- 33 Galospetreu (RO).- 34 Gușterița (RO).- 35 Uioara de Sus (RO).- 36 Roušínov (CS).- 37 Přestavlky (CS).- 38 Blučina (CS).- 39 Varvažov (CS).- 40 Skalice (CS).- 41 Prag-Dejvice (CS).- 42 Vinor (CS).- 43 Velké Žernoseky II (CS).- 44 Lažany (CS).- 45 Nechranice (CS).- 46 Lišovice.- 47 Budihostice (CS).- 48 Suchdol (CS).- 49 Středokluky (CS).- 50 Libákovice (CS).- 51 Pustakovec (JU).- 52 Cabanelle (F).- 53 Jakovo (JU).- 54 Lišovice (CS).- 55 Ducové (CS).

Abb. 64 Verbreitung des bronzenen Blechgeschirrs: 1 Lux (F 222).- 2 Geispolsheim (F 164).- 3 Pfaffenhoffen (F 308).- 4 Kanton Valais (CH 344).- 5 Zürich Wollishofen (CH 386).- 6 Nierstein (D 776).- 7 Dexheim (D 170).- 8 Viernheim (D 1096).- 9 Schussenried (D 928).- 10 Wollmesheim (D 1152).- 11 Mainz-Kastel (D 629).- 12 Eschborn (D 253).- 13 Frankfurt-Nied (D 299).- 14 Fuchsstadt (D 315).- 15 Poppenweiler (D 846).- 16 Burladingen (D 151).- 17 Stockheim (D 985).- 18 Gundelsheim (D 412).- 19 Ergolding (D 246).- 20 Langengeisling (D 580).- 21 Gernlinden (D 343).- 22 Grünwald (D 395).- 23 Hart a.d.Alz (D 439).- 24 Milavče (CS 410).- 24 Milavče (CS 411).- 25 Merklín

(CS 398).- 26 Záluží (CS 728).- 27 Nezvestice-Podskálí (CS 439).- 28 Žatec-Macerka (CS 733).- 28 Žatec-vodárna (CS 732).- 29 Klobuky (CS 257).- 30 Velká Dobrá (CS 675).- 31 Stradonice (CS 605).- 32 Středokluky (CS 609).- 33 Velatice (CS 669).- 34 Očkov (CS 454).- 35 Ivanovce (CS 239).- 36 Žaškov (CS 731).- 37 Möhringen (D 719).- 38 Handlová (CS 186).- 39 Blatnica (CS 23).- 40 Rimavská Sobota (CS 548).- 41 Völs (A 574).- 42 Volders (A 569).- 43 Haidach (A 144).- 44 Gusen (A 140A).- 45 Unterradl (A 538).- 46 Großmugl (A 133).- 47 Peschiera (I 196).- 48 Merlara (I 134).- 49 Basadingen ? (CH 25).- 50 Acholshausen (D 3).- 51 Ehingen (D 212).- 52 Oberboihingen (D 784).- 53 Reichenbach (D 859).- 54 Sengkofen (D 944).- 55 Hundersingen (D 499).- 51 Velem (H 819).- 52 Pölöske (H 564).- 53 Kisapáti (H 342).- 54 Lengyeltóti (H 393).- 55 Pamuk (H 537).- 56 Rinyaszentkirály (H 592).- 57 Kurd (H 382).- 58 Tamási (H 696).- 59 Keszöhidegkút (H 331).- 60 Nagyvejke (H 474).- 61 Bonyhád (H 111).- 62 Palotabozsok (H 535).- 63 Nadap (H 451).- 64 Komárom (H 368).- 65 Vácszentlászló (H 805).- 66 Aggtelek (H 12).- 67 Keresztéte (H 330).- 68 Felsözsolca (H 240).- 69 Hejöszalonta (H 287).- 70 Mezönyárád (H 426).- 71 Tállya (H 693).- 72 Sárazsadány (H 609).- 73 Bodrogkeresztúr (H 98).- 74 Viss (H 840).- 75 Kemecse (H 324).- 76 Opályi (H 517).- 77 Hosszúpályi (H 297).- 78 Püspökladány (H 573).- 79 Berettyóújfalu (H 86).- 80 Szentgáloskér (H 671).- 81 Hočko Pohorje (JU 96).- 82 Juriju bei Bevke (JU 114).- 83 Crmosnjice (JU 53).- 84 Crmozise (JU 54).- 85 Malička (JU 162).- 86 Podrute (JU 221).- 87 Struga (JU 281).- 88 Bizovac (JU 19).- 89 Poljanci (JU 224).- 90 Veliko Nabrde (JU 315).- 91 Otok Privlaka (JU 205).- 92 Bingula - Divoš (JU 18).- 93 Jarak (JU 110).- 94 Vršac-Majdan (JU 335).- 95 Kopčany (CS 270).- 96 Caransebeş (RO 65).- 97 Liubcova (RO 203).- 98 Guşteriţa (RO 170).- 99 Cincu (RO 89).- 100 Spalnaca (RO 369).- 101 Uioara-de-Sus (RO 425).- 102 Vîlcele (RO 441).- 103 Taut (RO 387).- 104 Galospetreu (RO 154).- 105 Bătarci (RO 29).- 106 Dipsa (RO 130).- 107 Brîncovenşti (RO 52).- 108 Suseni (RO 383).- 109 Demecser (H 174).-110 Esztergom-Szentgyörgymezö (H 221).- 111 Márok (H 413).

Abb. 65 Ausstattungstabelle der Grabfunde mit Bronzegefäßbeigabe.

Abb. 66 Ausstattungstabelle der Depotfunde mit Bronzegefäßbeigabe.

Abb. 67 Verbreitung der bronzenen Wagenteile und der Pferdegeschirrbronzen. Wagen: 1 St. Sulpice (CH 319).- 2 Kaisten (CH 181).- 3 Bern-Kirchenfeld (CH 37).- 4 Mengen (D 709).- 5 Königsbronn (D 552).- 6 Bruck (D 134).- 7 Poing (D 843).- 8 Hart a.d. Alz (D 439).- 9 Staudach (A 444).- 10 Cannes-Écluse (F 71).- 11 Rýdeč (CS 557).- 12 Trenčianske Bohuslavice (CS 641).- 13 Komjatná (CS 267).- 14 Običovice (CS 452).- 15 Sajóvámos (H 606).- 16 Arcalie (RO 12).- 17 Lorsch (D 603A).- 18 Großmugl (A 135).- 19 Futog (JU 76).- 20 Caransebeş (RO 65).- 21 Hader (D 500).- ? Reventin-Vaugris (F 333). Pferdegeschirrteile: 1 Mainz (D 639).- 2 Hochheim (D 479).- 3 Frankfurt (D 304).- 4 Niedernberg (D 771).- 5 Königsbronn (D 552).- 6 Mengen (D 707).- 6 Mengen (D 708).- 7 Kaisten (CH 181).- 8 Burgwies-Hirslanden (CH 57).- 9 St. Sulpice (CH 319).- 10 Staré Sedlo (CS 600).- 11 Zbince (CS 736).- 12 Keszöhidegkút (H 331).- 13 Gyöngyössolymos (H 264).- 14 Ungureni (RO 427).- 15 Lozna (RO 207).- 16 Rus (RO 315).- 17 Bogata de Jos (RO 43).- 18 Sanţ (RO 328).- 19 Spalnaca (RO 369).- 20 Pričac (JU 230).- 21 Borjàs (JU 29).

Abb. 68 Depotfunde von Bošovice (CS 58) und Ujezd (CS 654).

Abb. 69 Verbreitung der Hortfunde mit Gußformen (Kreise: reine Gußformenhorte; Kreis in Raute: Gußformen in gemischtem Depot): 1 Meckenheim: D. Zylmann, Die Urnenfelderkultur in der Pfalz (1983) Taf. 56,2.- 2 Heilbronn-Neckargartach: O. Paret, Germania 32, 1954, 7ff. Taf. 8, 15-16.- 3 Nechranice (CS 429).- 4 Nová Ves (CS 448).- 5 Žvoleneves: H. Richlý, Die Bronzezeit in Böhmen (1894) Taf. 44-45.- 6 Sveti-Petar: B. Wanzek, Die Gußmodel für Tüllenbeile im südöstlichen Europa (1989) 199f. Taf. 35-37.- 7 Szeged-Szöreg: Mozsolics, Bronzefunde 196f. Taf. 273-274; Datierung ungewiß.- 8 Ciumeşti: Wanzek a.a.O. 200f. Nr. 45.- 9 Logresti-Mosteni: Ebd. 201 Nr. 48.- 10 Pleniţa (RO 202 Nr. 52.- 11 Esenica: Ebd. 193 Nr. 5.- 12 Pobit Kamak: Ebd. 194 Taf. 40-44.- 13 Sokol: Ebd. 195 Nr. 12.- 14 Cunter Caschlins (CH 71).- 15 Bušovice (CS 80).- Nicht kartiert: Bradicesti: Wanzek a.a.O. 200 Nr. 42b.- Cernica: Ebd. 200 Nr. 44.- Soltvadkert (H 627).

Abb. 70 Verbreitung der bronze- und urnenfelderzeitlichen Grabfunde mit Gußformenbeigabe: nach Jockenhövel.

Abb. 71 Hämmer und Gußkerne

Abb. 72 Verbreitung bronzener Gußkerne der älteren Urnenfelderzeit: 1 Crévic (F 123).- 2 Schiltern (A 422).- 3 Blučina IV (CS 31).- 4 Borotín (CS 53).- 5 Trössing (A 524).- 6 Rinyaszentkiralyi (H 592).- 7 Veliko Nabrde (JU 315).- 8 Boljanić (JU 25).- 9 Kupinovo (JU 140).- 10 Privina Glava (JU 231).

Abb. 73 Verbreitung bronzener "Tüllenbeilhalbformen": 1 Lengyeltóti (H 392).- 2 Keszöhidegkút (H 331).- 3 Kurd (H 382).- 4 Lovasberény (H 402).- 5 Beremend (H 85).

Abb. 74 Verbreitung der Hortfunde mit Gußzapfenbeigabe: 1 Mainz (D 617).- 2 Stockheim (D 985).- 3 Janíky (CS 239).- 4 Esztergom-Szentgyörgymezö (H 221).- 5 Nagydém (H 458).- 6 Badacsonytomaj (H 40).- 7 Balaton (H 60).- 8 Öreglak (H 520).- 9 Rinyaszentkirály (H 592).- 10 Bonyhád (H 111).- 11 Csaholc (H 148).- 11 Kurd (H 382).- 12 Márok (H 413).- 13 Füzesabony (H 247).- 14 Sárazsadány (H 610).- 15 Kemecse (H 326).- 16 Tiszabercel (H 708).- 17 Tiszabezdéd (H 709).- 18 Tákos (H 692).- 20 Aiud (RO 4).- 21 Galospetreu (RO 154).- 22 Balsa (RO 25).- 23 Dipsa (RO 130).

Abb. 75 Verbreitung der Schaftlochhämmer.

Abb. 76 Verbreitung der Depotfunde mit Tüllenhämmern: 1 Porcieu-Amblagnieu (F 320).- 2 Zornheim (D 1169).- 3 Rýdeč (CS 557).- 4 Ujezd (CS 654).- 5 Brezovice (CS 66).- 6 Blučina II (CS 29).- 7 Přestavlky (CS 524).- 8 Žvolen (CS 754).- 9 Somotor (CS 594).- 10 Schiltern (A 422).- 11 Draßburg (A 58).- 12 Esztergom-Szentgyörgymezö (H 221).- 13 Nadap (H 451).- 14 Lengyeltoti (H 391).- 15 Keszöhidegkut (H 331).- 16 Rinyaszentkirály (H 592).- 17 Balsa (H 68).- 18 Peterd (H 555).- 19 Szentpeterszeg (H 674).- 20 Sióagard II (H 625).- 21 entfällt.- 22 Brodski Varoš (JU 41).- 23 Vidovice (JU 319).- 24 Guşteriţa (RO 170).- 25 Uioara-de-Sus (RO 425).- 26 Uriu de Sus (RO 428).- 27 Aiud (RO 4).- 28 Spalnaca (RO 369).- 29 Corund (RO 105).- 30 Domăneşti I (RO 134).- 31 Ocna Sibiului (RO 256).- 32 Zlatna III (RO 454).- 33 Dipsa (RO 130).- 34 Kenderes (H 327).- 35 Gyöngyssolymos (H 261).- 36 Pecs (H).- 37 Casaleccio (I 47).- 38 Zárovice II (CS 184).- 39 Leombach (A 273A).

Abb. 77 Ausstattung der Hortfunde mit Tüllenhämmern.

Abb. 78 Porcieu-Amblagnieu (F 320): nach Mortillet.

Abb. 79 Verbreitung bronzener Steckambosse (geschlossene Signaturen) und Tüllenambosse (offene Signaturen): 1 Keranfinit b. Coray, Dép. Finistère: J. Briard, Y. Onnée, J. Peuziat, Bull. Soc. Arch. Finistère 58, 1980, 62 Abb.4.- 2 Questembert, Dép. Morbihan, Depot (Ha B): J.-P. Nicolardot u. G. Gaucher a.a.O. 24 Abb. 5.- 3 Nantes, Dép. Loire-Atlantique: J.-P. Nicolardot u. G. Gaucher a.a.O. 24 Abb.7.- 4 Grayan-l'Hôpital, La Lède-du-Gurp, Dép. Gironde, Einzelfund (Gußform): J. Moreau, Gallia Préhist. 14, 1971, 267ff. Abb.1.- 5 Saint-Denis-de-Pile, Dép. Gironde, Depotfund (Ha A2/B1): A. Coffyn, Revue Hist. Bordeaux 14, 1965, 82 Taf. 5,6.- 6 "Calvados": M. Ehrenberg, Antiqu. Journal 61, 1981, 25 Nr. 15.- 7 Fresné-la Mère, Dép. Calvados.- J.-P. Nicolardot u. G. Gaucher a.a.O. 29 Abb.1.- 8 Bardouville, Dép. Seine-Maritime, aus der Seine: J.-P. Nicolardot

u. G. Gaucher a.a.O. 30 Abb. 2.- 9 Plainseau b. Amiens, Dép. Somme, Depot (Ha B): J.-P. Nicolardot u. G. Gaucher a.a.O. 22 Abb. 3.- 10 Pontpoint, Dép. Oise: J.-P. Nicolardot u. G. Gaucher a.a.O. 24 Abb.6.- 11 Paris.- M. Ehrenberg, Antiqu. Journal 61, 1981, 25 Nr. 18.- 12 Paris, aus der Seine: J.-P. Nicolardot u. G. Gaucher a.a.O. 21 Abb.1.- 13 Umgebung Angerville, Dép. Essonne: J.-P. Nicolardot u. G. Gaucher a.a.O. 32 Abb. 2 (Vielleicht identisch mit M. Ehrenberg, Antiqu. Journal 61, 1981, 25 Nr. 19).- 14 Bourgone aux Laumes, Dép. Côte-d'Or: J.-P. Nicolardot u. G. Gaucher a.a.O. 34 Abb. 2 (vermutlich identisch mit Ehrenberg a.a.O Nr. 21).- 15 Génelard, Dép. Saône-et-Loire: Gallia Préhist. 21, 1978, 589f. Abb. 18.- 16 Macon, Dép. Saône-et-Loire: J.-P. Nicolardot u. G. Gaucher a.a.O. 22 Abb. 2.- 17 Gray, Dép. Haute Saône oder Chalon, aus der Saône: L. Bonnamour, L'âge du Bronze au musée de Chalon-sur-Saône (1969) 48 Nr. 104 Taf. 16, 104.- 18 Chalon-sur-Saône, aus der Saône: Bonnamour a.a.O. 49 Nr. 106 Taf. 16, 106.- 19 Ouroux-sur-Saône, aus der Saône: Bonnamour a.a.O. Nr. 105 Taf. 16, 105.- 20 Porcieu (Liste F 320).- 21 Tour de Langin, Dép. Haute-Savoie: J.-P. Nicolardot u. G. Gaucher a.a.O. 25 Abb. 1 (bei Ohlhaver a.a.O. Taf. 5,4 Fundort fälschlich Genf).- 22 Riddes, Kt. Wallis: R. Wyss, Bronzezeitliches Metallhandwerk (1967) Abb.3 (links oben).- 23 Corcelettes, Kt. Vaud: M. Ehrenberg, Antiqu. Journal 61, 1981, 25 Nr. 27.- 24 Auvernier, Kt. Neuchâtel: R. Wyss Bronzezeitliches Metallhandwerk (1967) Abb. 3 (unten rechts).- 25 Zürich Wollishofen, Station Haumesser, Kt. Zürich: R. Wyss a.a.O. Abb. 3 rechts oben.- 26 Steinkirchen: H. Müller-Karpe, Germania 47, 1969, 86ff. Abb. 3.- 27 Ujezd, okr. České Budejovice: O. Kytlicová, Arch. Polski 27, 1982, 389 Abb. 1,9.- 28 Trenčianske Bohuslavice (Liste CS 641).- 29 Nová Ves, okr. Kolín: O. Kytlicová, Arch. Polski 27, 1982, 389 Abb. 1,8.- 30 Rýdeč (Liste CS 557).- 31 Vietkov, Kr. Stolp, Depotfund (Ha B), Sprockhoff a.a.O. (Nr. 32) Taf. 48,3.- 32 Plestlin, Kr. Demmin, Pommern, Depotfund (Ha B): E. Sprockhoff Ber. RGK 31, 1941, Taf. 43,4.- 33 Vadsby: M. Ehrenberg, Antiqu. Journal 61, 1981, 27 Nr. 35.- 34 Vestbjerg: M. Ehrenberg, Antiqu. Journal 61, 1981, 27 Nr. 36.- 35 West Row: M. Ehrenberg, Antiqu. Journal 61, 1981, 24 Nr. 1.- 36 Lakenheat: M. Ehrenberg, Antiqu. Journal 61, 1981, 24 Nr. 2.- 37 Inshoch Wood bei Woodend, Schottland, Depot (zusammen mit einer Ösenlanze mit Ösen an der Tülle): V.G. Childe, Proc. Soc. Ant. Scotland 80, 1945-46, 8ff. Abb.1.- 38 Kyle of Oykel: M. Ehrenberg, Antiqu. Journal 61, 1981, 24 Nr. 6.- 39 Bishopland: M. Ehrenberg, Antiqu. Journal 61, 1981, 24 Nr. 9.- 40 Lusmagh: M. Ehrenberg, Antiqu. Journal 61, 1981, 24 Nr. 10.- 41 Sligo: M. Ehrenberg, Antiqu. Journal 61, 1981, 24 Nr. 8.- 42 Schiltern (A 422).- 43 Timişoara (RO 391).- 44 Contigliano: L. Ponzo Bonomi, Bull. Preist. Ital. 21, 1970, 129 Abb. 12,4.- "Irland": V.G. Childe a.a.O., 9.- Falerii: Montelius, Civ. Prim Taf. 329,8.

Abb. 80 Schiltern (A 422). Depotfund: nach Trnka.

Abb. 81 Anzahl der Sägeblätter in Depotfunden.

Abb. 82 Verbreitung der Depotfunde mit Sägeblättern: 1 Rýdeč I (CS 557).- 2 Jevíčko (CS 248).- 3 Drslavice I (CS 149).- 4 Bodrog (CS 44).- 5 Esztergom (H 221).- 6 Gyöngyössolymos I (H 261).- 6 Gyöngyössolymos III (H 263).- 6 Gyöngyössolymos IV (H 264).- 7 Füzesabony (H 247).- 8 Bükkaranyos III (H 136).- 9 Alsódobsza (H 20).- 10 Tállya (H 693).- 11 Bodrogkeresztúr II (H 98).- 12 Nagyhalász (H 460).- 13 Kemecse III (H 326).- 14 Kék (H 322).- 15 Napkor-Piripucpuszta (H 477).- 16 Nyirbátor II (H 490).- 17 Piricse II (H 562).- 18 Csaholc (H 148).- 19 Berkesz (H 87).- 20 Doboz (H 179).- 21 Pamuk (H 537).- 22 Dombóvár (H 185).- 23 Pécs II (H 547).- 24 Birján (H 95).- 25 Palotabozsok (H 535).- 26 Márok (H 413).- 27 Nagyvejke (H 474).- 28 Izsákfa (H 303).- 29 Püspökhatvan (H 571).- 30 Tiszadób (H 710).- 31 Tiszavasvári (H 729).- 32 Nyírszőlős (H 503).- 33 Nyírbogdány (H 494).- 34 Sarkad (H 612).- 35 Domăneşti (RO 134).- 36 Galospetreu (RO 154).- 37 Frîncenii (RO 151).- 38 Sfaraş (RO).- 39 Dipsa (RO 130).- 40 Band (RO 28).- 41 Posaga (RO 292).- 42 Balsa (RO 25).- 43 Aiud (RO 4).- 44 Uioara de Sus (RO 425).- 45 Spalnaca (RO 369).- 46 Cincu (RO 89).- 47 Guşteriţa II (RO 170).- 48 Caransebeş (RO 65).- 49 Berzasca (RO 32).- 50 Pecica II (RO 276).- 51 Sînpetru-German (RO 359).- 52 Augsdorf (A 22).- 53 Podrute (JU 221).- 54 Budinščina (JU 42).- 55 Dolina (JU 64).- 56 Brodski Varoš (JU 41).- 57 Poljanci II (JU 224).- 58 Boljanić (JU 25).- 59 Klenje (JU 126).- 60 Bingula Divoš (JU 18).- 61 Privina Glava (JU 231).- 62 Jarak I (JU 109).- 62 Jarak II (JU 110).- 63 Nova Bingula (JU 192).- 64 Trlic (JU 301).- 65 Novi Bečej (JU 194).- 66 Markovac-Urvina (JU 171).- 67 Gaj (JU 77).- 68 Brestovik III (JU 36).- 69 Borjàs I (JU 29).- 70 Lisine (JU 146).- 71 Bizovac (JU 19).- 72 Veliko Nabrđe (JU 315).- 73 Otok Privlaka (JU 205).- 74 Pričac (JU 230).- 75 Rudnik (JU 244).- 76 Šimanovci (JU 257).- 77 Sremska Mitrovica (JU 244).- 78 Toplicia (JU 298).- nicht kartiert: Balaton (H 60).- Barbing (D 72).-Janíky (CS 239).- Lažany II (CS 317).- Pustakovec (JU 237).

Abb. 83 Verbreitung der Grab- und Depotfunde mit Tüllenmeißeln: 1 Mainz (D 617).- 2 Henfenfeld (D 466).- 3 Luftenberg (A 290).- 4 Draßburg (A 58).- 5 Graz (A 119).- 6 Haidach (A 144).- 7 Jevíčko (CS 248).- 8 Mestečko Trnávka (CS 401).- 9 Hradisko (CS 214).- 10 Hulín (CS 226).- 11 Čaka (CS 88).- 12 L'ubietová (CS 358).- 13 Vyšná Hutka (CS 708).- 14 Zemplín (CS 743).- 15 Hočko Pohorje (JU 96).- 16 Crmozise (Pridna vas) (JU 54).- 17 Crmosnjice (JU 53).- 18 Sredisce (JU 273).- 19 Budinščina (JU 42).- 20 Dolina (JU 64).- 21 Pekel (JU 213).- 22 Belica (JU 9).- 23 Šumetac (JU 282).- 24 Gornji-Slatinik (JU 85).- 25 Donja Bebrina (JU 65).- 26 Brodski Varoš (JU 41).- 27 Poljanci I (JU 223).- 27 Poljanci II (JU 224).- 28 Boljanić (JU 25).- 29 Bosnjaci (JU 31).- 30 Otok Privlaka (JU 205).- 31 Bingula - Divoš (JU 18).- 32 Nova Bingula (JU 192).- 33 Borjàs I (JU 29).- 34 Jarak (JU 109).- 35 Trlic (JU 301).- 36 Jakovo (JU 108).- 37 Pancevo (JU 207).- 38 Brestovik I (JU 34).- 38 Brestovik II (JU 35).- 38 Brestovik III (JU 36).- 38 Brestovik IV (JU 37).- 39 Mesić-Supaja (JU 177).- 40 Malo Srediste (JU 163).- 41 Ebergöc (H 196).- 42 Hövej (H 298).- 43 Bakonybél (H 47).- 44 Keszthely (H 333).- 45 Lengyeltóti II (H 391).- 45 Lengyeltóti IV (H 393).- 46 Öreglak (H 529).- 47 Szentgáloskér (H 671).- 48 Siófok-Balatonkiliti (H 626).- 49 Szárazd (H 651).- 50 Sióagárd (H 625).- 51 Bonyhád (H 111).- 52 Bakóca (H 43).- 53 Peterd (H 555).- 54 Márok (H 413).- 55 Csitár (H 156).- 56 Gyöngyössolymos-Kishegy I (H 261).- 56 Gyöngyössolymos-Kishegy IV (H 263).- 57 Füzesabony (H 247).- 58 Bükkaranyos (H 136).- 59 Borsodgeszt (H 116).- 60 Balsa (H 68).- 61 Kék (H 322).- 62 Napkor-Piripucpuszta (H 477).- 63 Rétközberencs (H 588).- 64 Olcsvaapáti (H 514).- 65 Csaholc (H 148).- 66 Arka (H 32).- 67 Tállya (H 693).- 68 Edelény-Finke (H 200).- 69 Cheşereu (RO 80).- 70 Deva (RO 128).- 71 Domăneşti (RO 134).- 72 Panticeu (RO 273).- 73 Uioara-de-Sus (RO 425).- 74 Guşteriţa (RO 170).- 75 Băbeni (RO 20).- 76 entfällt.- 77 Levice (CS 327).- 78 Žaškov (CS 731).- 79 Baktalóránthaza (H 56).- 80 Česke Zlatníky (CS 102).- 81 Dunaföldvár (H 189).- 82 Gornja Vrba (JU 81).- 83 Sice (JU 255).- 84 Szanda (H 650).- 85 Obajgora (JU 197).- Augustin (RO 18).- Cauas III (RO 71).- Cincu (RO 89).

Abb. 84 Verbreitung der Stabmeißel mit lanzettförmiger Schneide (geschlossene Signatur: ältere Urnenfelderzeit; offene Signatur andere Zeitstufen oder undatiert): 1 Kuntzig (F 200).- 2 Meikirch (CH 207).- 3 Oberkulm (CH 242).- 4 Gerolfingen-Hesselberg (D 356).- 5 Belmbrach (D 90).- 6 Trössing (A 524).- 7 Haidach im Glantal (A 144).- 8 Laas (A 262).- 9 Keszöhidegkút (H 331).- 10 Öreglak (H 520).- 11 Blučina I (CS 28).- 12 Uioara de Sus (RO 425).- 13 Nijemci (JU 119).- 14 Bratislava (CS 63).- 15 Enzersfeld (A 80).- 16 Obertraun (A 361).- 17 Hallstatt (A 151).- 18 Bad Aussee (A 25).- 19 Linz-Urfahr (A 284).- 20 Mahrersdorf (A 293).- 21 Čeradice (CS 93).- 22 Freising (D 309).- 23 Velburg (D 1094).- 24 Merzingen (D 711).- 25 Zürich-Wollishofen (CH 387).- 26 Vals (CH 346).- 27 Aiguebelette (F 3).- 28 Casaroldo di Samboseto (I 49).- 29 Gualdo Tadino (I 108).- 30 Rákóczifalva (H).- 31 Hulín (CS 226).- 32 Litzendorf-Tiefenellern, Lkr. Bamberg (Bayer. Vorgeschbl. Beih. 5, 1992 69 Abb. 43,5).- 33 Crévic (F 123).- Nicht kartiert: Colombare (I 76).- Mali (I 127).

Abb. 85 Tüllenhaken in Depotfunden: 1 Püspökhatvan: Mozsolics, Bronzefunde Taf. 140, 19.- 2 Brodski Varoš: Vinski-Gasparini, kultura polja Taf. 63, 19.- 3 Otok-Privlaka: ebd. Taf. 28, 24.- 4 Bingula Divoš: ebd. Taf. 87, 7-8.- 5 Boljanić (JU 25).- 6 Papraca (JU 228).- 7 Vršac-Majdan: Starinar 39, 1988, 19, Abb. 32.- 8 Gornji Slatinik: Vinski-Gasparini, kultura polja Taf. 69, 11.

Abb. 86 Angelhaken in Depotfunden: Pancevo (JU 207).- Pécs III (H).- Hradisko (CS).- Boljanić (JU 25).- Galospetreu (RO).- Guşteriţa (RO).- Nova Bingula (JU 192).- Esztergom (H).- Brodski Varoš (JU 41).

Abb. 87 Kernzonen verschiedener Schäftungsformen in Europa (Bz D/Ha A).

Abb. 88 Lappenbeile in Frankreich: nach Milotte u.a.

Abb. 89 Lappenbeile in Frankreich: nach Milotte u.a.

Abb. 90 Verbreitung der Lappenbeile des Marne-Mosel-Typus: 1 Mareuil-le-Port (F 246).- 2 Sept-Saulx (F 390).- 3 Épernay (F 137).- 4 Orbais-l'Abbaye (F 294).- 5 Villenauxe-la-Grande (F 433).- 6 Sens (F 389).- 7 Auxon (F 35).- 8 Auxerre (F 31).- 9 Landreville (F 206).- 10 Chaumont (F 100).- 11 Pouilly-sur-Meuse (F 325).- 12 Inorm (F 196).- 13 Saint-Jean-de-Losne (F 367).- 14 Yenne (F 451).- 15 Pellionnex (F 306).- 16 Metz (F 264).- 17 Joeuf (F 198).- 18 Temmels (D 1008).- 19 Trier (D 1034).- 20 Conthey (CH 68).- 21 Villeneuve (La)-au-Chatelot (F 435).- 22 Alzey (D 30).- 23 Andernach (D 32).- 24 Kuhardt (D 562).- 25 Kenn (D 538).- 26 Kastel-Staadt (D 530).- 27 Reims (F 332A).- 28 Offendorf (F 292).- 29 Tressendans (F 413).- 30 Rýdeč (CS 557).

Abb. 91 Verbreitung der Lappenbeile des Typus Grigny: 1 Casteljeau (F 74).- 2 Espalion (F 142).- 3 Saint-Bonnet-de-Rochefort (F 350).- 4 Chapeau (F 95).- 5 Liernolles (F 217).- 6 Cronat-sur-Loire (F 124).- 7 Chateau-Chinon (F 97).- 8 Reventin-Vaugris (F 333).- 9 Grigny (F 179).- 10 Lyon (F 224).- 10 Lyon (F 225).- 10 Lyon (F 227).- 11 Neyron (F 284).- 12 Saint-Georges-de-Reneins (F 362-363).- 13 Macon (F 236-238).- 14 Dompierre-sur-Veyle (F 129).- 15 Arcine (F 15).- 16 Moiron (F 267).- 17 Publy (F 328).- 18 Montmorot (F 277).- 19 Marre (F 254).- 20 Marigny (F 247).- 21 Doucier-Chalain (F 131).- 22 Divonne-les-Bains (F 128).- 23 Chalon-sur-Saône (F 81).- 24 Dijon (F 126).- 25 Ciel (F 107).- 26 Nevy-Lès-Dole (F 283).- 27 Pontoux (F 319).- 28 Broye-les-Pesmes (F 67).- 29 Besancon (F 58).- 30 Rivière-Drugeon (La) (F 336).- 31 Mantoche (F 243).- 32 Merrey (F 263).- 33 Basse-Vaivre (La) (F 49).- 34 Turckheim (F 414).- 35 Longeville-les-Metz (F 219).- 36 Saint-Agnan (F 345).- 37 Saint-Jean-de-Tholomé (F 368).- 38 Saint-Jeoire-Faucigny (F 369).- 39 Ollon - Lessus (CH 247-248).- 40 Bex (CH 40).- 41 Villeneuve (CH 349).- 42 Grächen (CH 150).- 43 Frutingen (CH 119).- 44 Ins (CH 178).- 45 Orpund (CH 256).- 46 Muotatal (CH 223).- 47 Schwanden (CH 302).- 48 Feldkirch (CH).- 49 Feldkirch (CH).- 50 Willermoos (CH 364).- 51 Zürich (CH 380).- 52 Reitnau (CH 242).- 53 Aesch (CH 2).- 54 Altrip (D 29).- 55 Bingen (D 103).- 56 Erfelden (D 244).- 57 Ettlingen (D 276).- 58 Kordel (D 555).- 59 Ludwigshafen-Oppau (D 607).- 60 Ludwigshafen-Rheingönheim (D 608).- 61 Bad Dürkheim (D 53).- 62 Mainz (D 636).- 63 Mainz (D 659).- 63 Mainz (D 658).- 63 Mainz (D 657).- 63 Mainz (D 656).- 64 Nauheim (D 746).- 65 Offenbach a.d.Queich (D 806).- 66 Saarbrücken-Burbach (D 896).- 67 Trechtingshausen (D 1031).- 68 Trier (D 1035).- 69 Uhingen (D 1044).- 70 Windsbach (D 1142).- 71 Rýdeč (CS 557).- 72 Leysin (CH 194).- 73 Marnay (F).- 74 Pagny-le-Ville (F 301).- 75 Landiswil (CH 187).

Abb. 92 Lappenbeile aus Oberitalien und dem Südostalpenraum.

Abb. 93 Depotfund von Švarčava: nach Michalik.

Abb. 94 Verbreitung kleiner Lappenbeile mit Absatzrast: 1 Mintraching (D 715).- 2 Bled (JU 22).- 3 Hočko Pohorje (JU 96).- 4 Lisine (JU 146).- 5 Poljanci (JU 224).- 6 Wöllersdorf II (A 624).- 7 Bakóca (H 43).- 8 Birján (H 95).- 9 Nagykalló II (H 462).

Abb. 116 Westgrenze der Verbreitung von Lappenbeilen danubischer Prägung: 1 Švarčava (CS 618).- 2 Neuhausen (D 755).- 3 Mintraching (D 715).- 4 Ehring (D 216).- 5 Dornwang (D 189).- 6 Ergolding (D 245).- 7 Mamming (D 676).- 8 Töging (D 1021).- 9 Fridolfing (D 311).- 10 Teisendorf (D 1007).- 11 Berchtesgaden (D 93).- 12 Mauthausen (D 689).- 13 Innzell (D 512).- 14 Wölkham (D 1148).- 15 Weidachwies (D).- 16 Nussdorf (D 783).- 17 Schöngeising (D 926).- 18 Birkland (D 109).- 19 Schäfstall (D 906-908).- 20 Niedernberg (D 771).- 21 Frankfurt-Preungesheim (D 300).- 22 Hergolshausen (D 467).- 23 Traunstein (D 1029).- 24 Mainz (D 635).- 25 Kappelen (F 199).- 26 Willer (F 446).- 27 Bogenhausen (D 119).- 28 Murnau (D 742).- 29 Kastl-Bichl (D).- Nicht kartiert: "Bad Bergzabern" (D 52).- "Bad Kreuznach" (D 61A).- "Mainz" (D).- "Südbayern" (D).- "Niederbayern" (D).- Argelsried (D 34).- Au bei Hammerau (D 37)- Eggenfelden (D 205).- Landsberg/Lech (D 572).- Töging (D 1023).

Abb. 96 Verbreitung der böhmisch-fränkischen Lappenbeile: 1 Brumath (F 68).- 2 Ludwigshafen (D 609).- 3 Eppingen (D 232).- 4 Lich (D 592).- 5 Collenberg-Reistenhausen (D 157).- 6 Tauberbischofsheim (D 1004).- 7 Aalen (D 2).- 8 Schweinfurt (D 940).- 9 Rödelsee (D 885).- 10 Gerolfingen-Hesselberg (D 357).- 11 Balmertshofen, (D 68).- 12 Schäfstall (D 911).- 13 Walpersdorf (D 1114).- 14 Baunach (D 78).- 15 Ehrenbürg (D 213).- 16 Zapfendorf (D 1166).- 17 Oberweissenbach (D 799).- 18 Oberkotzau (D 788).- 19 Spardorf (D 951).- 20 Röckenricht (D).- 21 Henfenfeld (D 466).- 22 Thalmässing (D 1009).- 23 Drslavice (CS 149).- 24 Mintraching (D 715).- 25 Töging (D 1022).- 26 Feldkirch (A 86).- 27 St.Oswald (A 471).- 28 Draßburg (A 58).- 29 Oberloisdorf (A 356).- 30 Sulislav (CS 616).- 31 Černosín (CS 98).- 32 Honezovice (CS 199).- 33 Plzeň-Jíkalka (CS 495).- 34 Libákovice (CS 333).- 35 Žákava (CS 722).- 36 Praha-Dejvice (CS 511).- 37 Praha-Dejvice (CS 515).- 38 Královice (CS 285).- 39 Klobuky b. Slany (CS 257).- 40 Stradonice (CS 605).- 41 Nechranice (CS 429).- 42 Sabenice (CS 561).- 43 Lažany (CS 317).- 43 Lažany (CS 318).- 44 Velke Žernoseky (CS 687).- 45 Zlonín (CS 746).- 46 Šitboř (CS 572).- 47 Žatec (CS 734).- 47 Žatec (CS 735).- 48 Stochov (CS 603).- 49 Aiterhofen (D 11).- 50 Bach a.d. Donau (D 48).- 51 Schmidmühlen (D 920).- 52 Eitlbrunn (D 220).- 53 Plzeň-Doubrav (CS 494).- 54 Oberhaid (D 787A).

Abb. 97 Lappenbeile in Süddeutschland und der Schweiz.

Abb. 98 Depotfunde von Cunter (CH 71) und Slovenska Bistrica (JU 269): nach Nauli und Teržan.

Abb. 99 Verbreitung der Lappenbeile des Typus Bad Orb (geschlossene Signaturen) und des Typus Zapfendorf (halb gefüllte Signaturen): Halb gefüllte Signaturen: 1 Zapfendorf (D 1165).- 2 Aufseß (D 39).- 3 Bobingen (D 115).- 4 Mattsies (D 688).- 5 Neubeuern (D 753).- 6 Rohr im Kremstal (A 393).- Geschlossene Signaturen: 1 Bad Orb (D 64).- 2 Rötz (D 887).- 3 Plešivec (CS 484).- 4 Eschen (CH 93).- 5 Schwangau-Hohenschwangau (D 936).- "Chiemgau" (D 155).- 6 Birkland (D 109).- 7 Untermenzing (D).- 8 Töging (D 1023).- 9 Unterach (A 530).- 10 Malching-Bongeren (D).

Abb. 100 Westausbreitung der Tüllenbeile: 1 Winklsaß (D 1144).- 2 Lažany II (CS 317).- 3 Jevíčko (CS 248).- 4 Borotín (CS 53).- 5 Hamry I (CS 183).- 5 Hamry II (CS 184).- 6 Marefy (CS 382).- 7 Blučina V (CS 32).- 8 Dobrochov (CS 125).- 9 Přestavlky (CS 524).- 10 Orechov (CS 464).- 11 Drslavice I (CS 149).- 11 Drslavice II (CS 150).- 12 Dolni Sukolom (CS 128).- 13 Wals-Siezenheim (A 587).- 14 Salzburg (A 415).- 15 Steinhaus-Traunleiten (A 489).- 16 Thalheim (A 511).- 17 Lazy (CS 320).- 18 Enns (A 76).- 19 Villach (A).- 20 Augsdorf (A 22).- 21 Lannach (A 266).- 22 Graz-Plabutsch (A 119).- 23 Straßengel (A 498).- 24 Trössing (A 524).- 25 Hummersdorf (A 188).- 26 Bruck (A).- 26 Kindberg (A 234).- 27 Maiersdorf (A 296).- 29 Wöllersdorf (A 624).- 30 Draßburg (A 58).- 31 Hollern (A 172).- 32 Bad Deutsch-Altenburg (A 28).- 33 Michelstetten (A 316).- 34

Limberg (A 274).- 35 Horn (A 175).- 36 Niederwegscheid (D 775).

Abb. 101 Verbreitung der Tüllenbeile mit Keilrippenzier:
Jugoslawien: Bezanija, Londica, Mesić-Cikovac, Belica, Bingula Divoš, Bizovac, Boljanić, Bosnjaci, Brodski Varoš, Budinšćina, Cermozsisce, Debeli Vrh, Dolina, Gornja vrba, Gornji Slatinik, Gornji log, Hočko Pohorje, Jakovo, Javornik, Mačkovac, Malička, Malo Srediste, Motke, Nočaj Salaš, Novi Grad, Novi Bečej, Otok Privlaka, Pecinci II, Pecinci I, Poderkavlje, Podrute, Poljanci II, Poljanci I, Punitovci, Punitovci, Sobunar, Sredisce, Šumetac, Tenja, Tesnja, Toplicica I, Veliko Nabrde, Vidovice, Vršac-Kozluk, Brestovik II, Jakovo, Mali Zam, Mesić, Nova Bingula, Privina Glava, Šimanovci, Trlic, Borjàs I, Donja Bebrina, Gornji Log, Jurka vas, Leskovo, Marina, Markovac, Pustakovec, Sice, Sisak, Sveti Janez. Ungarn: Alsódobsza, Apagy, Bükkaranyos II, Debrecen I, Lengyeltóti II, Lengyeltóti IV, Nyirtura, Palotabozsok, Peterd, Regöly, Rétközberencs, Sióagárd II, Somogybabod, Szárazd, Szentgaloskér, Vajdácska, Balatonszemes, Berzence, Edeleny, Füzesabony, Kurd, Pamuk, Piricse I, Pölöske, Sopron, Szolnok, Sárazsadány, Gyöngyssolymos I, Pécs III, Püspökhatvan, Keszöhidegkút, Öreglak, Rinyaszentkirály, Simonfa, Tab, Balatonkiliti, Kemecse, Márok, Bakóca, Bonyhád, Kisapáti, Birján, Apagy, Balatonsee, Balsa, Füzesabony, Harsany, Kemecse. Rumänien: Cheşereu, Dumesti, Frincenii de Piatra, Galospetreu, Gusterița, Harau, Igriş, Moldova Veche II, Paltinis, Pecica III, Petroşani, Rus, Salaj, Spalnaca, Tirgu Lăpuş II, Valea lui Mihai, Zlatna, Berzasca, Latunas, Sighetu Marmatiei, Suseni, Bogata de Mures, Cubulcut, Caransebeş, Uioara de Sus, Dipsa, Aiud. Tschechoslowakei: Drslavice II, Hummenné, Přestavlky, Prievidca-Hradec, Jevicko, Borotín, Bodrog, Dolni Sukolom, Beša, Blučina V Brezovice, Čičarovce, Dobrochov, Drevenik II, Hamry II, Kopčany, Lesany, Levice, Marefy,Nacina Ves, Ožďany II, Pravcice (CS), Sazovice, Slavkovce, Trnava, Zahaji, Zbince, Zemplín, Winklsass, Castions di Strada, Draßburg, Graz Plabutsch, Hollern, Trössing, Wöllersdorf II, Wöllersdorf I, Augsdorf.

Abb. 102 Verbreitung der Siebenbürgischen Tüllenbeile: Nach M. Rusu.

Abb. 103 Verbreitung der Tüllenbeile mit aufgebogenem Rand: Nach B. Wanzek.

Abb. 104 Verbreitung der schlanken Tüllenbeile mit verdicktem Rand: 1 Sveti Janez (JU 284).- 2 Osor (JU 203).- 3 Gorenji Log (JU 79).- 4 Debeli Vrh (JU 59).- 5 Crmozise (JU 54).- 6 Belica (JU 9).- 7 Budinšćina (JU 42).- 8 Malička (JU 162).- 9 Marina (JU 169).- 10 Motke (JU 188).- 11 Dolina (JU 64).- 12 Hummersdorf (A 188).- 13 Szentgaloskér (H 671).- 14 Keszöhidegkút (H 331).

Abb. 105 Tüllenbeile der älteren Urnenfelderzeit.

Abb. 106 Verbreitung der Beile mit breiter Schneide: 1 Amstetten (A 11) vielleicht Ha B.- 2 Cerknica (JU 50).- 3 Spure (JU 96).- 4 Brodski Varoš (JU 41).- 5 Papraca (JU 208).- 6 Bingula Divoš (JU 18).- 7 Beremend (H 85).- 8 Rinyaszentkiralyi (H 592).- 9 Bonyhad (H 111).- 10 Gyöngyossolymos (H 261).- "Ungarn" (H 748).

Abb. 107 Verbreitung schmaler Tüllenbeile: 1 Kemecse (H 326).- 2 Tab (H 690).- 3 Öreglak (H 520).- 4 Szentgaloskér (H 671).- 5 Rinyaszentkiralyi (H 592).- 6 Bonyhád (H 111).- 7 Palotaboszok (H 535).- 8 Birjan (H 95).- 9 Debeli vrh (JU 59).- 10 Krnjak (JU 136).- 11 Dolina (JU 64).- 12 Punitovci (JU 235).- 12 Poljanci I (JU 223).- 14 Boljanić (JU 25).- 15 Vidovice (JU 319).- 16 Kupinovo (JU 140).- 17 Jakovo (JU 108).- 18 Brestovik II (JU 35).- 18 Brestovik IV (JU 37).- 19 Rudnik (JU 244).- 20 Nova Bingula (JU 192).

Abb. 108 Verbreitung der Slowakischen Absatzbeile: 1 Budmerice (CS 76).- 2 Jalovec (CS 238).- 3 Žvolen (CS 756).- 4 Suché Brezovo (CS 615).- 5 Drslavice (CS 149).- 5 Drslavice (CS 150).- 6 Spisská Nová Ves (CS 597).- 7 Drevenîk (CS 143).- 8 Veľký Blh (CS 689).- 9 Ožďany (CS 472).- 10 Gemer (CS 169).- 11 Sajóvámos (H 606).- 12 Kisterenye (H 358).- 13 Csitár (H 156).- 14 Eger (H 201).- 15 Nyíracsád-Nagyerdö (H 488).- 16 Keszöhidegkút (H 331).- 17 Alesd (RO 6).- 18 Simisna (RO 351).- 19 Moigrad (RO 238).- 20 Mesić (JU 177).- 21 Greiner Strudel (A 124).- Nicht kartiert: Abod (H 7).- Igloflired (CS 229).- Izsákfa (H 303).-Krám (CS 286).- Nagybátony (H 456).- Piliny (H 560).- Rohod (H 593).- Sirákov (CS 571).- Uzd (H 803).- Vyšní Blh (CS 712).- "Komitat Heves" (H 290).

Abb. 109-110 Zahl der in Depotfunden niedergelegten Lappenbeile.

Abb. 111 Verbreitung der älterurnenfelderzeitlichen Beil-Horte: 1 Eigeltingen (D 219).- 2 Schwangau-Hohenschwangau (D 936).- 3 Niedergößnitz (A 345).- 4 Bad Orb (D 64).- 5 Schweinfurt (D 940).- 6 Rödelsee (D 885).- 7 Ehrenbürg (D 213).- 8 Zapfendorf I (D 1165).- 9 Zapfendorf II (D 1166).- 10 Sabenice (CS 561).- 11 Praha-Dejvice (CS 510).- Außerhalb des Untersuchungsgebietes: Berlin-Tegel: v. Müller, Ausgr. Berlin 4, 1973, 50ff. Abb. 2-3.- Chörau, Kr. Köthen: v.Brunn, Hortfunde 312 Nr. 28 Taf. 25, 1-2.- Dorndorf-Rödelwitz, Kr. Rudolstadt: ebd. 315 Nr. 46 Taf. 41,4.6.- Haaren, Kr. Büren: Kibbert, Beile 45 Nr. 67-69 Taf. 5, 67-69.- Löbejün, Saalkreis: v. Brunn, Hortfunde 330 Nr. 136 Taf. 111, 3-5.- Luppa, Kr. Bautzen: ebd. 330 Nr. 137 Taf. 111,6-9.- Warnstedt, Kr. Quedlinburg: ebd. 343 Nr.218 Taf. 172,1-2.- Weidenhein, Kr. Torgau: ebd. 343 Nr. 222 Taf. 175, 1-3.- Wildenau, Kr. Herzberg: ebd. 346 Nr. 232-233 Taf. 197,4-8. 198,1-2.- Willerstedt: ebd. 346 Nr. 237 Taf. 199, 6-9.- Gozdowice, pow. Choénski: v. Müller, Ausgr. Berlin 4, 1973, 53 Abb. 5.- Gürkwitz, Kr. Militsch: H. Seger, Altschlesien 6, 1936, 118.- Klettendorf, Kr. Breslau: ebd. 119.- Krehlau, Kr. Wohlau: ebd. 121.- Malino, Kr. Oppeln (?): ebd. 118.- Ratibor: ebd. Taf.10,1.- Riesky, Kr. Rothenburg: ebd. 190.
Offene Signaturen: Beildepots der Stufen Ha A2-B1: Berzdorf, Kr. Görlitz: v. Brunn, Hortfunde 310 Taf. 11, 3-4.- Eilenberg-Kültzschau: ebd. Nr. 55 Taf. 58, 6-7.- Freist, Kr. Helstatt: ebd 319 Nr. 67 Taf. 72, 1-4.- Herwigsdorf, Kr. Zittau: ebd. 323 Nr. 91 Taf. 82, 4-5.- Zittau I u. II: ebd. 347 Nr. 242-243 Taf. 201, 6-11.

Abb. 112 Zahl der deponierten Beile in reinen Hortfunden.

Abb. 113 Verbreitung der frühbronzezeitlichen Beilhorte: nach Angaben bei Abels, Kibbert und Stein.

Abb. 114 Verbreitung der jüngerurnenfelderzeitlichen Beilhorte.

Abb. 115 Zahl der frühbronzezeitlichen Beile in Horten und als Einzelfunde
Nach Daten bei Abels.

Abb. 116 Deponierungsform der mittelständigen Lappenbeile im Westen des Untersuchungsgebietes.

Abb. 117 Verbreitung der reinen Tüllenbeil-Hortfunde (geschlossene Signaturen) und einiger Depots um das Eiserne Tor (offene Signaturen). Geschlossene Signaturen: 1 Bodrogkeresztúr (H 97).- 2 Firtusu (RO 147).- 3 Rachita (RO 300).- 4 Uroi (RO 431).- 5 Petroşani (RO 283-284).- 6 Socu (RO 364).- 7 Pescari (RO 280).- 9 Mesić-Cikovac (JU 176).- 10 Dubravica (JU 72).- 11 Urovica (JU 307).- 12 Mali Izvor (JU 160).- 13 Gornja Bela Reka (JU 80). Offene Signaturen: 1 Banatski Karlovac (JU 6).- 2 Gaj (JU 77).- 3 Topolnica (JU 300).- 4 Leskovo (JU 143).- 5 Vojilovo (JU 329).- 6 Klenje (JU 126).

Abb. 118 Verbreitung der Nackenscheibenäxte.

Abb. 119 Verbreitung der Nackenknaufäxte (geschlossene Signatur) und Nackenkammäxte (halb gefüllte Signatur). Geschlossene Signaturen: 1 Veľký Blh (CS 689).- 2 Csongrád (H 162).- 3 Gemzse-Égetterdö (H 255).- 4 Hajdúhadház-

Poroszlópuszta (H 279).- 5 Kispalád (H 351).- 6 Penészlek (H 552).- 7 Cieu-Corabia (RO 84).- 8 Drajna de Jos (RO 139).- 9 Oarța de Sus (RO 251).- 10 Larga (RO).- 11 Lăpuș (RO 196).- 12 Perișor (RO 278).- 13 Sanț (RO 328).- 14 Tîrgu-Lăpuș (RO 395).- "Someș" (RO 367). Halb gefüllte Signaturen: 1 Salzburg (A 414).- 2 Blatnica (CS 22).- 3 Abaújkér (H 2).- 4 Abaújszántó (H 4).- 5 Sajóvámos (H 605).- 6 Viss (H 838).- 7 Tiszabecs (H 707).- 8 Drajna de Jos (RO 139).- 9 Bătarci (RO 29).- 10 Dragomirești (RO 137).- 11 Rebrișoara (RO 306).- 12 Perișor (RO 278).- 13 Sanț (RO 328).- 14 Valea lui Mihai (RO 435).- 15 Domănești (RO 134).- 16 Sîngeorgiu de Mureș (RO 355).- 17 Peteritea (RO 281) Sacel (RO 317)-Tîrgu-Lăpuș (RO 395)-"Nordsiebenbürgen" (RO 249)-"Nordsiebenbürgen" (RO 250)-"Siret" (RO).

Abb. 120 Ausstattungstabelle der Hortfunde mit Äxten.

Abb. 121 Mittelbronzezeitliche Äxte.
Nach Stuchlik.

Abb. 122 Verbreitung der reinen Axthorte.

Abb. 123 Äxte.

Abb. 124 Verbreitung der doppelarmigen Stabaufsätze: 1 Kunetice (CS).- 2 Dobrochov (CS 125).- 3 Hulín (CS 226).- 4 Drslavice (CS 150).- 5 Bratislava (CS 60).- 6 L'uborca (CS 314).- 7 Lažany (CS 319).- 8 Blatnica (CS 22).- 9 Nitra (CS 441).- 10 Liptovská Anna (CS 342).- 11 Černová (CS 100).- 12 Liptovská Ondrasová (CS 344).- 13 L'ubietová (CS 358).- 14 Žvolen (CS 754).- 15 Ožďany (CS 472).- 16 Rimavská Sobota (CS 548).- 17 Vel'ký Blh (CS 689).- 18 Gemer (CS 164).- 19 Hostice (CS 207).- 20 Holiša (CS 197).- 21 Budca (CS 74).- 22 Partizánska L'upca (CS 475).- 23 Liptovsky Ján (CS 345).- 24 Oberloisdorf (A 356).- 25 Csitár (H 156).- 26 Sajóvámos (H 606).- 27 Viss (H 840).- 28 entfällt.- 29 Opályi (H 517).- 30 Baktalórántháza (H 56).- 31 Nagyfalu (H).- 32 Felsődobsza (H 231).- 33 Bükkaranyos (H 135).- 34 Muhi (H 448).- 35 Harsány (H 285).- 36 Pétervására (H 556).- 37 Szentgáloskér (H 671).- 38 Domănești (RO 134).- 39 Uioara-de-Sus (RO 425).- 40 Pecini (JU 211).- 41 Šimanovci (JU 257).- 42 Jurka vas (JU 115).

Abb. 125 Gewicht der Sicheln im Hortfund aus der Gegend vom Plattensee.

Abb. 126 Prozentualer Anteil der Hortfunde mit Sicheln am Gesamtbestand in einzelnen Hortregionen.

Abb. 127 Depotfund von Mezzocorana (I 135).

Abb. 128 Zahl der in Depotfunden niedergelegten Sicheln.

Abb. 129 Gewichtsdiagramm der Sichelfragmente bis 50 g im Hort von Lažany

Abb. 130 Verbreitung der reinen Sichelhorte: 1 Grgar (JU).- 2 Mala Racna (JU).- 3 Toplicica II (JU).- 4 Kőszeg (H).- 5 Micasasa (RO).- 6 Vodnany (CS).- 7 Wölsau (D).- 8 Großetzenberg (D).- 9 Essing (D).- 10 Gochsheim (D).- 11 Bessenbach (D).- 12 Dächingen (D).- 13 Oberriet (CH).- 14 Unterägeri (CH).- 15 Eggli (CH).- 16 Gruyères (CH).

Abb. 131 Verbreitung der Dolche im Westen des Untersuchungsgebietes. Geschlossene Signaturen: Dolche mit zungenförmiger Griffplatte und verwandte Formen der späten Bronzezeit: 1 Villethierry (F 443).- 2 Barbuise-Courtavant (F 41).- 3 Villeneuve (La)-au-Chatelot (F 434).- 4 Pont-sur-Yonne (F 314).- 5 Evry (F 147).- 6 Champlay (F 90).- 7 Monéteau-Saint-Quentin (F 272).- 8 Auxerre (F 30).- 9 Champs (F 92).- 10 Pogny (F 310).- 11 Toul (F 405).- 12 Ruffey-les-Beaune (F 343).- 13 Ouroux-sur-Saône (F 298).- 14 Tournus (F 406).- 15 Sancé (F 374).- 16 Mâcon (F 231).- 17 Saint-Bernard (F 349).- 18 Chamagnieu (F 85).- 19 Tharaux (F 399).- 20 Saint-Anastasie (F 347).- 21 Donzère (F 130).- 22 Savournon (F 380).- 23 Clans (F 108).- 24 Nice (F 285).- 25 Lantenay (F 207).- 26 Eguisheim (F 134).- 27 Ensisheim (F 135).- 28 Saulieu (F 379).- 29 Lonay, Kt. Vaud (CH 198).- 30 St-Sulpice (CH 320).- 31 Orpund (CH 260).- 32 Brügg (CH).- 33 Thun (CH).- 34 Eich (CH 89).- 35 Cham (CH 59).- 36 Risch (CH 286).- 37 Dällikon (CH 72).- 38 Rümlang (CH 292).- 39 Wallisellen (CH 355).- 40 Müllheim (CH 224).- 41 Oberriet (CH).- 42 Domat-Ems (CH 84).- 43 Vals (CH 346).- 44 Mainz (D 619. 621-624).- 45 Urberach (D 1091).- 46 Wilburgstetten (D 1138).- 47 Ellwangen (D 224).- 48 Griesingen-Obergriesingen (D 379).- 49 Bermaringen (D 96).- 50 Senden (D 943).- 51 Nordheim (D 781).- 52 Bopfingen (D 121).- 53 Frankenthal (D 292).- 54 Unteröwisheim (D 1085).- 55 Waghäusel (D 1101).- 56 Türkheim (D 1038).- 57 Etting (D 272).- 58 Thurnsberg (D 1010).- 59 Graben (D 371).- 60 Trechtingshausen (D 1030).- 61 Onstmettingen (D 814).- 62 Frankfurt (D 305).- 63 Neftenbach (CH 230).- 64 Nals (A 343).- 65 Bregenz (A 48).- 66 entfällt.- 67 Passy (F 305).- 68 Isolone del Mincio (I 112).- 69 Pieve S. Giacomo (I 206).- 70 Peschiera (I 187).- 71 Cremona (I).- 72 S. Caterina (I 232).- 73 Redù (I 213).- 74 Castellazzo di Fontanellato (I 59).- 75 Monte Venere (I 144).- 76 Monza (I 151).- 77 Wahnwegen (D 1103).- 78 Büchelberg (D 143).- 79 Ihringen (D 504). Offene Signaturen: Spätbronzezeitliche Gräber und Depotfunde mit Griffplattendolchen und unbestimmbaren Dolchfragmenten: 1 Cabanelle bei Castelnau-Valence (F 69).- 2 Reventin-Vaugris (F 333).- 3 Vernaison (F 419).- 4 Porcieu-Amblagnieu (F 320).- 5 Lullin-Couvaloux (F 221).- 6 Rigny-sur-Arroux (F 335).- 7 Sermizelles (F 391).- 8 Cannes-Écluse (F 71).- 9 Geipolsheim (F 164).- 10 Mainz (D 617).- 11 Windsbach (D 1142).- 12 Stockheim (D 985).- 13 Kallmünz (D 521).- 14 Winklsass (D 1144).

Abb. 132 Messer und Dolche.

Abb. 133 Verbreitung der Messer und Dolche mit Zwischenstück (offene Signaturen: Dolche. Geschlossene Signaturen: Griffplattenmesser). Offene Signaturen: 1 Frankfurt-Stadtwald (D 305).- 2 Neftenbach (CH 230). Geschlossene Signaturen: 1 Polsingen (D 844).- 2 Schwabmünchen (D 930).- 3 Saint-Sulpice (CH 318).- 4 Erzingen (D 251).- 5 Peschiera del Garda (I 178).- 6 Maria Anzbach (A 302).

Abb. 134 Verbreitung der Dolche Typ Aranyos: 1 Oravsky Podzámok (CS 463).- 2 Hostice (CS 207).- 3 Piliny (H 560).- 4 Kisterenye (H 358).- 5 Felsőzsolca (H 240).- 6 Bükkaranyos (H 134).- 7 Besenyöd (H).- 8 Galoșpetreu (RO 154).- 9 Szőreg (H).- 10 Berkesz (H).- 11 Szécsény (H).

Abb. 135 Verbreitung der Dolche mit geschweifter Klinge: 1 Pápa (H 541).- 2 Farkasgyepü (H 224).- 3 Kisterenye (H 358).- 4 Felsőszolcs (H 240).- 5 Sajóvámos (H 605).- 6 Vilyvitány (H 832).-7 Ajak (H 14).- 8 Nyírkarász-Gyulaháza (H 486).- 9 Apagy (H 28).- 10 Nyíracsád (H 488).- 11 Bătarci (RO 29).- 12 Rozavlea (RO 312).- 13 Căpleni (RO 63).- 14 Galoșpetreu (RO 154).- 15 Perișor (RO 278).- 16 Panticeu (RO 273).- 17 Aiud (RO 4).- 18 Pecica (RO 276).

Abb. 136 Verbreitung der Dolche der Typen Tenja, Orci, Bizovac (geschlossene Signaturen) und Dombovár (halbgefüllte Signaturen). Geschlossene Signaturen: 1 Dipsa (RO 130).- 2 Uioara-de-Sus (RO 425).- 3 Gușterița (RO 170).- 4 Balsa (H 68).- 5 Nyirtura (H 504).- 6 Orosháza (H 526).- 7 Vidornyaszölös (H 831).- 8 Orci (H 519).- 9 Nagyvejke (H 474).- 10 Lengyel-Zsibrik (H 390).- 11 Bonyhád (H 111).- 12 Palotabozsok (H 535).- 13 Peterd (H 555).- 14 Bizovac (JU 19).- 15 Poljanci II (JU 224).- 16 Tenja (JU 289).- 17 Otok Privlaka (JU 205).- 18 Bingula Divoš (JU 18).- 19 Márok (H 413).- 20 Balatonkiliti (H 626).- 24 Graz-Plabutsch (A 119). Halbgefüllte Signaturen: 1 Aszár.- 2 Dombovár.- 3 Spure.- 4 Crmosnjice.- 5 Jurka vas.- 6 Šumetac.- 7 Brodski Varoš (JU 41).- 8 Debeli Vrh.

Abb. 137 Verbreitung der Dolche mit gerundeter Heftschulter (geschlossene Signaturen): 1 Hagenauer Forst (F 161).- 2 Langenbühl (CH 188).- 3 Scamozzina (I 235).- 4 Castellazzo di Fontanellato (I 59).- 5 Peschiera (I 185).- 6 Salzburg-Morzg (A

409).- 7 St Walburgen (A 480).- 8 Keutschach (A 232).- 9 Berndorf (A 42).- 10 Stockerau (A 496).- 11 Oslip (A 363).- 12 Zwerndorf a.d. March (A 638).- 13 Piricse (A 561).- dazu angeschlossen: Castellaro di Lagusello (I 57), "Komitat Csongrád", "Ungarn", mit fächerförmigem Knauf (halb gefüllte Signaturen): 1 Luborca (CS 359).- 2 Velká Lehota (CS 676).- 3 Imel' (CS 230).- 4 Koroncó (H 372).- 5 Bakonyjákó (H 51).- 6 Bakonyszücs (H 53).- 7 Szentgál (H 670).- 8 Strassengel (A 498).- 9 Peschiera (I 190).- 10 Pieve S. Giacomo (I 204) und mit Ringgriff (offene Signaturen): 1 Okány (H 509).- 2 Slanec (CS 582).- 3 Kretin (CS 300).- "Ungarn" (H 763).

Abb. 138 Verbreitung der Griffzungendolche ohne Trennung einzelner Varianten: 1 Etrechy (F 145).- 2 Etting-St. Andrä (D 274).- 3 Peiting (D 825).- 4 Winklermoos-Forst (D 1143).- 5 Bad Reichenhall (D 65).- 6 Nöfing (A 349).- 7 Vöcklabruck (A 549).- 8 Wieselburg (A 615).- 9 Donawitz bei Leoben (A 54).- 10 Margarethen am Moos (A 301).- 12 Poljanci I (JU 223).- 13 Blučina (CS 35).- 14 Brumovice (CS).- 15 Drslavice (CS 150).- 16 Herspice (CS 189).- 17 Velké Hosteradky (CS).- 18 Svábenice (CS 617).- 19 Bajč (CS 6).- 20 Dolný Peter (CS 131).- 21 Ducové (CS 154).- 22 Radzovce (CS 536).- 25 Bakonyszücs (H 53).- 26 Csabrendek (H 147).- 27 Mosonszolnok (H 445).- 28 Kéthely (H 339).- 29 Kisterenye (H 358).- 29 Kisterenye (H 358).- 30 Pétervására (H 556).- 31 Bertarina (I 16).- 32 Casaroldo (I 50).- 32 Castione (I 61).- 32 Formigine (I 92).- 32 Gorzano (I 102).- 32 Montecchio (I 148).- 32 Redù (I 213).- 32 San Ambrogio b. Modena (I 220).- 33 Feniletto di Vallese (I 85).- 34 Isolone del Mincio (I 113).- 34 Peschiera (I 181-185).- 35 Pieve S. Giacomo (I 200).- 36 Sesto (I 240).- 37 S. Lazzaro di Savena (I 225).

Abb. 139 Messer Typ Keszöhidegkút: 1 Gușterița (RO 170).- 2 Keszöhidegkút (H 331).- 3 Nagyvejke (H 474).- 4 Szécsény (H 654).- 5 Kirchberg am Wagram (A 235).- 6 Ljubljanica (JU 148).

Abb. 140 Griffzungenmesser mit Ringgriff: 1 Colmar (F 110).- 2 Iseo (I 109).- 3 Castellaro di Grottolengo (I 56).- 4 Peschiera del Garda (I 191).- 4 Peschiera del Garda (I 192).- 5 Memmelsdorf (D 693).- 6 Behringersdorf (D 88).- 7 Haag (D 425).- 8 Hattenhofen (D 442).- 9 Wielenbach (D 1130).- 10 Eberfing (D 195).- 11 Riegsee (D 881).- 12 Caldaro (I 29).- 13 Geiging (D 335).- 14 Niedergeiselbach (D 766).- 15 Graz-Engelsdorf (A 120).- 16 Linz-Wahringerstraße (A 285).- 17 Linz-St.Peter (A 283).- 18 Greiner Strudel (A 123).- 19 Unterradl (A 538).- 20 Sieghartskirchen (A 436).- 21 Vösendorf (A 579).- 22 Großmugl (A 136).- 23 Baierdorf (A 38).- 24 Ronthal (A).- 25 Kleinmeiselsdorf (A 245).- 26 Roggendorf (A 392).- 27 Pranhartsberg (A 380).- 28 Freudenberg (A 96).- 29 Milavče (CS 413).- 30 Dasice (CS).- 31 Borotín (CS 53).- 32 Jabloňany (CS 237).- 33 Lutín (CS 366).- 34 Černotín (CS 99).- 35 Hamry-Brnenka (CS 183).- 36 Pustimer (CS 531).- 37 Brno-Komín (CS 69).- 38 Vedrovice (CS 668).- 39 Pavlov (CS 480).- 40 Dražovice (CS 137).- 41 Uherské Hradiste (CS 651).- 41 Uherské Hradiste (CS 652).- 42 Drslavice (CS 150).- 43 Mikulcice (CS 405).- 44 Nógrádsáp (H 482).- 45 Abaújkér (H 2).- 46 Tállya (H 693).- 47 Gyöngyössolymos (H 264).- 48 Püspökhatvan (H 571).- 49 Budinščina (H 42).- 50 Rinyaszentkirály (H 592).- 51 Kurd (H 382).- 52 Poljanci II (JU 224).- 53 Brodski Varoš (JU 41).- 54 Otok Privlaka (JU 205).- 55 Privina Glava (JU 231).- 56 Pecinci (JU 211).- 57 Trlic (JU 301).- 58 Novi Bečej (JU 194).- 59 Gușterița (RO 170).- 60 Uioara de Sus (RO 425).- 61 Kufstein (A).- 62 Draßburg (A 58).- 63 Velká Lehota (CS 677).- 64 Grünwald (D).- 65 Pouges-Les-Eaux (F 324).- 66 Zupanja.- 67 Domousice (CS 134A).- 68 Psov (CS 526A). Offene Signaturen, Messer mit durchbrochenem Griff: 1 Chur (CH).- 2 Arbedo Castione (CH 8).- 3 Gallizia di Turbigo (I 98).- 4 Peschiera del Garda (I 188).- 5 San Polo d'Enza (I 226).

Abb. 141 Verbreitung der Messer mit umlappter Griffzunge: 1 Barbuise-Courtavant (F 44).- 2 Pothières (F 321).- 3 Toul (F 404).- 4 Genève (CH 135).- 5 Pully-Chamblandes (CH 228).- 6 Thierachern (CH 334).- 7 Rovio (CH 290).- 8 Binningen (CH 43).- 9 Basel-Kleinhüningen (CH 26).- 10 Mellingen (CH 208).- 11 Mels-Ragnatsch (CH 210).- 12 Cunter (CH 71).- 13 Boppard (D 124).- 14 Steinheim (D 975).- 15 St. Ilgen (D 973).- 16 Wörth (D 1157).- 17 Kellmünz (D 536).- 18 Wabelsdorf (A 583).- 19 Zarazice (CS 729).- 20 Uioara de Sus (RO 425).

Abb. 142 Verbreitung der Messer des Typus Matrei: 1 Unterhaching (D 1077).- 2 Gernlinden (D 345).- 3 Paß Luftenstein (A 368).- 4 Mühlau (A 334).- 5 Hötting (A 186).- 6 Völs (A 575).- 7 Matrei (A 308).- 8 Missiano (I 136).- 9 Valle di Non (I 266).- 10 Clés (I 70).- 11 Aldeno (I 4).- 12 Torbole (I 258).- 13 Monte Tesoro (I 140).- 14 Pastrengo (I 161).- 15 Münstertal (CH 226).- 16 Mörigen (CH 219).- 17 Iragell b. Vaduz (CH 176).- 18 Volders (A 552).- 19 Großmugl (A 135).- 20 München - Englschalking (D 733).- 21 Grünwald (D 403).- 22 Zürich Alpenquai (CH 375).- 23 Estavayer (CH 104).- 24 Banco (I 10).- 25 Egglfing (D 206).- 26 Ingolstadt (D 509).- 27 Tupadly (CS 649).

Abb. 143 Verbreitung der Vollgriffdolche (offene Signaturen) und Vollgriffmesser (geschlossene Signaturen): 1 Orange (F 293).- 2 Grandson-Corcelettes (CH 158).- 3 Alterswil (CH 5).- 4 Augst (CH 14).- 5 Reinheim (D).- 6 Gaukönigshofen (D).- 7 Polsingen (D 844).- 8 Etting (D).- 9 Kainsbach (D).- 10 Dietldorf (D 172).- 11 Náklo (CS 428).- 12 Skalka (CS 577).- 13 Drazuvky (CS 138).- 14 Hradisko (CS 215).- 15 Márok (H 413).- 16 Debeli vrh (JU 59).- 17 Haidach (A 144).- 18 Montirone di S.Agata Bolognese (I 2).- 19 Gorzano bei Maranello (I 100).- 20 Casaroldo bei Busseto (I 48).- 21 Castione dei Marchesi (I 61).- 22 Peschiera (I 180).- 23 Canegrate (I 43).- 24 Vals (CH 346).- 25 Knonau (CH 185).- 26 Kappel-Uerzlikon (CH 182).- 27 Feuerthalen (CH 108).- 28 Westerhofen (D 1128).- 29 Augst (CH 14).- 30 Gazzade (I 99).- 31 Viadana (I 272).- 32 Mels-Heiligkreuz (CH 209).- 33 Zug (CH 373).- 34 Kreßbronn-Hemigkofen (D 559).- 35 Nonzeville (F 288).- 36 Hodonin (CS 194).- 37 Zohor (CS 748).- 38 Lúc na Ostrove (CS 360).- 39 Büchelberg (D).- 40 Bătarci (RO 29).- 41 Torrente Crostolo (I 260).

Abb. 144 Anzahl der Dolche und Messer in Depotfunden.

Abb. 145 Depotfund von Koroncó und Grabfund von Dolny Peter.

Abb. 146 Zahl der in Horten niedergelegten Barren.

Abb. 147 Verbreitung der reinen Barrenhorte.

Abb. 148 Verbreitung der lanzettförmigen Gürtelhaken.

Abb. 149 Verbreitung der Blechgürtel des Typus Szeged-Sieding: 1 Gilching (D 360A).- 2 Pitten, BH. Neunkirchen: Kilian-Dirlmeier, Gürtel 101 Nr. 403.- 3 Sieding, BH. Neunkirchen: ebd. 100 Nr. 397.- 4 Chotín, okr. Komárno: ebd. 100f. Nr. 398.- 5 Csabrendek, Kom. Veszprém: ebd. 101 Nr. 401.- 6 Sármellek, Kr. Kesthely: ebd. 102 Nr. 412.- 7 Tetélen, Kom. Bac-Kiskun: ebd. 101 Nr. 400.- 8 Szentes, Kom. Csongrad: ebd. 101 Nr. 399.- 9 Tápé, Kom. Csongrád: ebd. 101 Nr. 406.- 10 Szeged, Kom. Csongrád: ebd. 101 Nr. 405.- 11 Velebit, Kr. Subotica: ebd. 102 Nr. 409.- 12 Kriva Reka, Kr. Titovo Užice: ebd. 101 Nr. 408.- 13 Aiud (RO 4).- 14 Band (RO 28).- 15 Debrecen-Francsika, Kom. Hajdu-Bihar: Kilian-Dirlmeier, Gürtel 101 Nr. 404.- 16 Dorozsma, Kom. Csongrád: Kilian-Dirlmeier, Gürtel 101 Nr. 407.

Abb. 150 Verbreitung der Blechgürtel des Typus Riegsee: 1-2 Uffing (D 1042. 1043).- 3-5 Riegsee (D 875. 879. 882).- 6-8 Volders (553. 568. 570).- 9 Westendorf (A 604).- 10 Velvary (CS 695).- 11 Drslavice (CS 149).- 12 Lengyeltóti (H 391).- 13 "Zips" (CS 596).- 14 Blučina XIII (CS 40).- 15 Leombach (A 273A).

Abb. 151 Verbreitung der Blechgürtel Südosteuropas: 1 Suseni (RO 383).- 2 Dipsa (RO 130).- 3 Band (RO 28).- 4 Uioara-de-Sus (RO 425).- 5 Spalnaca (RO 369).- 6 Gușterița (RO 170).- 7 Vîlcele (RO 441).- 8 Giula (RO 163).- 9 Caransebeș (RO 65).- 10 Fizeș (RO 149).- 11 Pecica (RO 276).- 12 Aiud (RO 4).- 13 Cubulcut (RO 117).- 14 Cehalut I (RO 72).- 15 Apagy (H 28).- 16 Nagybáka (H 455).- 17 Kék (H 322).- 18 Nyírbogdány (H 494).- 19 Tállya (H 693).- 20 Felsödobsza (H 231).- 21 Esztergom-

Szentgyörgymező (H 221).- 22 Ebergöc (H 196).- 23 Pamuk (H 537).- 24 Palotabozsók (H 535).- 25 Márok (H 413).- 26 Novi Bečej (JU 194).- 27 Budinščina (JU 42).- 28 Veliko Nabrde (JU 315).- 29 Otok Privlaka (JU 205).- 30 Nočaj-Salaš (JU 191).- 31 Jarak (JU 109).- 32 Pecinci (JU 211).- 33 Klenje (JU 126).- 34 Drslavice I+II (CS 149. 150).- 35 Merovice (CS 400).- 36 Kamýk nad Vlatavou (CS 252).- 37 Lhotka Libenská (CS 331).- 38 Futog (JU 76).- 39 Vajdácska (H 810).- 40 Şuncuiuş (RO 381).- 41 Mişid (RO 233).- 42 Răbăgani (RO 299).

Abb. 152-153 Blechgürtel.

Abb. 154 Velem Depotfund IV (H 822): nach Bándi.

Abb. 155 Verbreitung der doppelaxtförmigen Phaleren: 1 Kisapati (H 342).- 2 Keszöhidegkút (H 331).- 3 Nagyvejke (H 474).- 4 Palotabozsok (H 535).- 5 Poljanci II (JU 224).- 6 Veliko Nabrde (JU 315).- 7 Brodski Varoš (JU 41).

Abb. 156 Verbreitung der schildförmigen Anhänger: 1 Szabolcs (Umgebung) (H 637).- 2 Kék (H 322).- 3 Cubulcut (RO 117).- 4-5 Oradea (RO 261C).- 6 Bicaciu (RO 34).- 7 Arpăşel (RO 16).- 8 Posaga de Sus (RO 292).- 9 Uioara-de-Sus (RO 425).- 10 Banatski Karlovac (JU 6).- 11 Bingula Divoš (JU 18).- 12 Brodski Varoš (JU 41).- 13 Pričac (JU 230).- 14 Dedinka (CS 120).- 15 Sazovice (CS 567).- 16 Kunetice (CS 311).- 17-18 Gemeinlebarn (A 104. 108).- 19 Mincio (I 115).- 20 Castelneau.- 21 Oradea Mare (RO 262).- 22 Habartice (CS 180).- 23 Hrubčice (CS 221).- 23 Skalice (CS 576).- 24 Meník (CS 397).- 25 Uretice (CS 658).- 26 Pobedim (CS 497).- 27 Púchov (CS 528).- 28 Nepašice (CS 436).- Nicht kartiert: "Ungarn" (H).- Szelevény (H).- Tiszaszentimre (H).

Abb. 157 Verbreitung der kreis- und radförmigen Anhänger: 1 Uioara-de-Sus (RO).- 2 Oradea (RO).- 3 Kék (H).- 4 Gyöngyös-solymos-Kishegy IV (H).- 5 Vršac-Majdan (JU).- 6 Bingula Divoš (JU).- 7 Veliko Nabrde (JU).- 8 Brodski Varoš (JU).- 9 Pričac (JU).- 10 Velem (H).- 11 Dedinka (CS).- 12 Sazovice (CS).- 13 Gemeinlebarn (A).- 14 Rýdeč (CS).- 15 Lhotka (CS).- 16 Gernlinden (D).- 17 Grünwald (D).- 18 Onstmettingen (D).- 19 Gammertingen (D).- 20 Friedberg (D).- 21 Castellazzo (I).- 22 Campeggine (I).- 23 Oradea Mare (RO).- 24 Lengyeltoti III (H 392).- 25 Mankovice (CS 381).- Abaújkér (?) nicht kartiert.

Abb. 158 Verbreitung der lanzettförmigen Anhänger: 1 Suseni (RO 283).- 2 Spalnaca (RO 369).- 3 Guşteriţa (RO 170).- 4 Caransebeş (RO 65).- 5 Insula Banului (RO 191).- 6 Cincu (RO 89).- 7 Sinnicolau Mare (RO 357).- 8 Vršac-Majdan (JU 335).- 9 Šimanovci (JU 257).- 10 Jakovo (JU 108).- 11 Bingula Divoš (JU 18).- 12 Brodski Varoš (JU 41).- 13 Pričac (JU 230).- 14 Keszöhidegkut (H 331).- 15 Szárazd (H 651).- 16 Szentgaloskér (H 671).- 17 Keszthely (H 333).- 18 Velem (H 820).- 19 Esztergom (H 221).- 20 Tibolddaróc (H 704).- 21 Sarospatak (H 617).- 22 Marhan (CS 348).- 23 Púchov (CS 529).- 24 Dedinka (CS 120).- 25 Hulín (CS 226).- 26 Sazovice (CS 567).- 27 Gemeinlebarn (A 108).- 28 Mixnitz (A 324).- 29 Wilten (A 202).- 30 Sistrans (A 437).- 31 Mühlau (A).- 32 Straubing (D 991).- 33 Ganacker (D 328).- 34 Neuffen (D 757).- 35 Offenbach-Rumpenheim (D 807).- 36 Mainz (D 618).

Abb. 181 Verbreitung der Kompositgehänge: 1 Rimavska Sobota (CS 548).- 2 Mád-Pádihegy (H 404).- 3 Kemesce (H 326).- 4 Tibolddaróc (H 704),.- 5 Pötrete (H 852).- 6 Cubulcut (RO 117).- 7 Oradea Mişca (RO 262).- 8 Guruslau (RO 168).- 9 Gaj (JU 77).- 10 Bingula-Divoš (JU 18).- 11 Jakovo (JU 108).- 12 Lengyeltóti (H 391). Nicht kartiert: Arpăşel (RO).-Jedenspeigen (A).- Oradea Mare (RO 262).

Abb. 159 Symbolträchtige Verzierungen auf Phaleren und Nadeln.

Abb. 160 Radialscheiben.

Abb. 161 Phaleren mit Sternmusterverzierung.

Abb. 162 Verbreitung der Radialscheiben.
1 Hočko Pohorje (JU 96).- 2 Debeli Vrh (JU 59).- 3 Budinščina (JU 42).- 4 Malička (JU 162).- 5 Marina (JU 169).- 6 Bizovac (JU 19).- 7 Punitovci (JU 235).- 8 Poljanci (JU 224).- 9 Poderkavlje Slavonski Brod (JU 220).- 10 Veliko Nabrde (JU 315).- 11 Brodski Varoš (JU 41).- 12 Gornji-Slatinik (JU 85).- 13 Gornja Vrba (JU 81).- 14 Podrute (JU 221).- 15 Otok Privlaka (JU 205).- 16 Vidovice (JU 319).- 17 Mladikovina (JU 180).- 18 Privina Glava (JU 231).- 19 Jarak (JU 110).- 20 Vinča (JU 231).- 21 Pamuk (H 537).- 22 Kurd (H 382).- 23 Bonyhád (H 111).- 24 Füzesabony (H 247).- 25 Sînpetru-German (RO 359).- 26 Deva II (RO 129).- 27 Spalnaca (RO 369).- 28 Uioara-de-Sus (RO 425).- 29 Oradea (RO 362).

Abb. 163 Verbreitung der getreppten Knöpfe (geschlossene Signatur) und der Gürtelhaken Typ Wangen (offene Signatur).
Geschlossene Signaturen: 1 Langengeisling (D 579).- 2 Brezovice (CS 66).- 3 Peterd (H 555).- 4 Veliko Nabrde (JU 315).- 5 Brodski Varoš (JU 41).- 6 Pecinci (JU 211). Offene Signaturen: 1 Oberrimsingen (D 794).- 2 Zürich-Hirslanden (CH 376).- 3 Wangen (CH 357).- 4 Vuadens (CH 352).

Abb. 164 Verbreitung des Sternmusters auf Blecharbeiten: 1 Viernheim (D 1096).- 2 Dresden-Laubegast (Textanm.).- 3 "Ungarn" (Textanm.).- 4 Augsdorf (A 22).- 5 Budinščina (JU 42).- 6 Pamuk (H 537).- 7 Gornji Slatinik (JU 85).- 8 Poljanci (JU 224).- 9 Brodski Varoš (JU 41).- 10 Veliko Nabrde (JU 315).- 11 Nova Bingula (JU 192).- 12 Přestavlky.- 13 Privina Glava (JU 231).

Abb. 165 Verbreitung der Nadelaufstecker: 1 Gammertingen (D 327).- 2 Unter-Radl (A 535. 538).- 3 Blučina V (CS 32).- 4 Slatinice (CS 584).- 5 Drslavice (CS 149).- 6 Dedinka (CS 120).- 7 Lengyeltóti (H 392).- 8 Brodski Varoš (JU 41).- 9 Pancevo (JU 207).- 10 Vršac-Majdan (JU 335).- 11 Gaj (JU 77).- 12 Pecica II (RO 276).- 13 Deva III (RO 128).- 14 Cioclovina (RO 92).- 15 Martineşti (RO 222).- 16 Guşteriţa (RO 170).- 17 Răbăgani (RO 299).- 18 Posaga de Sus (RO 292).- 19 Uioara-de-Sus (RO 425).- 20 Dipsa (RO 130).- 21 Frîncenii-de-Piatra (RO 151).- 22 Galospetreu (RO 154).- 23 Cubulcut (RO 117).- 24 Oradea IV (RO 261C).- 25 Nyírbogdány (H 494).- 26 Mişid (RO 233).- 27 Şuncuiuş (RO 381).- 28 Arpăşel (RO 16).- 29 Oradea Mare (RO 262).- 30 Giula (RO 163).- 31 Keszthely (H 333).- 32 Stillfried a.d. March (A).- 33 Hafnerbach (A 143).- 34 Drhovice (CS 146).- 35 Ganacker (D 328).- 36 Sînicolau de Munte (RO 357).- 37 Zagujeni (RO 448A).

Abb. 166 Verbreitung der Depotfunde mit Brillenanhängern: 1 Ludwigshöhe (D 610).- 2 Hochborn (D 113).- 3 Niederflörsheim (D 769).- 4 Nenzenheim (D 513).- 5 Ryjice (CS 560).- 6 Klobuky (CS 257).- 7 Stradonice (CS 605).- 8 Zalaszentmihalyi (H 852).- 9 Opava Katerinki (CS 461).- 10 Esztergom (H 221).- 11 Szeczeny (H 654).- 12 Palotaboszok (H 535).- 13 Poljanci (JU 223).- 14 Bingula Divoš (JU 18).- 15 Futog (JU 76).- 16 Klenje (JU 126).- 17 Vršac Majdan (JU 335).- 18 Niedernberg (D 771).- 19 Mankovice.- 20 Osádka.

Abb. 167 Ausstattung der Horte mit zahlreichen Phaleren und Anhängern.

Abb. 168 Verbreitung der Hortfunde mit starkem Amulettanteil (geschlossene Signaturen: nur Amulette u. Schmuck; halboffene Signaturen: auch Waffen und Gerät): 1 Debrecen-Francsika (H 169).- 2 Otomani (RO 270).- 3 Sinicolau de Munte (RO).- 4 Cubulcut (RO 117).- 5 Balc (RO 22).- 6 Cehalut I (RO 72).- 7 Oradea IV (RO 261C).- 8 Mişca (1967) (RO 232).- 9 Oradea Mare (RO 262).- 10 Bicaciu (RO 34).- 11 Taut (RO 387).- 12 Arpăşel (RO 16).- 13 Răbăgani (RO 299).- 14 Mişid (RO 233).- 15 Şuncuiuş (RO 381).- 16 Pecica II (RO 276).- 17 Cherghes (RO 78).- 18 Cioclovina (RO 92).- 19 Martineşti (RO 222).- 20 Posaga-de-Sus (RO 292).- 21 Iernut (RO 184).- 22 Zalaszentmihály (H 852).- 23 Velem IV (H 822).- 24 Mankovice (CS 381).- 25 Osádka (CS 465).- 26 Zvolen I (CS 753).- 27

Dražice (CS 136).- 28 Lipovec (CS 339).- 29 Ožd'any I (CS 471).- 30 Rimavska Sobota I (CS 548).- 31 Dreveník II (CS 141).- 32 Marhan (CS 384).- 33 Malý Hores (CS 380).- 34 Zagujeni (RO 448A).- Böhmische Horte nicht kartiert: Lišovice (CS); Chrast (CS); Bušovice (CS); Ryjice (CS).

Abb. 169 Verbreitung der Kammanhänger: nach Kovács.

Abb. 170 Ausstattung der Grabfunde mit Amulettbeigabe.

Abb. 171 Armbergen der Urnenfelderzeit (verschiedene Maßstäbe).

Abb. 172 Verbreitung der Bergen nach Quellen (geschlossene Signaturen BzD/HaA1, offene Signaturen Ha A2 oder unsicher): 1 Vernaison (F 419).- 2 Publy (F.).- 3 Lamarre (F.).- 4 Beaujeu-Saint-Vallier-et-Pierrejux (F 51).- 5 Sermizelles (F.).- 6 Champlay (F 91).- 7 Cannes-Écluse (F 71).- 8 Villethierry (F 443).- 9 Longueville (F 220).- 10 Barbuise (F 46).- 11 Vinets (F 445).- 12 Veuxhaulles-sur-Aube (F 423).- 13 Geispolsheim (F 164).- 14 Forêt de Haguenau (F 154).- 15 Wollmesheim (D 1149).- 16 Speyer (D 952).- 17 Bad Kreuznach (D 60).- 18 Nierstein (D 778).- 19 Groß-Rohrheim (D 382).- 20 Bad Nauheim (D 63).- 21 Kelsterbach (D 537).- 22 Dietzenbach (D 174).- 23 Pflaumheim (D 834).- 24 Eßfeld (D 264).- 25 Staatsforst Guttenberg (D 956).- 26 Schwanfeld (D 935).- 27 Stettfeld (D 984).- 28 Bayreuth-Saas (D 85).- 29 Heglau-Dürrnhof (D 444).- 30 Stockheim (D 985).- 31 Dixenhausen (D 179).- 32 Dachau (D 160).- 33 Eglingen (D 208).- 34 Lažany II (CS 317).- 35 Lhotka (CS 331).- 37 Rýdeč (CS 557).- 38 Velvary (CS 695).- 39 Auxerre (F 30).- 40 Nechranice (CS 429).- 41 Crévic (F 123).- 42 Chevenon (F.).- 43 Conflans (F.).- 44 Offenbach (D).

Abb. 173 Verbreitung der großen Brillenspiralen nach Quellen: 1 Niederflörsheim (D 769).- 2 Frankfurt-Sindlingen (D 303).- 3 Froschhausen (D 314).- 4 Pflaumheim (D 834).- 5 Eschau (D 252).- 6 Tauberbischofsheim (D 1004).- 7 Retzbach (D 862).- 8 Wallroth (D 1113).- 9 Heidenfeld (D 446).- 10 Iphofen-Nenzenheim (D 513).- 11 Gerolfingen-Hesselberg (D 358).- 12 Öttingen (D 820).- 13 Augsburg (D 42).- 14 Heglau-Dürrnhof (D 444).- 15 Stockheim (D 985).- 16 Grossweingarten- Wasserzell (D 387).- 17 Walpersdorf (D 1114).- 18 Cadolzburg (D 154).- 19 Stettfeld (D 984).- 20 Bamberg (D 69).- 21 Memmelsdorf (D 702).- 22 Bayreuth-Saas (D 85).- 23 Schmidmühlen (D 920).- 24 Dietldorf (D 172).- 25 Mintraching (D 715).- 26 Eitting (D 211).- 27 Nezvestice (CS 440).- 28 Plešivec (CS 484).

Abb. 174 Ausstattungstabelle der Gräber mit Bergen und Brillenspiralen.

Abb. 175 Depotfund von Tauberbischofsheim (Auswahl): nach Wamser.

Abb. 176 Depotfund von Ticvaniul Mare: nach G. Sacarin.

Abb. 177 Verbreitung der Bergen des Typus Salgótarjan: 1 Dombóvár-Döbrököz (H 185).- 2 Bonyhád (H 537).- 3 Salgótarján (H 607).- 4 Zabar (H 845).- 5 Pétervására (H 556).- 6 Cserépfalu (H 151).- 7 Kisgyör (H 343).- 8 Kelemér (H 323).- 9 Kurityán (H 383).- 10 Szakácsi (H 644).- 11 Forró (H 244).- 12 Abaújkér (H 1).- 12 Abaújkér (H 2).- 13 Tállya (H 693).- 14 Sárospatak (H 617).- 15 Viss (H 841).- 15 Viss (H 840).- 16 Zalkod (H 854).- 17 Nyírszölös (H 503).- 18 Pacin (H 532).- 19 Kemecse (H 324).- 20 Tiszabezdéd (H 709).- 21 Jéke (H 311).- 22 Pap (H 539).- 24 Géberjén (H 250).- 23 Kispalád (H 351).- 25 Debrecen-Francsika (H 169).- 26 Csongrád (H 162).- 27 Nyíregyháza-Bujtos (H 499).- 28 Berkesz (H 87).- 29 Felsödobsza (H 231).- 30 Kisterenye (H 358).- 31 Palotabozsok (H 535).- 32 Szécsény (H 654).- 33 Szentistvánbaksa (H 673).- 34 Aggtelek (H).- 35 Eger (H).- 36 Felsöszolcs (H).- 37 Kék (H).- 38 Nagybatony (H).- 39 Dolany (H).- 40 Slavkovce (CS 586).- 41 Gemercek (CS 175).- 42 Rešica (CS 546).- 43 Žvolen (CS 756).- 44 Konrádovce (CS 269).- 45 Ožd'any (CS 471).- 45 Ožd'any (CS 472).- 46 Rimavská Sobota (CS 548).- 47 Gemerský Jablonec (CS 176).- 48 Vel'ký Blh (CS 689).- 49 Svedlár (CS 623).- 50 Košice (CS 273).- 51 Kracúnovce-Kuková (CS 281).- 52 Třebišov (CS 640).- 53 Dreveník (CS 141).- 54 Stîna (RO 373).- 55 Crasna (RO 110).- 56 Sînnicolau Român (RO 358).- 57 Taut (RO 387).- 58 Aiud (RO 4).- 59 Balc (RO 22).- 60 Topolnica (JU 300).- 61 Banatski Karlovac (JU 6).- 62 Bingula Divoš (JU 18).- 63 Jarak I (JU 109).- 64 Futog (JU).- 65 Verpelét (H).

Abb. 178 Verbreitung der Armringe des Typus Publy: 1 Reventin-Vaugris (F 333).- 2 Villefranche-sur-Saône (F 429).- 3 Dompierre-les-Ormes (F 129).- 4 Publy (F 328).- 5 Beaujeau-Saint-Vallier-et-Pierrejux bei Gray (F 51).- 6 Thoissey (F 402).- 7 Cannes-Écluse (F 71).- 8 Longueville (F 220).- 9 Lit du Rhône (F 195).- 10 Genève, L'Ile; Maison Buttin (CH 129).- 11 Grandson-Corcelettes (CH 152).- 12 Ollon-Charpigny (CH 249).- 13 Mainz (D 631).- 14 Glött (D 361).- 15 Windsbach (D 1142).- 16 Stockheim (D 985).- 17 Lhotka Libénská (CS 331).- 18 Rýdeč (CS 557).

Abb. 179 Verbreitung der Armringe des Typus Allendorf: 1 Morges (CH 215).- 2 Font (CH 113).- 3 Brigue (CH 47).- 4 Freimettingen (CH 116).- 5 Mels-Heiligkreuz (CH 209).- 6 Bergün (CH 35).- 7 Salem (D 899).- 8 Liptingen (D 599).- 9 Riegsee (D 879).- 10 Rottweil (D).- 11 Altbach (D 17).- 12 Altrip (D 28).- 13 Stockstadt (D 985).- 14 Mainz-Kostheim (D 638).- 15 Gambach (D 323).- 16 Allendorf (D 15).- 17 Aitrach- Marstetten.- 18 Hochfelden (F 190).- 19 Nonzeville (F 288)

Abb. 180 Verbreitung der Armringe des Typus Pfullingen: 1 Bennwihr (F.).- 2 Freimettingen (CH).- 3 Glattfelden (CH).- 4 Thalheim (CH).- 5 Mels-Heiligkreuz (CH).- 6 Dornmettingen ? (D),.- 7 Mössingen-Belsen (D).- 8 Pfullingen (D).- 9 Stetten auf den Fildern (D).- 10 Polsingen (D).- 11 Langerringen (D).- 12 Etting (D).- 13 Obersöchering (D).- 14 Riegsee (D).- 15 München (D).- 16 Feldkirchen (D).- 17 Lengenfeld (D).- 18 Riedenburg (D).- 19 Lohkirchen (D).- 20 Paseky (CS).

Abb. 181 Verbreitung der Armringe mit C-förmigem Querschnitt: 1 Püspökhatvan: Mozsolics, Bronzefunde Taf. 140,28.- 2 Pamuk: ebd. Taf. 106, 6-8.- 3 Bonyhád: ebd. Taf. 39, 21.- 4 Márok: ebd. Taf. 92,2 (schwere Rippung).- 5 Budinščina: Vinski-Gasparini, Urnenfelderkultur Taf. 79, 17.- 6 Toplicica I: ebd. Taf. 76, 25..- 7 Malička: Balen-Letunic, Vjesnik Zagreb 18, 1985, 35ff. Taf. 7, 1..- 8 Poderkavlje: Vinski-Gasparini, Urnenfelderkultur Taf. 66, 16-17.- 9 Brodski Varoš: ebd. Taf. 59, 23-27.31.32.- 10 Gornja Vrba: ebd. Taf. 51, 17..- 11 Otok: ebd. Taf. 28, 32..- 12 Nova Bingula: Garasanin u.a., Ostave Taf. 37, 4-5.- 13 Sremska Mitrovica: Balen-Letunic, Vjesnik Zagreb 21, 1988, 5ff. Taf. 1,10.- 14 Šimanovci: Garasanin u.a., Ostave Taf. 45, 3..- 15 Jakovo.- ebd. Taf. 27, 11..- 16 Veliko Nabrde: Vinski-Gasparini, Kultura polja Taf. 44, 35.37.- 17 Poljanci: Taf. 32,14.- 18 Caransebeş: Petrescu-Dîmbovita, Sicheln Taf. 87, 38.- 19 Hrustovac (JU 98).

Abb. 182 Verbreitung der reinen Armringhorte: 1 Kasidol (JU 124).- 2 Barajevo (JU 7).- 3 Obrez (JU 198).- 4 Gucevo (JU 92).- 5 Markusica (JU 172).- 6 Lesenceistvánd (H 395).- 7 Fonyód (H 243).- 8 Regöly (H 585).- 9 Orosháza (H 523).- 10 Szécsény Benczúrfalva II (H 654).- 11 Mátraverehély (H 410).- 12 Felsötárkány (H 238).- 13 Boldogköváralja (H 110).- 14 Bodrogkeresztúr Depot (?) V (H 101).- 14 Bodrogkeresztúr Depot IV (H 100).- 15 Nyíregyháza-Bujtos (H 499).- 16 Rohod I (H 594).- 17 Olcsvaapáti (H 515).- 19 Nyíracsád (H 487).- 20 Nagyecsed (H 459).- 21 Tyukod (H 744).- 22 Kispalád Depot III (?) (H 352).- 22 Kispalád Depot VI ? (H 354).- 23 Otroček (CS 468).- 24 Rudabánya (H 599).- 25 Zádielske Dvorníky (CS 720).- 26 Straßwalchen (A 500).- 27 Oberding (D 786).- 28 Wabern (CH 353).- 29 Praha-Liben (CS 518).- 30 Pojejena (RO 288).

Abb. 183 Verbreitung der Nadeln des Typus Guntersblum: 1 Budenheim (D 142).- 2 Stadecken (D 960).- 3 Nierstein (D 778).- 4 Ober Olm (D 792).- 5 Gabsheim (D 320).- 6 Ludwigshöhe (D 610).- 7 Guntersblum (D 415).- 8 Mainz (D 661).- 9 Mainz-Kastel (D 644).- 10 Groß-Gerau (D 381).- 11 Hohensülzen (D 490).- 12

Weinheim (D 1119).- 13 Boppard (D 125).- 14 Trechtingshausen (D 1032).- 15 Mainz (D 662. 663. 664).- 16 Wachenbuchen (D 1100).- 17 Dietzenbach (D 176).- 18 Lampertheim (D 570).- 19 Schifferstadt (D 915).- 20 Mannheim-Seckenheim (D 679).- 21 Mannheim-Wallstadt (D 680).- 22 Forêt de Haguenau, Ct. Kurzgeländ (F 154).- 23 Krautwiller (F).- 24 Rýdeč (CS 557).- "Großherzogtum Hessen".

Abb. 184 Verbreitung der Nadeln des Typus Horgauergreut: 1 Reutlingen (D 865).- 2 Wasseralfingen (D 1116).- 3 Erbach (D 240).- 4 Klingenstein (D 547).- 5 Ulm-Söflingen (D 1050).- 6 Horgauergreut (D 494).- 7 Bobingen (D 114).- 8 Langerringen (D 584).- 9 Wielenbach (D 1130).- 10 Feldafing (D 278).- 11 Fürstenfeldbruck (D 317).- 12 Haag (D 421).- 12 Haag (D 424).- 13 Henfenfeld (D 466).- 14 Lhotka Libenská (CS 331).

Abb. 185 Verbreitung der Nadeln des Typus Henfenfeld: 1 Rüsselsheim (D 894).- 3 Ulm (D).- 4 Ulm (D).- 5 Neu-Ulm (D 756).- 6 Günzburg (D 417).- 8 Mindelheim (D 714).- 9 Schwabegg (D 929).- 10 Goldburghausen (D 366).- 11 Affaltertal (D 4).- 12 Schlaifhausen (D 918).- 13 Henfenfeld (D 457).- 14 Kasendorf (D 527).- 15 Kulmbach (D 565).- 16 Dixenhausen (D 179).- 17 Forstbezirk Schöngeisinger Forst (D 286).- 18 Germering (D 341).- 19 München-Aubing (D 732).- 20 Grünwald (D 408).- 21 Hienheim (D 477).- 22 Dietldorf (D 172).- 23 Haidenkofen (D 430).- 24 Malling (D 674).- 25 Wimm (D 1140).- 26 Munderfing-Buch (A 341).- 27 Švarčava (CS 618).- 28 Na Strázi (CS).- 29 Nečín (CS 430).- 30 Drhovice (CS 146).- 31 Lažany (CS 317).- 32 Radetice (CS).- 33 Walchsing (D 1106).- 34 Riedenburg (D 868).- 35 Knín bei Tyn nad Vltavou (CS 258).- 36 Lohkirchen (D 600).- Mistelgau, Ldkr. Bayreuth, Einzelfund in einem Ha C-Grabhügel. Hennig, Grab und Hort 65 Taf. 4,8 (Nicht kartiert). Für die Funde nördlich der Mittelgebirge vgl. F.Laux, Die Nadeln in Niedersachsen. PBF XIII,4 (1976) 86f.- K. Kersten, Vorgeschichte des Kreises Herzogtum Lauenburg (1951) 483 Abb. 39, 14.- W.A. v. Brunn, Germania 37, 1959, 96f Abb. 2, 2-3.-H. Schubart, Die Funde der älteren Bronzezeit in Mecklenburg (1972) passim.- F.Horst, in: Die Urnenfelderkulturen Mitteleuropas. Symposium Liblice 1985 (1987) 80ff. (Fundzusammenstellung).

Abb. 186 Verbreitung der Nadeln des Typus Binningen: nach Kubach.

Abb. 187 Verbreitung der Vasenkopfnadeln: 1 Oppenheim (D 816).- 2 Eschollbrücken (D 258).- 3 Hanau (D 437).- 4 Grundfeld (D 390).- 5 Höfen (D 421).- 6 Barbing (D 74).- 7 Gernlinden (D 346).- 8 Unterhaching (D 1074).- 9 Grünwald (D 395. 397. 398. 399. 401).- 10 Hofoldinger Forst (D 484).- 11 Etting (D 274).- 12 Etting (D 273).- 13 Hohenaschau-Weidachwies (D 486).- 14 Altenmark (D 21).- 15 Ainring (D 8).- 16 München-Moosach (D 734).- 19 Holasovice (CS).- 20 Stare Sedlo (CS 600).- 21 Velemszentvid (H 824).- 22 Pamuk (H 537).- 23 Poljanci (JU 224).- 24 Dalj (JU 58).- 25 Markovac-Urvina (JU 171).- 26 Peschiera del Garda (I 194).- 27 Verla (I 270).- 28 Mechel (I 132).- 29 Settequerce (I 243).- 30 Malgolo (I 126).- 31 Montebello Vicentino (I 146).- 32 Scuol/munt. (CH 303).- 33 Salzburg-Morzg (A 409).- 34 Rainberg b. Salzburg (A 385).- 35 Wörgl (A 626).- 36 Westendorf (A 605).- 37 Innsbruck-Wilten (A 203. 204. 206. 207. 208. 210. 211. 212. 213. 216. 217. 219. 220. 221. 222).- 38 Matrei (A).- 39 Thallern (A 513).- 40 Wels (A 597).- 41 Hallstatt (A).- 42 Volders (A 554. 555. 556. 557. 558. 560. 561. 563. 564).- 43 Mühlau (A 330. 332).- 44 Hötting (A 181. 182. 183. 184. 185. 186).- 45 Telfs-Ematbödele (A 506).

Abb. 188 Verbreitung der böhmischen Scheibenkopfnadeln.

Abb. 189 Verbreitung der Nadeln des Typus Gutenbrunn: 1 Velvary (CS 695).- 2 Krumsín (CS 305).- 3 Mohelno (CS 419).- 4 Raksice (CS 540).- 5 Ivančice (CS 231).- 6 Ivančice (CS 234).- 7 Moravsky Křumlov (CS 423).- 8 Blučina (CS).- 9 Drslavice (CS 149).- 10 Balatonkiliti (H 626).- 11 Deva (RO 128).- 12 Lueg-Kanal (A 288).- 13 Gutenbrunn (A 141).- 14 Gaudemdorf (A 103).- 15 Baierdorf (A 38).- 16 Zwerndorf (A 639).

Abb. 190 Verbreitung der Nadeln mit großer gewölbter Kopfscheibe: 1 Žvolen (CS 756).- 2 Radzovce (CS 538).- 3 Ožd'any (CS 472).- 4 Gemer (CS 164).- 5 Rešica (CS 546).- 6 Svedlár (CS 623).- 7 Matejovice (CS 392).- 8 Kisterenye (H 358).- 9 Kurityán (H 383).- 10 Vajdácska (H 810).- 11 Kazincbarcika (H 321).- 12 Csitár (H 156).

Abb. 191 Verbreitung der Nadeln mit spindelförmigem Kopf und gegliedertem Hals: 1 Gemerský Jablonec (CS 175).- 2 Pétervására (H 558).- 3 Edelény-Finke (H 200).- 4 Alsódobsza (H 20).- 5 Öreglak (H 520).- 6 Novi Bečej (JU 194).- 7 Šimanovci (JU 257).- 8 Sviloš (JU 286).- 9 Bingula Divoš (JU 18).- 10 Otok Privlaka (JU 205).- 11 Brodski Varoš (JU 41).- 12 Malička (JU 162).- 13 Šumetac (JU 282).

Abb. 192 Verbiegungen von Nadeln.

Abb. 193 Verbreitung der reinen Nadelhorte: 1 Vers (F 420).- 2 Donzere (F).- 3 Clans (F 108).- 4 Arinthod (F 18).- 5 Fillinges (F 245).- 6 Zollikofen (CH 372).- 7 Necin (CS 430).- 8 Ovčiarsko (CS 470).- 9 Martin-Prikopa (CS 385).- 10 Nolčovo (CS 443).- 11 Hradec-Cígel' (CS 212).- 12 Nová Lehota (CS 446).- 13 Gutenbrunn (A 141).- 14 Turčianske Teplice (CS 650).

Abb. 194 Gold und Bernstein in Depotfunden der älteren Urnenfelderzeit
Gold: 1 Krupá (CS).- 2 Velim (CS).- 3 Lhotka Libenska (CS).- 4 Paseka (CS).- 5 Kazinbarcika (H).- 6 Gemzse (H).- 7 Alsódobsza (H).- 8 Bodrogkeresztúr IV (H).- 9 Napkor-Piripucpuszta (H).- 10 Kék (H).- 11 Olcsvaapáti II (H).- 12 Batarci (RO).-13 Sieu (RO).- 14 Suseni (RO).- 15 Nočaj-Salaš (JU).
Bernstein: 1 Gerolfingen I (D).- 2 Debeli Vrh (JU).- 3 Blucina VII (CS).- 4 Zalaszentmihály (H).- 5 Regöly III (H).- 6 Kurd (H).- 7 Drevenik II (CS).- 8 Maly Hores (CS).- 9 Pecica II (RO).- 10 Misid (RO).- 11 Cioclovina (RO).- Suceava (RO).
Glas: 12 Markovač (JU).- 13 Tranava (CS).- 14 Stredokluky (CS).

Abb. 195 Frauengrab von Polsingen: nach Koschick.

Abb. 196 Verbreitung der frühbronzezeitlichen Depotfunde in Mitteleuropa: nach Menke.

Abb. 197 Verbreitung der Depotfunde im Moselgebiet (A: Ältere Urnenfelderzeit.- B: jüngere Urnenfelderzeit): Depotfunde der frühen Urnenfelderzeit: 1 Nonzeville (F).- 2 Crévic (F).- 3 Nieder-Giningen (F).- 4 Bad Kreuznach (D).- 4 Bad Kreuznach (D).- 5 Wöllstein (D).- 6 Niederflörsheim (D).- 7 Zornheim (D).- 8 Mainz (D).- 9 Ludwiegshöhe (D).- 10 Frankfurt-Rödelheim (D).- Depotfunde der späten Urnenfelderzeit: 1 Lay (F).- 2 Frouard (F).- 3 Xermamenil (F).- 4 Ribeauville (F).- 5 Basse Yutz (F).- 6 Altwies (L).- 7 Bouzonville (F).- 8 Konz (D).- 9 Horath (D).- 10 Wallerfangen I (D).- 10 Wallerfangen II (D).- 11 Saarlouis (D).- 12 Brebach (D).- 13 Reinheim (D).- 14 Surbourg (D).- 15 Kaiserslautern (D).- 16 Grumbach (D).- 17 Maikammer (D).- 18 Wonsheim (D).- 19 Planig (D).- 20 Langenlonsheim (D).- 21 Rümmelsheim (D).- 22 Rüdesheim-Eibingen (D).- 23 Hangen (D).- 24 Nieder-Olm (D).- 25 Hillesheim (D).- 26 Biblis (D).- 27 Mannheim-Wallstadt (D).- 28 Dossenheim (D).- 29 Weinheim (D).- 30 Wiesbaden (D).- 31 Bad Homburg-Bleibeskopf I-VII (D).- 33 Frankfurt-Niederursel (D).- 33 Frankfurt-Niederrad (D).- 33 Frankfurt-Grindbrunnen.- 33 Frankfurt-Höchst (D).

Abb. 198 Verbreitung der Grab- und Depotfunde der älteren Urnenfelderzeit in Transdanubien.

Abb. 199 Verbreitung der Depotfunde Typus Gyermely in Transdanubien.

Abb. 200 Verbreitung der Grab, Depot- und Gewässerfunde mit ausgewählten Bronzegegenständen in Oberitalien: Gräber: 1 Arbedo-Castione (CH).- 2 Gorduno (CH).- 3 Rovio (CH).- 4 Monza (I).- 5 Cattabrega di Crescenza (I).- 6 Galizi di Turbigo

(I).- 7 Palazzo (I).- 8 Canegrate.- Rauten: Terramaren/Pfahlbauten.- 1 Cisano (I).- 2 Peschiera (I).- 3 Castellaro di Lagusello (I).- 4 Isolone del Mincio (I).- 5 Feniletto (I).- 6 Castellaro di Gottolengo (I).- 7 Casinalbo (I). Depots: 1 Merlara (I).- 2 Casalecchio (I).- 3 Malpensa (I).- 4 Rhemes (I).- 5 Sasello (I).- 6 Oggiono Ello (I).

Abb. 201 Ausstattungen der Grabfunde Transdanubiens, der Hortfunde Transdanbiens und der Hortfunde in Süddeutschland.

Abb. 202 Keramikhorte und Bronzehorte in Niederösterreich

Abb. 203 Fundumstände von Horten.

Abb. 204 Verbreitung der Horttypen im westlichen Arbeitsgebiet.

Abb. 205 Verbreitung der Horttypen im östlichen Arbeitsgebiet.

Abb. 206 Depotzentren der älteren Urnenfelderzeit (schematisch).

Abb. 207 Prozentualer Anteil von Hortausstattungen in den Hortlandschaften.

Abb. 208, 1-15 Ausstattungstabellen der Hortfunde in Region 1-15.

Abb. 209, 1-15 Prozentualer Anteil von Hortfunden mit ausgewählten Bronzen in Region 1-15.

Abb. 210 Verbreitung der reinen Hortfunde.

Abb. 211 Gewichtstabellen.

Abb. 212 Prozentualer Anteil von Bronzen bestimmter Gewichtsklassen in Hortfunden der älteren Urnenfelderzeit. Hinter die Fundorte sind in Klammern sie Stückzahlen gesetzt.

Abb. 213 Objektkategorien in verschiedenen Deponierungskontexten.

Abb. 214-217 Depotfunde der jüngeren Urnenfelderzeit: Abbildungsnachweise in den Textanmerkungen.

Beilage 1
1 Cabanelle (F 69).- 2 Vers (F 420).- 3 Donzère (F) ?.- 4 Clans (F 108).- 5 Nice (F 285).- 6 St. André-de-Rosnans (F 348).- 7 Porcieu-Amblagnieu (F 320).- 8 Reventin-Vaugris (F 333).- 9 Vernaison I (F 419).- 9 Vernaison II (F 419).- 10 Rigny-s.Arroux (F 335).- 11 Dompierre (F 129).- 12 Treffort (F 412).- 13 Lantenay (F 207).- 14 La Balme (F 36).- 15 Annemasse (F 14).- 16 Marcellaz (F 245).- 17 Arinthod (F 18).- 18 Publy (F 328).- 19 La Marre (F 254).- 20 La Rivière-Drugeon (F 336).- 21 Beaujeau (F 51).- 22 Nonzeville (F 288).- 23 Crévic (F 123).- 24 Audour (F 26).- 25 Génelard (F 165).- 26 Nieder-Giningen (F 200).- 27 Pont-d'Ain (F 313).- 28 Lullin-Couvaloux (F 221).- 29 St. Triphon (CH 321).- 30 Mülinen (CH 222).- 31 Spiez-Obergut (CH 312).- 32 Spiez-Eggli (CH 311).- 33 Freimettingen (CH 116).- 34 Zollikofen (CH 372).- 35 Wabern (CH 353).- 36 Meikirch (CH 207).- 37 Aesch (CH 2).- 38 Oberkulm (CH 242).- 39 Ober-Illau (CH 240).- 40 Ossingen (CH 265).- 41 Diepoldsau (CH 77).- 42 Vals (CH 346).- 43 Cunter-Caschlings (CH 71).- 44 Genève (CH 129).- 45 Lit du Rhône (CH 195).- 46 Engen (D 228).- 47 Eigeltingen (D 219).- 48 Schwangau (D 936).- 49 Bad Kreuznach (D 59).- 50 Bad Kreuznach (D 60).- 51 Niederflörsheim (D 769).- 52 Wöllstein (D 1153).- 53 Ludwigshöhe (D 610).- 54 Zornheim (D 1169).- 55 Mainz (D 617).- 56 Frankfurt (D 301).- 57 Froschhausen (D 314).- 58 Bad Orb (D 64).- 59 Bessenbach (D 98).- 60 Niedernberg (D 771).- 61 Osterburken (D 818).- 62 Tauberbischofsheim (D 1006).- 63 Esslingen (D 267).- 64 Iphofen (D 513).- 65 Rödelsee (D 885).- 66 Zeilitzheim (D 1167).- 67 Heidenfeld (D 446).- 68 Gochsheim (D 365).- 69 Schweinfurt (D 940).- 70 Zapfendorf I (D 1165).- 70 Zapfendorf II (D 1166).- 71 Bayreuth (D 85).- 72 Ehrenbürg (D 213).- 73 Affaltertal (D 4).- 74 Belmbrach I (D 89).- 75 Walperdorf (D 1114).- 76 Großweingarten (D 387).- 77 Windsbach (D 1142).- 78 Heglau (D 444).- 79 Stockheim (D 985).- 80 Gerolfingen I (D 356).- 80 Gerolfingen II (D 357).- 81 Jagstzell (D 517).- 82 Ederheim (D 204).- 83 Münsingen (D 741).- 84 Horgauergreut (D 494).- 85 Feldkirchen (D 279).- 86 Dachau (D 160).- 87 Grünwald (D 410).- 88 Obererding (D 786).- 89 Krottental (D 710).- 90 Mamming (D 676).- 91 Eitting (221).- 92 Niedertraubling (D 773).- 93 Winklsass (D 1144).- 94 Niederleierndorf (D 770).- 95 Essing (D 265).- 95 Essing (D 266).- 96 Mintraching (D 715).- 97 Barbing (D 72).- 98 Hainsacker (D 432).- 99 Forstmühler Forst (D 288).- 100 Eitlbrunn (D 220).- 101 Kallmünz (D 521).- 102 Schmidmühlen (D 920).- 103 Gärmersdorf (D 332).- 104 Hohenaschau (D 486).- 105 Wölsau (D 1155).- 106 Namsreuth (D 745).- 107 Kehlmünz (D 532).- 108 Eschlkam (D 256).- 109 Dächingen (D 161).- 110 Großetzenberg (D 384).- 111 Henfenfeld (D 466).- 112 Zeublitz (D 1168).- 113 Val di Rhêmes (I 217).- 114 Pinerolo (I 208).- 115 Sasello (I 233).- 116 Gropello Cairoli (I 107).- 117 Malpensa (I 128).- 118 Oggiono Ello (I 154).- 119 Desmontá (I 81).- 120 Merlara (I 134).- 121 Castions di Strada I (I 63).- 121 Castions di Strada II (I 64).- 122 Strasswalchen (A 500).- 123 Kuchl (A 260).- 124 Paß Lueg (A 367).- 125 Paß Luftenstein (A 368).- 126 Feldkirch (A 85).- 127 Luftenberg I (A 290).- 127 Luftenberg II (A 291).- 128 Gutenbrunn (A 141).- 129 Hafnerbnach (A 143).- 130 Schiltern (A 422).- 131 Stetten (A 492).- 132 Wöllersdorf I (A 623).- 132 Wöllersdorf II (A 624).- 133 Hollern (A 172).- 134 Donnerskirchen (A 55).- 135 Draßburg (A 58).- 136 Semmering (A 435).- 137 Mixnitz (A 324).- 138 Bruck a.d.Mur (A 50).- 139 Graz Plabutsch (A 119).- 140 Niedergößnitz (A 345).- 141 Trössing (A 524).- 142 Haidach (A 144).- 143 Augsdorf (A 22).- 144 Oberloisdorf (A 356).- 145 Annenheim (A 13).- 146 Hummersdorf (188).- 147 Strassengel (498).- 148 Grgar (JU 90).- 149 Sempeter (JU 253).- 150 Veliki Otok 312).- 151 Lokev (JU 150).- 152 Bled (JU 22).- 153 Sveti Janez (JU 284).- 154 Mala Racna (JU 157).- 155 Udje (JU 304).- 156 Jurka vas (JU 115).- 157 Crmosnjice (JU 53).- 158 Debeli Vrh (JU 59).- 159 Zagorje (JU 340).- 160 Zidani most (JU 346).- 161 Bela (JU 8).- 162 Cerovec (JU 51).- 163 Crmozise (JU 54).- 164 Slovenska Bistrica(JU 269).- 165 Hočko Pohorje (JU 96).- 166 Hudinja (JU 99).- 167 Pekel (JU 213).- 168 Herzegovsac.- 169 Pusenci (JU 236).- 170 Grabe (JU 88).- 171 Sredisce (JU 273).- 172 Peklenica (JU 214).- 173 Belica (JU 9).- 174 Donja Poljana (JU 67).- 175 Podrute (JU 221).- 176 Budinščina (JU 42).- 177 Toplicica I (JU 298).- 177 Toplicica II (JU 299).- 178 Struga (JU 281).- 179 Malička (JU 162).- 180 Krnjak (JU 136).- 181 Šumetac (JU 282).- 182 Sisak (JU 260).- 183 Mačkovac (JU 154).- 184 Dolina (JU 64).- 185 Pričac (JU 230).- 186 Podcravlje-Slavonski Brod (JU 220).- 187 Gornji-Slatinik (JU 85).- 188 Donja Bebrina (JU 65).- 189 Brodski Varoš (JU 41).- 190 Poljanci I (JU 223).- 190 Poljanci II (JU 224).- 191 Londica (JU 151).- 192 Veliko Nabrde (JU 315).- 193 Staro Topolje (JU 276).- 194 Punitovci (JU 235).- 195 Bizovac (JU 19).- 196 Tenja (JU 289).- 197 Markusica (JU 172).- 198 Otok Privlaka (JU 205).- 199 Vidovice (JU 319).- 200 Boljanić (JU 25).- 201 Racinovci (JU 238).- 202 Papraca (JU 208).- 203 Marina (JU 169).- 204 Bosnjaci (JU 31).- 205 Zagreb (JU 341).- 206 Futog (JU 76).- 207 Nova Bingula (JU 192).- 208 Privina Glava (JU 231).- 209 Sviloš (JU 286).- 210 Bingula Divoš (JU 18).- 211 Sremska mitrovica (JU 274).- 212 Nočaj-Salaš (JU 191).- 213 Dobrinci (JU 63).- 214 Šimanovci (JU 257).- 215 Krcedin (JU 133).- 216 Donji Petrovci (JU 68).- 217 Jarak I (JU 109).- 217 Jarak II (JU 110).- 218 Popinci (JU 227).- 219 Pecinci I (JU 211).- 219 Pecinci II (JU 212).- 220 Obrez (JU 198).- 221 Kupinovo (JU 140).- 222 Jakovo (JU 108).- 223 Bezanija (JU 17).- 224 Gucevo (JU 92).- 225 Obajgora (JU 197).- 226 Jajcic (JU 107).- 227 Trlic (JU 301).- 228 Barajevo (JU 7).- 229 Brajkovic (JU 33).- 230 Rudnik (JU 244).- 231 Mala Vrbica (JU 158).- 232 Beograd Autokomanda (JU 13).- 233 Vinča (JU 321).- 234 Brestovik I (JU 34).- 234 Brestovik II (JU 35).- 234 Brestovik III (JU 36).- 234 Brestovik IV (JU 37).- 234 Brestovik V (JU 38).- 235 Zarkovo (JU 344).- 236 Pancevo (JU 207).- 237 Ivanovo (104).- 238 Novi Kostolac (JU 196).- 239 Dubravica (JU 72).- 240 Vojilovi (JU 329).- 241 Kasidol (JU 124).- 242 Klenje (JU 126).- 243 Kamenovo (JU 120).- 244 Dvoriste (74).- 245 Mali Izvor (JU 160).- 246 Gornja

Bela Reka (JU 80).- 247 Kladovo (JU 125).- 248 Urovica (JU 307).- 249 Topolnica (JU 300).- 250 Male Livadice (JU 159).- 251 Gaj (JU 77).- 252 Zrenjanin (JU 351).- 253 Secanj (JU 250).- 254 Tamasfalva (JU 287).- 255 Borjàs I (JU 28).- 255 Borjàs II (JU 29).- 256 Novi Bečej (JU 194).- 257 Uljma I (JU 305).- 257 Uljma II (JU 306).- 258 Mesić-Cikovac (JU 176).- 259 Mesić-Supaja (JU 177).- 260 Markovac-Leskovica (JU 170).- 260 Markovac-Urvina (JU 171).- 261 Veliko Srediste III (JU318).- 262 Malo Srediste (JU 163).- 263 Mali Zam (JU 161).- 264 Velika Greda (JU 309).- 265 Vršac-Kozluk (JU 334).- 265 Vršac-Majdan (JU 335).- 266 Banatski Karlovac (JU 6).- 267 Gornja Vrba (JU 81).- 268 Gornji Milanovic (JU 82).- 269 Gornji Log (JU 79).- 270 Javornik (JU 112).- 271 Leskovo (JU 143).- 272 Lisine (JU 146).- 273 Sice (JU 255).- 274 Monte Grosso (JU 184).- 275 Mladikovina (JU 180).- 276 Nova Kasaba (JU 193).- 277 Novi Grad (JU 195).- 278 Sighet I (RO 344).- 279 Rozavlea (RO 312).- 280 Sarasau II (RO 329).- 281 Sîrbi (RO 362).- 282 Breb (RO 51).- 283 Sieu (RO 343).- 284 Dragomirești (RU 137).- 285 Ieud (RO 185).- 286 Sanţ (RO 328).- 287 Perișor (RO 278).- 288 Rebrișoara I (RO 305).- 288 Rebrișoara II (RO 306).- 289 Dipsa (RO 130).- 290 Uriu-de-Sus (RO 428).- 291 Suciu de Jos (RO 378).- 292 Lăpuș (RO 197).- 293 Dobrocina (RO 132).- 294 Glod (RO 164).- 295 Vima Mare (RO 442).- 296 Lozna-Mare (RO 207).- 297 Prilog (RO 296).- 298 Bătarci (RO 29).- 299 Livada Mica (RO 204).- 300 Ilba (RO 188).- 301 Băbeni (RO 20).- 302 Aluniș (RO 10).- 303 Jibou (RO 193).- 304 Nadiș (RO 244).- 305 Domănești I (RO 134).- 305 Domănești II (RO 135).- 306 Horoatu Cehului (RO 179).- 307 Stîna (RO 373).- 308 Saliste (RO 326).- 309 Beltiug (RO 31).- 310 Panticeu (RO 273).- 311 Tiream (RO 394).- 312 Căpleni (RO 63).- 314 Galospetreu (RO 154).- 315 Cheșereu (RO 79).- 316 Cubulcut (RO 117).- 317 Sinicolau de Munte (RO).- 318 Otomani (RO 270).- 319 Cehalut I (RO 72).- 319 Cehalut II (RO 73).- 320 Balc (RO 22).- 321 Marca (RO 221).- 322 Sfaraș (RO 339).- 323 Răbăgani (RO 299).- 324 Vînatori (RO 443).- 325 Taut (RO 387).- 326 Arpășel (RO 16).- 327 Bicaciu (RO 34).- 328 Sînnicolau Român (RO 358).- 329 Biharea (RO 35).- 330 Oradea Mare (RO 262).- 331 Mișca (1967) (RO 232).- 331 Oradea IV (RO 261C).- 332 Oșorhei (RO 268).- 333 Aleșd (RO 6).- 334 Mișid (RO 233).- 335 Șuncuiuș (RO 381).- 336 Igriș (RO 186).- 337 Pecica II (RO 276).- 338 Sînpetru-German (RO 359).- 339 Zimandou Nou (RO 452).- 340 Minisu de Sus (RO 228).- 341 Deva III (RO 128).- 342 Cherghes (RO 78).- 343 Harau (RO 176).- 344 Balsa (RO 25).- 345 Mociu (RO 234).- 346 Martinești (RO 222).- 347 Cioclovina (RO 92).- 348 Uroi (RO 431).- 349 Zlatna II (RO 453).- 349 Zlatna III (RO 454).- 350 Posaga-de-Sus (RO 292).- 351 Aiud (RO 4).- 352 Rosia de Secas (RO 310).- 353 Micasasa (RO 226).- 354 Spalnaca II (RO 369).- 355 Uioara de Sus (RO 425).- 356 Cornuţel (RO 104).- 357 Iablanita II (RO 181).- 358 Lugoj (RO 208).- 359 Timișoara (RO 391).- 360 Gad (152).- 361 Aurel Vlaicu (RO 19).- 362 Band (RO 28).- 363 Berzasca (RO 32).- 364 Pescari II (RO 280).- 365 Moldova Veche I (RO 239).- 365 Moldova Veche II (RO 240).- 365 Moldova Veche III (RO 241).- 365 Moldova Veche IV (RO 242).- 366 Bogata (RO 42).- 367 Bogata de Jos (RO 43).- 368 Brincovensti (RO 52).- 369 Cara (RO 64).- 370 Caransebeș (RO 65).- 371 Catina (RO 68).- 372 Cauas I (RO 69).- 372 Cauas II (RO 70).- 372 Cauas III (RO 71).- 373 Cherechiu (RO 77).- 374 Cincu (RO 89).- 375 Coldau (RO 101).- 376 Crasna (RO 110).- 377 Curtuiuseni (RO 122).- 378 Doștat (RO 126).- 379 Dragu (RO 138).- 380 Fizeș (RO 149).- 381 Frîncenii-de-Piatra (RO151).- 382 Ghinda (RO 159).- 383 Guruslau (RO 168).- 384 Gușterița II (RO 170).- 385 Iara de Jos I (RO 182).- 386 Lepindea (RO 201).- 387 Ocna Sibiului (RO 256).- 388 Petroșani I (RO 282).- 388 Petroșani II (RO 283).- 389 Popești (RO 290).- 390 Rachita (RO 300).- 391 Rus (RO 315).- 392 Socu (RO 364).- 393 Stupini (RO 374).- 394 Suseni (RO 383).- 395 Tîrgusor (RO 397).- 396 Tirol (RO 398).- 397 Ungureni II (RO 427).- 398 Vadas (RO 433).- 399 Valea Larga (RO 434).- 400 Valea-lui-Mihai I (RO 435).- 400 Valea-lui-Mihai II (RO 436).- 401 Iernut (RO 184).- 403 Vîlcele (RO 441).- 404 Chisirid (RO 82).- 405 Sacoţi (RO 319).- 406 Turulung (RO 423).- 407 Agrieș (RO 3).- 408 Calacea (RO 60).- 409 Cetatea de Balta (RO 75).- 410 Jabenita (RO 192).- 411 Liubcova (RO 203).- 412 Medișa (RO 224).- 413 Sîngeorgiu de Mures (RO 355).- 414 Suceava (RO 376).- 415 Ticvaniul Mare (RO 389).- 416 Tigau (RO 390).- 420 Pölöske (RO 564).- 421 Kisapáti (H 342).- 422 Keszthely (H 333).- 423 Siófok-Balatonkiliti(H 626).- 424 Balatonszemes (H 67).- 425 Lengyeltóti II (H 391).- 425 Lengyeltóti III (H 392).- 425 Lengyeltóti IV (H 393).- 426 Öreglak (H 520).- 427 Pamuk (H 537).- 428 Szentgaloskér (H 671).- 429 Orci (H 519).- 430 Dombóvár (H 185).- 431 Simonfa (H 623).- 432 Bakóca (H 43).- 433 Berzence (H 88).- 434 Rinyaszentkirály (H 592).- 435 Tab (H 690).- 436 Tamási (H 696).- 437 Keszöhidegkút (H 331).- 438 Regöly I (H 583).- 438 Regöly III (H 585).- 439 Szárazd (H 651).- 440 Kajdács (H 316).- 441 Dunaföldvár (H 189).- 442 Sióagárd I (H 625).- 443 Murga (H 450).- 444 Nagyvejke (H 474).- 445 Kurd (H 382).- 446 Aparhant (29).- 447 Bonyhád (H 111).- 448 Palotabozsok (H 535).- 449 Pécs I (H 546).- 449 Pécs II (H 547).- 449 Pécs III (H 548).- 450 Birján (H 95).- 451 Peterd (H 555).- 452 Szöke (H 679).- 453 Nadap (H 451).- 454 Köszeg (H 376).- 455 Márok (H 413).- 456 Ebergöc (H 196).- 457 Kapuvár.- 458 Kemencstentmarton.- 459 Koroncó (H 372).- 460 Györ (H 268).- 461 Szöny (H 686).- 462 Esztergom (H 221).- 463 Csongrád (H 161).- 464 Szentes-Nagyhegy (H 666).- 465 Szentes-Terehalom (H 669).- 466 Oroshaza (H 523).- 467 Gyoma (H 274).- 468 Doboz (H 179).- 469 Sarkad (H 612).- 470 Szolnok (H 682).- 471 Kenderes (H 327).- 472 Püspökladány (H 572).- 473 Püspökladány (H 573).- 474 Szentpéterszeg (H 674).- 475 Debrecen-FrancsikaI (H 169).- 476 Püspökhatvan (H 571).- 477 Balassagyarmat (H 58).- 478 Csitár (H 156).- 479 Széczény (H 654).- 480 Mátraverehély (H 418).- 481 Gyöngyössolymos I (H 261).- 481 Gyöngyössolymos II (H 262).- 481 Gyöngyössolymos III (H 263).- 481 Gyöngyössolymos IV (H 264).- 482 Pétervására (H 556).- 483 Recsk (H 581).- 484 Tibolddaroc (H 704).- 485 Füzesabony (H 247).- 486 Szihalom (H 676).- 487 Mezönyárád (H 426).- 488 Csegöld (H 150).- 489 Opály (H 517).- 490 Rohod I (H 594).- 490 Rohod II (H 595).- 491 Csaholc (H 148).- 492 Kispalád II (H 351).- 492 Kispalád III (H 352).- 492 Kispalád IV (H 353).- 493 Magosliget (H 406).- 494 Tiszabecs (H 707).- 495 Kisvarsány (H 363).- 496 Beregsurány (H 84).- 497 Tiszabezdéd (H 709A).- 498 Rétközberencs (H 588).- 499 Jéke (H 311).- 500 Pácin I (H 531).- 500 Pácin II (H 532).- 500 Pácin IV (H 533).- 501 Vajdacsa (H 810).- 502 Pap (H 539).- 503 Ajak (H 15).- 504 Gégény I (H 251).- 504 Gégény II (H 252).- 505 Apagy (H 28).- 506 Berkesz (H 87).- 507 Nyirbátor I (H 489).- 507 Nyirbátor II (H 490).- 508 Piricse I (H 561).- 508 Piricse II (H 562).- 509 Bükkaranyos I (H 134).- 509 Bükkaranyos II (H 135).- 509 Bükkaranyos III(H 136).- 510 Sárospatak I (H 617).- 510 Sárospatak II (H 618).- 511 Viss III (H 840).- 511 Viss IV (H 841).- 512 Sárazsadány (H 609).- 513 Zalkod (H 854).- 514 Balsa (H 68).- 515 Tiszaladány (H 714).- 516 Bodrogkeresztúr ?(H 101).- 516 Bodrogkeresztúr I (H 97).- 516 Bodrogkeresztúr II (H 98).- 516 Bodrogkeresztúr IV (H 100).- 517 Mád (H 404).- 518 Rátka (H 580).- 519 Alsódobsza (H 20).- 520 Abaújszántó (H 4).- 521 Tállya (H 693).- 522 Kenezlö (H 328).- 523 Arka (H 32).- 525 Pátroha (H 544).- 526 Kemecse I (H 324).- 526 Kemecse II (H 325).- 526 Kemecse III(H 326).- 527 Demecser (H 174).- 528 Kék (H 322).- 529 Nyírbogdány (H 494).- 530 Nyírtura (H 504).- 531 Bököny (H 107).- 532 Nagykálló II (H 461).- 533 Napkor-Piripucpuszta(H 477).- 533 Napkor (H 476).- 534 Olcsvaapáti I (H 513).- 534 Olcsvaapáti II (H 514).- 534 Olcsvaapáti III (H 515).- 534 Olcsvaapáti IV (H 516).- 535 Felsözsolca (H 240).- 536 Krasznokvajda (H 381).- 537 Szendrö (H 662).- 538 Edelény (H 198).- 538 Edelény (H 199).- 538 Edelény-Finke (H 200).- 539 Szuhafö (H 689)(Punkt).- 540 Ragály (H 577).- 541 Kurityán (H 383).- 542 Borsodgeszt (H 116).- 542 Borsodgeszt (H 117).- 543 Felsötárkány (H 238).- 544 Forró (H 244).- 545 Zalaszentmihály (H 852).- 546 Abaújkér (H 1).- 546 Abaújkér (H 2).- 547 Boldogkörváralja (H 109).- 548 Botpalad (H 142).- 549 Cserépfalu (H 151).- 550 Erdöhorváti (H 212).- 551 Felsödobsza (H 231).- 552 Géberjén (H 250).- 553 Gelenes (H 254).- 554 Gemzse (H 255).- 555 Hajdúhadház (H 279).- 556 Harsány (H 285).- 557 Izsákfa (H 303).- 558 Kazinbarcika (H 321).- 559 Kelemér (H 323).- 560 Korlát (H 370).- 561 Levelek (H 397) (nur Punkt).- 562 Mátészalka (H 417) (Punkt).- 563 Nagyhalász (H 460) (Punkt).- 564 Nyíracsád-Nagyerdö (H 488).- 565 Nyírbéltek (H

492).- 566 Nagyecsed (H 459).- 567 NyíregyházaII(H 499)(Punkt).- 568 Penészlek (H 552).- 569 Sajóvamos (H 606) (Punkt).- 570 Salgótarján (H 607).- 571 Szabolcsveresmart (H 643) (Punkt).- 572 Nyírszőlős (H) (nur Punkt).- 573 Szakácsi (H).- 575 Tiszadób (H 710)(nur Punkt).- 576 Tiszalök (H 715)(nur Punkt).- 577 Tiszavasvári (H 729)(Punkt).- 578 Vaja (H 808) (nur Punkt).- 579 Zabar (H 845).- 580 Barábas (H 72).- 580 Barábas (H 73).- 581 Fonyód (H 243).- 582 Nyírpazony (H) (nur Punkt).- 583 Tákos (H 692).- 584 Tornyosnémeti (H 739) (nur Punkt).- 585 Tiszaszentmarton (H 727).- 586 Törökkopany (H 733).- 587 Zsujta (H 862).- 588 Vilyvitány (H 832).- 589 Zalaszántó (H 850).- 590 Záhony (H) (H).- 591 Cheb (CS 104).- 592 Velké Žernoseky II (CS 688).- 593 Sabenice I (CS 561).- 593 Sabenice II (CS 561).- 593 Sabenice III (CS 561).- 594 Lažany I (CS 316).- 594 Lažany II (CS 317).- 594 Lažany III (CS 318).- 595 Nechranice (CS 429).- 596 Svedlár (CS 623).- 597 Šitboř (CS 572).- 598 Honezovice (CS 199).- 599 Budihostice (CS 75).- 600 Lišovice (CS 350).- 601 Velvary (CS 695).- 602 Klobuky (CS 257).- 603 Královice (CS 285).- 604 Dretovice (CS 139).- 605 Švarčava (CS 618).- 606 Stradonice (CS 605).- 607 Praha Bubenec I (CS 507).- 607 Praha Bubenec II (CS 508).- 607 Praha Dejvice II(CS 510).- 607 Praha Hradcany (CS 516).- 607 Praha Liben (CS 518).- 607 Praha-Dejvice I (CS 511).- 608 Rýdeč I (Praha) (CS 557).- 608 Rýdeč II (CS 558).- 609 Suchdol (CS 614).- 610 Středokluky (CS 609).- 611 Vinor (CS 701).- 612 Chleby (CS 105).- 613 Sulislav (CS 616).- 614 Bušovice (CS 80).- 615 Libákovice (CS 333).- 616 Plzeň-Jíkalka (CS 495).- 617 Nezvestice (CS 440).- 618 Merklín (CS 399).- 619 Kamýk n. Vlatavou (CS 252).- 620 Nečín (CS 430).- 621 Varvažov (CS 664).- 622 Paseka (CS 479).- 623 Zlonin (CS 746).- 624 Staré Sedlo (CS 600).- 625 Radetice (CS 534).- 626 Rejkovice (CS 543).- 627 Skalice (CS 575).- 628 Straz (CS 534).- 629 Plešivec I (CS 485).- 629 Plešivec II (CS 486).- 629 Plešivec III (CS 487).- 629 Plešivec IV (CS 488).- 629 Plešivec V (CS 489).- 629 Plešivec VI (CS 490).- 629 Plešivec VII (CS 491).- 629 Plešivec VIII (CS 492).- 630 Lhotka Libenská (CS 331).- 631 Brezovice (CS 66).- 632 Chrast (CS 110).- 633 Nova Ves.- 634 Žehušice (CS 740).- 635 Skutec (CS 580).- 636 Okrouhlé Hradiste (CS 457).- 637 Zahaji (CS 721).- 638 Ujezd (CS 654).- 639 Krupá (CS 306).- 640 Robčice (CS 551).- 641 Skašov (CS 579).- 642 Stehelčeves (CS 601).- 643 Ryjice (CS 560).- 644 Nestemice (CS 437)).- 645 Trnava (CS 645).- 646 Orechov (CS 464).- 647 Blučina I (CS 28).- 647 Blučina II (CS 29).- 647 Blučina III (CS 30).- 647 Blučina IV (CS 31).- 647 Blučina IX (CS 36).- 647 Blučina V (CS 32).- 647 Blučina VI (CS 33).- 647 Blučina VII (CS 34).- 647 Blučina VIII (CS 35).- 647 Blučina X (CS 37).- 647 Blučina XI (CS 38).- 647 Blučina XII (CS 39).- 647 Blučina XIII (CS 40).- 647 Blučina XIV (CS 41).- 647 Blučina XV (CS 42).- 648 Sobulky (CS 592A).- 649 Uherský Ostroh (CS 653).- 650 Drslavice I (CS 149).- 650 Drslavice II (CS 150).- 651 Sazovice (CS 567).- 652 Hulín (CS 226).- 653 Pravcice (CS 521).- 654 Přestavlky (CS 524).- 655 Kroměříž (CS 303).- 656 Hradisko (CS 214).- 657 Merovice (CS 400).- 658 Dobrochov (CS 125).- 659 Křenovice (CS 297).- 660 Hamry I (CS 183).- 660 Hamry II (CS 184).- 661 Lesany (CS 324).- 662 Borotín (CS 53).- 663 Slatinice (584).- 664 Velká Roudka (CS 678).- 665 Jevíčko (CS 248).- 666 Dolni Sukolom (CS 128).- 667 Lostice (CS 356).- 668 Jaroměřice (CS 214).- 669 Mestečko Trnávka (CS 401).- 670 Branka (CS 59) .- 671 Brno-Lisen (CS 71).- 672 Marefy (CS 382).- 673 Nemojany (CS 435).- 674 Kubšice (CS 309).- 675 Boršice (CS 54).- 676 Ivančice (234).- 677 Mankovice (CS 381).- 678 Roušínov (CS 553).- 679 Marefy (CS 382).- 680 Hořice na Šumavě (CS.- 681 Podoly Bohusovice(CS.- 682 Teldnice.- 683 Levice (CS 327).- 684 Hradec-Cígel' (CS 212).- 685 Lažany (Slow.) (CS 319).- 686 Turčianske Teplice (CS 650).- 687 Trenčianske (CS 641).- 688 Dvorec, Gem L'borca (CS 155).- 688 L'uborca (CS 314).- 689 Malá Vieska (CS 375).- 690 Ovčiarsko (CS 470).- 691 Martin-Prikopa (CS 385).- 692 Horná Štubňa (CS 201).- 693 Blatnica (CS 22).- 694 Komjatná I (CS 266).- 694 Komjatná II (CS 267).- 695 Osadka (CS 465).- 696 Nolčovo (CS 443).- 697 Martinček (CS 386).- 698 Bobrovec (CS 43).- 699 L'ubietová (CS 313).- 700 Žvolen I (CS 753).- 700 Žvolen II (CS 754).- 700 Žvolen III (CS 755).- 700 Žvolen IV (CS 756).- 701 Velká (CS 672).- 702 Lesné (CS 325) .- 703 Dreveník II (CS 141).- 704 Humenné (CS 227).- 705 Blatná Polianka (CS 21).- 706 Zbince (CS 736).- 707 Kopčany (CS 270).- 708 Čičarovce (CS 116).- 709 Bodrog (CS 44).- 710 Třebišov (CS 640).- 711 Slanec (CS 582).- 712 Malý Hores (CS 380).- 713 Slavkovce (CS 586.- 714 Babie (CS 3).- 715 Marhan (CS 384).- 716 Komárov (CS 265).- 717 Koprivnica (CS 272).- 718 Beloveza (CS 13).- 719 Vyšná Hutka (CS 708).- 720 Košice (CS 273).- 721 Žďaňa (CS 737) .- 722 Buzica I (CS 81).- 722 Buzica II (CS 82).- 723 Ožďany I (CS 471).- 723 Ožďany II (CS 472).- 724 Rimavska Sobota I (CS 548).- 724 Rimavska Sobota II (CS 549).- 725 Gemer I (CS 164).- 725 Gemer II (CS 165).- 725 Gemer III (CS 166).- 725 Gemer IV (CS 167).- 726 Veľký Blh I (CS 689).- 727 Gemerský Jablonec (CS 176).- 728 Žaškov (CS 731).- 729 Vyšný Sliac II (CS 717).- 730 Nacina Ves (CS 427).- 731 Puchov (CS 529).- 732 Rešica (CS 536).- 733 Hostice (CS 207).- 734 Podkonice (CS 498).- 735 Opatová (CS 460).- 736 Ducové (CS 154) .- 737 Dražice (CS 136).- 738 Beša (CS 16).- 739 Lipovec (CS 339).- 740 Konrádovce (CS 269).- 741 Liptovská Mara (CS 343).- 742 Nová Lehota (CS 446).- 744 Otroček (CS 468).- 745 Zemplín (CS 743).- 746 Janíky (CS 239).- 747 Gocaltovo (CS 177).- 748 Gemercek (CS 175).- 749 Hodejov (CS 192) nicht.- 750 Ivanovce (CS 236).- 751 Kracúnovce (CS 281).- 752 Pozsdisovce (CS 505).- 753 Slovenska Lupca (CS 589).- 752 Mezzocorona (I).- 753 Muscoli (I).- 754 Pustakovec (JU 237).- 755 Zagujeni (RO 448A). 756 Pojejena (RO 288).- 757 Bystřice pod Hostynem (CS 84).- 758 Leombach (A 273A).

Verzeichnis abgekürzt zitierter Literatur

Beck, Beiträge
A. Beck, Beiträge zur frühen und älteren Urnenfelderkultur im nordwestlichen Alpenvorland (1980).

v. Brunn, Mitteldeutsche Hortfunde
W.A. v. Brunn, Mitteldeutsche Hortfunde der jüngeren Bronzezeit (1968).

Deponierungen I
S. Hansen, Studien zu den Metalldeponierungen während der Urnenfelderzeit im Rhein-Main-Gebiet (1991).

Garašanin u.a., ostave
M.V. Garašanin u.a., Praistorijske ostave u Srbiji i Voivodini (1975).

Hänsel Beiträge
B. Hänsel, Beiträge zur Chronologie der mittleren Bronzezeit im Karpatenbecken (1968).

Hennig, Grab und Hort
H. Hennig, Die Grab- und Hortfunde der Urnenfelderkultur aus Ober- und Mittelfranken (1970).

Jockenhövel, Rasiermesser
A. Jockenhövel, Die Rasiermesser in Mitteleuropa (Süddeutschland, Tschechoslowakei, Österreich, Schweiz) (1971).

Kemenczei, Spätbronzezeit
T. Kemenczei, Die Spätbronzezeit Nordostungarns (1984).

Kibbert, Beile
K. Kibbert, Die Äxte und Beile im mittleren Westdeutschland II (1984).

Kilian-Dirlmeier, Gürtel
I. Kilian-Dirlmeier, Gürtelhaken, Gürtelbleche und Blechgürtel der Broonzezeit in Mitteleuropa (Ostfrankreich, Schweiz, Süddeutschland, Österreich, Tschechoslowakei, Ungarn, Nordwest-Jugoslawien (1975).

Kubach, Nadeln
W. Kubach, Die Nadeln in Hessen und Rheinhessen (1977).

Mayer, Beile
E.F. Mayer, Die Äxte und Beile in Österreich (1972).

Mozsolics, Bronzefunde
A. Mozsolics, Bronzefunde aus Ungarn. Depotfundhorizonte von Aranyos, Kurd und Gyermely (1985).

Müller-Karpe, Vollgriffschwerter
H. Müller-Karpe, Die Vollgriffschwerter der Urnenfelderzeit aus Bayern (1961).

Müller-Karpe, Chronologie
H. Müller-Karpe, Beiträge zur Chronologie der Urnenfelderzeit nördlich und südlich der Alpen (1959).

Novotná, Hortfunde
M. Novotná, Die Bronzehortfunde in der Slowakei. Spätbronzezeit (1970).

Petrescu-Dîmbovița, Sicheln
M. Petrescu-Dîmbovița, Die Sicheln in Rumänien mit Corpus der jung- und spätbronzezeitlichen Horte Rumäniens (1978).

Primas, Sicheln
M. Primas, Die Sicheln in Mitteleuropa I (Österreich, Schweiz, Süddeutschland (1986).

Říhovský, Messer
J. Říhovský, Die Messer in Mähren und dem Ostalpengebiet (1972).

Říhovský, Sicheln
J. Říhovský, Die Sicheln in Mähren (1989).

Schauer, Schwerter
P. Schauer, Die Schwerter in Süddeutschland, Österreich und der Schweiz I (1971).

Stein, Hortfunde
F. Stein, Bronzezeitliche Hortfunde in Süddeutschland. Beiträge zur Interpretation einer Quellengattung (1976).

Veliačik, Lausitzer Kultur
L. Veliačik, Die Lausitzer Kultur in der Slowakei (1983).

Vinski-Gasparini, Kultura polja
K. Vinski-Gasparini, Kultura polja sa žarama u sjevernoj Hrvatskoj. Die Urnenfelderkultur in Nordkroatien (1973).

Tafel 1

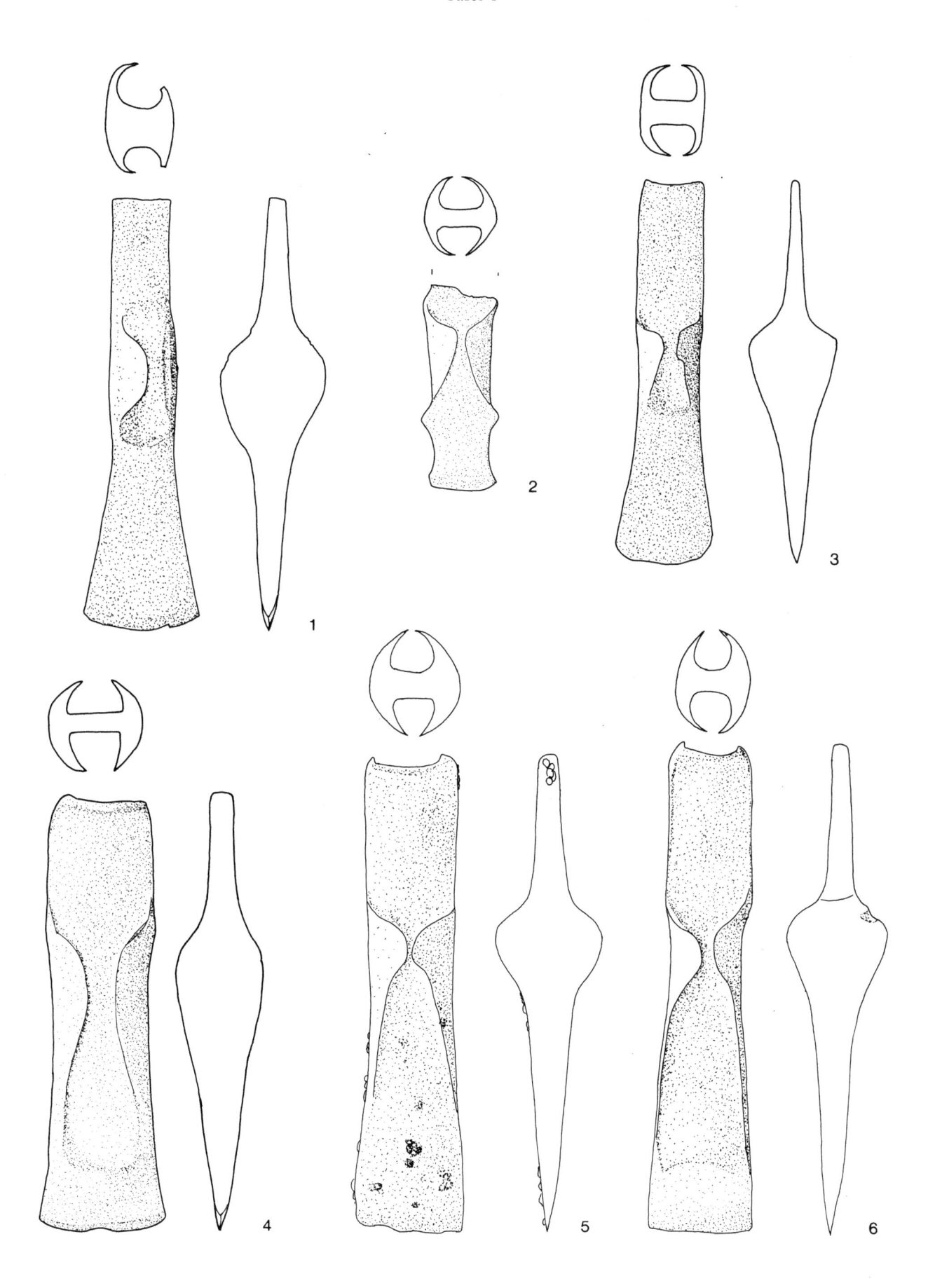

1 Litoměřice (CS 352).- 2 Suchdol (CS 614).- 3 Litoměřice (CS 353).- Plzeň (CS 494).- 5-6 Sabenice (CS 561).

Tafel 2

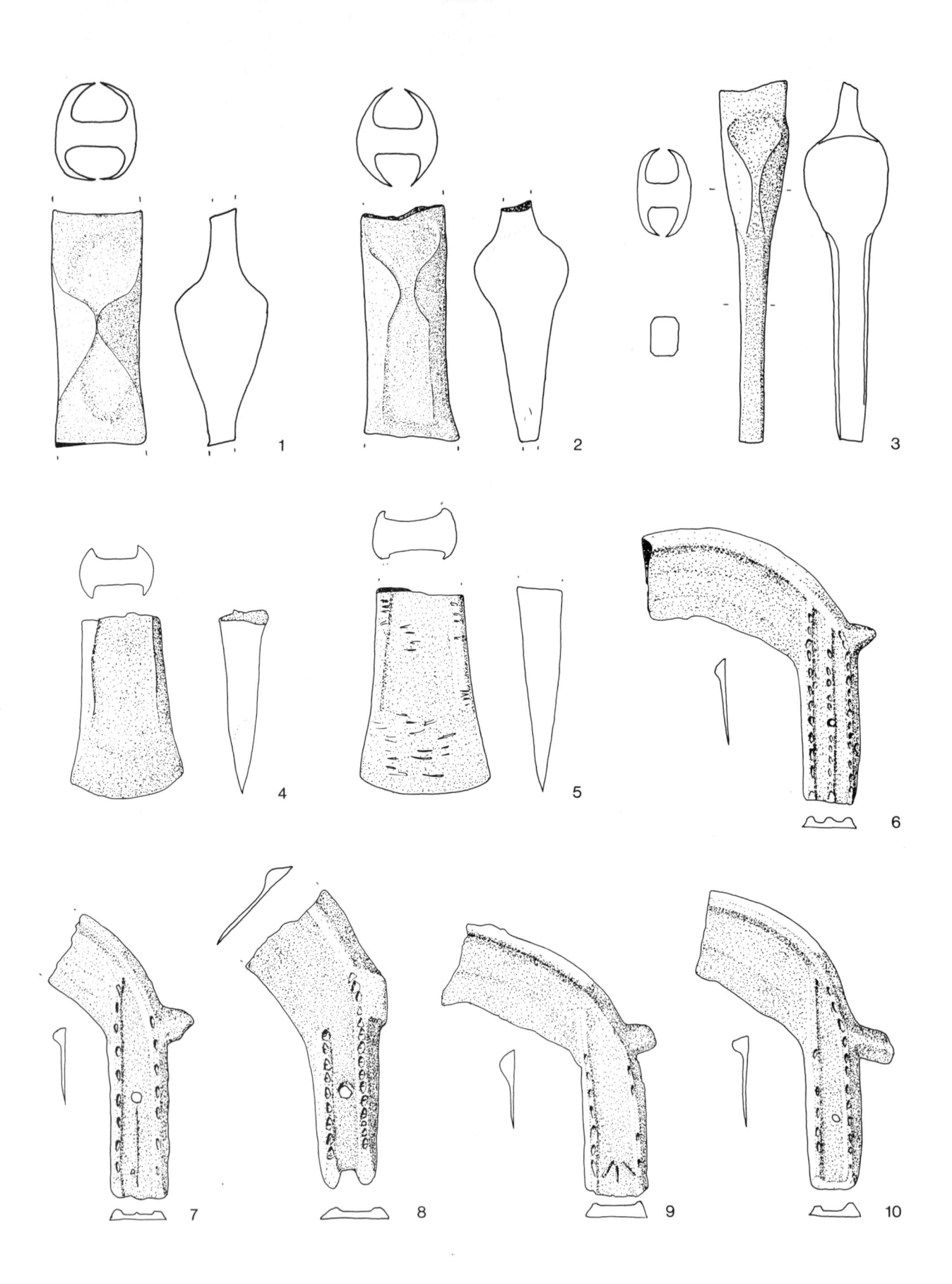

1-10 Nechranice (CS 429).

Tafel 3

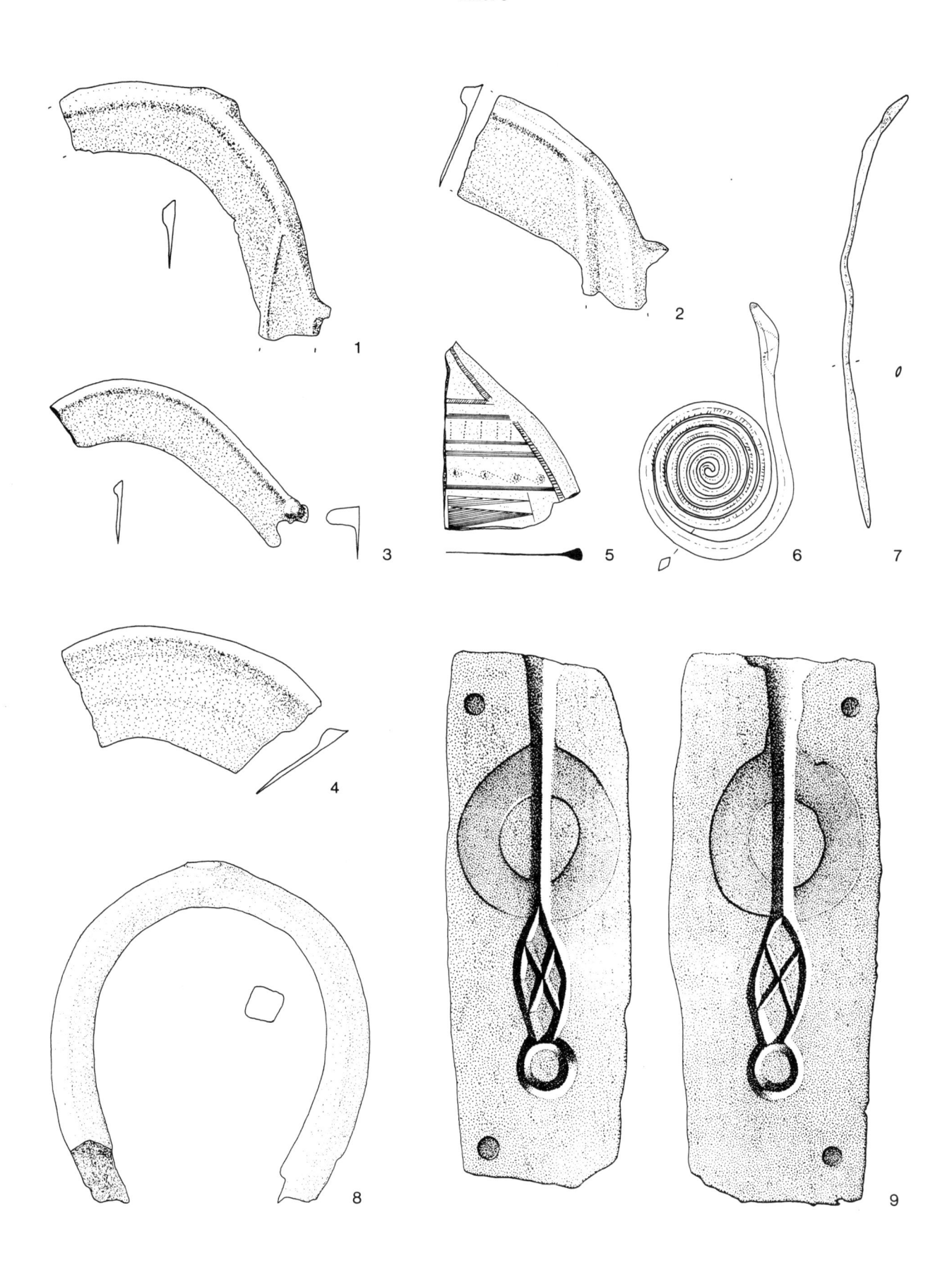

1-9 Nechranice (CS 429; 9 nach Jockenhövel).

Tafel 4

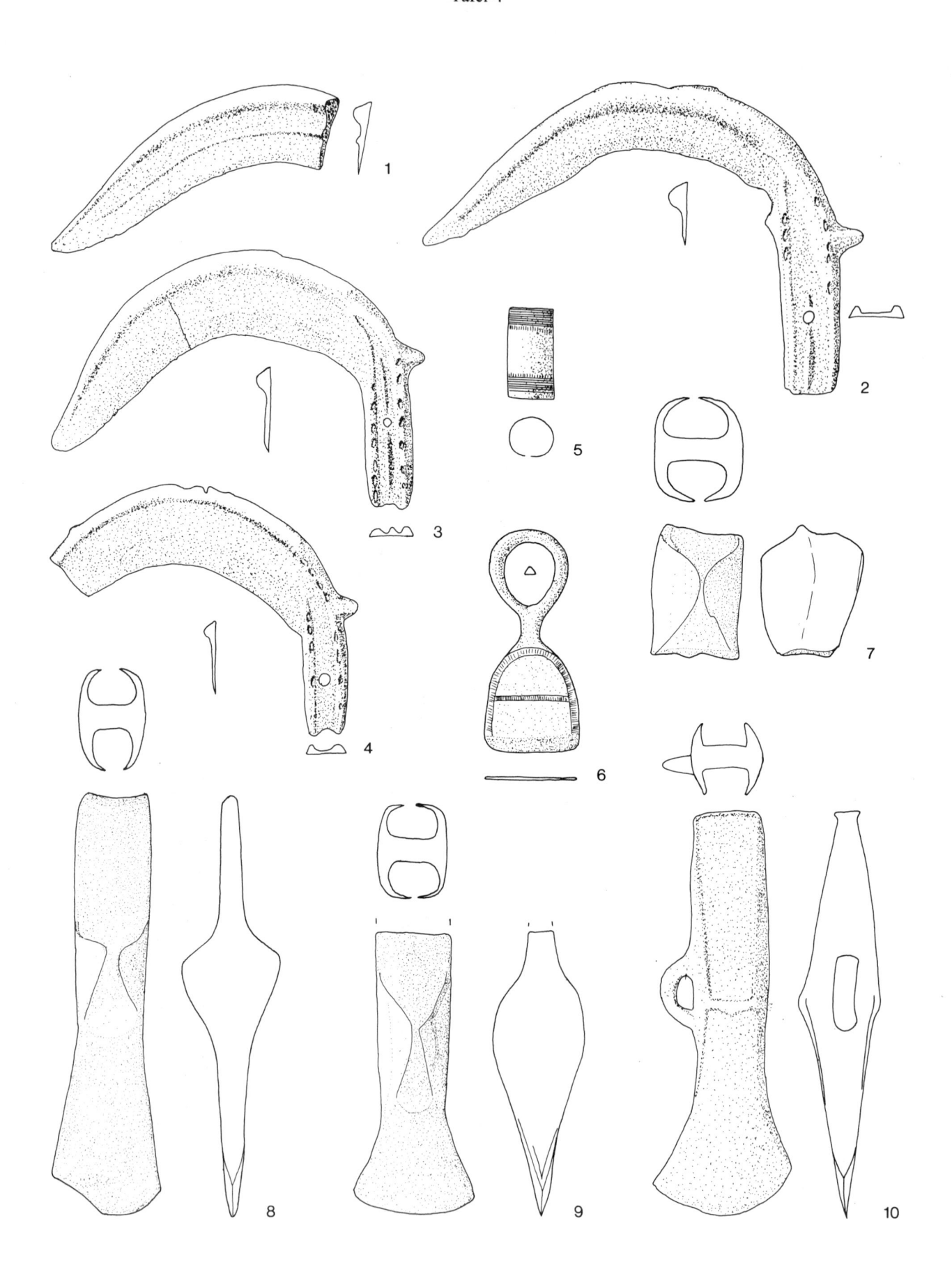

1-10 Robčice (CS 551).

Tafel 5

1-23 Rýdeč, Depot I (CS 557).

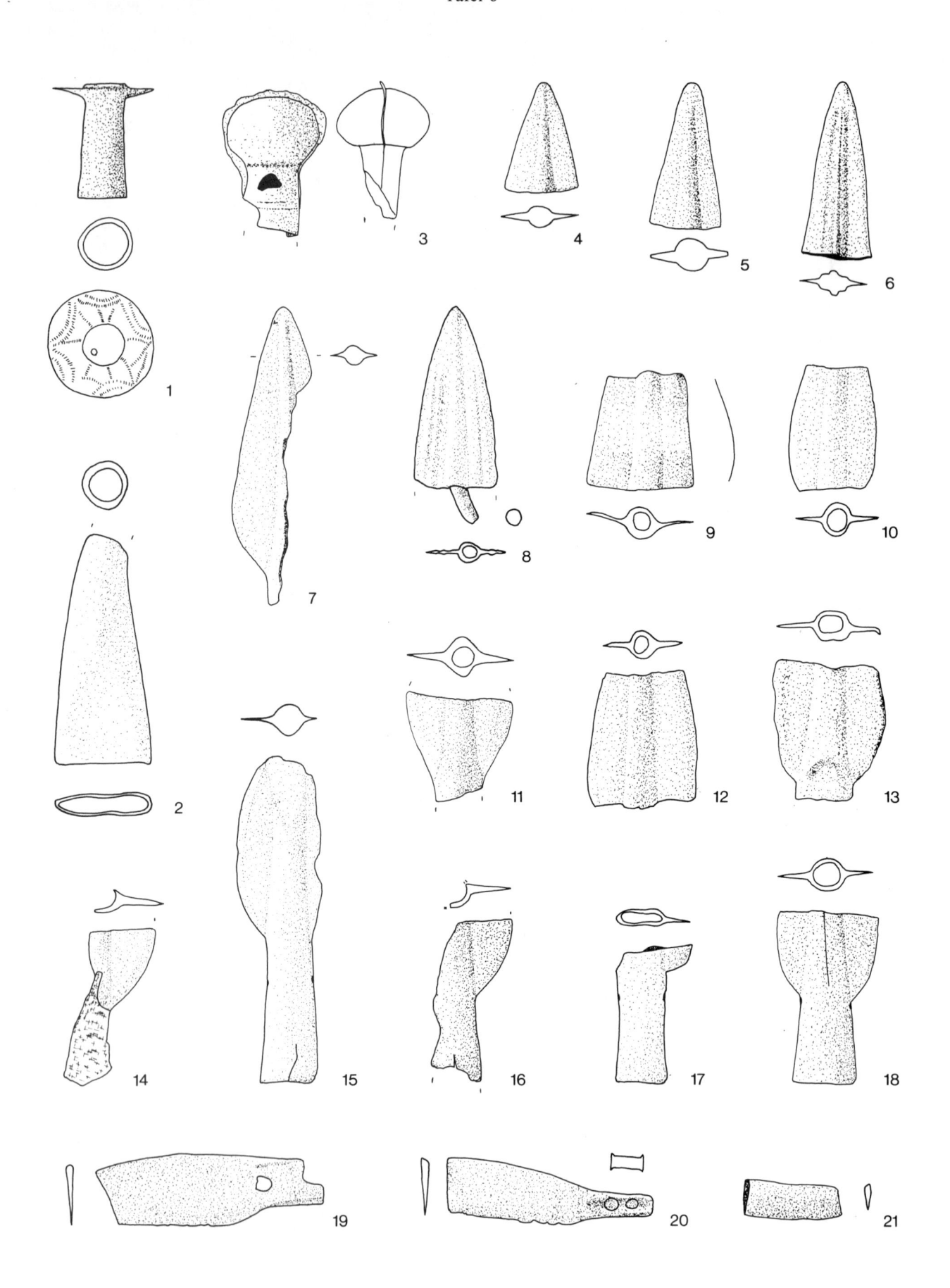

Tafel 6

1-21 Rýdeč, Depot I (CS 557).

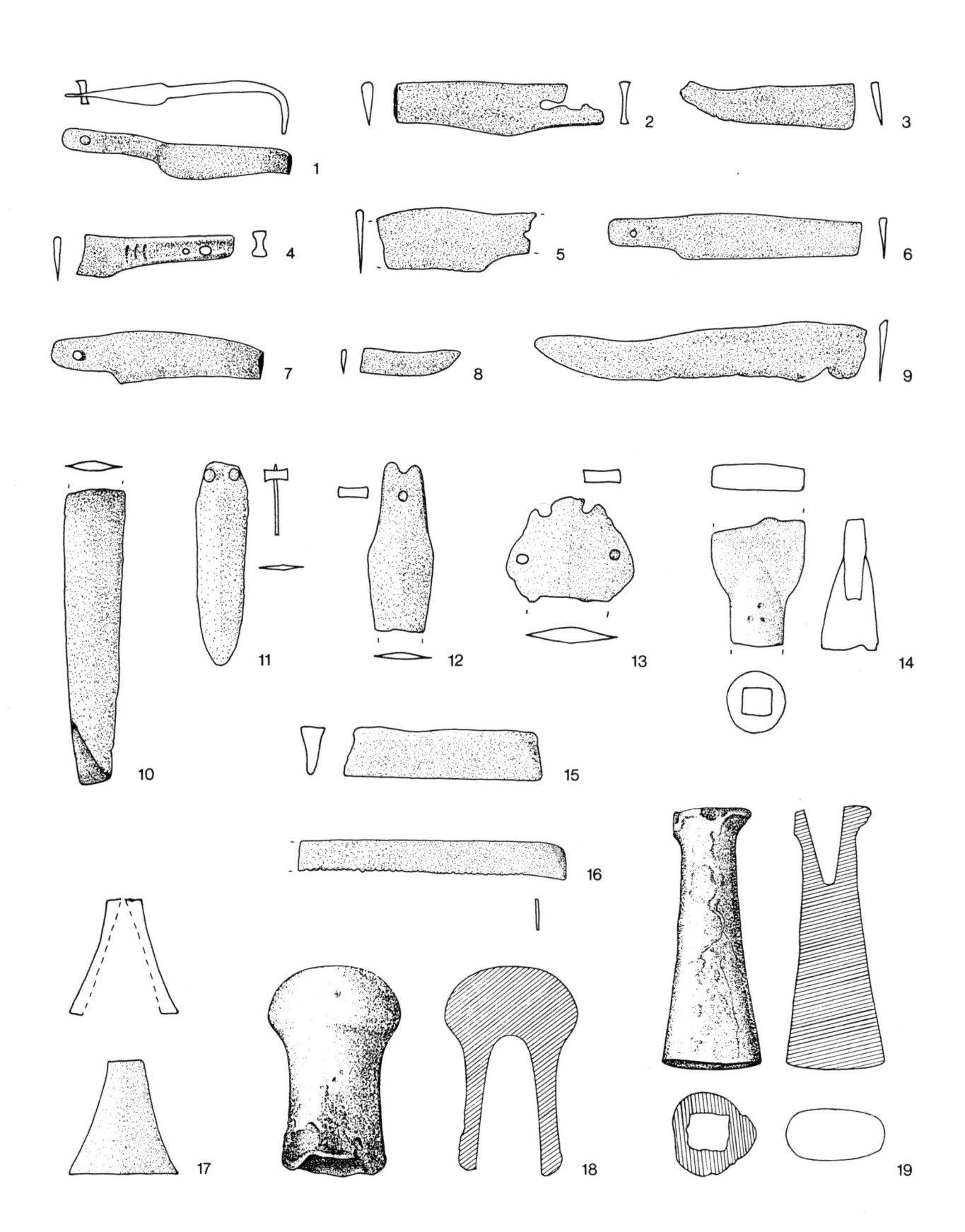

Tafel 7

1-19 Rýdeč, Depot I (CS 557).

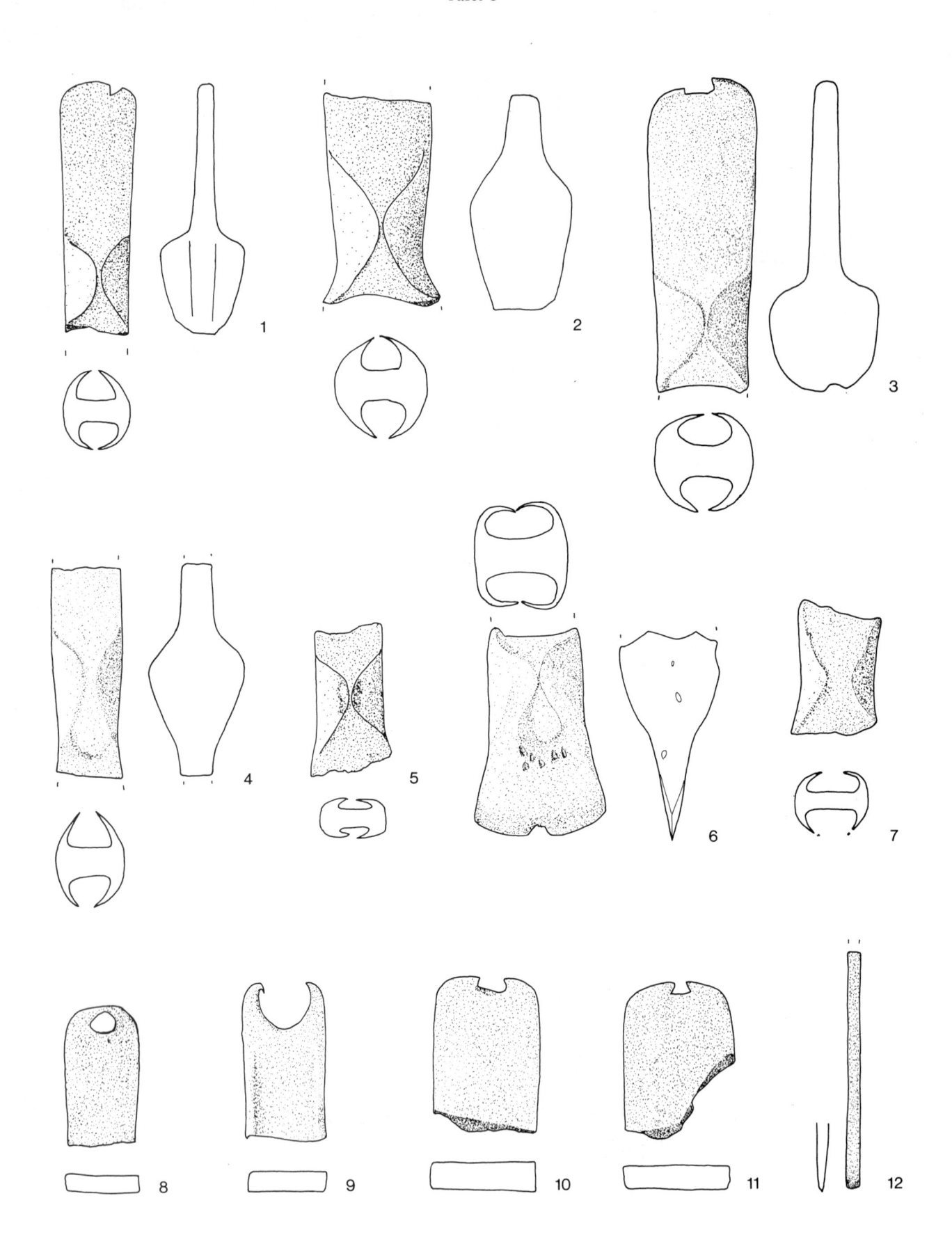

Tafel 8

1-12 Rýdeč, Depot I (CS 557).

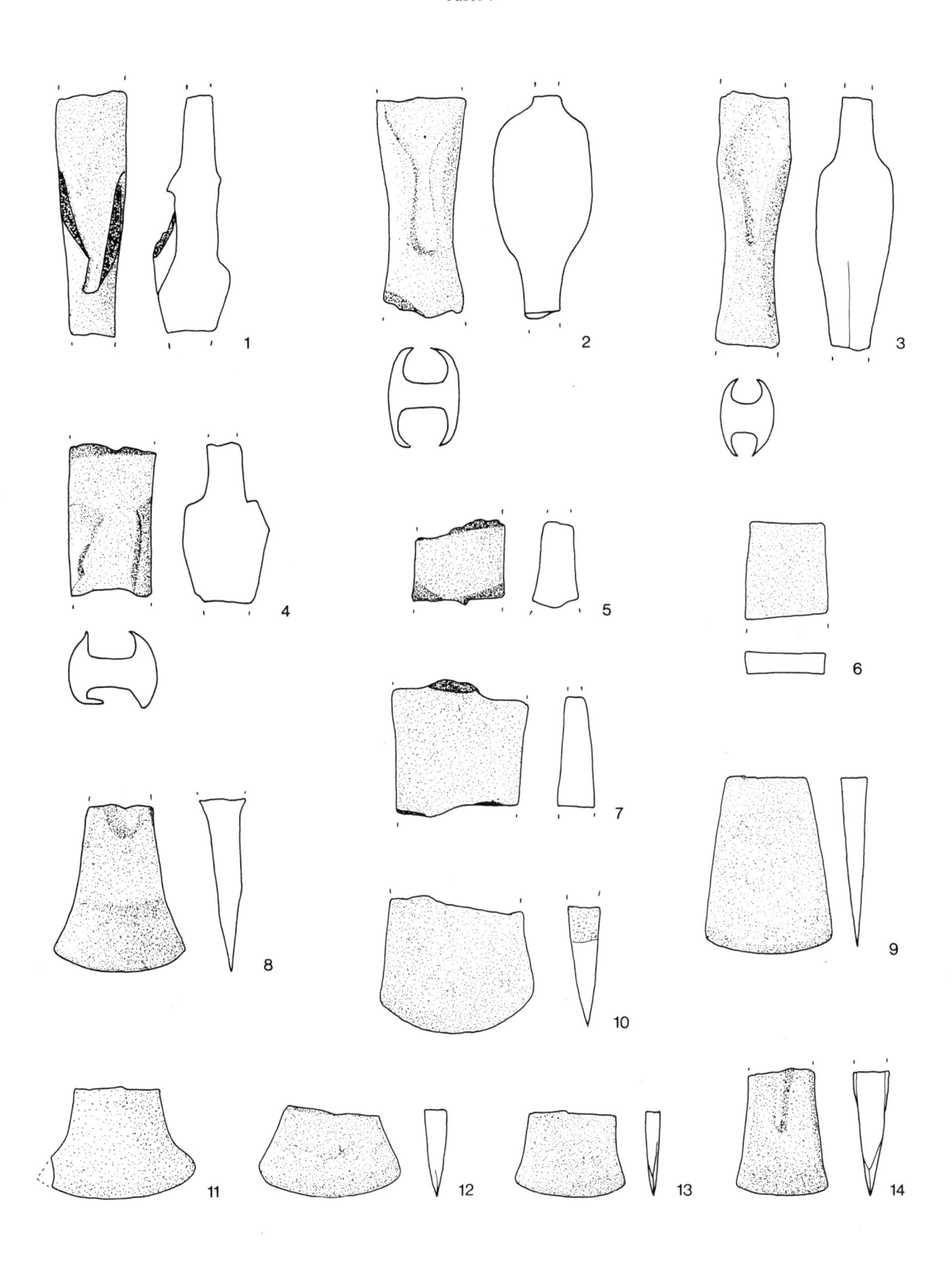

Tafel 9

1-14 Rýdeč, Depot I (CS 557).

Tafel 10

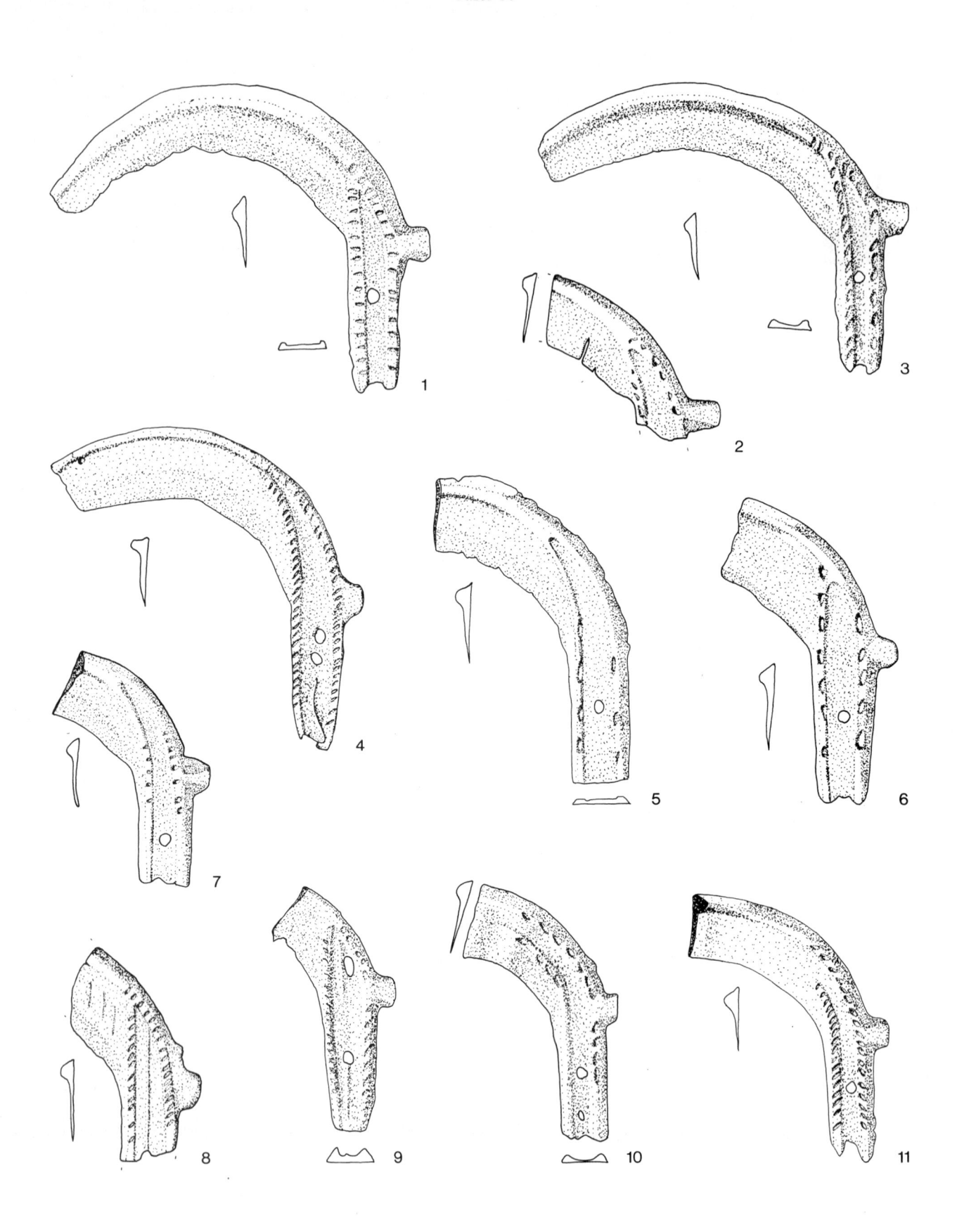

1-11 Rýdeč, Depot I (CS 557).

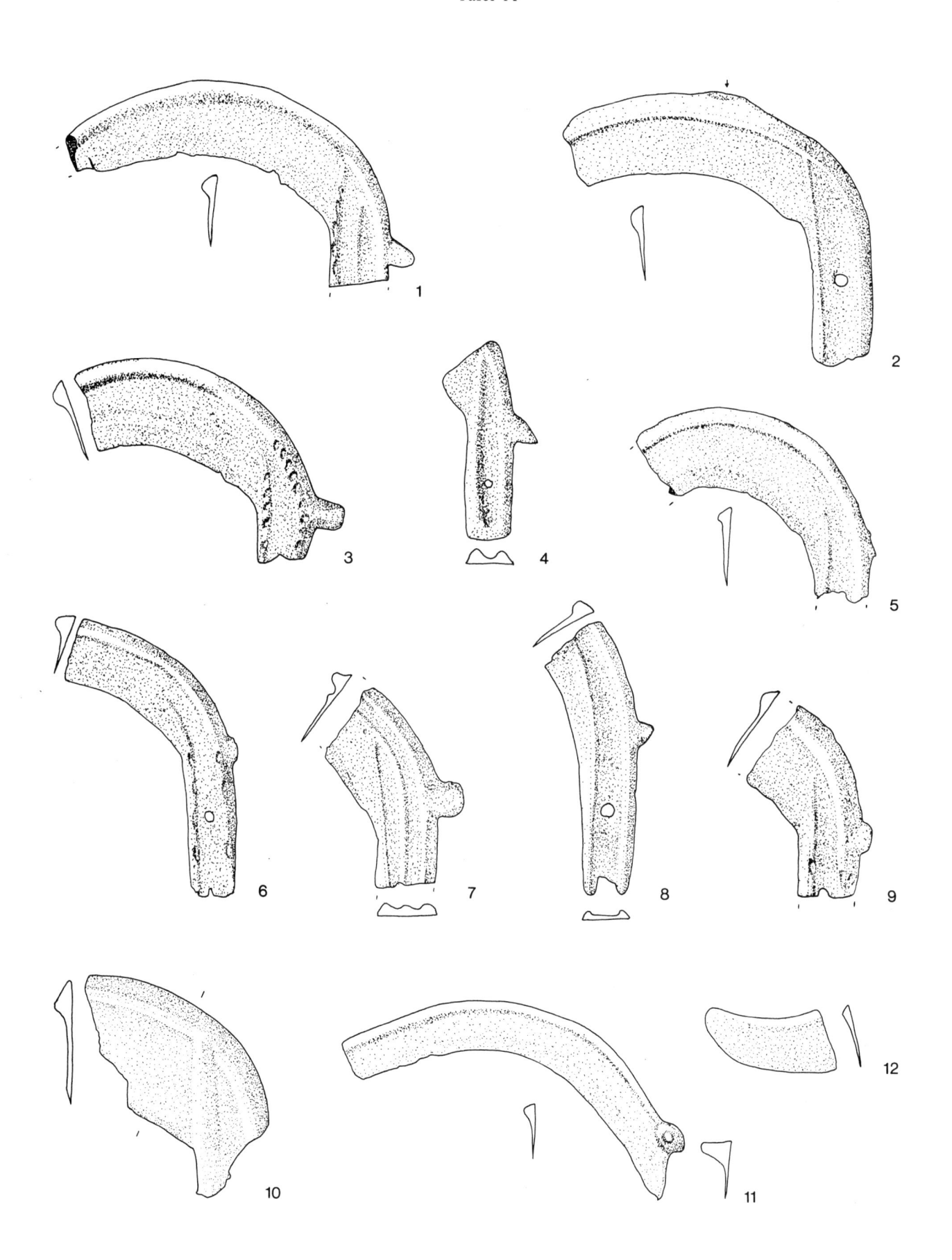

Tafel 11

1-11 Rýdeč, Depot I (CS 557).

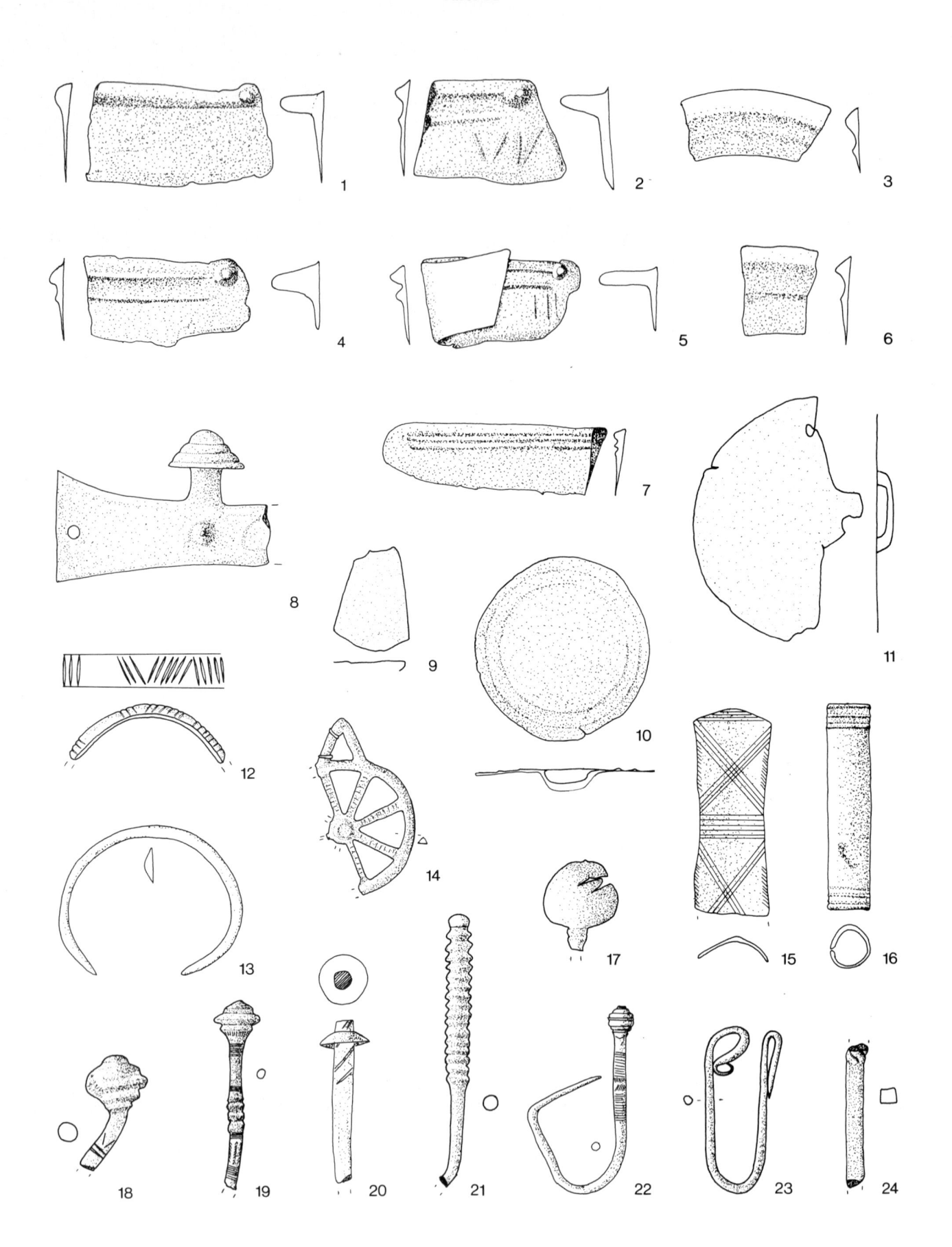

Tafel 12

1-24 Rýdeč, Depot I (CS 557)

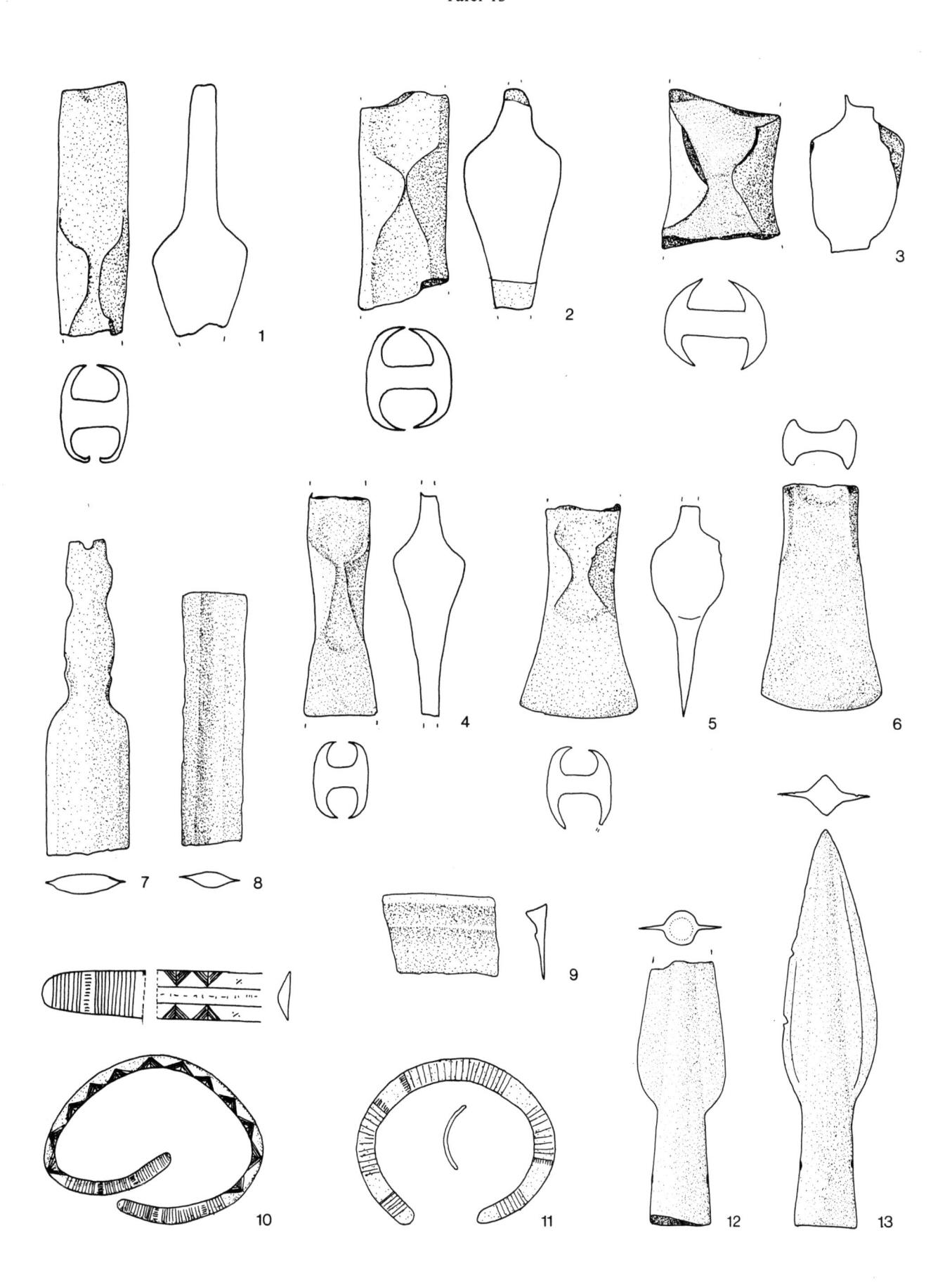

Tafel 13

1-13 Rýdeč, Depot I (CS 557)

Tafel 14

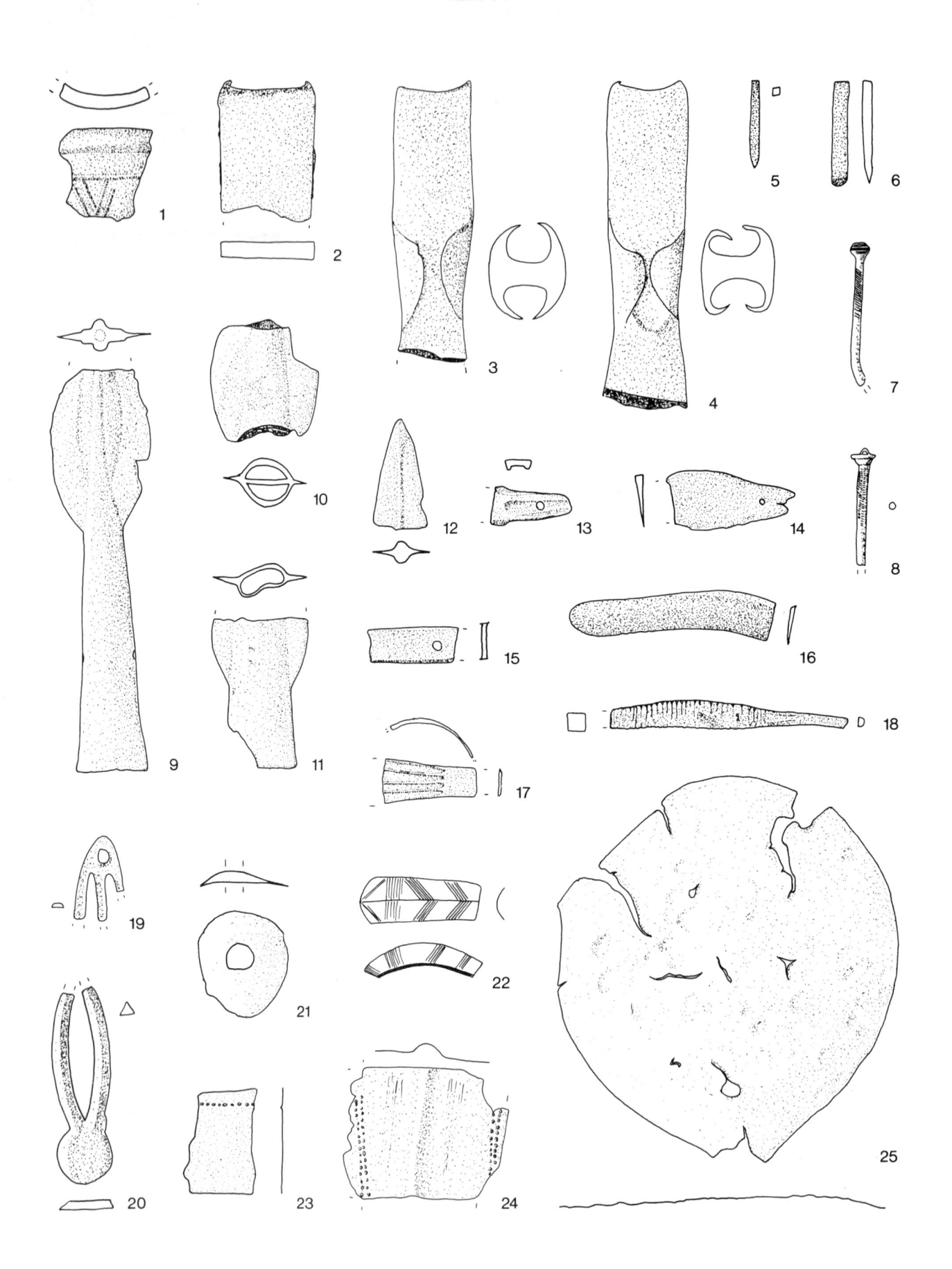

1-25 Lažany, Depot II (CS 317).

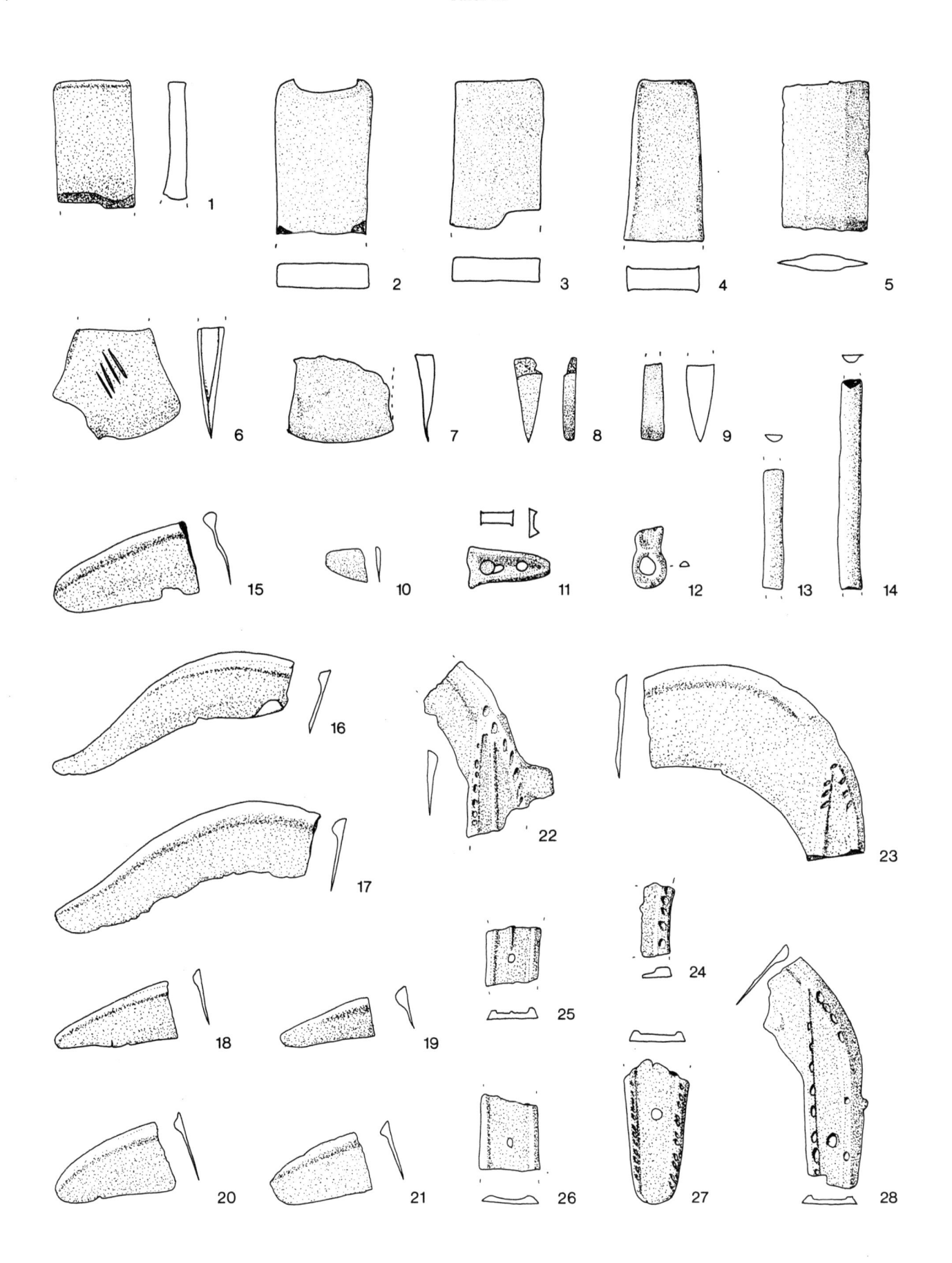

Tafel 15

1-28 Lažany, Depot III (CS 318).

Tafel 16

1-51 Lažany, Depot III (CS 318).

Tafel 17

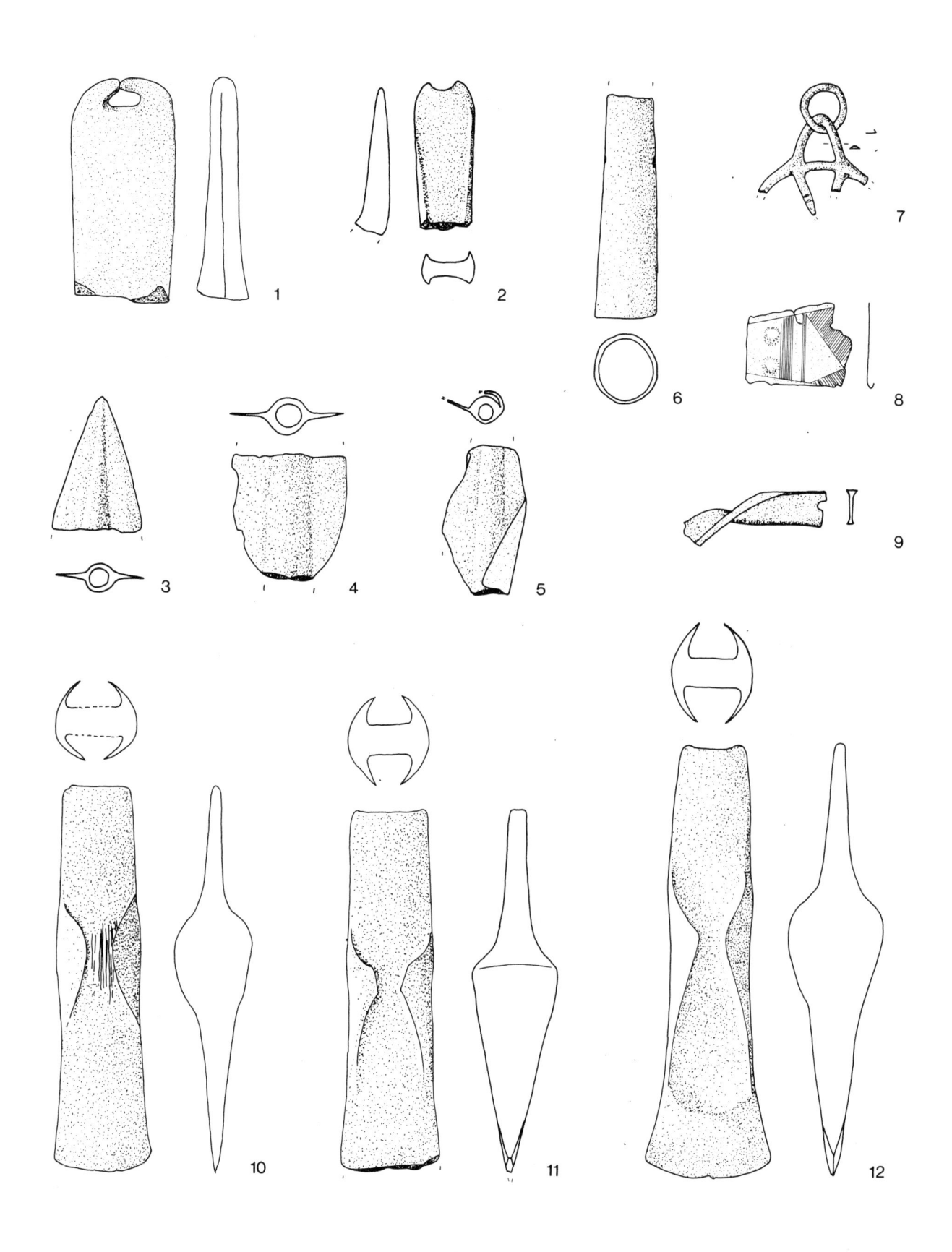

1-9 Lhotka Libenská (CS 331).- 10 Stuttgart-Münster (D 1002).- 11 Welzheim (D 1126).- 12 Böblingen (D 116).

Tafel 18

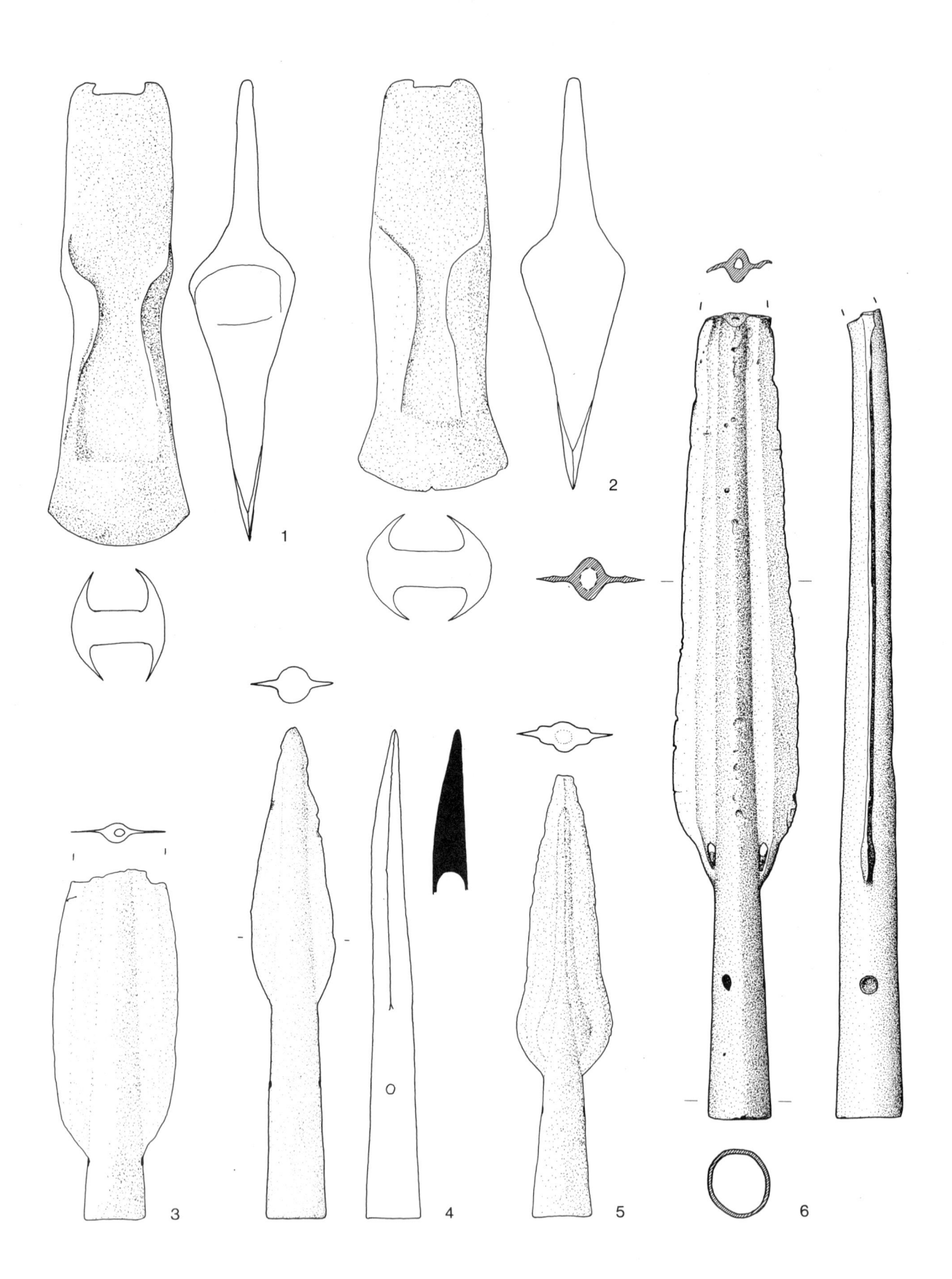

1 Auingen (D 46).- 2 Aalen (D 2).- 3 Stuttgart-Bottnang (D 998).- 4 Mainz (D 628).- 5 Bitz (D 110).-
6 Riedstadt-Erfelden (D 873).

Tafel 19

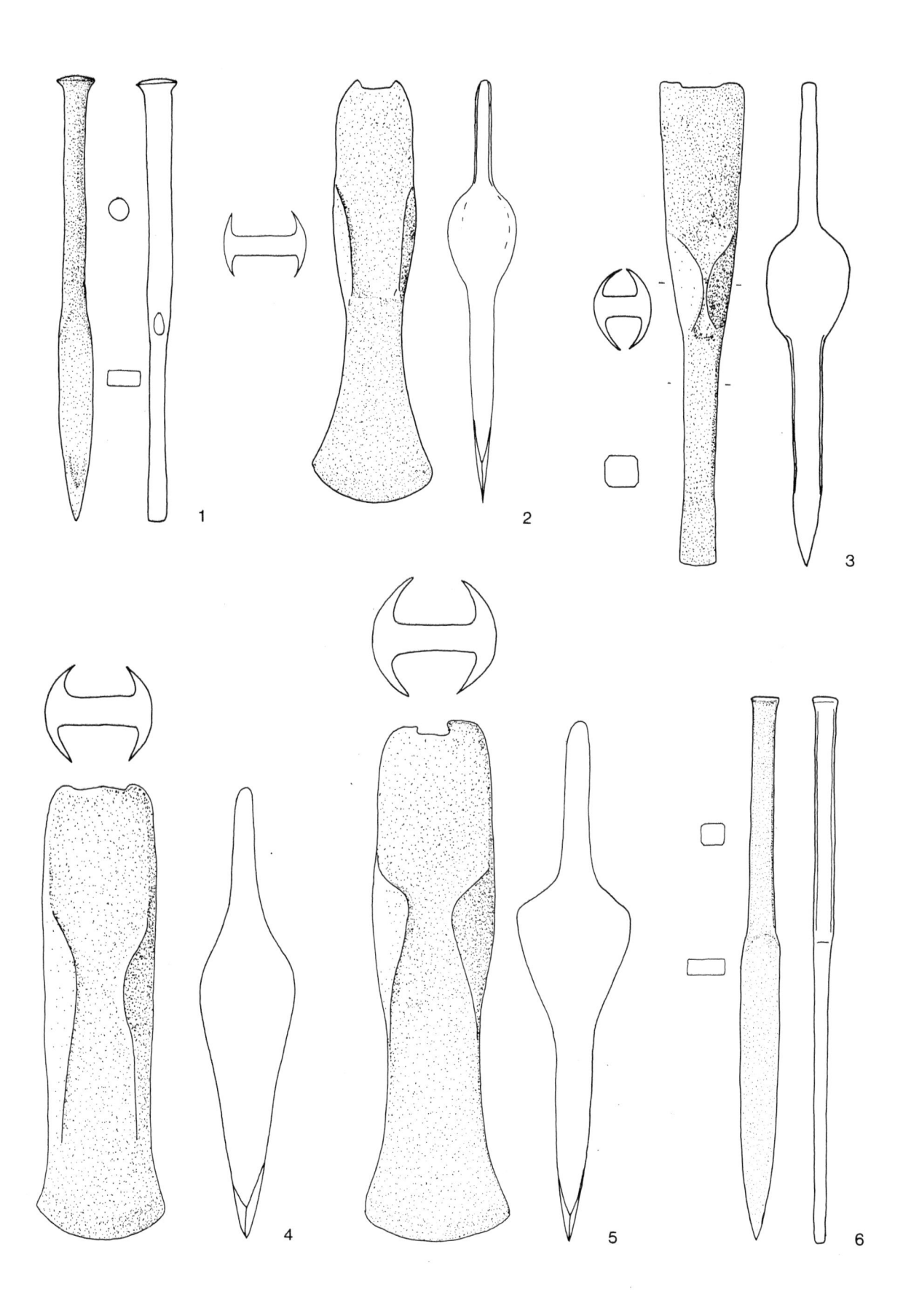

1 Velburg (D 1094).- 2 Weißbach (D 1121).- 3 Ingolstadt (D 510).- 4 Murnau (D 743).-
5 Obermühlhausen (D 789).- 6 Freising (D 309).

Tafel 20

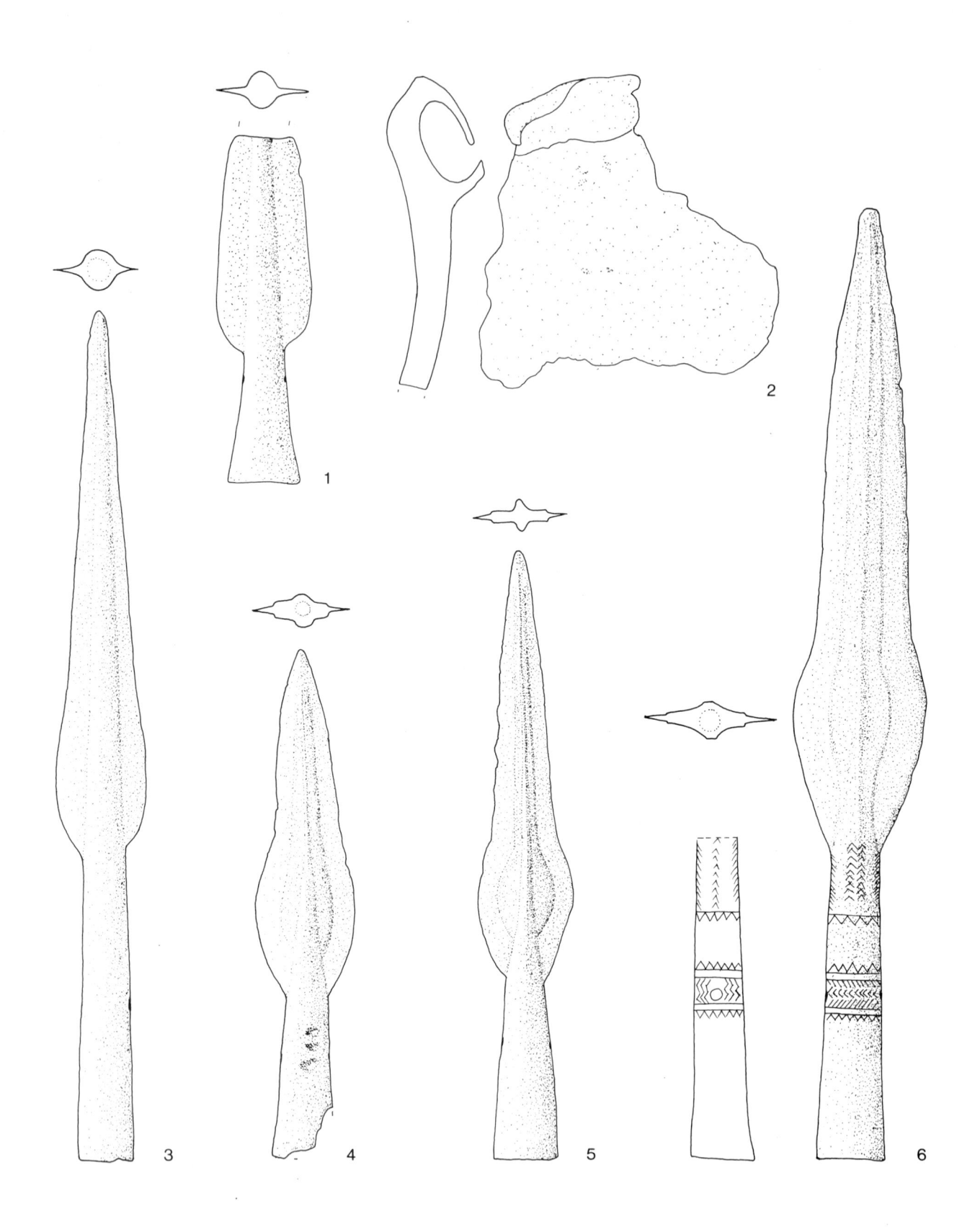

1-2 Aigner (D 7).- 3 Herzogenburg (A 166).- 4 Göttweig (A 114).- 5 Umgebung Sopron (H 631).- 6 Pusztaszer (H 575).

Tafel 21

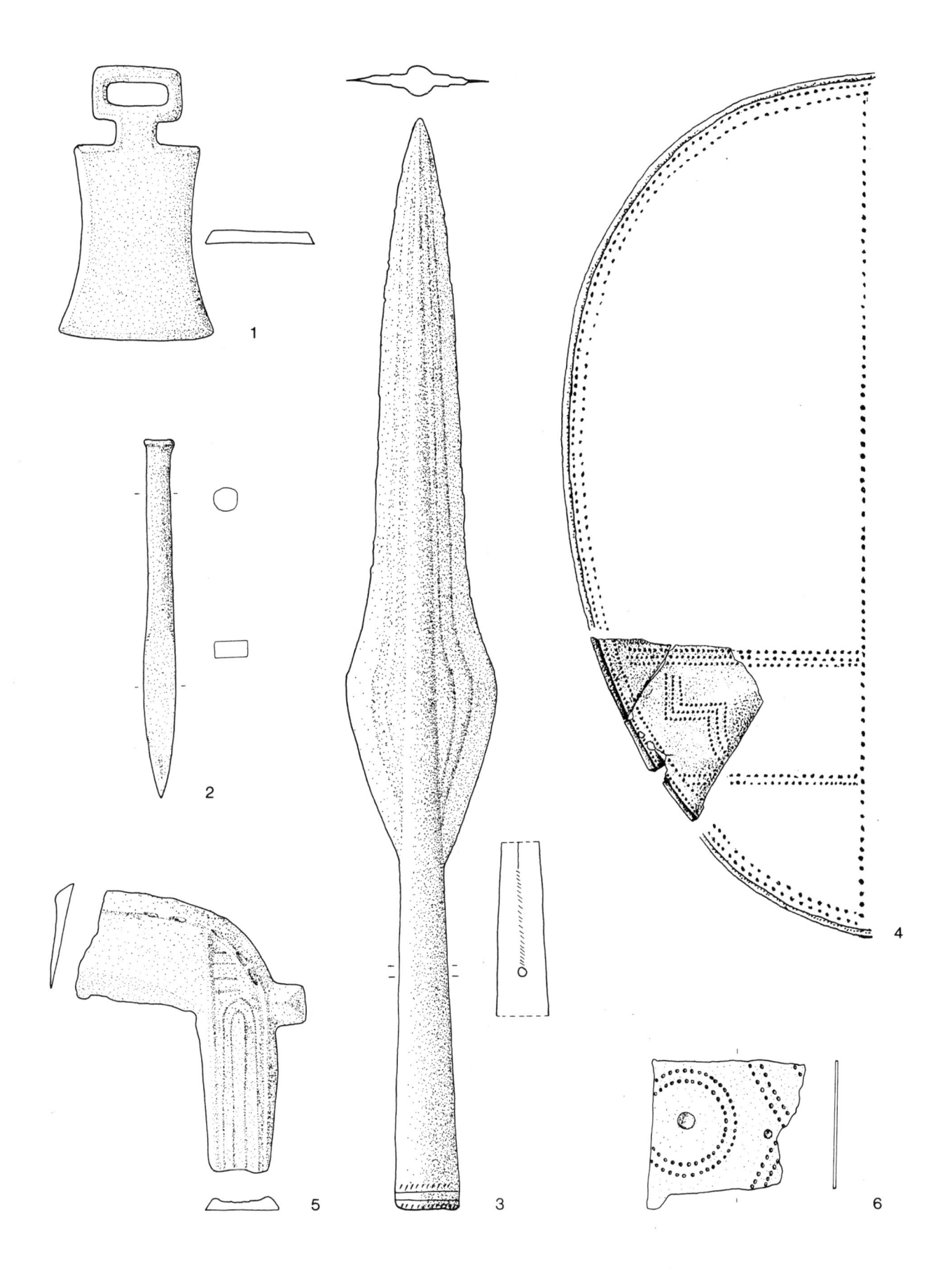

1. Ungarn (H 245).- 2 Ungarn (H 245).- 3 Ungarn (H 245).- 4 Esztergom (H 221; Rekonstruktion unter Verwendung der Zeichnung Mozsolics, Bronzefunde Taf. 138, 16).- 5-6 Črmožiše (JU 54).

Tafel 22

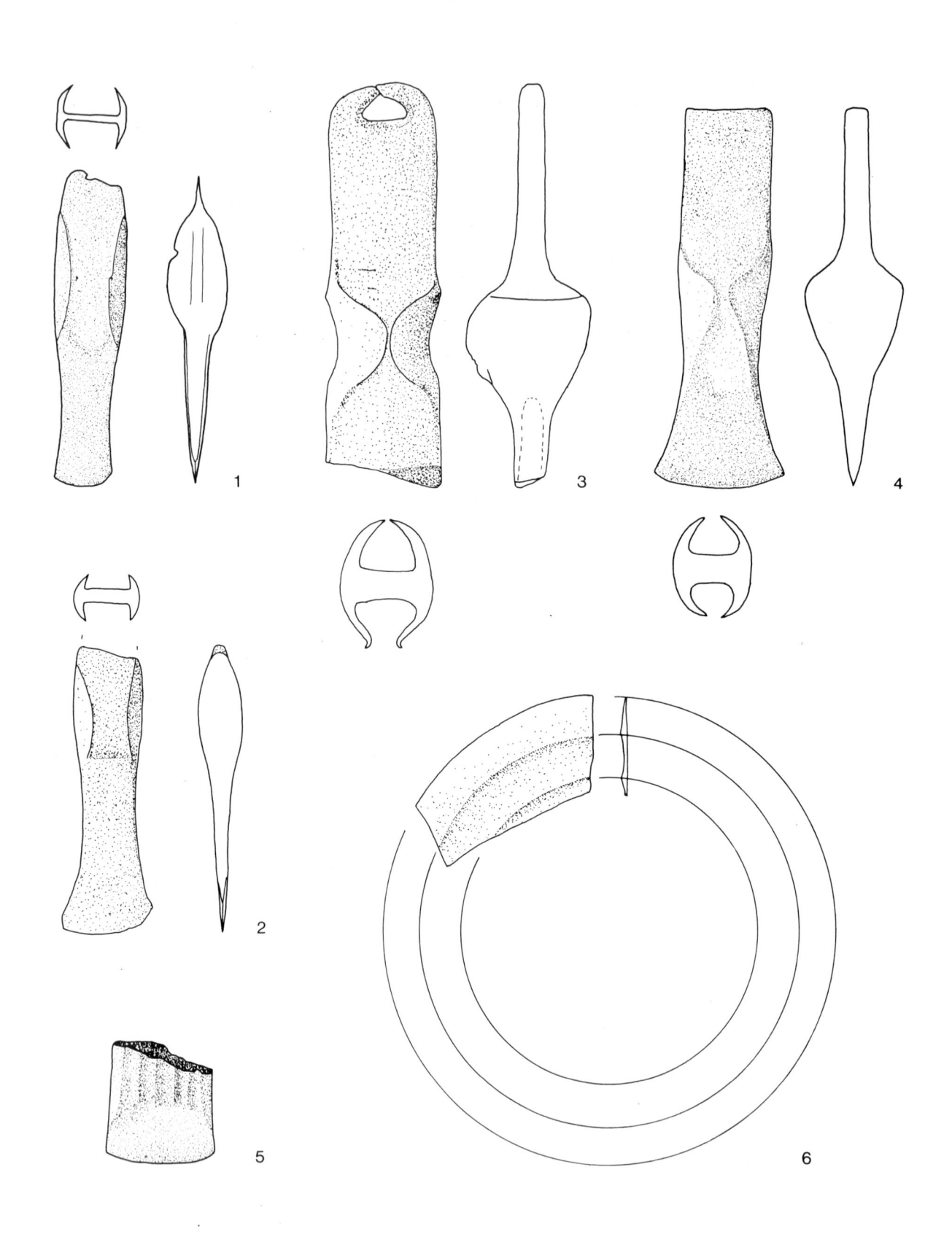

1 Kacianski (JU 117).- 2 Lisine (JU 146).- 3 Ungarn (H 245).- 4 Kismarton (H 349).-
5-6 Otok Privlaka (JU 205).

Tafel 23

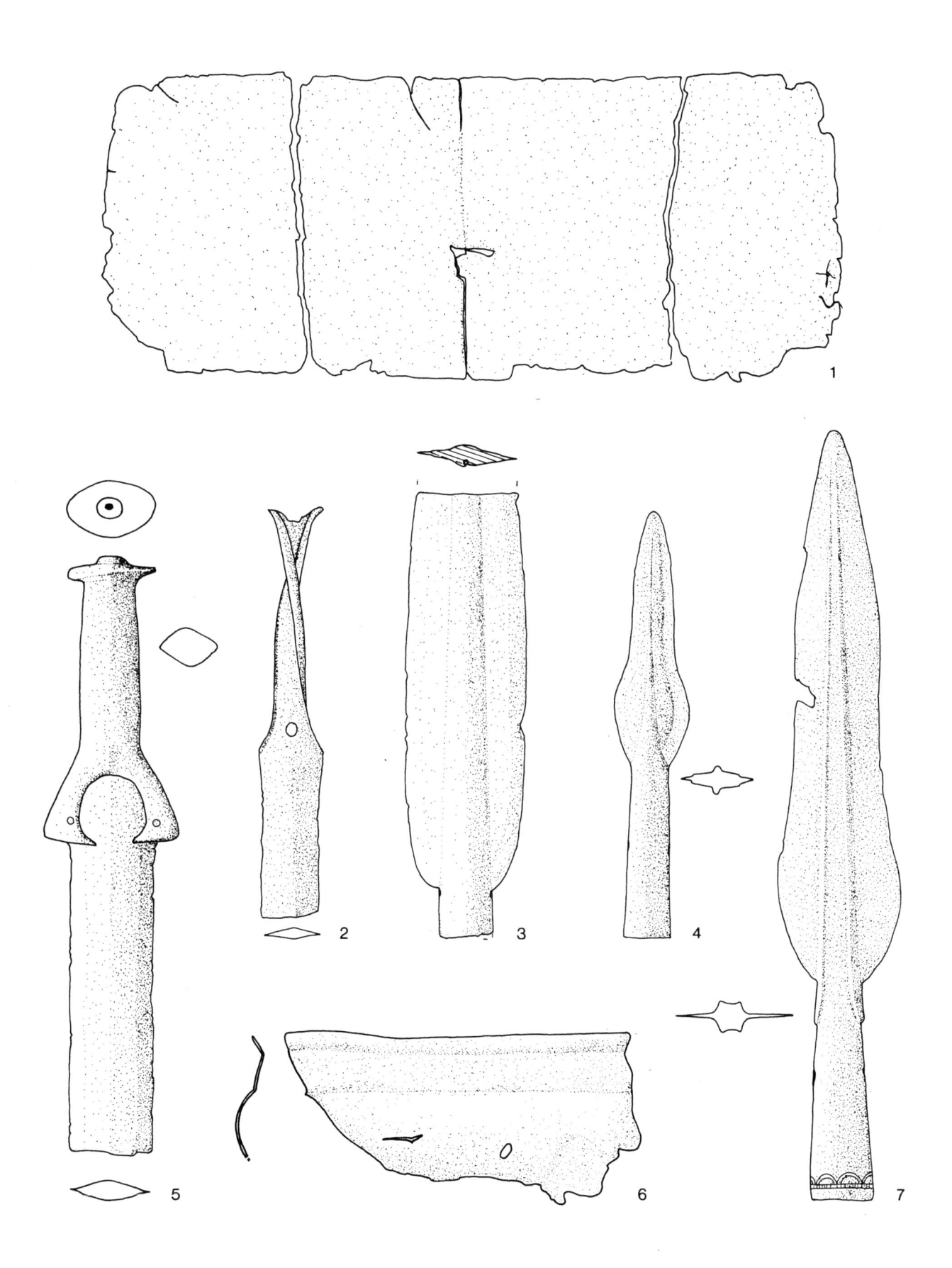

1 Veliko Nabrde (JU 315).- 2 Fundort unbekannt (JU 75).- 3 Črmožiše (JU 54).- 4 Crna rijeka (Ju 55).-
5-6 Bingula Divoš (JU 18).- 7 Motarsko blato (JU 187).

Tafel 24

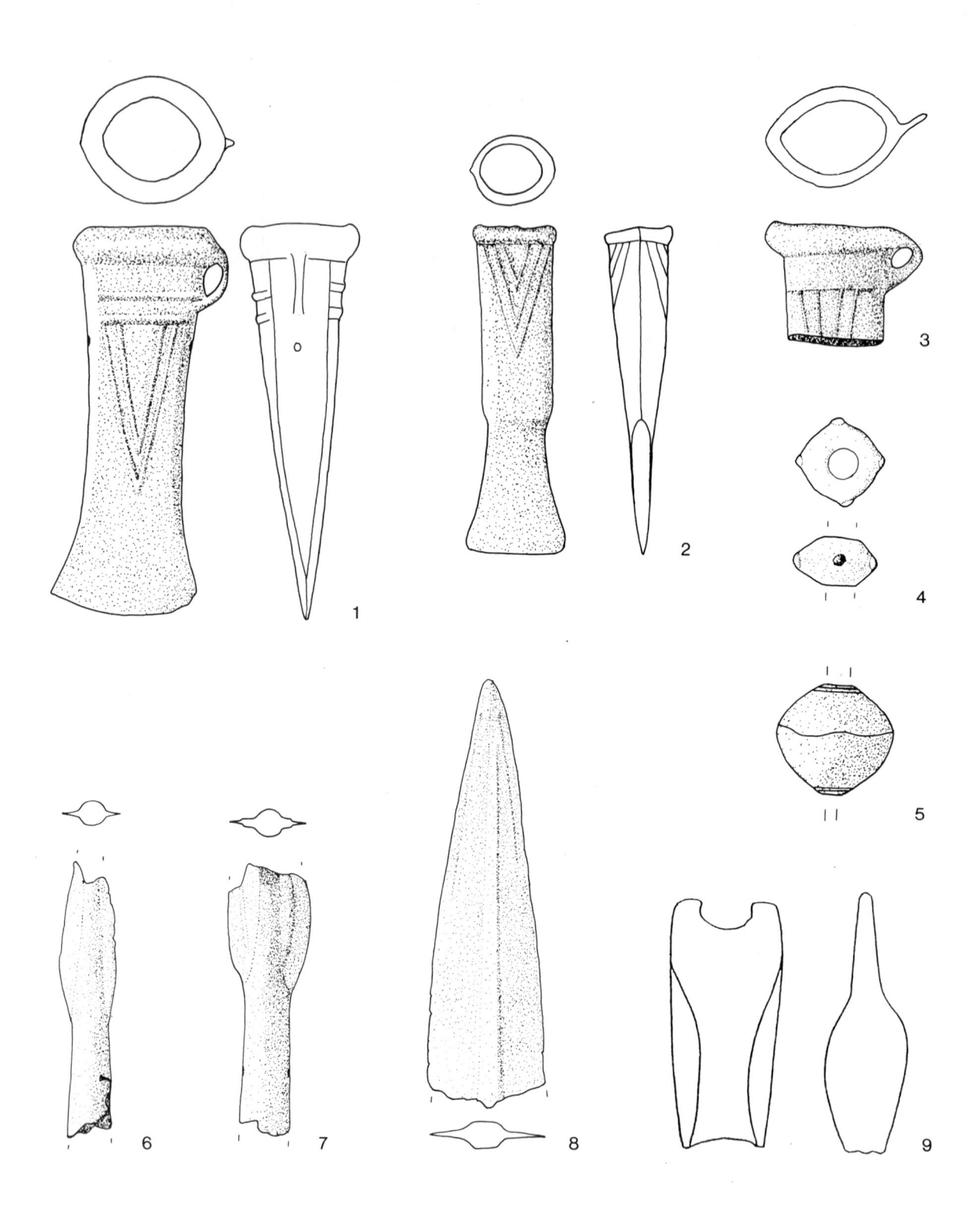

1-9 Središče (9 nach Smodić).

Tafel 25

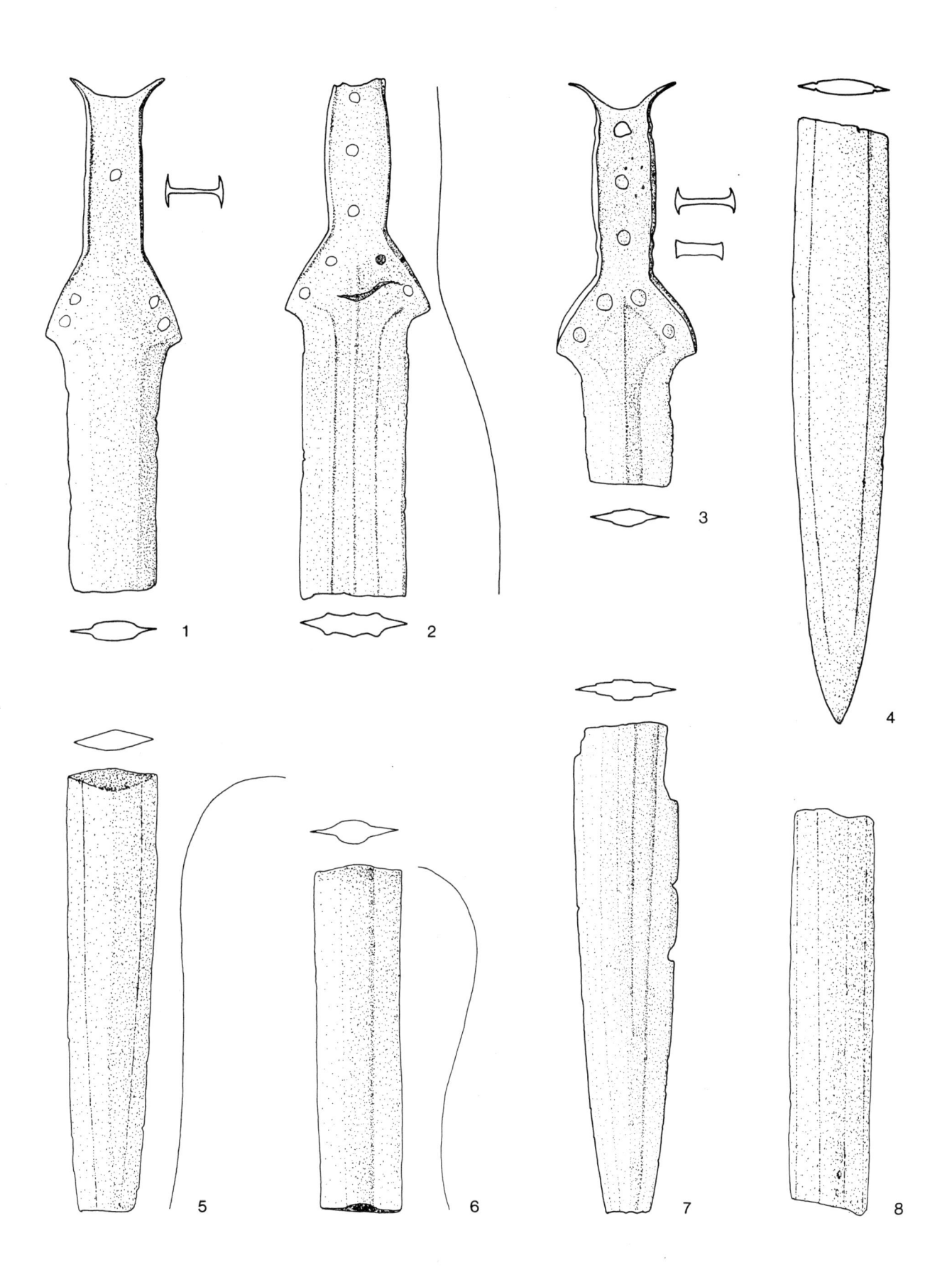

1-8 Poljanci, Depot II (JU 224).

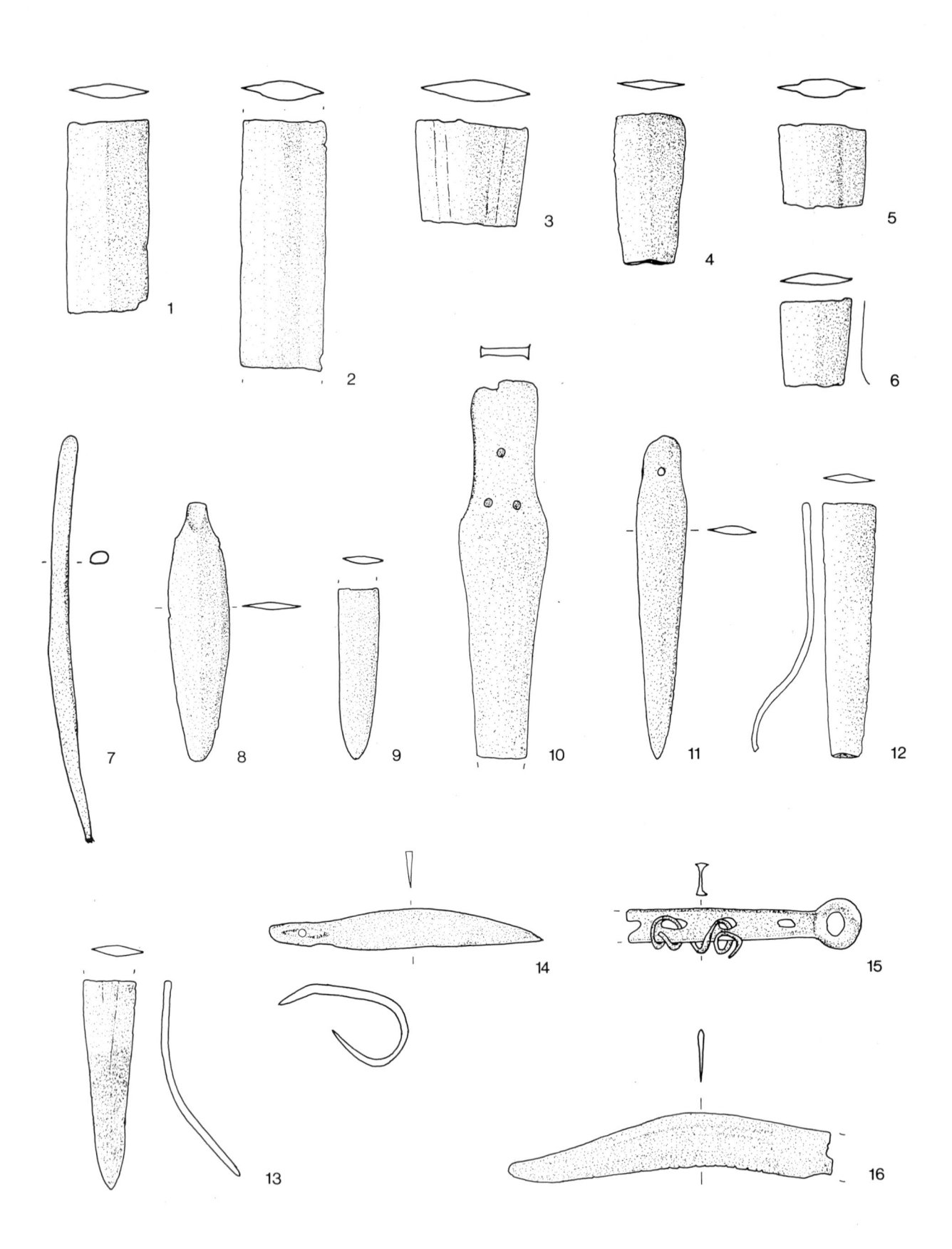

Tafel 26

1-16 Poljanci, Depot II (JU 224).

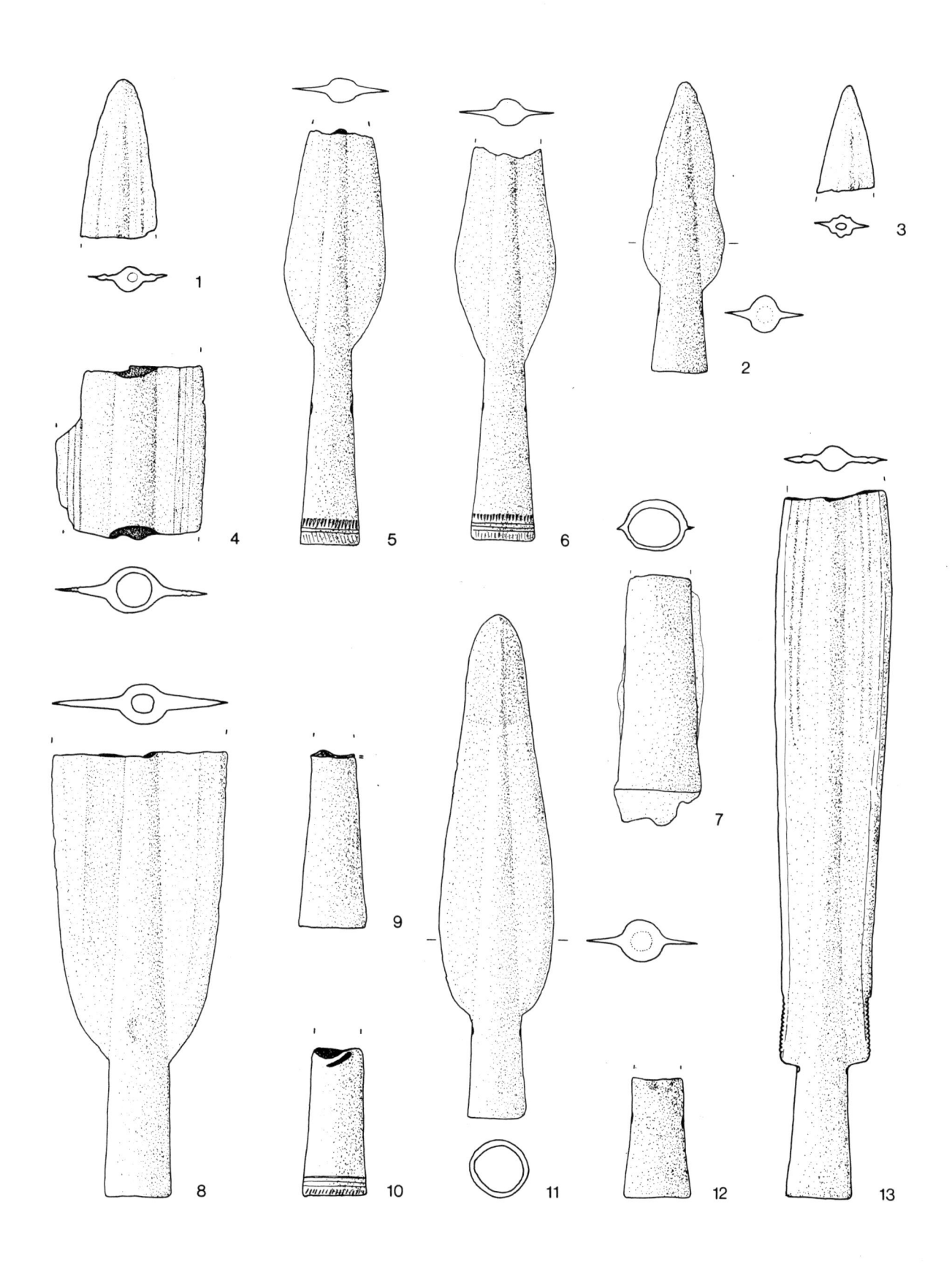

Tafel 27

1-13 Poljanci, Depot II (JU 224).

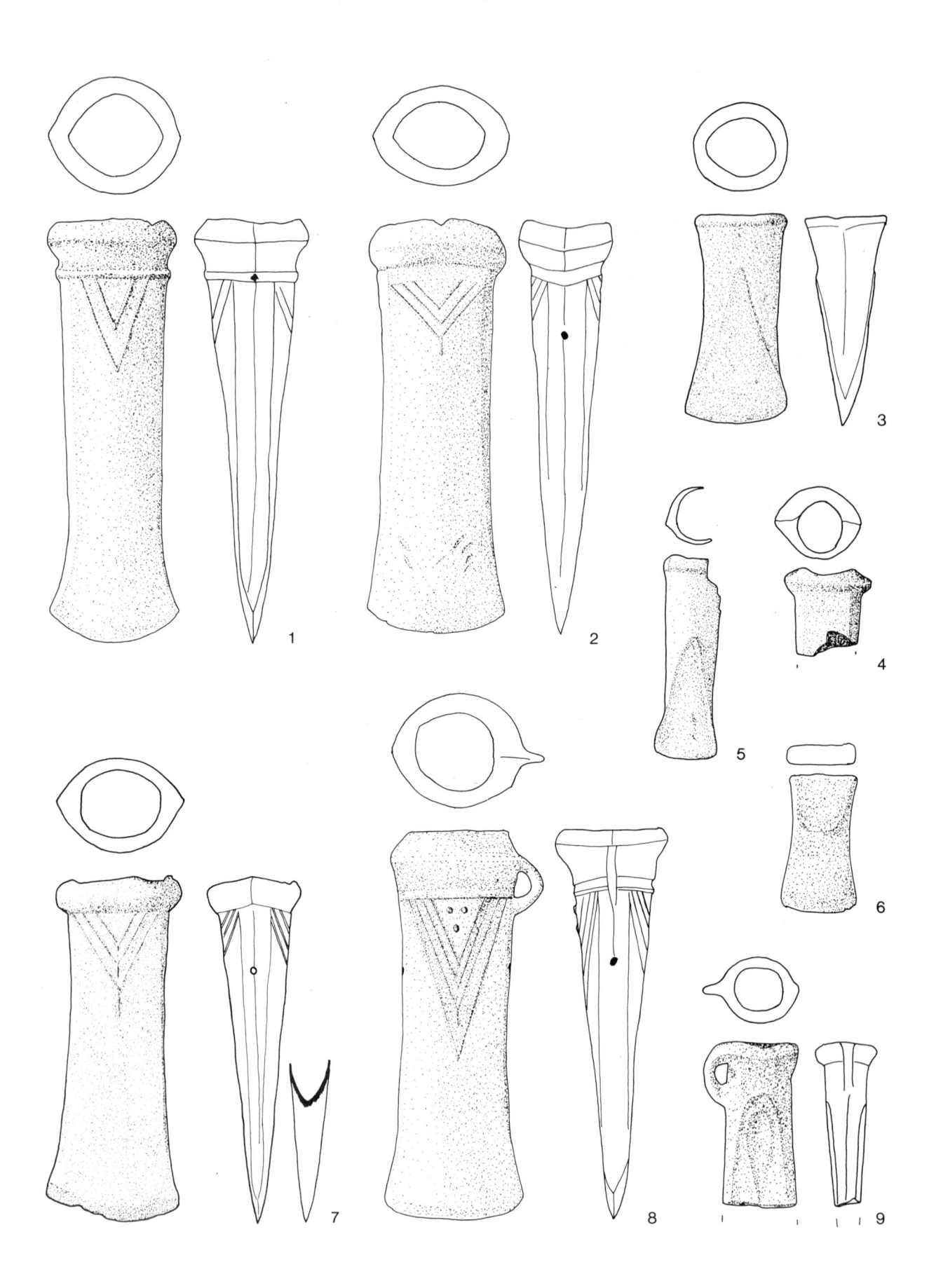

Tafel 28

1-9 Poljanci, Depot II (JU 224).

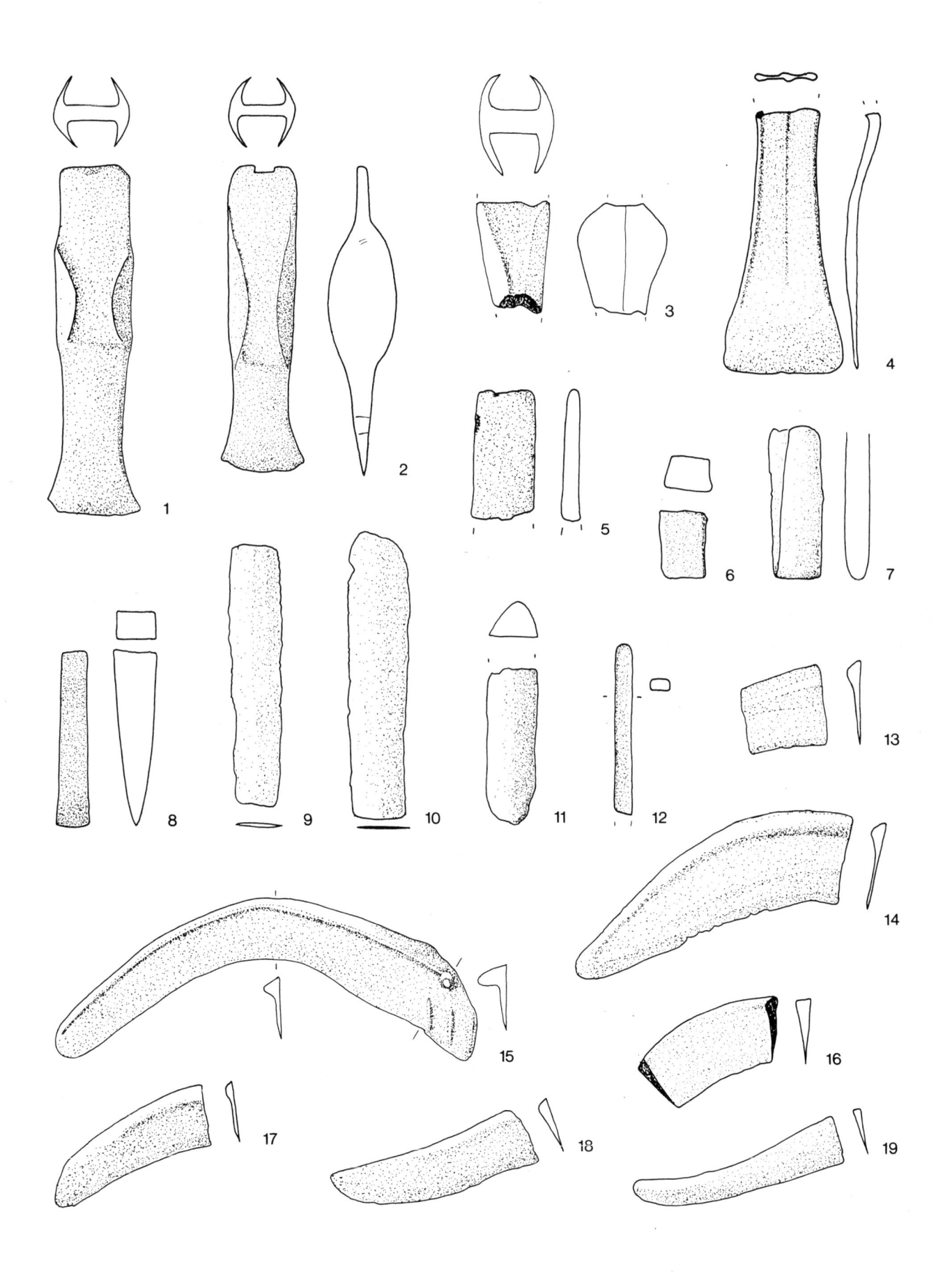

Tafel 29

1-19 Poljanci, Depot II (JU 224).

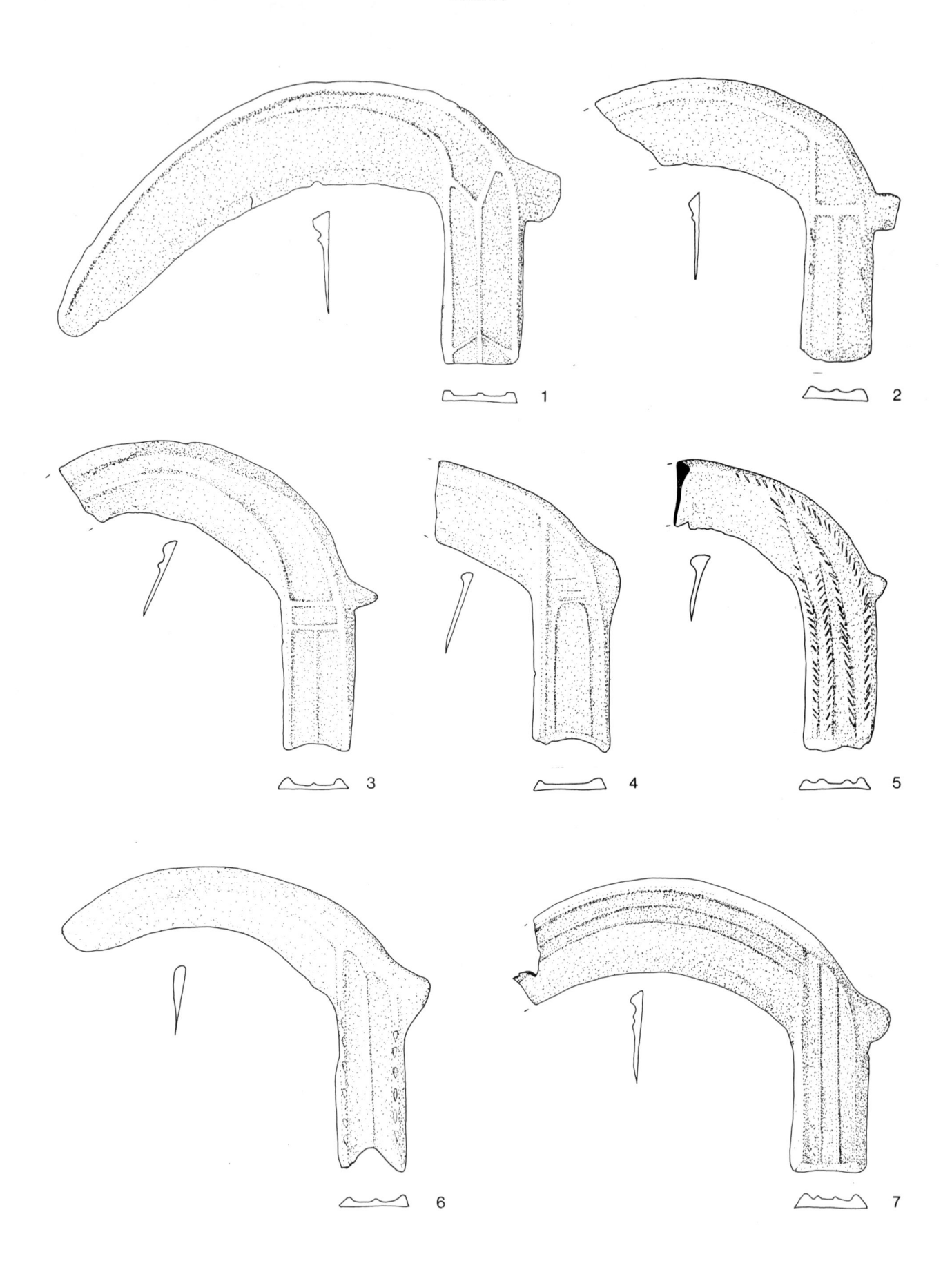

Tafel 30

1-7 Poljanci, Depot II (JU 224).

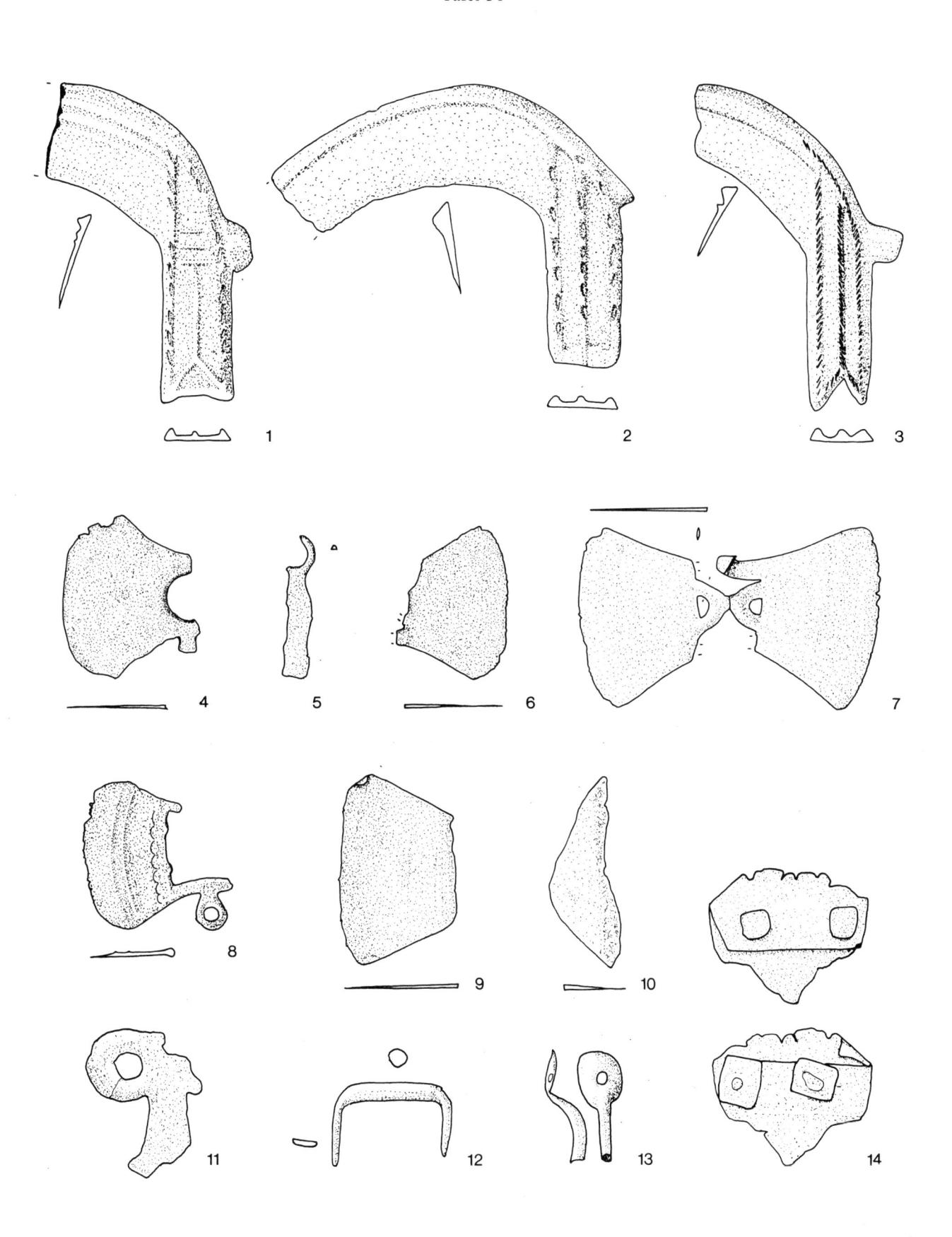

Tafel 31

1-14 Poljanci, Depot II (JU 224).

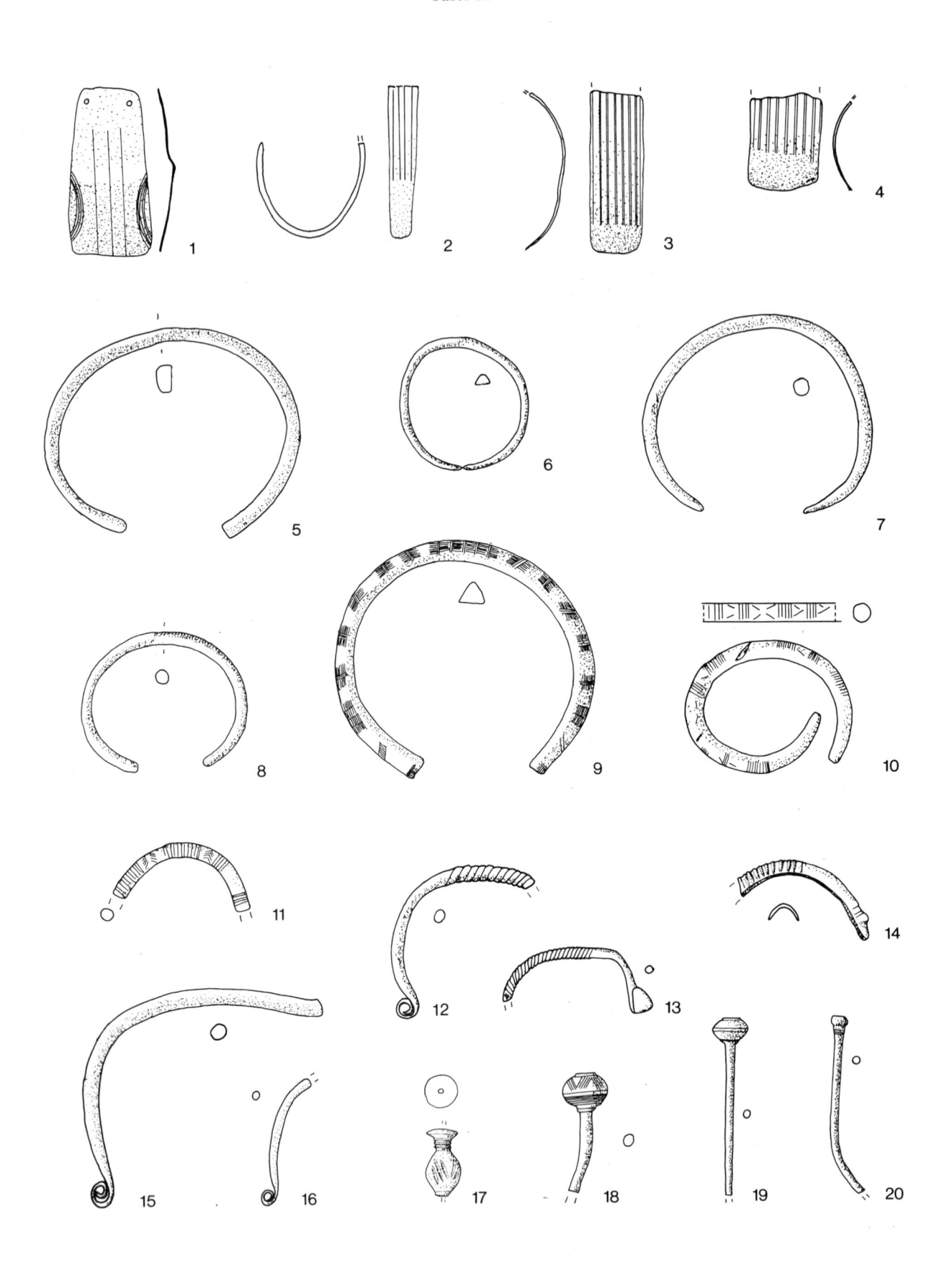

Tafel 32

1-20 Poljanci, Depot II (JU 224).

Tafel 33

1-35 Poljanci, Depot II (JU 224).

Tafel 34

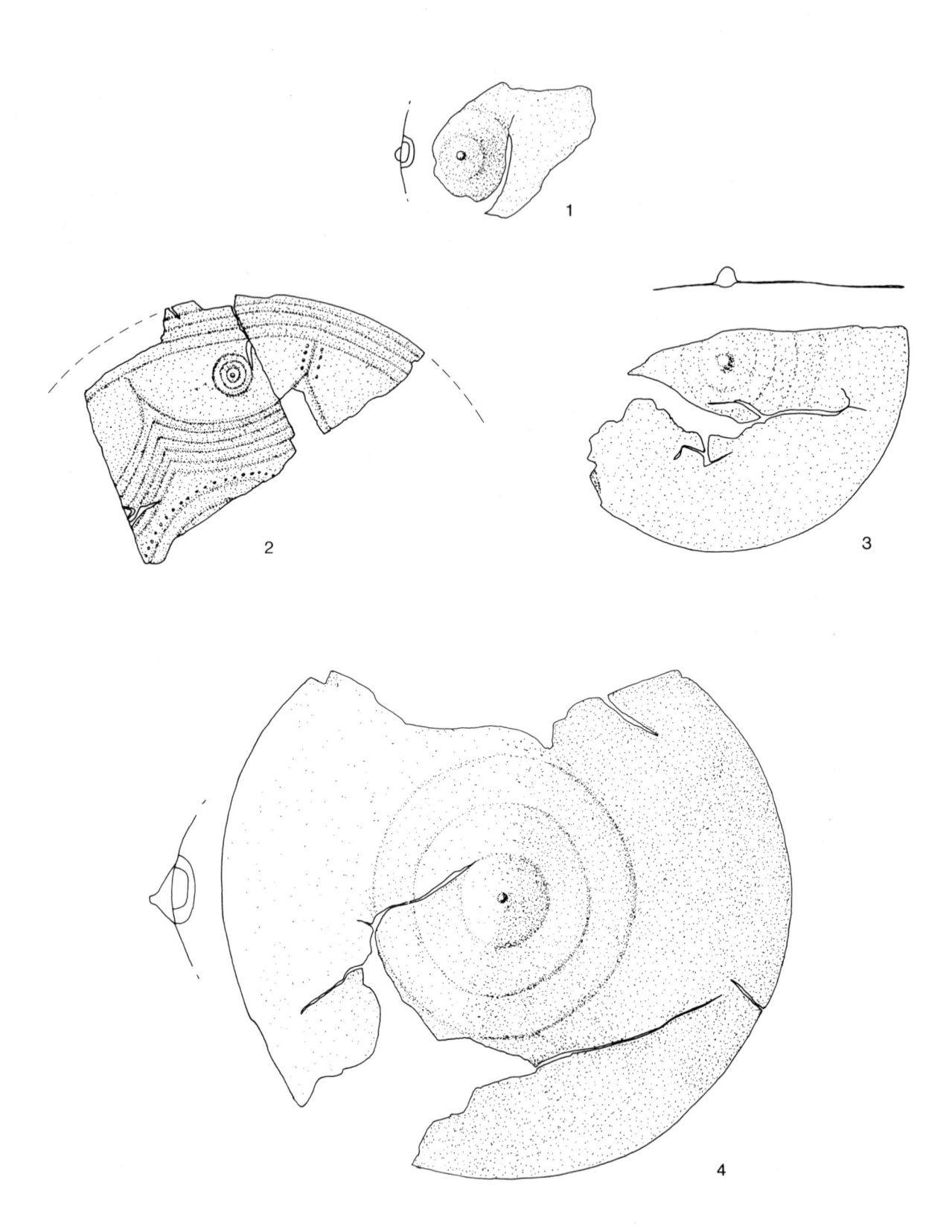

1-4 Poljanci, Depot II (JU 224).

Tafel 35

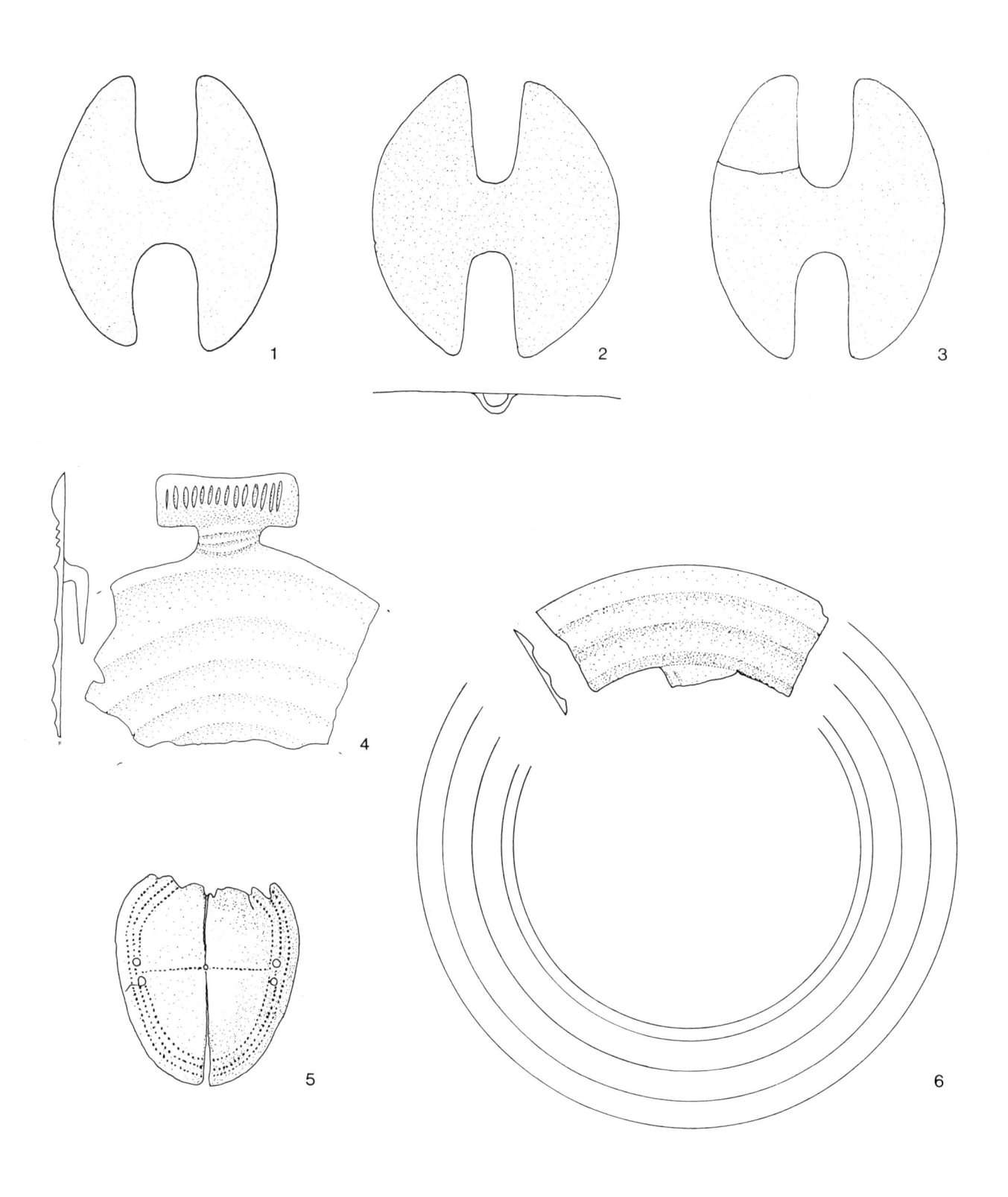

1-6 Poljanci, Depot II (JU 224).